图书在版编目(CIP)数据

丁国瑜文集/丁国瑜著.—北京:地震出版社,2011.9

ISBN 978-7-5028-3520-0

Ⅰ.①丁…　Ⅱ.①丁…　Ⅲ.①地质学—文集　Ⅳ.①P5-53

中国版本图书馆 CIP 数据核字(2011)第 160765 号

地震版　XM 2224

丁国瑜文集

丁国瑜　著

责任编辑：张友联

责任校对：孙铁磊

出版发行：地震出版社

北京民族学院南路 9 号　　邮编：100081

发行部：68423031　68467993　　传真：88421706

门市部：68467991　　传真：68467991

总编室：68462709　68423029　　传真：68455221

专业部：68467982　68721991

网址：http://www.dzpress.com.cn

经销：全国各地新华书店

印刷：北京彩虹伟业印刷有限公司

版（印）次：2011 年 9 月第一版　2011 年 9 月第一次印刷

开本：889×1194　1/16

字数：1193 千字

印张：38.5　插页：41

印数：0001～1500

书号：ISBN 978-7-5028-3520-0/P（4565）

定价：150.00 元

丁国瑜文集

○丁国瑜 著

地震出版社

丁国瑜院士

层分段——原则、方法及应用》、《中国内陆活断层的习性特征与地震危险性评估》等论著中，一系列有关概念的讨论，促进了对大陆地震构造活动特征的深入认识。

理论发展离不开新技术。研究古地震的新技术带来了活断层与地震研究的深入；GPS技术使现代地壳运动研究产生了飞跃；新构造年代学、遥感、古地磁等技术手段的应用，获取了大量不可替代的定量数据，为地震构造理论发展起到了至关重要的作用。丁国瑜院士十分重视新技术应用，1974年出访美国，带回了第一套有关我国全部领土的卫星影像遥感资料，率先将其引入我国地震构造研究；1978年在我国引进了运用探槽技术及微地层定年研究古地震的方法；1990年，作为国家“八五”攀登计划中“中国现代地壳运动及地球动力学研究”项目专家组成员之一，推动了GPS技术在现代地壳运动研究领域的应用和中国现代地壳运动观测网络的建设；他十分关心并悉心指导中国地震局新构造年代学开放实验室的建设和发展。

在倡导和推动国际地震科技合作方面，1979年联合国教科文组织在巴黎召开了国际地震预报大会，丁国瑜院士被聘为大会组织委员会、大会主席团成员，并应邀在大会上作有关中国地震预报探索和研究方面的特邀报告，介绍了我国地震预报研究的情况、成功与失败的经验和问题。1980年，应美国科学院及美中学者交流委员会邀请，他赴美进行学术交流访问，在美国地质调查局地震研究部、加州理工学院、麻省理工学院、康奈尔大学、拉蒙特地质观测实验室等单位进行了学术访问，并较系统地考察了多地震的圣安德烈斯断层等。这些活动为开辟和推动后来中国与美国在地震科学研究上的交流和合作奠定了一定的基础。1984～1989年，作为项目主席之一，组织领导了联合国教科文组织的国际地质对比计划第206项（IGCP No. 206），即“全球主要活断层习性对比”研究项目。1988～1996年，担任国际岩石圈计划（ILPⅡ-2）全球活断层图专题组成员、国际岩石圈计划全新世古地震专题组（ILPⅡ-3）成员，系统总结了我国活动构造研究进展，进一步推进了我国地震科学研究发展。

丁国瑜院士治学严谨，总是亲临现场，多年来踏遍青山。先后考察了华北太行山山前断裂、汾渭断裂、海原断裂、阿尔金断裂、富蕴断裂、鲜水河断裂、郯庐断裂、闽粤沿海断裂和海南岛等诸多断裂。先后主持和参加了邢台、蒲县、海城、龙陵等大地震的考察。

本文集主要包括4个部分内容。文集正文部分共收录了丁院士撰写的研究文章72篇，文章排列以发表时间早晚为序，所选文章以丁先生为第一作者的为主，也选刊了丁先生与他人合作的一些文章，大部分是他指导的研究生为第一作者所写的文章。这部分内容比较系统地反映了丁国瑜院士的主要学术思想和学术成就，但他主编的专著，例如《富蕴地震断裂带》、《中国活断层图集（IGCP-206项目）》、《中国岩石圈动力学概论》、《活断层分段——原则、方法及应用》等，文集仅选录了其中的个别章节。丁先生曾应邀

丁国瑜院士

层分段——原则、方法及应用》、《中国内陆活断层的习性特征与地震危险性评估》等论著中，一系列有关概念的讨论，促进了对大陆地震构造活动特征的深入认识。

理论发展离不开新技术。研究古地震的新技术带来了活断层与地震研究的深入；GPS技术使现代地壳运动研究产生了飞跃；新构造年代学、遥感、古地磁等技术手段的应用，获取了大量不可替代的定量数据，为地震构造理论发展起到了至关重要的作用。丁国瑜院士十分重视新技术应用，1974年出访美国，带回了第一套有关我国全部领土的卫星影像遥感资料，率先将其引入我国地震构造研究；1978年在我国引进了运用探槽技术及微地层定年研究古地震的方法；1990年，作为国家"八五"攀登计划中"中国现代地壳运动及地球动力学研究"项目专家组成员之一，推动了GPS技术在现代地壳运动研究领域的应用和中国现代地壳运动观测网络的建设；他十分关心并悉心指导中国地震局新构造年代学开放实验室的建设和发展。

在倡导和推动国际地震科技合作方面，1979年联合国教科文组织在巴黎召开了国际地震预报大会，丁国瑜院士被聘为大会组织委员会、大会主席团成员，并应邀在大会上作有关中国地震预报探索和研究方面的特邀报告，介绍了我国地震预报研究的情况、成功与失败的经验和问题。1980年，应美国科学院及美中学者交流委员会邀请，他赴美进行学术交流访问，在美国地质调查局地震研究部、加州理工学院、麻省理工学院、康奈尔大学、拉蒙特地质观测实验室等单位进行了学术访问，并较系统地考察了多地震的圣安德烈斯断层等。这些活动为开辟和推动后来中国与美国在地震科学研究上的交流和合作奠定了一定的基础。1984～1989年，作为项目主席之一，组织领导了联合国教科文组织的国际地质对比计划第206项（IGCP No. 206），即"全球主要活断层习性对比"研究项目。1988～1996年，担任国际岩石圈计划（ILPⅡ－2）全球活断层图专题组成员、国际岩石圈计划全新世古地震专题组（ILPⅡ－3）成员，系统总结了我国活动构造研究进展，进一步推进了我国地震科学研究发展。

丁国瑜院士治学严谨，总是亲临现场，多年来踏遍青山。先后考察了华北太行山山前断裂、汾渭断裂、海原断裂、阿尔金断裂、富蕴断裂、鲜水河断裂、郯庐断裂、闽粤沿海断裂和海南岛等诸多断裂。先后主持和参加了邢台、蒲县、海城、龙陵等大地震的考察。

本文集主要包括4个部分内容。文集正文部分共收录了丁院士撰写的研究文章72篇，文章排列以发表时间早晚为序，所选文章以丁先生为第一作者的为主，也选刊了丁先生与他人合作的一些文章，大部分是他指导的研究生为第一作者所写的文章。这部分内容比较系统地反映了丁国瑜院士的主要学术思想和学术成就，但他主编的专著，例如《富蕴地震断裂带》、《中国活断层图集（IGCP－206项目）》、《中国岩石圈动力学概论》、《活断层分段——原则、方法及应用》等，文集仅选录了其中的个别章节。丁先生曾应邀

丁国瑜院士

前　言

2011年是丁国瑜院士八十华诞之年。2010年9月，丁先生的部分研究生在北京聚会时，建议在丁先生八十寿诞之际，出版丁国瑜院士文集，将丁先生过去几十年的科研成果选编出版，以便进一步学习和研究丁先生的学术思想及其发展，也可以弥补过去在文献出版、交流等方面存在的一些问题，解决分散各处查找不便等困难。这是一件很有意义的事情。经商定，由曾受过丁先生指导的研究生为主组成“文集编辑小组”，也请丁先生参加，一起完成这项工作。这一建议很快得到了有关单位的支持，并于2011年初开始进行论文选编工作，于8月中旬初步定稿，交付出版。

丁国瑜院士是我国著名地质学家，1931年9月18日生于河北高阳。1952年毕业于北京大学地质学系。1959年获前苏联莫斯科地质勘探学院副博士学位。1979年被聘为研究员，1980年当选为中国科学院学部委员（院士），1985当选为第三世界科学院院士。历任中国科学院地质研究所第四纪地质研究室副主任，国家地震局分析预报室主任，国家地震局副局长、中国地震局科学技术委员会主任、科学顾问，国务院学位委员会学科评议组成员，中国第四纪研究委员会副主任，中国地震学会理事长，国际地质对比计划“全球主要活断层对比研究”项目主席，中共十一大、十二大代表。

丁国瑜院士长期从事新构造、活动构造、地震构造、第四纪地质、地震预报和现代地壳运动等方面的研究。发表了大量的论文。1984年被授予国家级有突出贡献的中青年科技专家称号，1999年荣获“何梁何利基金科学与技术进步奖”。曾担任《中国科学》、《科学通报》、《地质学报》、《地震学报》、《科学》等杂志编委。

1970年以来，丁国瑜院士一直在地震系统工作，在建立我国地震监测、分析预报系统方面作了大量开创性工作，倡导和组织了我国活动构造的深入研究，并推动了地震研究与第四纪地质学、地貌学、新构造学、大地构造学、大地测量学、地质年代学、地球动力学等有关学科的结合。他是中国新构造和地震构造科学的重要开拓者。在中国地震构造理论的探索和发展、技术方法的引进、探索和推广、国际交流和合作、人才培养等方面均做出了突出贡献。

地震构造学是开始于地震断层而扩展到与断层相关领域的科学。丁国瑜院士在其《我国地震活动与地壳现代破裂网络》、《富蕴地震断裂带》、《中国活断层图集》、《活断层分段——原则、方法及应用》、《中国内陆活断层的习性特征与地震危险性评估》等论著中，一系列有关概念的讨论，促进了对大陆地震构造活动特征的深入认识。

理论发展离不开新技术。研究古地震的新技术带来了活断层与地震研究的深入；GPS技术使现代地壳运动研究产生了飞跃；新构造年代学、遥感、古地磁等技术手段的应用，获取了大量不可替代的定量数据，为地震构造理论发展起到了至关重要的作用。丁国瑜院士十分重视新技术应用，1974年出访美国，带回了第一套有关我国全部领土的卫星影像遥感资料，率先将其引入我国地震构造研究；1978年在我国引进了运用探槽技术及微地层定年研究古地震的方法；1990年，作为国家“八五”攀登计划中“中国现代地壳运动及地球动力学研究”项目专家组成员之一，推动了GPS技术在现代地壳运动研究领域的应用和中国现代地壳运动观测网络的建设；他十分关心并悉心指导中国地震局新构造年代学开放实验室的建设和发展。

在倡导和推动国际地震科技合作方面，1979年联合国教科文组织在巴黎召开了国际地震预报大会，丁国瑜院士被聘为大会组织委员会、大会主席团成员，并应邀在大会上作有关中国地震预报探索和研究方面的特邀报告，介绍了我国地震预报研究的情况、成功与失败的经验和问题。1980年，应美国科学院及美中学者交流委员会邀请，他赴美进行学术交流访问，在美国地质调查局地震研究部、加州理工学院、麻省理工学院、康奈尔大学、拉蒙特地质观测实验室等单位进行了学术访问，并较系统地考察了多地震的圣安德烈斯断层等。这些活动为开辟和推动后来中国与美国在地震科学研究上的交流和合作奠定了一定的基础。1984～1989年，作为项目主席之一，组织领导了联合国教科文组织的国际地质对比计划第206项（IGCP No. 206），即“全球主要活断层习性对比”研究项目。1988～1996年，担任国际岩石圈计划（ILPⅡ－2）全球活断层图专题组成员、国际岩石圈计划全新世古地震专题组（ILPⅡ－3）成员，系统总结了我国活动构造研究进展，进一步推进了我国地震科学研究发展。

丁国瑜院士治学严谨，总是亲临现场，多年来踏遍青山。先后考察了华北太行山山前断裂、汾渭断裂、海原断裂、阿尔金断裂、富蕴断裂、鲜水河断裂、郯庐断裂、闽粤沿海断裂和海南岛等诸多断裂。先后主持和参加了邢台、蒲县、海城、龙陵等大地震的考察。

本文集主要包括4个部分内容。文集正文部分共收录了丁院士撰写的研究文章72篇，文章排列以发表时间早晚为序，所选文章以丁先生为第一作者的为主，也选刊了丁先生与他人合作的一些文章，大部分是他指导的研究生为第一作者所写的文章。这部分内容比较系统地反映了丁国瑜院士的主要学术思想和学术成就，但他主编的专著，例如《富蕴地震断裂带》、《中国活断层图集（IGCP－206项目）》、《中国岩石圈动力学概论》、《活断层分段——原则、方法及应用》等，文集仅选录了其中的个别章节。丁先生曾应邀为许多文集、专著作序和撰写科普文章，记叙和缅怀了他的师长，本文集选录了11篇简短的文集序言、缅怀师长的短文和科普短文附在正文后面。为了生动记录丁先生的科学生涯，本文集还选录了部分重要活动图片。丁先生擅长于地质、地貌现象的实景素描，还是中国书画的业余爱好者，文集特别选摘了丁先生的个别素描、题字和治印作品，一起置于图片之后。文集附录部分包括一份丁先生的全部论文目录和研究工作简历。

文集收录的论文年代跨度较大。为了遵从历史原貌，编辑过程中，对论文中使用的名词、术语、物理量和编辑风格等基本不做改动。只对原文印刷中的明显失误进行校对，对排版格式进行了统一。论文的原出处皆注在每篇文章首页的下端，合著部分也同时在首页下端注明全部原作者。文集中选印的照片许多是过去参加活动后有关同志们、师生、朋友们寄给丁先生的，反映了不同时期的一些经历和情况，在此引用，谨致谢意。

文集的出版得到了中国地震局、地震预测研究所和地震出版社领导以及关心此事的朋友们的大力支持，在此一并表示诚挚的谢意。由于编印时间较紧张，我们又缺乏经验，可能存在许多谬误或疏漏之处，望斧正。

《丁国瑜文集》编辑小组

2011年8月16日

目　录

序言、缅怀、科普等短文选摘

新构造波动及其强度评价问题*

许多区域第四纪地质和地貌问题的阐明对新构造的了解有着直接或间接的联系。解决许多生产实践问题，如砂矿分布规律的阐明、平原区石油构造的探寻、地下水的勘查、巨型建筑、水利工程基础稳定性的评价、精密大地测量资料的校核等都需要有关地壳最新变形的新构造资料。所以研究新构造的重要意义正随着我国社会主义建设工作的开展而日益显露出来。

新构造研究的内容是多方面的，这里只着重谈谈新构造运动的波动性和新构造运动显现强度的评价问题；并在前后附及与此有关的新构造的几个基本问题、新构造的图表表示问题等。

一、有关研究新构造的几个基本问题

关于新构造的基本概念，它的主要涵义和内容，新构造期的划分，新构造运动类型及形态类型的划分，新老构造的相互关系以及新构造单元与地貌单元的关系等是研究新构造的几个基本问题。由于大家对这些基本问题认识的不一致或不全面。就引起新构造研究工作中的一些混乱和缺欠。例如有人把新构造研究只限于对新构造运动的研究，仅限于地壳升降的分析或只限于对较小型新构造形态的描述，而对更大型的新构造单元的具体分析则较少；也有人把新构造理解为第四纪构造，其实新构造运动的出现、加剧，开始形成新的构造形态的时期，有的地区和第四纪的下限一致，有的并不一致，而是在新第三纪时即已开始了。也有人仅把显现于人类眼前现在可用仪器直接观测的现代构造运动当作新构造研究的主要内容，等等。因此必须对这些基本问题有较明确的概念。

新构造是指地壳在最近一个构造发育阶段中，不同的构造运动所形成的构造。新构造形成了现代地形的基本轮廓。开始形成新构造的时期在各地不同，稍有前后，一般在新第三纪及第四纪时期之间。所以对新构造的研究主要是包括了对这一阶段内构造运动及由这些运动引起的地壳变形或形成的构造形态，如褶皱、地壳更大型的挠折、断裂等等的研究。在进行新构造研究时必须通过具体分析，明确新构造期的下限从何时算起，明确从何时出现的构造运动才能归入新构造运动的范畴。

在新构造运动中出现于人类眼前可直接进行测量的地壳运动可单独分出，称之为现代构造运动。对它可以进行直接的仪器观测，这是研究老的构造运动所不可能作到的，这方面有它在实践上和理论上的特殊意义。

新构造运动的显示及其所构成的新构造形态是多种多样的，类型不同，规模不同，但如何分类是一个复杂和重大的理论问题。不少新构造的研究者曾提出过对新构造运动及新构造形态划分的意见和方案。但至今尚无一致看法。1957 年黄汲清先生曾结合许多实例提出了我国新构造运动类型的划分并提出了不同新构造运动类型与大地构造单元的关系等①。这是探讨我国新构造问题的一篇重要的文献。对新构造运动及形态类型问题的探讨已成为新构造研究中最重要和最具有实际意义的内容之一。

关于新老构造的关系问题，许多地区的资料已经证明，新第三纪至第四纪初期期间，许多地区，特别在欧亚大陆的山岳地带开始了新的强烈的构造活动，开始形成在地貌上表现明显的新构造；但在另一方面，这些新的构造与老构造有着明显的继承性发育的关系，老的构造对新构造起着显著的控制

---

* 本文原刊于《中国地质》，1962，No. 8～9，28～35。作者：丁国瑜。

① 黄汲清，中国新构造运动的几个类型，中国科学院第一次新构造运动座谈会发言记录，科学出版社，1957。

作用，当然这种继承性发育不能理解为重复或简单的连续，而是不断有新的特点在形成。这些新的特点是划分新构造期的主要依据和研究的主要内容。不能因继承性发育受老构造控制的特点而否认有新构造的形成，也不能过分强调了新构造的特点而忽视了它与老构造的依存关系。

一般情况下新构造在地貌上有明显的表现，故有人建议把新构造称之为地貌构造，形态构造等。但在肯定新构造是形成和控制了整个地表地貌特点的同时，还要了解新构造与地形间复杂的相互关系。前者主要是指地壳较大的地貌单元而言的，至于较小的地貌单元与新构造单元之间则存在着复杂的关系。如有的强烈活动的新构造在地形上可以无所反映，山前填满新沉积物的强烈拗陷地带就是一个例子。新构造单元与地形间的相互关系概括如下：

（1）符合叠置：新构造与地形是一致的，正构造单元表现为正地形，且二者范围符合一致。

（2）符合反接叠置：新构造单元与地貌单元范围符合一致，但二者表现为相反的关系，正构造表现为负地形，正地形却是一负向构造单元。

（3）不符合叠置：新构造单元与地貌单元的范围不符合一致。

在强调新构造控制和决定地貌特点的同时，必须注意它们之间的上述这些复杂的关系。

二、新构造运动的波动性与第四纪沉积物分布规律的关系

解决上述一系列有关新构造的基本问题，具体的分析由新构造运动引起的各种地壳变形，都与研究第四纪沉积物有着极为密切的关系。因为新构造运动形式和速度的改变可引起自然地理的巨大变化：可导致海岸线的移动、堆积区和剥蚀区分布的变迁和不同类型沉积物共生组合的改变等。不仅如此，它还可控制和影响沉积物许多细微的变化：例如它影响着地形，改变着风化作用的物理化学条件，因此也就影响着沉积物的组成；由于升降运动速度的快慢决定着物质成分被搬运距离的远近、分选、磨圆度、矿物组成以及层理特征、沉积速度、厚度等。因此可以说：要研究新构造必须基于对各种最新沉积物的具体分析之上才有可能。

但这只是一个方面，反过来还有另外的一面，即新构造运动由于具有周期性波动的特点，又可用来作为划分、对比第四纪沉积物层序，解决发育历史的基本标志和依据之一。

关于新构造运动周期性波动的现象和它们在广大地区表现有共同性的规律，近年来已逐渐为各地具体资料所证实。对世界许多地区新第三纪及第四纪以来地质发育特点的研究资料已证明上新世以前多以构造上的分异运动、上升运动，伴随着地形的切割为主；进入上新世以后，构造运动方向有较显著的改变，多以负向运动为主，形成剥蚀面，后期局部伴随有微弱切割和堆积作用；更新世时又开始了一个新的正向构造波动，切割作用加强；全新世基本上还是这一阶段的继续，在每一大的波动周期上又有更短的和更小的节奏叠置其间。新第三纪以来新构造运动的这一共同规律可以 Н. И. 尼古拉耶夫提出的总结性的示意图来表示（图 1）。

我国许多新第三纪和第四纪沉积物的剖面也清晰地表明了这段时期的新构造运动有节奏的波动性质，而且新构造运动的这一波动过程中各个阶段的情况有着明显的区别。例如，在许多地区相当三门组堆积或泥河湾组的堆积与上覆沉积物构造变动状况的显著区别（图 2）、甘肃及新疆等地新第三系以及第四系各期地层间的不整合反映的多次构造变动现象（图 3）、我国东部新第三纪以来多期火山活动形成不同层位的熔岩层及火山碎屑层、由于新构造隆起形成的多级剥蚀面和相应的堆积地层、滨海地区的近期多次海侵及多级海成平台和海成堆积物的形成、由于新构造运动引起的多层洞穴及相应的洞穴堆积层的形成以及风化壳的发育和破坏、新第三纪以来堆积盆地中沉积物岩相的韵律式演变等都反映了新构造波动的存在。从对这些资料的多方面对比和分析是不难揭露出我国新构造的波动规律来的。但是还需指出，新构造运动有节奏的波动式运动除了显现大的共同规律外，还有区域性的特点，这些特点与地壳各个新构造单元的分布有关。因此进一步研究我国新构造周期性波动的具体情况还是一个相当复杂的问题。

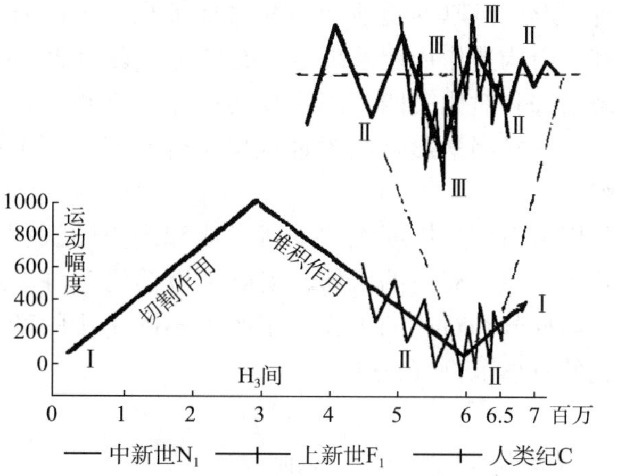

图 1　中新世以来不同幅度的各级（Ⅰ、Ⅱ、Ⅲ）周期性新构造振荡运动叠置示意图（据 Н. И. 尼古拉耶夫）

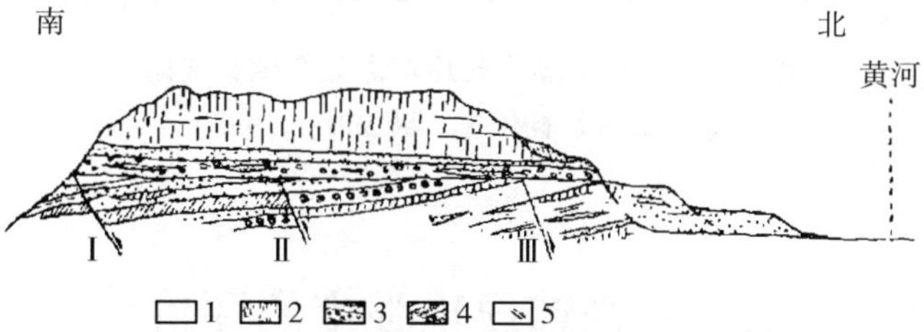

纵比例尺1∶500；横比例尺1∶1000

图 2　陕县三门峡附近小安村东沟沟口三门系地层中的断层现象示意图（据刘东生）

1. al－$Q_{\mathrm{III-IV}}$冲积的阶地堆积的砂层；2. al＋dal－Q_{III}冲积，坡积的，已被破坏的阶地，堆积的黄土状岩石（类黄土）；3. al－Q_{I}冲积的，砂及砾石层堆积，其中含厚壳贝（*Lamprotula*）及骨化石（相当于以前的上三门系），陕县系；4. N_3湖泊河流相的，由砂层、砾石层及泥灰岩层组成的堆积，含脊椎动物化石（三门系，相当于以前的下三门系）；5. 三门系中的断层，Ⅰ断层面倾向318°∠37°～42°，Ⅱ断层面倾向296°∠56°，Ⅲ300°∠58°

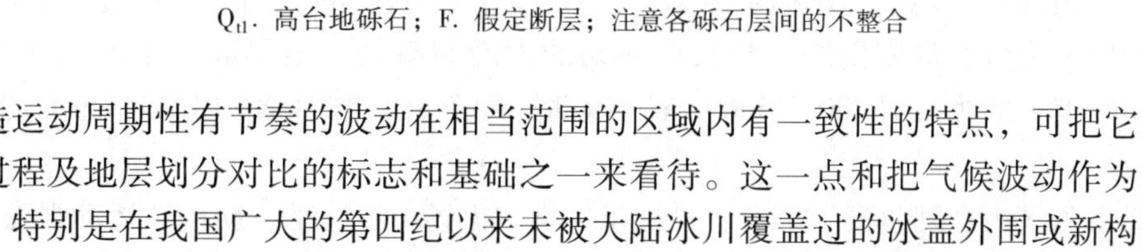

图 3　库车城西北盐水沟出山口处剖面（据黄汲清）

剖面长度约120 m，$T_{r,2}$. 中部库车层（上新统）；Q_{g1}. 下西域砾石层；Q_{g2}. 上西域砾石层；Q_{t1}. 高台地砾石；F. 假定断层；注意各砾石层间的不整合

利用新构造运动周期性有节奏的波动在相当范围的区域内有一致性的特点，可把它当作研究第四纪沉积物发育过程及地层划分对比的标志和基础之一来看待。这一点和把气候波动作为地层对比的标志是相类似的。特别是在我国广大的第四纪以来未被大陆冰川覆盖过的冰盖外围或新构造运动极为活跃、差异性活动显著的地区，有着更为突出的意义。在这些地区要正确地确定第四纪地层层序和发育历史和正确地弄清主要地质事件在时间和空间中的分布次序，除了利用地层古生物的资料和冰期间冰期、雨期间雨期、干湿、寒暖的交替等气候波动的标志以外，还必须考虑到新构造波动的各阶段特点才行。因为在一些新构造运动强烈，形成了新的巨大山系隆起和山间拗陷的地带，地形高度的起伏使气候条件在垂直分布及水平分布上都产生了很大的分异。除了气候因素外，构造波动显著地控制着河

流侵蚀作用和堆积作用的进行，形成巨厚的山前和山间盆地堆积，不同阶段的堆积地层和各级阶地以及其他各种水准面的形成，都是由构造作用起着决定性的影响。必须把它作为一个重要的标志来考虑。

当然单单利用这一方面来划分和对比第四纪沉积物的层序是不够的。要全面地正确地解决第四纪地层等问题还必须将构造因素、气候因素影响的各种现象结合起来，而最终还需要结合古生物、特别是古脊椎动物的资料来加以解决。

在我国关于这一点，即利用由新构造周期性波动所形成和产生的沉积和地貌现象，作为划分和对比新第三纪以来沉积层序及阐明区域发展史的工作，实际上以前已为许多地质学家和地貌学家所熟悉和利用过了。如许多有关地文期划分和对比的工作，阐明了不同阶段的新构造变动性质和沉积物各期不同等，实质上就是这一问题的具体范例（图4）。

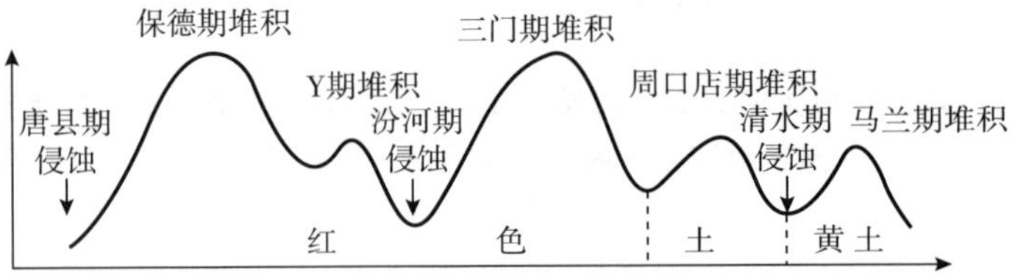

图4　中国北方新生代后期之五个地文周期

（据德日进、杨锺健、裴文中，1933）

三、新构造显现强度的评价

对区域新构造显现强度的评价问题是一个极为复杂的问题，但它却具有重大的理论和实践意义。不少研究新构造的方法中已涉及了许多评价新构造显现强度的具体问题，但若只依靠一种方法常常不能得出正确和全面的结论；因此评价新构造显现强变时，特别是对一个区域作出新构造性质总的评价时，为了避免得出片面的结论，应当采用各方面的综合标志和材料。

评价区域新构造显现强度，首先应作出区域新构造活动特点的定性方面的评价，其次还应作出运动幅度、速度、梯度等定量的评价。

各地新构造显示的强弱因其所处新构造单元的不同而异。关于地壳上新构造单元的划分及其特点的研究已日渐增多起来，结合我国具体情况的也已有一些资料发表。苏联在总结全苏1∶500万新构造图的资料时，Н. И. 尼古拉耶夫把苏联境内陆地部分概括为三种大的新构造单元，并分别总结了每个单元的特点及标志①：

（1）大陆地台区：如俄罗斯地台大部，西西伯利亚地区等。这种地区新构造运动显示微弱，除边缘局部地区外无火山活动；地震活动微弱（Ⅳ－Ⅴ度）；按其基底的不同，又可进一步划分次一级的构造，它们常被断层及挠折所局限围绕，与长期活动的大断裂有关。地形起伏小（数十米），多呈平原状。新构造运动幅度一般为±（300～500）m；运动梯度不大，与基底构造多呈继承性活动。地壳厚度在这里约30～35 km。

（2）造山带：如天山、阿尔泰、萨彦、贝加尔、维尔霍扬山地一带。新构造运动强度大，梯度也大，有人称之为地壳活动带或现代造山带。这里形成的新构造多是继承了老的基底构造而发育起来的，在新第三纪至第四纪时期出现了新构造运动的显著加强，如天山在渐新世末构造升降运动速度突增10倍，据M. B. 葛佐夫斯基计算达100～130 m/百万年，可与地槽区的活动速度相比。这时形成了新的构造单元。

① Н. И. Николаев：Основные черты новейшей тектоники СССР. Сб. “Неотектоника СССР”. 1961.

同时有强烈的上升与下降，差异性强。伴随上升有强烈剥蚀，形成剧烈切割的地形，最新沉积物成因类型组合因地形和气候差异大而独具特点。这里有强烈的地震活动（>Ⅶ度）。运动幅度、速度以6～12倍大于大陆地台区，幅度达10～13 km（±5～±8 km），而在天山可达12～15 km。区域地壳厚度达50～70 km，甚至更大。这种地区常发育有地堑型山间拗陷，山前拗陷构造，其中充满新第三系及第四系堆积，厚达数千米。构造与地形间的关系常是一致的。与大陆地台区的接合关系有时有山前拗陷存在，有时以大断裂相连，有时以断裂相连，但又常在大陆地台上形成一新构造拗陷。

（3）现代地槽区：如堪察加、千岛、日本海等地新构造运动极强烈，但特点与造山带不同。这里有强烈的火山活动、岩浆活动、地震活动。火山常沿一系列断层分布。发育有海槽、海渊、似地堑型沉陷带，有深源地震。新构造形态以线形延长的隆起及下沉带为主，在拗陷带中常有新第三系及第四系的海陆交互层、陆相磨拉石堆积及煤系、火山岩系等堆积，厚可达3～6 km以上。此外常有巨大的山间拗陷形成。由于升降活动形成各级海成阶地（海面以上及以下的）。

我国新构造单元划分及分区具有自己的区域特点，如我国东部新构造的活动，无论在形式上、幅度上以及火山活动等方面都带有鲜明的区域特色；上述的这些资料可在进行区域新构造显现特点的评价时作为参考。

除了定性方面的评价以外，还应进行定量的评价。

评价新构造运动强度和速度时，若已确定了新构造期的构造变动的总和或各个阶段活动的总幅度后（如夷平面、阶地的变形幅度等），则新构造垂直运动的年平均速度一般可用这一时期的绝对年龄除以新构造变动的总幅度来求得。这样可提供出一个运动速度的较粗略的量的概念。作这样的计算时涉及到这一阶段绝对年龄的问题。

关于第四纪的绝对年龄问题由于方法和时代下限问题的争论，看法不一。利用不同方法确定的年代，长短出入很大。表1综合整理了其中较主要的一部分，但已可看出这一状况了。较早期的一些数字有的是根据岩石风化的速度和程度、侵蚀作用的速度或堆积速度、厚度、纹泥统计、雪线高度的变化以及天文资料等计算得出的，有的准确程度较差。近些年来随着利用放射性同位素确定第四纪地质绝对年龄方法的进展，所提供出的数据已日趋准确。目前较多的人对第四纪的绝对年龄是以100万年计算。至于第四纪各个阶段的绝对年龄长短是相差很大的。许多人认为：冰后期、武木－里斯间冰期、里斯－民德间冰期、民德－恭兹间冰期各阶段之比大致为1∶3∶12∶3（据A. 彭克），而计算各冰期的长短比计算间冰期的长短更加困难。但最大冰期（里斯）冰碛最为巨厚，规模最大，延续时间最长，当无疑义。

表1　第四纪绝对年龄

第四纪绝对年龄（年）	确定者	确定年代的依据或方法
125000	M. 布尔（1923）	依据考古等资料
166000	И. Г. 皮得普里赤科（1957）	利用含氟量测定及其他资料
200000	P. 巴依尔（1927）	依据考古等资料
240000	P. 拜克（1933）	据古地理及辐射等资料分析
240000	K. K. 马尔科夫（1939）	据古地理及冰川区资料
400000	W. J. 索拉斯（1900）	根据地质作用的速度和结果分析计算
500000	H. И. 尼古拉耶夫（1949）	据地质资料
600000	W. 焦尔格（1925）	根据辐射量计算
620000	J. 盖克（1914）	根据地质资料
650000	M. 米兰凯维奇（1924）	根据辐射量计算
250000～700000	B. B. 切尔登采夫（1955）	利用铀钍同位素方法测定

续表

第四纪绝对年龄（年）	确定者	确定年代的依据或方法
800000	B. 埃别尔（1930）	根据辐射量计算
500000～1000000	A. 彭克及 E. 布留克湟尔（1909）	根据地质资料（阶地高度、砾石层等）
500000～1000000	R. 肯尼克斯别尔格（1921）	据锆石中含氦量计算
1000000	Ⅱ. И. 谢尔巴科夫（1961）	（见 1961 年苏联公布之地质绝对年龄表）
1140000	A. Ⅱ. 巴甫洛夫（1920）	据冰川区地质资料

我国第四纪各阶段的绝对年龄数据很少，已知的对周口店第一地点（中更新世）骨化石利用铀钍同位素比法（B. B. 切尔登采夫，1961）确定的结果：上部某层的绝对年龄为 21 万年（17.5～23 万年），下部某层（精度较差）则为 24.5 万（18 万～45 万年），有的标本则在 50 万年以上。

关于全新世的绝对年龄，由于有较多可直接计算的依据（如历史考古资料、纹泥计算，^{14}C 方法的运用等），已提供有较多和较可靠的数据。若据 M. И. 涅依施达特的意见将全新统的下界划在阿略留层之下，则按 ^{14}C 方法测定的全新世绝对年龄应为 12000 年。

对现代构造活动性强度的评价，在近年来利用地球物理资料（地震、重力等）解决这一问题的工作日益多起来。运用重复精密水准测量的资料确定现代地壳运动状况的工作近年来也已逐渐获得了较多的成果，苏联、波兰、捷克斯洛伐克、保加利亚、日本、意大利、英国、芬兰等国都已先后发表了区域现代构造运动状况的具体数据①。

由此看来，要解决新构造显现强度的评价问题，对新第三纪及第四纪地层的正确划分和对比，对各地层绝对年龄测定方法的逐步完善化和数据的精确化，以及地球物理和精密大地测量方法的运用都是亟待开展的。

最后还要提出，为了正确地评价新构造运动显现的强度，在搜集和分析各种新构造现象时必须注意区别构造的及假构造的（由外力作用引起的）变动。特别是在第四纪沉积物中假构造变动的现象很多，如由于沉积物不均匀的体积变化或不均匀的胶结而引起的变动、原始倾斜层理、水下地滑、土爬、地滑、喀斯特及假喀斯特的洞穴塌陷、角砾充填以及冰川冻土形成的各种冰川扰动和低温变形现象等。不注意区分出这些假构造现象，就很容易在分析区域新构造的问题时，引用错误的依据，得出错误的结论来。

四、新构造的图表表示问题

要阐明新构造波动的情况和各发展阶段的特点以及具体的作出新构造运动显示强度的评价是一个复杂的问题，它的解决要求对一系列问题进行综合分析和研究。例如：①必须明确研究区域内新构造期的下限；②应具体分析和阐明区域新构造运动的类型及新构造形态类型；③应阐明新老构造的关系；④应研究新构造期内的岩浆活动、火山活动；⑤研究区域内现代构造活动的基本状况等等。为此，就要进行对与这些问题有关的各种地质现象的分析及资料的搜集，包括对历史纪录、考古资料的搜集。我国历史悠久，文字纪录丰富，它们常可提供出有关现代构造运动的宝贵资料。综合多方面的资料，才可能得出有关区域新构造波动情况的具体结论和显现强度的评价以及分区的结论，并汇编成专门的新构造图件。

关于新构造图件问题，由于要表示的对象和内容不同，种类很多，但归纳起来不外下列三类：

（1）表示一个地点在不同时间新构造运动显示状况的图表（图 1 就是这种性质的）。

---

① Современные тектонические движния Земной Коры и методы их нзучения. Изд. АН. СССР. 1961.

（2）表示在空间分布上不同构造运动显示状况的图件。这种图常是用运动升降幅度的等值线表示的。由运动幅度等值线组成的这种图件不仅表现了不同地区新构造运动的幅度，还可客观地反映出各构造单元的配置关系。

（3）新构造分区图是一种综合多方面的资料划分出不同新构造区的概括性图件。

作为例子，图5是作者在苏联中亚天山西段喀拉套山区进行了对夷平面及第四纪地质的研究后，根据夷平面分布、变形的具体资料，反映出新构造单元的形态特点和变动幅度等而编制的新构造图的一部分。

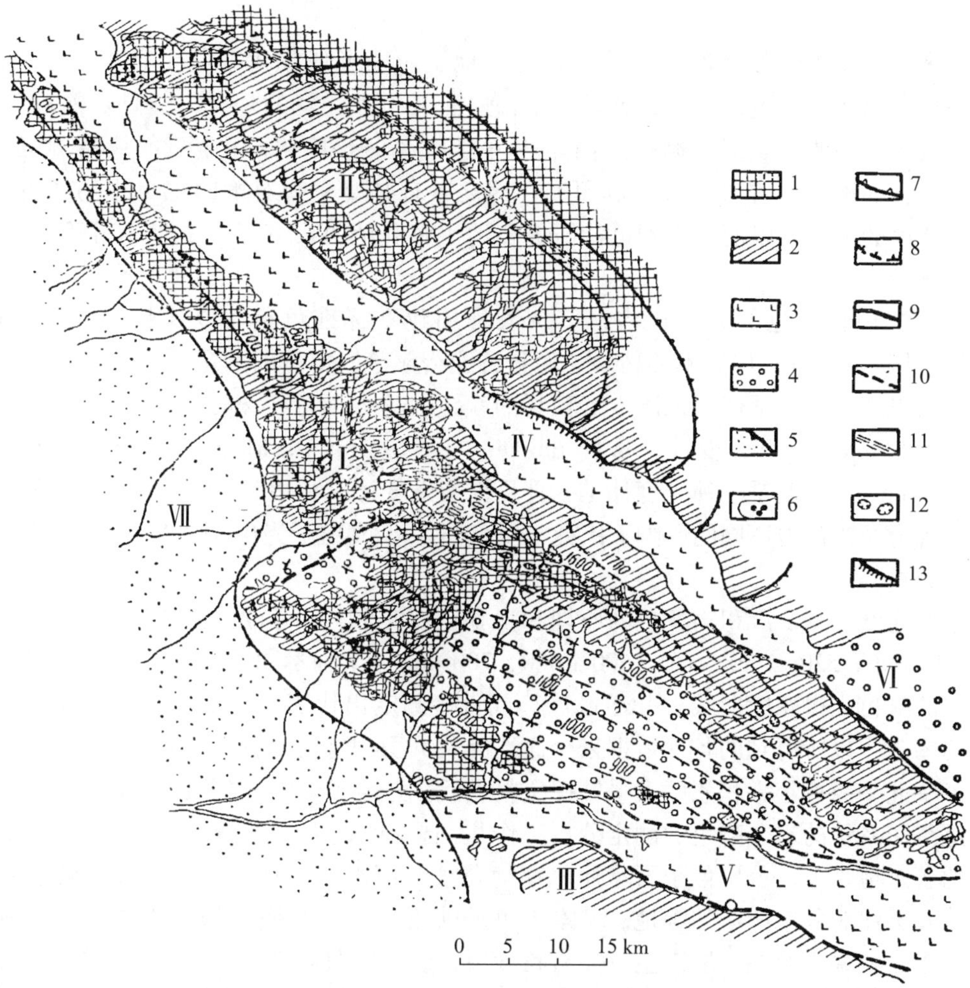

图5 天山西段喀拉套山的古夷平面变形及新构造

1. 保留有第三纪海蚀夷平面的地段；2. 海蚀夷平面已被强烈切割的地段；3. 在山间构造拗陷中海蚀夷平面已被切割的地段；4. 由于差异风化海蚀夷平面已被剥触的地段；5. 海蚀夷平面倾伏于最新沉积物以下的地段及现代拗陷的界线；6. 海蚀夷平面上残留有海相卵石层的地段；7. 新构造隆起等值线（即夷平面变形的构造等值线）；8. 推断的新构造隆起等值线；9. 新构造期活动的断层；10.（同9）推断的断层；11. 喀拉套大断裂带；12. 强烈喀斯特化的地段；13. 新构造挠折；

Ⅰ～Ⅶ新构造单元；Ⅰ. 勃勒泰穹形断块隆起；Ⅱ. 拜城塞穹形断块隆起；Ⅲ. 喀拉高斯穹形断块隆起；Ⅳ. 列昂节夫地堑；Ⅴ. 阿雷斯地堑；Ⅵ. 布尔宁拗陷；Ⅶ. 赛尔达利亚拗陷

用图表表示新构造可以最精炼和最鲜明地反映出研究的结果和问题的实质。应当充分地运用这一方式。我国是一个新构造现象非常丰富多采的国家，有许多现象可能是世界其他各地所不具备的，这也就要求我们创造各种新的研究方法和新的图件表示方法，进一步深入地开展这方面的工作，为解决与新构造有关的许多社会主义建设中的生产实践问题和科学理论问题提供资料。

华北平原第四纪沉积物的颜色特征及其地质意义*

第四纪以来，由于古气候的剧烈变化，在这一地史阶段形成的沉积物上遗留下了各种鲜明的痕迹[1]，其中第四纪沉积物颜色的变化，就是一个普遍而又引人注意的现象。但是目前对第四纪沉积物颜色的研究还较少，一般只是限于简略的描述或色谱对比，还很少采用定量的仪器测定和分析方法，并缺乏对它所包含的深刻内容进行分析和研究。因之，有必要完善对第四纪沉积物颜色的研究方法，开展这一物理特性的分析，以便利用颜色特征更多地了解和解决古气候、古地理等第四纪地质和与之有关的实际问题。

测定第四纪沉积物颜色的方法很多，不少人利用建立标准色谱、以比较的方法来确定颜色名称[2,3]，这种方法经济易行，但它不够精确，而且不能给颜色以定量的测定。更为完善的方法是利用能测定固体色泽的光度计等光学仪器来测定沉积物的颜色。这方面近年来已有较多的应用，一般是利用浦氏光度计或苏联 фМ－2 型光度计（В. И. Данчев，Е. Л. Кринов，М. А. Романова，А. Б. Вистелиус，高文学等）来进行[4~8]。但是这种光度计是一种目视型光度计，利用起来有许多缺点，测定过程繁复，并且易受个人视力及辨色力不同的影响。因此，我们进一步改用了光电型光度计来进行第四纪沉积物颜色的测定和分析。

利用光电型光度计测定沉积物颜色的原理和步骤主要是利用一套光电反应系统，通过测定每块标本对 430，470，490，520，550，580，600，680，700 mμ 等 9 种不同波长滤光片的光谱亮度系数，然后作出各标本的颜色光谱亮度曲线。并通过计算或直接测定出代表颜色的国际 XYZ 比色系统的数值。用不同形式的图表，以所得到的各项数据来全面地反映沉积物颜色的各种特点[9]。

在分析了华北平原近年来积累的大量钻探资料之后，选定了 10 个岩芯保存较为完好、位置比较适宜的钻孔，进行了系统的岩芯颜色的测定分析工作①。选择的这 10 个钻孔的位置分布在横穿平原，从山麓到滨海的各个地带上，分别位于石家庄东南梅花镇、衡水、献县、沧县、盐山至紧邻渤海滨的黄骅县赵家堡以及天津和其东南小站等地。基本上可反映了平原东西横向的变化情况。各钻孔岩芯的岩性都是以亚砂土、亚黏土及黏土层为主，夹有粉砂层、砂层以及砂砾层。所采岩芯的深度自 120 ～380 m 不等，采样的距离一般在 0.5 ～4 m 之间。我们共测定了约 1200 块岩芯标本，结果表明对沉积物颜色的测定和分析可以提供一系列有助于了解华北平原第四纪地质发育史方面有意义的资料和线索。同时在实用上可利用这一方法取得了解水文地质条件进行岩性分层对比方面的参考资料。

一、沉积物颜色特征

（一）华北平原第四纪沉积物颜色的一般特征

利用光电型光度计对各岩芯标本进行颜色光谱亮度的测定之后，所得各样品的光谱亮度数值的差

* 本文原刊于《地质科学》，1964，No. 2，143 ～159。 作者：丁国瑜　高维明　黄述银　吴裕文。

① 在岩芯采集方面，河北省地质局水文地质工程地质大队给予了我们许多的帮助，在此表示衷心地感谢。

别，具体地反映了组成颜色的各个要素，包括主要色调、颜色纯度、亮度等的差别以及影响颜色变化的各种因素的复合结果。从测得的光谱亮度值看来，华北平原第四纪沉积物的颜色虽然错综复杂，但在很大程度上，无论从不同形成时间的纵剖面上看，还是从空间分布上看，都具有很大的共同性和相似性。光谱亮度值表明，绝大部分标本的主波长是在570～590 mμ之间，表示了沉积物普遍的主要色调相近似，呈棕黄色及橙黄色。这从几块任意选出的样品的光谱亮度值（表1）上可以看出。

表1　华北平原第四纪沉积物几块样品的颜色光谱亮度值

样品编号	不同滤光片的反射光谱亮度值（%）								
	1 (430 mμ)	2 (470 mμ)	3 (490 mμ)	4 (520 mμ)	5 (550 mμ)	6 (580 mμ)	7 (600 mμ)	8 (680 mμ)	9 (700 mμ)
梅-1	35.5	33.0	48.0	53.0	65.0	32.0	39.5	38.0	56.0
梅-2	17.0	15.0	43.0	54.0	66.0	30.5	33.0	33.0	62.0
梅-3	30.0	48.0	59.0	60.0	74.0	49.0	63.0	60.0	71.0
梅-7	27.5	43.0	57.0	58.0	71.0	45.5	59.5	56.0	66.0
梅-16	20.0	17.5	49.0	57.5	70.0	44.5	46.0	46.5	70.5
梅-22	10.0	15.5	45.0	55.0	68.0	38.0	42.5	43.5	67.0
梅-23	16.0	16.0	42.0	47.0	66.5	32.0	30.5	40.0	57.0
梅-48	29.5	43.0	60.0	64.0	75.0	53.5	68.0	65.5	76.0
梅-49	16.0	14.5	42.0	54.0	66.0	30.5	33.0	33.0	62.0
梅-50	35.5	32.5	49.0	57.0	68.0	39.5	38.0	50.5	62.5
梅-52	28.0	42.5	56.5	61.0	70.0	49.0	62.0	60.5	72.0
梅-56	30.0	50.0	62.5	67.0	73.0	56.0	69.0	68.0	76.5
梅-57	32.0	55.0	68.0	65.0	75.0	63.0	72.0	78.0	79.0
梅-70	28.5	45.0	58.0	59.0	73.0	51.0	70.0	61.0	75.0
梅-72	28.0	40.0	57.0	61.0	73.0	43.0	64.0	69.0	73.0

但是仔细分析各个光谱亮度值表明它们在细节上又变化很多，各有差别，根据光谱亮度值绘制的曲线图可以更鲜明地表明这一点。例如图1是从平原中某一钻孔任意选取的55块样品的颜色光谱亮度曲线。一般看来，灰白色色调的沉积物光谱亮度值较高。灰黄色及灰色沉积物或灰黑色淤泥层的亮度值较低；曲线位于更靠近横坐标的位置。黑色泥炭层则亮度系数近于零，与横坐标近于平行，在图上很难或不能画出。各标本颜色的主要色调的变化情况，除用主波长的不同了解以外，还可根据曲线上主要色调的波段与其他波段亮度值的相互关系来判断，除考虑到亮度系数外，还可根据它判断颜色的纯度情况。因之，光谱亮度曲线形式的变化具体地表示了沉积物颜色组成的各种细节。

（二）沉积物颜色的类型

根据光谱亮度曲线的形式可以进行沉积物颜色的分组或分类。综合华北平原各钻孔大量岩芯标本的颜色光谱亮度曲线，进行分析归纳以后，可以划分出下列10种类型。其中有的最为常见，具有代表性（如（3），（4），（5））；有的较少，在岩芯中虽无普遍性，但具有显著的颜色特点，有其特定的地质意义（如（2），（9）等）。

（1）灰白色类型　这一颜色类型沉积物的光谱亮度曲线的特点为亮度系数值较大，曲线较为平滑，有时甚至接近呈水平状。

（2）灰黑色类型　亮度系数值甚小，故曲线接近于横坐标。有时亮度系数值接近于0（如泥炭层）则不能测得和画出其光谱亮度曲线。

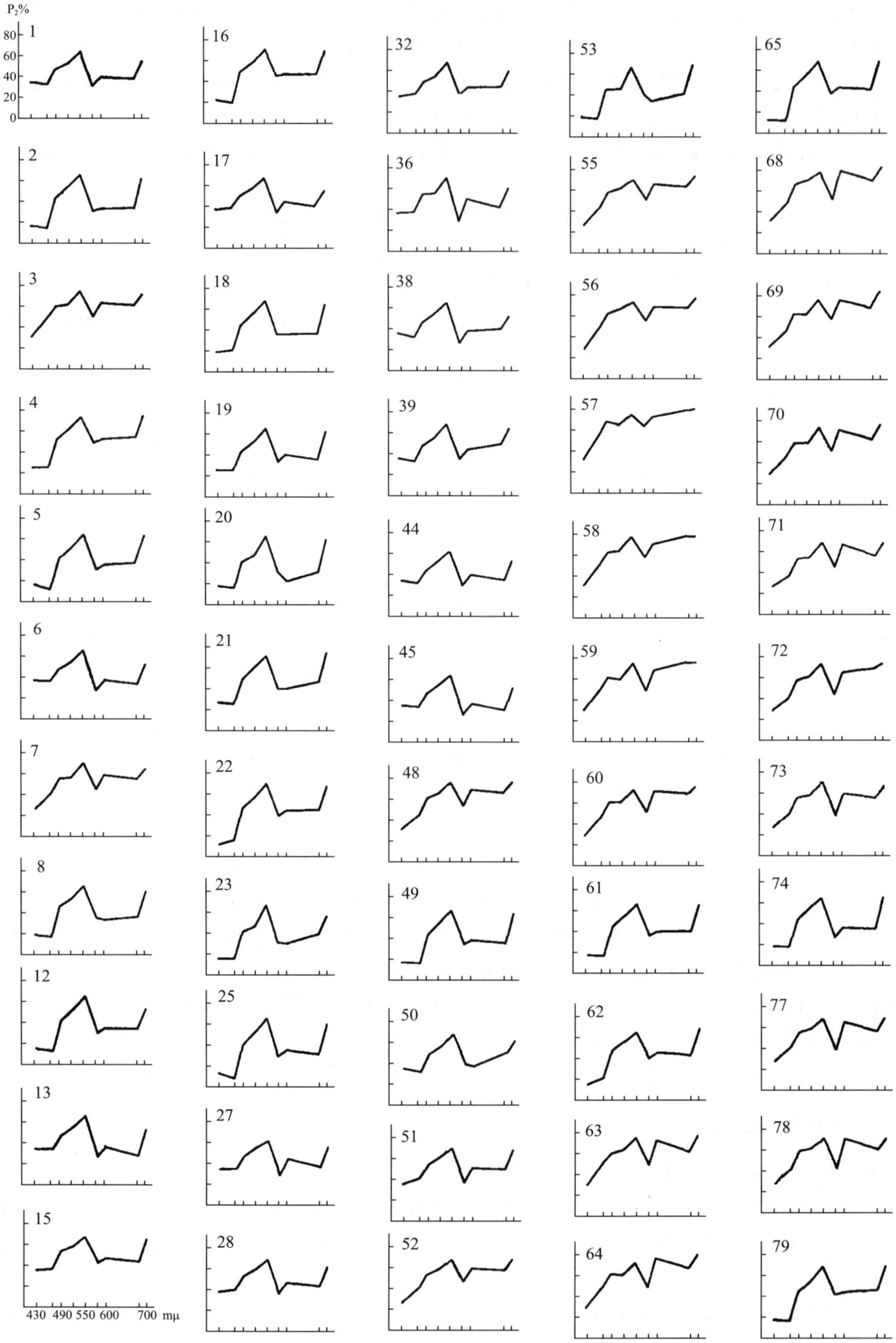

图 1　华北平原某钻孔中 55 块第四纪沉积物样品颜色的光谱亮度曲线

（图上编号为钻孔中样品编号）

（3）灰黄色类型　主要色调为黄色，即在黄色波段曲线具有高峰，但亮度系数值较小。

（4）棕黄色类型　光谱亮度曲线型式有时与灰黄色类型比较相似，但亮度系数值多稍大，在黄色波段光谱亮度值尤大。

（5）橙黄色类型　与棕黄色类型不同处是其亮度值一般稍小，且反映主要色调的光谱亮度值处于接近红色光的黄色波段。

（6）棕红色类型　这一颜色类型沉积物较为典型的光谱亮度曲线特点是除去在红色波段外，在黄色与橙色波段间也常具有较高的亮度值。

（7）褐红色类型　主要色调为红色，表现为红色波段的亮度系数值甚大。

（8）棕褐色类型　这一类型沉积物的亮度系数值一般较小，红色波段仍具较大的数值。

（9）灰绿色类型　在绿色波段亮度系数值较大。

（10）灰蓝色类型　曲线上亮度系数值较大处是在天蓝色、蓝色波段，一般整个曲线的亮度值较小，但有时由于具有灰白色色调，亮度值较大。

（三）沉积物颜色在垂直方向上的变化及颜色组合的划分

通过对各钻孔大量岩芯颜色的测定和分析，发现沉积物颜色在垂直分布上，亦即在形成时间上的变化有一定的规律可寻，这表现于各钻孔在不同深度沉积物有以某种上述颜色类型为主或以具有某种特殊类型为特点。从不同沉积阶段自然地理条件的变化，影响和控制了沉积物颜色的变化这一点来看，沉积物颜色在剖面纵向上呈有一定规律的变化是不难理解的。

各钻孔中沉积物颜色的变化规律具体表现在从上向下一般能划分出四个颜色变化的段落，并可相互对比。为了较精确地查明和确定这些段落之间的界线，可以采用作出颜色变化曲线图的方法来进行。

许多研究沉积物颜色的工作已经证明，目前在地质学中表示岩石颜色时，用国际通用的 *XYZ* 比色系统最为适宜[6]。按照国际照明协会的规定每种颜色可根据光谱亮度曲线换算成三色系数 x、y、z 来表示，不同颜色的沉积物其三色系数值各不相同。这样用三个系数值来表示一个沉积物标本的颜色特征，较用光谱亮度曲线就更为简便。从测定样品的光谱亮度数值换算成 x、y、z 三色系数值需要进行一系列的计算[10]，但它在应用及进行地质解释、对比等方面有许多方便之处。目前已有不同型号的光电型光度计可直接测定样品，得到三色系数值，这就大大地简化了繁复的计算过程①。

由于三色系数 xyz 值的变化可反映颜色变化的情况，因之当 x 与 y 值的变化呈一定关系时，就可以只用 x 值或 y 值的变化来反映颜色的变化状况。这时就可以以钻孔剖面的深度为纵坐标，以 x 值为横坐标，标出不同深度标本的 x 值，然后联成曲线，这一以 x 值连起的曲线的变化就反映了不同深度沉积物颜色变化的状况。借助于这样的曲线可以较明显地看出沉积物颜色在纵剖面上的变化，可以更准确地划分沉积物颜色变化的段落，确定出这些段落之间的界线，从而进行不同钻孔剖面的对比。图 2 是平原东部渤海滨岸地区一个钻孔的岩芯柱状图及各标本三色系数中 x 值的变化曲线。因为这个钻孔各个标本三色系数 x 和 y 的变化关系一致，故只用 x 值的变化就可以代表了沉积物颜色变化的状况。根据这一反映沉积物颜色变化的曲线图及实际地质剖面的具体情况就不难把颜色变化的界线确定出来。利用这一方法，将所研究的各个钻孔都编制出颜色变化曲线，并对沉积物颜色变化的段落予以划分，可以看出所测华北平原各钻孔从上到下有 4 个大的沉积物颜色变化组合（图 3）：

（1）最上部一般从地表至一二十米，有的钻孔达 30 余米深度，是第 I 组沉积物颜色变化组合的段落。这一组沉积物底部各钻孔常是以夹有富含有机质的灰黑色或灰黄色淤泥层的堆积开始，有些钻孔是一劣质泥炭层（沧县、献县、赵家堡等钻孔）向上为灰黄色、黄色亚砂土、亚黏土等沉积物。自下向上颜色变化曲线总的趋势表明沉积物颜色的亮度逐渐增大，从灰黑色堆积渐变为灰黄色以至黄色成

① 如英产 EEL 型反射光谱光度计，日产 AU－CH－I 型自动测色色差计。

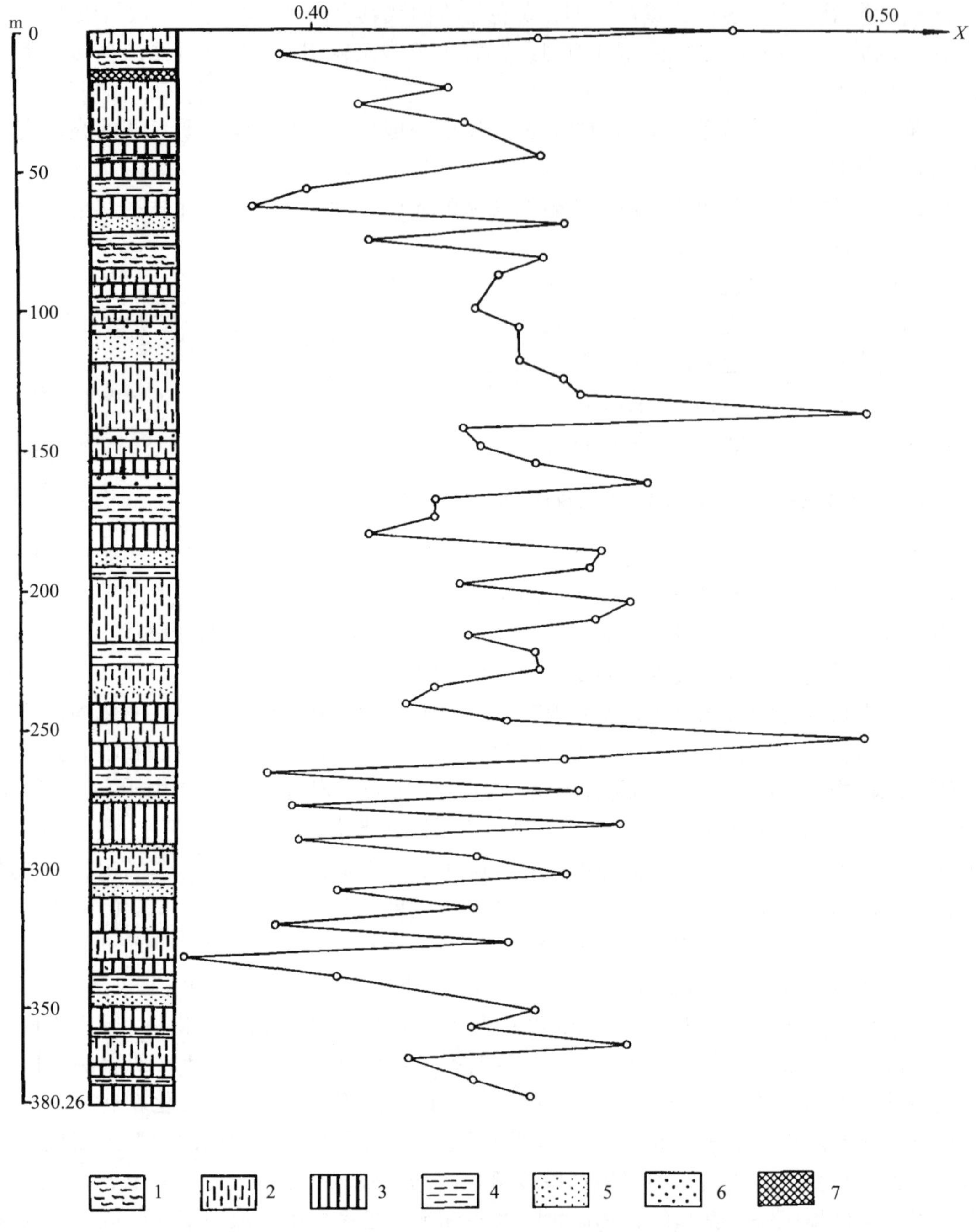

图 2　华北平原东部渤海滨岸地区某钻孔柱状图及第四纪沉积物颜色变化曲线

1. 富含有机质淤泥；2. 亚黏土；3. 黏土及亚黏土；4. 亚砂土；5. 粉砂；6. 砂层；7. 泥炭

为一个沉积韵律，反映颜色的 x 值亦加大（一般为 0.35～0.4，有的可逐渐增至 0.5 左右）。本层以具有富含有机质的灰黑色黄土类堆积为其显著特点。

（2）向下为第 II 组沉积物颜色变化组合的段落。是一组主要颜色色调多具有棕黄色的堆积。许多钻孔中沉积物的颜色变化曲线表明这一段落还可再细划分成两个次一级颜色变化的段落，反映了形成这组沉积物过程中沉积环境的两次大的变化，这组沉积物的厚度在各钻孔中不同，一般在 50～100 m 左右。从沉积物韵律组合的情况分析，它一般包括有 3～6 个沉积物韵律，有的更多。沉积物组成以棕黄色黄土状粉砂层及棕黄色亚黏土、亚砂土为具有代表性的堆积，富含钙质结核，有些特征与华北地区马兰期黄土堆积的特点有许多相似之处。

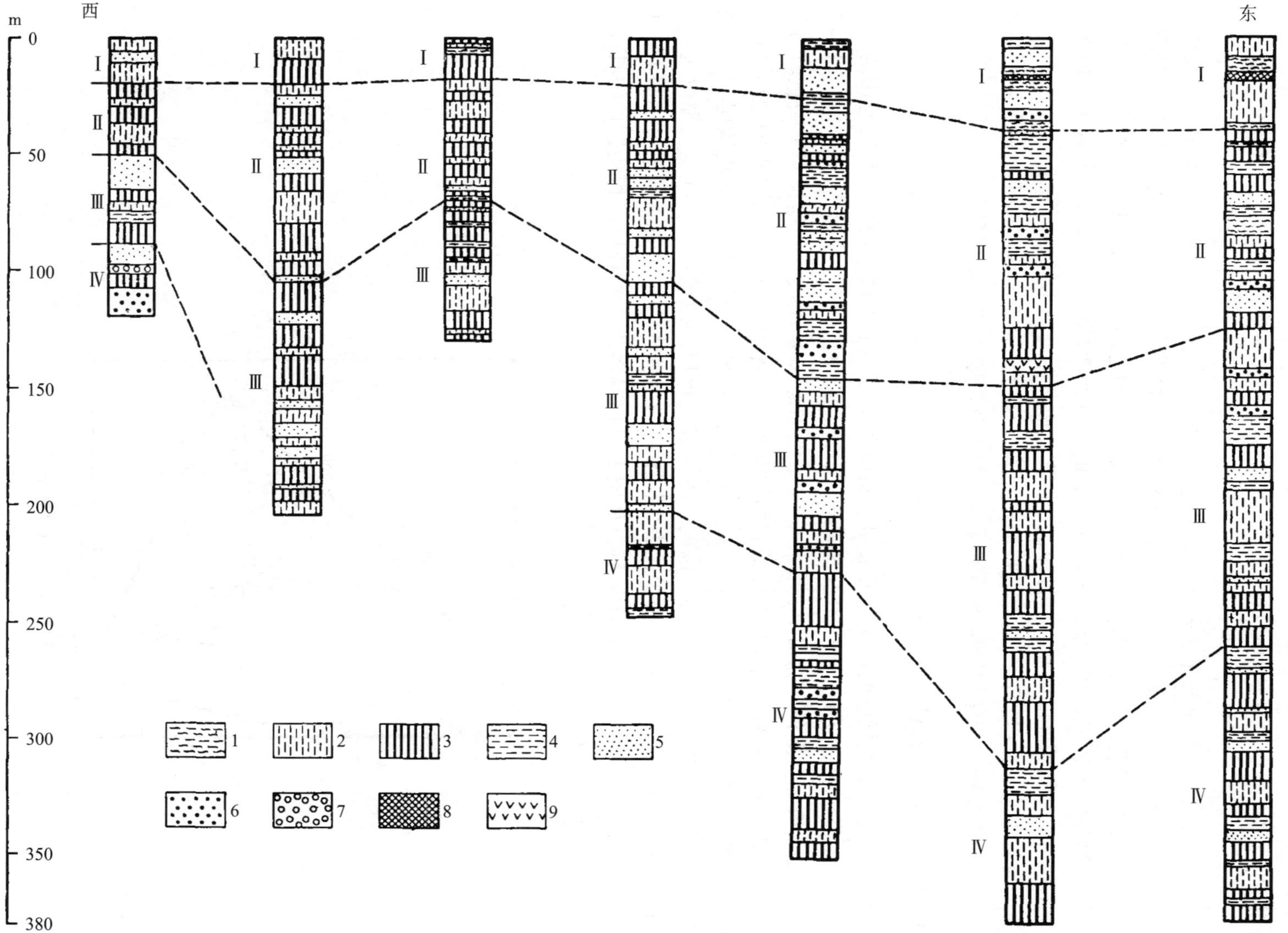

图3 华北平原中部第四纪沉积物颜色组合的划分及对比

（柱状图排列方向自西向东为自太行山东麓至渤海滨岸地区）

1. 富含有机质淤泥；2. 亚黏土；3. 黏土及亚黏土；4. 亚砂土；5. 粉砂；6. 砂层；7. 砾石；8. 泥炭；9. 玄武岩

Ⅰ，Ⅱ，Ⅲ，Ⅳ表示4个沉积物颜色变化组合

（3）再向下为第 III 组沉积物颜色变化组合的段落。沉积物颜色的变化较为稳定，以橙黄色、棕红色的亚黏土层和亚砂土以及黏土层为主。三色系数中 x 值自上向下变化幅度不大，除个别标本外一般为0.42～0.45之间。因之颜色变化曲线总的趋势看来呈近垂直方向，若进一步再详细划分还可划出多次颜色反复变化的小段落。这组堆积从西向东厚度有起伏。在平原中部和东部较大，多在 100～150 m 左右。

（4）下面的第 IV 组沉积物颜色变化的段落和上面有较为显著的差异。x 值起伏变化较大，反映了不同颜色沉积层的交替出现。从岩芯标本上也可看出除棕黄色、橙黄色、棕红色的堆积以外，具有灰白色、蓝灰色、灰绿色，棕紫色色调的层次亦时有出现。是一套颜色组合虽仍主要是橙黄色，但较为复杂的沉积物。沉积物颗粒也较细、黏土层加多，这一层的厚度在西部和上述各层一样较薄，向东变厚，但在中部及东部由于钻孔深度的限制没有打穿这一层次，故其厚度尚未能确定下来。

在平原西部近山麓的地区，粗砂砾石层等粗粒堆积加多，且由于靠近山区，受山区剥蚀物质的影响，颜色较为混杂，这几个颜色变化的层次虽仍可看出，但不及平原中部和东部显著。

（四）各沉积物颜色组合的特征

为了具体地确定这几个层次颜色的特征，可采用绘制颜色坐标图的方法来进行。利用通用的 *XYZ* 系统颜色直角坐标图来具体地确定出每个标本以及一组沉积物总的颜色色调、纯度等（图4）。对一个样品讲，是把它的 x、y 值标在颜色坐标图上，再把它与图上光源 C 点联接，并延长交于颜色轨迹线上。交点处的波长 λ 即是这一标本的主波长，亦即它的主要色调。纯度是以该点到 C 点的距离与由 C 通过该点到颜色轨迹线交点之间距离的比来确定。对一个颜色相近的沉积层来说，圈出该层在坐标图上各点的范围后，可以把它当作一个点来看待，以同一方法确定该层的总的色调及纯度。采取这一方法将华北平原所测各钻孔相应的同一颜色层位中代表各标本的三色系数 x、y 值标在颜色坐标图上，并圈出其范围，作出 4 个颜色层位的颜色坐标图以后，从图上可以具体地看到各层沉积物颜色的具体情况，以及不同层的差别（图5，6，7，8）。

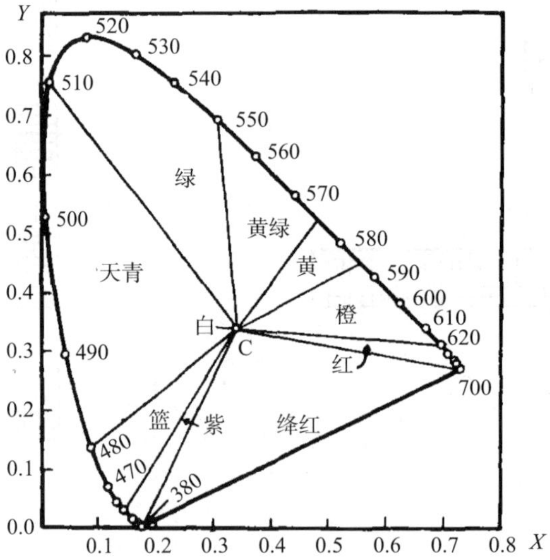

图4　*XYZ* 颜色直角坐标

（1）图 5 表示钻孔最上部的第 I 颜色组合，可以看出所包括样品的颜色波长是在 577～597 mμ 之间。其中大多数标本颜色的波长是在 584～589 mμ 之间，这就细致具体地确定了这一层沉积物的主要色调为黄色，考虑到这一组堆积常以含有灰黑色或灰黄色淤泥层为特点，故简称此层为灰黄色堆积层。此层颜色的纯度从图上亦可确定为30%～50%左右。

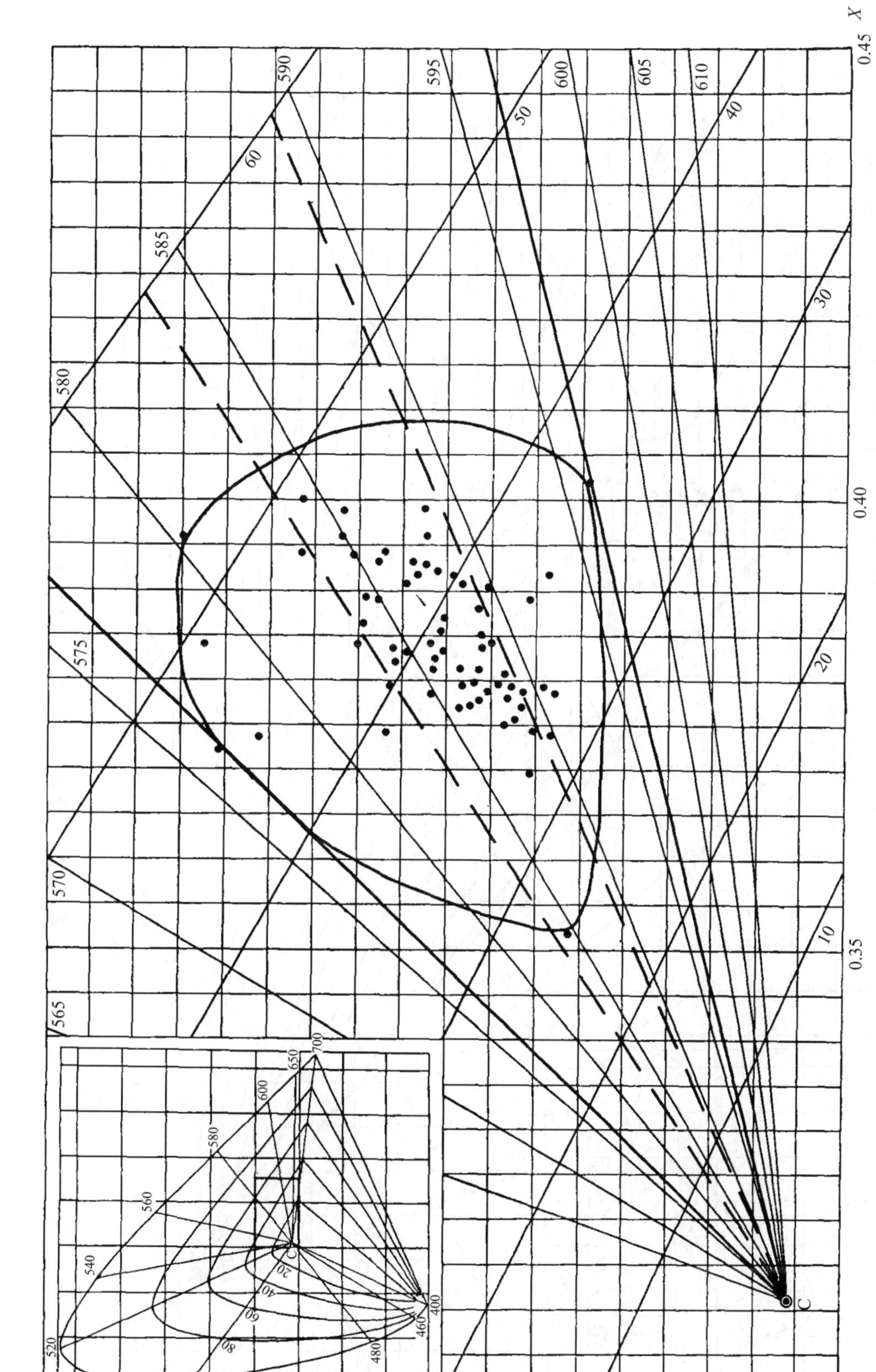

图5 华北平原第四纪沉积物第Ⅰ颜色组合坐标

（大图相当于左上小图中粗线表示的小方格的坐标，下同）

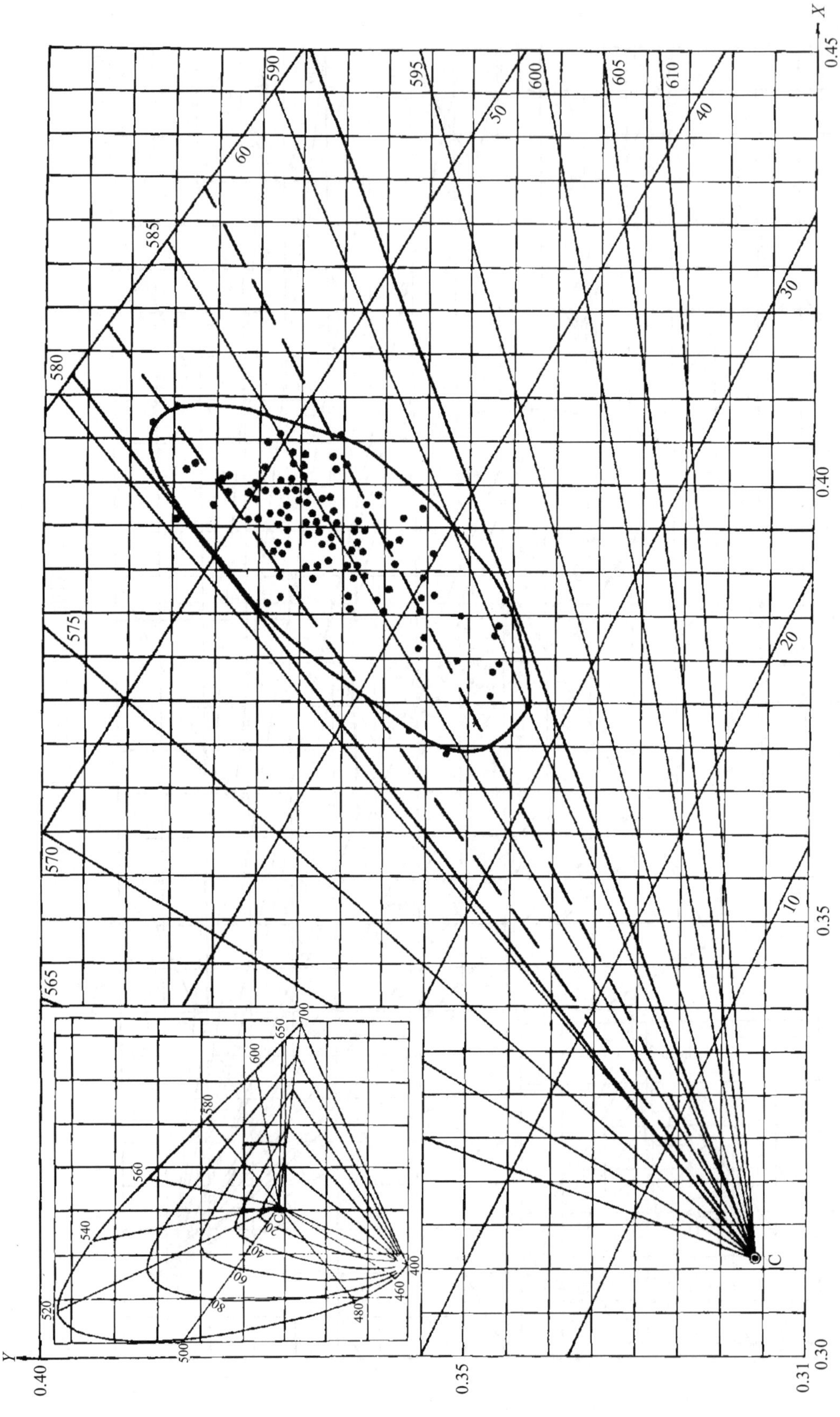

图 6 华北平原第四纪沉积物第 II 颜色组合坐标

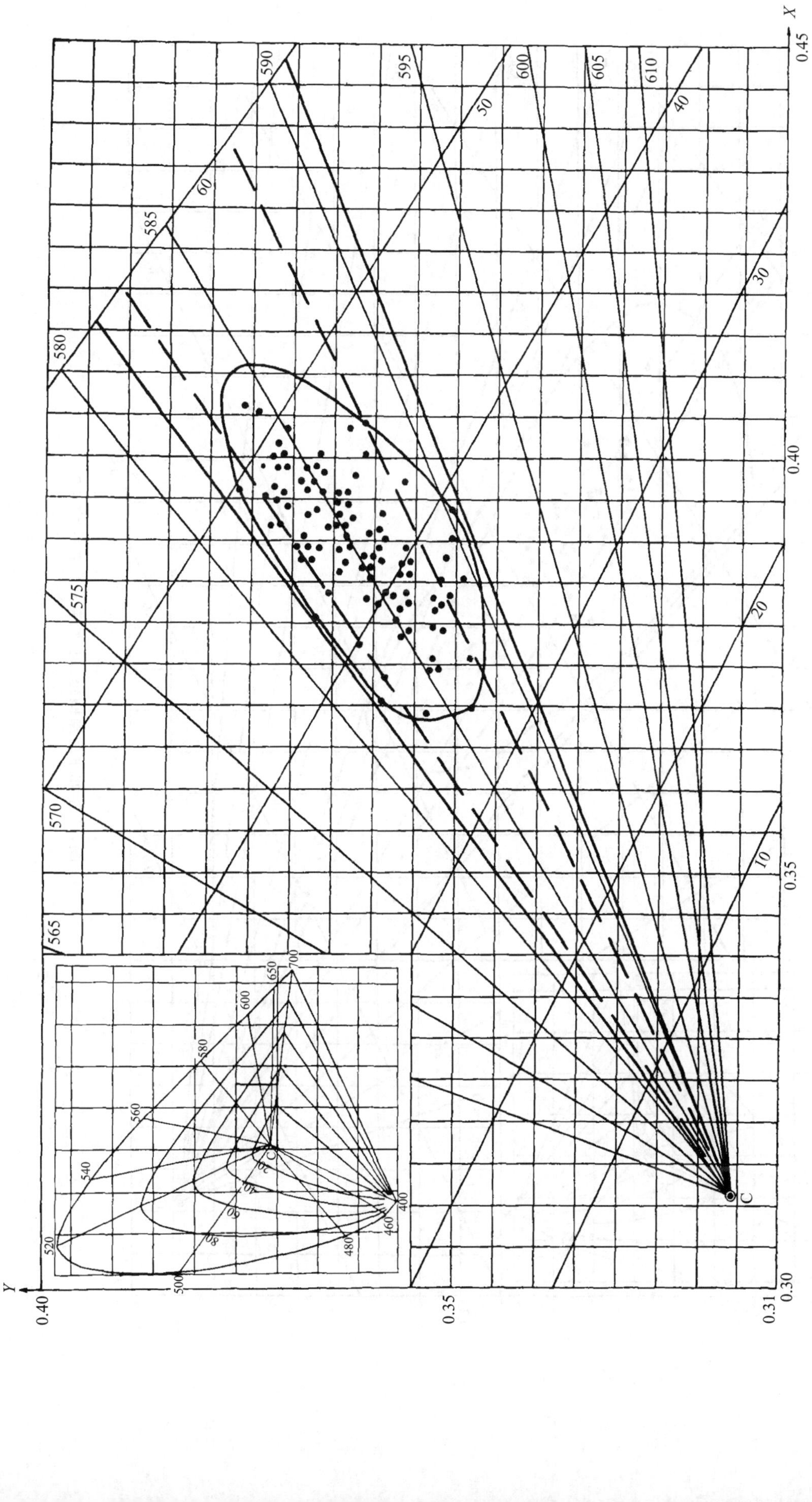

图 7 华北平原第四纪沉积物第Ⅲ颜色组合坐标

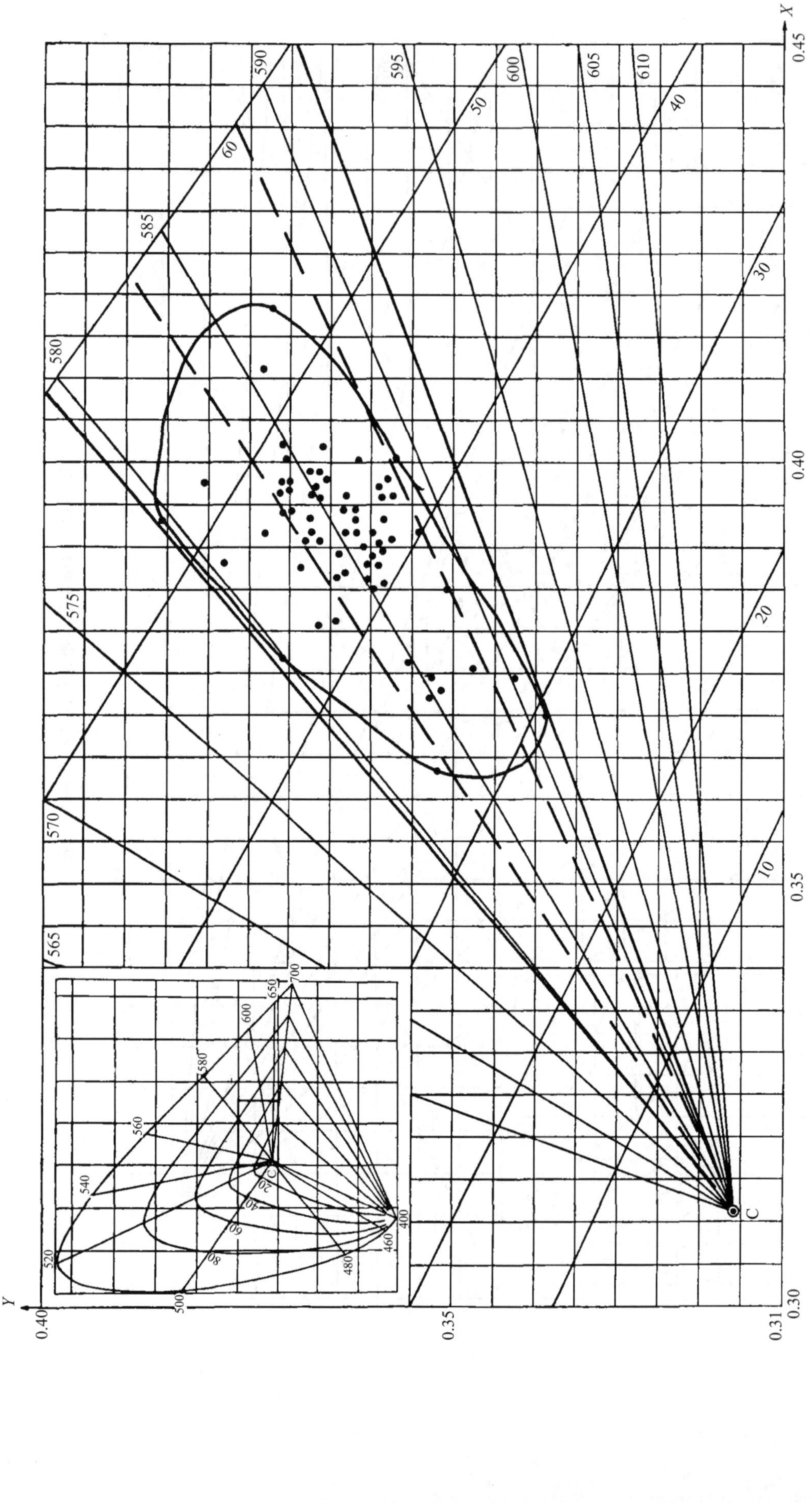

图 8　华北平原第四纪沉积物第Ⅳ颜色组合坐标

（2）图6为第II颜色组合，这组沉积物所包括样品的颜色波长是在581～592 mμ之间，其中绝大多数标本的颜色波长在583～586 mμ之间，颜色纯度主要为45%～50%左右，可简称此层为棕黄色堆积层。

（3）图7为第III颜色组合，包括的样品的颜色波长在582～591 mμ之间，多数标本颜色的波长在585 mμ左右。与上面的第II层相比，沉积物多具有更多的橙红色色调，可称此层为橙黄色层，颜色纯度为40%～50%左右。

（4）图8为第IV颜色组合。这一层沉积物颜色的波长多在580～592 mμ之间，与上面的第III颜色组合不同。并且这一层常夹有一些蓝灰色、灰绿色或棕褐色色调的夹层，这些个别标本在颜色坐标图上未予表示。根据这些特点，可简称此层为杂色堆积层。

分析几个沉积物颜色组合的颜色特征，可以看出从上向下几个沉积物颜色组合在很大程度上有其相似之处，所处的波段非常相近，但不同组合常具有虽然数量不大但有特殊代表意义的颜色变化层次，在划分组合时对它们应予以特别注意。

这样通过光电型光度计的测定和沉积物光谱亮度曲线图、岩芯剖面的沉积物颜色变化曲线图以及颜色坐标图的绘制，以具体的数据和图表的形式，明确地反映了华北平原中部钻孔中第四纪沉积物颜色的特征和变化。

二、影响沉积物颜色变化的因素

区域普遍的岩石颜色和一较长地质发育阶段沉积物总的颜色特征一般反映着区域沉积环境、氧化还原条件、气候特点及由它们所决定的一系列化学成分和染色物质的生成和变化。因此，分析较大范围内较长的一个沉积阶段沉积物的颜色特征，可以帮助了解沉积环境古气候的变化，特别是由于第四纪时期气候的波动变化较大这一点就更有意义。此外，华北平原自新生代以来已形成了一个广阔的堆积平原地形，这里按纬度说处于同一个气候带中。按高度来说起伏甚小。按地貌和构造单元都属同一个大的单元，有着较为一致的沉积环境，因此，同一地史阶段的沉积物，从大体上说应具有同一色彩。从已有大量岩芯资料来看，平原中绝大部分沉积物以细粒物质为主。华北平原一直是较迅速地相对下沉，堆积物呈补偿性地不断填充，继之就被后来的沉积物所掩埋，与堆积同时生成的颜色易于保留下来，遭受后来的再次变化较小。这些都对反映和保留沉积时由于气候影响而生成的同生颜色有利。尤其是远离山地的堆积，由山区带给的不同时代各种岩石碎屑的影响愈远愈小，而反映沉积过程中气候条件等影响所形成的颜色则愈加显著，故从利用颜色标志来帮助了解沉积环境和古气候情况以及利用它来进行沉积物层序的划分和对比，由上述各点看来，对华北平原这一地区的第四纪沉积物来说，具有许多的客观有利条件。

但是需要指出，影响沉积物颜色的因素很多[2,7]，并且相当复杂，当利用上述测得的有关颜色特征的数据来进行这些问题的探讨时，必须注意到这一点，对影响到岩石颜色的各种因素进行一定的分析。从对华北平原各样品的分析可以看出影响沉积物颜色的主要因素有：

（1）颗粒粗细对沉积物颜色的光谱亮度有影响。一般来说颗粒粗反射率低，颗粒愈粗光谱亮度值愈小，如各岩芯中的一些砂层标本其光谱亮度皆具较小的数值。但华北平原的沉积物是以细粒的亚砂土、亚黏土、黏土为主。如对盐山地区某钻孔的颗粒分析表明，全部样品中黏土粒级、粉砂粒级占到全部岩石颗粒组分的70%～80%以上。因此颗粒粗细的影响，一般在利用所测得的数值时可以不必过多地考虑。但是，个别层次及近山区的钻孔则要予以充分注意。

（2）矿物成分对颜色的影响。若是某种有色矿物大量集中，对沉积物颜色可有很大影响[6]。分析表明石英颗粒甚多时，亮度值降低；绿帘石、绿泥石、橄榄石等多时可影响颜色坐标向绿色光谱波段方向移动；黏土百分含量加大则一般向红色波段移动。对华北平原来说，由于细粒黏土物质所占比例甚大，矿物组分对颜色的影响一般较为单一，但对个别层次，如盐山附近钻孔火山碎屑层橄榄石及灰绿色玄武岩碎屑很多；有的钻孔中砂层含黑色矿物颗粒甚多；则应予以注意。

（3）有机质含量的多少对沉积物颜色的暗淡程度有显著影响，多则黑色程度加大。但不同岩类有机质影响颜色的情况也有很大区别，有时并无恒定的关系[2]。

华北平原第四纪沉积物中夹有不少层富含有机质的淤泥层，皆呈灰黑色。对比这些层次有机质含量与颜色变化之间的关系，可以看出有机质含量的多少与沉积物颜色的亮度值呈明显的反向关系（表2）。有机质含量高沉积物颜色的亮度值小，颜色的纯度也小。

表2　有机质含量与沉积物颜色色调、纯度、亮度比较表*

样品编号	波长（mμ）	纯度（%）	光谱亮度（%）	有机质含量（%）	样品编号	波长（mμ）	纯度（%）	光谱亮度（%）	有机质含量（%）
1209	588	39	34.67	0.547	968	583	42	51.29	0.156
1223	587	27	38.90	1.880	973	585	43	54.94	0.146
1245	579	41.5	42.62	0.361	1262	584	43	50.12	0.161
917	591	33	35.48	0.221	746	585	42	52.48	0.160
955	584	43	36.31	0.236	748	587	39	53.70	0.149
938	585	41	35.48	0.232	754	587	41	53.70	0.118
963	588	37	41.69	0.216	765	586	45	54.95	0.180
987	585.5	39.5	40.74	0.234	1264	585	40	47.96	0.175
932	584.5	42	45.71	0.162	1142	586	41	51.26	0.026
966	586	39	42.66	0.160	1158	581	40.5	52.48	0.140

* 化学分析由中国科学院地质研究所十室地化组所作。

（4）对比沉积物碳酸钙含量与颜色亮度值的关系表明了碳酸钙含量加大，颜色亮度值增大，沉积物变为白色或灰白色，这对一些含碳酸钙很高的近于泥灰岩质沉积层尤为显著，纯度也加大（表3）。

表3　碳酸钙含量与沉积物颜色色调、纯度、亮度比较表*

样品编号	波长（mμ）	纯度（%）	光谱亮度（%）	碳酸钙含量（%）	样品编号	波长（mμ）	纯度（%）	光谱亮度（%）	碳酸钙含量（%）
1142	586.0	41	51.26	10.0	992	585.0	42	52.48	16.5
1139	585.0	48	51.29	15.5	1215	588.5	37	31.62	6.2
765	586.0	45	54.95	23.7	1209	588.0	39	34.67	7.5
754	587.0	41	53.70	17.5	1252	585	40	34.67	4.5
748	587.0	39	53.70	25.5	917	591	33	35.48	3.5
746	585.0	42	52.48	22.0	1260	581	42	48.98	17.0

* 化学分析由中国科学院地质研究所十室地化组所作。

（5）高价氧化铁含量是影响沉积物颜色最突出的因素。许多工作已经证明高价氧化铁是染色的最主要来源物质，它对沉积物颜色有强烈影响[7,8]。华北平原第四纪沉积物中高价氧化铁对颜色的影响，从对梅花镇钻孔若干标本的分析可以看出，在下部相当第 III 及第 IV 颜色组合的样品其高价氧化铁含量有显著的变化（表4）。一般说来，其含量愈高，红色色调愈鲜明。

表4 梅花镇钻孔若干标本高价氧化铁含量变化表*

第Ⅲ颜色组合		第Ⅳ颜色组合	
样品编号	Fe_2O_3 含量（%）	样品编号	Fe_2O_3 含量（%）
梅-35	5.98	梅-62	1.90
梅-36	5.09	梅-64	2.47
梅-37	4.87	梅-68	2.22
梅-38	3.85	梅-69	2.93
梅-39	5.96	梅-70	4.49
梅-42	5.24	梅-71	5.20
梅-43	6.63	梅-72	3.74
梅-44	4.74	梅-73	1.80
梅-45	4.86	梅-74	2.55
梅-50	5.10	梅-77	2.69
梅-51	5.10	梅-78	3.05
梅-53	6.01		
梅-56	4.81		
梅-58	5.62		

*化学分析由中国科学院地质研究所六室一组所作。

除上述各点以外，影响沉积物颜色变化的因素还有很多，例如地下水的影响等。特别是考虑到要区分对沉积物颜色产生及变化的各种不同情况时，例如对沉积物堆积时同时产生的同生颜色（сингенетичный），或沉积以后才又生成的后生颜色（эпигенетичный），以及沉积物颜色是组成物质原来即具有，又叠加在新生成的堆积物上的再生颜色（прегенетичный）的区分等问题[11]，还没有很好解决，有待于利用新的技术方法作进一步的深入探讨。

三、结　论

分析代表了华北平原疏松沉积物颜色特征的各项数据，并考虑到上述各种影响颜色变化的因素，可以看到以下问题：

（1）华北平原地区不同深度的沉积物颜色有一定的变化规律，可以划分出几个颜色特征不同的段落。高价氧化铁、有机质等含量对沉积物颜色的变化有重要的影响。而高价氧化铁，有机质含量等的变化却是受沉积环境、古气候条件等控制的。因之，沉积物颜色变化段落的划分，反映了第四纪时期沉积环境和古气候情况多次波动变迁的存在。从上述资料来看，下部的杂色堆积层（第IV颜色变化组合）中夹有不少灰蓝色、灰绿色等代表还原环境的沉积层次，反映了是驻水较多的一个时期。向上，橙黄色堆积层（第III颜色组合）沉积物的红色色调加大，高价氧化铁的含量高，反映了氧化作用更为盛行的一个沉积环境。上面的棕黄色堆积层（第II颜色组合）的颜色特点表明了色调较为单一且更偏白黄色。亮度也较高，碳酸盐含量也较高，可能反映了蒸发作用较强和较为干旱的气候条件。第I颜色组合的底部夹有机质较高的灰色堆积层，反映了这一阶段初期有较冷和潮湿的沉积环境存在过。除了这几个显著的大段落的划分，每一个段落再进一步的划分，都反映了沉积环境气候条件的多次变更。而不同阶段不同气候条件下生成的堆积物的特性如含盐量的多寡、有机质含量的多寡、泥炭层有机质淤泥层的存在及其组分特点等都直接影响着堆积物中所含地下水的水质情况。如在衡水等地根据水文地质资料上部第一含水组（约在90 m左右以上）多为咸水，而90 m左右以下的第二含水组则主要为淡水。这一点与上面对沉积环境的分析是相一致的。

（2）在纵剖面上划分出的各个沉积物的颜色组合在各不同地区的钻孔中变化排列的顺序是一致的，可以相互联系对比。这表明各期堆积在平原中普遍发育，各地皆连续有堆积物形成。同期形成的堆积遭受了当时气候条件的影响，反映到沉积物颜色的变化上，从总体上看也就具备了大体相似的色彩。当然其中个别层次的颜色可以有很多变化和特点。

由于上面提到的这一情况，对华北平原第四纪以来各地的堆积厚度这样一个向来视为困难的问题，也就可以据此得到一个较为全面的概念。从各个钻孔对不同地区沉积物颜色组合的划分和对比的资料看来，不同阶段不同地区沉积厚度有所变化，自西向东各层厚度都有逐渐加大的趋势，这反映了华北平原第四纪以来在全面总体沉降的前题下，不同地带沉降的幅度是有差异的。这一点可能提供出一个第四纪以来华北平原地区新构造运动幅度、性质及特点等方面有意义的线索和资料。

但是需要指出用沉积物颜色标志来划分对比沉积层序和决定不同沉积阶段的堆积厚度是针对华北平原这一地区特殊的地质条件而采用的。要将这几个问题解决得更好，还需要在运用这一方法的同时，尽可能地考虑已有各方面的资料，包括古生物的、矿物岩石学方面的、物探、水文地质等方面的资料综合地加以利用和论证，以补充利用单一标志之不足。

通过对华北平原钻孔中第四纪沉积物颜色特征的分析，可得出以下几点初步结论：

（1）首先要提到的是在研究方法方面的一些结果。这一工作表明，不断改善测定和研究沉积物颜色的方法，将会更多地揭露出沉积物颜色所包含的深刻内容。此外对沉积物颜色的研究可作为一个研究具有第四纪巨厚覆盖层的堆积平原地区第四纪地质问题的一个方法来看待。

（2）对华北平原第四纪沉积物颜色的测定表明一方面是它们的颜色，无论从不同形成时间上看，还是从空间分布上看都具有很大的共同性和相似性；而另一方面通过具体分析可以看出它们的颜色有着错综复杂的变化。可以划分出不同的颜色类型。又可划分出不同的沉积物颜色组合。

（3）华北平原深厚的第四纪沉积物颜色的变化无论在时间上或是在空间上都具有一定的规律可寻。在垂直方向亦即在形成时间上，它们的变化从现有资料分析可以划分出 4 个较显著的层次（若予以更细的划分有的可以划分出 8 个甚至更多的层次），各层颜色情况不同，分别代表了几个较大的自然地理条件变化的地史阶段。

沉积物颜色在水平分布上的变化较小，但亦有一定规律，自西向东反映了各个不同时代沉积碎屑对颜色影响的逐渐减弱和不同沉积环境下不同成因类型堆积物颜色变化组合的变化。

（4）平原内第四纪沉积物颜色的变化和华北平原附近山区以及山麓地区第四纪不同阶段沉积物颜色的变化情况可以对比。这反映了不仅在山区，而且在平原地区同样遗留下了不同阶段自然地理条件特别是古气候因素影响的痕迹。

（5）对影响沉积物颜色变化的因素的分析，可以帮助了解过去自然地理条件的状况。华北平原中这些方面的资料的分析也表明了第四纪时期华北平原地区几个显著的气候波动阶段的存在。

（6）对沉积物颜色变化的分析，可作为划分和对比岩性地层的标志之一来加以考虑。并可利用它取得了解水文地质条件、含水层组划分及其特征等方面的参考资料。

这一工作主要叙述了华北平原（主要是中部地区）第四纪沉积物颜色特征及其所具有的地质意义。除了对这一课题研究方法的探索以外，它还涉及了华北平原第四纪沉积的分层对比等问题，提供了一些线索和资料。但是无论在测定方法上、对影响沉积物颜色变化因素的分析上、对各种颜色变化所具有的地质意义的分析上以及对颜色变化分层分组，更细致地划分和对比等方面都还存在许多问题有待于作进一步的深入探讨。

参 考 文 献

［1］刘东生、刘敏厚、吴子荣、陈承惠，气候标志及中国第四纪地层的划分，中国地质，1962，No. 6。

［2］熊毅，土壤颜色之研究，地质论评，1937，Vol. 2，No. 2。

[3] 姚足金，中国黄土类土岩性的形态分析，地质论评，1963，Vol. 21，No. 2。
[4] Данчев，В. И.：Об интерпретации данных литологического исследования осадочных пород. Изв. АН СССР, Сер. Геол.，1946，No. 5.
[5] Вистелиус А. Б. и Ярославская Н. Н.：Основные черты цветовой характеристики песчаноалевр-итовых отложений терригенного мела Закаспия. ДАН СССР，1954，т. 95，No. 2.
[6] Романова М. А.：Определение типового состава песчаных Отложений с воздуха по ихспектраль-ной яркости. Ленинград，1962.
[7] Романова М. А.：Вопросы геологической интерипедации фотометрнческих своиств горны-х пород（На примере изучения осадочных отложений Западной Туркмении）Труды Лаб. аэрометодов，1959，т. 8.
[8] Гао Вын-шюэ：Цветовая характеристика юрских отложении северной ферганы. ДАН СССР，1960，т. 134，No. 6.
[9] 丁国瑜、高维明、黄述银、吴裕文，第四纪沉积物颜色的测定方法及其应用，科学通报，1964，No. 4。
[10] Гуревич М. М.：1950，Цвет и его измерение. Нзд. АН СССР.
[11] Наливкин Д. В.：Учение о фациях. 1956，т. I，стр. 144～148.

第四纪沉积物颜色的测定方法及其应用*

一、测定方法概述

我国不同地区不同时代的第四纪沉积物颜色有着极为明显的特征，这一点早已为许多人注意到了。不少第四纪沉积物以颜色命名，黄土、红土、红色土等名称的产生就是这一点的反映。可是目前对第四纪沉积物颜色本身所具有的深刻意义研究得还很不够。探讨这一课题，首先遇到的就是如何完善测定沉积物颜色的方法问题。地质学中对岩石、土体颜色的测定方法很多。不少人利用标准色谱来比较和决定颜色名称①。这一方法经济易行，故现在仍广泛地被应用着。但它不够精确，除了色谱本身的问题，各人的辨色力不同，易有主观成分在内；且不易得出定量的概念。

近年来应用光度计（如浦式光度计或苏联制ΦM－2 型光度计）来测定沉积岩颜色的工作已逐渐加多，并已获得了许多有意义的结果[3~7]。浦式光度计或ΦM－2 型光度计主要由三个部分组成：①镜头，包括目镜、镜筒、光圈及调整螺旋、两个接物镜和在接目镜下面装有带 11 块不同波长滤光片的镜轮；②带有载物台的座架；③特种照明灯。此外附有变压器、重晶石标准白板、比色皿等。浦式或ΦM－2 型光度计为目视型光度计，由于是由测定的人用目力来比较判断，其缺点是测定大量标本时视觉容易疲乏。欲得出精确的结果，每个样品最好反复测量多次，并以在暗室进行为宜。测定时还要使眼睛有 3～5 分钟的时间适应这种色光后，才可开始读数。此外这种光度计易因观测人目力不同而影响测定结果，因此，有改进的必要。

为了克服上述缺点，我们采用了光电型光度计（如反射光谱光度计）进行了第四纪沉积物颜色测定的实验。光电型反射光谱光度计有两个主要部分：①电流计，包括光点反照式电流计、电源开关、调节器、稳压器等；②测量头，其中装有光源、棱镜、配有 9 块不同波长滤光片的镜轮、光电池。并附有测定标准用的重晶石白板。从光源发射而又被测定样品表面反射出的光束通过滤光片反射到光电池上，即将光能变成电能，用电流计指示出样品的亮度系数。这样获得有关沉积物颜色组成的数值就更精确，可避免上述目视型光度计的缺点。

要测定第四纪沉积物以及其他疏松土体的颜色时，首先从剖面或钻孔岩芯中逐层采样。每个样品所需数量大约 10～20 g。把样品放在乳钵里研磨至粉末状，为使粒度均一而不致于影响测定结果，可把它们过筛（筛径 0.1 mm，由微细颗粒组成的样品可不过筛）。由于湿度不同沉积物颜色会有较大变化，应将样品烘干。这样作都是为了使被测样品皆处于相同条件下。

利用目视型光度计测定时，将装样品的比色皿及标准白板分别置于两个物镜下边，二者的顶面要位于同一高度。通过调整光圈的大小来比较测定样品在不同波长滤光片下的光谱亮度值。将所得到的数值移至以横向表示波长、纵向表示亮度值（以反射率来表示）的坐标图上，把各点用线连接起来，就得到了反映该样品颜色的亮度曲线。

用光电型反射光谱光度计测定颜色时更为简便，而且无上面曾提及的各种缺点。使用时将仪

---

* 本文原刊于《科学通报》，1964，No. 3，1～4。作者：丁国瑜　高维明　黄述银　吴裕文。

① 如 Ostwald W.，Hutton J. G.，Mansell A. H. 等人编制的色谱。土壤学家熊毅、侯光炯制订的中国土壤颜色的标准及色谱（1937）[1]，以及 1957 年中国科学院编译出版委员会编印的“色谱”[2]等。

器置于稳定处，以免由于震动影响测定数值。接通电源，调整电流计上光点，使位于刻度 0 处。然后将滤光片镜轮转至第 1 号滤光片，接通测量头的电流，用电流计顶部的控制钮将光点对准零点。把测量头的开孔放在标准白板上，旋转电流计前侧控制钮，直至电流计上获得与该标准白板反射值相同的数值。这时将样品置于测量头下，记下电流计上的数值，即样品在该滤光片下的亮度系数。然后更换滤光片，同样的做法得出对这一滤光片的亮度系数。如此依次更换其他滤光片进行测定。最后将得到的各亮度系数值点在上述的坐标图上，将各点连起，即得出反映该样品颜色特点的光谱亮度曲线。

二、应用实例

可以以不同方式在下列几个方面利用光度计来定量地研究第四纪的沉积物以及其他岩石土体的颜色特征：

（1）得出的光谱亮度曲线提供了有关该样品颜色完整的数据。不同颜色的沉积物具有不同的光谱亮度曲线型式。图 1 是我国第四纪沉积物中几块不同沉积类型标本的颜色光谱亮度曲线，它们的起伏不同，形式各异。每一曲线上不仅以最高峰标出了该样品的主要色调，而且曲线还反映了该样品在光谱上色彩分布的完整资料。

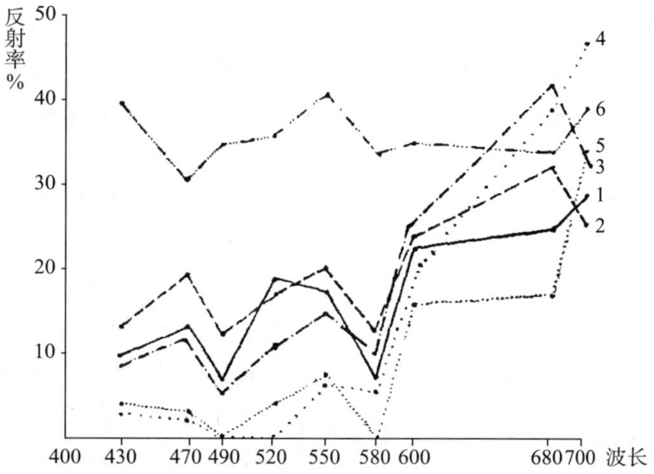

图 1　几块不同类型第四纪沉积物标本的颜色光谱亮度曲线

1. 古土壤（陕西洛川离石黄土下部）；2. 马兰黄土（陕西洛川）；3. 残积红土（贵州贵阳石板哨）；4. 网纹红土（湖南长沙白沙井）；5. 红土（海南岛福山）；6. 亚黏土（河北泥河湾黑台子）

（2）按照国际照明委员会的规定，每种颜色可根据亮度值换算成三色系数 x、y、z，有时可只用 x 值来表示，这样可更简便地以数值反映颜色特征[8]。不同颜色的沉积物其三色系数不同。表 1 列出了一块马兰黄土标本的光谱亮度值及三色系数的换算。

目前已有不同型号的光电型光度计可直接测得 $\bar{x}$、$\bar{y}$、$\bar{z}$ 值①。这大大地简化了繁复的计算过程。

① 如英国的 EEL 型反射光谱光度计；日本的 AU－CH－I 型自动测色色差计等。

表 1　马兰黄土标本的光谱亮度值及三色系数的换算

样品编号	滤光片		光密度（Dr）	亮度（ρ）	$\bar{x}lC$	$\bar{y}lC$	$\bar{z}lC$	$\rho\bar{x}lC$	$\rho\bar{y}lC$	$\rho\bar{z}lC$	$\Sigma\rho\bar{x}lC+\Sigma\rho\bar{y}lC+\Sigma\rho\bar{z}lC$	x	y	z
	片号	波长（mμ）												
	1	430	2.87	0.135	2.9913	0.1225	14.6019	0.4038	0.0165	1.9713				
	2	470	2.71	0.195	2.2878	1.0605	15.0550	0.4461	0.2068	2.9357				
62H－37	3	490	2.91	0.125	0.3639	2.3591	5.2789	0.0455	0.2949	0.6599				
马	4	520	2.77	0.170	0.5752	6.4491	0.7140	0.0978	1.0963	0.1214				
兰	5	550	2.69	0.205	4.2833	9.8343	0.0860	0.8781	2.0160	0.0176	16.0876	0.2973	0.3479	0.3549
黄	6	580	3.00	0.090	8.4141	7.9897	0.0147	0.7573	0.7191	0.0013				
土	7	600	2.65	0.225	8.9536	5.3157	0.0067	2.0146	1.1960	0.0015				
	8	680	2.49	0.325	0.3657	0.1329	0.0000	0.1189	0.0432	0.0000				
	9	700	2.59	0.255	0.0806	0.0290	0.0000	0.0206	0.0074	0.0000				

注：表内 lC 值见参考文献［8］。

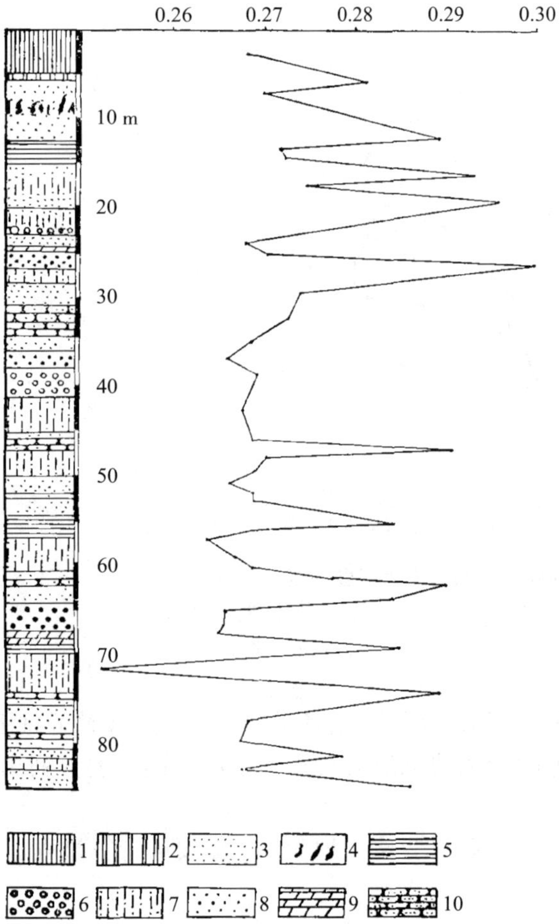

图 2　河北泥河湾黑台子附近剖面及沉积物颜色变化曲线

1. 黄土状土；2. 棕红色黄土状土；3. 粉砂层；4. 钙质结核；5. 黏土；6. 砾石；7. 亚黏土；8. 细砂；9. 泥灰岩；10. 钙质胶结砂岩

（3）用代表颜色的三色系数作出剖面或钻孔柱状图的颜色变化曲线图后，可以根据这种图件了解沉积物在纵向上颜色的变化，并可借助于曲线的转折变化进行分层及对比的分析。图 2 是泥河湾附近第四纪沉积物的一个剖面。右侧是将代表 44 个标本颜色的 x 值连起来而得出的颜色变化曲线。从曲线上显然可以划分出有颜色显著变化的 3 个层次。

（4）以“色调”及“色的纯度”来表示颜色比之用三色系数要明确得多。对一个样品来讲是把它的 x、y 值点在通用的颜色坐标图上，再把此点和坐标图上 C 点（光源）连起并延长交于颜色轨迹线上，交点处的波长λ即其主波长，亦即其色调。纯度是以该点到 C 点与 C 点经该点到颜色轨迹线上交点的距离之比来度量（图 3）。

对一颜色相近的沉积层来就，可用同一方法将该层各样品 x、y 值点在坐标图上，然后圈定出其分布范围，近似地把它以一个点来看待，而获知该层总的色调及纯度。如图 3 上表明上述泥河湾剖面上部总的色调是指向 560 mμ波段，为驼毛黄色色调。中、下部又各具不同色调。

第四纪沉积物的颜色是反映其形成环境的标志之一；另一方面它又受着许多因素的影响，如粒度和矿物组成，化学成分如氧化铁、腐殖质，碳酸钙含量，沉积物结构，外界光线、湿度等都影响到颜色的变化。特别是高价铁、腐殖质有着强烈的影响。对于这些因素虽已有不少人进行过

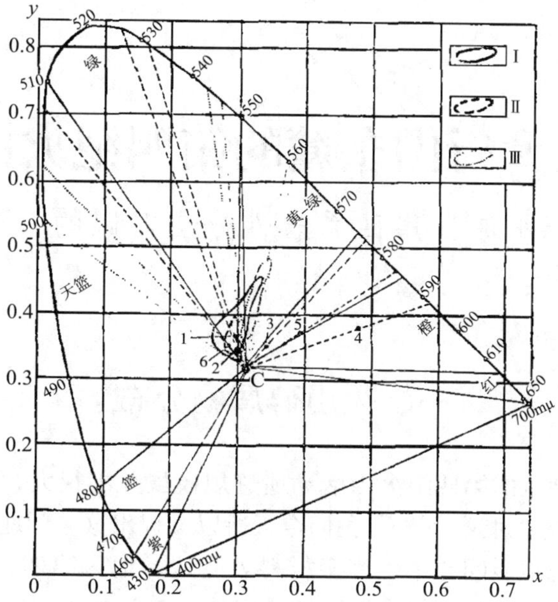

图 3　*xyz* 系统颜色坐标

Ⅰ河北泥河湾黑台子剖面下部；Ⅱ河北泥河湾黑台子剖面中部；Ⅲ河北泥河湾黑台子剖面上部

1～6 标本地点，见图 1

专门的分析，但还存在着不少问题有待进一步的探讨[1,5,7]。

我们利用这一方法对第四系堆积很厚的华北平原的一些钻孔岩芯进行了颜色的测定和对比工作，获得了一些初步结果。工作结果表明：对第四纪不同阶段的沉积物进行定量的颜色测定和研究，同时深入分析影响颜色的各种因素，对阐明第四纪沉积物的形成环境，古气候变化等可提供一定的资料和线索。同时利用颜色标志对解决堆积平原地区岩性地层的划分和对比、划分沉积阶段、确定沉积厚度，进而帮助了解水文地质条件以及构造沉降与沉积补偿间的关系等平原区新构造问题都有一定的意义。

进行试用这一方法的过程中，曾得到卢广铨工程师的协助；高文学同志向我们交流了自己在这方面的工作经验，在此一并致以谢意。

参　考　文　献*

[1] 熊毅，地质评论，1937，2，1。
[2] 中国科学院编译出版委员会，色谱，1957。
[3] Данчев，В. И.，Изв. АН СССР，сер. Геол.，1946，5。
[4] Вистелиус А. Б. и Ярославская Н. Н，. ДАН. СССР，XCV，1954，2。
[5] Романова М. А.，Определение типового состава песчаных Отложений с воздуха по их спектрально-й яркости. Ленинград，1962.
[6] Гао Вын-шюэ，ДАН СССР，1960，134，6.
[7] Романова М. А.，Труды Лаб. Аэрометодов VIII，1959.
[8] Гуревич М. М.，Цвет и его измерение. Нзд. АН СССР，1950.

* 本文参考文献的著录格式原文如此。

河北平原及太行山东麓的第四纪火山碎屑堆积

——堆积平原区第四系岩性分层对比的一个标志*

一、火山碎屑物分布

河北平原及太行山东麓地区的第四纪火山活动遗迹规模虽并不很大，但分布地点不少。以前亦曾有很多人对个别地点进行调查和讨论[1~5,8]。我们今天所以又提出这一问题的目的是由于在探讨华北平原及其边缘一带的一些第四纪地质问题中，许多材料表明这一地区第四纪以来的火山活动是多次的。而各次火山活动皆遗留了带有一定特色的堆积物，特别是火山灰等碎屑物质随着火山的喷发活动可扩散到相当大的范围。在世界不少地区曾有人利用火山灰层作为对比地层层位、古地形面、古地理环境的依据和标志，并得出了有意义的结论。对华北平原来说，我们觉得由于有多次的火山活动和沉积物的迅速掩覆，若研究划分第四纪火山活动的阶段，并分析各阶段活动产物的特征，利用这些资料在一定区域内作为对比和划分第四系的标志之一是完全可能的。这一点对于具有巨厚沉积的堆积平原地区地层划分和对比尚未解决，需要找寻出更多更好的第四纪地层划分对比标志的情况下，以火山灰层、火山碎屑层等作为标志之一，在对平原地区大量钻孔岩芯进行岩性成分的研究时加以利用，是一个值得注意的问题。

太行山东麓地区有新生代晚期火山活动的地点较多。就现在已知的有沿滹沱河井陉南之雪花山玄武岩和微水秀林东山、红土瑙、庙瑙一带分布的玄武岩，临城竹壁蛤蟆桥之玄武岩、汤阴南淇河黑山头及附近鹿楼等六七个地点出露的玄武岩，武安阳邑及北部的南口、长辛店以及稍远山地内部的山间盆地（如蔚县盆地、阳原盆地、大同盆地等）出露的较新玄武岩等。在河北平原内部有火山活动的地点主要分布在东部濒临渤海的黄骅、无棣、盐山附近的大山和小山一带。据对这一带钻孔岩芯等资料的分析，这里还有数期数层被掩埋了的火山岩及火山碎屑层的分布。

根据对一些有火山活动遗迹地点的观察和对钻孔岩芯材料的分析，按照前面说过的意图，我们就这一地区第四纪火山活动的阶段和各期火山堆积物特点的问题提供一些资料①。

二、有火山活动地区的地质概况

（一）汤阴西南淇河黑山头玄武岩

在浚县庞村鹿楼一带分布有平铺于侵蚀残丘顶部的玄武岩七八处，玄武岩厚度由数米到一二十米不等，从产状和所处的地貌部位看，显系同期形成的。在玄武岩流的下面有可能属下更新统的黄色亚砂土亚黏土、砂砾石层及第三系的砂岩砾岩和火山砂砾层，而属于中更新统的棕紅色亚砂土等堆积皆保存于玄武岩被切割后的地形上，故这一期玄武岩的喷出时期可能在早更新世晚期至中更新世之间。

---

* 本文原载于《第四纪地质问题论文集》，科学出版社，1964，151～164。作者：丁国瑜　高维明。

① 在工作中曾参阅和利用了河北省地质局水文地质工程地质大队的许多钻孔岩芯资料，并得到了队上同志的大力协助，在此表示感谢。

在庞村西北黑山头一带玄武岩出露保存较好。黑色致密玄武岩成厚层状或薄层状产出，厚层者局部发育有完好的柱状节理，在淇河左岸的一个剖面上可看到二层浮石和多气孔玄武岩层，浮石新鲜者呈黑色，有的风化成暗紅色。在玄武岩与下伏黄色砂砾石层的接触处有一被烘烤层和下伏岩层物质与浮石、玄武岩块等混杂的块集岩层，厚 0 ～1. 5 m。玄武岩的下伏古地形在这一带有较大的起伏，有的玄武岩是位于古老的平坦地形面上，被切割后现在成顶盖式残留，有的地方玄武岩则是填充于古老的谷地中，老的谷坡坡度局部达 30°（图 1）。

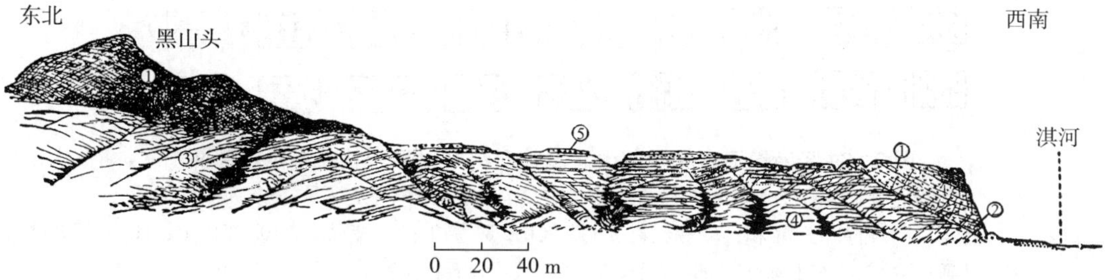

图 1 汤阴西南淇河左岸黑山头附近第四纪玄武岩产状素描

①玄武岩；②火山碎屑层；③夹火山砂砾层的砂砾岩系（Tr?）；

④黏土、砂砾石层夹有泥灰岩层（N－Q_1?）；⑤砾石层

在黑山头一带玄武岩下面是有砂砾石层存在时，则在砂砾石层中滚圆很好的石灰岩砾石表面常形成有由于玄武岩溢流时烘熔挤压而造成的擦痕。

在这一期玄武岩下伏的第三系是一组灰黄色砂岩、粉砂岩和灰绿色的火山碎屑层，偶夹灰白色薄层泥灰岩，含有古脊椎动物化石。其中灰绿色的火山砂砾常组成数十厘米至一二米厚的层次，在砂砾层中也常夹杂有很多的火山碎屑物质。在黑山头西侧名士沟中这一组砂砾岩中还有玄武岩贯穿的小脉、薄层岩床以及玄武岩与砂砾混杂的层次，岩层亦多有受到烘烤挤压褶曲等现象，说明了更早一期火山活动的存在。

在黑山头附近小屯、鹿楼等地的玄武岩，有的残留于小丘顶部，有的是沿基岩裂隙冲出部位的残留，规模皆不很大。

（二）井陉雪花山玄武岩

玄武岩呈山顶残留覆盖状，厚 0 ～40 m。玄武岩底部有一砂砾石层时隐时现、断续出露，并不到处存在。有时玄武岩与石炭二叠纪煤系之砂页岩直接接触，有时砂、砂砾石层成一谷槽状存在于玄武岩与下伏基岩之间。砂砾石层成分主要为红色黏土与砾石混杂，砾石成分有石灰岩、粉砂岩、石英砂岩等，有受挤压破碎之现象。石灰岩砾石表面常有被砂粒刻划的痕迹，为玄武岩溢流时在高温高压下挤压所成。有时为红棕色砂层或由钙质及红色砂胶结的砾石（图 2）。

1930 年王竹泉曾研究雪花山的玄武岩及下伏砂砾石层[1]，并提出其时代按地貌部位等看可能属上新世，对在砂砾层中所发现化石，秉志加以研究后提出亦同意地质上的推断[7]，考虑到在后来我国对上新世部分地层相当维拉弗朗期的泥河湾层改划入下更新统的变化[6]，这一期玄武岩的喷发活动应在上新世之后第四纪的初期。

玄武岩已被切割呈残留状，在切割玄武岩后的地形面上有时有强烈的风化痕迹。

（三）庙瑙山玄武岩

位于井陉县东，玄武岩残留于甘陶河与绵河间平缓丘陵状分水岭上的一个小山上，比周围几乎等高之小丘稍高，高出绵河河床约 110 m。庙瑙山主要由石炭二叠纪煤系砂页岩所组成，玄武岩残留平

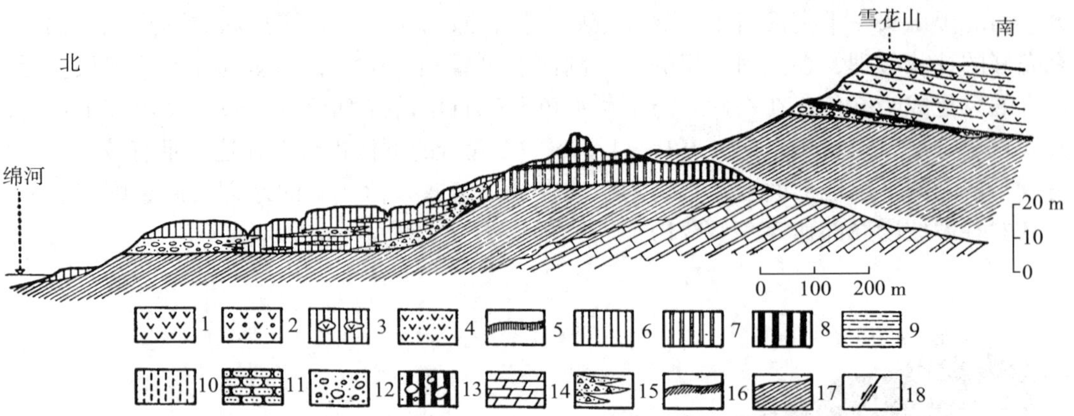

图2　井陉南绵河右岸雪花山北坡第四纪堆积物产状关系示意剖面

1. 致密玄武岩；2. 浮石及多气孔玄武岩；3. 块集状火山碎屑层；4. 凝灰火山砂层；5. 熔岩烘烤层；6. 棕黄色黄土类堆积；7. 棕红色黄土类堆积；8. 黏土；9. 亚黏土；10. 亚砂土；11. 砂层及砂岩；12. 砂砾石层；13. 红土砾石层；14. 泥灰岩；15. 坡积碎石；16. 古土壤层；17. 基岩；18. 断裂

覆于山顶，厚数米至十余米，出露甚好，节理发育，气孔多有拉长现象，并有一定排列，显示了岩流的流动状态。玄武岩下有砂砾石层及亚黏土层，被玄武岩烘烤现象及挤动现象极清晰，局部有小的褶曲断裂，有的小断裂通过砂砾石层后并延伸通过玄武岩，错距一二十厘米。显示了喷发后稍后期的破裂活动。玄武岩与棕红色亚砂土及亚黏土接触面之间时夹有凝灰质砂层，并混有浮石碎块等，呈块集岩状。这一层的存在说明玄武岩大量溢出前已有前期喷发活动，黏土多被烘烤成砖红色、巧克力色及粉红色。玄武岩层中时夹有黏土小透镜体，砂砾岩层中砂石有的风化强烈，砾石成分主要为砂岩、粉砂岩、石英岩、石灰岩等。砾石滚圆不一，大多完好；大小分选不一，直径 1～40 cm 者皆有，但以 4、8、10 cm 者居多。石灰岩砾石表面多有清晰的擦痕，这一现象在庙瑙山连续的几个小山顶的玄武岩下的砂砾层中皆可看到，尤以东坡的一个剖面中的最好。该处玄武岩下伏的红色黏土及亚黏土与砂砾石混杂，其中的石灰岩砾石表面有玄武岩溢流时，在高温高压下挤压和被砂等擦磨刻划的条痕极多（图3）。

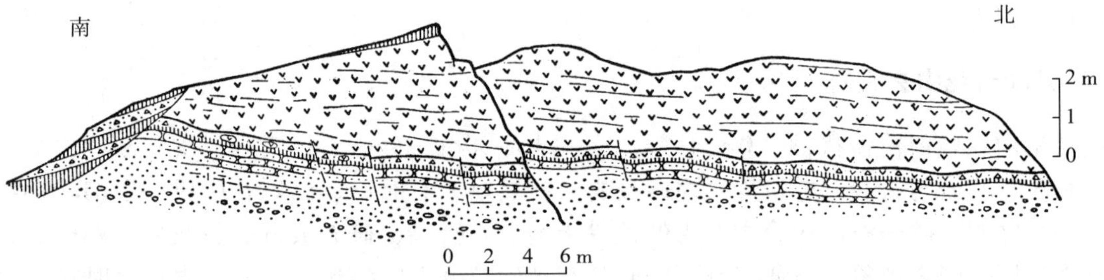

图3　井陉东庙瑙山玄武岩产状示意剖面（图例同图2）

（四）红土瑙山玄武岩

红土瑙亦为井陉东甘陶河与绵河间分水岭上的一个小山，高出绵河河床约 100 m。主要由奥陶系石灰岩组成，残留平覆于山顶的玄武岩厚度不过数米，玄武岩下亦有被烘烤之棕红色砂层和砾石层出露，与玄武岩的接触面处有被推挤的玄武岩碎块及亚黏土等混杂层断续存在，玄武岩呈薄层及厚层块状。垂直柱状节理系统及平行层面的节理组很发育。玄武岩下伏之砂及亚黏土层被烘烤现象显著，有的呈褐红色，黏土有的局部呈粉红色及淡紫红色，距接触面约 1 m 以下、砂层固结较好，被烘烤现象减弱，呈灰黄色或棕红色。再向下又见灰黄色及棕红色之疏松砂层并偶夹有小砾石。从岩性看此砂砾石层极似寿阳盆地等处泥河湾期底部的堆积。玄武岩及砂砾层成整合之波状起伏，与接触面层理皆一致，从节理发育情况及玄武岩层、亚黏土、砂砾层等变动情况看，显系喷发溢流时地面波动或被玄武岩流推挤所致（图4）。

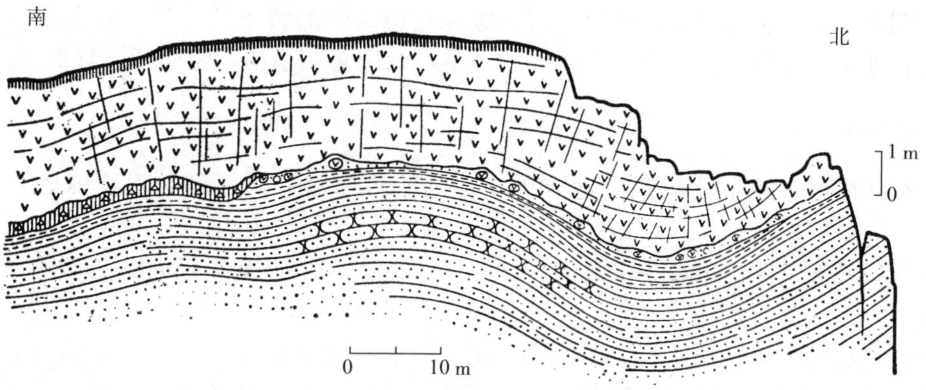

图4　井陉南张村间红土瑙玄武岩剖面（图例同图2）

（五）微水秀林东山玄武岩

位于微水西翟家庄车站秀林东山一带，玄武岩零星残留于甘陶河右岸平顶山山岭之顶部，高出河床约80 m。此一带小山由奥陶系石灰岩及石炭系古风化壳铝土页岩系组成。小山顶为一平整的古夷平面，在玄武岩与此夷平面之间有一红色黏土砾石层及红色砂及亚黏土层存在。红色黏土砾石层，岩性特殊，红色黏土中夹杂有分选较差但磨圆较好的大小砾石，砾石中石英砂岩的巨砾大者可达1 m上下，红色黏土砾石层在这一带厚0～4 m不等，其上部有一厚3～4 m的红色砂及亚黏土层，在与玄武岩接触处有明显的烘烤现象，红色砂层中偶夹小砾石及小钙质结核，并有黏土呈小团块状或扁片状存在（图5、6）。

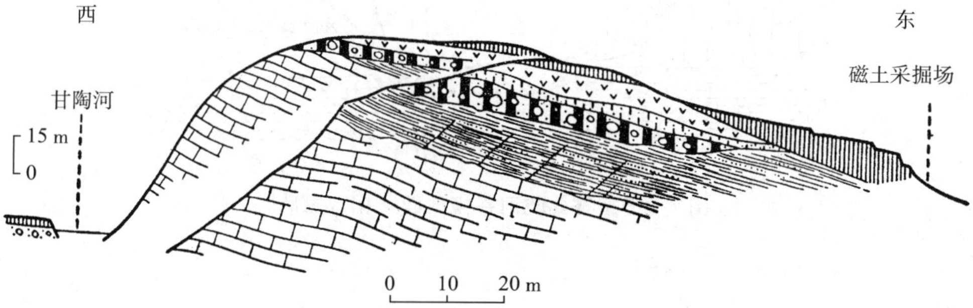

图5　翟家庄秀林东山南侧剖面（图例同图2）

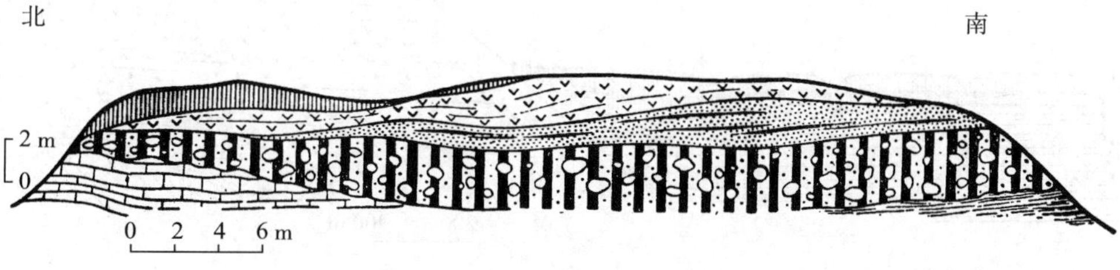

图6　翟家庄秀林东山西侧剖面（图例同图2）

上述雪花山、庙瑙、红土瑙、秀林东山各处之玄武岩皆系同一时期火山活动的产物，都明显的位于一古老的夷平面之上。在这一夷平面与玄武岩之间有一组相当于第四纪最底部的砂砾石层以及凝灰质砂层断续存在岩层，其底部为红色黏土砾石层，上部有红色棕红色黄色之砂、亚砂土、亚黏土层，上覆之玄武岩上除极薄之浮土外，皆未见较厚之后期堆积物覆盖。较新之沉积有相当于寿阳盆地中下更新统泥河湾期堆积的砂层和中更新世带有古土壤棕红色条带的黄土状亚砂土亚黏土层皆内叠于玄武岩被切割后的谷地中。故根据此区玄武岩所处的位置可确定它们系第四纪初期即早更新世初期的产物。

（六）其他地点

在太行山东麓南段，除上述的几个地点外，在临城竹壁蛤蟆桥、武安阳邑等地亦有火山活动的遗迹。

在太行山北段及北京西山山麓一带的南口和长辛店附近，关于第四纪火山活动的遗迹亦有过一些报道。

在进入山区稍远的山间盆地地区，如大同、阳原、蔚县等盆地中有近期火山活动的遗迹则是久为人知，并已进行过很多研究工作了，资料较多不再赘述[4~5]。这一带的火山活动是多期的。玄武岩及火山碎屑层分别见于泥河湾层的底、中上部以及中上更新统黄土状堆积中和全新统次生黄土层中（图7）[5]。更早一些的火山活动见于阳原盆地中阳原城西北泥河湾期堆积之前，第三纪的玄武岩形成较大片的玄武岩台地，最厚处达100m。在乔良水、石宝庄一带有多层浮石状玄武岩与致密的玄武岩层交互出现，且玄武岩中有的层次成微角度的斜交不整合状，反映了数次的喷发活动。泥河湾层堆积形成于这一组火山岩被切割后的湖盆中。在边缘地区玄武岩被切割冲刷的次生岩碎屑则见于泥河湾期堆积之中或覆于其上（图8）。

在蔚县盆地北水泉一带有零星的火山岩，则系第四纪以前更老的喷发产物了。

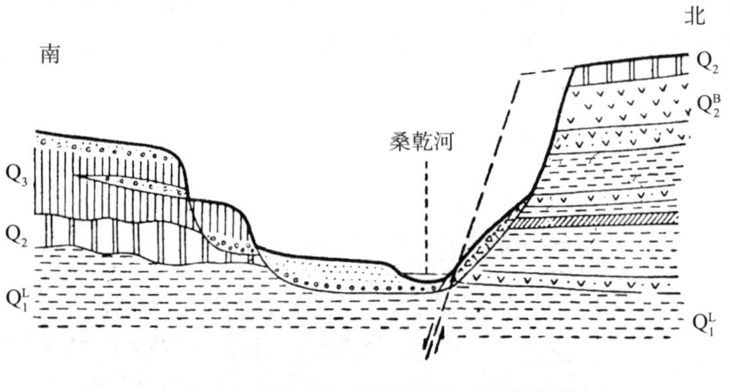

图7　于家寨桑乾河谷横剖面（据曹家欣）

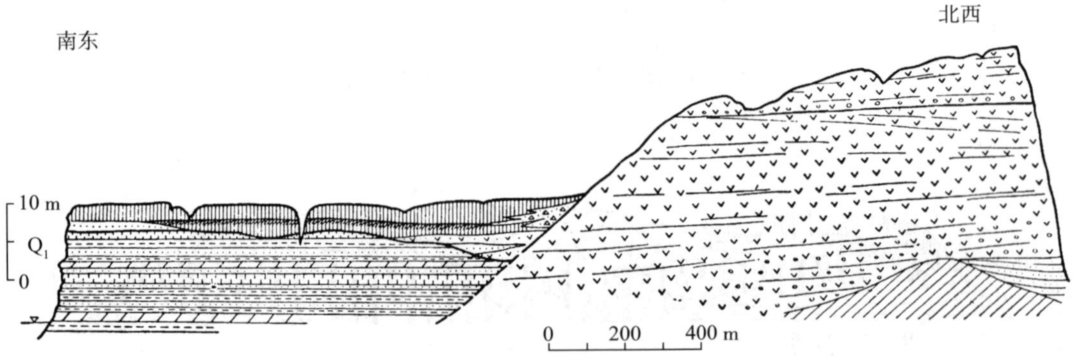

图8　阳原盆地西北侧乔良水至西目莲一带示意剖面（图例同图2）

（七）平原地区

河北平原边缘山地第四纪火山活动遗迹的分布地点较多，而平原中有第四纪火山活动的地点现在已知的仅在东部滨临渤海的黄骅、无棣一带。在这一带除了有几处地面上可看到的火山遗迹如大山、小山等外，实际上在地下已被新的疏松沉积物掩埋了的火山岩及火山碎屑物质分布相当广泛，不少水文地质、石油勘探的钻孔中都有它们的发现。地球物理工作用重磁力异常可以与邻区分开来，亦提出对这一带火山岩及火山碎屑层广泛分布的推断。因此对这一带地区在大地构造上有人称之为“无棣火山活动带”。

（1）小山：小山是在平原上孤零零的一个火山穹丘，位于黄骅县城东南 32 km，高出附近平原面 36 m。小山的一端呈圆锥状，全系由大小不等的火山碎屑物质组成。火山锥顶部分由火山砂砾组成，厚达20 m。在火山锥的四周，相当火山锥顶部的下面为薄层灰黑色火山粗砂层混杂有黄褐色黏土类物质，层理清楚，每层厚 2 ～8 mm；其下为灰黄色粉砂质火山碎屑层，其中可见黑色玄武岩砂粒及黄绿色橄榄石矿物晶体，具水平薄层理；再下有块集状黑色粗粒（粒径 2 ～6 mm；个别达 2 ～3 cm）火山砂砾层，并混杂有黄白色粉砂岩碎块，具交错层理，下部有一胶结较好的黄色砂层，其中玄武岩块粒等火山碎屑排列成明显的层理，这一层下面为黄色凝灰质细砂岩层，亦夹有玄武岩砂粒及橄榄石晶体，排列成微细层理及交错层理或成凸镜状；再向下已被掩埋，依据附近新掘水井资料，向下面有5 m厚胶结较好的火山粗砂砾层并夹有一厚 20 cm 的玄武岩层；再向下就是组成广大平原的黄土状沉积层了（图 9）。

从小山的剖面可看出这一期火山活动的产物已被不厚的沉积物掩埋，仅火山锥部分高出地面。覆盖火山活动产物的沉积物在岩性上看为黄色灰黄色亚黏土、亚砂土等，有时下部有灰黑色富含有机质的淤泥、砂层等，相当于河北平原上富含有机质淤泥或泥炭的全新世堆积层，故小山的喷发时期，当在马兰期与全新世堆积之间。

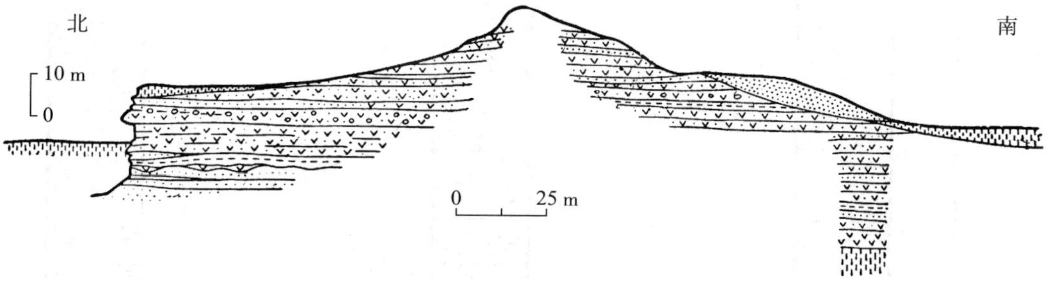

图 9　黄骅县东南小山示意剖面图（图例同图 2）

（2）大山：大山位于无棣县城北（东经 117°35′，北纬 38°10′左右），为一主要是玄武岩组成的圆锥状火山穹丘，高出平原面 73 m。根据钻井资料这附近深处有二层玄武岩，各层底部皆有火山碎屑块砾层表明是二期地面上的喷发活动，深处的一层并非层间贯入的玄武岩，它们应分属于两个喷发时期的产物。深处的这一层按其埋藏的深度和上覆下伏沉积物的岩性特征看，应是相当马兰期堆积之前或其初期的产物（图 10）。

（3）在钻孔中揭露的玄武岩及火山碎屑层：在河北平原东部除了大山和小山这两个地区在地面上可见到的火山堆积外，目前我们所知的其他有关第四纪火山的堆积都是钻孔中的资料了。河北平原各钻孔中有火山岩层的已有不少，如中旺幅盐山 CKB_4孔，黄骅齐庄盘洼孔，无棣 2 孔，无棣 3 孔，堂邑孔等。在这些孔中分别见到玄武岩或火山碎屑层的底盘位于 43 m、83 m、131 m、142m、211 m 等不同深度，例如，盐山 CKB_4孔位于盐山县东刘庄，在孔深 136. 02 ～142. 24 m 处为一火山碎屑层，青灰色

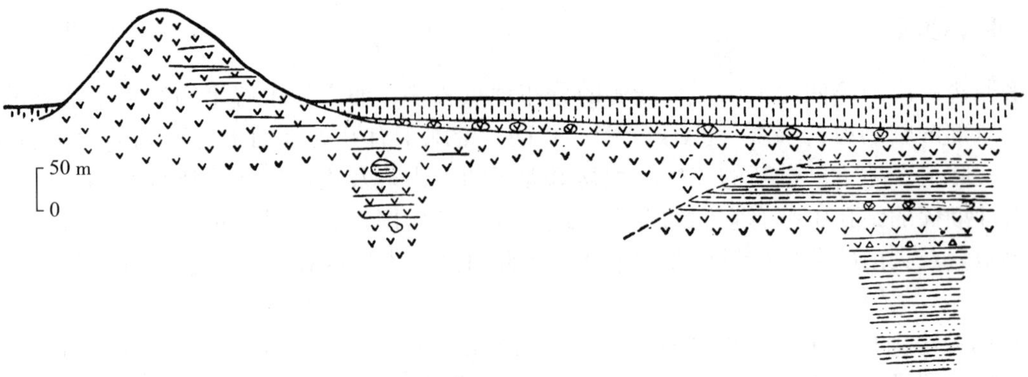

图 10　无棣县北大山附近玄武岩产状示意剖面图（据钻探等资料，图例同图 2）

火山岩块砾与黄色亚砂土等相混杂，下部夹有致密的黑绿色火山岩含有清楚的黄绿色橄榄石斑晶，对火山碎屑在双筒镜及薄片中的观察可看出它们显然是喷发时就地堆积的，没有经过较长距离搬运的痕迹，且火山碎屑块砾有的很大（达半厘米以上），说明可能当时距火山口不远。这些火山碎屑物不是次生搬运的产物，而是代表着一期火山活动的直接产物。黄骅齐庄盘洼孔和无二孔深处的一层玄武岩和火山碎屑层就其埋藏深度岩性层位等与盐山孔对比皆有起伏和不同，显系多次火山活动的产物（图 11）。

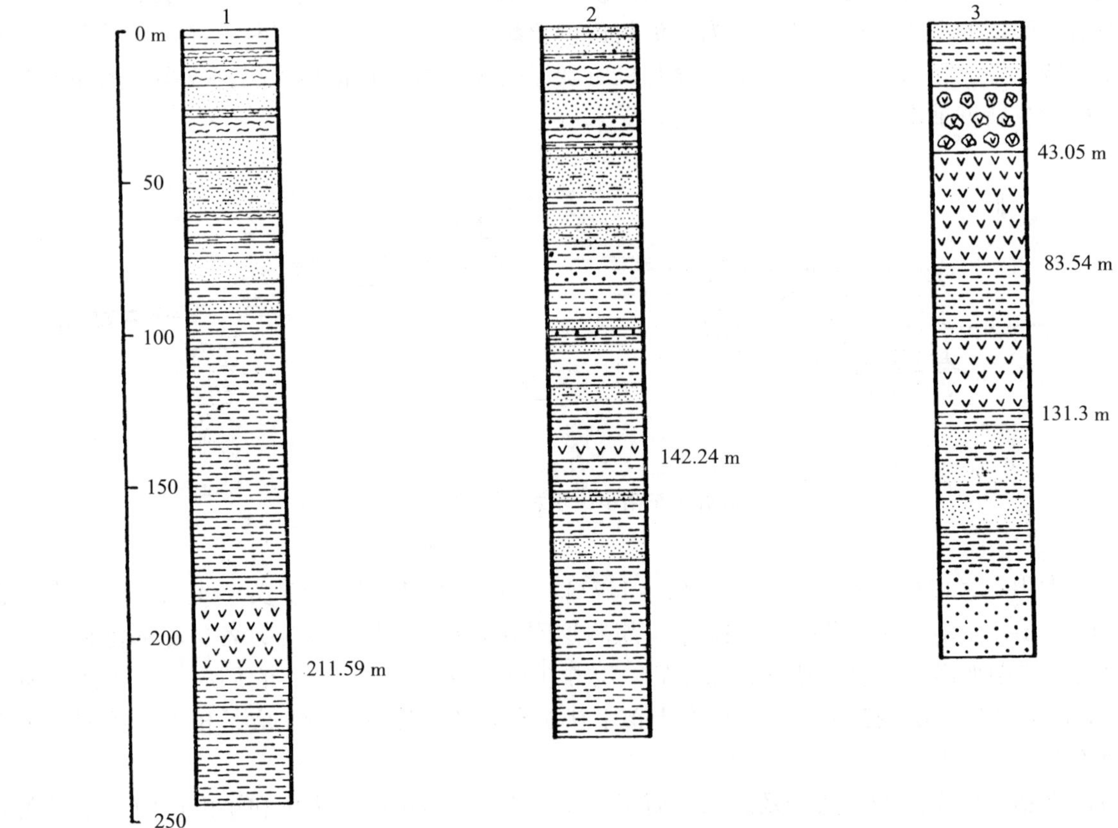

图 11　河北平原东部第四纪玄武岩及火山碎屑层层位分布示意图

（根据河北地质局水文地质工程地质大队钻孔（1，2）及其他单位钻孔（3）资料）

1. 黄骅供水 CKB_3 黄骅盘洼村；2. 中旺幅 CKB_4 盐山县东刘庄；3. 无二孔

综上所述，可以看出：在河北平原及太行山东麓地区，虽在第四纪以来这一地史上短暂的时期，火山活动却是多次的，各区的活动时间虽有前后，但主要多是处于第四纪以来几个大的沉积阶段之间。这可能并非什么偶然的巧合，而是表明了第四纪以来几次周期性的新构造波动在局部地区强烈显示的反映。

三、火山活动产物的一般特征

要想根据火山喷发时散布各地形成一定层位的火山碎屑层作为划分和对比沉积物的标志来加以利用，还必须了解和认识各期火山活动产物的特征才行。

我们除对各种与火山活动有关的产物进行了野外较详细地观察外，还逐层分类采集了标本，进行了显微镜下的薄片观察，并将火山碎屑层按粒径大小分选，逐级进行了双筒镜下的观察。为了了解结构特点个别层理磨制了光片进行了观察。下面将各种火山活动的有关产物的特点作一概略介绍。

对有些地点的熔岩流如大同、雪花山等地以前已有人作过专门的岩石学的研究[3~4]，因而我们对各地所见的熔岩流除作了一般的野外及镜下观察外，没有进行专门的岩石学的深入研究，而是较多地注意了碎屑物质的观察，这也是这一工作的目的所决定了的。

河北平原及其边缘山地第四纪火山活动的产物，各地和各期不同；后生变化及保留情况都有很大差异：有的还可看到完整的火山锥，有的则只残留有部分熔岩流和碎屑层，岩芯中不同层位的熔岩流及火山碎屑层也各有许多特点。熔岩流的成分上也有所差异。

各地的熔岩流，包括地面及岩芯中所见的，厚度由数米至数十米不等。熔岩流的气孔，特别是其填充情况各地很不一样，野外以及在薄片中观察发现各地所见者愈老的熔岩中气孔的次生变化愈为显著。多有填充物质成杏仁状结构，而填充物质的次生变化特别是接近表面的部分，由于经受第四纪以来多次气候条件剧烈变化的影响，变化更为强烈。而较近期的熔岩流，就是在其表面部分，气孔及其填充物质都还保持着清新的面貌。因而这一点可被作为对比熔岩流新老时代的参考标志之一。

此外，值得提出的是在把岩芯中熔岩流的存在作为确定有一期火山活动的依据时，必须注意它的存在可能有层间贯入和喷出地表的两种，而前者并不是代表了一期活动的产物。

地面及钻孔岩芯资料表明，各地熔岩流的下面常常存在有一层火山碎屑层，有的成块集岩状，浮石块、熔岩块与各种大大小小火山碎屑以及黏土砂砾等混杂成层，它的存在可以有力地说明是曾有过一个火山喷发活动的时期。因此，特别在岩芯分析中火山熔岩流下块集层的有无应是一个值得注意的现象。

熔岩流下面堆积物被烘烤烧结以及挤压推动的现象在上述的许多剖面中都曾提到。有意思的是在雪花山、庙瑙山、汤阴黑山头等地熔岩流下发现有被熔岩流动时推挤刻划痕迹的卵砾石的存在。这些具有擦痕的卵砾石有别于在许多地区包括在太行山东麓地区发现的许多有擦痕的冰碛砾石。从发现它们的地点看它们只是在玄武岩流下面靠近熔岩流的卵砾石上才形成这种现象，并且与冰碛砾石不同的是它们不是形成在石英岩等较硬的砾石上，而多只是局限在由石灰岩构成的砾石表面上才有，比太行山东麓许多地点前人所述的冰碛砾石擦痕要短小得多。擦痕的形态以小的钉头状，宽浅钉头状、弯曲的刻划刮痕等为主，有的成片出现。有的在砾石上刻划砾石表面形成擦痕的砂粒还都保留在划痕的终端，有的小砂粒被挤压进砾石的表面以内但由于没有滑动，只形成了小的压坑，可以想象除熔岩流的压力因素外，温度的条件也是形成这一现象的因素之一。

用火山活动产物作为划分和对比层位的标志最好的是火山灰层及其他火山碎屑层，上述各点火山碎屑层的组成物质按其形态是很多种多样的。各期喷发的岩浆都是玄武岩类的，因之各地地面及岩芯中所见的火山碎屑多带有灰黑或灰绿的色调，粗细不一，与组成广大平原的黄色土状堆积以及粗细砂等相混杂，有时量较少，均匀分布于疏松堆积物中，肉眼不易觉察。火山碎屑物质常分布于一个小的间断面上，零散分布或集中成层。在靠近喷发孔道时特别丰富，如小山附近有时全层皆由火山碎屑物质组成，粗细不等，粗火山砂砾层的大小颗粒比例在此处为：粒径 2 mm 以上的占 11%，1.5 ～ 2 mm的占 37%，1 ～1.5 mm 的占 18.5%，0.5 ～1 毫米的占 11%，0.1 ～0.5 mm 的占 18.5%，0.1 mm 以下的占 4%；下部一细砂层则 0.5 ～1 mm 的占 5%，0.1 ～0.5 mm 的占 66%，0.1 mm 以下的占 29%。

仔细观察这里各种的火山喷发物质，除熔岩流外火山喷发时的碎屑产物主要有以下 4 类：

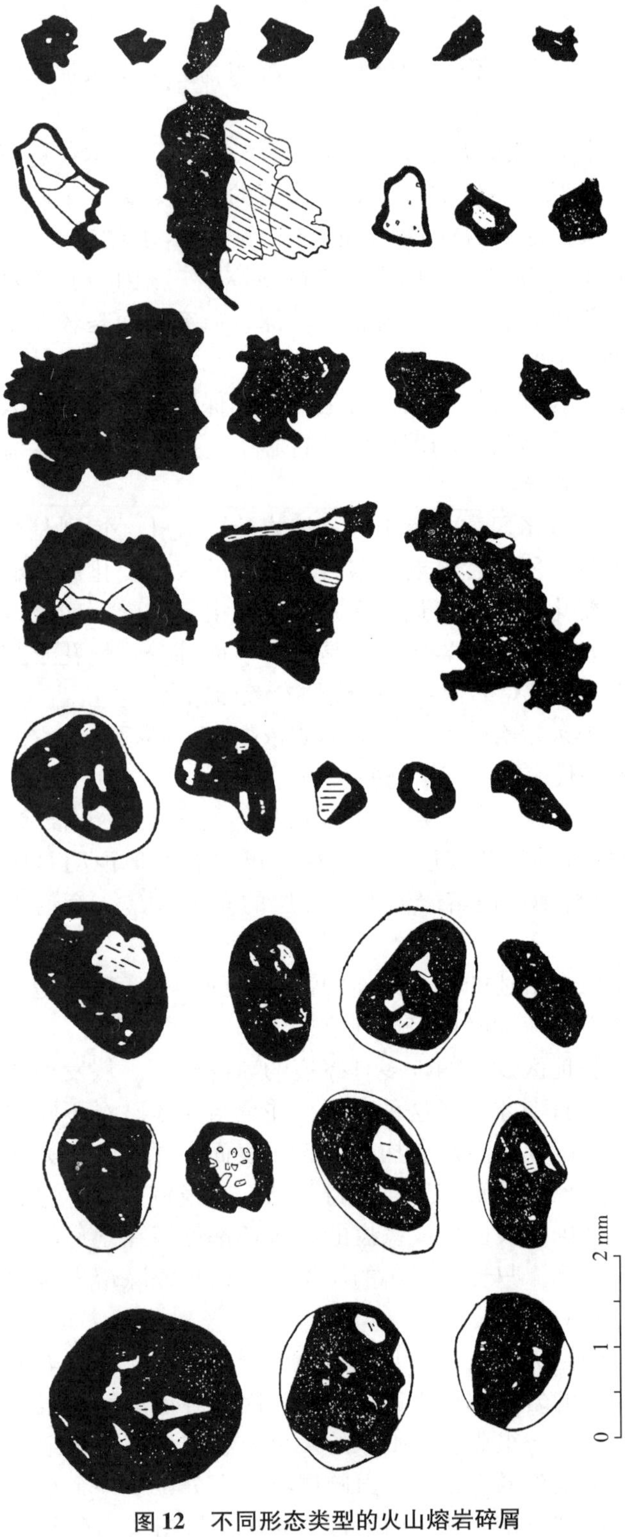

图 12　不同形态类型的火山熔岩碎屑

（1）玄武岩碎屑。玄武岩碎屑是火山碎屑中最多的一类，呈灰黑色及灰绿色，形状各异，有圆形、椭圆形、葫芦形、梭形、破裂的椭圆形、三角形、带棱角不规则多边形等。其中以圆形、椭圆形及破裂的椭圆形者为多，约占玄武岩碎屑 45%，但在不同层中以哪种形态为主并不相同，如小山剖面底部圆形椭圆形颗粒占 50% 以上，而上部的则以棱角状的为主。总的看来细粒的近圆形的颗粒更多一些。火山碎屑中有大量的玄武岩碎屑具有球状、椭球状出现的这一现象，目前解释尚不一致，有人认为是由于喷出时急剧冷却及在空中迅速旋转的结果，亦有资料证明这一形态特点是表明在火山喷发时，火山喷出物遇到雨水或与地面上水流相遇冷凝收缩而成的（图 12）。

玄武岩碎屑各层所见者大小不一，所占比例也不同，有的占到全层颗粒 90%，有的则少或仅有零星颗粒。这些玄武岩碎屑间稍有黏结，胶结质为黏土、碳酸钙质或被更细小的火山碎屑胶结。

在双筒镜下有的可清楚地看到玄武岩碎屑表面熔融的现象，特别在具有较光滑表面的碎粒上最为清楚，有的呈崩裂熔渣状，有的具贝壳状断口或表面有粒状构造。

根据在薄片中的观察，又可把喷出的玄武岩碎屑分为二类：一类为具有交织结构石基的玄武岩碎屑，石基由小的晶体组成，经常具有定向排列，斑晶主要是橄榄石，有时很大，其次有斜长石。在大斑晶周围有时有玻璃质黑圈。整个碎屑在薄片中呈淡绿色暗绿色或黑褐色，可见气孔存在。另一类是黑色玻璃质玄武岩碎屑，碎屑的石基为玻璃质，有大小不一的橄榄石等斑晶、呈玻璃质嵌晶状结构。气孔有时较多，呈圆形、长圆形或被拉长的不规则状、串珠状，有的气孔与斑晶等有一定的方向排列。

（2）火山玻璃。在双筒镜下火山玻璃与上述玄武岩碎屑有的很相似，有的以其鲜明的贝壳状断口及弓弧形的极不规则的形状为特征。在所有样品中火山玻璃全是黑色玻璃，形状不一，以具棱角状的楔形颗粒为多，也有球形的椭球形的，一般都较小、数量并不很大（图 13）。

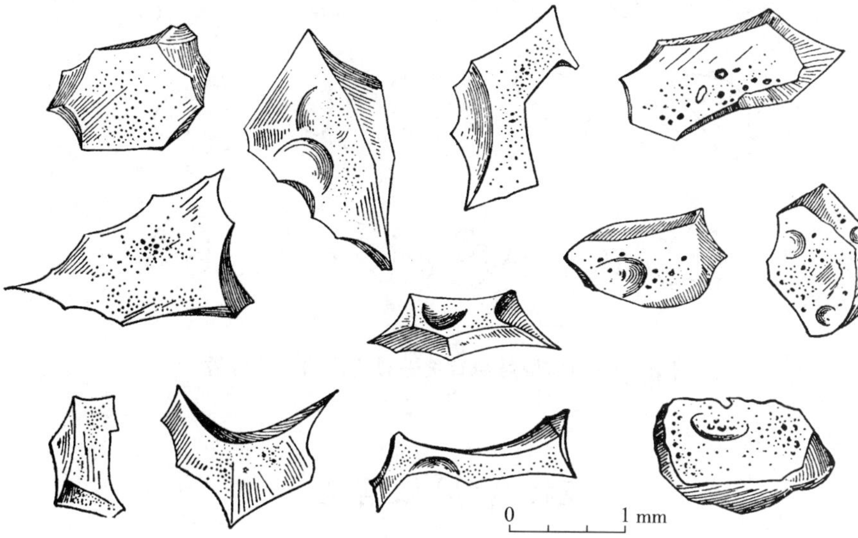

图 13　玻璃质火山碎屑

经用油浸法测定不同层黑色火山玻璃体的折光率为 1.480 ～1.570，属于基性火山玻璃，含 SiO_2 约 53% 左右。

（3）矿物晶体。在火山碎屑中有大量单个矿物晶体的例子在许多近代火山的喷发中有过记载，如维苏威火山喷出大量的白榴石结晶，南极埃里布斯火山喷出大量的歪长石等。在小山等地喷出物中有大量的单个矿物晶体碎屑从手标本上即可看出，在双筒镜及偏光镜下可确定这些单个矿物晶体主要是橄榄石，还有极少量的斜长石。这些玄武岩中的橄榄石斑晶个体呈黄绿色，有的色较深暗，透明或半透明；有的可看到较好的晶形或晶面；有的为薄碎片状、棱角碎块等，大小不一；有的由于熔蚀作用成具有弯弯曲曲的边缘残缺不全的晶体；有的橄榄石外缘镶有一个玻璃质的黑圈或在表面有褐红色的铁染物质。在小山剖面底部的细粒层中橄榄石晶体颗粒较小，手标本上不易看出（图 14）。

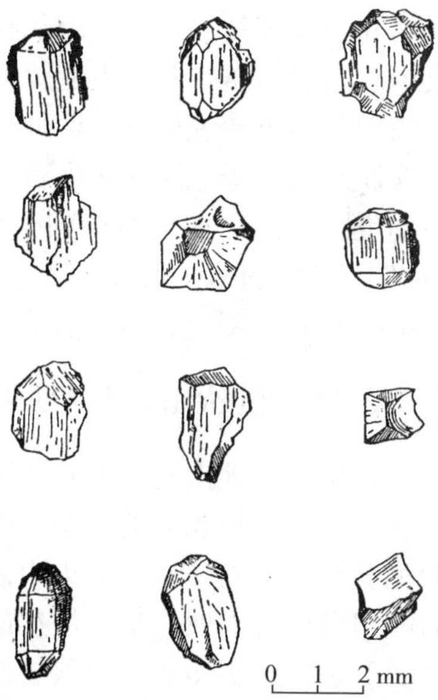

图 14　火山碎屑层中的橄榄石晶体

喷出物中还有磁铁矿等金属矿物的小晶体颗粒存在，在各层中皆有发现，但数量很少，有的保留较好的晶面和晶形。

（4）被火山迸出的火山通道围岩碎屑。在几乎全由玄武岩碎屑等火山喷出物组成的层中，有时可见到大小不等的石灰岩、粉砂岩碎块和有磨圆边缘的石英砂粒的崩裂碎块出现，系被火山迸出之组成火山通道围岩的物质。所见的石英砂粒有的具有很好的磨圆形状，有的较差但棱角亦较圆滑。几乎所见的这种石英颗粒绝大部分都有碎裂现象；有的沿裂痕已破裂成碎块，单个的碎片还常保留有一边具有原来的圆滑的边缘（图 15）。

深入观察上述各种火山活动的产物，可以看出不同时期的喷出物常各自具有许多特点，尤其是气候条件剧烈变化的影响较显著。例如盐山 CKB_4孔 136.02 ～142.24 m 深处的火山碎屑层是比小山更早期火山活动的产物，尽管这一层火山碎屑的组成结构等与小山所见者外貌颇为相似，但其次生变化胶结情况风化程度等详细观察就有许多差别了。因此，除了埋藏深度等依据外，这一方面的材料也可作为区分形成早晚和对比层位的依据。

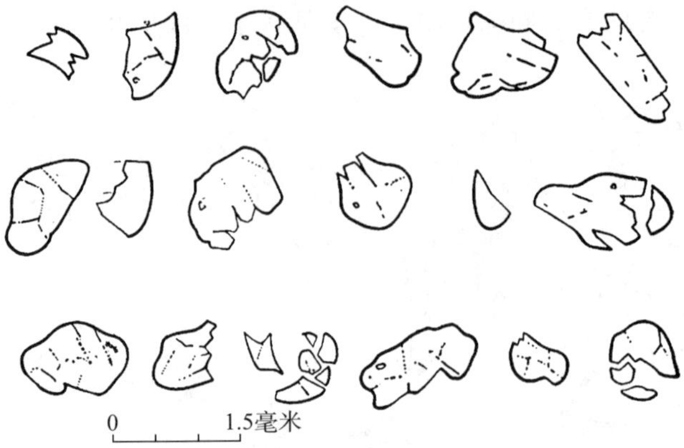

图 15　火山碎屑层中有被迸裂痕迹的石英砂粒

四、意见和结论

（一）火山活动的分期问题

对河北平原及太行山东麓地区第四纪火山活动及其产物的研究可以看出第四纪以来这一地区的火山活动是多次的，它是该区第四纪发展过程中的重要内容之一。

对地面地质资料和平原钻孔岩芯资料的分析，根据火山熔岩以及火山碎屑包括火山灰层等所处的地层和地貌部位、其下伏沉积物和古地形的时代和特点或在平原中的埋藏深度及其上下沉积层的特点、火山碎屑层的结构和次生变化的状况等可看出，本区在第四纪以来在下更新统泥河湾期堆积之前，泥河湾期与中更新统周口店期堆积之间，周口店期与上更新统马兰期堆积之间，以及马兰期堆积与全新统含泥炭或沼泽土层的次生黄土堆积之间皆有火山活动。其中，各期的显示强弱有所不同，而以泥河湾期堆积之前和马兰期末到全新世初期的两次较为显著，活动地点较多。此外还需指出，有些地点（如阳原大同间及平原东部）火山活动是断续地延续了较长时期的，除了上述的几个主要活动时期外，其间还有一些断续的喷发活动。

（二）确定火山活动时期和找寻火山活动产物的标志问题

这里许多地点有火山碎屑层的存在说明了在火山喷发时期无疑会在相当广泛的范围内形成大大小小各种火山碎屑物质的散布，因此进行平原中岩芯对比时注意找寻出它们分布的层位是有很大意义的。根据我们初步对该区各地火山活动产物的观察，感到在对此区岩芯或谷地中各种成因类型堆积物进行岩矿组分的分析时，这种层次的发现和找寻除去有：①喷发出地表的（不是层间贯入的）熔岩流的存在；②成层的大量火山碎屑物的存在外，还可利用和注意以下各点作为线索和标志；③熔岩碎块的出现；④橄榄石晶体的增多和大量出现；⑤火山玻璃的出现；⑥有较大量被压碎正常沉积物颗粒的出现；⑦极微细颗粒组成的火山灰薄层或凸镜体的发现。利用这些线索和标志时需要注意正确区分开原生及火山岩层被冲刷搬运而成的次生火山碎屑层。

（三）不同时期火山碎屑层对比的依据问题

认识与火山活动有关各种碎屑物质的特点可进一步帮助进行层位的对比。除去埋藏深度、组成成分外，熔岩及火山碎屑的风化等后生变化情况，气孔的风化及填充特点，胶结及其他结构特点都可作为对比层位的新老的依据之一。当然仅靠这些是不够的，还需考虑到其地层地貌位置等更多的因素，故进行岩性层位对比时最好采用各种标志，综合地加以考虑。

由于河北平原长期以来大面积的沉降，沉积物不断全面地掩覆的特点，给火山灰层的保留创造了有利的条件。更深入地注意和找寻钻孔岩芯以及各地第四纪堆积包括巨厚的黄土和黄土类堆积中火山喷发物质的存在，可以更广泛地在平原一定地区巨厚的第四纪沉积层中发现更多的火山灰层，这将有助于对这一地区第四纪发育史及古地理情况的了解，更重要的是这将有助于平原区第四纪沉积物的分层和对比，以及一些有关水文地质等工作中岩芯层位对比等实际问题的解决。

参考文献

[1] 王竹泉，河北井陉县雪花山玄武岩及砂土层之研究，地质汇报，1930，No. 15。
[2] 尹赞勋，中国近期火山，地质论评，1937，Vol. 2，No. 4。
[3] 赵宗溥，中国东部新生代玄武岩类岩石化学研究，地质学报，1956，Vol. 35，No. 3。
[4] В. И. 列别金斯基，大同火山群，北京：科学出版社，1958。
[5] 曹家欣，大同盆地东南部的新构造运动与火山活动，中国第四纪研究，1959，Vol. 2，No. 2。
[6] 杨钟健，上新统更新统的分界，科学，1949，Vol. 31，No. 11。
[7] 秉志，中国北方之田螺化石，古生物志乙种第六号，第5册，1929。

海南岛第四纪地质的几个问题*

一、地貌的基本特征

关于海南岛的地质，解放前曾有一些较零星的工作，解放后，许多地质机构进行了大量的区域测量及地质勘探工作[1~8]，但是对海南岛第四纪地质方面系统的研究工作较少，1958～1960年我们结合砂矿的调查在海南岛进行了第四纪地质方面的研究工作，现提出几个主要的问题加以讨论。

在大地构造上海南岛北部为雷琼沉降带的一部分，分布有第三纪的含煤及油页岩的砂页岩系和新第三纪至第四纪的湛江组及第四纪的玄武岩；第三纪以来地壳活动较频繁。南部广大地区侵入岩大片出露，主要为印支期的黑云母闪长岩、花岗闪长岩，黑云母角闪花岗岩及燕山期的黑云母花岗岩和花岗闪长岩。此外还有酸性喷出岩分布于五指山等处。强烈褶皱断裂的前泥盆系及上古生代岩系有零星残留，并有中生代的山间及山前盆地穿插其间。

在地形上海南岛是个北东－南西向海岛，地势中南部高四周低成南陡北缓的不对称穹形。300 m以上的山地丘陵构成了本区骨架，主要由五指山、英哥岭两组北东、南西向的山系组成，每组可明显分出互相平行的两脉，前者包括吊罗－高林岭、马咀岭－五指山，后者有英哥岭－黎姆岭、尖峰岭－雅加大岭。

根据地形成因，同时考虑到地形形态、发生年代、发展过程，海南岛地区可划分出以下6种地貌类型：

（一）不同时代的山地剥蚀地形形态

山区有着不同时代的剥蚀地形，有些地方可看到已被后期剧烈切割的古老平缓地形的残留痕迹。有的山头具平缓桌状平台，有的大片山岭高度相当一致，这些地方有的还发现残留有磨圆度很好的砾石。这种古老残留地形有几个不同的高度，较普遍发育的有：1100 m、800 m、500 m和300 m几个层级。它们有的是不同高度的侵蚀面，有的某些地段具有河流高阶地的性质。

在800 m高度的山地峰顶面之上，耸立着约1100 m和更高的古老残山（五指山主峰、吊罗山、马咀岭、英哥岭、雅加大岭和尖峰岭等）。这些古老残山向北和向东高度逐渐下降。

800 m的山地顶峰分布较广，五指山主峰以西和以南、英哥岭和雅加大岭的北翼，白沙盆地附近都广泛发育。围绕着尖峰岭周围有相当这一级的峰顶。不少地方峰顶有平台残留。这一级山地可能由前第三纪的不同时代的地层或侵入岩组成。白垩纪地层常平整的组成了山体的某些段落。许多小凹地都发育在这一级山地高度，具有一定的分布规律，反映了上升过程中的一个停滞阶段。

500 m的山地主要分布在五指山和英哥岭东北面黎母岭附近，南部及西部地区亦有发育。在东方县境内佳叨附近有发育在二叠纪灰岩上的喀斯特地形，峰林顶面亦保持这一高度。在乐东盆地西北相当于500 m山地的高度处，不少地方发现有砾径达4～7 cm的卵石。昌化江上游可见到明显的谷中曲流，深切于500 m山地面上。

300 m的山地分布在山地外围及盆地边缘，以白砂及松涛最广，保存完整。其他各处零星分布。在松涛北面五指山东麓等处，相当这一高度发育有深厚的风化壳。

---

* 本文原载于《第四纪地质问题论文集》，科学出版社，1964，207～233，作者：丁国瑜　陈明扬　高维明　杨理华　郑洪汉。

各级不同高程不同时代的古老剥蚀残留地形展示了山地的发育过程。这些残留地形可分为两种类型：800 m 以上的较老剥蚀地形具有平缓起伏的古地形面。在这个古地形面上残留着当时的山体及凹地。500 m 及 200 m 较新的剥蚀残留地形主要分布在盆地周围及沿着古老的昌化江南渡江等谷地；有时还有残留砾石。这些特点表明了这些残留地形有些地段与河流侵蚀作用密切，局部是高阶地型的古老剥蚀面，它代表了当时的谷底、谷坡以及平缓的分水岭部位。这些特性区别于老一级的剥蚀残留地形。最后还需指出各级高度间的关系并不是简单的阶梯式的（如雅加大岭北翼一带就是）。

（二）火山及玄武岩的构造地貌类型

海南岛北部第四纪以来有过不止一次的剧烈的火山喷发活动。广泛分布有玄武岩组成的熔岩台地及保存完好的火山锥。特别在永兴附近近期火山活动的遗迹保存极好（图 1）。

图 1　海南岛北部永兴火山群素描（自永兴西卧牛岭向西北望）

火山锥确定的已有 17 个，它们大多数是陡立的截头圆锥形，平缓圆丘状的较少，常有向东北方向的开口，造成不对称形态。火山锥的分布高度在 30～270 m 间，如布那白岭、笔架岭（30～80 m）、高山岭（203 m）、多文岭（230 m）、定安旧州岭和永兴附近火山群中雷虎岭、马鞍岭、群修岭、卧牛岭（170～180 m）等。

玄武岩区有的被近代密集的沟谷系统剧烈切割，发育宽浅的坳谷；成树枝状排列，自南向北入海。分布于福山、花场、桥头、那白、文澜港一带以北沿岸区。有的地方玄武岩流造成的构造台而未被沟谷强烈切割，保留有原始平整或微波起伏的地面。分布很广，包括儋县北部、那白、福山、白莲、土桥、交岭、蓬莱一带。一般海拔 80～130 m。

在北部海岸临高、白莲、海口等处。玄武岩保存有被海蚀的痕迹。玄武岩被浪蚀形成陡坎和组成第一、第二两级海成平台的个别地段，上覆有很好的海相砾石或砂砾石层。

（三）不同时代的海成地貌类型

不同时代的二级海成平台、新老砂堤及近期的浪潮影响带以同心圆状环岛分布，成就了四组不同时代的海成地形形态。

第二级海成平台是剥蚀堆积的平台；在东西海岸发育广泛，如文昌、万宁等县，崖城、九所、黄流一带；北部次之，南部差。高度拔海 40 m 左右，有些地方仅 30 m（万宁长安—马坡间、文昌中学附近），个别地段高达 50～60 m，如北部海尾附近。大都成微起伏向海倾斜的台面。沟谷切割较多。

第一级海成平台主要是堆积平台，环岛分布，以东北部分布最广泛。最宽处达 25 km 以上。一般拔海 20 m，个别地段高 30 m，微向海倾斜。台面起伏较小。有时可见基座面。如在陵水附近可见拔海 18 m 的基座面向海逐渐倾没。近岸处有陡坎存在。东都沙荖亦有高于海面 15 m 的花岗岩基座向海倾斜。第一级平台上的沉积物主要有暗棕色细砂及亚砂土或白色、灰白色中细砂。少数地方如东郊、昌洒、文教等地有含有多量炭质的黑色砂，分布上黑色砂常位于棕色砂的外围，并常低于棕色砂，按地貌部位可看出这是被抬升了的相当于潟湖部位的堆积。

第一级海成平台形成以后的海成地貌形态主要有老砂堤、新砂堤、砂堤群以及砂地堆积。各地一般有两道砂堤，如东部文昌、琼海、万宁、陵水；西部乐东、黄流、感城、八所等地，北部兴败田、港口、海尾一带皆有。有的地方有三道砂堤，如万宁保定以南。沙堤一般高出海面 10～15 m，少数

5～7 m。最高可达 30 m，高度的加大有的与风力吹扬有关。砂堤向海坡陡，背海坡缓。沿岸有许多潟湖状的隔离海湾以砂堤与大海相隔。如南港、小海、东沃港、新村港、黎奄、海圮、英歌海角等。潟湖不断淤塞，形成宽广的湿地。

海南岛的海潮影响带并不宽。受红树林影响的沿岸有广阔的海潮带，如东部冯家等地。

近代海蚀崖、新海蚀平台低于高潮线、高出海面 5 m 左右。海蚀崖附近有时可见浪蚀穴等微地貌。

（四）不同时代的侵蚀及河成堆积地貌类型

海南岛的河流都以中部山区为发源地，向岛的四周呈放射状分流入海。流程短促，坡降陡。普遍见二至四级阶地。如南渡江谷地内可见的有四级超河漫滩阶地。第一级高 7 m（在瑞溪龙塘一带清楚）到 10 m（澄迈、亲足口等地），中下游均有分布。以加烈以下分布最广，盆地内分布次之。组成物质为棕黄色、灰黄色亚黏土及亚砂土。第二级为基座阶地，基座以上为砾石及砂、亚砂土层，阶地面高出河床 20 m 左右（南丰、澄迈等地可见）。第三级为剥蚀阶地高 30～45 m 左右，发育亦较普遍，极少残留有沉积物，阶地面被风化。第四级亦为剥蚀阶地高 65～70 m，保留较差。

海南岛第二大河昌化江的河谷地貌特征与南渡江相似，亦可见到四级阶地：第一级高 8～10 m；第二级高 25 m；第三级高 40 多米；第四级高达 80 m。这些阶地在什运、通什、乐东、东方各处都有分布（图 2）。通什盆地内第一级阶地高 8～10 m，宽 200～300 m 不等，局部达 500 m。为基座阶地，表面有薄层砾石。第二级是高 25 m 的剥蚀阶地，已被切割。更高的可见到 80 m 的剥蚀阶地。在什运盆地内只见第一、二级阶地。东方盆地一带可见到三级阶地。

图 2　东方盆地东方至玉龙间昌化江河谷阶地及山地古剥蚀面切割地形

昌化江在乐东以上为东北、西南向，到乐东后几乎成直角转向西北流。在乐东盆地西南的罗乐河和昌化江上游之间有河流袭夺的遗迹。在它们间出现有一平缓分水岭，分水岭为 300 m 高的剥蚀面残留地形，这一剥蚀而上残留有河床砾石，昌化江河谷曲流深切在这个剥蚀面上，附近地貌特征说明了具有高阶地性质的剥蚀面是当时昌化江的古道，那时昌化江经流罗乐河谷向西南入海。而昌化江在乐东以下为一单独水系，它不断溯源侵蚀，最后穿过分水岭袭夺罗乐河上游水系而成现今的昌化江谷道。

（五）喀斯特地貌类型

海南岛古生代石灰岩分布零星，喀斯特地貌不太发育，主要有峰林、溶洞等。在山地区如峨贤岭、东方县玉道以西可见喀斯特峰林及平直的峰顶上的喀斯特漏斗。在山麓及盆地边缘，在石灰岩孤峰的岩壁上发育有两组溶洞。一组发育在坡麓，另一组高出 40 m，两组溶洞间有垂直通管相连。

（六）生物作用形成的地貌类型

海南岛沿岸有珊瑚礁生长，尤其在南部最发育，北从冯家，南到三亚附近皆有。有的较老，已经在低潮线以上出露。最高的高出海面 1～2 m。有的地方由于珊瑚礁的生长，使沿岸地带海水变浅，海滩广阔[6]。

除珊瑚礁外，沿海红树林生长地段海潮带宽广，并常有大片的湿地形成。

二、第四系沉积物

从成因类型及分布的角度来看，海南岛第四纪沉积物复杂多变：有第四纪火山岩，发育深厚、广泛分布的残积层及沿海的海成堆积；其次有河流冲积、坡积、潟湖沉积、洞穴堆积、生物堆积（珊瑚礁、泥炭等）；有混合类型的残积－坡积、冲积－坡积等类型（图 3）。各种不同的第四纪成因类型内含有丰富的矿产资源，例如有残积砂矿、残积铝土矿；有多种矿种的海成砂矿、坡积铁矿、盐业资源及其他许多矿产。这也是海南岛第四纪沉积物的特征之一。

图 3　第四系沉积物类型

海南岛第四纪河流冲积层的一般情况可以南渡江、昌化江等河谷地带的情况来说明。海南岛各大河一般有三至四级阶地，超河漫滩第三级以上的各级阶地保存很差，即使保存，也都是剥蚀阶地，河流冲积甚不发育，有时也有极局部的冲积物残留。如在昌化江乐东盆地中高度为 500 m 及尖峰岭高 300 m等处发现了残留砾石，虽未成一层次，它是冲积砾石是无疑的。

一、二、三级阶地在各大河流中保留较好，多为基座阶地，它们依次与各级海成平台相互联系穿插。第三级阶地沿河至第二级海成平台处即消失，第二级阶地在第一级海成平台区即消失，因之各阶地的形成时代能与海成平台的时代相呼应。

第三级阶地上的河流冲积层高出河水面 50 ～70 m 不等，一般为砾石沉积，南渡江玉道，昌化江乐东一带也有巨大的砾石。

乐东德霞村东北部的小丘上，有零星的砾石分布，砾径 30 ～40 cm，扁圆状，主要为白色砂岩组成，也有少量的花岗岩和石英岩砾石。在南渡江玉道附近所见的砾石主要是石英岩的砾石。

超河漫滩第二级阶地河流冲积层一般高出河水面 20 m 左右，分布较广，南渡江、万泉河、昌化江都有分布。最厚处达 15 m，沉积物形成后受到后来的流水切割破坏，河流凸岸保存较好，凹岸较差。如松涛水库附近的亲足口（图4）、通什、乐东、东方盆地，玉龙附近都有很好的剖面保存。

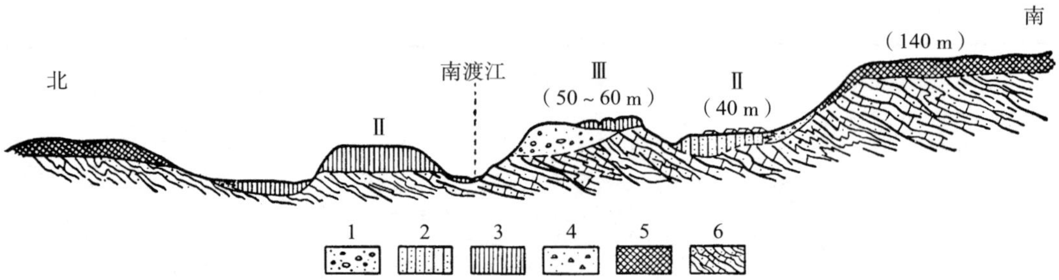

图4　亲足口附近南渡江河谷剖面示意图

1. 砂砾石；2. 亚砂土；3. 亚黏土；4. 坡积碎石；5. 风化残积层；6. 基岩

在东方盆地玉龙附近，在昌化江谷地中也有残留阶地成堤坝状的长梁横贯河谷中，高出河面 40 m 以上，组成物质为红色黏土与巨大的块砾相混杂，极似一般所谓的冰碛泥砾层。

第二级阶地上的冲积层在广大的范围内主要是残留的砂砾层，有些地方有 1 m 厚。这种砾石层在乐东所见为红黄色砂砾层。砾石占 30%～40%，滚圆，3 ～4 cm，石英砾石为主，少量为花岗岩。胶结物为砂及黏土，砂占 10%，以中砂为主，黏土也在 10% 左右。砾石向下有增大趋势，底部砾石直径增至 5 ～10 cm。白沙附近为紫红色，红色粉砂岩砾石。

距山地较远的河流第二级阶地上保存的堆积物岩性较细，如在万泉河嘉积附近是：上部为厚约 1. 5 ～2 m 不等棕红色亚黏土，夹有少量的粗砂细砾和细砂，底部有薄层的砾石，厚仅 20 ～30 cm，滚圆，也有滚圆很差的砾石，成分以石英为主，少量为花岗岩砾石。

第一级阶地上的沉积物岩性较为均匀，但受耕作及人为影响很大。一般高出河面 7 ～10 m，发育甚为普遍，在通什、东方、松涛、乐东、定安、兴隆等地皆有。

在松涛附近：上层灰色粗砂层，砂粒 1 ～2 cm，疏松，有 30% 细砂，成分为石英、长石、云母及花岗岩碎片等，厚约 2. 3 m。下层为灰色砂砾层，砾石一般 2 ～3 cm，少数很大，个别最大的达50 cm，在此层内有些地方见有砂砾透镜体，厚可达 2. 7 m。

在乐东附近：上层为棕红色亚砂土层，含少量粉砂，有少数黏土，砂粒成分以石英为主，含量达 80% 以上，有少量云母片和长石。厚达 6. 8 m。下层为砾石层，大砾石 20 ～40 cm 占 5% 左右，半滚圆，5 cm 以下砾石占 20%，1 ～2 cm 的占 20% 左右。砾石成分以石英岩、花岗岩为主，少量为石英砂岩、片岩，砂约占 5%，厚 1. 2 m。

在各河下游，沉积物颗粒变细，粉砂及黏土质增加，例如南渡江瑞溪 - 定安、兴隆各处所见由上而下为均匀的粉砂，黏土质较多，常被辟为水田，有清楚的潜育层。

河漫滩及现代河床沉积以各种不同成分的砾石砂及黏土质沉积为主，特别在滨岸平原河口等处，分布甚广。

坡积物在海南岛各地很发育，其中有几个类型：切割较为强烈坡度较大的山地坡积层，平缓分水岭地区的坡积层和谷地坡积层，在铁矿区及风化玄武岩型铝土矿区它们有时形成坡积砂矿。

海南岛石灰岩零星出露地区有个别的石灰岩溶洞分布，如东方牛营岭南的峨查、田头一带，昌化江东方的东北燕窝岭、旧村岭、三亚附近落笔洞等处。洞穴堆积有的厚可达 8～10 m。有的夹有含磷质的灰华被作为磷肥开采，有人称之为鸟粪层，在东方所见一溶洞剖面如下：

（1）上部为红色黏土质角砾岩。砾石成棱角状，厚 20 cm 左右，砾块是灰白色，胶结物为亚黏土。

（2）灰黑色有机质层。疏松、上部具有石灰华崩塌的碎块，5～20 cm，成棱角状，厚达 20 cm，有大约 50 cm 左右的透镜体，未见粪的结构，可能是鸟粪层。

（3）下部是石灰华。颜色深浅不均匀，含磷较高，一般称为鸟粪层，深度不明，事实上为含磷的石灰华，是由于上部黑色有机层淋滤后，磷富集在此带内。

（4）最底部为白色石灰华。

在岛的东北部山前剥蚀平台及第Ⅱ级海成平台的堆积物中，有大量零星的陨石碎块—雷公墨的存在。在更新的第Ⅰ级海成平台的堆积中亦有发现[7]。

在海南岛各种类型的第四纪沉积物中，分布最广和最发育的是山地及山前地带的风化壳残积物、火山堆积及环岛分布的第四纪海相堆积，这三大类型突出地显示了海南岛第四纪沉积物的特点。在分布上可以清楚地看出北部有大片的玄武岩，岛中部以及部分的玄武岩上又有深厚的风化壳残积层，岛的四周是第四纪以来的各期海相堆积，大致成一环形分布。

火山堆积及风化壳残积物后面还要单独地予以叙述不再重复，这里只着重地就海成堆积物加以介绍。

海南岛第四纪海相沉积物的水平分带性很明显，一般说来，最老的堆积分布在内圈，位置高，新的分布在外围，高度低（图 3）。按形成时代的先后从老到新可分为：（1）组成第Ⅱ级海成平台的堆积；（2）组成第Ⅰ级海成平台的堆积；（3）组成老砂堤及同期的堆积；（4）组成新砂堤及同期的堆积。

这些海相新老沉积物不仅位于不同的地貌部位构成不同的地貌单元，而且组成的物质差别也很大（图 5）。不仅如此，各级海成平台裸露的基座及其上沉积物的风化程度也不同。此外，由于老的海相沉积物破坏以后可以成为新的海相堆积的物质来源之一，故新沉积层内往往还有老地层的特点。这突出地表现在新的海相堆积中重矿物的富集上。由于多次在滨岸带的淘洗分选，可以形成丰富的砂矿层“黑砂层”。

（1）组成第Ⅱ级海成平台的堆积环岛广泛分布，在岛东北部、东部分布最广，西部亦有较广的出露。分布面积宽窄不一，有时不连续，如在南部三亚、榆林、马岭等地（图 3）。

这期沉积物是海南岛第Ⅱ级海成平台上的组成物质，第Ⅱ级海成平台是剥蚀－堆积类型的，因而在第Ⅱ级海成堆积平台上并不是到处可见。组成的物质各地也不相同，岩性差别很大，有砾石沉积及砾石、砂层沉积①。厚度各地不一致。但沉积物分布高程一致，绝大部分在高出海面 40～50 m 左右。

---

① ［图 5 附注］剖面 1：①表面为灰红色表土，下为红色亚黏土、亚砂土、细砂的混杂堆积，砂粒在 0.5 mm 以下，胶结很紧，滚圆度较差。②砾径 5 mm 以下的砂砾及砂和黏土的混杂堆积，与①层是逐渐过渡的；5 mm 以上的占 70%，滚圆度好，扁圆及椭圆的砾石所占比重很大，砂粒圆度比较差，黏土质胶结。③砾石层，上部细砾石层，砾石长轴 3 cm，短轴 1 cm，厚 1 cm 左右者居多，滚圆度相当好，大多成长卵圆形，有很好的扁平砾石。下部是粗砾层，砾径 7～10 cm，最大的粒径有 20 cm，滚圆度好，砂质胶结，砾石表面有时有铁锰质膜。未见底。剖面 2：①为红色砂黏土混杂物，砂具棱角但经一定磨损。②细砾层。③砂砾层。④粗砾层下为铁盘，铁盘厚仅数厘米。整个剖面内砾石成分复杂，有的砾石已经过强烈风化。⑤杂色黏土。剖面 3：①棕红色砂层，上部以中细砂为主，含有少数亚黏土等细粒物质，下部变粗有多量的粗砂及砂砾，砂及砾石多经磨损，小颗粒的则棱角比砾石显著。②粗砂砾石层，以石英砾石为主。③砾石层，砾石占 60%，半厘米的占多数，向下变粗 2～3 cm 者居多，个别达 5 cm，滚圆度好，长而扁平。砾石层上部夹有 30～40 cm 厚的褐铁矿块砾。未见底。剖面 4：①棕红色、棕色亚黏土亚砂土，石英粒棱角较显著。②细砾层，3～5 cm 大小者为主，胶结较紧，砂质胶结，砾石半滚圆，石英质为主。③粗砾层，大小不一，砾径以 3～7 cm 大小为主，大的在 10～20 cm，个别达 80 cm，半滚圆，砾石层内有铁盘呈波形起伏。④基岩。剖面 5：①棕红色细砂层，石英砂为次棱角状。②由①逐渐过渡成锈黄色砂，有少数滚圆度好的砾石。③铁盘层，数十厘米厚，胶结有砂，略有起伏。④白色砾石砂层，石英质砾石为主，大的砾石有 10 cm，一般 3～4 cm，未见底。剖面 9：①棕色砂质亚黏土，夹有石英长石小砾及褐铁矿碎屑，下部成层。②棕红色亚黏土。③棕红色黏土，黏重。剖面 10：①白色细砂，粒度均匀，棱角经一定磨损。②白色砂砾石，砾石滚圆度好。③基岩。剖面 13～20：除少数几个剖面见到基岩外，一般都未能见基岩，一般是：①在各种不同粒级砂混杂层内主要为粉砂和中细砂层。②在此层内常见有极薄的黑砂层和黄色砂层相间成层，但是极难测得它的厚薄，在黑细砂和中细砂混杂层中则有数十层之多的薄黑砂层和砂层相间。层理水平。有的剖面可见到厚度不同的黑色砂层。剖面 21～23：其中剖面 21、22 分布面积不广，代表局部地区组成最新砂堤沉积物的特点。

通常所见沉积物岩性剖面为：上部是砂、亚砂土层，下部是砾石层，越接近古海岸时沉积物越薄，并为砾石层所代替，而且变薄以致尖灭。上部砂、亚砂土层成红、暗棕色。细砂为主，有的胶结也较紧，颗粒由地表向下有增大的趋势，但其间没有明显层理。下层为砂、砾石层，砾石滚圆度极好，0.5～1 cm者居多，占80%以上，极少大于10 cm以上的砾石，含有一定数量的各级粒径的砂，此种沉积物分布在较高的地方，变为薄层砂砾层或为砾石层所代替，砾石增大，粒径达10 cm左右，最大厚度不超过3 m。砾石以石英质为主，砾石层内含有少量砂和细粒黏土质沉积物。

在岛西部的黄流到八所附近，第Ⅱ级海成平台受切割不强，剖面露头较少，平面上岩性分布不一致。黄流以北镜泊村所揭露的剖面较为清楚。

在东部亦有较好的剖面，如文昌县文昌中学前1000 m处的剖面（图5）。

在北部雅星、福山、澄迈、定安等地，在山前剥蚀平台上高度约60～70 m处有的地方有一组红色细砂亚砂土和亚黏土混杂的堆积，胶结较好，厚度可达1～4 m不等，砂主要为石英砂，呈黄色、棕色、砂粒已经磨损，整个剖面坚实，并可见到一些裂隙，裂隙内常有表土充填在内。在澄迈、福山等地广大地区这一组红色砂黏土混杂层直接盖于玄武岩之上。洛基等地直接盖在花岗岩剥蚀面上。有的地方在红砂层下还有砾石层厚1～2 m，以石英砾石为主。有人把此套红层误认为是玄武岩风化红土是不对的。这一组堆积物的成因既不是以前有人描述的玄武岩风化壳也不是山前的洪积物，它们分布于一定高程，而且远离山麓颗粒却相反变粗，根据这组堆积物的产状、岩性特征和海相砾石的存在以及作者在笔架岭附近该层中珊瑚碎屑的发现，说明在山前剥触平台上局部地区可能有海水侵入，遗留的海成堆积物的存在。

第Ⅱ级海成平台上的沉积物环岛大片分布，表面常微微向海方倾斜，岩性及产状分布上具有清楚的海成沉积的特点。

（2）组成第Ⅰ级海成平台的堆积分布很广，是海南岛第四纪海相沉积最发育的一组地层，环岛皆有分布，特别是东北部分布最广，西部也相当发育。分布最宽的地方有25 km以上，最窄的地方也有几千米，一般都可达10余千米，组成了海南岛边缘宽阔的海成平原区（图3），岩性和岩相变化很显著（图5）。分布的绝对高度在30 m以下，少数地方较高，最低15 m。组成第Ⅰ级海成平台的物质有些地方有许多珊瑚碎块、海相贝壳等碎屑，如琼海长坡、沙荖一带，可肯定为海相层是无疑的。

这一组海成沉积物一般上部为棕红色细砂，略有胶结，比组成第Ⅱ级海成平台的沉积物疏松得多。细砂中具有相当数量的亚黏土、黏土等细粒物质。细砂的棱角都经磨蚀，一般小于0.5 mm，多在0.2～0.5 mm之间。据我们在琼海长坡、沙荖等地的计算，砂粒占78%，黏土、亚黏土泥质物质占16%。砂以石英砂为主，其次有钛铁矿、锆英石、独居石、金红石、磷钇矿、白钛石、铬铁矿、尖晶石、黄铁矿、绿帘石、石榴子石、电气石、褐铁矿、磁铁矿等。少数地方有粗砂和中砂，颜色由上而下变黄。例如在岛的东北部文昌县昌洒、文教；东部琼海长坡、沙荖、潭门等地；西北新盈及西部广大地区多是如此。下部为砂砾和砾石层，滚圆度很好，以石英砂为主。

这一组海相沉积物中另一普遍的岩性是白色中细砂，例如在东部万宁－长安间，陵水新村港以西，土曲湾等处，以均匀的白色石英砂为主，最纯的几乎百分之百是石英。

第Ⅰ级海成平台上堆积物的情况可以东郊东祖园、欧村北、沙荖、马坡、长安、新村港、新盈港等地的剖面为代表（图5）。

组成第Ⅰ级海成平台的沉积物从岩性及岩相变化、接触关系、分布上可看出有的是滨岸斜坡沉积，有的是滨岸及潟湖类沉积。在广大范围内主要是滨岸斜坡沉积，如琼海沙荖、陵水新村港附近、西部等地。在沙荖砂层下面有倾斜角10°的花岗岩古地形面；在新村港附近砂层下的古地形面也是向海倾斜的斜坡。滨岸粗粒（主要是砂）沉积及潟湖类沉积，在岛的东北部很清楚，如昌洒、文教、翁田以南一带可作为代表，这里分布在第一级海成平台上最高部位的是棕红色、红色砂层，下面有砾石层。较低处有纯白色的石英砂，胶结较紧的黑色砂，后者捣碎以后在水内淘洗时可见到植物叶等痕迹，个别地方还可见到植物枝干。在水平分布上，昌洒、文教以西为大片红色细砂、砾石组成的第Ⅰ级海成平台，

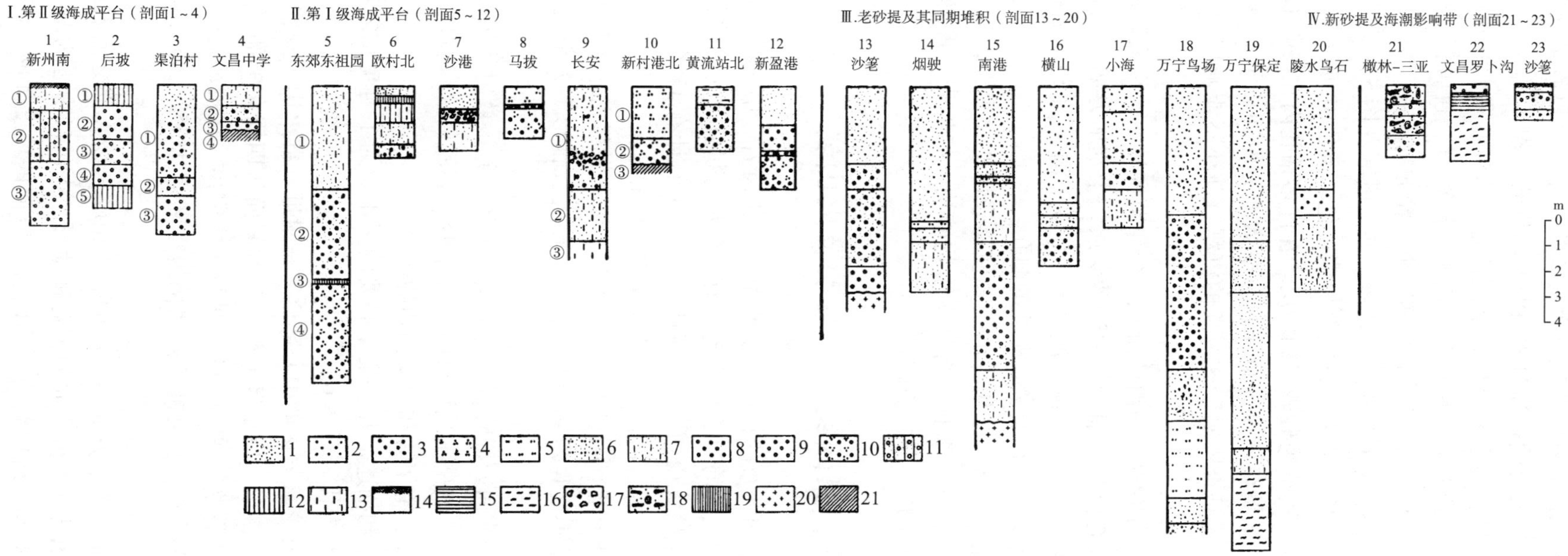

图5　海南岛第四纪各期海相沉积物柱状剖面

1. 粉砂细砂；2. 中细砂；3. 粗砂；4. 白色中细砂；5. 黑色中细砂；6. 黑色中细砂与白色中细砂混杂；7. 亚砂土；8. 砾石；9. 砂砾；10. 白色砂砾；11. 砂砾及黏土混杂堆积；12. 黏土；13. 亚黏土；14. 表土；15. 泥炭；16. 淤泥；17. 褐铁矿碎屑；18. 珊瑚碎屑；19. 铁盘；20. 花岗岩；21. 基岩

而以东这种红色砂成长垣形条带状分布，其间低下的地方是白色砂及黑色碳质胶结砂。广大的红色砂砾石组成的海成平台属于海滨水下斜坡及滨岸沉积，而长条状分布的红色砂是滨岸沉积——相当于现在的滨岸砂堤、砂坝沉积，白色砂和碳质砂是当时相当潟湖部位的沉积。

（3）组成老砂堤及同期的海成堆积物主要是砂，层理清楚，岩性水平变化小，垂直变化大，组成滨岸老的砂堤、砂堤群。成分以石英砂为主，其次有钛铁矿、锆英石、独居石、金红石、长石、石榴子石、黄铁矿、绿帘石等。粒径多在0.5～0.2 mm之间，更细粒的物质占17%左右，夹砂砾及砂砾透镜体。砾石滚圆度很好。各地一般的厚度在5 m至十几米，甚至更厚（图5）。

根据在东部地区的工作，综合分析的结果，最上部为棕黄色、黄色中细砂为主，厚度约10 m，以下至海面附近为一层灰黑色淤泥层，再下为砂砾层和砂层。在许多钻孔内在海平面下15 m左右又有一层淤泥层，再下为砂层，灰黄色、棕黄色砂及亚砂土层，少数地方海面以下30 m处又出现一层淤泥层。对于这些钻孔内的砂层和淤泥层是否皆属于这一期的沉积目前还不能确切地断定。但从岩性上看甚为一致，似为同期的产物。

（4）在目前海水动力所及的地方有现代的海滨堆积，分布范围较小，组成新砂堤等。水面以下沉积状况不详。高出海面一至数米，有棕黄色细砂、中砂砂砾层，个别地方如三亚鹿回头以南有较大的珊瑚碎屑、贝壳或贝壳碎屑，或砾石及植物残体、泥炭等，如罗卜沟（图5）。岩壁之下有以重力崩落下来再受到海浪作用而成的巨砾堆积，砾石上常有海蚀的洞孔。

生物对于近代沉积的影响很显著，例如红树林的发育使得岩性变化很大，如文昌冯家南北、新盈港等地所见，沉积物为灰蓝色砂，亚黏土堆积。有许多生物碎块，如贝壳、螺蛳、珊瑚块，鱼骨等。这里常受平静海水涨落影响，地面平坦，分布面较宽。

三、第四纪火山活动及火山岩

在海南岛北部沿海一带呈东西向分布的火山岩主要覆盖在花岗岩、第三系和湛江组之上，火山口喷发中心和火山岩的分布与东西向延伸的第三系构造凹地内东西向断裂及北东向断裂有关。

海南岛保存着形态和结构明显的火山口，据我们调查，较大的计有17个。火山锥的规模相差很大，从山脚到山顶的比高是50～150 m，所占面积约为0.5～5 km^2。

由于火山锥保存情况不同，外形上有明显表现者有下列三种：保存完好并有破裂口的截头圆锥形；保存较差的低矮圆丘形；造成负地形之强烈剥蚀的火山口，已失去锥形。火山锥保存状况之不同，可以说明其年代之新老。

一般在火山锥附近地势高耸，而向四周降低，有的呈阶梯状，并被放射状沟谷切割。

地形上明显可见的占大多数，它们是永兴群修岭、卧牛岭、春腾岭、荣盈岭、石山寺一带、临高之高山岭、多文岭、儋县之那白岭、笔架岭和定安旧州岭等。

我们对这些火山口进行了普查和描述，并采集了必要的标本。为了避免重复和繁琐，下面举一个火山的描述（永兴群修岭火山）作为代表（图6）。

群修岭位于永兴西南2 km，在玄武岩区的中心部位，是附近一群火山中规模最大的一个。在地貌上群修岭具有鲜明而突出的截头圆锥形。位于呈10°～15°倾斜面从四周向中部升起的玄武岩穹窿台地地形之顶部。火山锥山麓至山顶的高差约90 m。由于地形上之突出，在较远的地方就能看到。

火山锥在北35°东方向有一破裂口。火山锥的西北部地形陡峭达35°～45°，而具有开口的东北方面只有25°～30°左右。

群修岭火山锥的地形，在西北－东南方向是对称的。火山喷出物大部分沿着破裂口喷出，向东北部延伸，有大量碎屑堆积，造成东北－西南方向的不对称地形。火山口中心为漏斗形凹地，深达70～80 m，漏斗底部的直径为50～100 m，组成漏斗地形的各个方向的坡度陡峻，在东部为65°、南部为57°、西部为52°、北部为44°。

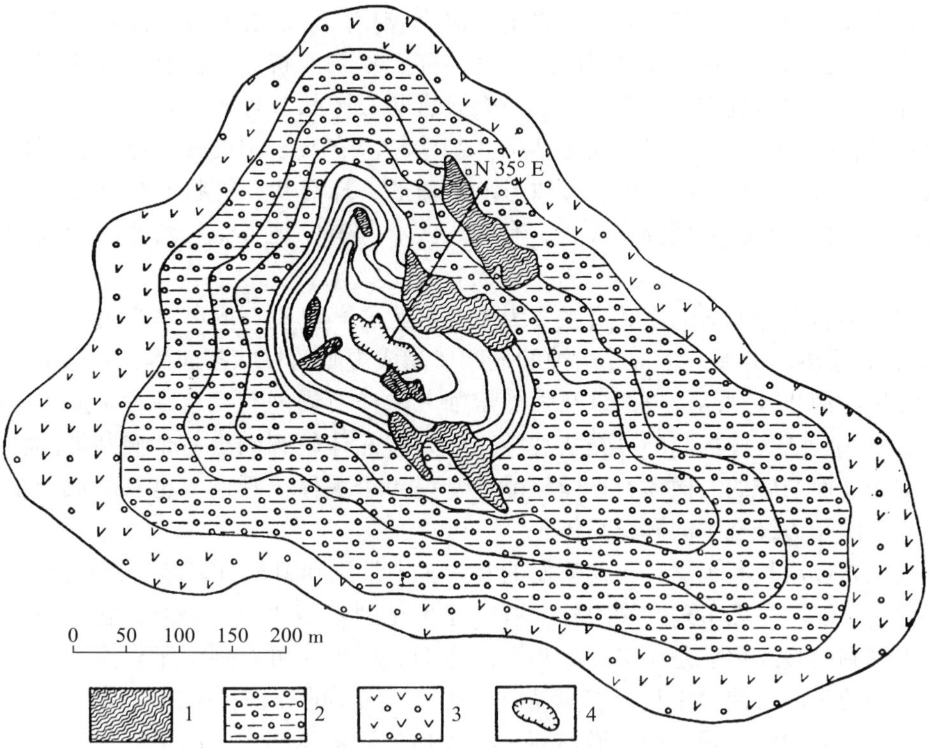

图6 永兴群修岭火山口附近地形地质略图

1. 熔岩、浮石；2. 火山碎屑；3. 气孔玄武岩；4. 火山颈

组成火山锥的有大气孔玄武岩，火山碎屑及火山熔岩和浮岩。组成火山口附近的岩石只有浮岩和火山碎屑、熔岩。火山喷出物按先后次序呈不规则的同心圆状掩盖。早期有致密玄武岩，晚期有气孔玄武岩、火山碎屑岩和浮岩。气孔玄武岩具有巨大而富集的气孔构造，近火山锥处，气孔发育较好，远离则较差。

群修岭附近巨块的火山碎屑层分布面积达 2～4 km^2，碎屑层厚度达 12～16 m，有些地方在 20 m 以上，包括下列组成物质：

（1）火山弹：种类和形态繁多，大致有圆形、椭圆形、葫芦形、纺锤形、麻花形、圆滑三角形等。

（2）火山渣：为一些具有严重热力烘烤且没有定形的残渣集合体，其颜色为棕红、紫红、黑褐及杂色，极似炉渣。

（3）火山砾块：火山喷发时携带的砾块，有的棱角突出，大多数呈块砾状，砾块成分以玄武岩为主，并混入有少数花岗岩，石英块体等。

（4）火山砂和火山灰：烤焦的砂石、灰尘的碎屑集合体，有时很松散，向下流滑，受水流作用时则成碎屑砂层。

对群修岭这一概略描述可反映了海南岛北部各火山锥的一般情况。

海南岛北部的火山岩主要是玄武岩。它们在海南岛北部以各火山口为中心，大致成东西向延长分布。这次调查大大地缩小了前人所圈定的玄武岩之分布面积，因为玄武岩并不是全部地覆盖北部所有地区，而是常只沿河谷低坳地方有。此外，以前有人把北部的红色层理解为玄武岩风化红土，并以此固定玄武岩分布的界限，但实际上这些“红层”是砂与红色黏土的混杂，有时下面并无玄武岩。

玄武岩之产状决定于下伏基岩古地形，它盖在微波起伏的第三系和花岗岩斜面上、第三系宽浅沟谷里、宽广凹地及花岗岩的起伏丘陵上。

玄武岩的岩石和矿物特征：海南岛玄武岩由于出露较广，许多岩石特征显示的甚为清楚，特别是后期喷发的玄武岩保留尤佳，在广大范围内具有许多陆上喷发的特点，没有发现典型的海底喷发所形成的枕状结构等，一般节理裂隙甚发育，但早期玄武岩同心圆状节理极为发育是探讨喷发环境值得注意之点。一般玄武岩沿裂隙的后期球状风化结构亦甚清楚。玄武岩中的气孔结构、杏仁状结构亦甚发育，根据形态，气孔有正圆形、卵圆形、裂隙形、串珠形、蜂窝状、管状不规则形等。充填气孔的有铁、硅、碳酸盐等组分。有的充填成空心状、有的成实心。有的地方熔岩流动时形成的绳状、波状结构清晰可见。

镜下鉴定的结果确定海南岛的玄武岩主要为橄榄玄武岩。橄榄石成斑晶产出、直径一般为0.01～0.04 cm，常常有岩浆熔蚀的痕迹。未受熔蚀的显微斑晶成规则的柱状多面体、六边形或菱形。由于被熔蚀岩石基质常呈深沟凸入到晶体里面，在强烈熔蚀时橄榄石周围有变色并含杂质。一些颗粒斑晶除解理外常可见到一些断断续续的同心贝壳状裂隙，顺延着晶体轮廓圈出一个椭圆形的核心部分，可能是因喷出后急剧冷却而产生的。橄榄石显微斑晶通常呈单个晶体出现，但也有时成聚合斑晶，橄榄石颗粒聚于中心，周围是边缘规则的辉石晶体。

玄武岩中的长石以斜长石为主，早期喷发的玄武岩中常见到斜长石斑晶，其长度由0.1～0.5 cm，少数可达一厘米大，除了一般节理和裂隙外，有时还可见到好多弯曲的裂纹，它们的方向在晶体各部分不同，此种不规则的裂纹可能是因迅速冷却而产生的。此外还可看到由于岩流流动而产生的长石斑晶错动现象。晚期喷发的玄武岩中长石在隐晶质石基中呈细小的针柱状斑晶。

辉石在本区玄武岩中的数量远少于橄榄石，呈浅褐色，褐色，在结晶最好的玄武岩中色稍深。普通辉石常有环带状构造，其形状也是相当多样的，常常是发育较好的柱体与发育较差的底轴面或角锥面结合而成，在切面及断面上具短柱状或不太完整的形状。

金属矿物主要有磁铁矿等。

广布海南岛北部的玄武岩是由两个主要的喷发时期形成的。早期的分布较广，它溢流充填了微切割的湛江系砂砾石层之上，厚度各地不等。许多地方已被剥蚀，保存数米至15 m左右。在澄迈西四公里处的麻山岭、眼镜岭一带可见到早期玄武岩的清晰剖面。此外，早期玄武岩覆于湛江粗岩层之上，但又被第II级海成平台上的砂层及广布山前剥蚀平台上的红色砂层所覆盖。玄武岩之上已发育有明显的风化壳，可证明玄武岩喷发之后，曾有过强烈的风化阶段。晚期玄武岩在永兴附近最发育，这里作为基底岩石的是早期致密玄武岩。这一期火山活动形成的各种地形保留都很完好。在海口—永兴间公路上可见到未被后期玄武岩覆盖而出露于地表的早期玄武岩穹丘地形，其周围为晚期喷发之玄武岩巨砾。从接触关系上看，其间夹有风化层及红土，故为明显的不连续的玄武岩喷发，它们分别属于不同时代（图7）。

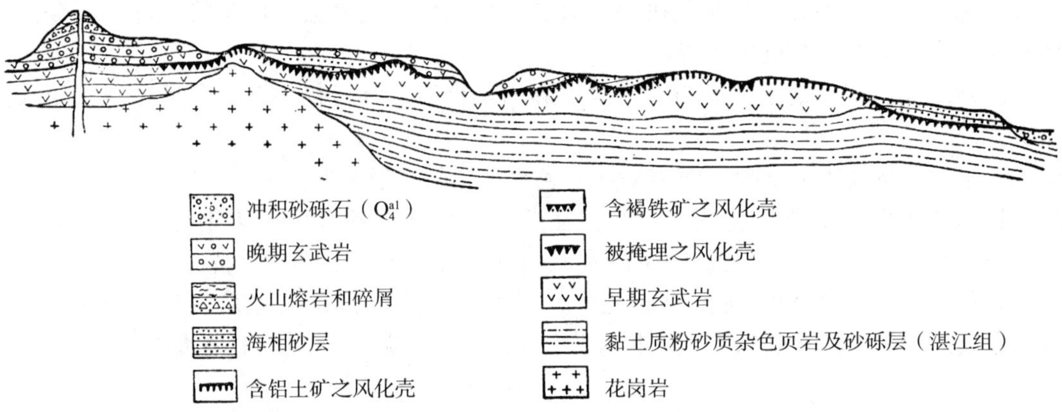

图7　海南岛北部玄武岩及有关岩层产状关系综合示意剖面

必须了解，晚期玄武岩除了被近代沟谷切割以外，表层没有可据以划分时代的第四纪沉积物。

我们可以看出，早期和晚期玄武岩的特征主要区别有如下各点：

1. 早期玄武岩

（1）一般为结构致密而坚硬的橄榄玄武岩，呈深灰黑色，具有明显的长石等巨大斑晶。在临高、那白、福山、白莲、土桥、文岭、蓬莱、黄竹一带分布面积很广。节理发育，气孔构造不发育或局部发育，有气孔多半具杏仁状构造。

（2）在剖面上发育有球状风化层。在黄竹、蓬莱等地表层有富含铝土矿和褐铁矿的风化壳。

（3）火山锥和火山口保存不明显或较差，其上都已发育成风化红土及残积土壤。

（4）常被红色砂层和后期玄武岩等堆积所覆盖。

2. 晚期玄武岩

（1）一般为具有气孔非常发育的玄武岩，没有或少有杏仁状构造，节理不发育，表面常保存完好的熔岩流动构造，呈绳状、波状等，分布在永兴、雷虎、石山一带。

（2）一般不但没有形成铝土矿的风化剖面，就连球状风化层也少有或没有，而是新鲜的玄武岩直接裸露。

（3）火山锥、火山口保存完好，有明显的结构和外形。

（4）仅被近代沟谷切割。

（5）其分布地区形成气孔状玄武浮岩、巨砾、乱石到处散布的特殊景观。

海南岛不同期的玄武岩厚度变化是很大的，覆盖厚度较大的地点有临高、多文、那白、龙波以及云龙和土桥一带。根据钻孔资料，玄武岩厚度在海口附近可达 30 m。在玄武岩分布的边缘地带如澄迈、定安等地，厚度变为数米以致尖灭。在南部永丰、居丁、龙门、麻坡、清山、乐坡附近零星分布的玄武岩厚度更不均匀，可以从数米到数十米，在短距离内突然尖灭。在永兴附近有两期玄武岩叠合，其总厚度较大。纵观全区玄武岩的厚度一般在靠近喷发中心——火山口玄武岩厚度大。在古地形低凹处厚度大，在古地形平缓的地区玄武岩厚度均匀，变化较小。

四、第四纪风化壳

（一）风化壳类型

在海南岛的第四纪堆积物中，风化壳残积类型堆积甚为发育。不同的风化壳母岩具有不同的物理、化学性质，它们对于机械的、生物的和化学的风化反应都不尽一致。我们根据发育风化壳的母岩的种类，将海南岛风化壳划分成结晶岩的、玄武岩的和沉积变质岩的三个大类。在每一类中，又按照不同地段具体条件的差异，如地貌条件、形成时期以及所经受淋滤作用的情况表现在化学元素的迁移、富集、矿物变化及剖面结构等特征上的不同，划分成若干发育阶段类型[8,9]。

1. 发育在结晶岩上的风化壳

花岗闪长岩类是海南岛最发育的岩类，通过对尖峰岭、五指山、阿坨岭、乐东、通什、营根、屯昌、那大等地的观察，了解到发育在这类岩体上的风化壳剖面常具有如下 5 个不同特征的风化带。从上向下为：

A. 杂色网纹黏土带，由砖红色，深红色黏土组成，有近似直立的黄色、灰白色网纹及斑状块，矿物强烈黏土化，有多量 Fe、Mn 质，未完全脱硅。这一带之上，覆有冲积、坡积等不同成因类型的风化壳次生搬运产物，最显著的见于盆地边缘高阶地（如水满、什运、乐东）及剥蚀切割的丘陵地区（如松涛、三亚以北）的剖面上，厚 2 ～5 m。

B. 棕红色亚黏土带，主要是棕红色黏土和亚黏土，具有少量黄、白等杂色黏土及亚黏土的斑块，个别地段也具网纹，在乐东盆地、什运牙钏桥附近、三亚、松涛等地剖面中都可见到。剖面下部部分矿物黏土化、有铁锈。长石风化强烈，绿泥石黄绿色，成不规则雾状；石英常被铁染，此外，有棕红色铁的氢氧化物积聚。厚 13 m。

C. 棕黄色带，原岩结构尚隐约可辨，多硅质，长石等矿物已受强烈风化。石英表面被铁质包裹，云母等已转化为黏土类矿物。很难看出原有矿物晶形。在剥蚀切割低山（如阿坨岭）、山前剥蚀平台（如屯昌及那大以北一带）都出露在地表。厚 3～5 m，个别地段厚达 10～15 m。

D. 白色、淡黄色带，原岩结构较完整，有时可看到残留的花岗岩球状风化的核心部分，长石类矿物风化成白色粉末。疏松。三亚大会岭标本薄片镜下观察见有黏土类矿物、绿泥石等次生矿物，黏土成星点状分布于长石晶体中。绿泥石暗绿色，含量最多，成不规则的碎块状。云母片风化剧烈，大部分已成绿泥石。厚 2～4 m，有的厚 5～7 m。

E. 坚硬基岩块砾，母岩开始风化，破碎，母岩结构尚完好，块砾边缘强烈风化。

完整的上述情况的剖面，见于三亚及松涛地区。有的地区由于长期遭受侵蚀剥蚀，风化不断更新，风化壳得不到充分发育；也有的因风化壳发育之后遭受了后期侵蚀剥蚀，表层受到剥离，因而完整的风化壳剖面并不随处可见，这是由于各地区的构造、地形、时代新老及气候等许多条件决定了的。根据这些条件及风化带的组合，可以把海南岛结晶岩风化壳划分如下三个发育阶段类型(表 1)。

表 1　结晶岩风化壳发育阶段类型特征表

风化壳类型	碎屑型	碎屑 – 硅铝过渡型	硅铝黏土型
表层颜色	灰白色、灰色或肉红色，随花岗岩中长石矿物及其含量而异	淡黄色、棕黄色或灰色	杂色，棕红色
机械组成	坚硬的基岩块砾，块砾周围受化学风化出现黏土	砂质壤土或疏松块砾	黏土及亚黏土
剖面结构	原岩结构完整	原岩结构隐约可辨	失去原岩结构，具网纹及斑块
具有的风化带	E 或可能有薄层的 D 带	C 或 D 及其以下各带	A 或 B 及其以下各带
主要次生矿物	高岭土	高岭土、绿泥石	高岭土、水云母、绿泥石、含水氧化铁
矿物黏土化程度	极少量，沿块砾边缘出现	有相当多的矿物黏土化	强烈的黏土化
所处的地貌单元	剥蚀切割的古老残山	剥蚀切割低山，山前剥蚀平台及海成阶地上	盆地边缘高阶地及剥蚀切割丘陵区

（1）碎屑型：原岩结构完整，由机械崩解而成的坚硬基岩块砾组成，块砾表面受微弱的化学风化，围绕块砾边沿出现次生黏土矿物薄膜和锈色斑痕，只具有风化壳 E 带或可能有极薄的 D 带表层，是风化壳发育的第一阶段，以机械崩解为主，分布在几个剥蚀切割的古老残山区，见于五指山、英哥岭、尖峰岭等处。

（2）碎屑 – 硅铝过渡型：由淡红色、棕黄色或灰色砂质黏土或疏松块砾组成，其中黏土约占 40%～50%。原岩结构清楚，具有上述风化壳剖面的 C 或 D 及以下各带，发育在剥蚀切割低山、山前剥蚀平台及海成阶地上。见于阿坨岭、什运到水满一带山地，屯昌附近及那大一带。

（3）硅铝黏土型：岩层遭受强烈化学风化，风化壳表层矿物绝大部分已转化成杂色、棕红色黏土及亚黏土，完全失去了原岩固有结构；由砖红色、深红色、黄色及灰白等杂色黏土斑纹交错而成。具有上述风化壳剖面的 A 或 B 及以下各带，具有大量次生矿物，黏土矿物总量在 70% 以上。发育在盆地边沿高阶地及剥蚀切割丘陵区，以三亚大会岭及松涛地区最典型（图 8）。

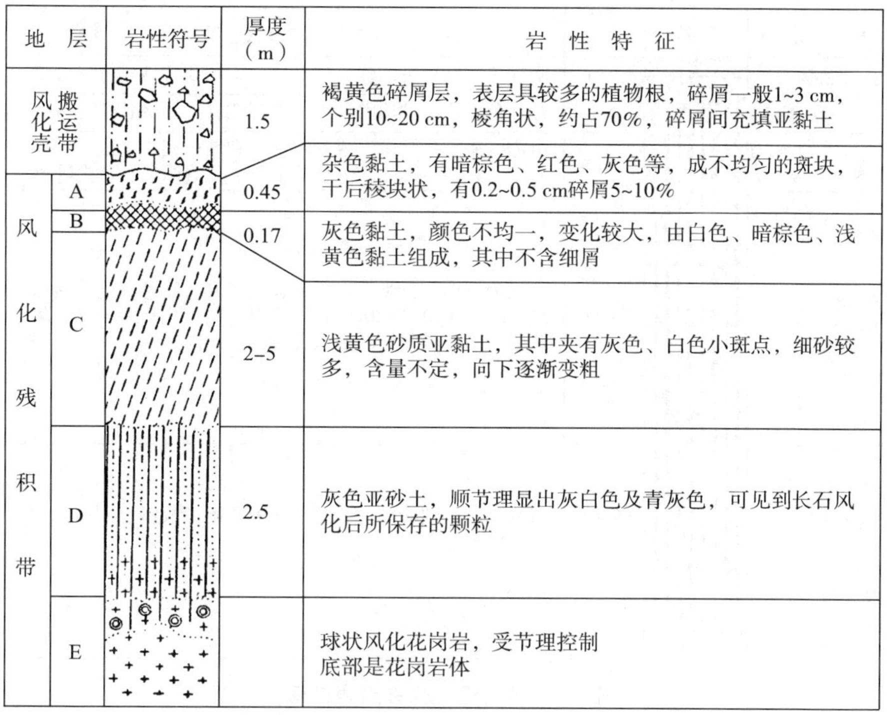

图 8　三亚大会岭西南坡花岗斑岩风化壳剖面

2. 发育在玄武岩上的风化壳

海南岛早期玄武岩上的风化壳已发育到富铝化阶段，而晚期玄武岩则只是处于表部受到碎屑破坏的阶段，发育完善的玄武岩风化壳，具有两种不同的形式，一种是以含铝土矿为主褐铁矿不发育的，另一种是以褐铁矿为主铝土矿不发育的。含铝土矿的完整风化壳（包括破坏搬运带）剖面普遍可分为下列几带，由上而下：

A. 表层土壤：暗棕色、红褐色、富含腐殖质。

B. 红土：是棕红色的黏土，亚黏土、具有明显的块状结构。沿红土裂隙有黑色的铁锰质。厚 0.3～0.4 m。

C. 结核：由红土、铝土矿块砾及亦铁矿、褐铁矿结核组成，与坡积铝土矿层混杂。铝土矿块砾的直径 1～8 cm，个别几十厘米，外形不定。主要是棕黄色，黄色岩块，一般松软，有的黄褐色块砾还保持有玄武岩结构，比较坚硬。

D. 强烈黏土化层：顶部是浅棕色黏土，往下逐渐过渡为红色黏土，有棕红色、白色、灰白色黏土块混杂。下部是黏土化的玄武岩块砾，以灰色为主，保持有较完整的玄武岩结构，厚达 11 m 左右。

E. 球状风化玄武岩：玄武岩沿节理面成层剥落，以还未风化的坚硬玄武岩为核心形成同心圆状结构。在节理、裂隙及破碎地方风化最重。球状风化外围已开始形成铝土矿。

F. 未风化的玄武岩。

A－C 层是风化壳经受搬运的次生产物，残积风化壳只包括 D 及 E 两层，具有这种组合形式的剖面分布在蓬莱、黄竹（图 9，表 2）、石壁、大坡、甲子和永丰等地。

含褐铁矿为主，铝土矿不发育的地区，风化壳剖面自上而下有：

A 表层土壤：厚 0.8～1 m。

B 红色黏土：暗棕色或砖红色，具有块状结构，遇湿后黏性极大，易污染，胶结较紧密，坚硬，比重大，节理面上有黑色铁、锰质薄膜，底部有褐铁矿小球，厚 4～7 m。

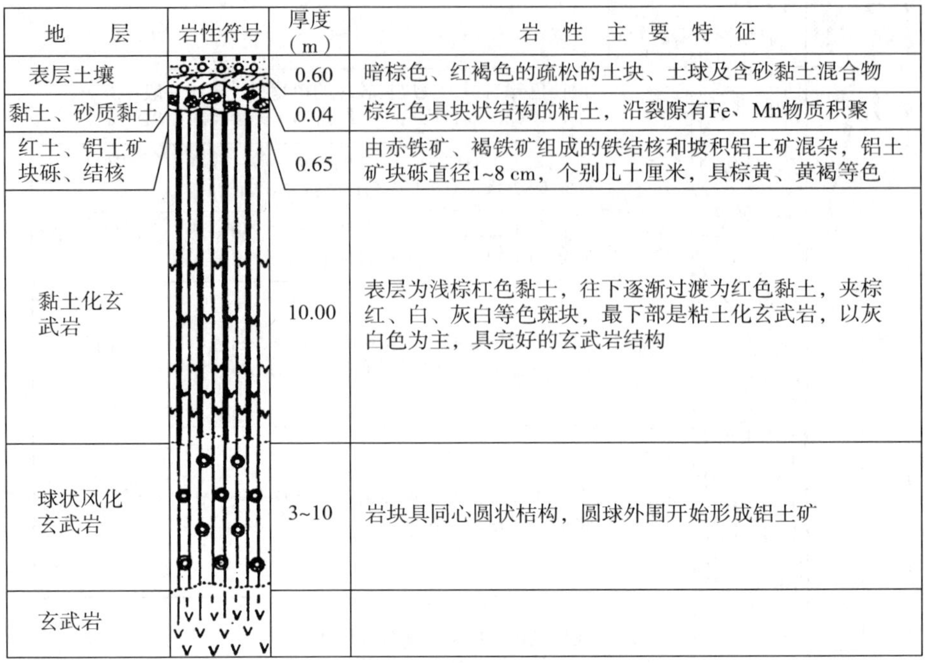

图 9　黄竹附近风化玄武岩剖面

C 褐铁矿结核：以褐铁矿为主，夹有红色黏土，结核一般直径 0.2 ～0.5 cm，外围圆滑，有时呈胶合的水平褐铁矿盘。厚 0.2 ～0.5 m。

D 球状风化的玄武岩块砾：成扁球或圆球形，长轴 10 ～30 cm，厚 2 ～3 m，个别 15 m。

E 未风化的玄武岩。

这种形式的剖面见于福山、旧州、临高、澄迈、多文和那白一带（图 10）。

表 2　黄竹玄武岩风化壳及其表层搬运带化学成分表*

岩性剖面		化学成分														
		SiO_2	TiO_2	Al_2O_3	Fe_2O_3	FeO	MnO	MgO	CaO	Na_2O	K_2O	H_2O^+	H_2O^-	挥发性（CO_2）	P_2O_3	总量
A	表层土壤	32.00	1.88	25.67	21.08	1.36	0.20	0.61	1.41	0.50	0.15	12.31	2.44	0.68	0.20	100.49
	坡积块砾	14.65	1.50	39.21	15.84	2.07	痕	0.21	1.19	0.10	0.05	22.05	1.63	0.55	0.15	99.30
B 及 C	残积红土	33.86	1.75	21.94	23.04	1.49	0.18	—	0.95	0.15	0.10	13.35	2.14	1.19	0.15	100.29
	残积红土	33.88	1.98	23.57	23.28	2.17	0.15	痕	0.71	0.10	0.05	11.48	1.99	0.46	0.25	100.07
D	蓝色黏土	31.10	2.75	22.87	24.75	0.96	0.25	—	0.71	0.55	0.15	12.52	2.31	0.51	0.25	99.68
	黄白色黏土		3.60	25.44	18.55	2.08	0.18	0.41	1.18			11.59	0.64	0.42	0.18	
	红色黏土		2.00	23.01	24.63	1.37	0.18	0.82	0.71			13.03	0.93	0.46	0.43	
E	球状风化外围黏土化		2.67	26.61	18.68	2.28	0.20	痕	0.95			12.25	1.42	0.69	0.15	

* 因样品处理及分析问题本表仅供参考。

地层	岩性符号	厚度(m)	岩性主要特征
表层土壤		0.80	土块、土球及黏土等混杂物
红色黏土		1.50	暗棕红色，具块状结构，黏性大，胶结紧密，坚硬，底部有褐铁矿小球
褐铁矿结核		0.20	以褐铁矿为主，夹有红黏土，结核直径0.2~0.5cm，有的成胶合黏盘
球状风化玄武岩		3~15	扁球状：长轴10~30cm，短轴5~20cm
未风化玄武岩			

图10　临高古柳风化玄武岩剖面

在云龙地区见有相类似剖面，剖面各带化学分析结果如表3。

表3　云龙地区玄武岩风化壳及其表层风化搬运带化学成分表*

岩性剖面		化学成分														
		SiO_2	TiO_2	Al_2O_3	Fe_3O_3	FeO	MnO	MgO	CaO	Na_2O	K_2O	H_2O^+	H_2O^-	CO_2	P_2O_3	总量
表层土壤	A_1	30.33	3.50	32.71	16.67	2.46	0.13	0.21	1.43	0.50	0.20	6.93	2.02	3.51	0.18	100.32
	A_2	28.53	1.81	28.94	18.85	2.37	0.20	0.21	0.23	0.15	0.18	15.24	2.10	1.43	0.15	100.39
红色黏土	B	27.30	2.56	27.77	20.76	2.14	0.30	0.12	0.23	0.15	0.18	14.79	2.22	0.53	— (?)	99.05
褐铁矿	C_1 (结核)	15.78	0.85	19.37	47.31	0.25	1.25	0.16	2.70	0.25	0.10	8.48	1.80	2.03	0.40	100.73
	C_2 (铁盘)	25.43	1.10	21.47	33.86	0.27	1.25	痕	0.23	0.20	0.14	13.03	2.55	0.61	0.33	100.43
球状风化玄武岩块砾	D_1		1.88	23.57			0.25	0.08	0.19	0.18	0.10	12.71	3.04	0.33	0.18	
	D_2	33.66	2.00	23.81	19.96	1.87	0.60	1.02	1.41	0.35	0.10	13.36	4.88	0.24	0.20	101.46
	D_3	30.33	2.00	26.61	20.62	1.40	0.15	痕	0.23	0.60	0.10	12.86	3.98	0.23	0.18	101.29
	D_4	48.05	0.88	22.41	7.29	1.86	0.15	2.24	4.52	2.25	0.35	6.44	3.89	0.07	0.35	102.79

*由于标本处理及分析问题，本表仅供参考。

上述两种剖面，代表风化壳发育及保存完整地区的情况。在发育不完整的地区，玄武岩球状风化块砾直接出露地表。根据风化壳的发育程度可以把海南岛玄武岩风化壳划分为二个类型：

（1）碎屑型：表层是风化的玄武岩块砾或球状风化块砾，底部逐渐过渡到未风化的玄武岩、发育在晚期玄武岩上。

（2）富 Fe－Al 型：分布最广，富含 Fe、Al 矿体，可以分为富 Fe 型的和富 Al 型的二类，而以后者为主。

3. 发育在沉积岩及沉积变质岩上的风化壳

第三纪及前第三纪沉积岩和沉积变质岩在海南岛分布不广，但岩性复杂，在各种不同的岩石上发育的风化产物甚为复杂，在工作中只注意了个别地区的一些现象。在第三系页岩层之上许多地段可看到强烈的风化和破坏现象。表层被 Fe、Mn 质浸染，厚达几米，见于海口公园附近、澄迈南渡江北岸等地。松涛地区前泥盆系的绢云母片岩也深受风化，风化层厚度达 20 ～25 m。

（二）不同类型风化壳的分布状况

发育在结晶岩上的风化壳分布最广，见于海南岛中部山地丘陵，山前剥蚀平台等不同地貌部位上。发育在玄武岩上的风化壳主要分布在岛的北部，由拔海 50 ～60 m（多文）到 200 m（蓬莱）。沉积变质岩上的风化壳零星分布。

风化壳发育阶段类型的分布情况。反映了各区第四纪以来的发展历史。如结晶岩风化壳在海坡 1100 m 以上的古老残山地区因那里自第四纪以来长期遭受剥蚀、剧烈切割，基岩表壳不断更新，风化壳得不到进一步发育的机会，主要有碎屑型风化壳发育，海拔 800 m 左右的山区，也由于长期遭受侵蚀剥蚀，风化壳得不到充分发育，但山地形态比较圆浑，水文条件也比古老残山区优越，基岩受到了一定程度的化学风化，Ca、Mg、Na、K 等碱金属和碱土金属离子被淋走，硅酸盐和铝硅酸盐风化所形成的产物有的也被淋失，也减少了部分 SiO_2，积聚了一定数量的黏土、绿泥石等次生矿物，形成碎屑 - 硅铝黏土型之间的风化壳过渡类型。

山前丘陵区（300 ～500 m）：特别是靠近河谷地带，古地面平缓，是一种微波起伏的地形，风化壳厚度最深，形成了硅铝黏土型的风化产物；现在，风化壳只局部遭受到破坏，大部分地区仍完整地保存下来，并且后期进一步发展，风化程度得到了一定程度的加深。

山前剥蚀平台的部分地区及海成阶地区，地势平坦，目前的地形及水文条件很有利于风化壳的发育；但由于组成的岩石物质成分及时间关系，在这些地区广泛分布的不是硅铝化黏土型风化壳，也更不是富铝型风化壳，而是与低山区相当的碎屑 - 硅铝过渡型风化产物。

北部玄武岩区，虽然风化壳在各个地段上发育的具体条件不同，但也形成了与当地环境相适应的类型组合。在地形宽广平坦、起伏不大，未被沟谷切割的地貌部位上，随着交叉节理、裂隙的形成，在块砾的外围开始化学风化。经过去 K、Na→去 Ca、Mg、Fe→开始脱 Si 的过程，形成了铝土矿。在没有充分淋洗的较低的部位上，形成零星薄层的褐铁矿等；而在淋洗充足的平坦区，铁质成分被溶解带走，铁质层没有保存下来。

海南岛风化壳类型的分布状况，除了说明它对地形地质条件的依从之外，还反映了它和地形的发展过程及形成时代的密切关系。

（三）风化壳的形成时代

海南岛第四纪风化壳类型的分布和发育过程，清楚地表明了本区在这段期间内，会一度有过适宜于风化壳强烈发育的阶段。当时地壳活动处于宁静阶段，气候湿热，化学风化盛行。这是在湛江系及早期玄武岩已经堆积形成之后的时期，当时在目前海拔 300 ～500 m 和更低一些的山前丘陵地区形成了深厚的风化壳。在玄武岩上也逐渐形成了很好的铝土矿层。

除了这一强烈风化时期以外，海南岛第四纪以来风化作用仍然是盛行的，风化壳发育程度在原有的基础上得到了进一步加强和变化。在剥蚀切割强烈的地区，风化壳受到破坏，剥离的物质搬运到凹地、海边、坡麓、形成各种类型的第四纪沉积物。特别是海南岛风化壳的淋洗作用很强烈，Fe、Mn 等被淋失，对这些物质的迁徙规律及元素平衡的研究将是一个重要问题。

在第四纪内，风化作用在不同时期强弱程度并不一样。在海南岛不同时期的地貌单元上常常清楚地反映了不同的风化程度，这一点甚至有时可以作为划分和确定沉积物和地貌单元时代的一个客观标志。例如除在早期玄武岩表面所形成的最为鲜明的风化壳外，山前剥蚀堆积平台和第二级海成平台上风化程度也有显著的区别，尤其是第二级和第一级海成平台在风化情况上的区别最为清楚。第二级海成平台在海南岛各地风化程度、淋滤情况较第一级平台要强烈得多。相应地在河成阶地上第一、二与第三级超河漫滩阶地上的堆积物或基座岩石的风化程度也有上述的这一情况。在讨论风化壳形成时代问题时，这一点必须予以注意。

五、海南岛第四纪的主要地质变革

海南岛地区在第四纪以来处于大陆的边缘地带。频繁的海陆变迁遗留了清晰的地貌痕迹和沉积物。又由于处于低纬地带，气候因素的作用深刻地改造和影响了各种沉积物的发育。地貌以及北部火山活动等显示了新构造活动的各种特点。这几个主要的方面，显著地反映了这一地区第四纪地质的基本特征。

（一）第四纪的海相沉积及海岸变迁

对海相沉积物的研究是我国第四纪地质中一个很重要但还很薄弱的问题。至今还很少有关我国海相第四系沉积剖面的详细报道。海南岛北部的湛江组，岛的西南角出露的新的海相沉积，以及环岛分布的海成平台上的堆积和海岸变迁的各种现象，都是研究我国南海滨岸区海相沉积和岸线问题的重要对象。根据我们前面所列举的资料和初步分析，在这些问题上可看出：

（1）在海南岛最显著的有二级出露在海面以上的海成平台。较老的高约 40 m 的第 II 级平台分布在内圈，较新的高约 15 ～20 m 的第 I 级平台在外圈。各级平台上分布着夹有珊瑚、贝壳等海生生物碎屑的海成堆积物。更晚一些时期形成的老砂堤和新砂堤分布在岛的更外圈；这种新老海成沉积物的分布反映了第四纪以来，在一次较大的沉降及海水入侵之后，陆地上升、海面相对下降、间夹停顿、沉积，但总的以陆地上升占优势的发展过程。这两级最显著的海成平台从高度上看与邻近广东等地的可以对比[10,11]。

（2）在湛江组堆积以后，海水所到达陆地以内的范围最广的时期是第 II 级海成平台形成的时期（图 3）。根据搜集的数据，当时海侵范围可能达到那大、定安间以北山前剥蚀平台的局部地区，遗留了砂层堆积，后期已强烈风化成深红色。

（3）第 I 级海成平台比第 II 级一般低 20 m 左右，但分布面积更为广泛，堆积物也更为发育。从遭受的后期风化情况看，前者浅，许多地区为灰白色、白色或棕黄色的疏松砂；后者深，铁锰等氧化物的染色作用更为显著，经受淋滤作用强，常在底部夹有较厚的次生铁盘，以棕黄色、棕红色砂为主，土壤化现象更为显著。

（4）新老砂堤主要是更新的滨岸堆积地貌，高差虽有很大，但多为海浪的影响，也有许多反映有上升的迹象，如砂堤群的形态在横剖面上都是内端高向外变低等。但同时沿岸有一些反映下沉的现象如很厚的海下砂层，在东海岸保定一带深 40 多米，在海面以下的达 30 多米，其中包括多层富含有机质的淤泥层。

（二）第四纪风化壳及古气候的一些问题

气候因素对海南岛第四纪沉积物的发育有极为显著的影响，并且由于各个阶段气候条件的变化和不同，在各阶段形成的沉积物上遗留了不同的痕迹。因之往往可把它们视为一个可据以划分和对比第四纪沉积物和地貌单元时代的标志[12]。在这方面较为显著的现象有：

（1）首先值得提出的是发育在早期玄武岩上的风化壳，是一个极为清楚的层位标志。在蓬莱、黄竹一带形成铝土矿的玄武岩风化壳的剖面表明它主要是在早期玄武岩喷发之后第 II 级海成平台形成之前会有过一个湿热气候的阶段，这个阶段强烈地加深了风化壳的发育。后来风化作用的强度虽在不同时期也有起伏变化，但都没超过这个阶段。各地晚于这个层位的沉积物上再没有比这个阶段形成的风化壳更为巨厚和强烈。在山区，特别是山麓一带及低山地区如松涛等地也可看到相当这一阶段强烈的风化作用遗留的痕迹。

此外，在澄迈一带早期玄武岩的剖面上（图11）表明了在多次喷发的各层玄武岩流之间保留着清楚的玄武岩风化层。有的风化程度已相当深，这说明在那时已是化学风化作用进行的相当强烈的一个时期，喷发以后立即遭到强烈风化。

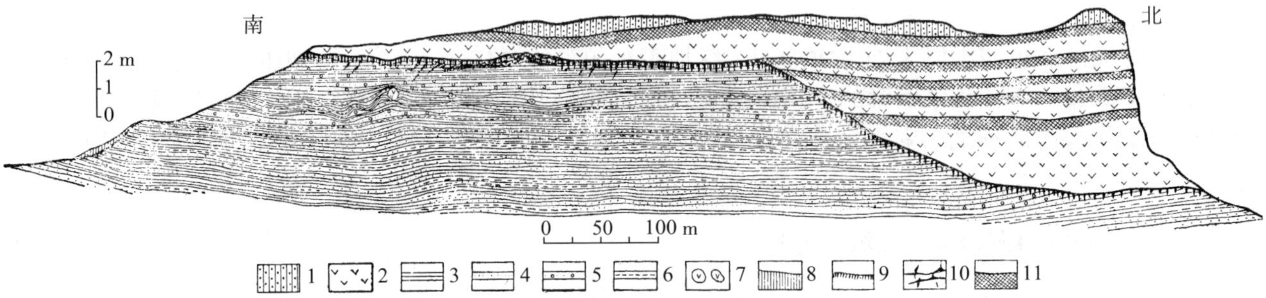

图11　澄迈北眼镜岭剖面

1. 红色黏土夹砂；2. 玄武岩；3. 黏土；4. 亚砂土及砂层；5. 砂砾石层；6. 亚黏土；7. 玄武岩碎屑块砾；8. 坡积物；9. 玄武岩烘烤层；10. 玄武岩侵入小脉；11. 风化层

（2）不同时期形成的各级海成平台及其上的沉积物土壤化、风化程度有着显著的区别。前面曾经谈过它们经受淋滤的情况不同，淋滤富集的铁盘的产状也不一样，如在海口市向南第Ⅰ、Ⅱ级海成平台上的沉积物剖面就可反映了这一情况。

（3）在山区不同时期的剥蚀平台及各级河流阶地上堆积物的风化程度也有显著区别。如在南渡江、昌化江等大河谷较高阶地的基座岩石、组成冲积物砾石等的风化程度、冲积物的颜色以及细粒物质黏土化的程度等都反映出各个阶段气候因素的不同影响。

（4）在石壁等地，玄武岩下面有一组富含有机质及劣质泥炭的砂、亚黏土等堆积；在东北部罗卜沟（图5）和东南部陵水附近也有较新的劣质泥炭层的存在。此外，在保定等地相当老砂堤形成时期或更早一些的海成堆积物中有多层成周期性沉积的富含有机质淤泥层。这些都是局限在几个一定时期的层位上，反映了气候条件周期性的变化。

（5）在海南岛山地区有一个坡积物甚为发育的阶段，并且它们常常带有许多特色。如在南部大茅附近古老坡积物中有大量锰球的形成，虽和基岩有关但却反映一定的气候条件；在西部山区石碌等地由含铁矿的基岩形成巨块碎石状的古老坡积物往往分布在一定层位，上面被新的细粒坡积物层所覆盖，也反映了不同气候条件下不同类型坡积物的形成。

（6）珊瑚礁的生长需要一定的海水温度，需要清净的，正常含盐量的浅海环境，它的存在已成为一个极为有力的指示古气候和古地理环境、代表温暖的海洋条件的典型标志。在海南岛古老的珊瑚礁，如在三亚附近厚约1～2 m的古老珊瑚礁位于老砂堤的前端，高出现代海面1 m至数米。它的前端已受到现代海浪的破坏和冲蚀。这不仅反映了海岸的变迁，而且还反映了老砂堤形成前后一定阶段的古气候条件。新村港亦有很好的剖面[6]。

这些反映了第四纪以来气候条件的现象，它们各处于一定的层位上，彼此联系起来，可以帮助我们进一步了解这一地区许多第四纪以来重要的古地理问题。

（三）有关海南岛新构造的几个问题

按照地貌类型和第四纪沉积物的分布及组合特点，可将海南岛划分出三个不同的新构造单元：

（1）北部在儋县、定安一线以北第四纪各种堆积物发育，火山活动强烈，是一个单独的新构造单元。它基本上是继承着老的琼雷凹陷发育着的，但活动形式不同了。强烈的火山活动看来与老的断裂构造有密切关系[5]。儋县、定安一线东西向沿老断层的活动，引起了在它的北侧生成一系列北西向的羽状断裂，火山活动沿着它们进行。许多火山口就都是沿这一方向分布的，最明显的表现在永兴—蓬莱一带、临高—多文一带，岛的西北角片石一带等线上。沿这些线大小火山口成北西向分布与儋县—定安间断裂线成45°。这一现象在永兴火山群一带表现的甚为清楚（图12）。

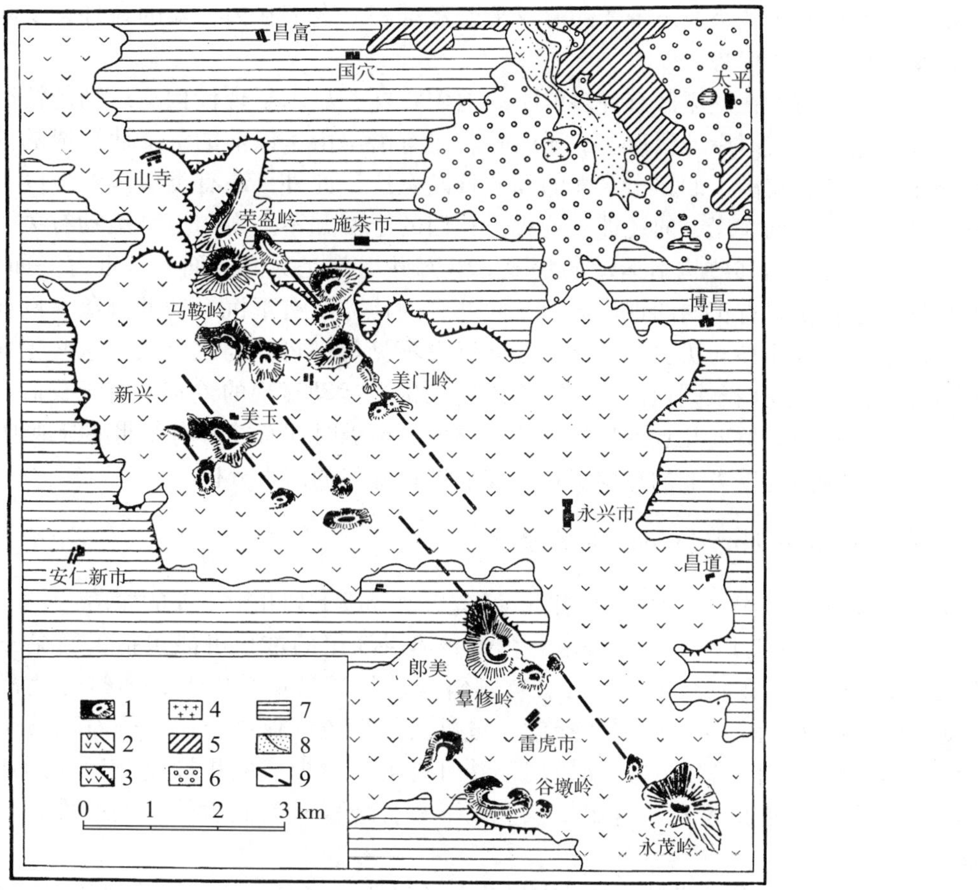

图12 海南岛北部永兴火山群

1. 火山穹丘；2. 玄武岩熔岩台地；3. 熔岩台地陡坎；4. 较早期之玄武岩；5. 湛江系；6. 湛江系上覆有红色黏土与砂的混杂堆积；7. 红色黏土与砂的混杂堆积，并有火山喷出物散布；8. 冲积层；9. 推断的断裂方向

（2）岛的西南部及莺歌海是一个新的凹陷地带，岛上只是这一凹陷的一部分。在莺歌海角、黄流一带据钻探资料砂砾层厚30余米，下为灰色砂质黏土、间夹粗砂层，深120～360 m见到花岗岩基岩。在海滨有含海相贝壳珊瑚碎屑的胶结砂砾石层及疏松砂层出露地面，是一套值得深入研究的沉积物[4]。

（3）岛的中南部广大地区是一个完整的新构造单元，根据残留的古老剥蚀面变形的特征可以确定这是一个不断呈穹状隆起遭受剥蚀刻切的地段。

分析海南岛山地的山峰形态和它们相互间的关系时可看出它们常成等高的长岭状排列和分布；在很大面积内高度相当稳定，大片地区的峰顶同处在一个平缓起伏的平面上，有的山顶还残留有较好的平台或有残留砾石。这些古老剥蚀面的残留地形表明它已遭受了后期复杂的破坏和变形。从全岛范围看，整个山地的古剥蚀面呈穹状隆起。如雅加大岭的北翼，按古剥蚀面的遗留痕迹可追踪出它由1400 m的高度逐渐下降至300 m，是巨大穹起的西北翼。除了穹状隆起，古剥蚀面还遭到了拗折断裂（如北部那大至定安以南一带）等差异性的变形；下沉的地段被后期新的沉积物所掩覆（岛的北部及西南部）。古剥蚀面已遭受了后期强烈的刻切。由于新构造运动间歇活动的性质，形成了多级剥蚀面、多级河流阶地、深切河曲、夺河等现象。

上述几个不同新构造单元第四纪以来所显示的构造活动不同，沉积物类型的组合也不同。从活动的过程来看，新构造运动一个显现强烈的时期是在湛江组堆积之后，它引致了古地理条件的急剧改变，陆相盆地堆积间夹滨海相沉积的湛江组露出水面，早期玄武岩大量喷发。第Ⅱ级海成平台及其堆积的形成是这之后第一次海岛相对下沉海水入侵的结果。以后的新构造变动主要表现出了升降及间歇交替的活动，陆续形成了各级成环带式的海成平台和堆积，老的在内，新的在外，反映了在较大的沉降之后，后来是以上升占优势。

在海南岛，特别在滨岸区有许多鲜明的地貌特征，显示了现代构造运动的情况。例如在三亚东沿岸可见到出露于现代海岸地段以上的珊瑚礁。还有沿岸由于以前的沉降而形成的港湾，在近期港湾面积有缩小的趋势，周围干涸露出水面的部分日渐宽广。此外，还有类似潟湖地区干涸面积逐渐扩大和这种地带有自内陆向海岸方向迁徙的趋势，它们的干涸并不一定与上升运动有关，但在大面积内具有一定规律时可反映出某些构造运动的状况。沿海砂堤都是远海一面高，近海一面低，由陆向海倾斜。这些都展示了在沿岸有正向的现代运动。此外有的地方又有下沉运动的迹象，例如三角洲向港内缩退的现象，沿岸沙洲小岛与历史记录比较近期沉没不见等都可能与之有关。这些正向及负向构造运动现象同时并存的情况说明不同地段和不同阶段现代构造运动显现的差别。由于我们没有专门地进行这方面的工作，这里只是罗列几点零星的现象。此外，历史时期有关海南岛北部等地地震活动的资料很多，也是了解现代构造运动方面的重要资料，需要进行专门的深入分析。

（四）海南岛第四纪发展的主要阶段

海南岛地区第四纪以来发展的过程，可概括地分成下列几个主要的段落：

（1）湛江组的堆积[2,13]。在海南岛北部相当湛江组的堆积可能包括了新第三系及第四系底部的一组复杂的沉积①。在胶结较好，岩层有倾斜变动的长昌煤系以上，不整合地覆有较疏松的薄层黄色、灰白色砂、砂砾石层，间夹灰绿色、黄色及红褐色的亚砂土层，砾石以石英为主，上部时夹有风化了的玄武岩块砾，岩层具薄细层理，并时有沉积时形成的小褶曲及后期形成的小断裂。岛的西南角也有类似这一套的堆积。这组堆积上面不整合地覆有玄武岩等后期的堆积，代表了一个特定的发展阶段。

（2）早期玄武岩的喷发及强烈发育风化壳的阶段。海南岛北部玄武岩的剖面表明：早期玄武岩喷发之后，遭到了强烈的风化淋滤作用，在玄武岩上形成了富铝的风化壳。这时山区也有巨厚的风化壳形成，这个阶段古地理环境有着显著的改变。

（3）海水侵入及第Ⅱ级海成平台的形成。是海南岛第四纪以来海水侵入范围最大的阶段。这可能相当于地壳上许多地区已证实了的在最大间冰期海水位升高的地质阶段。

（4）海水面降低与第Ⅰ级海成平台形成的阶段。第Ⅰ级海成平台较第Ⅱ级海成平台一般降低在20～25 m左右，表明了这个时期海水面运动最终的总幅度。这时岛内各河流形成第Ⅱ级超河漫滩阶地。

（5）晚期玄武岩的喷发与老砂堤形成的阶段。晚期玄武岩的喷发规模较早期要小。老砂堤在第Ⅰ级海成平台的外缘生成，在岛内这时相当于第Ⅰ级河流阶地形成的阶段。

（6）新砂堤及河漫滩堆积形成的阶段，是目前的发展阶段。

简略概括的这个发展过程可从海南岛第四纪沉积物综合柱状图上反映出来（图13）。关于各个阶段的地质时代问题，由于没有生物化石的依据，这里只先列出了各个主要的地质事件发生的顺序，还不能作最后的定论。

---

① 湛江组的时代尚未解决，在雷州半岛一带有人将其视为第三系（李树勋，1955），有人则视为第四系（郭秉奎）。

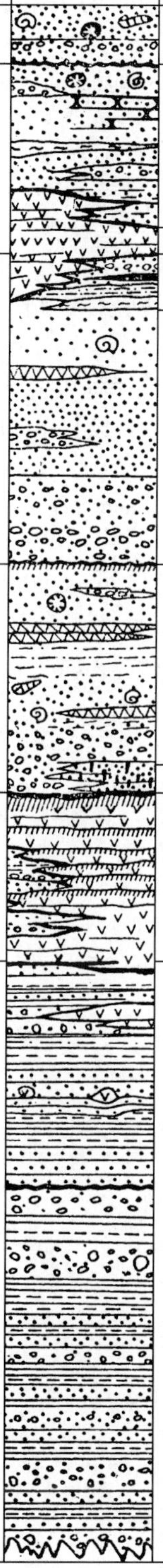

沉积物形成阶段		柱状图	厚度（m）	主要沉积物	主要分布地点
Q	6		5 ±	新砂堤及河漫滩堆积	沿海分布及沿河分布
Q	5		5~16	老砂堤堆积 第I级河流阶地堆积	
Q	5		5~30	晚期玄武岩及火山碎屑堆积	永兴
Q	4		0~5	劣质泥岩及泥砂砾石堆积	石壁
Q	4		3~15	组成第I级海成平台的海成堆积 第Ⅱ级河流阶地堆积	沿海环岛分布
Q	3		3~12	组成第Ⅱ级海成平台的海成堆积 第Ⅲ级河流阶地堆积	沿海环岛分布
Q	3		0~5	红色砂及黏土堆积 风化壳强烈发育的一个阶段	那大以北福山等地
Q	2		＞30	早期玄武岩及火山碎屑堆积	蓬莱、黄竹、澄迈等地
$N–Q_1$（?）	1		＞50	湛江组黏土砂砾石层堆积	海岛北部及西南部

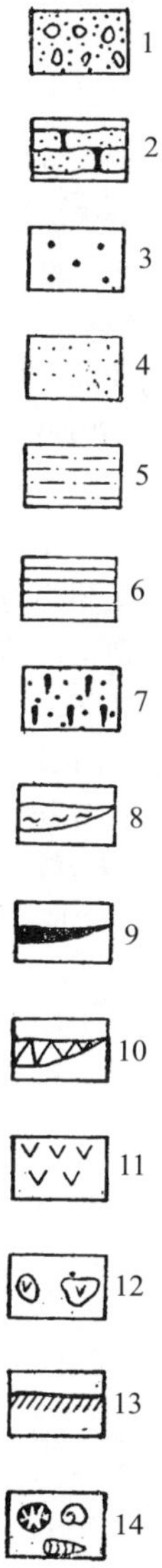

图 13　海南岛第四纪沉积物综合柱状图

1. 砾石；2. 胶结砂；3. 粗砂；4. 中、细砂；5. 亚砂土及亚黏土；6. 黏土；7. 砂及黏土；8. 淤泥层；9. 劣质泥炭；10. 铁盘；11. 玄武岩；12. 玄武岩块砾；13. 风化层；14. 珊瑚等生物碎屑上面将有关海南岛第四纪地质的几个主要方面我们在 1958 ～1960 年间所搜集到的一些资料作了一个简略的报道和初步的归纳，由我们五人分节执笔写出的，许多问题还有待进一步的深入研究。

在工作过程中曾得到广东省地质局 715 队等单位很好的协作。侯德封教授和刘东生先生对这一工作给予过许多具体的指导，我们在这里表示衷心的感谢。

参加这项工作野外调查的还有崔宝山、张秀菊、丁洪春、魏广友、张地顺、许庆海、程宪常、戈启森等人，整理的这一资料的取得是与这些同志的劳动分不开的。

参 考 文 献

[1] 李承三，广东省海南岛北部的地质及矿产，两广地质调查所年报，1929，Vol. 2。
[2] 张治平，关于湛江系地层及雷州半岛 - 海南岛北部自流水盆地的发现，水文地质工程地质，1957，No. 4。
[3] 边兆祥，海南岛第四纪火山，中国第四纪研究，1958，Vol. 1，No. 1。
[4] 吴章圣、周书科，海南岛西南部滨海地带的地下水，水文地质工程地质，1958，No. 9。
[5] 地质部物探局航测大队，几年来航测在大地构造和成矿带研究方面的一些成果（续）中的海南岛地区的成果部分，地质月刊，1959，4 月刊。
[6] B. П. Зенкопич：Применение волновой геории к анализу строения коралловых бсрсгов（наматерияле острова Хайнанъ）. Известня АП СССР. сер. географ. 1960，No. 2.
[7] 李达明，雷州半岛与海南岛玻璃陨石——雷公墨的调查与初步研究，地质科学，1963，No. 1。
[8] 何金海，海南岛的土壤发生与地质条件，中国第四纪研究，1958，Vol. 1，No. 1。
[9] B. B. 波雷诺夫，风化产物分布的地貌条件，风化壳及其地球化学，商务印书馆，1960。
[10] 陈国达，中国海岸线问题，中国科学，1950，Vol. 1，No. 2 ～4。
[11] 曾昭璇，我国南海沿岸最近升降的问题，地理学报，1957，Vol. 23，No. 2。
[12] 刘东生、刘敏厚、吴子荣、陈承惠，气候标志及中国第四纪地层的划分，中国地质，1962，No. 6。
[13] 郭秉奎，对雷州半岛火山岩的一些认识，中国第四纪研究，1959，Vol. 1，No. 1。

华北平原第四纪沉积物中的埋藏土*

第四纪以来大面积沉降为主的堆积平原区埋藏土壤的研究在我国是极薄弱的，很少有人研究，甚至还没有开展。然而埋藏土在地层及古地理上又有很大的意义[1]。这一点，在黄土研究中已被充分地证实了。对我国第四纪沉积物中的埋藏土，巴尔博、梭颇曾有过介绍。梭颇在《土壤剖面与近代地质》一文中，叙述了土壤与气候、钙化作用、灰化作用、砖红壤化作用的关系，并且指出了对了解地质发展、古气候、控制土壤发育的地形有很大的意义[2]。我国学者较早研究古土壤的，有马溶之、李连捷、宋达泉等。马溶之曾指出了华北、汉水流域、四川盆地、江西、湖南、长江下游和珠江下游等不同地区、不同时代和不同类型的埋藏土并以之与第四纪冰期相联系[3]。宋达泉在研究南京附近下蜀土中的埋藏土时，对其野外剖面有较详细的介绍，他指出了埋藏土是生物、水分、有机质和矿物质等诸因素作用下形成的，并且指出，埋藏土的特征表明了第四纪以来古气候有显著的变化[4]。朱显谟从土壤的发生层次等肯定了我国西北黄土中的红色条带是埋藏土。这对埋藏土的研究有较大的帮助[5]。刘东生根据黄土区埋藏土的特性、接触关系，对黄土沉积间断和地层划分进行了研究和讨论，并以黄土和埋藏土的物质成分、古生物、化学分析等研究结果证明了第四纪以来古气候上有多次的干旱、湿润的交替变化[6,7]。最近朱海之对黄土微结构的研究使对松散土体（包括埋藏土在内）的室内鉴定有所推进[8]。

我们在华北平原进行工作时，注意到并初步探讨了华北平原中的埋藏土的问题，得到了极初步的认识，提出来和大家商榷。

广大的华北平原广泛地分布了草甸土、沼泽土、盐碱土等土壤[9,10]。本文研究的对象是发育在不同时期冲积土上面的古土壤，即是说，不是一般土壤学上所泛指的冲积土，而是把冲积土（冲积物）作为一种成土母质来看，并且经过了明显的成土过程而又被后来新的沉积物所掩盖了的不同阶段的各种古土壤类型，它和母岩土体沉积物在岩性及理化性质上有着许多独具的特征。

从平原钻孔中揭露的沉积物看，华北平原有各种砾质、砂质、亚黏土、黏土和淤泥质层。这些不同的沉积物在一定的地貌部位时，可能经过成土作用阶段，有的有土壤的特点，有的受成土作用较深，容易被人们觉察，有的成土作用浅，土壤特点不明显，难以辨认，更有的没有形成过土壤，因而决定平原内哪些是土壤，哪些不是土壤是很重要的。由于埋藏土与现代土壤有很大的不同，研究方法存在着一些困难。但诚如 И. П. 格拉西莫夫所指出的“尽管埋藏土的沉积改造很深，但总是有可能客观地来确定这些沉积物中过去的成土作用出现的标志[1]”。

我们做了两个钻孔 300 块岩芯标本的 185 个薄片的显微镜下观察鉴定，特别对生物作用、有机质、土壤结构、构造、胶结物、黏粒移动和碳酸钙、铁质等的存在形式及移动积聚过程进行了研究，采用沉积岩石学研究法来找出土壤标志，判别土壤的发生层次来进行埋藏土的研究[11~13]。

同时为了进一步认识和确定平原中的埋藏土，进行了由石家庄—许昌间山麓地区不同类型的埋藏土露头的观察以及薄片的观察。这些天然露头（图 1 ～4）剖面中埋藏土的存在，提示了进一步在平原钻孔中追溯它们的延续和变化，同时提供了研究平原沉积物中沉积间断和埋藏土存在特点的一些客观对比依据。

---

* 本文原载于《中国第四纪研究》，1965，Vol. 4，No. 2。作者：高维明　吴裕文　丁国瑜。

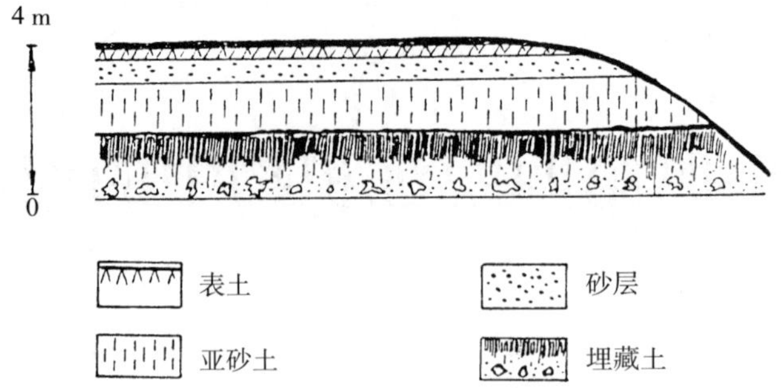

图 1　修武大沙河剖面

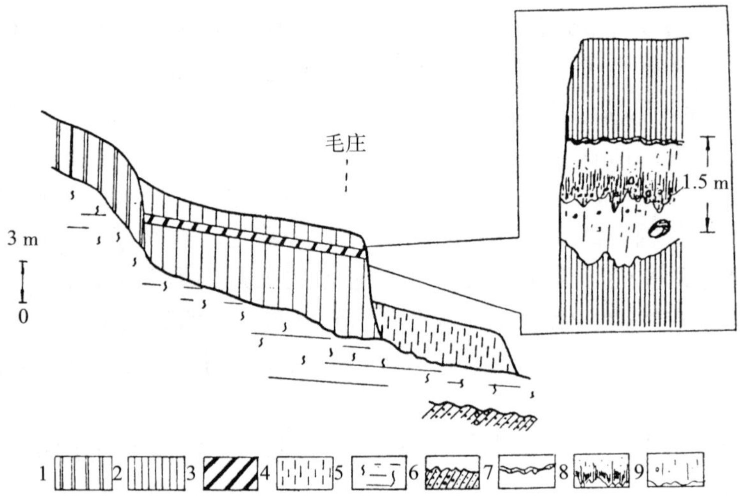

图 2　毛庄附近剖面

1. 中更新统堆积物（黄土类堆积物）；2. 上更新统黄土类堆积；3. 埋藏土；4. 亚砂土；5. 风化层；6. 砂砾岩；7. 腐殖质层；8. 淋滤层；9. 淀积层

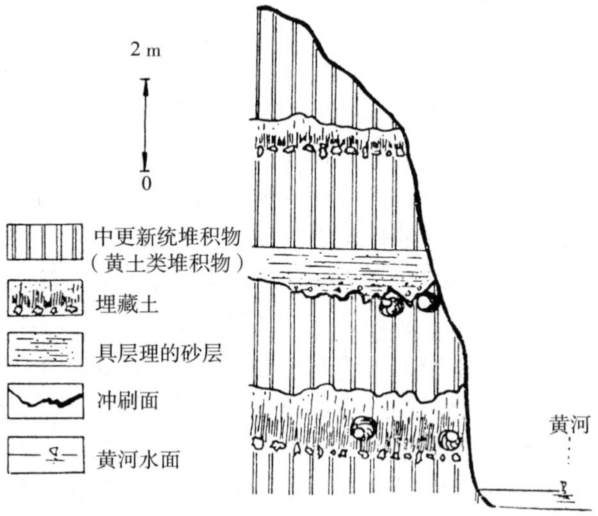

图 3　郑州邙山剖面

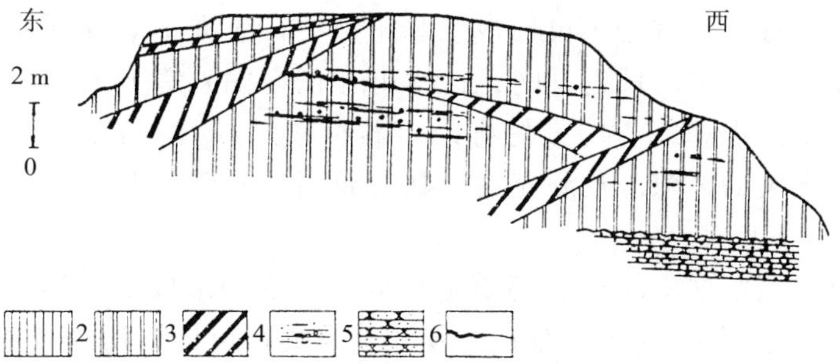

图4 微水车站附近剖面

1. 上更新统黄土类堆积；2. 中更新统黄土类堆积；3. 埋藏土；
4. 具层理的堆积层；5. 杂色砂岩；6. 冲刷面

一、埋藏土的土壤标志

我们采用了甲基丙烯酸甲脂浸入土体使其聚合凝结的过程胶结样品，磨制薄片光片[14]。由于磨制技术的改进，大量薄片采用了丹麦胶或甘油松香三两，橙节油二两的液体胶侵入样品，进行镜下薄片观察[15]。华北平原第四纪沉积物中埋藏土的土壤标志在显微镜下可观察到生物痕迹、有机质，土壤的微结构、构造、次生物质的移动及积聚。

1. 生物痕迹

（1）动物土球：成球形、椭球形，所采集到的样品中，重量从70.0～305.0 g不等，等轴系数1～0.72，扁平系数1.20～0.89。有空心实心之分。并有一个管状通道，乃是动物进出的地方或因土球是动物贮藏虫卵的地方，幼虫成虫后破球而出形成了通道。有同心圆状结构。整个球体由核心、内圈、外壳三层组成。核心部分为泥质块状结构，有机质含量高，可能是动物的粪便或其搬运物。内圈及外壳多泥质粒状结构。外壳疏松，显著地成鳞片状剥落。有裂痕及空洞构造。

（2）动物土条：是动物的粪便或所谓的垫土动物穴，有平直及蠕虫状弯曲等形态，大小差别很大，大者长15 cm，直径4 cm。小者直径0.5～2 cm，其长度因弯曲很难测得。疏松、碎块、粒状结构，富含有机质。

（3）虫孔、根孔等洞孔构造：孔壁很光滑，有些地方孔壁附有团粒或光性方位黏土的充填。洞孔横切面多呈圆形、椭圆形，纵切面多呈串珠状、楔状。

（4）种子痕迹：少数薄片中见植物的种子，值得进一步寻找和鉴定。

2. 土壤的有机质

埋藏土内有机质存在的形式：有的成基质形式；有的成星点状、斑点状；有的成斑块状。

3. 土壤的显微结构和构造特征

（1）团粒结构：切面圆形、椭圆形、似圆形等，直径0.1～1 mm。团粒间多数成接触式交接，个别有二级团粒。团粒边缘常出现光性方位黏土，细小的矿物有时也沿着团粒边缘有规则地排列。

（2）棱块状结构：像团粒结构一样，棱块与不显棱块部分的矿物成分基本相同，并且为黏土质或黏土质－钙质交织胶结，棱块体周围有时也有光性方位黏土。

（3）块状结构：不规则排列，切面形态差异很大，多成裂隙式交接。

4. 土壤中次生物质的迁移及积聚

成土母质受到生物及无机界的许多成土因素的影响，在逐渐形成土壤的过程中产生许多新的物质，这些不同的次生物质有它们的形成和积聚过程，这对正确鉴定平原内埋藏土有很大的意义。

（1）光性方位黏土：成土过程中不仅形成了黏土并要产生向下移动即所谓黏粒移动，在黏粒往下淋洗移动时，黏粒便具有一定的排列方向，这样可在正交偏光镜下见到它有一定的光性方位，因而光性方位黏土的观察是认识埋藏土的很好标志。其存在形式有：裂隙充填，黏土未充填满裂隙；脉状充填，黏土充满了土壤的裂隙；孔洞充填，黏土充满了洞壁孔壁；胶膜式包裹在团粒等结构体的周围。

（2）钙质的迁移及积聚：这里所指的钙质是在成土过程中形成的，其主要存在形式有胶态状的钙，在土壤中形成了黏土质－钙质交织胶结；胶膜式，方解石包裹在其他物质周围；孔洞充填；裂隙式充填；脉状方解石；钙质结核；层状钙质层（成为硬盘）。在剖面上钙的存在形式由上而下有很大的变异，在剖面的下部钙质含量高，可以形成钙质结核层和钙质硬盘。

（3）铁锰质的迁移及积聚：呈锈黄色、黄绿色，主要有几种形态：斑点状、星点状、不规则条纹状、胶膜式和铁锰结核。其中氧化亚铁多呈斑块状、星点状、条纹状，是富含有机质的沼泽土、泥炭沼泽土的特征。在埋藏土中铁锰质的含量由上往下逐渐集中，上部斑点状为多，中部在裂隙面上有多量的铁锰胶膜，并出现大量的不同大小的豆状铁锰结核。

二、华北平原中的埋藏土

上述埋藏土的标志在华北平原的每个埋藏土剖面不一定都存在，不同类型的埋藏土有不同的土壤标志和特征。根据这些标志可以区分出不同类型的埋藏土。现将几个剖面的镜下薄片观察举例如下：

1. 薄片 H_{11-17}号

灰黑色粉砂亚黏土，黏土质－钙质交织胶结，呈基底式接触，均粒砂质结构，主要成分为棱角、半棱角状石英，其次有呈聚片双晶的长石、云母等矿物，黑色斑点状有机质。胶结物中的钙很难与黏土分开。有些裂隙内有晶形不清楚的钙质颗粒充填，有些裂隙内有少量石英颗粒，有钙质结核和锈黄色斑块状铁质浸染。

2. 薄片 H_{11-18}号

位于 H_{11-17}号之下，青灰色，胶结坚硬，矿物成分也以石英为主，形状不规则，棱角—次棱角，少数半滚圆。层理面清楚，黏土质胶结，基底式砂质结构。有黑褐色氧化铁条带和斑块状铁质浸染。铁质条带都与层理平行，并夹有石英颗粒。

由薄片及手标本观察，上层是一种沼泽土的中上层，呈黑色，富含有机质，有贝壳、螺等碎片，有一定的钙及铁质的积聚。向下为青灰色，多氧化亚铁，受地下水的潜育影响大，在钻孔中最深达 40 m以上，一般在 20 m 以上。

3. 密$_1$、密$_2$、密$_3$

密$_1$、密$_2$、密$_3$是在纵剖面上连续的三组切片，每个薄片各包括纵横两个切面的观察。

（1）密$_1$。黏土质胶结基底式交接不等粒砂质结构，主要成分为石英、长石，少数柱状、针状矿物。团粒结构也是黏土质胶结，有 3～4 颗石英团聚在一起组成团粒的核心，有的团粒仅有一颗石英为其核心，团粒间成接触式交接，少数是裂隙式交接或它们的过渡类型。团粒大小均一，一般在 0.2 mm以上，大的可到0.4 mm。团粒之间有一明显的黏土膜壳。有虫孔、根孔等洞孔构造，形状有串珠状。洞孔横切面呈圆形、椭圆形，洞壁常可见到清楚的方解石结晶与光性方位黏土。长形的裂隙构造，长 1 cm 以上，宽 0.2 mm，还有其他不规则的、弯曲的裂隙。

（2）密$_2$。黏土质胶结基底式交接不等粒粉砂结构，成分同密$_1$，但团粒结构数量显著减少，直径也小，在 0.1～0.15 mm 之间，且团粒的横切面圆弧较差。有块状结构，横切面不规则，多为接触－裂隙式交接，少洞孔。有极明显的光性方位黏土，正交偏光镜下黄绿干涉色。在光性方位黏土中包裹着几颗石英砂粒，其边缘的石英砂长轴也显示了一致性。有些小短柱状、针状矿物也具有方向性排列。有些地方见棕色半透明铁质锈斑。

（3）密$_3$。黏土质胶结基底式交接不等粒粉砂结构，物质成分同上，团粒不多，多碎块。

根据上述剖面观察可以决定土壤的发生层次。

（1）各土层都发育在粉砂、亚黏土层上，物质成分相同，因为在不同的土壤发生层次内，所以剖面上颜色变化显著，密$_1$灰黄色，密$_3$的颜色比密$_2$略深。

（2）剖面上土壤结构有明显的变化，团粒结构在表层数量多，往下减少，到密$_3$则为碎块结构代替。这种结构更接近于母岩的柱状、块状结构。

（3）洞孔、根孔等在上层分布密集，形态多样，往深处数量减少，形态单一。

（4）密$_2$的薄片内有动物粪便或填土动物穴，在手标本上也可见到有手指粗的土条，表示了中上部经过动物作用，土层经过翻动。

（5）密$_2$的裂隙中有粘粒的移动，并且在粘粒移动中少数石英也随之充填在裂隙内。同时密$_2$中还有斑点状、斑块状铁锰质浸染，颜色较浅，是淋滤层的特征。

由此可知密$_1$、密$_2$、密$_3$有清楚的土壤发生层次。密$_1$是土壤的表层，有机质含量高，很可能是腐殖质层、淋滤层的过渡层；密$_2$表示了淋滤层的特点；再往下便是淀积层，很像一种砂壤质草甸土。

4. 薄片毛$_7$、毛$_8$、毛$_9$

薄片毛$_7$、毛$_8$、毛$_9$也是一个剖面上连续的几组切片，都进行了纵向和横向的观察。

（1）毛$_7$。灰黑色黏土质胶结基底式交接粉砂结构。有多量的斑块状有机质和植物残体，这种植物残体在手标本上是很清楚易见的。有棕黄色半透明铁质斑块，大的铁质斑块中有空洞构造。沿着裂隙、洞孔有光性方位黏土分布，正交偏光下黄绿干涉色，消光角约在55°左右。薄片内有大量洞孔构造，形状不规则，大部分洞壁上有0.01～0.02 mm的光性方位黏土薄膜。

（2）毛$_9$。黏土质胶结基底式交接不等粒粉砂结构，与毛$_7$的特征相似，如不同形态大小的虫孔、根孔及洞孔构造，洞壁也有光性方位黏土薄膜，斑点状有机质。大小差别很大的铁质斑块、斑点，常沿着洞壁向外延伸，但未把整个洞孔充满。

（3）毛$_8$。灰黑色黏土质胶结基底式交接不等粒粉砂结构，薄片及手标本都表示出此层内虫孔、根孔大量集中，可能为昆虫动物最宜穴居的一层。有些地方可见到粒状的动物粪便组成的土条，成蠕虫状弯曲。洞孔的形态很多，洞壁多附有光性方位黏土胶膜。洞孔中主要充填了棕色半透明的铁质胶膜及富含有机质的动物粪便。有大量的棱块状、块状结构。有少量斑点状有机质。

上述剖面的观察可知是一种土壤类型。

（1）各薄片代表的土层厚度不同，毛$_7$10 cm，毛$_9$50 cm，毛$_8$50 cm，土壤剖面共厚1.10 m。由上而下有许多相似的特点，如成土母质相同，有各种生物结构、构造特征，有机质在各层内有一定含量，但在整个剖面上有变化。

（2）土壤的有机质层厚，至少在60 cm以上，充分表现在毛$_7$、毛$_9$两组薄片内，土层成灰黑色。毛$_8$色浅且有机质少。

（3）剖面上没有观察到钙质淀积及移动。

（4）黏粒及铁质自上而下移动，因而虽然剖面上有较深厚的有机质层，但也有清楚的淋滤和下面的淀积现象。

（5）有明显的潜育化现象，如毛$_8$有灰蓝、灰绿等斑点状杂色，大量锈黄色铁质斑块、斑点，有机质显著减少，可能是位于当时地下水波动带内，土壤潮湿，集中了大量喜湿动物，后来由于地下水位的下降，草甸化作用继续向深处发展，所以在这一层内还有有机质、淋滤层的若干特征。

（6）可能是一种黑色草甸土。

5. 许$_{22-34}$、许$_{22-35}$、许$_{22-37}$

许$_{22-34}$、许$_{22-35}$、许$_{22-37}$也是剖面上几组连续切片。肉眼观察岩性差别不大，在薄片中差异很大。

（1）许$_{22-34}$。微棕红色亚黏土，黏土质胶结基底式交接不等粒砂质结构，石英颗粒大小较悬殊，0.01～0.2 mm不等，其滚圆度相差也很大，形状复杂。裂隙较细，有的裂隙中充填了光性方位黏土，在纵剖面上看到有的光性方位黏土分枝或分叉的现象，这是由于裂隙的相交分叉所引起的。光性方位黏土在单偏光镜下为黄白色，正交偏光下为黄绿干涉色，消光角53°左右。其中也常含少量石英颗粒。有圆形铁锰结核，有的有同心圆状结构并有清楚的结核核心，向外有几层同心圆状环带，有的是扁同心圆状结核。在每个同心圆内又有细小的纹理，表示铁锰结核往外生长的痕迹。有的成斑块状铁质结核。有碎块状结构，块体间是接触式－裂隙式交接。

（2）许$_{22-35}$。微棕红色亚黏土，粘土质胶结基底式交接不等粒砂质结构。沿着裂隙也有光性方位黏土充填。许多石英砂粒表面也有极薄的黏土膜壳。有时可以看到铁质把几颗石英包裹在一起形成铁锰结核核心的雏形。

（3）许$_{22-37}$。钙质层，钙质胶结基底式交接不等粒粉砂结构，石英从0.02～0.05 mm间，长轴略有定向排列之势，形成微细的层理。主要为雾状钙质层，晶形不清楚，有些地方还浸染有铁质斑纹，斑纹有一定的延续方向。局部地方有空洞，边缘有清楚的方解石晶体，有结晶好的脉状方解石。

上述剖面的观察反映深刻的成土作用。

（1）由剖面可知，岩性为亚粘土，往下粉砂增加，也可见到剖面经过了深刻的成土作用，使剖面上各层性质有很大的差别。许$_{22-37}$以下是砂层。

（2）前面两个片子是土壤的淋滤层，如有光性方位粘土的存在，随着粘粒同时移动的还有粉砂，因而光性方位粘土中砂粒有一定排列方向。钙质继续向下移动并有铁锰结核和铁锰胶膜的浸染。就上下层位对照来看，整个剖面有大量的钙存在，但是由于土壤进一步的发育，钙元素往深处移动，最后在淋滤层中看不到钙了，而为铁锰质所代替。

（3）许$_{22-37}$可以认为是这个土壤剖面的淀积层，集中了大量的钙，土层颜色也变淡了。

（4）可能是一个浅色草甸土土壤剖面。

6. 许$_{22-54}$、许$_{22-55}$

许$_{22-54}$、许$_{22-55}$也是一个剖面上的连续几组切片，进行了纵横两个方向的观察。

（1）许$_{22-54}$。棕黄色亚黏土，黏土质胶结基底式交接均粒砂质结构。有明显的棱块结构，其纵切面四边形、多长方形，横切面近于四方形，但其周边还是有一定曲折的。棱块大小不一致，在10×10的视域内有的仅有一个棱块体，有的可见4～6个。棱块间为裂隙交接，裂隙宽0.01～0.03 mm。少数地方有一种介于团粒－碎块间的粒状结构形态，横切面略呈圆形，没有团粒结构的核心及周边的光性方位黏土膜，它常聚合在一起组成一个棱块，可能是棱块遭到次生变化的初始状态。光性方位黏土多数成裂隙或脉状充填，单偏光下黄白色，正交偏光下黄绿色，有时在裂隙的光性方位黏土中，有细粒的有机质点，很可能是有机质受到水分淋洗或动物活动而落进裂隙或沿着裂隙充填的结果。有深黑色与棕色铁锰质胶膜浸染，半透明至不透明，往往由裂隙两壁向外渗透。

（2）许$_{22-55}$。棕红色亚黏土，黏土质钙质交织胶结基底式交接砂质结构，钙质虽与黏土在形态上很难分开，但从其晶形和干涉色完全可以区分。整个标本胶结坚实。有深棕色－黑色铁锰质胶膜浸染和圆形、椭圆形的钙质结核，有的钙质结核沿着裂隙空洞发育。在结核边缘的一些黏土、针状矿物、细粒石英有一定的排列方向，这个方向与圆弧的方向一致，远离结核则矿物无一定的排列。

从薄片观察，对这个剖面应注意以下几点：

（1）两个薄片代表厚度达2 m的土层，其下有2 m以上的粉砂、细砂层。砂层中的成土作用过程及土壤标志由于岩芯标本破损，已无法观察，但从剖面上钙的变化过程，砂层中含有钙质结核及加

HCl 起泡沫反映，很可能是土壤的淀积层。

（2）许$_{22-54}$，清楚地表现为土壤的淋滤层，即原岩结构的破坏，光性方位黏土的下移及表层有机质的往下充填。因为淋滤时间长，发育阶段深，钙被淋洗殆尽，故在薄片内未见钙质结核。

（3）但是许$_{22-55}$与许$_{22-54}$有很大的不同。虽然许$_{22-55}$裂隙不发育，缺少棱块状、碎块状结构，但从钙质的集中及其表现形态来看，很可能是淋滤层与淀积层的过渡层次。钙质结核表面有一薄层铁锰质胶膜存在，表示铁质的淋滤或受地下水影响。

（4）从颜色及结构特征上看，与山麓地区的黄土类堆积中棕红色的埋藏土特性和中更新世黄土中的埋藏土相似。

（5）很可能是草甸－褐色土型的埋藏土。

由以上几种岩性剖面的描述，可以知道华北平原中有各种不同类型的埋藏土存在，兹将观察到的主要特征列表（表1）如下。但值得提出的是，这些特征不是各类土壤的全部特征，要完善这些特征，今后要观察更大范围内不同时代的大量岩石标本，方能逐步充实起来，并且正确的定出土壤的名称。

三、华北平原埋藏土的地质意义

（1）埋藏土具有地层分层对比的意义。华北平原是新生代以来长期沉降的堆积平原，有很厚的第四纪沉积物。在平原的第四纪地质工作中很难采集到古脊椎动物化石，这给地层划分带来了很大困难，因而寻找地层的各种分层标志是很有意义的工作。通过对平原山麓第四纪地质调查以及平原钻孔岩芯中埋藏土的研究，认为平原中埋藏土是划分第四纪沉积的一个很好的标志。

1961 年我们对拔海 200 m 以下山麓区不同成因类型的第四纪堆积物和沉积层序，作了如下划分（表2）。

这些堆积物出露在山麓区，到平原后逐渐向下倾伏，埋藏在平原的不同深处。这些不同堆积物具许多鲜明的特点，如第四系底部有非常明显的残积风化壳，证明了有过长期的风化成壤时期；在棕红色黄土类堆积物中有许多层不同产状的埋藏土（可能是褐色土型的埋藏土）；在棕黄色、灰黄色黄土类堆积物中发育了灰黑色埋藏土；全新世沉积物中普遍发育灰黑色沼泽土、泥炭沼泽土。这些古土壤的特点在钻孔中也可见到。

H_{11}孔、许$_{22}$孔，孔深分别为 130 m 和 200 m，由地表往下为沼泽土、泥炭沼泽土、草甸土、草甸褐土，其上下分布特点和山麓区土壤在时间上的变化特点相同，可以互相进行对比（图5）。

但是应该注意到平原的形成，特别由于河流的变迁改道，冲刷堆积，平原各钻孔中埋藏土的层数不同，有的层次多，有的层次少。由于许多土壤类型决定于地貌条件，是一种隐域土，这就使得各钻孔中土壤层次数目变异更大。但其总的土壤类型有规律地分布，说明了有过相同的成土作用条件及地貌发育和平原的堆积环境，因而研究平原中的埋藏土壤不仅可以对比和划分地层，而且可以研究平原中大大小小的沉积间断。

（2）埋藏土具有古气候学的意义，钻孔中不同类型埋藏土的揭露，为我们提供了古气候上的意义，如全新世和更新世分界为一套富含有机质的沼泽土、泥炭沼泽土。周昆叔、梁秀龙等同志对埋藏的泥炭沼泽土的孢粉鉴定，证明有这样一些植物残体和孢粉：芦苇（*Phragmitis*）、菱（*Trapa*）、睡菜（*Menyanthes*）、莲（*Nelumbonueifa*）、狸藻属（*Utricularia*）、小二仙草科（Halaragaceae）、香蒲属（*Typha*）、莎草科（Cyperaceae）。这些都是原地的水生植物，是泥炭沼泽土的特点。更新世上部的黑色草甸土等显示了一定的气候条件，表明曾经有过明显的干湿变化。因为发育这种土壤要有一个集中的雨季，随后是明显的干季，蒸发量大，植物经受强烈蒸腾，水生植物多，宽叶等是它的特征。

表 1　华北平原第四纪沉积物中不同类型的埋藏土

土壤类型	颜色	生物遗迹	有机质	钙质	铁锰质	黏土质	胶结物	主要土壤结构、构造特征	主要土壤发生层次特征
沼泽土	灰黑色，蓝灰色，黑色	多各种贝壳、螺蛳及其碎片，有些地方有劣质泥炭层	有臭味，有机质多成斑点状、斑块状蠕虫状出现，以及呈基质出现	土壤剖面下层有钙质积聚及裂隙内有钙质充填	锈黄色斑点状、斑块状及带条状氧化亚铁	无光性方位黏土	黏土质胶结黏土质－钙质交织胶结	下部还保存着清楚的沉积层理。块状结构。视物质大小不同有均粒、不等粒、粉砂，有的为淤泥质	上部为清楚的沼泽土层，富含有机质，有的为有机质淤泥。下部是清楚的潜育层
草甸沼泽土	黑色，灰黑色	多各种贝壳螺蛳及其碎片，有些地方也有劣质泥炭层	有臭味，有机质成不规则的斑点及斑块状	裂隙内有钙质充填，底层有钙质淀积	锈黄色斑点状，斑块状氧化亚铁	裂隙内有不太清楚的黏土物质充填，略有消光及不显著的干涉色	黏土质胶结，黏土质－钙质交织胶结	颗粒大小视母岩而定，有等粒及不等粒的砂质物质。鳞片状结构发育	土壤剖面下部有清楚的潜育层及钙质的集中，上部略经草甸化作用，有黏粒的移动现象
黑（暗）色草甸土	颜色上部深，下部浅，呈现了清楚的变化，从灰黑色－浅灰色	有虫孔、根孔等生物遗迹，在有的洞孔内充填了动物的粪便或其搬运物，有动物土球、土条等	上部有机质含量多，呈块状、短柱状等形态。有机质由上而下有明显的变化，上层含量高，下层的剖面内很难发现	无钙质明显的集中	上部呈锈黄色斑点状铁质，下部为条带状铁质，都是浸染状铁质胶膜	沿着裂隙、洞孔有光性方位黏土的充填，在洞孔中光性方位黏土常常沿着洞孔两壁分布	以黏土质胶结为主	母质为粉砂、亚黏土，砂粒有均粒、不均粒的，中上部有大量的洞孔构造，为各种动物及植物根系所形成，中层有一个大量的洞孔集中的带，形成了显著的洞孔构造，它们的形态很多	具有明显的有机质层，有机质层发育深厚，无钙质淀积，有明显的潜育现象，淋滤层中以黏土及铁质移动为特征
草甸土	颜色变化清楚，上部颜色深，下部颜色浅，中上部呈灰褐色，中部棕褐色，下部棕黄色	有各种生物虫孔，植物根孔，表层数量多	上部有机质多，下部有机质少，呈斑块状形态出现	没有钙质集中	中部有斑块状铁质胶膜式浸染	有明显的光性方位黏土存在，充填于裂隙及孔洞内	黏土质胶结	表层有很多团粒结构，往下团粒含量少，下部为碎块状结构。上部多生物洞孔构造	具有明显的有机质层，但有机质层比黑色草甸土薄得多，淋滤层主要为铁质及黏土质移动的形态表现出来
草甸褐色土	棕红色，棕褐色	生物洞孔数量较少，大多集中在上部。有动物土球，其颜色与围岩相似	上部有机质多，下部有机质少，沿着裂隙有时有有机质的充填	中上部无钙质，向下钙质集中形成大量的钙质结核或层状钙质层	经常成紫色的铁锰质胶膜状浸染。有的地方有铁锰结核	中部光性方位黏土发育	中上部为黏土质胶结，向下有黏土质－钙质交织胶结，及钙质胶结	母岩以粉砂、亚黏土为主，坚实。有发育的棱块状、棱柱状结构，在这种块体面上往往发育了团粒结构和碎块－粒状结构，其数量由上而下地很快的减少，裂隙构造发育。洞孔构造较少	所见的剖面，没有明显的有机质层，但淋滤层内有有机质钙、铁锰质及光性方位黏土的移动，往下为钙质集中的淀积层。剖面上表层的团粒结构相对说来较多，很可能是薄层的有机质层

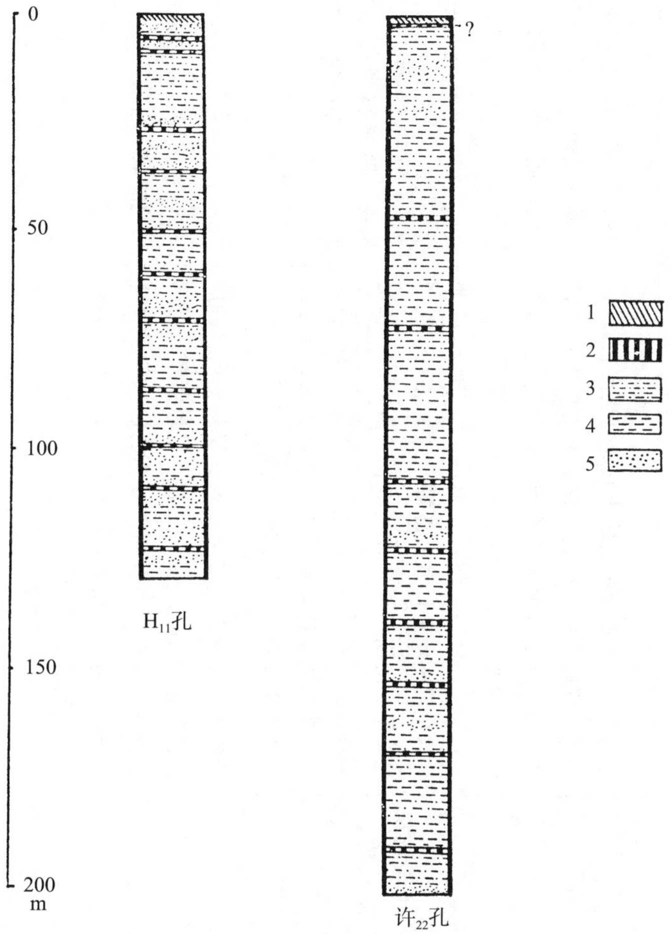

图 5　平原钻孔中的埋藏土

1. 表土层；2. 埋藏土壤层；3. 亚黏土与亚砂土；4. 黏土层；5. 砂层，主要是粉砂层、细砂层，岩性未经实验室分析，据野外资料。图上埋藏土的厚度有些地方略有扩大，有的受岩芯采样限制，仅能代表在附近的层位内有分布，这里一般是鉴定样品的深度

草甸褐土的存在，也表示了第四纪时期内曾经发育过干旱、半干旱稀树灌木草原景观下的土壤，对于其母质来说是更为干旱的气候。对比中旺 CKB_4孔的埋藏土，该孔深 355. 62 m，约 4 m 采一个样品，共采得样品 84 块。孢粉分析结果表明，上部 20 m 与山麓区全新世孢粉分析完全一致，孢粉数量多，往下数量减少。每个样品观察 6 个薄片，整个钻孔的样品中约有 50% 的样品未见到孢粉，这对认识该孔从时间上植被的演化带来了困难。但在某些区段中孢粉含量相对较高，如孔深 194. 23 ～212. 53 m的母质层中有藜科（Chenopodiaceae）5 颗、禾本科（Gramineae）4 颗、胡颓子属（*Elaeagnus*）2 颗、蒿属（*Artemisia*）1 颗、香蒲属（*Typha*）1 颗、真细孢子（*Filicales*）3 颗、真藓纲孢子（*Bryales*）3 颗；217. 57 ～225. 60 m 有禾本科 57 颗、蒿属 45 颗、藜科 22 颗、伞形科（Umlellifesae）3 颗、葎草属（*Humulus* sp.）3 颗、桦属（*Betula*）1 颗、胡颓子属 1 颗、菊科（Compositae）1 颗、香蒲属 1 颗、柳属（*Salix*）1 颗、蓼属（*Polygonum*）1 颗、榆属（*Ulmus*）1 颗。这些绝大部分是草本植物，有个别木本植物，其中禾本科、蒿属、藜科占主要成分，表示当时是干旱、半干旱稀树草原气候。这与这些孔内埋藏土反映的气候条件一致。由此可见埋藏土的存在无疑地表示了第四纪以来华北平原气候有过明显的湿润期与干燥期的变化。

表 2　太行山东麓第四纪沉积物沉积层序

系	统	组	层	厚度（m）	分布地点	岩性特征	地貌特征
第四系	板桥期后堆积	倾井组	现代河漫滩堆积	0～10	各河河谷	河床砂砾石层及亚砂土、亚黏土砂层	现代河床及组成第一级阶地，最新山坡坡积裙
			灰黄色砂夹黄土及有机质堆积层			黄土状亚黏土、亚砂土及粉砂层、交错层很发育，多灰黄色、黄白色、时夹灰黑色沼泽土及劣质泥炭	
	马兰期堆积	平山组	烟堡层	0～25	周口店、平山、烟堡、石门涧、李珍、汤阴、鹤壁、浚县、辉县、修武、济沅、博爱、孟县、温县、郑州、密县、禹县、许昌	棕黄色、黄色黄土壤亚砂土及亚黏土夹粉砂层，底部时有砾石层。山坡坳谷边缘时夹砾石透镜体。沿河谷底部时有砾石层，钙质胶结，灰黄色、棕黄色，石灰岩砾石占量多。石灰华堆积	常组成河谷第二级阶地及组成老坡积裙，沿老坳谷中充填或广布于盆地宽谷地区
			娘子关层				
			井陉砾石层				
	周口店期堆积	微水组	棕红色类黄土堆积层	0～15	井陉、微水、烟堡（老坡积物）、周口店（老坡积物）、临城、魏村、峰峰、岳城、密县、汤阴、浚县等地	棕红色黄土状亚砂土及亚黏土层，层理一般清楚，不少剖面由许多冲刷堆积叠置而成，备组间有古土壤层发育，古土壤层下常有钙质结核层。在山坡坡麓有相当此层之坡积层，在棕红色黄土状堆积中夹有附近基岩碎石透镜体	常组成第三级阶地上之堆积物。形成较老的堆积裙，覆盖了老的坳谷又切割后的地形
	泥河湾期堆积	汤一浚组	黄禄色及紫红色砂黏土砾石层	0～40	微水、汤阴、浚县等地	棕红色、灰绿色或带灰紫色的亚黏土层，砂层及棕黄色亚黏土、亚砂土层，层理清楚，下部有粉砂层及棕红色胶结之砂砾石层，砂层及亚黏土层中有淡水软体动物化石，富含钙质结核，有时有数层泥灰岩层	山麓的低丘地形
		雪花山组	雪花山玄武岩	0～45	井陉、雪花山、南张村、庙瑙、红土瑙、翟家庄、秀林村、庞村	灰黑色、黑绿色橄榄玄武岩	玄武岩低山丘陵地形
		黄壁庄组	忽冻砂砾层	0～20	黄壁庄、牛城到灵寿、马山、烟堡、魂村、岳城等地	黄白色砂砾石层堆积，夹有许多砂透镜体，砾石有一定的排列方向、滚圆度好。红色黏土与砾石混杂，砾石分选差，滚圆较好，成分复杂，石英岩甚多，无层理，有时夹有红色黏土透镜体及砂砾石层	沉积类型及其地形尚待研究
			黄壁庄泥砾层				

从埋藏土中淋滤层及淀积层中钙质及铁锰质的存在形式与分布来看，黄河以北的钻孔中主要是钙质充填和钙质结核，黄河以南有大量铁锰胶膜及铁锰结核，可能表示了在空间上南北古气候条件的不同，即南部更湿润，值得进一步工作。

（3）埋藏土首先代表了第四纪岩石中的一种岩性，是一种土壤。在沉积过程中代表不同时期的大小沉积间断，沉积间断时间的长短和埋藏土的厚度及分布规律各地不同。如草甸褐土分布普遍，范围广，是一种显域土，很可能表示了在发育这种土壤的时候，全区有较一致的普遍的沉积间断时期（目前钻孔中埋藏土的逐层对比资料还显得不够），是一个侵蚀和风化成壤阶段。同时，同一时期的相同类型的土壤发育阶段和分布也是不同的，说明在小区域内以及局部地貌条件下具有不同成土条件和成壤阶段，这对我们认识平原冲积层的结构及其形成过程有很大意义。

（4）对长期以沉降为主的堆积平原区新构造运动的研究时，埋藏土的鉴定有重要的意义。埋藏土形成后，迅速受到掩盖因而被保存起来，有时保存得相当完好，所以平原内第四纪埋藏土的研究可进一步研究沉积速度、幅度、沉积间断的定性定量数据，这对华北平原新构造运动研究提供了依据和方法。

（5）华北平原中的埋藏土有的成壤阶段不深，有的受以后各种因素的影响，如地下水活动，有机质的溶解等，使某些土壤特征消失了，这是华北平原埋藏土的特征。同时由于岩芯采样限制，目前还不能精确确定钻孔中埋藏土的层次，更无法进行各土壤层的对比。还有待进一步深入研究。

（6）镜下薄片鉴定是研究埋藏土的一种有效方法，但是深入研究埋藏土需进一步作埋藏土的各种理化性质的室内研究，如埋藏土的土壤化学、土壤物理测定，黏土矿物鉴定，土壤发生层次的特点和后来的变异等，只有在进行了这样一些工作的基础上，才能对华北平原第四纪沉积物中的埋藏土及研究方法做出更全面的结论。

结 束 语

从生物痕迹、有机质、土壤的结构构造、次生物质的移动和积聚等一系列土壤标志决定土壤的发生层次。华北平原第四纪沉积物中可能是沼泽土、泥炭沼泽土、黑色草甸土、草甸土、草甸褐土等不同类型的埋藏土，这些埋藏土的存在对华北平原第四系分层、沉积间断、沉积物岩性岩相的认识，对华北平原的第四纪古气候、新构造运动等方面都有着重要的意义。

同时，由于华北平原第四纪沉积层的结构是极其复杂的，变化很大，所以对埋藏土研究的结论，可以具体地帮助合理划分和正确圈定含水层、隔水层的范围和分布规律，认识含水层的沉积环境；进一步研究埋藏土有助于提供盐碱土的发生发展和分布规律的地质环境，从而提出行之有效的土壤改良的措施。

总之，埋藏土的研究无论是在理论上，还是在生产实践上都有重要的意义，因此值得很好地注意，并加强这方面的研究工作。

这一工作自始至终得到刘东生先生的关怀，笔者致衷心的感谢。

参 考 文 献

［1］Герасимов И. П. ,Погребенные почвы и их палеогеографическое значение. В кн“Материалы всесоюзн. Совешания по изучению четвертич. Периода”т. I，М. ИзВ. СССР，1961.
［2］Thorp J. ，Soil profile Studies as aid to Understanding Recent Geology. Bull. Geol. Soc. China，1935，Vol. 14.
［3］马溶之，土壤剖面之研究及其地文意义，地质评论，1948，Vol. 13。
［4］宋达泉，南京区下蜀系的古土壤学研究，中国土壤学会会志，1950，Vol. 1，No. 3～4。
［5］朱显谟，关于黄土层中红层问题的探讨，中国第四纪研究，1958，Vol. 1，No. 1。
［6］刘东生等，黄河中游黄土，科学出版社，1964。

[7] 刘东生、张宗祜，中国的黄土，地质学报，1962，Vol. 42，No. 1。

[8] 朱海之，黄土的显微结构及其埋藏土中的光性方位黏土，中国第四纪研究，1965，Vol. 4，No. 1。

[9] 中国科学院土壤及水土保持研究所、水利电力部北京勘察设计院土壤调查总队，华北平原土壤，科学出版社，1961。

[10] 柯夫达 B. A.，中国之土壤与自然条件概论，科学出版社，1960。

[11] Гразовская М. А.：Погребенные почвы методы их изучения и их палеогеографическое значение. Сб. Статей для XVIII Междунар. Геогр. Конгресс а М－Л，1965.

[12] Моразова Т. Д.：Микроморфологическое изучение погребенных почв. “Почвоведение”，1963.

[13] Величко А. А.，Морозва Т. Д.：Микулинская ископаемая почва её особенности и стратиграфическое значение. В кн. “Антрополен русской равнины и его стратиграфические компоненты”，ИздВо АН СССР，1963.

[14] 唐衡楚、朱海之，制作松散岩石及土壤薄片的新方法，科学通报，1963，No. 8。

[15] 耿建民，关于黏土岩和松散岩石薄片的制备方法，地质科学，1964，No. 1。

照片 1　晚更新世沉积物中的埋藏土剖面

照片 2　埋藏土中的动物土条

照片 3　动物土球

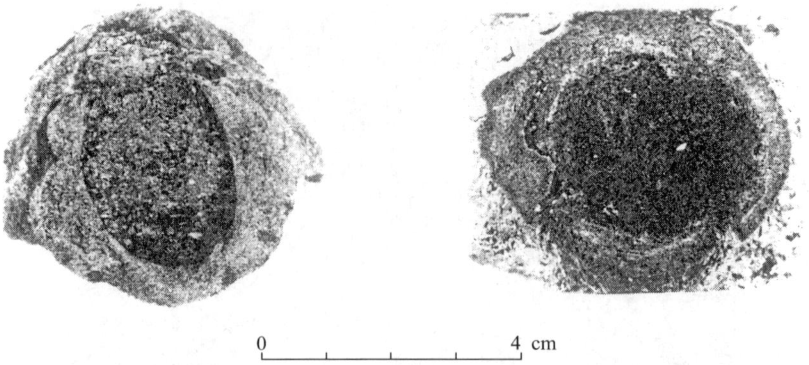

照片 4　组成土球的核心，内圈及外壳右面的为灌塑料磨成的光片

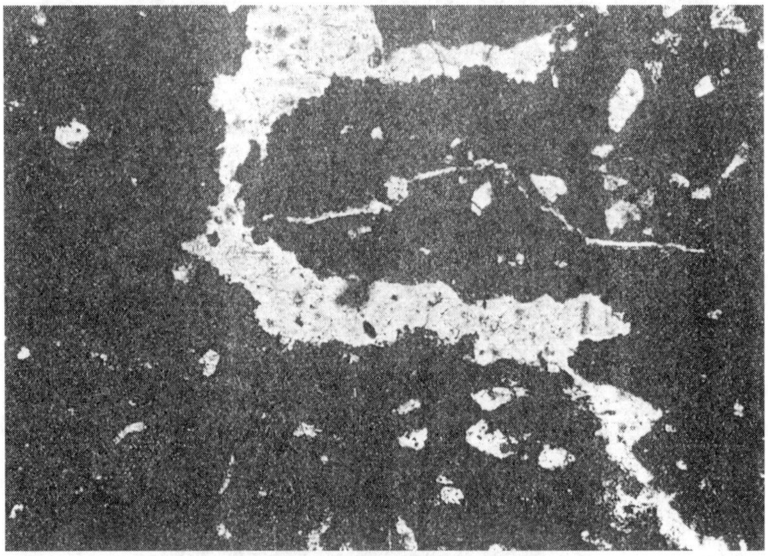

照片 5　成基质形式出现的有机质，有机质占了整个视域，单偏光 ×108.5

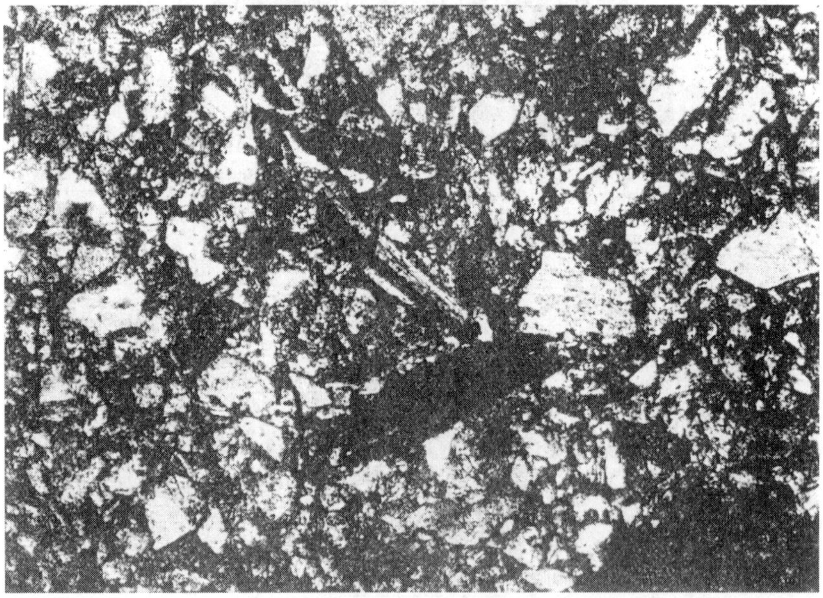

照片 6　斑块状有机质，单偏光 ×108.5

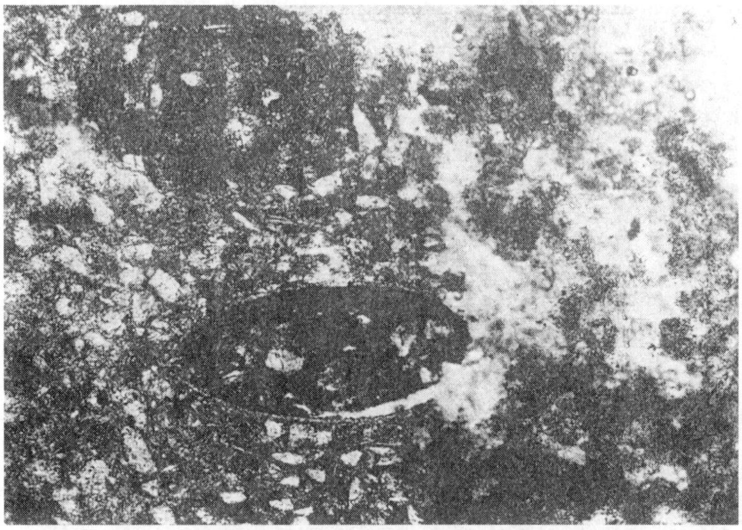

照片 7　种子，单偏光 ×108.5

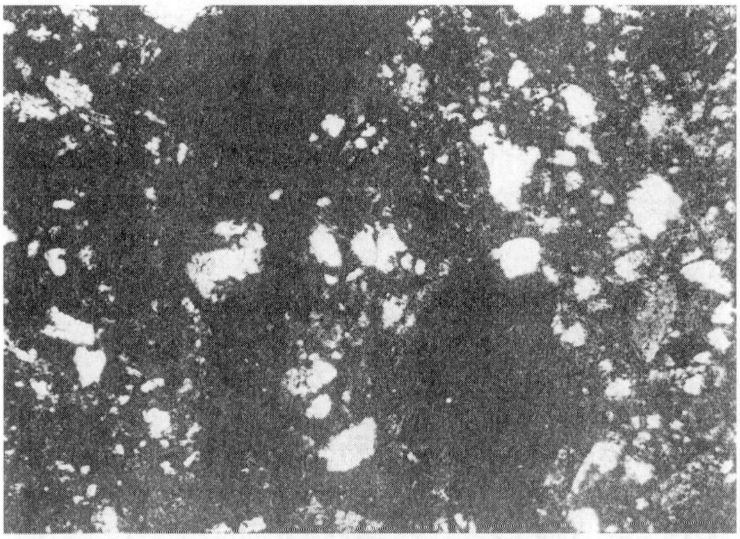

照片 8　虫孔构造，正交偏光 ×46

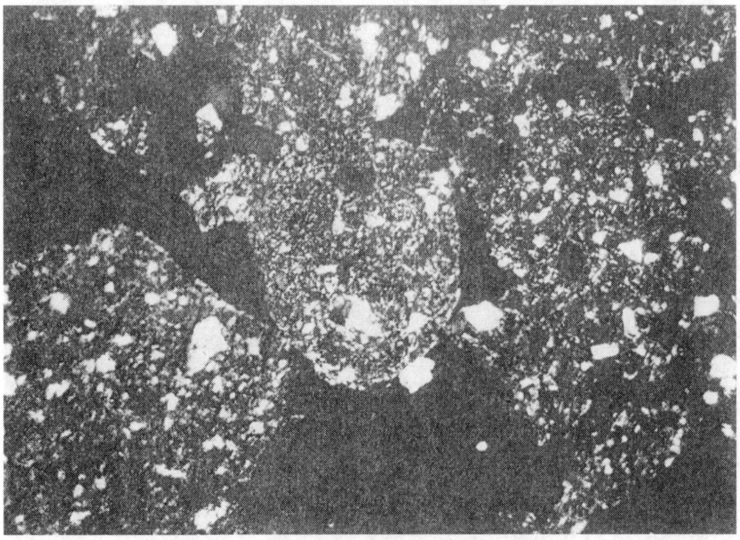

照片 9　团粒构造，正交偏光 ×46

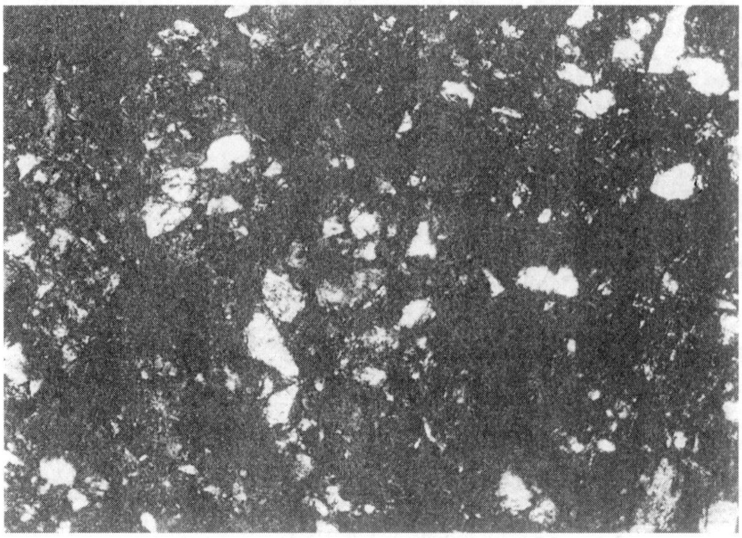

照片 10　团粒构造，正交偏光 ×46

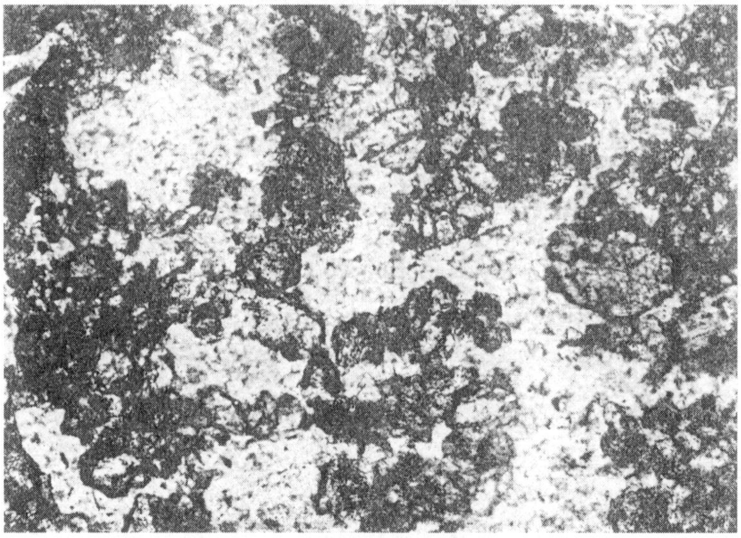

照片 11　团粒构造，单偏光 ×46

照片 12　菱块状构造，正交偏光 ×46

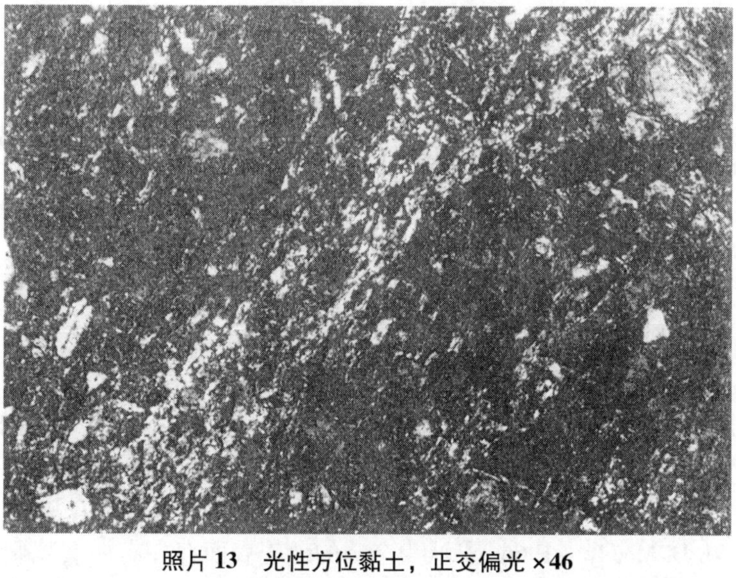

照片 13　光性方位黏土，正交偏光 ×46

照片 14　光性方位黏土，正交偏光 ×46

我国地震活动与地壳现代破裂网络*

一、引　　言

对地壳上的断裂系统及全球性剪切网络问题曾有过不少的讨论。自 W. H. Hobbs 在 1911 年提出了地表的线性构造以后，R. A. Sonder 等人又不断对此问题作了更广泛的讨论。Al. Veronnet（1912），F. A. Vening Meinesz（1947）[1]，M. B. Стовас（1963）[2]，A. B. Долицкий（1963）[3]等对全球性的剪切网络问题进行过研究。J. D. Moody（1966）[4]认为全球的地壳表面存在有两套规则的剪切断裂系统，他与 A. B. Пейве[5]等人都把这些断裂带的运动视为形成各种构造作用的根源。N. Hast（1969）[6]根据对地壳应力状态的分析，论述了地壳表面广泛存在着正交破裂系统的问题，并认为它们是由于地球收缩的结果。T. L. Richards（1973）[7]认为地球上的多组正交剪切系统与大地震分布有一定的关系。C. C. Шульц（1975）[8]根据对宇航摄影资料的分析，认为大陆上广泛分布着年轻的线状平移断裂系统。在新构造运动强烈区、地震活跃的地区尤为明显。有人把它们看作是壳下物质定向运动在地壳表层所导致的一种现象。但更多的研究者认为全球性断裂系统的形成与地球转动所产生的各种效果（极移、椭率的变化等）有关。

在我国，李四光教授在对构造体系的一系列论述中曾深刻地讨论过有关这方面的问题[9,10]。张文佑教授对断块构造和有关断裂体系的许多论述[11~13]以及张伯声教授对波浪镶嵌构造的讨论[14,15]等，都从大地构造学的角度阐述了我国地壳构造的网络性及其与地震活动的关系。

本文是在前人工作的基础上，主要结合现代构造活动的一些资料，着重对我国境内地壳的现代弹塑性破裂所显示的一些特点及其与地震活动的关系作一些讨论。

通过对地震活动、地质构造、地貌以及卫星影像等方面资料的分析，发现在我国的广大范围内普遍存在着一个规则的、现代正在活动的地壳网络破裂图像。这一正在活动的地壳破裂系统，其特征是：它既受不同地质时期的新、老断裂构造的控制，又有其新生的特点。它对地震活动、现代构造运动和地貌发展等起着重要的控制作用。因此，研究它对于探讨新构造、现代构造应力场以及地震预报等具有一定的意义。

二、地震活动的网络性

研究现代构造活动和应力场状态的基本方法之一是分析地震活动性。对大洋区、洋脊区地震活动及其机制的研究对解决有关转换断层、扩张带、消亡带等板块构造中的许多关键问题提供了非常重要的论据。同样，对大陆地区各地块（或板块）内部地震活动的研究也是揭开地块内部构造应力场尤其是区域性破裂规律的关键。

我国的大陆地壳是地震活动最频繁的地区，又有悠久的历史记载。特别是近年来地震台站不断增多，获得了大量的中小地震活动的资料。它们是反映我国地壳现代破裂过程的最可靠和最直接的证据。为研究现代区域性破裂系统在空间、时间上的分布规律，探索现代构造应力场以及地震预报问题提供

* 本文原载于《地质学报》，1979，Vol. 53，No. 1，22～34。作者：丁国瑜　李永善。

了重要线索。

对我国大陆内部地震活动与构造带、特别是与所谓“活断层”的关系已有较多的论述[16~19]。但根据许多资料分析，发现地震活动具有两种情况：①地震沿构造带、断层展布方向活动；②并不沿着地表明显可见的构造断裂活动，而是穿越地表的不同构造单元，与地表构造方向不相一致。但后者并非散漫无序地发生，而是有规则的分布，呈现出明显的网络活动特点。

如华北地区，在公元前231年至今，从已记载的≥6级地震的分布看，它们多半发生在北东向与北西向构造线相交会而又被经、纬向构造所截交的部位。近年来中小地震的记录更详细地反映了地震活动呈现规则网络分布状况。在华北地区有几条较明显的北东、北西向的地震活动带，北东向的为：鸭绿江－临沂带、海城－黄河口－菏泽带、唐山－邢台－磁县带、三河－临汾带、沙城－忻县带；北西向的有渤海－延庆带、安丘－大城带、临沂－邢台带、菏泽－平遥带等。它们常常呈现定向排列和等间距分布的现象，在其交叉部位往往出现较大的地震。近些年来发生的邢台（7.2级）、河间（6.3级）、唐山（7.8级）强震系列和菏泽（7级）、渤海（7.4级）、海城（7.3级）强震系列都是严格地循着这些破裂网络方向发生的（图1）。

东北地区的地震活动也呈现网络分布的状况。沿兴凯湖至朝鲜的平壤方向、鹤岗－长春－渤海、爱晖－札赉特旗、鄂伦春－阿巴嘎旗东南是几个较明显的北东向条带；而延吉－札赉特旗－海拉尔东南，丹东－海城－奈曼旗等是几个北西向条带。

在苏、鲁、皖、鄂、豫以及黄海一带，地震活动较密集地区的边界也是明显地受北东和北西向控制（图2）。在淮阳地块东北至黄海一带，近年来地震较活跃，震中分布较密集的地区总体呈北东向，在陆地上与长江的转折方向也大体一致。东南边界平行于长江下游经芜湖至镇江段，即南京－铜陵地震带。西北边界自潢川经宿县至临沂一带，西南边界则呈平行于长江的武汉－九江段的北西方向。此外武汉至岳阳段也是小震较多的一个北东条带。小震相对密集段、大震的发生部位及它们间隔距离都有一定的规则性。在这一带自潢川－临沂、保康－均县、许昌－菏泽、永济－武汉－钟祥－淅川、许昌－霍丘－铜陵、菏泽－扬州以及扬州－铜陵等地震活动的条带共同组成了明显的格子状分布。而许昌、钟祥、寿县、怀远、霍山、英山、麻城及五河等地位于各主要条带的交点上，它们也是历史上强震震中的部位。一些北西向条带向东南延伸至赣北、闽北，北东向条带向西南方向延伸至湘北，沿这些方向均发生着零星的地震。

在闽粤的沿海地带地震沿北东分布；在永安至泉州，龙岩至漳州，地震沿北西方向分布。在桂、黔一带，地震沿十万大山、云开大山等北东向构造分布，还沿北西向的右江、南盘江活动。如自灵山、合浦、钦州一带向西北在平果、田阳、百色以至贵州的盘县、晴隆、水城，呈明显的北西向条带，并更向前延伸至滇、川境内。

在地震频繁的滇川一带，1970～1977年地震活动呈现明显的网络状分布（图3）。近十年来发生的通海（7.8级）、甘孜（7.9级）、思茅（6.6级）、昭通（7.1级）、龙陵（7.6级）、松潘（7.2级）等多次强烈地震都发生在北东和北西向地震活动带的交会部位或其附近。

在西北地区自陕西华县经固原、海源、景泰、武威、山丹、高台至嘉峪关一线和其平行的宝鸡、通渭、兰州、门源、昌马一线上一系列强烈地震排列成具有一定方向的明显条带。海源至华县一线更向东南可延至南阳、麻城与鄂、皖一带的北西向地震带相接。而呈北东向分布的地震条带则出现于银川平原至中卫一带，磴口—吉兰泰—石羊河以至青海的都兰、曲麻莱等地。

在西藏高原，沿米林、波密至昌都一线，江孜、当雄至那曲一线和巴塘经昌都、札多至唐古拉山口等，地震都有沿北东或北西向分布的特点。在新疆，地震活动除沿天山、阿尔泰、帕米尔及阿尔金等巨大构造山系成带分布外，在各地震带内，地震仍沿北东及北西向活动。并斜切近东西向的巨大构造带，延伸很远。就是在塔里木地块中的中小地震也有时沿这两个方向成共轭状分布。

从以上各地地震活动的情况可以看出：

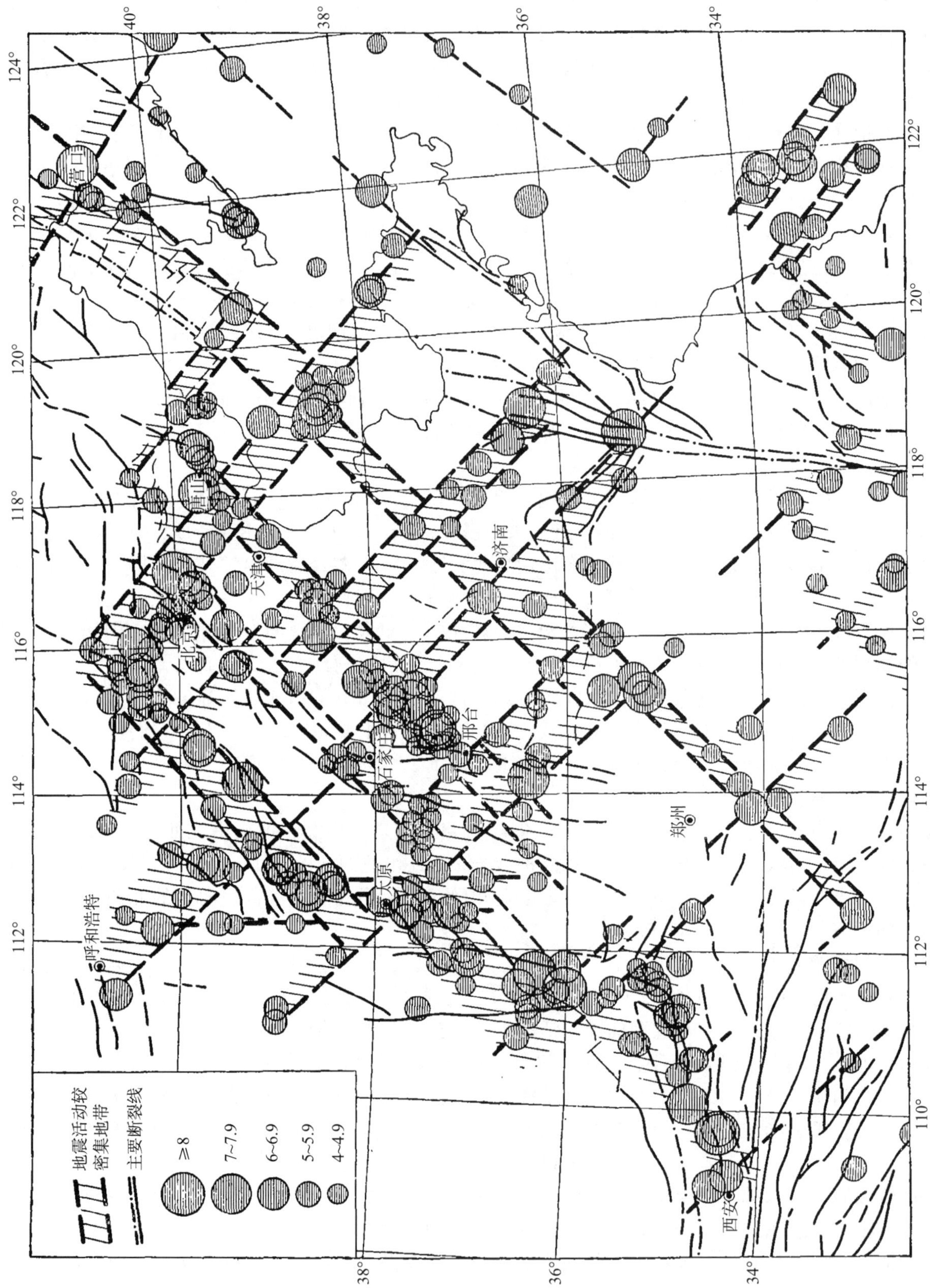

图1 华北地区地震中的网络性分布

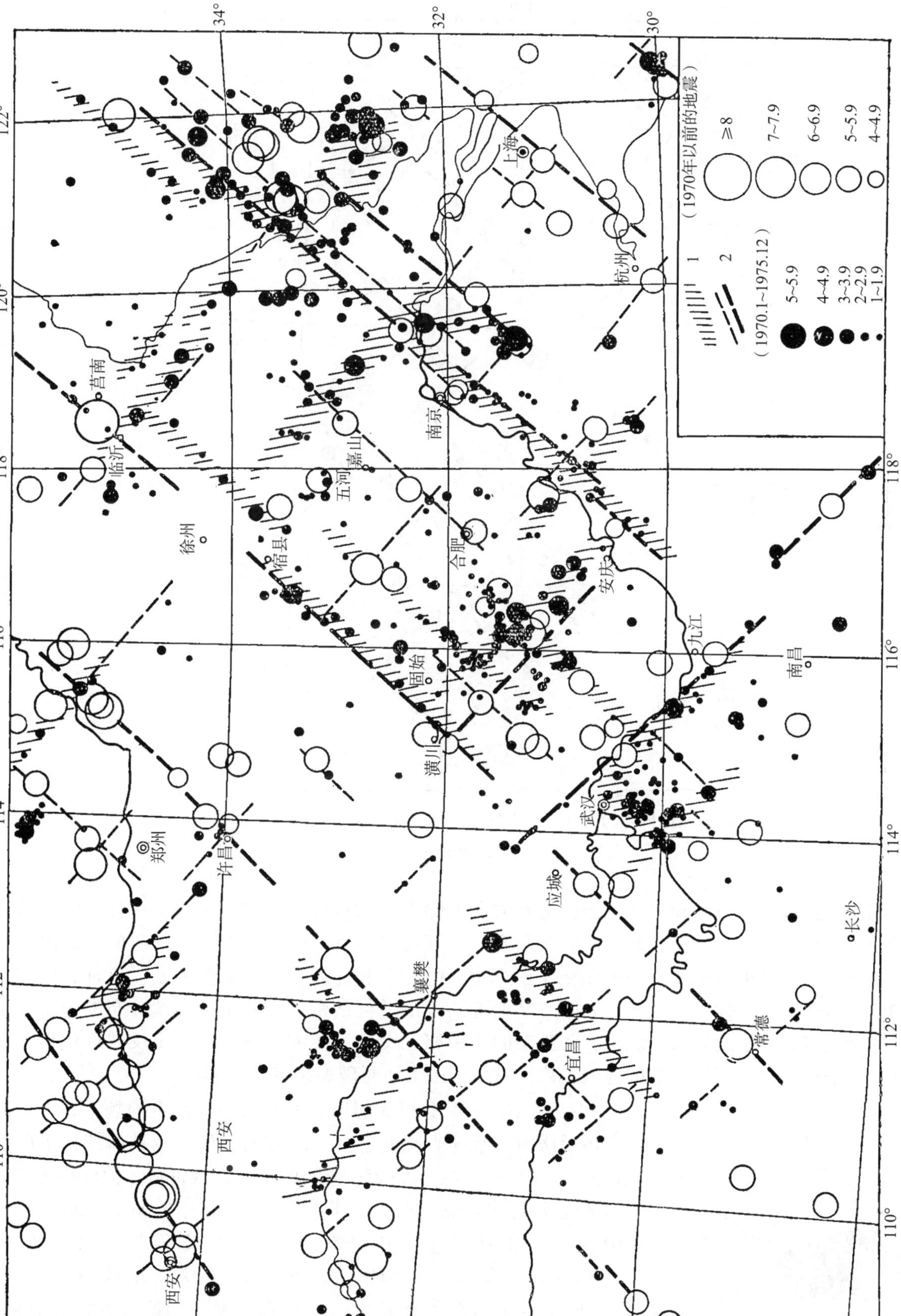

图2 江淮一带地震中的网络性分布

1. 地震较密集的地带；2. 震中分布的方向

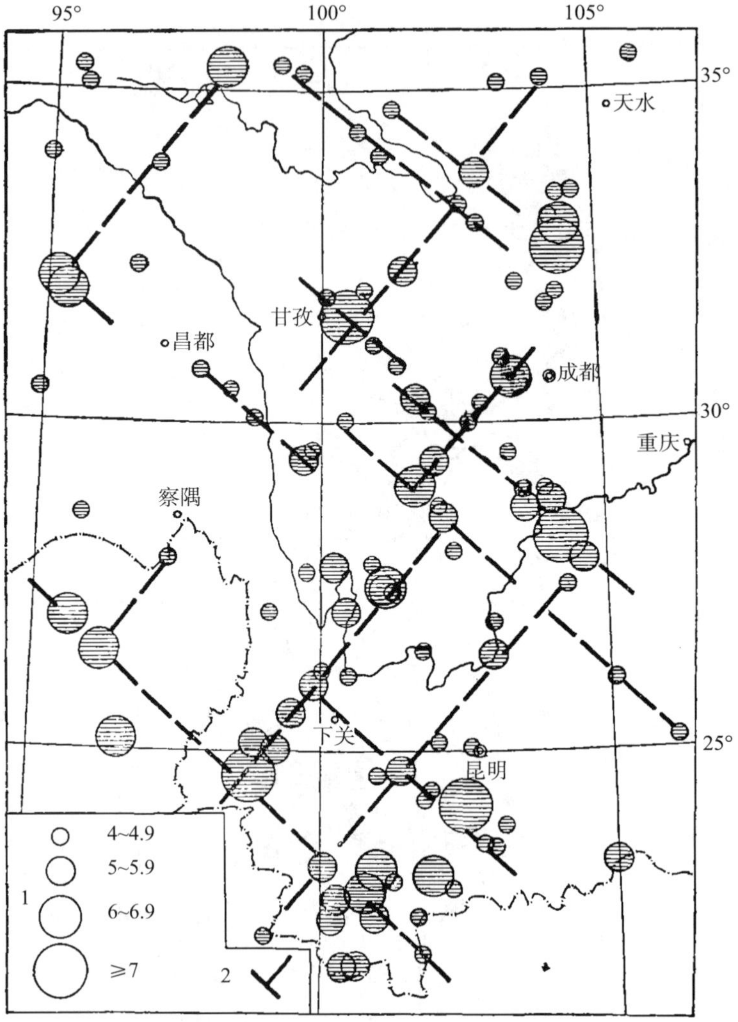

图 3　滇川一带 1970～1977 年 $M_S \geqslant 4$ 地震震中的网络状分布

1. 震中，震级；2. 震中分布的方向

在我国大陆内部的地震活动与各地老构造在方向上除有一致性外，还有不一致的一面。它们普遍地呈带状及共轭状分布。沿北东和北西向分布最明显，而且在各地（包括在不同的构造单元之内）这两组方向的具体方位都极其相近，一般多在北东 40°～50°左右和北西 310°～320°左右。这样，就在很大的范围内常可追踪出延伸上千千米，方向非常相近的多条平行条带。沿着带上断续分布的地震在空间与活动时间上常有一定的联系。北东、北西向的条带相互交叉，在大范围内构成了反映现代地壳成规则网络状破裂的图像，而较强烈的地震则往往发生于两组地壳破裂条带交叉部位。

王嘉荫教授[20]分析我国历史上有关地震发生的顺序、方向的资料后认为，地震的发生是有一定方向性的。他具体统计了明朝自公元 1372～1627 年约 250 年间的地震记载资料，把反映了方向的地震次数计算成百分比，其值为：南北向 6.06%，北北西向 10.61%，北西西向 10.61%，西北向 22.72%，北北东向 10.61%，北东东向 1.51%，东北向 27.61%，东西向 10.61%（图 4）。这里所谓的地震方向包括先后发生的地震的排列方向，震感区的延长方向等（虽然选取的资料存在一定的局限性和问题，但总的看来是说明一定问题的）。从以上统计数字看：发震方向频

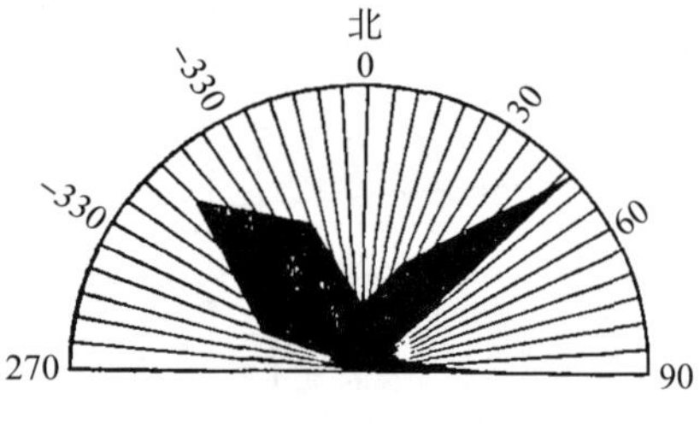

图 4　地震方向玫瑰图

每 2 mm 代表一次（据王嘉荫）

率最多的是北东向（构造上的华夏方向），占27.61%，其次是西北向。这说明在这段时间这两个构造方向活动较多。有意思的是他提出了“地震线”的存在，并指出这些线多是彼此平行、具有一定方向，而它们的交点是地震发生最强烈的地方。这些统计结果与我们有关现代地壳破裂网络的结论是很一致的。

近年来我国对有关地震活动性的研究工作所提出的所谓地震活动的迁移、呼应，沿一定方向的条带活动、等距离分布，沿着共轭面活动，前、余震沿主震机制节面方向分布的现象，大震发震点的联线常常构成矩形的现象，大震前后一些异常现象出现地点的规则分布，以及一些地震的震源机制解在大范围内的一致性等等现象[21,22]，都可从地震活动在大区域内有呈现规则网络状的特点得到解释。这进一步说明，每一次（组）地震都是地壳大区域弹塑性破裂的组成部分，而区域性的破裂规律必然对多数（或较大的）地震机制起主要控制作用。

在地表更大范围的地震资料，同样也显示了这个现象的存在，特别是板块内部的地震活动。对爱琴海、巴尔干半岛、高加索、中亚山区以致日本等地的地震活动性以及构造资料中，都曾有人提出了具有规则线性特征的问题。整个欧亚地震带的震中分布图从更大的范围也显示出有这个特点（图5），而我国是其中最大和最突出的地段，非洲、北美洲的震中分布也都反映有这一现象的存在[23]。这进一步表明，在全球存在着这一现代破裂系统。

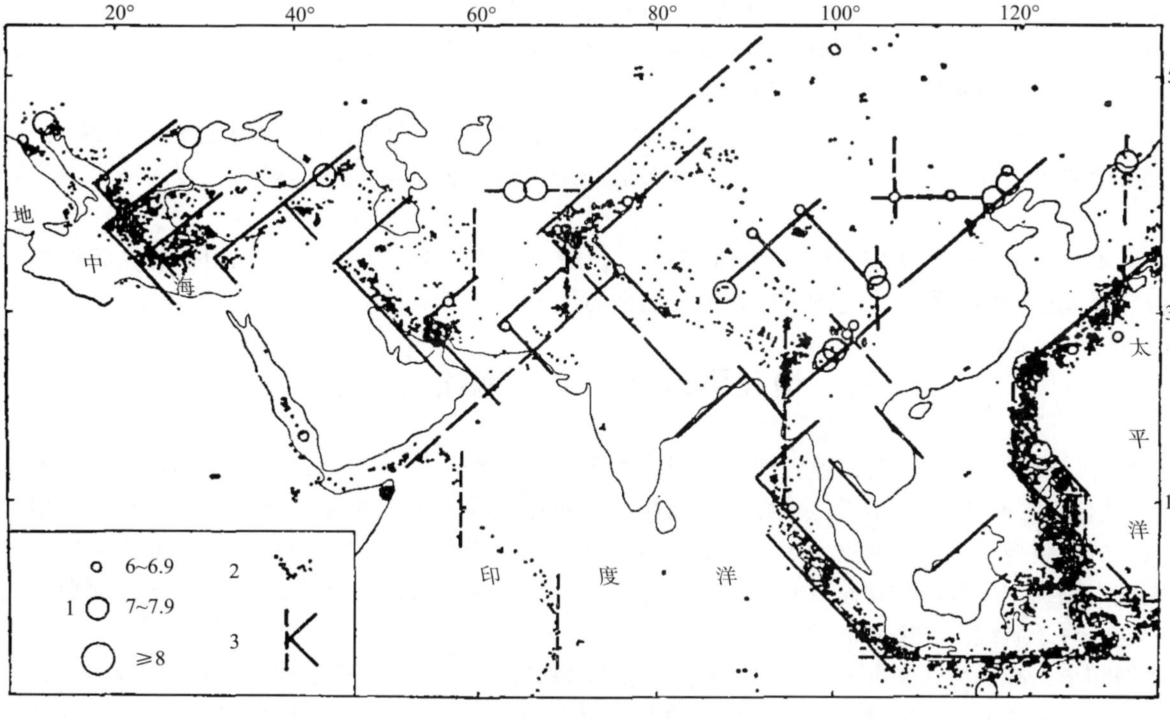

图5 欧亚地震带震中分布

1. 1976～1977年震中；2. 1961～1967年 $M \geqslant 4$ 震中；3. 地震区边界和地震带分布的一些方向

三、现代地壳破裂网络在地貌及地质构造上的反映

我国是欧亚大陆新构造运动非常活跃的一个地区，现代地壳破裂的网络特征在地形上也有明显的反映。遍布各地的水系，许多段落都是地壳破裂带的反映。它们的排列方向、形态等反映了新老构造，尤其是断裂构造分布的基本轮廓。

分析我国的水系特征发现：在古老地块区或岩性均一的地带，经常有明显的格子状水系。在构造较复杂的地带和包括了各种不同构造单元的广大范围内，水系的发育也存在有受北东和北西两个方向相制约的现象。从而在大范围内构成了隐约存在的有规则的水系网络。不论哪个方向的河流凡是流至符合这一网络的方向就有沿这一固定方向发育的特点，甚至常常构成河道形态极不正常的转折。河流的许多大转折点、夺河点、汇流点等常是分布于这些网络线上。

在我国的不同地区，由于构造和岩性的复杂性使得水系发育了几组不同的方向，但其中北东45°和北西315°左右的两组发育最普遍。另外还有海岸、湖泊、盆地等许多地貌单元的边界也常受这两组方向的控制。我国的长江与黄河，其许多段落就是顺这两个方向延展的。如长江中下游宜昌至长江口的转折，黄河兰考至黄河口段的方向，都近于北东45°或北西315°左右。在地质图上或卫星照片上沿这些河谷附近常有断裂构造断续出现。前述的黄河口至菏泽一线，扬州－铜陵地震带等的方向也与此相一致。这说明地貌形态和地震活动的方向一致，共同反映了我国地壳上这一破裂网络的存在及其活动的特点。

近年来卫星影像资料也提供了许多前未揭示的地面地质现象，其中较突出的是显示了地表广泛分布的多组不同方向的线性构造。

在我国及邻近地区的情况可以看出发育有多组不同方向的线性破裂构造。其中的几组方向与以前有人所指出的全球性的一些线性构造方向是接近或一致的。可见它们实际就是全球性断裂网络的一部分。在多组线性构造中，接近北东45°和北西315°的两组在不同地区显现程度不一。我们选择了穿过不同构造单元的地段，平原区与山区的接界地带，区域构造走向与上述网络方向不一致的地区等，检验是否有其存在，得到的答案是肯定的。

有些地区的新构造活动，如新火山口、玄武岩溢出点以及温泉的分布、黄土区沟谷系统的发育、地裂以及地震等烈度线、震害的分布规律等许多地震宏观现象也都与大范围规则破裂网络有着密切的关联。

深部重力异常图所反映出的重力梯级带的分布、航空磁测资料中磁力高、磁力低所反映的磁异常带的分布以及地壳形变测量所得的一些资料，也常与上述破裂网络分布方向一致。

四、地壳强度与强震的网络性问题

破坏性地震是地壳的一种高速弹塑性破裂或再破裂的过程。每一次强震的发生都是地壳区域性破裂的一个组成部分。同时，地壳区域性破裂规律必然对每次强震的发生起着重要的控制作用。地壳现代区域性的破裂规律一方面取决于区域性地壳强度（结构、成分）的分布规律，另一方面又取决于现代地壳应力场的主要特征和动态（运动的方式、速度）。所以探讨现代地壳的破裂问题必须把力与地壳强度这一对矛盾统一起来考虑。

我们知道，减低地壳强度的主要的因素之一是断裂带的存在。就一条断层（裂）来说，减低地壳剪切强度的因素主要是断层的规模、产状、动态，而不是其生成的时间与顺序。从一个较大的地块分析，某一方向上剪切强度的降低，不仅取决于该方向上每条断层的规模与产状，而且很重要的还取决于该方向上所有断层的成带性强弱与其综合效果。换句话说，我们选取的地壳块体愈大，每条断层（裂）的走向与曲率对其强度影响愈小。我国地壳上的新、老构造形迹有明显的网络特征。因之它们“刻划”出来的区域性弱强度带必具有更加规则的网络特性。而地壳强度在空间上的分布规律又是现代构造运动（包括地震活动）显示状态的基础，故后者也具有一定的网络性特点。

中、强震是地壳突然发生弹塑性破裂的最直接反映，此破裂过程发生于地壳“似连续介质”之中，故中、强震不可能是孤立的偶然现象，必然通过区域应力场彼此之间发生着特殊的内在联系。因此，通过对中、强震震中、能量、频度在平面上分布的研究可以进一步探讨地壳区域性破裂的一些特征。

从我国境内 $M\geqslant 7.7$，周邻地区 $M\geqslant 8.0$ 的强震分布图中可以明显看出有三条大型的北东向强震带。它们大体上相互平行展布，间距近似相等。最东的一个带是亚洲东南岛弧强震带，中间是中国大陆中央强震带，西部是帕米尔－天山－贝加尔强震带。这些强震带是地壳现代弹性形变能量高速度积累，集中释放的地带。它们与几条北西向地震构造带，如帕米尔－喜马拉雅带与阿尔泰－河西走廊带等大体成直角相交，构成了一个现代大型的活动构造网络的主体。相交会的地区正是强震最为活跃的地段。在各条大带之间还包含着许多条北东向和北西向大体等距分布的次一级的带，组成了一幅主次分明的网络图像。

也可从强震能量在平面上的分布特点来反映地壳区域性破裂的规律性。我们选定经、纬一平方度（1 经度×1 纬度）为基本单元，取我国历史上 $M\geqslant 6$ 的地震，计算每平方度内的强震总能量，作出相应的能量密度分布略图。可以看出，在我国境内有约 260 个基本单元内发生过一次或数次 $M\geqslant 6$ 的强震，可称作强破裂单元。其中能量 El $\times 10^{23}$ 尔格（相当 $M\geqslant 7.5$）的只有 48 个，它们有沿北东和北西方向成带分布的特点。说明我国地壳在总体上沿这两个方向弹塑性破裂较强。在图 6 中将许多强破裂单元直接用等能量线连接成带，可以看出沿北西和北东方向分布的高能破裂带（由 10^{20} 尔格以上数量级的破裂单元组成）分布最为广泛，而在我国中部等地则有近南北向的破裂带，沿鄂尔多斯和四川盆地两侧最强。此外沿东西向也有一定的成带性。

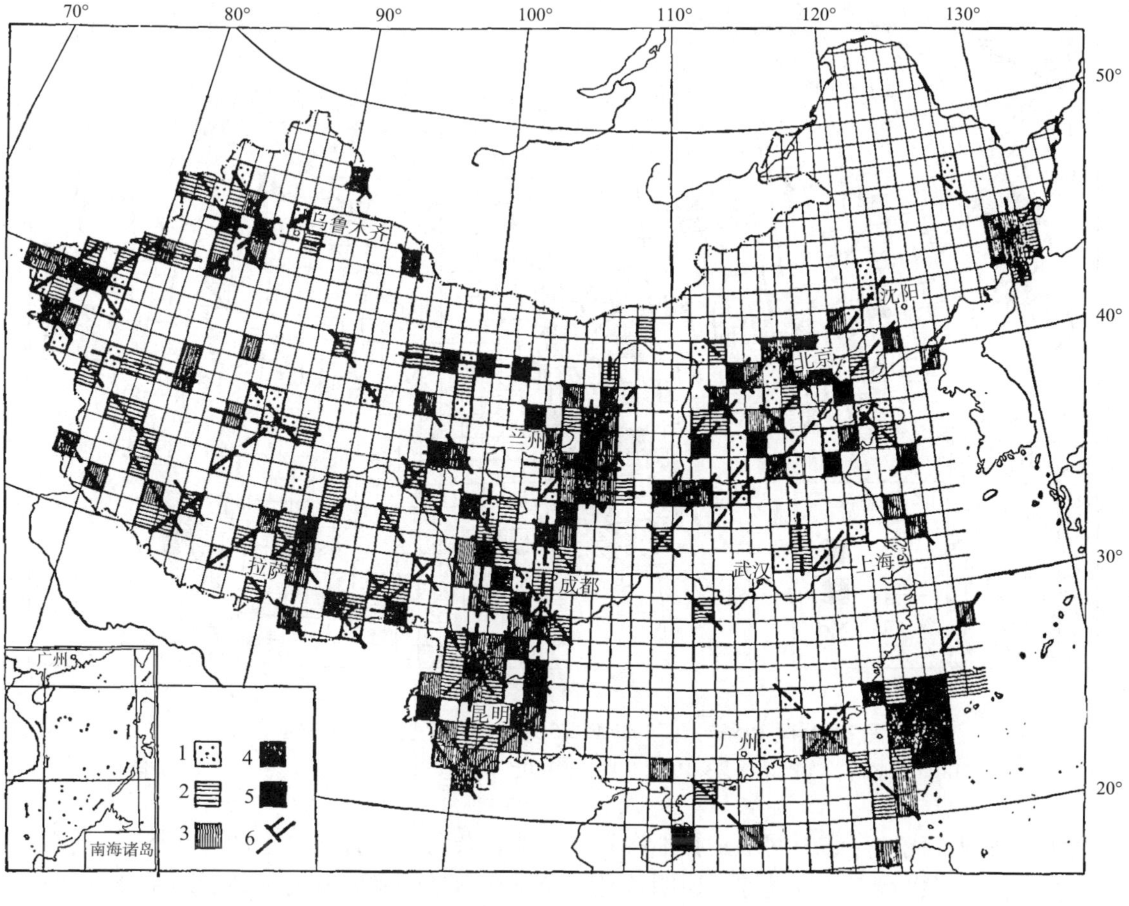

图 6　我国历史强震（$M\geqslant 6$）能量密度平面分布示意图

1. E10^{20} 尔格；2. E10^{21} 尔格；3. E10^{22} 尔格；4. E10^{23} 尔格；5. E10^{24} 尔格；6. 破裂带展布方向

总的看来，沿北东和北西方向的成带性最强。这些破裂带有规则的展布反映了我国地壳强弹塑性破裂在整体上的概况，这些破裂带与目前地质上所认识的活动断裂带有相重合的地方，也有不重合的地方。各组破裂带相互交叉呈规则网络图式与前面所说的中小地震分布网络、地貌地质上反映出的网络方向等都是一致的。除破裂单元有成带分布并交叉成网外，它们还在一些地区连结成片，构成破裂区，如华北区，台湾区。因此，除可据能量划分地震带外，还可划分地震区并定量地确定其内部的主要结构，如南北地震带不仅可分为东西两侧，而且可分为南北二区。

按上述方法将我国近年来（1966～1977 年）$M \geqslant 5$ 的中强地震的能量也进行了统计。可以看出我国近期的地壳高能破裂单元也具有明显的成带性和网络特征（图 7）。而主要弹塑性破裂带的交会点也正是近十年来强震活动集中的地段。如甘孜地震（1973 年 7.9 级）和唐山地震（1976 年 7.8 级），不但发生在我国最大的两个高能破裂区和近百年的较大高能破裂带交会区内，而且都发生在近十年来的主要破裂带上或其交会点附近。因此按时间程序研究各区的主要破裂带和其交会点的动态可为确定未来强震发生地点提供区域破裂状况的背景。

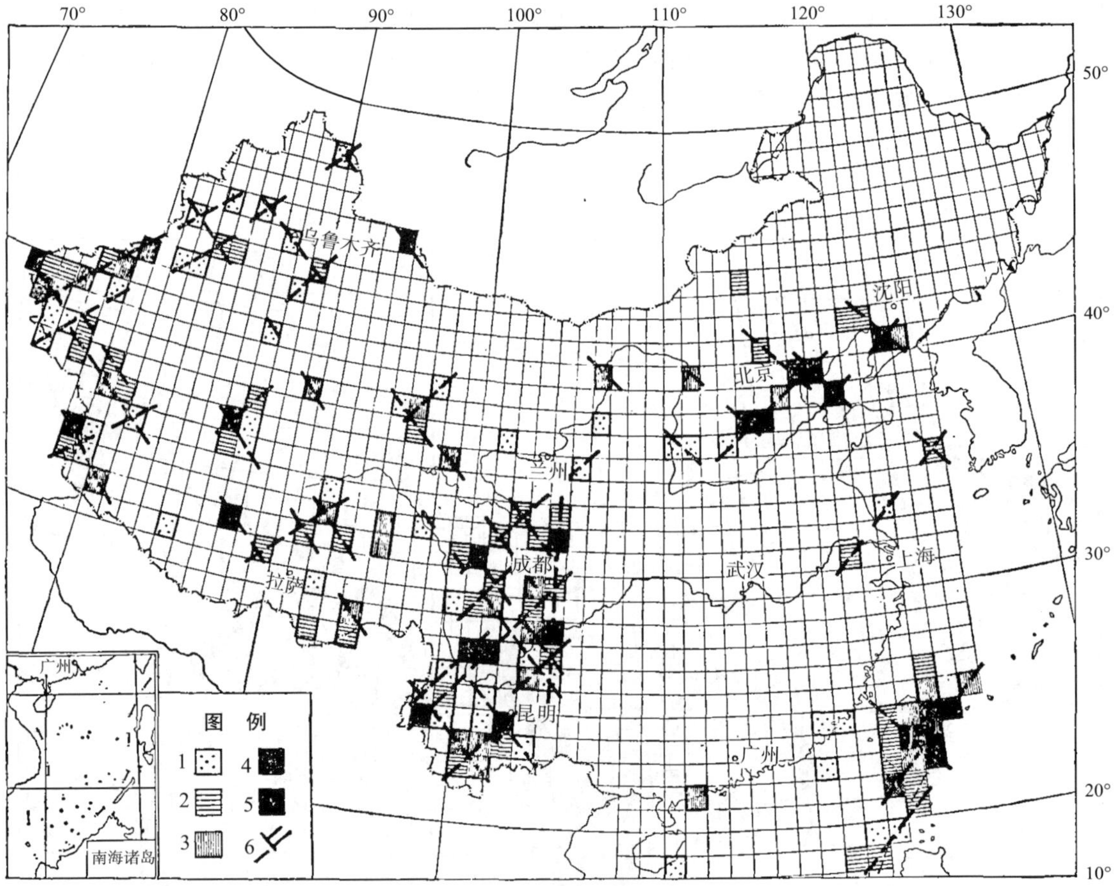

图 7　我国 1966～1977 年 $M \geqslant 5$ 地震能量密度平面分布示意图

1. E10^{19}尔格；2. E10^{20}尔格；3. E10^{21}尔格；4. E10^{22}尔格；5. E10^{23}尔格；6. 破裂带展布方向

综上所述我国现代地壳破裂网络是叠加在我国各地复杂的构造背景之上的（图 8）。其方向有与老构造一致的一面，但也有不一致地方。说明这是一套正在活动的发展着的最新断裂系统。

对地壳上断裂网络问题的讨论涉及到地球动力学的一系列问题。许多研究者认为这特别是涉及地球旋转的效应问题（包括自转角速度的变化、极移以及潮汐摩擦等所可能产生的地质效果）[24,25]。本文只是着重讨论了在我国地壳上存在的一套现代的规则破裂网络的一些具体情况。这一破裂网络显示出的在大范围有广泛的存在和高度的规则性，看来只能用涉及地球整体运动的统一应力场作为其形成的力源。但是地表的构造是极其错综复杂的。加之还有地表各种构造单元间的相互运动（板块或断块

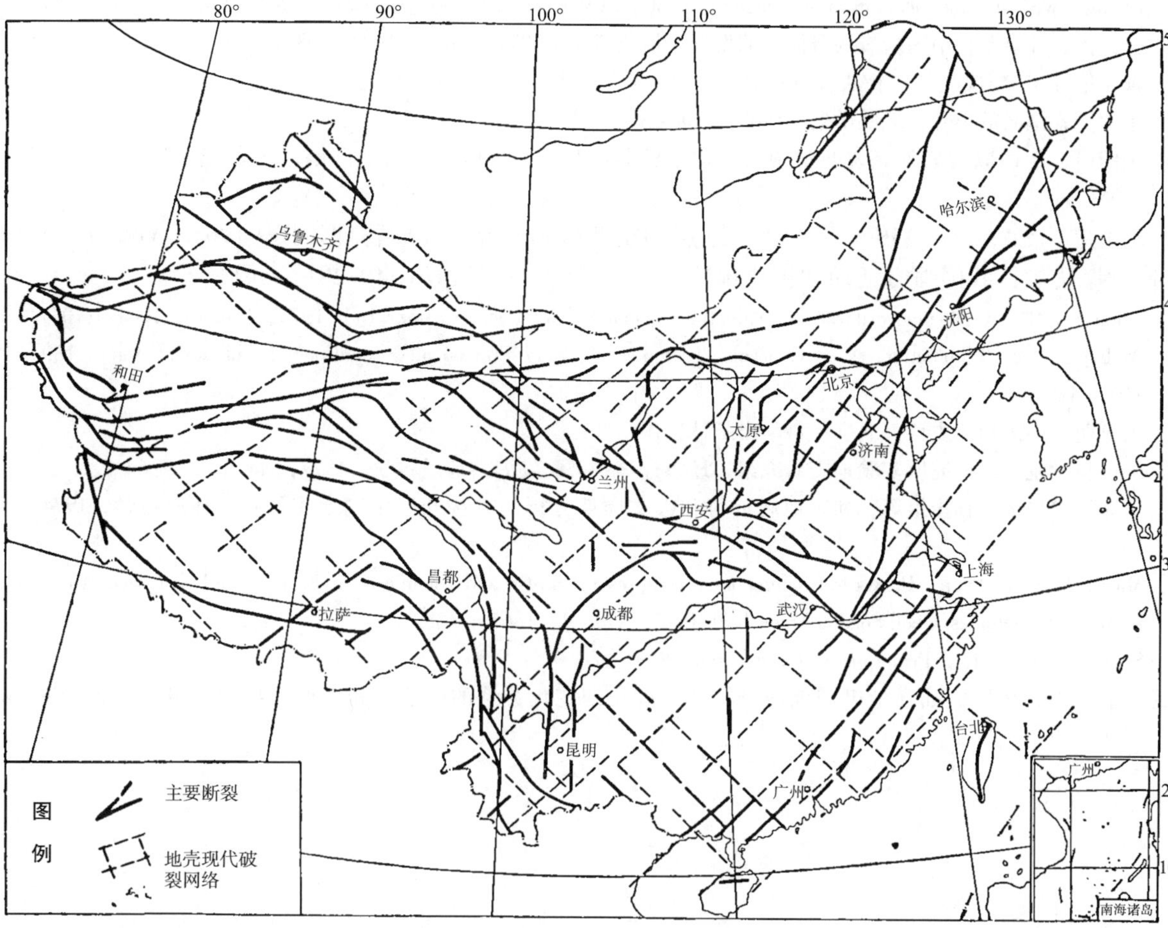

图 8　我国地壳现代破裂网络示意图

间的），地球内部物质的运动等因素，都对这一规则的破裂网络起着叠加、干扰和改造的作用。因此应力场的统一性只能是一个方面，其不统一的一面也不能忽视。故在研究现代应力场问题时，还需要对各方面作全面的考虑。

参 考 文 献

[1] Vening Meinesz, F. A. Shear Pattern of the Earth's Crust. Trans. Amer. Geophys. Un. vol. 1947, Vol. 28, No. 1, . 1～61.

[2] Стовас М. В. Некоторые Вопросы Тектогенеза. Проблемы планетарной геологии. Госгеотехиздат. 1963 , 222～274.

[3] Долинкий А. В. , Кийко М. А. О причииах Деформации земной коры. Проблемы планетарной геологии. 1963 , 291～311. Госгеотехиздат.

[4] Moddy, J. D. Crustal shear patterns and orogenesis. Tectonophysics, 1966, No. 3, 479～522.

[5] Пейве А. В. Общая характеристика, классификация и пространственное расположение глубинных разломов. Известия АН. СССР. Сер. геол. 1956, No. 1, 90～105.

[6] Hast, N. The state of stress in the upper part of the Earth' s crust. Tectonophysics. 1969, No. 8, 169～211.

[7] Richards, T. L. , A terrestrial shear pattern Pure and Applied Geophysics. 1973, Vol. 110, No. 9, 2012～2021.

[8] Шульц С. С. , Линейные и мозаичные системы сдвигов на космических снимках земли. Геология и разведка. 1975, No. 1 16～21.

[9] 李四光，地质力学概论，北京：科学出版社，1973。

[10] 李四光，地质力学方法，北京：科学出版社，1978。

[11] Chang, W. Y. On the mechanism of blockfaulting of the Chinese craton. Scientia Sinica. 1961, Vol. 10, No. 3, 362 ～375.
[12] 张文佑、钟嘉猷，中国断裂构造体系的发展，地质科学，1977，No. 3，197 ～208。
[13] 张文佑等，“断块”与“板块”，中国科学，1978，No. 2，195 ～211。
[14] 张伯声，镶嵌的地壳，地质学报，1962，Vol. 42，No. 3。
[15] 张伯声，从镶嵌构造观点说明中国大地构造的基本特征，中国大地构造问题，北京：科学出版社，1965，66 ～95。
[16] 郭增建、张诚，1949 ～1960 年中国大地震的震源机制研究，地球物理学报，1962，Vol. 11，No. 1。
[17] 时振梁等，我国强震活动和板块构造，地质科学，1973，No. 4，281 ～293。
[18] Allen, C. R., Geological criteria for Evaluating seismicity. Gelo. Soc. of Amer. Bull. 1975, Vol. 86, 1041 ～1057.
[19] Molnar, P. & Tapponnier, P., Cenozoic Tectonics of Asia. Effects of a continental collision. Science 189, 1975, 419 ～426.
[20] 王嘉荫，中国地质史料，北京：科学出版社，1963。
[21] 中国科学院地质研究所实验地震研究组，地震迁移和破裂发展，地质科学，1977，No. 1，52 ～64。
[22] 国家海洋局地震预报组等，利用地震资料和天文周期分析的方法开展中期地震预报，地质科学，1974，No. 2，107 ～116。
[23] Marc, L. Sbar; Lynn, R. Sykes Contemporary compressive stress and seismicity in Easten North America. An example of Intra-plate Tectonics. Geol. Soc. of Amer. Bull. 1973, Vol. 84, 1861 ～1882.
[24] Scheidegger, A. E., Principles of Geodynamics Springer-Verlag, 1963.
[25] 李启斌等，中国大陆强地震与地球自转角速度长期变化关系的初步分析，地球物理学报，1973，Vol. 16，71 ～80。

我国地震地质工作三十年*

一、历 史 回 顾

我国是一个多地震的国家。历史地震记载悠久而丰富，反映了前人对自然现象敏锐而细致的观察，其中还包含了不少朴素辩证法或唯物观的推测。这份可贵遗产是一个尚待进一步发掘和利用的宝库。但是，终究由于历史条件的限制，它们主要是对现象的片断记录和灾害的宏观描述，而较少上升到理性的认识和科学的分析。

在解放前的半个世纪中，有几位地质学家和若干外国学者曾实地调查了几次大地震，如 1920 年海原地震、1933 年四川迭溪地震等，个别人还勾画过极为概略的我国地震分布图和强震带分布图。这虽可算作我国运用近代地质学解释地震现象的开端，然而在当时黑暗的社会制度下，这星散点滴的研究也得不到支持和发展，听其自生自灭，只是留下了几片悲惨的记录而已。尽管地震在我国广阔大地上此起彼伏，但直到解放，地震地质学的研究是极其薄弱的。

新中国成立后，大规模经济建设的开展提出了中国地震区域划分的研究课题，数以百计的重大工程等待着确定当地的地震危险程度作为防震抗震设计的依据。1953 年中国科学院建立了以李四光副院长为主任的地震工作委员会，在他的组织下，由历史研究所第三所为主进行了工作量浩繁的历史地震记载的系统整理，并于 1956 年出版了《中国地震资料年表》。在此基础上，中国科学院地球物理研究所结合微观地震资料和宏观调查编制了中国震中分布图（≥Ⅵ度）、中国地震目录、中国历史强震等震线图和全国地震烈度统计图。1956 年初，中国科学院生物地学部召开了第一次新构造运动座谈会，许多著名地质学家在会上对我国新构造运动特点及其与地震活动的关系作了热烈讨论。可以说，这是我国地质学和地球物理学两个姐妹学科第一次联合起来研究地震地质问题。这一阶段的主要成果反映在 1957 年发表的“中国地震区域划分图及其说明”（《地球物理学报》6 卷 2 期）中，这份文献是对我国历史地震、地震地质和少量微观地震记录研究的第一次较全面总结。这一时期地震地质工作的思想主要注重于大地构造的分区和地震活动性分析的结合，认为不同大地构造复合体的接合地带和新生代垂直差异运动强烈的地区，多数是强地震区。工作方式是对以往的资料作综合分析为主，野外的考察研究较少。

1958 年以后，地震地质的研究有了较大的发展。特别是由于一系列大中型水库、铁路、厂矿的工程设计，要求对当地地震烈度的划分更加准确和细致，为此开展了较多的野外调查。例如，中国科学院地球物理研究所、地质研究所及水利电力部等一些设计单位对西南、西北、三峡、丹江口等有关地区进行了比以往更深入一步的地震地质研究，做了较大比例尺的地震烈度区划，在这些工作中已开始注意地壳深部构造和最新构造运动的研究。广东新丰江水库蓄水后，库区及附近地震活动增强，在周总理的亲自关怀下，在那里开展了地震、地震地质、地球物理、大地测量等多学科的综合研究。伴随着这一阶段研究领域的扩大和研究程度的深入，地震队伍也得到成长壮大。在李四光部长倡议下，地质部于 1965 年正式建立了地震地质大队，开始了运用地质力学方法和构造体系观点对地震活动与地质构造关系的研究。在这一阶段中，通过对广泛地震区的考察，人们越加重视地震与活动地质构造或活

---

* 本文原刊于《地震地质》1979，No. 4，1～9。作者：汪一鹏　马宗晋　丁国瑜。

断层的成因联系，努力了解活断层的深部状况、它的规模、历史、新构造运动的方式和强度与地震活动之间的可能关系。这方面资料的积累使得地震地质研究者开始突破以往“过去曾发生过地震的地区，今后可能还会有同等强度的地震”的地震烈度鉴定的基本假定，而首先在西南等地区总结出适合当地的具体的地震区域划分原则或地震地质标志来。

1966 年邢台地震开始了我国地震研究突飞猛进的崭新阶段。敬爱的周总理曾十多次接见地震科研工作者并做出详尽的指示，总理亲自为我国制订了“以预防为主”的地震工作方针，并组织起了向地震科学攻坚的一支强大队伍。1970 年国家地震局建立。来自中国科学院、地质部、石油部、国家测绘总局等单位各有关专业（包括理论地球物理、地球物理勘探、构造地质、大地测量、工程抗震、第四纪地质、地貌学、水文和工程地质、数学地质、计算机和室内实验技术等）人员会聚在一起，研究着从地震烈度区划和地震烈度鉴定、地震预报、地震灾害形成、防震抗震到地震成因等空前广泛的课题。地震地质学工作者是整个地震科研队伍的重要组成部分，他们深入到地震研究的各个环节，参加强震后的宏观考察、历史强震区的研究、区域地震地质调查、地震烈度鉴定和地震烈度区划、前兆现象的综合分析、地震过程的数学与物理模拟等工作。通过大量实践，进一步肯定了我国绝大部分浅源地震和活断层及新活动断裂盆地的成因联系，并在 1970 年召开的地震烈度区划、地震地质经验交流会上明确提出了地震地质研究“由老到新、由静到动、由浅入深、由定性到定量”的工作方向。近几年来，地震地质研究加强了资料总结和基础理论研究工作，加强了与地球物理等学科的结合，使它获得了许多新的启发和补充，其中最突出的是从对各条断层的分别研究发展到区域的或全国的地壳应力场及其演变的整体研究，从地表构造与震中的简单对比研究发展到震源深度甚至上地幔动态与地震关系的深入研究，从地表地震地质条件的定性对比发展到对地震过程的定量模拟研究。当然，这种努力仅是个开端。但这方面的初步成果表明：地震地质学对于地震科学，甚至对新地球科学是有贡献的。1978 年国家地震局在黄山召开了全国地震地质科学讨论会，总结了我国地震地质学的发展和现状，探讨了今后的发展方向。这次会议反映了我国地震地质学作为一门新兴分支学科正在大步地前进着。

二、研究现状

数十年来，人们利用地震仪侧重从物理学的角度研究了地震现象，又通过天然或人工地震记录透视了地球内部的构造和性状，形成了地球物理学中的一个重要分支学科——地震学。然而，地震终究是地壳突然错动的一种直接效果，它是现代地壳运动的一种特殊形式。地震活动和地质构造之间存在着密切关系。因而，当地球科学发展到今天，地震学面临着解决地震预报和地震成因的课题时，它就再不能离开地质学了。

地震地质学是介于地球物理学和地质学之间的一个边缘分支学科。它的目的是说明地震与地质之间的关系，运用地质学的理论与方法去认识地震活动的规律；反过来，它也从地震活动中获得现代地壳运动的细微特征，揭露当代地壳运动的规律，从而扩展了地质学的研究领域。

地震地质学在我国贯彻“以预防为主”的方针的地震工作中占有重要的地位。以预防为主包含了两个重要的方面：预测和预报地震；防震抗震。这是不可偏废的两个方面。预报是抗震的前提和基础；抗震是预报的落脚点。下面分别讨论地震地质学在预报和抗震中的作用。

根据我国地震预报的经验，预报有远期和近期之分。近期预报又可进一步分为长期、中期、短期和临震预报几个环节，它们的时限分别是几年以上、几年至几个月、几个月至几十天、震前十几天至一二天。

地震的远期预报实质上是对研究区现代地壳运动特征的分析及其地震活动强度的评定。它的主要任务就是划分强震活动带和强震危险区，它关系到地震工作的总体部署方案，是决定地震队伍和观测台站布局的重要因素，它是整个地震工作的先行和基础。在远期预报研究中，地震地质学和历史地震分析是它的两根主要支柱，缺一不可。在那些历史记载缺少、现代仪器记录也粗略的地区，地震地质学的手段更显得重要。我国地震地质学工作者大量的工作正是在这一方面。

地震地质学在近期预报研究中也是不可缺少的一个方面。地震活动的孕育、爆发及与之相伴的一系列自然现象（前兆与后效）都受到地质构造的制约。首先，在长、中期预报研究中，地震地质研究与地震活动、其他地震前兆的几年尺度的变化结合起来进行，可以发挥良好的作用。例如，对于1975年辽宁海城地震的预报可以追溯到几年以前，在1969年渤海强震后，主要根据下次地震可能沿郯城-庐江深断裂北迁的推想，在1970年的首届全国地震工作会议上，把辽南列为“重点监视地区”。同年辽宁省地震办公室成立后，组织了对营口至开原断裂带的地震地质、地震学考察和分析，进一步圈出沈阳至营口、熊岳至大连为该省主要活动地带。1974年沈阳地震大队成立后，又连续在辽南开展地震地质、物探、重力、地壳形变测量等工作，加深了对该区地震危险性的认识，并于1974年起，在这个粗略圈定的危险区中，加强了各种前兆观测和研究，为该次地震成功地预报打下了基础。但是，毋庸讳言，近年来发生的一些强震也有不少是超出人们原来对该区地震危险强度估计的情况，如邢台地震和唐山地震即是。这表明目前长期预报及地震地质在这方面的研究还处于较低的水平，目前我们对强震区的地震地质标志或者说强震构造的特点的认识还很不深入、很不完全。而对每一次出乎意料的强震的仔细解剖都使我们在认识上前进一步。其次，在短、临预报和余震研究中，地震地质研究也开始了新的探索。自邢台地震以来接连发生的一系列强震往往表现了各自不同的地震序列、前兆演变过程、地面破坏和等震线形态等特征，其重要原因之一就在于各震区地质构造条件的差别。近年来，我国的地震预报研究逐步从“对比曲线”或经验性方法向着结合地震成因和理论模型的方向发展。这样，就更需要把地震记录、地震机制分析数据及其他台站观测到的活的资料，与深部地质构造和岩石矿物学研究以及地壳运动学和动力学研究结合起来分析。换句话说，地震地质学在近期预报与地震成因方面正在开拓着自己的一个新的重要的研究领域。

全面贯彻“以预防为主”的地震工作方针，必须一手抓预报，一手抓抗震。抗震工作从何做起？首先需要区别不同地区地震活动性的强弱，以便确定在哪里设防和如何设防。在我国，对各地区地震活动性强弱的区别是用鉴定当地地震烈度的高低来实现的。鉴定地震烈度是对未来地震危险程度的定量估计，它可以是对一个工程场地、一个地区的鉴定，也可以是对全国进行地震烈度区域划分。这项工作从它的目的和任务看，是抗震工作的一部分，也是它的第一个工作环节；而从它的研究内容和工作手段看，它又接近于地震远期预报。可以把它看作是预报和抗震的桥梁或纽带。

地震烈度区划与一般远期预报不同之处在于：①考虑工程使用期限这个特定时段（譬如在50年或100年内）的地震危险度；②要求给出具体量值，不仅有震级或烈度的数值，而且要求未来地震时地面运动的某些物理量（如水平加速度）；③包含了对地震影响场（即地震破坏变化规律）的研究。我国地震活动区十分广泛，而且地震构造类型也多，此种条件与日本、苏联、美国的地震情况都有所不同，我们不可能处处密网监测，也不允许普遍提高设防标准，因此，从地震地质学的角度进行强震构造的研究，仔细鉴别强震区与弱震区，认真做好烈度区划工作就显得特别重要。为了在以往烈度区划工作基础上提高一步，近十年来，对一些重要建设地区或重要强震带进行了烈度鉴定的重点研究，例如对西昌-渡口地区历时多年的研究以及对郯城-庐江强震带的研究，都得到了比较深入的认识。在各省（区）大量研究工作的基础上，自1972年以来，组织了专门队伍，综合地震地质、地震、物探、大地测量、数理统计、工程抗震等各方面的研究成果，开始了新的全国地震烈度区划编图工作。目前，该工作已大体完成。与1957年出版的中国地震区划图相对照，可以看出二十多年来地震地质研究明显的进展。该图说明书集中而扼要地概括了近年来地震地质研究得到的主要认识。这份图件对于建设场地的选择、抗震措施和标准的确定，有重要的参考价值。同时，它也是地震研究工作的一份重要基础图件。

地震地质学在抗震方面的另一个重要课题是震害地质的研究。它研究不同地质、地貌条件下地震造成地面破坏的差异，预测地震危险区未来可能出现的震害情况和分布规律。以往，地震地质人员和工程抗震、建筑设计人员一起对历次强震破坏做了调查和研究，已经得到了山区和平原地震破坏的不同特点，以及断层破碎带、不同表土层结构、古河道和地下水位等地质构造、第四纪地质、水文工程地质条件对地震灾害的影响的一些认识。这项研究工作，对于在地震危险区从事工程设计时的场地选择及布置设防措施，在强震受灾区重建家园，以及在一般地震烈度区划工作基础上做进一步的小区域大比例尺场地烈度划分或绘制震害预测图，都是非常有用的。

以上我们谈到了地震地质学在我国地震研究中的地位、任务，这些就是近年来我国地震地质研究工作的几个主要方面。但是，地震地质学的形成时间很短，还未形成自身严密的概念、理论的体系。特别需要加强若干基础理论的研究。近些年来，对地震地质学的基础理论研究日益受到人们的重视。当前地震地质学的研究课题已更加丰富，它主要包括了：

（一）地震构造的研究

主要是从空间上研究地震不均匀分布的原因，它与地质构造的关系，研究不同级次地震区、带的划分和研究强震区的地质特征或称地震地质标志。它要落实到准确地划分地震危险区。地震构造的研究是地震地质学的中心课题之一，它的研究成果往往是远期预报的理论依据，也是地震烈度鉴定的起始点。

在地震构造研究中，正在着重向两方面努力：与地球物理方法相结合，获得更多深部的资料，如使用人工地震测深、大地电磁测深、天然地震转换波、航磁资料解译居里面、重力资料计算地壳深部界面、地震机制分析、深源岩石矿物学、深源地下水地球化学、地热测量等方法对表部和深部资料进行综合的地震地质解译；发展全新世以来地壳运动的研究和现代地壳运动定量观测，如采用人造卫星信息解译、统计地貌和微地貌研究、考古地震和古地震、大地测量及多种定点监测手段，目的是研究地壳运动的时间规律，尤其是几年到几百年尺度的活动规律。通过多年来的研究，我国地震地质工作者对强震区与活动断裂带、各种类型断陷盆地、各种地球物理变异带及上地幔隆起、地壳内低阻层或低速层等的关系已获得了一些认识，提出了若干地震区、带划分方案。由于我国在全球构造中所处的重要位置，尽管我们在地震构造方面还只是提出一些粗糙的和初步的认识，但已经引起了国际地学界的注意和兴趣。

李四光同志自 1962 年以来十分重视地震地质的研究，他运用地质力学的观点和方法对我国的地震构造作过许多很有启发性的论述，他一向强调的水平运动为主的观点，在后来地震构造的研究中获得了大量证据。地质力学的基本分析方法在地震构造研究中得到了广泛的应用。地质力学和地震地质学正在彼此促进，相互发展。

（二）强震形成机制及其伴生现象和地质条件关系的研究

本课题主要是对一个或有关的一系列强震孕育、发展过程中地质因素所起作用的研究，它将揭露地质条件如何部分地决定了强震的震情特征，包括其频度、能量、地震序列、微震分布、震源体积以及各种前兆、后效的分布和演变情形。这方面的研究成果对于提高近期预报水平可能是有用的。

这方面已有的工作有：对近年来强震的地震地质分类（有人称为地震的结构分类），如有人分为单破裂型（如通海地震）、双破裂型（如海城地震）、地堑破裂型（如邢台地震）、碎裂型（如龙陵地震）。每一种类型具有一定的前兆空间分布特点、震时地面破坏形式和地震能量释放特征；关于发震构造和孕震构造两个概念的区分和相应的地震特征的研究；关于一个强震区多应力集中点的演变过程和强震幕的研究等。

根据实际材料抽象出典型化的结构、介质和力学参数，来进行物理模拟、数学模拟，反演地震发展、迁移及应力状态或正演前兆场的发展理论模式（如对京、津、唐地区和邢台地震区的地震活动和应力状态的二维有限单元计算；对唐山地震区地壳应变场的数学、物理模拟等）以及初步开展的高温高压实验对于理解震源处变形破裂过程和地表各种物理现象的联系与差别，这对了解一些前兆现象的本质都是有益的。

（三）地震力源、区域地壳应力场和我国板内动力学的研究

从地震现象可以推测某次强震震源处的运动方式，也可以综合出某个区域的地壳应力场，并进而作为探讨板内动力学的一条途径。反之，板内动力学和区域地壳应力场的研究又是认识此起彼伏地震活动规律的一把钥匙。所以，近年来我国地震地质学工作者展开了这方面的热烈讨论。在我国地质界本来有关于地壳运动理论的多种学派和观点，在地震研究所提供的丰富资料的基础上，在国际上地球动力学研究规划和板块学说的影响下，当前我国地震地质学界及大地构造学家对本课题的讨论比过去更加扎实和深入。譬如，人们根据历史强震的宏观现象（包括地震断裂、地裂缝、地形变等）、震源机制分析资料、大地测量数据及地应力和断层微量位移观测资料，研究了各地的现代应力场；根据对第四纪活断裂和断陷盆地的力学性质和排列方式的研究及其他第四纪地质和地貌方法（如水系扭动等），重塑了新生代地壳应力场；根据燕山运动保留下来的构造变形推测中生代应力场。从而获得了各区域中生代以来地壳应力场变迁的轮廓面貌，并进而研究我国古板块边界的变迁规律。通过类似的分析，多数地震地质工作者认为我国具有以水平运动为主的地壳运动特点，在我国西部以近南北向挤压为主，华北以北东东－南西西向挤压为主，华南以南东东－北西西向挤压为主。这种情况主要受周围板块活动的控制，但也注意到板块内部上地幔活动可能也起着一定的作用。

但是，认识并非一致。有人从地质力学观点强调地球自转速率变化是主导作用，有人依据有限单元计算反证了垂直运动对地震形成起控制作用。对于这样一个涉及地球科学中最根本、最艰深的问题来说，出现不同的认识是十分自然的。重要的是，地震地质学的发展推动了这一课题的深入研究，这无论对于地震学还是地质学的发展都具有深远的意义。

（四）震害地质、水库地震的研究

人类要防震、抗震，就必须研究地震灾害的形成原因，研究如何避免、减少和缓和地震灾害。其中，研究地质、地貌条件对地震灾害的影响，是抗震研究中的一个重要方面。震害地质面对的就是这一课题，这当然是地震地质工作者责无旁贷的一项任务。多年来，中国科学院工程力学研究所、国家地震局地球物理研究所、地质研究所以及部分省（市）地震工作单位都进行了这方面的研究工作。例如，强震中山区不同地貌单元上地面运动参数的测量；平原区砂基液化的形成条件；断层破碎带对地震波能量吸收作用的实验研究等。当然，更多的工作还是应用强震后宏观调查的方法进行定性的分析。有人应用宏观和微观相结合的方法，根据北京平原区覆盖层的组成及其地震反应谱特征，试作了北京地区小区域烈度划分，受到了工程设计部门的重视。但是，总的来看，这项工作还只是个开端，人数不多，技术手段也有限。然而，它既为国计民生抗震工作所需要，今后是有广阔发展前途的。

我国二十多年来建起了无数的水库，它们所处地质条件各不相同，水库建成后的地震活动也表现形形色色。这对开展水库地震研究提出了迫切要求，也创造了有利条件。1962 年初广东新丰江水库发生 6.1 级地震曾一度给东江下游地区造成巨大威胁，但在周总理的关怀下，却转化为推动我国水库地震研究的动力。自那以来，对新丰江、丹江口等大型水库进行了综合性的研究，积累了丰富的资料，并形成了我国关于水库地震成因的若干看法。一般认为较大的水库地震发生在库区处于相对活跃的地质构造位置、富岩溶或裂隙系统的渗漏条件、水体载荷使库区下沉所产生周边张裂隙促使渗漏加强以及水体下渗使深处岩石破裂面中充水、正压应力减小、剪切滑动易于发生有关系。除水库地震外，有人还研究了其他一些矿井或钻井注水或抽水诱发地震事件。这些研究不仅对于水利工程建设有重大的实际意义，而且对于了解一般地震的成因也很有助益。此外，由此还展示了人为控制地震能量释放的科学前景。目前，在国家地震局地球物理研究所、地质研究所、湖北省地震局、广东省地震局及有关的水电部门等单位已经建立了研究水库地震的室、组，并已开展工作。

三、展　　望

回顾我国地震地质学30年来的发展，令人欣喜。但若放宽眼界，纵览地球科学的过去与将来，横观莽莽全球，那我们就会对我国地震地质学的已有成就深感不足，但又会为它的未来前景及它在新地球科学中的深远意义而受到鼓舞。

近代地质学自莱伊尔建立“将今论古”现实主义原理为之奠基的一个多世纪以来，着力研究并比较明了的只是一些大陆古生代至中生代的地壳演变历史，而对占全球三分之二面积的大洋，对古生代以前的漫长地质史和深部地质及对新生代以来的地壳运动所知甚少，因而具有很大片面性，以致在涉及地壳运动理论等一些根本性问题上停留在猜测的水平上。另一方面，地球物理学虽在它的发展早期曾经是地质学的一个组成部分，但自本世纪初以来，包括地震学在内的理论地球物理学迅速发展并相对独立了出来。这两个重要的地学学科，一个侧重于运用归纳和推理的方法追溯地球的历史变迁，一个则主要借助物理和数学的方法探明地球的现在面目。然而，类似地震成因、地球动力学过程之类的难题终究需要这两方面的结合才能解决。第二次世界大战以来，随着生产力的发展，科学技术的突飞猛进，一系列新技术（如航天、深海钻探、遥测遥控、计算机、核子测试、激光等）被应用到地球科学研究中来，使得整个地球科学获得了空前丰富的资料。地球科学向着地球深部、向着大洋进军，获得了全球构造及行星“地”质的新概念。这一切为地质学和地球物理学的结合创造了条件。自1957年依次开展的“国际地球物理年”、“上地幔计划”、“地球动力学规划”及与此配合的“深海钻探计划”等正是反映了这一动向。而在20世纪60年代提出的“板块构造学说”，则是在这一发展动向下的一项突出成果。可以说，地质学与地球物理学相结合是地球科学辩证发展的必然。

我国地震地质学的诞生和发展正是处在这种背景之下，因而它“生逢其时”。我国地震地质学当前正在主攻的几个方向有：震源深度上的地质和地球物理、新构造运动和现代构造运动的研究及其定量观测、现代地壳应力场的形成及其变化等，这正是当前地球科学最为关切的地球动力学研究的一部分。地震学担当了地质学和地球物理学之间的一个媒介点和汇合点。通过对地震现象的研究，地震地质学把以上两学科所侧重的物理学方法与地质学方法、历史与现状、深部与表层、定量与定性的研究结合了起来，其结果一方面将为地质学描绘出一个清晰的今日地球及其运动状态的图景，因而必然为“将今论古”的“今”注入新的概念和内容，推动地质学的革新；另一方面，又将给地球物理学以地球历史演变的线索，无疑有助于认识今日的地球，并将开拓古地球物理学的广泛领域。因此，地震地质学正担当着地球物理学与地质学结合的桥梁与纽带，它可以被称为当今新地球科学发展中的一个有生命力的生长点。

事实上，我国地震地质学的研究已经在一些方面推动了我国地球科学理论的前进。如通过地震、电磁、重力、地热、震源机制分析等各种方法加速了对我国若干地区（尤其华北）深部地壳和上地幔的了解；通过丰富和发展了的各种第四纪地质和地貌法、遥感信息解译和仪器观测方法等深化了我国关于新构造和现代构造运动的研究，激发了我国关于地壳应力场和板内动力学问题的热烈讨论；把一些较新的数学手段，如有限单元法、图像识别等以及计算机技术引入地球科学，推动了地学的定量研究；引进了一批先进的仪器装备和测试技术，如遥测遥控、激光技术等，使地球科学加速了现代化。

展望未来，首先，地震地质学必须与更多的兄弟分支学科相结合，来开拓自己的研究新领域，扩展它的视野。一方面，它应当向微观进军，研究地震活动和岩石、矿物、晶体及地球化学变化之间的联系；另一方面，它应当向宏观进军，研究地震活动与地球作为行星的运动之间的联系，研究月球、金星、火星及其运动并与地球地壳运动作对比研究。沿这两个方向与有关学科的“杂交”和相互渗透，将有可能对地震成因和力源取得突破性的进展。

地震的孕育与发生是一个复杂的物理、力学、化学过程，在研究地震有关的各种现象时，都不能离开对物质组成的讨论，所以除了对各种力学场、地球物理场的研究以外，地震地球化学问题的研究是非常重要的，但在过去开展这方面的工作却很少，影响着许多问题的深入。

地震在地学现象之中，既是宏大的又是十分精细的，它所要求测量的时间精度和其他变量的精度，多半是目前一般地学仪器所难以达到的，而它的工作环境又要求适于外业和大工作量，这些特点，都要求在地震学以及与之有关的地震地质学的观测技术上花很大的功夫，以适应工作的实际需要。

针对我国地震地质的实际情况，并考虑到以上几点的不足，我们认为我国地震地质学应继续在以下几方面深入和开创：

（1）继续深入表层地震地质研究，以大量强震震例为直接对象，配合卫照与区域地质研究的新成果，加深强震地体环境的研究，以及地面振动与震害地质的研究。

（2）探索震源区的地震地质研究，除了大量获取深部地球物理资料外，探索震源区岩石地球化学的研究，配合高温高压下，尤其是动压力条件下，岩石结构状态以及融熔、变质的研究，了解震源区的动力地球化学环境。

（3）深入细致的地壳应力场的研究，把地壳古应力场与现今应力场结合起来，实测的应力状态与实验模拟的应力场结合起来，区域的与局部的地壳应力场结合起来，开创现今地应力场分析的方法与理论。

（4）地震的物理、力学、化学前兆场的地震地质研究，以地体结构的深部与浅部的具体条件，配合前兆的实际表现，阐明前兆场的地震地质条件。

（5）古地震和地震年代学的研究，把全新世地层学与同位素年代学、地磁年代学以及天文、气象等的似同期性研究结合起来，配合古地震的现场研究，包括考古地震学在内，共同为探索地震活动的时间规律建立更广泛的基础。

（6）现今地球动力学研究，通过区域的以致全球的地震构造及其运动学的描述，探索其动力源、动力作用方式及其变换规律。

（7）地震地质学研究中新技术装备的引入与研制。

我国不但有丰富的历史地震记载而且又处在全球构造的关键性位置上，既有世界上最大两个板块边界地震带通过，又有种类繁多的板内地震广布，这鞭策着我们去揭穿地震之谜。我国地震地质工作者任重而道远。我国地震地质学应该也完全可能在人类预防地震的斗争中和发展地球科学的事业中做出更大的贡献，并在这实践过程中使自身不断发展、壮大。

本文的编写是在马杏垣同志的组织和指导下进行的。徐煜坚等同志提出了宝贵意见，在此表示感谢。

发展中的我国地震地质研究*

一、概　　况

地震地质，顾名思义是以地震为对象的地质学研究，是研究地震发生的地质条件、地震与其他地质现象之间的关系。地震是地壳运动的一种表现，是一种特殊的地质现象。它与地质构造的关系早已被中外地质和地震研究者所注意。其研究内容也随着地质学和对地震现象认识的发展而不断扩展和深入。与地震有关的地质现象的记载我国是最早国家之一。至19世纪末对与地震有关的地质现象，如断层、地裂、地壳升降变形、塌方等在一些国家已开始有较系统地调查与研究。在1890～1910年这个时期是地震学有了突破性发展的一个时期。1900年左右绘制的全球地震分布图已注意到地震活动都集中发生于最近地质时期有构造活动和火山活动的地区。随着地震仪的装设，地震较精确的定位和其分布资料的积累使深入探讨地震与地质构造关系的研究大大地向前推进了一步。之后结合大地震现场的调查，地震活动区、带的研究，对地震与地质构造关系的研究愈来愈多，到20世纪中叶以前对地震危险区划的研究已在一些国家有了较多的开展，特别是60年代以来随着世界上一系列大地震的发生，推动了地震学及地震预报研究全面的发展，相应的地震地质的内容也有了很大的充实和扩展。在日本、美国、苏联、我国以及一些多震的国家对活动断层、新构造、板块构造等与地震现象结合起来的研究非常之多，地震学及地质学的新成就对地震地质研究的深入发展起了极大的促进作用。

在我国，解放以前除了个别研究者在这一领域的零星探索，如个别地质学家描述过我国的强震分布与构造带，结合一些大地震的调查进行过一些地质解释等以外，地震地质的研究基本上并没有系统开展。新中国成立后，随着大规模经济建设的开展提出了中国地震区域划分的研究课题，结合一些大震考察开展了地震地质的调查，如对1927年古浪地震、1952年崞县地震、1954年山丹地震等。1956年全国第一次新构造运动座谈会上许多人探讨了我国新构造运动特点及其与地震活动的关系。1960年新丰江水库出现地震活动以后加强了水库区地震活动与地质的研究。从1958～1966年邢台地震之前结合大量建设工程烈度的要求，在西南、西北、三峡、丹江口等地进行了比以往更深入一步的地震地质研究。

1966年邢台地震后，开始了我国地震研究的崭新阶段，在周总理倡导下组织起了向地震科学进军的一支强大队伍。地震地质工作也得到了迅速的发展。在20世纪60年代后期，李四光同志对开展地震地质工作提出了一系列的意见，指出地震的分布与现今活动的构造体系或某种构造体系的活动构造带有关，因之他认为地震地质工作要以调查研究活动构造体系和构造带为基础，圈定地震危险区和相对的稳定区。在危险地带的适当地点，观测现在地应力的变化过程，探索地震预报的途径。自70年代以来，在地震地质的研究中，在总结前一时期一般的地面地质构造的基础上，明确地提出了从老到新、从静到动、由浅入深，由定性到定量的研究方向，在新构造、活动构造和深部构造以及在震源区的地体环境、应力应变状况和区域应力场与地壳介质、结构以及震害地质等方面的研究都有了长足的进展。地震地质工作已成为研究地震预报、危险区划、地基抗震以及地震成因等方面问题中的一个不可缺少的支柱，它在这些方面所起的基础作用已日益得到更大的重视。

---

* 本文原载于“地质科技在发展中”之六十二，地质出版社，1979。作者：丁国瑜。

二、地震与地壳结构的研究

地震都发生在地球的表层，它和地壳结构有密切关联。有大量的地震地质工作是研究地震与地壳各种结构之间关系的。它主要从空间上研究地震不均匀分布的原因，研究地震区、带的划分，研究强震区的地质构造特征或称地震地质标志。这方面工作的结果往往是进行地震预报，危险区划、烈度鉴定的基础依据之一。

地震与地质构造密切相关，但从对这一问题认识的过程看，初期还只是在两者间作一些统计类比的分析，以后强调了新构造、活动构造的研究。特别是1966年邢台地震以后较大规模地开展了对历史和现代强震的考察工作。在甘肃、新疆、宁夏、青海、陕西、山西、河北、辽宁、山东、云南、四川以及广东、福建等地对一系列7级以上强震普遍地开展了野外调查和地震区地质构造特点的研究。积累了更多的有关地震与地质构造相互关系的认识。初步总结出了一些地震活动地带的构造特点和一些强震发生地点的地质标志。

对于我国的地震活动与大地构造特征之间关系的认识，据各种不同的大地构造观点提出了对大地构造格局如何控制地震活动的不同的解释。例如从地质力学观点强调地震活动与构造体系，特别是活动构造体系的联系。断块构造的研究则主张断块构造对地震的控制，强调介质与结构的不均一，深部与表部构造的不一致性等对地震活动多样性的重要意义。从地槽地台构造演化历史的分析则提出我国划分为滨太平洋地震域、特提斯喜马拉雅地震域和古亚洲地震域，它们分别与同名的三大构造域相适应。人们运用板块构造的观点来研究内陆地区地震活动与板块构造的关系，认为板块构造是研究地震地质的一个重要途径，也有人进行了我国内陆地区次一级板块边界划分与地震活动关系的探讨。如除了早已有人提出的自帕米尔至苏联贝加尔一带是一个可能的板内次级边界外，还有人提出自川滇至华北的北东向地震活动带可能也是当前开始活动发展中的另一条内陆次一级板块的新边界。用地壳波浪状镶嵌构造的观点来研究地震发生的地质构造背景，则认为我国地震的活动与环太平洋构造带和地中海构造带及它们的分带的交叉构造纲目有关。从重力与热力引致的各种构造现象与地震之间的关系问题，特别是结合青藏高原隆起的形成与影响，一直是引起人们重视和热烈讨论的重大问题。

对地震活动与地质构造单元及一般具体的地质结构间的关系有以下的一些看法和认识：一般说来褶皱区的地震活动性高于稳定的地台区，并认为它们的接触带往往是地震活跃地带。地块内部的次级构造单元间接界地带的大断裂带以及地堑构造往往是易有地震活动的构造型式。李四光曾指出活动断裂带曲折最突出的部位、其两端、两条断裂带的交叉部位、断裂面交错分布或不平滑的阻塞段落等是容易造成地震活动的地段。一些有关地震危险区地质标志的认识还往往是一些经验性的总结，对比虽有一些实验工作但还做得很少。对其实质性的理论探讨还有待大力开展。

地震波的分析运用，帮助了人们对地球内部结构状态的认识，而深部构造的了解又是研究地震现象所不可缺少的。所以，深部构造的研究总是与对地震研究的进展密切地关联着。关于地震与深部地质构造关系的研究，近些年来在国际上结合上地幔计划和国际地球动力学计划的实施，对结晶基底、地壳深部和地幔结构特征等的研究开展了许多工作，取得了不少有价值的资料。在我国，地震发生的深度一般在数千米至二三十千米之间，尤其是一二十千米者居多。这一深度正是一些地区结晶基底和花岗岩构造层所在的部位。研究结晶基底和更深一些部位的构造，对了解震源处的构造应力特征，正确认识地震发生的地质背景有重要的意义。

我国在地壳深部结构探测方面的工作还开展得较少，继元氏－济南地震剖面之后，近年在京、津、唐地区结合地震预报研究的需要，在人工地震测深方面又取得了一些深部结构与地震活动关系方面的新资料。在这一地区，莫氏界面的深度在31～40 km之间，康氏界面在18 km左右。地震多发生在莫氏界面以上，而更集中地是发生在花岗岩层中和康氏界面附近。许多地震是发生在深大断裂带上和地壳隆起区翼部或地壳厚度变化较大的地段上。

运用天然地震转换波的方法也在一些地区开展了研究深部结构的工作。如在京、津、唐地区的研究表明，在唐山地震区和历史上1679年的平谷8级地震区都确实存在着切穿地壳底部界面的深断裂。在北京附近地壳具多层和断块的特征。断块上下错距达3～5 km。一些微震活动有的似为沿花岗岩层顶面和玄武层顶面的滑动，而平原区的一些地震则是沿深断裂带的错动。

大地电磁测深的一些观测看到在多处地震活动区存在有低电阻层。如在北京地区，在地壳范围上下似乎存在两个低电阻层，一在莫氏界面之下，深度变化较大。一在20 km左右。这一低阻层位于康氏界面附近。在华北的邢台、沂沭断裂带、海城地震区、博野盆地以及南北地震带的北段都有发育。低电阻层与低速层和高大地热流区有密切关系，并往往与地震活动区联系在一起。在松潘、平武地震前，在距震中数十千米处还曾观测到低电阻层厚度发生变化的情况。对我国地壳多层结构、地幔起伏、低速层、低电阻层的存在、各个界面变化的研究、它们与深切地壳的活动断裂的相互交接等与地震的关系，以及深浅部地质构造的一致和不一致现象等，都为地震地质和深部地震构造的研究提出了许多课题。

三、地震与活动构造的研究

调查与研究活动构造是地震地质学最主要的工作内容之一。对活动构造的研究，主要是通过对地质、地貌现象、地壳形变、地震活动性、地壳应力状况以及各种地球物理场、化学场变化等方面的资料探讨各种构造型式（如活断层、活褶皱）以至大型的构造单元（活动地块、活动断裂带以至地壳板块）的现代活动状况和机制。由于活动构造的研究常要通过各种直接或间接地观测，因之对它的研究是与观测技术的发展分不开的。近年来各种有关地壳活动状况的观测技术有了很大的发展，如各种高精度的激光测距仪、倾斜仪、断层蠕变仪以及卫星测距、月球测距、射电干涉测量等长距离、大范围的精密测量技术的应用，使得对现代地壳构造活动的具体状况和更广大范围构造动态的研究都提供了可能。

在地震地质的研究中，对活动断层的研究是最为活跃的课题，对活动褶曲则研究得相对较少。近一二十年来对全球一些大型的有明显活动的大断层带，如圣安德列斯断层、日本中央构造线、裂谷断裂带等有着大量的系统调查与讨论。近年来在一些活断层带上还开展了许多细微的动态仪器观测工作。这些工作大大深化了对活断层的形态、分布、活动速度与方式、它们的分类以及与地震关系等方面问题的认识。活断层在全球有着广泛的分布。有的是活动显著，错距很大的巨大活断层带，有些则是相对规模较小的活动断层或由它们穿插交织组成的活动断裂网。活断层的活动方式有相对缓慢错动的构造蠕动和以地震方式集中释放积累的弹性应变而产生的突然滑动。这两种活动方式在不同的活断层上或其不同段落可以兼而有之，也有的则只是在一定时间段按一种方式活动。地震断层就是指地震时应变积累的突然释放所形成的破裂。当它出露地表时常称为地表断层，这种浅源大地震的地表断层是活断层最直接的反映。例如1932年甘肃昌马7.5级地震的地表断层长达120 km。1931年8月新疆富蕴的8级地震地表断层长达150 km。很多实际资料表明一般大于7级左右（有的地区是6.5级以上）的地震都伴有地表断层的出现。有许多研究者统计过地震断层的长度、地表破裂长度，断层错距等与震级的关系，并提出过一些统计公式。但一些资料表明它们之间的关系由于出露情况、区域构造条件、地震类型的不同，常常是很复杂的。例如，前面提到的昌马7.5级地震形成了120 km的地表断层，而1976年唐山7.8级地震地表断层长仅8 km，至于1976年四川松潘地震和云南龙陵地震等则并无明显的主要地表断层出露。地震断层的长度与震级的关系情况也比较复杂。一般说来，沿着已有断裂带上发生的地震两者的相互关系比较明显。但发生在远离已有的大断裂带或地块内部的地震断层一般规模较小，甚至很不明显。龙陵地震、松潘地震以及唐山地震等就是如此。这种发生在相对较完整的地块内部的地震断层，不仅规模小而且常常具有双向共轭破裂的特点，这种类型地震断层的特点及其机制，对研究大陆内部地震来说，有其特殊的意义。

活断层的蠕动，在近年来已为大量的观测和实验工作所证实。对圣安德列斯断层的研究除去地面调查外，还通过蠕变仪网的观测取得了不少有关蠕动速率和方式等细节的新认识。在土耳其、在莱茵地堑等地都已发现有活动断层的蠕动现象。通过实验研究对产生断层蠕动的温压条件、物性结构条件、应力状况、水的作用、以及断层面的性状、断层泥等因素对断层黏滑活动和蠕动取得了许多重要的结果。在我国，在宁夏自治区贺兰山麓石嘴山附近，明代建筑的边城有被错动位移的现象，沿北东向右旋错动 1.45 m，东侧并有 0.9 m 的下降；在渭河谷地北侧东西向的活断层切穿错断了盆地中的最新黄土堆积层；还有像阿尔金山等大型的明显切穿了现代水系，具有很大错距的活动平移断层，都是位移明显但地震记录又相对较少，蠕动在它们的活动中所占的位置是一个很值得研究的问题。最近关于唐山地震发生前，沿唐山地震区的断裂和沿沧东断裂存在的蠕动现象，已通过地形变资料的分析得到了初步证实。对我国许多活断层的蠕动问题，很需要开展系统的调查与观测。它是正确判断断层活动性与地震危险性的一个重要问题。

断层活动常常并不只是在个别地段上进行的。大地震的活动也不是孤立地一个个无规则的发生。它们常常沿一条断裂带在一定地段和方向上成丛连续发生。这种一连串的强震就造成了一系列的地表断裂，反映了在更长的地段上一个断裂带的活动。在我国这种以强震系列反映一个断裂带强烈活动的例子很多，典型的如历史上自华县至平谷的一系列强震反映的汾渭断裂带的活动；1920 年起自海源至昌马的一系列强震反映的河西走廊一带断裂带的活动；自甘孜至昭通一系列强震反映的鲜水河断裂带的活动以及近十几年来自邢台至唐山的强震系列所反映的河北平原中这一带北东向断裂带的活动等。有人将此现象和实验材料的裂纹的不稳定发展相比拟。这种强震系列包括古地震活动与断裂带活动规律的研究对地震危险区划、强震预报都是很有意义的。

有时地震还在地壳块体内部或周围连续迁移活动，反映出更大范围地壳块体的活动情况。如在我国青藏高原北部地块、鄂尔多斯地块等就有这种显示。当在地块的一侧发生了大地震，则常常在其另外的边界上在不久以后也发生大震，反映地震活动与地块的整体运动可能有一定关系。有时在区域的地震活动中，还出现地震活动区成片迁移或在不同地区地震活动出现此起彼伏的情况。而这些地震活动区域的改变，也常常是以一个地壳块体为单位或是以块体中的一些大的活动断裂带为边界，反映了活动与不活动地块的转换。有些地质、地震与大地测量方面的资料还反映出地块的现代活动有时具有旋转扭动的性质，如有的地区地震活动在一定阶段就有表现出呈圆周状依次迁移发生的情况。总之对一个地块活动情况的解析常可成为判断大区域现代运动状况的关键。这方面已正在把地震分布平面图案的分析发展成为了解区域应力场内部演变的一个方法。

四、震源孕育发展及其伴生现象地质环境的研究

地震地质在研究地震长期预报和危险区划方面的工作中开展得比较多，而在地震的短期预报中还开展得较少。有人认为短期预报主要靠前兆观测，地震地质很难起什么作用。近年来在地震预报的实践中，随着探寻强震前兆的大量观测工作的开展，随着观测范围和观测时间的日益广泛和系统，人们对大区域内震前各种现象的复杂性有了进一步的认识，如断层的活动、地壳形变、地下水变化以及各种地球物理场、地球化学场的时空变化，地震前兆和后效的区分，地震与一般地壳运动引起的各种现象的区分等等问题复杂。地震的实际预报很难用个别的前兆机制或局部的震源理论来加以解决。许多把地震前兆现象的研究仅仅局限于震源和试图建立一种单一的预报理论模式的努力都遇到了许多问题。而这正显示了要解决这些问题必须与孕育和发生地震的整体地质环境结合起来考虑，也就是说需要进行地震地质的研究。这样就给地震地质在这一方面提出了一些新的课题。

由于各地地质构造环境的不同，地震的孕育发生及其伴生现象的状况常常是多样化的。如有无前震、出现的异常现象的种类、发震的过程、各种异常现象组合的形式、临震的表现、震源机制、等震线的形态以及余震活动特点等，常常是有些地震相同，有些地震不同。这些情况与地震的不同类型有

关。而地震类型差别的决定因素之一，就是地震孕育区的地质构造环境。正确划分和判断地震类型，对深入认识这些现象的内在原因，如地质构造环境的分析与地震及其伴生现象的分析结合起来，更好地用于地震预报是很有意义的。

又如区域构造运动可以形成多个的应力集中点，出现多个异常现象显示的地区。而其中只是极少数的应力集中点才是导致发震的震源区。在这些发震的和不发震的应力集中点上，因为有同一的区域构造运动的影响，有时同时出现一些相似的异常现象，这就大大地增加了判断发震地点的困难。有时地震连续发生，与它们有关的各种异常现象彼此干扰重叠，使得预报问题更加复杂。往往由于不能对震源区的前兆与一般应力集中点的异常现象加以区分因而造成地震预报中的虚报。结合地质构造的研究探索区域场上多应力集中点的形成与演变，对解决这方面的问题是一个重要的途径。

结合一定的地质条件，运用高温高压模拟实验的方法或是运用数学物理模拟的办法，来正、反演地震发生及各种前兆场的变化，从而进行地震预报以及一些理论问题的探索近年来也在逐步开展。如对北京、天津一带地震活动和应力条件的二维有限元计算；对唐山地震应变场演化的数学物理模拟；震源处运动和地表运动的联系与差别的研究等。这些研究在使地震地质工作从实验理论和更定量化的去解决一些问题方面是很有意义的。

地震活动不仅是与复杂的力学现象相联系的，而且会出现一系列由于物质运动而引起的物理化学现象。在结合地质构造从力学场、地球物理场研究地震及其伴生现象的同时，开展地球化学场的研究，包括有关物性条件、化学成分、水的作用、元素的迁移演变、放射性同位素等与地震的关系是地震地质的另一个重要方面。我国在近些年，特别是自邢台地震以来的多次大震中已积累了一些资料，取得了一些有意义的经验。如海城、唐山等地震前，都曾出现过一些大范围地球化学场有异常变化的现象，如水化学成分、氡含量、地气外溢等，并常常反映出这些现象与地质构造的密切关系。对地震前出现的一些特殊地球化学现象的机理尚未清楚，但这方面的一些研究课题，如地震地球化学前兆场机制的研究；同位素年代学在地震地质中的应用，包括断层活动年代的测定；深部岩石矿物的局部融熔、相变、分异、结构状态的研究；震源化学；区域地壳的化学结构与化学演化等已日益引起人们的注意，有着广阔的发展前景。

五、地震与构造应力场的研究

关于现代地壳构造应力场的问题是地震地质研究中讨论最为热烈的问题之一。除去根据大洋脊、俯冲带等板块边缘应力状态对全球大范围应力场进行推断的工作以外，近年来很多人的注意力已逐渐转向对板内构造应力场的讨论。许多研究是利用地表形变、活动断裂和活动褶皱构造特别是震源机制等方面的资料提出对地壳现代应力场状况的分析；另一方面，用直接进行地应力测定方法所得的一些结果，也已愈来愈多地应用于地壳应力场的研究中。

已有很多关于探讨地震活动与板块内部应力之间关系的文章。L. R. Sykes 与 M. L. Sbar 根据地震断层面解、应力测量和人工地震资料、冰后期断层和褶皱以及其他岩石的压性裂隙等地质方面资料的分析，确定了北美板块的美国东北部广大地区存在一个比那里由岩石荷载所引起的效应要高得多的水平压应力区。最大压应力为北东东方向，这一带的地震正是沿着高压应力区及未愈合断层活动的。近大陆边缘则存在由于边缘效应而导致的引张以及老的转换断层延伸至大陆的活动破裂带。B. Voight 还证实欧洲也有这种大的高水平压应力的存在。L. R. Sykes 等人还根据地震震源机制解和应力测量资料，指出许多岩石圈板块内部现在都存在有巨大的水平压应力，在海洋板块内部地壳年龄较老地区只有逆冲和走滑断层面而无正断层等事实。并提出了板块内部应力来源的机制模型。

我国是个大陆内部地震活动非常突出的地带，是研究大陆内部现代应力场最为有利的地区。尤其是青藏高原的现代隆起，是一个关键的问题。近年来 P. Molnar 和 P. Tapponnier 利用卫星影像资料和地震震源机制资料的分析，把亚洲大陆内部的一系列变形现象，包括在喜马拉雅山、帕米尔、天山、南天山等一系列逆冲断层或褶皱的形成，地壳的缩短和地表的局部加厚，以及一系列巨大的走向滑动断层的形成等现代活动构造和现代应力场的特点看作是印度次大陆与欧亚大陆自晚始新世或渐新世以来碰撞的结果。这一碰撞还导致了在2000 km以外直至贝加尔和中国东部的一系列张性地堑盆地的形成，形成了地壳的拉张减薄。非常突出的这些变形的形式各方面都与D. Mckenzie对土耳其和伊朗一带情况的描述非常相似，但规模要大得多，而且更为复杂。

在国内对我国现代构造应力场问题的讨论是很多的，很早以前李四光教授就提出过一系列与此有关的重大问题。张文佑教授以断块学说的观点，对许多涉及了现代构造应力场的问题，如交叉断裂对新构造运动的控制问题、我国东部与西部X型剪切断裂系统的发展和差别、大陆向东南海洋不均一的蠕散、断块构造以及隐伏断裂网格与地震活动的关系，断块内部先成边界对应力状态的影响等问题作过很多的论述。

近年来，对我国现代应力场问题的讨论十分活跃，开展了不少较为系统的工作（如全国地震机制解的分析会战，全国地震危险区划工作以及许多区域性的和个别同志的专题研究等）对我国现代应力场的区域特征和周围板块运动的关系以及其动力来源等都有不少探讨。得到了一些对我国现代应力场基本特点的认识。

总的看来，大量的震源机制解所得的主压应力轴仰角都不大（小于30°者占80%），表明了我国各地的现代构造应力是以水平分量为主。地震断层和形变资料也反映出同样的情况。一般水平形变量比垂直形变量大2～8倍，只有个别的一些地带构造应力的垂直分量较为明显。青藏高原的现代应力场问题是引人注目的一个重大课题。据震源机制及活动断层等资料认为高原的最南及最北的喜马拉雅弧形带和阿尔金、祁连山弧形带以挤压引起的逆断层为主，中间的唐古拉弧形带和昆仑山弧形带则是在挤压作用下，以地壳物质的横向推移引起的走滑断层为主，并有向东南方向推移的迹象，西南川滇一带菱形地块表现的最为清楚。

华北地区的现代应力场研究的最为细致。从大地震的震源机制解和小地震的综合断层面解，地震地表断裂形变测量资料以及历史地震的等震线长轴方向等多方面资料，都表现出构造应力场有很好的一致性。北东向活断层都表现为右旋走向滑动，北西向的为左旋走向滑动。反映出是北东东向的水平压应力和北西西向的张应力。近来对华北地区一系列新生代断陷盆地的应力状况、成因和动力来源及与地震活动的关系展开了一系列的讨论。主要涉及了这些张性盆地是印度板块向北挤压，在亚洲东部引起的边缘效应，还是太平洋板块与亚洲大陆碰撞或相对运动的产物；是地壳水平运动的结果还是由于上地幔的垂直隆起引致的地壳拉伸等问题。此外，华北地区在新生代后期应力场的状况有过一次重大的改变，区域的主压应力方向由南东东转变为北东东的方向。对这一转变的原因还有不同的看法，有人归因于在始新世与渐新世之间，印度板块与欧亚板块的碰撞，在中国大陆北部引起了次一级的拉伸所致。有人则用太平洋板块与菲律宾板块在早第三纪末期对大陆地区俯冲作用的交替、转变来解释。在日本西南部，主压应力方向也有过一次明显的转变，藤田和夫用地幔流动方向的变化来解释，但变化的时间是在早、中更新世之间（六甲变动）。看来对这一转变的原因以及转变的时间都还是一个没有搞清楚的问题。

在东南沿海和华南一带，现代应力场与华北有很大不同。一些人认为这里的应力场与菲律宾板块的挤压有关，一些同志则认为是太平洋板块向西，印度板块向东北的挤压，使这一带应力场呈现出以东经110°为中轴线的扇形结构的应力场。

涉及我国大陆内部现代应力场状况的另一个重要现象是大范围断裂网分布方向的规则性问题。这一切割了地壳表面各个构造单元的断裂系统，与现代地震活动有着密切的关系。从我国大陆地区有关这一问题的资料看来，这一规则断裂网络是的确存在的，从它所具有的特点看来，必须考虑涉及地球自转等整体运动的统一应力场作为其形成的力源和机制。对它的深入研究与正确认识现代地震活动的规律性有重要的意义。

六、震 害 地 质

要达到减轻地震灾害的目的，除了对发震地点、时间和强度的预报以外，还有一个震害状况的预测、预防以及已发生的震害的正确处理问题。在决定震害状况的多种因素中，地质是最主要的因素之一。震害地质就是研究在不同震害现象中地质因素包括基岩土体的结构、岩性及其力学性质、地下水状况、局部地形等在振动条件下的作用和影响。由于当前地震预报和危险区划都还处于探索阶段，预报问题还远未解决，而且即使预报成功，除了减少生命的损失以外，其他震害损失还是客观存在的。震害地质的研究就是要设法解决这些问题的一项重要工作。

在不同的地质地貌条下，地震可引致多种不同类型的灾害现象：

由地震引起的砂层液化地基失效是非常普遍的一种震害现象。特别是1964年日本新潟地震和美国阿拉斯加地震曾造成了砂层液化灾害，在此以后对这个问题引起了人们更大的注意，开展了多方面的研究。近年来在我国发生的多次地震，如邢台、海城、唐山、溧阳等地震都有大量的砂层液化现象产生。不少单位对此从地震地质的角度开展了研究工作。一些研究表明：液化区主要集中在现代河漫滩、古河道以及滨海地带。除了对砂层的饱水情况、砂层埋深、颗粒组成及其密实度等因素的研究以外，对沉积环境、矿物成分和结构特征与液化的关系也开展了进一步的分析，阐明了它们也都与抗液化能力的差异有关。唐山地震使北京东半部的一些地区产生了砂土液化。对这一带液化砂层的研究表明液化还与砂层的矿物组成特征有关，当含有大量不稳定矿物及有机质时，在饱水状态下最易液化。当风化系数较高时，颗粒间连接强度及抗剪强度大大降低，在地震时也易液化。也有例子表明在一定条件下，有时液化砂层反而可以起到减轻震害的作用，在海城地震时就曾有过这样的现象。

发震断层往往控制震害分布的总趋势，但对存在的非发震断层在地震时造成灾害的影响则存在有两种不同的情况：有时在断裂带上烈度增高；有时则并没有烈度增高现象。对此问题还有不同观点的争论，有待深一步地工作。

由于地震引起重力垮落形成的震害现象，在我国的一些陡峻山区和西北及黄河中下游的黄土区是一种很普遍的震害现象。尤其是黄土区的这类地震灾害往往是造成重大伤亡破坏的主要原因之一。结合这些地区的灾害地质条件开展黄土动力特性等方面的研究是很有意义的。在陡峻山区的地震可造成山坡的崩坍滑落，如1974年的昭通地震、1976年的龙陵地震，都造成了这种震害地质现象。1976年松潘地震则有因地震引起的泥石流活动形成灾害。

通过对震害地质条件的研究，包括如古河道变迁的研究、砂层液化条件的研究、断层破碎带地震效应的分析、隐伏地形影响的问题等，是解决震害预测的重要途径之一。尤其是由于地质构造、浅部地层的组成、地形特点、隐伏地形的状况等基本上是固定的，是一些长期起影响的因素。而这些地质、地形条件又决定着震害的类型及特点，所以历次地震造成的震害现象、烈度异常区及它们的分布往往有重复性。这一问题的研究对震害预测有重要的意义。

对诱发地震，包括水库蓄水、深井注水、抽水、人工爆破等引致地震的研究中也有一系列有关的地质问题。这方面的研究不仅是重要的实际课题，而且在开辟人工控制地震的科学前景上具有深刻的意义。

上面对有关我国地震地质研究的一些主要情况作了一个极粗略的介绍。可以看出，我国地震地质工作的发展是随着国家建设中的工程稳定、烈度鉴定、危险区划、地震预报等方面的需要而发展起来的。地震地质的研究，运用和吸收了地质学、地震学、地球物理学、地球化学、大地测量学等方面的方法和资料，在发展对一系列地震地质问题认识的同时，在一些方面又扩展和深化了地质学和地震学等的研究内容。它的发展将对地球科学中的一些理论问题，如地震成因、断裂机制、地壳应力场、地球动力学的认识起着和将起着积极的推进作用。

美国地震构造研究的一些近况*

应美中学者交流委员会的邀请，我于今年（1980）4～5 月去美国进行了学术考察与交流，现将目前美国在地震构造及地震预报研究方面的一些情况，介绍如下：

一、板块构造与地震

在美国，目前对地震构造问题，包括构造形式、应力场、现代地壳活动特点及其与区域地震活动的关系和地震危险预测等，普遍地都是以板块构造的理论和这方面的研究成果为基础来认识的。可以看到，有关板块学说的一系列认识，如俯冲带、转换断层以及板块学说的第二代研究所涉及的三联点、热流、驱动机制、岩浆囊、弧后扩张等，在讨论和分析一系列地震构造现象时都已得到了非常广泛的应用。如美国西部包括沿海一带、圣安德烈斯断裂带以及以西近 800 km 内陆的火山带引张盆地区以及逆冲带等地的地震活动特点，都把它们看成是北美板块与太平洋板块之间的运动在板块边缘所造成的结果。东部地区则用对大西洋型大陆边缘的一些认识，包括老的转换断层向内陆的延伸等来解释。对大陆内部的地震和有关的各种构造现象也正在结合板内构造应力场特点的研究在进行探索。甚至对一些较突出的地震活动的部位，机制的分析都是与板块运动相联系的。

为了阐明地震与板块构造活动的关系，不同单位都在选定一些标准的板块构造部位进行观测与研究，以更快地取得成功，有许多单位在圣安德烈斯断层带对转换断层带、板块俯冲带、岛弧带的地震进行研究。拉蒙特观象台在阿留申一带进行，康奈尔大学则在印度尼西亚、菲律宾、马来西亚等地进行；对板块碰撞带的研究，麻省理工学院、拉蒙特观象台等单位都有人在附近的帕米尔、巴基斯坦、阿富汗地区进行；板内地震构造的研究，继前些年 Sbar 和 Sykes 等人大区域的工作，美国地质调查局已在美国中部和东部几个地震活动区开展了一系列更深入的研究工作。近来，Wallace 对北美大陆西部内陆地震构造的特征发表了新的研究报告。他认为由于太平洋板块和北美板块的相互运动，使美国西部大陆边缘向内陆错综复杂地破裂了达 1000 km 的距离。在这一地壳破裂地带中包括了板块的移动、旋转、走滑、俯冲、引张、逆冲以及小板块长距离的迁移等多种运动形式。它们是构成了美国西部这一宽广地带内陆地震活动特征的基本原因。

二、圣安德烈斯断层研究

圣安德烈斯断层是美国最主要的地震活动地带，也是美国地震研究的重点地带。对这一走滑断裂带的研究曾提出了一系列重要的结论，包括弹性回跳，断层的黏滑，蠕动等。这一断裂带延续至少有 1100 km，在地面断层的延展是呈雁列式的。现在它被认为是一个板块构造的产物，是切割北美大陆的一个转换断层。Wallace 教授及 Allen 教授分别介绍了有关这一断裂带研究的新进展。沿圣安德烈斯断层地震活动与地震构造的观测与研究可能是世界上最多的地带之一。目前沿这一地带已有 500 多个地震台。对沿断裂带地震活动情况的控制研究是很细致的。沿断层小震活动的地段是蠕动段，而断层滞

---

* 本文原刊于国家地震局《地震科技动态》，1980，No. 18。作者：丁国瑜。

锁的地段小震活动则非常低。断层两侧岩石性质对断层的运动破裂方式也有很重要的作用，因之，今年的许多研究结果表明，对沿断裂带地震危险性的预测仅用短期的地震活动资料及其他地壳形变、地球物理场变化的资料是不够的。而地质学的研究、全新世断层活动历史的研究可以提供更为重要的结论。沿圣安德烈斯断层古地震现象的发掘与研究是今年在这方面取得的一项突出的重要成果。利用探槽及碳同位素年龄测定以及地震断层错距的对比分析研究等，在南加州恢复了 2000 年来圣安德烈斯断层和强震的活动历史。K. Sich 的这一工作，在 1978 年公布的结果的基础上，对圣安德烈斯断层带变形的时空变化的了解，近两年又有了进一步的深入。

三、美国中部及东部的地震构造

过去我们对美国西部，特别是圣安德烈斯断裂带的地震构造问题比较注意，翻译介绍的材料也多，但对美国大陆的中部和东部则注意不够，了解也少，这次有机会在美国中部和东部的一些研究单位作了较长时间的停留，了解到他们有不少工作是在美国的中部和东部的地震活动区进行的。许多结果表明这些地带在地震构造、历史、强震活动特点等方面，与我国的中部东部有很多相似之处。

在美国大陆中部和东部历史上只有三个地区有过强震记录：1755 年麻省 Cappe Ann 地震，震中位于大西洋海中；1811 及 1812 年密西西比河谷的 New Madrid 三次大震（最大震级 7.4）；1886 年南卡罗林那州的查尔斯顿（Charleston）7.1 级地震。为了研究这些板块内部地震的成因，近年对这几个大震开展了综合研究工作，对查尔斯顿地震构造的研究是与大西洋型大陆边缘演化问题的基础研究工作相结合的。对这几个大震区的研究表明，内陆的这些强震均位于重力高处的附近。震源区附近有基性、超基性岩体的存在。一些人认为：发生查尔斯顿大震的地带是大西洋张开阶段早期的一个地壳引张带，现代则遭受着北东 - 南西向的挤压，与美国大陆东部总的区域主力状态相一致。造成强震的应力是因区域应力围绕板块中这些不均一的岩体边缘集中而发生的。在这一过程中蛇纹岩类的塑性变形对应力状况的变化起了重要作用。围绕这些地区，地震观测、地球物理、地热、地球化学、深钻以及古地震的研究还正在进行中。可以看出，许多结论：各大震发生的构造部位和形式，没有明显长大的地面断层，但影响范围广大，较长的大震重复间隔等，与我国东部的一些强震区有许多相似之处。他们在这方面研究的进展是值得我们注意的。

四、深部结构的探测

康奈尔大学地质系 Oliver 教授所领导的大陆地壳结构探测研究项目近年来取得了很大的进展。这一项目简称为 COCORP（Consortium for Continental Reflection Profiling），它是为了探测大陆地壳大构造的具体状况而进行的。而这些大构造与大范围地壳变形时的应力状况，岩浆移动，地壳 - 地幔过渡带的状况等重大的地质问题有关。因此，可以理解，这项工作对地震构造、震源、地震成因的研究有着很重要的意义。

COCORP 是美国地球动力学研究计划的一部分。是由美国国家科学基金会制定的。已进行了 8 个地区的探测工作。采用由大陆石油公司所发展的可控震源技术，这一技术在 1972、1973 年间曾由美国与加拿大共同进行实验，1975 年以后在美国正式用于一些地质基础的研究。已进行约 8 个测区的课题，包括有裂谷区张性构造深部细节的探测；大的逆冲带巨大水平位移的证实。阿帕拉契山下水平位移达 225 km 以上的大水平逆掩断层系存在的证据；横穿圣安德烈斯断层帕克菲尔德地震区得深部结构状况；在查尔斯顿一带对板内大震区深部结构的探测，以及地壳内岩浆体的存在和莫霍界面与壳 - 幔过渡带的状况等。取得的结果具体加深了对大陆基底结构复杂的认识，肯定了这种地质、地球物理联合的连续地震发射剖面法是一种认识大陆地壳及其演化的强有力的技术手段。地壳的不均一状况，断层的延展，火成岩体、岩浆体，壳 - 幔过渡带等都可在地壳深处被观测到。显然这方面的结果，对地震构造的研究将是非常有用的。

线性构造和地震活动*

一、引　　言

近些年来利用卫星照片进行地质分析解释的工作中，线性构造是广泛地引起了人们注意的一个问题。线性构造（Lineaments）是地质学中一个古老的、早就提出的概念和问题了。简单地说，线性构造就是直接或间接反映于地壳表部的一些地貌、地质结构等直线形象。对它的研究可追溯至19世纪初期，至今一二百年来可粗略地划分为三个阶段。在19世纪至20世纪初是第一阶段。1800～1835年间塞奇威克等（Sedgwick etc.）在研究英国威理士等地的断层和节理系统时就注意了这类现象。以后英国的霍普金斯（Wm. Hopkins）、法国的多布里（Daubree）和挪威的杰鲁夫（Kjerulf）等都注意了这一问题。在他们的工作的影响下霍布斯（W. H. Hobbs）提出了一系列有关线性构造的重要概念[1]。他研究了线性构造在水系、海岸与不同级序的裂隙构造在陆地上的表现。在其“陆地上地形与构造的重复形式”（1911年）一文中总结了当时所有对线性构造的认识。第二阶段是在20世纪的中叶，这一期间许多地质和地球物理学家如桑德、克洛斯、迈纳兹、穆迪和沙姆斯基等（Sonder，Cloose，Vening Meinesz，Moody，H. C. Шамский etc.）涉猎了这一问题[2~4]。并由于讨论到有关全球断裂系、地球的剪切网格、基底断裂系统、造山带的分布以及地壳变动的力源等一系列重大的地学问题。近十年来，由于大量新资料的积累，特别是宇航遥感资料及大量地震观测资料的急速增长，得到了许多以前在近距离所看不到的现象的新认识。对线性构造在地壳表面大范围的分布特征及其活动发展动态的研究进入了一个新阶段。在我国，李四光、张文佑等是研究线状构造的先行者。李四光把一些线状构造称之为棋盘格式（或网状）构造，指出它们是在全球上普遍分布的一种构造形式[5]。张文佑在发展断块构造的学说中对线性断裂有关的许多重要问题有过很多的论述[6~7]。

许多事实表明线性断裂构造与地震活动有密切的关系。地震活动是地壳线性断裂网活动发展的一种反映，线性断裂是地壳上最普遍发育的一种与地震发生相联系的构造形式。在我国大陆地区线性断裂有着广泛的发育，又在许多地带具有强烈的地震活动，加以复杂的地壳构造状况和新构造运动的强烈显示，所有这些，都为深入研讨这一问题提供了极其有利的条件。

二、两套不同形成机制的线性断裂网和地震活动带

近年来在我国利用卫星照片结合地质地貌等方面资料编制了许多有关区域性和全国范围的线性构造的图件。尽管由于观点和着重点的不同作出的图和解释有所差异，但是可以看出许多普遍地为人们所共同注目的现象和问题。

线性构造是在我国大陆上遍布各地的一个重要构造形式。它们大小不一，现象平直，除一些是与断裂无联系的线性形象外，主要反映的是一些近乎直立的地壳破裂构造。这些线性断裂有时单条出现延续很长，有时断续出现成带成束地延伸。它们常具等距分布和共轭状成对出现的特点，形成对偶式的网格（Pairest）。由于有各种不同方位的多组线性断裂的存在，就构成了地表错综复杂的破裂网络

* 本文原载于《地质与地球化学》，1980，No. 3，1～9。作者：丁国瑜。

图像。

（一）区域性的线性断裂网

有许多现象表明一些线性断裂的分布特征是受局部的构造作用和岩性、结构的差异所控制的。在不同的构造单元和一定区域的内部线性断裂的分布组合明显地具有区域特性。

李四光曾指出棋盘格式构造（线状构造）大部分发育于地层比较平坦的区域，如山字型的马蹄形盆地或在巨大强烈褶皱带之间的平缓地带。张文佑也曾强调指出由于地壳结构的不均一，在大型隆起（背斜）和凹陷（向斜）区（如我国东部与西部）所产生的破裂网格是不同的，而且深部与浅部（中和面以上和以下）也不同。秦德余、任继舜等强调了不同地质构造旋回在不同的区域生成不同的线系构造域，提出我国的线系构造格局就其生成可以扬子造山旋回为界分为两大阶段，第一阶段形成古中国地台线系构造域，而古生代以来的第二阶段则明显分成古亚洲、滨太平洋、特提斯喜马拉雅三大线系构造域，每一区各有其优势的线系构造和特征组合。并认为自桌子山、贺兰山经松潘、昆明一带是两个大区域之间的一个南北向干涉带[8]。刘和甫在对亚洲平移断裂系的讨论中认为大部分线性构造应属于平移断裂，由于亚洲地壳结构的不均一性出现了各种组合形式的平移断裂系。在“刚性”地块上主要发育两组不同方向的网格平移断裂系，在塑性地区主要发育四组不同方向的雁列平移断裂系，并指出这些平移断裂的展布方位的优选性主要与一些南北向大型构造带及西伯利亚、印度等刚性地块对构造格局控制作用下的滑移线场相符[9]。可以看出，许多工作是着重强调和讨论了线性构造的区城特征的。近年来许多运用板块的碰撞和相互作用来解释亚洲大陆内部，特别是我国大陆地区各种构造变形的工作（P. Molnar，时振梁，邓起东等）对线性断裂以及地震的分布也是主要着重分析其区域特点的。

（二）全球性大范围的规则线性断裂网

大量资料表明，许多线性断裂的分布方向并不是因构造单元的不同而异。它们显示出在广大范围以致全球有规则定向分布的现象。许多人都注意到世界上大量的浅源特大地震的分布是十分接近地球剪切大圆的应变模型的（图 1）。地震活动还从动态上反映了这一点。这些线性断裂长距离地断续延伸，穿越多个不同构造单元而方向不变，它们相互交叉，平行等距，成网络状地笼罩于大范围的各种区域构造之上，显示是并非受制于局部构造因素的产物。一些研究者认为全球性的线性断裂网是由统一的天体原因引起的行星裂隙[10]。舒利茨等（С. С. Шульц п др.）整理苏联境内的大量裂隙测量资料，如西伯利亚地台 4174 个测量值其主要方位是 NE44°，NW325°；俄罗斯陆台的 59100 个测量值主要为 NE45°，NW 325°；西伯利亚陆台东北部 4 万个测量值也得出主要是 NE44°，NW32°的结果；乌克兰的 6950 个及波罗的海地盾的 17450 个测量值都表明裂隙主要有三个方向：NW 314°、NE31°和 NEE 80°。此外，许多地区经向和纬向的也较普遍。在全球许多地区此类资料和讨论这一现象的工作是很多的。如布兰奇特（Blanchet）对加拿大；克朗伯格等人（P. Kronbreg etc.）对中欧、爱琴海一带。红海附近以及盖伊（P. Gay）对美国和美国 30 个地区正交破裂网资料的分析等，尽管有不同的观点和结论，但都反映出这一现象的存在[11~13]。

在我国大陆上也明显地可以看到这一现象的显示。除在刚性地块和褶皱地带这两类地貌和构造的基本单元内部有大量区域性的线性断裂系统外，还可看出在广大范围内有穿越切割多个构造单元的多组方向固定的线性断裂系统。经向和纬向线性断裂的广泛分布是久已为大家所熟知的了。过去都注意到北东向断裂系在我国东部发育明显，通过卫星照片的解析已发现它在西部同样也有广泛的分布。如从辽南一带延展至华北东北部的一系列北东向断裂，继续地向西南延伸，在山西它们构成一系列雁列式断陷盆地的边缘，向西南穿越秦岭后，通过龙门山及四川盆地，延至云南斜切横断山脉，继续地直至缅甸境内还可追踪出它们的分布。沿着这一带是一个强烈的地震活动带，不仅历史上有一系列 8 级大地震，在近十几年来邢台、渤海、海城、龙陵、唐山等一系列强震的发生又显示了这一方向断裂带的活跃。在川滇一带的地震活动明显地显示出沿几组线性断裂呈现规则分布的特点，而与区域最大的断裂带并不一致（图2）。

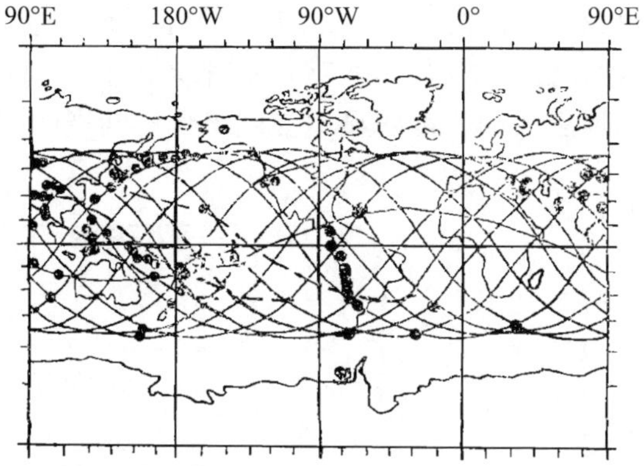

图1　1904～1952年特大浅源地震震中分布与地球的大圆剪切网

（据古登堡、理查德）

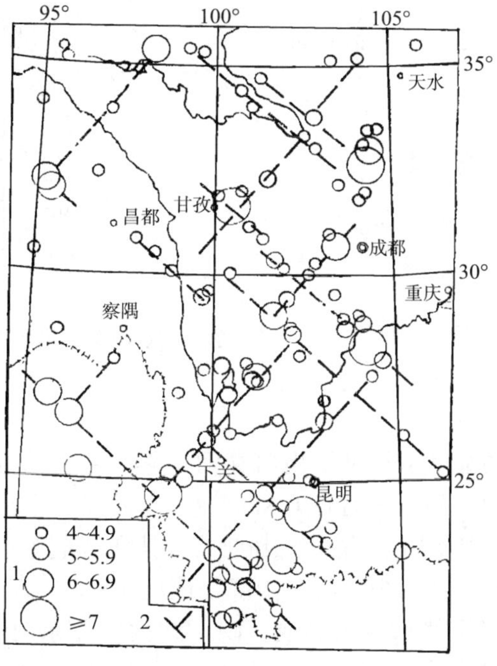

图2　滇川一带1970～1977年 $M_S \geqslant 4$ 地震震中的共轭分布

通过阿拉善地块东南侧有一组明显的北东向线性断裂，经狼山向西南方向断续延伸，经民勤斜穿祁连山，经青海直至西藏的当雄、江孜，经亚东斜穿喜马拉雅山脉。在青藏高原上，卫星照片的分析结果反映出有平行此带的多条断续分布的北东向线性断裂带。狼山—民勤—当雄一线上地形水系皆有受北东向断裂控制的现象并有一系列强烈地震沿此线分布。如在此带上的红山寺、古浪、阿兰湖、曲麻莱、治多、唐古拉山口、那曲、当雄和江孜等地发生过20多次6级以上强震，其中有8级地震两次，7～7.5级地震5次。这些地震明显地排列成北东向并往往有近似等间距的分布。

在新疆及其邻近一带，近东西向的天山构造带一向被认为是区域最主要的构造方向，但是卫星照片分析资料清楚地提供了在这一带切过帕米尔、天山、阿尔泰等褶皱山带发育着一系列北东向的线性断裂构造。它们与北西向的线性断裂系共同构成了规则的对偶状断裂网格，甚至在塔里木、准噶尔地块盆地中也可追踪出它们的痕迹。据新疆自治区地震局的资料，在塔里木盆地东部以北东向断裂为主，也有北西等方向断裂，在西部和准噶尔盆地的北部和南部则以北西向断裂为主，也有北东等方向的断裂。

在东北地区和华东、华南以及东南沿海一带，北东向线性断裂构造的大量发育，通过卫星照片的分析制图反映得更为明确了。这些地区，尤其是东南沿海水系形态、海岸线的延伸转折、湖泊盆地的边界以及火山温泉的分布方向和地震活动等都明显地受此组线性断裂的控制和影响（图3、4）。

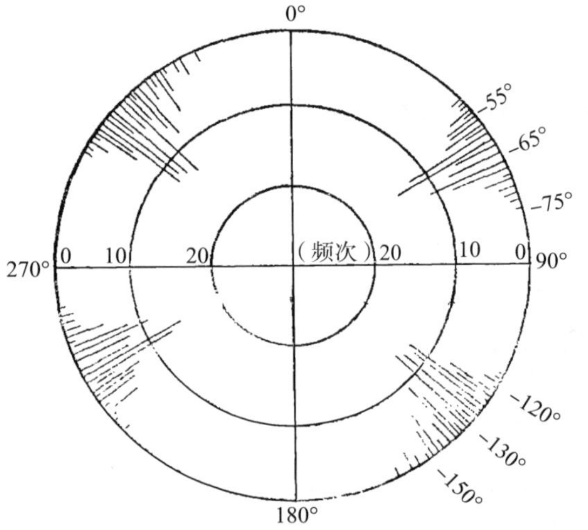

图3　江苏省两组共轭剪切断裂方位频次

（据姜刚仁等，1979）

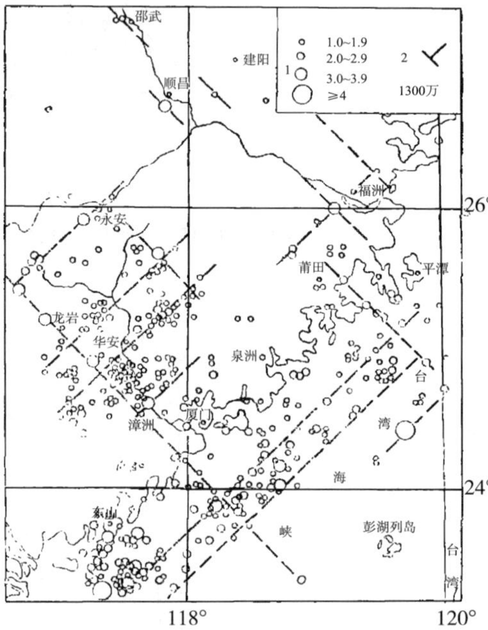

图4　闽粤沿海地震震中（1971～1977年）带状分布

在北西向的线性断裂带中明显的例子可举出斜穿阿尔泰一带的线性断裂带，它向东南断续延至河西走廊一带，然后经海源、泾原，斜穿渭河谷地和秦岭，经武汉、广济、鹰潭直至福建沿海。在此线的西北段上分布有一系列强震，如海源、古浪、山丹、昌马和富蕴等地震。其东南段虽无西北段的地震活动性那样高，但仍可看出它在我国少震的东南部是地震相对较为活跃的一个地带。

在粤桂黔一带广泛分布的格子状水系明显地反映了北西和北东两组线性断裂分布对地形的控制。此外，沿右江断裂带向西北延伸自广西的灵山、钦州一带经平果、百色、水城、昭通、雷波、石棉、康定、道孚、炉霍以至青海的曲麻莱、茫崖一带是另一条明显的北西向线性断裂密集分布的条带。沿此带的许多段落也有强烈的地震活动，并且有连续发生或沿一定方向迁移的现象。

在我国东部包括东北、内蒙古、华东及东南沿海等地通过卫星照片解析发现了大量北西向线性断裂的存在。它们横亘盆地山区，虽然一般每条的长度较短，但断断续续在卫片上影像清晰平直，切割一系列其他方向的构造线或限制性地发育于其他方向的构造之间。如在鲁南苏北一带北北东向的郯庐断裂带被一系列平直的北西向线性断裂所切割（图5）。在广东北西向断裂切割北东及东西向构造，断距一般2～5 km，有的达8 km，如广宁、磨刀门断裂切断从化阳江断裂。它们有很新的活动性，与地震活动有密切的关系。

在同我国新疆自治区相邻的苏联中亚一带有一系列平行展布的北西向大断裂带，如塔拉斯－费尔干断裂带、热拉伊尔－纳依曼断裂带、阿克塔斯断裂带、阿拉库尔准噶尔断裂带、秦吉斯准噶尔断裂带等。其中有斜穿天山、准噶尔界山等延伸入我国境内。最明显的塔拉斯－费尔干断裂延至新疆后为疏附－叶城－皮山断裂。在西藏境内的多木拉、仲巴等地仍可看到其踪迹，长达2000公里（图6）。新疆北部的阿尔泰额尔齐斯断裂也是这一系列平行的北西向线性断裂系中的一条。在西藏境内的狮泉河断裂、多木拉—改则一带的北西向断裂，西藏东部的嘉黎—波密—察隅一线，索县—八宿等地都有明显的北西向线性断裂的分布。它们切过喀喇昆仑、冈底斯、唐古拉等山系与西藏高原周围的一系列北西向断裂遥相呼应，断续相连。

从总体看来，在我国境内从东北至西藏约可划分出6个最为明显的北西向线性断裂密集的地带，每两个带间的距离大约为750 km左右，北东向的也大体如此。

除上述的几组方向的线性断裂以外，还有北北东、北东东、北北西、北西西等方向的线性断裂系统。如在我国东部北东东向的非常发育，最突出的如郯庐断裂带，又如紫荆关断裂沿北北东方向延展，穿过燕山山地，在大兴安岭山前表现明显。在华北等地还可看出多条与它们平行成等间距分布的北北东向线性断裂带，在我国西部则是北西西和北东东两组线性断裂发育得最为清晰，它们相互交叉，构成一系列扁平的菱形地块的边界。对这些大家久已熟悉的现象和资料这里不再一一赘述。

这些断断续续长距离延伸的线性断裂带，往往并不是简单的断裂，它们的构成包括了地表可见的巨大断层，断续出现的斜列的或密集成束的断层带或节理带以及不具明显位移的破裂带和地表无破裂迹象，但在卫星照片上有明显线性影像的应力集中带。它们交叉成对，定向等距。在最为明显的北西向线性断裂密集的地带之间，还有多级等分的次级线性断裂带，地震的等距跳迁发生就与这一结构形式有关。

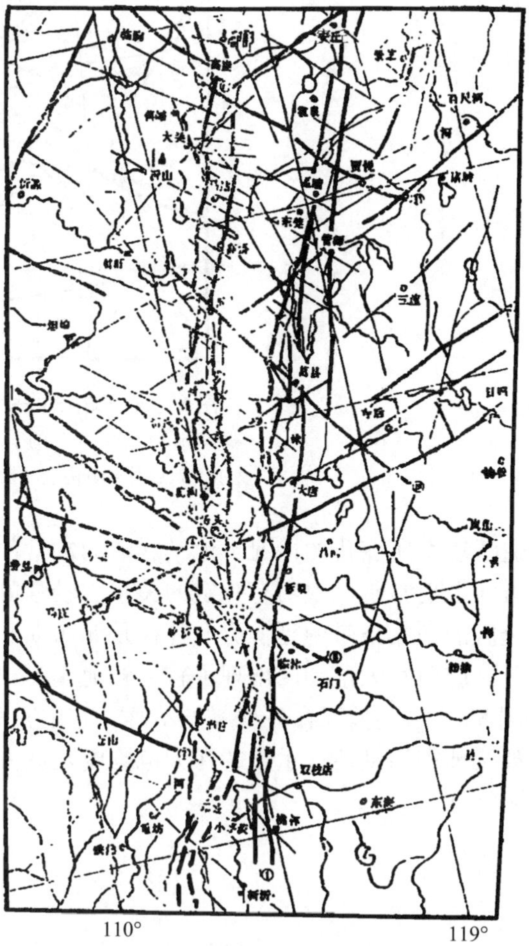

图5　郯庐断裂带鲁中南段卫星照片断裂构造解释图

（据许坤福、胡政等）

这些地表多组不同方位的线性断裂带是长期以来地壳活动的产物。它们和其他构造形式一样，有生成、生长、衰亡和被改造的过程，并不是所有线性断裂都是活动的，而大量活动的线性断裂之中也只是有一部分是与现今的地震活动有关的。沿这些带上的地震活动也不是均匀分布的，地震往往只是丛集于一定的段落和地点。在我国境内有一些非常巨大的线性断裂带，如自塔里木盆地南缘，经阿尔金山斜穿阿拉善地块和阴山山脉，经奈曼旗至延吉一带的北东东向线性断裂带和自昆仑山北麓经柴达木盆地南缘、天山、宝鸡切过秦岭东段，经大别山北麓延至浙江北部的南东东向的线性断裂带是两条极为明显的地质边界，沿它们在地表可追踪出一系列断续延伸的线性断裂，不少段落控制地形显示有新的活动，但是沿着这些地带除局部段落外，总体上地震活动并不强烈。因此区分和认识与现今地震活动密切相关的线性断裂对正确判断地震危险区是很有意义的。

在我国有许多资料反映出地震活动常常是与北东和北西两组线性断裂有更为密切的关系。历史地震的分布、强震的分布等都反映了这一点。如历史上8级左右的强震常常是在一定的距离上成对发生的。华北地区历史地震的等震线长轴方向的一致性很好地反映了沿这两个方向地壳的最新破裂状况（图7）。近些年来我国地震活动的许多具体状况也表明了这一点。例如，在一次大震之前或反映了区

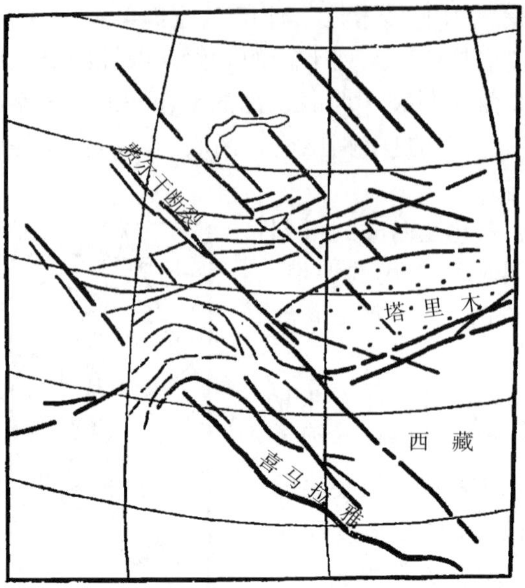

图 6　天山帕米尔一带的主要巨型线性断裂示意图

（据 Dolive-Debrovolsky 的宇航资料解释图略加修改）注意塔拉斯费尔干断裂对多组构造的切穿及北西向断裂的等距规则分布

域构造活动有所变化的情况下地，震活动常常出现排列成突出于全区的条带状分布。条带上的地震在活动时间上也常常反映出有一定的关系。较强的地震往往是发生在两个条带交叉的部位，而且这些突出于全区的地震条带的延伸方向往往是北东向和北西向的。1979 年 7 月 10 日江苏溧阳 6 级地震前就有此情况。震前在大范围内出现了较强的地震突出于全区呈条带状排列的图像，而并不受表部构造的控制（图 8）。这类情况在各地屡见不鲜，它很直观地反映了地震活动与线性断裂间的密切联系。这些线性断裂及地震活动所展示出的在大范围内延展方向的固定性和规则网络图像反映了现代地壳破裂的一个鲜明特征。

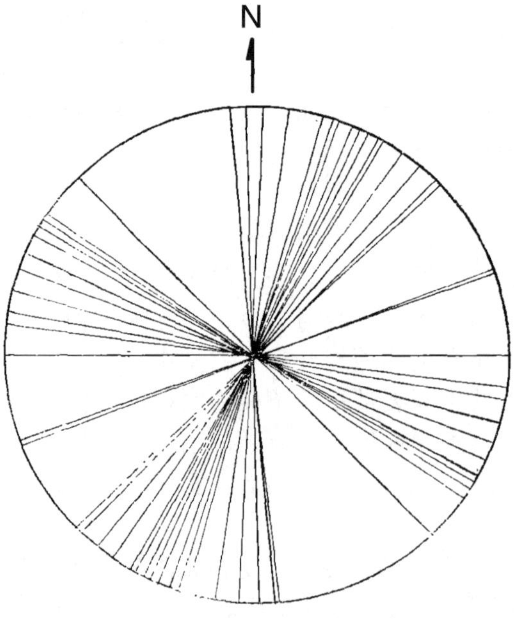

图 7　华北地块内地震（1900 年以前 $M \geq 6.5$　1900 年以后 $M \geq 6$）的等震级长轴方位

（据李钦祖）

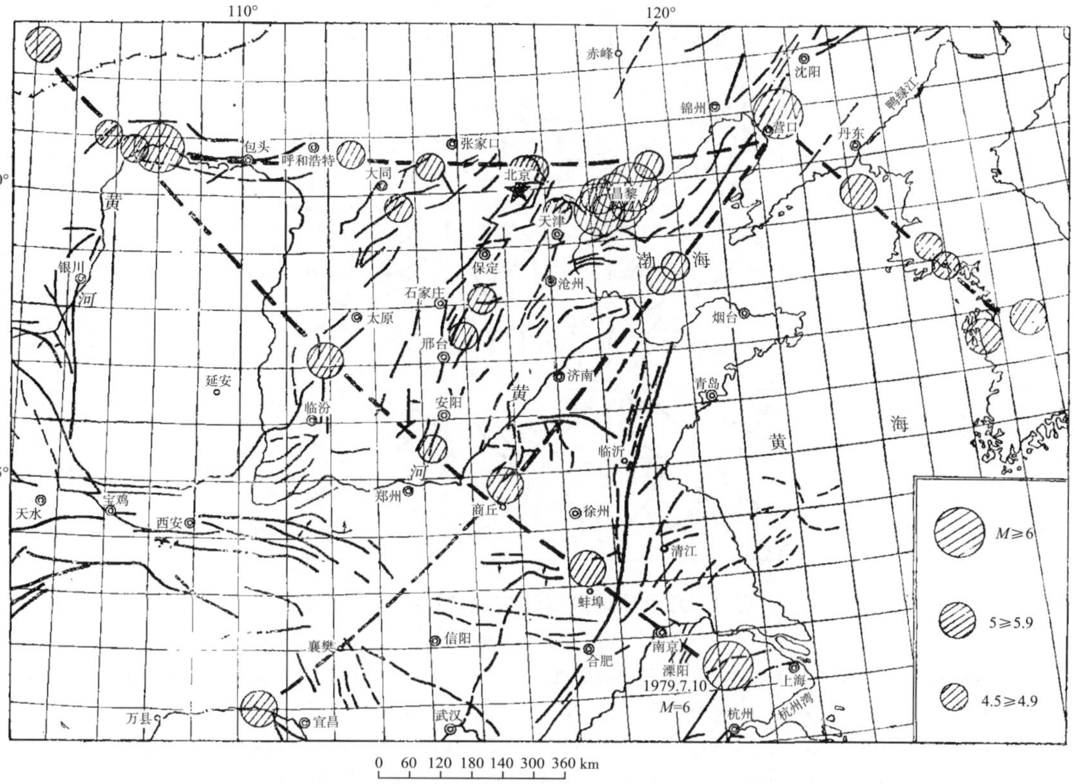

图 8　1977 年 7 月至 1979 年 10 月华北及邻近地区 $M≥4.5$ 地震的带状分布

三、几个问题的讨论

对线性构造的认识正在为近年来急剧积累的新资料，特别是宇航遥感资料及大量地震观测资料所充实和发展。在我国大陆内部，地震分布的条带性、定向、等距、共轭分布、地震活动的定向迁移、远距离的相关呼应等现象都与线性断裂的一系列特点具有很好的一致性。许多资料表明地震活动是地壳线性断裂网活动发展的一种反映，线性断裂是地壳上普遍发育的一种与地震发生相联系的构造形式。

对我国大范围线性断裂与地震活动资料的分析表明，地壳上存在有两套不同发生机制的线性断裂网络。一是区域性的；一是更大范围的，是全球性剪切破裂网的一部分。前者往往是受局部的构造作用和岩性、结构的差异所控制。在不同构造单元和一定区域或地带，线性断裂的分布组合明显地具有区域特性。后者则显示出是在广大范围以致全球有规则定向分布，它们的分布方向和组合往往并不因构造单元的不同而异。有人称之为行星断裂，并与其他的天体相对比（图 9）。

地表大范围规则线性断裂网一般可划分为正向的（即经、纬向的）与斜向的两类系统。正向系统以张性和压性的为主，斜向系统则是剪切性质为主。对地表共有多少组线性断裂系统的看法不一。有人认为主要是 4 组，有人则认为存在 6 组甚至 8 组。对这些方向固定的线性断裂网深入了解涉及到它们与基底断裂系统的关系问题。地震震源的深度及其分布形式以及一些地壳深部结构的资料都表明了地震活动与基底断裂有密切关系。

有许多研究者认为地壳上大量线性断裂的形成年代是很古老的，如斯潘塞（Spencer）对怀俄明地区的测定数据最小年代值为 26 亿年。盖伊在科罗拉多州确定的最小年代值为 17 亿年。张文佑认为最古老的地球行星断裂网格是晚太古代的，其年龄约为 30 亿～25 亿年。总之多认为它们主要

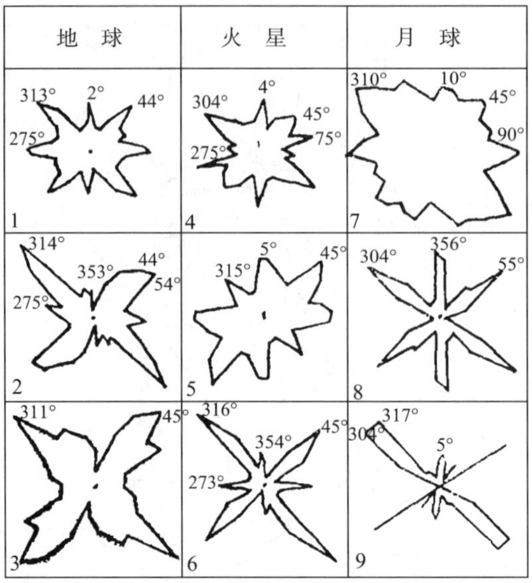

图 9　几个星球的线性构造方位统计玫瑰图

（据 G. N. katterfeld）

地球：1. 深断裂（Σ =442）；2. 亚洲西南部及非洲东北部的线性构造（Σ =518）；3. 非洲的线性构造（Σ =236）；火星：4. "渠沟"（Σ =222）；5. 据"水手 6 号及 7 号"所得照片的线性构造（火星表面的 10% 以上，Σ =919）；6. 据"水手 4 号"，线性构造（约火星表面的 1%，Σ =868）；月球：7. 月坑分布的构造方位（月坑 Σ =73127）；8. 向地球一侧的线性构造（Σ =4288）；9. 向地球一侧月海中的隆起（Σ =73）

（不是全部）产生于早期前寒武纪。但是许多资料表明它们又是具有长期形成和长期活动的历史。而新生的线性断裂又主要是沿袭了已有的古老的断裂方向而发展起来的。这就涉及到有固定方向及组数的断裂网的形成机制问题。已有许多有关这方面的讨论。如桑德、迈纳兹、穆迪、布朗奇特、盖伊、舒利茨和普兰夫克尔等（G. Plafker etc.）都对此提出过各式各样的解释和形成机制[14,15]。近些年来对这一问题的讨论主要涉及这一现象是否与板块活动的一些事实相矛盾的问题。而这一点对了解地震活动的规律性也有着重要的意义。布尔特曼（B. C. Ъуртман）根据破裂变形模拟实验认为由于地壳变形的不连续特性，产生断裂的可能方向的数目是有限度的，即在断裂之间的最小夹角是有限度的，根据实验得到这个角度是大于 20°，接近于 30°。因此，地壳上 6 组断裂网已是一个完全饱和了的数目。在形成了这种饱和的断裂网后，应力场方向的进一步变化，包括板块的移动等并不导致产生新的方向的断裂系统和已有断裂网的改造，而只可能引致沿已有断裂网上的断裂产生位移方向和方式的改变[16]（图 10）。

从我国广大地区线性断裂分布的情况看，与全球各地的情况总的是相符的，但也有一些地区的资料表明断裂方向非常混杂，并不限于 6 组，已有断裂网的被改造变形的现象也是十分明显的。比布尔特曼提出的机制情况要复杂得多。区域性线性断裂网络与大范围的规则线件网络同时存在的许多事实表明，前者可能是区域应力引致的和已有断裂网络被改造而成的（如板块的碰撞、大陆内部地块间的滑移、挤压和旋转以及地幔物质的运动等），笼罩于多个构造单元大范围规则分布的线性断裂网及其上地震活动所表现出的一系列特点，难以简单地用板块碰撞等机制来给以完满的解释，而只有用全球性整体运动才能加以认识。事实表明这两者是并存的，并不一定把它视为涉及固定论与活动论间不可调和的一个矛盾现象[17]。

线性断裂网的问题涉及到全球剪切网络、基底断裂系统、板块移动以及地壳变动的力源等一系列重大地学问题。对其认识的深入对地震成因和预报问题有重要意义。近年来我国地震活动及它们与断裂构造关系的研究表明，不能简单地根据地表断层的规模及其现代活动性来判定地震的危险性。许多

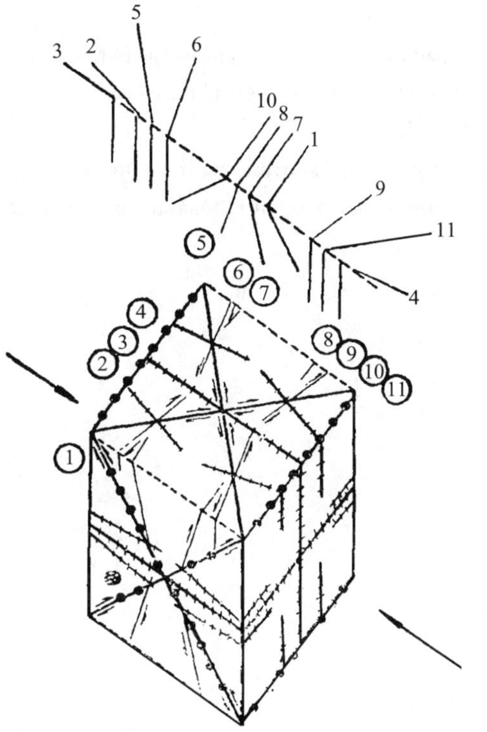

图 10　在一定方向作用力下地质体可能产生的裂隙

（据 В. С. Вуртман）

规模巨大、新活动显著但已是弧形弯曲的断裂带常常并不是地震活动的地带，而是在一些被平直的线性断裂切过它们的部位及一些地表虽没有断层显示，但处于主要活动线性断裂网交叉部位的地点才往往是发生强震的处所。判断海城、龙陵、唐山等大震发震部位的经验和教训就都涉及了这一问题。充分认识线性断裂与现今地震活动的关系涉及了丰富和改变某些现用的地震危险区划、烈度区划和地震预报的原则和方法问题。

参 考 文 献

[1] Hobbs, W. H., Repeating patterns in the relief and in the structure of the land, Bull. G. S. A., 1911, Vol. 22, 123～176.

[2] Шатский Н. С., Осповные черты строения и развития Восточио Европейской платформы, Изв. АН. СССР, сср. гсол., 1946, No. 1.

[3] Vening Mcinesz, F. A., Shear Pattcrn of the Earth's Crust., Trans. Amer. Geophys. Un., 1947, Vol. 28, No. 1. 1～61.

[4] Moody, J. D., Crustal shear patterns and orogenesis, Tectonophy sics, 1966, No3, 479～522.

[5] 李四光,《地质力学概论》, 北京：科学出版社，1973。

[6] Chang, W. Y., On the machanism of blockfaulting of the Chinese craton., Scientia Sinica, 1961, Vol. 10, No. 3, 362～375.

[7] 张文佑，"断块" 与 "板块"，中国科学，1978，No. 2，195～211。

[8] 秦德余等，中国的线系构造，第二届全国构造地质学术会议论文摘要汇编，1978。

[9] 刘和甫，亚洲大陆平移断裂系的构造分析，第二届全国构造地质学术会议论文摘要汇编，1978。

[10] Шулы С. С., Планетарная трешиноватостъ, Издателъство Ленинградского университета, 1973.

[11] Gay, S. P., Pervasive orthogonal fracturing in earth's continental crust. American Stereo Map Co., Salt Lake city, Utah, 1973, 124.

[12] Richard P. Nikelsen, New basement tectonics evaluated Sait Lake City, Geotimes, 1975, Vol. 20, No. 10.

[13] Dennis W. O'leary &Terry W., Offield University of Delaware, New basement tectonics, Geotimes, 1970, Vol. 22,

No. 2.

[14] Richards, T. L, A terrestrial shear pattern?, Pure and Applied Geophysics, 1973, Vol. 110, No. 9, 2012～2021.

[15] George Plafker., Tectonic implications of Oriented Lakes and lineaments in Northeastern Bolivia, Utan Geological Association Publication, 1974, No. 5, 519～527.

[16] Вуртман В. С., Стадионарная сств разломов континента и моÓилызм,《Геотектоника》, 1978, No. 3.

[17] Хайн В. Е, Оттектоники плитя óолее оóщей теории глоóалъноло тсктогенеза,《Геотектоника》, 1978, No. 3.

地震预报方法*

一、回 顾

20 世纪 60 年代以来，全球大约有 20 余次 7 级以上强震发生于大城市或工业中心的附近，给人类造成了很大的灾难和损失。这些灾害再一次引起了许多国家对地震预报的关心。一些地震较多的国家，制订并逐步开展了较全面的研究计划，大大推进了地震预报研究的发展。70 年代以来，关于预报的物理基础和各种预报方法的探索尤为活跃。板块构造、地震波变化、地震黏滑机制、膨胀理论、地震的诱发与控制、海城地震的预报成功，在南关东、加尔姆、沿圣安德烈斯断层等地的系统研究都引起了广泛的注意。在上述工作的基础上，加上近代观测技术的提高，地震预报取得了较快的进展。这主要表现在：

（1）近些年来对地震前兆现象的研究有了很大的进展。人们从不同地区大量的震例中获得了许多相类似的前兆现象，为探索建立具体预报地震三要素的方法提供了事实依据。从而把早期多半是很粗略的统计性的长期趋势性预报推进到了根据这些前兆现象进行确定性的短期（月以至天）实验预报的新阶段。而且已有几个国家取得了预报成功的少量实例。

（2）一系列前兆资料的取得，为多个震例前兆的对比综合研究，为孕震过程物理模式的讨论提供了条件，推进了对大量经验性预报方法的理论基础的深入研究。

70 年代以来，以膨胀理论为代表的种种孕震假说的提出，地震预报物理基础的讨论以及室内和野外现场的各种实验工作的开展，反映了试图对各种前兆现象和地震全过程给予综合的理论说明的意向。从预报方法角度看，这项工作对判断各种异常现象是否为前兆，判断它们处于地震孕育过程中的什么阶段，使经验性的预报方法具有更科学的理论基础是有重要意义的。

（3）近年来对震前现象的观测，不仅从内容上日益丰富，而且从观测范围及时间上都更加广泛和系统。因之对地震具体孕育过程的讨论和认识增多了，不约而同地提出地震孕育阶段的概念，提出了大体相似的长、中、短、临预报阶段的划分，提出了探索合理的预报程序问题。而且已在一些地区运用这一思路，进行了或正在进行着具体的预报实验。

对已经取得的经验、方法和当今的预报水平应当给以如何的评价呢？1976 年以前，由于波速异常和预报物理基础问题的讨论以及我国海城地震预报的成功，曾经一度给人们以预报问题可能较快解决的印象。但 1976 年国内外许多大地震在未能预报的情况下相继袭击了城市和乡村，一些初步总结出的预报三要素的方法和经验，不断遇到了新现象和新问题的挑战。在相似的观测条件和预报方法的情况下，海城地震预报成功而唐山地震预报失败；美国南加州隆起现象究竟是否大震前兆？日本东海何时将发生大震？以及对波速变化和多种前兆现象不同认识的讨论等等，均反映了地震预报和预报方法问题的复杂性。

总的来说，运用目前对地震前兆现象的认识所建立的一些预报方法，有可能对部分地震作出某种程度的预报，但是，由于地震有关现象的复杂性和当前取得的经验的局限性，地震预报和预报方法都还存在大量问题。因此，为了进一步提高预报水平，总结现有的经验，讨论地震预报方法的现状，研

---

* 本文原载于《国际地震预报讨论会论文选》，地震出版社，1981，174～179。作者：丁国瑜　梅世蓉　马宗晋。

究它存在的问题，探讨改进它的方向是很有必要的。

二、前兆及其在预报中的运用

利用观测地震前兆进行预报是当前地震预报最主要的一种方法，这方面的工作非常之多，一般往往用前兆持续时间的长短，前兆异常幅度和空间分布范围的大小以及前兆的发展阶段等，作为预报地震三要素的依据。当前在预报实践中大量的经验和方法都是属于这一类的。但是，由于对地震和一些前兆的物理机制还不清楚，而与地震现象有关的因素和条件又极其复杂，这种根据前兆现象进行预报的方法还是经验性的，还存在着许多问题。下面择要作一些讨论。

（一）地震前兆的判定

在总结分析大量震前观测资料的基础上，已提出了十几类，数十种的宏、微观“前兆”。但至今还没有一种被确认是地震前必然出现的前兆现象。实际上现在已知的前兆还只能说是一种可能的前兆。在利用这些前兆进行具体预报时，首先需要进行对异常现象的一系列判别工作，力求从中找出一些可据此作出预报的可靠信息。一般说大致的判别程序如下：

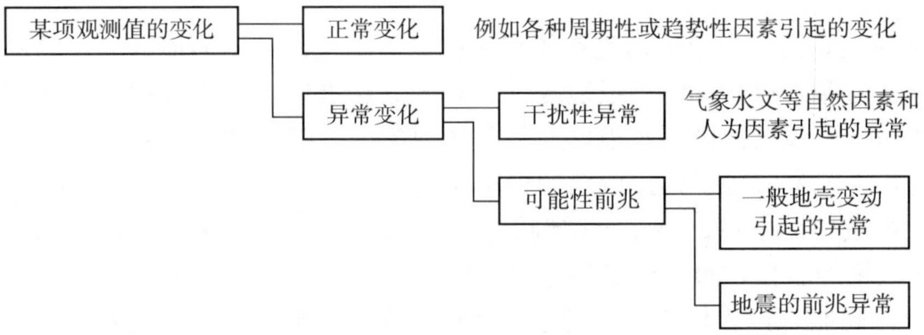

在识别正常变化和干扰异常方面，已积累了一些经验和方法，但判别的工作有时仍很困难。如正常的周期变化本身就很复杂，有时也并不易于识别，而叠加在周期变化上之上的震前异常若量级很小时，则难于择出。又如降雨可能导致地形变观测出现干扰异常，但降雨又可与断层的地震活动有关，这都增加了分辨是否前兆的困难。可能性前兆是地壳变动所引致的力学、物理、化学的异常现象，它们是否预示未来一定发生地震，还要看异常的发展。但有时分辨至这一步，已可以作为进行趋势性预报的一种依据了，所以称之为可能性前兆。

（二）前兆现象在时间上的分布

震前不同种类异常出现的早晚是不同的，而且表现的形式也不一样。有的异常表现为较长时间的持续发展，在发展过程中还可表现出不同动态的变化；另一些异常则表现为突发性特点，包括观测值的急剧变化和突然出现的现象等。前者可称为缓变式前兆，后者可称为突发式前兆。

根据中国近年发生的十余次7级左右震例，有些资料表明，一些缓变式的前兆现象在其发展过程中，在震前几十天至几个月的时间内，异常现象有加速、转向、恢复等明显的变化出现，而在临震阶段则出现突发式异常较多。

关于各类前兆持续时间的长短与震级的关系，力武常次、米雅契金等曾作过统计。根据中国的震例资料，我们也进行了统计，与力武的结果（式（1））相比，同一震级前兆出现的时间要短（式（2））。

$$\lg T = 0.76M - 1.83 \tag{1}$$

$$\lg T = 0.38M - 0.34 \quad (2)$$

这种差别与各类异常出现时间的早晚不同有关。力武的统计中，强震的前兆主要用的是形变和波速比异常等资料，式（2）则以中期的多种前兆异常为依据，因此所得结果不同。所以在利用前兆持续时间讨论与震级的关系时，应结合考虑选用的前兆种类。

不同前兆异常反映了地震孕育过程中不同的侧面。有的是在孕震初期就很明显（如地形变、空区等），宜用于长、中期趋势性预报。有的则是在短临阶段才有明显显示（如水氡值的突跳变化、动物习性异常等），宜用于作短临预报的依据。

（三）前兆现象在空间上分布

前兆的空间分布与地点和震级的预报有关。一般说来，未来的震中往往位于前兆异常现象出现相对集中的地区。根据前兆现象出现范围的大小来讨论与震级关系的工作很多。大量有关地形变异常区的大小，围空区的大小，以及其他一些前兆现象的空间分布范围与震级的统计分析，都大致反映了震级与前兆分布范围的大小呈正相关关系。但震源的深浅、应力状态的不同、地质构造的不均匀性、观测条件的差异等，都会造成地震前兆现象在空间表现上的差别，因而使得这一关系可以呈现出复杂的情况。例如一些实验工作表明，标本的应变前兆曲线形态在不同部位（如在压入区与压出区）就有明显的不同。所以它们只能定性地说明范围与震级大小的正相关，用来作准确的计算还有不少问题。

前兆的空间分布，一般说来是愈接近震中区异常幅度愈大些，异常出现的时间也愈早些。已有很多震例都表明大体符合这一情况。但是，有时在震中区附近或距震中很远的外区，会出现多个同时发展的异常现象集中的地区，如唐山地震前在北京附近的几个断裂上出现了地形变、地下水等等的异常现象。再者，有些异常并不在震中区表现最强、出现最早。如海城地震前，首先是海城以南辽东半岛南端的地形变和地磁出现明显异常，临震异常也是先在外围的丹东地区（距震中140 km）出现。这些情况都会直接影响发震地点和时间判断。

各类前兆的异常幅度与震级的统计关系是复杂的。如波速比下降值、b 值的大小与震级大小多无明显关系。地形变、地磁、重力异常变化的幅度从理论上推算应与震级有关，但由于观测条件、地震特点等等差别，也往往只能给出大致的估计。

从上述情况可以看出，无论是前兆本身的确定，还是用前兆进行地震三要素的预报，均有大量有待进一步深入研究的问题。由于前兆现象的复杂性，而进行的观测往往又是很局限的，对现有的一些前兆的认识也是从有限的震例中得出的，它们还远不能全部反映客观存在的复杂情况。因之利用前兆进行地震三要素的预报中，不可避免地要带来虚报和漏报。在现在的情况下，怎样尽量减少虚报、漏报，并提高预报的准确性呢？除了对上述问题本身作进一步深入的工作以外，在许多地区开始了对多种指标综合判断以进行预报的探索。它的实质就是分析各类前兆在时间上、空间上以及组合上的物理力学关系。种种孕震模式的讨论就是这类性质的工作。许多震例表明，一次大地震前的多种异常现象在时、空分布上经常不是散乱无序的。多种异常现象往往在空间上集中出现，在时间上发展同步或相关，反映了它们在物理力学上有着密切的内在联系。运用这些特点并结合对大区域地震活动背景的认识，对异常作出综合分析，将会有助于减少判断的片面性，提高预报的准确度。

三、地震预报的阶段

从许多有关地震前兆现象的资料看，它们的出现、发展和变化是地震孕育过程各个阶段的反映，也是大区域地壳变动与震源逐步形成和暴露过程的反映。地震预报阶段的划分也正是以这一点为基础。对地震孕育阶段虽有不同的划分意见，但大体相似，并多与岩石力学实验中的破裂过程相比拟。

不同的预报阶段有不同的任务、不同的预报依据和方法。下面按照对一次强震可能经历的长期、中期、短期、临震、余震五个阶段，作扼要的说明：

（一）长期预报

几年以上的长期预报往往是关于某一个地区地震活动的趋势估计和概率性预报。长期预报多是根据对地震活动性（如地震活动的阶段性、周期性、重复性、填空区、大震迁移……）研究，区域地壳形变的研究，活动构造的研究以及地球环境和宇宙因素与地震活动关系（如地球自转、太阳活动……）的分析，运用统计、相关分析的方法作出的。预报的地区和时间尺度都比较大，往往还很难于判定将来发震的具体地点和时间。有人称此阶段为预报的预备阶段。

（二）中期预报

对超前几个月以至一二年时间的中期预报，除了利用一些统计预报方法外，主要是根据震前相应的时间出现的一些前兆而作出的。如地震活动出现异常的条带状分布，能量释放的加速，b 值下降，波速、地壳形变、重力、电阻率、地磁、地应力、地下水位以及一些水化学成分等出现的明显的趋势性异常变化等。在大面积上进行重复测量（地形变、重力、地磁等）以找寻中期异常的方法，已得到较普遍的运用。依地壳应变而言，中期异常大致可超过 1×10^{-6} 的量级。按目前的观测精度，这样量级的异常是能够确定的，从而圈出显示有中期异常的地区。利用这些趋势性异常进行中期预报，区别出年变和较长时间的周期性变化是一个特别要注意的问题。此外，在一较大范围内，可能同时出现几个有中期异常显示的地区。它可能是在大区域应力加强的情况下，由于地壳结构的不均匀性，出现多个应力集中点的反映。其中，哪一个发展为未来的震源区，在中期预报阶段往往是难于判定的。所以中期预报的任务就是在长期预报有地震危险的地带，圈定一个或几个有中期异常集中的地区，并分别作出震级和时间的估计，更有目标地加强各种监测工作。许多重点监视区大量工作的部署就是这样确定的。一些成功预报的例子，也是在中期预报为短临预报提供了背景和目标的前提下取得的。

（三）短期预报

许多中期异常进入短期阶段的主要标志常反映在观测曲线出现形态的明显变化上。如速率明显加大、反向等。在大震前几天到几个月的时间内，往往在震源区附近出现更多更明显的异常现象。多种异常往往集中在某一个活动构造带上，并表现出有同步性或有联系地变化或有规律地由外围向震中区迁移集中的现象。上述表现有助于作出进入短期预报阶段的判断。这些现象可能反映着区域的应变沿着某一地带的激化，开始了微破裂的串通和断裂的稳态蠕动阶段。分析这些现象，可作为进一步选定发震区作出短期预报的依据。在利用上述异常特点进行短期预报时，要特别注意季节性因素（降水、温度变化等）和周围环境因素的干扰。

（四）临震预报

由于在临震前发出预报有重大的实际意义，它是取得预防实效的关键，因此，人们对临震前兆现象的探索特别注意。目前已有不少关于临震前出现特殊前兆现象的报道，如地电流、电磁波干扰、地声、地光、地下水位变化、长周期的地旋、前驱波、水化学成分变化、动物习性异常以及小震的密集-平静等。有一些震例的资料表明震前几小时、几天出现的临震异常往往具有突发性的特点。有些短期异常发展到临震时常常出现幅度上的剧烈变化、异常点数量的急剧增多或异常显示区域的迅速集中等现象。这对判断发震时刻是有意义的。但是实践表明，根据这些现象作出临震的判断还有许多困难。因为引起突发性异常的干扰因素很多（如高空、气象、天文因素的突然变化等），异常持续时间又短，不易识别。再者地震前又可能出现几次异常现象的高潮，这就容易造成虚报。

发震时间的确定，触发因素（日月潮汐等）是一个不应忽视的问题。此外有些震例表明震前的动物习性异常，有些穴居动物（蛇、鼠等）出现较早，而大牲畜（牛、马等）往往出现较晚，这种次序关系也可在判断发震时间时参考。关于临震突发性异常在空间上出现的情况，也是一个复杂的问题。从现在的一些资料看，出现异常的数量仍是以震中区为最突出，但是有些震例（如松潘7.2级地震）表明，临震异常开始时并不一定先在震中区最明显，而是在外围的某些点上突出，发震前才在震中区集中出现。这一情况是否普遍存在还需继续观察和研究。在突发性异常此起彼伏的出现过程中，要求指出很小的地震危险区是困难的，所以直至这个阶段还往往是不得不同时注意几个地点发震的危险性。

（五）余震预报

一次强震之后，强余震的危害有时仍然很大。尤其是所谓“晚期强余震”，常常是发生于人们已经认为地震危险期已过的时候，因而常常造成很大的伤亡。对余震的讨论很多。余震预报较主震似乎稍容易些，发震地区比较明确，但仍有许多预报问题需要回答。例如已发生的强震是否是主震？地震的序列类型如何？余震的震级多大？何时发生？是否会有晚期强余震等等。

由于强震的发生，必然会引起相当范围内的应力场、各种地球物理场的变化，震后突发性异常在某些地点上有时更加剧烈，这时的震情决断就更为复杂。一次大震之后，根据一些与地震前兆表面上很相似的异常现象，继续预报还有大震，从而造成虚报的事是屡见不鲜的。多种异常现象是强震之后的后效？还是未来强余震的前兆？还是周围受牵连地段将发生地震的前兆呢？这些都是需要研究和回答的问题。

强震之后对大小余震的序列及其分布的深入研究，提供了许多有关余震预报的经验。例如强余震前小震活动表现密集、平静的特点，触发因素与余震的周期性等，有助于强余震发震时间的判断，能量衰减的分析配合前兆现象的分析有助于强余震震级的推算等。有关“晚期强余震”的研究相对较少，对它的含义也还是不清楚的。从一些余震的资料看，强余震往往发生于余震分布区的空区之内，可能是震源破裂区的一个残连段的破裂。

总的看来，地震三要素的预报常常是在长、中、短、临不同阶段预报的过程中逐步明朗的。震级预报的基础主要在于中期预报阶段；而地点的预报在中期预报阶段还往往是多点的，需要根据短期和临震前兆的发展情况才可能进一步选择；时间的预报，除根据短期和临震异常的特点判断外，还应注意触发因素的分析。在整个预报过程中，随着对前兆组合情况及其时、空变化的研究，配合地震地质条件的分析，还应对未来地震的类型，甚至破裂机制给出判断，这对震时震动特点和震害预测都是有意义的。

四、几 个 问 题

前兆现象的研究是地震预报的核心问题。现在已提出的可能性前兆很多，但它们往往仅是根据有限地区的震例概括出来的，观测的时间也很短，而且对其物理基础研究的还很少，运用它们进行实际的预报时还存在着大量的问题和困难。因此，今后的一个重要任务仍然是要取得大范围和长时间的可靠实测资料，并相应地研究它们的物理实质，为鉴别前兆的真伪，探寻必震的前兆创造条件。

在运用前兆现象进行地震预报中，地震类型的不同和前兆的多样性的关系是近来已开始引起人们注意的一个问题。对地震类型的讨论虽然由来已久，但有关不同类型地震前兆特点的研究还很少。现已有一些资料表明，地震的前兆特征，如有无前震、异常的种类、发展的过程、组合形式、临震异常的表现、震源机制、等震线的形态以及余震活动的特点等，常常是有些地震相同，有些地震不同。在运用一些预报经验和方法时，如果地震类型相近就可望成功，如果差别很大，机械搬用，则难免失败。

区别震源区有关的前兆和区域应力场上的一般异常现象，是另一个引人关切的问题。现实的资料表明，震源作为一个应力集中点看待，它往往不是孤立地形成和发展的。在地壳活动过程中，可以形成多个应力集中点，出现多个有异常现象显示的地区，而其中只有少数导致发震的应力集中点是震源。发震的与不发震的这些应力集中点，因为有同一应力来源的影响，有时可能在一些应力集中点上出现与相距很远的地震在时间上表现有密切相关的异常现象。此外，地震活动往往在大范围内也是密切关联的，有时大地震连续发生，它们的前兆以及后效现象就构成了相互重叠的复杂关系。这些情况大大增加了地震预报的复杂性，特别是增加了预报地点的困难。往往由于对震源区的前兆与一般应力集中点的异常区分不清楚而造成虚报。因此，不仅要研究单个震源的前兆特征，而且还应对整个构造应力场、前兆场进行整体的探讨，开展对大区域地壳运动（包括固体潮等地壳正常动态）与地震关系的深入研究，并从实践中探索鉴别地震前兆与一般应力集中点上的异常现象以及一般地壳运动引起的各种异常现象的方法。这对选定可能的发震区，减少在其他地区的虚报都是很有意义的。

地震的触发因素问题是地震预报中的一个老问题了。对地震发生的时间受其他因素（天文因素及各种外部场等）影响的相关性的研究很多。有人认为有关，有人认为无关，安艺敬一还提出了对这两种可能的解释。关于水库、注水、核爆等诱发地震的问题以及降水、干旱等气象因子与地震的关系，也是人们注意研究的一个课题。从许多事实看来，宇宙因素和地球环境，包括各种外部场的扰动与地震关系的研究，在地震预报中，尤其是在临震阶段判定发震时间可能有重要意义。它是一个不可忽视的问题，但必须恰当地运用，否则将会导致虚报。

回顾地震预报研究的历史和现状，可以看到，它从占星术士的卜算到运用科学方法，从只是个人的探索到成为一个被广泛研究的科学领域，从只是定性地进行趋势性估计到逐渐敢于进行大震的临震预报，是有很大发展的。尤其是近十几年，在许多国家开展了大量的探寻地震前兆的观测工作，取得了许多有关地震活动规律及有关前兆现象的资料和认识，出现了不少对它们的物理基础的理论探讨，积累了一些进行确定性预报的经验。尽管这个科学难题还未解决，人们对逐步解决地震预报问题的信心已大大地增强了。但是经验表明，那种企图找出一种可以预报所有地震的万应灵药的想法，可能在目前并不现实。这是由于地震和其他许多地学问题一样，这一研究对象及其有关因素具有很大的复杂性。因而主要还是要进行大量的实地观测，通过对多学科领域更广泛地调查，对观测资料的分析实验与理论的研究，揭露地震现象的内在实质。地震预报的状况将随着取得认识的深度与广度的扩展而逐步得到改善。

中国活断层研究近况（综述）*

在地震预报的研究中，活断层与地震关系的探索是最为活跃的研究课题之一。中国是全球内陆地区新构造活动和地震活动非常强烈的一个地区。这里长期的地震历史记录所表明的地震活动与断层的密切关系，是一向为许多地学家们所注目的一个问题。在中国地质研究的初期，一些地质学的先行者就曾注意过活断层问题。在 20 世纪 50 ～60 年代中期，由于经济建设的需要，对活断层的研究有很大发展。但因当时资料与认识的限制，较大的注意力集中在断层的垂直运动上。1966 年以来在中国境内相继发生了一系列强震，对于地震密切相关的活断层问题引起了人们更大的关注。16 年来结合减轻地震灾害问题的探索以及解决建设工程稳定问题的需要，对活断层研究的规模、方法和内容都有了明显的变化和进展。

对全国活断层进行了系统的地质调查，在一些重点地段开挖探槽、开展了研究各种古地震遗迹、断层活动状况及有关年代学、应力场等方面的工作，大大加强了对活断层动态的仪器观测工作，进行了大量的形变测量工作，包括大范围的水准重复测量、跨断层的短水准、基线和三角重复测量。还在一些断层上开展了伸缩仪、倾斜仪、连通管等定点的连续观测。此外，还进行了沿断裂带强震活动规律的研究和数百个震源机制的分析。围绕一些活断层带布设了区域性临时地震台网，开展了微小地震活动状况的观测。所有这些都为研究中国的活断层提供了大量的资料。

随着资料的积累，对中国活断层的类型、分布组合、活动方式与活动速率、活断层与区域应力场、活断层与地震的关系等问题的讨论都在逐步地深入。近三四年来，在我国召开了一系列专题性科学讨论会，如 1979 年的第二届全国构造地质学术会议、1979 年的第三届中国第四纪研究学术讨论会、1980 年的国际青藏高原讨论会、郯庐断裂带学术讨论会、中国活断层与古地震专题学术讨论会和 1981 年的中国大陆地震构造及地壳动力学讨论会等。在这些会议中提供了大量有关活断层研究的成果，在一定程度上反映了我国在这一研究领域近年来的一些进展情况。下面作一概括介绍。

1. 重点活断层的野外调查与研究

近年来对不少重要的活断层开展了较系统的野外调查工作。如对郯庐断裂带的调查，对鄂尔多斯周围一系列张性盆地边缘活断层的调查，对西南地区的红河断裂、则木河断裂、鲜水河断裂、西北的可可托海二台断裂、阿尼玛乡断裂、阿尔金断裂以及东南沿海的一些活动断裂带的调查等。在这些调查中发现和提出了不少重要的现象和问题。

2. 活断层的分布及区域特征的研究

随着资料的积累，对全国活断层的分布和区域性特点以及它们的相互组合转换的规律发表了不少的论述，并在出版的一些全国性图件中作了较全面的反映。

3. 青藏高原内部及边缘地带活断层的研究

有关青藏高原的研究近几年大大地加多了，其中有不少有关活断层方面的工作，如对高原内部的大型走滑活断层、南部的张性活断层以及边缘地带的走滑与压性断层与张性断层的相互转换等问题的讨论。

---

* 本文原载于《国际地震动态》，1982，No. 10。作者：丁国瑜。

4. 利用遥感资料对活断层的研究

利用遥感资料对活断层的研究这也是近年开展较快的一个领域。我国不少活断层在遥感图片上有着非常清晰的反映，这方面的分析工作提供了许多以前所未曾和未能发现的现象及问题。

5. 张性活断层的研究

我国东部的引张盆地一直是引人注意的现象。这些盆地边缘的张性断层沿袭了第三纪以来的垂直引张活动直至今日，近些年盆地区一系列强震的发生更促进了对这些活动断裂构造的注意。对它们的活动特征、形成机制、动力来源以及与强震关系等问题已成为讨论最热烈的课题之一。

6. 活断层的位移量与活动速率的研究

取得各个地区活断层的位移量与活动速率的确切数据对了解大陆内部地壳的运动学和动力学特征有很重要的意义。近年已利用多种方法在这方面取得了日益增多的数据，尤其是沿一些活断层如新疆的二台断裂、云南的红河断裂、四川的鲜水河断裂等利用地质地貌方法及形变测量方法在断层的水平位移方面获得了很有意义的结果。在华北、西北、西南等地对活断层活动速率的研究已与强震重复周期和地震危险性的讨论密切地结合起来。

7. 沿活断层带古地震的研究

为了解决沿一些活断层带的强震重复周期问题，需要有足够长时间的地震记录，古地震的研究可作为弥补地震记录时间过短的不足。近几年在我国对一些活断裂带的古地震研究已经迅速地开展起来。在鄂尔多斯周围的银川盆地，汾渭盆地，京、津、唐一带，郯庐断裂带，西南横断山区和新疆阿尔泰山区等地发现了多种类型的古地震遗迹。在研究古地震的标志、年代测定、考古地震等方面都取得了一定的进展。

8. 活断层现代动态及强震前后动态的研究

近十几年来布设的大量形变测量网（点），特别是跨断层的短水准和基线重复测量，已积累了大量的数据。这期间不少测线经历了1977年以前强震活跃的阶段和1977年以来相对平静的阶段，取得了许多用地质学和地球物理学方法不可得到的有关断层活动细节的资料。如利用形变资料反演取得了唐山震前断层蠕滑的存在。用地震前后拍摄的航片进行对比观测，求得了唐山地震后在发震断层附近的最大位移达5 m，大大超出了地面上观察到的1～2 m的形变量。

从上述一些情况可以看出对我国内陆活断层的研究内容及其所涉及的问题已相当广泛。需要指出的是，尽管我国活断层的研究近年有较快的进展，但总的看来许多工作还比较粗略和不够深入系统。观测工作的精度、开展的规模也还不够，至今我国尚未发现和肯定像圣安德烈斯断层的一些段落那样的蠕动断层。对隐伏和深部活断层的研究以及实验理论计算模拟工作与野外现象的结合等都还开展得不够。

断层活动是受区域构造及应力场的控制和支配的。活断层是内陆地块间相互运动调整的枢纽。对它们活动状况的了解是研究大陆内部最新构造变形的一个重要问题。对活断层的研究必然涉及到我国现代地壳应力场和地球动力学等一些理论问题，并有着丰富的内容。另一方面，研究活断层的目的还主要在于解决沿断层带上的强震危险性、重大工程如大坝、核设施等的基础稳定性、地震预报等实际问题，特别是活断层与强震活动的关系问题。从近年取得的一些资料看，在大陆内部地震与活断层的关系与板块边缘地带有许多不同的特点值得研究。今后还需要我们结合实际情况，不断提出适当的新的研究课题。

中国内陆活动断裂基本特征的探讨（代前言）*

活动断裂（或称活断层，活动断层）在全球有着广泛的分布，对它的研究一直是一个很引人注意的课题。由于它是一个与构造地质学、地震学以及地球动力学中一系列理论问题有关的重要地质现象，而且它与大型工程（如大坝、核设施等）的基础稳定性、地震危险区划、地震预报等许多实际问题有着密切的联系，因而，近些年来，随着各种观测新技术的发展与应用以及板块构造、地球动力学、岩石圈、地震预报等重大研究计划的开展，把活断层的研究推向了更深更广的领域。

严格说来，活断层一辞的含义还有许多不明确和有争议的地方。但一般说来，把活断层限定为第四纪至今还活动的断层，即指那些正在活动和断续活动着的断层。它的活动性，可以通过各种直接和间接的方法观测和认识到。

在我国地质研究的初期，对活断层就已有人注意到了。建国以后，在 50～60 年代，随着经济建设任务的要求，对活断层的研究有了很大的发展。特别是自 1966 年以来，由于一系列强烈地震的发生，使与地震密切相关的活断层研究提到了更为广泛的、更加重要的位置。15 年来，结合地震预报问题的探索，以及水利工程等建设工作的需要，对活断层研究的规模和采用的方法都有了明显的变化和进展。除了地质学的调查研究外，在一些重点地区及重点断层上还进行了大量固定的和临时性的形变测量工作，它包括大范围的水准重复测量、数以百计的跨断层的短水准线复测、三角网测量、断层蠕变观测以及倾斜仪、伸缩仪、连通管等定点仪器观测。另外，沿一些断层带亦开展了应力测量、微震观测、震源机制以及其他地球物理方法的观测和研究。这些工作，在有些地段已连续地进行了十多年，为研究活断层积累了丰富的实际资料。近年来，结合全国地震构造图、烈度区划图以及利用遥感资料进行的地震构造等各类图件的编制工作，各省（区）地震研究部门在其他生产、科研、教学部门的协助下普遍进行了活断层的调查研究工作，对全国的活断层可以说是进行了一次大普查。1980 年 9 月，中国地震学会地震地质专业委员会在银川召开了中国活动断层和古地震专题学术讨论会，对近年来这一专题领域的研究成果进行了一次比较集中的交流和检阅。本书即是这次讨论会部分论文的汇编，在汇编的 53 篇论文中，包括了我国不同地区的一些活断层的情况，以及与活断层研究密切相关的古地震、历史地震断层、研究方法等方面的内容。

当然，对其中的一些问题目前还存在着不同的看法，问题讨论的深度也还有差异，但通过这些材料却可对我国活动断裂的基本特征有所了解，同时可作为进一步深入研究我国活动断裂问题的一个新起点的基础。

为了有助于了解和讨论我国活断层的一些基本特征，下面就近年内常常遇到的几个问题（主要是活断层的地质学研究中的一些问题），作一些简单的回顾和讨论，以此作为这个文集的一个引子。

一、活断层与地震

在世界许多地区对活断层的辨认最初是从地震断层开始的。如日本 1891 年浓尾地震、美国 1906

---

* 本文原载于《中国活动断裂》，地震出版社，1982，1～9。作者：丁国瑜。

年旧金山地震都造成了明显的地震地表断层，对它们的研究已成为推动活断层研究的一个起点。地震断层是指地震时应变积累的突然释放所形成的地壳破裂，它是存在活断层最直接的反映。一般大于6.5级或7级以上的地震都有明显的地表断层出现。关于断层的长度、地表破裂的长度、断层错距等与震级的关系问题，讨论很多，提出过许多统计公式，对此无需赘述。需要指出的一点是，它们之间的关系由于出露情况、区域构造条件、地震类型的不同，常常是很复杂的。近年来，我国发生的大地震就充分表明了这一点。1971年炉霍7.9级地震形成了83 km的地震地表断层，而1976年唐山7.8级地震的地表断层仅8 km长，龙陵地震等则无连续较长的明显地表断层出露。一般来说，沿已有断裂带上发生的地震大小与地震地表断层长度间的关系比较明显，而发生在远离断裂带的较完整地块内部的地震地表断层规模则较小，甚至很不明显，并且常常具有双向共轭破裂的特点。这后一类地震断层的特点及活动机制，对研究内陆活动断裂来说有其特殊的意义。

在大陆内部，强震常常沿着一条活动断裂带成系列地连续发生，这种情况是断裂带上一个段落强烈活动的直接显示。如：汾渭断裂带在16～17世纪的活动；海原－古浪－昌马强震系列显示的河西走廊断裂带，在20世纪20～30年代的活动；邢台－渤海－海城－唐山强震系列显示的华北平原东部断裂带，在近一二十年来的强烈活动等。结合对这些强震系列的研究可以了解到许多断层活动的具体细节。

在我国内陆地区，地震还常在一定区域成丛、成片地发生，这些地震的破裂带相互交叉构成地壳的现代破裂区。这些破裂区是以地震断层形式出现的活断层集中发育的地带。从我国的一些情况看，这种破裂区往往是大陆内部地壳上构造复杂、在区域应力场中占据特殊部位的地段。如甘南川北一带是青藏高原东北角的一个转折挤压地带，断裂和地震活动强烈，明显地构成一个地壳的现代破裂区；藏东、川滇西部以及帕米尔也是多震的现代地壳破裂区，它们是处于喜马拉雅板块碰撞带的两个端部及其附近的复杂部位。华北地区，从大范围看也构成了一个大震丛集的地壳新破裂区，这一破裂区的形成看来是与我国西部地壳变形的影响和东部一些边缘盆地复杂的最新张裂及扭动活动有关。这些破裂区都是研究活断层的重要地带。需要指出的是，一些破裂区、带的位置是变化的，或者说它们有着不同的活动周期，故断裂活动有时呈现出此起彼伏的现象。华北平原近数百年来地震活动区的东移及其主要破裂带由汾渭带迁至平原带就是一个明显的例子。近百年来，我国的强震集中活动的区域，也就是以地震断层方式出现的活断层活动的地区，在20世纪初期在帕米尔至阿尔泰一带，二三十年代主要在青藏高原东北部，四五十年代在青藏高原东南部，六七十年代则集中在川滇及河北平原。这很好地表明了地壳破裂活动区域的转移和变化。

我国的地震活动带虽然大部分是与地表出露的活动断裂带相一致，但也有许多现象表明它们穿越了地表不同方向的构造单元，明显地表现出与地表构造的不一致性。这就提出了表部和深部断裂的关系及隐伏活动断裂的问题。例如，我国西部新疆一带的8级强震，主要是沿着帕米尔－天山－阿尔泰以至蒙古境内一线分布，明显构成了一个北东向条带，但这一带的地表断裂却主要是北西向或近东西向的。值得指出，关于在这一带存有北东向隐伏深断裂带的问题已有不少讨论，显然，这一强震活动带是与这一隐伏断裂构造的控制或最新活动有关。我国“南北地震带”的有些段落也有地震活动带与表部构造不一致的情况。在川北至甘南的一段最为明显。强震带是北北东向分布，而地表构造却呈东西和北西西向，两者截然不同。在川滇，自龙陵经盐源至昭通的北东向中强地震分布条带也与这一带的南北向及北西向为主的区域构造相斜交。这同样也是在探讨活断层与地震关系时需要研究的问题。

二、内陆的大型走滑活断层

在我国大陆内部发育有一系列规模巨大的活动着的走滑断层，如阿尔金断裂、班公湖断裂、红河断裂、鲜水河断裂、阿尼玛卿断裂等。它们有的长上千千米，在地形上具有鲜明的地貌特征，反映出很强的最新活动性。它们还往往是大陆内部地块间的边界，并直接显示出地块间现代的相互运动状况。

这些大型走滑活断层是亚洲大陆东部一种非常重要而突出的现代活动构造形式。Mckenzie、Molnar 等认为，它们是大陆碰撞所伴生的一种典型现象。对中国内陆这一系列大型走滑活断层的解释是认识中国一系列新构造现象的一个关键因素。

这些大型走滑活断层许多是沿袭老的不同性质的断裂带发育起来的，有很久的活动历史，有的有数千米、数十千米以至上百千米的水平位移量。但对研究它们的最新活动来说，问题是要回答最新的走滑活动是自什么时候开始，在这些巨大的位移量中第四纪的活动占多大比重，以及现代的活动方式和速率如何等。

这里无需要再对这些走滑断层进行重复的具体叙述。这方面已发表过很多材料，甚至许多国外学者也根据它们在卫星照片上所显示出的引人注目的形象，作了不少分析研究（Allen，1975；Molnar and Tapponnier，1975，1977；York，1976 等）。本文集中有关阿尔金、红河、则木河等断裂带走滑的介绍主要是近几年取得的一些新资料。

在讨论上面提到的一些问题时，这里还想着重强调一下，活断层地形的研究和年代测定的问题。因为这些断层的水平错动往往在地形上留下明显的迹象，尤其是对水系的错动改造最为清楚。在我国沿许多大走滑断层都可找到水系的扭曲变形和断错现象。而且由于河谷时代新老的不同，随着活断层不断的水平滑动，常见它们显示出不同断错距离的现象。例如，沿阿尔金断裂新构造时期平移距离达 4～5 km；红河断裂右旋平移，反映在水系上的错动有 5 km。在宁夏清水河断裂、青海阿尼玛卿断裂、四川鲜水河断裂、云南小江断裂、畹町断裂等许多走滑活动断裂带上也都有明显的水系断错现象。在新疆北部阿尔泰山区的可可托海－二台断裂上，横穿断层的最古老河谷错开的距离达 3 km 以上，长度约数十千米的第四纪时期才发育的多条河流被断错的距离也达 2 km 左右，更新更短小的河谷或冲沟则有数百米、数十米等不同的错距。最新的一次较大的错动是 1931 年发生在这一断裂带上的富蕴 8 级地震造成的，发生了 11 m 左右的右旋水平位移，造成了河谷、冲沟、洪积扇以及倒石堆等的又一次明显错位。新老不同的地貌单元分别具有不同的平移幅度。错移三十余米的古老倒石堆，反映至少已遭受过三次近似富蕴 8 级的强震或多次中强震的错动历史了。运用地貌学方法研究这些走滑活断层的错动情况有许多有利条件，尤其对各类图件、航空及遥感资料的分析和运用，有大量值得开展的工作。当然，同时还必须加强年代学的研究。这些方面资料的积累，将对认识我国走滑活断层的活动状况提供重要的结论。

三、张性活断层

板块内部的引张构造一直是很引人注意的一个现象。新生代以来，中国东部大陆边缘活动带的扩张与沉陷，在华北平原等地形成了一系列的地堑及箕形构造盆地。在这些盆地边缘的张性断层，沿袭了第三纪以来的垂直引张活动，直到今日。它们是东部地区活断层中的一个主要类型。沿鄂尔多斯周围的一系列地堑盆地边缘的张性断层则出露地表，沿着这活动断裂带发生过许多大地震，保留有大量近代地震或古地震造成的痕迹，是研究这类活断层的良好地区。需要指出的是，在华北发育这类断层的盆地区，一方面是垂直的正断层运动明显地占有重要的位置，一些盆地中的新生代沉积物厚度加上山区老第三纪唐县期夷平面已抬升的高度，总计可达十余千米，许多盆地的地貌形态和地质结构特征以及形变测量所提供的资料都说明它们是具有引张活动的构造。但是，另一方面，沿这些断裂带的地震机制、地震断层以及地震前后的形变测量资料又都表明沿这些断层有很大的水平活动分量，且一般水平错动量比垂直活动量大数倍之多。当然，这一情况多限于地震前后短期的形变资料所提供的，更长期的断层活动是否也是如此，还是一个需要深入研究的问题。这一事实说明，中国东部的活动张性构造与美国西部张性构造区以及一些典型的内陆裂谷带的张性破坏区还不同，有其一定的区域特点。

对东部地区这些具有强烈扭动和伴有强烈地震活动的张性活断层的形成机制，目前还有很大的争论。一些人把中国东部的张性构造视为印度与欧亚板块的碰撞引起的大陆内部连续变形的一种显示，认为它们是阿尔金走滑断层转变为南山挤压带后向东延伸至华北地区，在变形方式上的再一次变化。有人则强调太平洋板块俯冲的影响，认为这些张性构造是由于地幔物质在边缘盆地区的上隆而导致的地壳拉薄和张裂，岩浆热活动对地壳的预热及弱化作用是使华北地壳破裂和地震活动强烈的背景。也有人认为是这两种作用综合作用的结果。看来，这一问题还远未清楚，各种作用因素所占的比重，各自施加的力的大小都还有待进一步的深入探讨。

此外，有日益增多的资料表明，在华北地区，不少表部的正断层向深部延伸渐变为铲状断层，形成表层沿水平方向的滑动。华北地区有大量的小震呈面状分散分布，其深度与沉积盖层的厚度大体相当，约在数千米至十余千米之间。这些现象说明，一些小震的活动很可能与这些铲状断层底面的滑动或深部其他结构面间的滑动有关，微震机制的深入分析，可能会给解决这一问题提供重要的结果。

四、内陆活动断裂的活动方式

以地震方式产生突然滑动和缓慢的蠕动是断层活动的两种基本方式。在古老地台广泛发育的我国大陆上，强烈而广泛的地震活动，客观地反映了突然滑动的方式。是我国断层活动的一种重要方式，这在前面已作了一些讨论。另外，还有不少现象表明，有些断层沿一些段落，近代水系等多种现代地貌形态被明显错动，却没有大地震的记载，其中的段落很可能具有以蠕动为主的活动方式，但是，由于它们大多处于工作不便的山区，还缺乏细致的动态观测资料。

有关断层在大震前的短时间或较长时间内在震源和震源外围的蠕滑问题，近年来，已引起了许多人的注意。郭增建曾指出，1556 年关中大地震前 7 ～8 小时，震中区出现地旋运现象；1920 年，海原大地震前崖上无故落土等也都可能是震前断层蠕动引起的形变现象。1976 年唐山地震前后的一些宏观现象，如井壁坍塌变形现象、沿八宝山断层地下水位的变化、在河北省中部的井喷现象等，都有人论证它们可能是与深部断层的蠕动有关。由唐山地震区形变资料反演求得的震中区内 8 km × 6 km 的地带，在 1969 ～1975 年曾发生了走滑错距为 104 cm 的无震蠕滑，走向和倾向滑动平均速率分别达 18.6 及 1.4 cm/年（张郢珍，1979）。对沧东断裂带在唐山震前形变资料的反演，则发现更大范围内断层震前蠕滑的存在（赵国光，1979）。

值得指出，大陆内部还有一种特殊的反映断裂蠕动的构造形式，就是由于地壳块体或断裂带的蠕动，导致在地壳中发生的一系列微型破裂构造，一般称之为“地裂”现象。当然，地面产生的裂缝有多种类型和不同的成因，受气候及局部水文、土质条件影响而产生的非构造地裂现象是很常见的。但 1974 ～1976 年，在冀、鲁、豫、皖等省先后出现的大面积地裂现象，却表现出与区域构造方向以及大范围应力场的力学性质，分布方向有很好的一致性，它们不受土质条件、气候、水文条件、地貌条件的影响而广泛分布，在大范围内，表现出有统一的受力方向。所有这些特点，均反映它们可能是一种大范围的构造活动或深部断裂的蠕动而引起的地表蠕裂现象。

此外，在大陆内部，大量交织成网的断裂中，有不少断层虽不具备明显的位移错动，但并不是不活动的，而是断裂的两盘处于经常反复错动着的未愈合状态。这也是引起“什么是活动断层”一词的一个争论所在。这种没有明显错距，但并未愈合且反复错动着的断裂是地壳上断裂活动的一种很普遍的形式，我们称此种形式的断裂活动为“旷动”。活动断层在其以黏滑方式运动的段落，是以强地震活动为标志的；在蠕动方式运动的段落，则以中小地震活动为主要表现。至于旷动形式则可视为未愈合断层沿断裂带无明显错动位移的形变。一般断层的旷动并不表现有地震活动，可能没有或只有很低的应力降。但对这种运动状态的研究，对于了解区域应力状态，地块间相互牵制调整的状况和作为探讨与地震前兆有关的一种现象，却可能是很有意义的。利用跨断层基线、短水准测量和各类形变和应变测量手段所得的不少资料，反映了断层这一类型活动的状况。近年来，在华北、西南、东南沿海等地的一些断层上，进行了断层位移重复观测，其测量的结果表明，许多断层都在不断地反复变化，这是地壳不连续结构面运动状态的一种反映。例如在唐山大地震前，许多形变测量点表现出地壳活动方式的一致性和异常变化的同步性（王宗贤等，1978），它可以作为了解区域应力状态和地块间相互调整的一种现象。

五、活动断裂的发育阶段与地震活动

活断层的发生、发展以至衰亡的过程，总的看来，是从微小的节理系到直线性的断层，到大型的波状弯曲的断裂带，最后被扭曲、切割、愈合、消亡的过程。在不同的发展阶段，地震活动性表现出很大的不同。因此，分析活断层处于什么发展阶段，对判定沿活断层带的地震危险性具有一定的意义。

地壳的破裂往往是先从剪切开始的（张文佑，1977）。地壳剪切强度弱或剪切应力最强的一些地带，常是破裂孕育发生的场所。这些地带可以是一个新的微裂隙系的发育地带，也可以只是一个应力集中的隐形破裂带。这是活动断裂发育的最初阶段。此阶段活断层没有明显位移，可称为雏形破裂或幼年期的活断层。它们的存在常以小震的成带活动表现出来。

生长期的活断层是生命力最旺盛的发展阶段的活动断层。形态上往往表现为直线式的断裂构造，有明显的位移，常是多条成组成系统的存在。华北一系列地堑或箕形盆地边缘的同生断层和活动的北西向断层，新疆、甘肃一带一些北北西向的活动断层等，都是正在蓬勃发展中的年青活动断层。生长期活断层的活动方式比较单一，在其向前破裂发展的端部或与其他构造交叉的部位常有中强震或强震发生。

发育成熟阶段的活断层可称为活跃期或壮年期的活断层。它们常以规模巨大的弧形或波状延展的活动断裂带出现，往往是多条年轻的活断层发育联通而成的。其活动方式较为复杂，位移量相当大。在其不同活动段落，地震活动性强弱不一，且有活动段落的迁移转化现象。我国西部的一系列巨型走滑活动断层多属这一发展阶段。

活断层发育的最后阶段是衰亡期或老年期的活动断层。这类断层由于其活动程度微弱，常常明显地被扭曲变形，以致被切割支解。沿这类断层地震活动性很低，活动周期也较长，但可有个别的调整性地震发生。郯庐断裂带就可视为一个已处于衰亡期的活动断裂带。据卫星照片以及形变资料的分析，它已为一系列北西向新的活断层所切割，沿郯庐断裂带历史上发生的个别强震可能就与这些规模虽小但正在蓬勃发展中的北西向断裂的活动有关，郯庐断裂只是在发震的结构条件上起着重要的作用。当然，对这个断裂带的活动性也还存在着很不同的看法。

当断层的活动已完全停止，断层已固结愈合时称愈合断层或死断层、化石断层，这时已无地震活动可言。

需要指出，并不是所有活断层都会完整地或按次序地经历上述的各个发展阶段，大量的活断层在经历了一个或两三个发展阶段后，由于没有适宜的条件便停止了发展，有的还可以在衰亡后再次复活。这都决定于应力场状况的变化。

一般说来，直线形的巨大的舒缓弧形的走滑活断层才是主要的伴有强震的活动断裂构造，而在波状扭曲的压性断裂带上则地震较少。在悠久的地质历史中，断裂是在不断地新生着、发展着和衰亡着。伴随着地壳运动的发展，有时大量生成，有时大量衰亡，而有时只是较平稳地发展。因此，研究活动断裂必须注意区分它们在不同发展阶段中的不同形态特征和活动特点。总的看来，愈新的愈尖锐平直，愈老的愈揉皱弯曲，这几乎可以作为判别活动断层发育阶段以及地震活动性的一种可用的形态标志。

六、内陆活断层的相互牵制与转换

断层活动是受区域构造及应力场的控制和支配的。内陆活断层是地块间相互运动调整的枢纽。由于这些地块是相互镶嵌的，而且由于它们的结构及受力状况不均一，地块之间的相对挤压、拉张和扭动就构成了这些大小地块间的断层活动，表现出相当复杂的情况。这些活动断裂，除了在不同段落不同的活动方式外，还由于它们相互间的联系，构成网络状，因之断层的活动往往不是孤立的，而是相互牵制，相互调整，并在运动的形式上具有相互转换的特点。一条活断层的终端总是要以各种方式转换为另一种性质的活动，以调整地块运动所造成的地壳拉张、缩短和扭曲。研究分析活断层间相互转换的状况，对了解现代构造应力场，包括认识地震活动的规律性有着重要的意义。虽然大陆内部地块的结构和相互运动情况与巨大的岩石圈板板块间的相互运动有很大的不同，但大陆内部大小地块边界间的正断层、逆冲断层和走滑断层的活动，从某些角度看，又可以和岩石圈板块的聚合边界、扩张边界和转换断层三种基本边界类型相类比。一些研究岩石圈板块间相互运动的几何学原理和方法，如不同类型断层的转换、地块的绕轴转动和三联点的演化，在一定的条件下，对分析大陆内部地块间的相互运动以及分析它们之间各类活断层的相互联系和活动规律，是可能加以参考和运用的。

近年来，由于在地质、遥感、地震以及地壳形变观测等方面大量资料的积累，已有可能勾画出我国大陆内部一些主要活断层间的现代联系和转换的大体轮廓。

青藏高原是现代非常活跃的巨大地块，在其四周活动断裂带的相互转换表现得最为清楚。其南侧的喜马拉雅弧形挤压断裂带的两端是与西侧的基达－卡曼左旋走滑断层和东侧的阿拉干右旋走滑断层相转换的，其西北侧左旋走滑的阿尔金活断层与北侧的祁连山断裂带逆冲为主的活动也是具有明显的转换关系，再向东南至清水河一带则又转换为以走滑为主了。塔里木以北、天山、阿尔泰一带，除逆冲活动断裂外，还伴有一组北北西及近东西向的共轭走滑活动断裂系，再向北则转变为一系列北东向的张性活动断裂。在构造复杂的帕米尔及其周围地区，多条巨大的活动走滑断层（如狮泉河断层、卡曼断层、希拉特断层等），在延至该区后，很多在终端由走滑断层转换为明显的挤压断裂和褶皱构造。红河右旋走滑断层在北端大理一带也转变为一系列张性活动断层。在中国东部地区的一系列张性走滑活动断裂带及张性地堑盆地和箕形盆地，从东北经华北至东南沿海一带，呈现出走滑与张性活动断层的相互牵制和逐渐转换的统一图像。淮河流域及长江下游一带是这个南北活动状况变化的过渡区。此外，东部北东向的活断层又为一系列北西向的活动断裂所切割，更增加了它们之间活动性质相互转换的复杂性。这一图像既与北美大陆西部延伸至内陆上千千米的发育有大量张性活断层的张性破裂区图形有相似之处，而且又与北美东部沿海的老转换断层在大陆边缘的影响所形成的情况有共同点。

大陆内部还有一种常见的活断层相互牵制转换的形式，即在一些巨大的挤压褶皱带内侧，常常出现平直的活动走滑断层。在这种情况下，往往挤压带上的地震活动微弱，而与挤压带相伴生的走滑断层却是强震密集的地带。如龙门山褶皱带，滇东平行于小江断裂的南北向挤压褶皱带，祁连山褶皱带等都有这种情况，其内侧均发育有地震活动强烈的走滑活断层。这是大陆内部挤压与走滑活动相互转换的一个种特殊形式。这类挤压带后的走滑断层的形成，往往与内陆地块相互挤压时挤压带后侧的物质向两侧不均匀滑动有关。在西藏高原内部，大体平行于喜马拉雅碰撞挤压带的一系列北西西向大型走滑断层与此也有相似的形成机制，不过规模非常巨大罢了。

七、活断层的分布组合图像及动力来源问题

通过近年来对各地区活断层的调查研究，已取得了一些对我国活断层分布特征的认识。一方面，在我国广泛分布的活断层有很明显的区域性特征。如以中部的南北构造带为界分为东西二部。在西部，青藏高原是一个独立的地区，以发育北西向、近东西向的大型左旋走滑活动断层为最突出的特点，其西北边界有北东向的左旋走滑断层。在塔里木及其以北地区，发育了一系列北西和近东西向逆冲断层和逆冲走滑活断层。在准噶尔以北，还有北北西与近东西向成共轭状的走滑活断层。在东部，以发育北东和北北东向的活断层为主。此外还有一系列规模较小但分布广泛的北西向横向活断层。其自北向南可分为东北、华北、华东、华南几个活动特征各不相同的区段。在华北，以与一系列新生代盆地相伴生的北东向张性右旋走滑活断层为特征。华南的北东向断层则以左旋为主。长江下游为一过渡区。南北带上则分布着北东、北西和南北几个方向成折线状断续相连的活动断裂带，反映了其受深部构造

的控制和影响。这些情况都反映出活断层具有明显的区域特征。但另一方面，在中国大陆内部又有许多资料表明，新的断裂活动在平面上的分布有不受区域构造单元的控制，且在大范围内呈现出规则的几何组合图像的特点，特别是地震活动反映出的地壳现代破裂具有大范围规则的网络性特点。

讨论我国活断层的区域特点，组合图像以及在活动方式上的相互牵制和转化等问题，就必然涉及到大范围的现代应力场及动力来源问题。当前对这类问题的讨论，主要集中在印度与欧亚大陆的碰撞、西太平洋板块活动对中国大陆的影响，大陆内部深部物质运动与热力源的影响以及地球自转状态变化的作用等几个问题上。

“碰撞”是一个具有明确物理含义的现象，它是指两个相对运动物体接触导致物体运动状态突然变化的过程。非弹性碰撞可导致物体内部产生一系列变形、破裂以及热过程等，并都在碰撞的瞬间发生。印度与欧亚大陆在新生代初期的碰撞是形成亚洲大陆内部一系列最新构造活动和变形的一个主要原因。讨论中国内陆的活动断层问题是与这一重大的地质事件分不开的。除了碰撞能引起的断裂形式等问题外，尤其密切的是两个大陆主碰撞焊接之后，急剧变形的一幕是否已经过去，并开始了大陆内部新的均衡调整；当前边界的受力状态及其影响和传递的范围如何；在内陆大范围内是连续变形还是内陆小板块的运动等等问题，这些都涉及到对现代内陆活断层特征的认识，都还需要开展进一步的研究。

西太平洋板块活动与中国大陆的关系十分密切。在我国东部，从华北到东南沿海的活动断层，尽管走向一致，但其运动方式有很大不同。华北的主压应力方向以北东至北东东为主，至长江下游一带有转至近东西的趋向，至东南沿海则转变为北西西以至北西向。总的看来，来自西太平洋的挤压有大体垂直于海岸线方向的趋势，随着弧形海岸线的转变而转变。该现象与自洋壳传播至大陆的挤压力往往都是垂直于被动大陆边缘这一一般特征相一致，说明有来自太平洋向大陆边缘推力的存在。在东南沿海一带活动断层的活动性有自沿海向内陆逐渐变弱的现象，同样也说明了这一点。因而认识中国东部活断层的一些基本特征，对来自太平洋板块现代活动的影响是必须给以足够重视的。

来自地幔物质活动和深部热动力问题，近年的讨论已愈来愈多。在中国向东凸出的弧形海岸线地带上，只有山东半岛以北的渤海及海南岛以北的雷州半岛是两个凸出或凹进于平滑的弧形海岸线的异常地区。在这两个地区的周围，有一系列盆地、岩浆、火山活动等张性构造现象。华北平原、渤海、黄海等地区的深部挤压而表部引张的活动以及伴随的热活动，提供了易于产生破裂和地震活动的重要条件。来自太平洋的侧向挤压，使相对处于较高位置的大陆地壳，在深部遭受挤压，地幔上隆，表部则产生引张。这样，沿与侧向的挤压力斜交的原有的北东向和北北东向的断裂就发生了具有张性的走滑错动。在闽粤沿海一带，深部的热力作用对断层活动同样有着重要的作用，温泉、岩浆活动、地热等情况表明的热场以及地震活动都明显具有自西北向东南逐渐增强的特点。在这一带，地表虽无大型的张性盆地发育，但热场所呈现的冷热交替出现于不同地块区的现象，却反映出其表部也具有盆、岭交替型张性断块构造区的特点（王洪涛等，1980）。

此外，在大陆内部，强震活动在准噶尔盆地以北又有突然增强的现象，活动断层、地震断层、古地震等资料也反映出地壳活动甚为强烈。因此，在这一带以至蒙古、贝加尔一带，是否有古亚洲大陆向南方的相对挤压，也是一个值得讨论的问题。

关于大范围规则的现代地壳破裂的问题，是许多地质学家及地球物理学家根据地壳上存在着一个统一的断裂系统和线性构造的规则分布，以及地震活动的分布规律等而提出的。由于它们相对于地球形状有规律的定向方位，对这一现象的讨论常常涉及到地球自转状态的变化引起的动力作用。许多人认为，地壳上存在统一断裂系统的事实是与大陆地块移动与转动的活动论观点相矛盾的。故有人认为，有规律的全球性断裂网络的存在是反对活动论的最重要的武器之一。但实际上这一现象并不一定说明应力场状况的恒定性。区域性断裂网与大范围的统一断裂网的并存可以用饱合断裂网的继承发展的观点来加以解释（Вуртман，1979；Хайн，1979），并不一定非把它们视为固定论和活动论间不可调和的一个矛盾现象。

由于应力场和动力来源问题涉及到对中国内陆活动断裂特征的基本认识，因此，本论文集中有一些文章或多或少地谈到了这些问题，而这些问题的深入讨论已超出了本文集的任务，在此不可能作更多的叙述。但通过对活动断层的研究将为提高对这些问题的认识提供重要的材料，并为推进这些地学中的重大问题的解决起重要的作用。

以上就我国活动断裂研究的几个问题作了一些粗略的讨论，远非全面的回顾或评述，但可以看出，对我国内陆活动断裂的研究内容及其所涉及的问题是非常广泛的。最后需要指出的是对我国活动断裂的研究，尽管近年来有较大的发展，但总的看来还是处于初期阶段，许多工作还只限于野外调查，且比较粗略和零星，系统的研究和观测工作及其开展的规模、时间和问题探讨的深度与广度都还不够。在这个文集中，主要是偏重地震地质方面的材料，而对利用形变测量资料、测震和其他地球物理方法来研究活动断层，以及有关活断层的机制和理论方面的讨论则反映得较少，这只有留待以后设法加以弥补了。

古地震标志问题*

一、古地震研究概况

近年来许多国家对古地震现象的研究发生了很大的兴趣，这主要是由于发现古地震研究对解决用仪器记录、历史记录以及地质构造等方面资料研究地震危险性、强震重复周期等问题时所遇到的困难，有重要的作用和特色。1976 年 3 月 25 日苏联科学院主席团地震和建筑抗震联合委员会批准苏联新的地震区划图后的 4 个月内，由于发生的 4 次较强地震都与区划图不相符合，3 个地震发生在图中的无震带、1 个 VIII 度地震发生在区划图的 VII 度区内。因此，有人指出必须重新考虑区划的原则[1,2]。B. N. Coaonehko 等指出如果进行了古地震的研究，则有可能避免像把阿什哈巴德划为较低烈度区，而遭受到了 XI 度地震破坏等类似的错误。在美国也是由于认识到在西部的多震区仅有 200 年的地震记录历史，运用这样短时间的资料和更短时间的仪器记录资料，来判定该区地震危险性是极其不可靠的。因此，艾伦（C. Allen）等一再强调必须重视活动断层的研究，重视史前古地震的地质标志的运用和作用[3]。

在我国，虽有近三千年的历史地震记录，并在编制的一些区划图件中考虑了地质构造资料，但较完整的强震记载也不过几百年的历史，而且也仅限于东部的一些地区。如果将历史记录与近百年有仪器记录的强震情况比较一下，可以明显地看出，记录是极不完整的，而且一些地区强地震活动周期又长，因而强震常发生于未意料到的地带中，如 1966 年邢台 7. 2 级地震、1976 年唐山 7. 8 级地震就都发生于低烈度区内，成为突出的惨痛事例。此外，我国历史上的 18 次 8 级或 8 级以上强震在原地重复者所占比例很小，除台湾、临汾（2 次）大震外，其余 15 次都发生在历史上仅有 1 次强震记录的地区。这一事实说明了仪器记录及历史记录的局限性。由于地震活动和其他地质现象一样，在活动时间上和空间分布上都不是固定不变的，它往往呈现出周期性的迁移活动。如果活动周期较长，那么过短的记录就不能反映出该区地震活动的全貌，地震平静期给予人们的假安全感，就容易导致错误的判断。过分地依赖地震资料，轻视地质资料，今后还会在许多地区重复上述的错误。

在伊朗详细研究了 1968 年 8 月 31 日强震后，发现当地不仅有此次的地震断裂，还有古地震断裂[4]。在苏联和美国都曾多次揭露出类似的事实。如果对这些地区古地震现象加以研究，那么对该区的烈度及地震危险性的认识可能会发生很大的变化。近几年来，在唐山地区发现以前可能有过强烈地震的现象，如果这一发现是在 1976 年唐山地震之前，那就会影响到对该区基本烈度的确定。

古地震一词的含义并不是十分明确的，对它有各种不同的理解。一般是将其理解为“史前地震”，但由于各地历史长短不一，这一理解在时间上仍有很大的差别。有人主张将古地震限定在有仪器记载之前（就全球来讲大约在 19 世纪末叶）的地震，这样就使得全球各地对古地震的理解有了一个大体一致的时间概念（王挺梅，1979）。笔者认为，这是一个合适的建议，这样不仅对古地震的理解有一个大体一致的时间，而且也照顾了在研究古地震时是以地质学和考古学等方法为主的这一特点。

在很早以前，已有不少人从沉积学、第四纪地质学、地貌学等方面注意了古地震现象，但较为系

---

* 本文原载于《中国活动断裂》，地震出版社，1982，276 ～281。作者：丁国瑜。

统的工作还是近二三十年以来的事。20 世纪 60 年代前后，Губин，Флоренсов，Солоненко 等人对苏联中亚、贝加尔、高加索等地古地震的研究，60 年代至 70 年代以来美国 Clark，Sims，Allen 和 Sieh 等人对圣安德烈斯断裂带上古地震的研究[5~7]，Wallace，Anderson，Bucknam 等人对内华达、犹他等古地震的研究。都丰富了古地震研究的方法和内容[8~10]。在日本、伊朗、新西兰、南斯拉夫等地也都开展了这方面的工作。

在我国，对有仪器记录以前的历史古地震的研究已进行了大量的工作，并利用地质和考古等方法揭露出不少无历史记载的古地震现象[11~12]。袁复礼教授在 1957 年曾提出黄土区的许多坍塌现象，如在秦岭以北、宝鸡一带的新石器时代灰坑的大规模坍塌现象，可能是古地震的结果[15]。作者于 1956 年研究西天山新构造时也曾讨论过沿塔拉斯费尔干断层北段的断陷盆地边缘，中新生代沉积中保留下来的古地震现象[16]。唐山地震以后，尤其是自 1978 年以来，深感在我国开展研究古地震现象的重要意义和有利条件，大有推动和呼吁开展这方面研究工作的必要。近二三年来这方面的工作已有了迅速的开展，尤其是对沿鄂尔多斯周围的银川盆地、汾渭带、京津唐一带、郯庐断裂带、西南横断山区等地，发现了不少古地震的地点和各种类型的现象，在认识我国古地震现象的特点以及工作方法上也都取得了不少成果。虽然这些成果还是初步的，但是很有意义的进展[17~18]。

二、古地震识别标志

（一）古地震标志

研究古地震首先要解决古地震存在的标志问题，即古地震发生时遗留下来的各种剩余形迹和特殊地貌，根据它们来判定古地震的发生。古地震在地质、地貌上的遗迹是多种多样的，可以说近代大地震调查中所见到的各种现象几乎都可以作为判断古地震的标志。但由于它们经历了漫长的剥蚀变化，这些遗迹与现代新的地震现象又有许多不同。此外，尚有许多未被揭露和认识的新的现象存在。

从广泛的现象看，古地震的标志包括：①构造标志，如断裂位移等；②沉积物变形标志，如揉皱、液化等；③地貌标志，如断错水系，地震堵塞湖、阶地变形等；④生物标志，如树木的破坏、生态、年轮等的变异等；⑤考古标志；⑥岩石矿物及其他微观标志。

从成因角度看，现在一般是将各种古地震现象划分为地震构造现象、地震构造 - 重力现象和地震重力现象三类[2]。各类现象分别表现于沉积物组成结构的变形（如揉皱、滑坍、液化等）、地质体的构造变形（如沉降、隆起、褶曲、断裂和错动等）和地貌形态的变动等方面。有关这些现象的资料是很多的，这里不再赘述。但近年来在地震研究中，尤其是古地震标志方面有几个比较突出的问题需要重点地加以讨论。

（二）真假古地震现象的区分

所谓假地震现象是指那些非地震成因但与地震现象有相似形态的地质、地貌现象。它包括非地震成因的地裂缝、火山裂隙、侵蚀裂隙等，泥火山、泥石流、冰川、冰缘区的许多变形形态，差异风化形成的特点构造和地貌，外生的各种重力崩塌滑落现象，陨石坑撞击构造以及人为地形（如古水利工程、古道路、古山地工程所造成的陡坎）等，还包括非地震成因的管涌喷砂现象以及在许多特殊环境下沉积物的扰动变形和冲刷、滑动现象。这些现象若不注意分辨，就可能被误认为是古地震遗迹。

在区别真假地震现象时，分析其形成的动力状况是非常重要的。作为瞬时变动的地震事件形成的各种现象的动力状况有许多特点，例如地震重力构造，地震形成的滑动体的滑移距离和滑动速度以及抛出的土石方量，比一般重力滑动体有时要大许多倍，而滑动面角度则可相对较小。1979 年秘鲁 7.0

级地震的山崩地滑土体就达2亿 m^3，泥石流从瓦斯卡兰山北峰3750 m高度以每小时280～400 km的平均速度崩落（Plafker，1971）。这些特点往往与物体突然受强烈震动的抛掷效应有关。在我国也有不少大地震（如海原、叠溪、昭通地震等）时山体垮落造成拦河堤坝、堰塞湖等特殊景观。在怀来盆地也已发现古地震形成的类似现象（杨景春，1979）。此外，地震形成的重力滑动构造在一定范围内多个滑动体的滑动往往具有同时性，且仅局限于断裂带上的一定段落。

活动断层的存在，并不等于肯定是有古地震的依据，需要区分断裂构造是蠕动断层还是地震断层。在断层带上存在具有地震形成的特点的构造楔，以及其他的瞬时急速破裂结构形式可作为判定是地震成因的重要证据；沿断裂带各类破裂构造与滑动构造的同时形成和存在强烈振动现象的痕迹是判定古地震的重要现象。对上覆及周围沉积层的变形和受力特点的分析是很重要的，但是要确定断裂现象是地震断层而不是缓慢蠕动造成的，还是一个相当复杂的问题。轻易地将一些形态相似而非古地震造成的变形现象确认为古地震去讨论或是仅仅根据个别现象就肯定存在古地震，并从而引出一系列结论，这是极其有害的。对于古地震标志的确定必须持谨慎和认真的态度，需要开展对现代大地震的各类剩余形变现象及其形成动力学特征的深入研究。将今论古，这可以提供判断和区分真假古地震现象的有用标尺。在判定古地震的标志时，对地震以及各类地质作用的深刻理解，特别是第四纪地质学、地貌学、沉积学和构造学知识的运用和理解是非常重要的。

（三）古地震地质图的绘制与古地震各种参数的确定

由于古地震现象经历了长期内力、外力的改造，各种遗迹往往是残缺不全或面貌全非了。区别地震和非地震造成的现象或根据零星的残留现象确定古地震的存在，往往是很困难且复杂的事，并且容易弄错，因此常常需要利用多种标志进行综合分析，判定多种现象的形成是否与一次突然强地震事件有关，这样才能得到更准确的结论。进行专题性的制图，亦即填绘各类可能与古地震有关现象的专门性图件是具体地对古地震现象进行综合研究的一种重要方法。这类图件的图例内容可因地而异。在苏联曾对贝加尔、高加索等地的古地震现象填绘过不少这类图件。在我国，朱海之等对中宁古地震多种现象的综合研究及制图也是一个很好的例子。

在判定确有古地震的存在以后，进一步的工作是确定古地震中位置、强度、发生时间以及各种动力学参数等。通过综合分析和制图，不仅对判定古地震的存在是重要的，而且也是进一步探讨和确定古地震各种参数的重要步骤，是达到研究古地震的主要目的——研究可能最大地震强度和地震重复周期——所必需的资料。

对各种古地震现象的综合分析及制图可以给出古地震震中位置等参数的重要结论。这包括利用古地震现象分布范围的大小与震级的对比关系、各类现象所反映的强度及衰减情况等。用现代地震产生的形变规模与该区的古地震剩余形变现象进行对比，可作为确定古地震强度的一种方法。例如，K. Sieh曾利用沿圣安德烈斯断层南段1857年8¼级地震所产生的水平和垂直位移的规模（右旋水平位移3～4 m，垂直位移30 cm），与该区多次古地震的错动规模等进行了比较，确定了8次古地震的可能震级。在张性地震断裂区，如果地质、气候条件适宜，保存下来的地震断层陡坎的高度、坡度角随剥蚀时间长短的变化分别具有反映古地震的强度与发生时间的意义。Wallace，Anderson，Bucknam等人曾根据对美国内华达州、犹他州等地的古地震陡坎形态的大量实测资料得出了确定古地震的可能强度与大体时代的经验公式，提出了在这类地区的一个研究古地震的重要标志[8~10]。

Coaohehko曾用统计方法研究了苏联等地地震所造成的地壳剩余形变分布区的面积 S（km^2）与震级的关系，为 $\lg S=(0.99\pm0.07)M-3.6$。至于断层的破裂长度与地震震级的关系，也曾提出过许多统计公式，不再一一列举[19]。这里只想指出，从近年我国地震的断层破裂长度或地震明显形变区域的范围与震级之间关系的资料来看，往往由于在不同的区域或不同的地震类型而有很大的差别，因而使用这类经验公式来判断古地震的大小时，要充分考虑到这一情况。

（四）古地震时代的确定

古地震发生的大体时代可运用一般的地质学、生物地层学、地貌学、古地磁等方法加以确定，但为了要运用古地震资料来探讨地震的活动周期，强震的重复率等问题则必须取得较具体的年代数据。除根据一般年代学的测定方法，如^{14}C、K－Ar法、氨其酸法、地衣测量[20]、树木年轮[21]等定年的方法以外，有些特殊的堆积层，像火山灰、古土壤等也可作为定年的标志层来利用。太平洋沿岸有些火山灰层就可以对比，如马札马（Mazama）火山灰层为6600年，可作为一些地区定年的标志层。Ben Menaham曾利用死海约旦裂谷约每40年一次地震引起的白色湖泥的喷注层来作为定年的依据。

确定古地震年代的方法不少，但取得适宜的定年的样品却往往是比较困难的，因此需要根据研究地区的具体情况找寻定年的具体方法。例如，前面谈到的在干旱的张性地震断裂区利用地震断层陡坎的坡度角因遭受剥蚀时间的长短而不同的情况，来作为古地震发生年代的一种鉴定标志，就是因地制宜采取的一种方法[8~10]。

研究古地震的重要目的是从更长的时间尺度揭露地震活动的周期及强震活动率，因而仅仅确认有古地震的存在，还远非研究这一问题的目的，还必须判定古地震事件比较具体的年代。尤其重要的是近几百年、上千年以至全新世这一最新地质阶段中，古地震事件年代的详细测定，更具有重要的意义，应重点开展工作。

在我国，近数百年以至数千年中，大地震事件的年代测定，除去历史记录以外，有丰富的考古资料可以借鉴，这是一个非常有利的条件，应当充分重视。在这方面已积累了不少的经验[11]。利用考古资料不仅揭露了许多古地震的标志，而且对不少地震还可以定出较具体的年代。这是我国古地震研究中大有可为的一个领域。

（五）古地震的微观标志

上述古地震标志多限于各种宏观现象。它们与非地震成因的相似现象常常难以区分。这一问题的解决有时可借助于对古地震微观标志的研究。所谓古地震的微观标志一般是指岩石、矿物的一系列与地震有关的微观特征。

开展与断裂活动有关的矿物岩石学的研究，包括对断层泥、应力矿物[22]、速变岩[23]以及在地震断裂带中伴随地震而新生成的或来自深部的物质等的研究，可提供有关古地震事件的重要资料，并可更具体地指示断裂、滑动、揉皱、振动等变形现象的存在，可更确切地反映形变现象形成时的温度、压力等物理和力学状况，为鉴定是否是地震成因提供重要依据。

一般说来，在断裂带上部在地震发生时大部分矿物的变化是有限的，产生重结晶的物质很少，而断层泥的存在常常又与断层的缓慢蠕滑有更密切的关系，因此，要取得适合的样品常常是相当困难的。此外，断裂带内矿物的复杂性也是一个经常遇到的问题。总之，这方面的工作还开展得很少，但它是一个研究古地震的重要课题。

从目前各地对古地震研究的情况看，各个地区的古地震标志是不同的，具有明显的区域特点。苏联中亚、贝加尔、高加索等地区主要是研究多种地震断裂构造和地震重力构造现象。美国西部盆岭干旱区古地震的研究以地震断层陡坎为主要标志；沿圣安德烈斯断层，则是利用那里断层的多次活动，及伴随的砂层液化现象迅速地为疏松沉积层所覆盖的特点为主要标志的。因此，注意不同地区古地震标志区域特征的研究，将有助于对古地震现象认识的深入。它的研究是和区域地震构造特征的研究有密切联系的。古地震标志类型及其组合的区域特征主要决定于：①地震类型。走滑型、张性破裂逆冲型等各类型形成明显不同的标志；②区域地质构造特征，特别是地壳表面的岩性结构特点；③影响各种现象保存和变化的地理气候环境条件。

从我国近年积累的资料看，不同区域古地震标志所具有的特色是非常明显的，特别是与区域地震构造的特征有着最为密切的联系。如我国东部平原盆地区存在于疏松沉积物中的地震断层、地裂缝及液化喷砂等现象是该区的主要标志。在这些地区垂直断裂线进行探槽开挖是一种重要的工作方法，K. Sieh 在圣安德烈斯断层上研究古地震的经验就可以借鉴。中国北部的黄土区由于岩性及其构成地形的特殊性，有许多独特的古地震标志。由于黄土的强度低，又具多孔隙及大孔隙特征，在强烈振动时重力滑坍现象发育，由地层造成的附加沉陷也较大，但由于地下水的贫乏，液化喷砂现象则很少。在新疆、甘肃一带以及青藏高原区，大规模的走滑型断层非常发育，沿着这些断裂带有大量的强震发生，地震断裂位移现象清楚，加以气候干旱人烟稀少，有保存古地震遗迹的良好条件。例如阿尔泰山区的一些断层陡坎的高度，水系的扭动错移以及倒石堆、洪积扇的错断和多种地震重力构造现象，都反映出有多次古地震活动。这些地区的古地震标志以地震断裂错动与重力构造现象种类多而明显为区域特点。在东南、华南一带的丘陵山区，特别是东南沿海，有一系列巨大的活动断裂带，但这里历史大震的记载并不多。是否这里就是地震活动性很低？还是这里强震活动的周期很长，有历史记录以来正处于平静阶段？这些问题需要通过判定有无古地震的存在来加以阐明。

搞清一个地区最后一次强震事件的时间、在长时间内强震活动状况和重复周期，是判定区域地震危险性的主要内容。古地震研究可以在弥补历史及仪器记录资料之不足方面起到重要的作用。分辨真假古地震的标志，确定古地震事件的存在，只是研究的开始，综合利用宏、微观多种标志，进一步判定古地震的各种参数是今后努力的方向。这需要在一些地区进行系统而深入的工作。在空间上，要考虑区域地震构造的特征，注意运用不同区域古地震标志的特点，并与活动断裂带的研究相结合。选择活动断裂带的地震破裂段而不是蠕滑段，在深入挖掘多种古地震现象的基础上进行系统的制图及综合分析工作。在时间上，要开展古地震事件年代学的测定。鉴于不同时代古地震资料的实际应用价值是随着时间向前追溯的远久程度而逐渐降低的，因而首先是近代数百年、千年以至全新世古地震年代学的研究。在此基础上结合新构造波动性特点的探讨，深入开展古地震活动周期的研究。

参 考 文 献

[1] Солоненко, В. П. , Палеосейсмология, Изв. АН. СССР. 1973, No. 9.

[2] Солоненко, В. П. , Палеосейсмояеолгия Ъолъшояо Кавказа, Изд,《Наука》, Москва, 1979.

[3] Allen, C. R. , Gelolgical criteria for evaluating seismicity, Geol. Soc. Amer. Bull, 1975, Vol. 86.

[4] Ambraseys, N. , Some characteristic feat uses of the Anatolian fault zone, Tectonophysics, 1970, No. 9.

[5] Clark, M. M. , Collapse fissures along the Coyote Creck fault, U. S. Geol. Sury. Prof. pap. 1972, 787.

[6] Sims, J. D. , Earthquake induced structures in sediments of Van Norman Lake San Fernando, California, Science, 1973, 182.

[7] Sieh. K. , Prehistoric large earthquakes produced by slip on the San-Andreas Fault at Pallatt Creek. California, J. G. R, 1978, Vol. 83. No. B8.

[8] Wallace,R. E. , Profiles and ages of young fault scarps, north-central Nevada, Geol. Soc. Amer. Bull. , 1977, Vol. 88.

[9] Anderson, R. E. , Quatenary Tectonics Along the Intermountain Seismic Belt South of Provo Utah, Geology Studies, 1979, Vol. 25, Part. 1.

[10] Bucknam, R. C. , Anderson, R. E. , Estimation of fault scarp ages from a scarp-height-slope-angle relationship, Geology, 1979, Vol. 7.

[11] 地震与地震考古，文物出版社，1977。

[12] 陈恩民，1605 年海南岛琼州大地震及其发震构造的初步探讨，地震地质，1979，Vol. 1，No. 4.

[13] 王景明，1556 年陕西华县大地震的地面破裂；地震学报，1980，Vol. 2，No. 4。

[14] 王嘉荫，中国地质史料，科学出版社，1963。

[15] 袁复礼，秦岭以北千阳宝鸡段的新构造运动，新构造运动座谈会发言纪录，科学出版社，1957。

[16] Лин Го-юй, Оó унаследованном развитии хреóта ъоролдай в Алвнийском этапе, труды МГРИ, том. 1960, 38.

[17] 朱海之，中宁古地震剖面的发现与初步研究，地震科学研究，1980，第 1 辑。

[18] 黄秀铭，关于古地震地质研究，地震地质译丛，1979，Vol. 1，No. 4。

[19] 刘庆民，震级震源断裂长度关系的讨论，西北地震学报，1979，Vol. 1，No. 1。

[20] Nikonov，A. A. and Shebalina，T. Yu.，Nature，1979，Vol. 280，No. 5724，675～677.

[21] La Marche，V. C and Wallace R. E.，Evaluation of Effects on Trees of Past Movements on the San Andreas Fault，Northern California，Geoe. Soc. Amer. Bull.，1972，Vol. 83.

[22] 王嘉荫，破裂带中几个问题，地质科学，1974，No. 2。

[23] Sibson，R. H.，Generation of Pseudotachyiyte by ancient seismic faulting，Geoph. Jour. of the Royal Astronomical Socitey，1975，Vol. 29，No. 1～4.

古地震研究情况*

为了追溯更长时期内地震活动的状况，古地震的研究近年来已引起了更多人的注意，不少地区都在开展这方面的工作并取得了一些有意义的结果。

在苏联，弗罗林索夫、索洛年科等较早地开展了古地震的研究，他们在 20 世纪 60 年代已较系统地在一些地区进行了调查工作。索洛年科领导下的古地震地质研究室，从事与古地震有关的各类地质现象（特别是断裂现象）及古地震事件年代的测定方法等方面的研究。他们在研究高加索、贝加尔、吉尔吉斯、塔吉克斯坦、阿尔泰等地古地震的基础上，对高加索、中亚一些地区地震危险性的评价提出了新的意见。如在高加索，根据古地震错动等提出了有关这里强震周期及区域地震活动最大震级的看法。沿塔拉斯费尔干断裂大量古地震遗迹的研究表明，沿这一断裂带地震活动近几万年来是逐渐减弱的。索洛年科认为，这种直接与现实的古地震现象相联系的古地震地质学的研究，将彼特鲁舍夫斯基、格佐夫斯基等与一般地质构造相联系的地震地质研究向前推进了一步。

在日本，1923 年今村明恒曾利用海岸带反映海面变化的多层穿孔贝穴的分布，研究古地震问题，提出了东京一带，有过 4 次类似 1923 年那样巨大的地震。近年来松田时彦等对此进一步开展了深入工作，提出了一些不同看法。在日本还利用东京箱根山附近湖中的沉没林木、海蚀穴中的古崩坍、丹泽山的古地滑等现象，确认 1600 年前这里曾有过大地震发生。近些年，通过对迹津川、阿寺、中央构造线等活断层带上各类断层错动遗迹的研究，探讨了沿这些带的古地震问题。对中央构造线的研究结果表明，这条 1000 多年以来在中间一段没有强震记录的巨大活动断层的强震活动周期约为 600 ～1300 年。

沿山崎活断层的探槽剖面，揭露出约在公元 80 年，有过一次古地震断层活动（Okada 等，1979）。对东京附近立川断层切过多摩川的错动状况的研究，认为这里至少发生过 3 次 7 级地震。这些工作都为判定日本内陆一些活断层带的强震危险性提供了有意义的依据。

在美国，华莱士首先强调了地震破裂带多是沿同一段落重复发生。他通过对圣安德列斯断层上 130 余条断错河谷错动距离与河流长度关系的详细研究，提出了沿断层带长期以来强震活动重复率的推算方法。

西姆斯在 1971 年圣费尔南多地震后，根据附近水库淤泥层中保留的多层扰动现象，确定曾发生过多次地震。1968 年南加州 Borrego 山 6.4 级地震后，克拉克等人分析了横跨断层破碎带上一个探槽全新世地层的变动情况，用 ^{14}C 同位素测定发现，在水平错动和地层的年龄之间，有很好的线性关系，表现出在过去 3000 年中，断层运动是以每 200 年左右发生一次较强地震的重复率均匀进行，从而在南加州第一次这样好地发现地震重复现象的存在。因之，C · 艾伦对用此法研究活断层带上强震危险性方面给予了很高评价。1978 ～1980 年，K · 谢赫通过多个槽探结合 ^{14}C 等方法，系统研究了加州圣安德列斯断层的史前地震，分析了洛杉矶东北帕列特溪一带，晚全新世沼泽堆积中多次地震遗留的各种地质遗迹，确定了该地区在公元 6 世纪以来曾有过 8 次重大的地震事件。其中 6 次强度可能与 1857 年南加州的 $8\frac{1}{4}$ 级地震相当，根据 ^{14}C 同位素的测定，确定了这些事件的大致年代。1979 年已开挖至相当 2000 年前沉积的层位，大大地弥补了这一地区地震历史记录很短的缺陷，对这一带的地震活动性提出了新的认识。K · 谢赫还与 K · E · 米斯林通过对加州古老树木年轮和生态变异的研究，得出了有过古地震事件的结论。

---

* 本文原载于《史前地震与第四纪地质文集》，陕西省地震局编，1982，3 ～7。作者：丁国瑜。

R · E · 华莱士等对内华达州约 2500 km^2 内古地震造成的断层崖进行了研究。根据崖面的新鲜程度、崖面的坡度与地震年代的关系、断层崖所表现的断距、面积与震级的关系，确定出这一带存在的 22 次地震事件，时间可追溯至 12000 年前。其中有 7 次大于 7 级的地震，证明了这里是一个有较长周期的正断层型的地震活动区。

安得森等对犹他州山间地震带，亚利桑那州西部大峡谷区的地震断层陡坎与最大坡度角及陡坎的年代进行了统计，得出了它们之间的关系式。

布克纳姆统计了断层陡坎高度、最大坡度角、震级与年代的关系，并研究考虑了干旱区气候、岩性等因素的影响，辅以 ^{14}C 定年资料，得出犹他州每 2000 ～4000 年有一次强地震活动，活动区域也有改变。而 6 ～7 级地震每 25 年即有一次，一个地区有活跃期与平静期的交替。

D · P · 汝斯研究了田纳西州西北部的 Reelfoot 湖区全新世断层和地震重复率问题，这里有 3 次造成砂层液化的古地震现象，据 ^{14}C 测定是在 2000 年间发生的。由此认为，1811 ～1812 年曾发生过强烈地震的新马得里区，强震重复周期约为 600 多年。

可以看出，这些工作对一些地区地震活动性的认识有了很大推进。

在我国，对古地震的研究，自 1978 年以来得到了更多人的注意和重视。1979 年中国地震学会地震地质专业委员会，在宁夏银川召开的中国活动断裂与古地震学术讨论会，提出了有关古地震研究的论文多篇，内容涉及了北京、河北、山西、宁夏、山东、安徽、江苏、四川、云南等地的古地震问题。会上进行了宁夏中宁古地震现象的现场参观，引起了热烈讨论，对古地震研究起了积极的推动作用。在北京附近、唐山等地古地震现象的新发现，对评价这些地区地震危险性提供了有意义的资料。近几年来在新疆阿尔泰山区、天山北麓，沿郯庐断裂带，江苏溧阳，沿汾渭断裂带，宁夏海原、西吉一带，甘肃昌马断裂带，四川的鲜水河、则木河、安宁河断裂带，云南的红河、小江断裂带等地都相继发现了一些古地震现象。在一些地区已进行了或正在进行着较为深入的调查研究工作。

近几年来，通过在各地的工作，在研究古地震的方法和内容上都有所进展，大大地丰富了对确定古地震的多种标志及其区域特征的认识。对古地震参数的确定，包括其强度、震中位置、错动方式，特别是古地震事件发生时间的年代学研究，都在逐步地开展，随着这些工作的深入，将会加深有关强震活动规律性的认识，从而提高一些地区地震危险性的预测水平。

从近年来古地震研究的情况看，值得提出的有下列一些问题。

首先对古地震时间界限理解还有很大的不同。一般是将其理解为史前地震，但显然由于各地历史长短不一，在时间上有很大的不固定性。对"古地震"一词的含义还是不十分明确的。

其次是古地震存在的标志问题。用以判定确曾发生过地震的各类标志很多，它包括了地震造成的断裂错动、沉积物的变形、各种有关的地貌现象、生物现象、岩石矿物以及其他的微观标志等。但区别地震造成的和非地震成因而形态相似的各种地质地貌现象，有时还相当复杂，轻易地将一些形态相似而非古地震造成的变形确定为古地震现象，将会导致一系列错误的结论，这是极其有害的。对用以判定存在古地震事件的标志，必须持十分谨慎和认真的态度。

古地震年代的确定是另一个极为重要的问题。要研究强震的重复周期，没有较确切的古地震发生时间的资料是不行的。目前随着研究第四纪年代学的各种新技术方法的发展，已为解决这一问题提供了可能。第四纪年代测定的方法当前已不下一二十种，但为了适应测定古地震年代的具体需要，还要视确定时间长短的不同需要选择相适应的方法。如要确定古地震事件发生的较具体的时间，则需要选用能确定到年、十几年以至几十年尺度的方法。但对周期长达数百和千年以上的地震或是为了研究大量古地震活动期的大体时段，则那些能确定 10^2、10^3 年尺度的方法也是有意义的。年代测定的方法虽多，但结合古地震现象取得适宜的可确定年龄的样品却往往非常困难，因之还必须常常采用一些因地制宜的方法才行。如在干旱区利用断层陡坎剥蚀程度、坡度角的变化，在一些地区利用地衣生长大小的测量对比，树木年轮法，岩石风化程度及穿过它们的波速变化的测量方法，碳酸钙的溶解度，沙漠日照程度的对比，土壤层的剥蚀以及考古方法等，相对和绝对的年代测定方法，有时在一定的地区常可取得很好的结果。地衣测量、树木年轮、不同风化砾石层波速测定等方法，已在我国的新疆，云南等地的古地震研究中开始使用。利用考古方法研究古地震，在我国有着特殊的有利条件和重要的意义，近些年来已在这方面开展了不少的工作。在北京附近、汾渭盆地、沿则木河、鲜水河断裂带，都有一些有意义的发现。随着对古地震研究内容的扩展，如古地震各种参数的确定、在基底岩石中古震源现象的探索等，古地震研究方法也必须相应地加以扩展。除了要充分运用对地震所造成的各类宏观的构造、地貌现象的各种研究方法以外，必须加强与古地震有关的矿物岩石学方面研究方法的运用。此外，在活动断层的适宜地段开挖探槽，是揭露古地震现象的一种非常简易但往往效果很好的方法，绝不要以其简单而加以忽视。

强震重复率的研究，一直是评价一个地区地震危险性涉及的主要问题。要认识一个地区强震活动的规律需要有较长的地震历史资料，遗憾的是大多数地区的地震记录时间太短，残缺不全，甚至完全没有历史记录。即使像我国、日本有较悠久历史资料的国家，这一问题也是同样不同程度的存在。为了通过古地震的研究取得较长时期的地震活动资料，对近数百年、千年、以至全新世时期，应是古地震研究的重点时间段。对更长时期古地震的研究，在解决强震重复率方面其实际价值，则随着时间向前追溯的久远程度而逐渐降低。

虽然古地震问题的提出已经很久了，但对它深入的研究可以说还只是刚刚开始，随着对宏观微观各类古地震剩余形变现象研究的开展和年代测定的精确化，它将为认识强震活动的规律性和提高地震危险性评价的可靠程度起重要的作用。

参 考 文 献

[1] В. П. Солонеко. Палеосеисмологшя, нзв. А. Н. СССР. 1973. Ио. 9.

[2] В. П. Солонеко. Налеосейсногеология болъшого Кавказа. пзд. <Наука>. Москва, 1979.

[3] Allen, C. R. , Geological criteria for evaluating seismicity. Geol. Soc. Amer. Bull, 1975, 86.

[4] Allen, C. R. , The modern San Andress fault. Englewood Cliffs, Prentica-Hall, 1981.

[5] Sieh, K. E. , Prehistoric large earthquakes Produced by slip on the San Andreas fault at Pallett Creek, California. Jour. Geophys. Research, 1978, Vol. 83.

[6] Sieh, Kt. E. , A review of geological evidence for recurrence times of large earthquakes Am. Geophys. Union, Maurice Ewing Ser. 1981, 4.

[7] Wallace, R. E. , Degradation of Hebgen Lake fault scarps of 1959, Geology, 1980, Vol. 8. No. 5.

[8] Bucknam, R. C. , Anderson, R. E. , Estimation of fault-scarp ages from a scarp-height-slope-angle ralationship. Geology, 1979, Vol. 7. P. 11 ～14.

[9] David p. Russ. , Late Holocene faulting and earthquake recurrence in the Reclfoot Lake area, north-western Tennessee. Geol. Soc. Amer. Bull. part 1. , 1979, Vol. 90. 1013 ～1018.

[10] Matsuda, T. and Okada, A. , studies of active faults in Japan, The Quat. Researceh. , 1968, Vol. 7. 188 ～199.

[11] Okads, A. , and Sangawa, A. , Fault morphology and Quaternary faulting along the Median Tectonic Line in the Southern part of the Izumj Range. Geol. Rev. Japan, 1979, Vol. 51, No. 5. 385 ～405.

[12] The Research Group for Active Faults of Japan. Active Faults in and Around Japan. the Distribution and the Degree of Activity, 1981.

[13] 朱海之，中宁古地震剖面的发现与初步研究，地震科学研究，1980，No. 1。

[14] 王挺梅，北京地区近代构造与地震活动的初步研究，地震地质，1979，Vol. 1，No. 2。

[15] 黄秀铭，关于古地震地质研究，地震地质译丛，1979，Vol. 1，No. 4。

[16] 地震与地震考古，文物出版社，1977。

[17] 丁梦林，关于华北地区几个古地震遗迹的认识，地震地质，1981，Vol. 3，No. 1。

[18] 黄圣睦、刘本培、江在雄、黎定福，四川炉霍虾拉沱地震断层群，地震地质，1981，Vol. 4，No. 1。

古地震研究的内容及意义*

1976 年 3 月，苏联科学院主席团地震和建筑抗震联合委员会，批准了苏联新的地震区划图。但是，在这之后的 4 个月内，苏联境内接连发生 4 次较强的地震，都与区划图不相符合。其中 3 次地震实际上是发生在图中的无震带中，一个Ⅷ度地震是发生在区划图的Ⅶ度区内。因此，有人提出，必须重新考虑地震危险区划的原则和方法。索洛连科等人认为，进行古地震的研究，就有可能避免类似的错误。

在美国西部的多震区，关于地震的历史记载仅有 200 年。运用这样短时间的资料或更短的仪器记录资料，去判定该区地震危险性是极其不可靠的。因此，艾伦等地震地质学家一再强调：必须重视地震地质、活动断层的研究，重视史前古地震的地质标志的运用和作用。

我国虽然有悠久的历史地震记录，但在约 3000 年有关地震的资料中，较完整的强震记载也不过四五百年，而且仅局限于东部的一些地带。如果一些地区强震的重复周期较长，例如几百年或上千年，则历史记录就不能正确地反映该地地震活动的全貌，地震平静期给予人们的假安全感很易导致对地震危险性的错误判断。1966 年邢台 7.2 级地震、1976 年唐山 7.8 级地震都是发生在因历史上缺少强震记载而确定的较低烈度区内，就是这方面突出的惨痛事例。因此，若能对第四纪，特别是全新世以来地震活动的规律性有所了解的话，那对正确判断地震危险性是有重要意义的。所以，开展古地震的研究就成了一个弥补历史记载时间太短的可行方法。

古地震研究的主要内容，是研究在地质历史上，特别是第四纪晚期遗留下来的与地震有关的各种地质、地貌现象，进一步判定曾经发生过地震的时间、地点、强度和动力状况等，追溯更长时期内地震活动的规律。古地震研究主要是研究地质遗留下来的各种现象，包括地震断层错动现象、断层陡坎、断层角砾、地裂缝；沉积层的褶曲变形、砂层的液化、喷涌现象；水下地滑、古地形表面的土层滑动、地震崩坍等重力滑动现象；水系错动、地震湖等古地震形成的地貌现象以及古林木的倾斜变位等。当然，在分析和运用这些现象判定古地震的存在时，必须非常谨慎，因为有许多类似的现象并非是地震造成的。深入研究现代大地震的各类剩余变形现象及其形成的动力学特征，对确定古地震存在的标志具有重要作用。

近年来在美国、苏联、日本、伊朗、新西兰、南斯拉夫等地都已开展了古地震的调查研究。我国近几年来这方面的工作也正在迅速地开展，在鄂尔多斯周围的银川盆地、汾渭断裂带、京津唐一带、郯庐断裂带、西南的横断山区、鲜水河断裂带以及新疆等地都已发现了不少古地震的地点和各种类型的现象，在认识各地古地震现象的特点以及工作方法上取得了许多很有意义的发现和进展。如宁夏中宁附近黄河阶地第四系中发现了古地震断层、砂层液化及其揉皱喷注等现象。

需要指出，确定古地震事件的存在只是研究的开始，综合利用宏观和微观多种标志进一步判定古地震的各种参数，阐明一个地区最后一次强地震事件的时间及该区在长时间内强震活动和重复周期的状况，才是这一工作的目标。这就需要在一些重点地区进行系统而深入的工作，在空间上与活动断裂带的研究相结合，在时间上要大力加强古地震事件年代学的测定，而首先是近代数百年、上千年以至全新世古地震事件年代学的测定工作。

---

* 本文原载于《世界地质科技发展动向》，地质出版社，1982，94～96。作者：丁国瑜。

我国的强震系列与第四纪活动断裂带*

从全球地震分布的情况看，基本上可分为两类：一类是沿板块边缘分布的，一类是在大陆（或板块）内部的地震。它们一是沿着岩石圈上已存在的巨大破裂带上发生的，一是地块内部破裂、再破裂而发生的。两者存在着明显的区别。内陆地震对人类构成的危害要比板块边缘地区的地震大得多。近年来由于内陆（或板内）地震和板内应力场这一课题在实际上和理论上具有的特殊意义，已日益引起更多的人对它的注意。

处于亚洲大陆东部的我国，是世界上内陆地震分布最为广泛的一个地区，而且发生过许多在其他内陆地区所少见的巨大地震，因此，对我国大陆内部地震的活动特征及其有关的现代地壳运动状况问题，在国内外引起了人们很大的兴趣。

从我国地震活动的实际情况看来，内陆地震与板块边缘带的地震相比具有许多明显的特点。在分布上它们往往分散而又具有条带性，交织成网状；在活动时间上往往在大范围内有迁移、呼应彼此关联的特点；在破裂方式上往往显示为双向共轭式的破裂；而且地震还常有成带、成丛、成片的分布，构成破裂带、破裂区，并时而有成带、成区转移的特点。所有这些情况都共同地反映了一点，就是内陆地震的活动不是孤立发生的，而是在大范围内相互密切关联的、具有统一性和相互联系的特点。茂木清夫等研究全球地震（主要是板块边缘地带地震）活动的周期性后指出它们有着共同的活动期和平静期，并有自赤道向北、向南定向性的迁移，说明了在全球上地震活动是相互有联系的[1]。而内陆地震活动的相互关联性看来无论在时间上、空间上都要更为明显和复杂得多。

但是内陆地震活动相互联系的具体结构形式是什么呢？下面我们通过对我国大陆内部大地震活动在时空分布上往往成带成段集中活动特点的分析，对这个问题作一些讨论。

一、强震的空间分布特征与现代地壳破裂网络

在大陆内部大地震的活动虽然乍看起来非常分散，但它们并不是孤立地东一个西一个无规则地发生的。很突出的一点就是它们常常沿着一条断裂带在一定地段和方向上成丛连续发生。一连串的强震反映了断裂带上一个段落的强烈活动。

这种沿一个大断裂带强震成系列连续发生的情况，在全球许多活动断裂带上也有这样的例子。最典型而著名的如始于1939年东土耳其的埃尔津詹大地震系列[2]。沿太平洋板块边缘有些段落亦有在一定活动期出现强震系列的现象，如沿千岛－日本海沟，小笠原－马里亚纳，墨西哥－中南美一带，以及在菲律宾等地连续发生的强震系列都是反映了断裂构造带活动的例证。有人将此和实验材料的裂纹和缺陷的不稳定发展相比拟。在大陆内部这种以强震系列反映出断裂带成段强烈活动的情况常常表现的尤为明显。在我国有很多的例子，如：

1. 汾渭活动断裂带与华县－平谷强震系列

从历史地震资料看，这一强震系列（图1）可从1487年8月10日的临潼Ⅷ度地震和1501年的朝邑Ⅶ度地震谈起。朝邑地震的影响从华县－朝邑－永济－荣河－韩城北东向一线为最甚。地裂主要沿

---

* 本文原载于《第三届全国第四纪学术会议论文集》，科学出版社，1982，184～194。作者：丁国瑜。

此线方向分布。自此以后开始了北东向断裂带的激烈活动与发展。自1556年华县8级大地震起至1695年5月18日临汾8级大地震止，在此期间，沿这一北东向地带相继发生了11次6级以上的强震[3,4]。最大的两次强震发生在此大活动断裂带的两端（华县8级地震与平谷8级地震）。一系列大震造成的地震断层，反映了一个自渭河河谷至燕山山麓的一系列北东向剪切断裂带的强烈活动。如1556年华县大地震，据陕西省地震局调查资料，地震断裂至少自渭南延长到临沂的北东向断裂带，长达150 km以上。整个破裂的系列先后经历了有200多年的时间，活动破裂带的长度达1000 km。总体呈北东45°方向延展。这些新断裂大体上都是沿着汾渭中新生代地堑系中的扭张性断层发展的。有人分析，北京附近的地震活动与此系列有关。这一断裂带活动的性质，据等震线长轴方向及余震分布延展方向等表明都是一致的，主要为右旋平移错动。

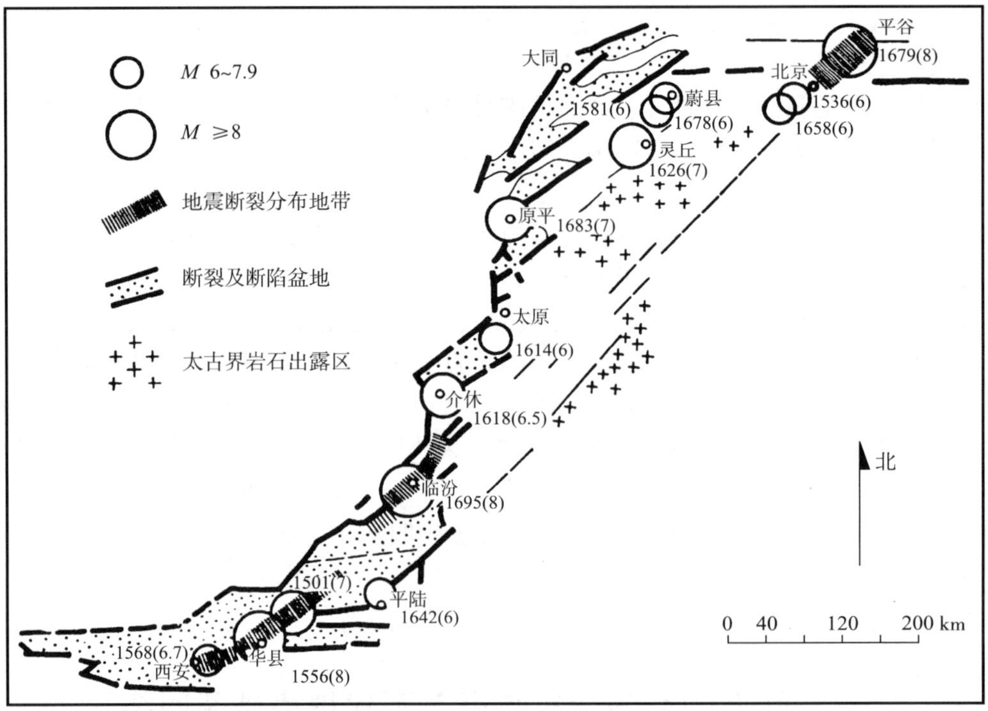

图1　汾渭活动断裂带与华县-平谷强震系列

从历次地震地表断裂的方向、等震线长轴方向、地裂等地表破坏现象的记载均表明它们具有构造上非常相似和统一的机制。是一个断裂带一次活动的统一产物。

2. 河西活动断裂带与海原-昌马强震系列

这一强震系列（图2）可以1920年12月宁夏海原8.5级地震为起始，继之有1920年12月靖远7级地震；1927年5月的古浪8级地震，1928年3月古浪6级地震，1932年12月昌马7.5级地震；1954年2月山丹7.3级地震。这一系列强震中几个7级以上地震都出现了明显的地表断层。其中海原地震地面断层自海原李俊堡至景泰长达200余千米，昌马地震的地震断层长达120 km[5,6]。不仅这一系列强震的发生，在时空上呈有规律地定向迁移，而且它们形成的地震断层的方向也表现了很好的一致性。反映了一个断裂带整体的最新活动。这一断裂带自海原至昌马长约1000 km。沿这一地带这一期活动所构成的地表断裂，仅调查可见的就已有三四百千米。此断裂带的活动性质根据震源机制解、余震分布及地表现象等资料表明主要为左旋滑动的。有些迹象表明这一活动断裂带还可能断续地延至新疆北部。

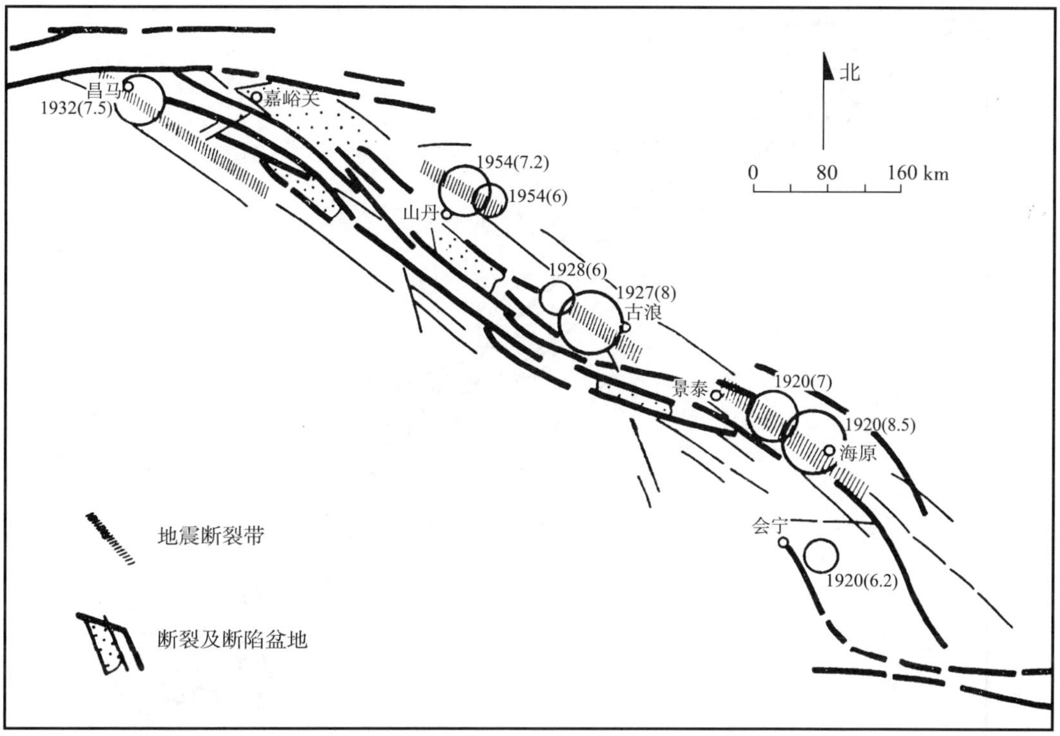

图 2　河西活动断裂带与海原－昌马强震系列

3. 鲜水河活动断裂带与甘孜－昭通强震系列

沿鲜水河断裂带（图 3）在 1919～1941 年间曾连续发生了一系列中强地震。1955 年起沿此带又相继发生了康定 7. 5 级地震，甘孜、炉霍的 6 级地震和 7. 9 级地震、昭通 7. 1 级地震等[7]。地震地表断层及机制所反映出的这一断裂带的活动方式，主要是左旋压扭性的错动。同时，在这两个活动期，在青海境内，与此断裂带平行而相邻的舒尔干－玛曲等断裂带上同时也有一系列的地震活动，如 1937 年托索湖 7. 5 级地震，1947 年达日 7. 8 级地震，1964 年 3 月的霍布逊湖 5. 8 级地震，1971 年 3 月阿兰湖 6. 8 级地震，1977 年 1 月茫崖 6. 4 级地震等。其中托索湖地震形成的长达 230 km 的地表断层，以及其他许多地震的错动特性和震源机制解与鲜水河、昭通活动断裂带的活动也是大体一致的。在活动时间、分布、方向排列、错动特性等方面都反映了它们是在一个统一的构造应力场作用下的产物。

4. 河北平原中部断裂带与邢台－唐山强震系列

这是华北地区自 1966 年以来剧烈活动的一个强震系列。在短短的十几年中，一系列强震的发生，反映了两个相邻的北东向平行断裂带的同时活动。1966 年 3 月邢台地震群、1967 年 3 月河间地震和 1976 年 7 月唐山 7. 8 级地震构成一个北东向强震系列。1969 年 7 月的渤海 7. 4 级地震和 1975 年 2 月的海城 7. 3 级地震构成平行的另一个北东向强震带。若从更长一些的时间尺度上看，这两个活动带的活动段落还要延长，前一个系列可以向西南方向延至磁县甚至山西的平陆一带。而后一个系列则可向西南延至山东菏泽以至河南的许昌一带。西带的活动始于 1815 年的平陆 6. 8 级地震，东带则始于 1820 年的许昌 6 级地震。两个带的活动都是由西南向东北方向发展，活动带的长度也都大约在 1000 km 左右。

从上述几个强震系列的具体情况可以看出它们有以下的一些特点：

（1）这些强震系列展布的方向和在这些活动断裂带上的强震迁移的方向常常表现出有明显的方向性。它们多是沿大体 NE40°～50°或 NW310°～320°的方向排列的。北东方向断裂带上的地震都表现为自西南向东北迁移，如沿汾渭带和河北平原中部带。北西向断裂带上的地震则表现为自东南向西北的迁移，如海原－昌马系列等。有的较为复杂，如沿鲜水河断裂带上的地震活动，1917 年此带的东南端

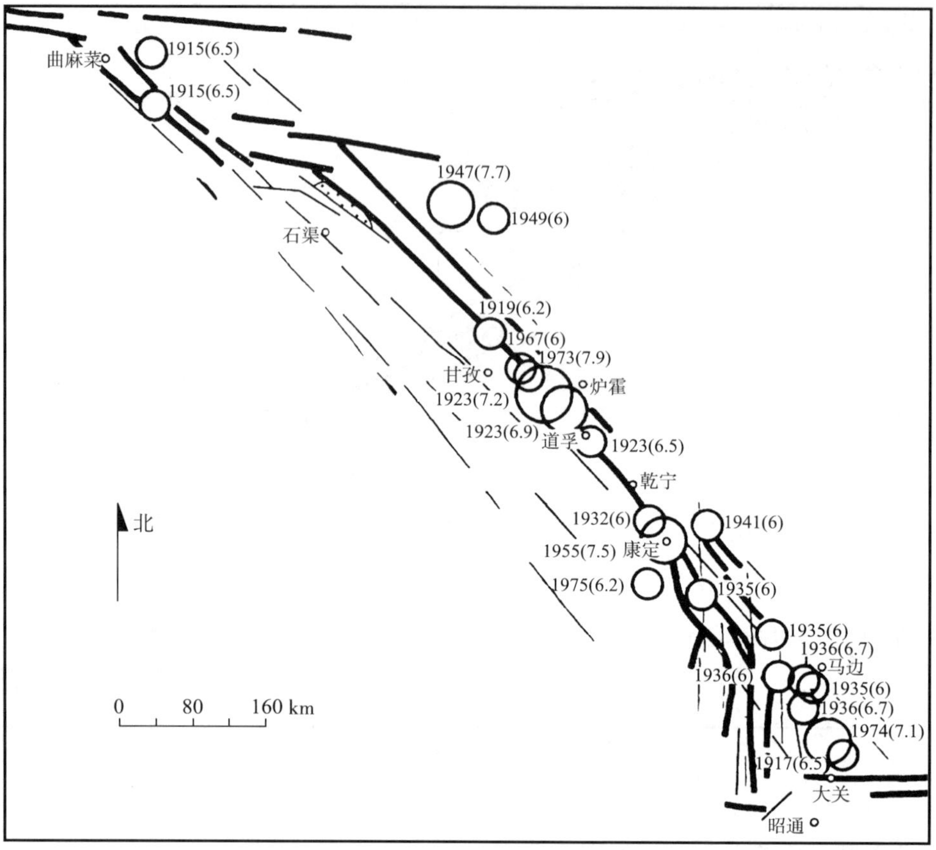

图 3　鲜水河活动断裂带与甘孜 - 昭通强震系列

盐津 6.5 级地震后，接着移向西北端，但后来则主要表现为一系列 6 级地震自西北向东南方向的迁移了。

（2）当强震活动构成一个系列，这一系列地震分布的总长度往往大体相仿。多为 1000 km 左右。有的是其半数或其倍数。这一点不仅在我国境内的强震系列如此，世界其他地区的也有此情况。例如上述的菏泽 - 海城、华县 - 平谷、海原 - 昌马、平陆 - 唐山等 4 个系列的两端皆为相距 900 ～1100 km 之间，即均在 1000 km 左右，土耳其的强震系列的展布也是具有这样的长度。

（3）在每一强震系列中，大地震的分布有等间距的特点。两个大震的间隔往往大体是 250 km 左右或其半数和倍数，如 500 km 左右等。尤其是 8 级左右的地震间隔以 500 km 左右者为多。菏泽 - 渤海、渤海 - 海城、炉霍 - 昭通、磁县 - 唐山、海原 - 山丹等这些发生过大震的地点之间的距离都是 500 km 左右。

（4）同一强震系列的地震的破裂机制多是相似的。这说明它们是属同一破裂过程中的事件。

除了上述几个明显的强震系列外，我国内陆的另外一些 8 级大地震在发生的时间及分布上也常常具有定向、等距和组成系列活动的特点。如新疆的阿图什地震（1902 年，8.3 级） - 玛纳斯地震（1906 年，8 级） - 富蕴地震（1931 年，8 级）以及蒙古阿尔泰地震（1905 年，2 次 8.3 级）组成一个系列，他们同处于一个 NE 方向的条带上，全长约 2000 km 左右，而阿图什 - 富蕴，富蕴 - 蒙古阿尔泰分别约为 1000 km。西藏的 1950 年察隅与 1951 年当雄连续发生的 8.5 级和 8 级地震也是间距为 500 km，构成约 NW45°的排列，并可延至云南地震活跃的下关、通海一带，云南境内嵩明 - 永胜二个最强烈的大地震也发生于大体与这一线接近的平行带上，这些点间的距离，也多是 250 或 500 km 左右。东南沿海，历史上最大的 3 次地震即 1604 年的泉州外海中的 8 级强震和琼山 1605 年 7.5 级地震以及 1600 年南澳的 7 级地震也是在 NE45°的方向上约 1000 km 的距离内相继发生的。宁夏平罗 1739 年 8

级地震与1695年临汾8级地震虽然处于两个构造带上，但两者也是遵循了上述规律，相互间隔500 km，大体沿北西45°的方向先后发生的。因此看来，几乎我国内陆的8级强震似乎都具有上述的定向、等距成系列活动的现象。画出它们的这一分布状况，明显地反映了内陆强震的一个活动特点（图4）。

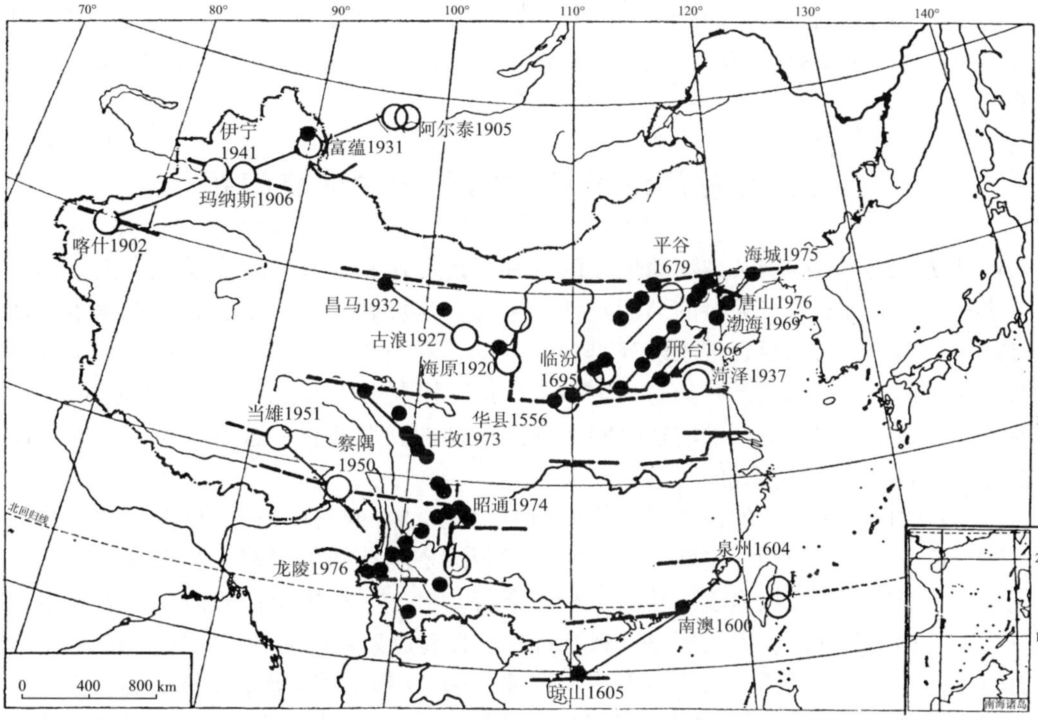

图4 我国主要强震系列分布示意图

为什么在一个强震系列中，这种大地震分布往往呈现定向性等距离分布的特点以及整个系列的长度往往是一定的呢？这些现象除了具有可能反映地壳强度与应力量级的意义外，我们认为这主要是与现代地壳的全球性破裂机制有关，与地壳上断裂构造的网络性特点有关。关于地壳的剪切破裂网络与地震活动的关系问题已有很多的讨论，特别是近年来卫星影像资料的运用对多组不同方向新老线性构造的研究，大大丰富了这一问题的内容。

根据我国地震活动资料分析，我国的地震活动常常表现出是以北东和北西两个方向成带性最强（经向和纬向的也相对较为明显），一般多在北东40°～50°和北西310°～320°左右。这样，就常在很大的范围内形成方向非常相近的多条平行的地震活动条带。沿着带上断续分布的地震，不仅在空间上，而且在时间上都常常具有一定的联系。这些条带互相交叉，在一些大带之间还包含着许多条次一级的带。构成了一幅主次分明，反映了现代地壳呈网络状破裂的图像。较强烈的地震就往往发生于两组地震破裂条带交叉的附近。当然强震分布是不均匀的，各条强震带之间以及每条强震带各段之内都存在着差别[8]。

这一正在活跃着的大陆内部地壳破裂网络是叠加在各地复杂的构造背景之上的。它既受不同地质时期形成的老构造的控制，又有其新生的特点。在有些地方，它穿越老的构造，按一定的方向延展，显示出它的新生和年轻的特性。上述的强震系列就是这一现代破裂网络中活动最为强烈的一些地段。一般说来，构造带的交会处是地壳强度相对较弱、易于形成初始破裂点的地方，同时又因其强度弱不宜承受巨大的应力，因此这里又常常是破裂终止处。但由于交会处应力不易积累，这就往往构成在其附近应力大量集中的条件，因此在交会处附近又常是易于发生大震的地方。所以构造阻隔交会所起的作用不是单方面的。地震活动最常出现的北东和北西两个方向正是地壳中纬度地区剪切网的方向，而这些斜向剪切破裂带相互交叉，它们并与一些纬向、经向构造带相交。这些交会点不仅可以是从此开始破裂的地方，而且也可以是限制了破裂的延展，造成一个破裂带的发展又是终止的地点。由于地壳上的剪切破裂带以及经纬向构造都具有等距分布的特点，这样就造成了上述大地震以及强震系列所表现出的定向、等距的现象。一些主要的纬向构造带的间隔一般为8°左右（李四光），介于两条纬向带间与之成45°角相交叉的斜向剪切带的长度就被隔成了1000 km左右的段落。这也就是活动断裂带上强震系列的发育长度为什么都是1000 km左右在构造上的原因。了解这一特点对强震系列活动趋势判断是有意义的。

二、强震活动周期与第四纪古地震问题

强震系列是现代地壳有强烈破裂活动地段的一种表现。这些地段又往往是地壳上新构造活动强烈的地带，沿这些地带常可发现有大量的第四纪活动断层。这反映了这里有着长期的继承性活动。对强震系列的研究与对第四纪活动断裂带的研究是分不开的，断裂带的活动也好，地震活动也好，都有活跃与平静的周期交替。上述强震系列具有一定方向和长度特点的认识有助于对地震危险区地点的判断，但要解决地震危险性的预报还必须了解在时间上地震活动的状况才行，这就涉及了研究第四纪活动断裂带和地震的活动周期及活动方式的问题。

对地震活动在时间上周期性的讨论仅仅依据历史地震资料的统计分析、仪器观测资料的分析是远远不够的。因为这方面往往受到历史资料记载时间过短或资料残缺的局限，加以地震活动在时间、空间上的变化，常不能反映出区域地震活动的真相和全貌。对一个在历史记载阶段没有发生过强震的地区问题就更大了。在华北地区，根据历史资料有过二次强震成系列的活动。一次是1209～1368年，这一期间沿山西浮山—洪洞—大同—河北怀来一带有过6～6.9级地震7次，8级地震1次；另一期即前面谈过的1487～1695年的华县—平谷强震系列活动期。这二次活动都是在汾渭断裂带上发生的。但华北地区在19世纪后期即已开始了的又一次地震活动期，强震活动的分布区域却转移到河北平原中来了。在空间上的这一变化，大大增加了根据历史资料判定一个地区地震活动周期的困难。虽然这个地带可以说是在世界上地震记录最为悠久的一个区域了，但仍是严重地感到记录时间长度的不足(图5)。因此，若能对较长的时间，主要是第四纪，特别是全新世（10000年左右）以来（因为再向前追溯的时间越长，则与当前地震活动的具体情况的关系反而就又越小了）地震活动的规律性有所了解的话，那对正确判断地震的危险性是有重要意义的。这样，就提出了研究全新世时期，第四纪时期古地震的问题。开展古地震的研究，是一个弥补历史记载时间太短的一个可行的方法。

古地震的研究，主要是研究地质历史上遗留下来的与地震有关的各种地质现象。追溯更长的时期内地震活动的特点和规律。古地震遗留下来的地质现象包括地震断层的错动现象、断层陡坎、地震引起的沉积层的弯曲、褶皱、水下地滑、地裂缝、古喷砂现象、震动造成的角砾岩、古地形表面的土层滑动、古地震塌方等地震重力滑动现象、水系错动、地震湖等古地震形成的地貌现象以及古林木的倾斜变位等。当然，在分析和运用这些现象作为判定是否古地震遗迹时，必须非常谨慎，因为有许多类似的现象并非是地震所造成的。

古地震现象已在世界上许多地区有所发现和研究，尤其是在一些第四纪活动断裂带上有大量的存在。索洛年科于1968年已发表了在贝加尔裂谷区所确定的32次Ⅸ度以上强烈古地震的资料。并在不少地区已利用古地震的研究作为地震危险性评定的主要依据之一。在一些地区，通过古地震的研究大大改变了以往对该地区地震危险性和新构造活动性的原有认识。例如通过对塔吉克斯坦、贝加尔和高加索区古地震地质现象的研究，改变了高加索一些地区的地震危险性确定为Ⅷ度的上限的看法。R. E. 沃利斯等对加利福尼亚与内华达州等地古地震造成的断层崖进行了研究。根据崖面的新鲜程度，崖面的坡度与地震年代的关系，断层崖所表现的断距、面积与震级的关系等确定出了约30个7级以上的古

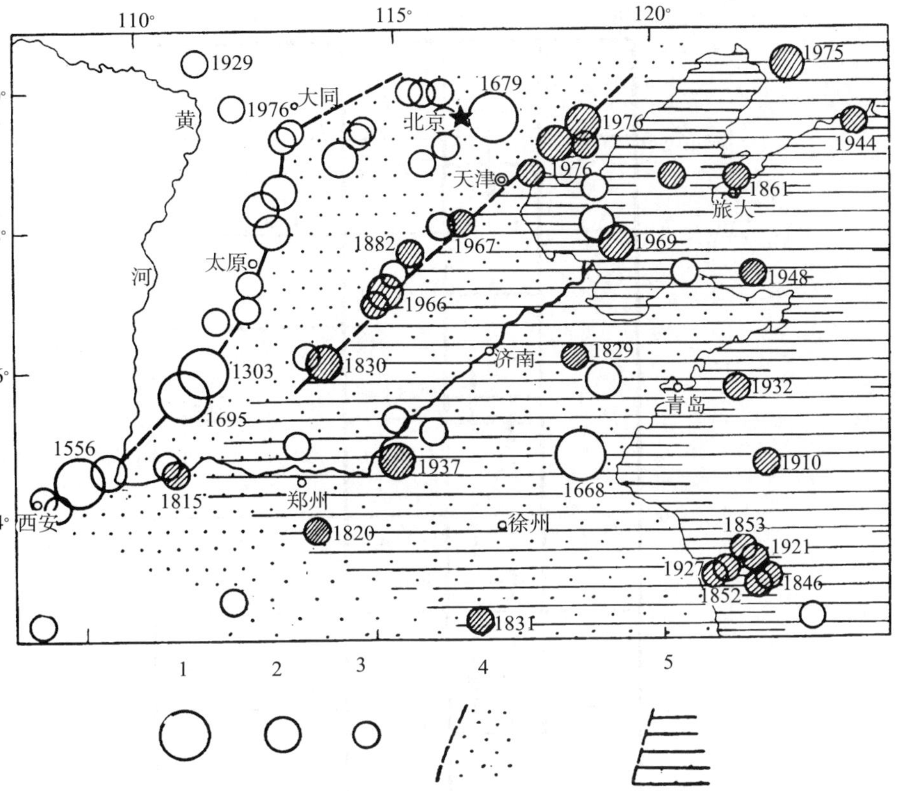

图 5　华北地区地震活动分布区域的转移

1. ≥8 级地震；2. 7～7.9 级地震；3. 6～6.9 级地震；4. 1209～1368 年及 1487～1695 年两个地震活动期地震分布的区域；5. 1815 年至现在地震活动分布的区域

地震，因此对这一地区地震活动性的认识有了很大的改变。1968 年南加州博雷戈山 6.4 级地震后，克拉克等人（1972）分析了横跨断层破碎带上一个探槽的全新世地层的变动情况，用^{14}C同位素测定发现在水平错动和地层的年龄之间有很好的线性关系。本·梅纳汉，约翰·西姆斯等研究了湖泊沉积中的古地震遗迹。1978 年 K. E. 西赫通过探槽结合^{14}C等方法，系统研究了加州圣安德列斯断层的史前地震，对洛杉矶东北 55 km 处晚全新世沼泽堆积中多次地震遗留的地质遗迹，包括砂涌、液化、地层剖面中断层终止的相互交叉关系、沉积物和断层的相互关系等，确定了该地区有历史记载以前，公元六世纪以来曾有过 8 次重大的地震事件。其中有 6 次强度可能与 1857 年南加州的 8.3 级地震相比，并根据^{14}C年龄的测定，确定了这些事件的大致年代[9]。这就大大地弥补了这一地区地震历史记录很短的局限。对这一带的地震活动性提出了新的认识（图 6）。

在我国，对古地震现象，很久以前就曾引起过一些研究者的注意。袁复礼教授 1957 年时曾提出黄土区的许多坍塌现象，如在秦岭以北的千阳、宝鸡段和新石器时代的灰坑大规模坍塌现象可能是古地震的结果[10]。王嘉荫教授也注意过这类问题。对汾渭断裂带、延怀盆地、郯庐断裂带地震构造和古地貌的研究中，也都曾发现和讨论过一些与古地震活动有关的现象和问题。

中国科学院古脊椎动物与古人类研究所和国家地震局地质研究所在河西断裂带穿过的宁夏中宁县附近发现的大规模的古地震现象可以作为一个突出的例子（图 7、8）。在中宁城南约 8 km 处的固海引黄扬水站水利工地区开挖出了大量的古地震遗迹。工地位于黄河第二级阶地上。剖面主要是由中、晚更新世的两套黄河冲积砂砾石层和亚砂土、亚黏土层组成。在剖面中反映出此区在这套沉积的形成过程中至少有过两期强烈的地震活动。剖面中反映多次地震活动的证据，有断层多次错动的现象、地裂、砂层液化形成的砂层揉皱、喷沙、砂脉等大量现象。最早的一期地震活动是在上部的一套较新的黄河砾石层沉积之前发生的。当时这里还是地下水位很高的古黄河漫滩，强烈的地震使这里饱含地下水的

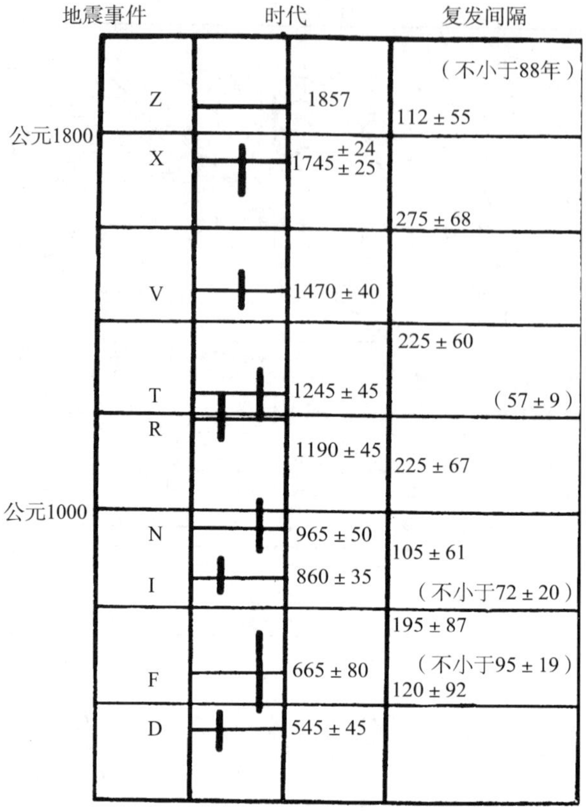

图6　根据对新沉积物中地震遗迹和14C年龄测定确定的美国南加州强震复发间隔数据表

（据 K. E. sieh，1978）

砂层形成了强烈的挤压、揉皱、喷沙冒水等液化现象。大量的细砂沿着大大小小的裂隙喷出地表，地震时地层的断裂现象也很清楚，在液化砂层附近及其以下的砂砾石层表现出垂直错距可达 3 ～5 m。水平错动的现象是清楚的，但未能量出其错距的大小。

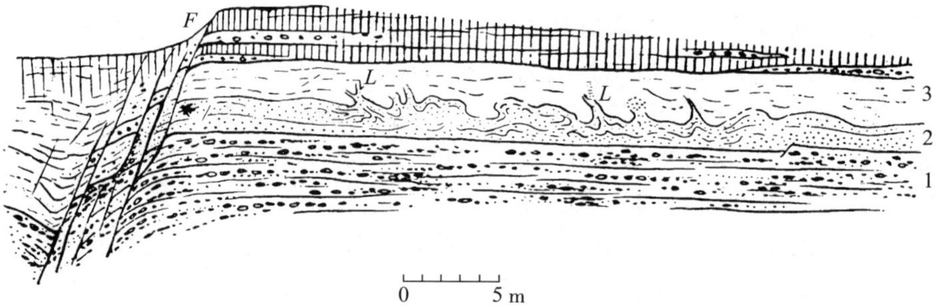

图7　中宁古地震现象示意剖面图（一）

1. 灰黑色砾石层，出露4 m；2. 细砂层，强烈液化揉皱变形，厚约1.5 ～2 m；
3. 亚砂土、亚黏土层，厚2 ～2.5 m；4. 亚砂土夹砂砾石层，厚2.2 m；F. 断层；L. 液化现象

第二期的地震活动是在上覆的砾石层及河漫滩相亚砂土层堆积之后发生的，但显然这一期地震活动发生时，该地的地下水位已经大大降低到下伏的砂层之下了，因此，没有再造成液化现象而仅遗留了大量的断层和地裂缝现象。从上部砾石层及亚砂土层中可看到的垂直错距为 1. 2 m。沿断层面及一些地裂缝壁上可见到明显的水平错动擦痕，但水平错距还未能定出。一些迹象反映还有多次地震事件存在的可能，如在上部的砂砾石层内有的地方可以看到没有切穿砾石层的断层存在；有的断层又错断

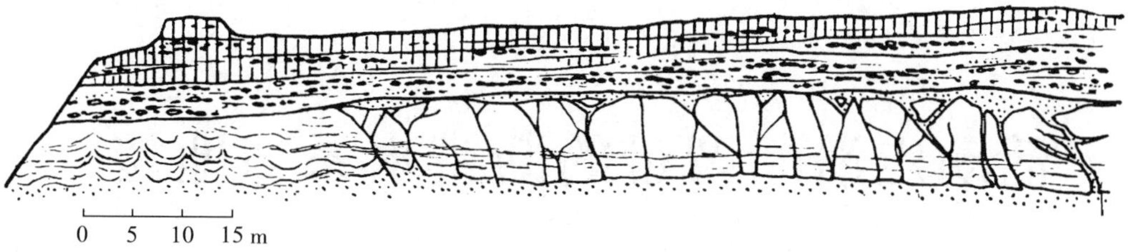

图8　中宁古地震现象示意剖面图（二）

了喷砂孔道；有的喷砂孔中不同组分的砂粒流相互穿插，反映可能有多次喷溢。但这些现象是否多次地震活动的痕迹还需进一步研究。从总的看来有两期最主要的地震活动则是很清楚的。

关于这些古地震的强度问题，从不同地点和层位中断层多次错动的现象看，第一期的地震活动造成的断层错距（垂直的，因水平错距还未能确定出来）比第二期的要大。第一期约为 1.8 m，第二期为 1.2 m。另外从第一期地震活动形成的喷出的砂锥所保留下来的规模看，有的平面上长达数十米，这些情况与现代地震形成的这类现象的规模比较，可以判定这些地震都是相当强烈的，第一期的地震显然要在 7 级以上。

这两期地震活动所形成的地震断层是近南北走向的（NE5°），根据个别剖面上保留的水平擦痕看，有张扭性逆时针滑动。如果这一情况没有问题的话，则这一错动方式反映出当时的主压应力方向为北西－南东向，这与这一带的海原等近代地震所反映出的应力作用方向有很大的不同，这个现象涉及了第四纪时期应力场的状况及变化问题。由于目前资料的局限，对此还只能作为一个问题提出来。

中宁附近的历史地震记载除有几次 6 级左右的地震外，强震记录仅有 1561 年 7 月 25 日的 7 级地震和 1709 年 10 月 14 日的 7.5 级地震。对地震活动情况的具体资料也较为有限。在这一带第四纪黄河堆积中，大量古地震遗迹的发现丰富和延长了对此地区地震活动历史和特点的认识。目前，一些单位正对此开展详细的研究工作。

沿着一些活动断裂带，进一步深入开展古地震的系统调查与研究，包括开展同位素年龄的测定、地震活动方式特点以及更长时间尺度内地震活动周期的判定等，必将会大大加深对这些活动断裂带上强震活动规律以及第四纪地壳运动状况的认识。

参 考 文 献

[1] Mogi, k., Active periods in the world's chief seismic zones. Tectonophysics, 1974, Vol. 22, No. 3～4。

[2] Allen, C. R., Geological criteria for evaluating seismicity. Geol. Soc. of Amer. Bull., 1975, 86: 1041～1057。

[3] 郭增建，1956 年 1 月 23 日关中大地震，地球物理学报，1957，Vol. 6，No. 1。

[4] 邓起东等，山西隆起区断陷地震带地震地质条件及地震发展趋势概述。地质科学，1973，No. 1。

[5] 国家地震局兰州地震大队、宁夏回族自治区地震队，1920 年 12 月 16 日海原大地震，地球物理学报，1976，Vol. 19，No. 1。

[6] 时振梁等，1932 年昌马地震破裂带及其成因的初步探讨，地球物理学报，1974，Vol. 17，No. 4。

[7] 唐荣昌等，1973 年炉霍 7.9 级地震的地裂缝特征及地震成因的初步探讨，地球物理学报，1976，Vol. 19，No. 1。

[8] 丁国瑜、李永善，我国地震活动与地壳现代破裂网络，地质学报，1979，No. 1。

[9] Sieh, K. E., Prehistoric large earthquakes produced by slip on the San Andreas Fault at Pallett creek, California. *J. Geophys. Res.* 1978, 83 (B8).

[10] 袁复礼，秦岭以北的新构造运动，中国科学院第一次新构造运动座谈会发言纪录，北京：科学出版社，1957，81～83。

活动走滑断裂带的断错水系与地震*

一、断 错 水 系

所谓断错水系指的是由于断层活动，主要是走滑错动造成穿过断层的河谷被错动易位，发生急剧转折以至水系重新配置的现象。它是判定活动断层的一个重要标志。是研究地壳水平运动，断层走滑活动状况的重要对象。利用断错水系所反映出的断层错动情况结合古地震的研究可作为判断断层位移速率、大震重复率的一个方法。在我国，对断错水系现象的注意由来已久，不少有关历史大地震的资料中记载有河流错移的情况，近年来在一些活动断裂带和大地震区进行地震地质的研究过程中，对这类现象累有报道[1~6]，但除少数几个地点外，大多尚缺乏深入和系统地工作。

在我国，沿许多大的活动断裂带常可看到河谷被扭曲牵引和错动的现象。它反映了内陆一些为断层所围绕的地块在最近地质时期内相互扭动的具体情况。如在塔里木地块四周，特别是沿其东南侧的阿尔金断裂带有一系列河流被左旋扭动和错断的现象。有的河道错距达数十以至上百千米。在青藏高原内部沿一系列大型近东西向和北西西向活动走滑断层，水系的扭错现象在多处表现清楚。在川滇一带，向南东方向移动的菱形地块四周，断错水系沿鲜水河（图1）、安宁河、则木河、小江等断裂带都有所发现。在四川地块西侧的龙门山也有一系列北西向河流被北东向断层右旋扭动的现象。在东北沿大兴安岭东麓的断裂带上、华北的太行山东麓以及汾渭河谷一带都可找到断错水系发育的地段。

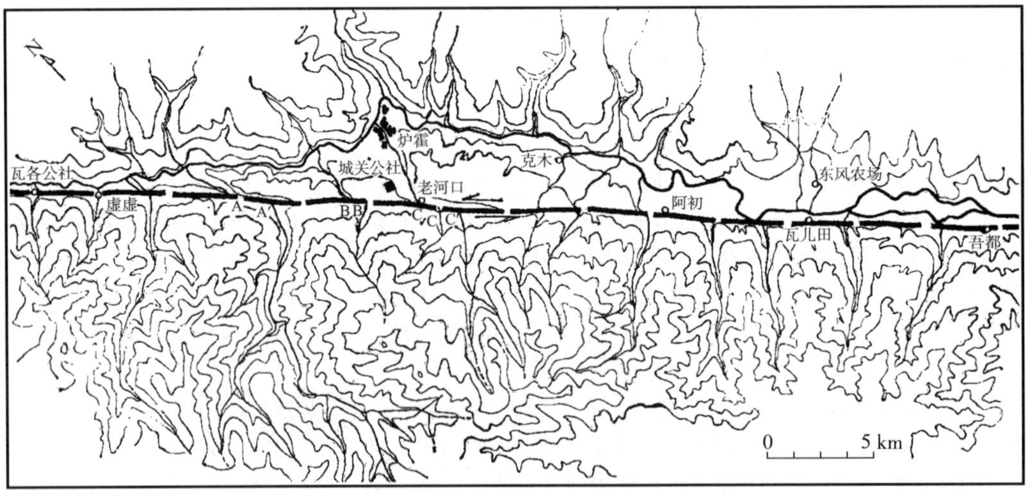

图1　四川鲜水河活动断层的断错水系

表1列出了一些有代表意义的断错水系的地点和它们的简要情况。有些地段的断错水系发育的清晰而典型，即使在较小比例尺的图上也可以辨认出来。

* 本文原载于《地震》，1982，No.1。作者：丁国瑜。

表1　我国大陆地区一些活动断裂带的断错水系实例

断裂名称	断错水系发育地段	错动方式	河谷错距（约数，单位：km）	被错断河流自断层至源头长度（约数，单位：km）	备注
新疆可可托海－二台断裂	铁买克西，鄂尔齐斯河一级支流	右旋	3	20	1931年富蕴8级地震
	富蕴东南白杨沟、水磨沟	右旋	1～2	10	水平错距最大14 m
	古尔斯东北干沟	右旋	0.7	5	（新疆地震局）
	乌铁布拉克	右旋	0.5	7	
	卡尔布特	右旋	0.5	7	
阿尔金断裂	喀拉萨依－吐拉一带	左旋	31～40	200	
	肃北好不拉－红柳峡	左旋	6	10	
		左旋	2	5	
		左旋	0.5～1	2	
宁夏海原南华山断裂	昌马北大坝附近	左旋	5	50	1920年海原8.5级地震
	海原菜园－乱堆子一带	左旋	2～3	8～10	水平错距至少2.5 m
		左旋	0.2～0.3	2～4	
四川龙门山断裂	灌县－北川一带	右旋	8	50	
四川鲜水河断裂	炉霍瓦各公社－达瓦一带	左旋	2	16	
		左旋	0.3～1	4～10	
四川则木河断裂	普格扯扯街一带	左旋	1		
云南红河断裂	元江－戛洒一带	右旋	5	30	（朱成男、C. Allen等）
		右旋	1.5～3	10～20	
	腰街	右旋	8 m		小冲沟
云南瑞丽畹町断裂	印达－勐龙坝一带	左旋	4～5	10～15	
		左旋	2～3	5～6	
云南怒江断裂	坝湾公社－白沙水一带	右旋	2～3	5～8	
		右旋	0.5	1	
陕西秦岭北侧断裂	渭南南	左旋	3		（杨景春）
山西什林断裂	霍县汾河谷地	左旋	0.6		（杨景春）

二、断错水系的形成与发展

R. Wallace曾提出过沿圣安德烈斯断层断错水系形成的条件、简单模式以及模式的多样性变化问题[7]。根据我国多处断错水系的情况，可将断错水系的形成与发展，大体分为三个阶段：

断层的强裂活动，特别是伴随强烈地震时地表断层的出现，穿过这些断层的冲沟、河谷开始形成明显的扭曲或断错现象，这是断错水系的形成与发展的最原始的过程。当一次大地震发生时，可造成数米以至十数米的水平错动。在地震断层附近出现了一系列地面变形、河谷扭曲、冲沟错断，形成断头沟、断尾沟，在断层面附近则构成断塞塘、谷间的山脊被错断形成断错脊、眉脊（eye-brow ridge）、断层陡坎（fault scarplet）、断层沟槽（fault trench）、断陷坑（fault sag）等。它们是沿活动断裂带上广泛发育的檑脊（shutter ridge）、断陷塘（fault sag pond）、以及断层崖、断层三角面、断层悬谷等一系列特有地貌的雏形形态。这些地貌形态和与之共生的堆积物是研究断错水系和断层活动在当前或初期活动阶段具体活动状况的重要对象[8]。

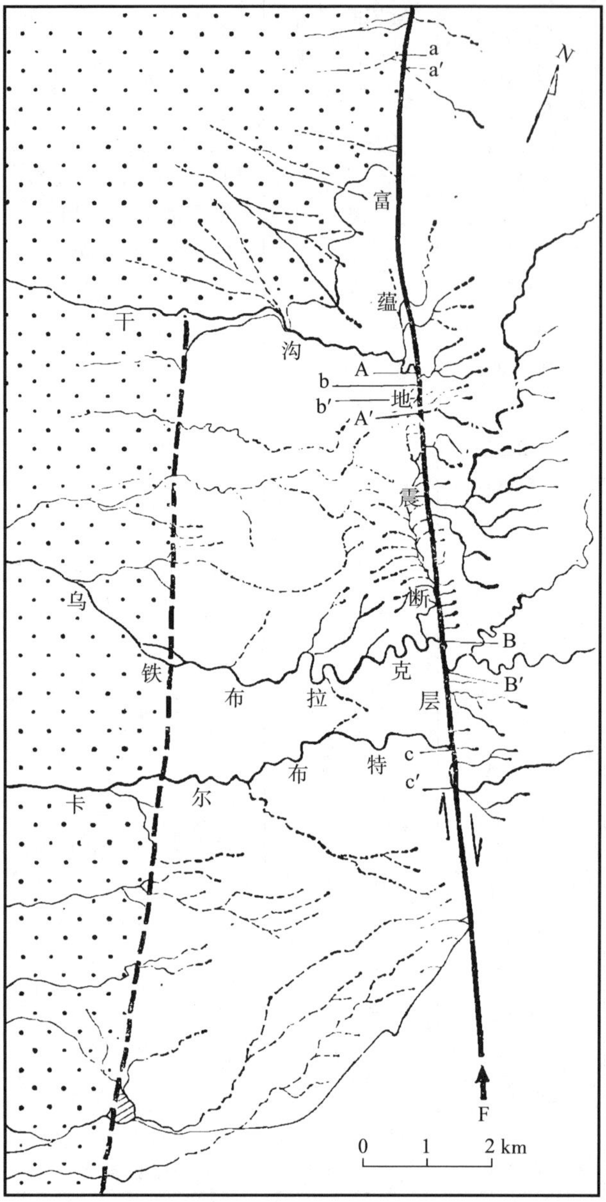

图 2　沿富蕴地震断层乌铁布拉克一带的断错水系

随着时间的推移，断层继续活动，河谷错断的距离不断加大，同时河流的长度也在不断增长，穿越断层的河流由于年代新老不同，经受断层错动的时间长短不同，不同河谷错距的大小就与河谷发育年代的长短明显地表现为函数关系。在新疆北部阿尔泰山区的可可托海－二台断裂带上受断层最新活动扭错的冲沟河谷比比皆是。长数十米以至上百米的冲沟由于其形成以来仅仅遭受过1931年富蕴8级地震的断错，其错移量只有数米至十来米（该地震断层的最大水平错距为14 m），但更长的更古老的河谷则有数十米、数百米、数行米以至更大的错距。如鄂尔齐斯河等本区最大河流的一级支流在穿过二台断层时显示有3 km以上的错距。白杨沟、水磨沟等本区的二级河流多显示有1～2 km的错距。这类河流自穿过断层面处至源头的长度可达数千米至十数千米。沿断裂带还可看到具有约700、500、200、100、50、30 m等不同水平错距的河流或冲沟。与错距大小相对应，河流的长度也各有不同。图2反映了沿二台断裂带在古尔斯东北乌铁布拉克、卡尔布特等河谷以及不同年代的新老冲沟沿这一活动断层错移的情况。大小河流被明显地牵曳错断，河道在穿过断层处被牵曳成直角转折，已出现一些被废弃的干沟、干谷或小规模的袭夺改道现象，但河系还未形成大规模的重新改组。这些是断错水系发育中期的一般现象。

水系的形成与发展是受构造、岩性结构、气候条件等多方面因素控制的。但是在活动断层的附近，由于断层的强裂活动，河流的发展主要受到构造活动的控制。断层的水平错动对水系的改造更是迅速而明显。由于沿断层的水平错断，河流的平衡状态遭到破坏，被错断的河流有的需要找寻新的下游出口，有的因上游被切断而逐渐干涸，新老河流的袭夺不断发生。沿活断层水系重新配置并构成更大规模的断头谷、无上游的干谷、上下游不相称河谷的连接以及扭曲水系、爪状水系、梳状水系等一系列特殊地貌形态。这些都是断错水系又进一步发展的结果。这一情况沿云南红河断裂表现的非常清楚。近年来中、美地震地质学者在这一带的考察揭露了一些地段水系重新配置的详细状况，初步肯定了沿红河活动断层在第四纪晚期以来河流被错断四五千米以上的现象（C. Allen，K. Sieh，朱成男等）。大大小小被错断的河流重新配置的结果，沿红河断裂谷地内形成了一系列的梳状水系、爪状水系、钩状水系等。沿阿尔金、祁连山、太行山前等许多大的活动断裂带都有爪状水系等这类地貌形态的发育，深入分析它们的形成过程将大大有助于对这些断裂带更长时期水平活动历史的认识。

沿活动断层不断地有新水系的形成，老水系的衰亡与改造。新老断错水系的发展是一个很复杂的过程。上述发展阶段只是一种大致的划分。划分断错水系不同发展阶段在于使之更便于对断层活动历史长短和过程的深入了解。

三、断错水系与地震

目前人们都基本上确认地震是通过断层活动释放贮存的应变能的一个现象。所以活动断层的研究已成为研究地震问题最基础的课题之一。但要了解断层活动的具体状况，仅利用短时期的历史地震记录和形变观测资料都因受到时间的限制而不能得到全面的认识。还必须结合地质学和地貌学的研究。活动断层最突出的特点之一是在地貌上有明显显示。而水系的断错现象是断层活动在地貌上造成的最突出的现象之一。断错水系是最近地质时期断层滑动过程的真实记录。通过研究断错水系以探求更长时期断层活动历史和地震活动历史是地球科学中现实主义原则的具体运用。但是要想把对断错水系的研究与认识更长时期内地震活动的情况具体联系起来，仅靠一般的地貌分析方法是远远不够的，这里想着重指出的一点是这方面的工作必须强调结合古地震遗迹研究的问题。在这方面 R. Wallace（1968），K. Sieh（1979）沿圣安德烈斯断层的工作很具有方法学上的意义[7,9,10]。他们通过对断错水系与古地震的研究，找到了一个分析活断层、断错水系与地震关系问题的具体途径。在圣安德烈斯断层上华莱士溪100多米的断错位移被认为是多次强震错动累积的结果。在帕莱特溪一带 K. Sieh 通过对古地震遗迹的研究，证实了这里的确曾有多次强震活动的历史。并计算出了沿此段断层的滑动速率和8级强震的重复周期。全新世断层的滑动速率约为60mm/年，8级地震的重复周期约为160年。在过去很少强震记载的日本中央构造线上近年也根据断错水系、新发现的古地震遗迹等阐明了它是一个强震活动周期长达千年的活动断层[11]。

沿我国一些巨大的活断层，在一些发育有断错水系的地段有发生过大地震的记录，如发生过海原8.5级地震的南华山断裂（图3、4）。但也有一些活动断层，虽然发育有包括断错水系在内的许多反映最新活动的地貌形态，但没有强震活动的记载。可能不少也是有如日本中央构造线的情况。对沿这些地段结合断错水系的分析，采用开槽揭露断层剖面的方法，开展古地震的研究是非常必要的。新疆阿尔泰山区的二台断裂、甘肃昌马断裂、青海托索湖阿尼玛卿断裂、四川鲜水河断裂、则木河断裂等都有明显的河流断错现象。近几年的工作中有的已初步揭露出了这些断裂带的强震活动绝不仅限于有历

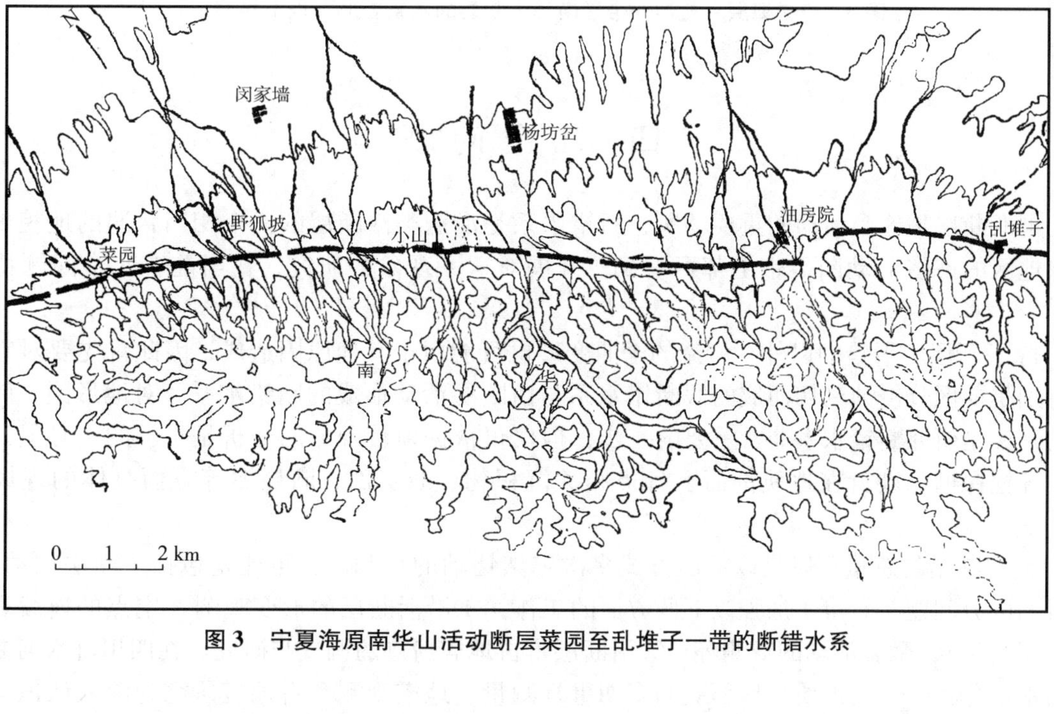

图3 宁夏海原南华山活动断层菜园至乱堆子一带的断错水系

史记载的一次或几次，新发现的古地震多次活动的遗迹表明了它们有着漫长的强震活动历史。这里不少地段断错水系的形成就是强震多期活动的一个结果。类似于日本中央构造线，很少强震记载的云南红河断裂，通过1980年中美地震地质学者们的联合调查，已提出了沿红河断裂断错水系反映出的数千米的右旋错动可能是多次古地震活动的结果。沿我国一些活动断层开展这方面的研究工作，从分析断错水系及其相关的地质地貌现象入手，结合古地震遗迹及其年代学的研究，将会对这些活动断裂带上强震活动特点及其重复周期、地震危险区划以及板内断裂活动的动力学特征等问题的认识提供有意义的结果。

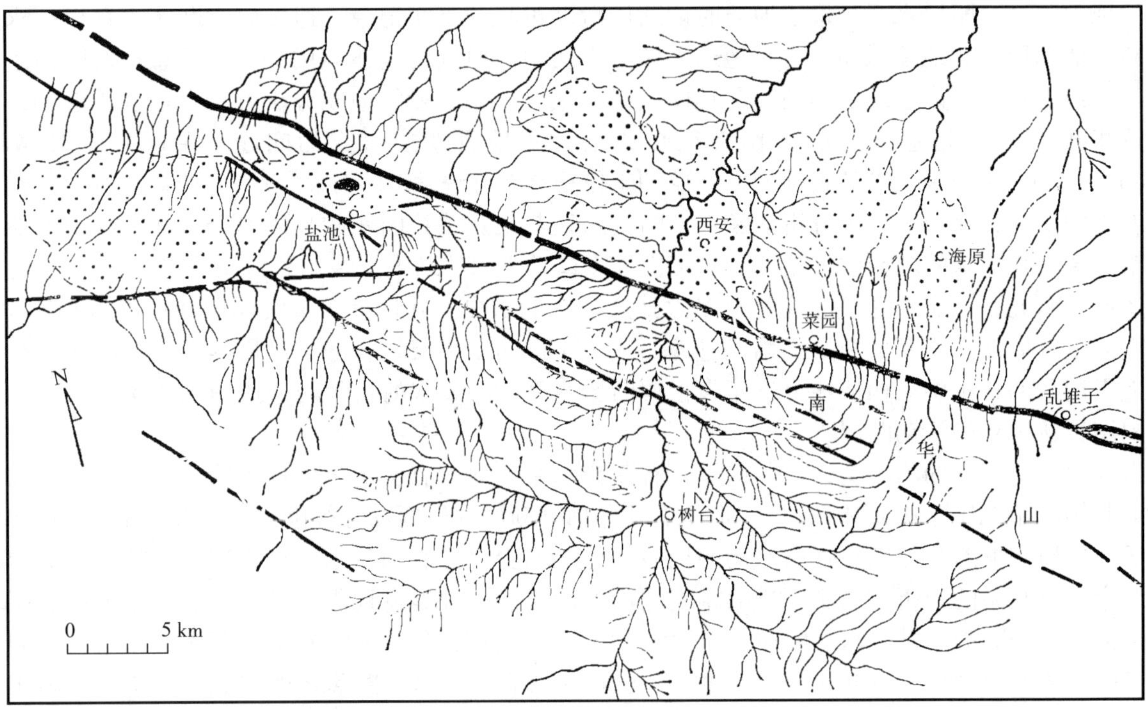

图4　宁夏海原－盐池一带沿南华山断裂的水系变形（据卫星照片）

四、几个问题

活动走滑断层是地震活动的重要场所，断错水系是沿这类活断层的一个相当普遍的地貌现象。沿我国大陆地区的许多活动断裂带上都可看到。开展对这一现象的研究，在当前有几个问题特别值得提出：

（1）除了断层水平错动以外，河流的歪曲变形也可能由于其他原因造成，因此首先要对它们加以区分。特别是要区分侵蚀刻切而成的假断错水系与由断层活动形成的断错水系。对地形图、航片、遥感资料的判读是研究断错水系非常重要的一步，但仅仅依据地貌现象的分析是不够的，必须开展实地的观察，开挖探槽，进行在地质剖面上各类相关沉积物、断层面、断层泥等方面具体的现场及室内研究。

（2）河谷断错的总量可以是以地震方式多次突然错动的总和，也可能是包括了断层蠕动的结果。对这两者的区分问题，有待于加强以下两方面的工作：①沿活断层的形变观测（定点的连续观测和不连续的重复测量），微震活动的观测等；②沿断层带古地震遗迹的调查与研究。在四川鲜水河断裂带进行的断错水系分析、地面地质、地形变的多期重复测量、地震观测和古地震研究为深入认识这一活动断裂带的活动状况提供了很有意义的资料。

（3）要想将断错水系的研究与活断层及地震危险性问题密切地结合起来，必须首先深入研究断错水系初期发展阶段的各类有关现象，重点开展全新世以来水系错动的具体状况，并且要进行较为准确细致的年代学的测定工作。一些具有很大断错距离，如数千米、数十千米以至上百千米错距的断错水系是更新世以至更早的地质时期断层移动的结果了，对它们的分析主要是更具有背景性的意义。研究全新世或近期水系的错动情况中有关年代学的工作，除了^{14}C、热发光、裂变径迹等方法以外，常常由于不易取得适宜的标本，采取因地制宜的定年方法，如考古学方法，树木年轮、地衣年代统计对比等方法，有时也可得到很有意义的结果。在新疆富蕴地震断裂带上从1979年已开始开展这方面的工作，并已取得一些初步结果。

（4）断错水系是断层活动的真实记录，据这一现象得到的对断层活动状况的认识，比某些通过模式计算及理论推导所得的数值具有其特殊的科学价值。进一步开展断错水系的研究，以期对更多的活断层得出有关断层错动方式、距离、速率等方面的具体数据，这将对正确评价断层的活动性、强震重复率、危险区划以及对进一步探讨区域应力场的特征方面，具有重要的实际意义。

参 考 文 献

[1] 唐荣昌等，1973年炉霍7.9级地震的地裂缝特征及地震成因的初步探讨，地球物理学报，1976，Vol. 19，No. 1。

[2] 杨章等，对1931年新疆富蕴地震断裂带及构造运动特征的初步认识，地震地质，1980，2，3。

[3] 国家地震局兰州地震研究所、宁夏回族自治区地震队著，1920年海原大地震，地震出版社，1980。

[4] 朱成男等，滇南地区新生代构造发育兼论通海地震的地质背景，地震研究，1978，No. 3。

[5] 李克昌等，云南地区断块结构与强烈地震，地震研究，1979，No. 1。

[6] 国家地震局西南烈度队著，西南地区地震地质及烈度区划探讨，地震出版社，1977，18～35。

[7] P. E. Wailace Notes on stream channels offset hy the San Andreas fault，southern coast ranges，California，Proceedings of conference on geologie problems of San Andreas fault system. *Stanford University Publications*，*Geological Sciences*. 11，1968.

[8] T. Matsada et al.，Studies of active faults in Japan（in Japanese），*Quaternary Research*，1968，7，4.

[9] C. R. Allen，Geologieal criteria for evaluating Seismicity，*Geol. Soc. America Bull.*，1975，86，8.

[10] K. E. Sieh，Prehistoric large earthquakes produced by slip on the San Audreas fault at Pallett Creek，California，*J*，*Geophys*，*Res.*，83，B8，1978.

[11] The research group for active faults of Japan，Active faults in and around Japan：The distribution and the degree of activity，*Natural Disaster Science*，1980，2，2.

QUATERNARY FAULTING IN CHINA*

Abstract Combining the studies of seismic risk zonation, earthquake prediction and engineering safety, a lot of observations and studies on some major Quaternary active fault zones in China have been made. The comprehensive studies have provided abundant data and some new ideas in understanding the features of Quaternary faulting. In this paper, certain information and some characteristics of the Quaternary faults in China are discussed.

1. The Distribution of the Quaternary Faults in China

The distribution of the Quaternary faults in China, in general, inherits mainly from the patterns of Mesozoic and Cenozoic faulting. It can be divided into eastern and western parts as demarcated by 105°E. In the eastern part, there are mainly tensional and tensional strike-slip faults with NE and NNE trending while in the west there are mainly strike-slip and thrust strike-slip faults[1].

In the western part, the Qinghai-Xizang (Tibet) Plateau is confined by a series of huge thrusts and strike-slip faults which have been strongly active since Quaternary. Within the plateau there is a set of NW and nearly EW trending huge strike-slip faults, which mainly belong to left lateral strike slip ones with some extent of compression during the Quaternary activity except some faultings in the southern and western parts. They offset geological terrains and distort a series of recent geomorphs such as drainage system. All these remarkably reflect in homogeneous lateral slips among the land-masses since the Quaternary or Himalayan episode in the Qinghai-Xizang Plateau. At the southeastern side of the plateau, a number of faulting belts confines a rhombic block-Sichuan-Yunnan rhombic block that slips and moves toward southeastern direction.

In the area to the north of Qinghai-Xizang Plateau, the Quaternary active faults are mainly distributed around the Tarim, Junggar and Alxa blocks and most of them are mainly characterized by compressional strike slip activities.

In East China, the Quaternary faults are mainly characterized by tension and tension-torque activities, such as the faults along the margins of the Ordos and a series of NE and NNE trending faults along the margins of basins in North China, Northeast China, and their lengths are relatively short.

In South China, the relatively active Quaternary faults are mainly distributed around southeastern coast, and their activities tend to be weaker from Taiwan toward inland.

2. Displacement Magnitude and Slip Rate of the Active Faults in China During the Quaternary Period

The total magnitude of vertical displacement along the faults since Quaternary is usually obtained through

---

* 本文原载于《Quaternary Geology and Environment of China》, China Ocean Press, P. 125～128, 1982. 作者: Ding Guoyu.

analysing the information about the altitude changes of denudation and terrace surfaces and the thickness of the Quaternary deposits on both sides of the faults. Accompanying by the thrustings of the faults since the Himalayan movement tremendously thick molasse deposits were formed in the piedmont depressions (in some regions named as Xiyu gravel group), such as in the Wuqia Area north of the Pamir piedmont, where the thickness of the molasse deposits reaches over 8000 m, in Hotan-Yecheng Area of the Kunlun Mts. piedmont over 5000 m thick, in the Artux Area of the Tianshan Mts. southern piedmont 5000 m, in the Kuqa Area over 4000 m, in Manas Area of the Tianshan Mts. northern piedmont 2000 m and in the Baytik Mt. southern piedmont of Altay Mts. only less than 200 m. It can be seen that the magnitude of vertical dislocation of the Quaternary faults in West China reflected by the thickness of the deposits is gradually decreasing from south to north. It is analysed that if the deformation of the Early Quaternary Xiyu gravel group is taken as the total amplitude of tectonic movement since Mid-Pleistocene, the slip rate of faults at northern Pamir, western Kunlun Mts. piedmont, the southern piedmont of Tianshan Mts., the northern piedmont of Tianshan Mts. and Baytik Mt. is about 1.6 mm, 1 mm, 0.7 mm, 0.5 mm and 0.1 mm per year respectively. The vertical slip rate of the faults at Qilian Mt. piedmont in Quaternary was about 1 mm/a. In North and East China, the vertical slip rates of Quaternary faults along the margins of fault-bounded basins are greater only at Yinchuan Basin and Weihe Basin reaching over 1 mm/a (2.3 mm/a and 1.8 mm/a respectively) and those of the others are less than 1 mm/a and some of them even below 0.1 mm.

The most direct method for obtaining the total magnitude of horizontal displacement of Quaternary faults is to measure the torsion and offset distances by faulting on geological terrains, drainage systems and other geomorphs since Quaternary in field. In West China, due to the particularly favourable conditions of tectonics, morphology and climate, a variety of geological and geomorphological phenomena created by the horizontal displacement of many Quaternary active faults are displayed very clearly. Taking the Koktokay—Ertai fault along the northern margin of Junggar Basin in Xinjiang for an example, there are visible traces of fault horizontal displacement offsetting morphology and sediments of different periods, the valleys appeared in Upper Pleistocene have been displaced up to 700 m. There is a horizontal displacement about 2 km long in the river valley formed since Mid-Pleistocene. And there has been a right lateral displacement 26 km long on this fault since Neogene. A number of paleoearthquake traces are found along the fault indicating that there is a long history of fracturing activities in presentation of earthquakes along the fault.

The Altun fault located on the northwestern side of the Qinghai-Xizang Plateau is one of the largest strike slip active faults in China mainland. The Quaternary fan deposits and many river streams were deformed by the horizontal displacement along the fault. On the northeastern segment of the fault, the Shule river-bed that crossed the fault has been horizontally displaced more than 4 km. And moreover, some geological terrains and streams along the fault have been displaced from several tens of kilometers to even hundred kilometers.

In Quaternary, the thrusting of the Qilian Mts. fault located on the northern side of the Qinghai-Xizang Plateau was predominant, and the data obtained from geology, earthquake mechanism, earthquake faults, deformation measures, etc., obviously show this feature, and the horizontal displacement of this fault is also significant as well. Such as in the Changma fault there are a number of drainage systems which have been torsionally displaced. Extending southeast till the Liupan Mt., the horizontal slip movements along the West Huashan Mt. and South Huashan Mt. faults are the major form of recent faulting. In this region, the horizontal displacement at Haiyuan since Late Pleistocene reached up to 2 ~ 3 km. In Southwest China the Quaternary horizontal displacement along the Xianshuihe fault, Anninghe fault, Zemuhe fault and Xiaojiang fault in Sichuan-Yunnan Region left a large number of evidences on geological terrains and geomorphs. The southeastern segment on the Xianshuihe fault, the left lateral horizontal slip reached about 5 km during the Himalayan Episode. The phenomena of cutting drainage systems appeared here and there obviously. Since Late Pleistocene, on the northern segment, the torsional displacement reached about 1 km at Luhuo; on the middle segment, the torsional displacement reached 500 ~700 m at Daowu-Mazhi Zone; and on the southern segment, the drainage system nearby Kangding was left laterally torqued and the displacement reached 250 ~300 m. The horizontal slip rates of the fault derived from the torsional displacement of drainage systems reached 0. 5 ~1 cm/a on the northern segment and 0. 3 cm/a on the southern segment, which are similar to 0. 9 cm/a of average slip rate along the fault obtained by the Brune[2] method on the basis of the data of strong earthquakes with magnitudes greater than 6 since 1725. Nearby Chechejie town along the Zemuhe River, a number of tributaries were left laterally torqued up to 1 km and more and some ancient tombs of Qin and Han Dynasties (about 2000 years ago) along the Zemuhe fault were clearly deformed by horizontal left lateral torsions. In Dongchuan, Xundian and Yiliang regions of Yunnan Province, ^{14}C dates of the Holocene strata cut by the Xiaojiang fault were determined and the left lateral slip rates of the eastern and western branches of the Xiaojiang fault during Late Holocene were achieved, which are 4. 8 ±0. 4 mm/a and 6. 1 ±0. 4 mm/a respectively. ^{14}C date of strata nearby Dabaihe stream of Xundiangong mountain area is about 2700 ±180 years and the terrace was offset to 13 m; ^{14}C date of strata nearby Yiliang-Maixi Area is about 1322 ±85 years and the layers of deposits were offset to 8 m.

The Honghe (Red River) fault in Southwest China is a huge clear-cut active fault showed on landsat images, and the horizontal offset indicated by the cutting drainage systems reached up to more than 2 km and some segments show that the offset reached even as wide as 5 ~9 km.

The horizontal displacements of the Quaternary faults in the eastern part of China are not as intense as those in the West. However, the data obtained from all sources in recent years show that the ratio of horizontal and vertical displacements of the faults in North China since Quaternary or Pliocene is about 2 : 1. In general the total magnitude of horizontal displacement of the Quaternary faults is about several hundred metres to 1 ~2 km and the average slip rate during Quaternary was about several tenths of milimetres to 1 or 2 mm per year. But along tensional basin boundaries or in the transform junctions, the horizontal displacement is likely greater. For example, the Shilin fault of Huoxian in Linfen Basin left laterally offset Fenhe terrace of Mid-Pliocene up to 600 m and the average horizontal slip rate is 5 mm/a, Helan Mt. eastern piedmont fault in Ningxia right laterally offset the Great Wall of Ming Dynasty (1506 A. D.) up to 1. 45 m and the average slip rate is more than 3 mm/a.

Based upon the data obtained from all possible sources within the country, the total horizontal displacement magnitude of the major active faults in China was about several kilometers during the Quaternary period, and most of them reached 2 ~5 km. Along some most intensely active faults, especially those located on the margins of huge blocks, the total horizontal slipping magnitude might reach tens of kilometers during Quaternary.

Since Late Pleistocene, the horizontal displacement of the faults mostly reached tens to one hundred metres and some might reach several hundreds of metres. Since Holocene, the horizontal slip magnitude of the faults along some major active fault zones was mostly several to tens of metres.

In order to obtain actual data of the modern behaviour of the Quaternary faults, a large amount of deformation measuring work has been carried out in recent ten years or more, in which the short levelling and short baseline surveying crossing the faults shows a better observational effect. The general situation of recent activities of the faulting in different places are: the vertical dislocation rate for many faults in the North China Plain is about several hundredths to several tenths millimetres per year, and along some faults the vertical dislocation rate reaches up to several millimetres per year, and on the other hand the magnitude of horizontal displacement is as twice as that of vertical displacement. In Qilian Mt. and Liupan Mt. ,of Northwest China both base lines and triangulation survey demonstrate a shorterning in NE trending. In Southwest China, many surveying sites and triangulation networks crossing the faults are disposed along the Xianshuihe fault, Zemuhe fault, Xiaojiang fault, etc. Repeated surveying results show that these belts present a compressional and left lateral motion. The ratio of horizontal and vertical displacements along the Xianshuihe fault is about 6 : 1. In general, the data obtained from recent deformation surveying indicate that the pattern of these fault activities is consistent with that of faulting activities in a long history. However, the recent activity rate along the faults is higher than the average rate in a long time. In addition, there are many cases of earthquake in the historic past showing that some faults display significantly increased activity rates before a strong earthquake.

3. Some Characteristics of Quaternary Faulting Activities in China

Sudden slipping occurred in an earthquake and slow creeping are the two basic forms of faulting activity[3]. In China, the seismic activity is intense and widely spread, which reflects directly that sudden slipping form is dominant in fault activities over China.

Based on the analyses of seismic activities in the long history of China, the seismic activities in China often bear the characteristic that strong earthquakes usually occur systematically and continuously along the fault zones. There are alternations of period of clustering activity and quiescent stage. Moreover, there is also feature that the seismic activities shift to certain surrounding seismic belts and regions of alternate and echo successively with each other and also a regularity that the equal distance is found in certain segments along which strong earthquakes frequently occur. All these seismic patterns essentially reflect a series of characteristics of faulting activities[4].

With respect to fault creep in China, there are no creeping faults found such as San Andreas fault in California of the United States. However, the phenomena of creeping in a shorter period before a large earthquake have aroused much attention in recent years. Some deformation data indicate that there were some creeping phenomena along the fault before the Tangshan earthquake. Along the Xianshuihe fault in Sichuan Province where a strong earthquake with magnitude 7. 9 occurred in 1973, the fault creeping lasted for 3 years after the quake.

The inland-blocks are in mosaic with each other and the fault is the pivotal axis of the blocks movement. The faults are intersected, impeded and adjusted with each other, and with a characteristic of transforming one form into another during the movement. The ends of an active fault are bounded to transform into other forms in various patterns thus to regulate the tension, shortening and torsion of the earth crust generated by the blocks movements[5]. In China, many Quaternary tensional fault-bounded basins, compressional folding uplifts and magma activities as well as the scattered fault branches are considered as the results of the movement between blocks and the activities of the intermass faults. In recent years, thanks to the abundant data accumulated from geology, remote-sensing, seismology and crustal deformation observations, it is possible to draw a sketch of the relationship and transformation between the Quaternary major active faults within China mainland. And these also shed some new light on the basic situation of intra-continental neotectonic deformation and stress field.

References

[1] Institute of Geology, State Bureau of Seismology of China, Explanation on the seismotectonic map of the People's Republic of China. Cartographic Publishing House, 1979.

[2] Brune, J. N., Seismic moment, seismicity and rate of slip along major fault zones. J. G. R., 1968, 73, 2.
[3] Allen, C. R., Geological criteria for evaluating Seismicity. Geol. Soc. Amer. Bull., 1975, 86.
[4] Ding Guo-yu, Li Yong-shan, Seismicity and the recent fracturing pattern of the earth crust in China. Acta Geologica Sinica, 1979, Vol. 53, no. 1.
[5] Tapponnier P., Molnar P., Active faulting and tectonics in China. J. G. R., 1977, Vol. 82, no. 20.

活动构造与地震*

一、引　言

活动构造是指现今正在活动或断续活动的构造。在构造地质学研究中一直是一个很引起人们兴趣的课题。尤其是由于它与地震预报、工程稳定等实际问题以及地球动力学等一系列地学理论问题有着密切联系，因之近些年来随着对地壳活动观测的技术方法和研究领域的扩展，对活动构造的研究有了很大的发展。

对活动构造的研究，主要是通过对地质、地貌现象、大地形变测量（包括垂直的与水平的）、定点的地壳形变动态观测、地震活动性、地壳应力状况以及各种地球物理场变化等方面的研究，探讨一个小型的现代活动着的构造形式（如活断层、活褶皱）以至一个大型的活动构造单元（一个活动地块、活动断裂带、以至地壳板块）的活动状况和机制。近年来，各种高精度的激光测距仪、倾斜仪、断层蠕变仪以及卫星测距、月球测距、射电干涉测量等长距离、大范围的精密测量技术的应用，使得对现代地壳构造活动的具体状况和更广大范围构造动态的研究（如断层的具体活动过程、断层两侧在大范围内的现代活动情况以及板块间的相对活动状况等）都提供了可能[1]。

在许多地质学、地球物理学、地球动力学、现代地壳运动学等方面的国际讨论会上，研究活动构造方面的课题愈来愈多，对通过活动构造的研究追索地壳构造运动规律的重要意义已日益得到了更大的重视。对地壳上现代最活跃的板块边缘地带、裂谷带的现代活动状态一直是活动构造研究中最广泛地引起兴趣的地区，而近些年来，对板块内部的现代活动、应力场状况的讨论已成为一个引人注目的新方向。对地壳上各种形式的活动构造的研究中，地震构造和活动断层的研究是最为活跃的课题。

二、活　断　层

在近一二十年来活断层的研究已成为一个广泛引人发生兴趣的地质科学课题了。对全球一些大型的有明显活动的大活断层带，如圣安得列斯断层、安纳托利断层、阿尔卑斯断层、塔拉斯弗尔干断层、菲律宾断层、中央构造线、裂谷断裂带等等有着大量的系统的调查与讨论。在一些活断层带上还开展了许多细致的动态仪器观测工作[2~5]。

活断层的活动方式，主要有下列二种，一种是相对缓慢错动的构造蠕动；另一种是以地震方式集中释放积累的弹性应变而产生的突然滑动[6~8]。

（一）地震断层

地震断层是指地震时应变积累的突然释放所形成的破裂。当它出露地表时常称为地表断层，这种浅源大地震的地表断层是活断层最直接最具体的反映。例如 1906 年旧金山大地震地表断裂长达 430 km，1932 年甘肃昌马地震（7.5 级）的地表断层长达 120 km。1931 年 8 月新疆富蕴的 8 级地震地表断层长达 150 km。很多实测资料表明一般大于 7 级左右（有的地区是 6.5 级以上）的地震都伴有地表断

---

* 本文原刊栏《构造地质学进展》中国地质学会构造地质专业委员会，科学出版社，1982，145～154。作者：丁国瑜。

层的出现。

有许多研究者统计过地震断层的地表破裂长度与震级的关系[9]。但一些资料表明，这两者之间的关系由于出露情况、区域构造条件、地震类型等的不同，有时是很复杂的。例如 1937 年 1 月 7 日青海托索湖 7.5 级地震，据调查形成的地震断层长达 230 km。而 1976 年唐山 7.8 级地震地表断层长仅 8 km，至于 1976 年四川松潘地震和云南龙陵地震等则无明显的主要地表断层出露。

对地震错距的研究，由于大地震多是以平移为主，如 1957 年在戈壁阿尔泰地震断层的走向滑动为 885 cm，垂直位移为 300 cm，1906 年旧金山地震的水平错距为 640 cm，垂直位移为 90 cm，所以对水平方向的位移一向是比较注意的。对垂直位移的研究由于其对工程上的重要性及其在活断层研究上的价值，近年来也引起了很多的注意。如 R. E. Wallace 开展了美国大盆地地区、内华达州等地的古地震断层陡坎的研究。松田时彦进行了在阶地面与断层陡坎上断层活动的轨迹的探讨等。此外还有许多研究者曾进行了断层错距与震级关系的统计。并提出了一些两者关系的统计公式。

地震断层的发生部位与已有的老断层有时一致，有时也并不一致。在我国有许多震例表明大地震的发生部位多数是处于大的活动断裂带上，如甘孜、通海等地震都是发生在已有的断裂带上[10~11]。而且地震断层的错动方向与沿老的断裂带水系变形所反映出的长期以来断层的错动方向是一致的。说明了地震断层是沿已有断裂带的一种继承性的最新破裂。但是又有许多实例表明新生成的地震断层并不是沿已有断裂带上发生。有时在其附近，有时距离很远，甚至斜穿已有的断裂分布。

在我国，地震断层的长度与震级的关系情况比较复杂。一般说来，沿着已有断裂带上发生的地震两者的相互关系比较明显。但发生在远离已有大断裂带上或地块内部的地震，地震断层一般规模较小，甚至很不明显。如前面提到过的龙陵地震、松潘地震以及唐山地震等就是如此[12]。这种发生在相对较完整的地块内部，而不是在已有断裂带上的地震断层，不仅规模小，而且常常具有呈现出双向共轭破裂的特点。这种类型地震断层的特点及其机制，对研究大陆内部地震（或板块内部地震）来说，有其特殊的意义。

（二）断层蠕动

活动断层除去以地震方式产生急剧的破裂位移以外，稳定滑动即蠕动是活断层的另一个主要的活动方式。活断层的蠕动，在近年来已为大量的观测和实验工作所证实。对圣安德列斯断层蠕动的研究，除去对著名的美国加州霍利斯特镇活断层蠕动的地面调查研究以外，通过布设蠕变仪观测网的系统研究，已积累了不少有关蠕动速率和方式等细节的新认识[8,13]。近年来，在土耳其安卡拉以北110 km处安纳托利活断层带，莱茵地堑等地也发现有活动断层的蠕动现象。

对蠕动是近一二十年来才有了较深刻认识的。蠕动可反映断层构造活动的增强或减弱，蠕动又是抑制弹性应变积累的一个因素。大地震是在断层的蠕动小或无蠕动的地段发生，而断层上蠕动停止的地段可能是大震前弹性应变能积累的显示。沿圣安德列斯断层的蠕动观测曾记录到地震前蠕动变化所反映出的前兆现象。

对断层蠕动的问题已进行了很多实验理论研究工作。对产生断层蠕动现象的温、压条件、物性结构条件以及应力状况、作用方式、水在其中的影响等都有大量的讨论。

近些年有关断层面的性状、断层泥以及水的作用等因素对断层黏滑活动和蠕动影响的实验研究取得了许多重要的新认识。

对稳定滑动的过程，Scholz，Johnson 和 P. Molnar 等曾对断层的不同部位、可能出现稳定滑动、间歇性的稳定滑动等不同状况作过讨论。由于大震快速错动以前的蠕变滑动问题（ C. H. Scholz 认为所有岩石在黏滑前都有，而 W. F. Brace 则认为有时并不如此）对研究地震前兆有重要意义，所以讨论很多[14,15]。

在宁夏自治区，贺兰山麓石嘴山附近，明代建筑的边城有被错断位移的现象（沿北东向断层作右旋错动 1.45 m，东侧并有 0.9 m 的下降）；在渭河谷地北侧有东西向明显的正断层性质的活断层，切穿错断了盆地中的最新黄土类堆积层；还有像阿尔金山等大型的明显切穿了现代水系、具有很大错距的活动平移断层，都是位移明显，但又相对较少地震记录的活动断层。蠕动在它们的活动中所占的位置是一个很值得细致研究的问题。对我国许多活断层的蠕动问题，很需要开展系统的调查与观测研究。它是对正确判断断层活动性与地震危险性的一个重要问题。

三、活动断裂带与强震系列

伴随一次浅源地震形成的地表断层，反映了一个断层带上一个小段落的破裂，但是断层活动常常并不只是在个别地段上进行的。大地震的活动也不是孤立地东一个西一个无规则的发生，它们常常沿一条断裂带在一定地段和方向上成丛连续发生，这时一连串的强震构成了一系列的地表断裂，反映了在更大的范围内一个断裂带的强烈活动。

这种沿一个大断裂带连续发生强震系列产生多条地震断层的情况，在全球许多活动断裂带上都有这样的例子。最典型而著名的如始于1939年东土耳其的埃尔津詹大地震系列[14,16]。有人将此和实验材料的裂纹和缺陷的不稳定发展相比。这种以强震系列反映出断裂带成带强烈活动的情况在我国也有很多的例子，其中较典型的如：

（一）汾渭活动断裂带与华县－平谷强震系列[17,18]

自1556年华县8级大地震起至1695年5月18日临汾8级大地震止，在此期间，沿这一北东向地带相继发生了11次6级以上的强震。最大的两次强震发生在此大活动断裂带的两端（华县8级地震与平谷8级地震）。一系列大震造成的地震断层，反映了一个自渭河谷至燕山山麓的一系列北东向剪切断裂带的强烈活动。

（二）河西活动断裂带与海原－昌马强震系列[19,20]

这一强震系列可以1920年12月宁夏海原8.5级地震为起始，继之有1920年12月靖远7级地震；1927年5月的古浪8级地震；1928年3月古浪6级地震；1932年12月昌马7.5级地震；1954年2月山丹7.3级地震。这一系列强震反映了一个断裂带整体的最新活动。这一断裂带自海源至昌马长约1000 km。沿这一地带这一期活动所构成的地表断裂，经调查可见的就已有三四百千米。

（三）鲜水河活动断裂带与甘孜－昭通强震系列

沿鲜水河断裂带自1919～1941年间曾连续发生了一系列中强地震。1955年起沿此带又相继发生了康定7.5级地震，甘孜、炉霍的6级地震和7.9级地震，昭通7.1级地震等。在活动时间、分布、排列方向、错动特性等方面都反映了它们是在一个统一的构造应力场作用下的产物。

（四）河北平原中部断裂带与邢台－唐山强震系列

这是华北地区自1966年以来剧烈活动的一个强震系列。1966年3月邢台地震群、1967年3月河间地震和1976年7月唐山7.8级地震构成一个北东向强震系列。1969年7月的渤海7.4级地震和1974年2月的海城7.3级地震构成平行的另一个北东向强震带。若从更长一些的时间尺度上看，这两个活动带的活动段落还要延长，前一个系列可以向西南方向延至磁县甚至山西的平陆一带。而后一个系列则可向西南延至山东菏泽。

四、活动断块

沿一个断裂带上地震的连续发生，反映了一个断裂带的活动，此外，有时地震还在地壳块体内部或周围连续迁移与活动，反映出更大范围地壳块体的活动情况。

（1）郭增建等同志曾讨论过我国地壳块体周围地震发生的迁移呼应现象是反映地壳块体活动的问题。他指出，当地壳块体发生相对的运动时，块体间的交界带就表现为一个个活动的地震带。由于块体运动的统一制约关系，当块体活动时，块体周围大地震的发生就往往存在某种呼应关系。这一现象在我国的青藏高原北部地块，阿拉善地块，鄂尔多斯地块等都有明显的显示。

（2）地块的现代活动和相对运动的状况，还可根据地震断层的延伸方向、等震线长轴方向、特别是震源机制的资料结合地质资料作出具体的分析与判断。这方面一个很好的例子就是对我国西南川滇一带菱形块体的现代运动的分析。这个菱形块体被活动的鲜水河断裂、安宁河断裂、小江断裂、金沙江断裂、元江断裂所包围，在总体上有着明显的向南南东方向运动的趋势[21,22]。

沿着这些断裂带上发生的通海、甘孜等大地震，地震断层的错动情况，大量的地震机制资料等都一致地反映出这一菱形块体的东、北侧边界的断层作左旋滑动，而西、南侧的边界作右旋滑动。

从大区域应力场上看，许多人都认为这是印度板块向北运动或青藏高原受到南北方向挤压的过程中，在我国西南地区造成的一个楔形断块的滑动。对一个地块的活动情况的解析常可成为判断大区域现代运动状况的关键。

（3）地块的受力和活动状态还可从整个块体中的地震活动情况反映出来。有时在区域的地震活动中，出现地震活动区成片迁移或在不同地区地震活动出现此起彼伏的情况。而这些地震活动区域的改变，常是以一个地壳块体为单位或是以块体中的一些大的活动断裂带为边界。这一现象反映了活动与不活动地块的转换。这种情况可以华北地区的情况为例。华北地区在1484～1730年曾经历了一个地震非常活跃的阶段，在1731～1814年这一个平静阶段之后，自1815年又开始了延续至今的一个新的活跃期。但地震活跃的区域与上一期相比有了明显的改变，成片的自西向东平移了。邢台－唐山断裂带成了此次活动区的西部边界。

对地震沿带或成片依次迁移的现象，有着各种各样的解释。例如，有人用深部地幔物质的运动来解释；有人用地壳块体运动的相互影响、外因触发条件的影响以及地壳运动的波动迁移等来解释，但都还是一些初步的讨论而已。

（4）有些地质、地震与大地测量方面的资料还反映出地块的现代活动有时具有旋转扭动的性质。李四光教授对各种旋扭构造有过极为系统的论述[23]。这类构造型式在现代活动构造中也同样是有很好的表现的。如N. Pavoni根据活动断层、活动褶皱轴以及形变资料等确定出阿尔卑斯、喜马拉雅、环太平洋新褶皱带围绕太平洋及非洲两个巨大板块的中心显示有右旋的转动。对我国的青藏高原、塔里木地块以及鄂尔多斯等有无新的旋转扭动问题都曾引起过不少讨论。在大陆内部，有的地区有一些小规模的构造据地震活动显示出有现代的旋扭运动。

五、活动断裂系

对区域性和全球性的断裂系统问题，曾有过很多的讨论[24～26]。根据地质资料，特别是近年来卫星影像资料，清楚地反映了在地壳表面存在有多组不同方向的线性破裂构造相互交织，构成了复杂的破裂网络图像。它们是各地质时期不同应力场所造成的。如何从这些多组断裂中认识现代正在生成中的活动断裂系统，地震活动、震源机制以及各种活动构造方面的资料是探讨这一问题的最主要的线索和依据。它们可以最直接地反映出大陆内部以及更广泛的区域内，正在活跃着的现代地壳破裂网络的轮廓[27]。

我国的地震活动，包括了大地震，中、小地震以及历史上的地震活动都反映出在时空的分布上，在许多地区（包括在一些不同构造单元之内）常常表现出是以北东和北西两个方向成带性最强（经向和纬向的也相对较为明显），一般多在北东40°～50°和北西310°～320°左右。在很大的范围和距离内可追踪出延伸上百、上千千米，方向非常相近的多条平行的地震活动条带。沿着带上断续分布的地震，不仅在空间上，而且在时间上都常常具有一定的联系。这些条带互相交叉，在一些大带之间还包含着许多条次一级的带。构成了一幅主次分明，反映了现代地壳呈网络状破裂的图像。较强烈的地震就往往发生于两组地震破裂条带交叉的部位。当然强震分布是不均匀的，各条强震带之间以及每条强震带各段之内都存在着差别。地震是地壳破裂的直接反映，这样，它们的这些活动就明确地反映出了地壳上现代破裂网络的存在和状况[28]。

这一正在活跃着的大陆内部地壳破裂系统是叠加在各地复杂的构造背景之上的。它既受不同地质时期形成的老构造的控制，又有其新生的特点。在有些地方，它穿越老的构造，按一定的方向延展，显示出它的新生和年轻的特性。内陆地震活动在大范围内的关联性，地震的迁移、呼应，呈一定方向条带活动，震中的等距离规则分布，以及一些地震前后异常现象出现地点的规则分布等，都可从地壳现代破裂在大区域内有呈现规则网络状的这一特点得到解释。

除了大规模的活动断裂系，还有一种大面积发育于地表浅部的微细活动破裂网络形式的构造，即地裂现象。1974 年 7 ～10 月在河南、安徽先后发生的地裂曾致使 7000 多间房屋遭到不同程度的损坏。这些群集的地裂缝出现之后，随着它们的不断发展引起了房屋、地基、墙壁的开裂，梁柱错位，地基鼓包变形以致不能居住，厂房不能开工，严重的甚至引起屋顶塌落。其破坏程度有的可达到相当地震烈度的 VI—VII 度。1976 年前后，在苏、鲁、皖、豫、鄂、晋、陕、冀、辽、吉等省有一二百个县境内发现地裂现象，据不完全统计达上千处。

地裂缝有多种类型和不同的成因。由于受局部的气候因素、水文和土质条件影响而产生的地裂现象是很常见的。但这些大面积发育的地裂缝不受土质条件、地貌条件、水文条件以及气候的影响，而且表现出分布广泛，同一方向的地裂在大范围内又具有形态相似，延伸方向稳定，并从力学性质上可以组合配套的特点，是区域应力场作用下的产物。

对这种大范围地表微型活动破裂构造形式的成因以及造成在大范围出现地裂缝的统一的区域应力场应当怎样认识，还是一个远未清楚的问题。它们是不是反映了在大范围内现代构造运动加强的情况下，在地壳的最表部已形成大量的微细裂缝，释放积累的应力的一种方式？是值得进一步深入研究的。

六、活褶曲及大范围的地壳形变

对正在活动的现代地壳的弯曲、挠折、褶曲等各种褶皱构造的报道和研究也是很多的。

在日本，对羽越褶皱带、信浓川平原、新庄盆地等许多地方新生代褶曲构造的现代活动，阶地的现代变形，有过很多细致的研究。在美国，L. R. Sykes 在探讨北美东部板块内现代应力场时，对西纽约州和西北俄亥俄州冰后期所发生的表面褶皱现象，提出了是现代大区域水平构造压应力作用的结果，是一种现代的地表活褶皱现象。而这种现象，以前曾被视为冰川退后地面热膨胀的产物。Sykes 并将其作为确定北美板块内部现代应力状况的依据之一[29]。

在我国，有关活动褶曲、阶地变形方面有过许多报道。例如在新疆、西藏、青海、甘肃等新构造活动表现强烈的地区，新褶曲以及伴随活动逆冲断层的活动褶皱构造相当普遍。河西走廊酒泉盆地中的一些情况可作为一个有代表性的例子[30]。但总的说来，对活动褶曲的注意和研究还远不如活断层。

大地水准及三角复测工作的开展为研究现代活动着的地壳弯曲变形，特别是对大范围现代地壳褶曲变动状况提供了最为具体的资料。这方面，在世界各地所取得的各种数据与结果是非常之多的。

我国系统地利用地壳形变测量资料研究现代地壳构造活动是近一二十年来才较大量地开展起来的。为了研究全国的现代构造运动和形变场的具体特征，结合全国地震危险区划等工作，我国有关单位曾系统收集整理了 1951 ～1973 年全国各地的水准成果，编制了中国地壳垂直形变图。

根据我国地壳形变的概略情况可以看出：西北和西南地区地壳形变幅度大，差异运动最大的超过 10 mm/年。东南沿海地区小，差异运动超过 3 mm/年的地方不多。华北西部为上升区，速率为

10 mm/年以上，中部为下降区，8 mm/年以下，东部又是上升区。从全国各地总的情况看，地壳形变的方向与地形和构造的发育方向有明显的继承性活动的特点。对一些地震活动区进行的三角复测表明水平形变比垂直形变量一般大 2 ～8 倍[31,32]。

七、活动构造与现代构造应力场

讨论活动构造当进一步涉及其活动状况的原因以及各种活动构造的相互关系时，就势必涉及现代地壳构造应力场的问题。除去根据大洋脊俯冲带等板块边缘应力状态对全球大范围应力场进行推断的工作以外，近年来，很多人的注意力已逐渐转向对板内构造应力场的讨论了。许多研究者利用大陆内部的地壳形变、活动断裂和活动褶皱构造特别是震源机制解等方面的资料提出了对地壳现代应力场状况的分析；另一方面，用直接进行地应力测定方法所得的一些结果，也已愈来愈多地应用于地壳应力场的研究中了[33]。

L. R. Sykes 与 M. L. Sbar 根据对地震断层面解、应力测量和人工地震资料、冰后期断层和褶皱以及其他岩石的压性裂隙等地质方面资料的分析，确定了北美板块的美国东北部广大地区存在一个比那里由岩石荷载所引起的效应要高得多的水平压应力区。最大压应力为北东东方向，这一带的地震活动正是沿着高压应力区及未愈合断层活动的。在大峡谷及蒙塔纳、新墨西哥、犹他州等地的地堑区是引张区，西北美中部高地则是一个过渡的应力区。对阿帕拉契亚山区应力分布的分析，表明有残余应力的存在。近大陆边缘则存在由于边缘效应而导致的引张，以及老的转换断层延伸至大陆的活动破裂带。B. Voight 还证实欧洲也有这种大的高水平压应力的存在。

我国是个大陆内部地震活动非常突出的地带，是研究大陆内部现代应力场最为有利的地区。尤其是青藏高原的现代隆起，是一个关键的问题。近年来 P. Molnar 和 P. Tapponnie 利用卫星影像资料和地震震源机制资料的分析，把亚洲大陆南部的一系列现代活动构造和现代应力场的特点看作是印度次大陆与欧亚大陆碰撞的结果[34]。碰撞的时间可能是晚始新世或渐新世。两个大陆的碰撞导致了在宽广的亚洲大陆内部一系列变形现象的扩散，在喜马拉雅山、帕米尔、天山、南山等地形成了一系列的逆冲断层或褶皱，地壳的缩短和地壳的局部加厚。这一碰撞还导致了在 2000 千米以外直至贝加尔和中国东部的一系列张性地堑盆地的形成，形成了地壳的拉张减薄。并发展了一系列巨大的走向滑动断层，这些大断层一直活动至今。P. Molnar 等把亚洲大陆东部形成的各类变形看作为类似于刚性楔（印度大陆）平面挤入刚塑性介质（亚欧大陆）的应变滑动线场的图形。

在国内对我国现代构造应力场问题的讨论是很多的，很早以前李四光教授就提出过一系列与此有关的重大问题。张文佑教授以断块学说的观点，对许多涉及了现代构造应力场的问题，如交叉断裂对新构造运动的控制问题、我国东部与西部 X 型剪切断裂系统的发展和差别、大陆向东南海洋不均一的蠕散、断块构造以及隐伏断裂网格与地震活动的关系、断块内部先成边界对应力状态的影响等问题作过很多的论述[35]。

近年来，对我国现代应力场问题的讨论十分活跃，开展了不少较为系统的工作（如全国地震机制解的分析，全国地震危险区划工作以及许多区域性的和个别同志的专题研究等），对我国现代应力场的区域特征，和周围板块运动的关系以及其动力来源等都有不少探讨。得到了一些对我国现代应力场基本特点的认识[36～38]。

总的看来，我国各地的现代构造应力是以水平分量为主，也有一些地带构造应力的垂直分量较为明显。在西部，从喜马拉雅到蒙古西部的广大地区以北北东或近南北的水平压应力为主。许多同志把青藏高原内部又划分出四重弧形地带，它们主要由一系列的平移或逆断层组成，据震源机制及活动断层等资料认为最南及最北的喜马拉雅弧形带和阿尔金、祁连山弧形带以挤压引起的逆断层为主；中间的唐古拉弧形带和昆仑山弧形带则是在挤压作用下，以地壳物质的横向推移引起的走滑断层为主。并有向东南方向推移的迹象。天山阿尔泰一带，除了南北方向的缩短，也有走滑和逆冲断层的活动，西南川滇一带及川北一带处于青藏高原的边缘及多个地壳块体交接的部位，应力场状况比较复杂。反映了我国东西两部分之间的过渡性质。

东部地区的现代应力场，以华北研究最为细致。从大地震的震源机制解和小地震的综合断层面解、地震地表断裂形变测量资料以及历史地震的等震线长轴方向等多方面资料都表现出构造应力场有很好的一致性。主要是北东东向的水平压应力和北西西向的张应力。北东向活断层都表现为右旋走向滑动，北西向的为左旋走向滑动。对华北引张应力场问题近来也有很多的讨论[39]。

在东南沿海和华南一带，现代应力场与华北有很大不同，主压应力表现为以南东－南东东方向为主。一些同志认为这是菲律宾板块的挤压对这一地带影响的反映。

一般说来，我国的现代构造应力场是中新生代应力场继承性的发展。但在华北地区在新生代后期应力场的状况有过一次重大的改变，区域的主压应力方向由南东东转变为北东东的方向。对这一转变的原因还有不同的看法，有人归因于在始新世与渐新世之间，印度板块与欧亚板块的碰撞，在中国大陆北部引起了次一级的拉伸所致。有人则用太平洋板块与菲律宾板块在早第三纪末期对大陆地区俯冲作用的交替、转变来解释。在日本西南部，主压应力方向也有过一次明显的转变，藤田和夫用地幔流动方向的变化来解释。看来，对这一转变的原因以及转变的时间都还是一个有待探讨的问题。

八、结　　语

上面对活动构造的一些问题，尤其是与地震活动有关的一些活动构造问题，结合我国的情况作了一个很概略的介绍。可以看出，对活动构造的研究在近一二十年来是有了很大的进展的，特别是对活动断层的研究取得了较多的认识。但从总的情况看来，对地壳表面各类构造形式现代活动特点的了解，还是极其粗浅的。过去对各类活动构造的调查，无论从范围和类型上，都还极为局限。卫星影像资料的运用推进了对地面上更大范围内的各类活动构造形式在分布上的了解。但对这些构造还很缺乏具体的调查与研究。今后要想揭示更普遍的现代构造作用的状况，在更大范围内有重点地开展对活动构造的系统地质调查，进行活动构造的制图仍是一项首要的基础工作。此外，采用新的观测技术，开展长期的地球物理和大地测量方面的系统观测对推进活动构造的研究是非常重要的。

讨论活动构造及各类活动构造相互关系的问题时，就必然涉及到现代地壳应力场、地壳运动的原因和地球动力学等一些理论问题。但是需要指出，通过活动构造的研究，追溯地壳构造应力场和地壳运动的方式，是一条非常现实的道路。通过对各种活动构造的研究，得出的有关地壳运动的具体资料，将给推进对地球科学中的一些理论问题的认识起重要的作用。

我国是大陆内部现代构造作用非常强烈的一个地区，地震活动也很活跃，对活动构造的研究，有着极其丰富的内容。在这方面，摆在我们的面前还有大量的很有意义而又有兴趣的课题，留待我们去开展和解决。

参 考 文 献

［1］ Whitten，C. A. Green，R，and B. K. Meade（Editors），Recent crustal movements. Tectonophysies，Special Issue，1979，52，（1～4）.

［2］ Kovach，R. L. and A. Nur（Editors），Proceedings of the conference on tectonic problems of the San Andreas Fault System. Stanford Univ. Geological Sciences，XIII. 1973.

［3］ 日本地质学会，断层と地震，地震学论集，1976，No. 12。

［4］ Ambraseys，N. N.，Middle East-a reappraisal of the seismicity. Q. J. Enging Geol.，1978，11，19～32.

［5］ Буртман，В. С.，Таласо-ферганский Сдвнг и сдвиг Сан-Андреас. АН СССР Геол. цн. труэы，1963，вып. 80，ст. 128～151.

［6］ Bonilla，M. G.，Surface faulting and related effects. Chap 3. in Earthquake Engineering（R. L. Wiegel，Editor），Prentice-

Hall, Inc. , Englewood Cliffs, New . Jersey. 1970.
[7] 松田时彦，活断层と地震—その地质学的研究，地质学论集，1976，No. 12，15 ～32。
[8] H. Thomas Rogers & R. D. Nason, Active displacement on the Calaveras Fault Zone at Hollister, California. Bull. of the Seis Soc. of Amer. 1971, 61 (2), 399 ～416.
[9] Wallace, R. E. , Earthquake recurrence intervals on the San Andreas Fault. Geol. Soc. of Amer. Bull. , 1970, Vol. 81, No. 10, 2875 ～2886.
[10] 唐荣昌等，1973 年炉霍 7. 9 级地震的地裂缝特征及地震成因的初步探讨，地球物理学报，1976，Vol. 19，No. 1。
[11] 朱成男，滇南地区新生代构造发育兼论通海地震的地质背景，地震研究，1978，No. 3。
[12] 虢顺民等，唐山地震区域构造背景和发震模式的讨论，地质科学，1977，No. 4。
[13] Nason, R. D. Fault creep and earthquakes on the San Andreas Fault. Stanford univ. Geological Sciences, XIII. 1973.
[14] Brace, W. F. & J. D. Byerlee, California, earthquakes: Why only shellow focus? Science, 1970, 168 (3939), pp. 1573 ～1576.
[15] Scholz, C. H. , Molnar, P. and T. Johnson, Detailed studies of frictional sliding of granite and implications for the earthquake mechanism. JGR, 1972, 77 (32), 6392 ～6406.
[16] Allen, C. R. , Geological criteria for Evaluating Seismicity. Geol. Soc. of Amer. Bull. 1975, 86, 1041 ～1057.
[17] 邓起东等，山西隆起区断陷地震带地质条件及地震发展趋势概述，地质科学，1973，No. 1。
[18] 郭增建，1556 年 1 月 23 日关中大地震，地球物理学报，1957，Vol. 6，No. 1。
[19] 国家地震局兰州地震大队、宁夏回族自治区地震队，1920 年 12 月 16 日海源大地震，地球物理学报，1976，Vol. 19，No. 1。
[20] 时振梁等，1932 年昌马地震破裂带及其成因的初步探讨，地球物理学报，1974，Vol. 17，No. 4。
[21] 李坪等，云南川西地区地震地质基本特征的探讨，地质科学，1975，No. 4。
[22] 阚荣举等，我国西南地区现代构造应力场与现代构造运动特征的探讨，地球物理学报，1977，Vol. 20，No. 2。
[23] 李四光，旋扭构造，科学出版社，1974。
[24] Vening Meinesz, F. A. , Shear pattern of the Earth's Crust. Traps. Amer, Geophs, Union, 1947. 28 (1), 1 ～61.
[25] Moody, J. D. , Crustal shear patterns and Orogenesis. Tectonophysics, 1966, (3), 479 ～522.
[26] Хаин, В. И. От тектоники плит более общей теории глобалъного тектогенеэа. Геотектонцкла. 1978, No. 3.
[27] Шулъп, С. С. , Планетарные трещины и тектонические дислокации. Геомекмонцка, 1971. (4) .
[28] 丁国瑜、李永善，我国地震活动与地壳现代破裂网络，地质学报，1979，No. 1。
[29] Marc L. Sbar, Lynn R. Sykes, Contemporary compressive stress and seismicity in Eastern North America: An example of intraplate tectonics. Geol. Soc. of Amer. Bull. , 1973, 84.
[30] 余伯良，甘肃走廊新构造运动的特征及意义，中国科学院第一次新构造运动座谈会发言记录，科学出版社，1957。
[31] 国家地震局地震测量队，海城 7. 3 级地震的地形变，地球物理学报，1977，Vol. 20，No. 4。
[32] 国家地震局地震测量队，1970 年云南省通海地震的地形变特征，地球物理学报，1975，Vol. 18，No. 4。
[33] Hast, N. , The state of stress in the upper part of the Earth's crust. Tectonophysics, 1969, No. 8.
[34] Molnar, P. , Tapponnier, P. , Cenozoic tectonics of Asia: Effects of a continental collision. Science, 1975, 189, 419 ～426.
[35] 张文佑等，断块与板块，中国科学，1978，No. 2。
[36] 时振梁等，我国强震活动和板块构造，地质科学，1973，No. 4。
[37] 叶洪等，喜马拉雅弧形山系及其邻近地区现代构造应力场分析，地质科学，1975，No. 1。
[38] 邓起东等，中国构造应力场特征及其与板块运动的关系，地震地质，1979，Vol. 1，No. 1。
[39] 张裕明等，华北东部新生代构造应力场变化之探讨，地震地质，1979，Vol. 1，No. 1。

我国内陆 8 级左右强震的重复性问题*

提高对 8 级大震重复性的认识是减轻地震灾害的研究中最重要的课题之一。由于在我国内陆地区有记录的 16 次 $M \geqslant 8$ 的强震大都是分别发生于不同地点的，很少在原地重复，因之有人认为内陆强震是不原地重复的。但对此问题一直存在着不同的意见，成了地震危险性评价和烈度区划中未解决的一个难题。

内陆强震大多与断层的走滑破裂活动有关。对许多地区的分析表明，活断层的滑动速率与强震重复发生的间隔时间长短有明显的相关关系。故通过确定活断层的滑动速率与强震滑动位移量关系的计算可以推算一条断裂上强震的复发周期。断层滑动速率愈大，强震发生的重复周期愈短，我国许多地区的活断层明显地反映出的确具有这一情况。但用断层滑动速率资料计算出的强震重复周期终究是具有推论的性质，还需要有直接的材料加以证明。近年来沿活断层上古地震现象的研究所取得的新资料为这一问题提供了很有意义的线索，很值得加以讨论。

近年在富蕴、玛纳斯、炉霍、海原、华县、临汾、郯城、唐山等发生过 8 级左右强震的地区都发现了古地震遗迹。如在唐山探槽揭露出可能是另一次强震事件造成的古地面破裂错动的时间可能要在 6000 年以前（王挺梅等，1981）；在华县探槽揭露的 1556 年大地震以前可能与另一次强震事件有关的断裂错动被掩埋已深达十米，据关中盆地沉积速率估算的年龄约在 2000 年前；发生郯城强烈地震的沂沭断裂带据古地震资料，有约 2000 年以上的强震周期（高维明，1982 年）；在西部的新疆，沿发生富蕴 8 级地震的二台断裂上发现的古地震遗迹，反映出它们的发生时间间隔在数百年以至千年以上；在发生海原地震的南、西华山断裂上多期古地震湖的年龄测定数据表明其间隔最短的 1000 年左右，长的达数千以至万年以上（朱海之，1982）；鲜水河断裂带上历史地震及槽探揭露出的古地震资料表明的强震重复发生的时间仅在数百年前。有意思的是由这些古地震资料所提示的强震重复间隔的长短与据断层活动速率计算所得的强震重复周期多是在同一数量级，甚至是接近或一致的。

据对地震记录、断层滑动速率、特别是古地震这几方面资料的分析可以看出：

（1）8 级左右强震在内陆许多断裂上的一定段落是重复发生的，认为在内陆大震基本上不原地重复的看法主要是由于所据资料的时间尺度太短，亦即历史地震记录的时间往往小于大震重复间隔的时间所致。

（2）在内陆地区强震重复间隔的长短有明显的区域特性，这与不同区域遭受的现代构造变形特点有关。在我国西部的一些滑动速率大的断层上，8 级左右强震的重复周期往往为数十年以至数百年，而断层滑动速率较低的东部，巨大地震的重复周期则往往不是数百年，而是长达数千年。

（3）从目前取得的资料看，内陆地区 8 级左右强震的重复间隔较板块边缘的要长得多，可达十倍、数十倍以至数百倍以上。在日本、北美、中亚、欧洲等地的资料也都有此情况。

当然以上主要指的是一条断裂而言，在一个多条活断层组成的断裂带上，考虑到断裂活动的复杂性及强震发生的成丛性、迁移性等特点，强震重复间隔则要短得多，如华北一般一条断层上的重复间隔长达数千年，而一个断裂带，如汾渭带则具有数百年的周期。随着活断层上古地震研究的广泛开展和深入，为更好地解决强震重复性问题、改写烈度区划的原则提供重要的依据。

---

* 本文原载于《八级大震讨论会会议论文摘要》，兰州地震研究所、宁夏地震局（银川），1982，87～89。作者：丁国瑜。

华北地块新构造变形基本特点的讨论*

摘　要　在新构造期（距今约340万年以来）华北地区垂直变形幅度不大，而水平扭动幅度却可观；各个地壳块体在主压应力近于水平的区域应力场中发生了不同程度和不同方式的扭动或转动，产生以水平扭动、剪切破裂为基本特征的地壳构造变形，不同于早第三纪地幔上隆，地壳表层裂陷的构造变形形式。华北，尤其是河北平原和渤海地区，强震活动是在早第三纪引张区地壳和上地幔结构的背景中地壳继续发生水平扭动及剪切破裂的表现。定量估算水平扭动的幅度和速率将有助揭示华北强震活动规律。

一、引　言

华北地块是一个具有古老构造基底的地台，又是中、新生代构造活动很强烈的地区。该区地震活动的强烈程度是世界上大陆内部古地台区中极其少见的。我国东半部2000多年来历史记载的7次8级左右强震，其中6次发生在这一地区；近百年来东部（除台湾省外）所有7级以上的强震几乎都发生在这一地区。为什么在这样一个具有古老基底的地台上地震活动如此强烈？这些地震是在怎样的构造运动的背景下发生的？研讨华北地块现代构造变形的基本特点对解决这些问题和认识中国内陆强震活动规律是一个具有重要意义的课题。

二、华北的新构造期问题

晚始新世至渐新世期间印度次大陆与欧亚大陆发生碰撞（喜马拉雅运动第一幕）以后，上新世末至早更新世间的构造运动是对我国现代构造应力场有重要影响的一幕。这一阶段不仅是青藏高原和西部一系列大山系强烈隆起，山前拗陷急剧下沉的阶段，也是东部盆地和平原以及大小水系进一步发展，并发生了明显改组变化的一个新阶段。

这一新构造发展阶段的下限年代约为距今340万年前，相当于吉尔伯特（Gilbert）反向极性世向高斯（Gauss）正向极性世转换的年代。

晚第三纪末叶发生的构造转变在华北平原及其邻近地区都有明显的表现。在阳原、蔚县盆地，泥河湾组底部黏土砾石层与下伏三趾马红土呈不整合接触。泥河湾组下部地层已属高斯世中、早期产物，年龄约为310～320万年前[1]在三门峡盆地和渭河地堑，下三门组与下伏上新世地层呈明显的角度不整合。下三门组为高斯世中、早期产物[2]。类似的情形在山西榆社、太谷、武乡等均可见到[3,4]。与此相应，在河北平原，尤其在燕山和太行山山前地带，普遍发育了粗碎屑砂砾堆积物。例如，顺义、三河-大厂、蓟县、丰南-丰润、宁河北部、固安、正定等地钻孔中都见到被称为早更新统“固安组”下部卵砾石或砂砾石等粗碎屑堆积层[1]。顺5孔[5]、顺2孔[2]和固2孔[1]岩芯磁性地层测定表明，这一砂砾层上覆沉积物已记录了马默思（Mammoth）极性事件，属高斯世中、早期产物。

* 本文原载于《华北地震科学》，1983，No. 2。作者：丁国瑜　卢演俦。

三、华北地块在新构造期的垂直运动量不大

华北地区进入新构造阶段以后，晚第三纪与第四纪的沉积构造格局、应力状态都发生了明显的变化。第三纪早期盆地的强烈拉张沉陷作用大大减弱，孤立的深陷的地堑盆地被更广泛分布的新堆积所超复，形成了目前大平原景观。由区域拉张为主的应力场所引起的地壳垂直运动的幅度和速率的减小可通过对上新世末以来沉积物厚度、夷平面和阶地的变形等的分析反映出来。

从表1可见，华北平原周围和邻区晚第三纪夷平面（如唐县面）高出当地现今河床，一般为100～300 m，几乎都不大于400 m。若平原周围山区河床下切反映了山区上升，不考虑剥蚀量，则周围山区相对于平原面在新构造期的上升量约为100～300 m，最大达400 m左右。燕山、太行山山区及山前早更新世河流阶地及早更新世沉积物分布的相对高程一般为50～80 m左右，大者达140～160 m（表2），也反映了在新构造期平原周围山区相对上升幅度不大。延庆盆地1孔在深580 m（绝对标高约-80 m）处似有海侵相沉积层，含九字虫等有孔虫及有关的介形类化石组合，为松山（Matuyama）反向极性世早期地层[6]。在顺义平原顺5孔深427～438 m（绝对标高-390～-400 m左右）见以饰带透明虫为特征的有孔虫组合，为正常海相沉积层，其时代为松山世早期（约213～243万年前）[5]。若两处海相层可对比，则约240万年来延庆盆地与阿北平原相对垂直运动幅度约为300～320 m。总之，周围山区相对于平原上升幅度约为100～300 m。

表1　河北平原周围山区新第三纪夷平面高程分布

地　点	海拔高程（m）	拔河高程（m）	资料来源	平均上升速率（mm/a）
北京西山　斋堂盆地周围	450～500（唐县面）	约100～150	[9]	0.03～0.04
太行山东麓　河北黄壁庄	280～380（唐县面）	约100～200		0.03～0.06
太行山东麓　河南汤阴青羊口	240（N_2末夷平面）	120	[10]	0.03
太行山　河北蔚县盆地南	1000～1050（唐县面）	100～150		0.03～0.04
山西　系舟山南段石岭	约1200（唐县面）	约450	[11]	0.13
辽东半岛山地	约100（广寺面）	50～80	[3]	0.01～0.02
山东泰山、鲁山、沂山	约300～400（唐县期）	约200～300	[4]	0.06～0.09

表2　太行山东麓和燕山山前河流阶地相对高程（m）

阶地时代	永定河[12]（幽州车站）	永定河支流清水河[13]（斋堂盆地）	滹沱河[14]		小凌河[15]（锦州）
			（神喜-段家庄）	（段家庄-东岗）	
上新世末	123				60～70
早更新世	93	60～80	140～160	26～130	40～50
中更新世	67～73	30～50	90～120	60～67	30～35
晚更新世		5～15	40～30	21～31	20～25
全新世			5～10	5～10	

根据平原区第四系底界埋深资料[16]和磁性地层资料（表3）可初步估计，在新构造期河北平原下沉幅度约为400～600 m，局部地区（如燕山南缘一些盆地）可达700～800 m左右。整个平原表现为缓慢下沉，不同地段下沉幅度虽有变化，但相差仅100～200 m左右。河北平原下沉原因是复杂的，有构造的和非构造的因素。早第三纪阶段地幔上隆、地表张裂下陷的模式，不宜再用来解释最新构造阶段的许多特点。此外，讨论平原区下沉问题时还有以下两点是应当予以考虑的。

表 3　河北平原及其邻区晚新生代磁性地层埋深

钻孔及其位置	磁性地层界面埋深/m							
	布容世（B）/松山世（M）界面（72 万年前）	贾拉米罗事件（J.）（90～97 万年）	奥尔都维事件（O.）（167～187 万年）	留尼汪事件（R.）（201～214 万年）	松山世（M）/高斯世（Ga）界面（240 万年）	凯纳事件（K.）（292～301 万年）	马莫斯事件（M.）（306～315 万年）	高斯世（Ga）/吉尔伯特世（Gi）界面（340 万年）
顺 5：北京顺义县城东南[5]	160	214～226	278～322	339～396	468	538～564	580～630	
顺 2：北京朝阳区孙河镇[2]	100	125～147	222～266	296～320	368			
柏 3：河北滦南县柏各庄[7]	170	197～218	360～390		496	572～588		
固 2：河北固安县[1]	96	102～118	168～232	257～310	323	396～414	436～478	
河北肃宁县官停[7]	156	174～180	290～338		455			
肃开 10：河北肃宁县西甘河[7]	140	183～214	305～352		460	516～530	540～560	
饶 6：河北南宫 - 衡水[7]	138	176～197	339～361	381～428	480			590（?）
Ⅱ3：河北鸡泽县[1]	107	212	402	425	440	597		
Ⅱ6：河北临西县[1]	148	194～203	271～294		400	530		
沧 13：河北海兴县[1]	90	156	238	304	323	350	361	
7 - 17 - 1：河北海兴县高湾[7]	106	136～144	198～265	274～287 294～302	320	375		554（?）
沧补 12：河北沧县[1]	138	171		403	473	555	594	
沧补 12：河北青县兴济[1]	128	168～174	310～334		475			
LP26：辽宁营口市第二纺织厂[8]	156	250～270	360					
LP24：辽宁大洼县榆树农场[8]	108	117～127	233					

（1）重力均衡补偿问题：从中新世起，河北平原就打破了早第三纪两洼一隆的盆－岭格局，转变为整体下沉的大型超复盆地。这可能意味着，地幔上隆与地壳表层引张裂陷已基本结束，而开始了消除早第三纪时地幔上隆、地幔物质侵入地壳所造成的严重的地壳物质过剩而作的补偿调整。现在河北平原重力均衡异常值约为 +10 ～ +25 mGal，地壳质量略过剩，均衡调整仍继续进行[17]。

（2）第三纪沉积物的成岩压密作用问题：华北平原及渤海早第三纪裂陷带通常堆积了 5 ～8 km 厚的第三纪砂质、黏土质为主的沉积物，早第三纪隆起带堆积了 1 ～2 km 厚的晚第三纪沉积层。在沉积初期它们的天然密度应与现在同类沉积物的密度差不多，泥质的约为 1.3 ～1.6 g/cm^3，砂质的约为 1.5 ～1.9 g/cm^3。若第三纪沉积层中泥质沉积物和砂质沉积物各占总厚度的一半；沉积初期具有平均天然密度为 1.7 g/cm^3，在埋藏到 1000、2000、3000 和 4000 m 深时，平均天然密度分别为 2.0、2.2、2.3 和 2.36 g/cm^3，则可估计出，在新构造期河北平原及渤海地区由第三纪沉积物自重压密产生的地面下沉量约为 110 ～210 m，第三系厚度大于 3000 m 的地段自重压密下沉量约为 210 m，在第三系厚度 1000 ～2000 m 地段自重压密下沉量约为 110 ～170 m。

上述初步估计表明：①研究区第三纪沉积层自重压密产生的下沉量可达平原区新构造期总下沉幅度（400 ～600 m）的 1/3 ～1/2；②早第三纪裂陷带自重压密下沉量比早第三纪隆起带（如沧县、埕宁隆起）约大 50 ～100 m 左右。这一差值与表 3 列出的河北平原不同地点布容世与松山世界面（其年代约 72 万年前）埋深的差值十分一致，与河北平原第四系底界埋深分布相适应。扣除这一差值，河北平原内部差异性垂直运动量是很小的，尤其是中更新世以来，几乎处于整体性的重力均衡补偿下沉状态。只有燕山、太行山山前等地段的一些活动断层有约一二百米的垂直落差。

此外，断层水平滑动和地块水平扭动，以及第四纪气候性海面涨落（幅度可达 130 ～160 m）等等，都对平原沉降有不同程度的贡献。

因此，在新构造期，华北平原与周围山区的垂直运动幅度是不大的。扣除第三纪沉积自重压密这种非构造因素引起的下沉量，河北平原下沉总量约 200 ～400 m，与周围山区上升幅度 100 ～300 m 大体相当，平原与山区之间总的升降幅度为 400 ～ 700 m 左右，平均垂直运动速率约为 0.1 ～0.2 mm/a。

四、华北地块在新构造期水平扭动量很大

1966 年邢台地震和 1976 年唐山地震断层运动给了我们有意义的启示。它们展示了断层水平扭动导致局部地面升降运动的实际图像，并且提示我们地块主要在作不同形式的水平扭动。张祖胜[18]对唐山地震前后地壳形变的研究表明，无论在震前十余年里，还是在地震瞬时及震后几年，震区的地块都在作某种形式的水平扭动，水平位移都几倍于垂直位移。赵金瑞等[19]对鲁中南和河北平原相隔 20 余年的两期三角测量资料的研究亦表明，这两个地区在作一定形式的水平扭动。

河北平原北部第三纪地层不厚，出现了几个沉降幅度较大的、左行排列的、近东西向的第四纪沉积盆地[7]，而河北平原西南端及豫西北平原第四系较薄，甚至新第三系被抬升、褶皱，如汤阴地堑及其两侧所见到的[10]。这是与燕山山前断裂带左旋扭动、太行山山前断裂带右旋扭动以及河北平原地块逆时针扭动密切相关的。

水系分布和变形真实地再现了断裂水平滑动和地块扭动的状况，为估计水平运动幅度和速率提供了依据。华北平原周围及内部水系扭动显著，例如，东出太行山的河流在山前地带几乎都不同程度地逐次向南拐弯，进入平原后渐向东北流去，汇合于平原中部和东北部，构成大型的爪状水系。这不仅显示太行山东侧断裂带作右旋扭动，也反映了平原地块作一定程度的逆时针扭动。

自燕山南流的水系在山前几乎都向东拐弯。李建华[20]对卫片研究表明，昌平—顺义—三河—丰南一线为一条 NWW 向形变带，自北而南的河流过此带几乎都向东直角拐弯。该带正好位于渤海－张家口 NWW 向强震带的北缘，为晚更新世和全新世松散沉积物覆盖，上述河流同步肘状拐弯恐怕难以用

岩性、水力学等因素来解释，应是水平剪切形变的产物。水系肘状拐弯两端点的长度可视为形变带水平扭动幅度的估计（表4）。扭动幅度最大的约7 km，一般为2～4 km。若以340万年前开始扭动计，平均水平扭动速率一般约为0.6～1.2 mm/a。

表4　燕山山前昌平－丰南形变带中水系扭动幅度（km）

顺义 牛栏山 （潮白河）	三河 县城 （洵河）	蓟县 青甸 （漳水）	蓟县 上仓 （洲河）	玉田 大丁庄 （兰泉河）	玉田 孟大庄 （城河）	滦南 柏各庄 （新滦河）	乐亭 马头 （大青河）	丰南 城东 （陡河）
约7	约4.5	约1.5	约4	约3	约2	约3.5	约4	约3.5

丰南附近一条NWW向左旋平移断层，将NNE向正磁异常带错开约12 km。这条断裂带正好在上述形变带上，其走向及错动方式都与形变带的一致。这种错动方式可能是新生代晚期京津唐地区地壳主压应力为NEE－SWW方向应力场的产物。这样，丰南NWW向断层左旋错动平均速率约为0.5 mm/a（以2500万年计），在新构造期里它的错动幅度至少为1.7 km。

表5是据卫片和地质资料推测的一些断裂上水系扭动幅度和平均速率。大多数断裂都有约0.5～2.0 mm/a的平均水平扭动速率，与燕山山前形变带的平均水平扭动速率相当。

表5　华北平原邻区一些断裂水系扭动幅度和平均速率

断裂及地点	走向	错动方式	错动幅度（m）	错动时代*）	平均速率（mm/a）
山东马陵山东侧断裂　麦坡[22]	NNE	右旋	23	Q_4	2.3
山东马陵山东侧断裂　纪庄－麦坡[23]	NNE	右旋	10～30	Q_4	1～3
山东马陵山横断裂　纪庄	NWW	左旋	100～200	Q_3	0.8～1.8
山东蒙阴断裂　新泰－带	NW	左旋	500～800	Q_2	0.7～1.1
河南汤西断裂　庙口－带	NNE	右旋	800～2000	Q_1	0.4～1.0
河南薄壁断裂　薄壁	NNE	右旋	约1000	Q_1	0.5
河北清漳河断裂　涉县票城附近	NNE	右旋	1000～2000	Q_1	0.5～1.0
山西大同盆地西侧断裂	NE	右旋	200～400	Q_3	1.8～3.6

*错动时代据河道切割地层及错动河流上游长度估计的。起算时间：Q_1为200万年；Q_2为70万年；Q_3为12.5万年；Q_4为1.0万年。

利用累积地震矩与地震滑动速率的Brune公式，根据历史地震记录，16世纪以来河北平原地震带（即邢台－唐山强震带）的平均滑动速率约为1.0 mm/a，沧东断裂带的约为0.6 mm/a[21]。这些估计值与上述断错水系平均速率估计基本一致。

由上述可见，在新构造期里，华北平原及邻区断裂的水平扭动幅度和平均速率都比它们的垂直运动幅度和平均速率大得多，前者约为后者的2～10倍。唐山地震前后京津唐地区跨断裂的短基线形变测量也得到了类似的结果[24]。邢台、唐山、海城地震断层的水平位移为垂直位移的2～4倍。这些表明，无论在新构造期还是现在华北地壳都是在近于水平挤压应力场中作以水平扭动为主的运动。

五、华北地块在扭动变形

近一二十年来结合地震预报对华北地区的新构造变形特点及地壳应力场进行了大量的研究和讨论，提出了各种不同的看法，随着资料的积累，认识也日渐深入。50年代及60年代初对这里主要强调了垂直差异运动与地震活动的关系。地质力学的研究则认为，地震主要是受 NNE 向新华夏系的最新活动所控制。20 世纪 60 年代中至 70 年代一系列强烈地震的发生及对它们的考察研究，人们开始大大地注意了水平运动问题。70 年代末以来由于对中国东部新生代张裂盆地发育机制认识的进展，不少人强调了华北的强烈地震与来自上地幔隆起而产生的裂陷构造及引张应力场的关系问题，或与贝加尔、美国西部盆岭省的张性构造相对比，或将来自周围板块的影响和来自日本地区深部作用统一起来考虑。

无疑华北平原和渤海地区是大陆板块内部的一个大型新生代断陷盆地，具有新生代沉积层厚、正断层多、火山岩分布广、热流较高，莫霍面起伏大，上地幔高导层埋藏较浅等等特点，表征引张区的地壳、上地幔结构和物性特征。然而，本区内发生的一系列强烈地震却是走滑型的，强震震中分布都显示出相当规则的区域性的线性网络剪切破裂的特征。如何认识这种关系，就不能不涉及怎样看待本区新构造变形的基本性质问题。

华北地块包括了鄂尔多斯和泰山山地两个相对稳定的坚硬地块。在鄂尔多斯地块周围发育了一系列张扭性破裂的地堑构造。华北平原大范围的沉陷地带是由一系列发育在破裂了的基底上复式地堑盆地所构成。地块南部的豫皖山地是华北地块与华南地块的过渡地带。大量资料表明，新构造期以来华北地块的地壳运动和变形情况与以前已有了明显的变化。在早第三纪阶段华北平原地区引张裂陷作用为主的情况已不是新构造阶段这一地区的主要构造变形形式，如前所述，代之以水平扭动变形为主。

结合上述华北地区地震、地质、水系变形及地形变等方面的资料，我们曾借助板块几何学的原理和方法，对华北地块相对运动作过一些研究，初步结果如图 1 所示。鄂尔多斯地块相对周围地块作绕极（42°N，94°E）逆时针转动或扭动。虽然河北平原地块不像鄂尔多斯地块那么稳定、完整，而通过它边缘和内部活动断层有规则的水平错动，使它作某种方式的水平扭动乃是顺理成章的。太行山和燕山山前活动断层走向和地震断层错动方向自南而北有逐渐向东偏转趋势，对它们用球面三角公式拟合（表 6）反映出，平原地块相对太行山地块和燕山作一定程度的绕极（22°N，145°E）逆时针扭动①。如前述，河北平原周围及内部水系分布、变形及第四纪沉积层厚度分布都反映了这种扭动变形。

表 6　太行山和燕山山前地震断层走向和错动方向与地块绕极转动的方向*

编号	时　间	震中位置			震级	地震断层		绕 22°N 和 145°E 极转动	
		地点	ϕ_N	λ_E		走向	错动方向	切线方向	法线方向
1	1974. 5. 7	河北昌黎	39. 5°	119. 3°	4. 5	23°	23°（203°）	30°	120°
2	1976. 7. 28	河北唐山	39. 5°	118. 2°	7. 8	30°	30°（210°）	30°	120°
3	1970. 6. 25	河北丰南	39°55′	118°00′	4. 7	15°	14°（194°）	29°	119°
4	1972. 3. 25	北京怀柔	40. 4°	116. 6°	4. 2	35°	47°（227°）	28°	118°
5	1971. 8. 5	河北行唐	38. 4°	114. 5°	4. 8	26°	28°（208°）	24°	114°
6	1966. 3. 8	河北邢台	37°21′	114°55′	6. 8	21°	24°（204°）	23°	113°
7	1966. 3. 22	河北邢台	37°32′	115°03′	7. 2	11°	12°（192°）	23°	113°
8	1979. 1. 2	河南淇县	35°41′	113°57′	3. 2	10°	2°（182°）	16°	106°
9	1978. 6. 5	河南汲县	35°27′	114°08′	4. 5	55°	351°（171°）	15°	105°
10	1968. 3 ～1974. 5	河北昌黎小震综合断层面解				34°	19°（199°）	30°	120°
11	1976. 8. 3 ～76. 8. 23	河北唐山小震综合断层面解				32°	4°（184°）	30°	120°
12	1966. 4 ～1976. 7	北京小震综合断层面解				30°	30°（210°）	28°	118°
13	1971 ～1972	河北下花园小震综合断层面解				24°	24°（204°）	27°	117°
14	1963. 1 ～1972. 12	河北红山小震综合断层面解				18°	24°（204°）	23°	113°

* 震源机制解资料据许忠淮等，1979；张之立等，1980；河南省地震局，1980 及李钦祖等，1980。

① 卢演俦、丁国瑜，华北地区地块相对运动几何学的初步研究，1981。

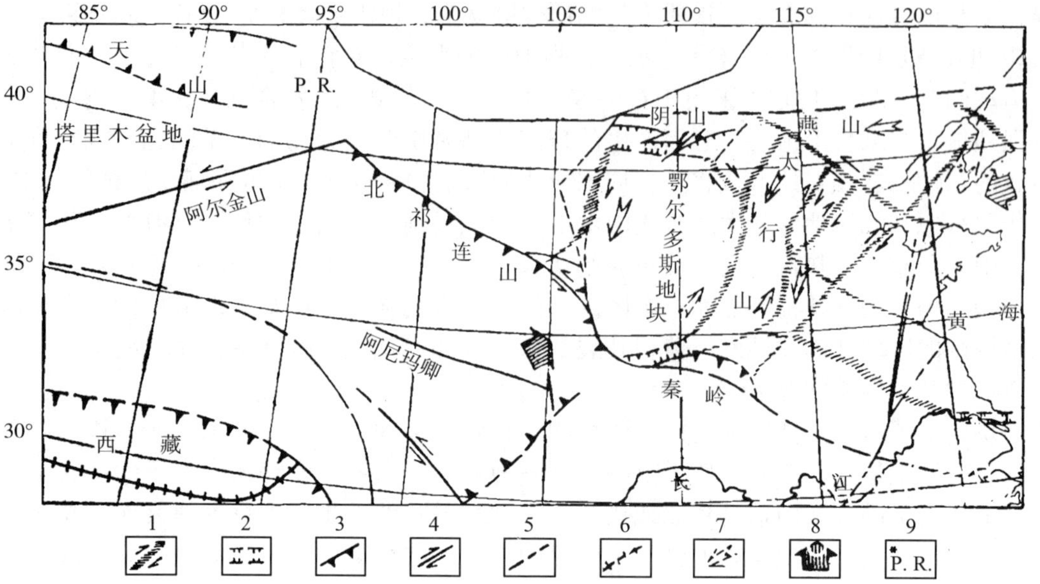

图 1　华北地块主要活动构造带分布及其构造环境

1. 华北地块内剪切型地块边界或剪切形变带；2. 拉张型边界；3. 挤压逆冲型边界和断裂带；4. 走滑型断裂带；6. 深断裂带；8. 板块碰撞边界；7. 地块扭动方向；8. 区域地壳主压应力方向；9. 鄂尔多斯地块相对周围地块的转动极

华北地区的变形情况与世界上一些张性裂谷区，如贝加尔及美国西部的张性破裂区，都有很大的区别。这里的地震震源机制解明显不同于那些张裂地带的就很好地说明了这一点。认识这一区别对于正确探讨这一地区形变特点及其与强震活动的关系是很有意义的。

参　考　文　献

[1] Li Hua-mei, Wang Jun-da, Magnetostratigraphic study of several typical geologic sections in North China, in《Quaternary Geology and Environment of China》, 1982, 33～38。

[2] 曹照垣等，试论中国第四纪下界问题，地质学报，1983，Vol. 57，No. 1，96～103。

[3] 杨钟健，关于秦岭以北的新构造问题，中国科学院第一次新构造运动座谈会发言记录，1957，76～80。

[4] 曹家欣等，山西太谷榆社武乡一带晚新生代地层与沉积环境的初步研究，中国第四纪研究，1980，Vol. 5，No. 1，77～86。

[5] 安芷生等，顺 5 孔的磁性地层学和早松山世的北京海侵，地球化学，1979，Vol. 4，343～346。

[6] 钱方等，北京及河北地区第四纪磁性地层的初步划分，第三届全国第四纪学术会议论文集，1982，63～65。

[7] 李华梅等，我国第四纪古地磁的研究，第三届全国第四纪学术会议论文集，1982，43～49。

[8] 张树常，下辽河平原第四纪地层划分，辽宁地质学报，1981，Vol. 1，11～25。

[9] 赵希涛，李容全，北京斋堂地区第四纪地层，北京师范大学学报（自然科学），1980，No. 2，150～163。

[10] 韩慕康，赵景珍，河南汤阴地堑的地震地质特征与地震危险性，地震地质，1980，Vol. 2，No. 4，47～58。

[11] Blackwelder, E, Willis, B. and the others, Research in China, 1907, Vol. 1, No. 1。

[12] 杨景春，延怀盆地中更新世湖侵、新构造运动和古地震问题，中国活动断裂，1982，312～317。

[13] 赵希涛，曲水新，北京斋堂雁翅地区的黄土，地质科学，1981，No. 1，47～50。

[14] 程绍平，冉勇康，滹沱河太行山山峡段河流阶地和第四纪构造运动，地震地质，1981，Vol. 3，No. 1，29～39。

[15] 丁锡祉，辽宁海岸线的升沉问题，中国第四纪研究，1968，Vol. 1，No. 1，160～165。

[16] 李祥根，京津及河北平原的最新活动构造带，中国活动断裂，1982，44～50。

[17] 殷秀华等，华北北部均衡重力异常的初步研究，地震地质，1982，Vol. 4，No. 4，27～34。

[18] 张祖胜，1976 年唐山地震区的地壳水平形变场的研究，地壳形变与地震，1988，No. 1，1～9。

[19] 赵金瑞等，华北和鲁中南地区地壳水平运动的关系，地壳形变与地震，1982，No. 2，20～28。

[20] 李建华，燕山南麓 NWW 向昌平－丰南隐伏活动断裂，地震地质，1983，Vol. 5，No. 3。

[21] 向宏发，用历史地震资料研究活断层现代活动特征的几个问题，中国活动断裂，1982，28～30。
[22] 方仲景等，苏鲁皖地区新生代构造应力场的初步探讨，地震地质，1979，Vol. 1，No. 4，11～24。
[23] 高维明等，马陵山地质与郯城 8.5 级巨震的发震构造，第二届全国构造地质学术会议论文选集第三卷中新生代构造，1982，75～82。
[24] 马庭著等，唐山 7.8 级地震前后的断裂运动，地震地质，1982，Vol. 4，No. 4，45～56。
[25] 许忠淮等，京、津、唐、张地区应力场的方向特征，地震学报，1979，Vol. 1，No. 2，121～132。
[26] 张之立等，唐山地震的破裂过程及其力学分析，地震学报，1980，Vol. 2，No. 2. 111～129。
[27] 李钦祖等，华北地壳应力场的基本特征，地球物理学报，1980，Vol. 23，No. 4，49～61。

中国的活断层*

一、引　言

晚始新世至渐新世间印度次大陆与欧亚大陆发生碰撞以后（喜马拉雅运动第一幕），上新世至早更新世间的构造运动是影响了我国现代应力场和现代地貌发育最为重要的一幕构造运动[1~3]，一般所谓的新构造运动阶段也就是指自此次构造运动迄今的这一构造发展阶段。这一阶段是青藏高原和西部一系列大山系强烈隆起、山前拗陷急剧下沉的阶段，是台湾新生代地槽褶皱的时期，是东部盆地与平原的进一步发育以及全国现代水系的形成与发展的主要阶段；也是新老断裂构造在这一新的应力场控制下活动发展的新阶段。我们所说的活断层就是指受这一幕构造运动影响活动或断续活动的断层。

二、中国活断层的分布概况

中国活断层的分布，总的是继承了老的，特别是中生代和第三纪以来断裂构造的格架。大约以东经105°为界，可以分为东西两部。东部以 NE 和 NNE 走向的张性和张性走滑断层为主，西部则是以 NW 和 NWW 走向的走滑和逆冲走滑断层为主[4~7]。

在西部，青藏高原的四周为一系列第四纪有强烈活动的巨大逆冲或走滑断层所围限。在高原内部发育有一系列 NW 和近 EW 向的大型左旋走滑活动断层，它们错断地质体，造成水系等一系列现代地貌形态的扭曲，清楚地反映出由于近 SN 向挤压造成的青藏高原内部各个块体间不均匀的侧向滑移。高原南侧发育一系列 SN 向张性活断层，西南侧由多条活动断裂带围限成一个向东南滑移的川滇菱形地块[8]。青藏高原以北地区活断层主要是围绕塔里木、准噶尔、阿拉善地块分布的。也多是以挤压走滑活动为主（图 1）。

东部的活断层是以张性及张扭性活动为主。如沿鄂尔多斯地块周围断陷盆地的边缘断层，华北平原、东北平原的边缘和内部的一系列 NE 和 NNE 向的断层。郯庐断裂是东部一条巨大的断裂带[9]，第四纪以来也一直有明显的挤压性右旋走滑活动（图 2）。在华南，较大的活断层主要分布于东南沿海一带。它们的活动程度有自海向内陆逐渐减弱的趋势（图 3）。在华中、华南的广大地区，断层活动性较上述各区为弱。活断层主要见于江汉、洞庭湖平原周围一些断陷盆地的边缘，黔、桂一带有 NW 向的活断层分布。

除了上述一些位于地块边缘或与区域主要构造带方向一致的活断层以外，在大陆内部还广泛发育有一系列与区域主要构造方向相交的横向活断层及共轭式的活断层。这类活断层每条的长度不很大，但分布广泛，主要是剪切性质的，形象平直，切穿各类构造，表现有很新很高的活动性、并往往与地震活动有密切关联，是内陆活断层中另一个不可忽视的重要类型[10]。在西部它们斜切喜马拉雅、昆仑、天山、祁连山、阿尔泰等巨大的褶皱带；在东部则斜切一系列华夏及新华夏方向的构造，尤其在东部沿海非常发育。从北向南可分为 4 段：燕山以北的东北段；河北平原段；江淮平原段及东南沿海

* 注：本文原载于《大陆地震活动和地震预报国际学术讨论会论文集》，地震出版社，1984，149～163。作者：丁国瑜。

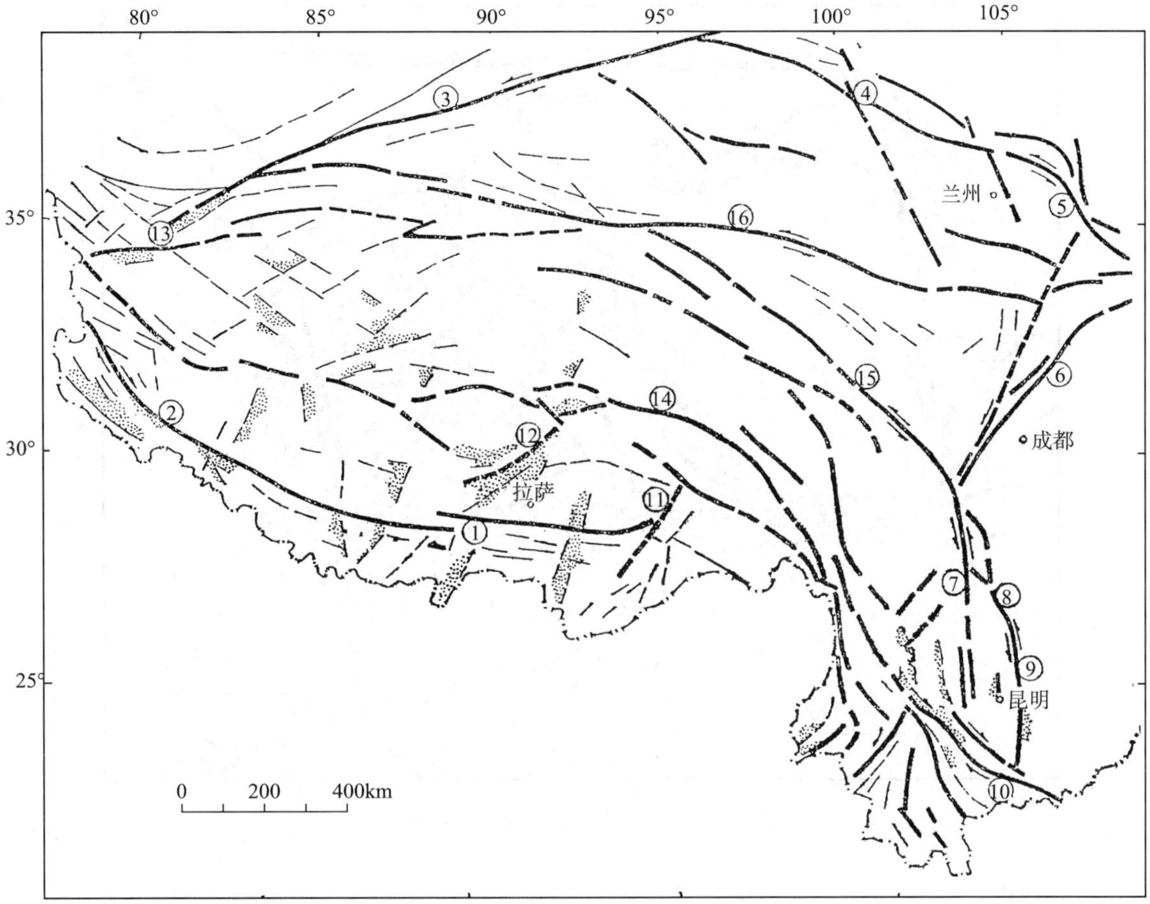

图1 青藏高原活断层分布示意图

①雅鲁藏布江断裂；②喀喇昆仑断裂；③阿尔金断裂；④祁连山断裂；⑤南华山断裂；⑥龙门山断裂；⑦安宁河断裂；⑧则木河断裂；⑨小江断裂；⑩红河断裂；⑪米林断裂；⑫纳木湖断裂；⑬虎牙断裂；⑭班公湖－丁青断裂；⑮鲜水河断裂；⑯阿尼玛卿断裂

段。它们有的看来与亚洲大陆东部边缘的剪切带或西太平洋古老的残留转换断层向大陆内部的延伸有关。

三、中国活断层的位移总量和滑动速率

这里所谓的位移总量指的是新构造运动阶段以来，亦即上新世晚期，主要是第四纪以来断层错动位移的总量。上新世末至早更新世间的构造运动在沉积地层及地貌上都留有明显的迹象，这对确定晚上新世（年龄约300～350万年）特别是第四纪（年龄约240万年）以来一些活断层的位移总量及平均滑动速率提供了一个很有利的条件。

（一）活断层垂直位移总量及平均滑动速率的估计

活断层的垂直位移总量一般可通过断层两侧夷平面、阶地面的高度变化和第四系沉积厚度等方面资料的分析取得。在中国西部，由喜马拉雅山向北，在帕米尔、昆仑山、南天山、北天山、祁连山、阿尔泰山等地，自喜马拉雅运动以来，伴随断层的逆冲活动在山前拗陷中形成了巨厚的磨拉石堆积。这组堆积在帕米尔山前以北的乌恰地区厚达8000 m以上，昆仑山前的和田、叶城一带大于5000 m，在天山南麓的阿图什一带达5000 m，库车一带在4000 m以上，天山北麓玛纳斯一带为2000 m，在阿尔泰

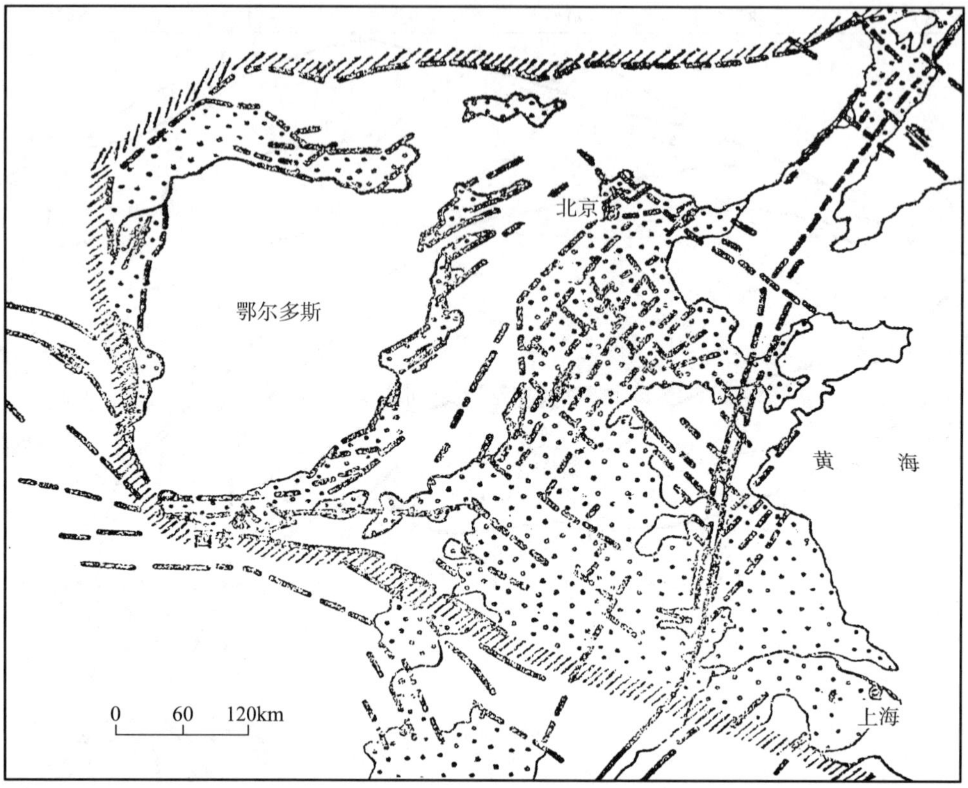

图 2　华北地区活断层分布示意图

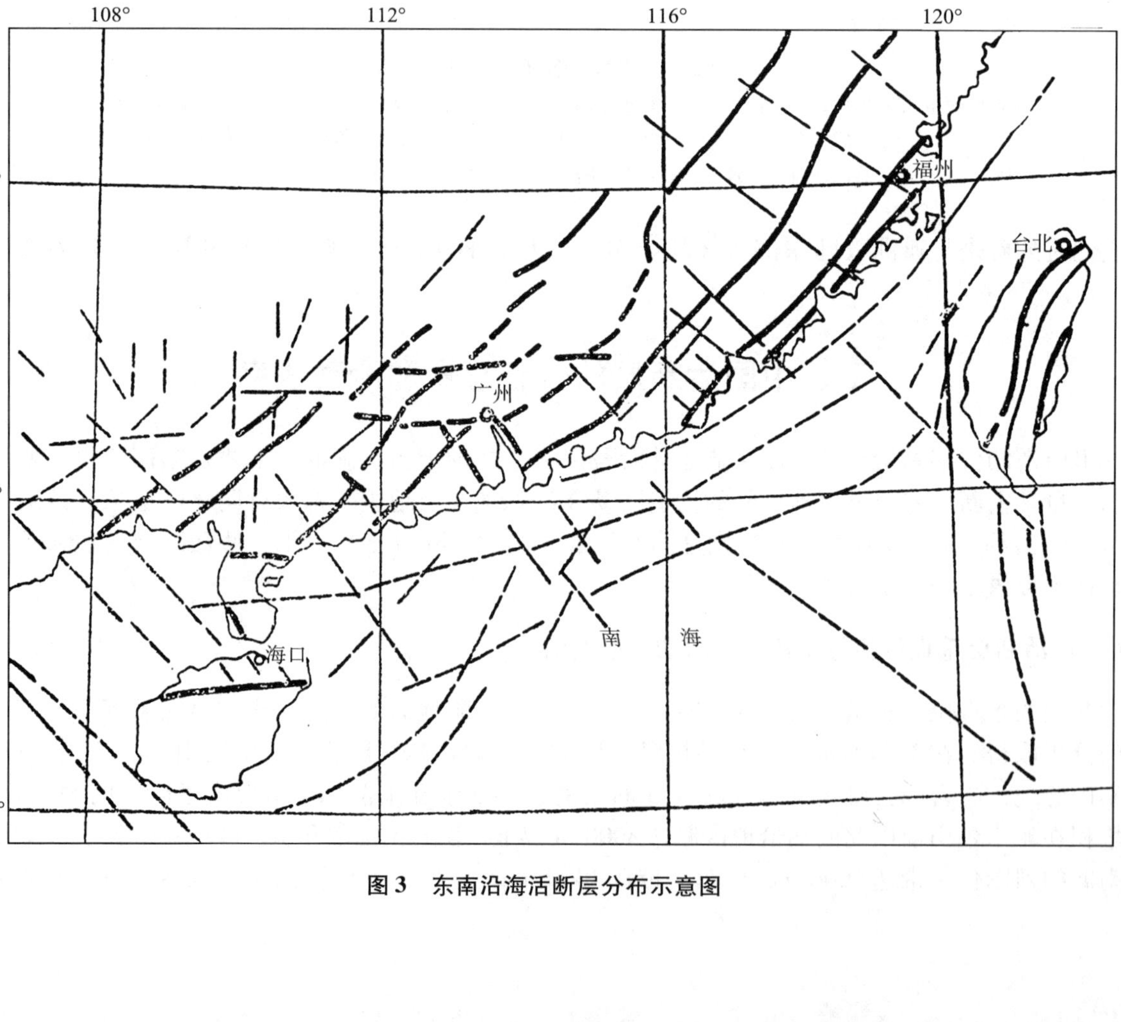

图 3　东南沿海活断层分布示意图

山区仅在北塔山南麓有不足200 m厚的堆积。可以看出，由这组堆积物厚度所反映的断层垂直位移从南向北逐渐变小（黄汲清，1979）。若以其中第四纪初期的西城砾石组产生的形变作为中更新世以来构造运动（约70万年）的总幅度，则在帕米尔北部、西昆仑山前、天山南麓、天山北麓、北塔山等断裂的活动速率分别每年约为1.6，1，0.7，0.5、和0.1 mm（戈树模，1981）（图4）。祁连山前断层在第四纪的垂直位移的速率亦大体在1 mm/a左右，如昌马断层为0.8～1 mm/a。

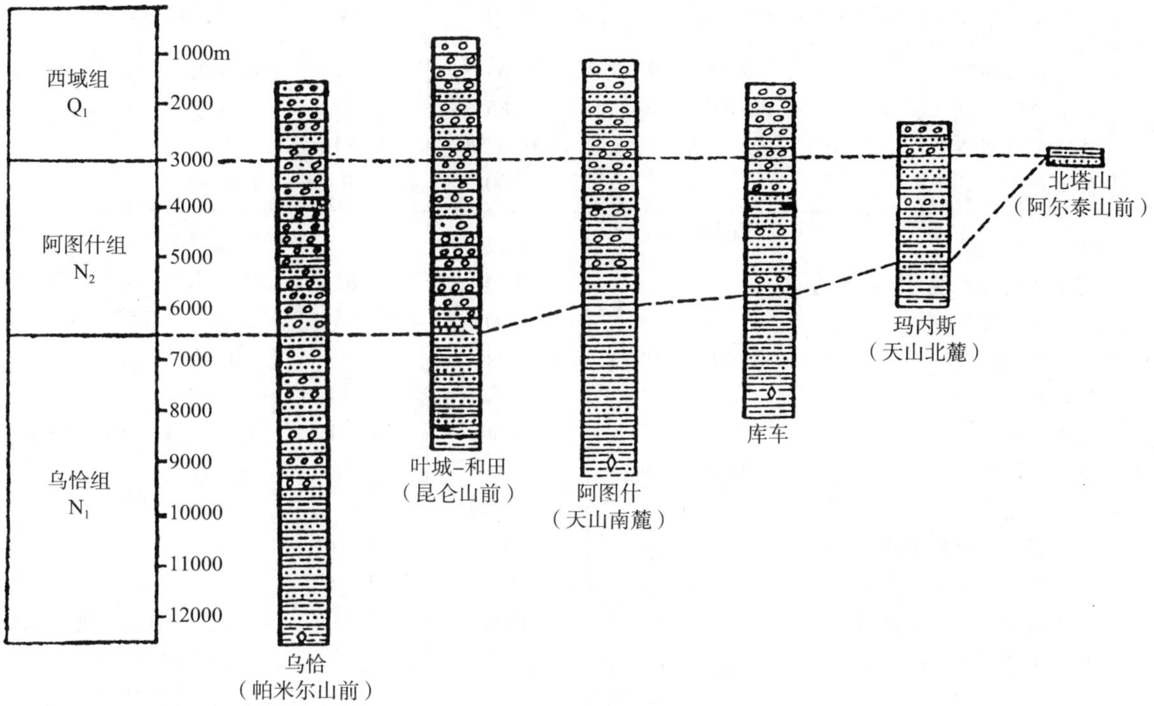

图4　从帕米尔至阿尔泰山山前 $N-Q_1$ 磨拉石堆积厚度对比示意图（戈树模，1981）

在东部，在华北平原各盆地第四系厚度三四百米至千米左右，一般四五百米，加上盆地边缘山地的抬升高度，反映了断层活动的垂直位移总量平均约为五六百米。平均速率一般都小于1 mm/a，有些在0.1 mm/a以下，平均垂直位移速率约为0.2 mm/a。在鄂尔多斯周围及其他一些第四纪断陷盆地边缘断层的活动速率较大。特别是银川盆地、渭河盆地较为突出，分别达2.3 mm/a及1.8 mm/a。在华南，断层垂直位移的平均速率比华北更低。一般在百分之几毫米，最大到十分之几毫米的量级，但沿海一带的速率较高，可达几毫米。

（二）活断层的水平位移总量及滑动速率

求得活断层水平位移总量最直接的方法是在野外测定地质体水系及其他地貌形态在新构造活动阶段以来被断错的距离[11~15]。在中国，特别是西部，由于有利的地质构造、地貌和气候条件，许多活断层的水平位移所造成的各种地质地貌现象表现和保留的非常清晰（表1）。如新疆准噶尔盆地北缘的可可托海-二台断裂，1931年在这里曾发生了富蕴8级地震，造成了达14 m的水平位移[16]。沿断裂带可看到大量的断层水平错动遗迹。晚更新世的河谷已被错移数百米以至700 m以上。中更新世的河谷则已具有二三千米的水平位移。新构造运动阶段的水平移位总量达26 km。沿断裂线已发现大量古地震的遗迹，表明沿断层有过悠久的以地震方式破裂活动的历史（图5）。

表1　中国西部活断层的水平位移

区域	F 活断层	T* 上溯的活动时间	D_m 累积总位移量/m	年平均滑动速率(mm/a)	备注
阿尔泰	可可托海－二台断裂	N_2	26000	8	新疆地震局
	二台断裂东南段（干沟一带）	Q_3^2	700	14	新疆地震局
	二台断裂中段（白杨河一带）	Q_3	2000	18	新疆地震局
天山	天山北缘断裂	(1906～1975)	0. 65	9. 3	向宏发**
	天山南缘断裂	(1902～1975)	0. 85	11	向宏发**
	博洛霍洛断裂	Q_3	1000～2000	9～18	柏美祥
	普昌断裂	Q_3	2000	18	柏美祥
青藏高原周围	阿尔金断裂带	(1910～1975)	0. 12	2	向宏发**
	阿尔金断裂西段（阿羌附近）	Q_2	4000	6	喀拉米兰河等河谷被断错
	阿尔金断裂东段	Q_2	5000	7	疏勒河、红柳河等被断错
	北祁连山断裂带	(1609～1954)	1. 24	4	刘伯篪**
	昌马断裂	H	15～18	1. 3～1. 5	高维明
	南华山断裂	Q_3	～2000	～18	海源菜园、大沟门一带
	安宁河断裂	(1536～1952)	0. 73	2	刘伯篪**
	则木河断裂	Q_3	～1000	9	扯扯街一带
	小江断裂（宜良麦西一带）	1322±85	8	5～6	朱成男
	小江断裂（寻甸一带）	2700±180	13	5～6	朱成男
	红河断裂（红河－弥渡一带）	Q_2	5500	8	Allen，Sieh，韩源，朱成男
	喜马拉雅主边界断裂	(1833～1971)	1. 11	8	向宏发**
青藏高原内部	米林北东向断裂	(1900～1975)	0. 58	8	向宏发**
	雅鲁藏布江断裂	(1911～1966)	0. 04	0. 5	刘伯篪**
	可可西里山前断裂	(1900～1975)	0. 06	0. 7	向宏发**
	西昆仑山断裂	(1900～1975)	0. 19	2. 5	向宏发**
	鲜水河断裂带	(1786～1973)	2	10	刘伯篪**
	鲜水河断裂北段	Q_3	1000	9	炉霍一带
	鲜水河断裂中段	Q_3	500～700	5～6	道孚－麻孜一带
	鲜水河断裂南段	Q_3	250～300	3	康定一带
	托索湖—玛曲断裂	Q_3	80～100	～1	高维明

* 断层活动上溯的时间 N_2 以距今340万年计；Q_1 为240万年；Q_2 为69万年；Q_3 为11万年；H为12000年。

** 据地震矩资料计算。

青藏高原西北侧的阿尔金断层是我国内陆最大的走滑活断层之一。沿断裂第四纪冲洪积物及大量河流被水平错动，牵引变形。断裂带东北段疏勒河河道被错断平移4 km多。在中段及西南段叶桑岗、木干萨依等地都有河流及洪积扇错断现象（冯先岳，1979）。沿断层有的地质体等被错移数十千米以上。粗略估算断层平均活动速率约在6 mm/a～1 cm/a以上。

青藏高原北侧的祁连山断裂带第四纪活断层以逆冲活动为主，但水平错动也是很明显的。如沿昌马断层有多处水系水平扭错。向东南延伸至六盘山区；在西华山、南华山断裂带，水平滑动则又成为断层活动的主要方式了。在海源的菜园、大沟门等地，晚更新世以来的水平位移可达2～3 km。

在四川、云南一带的鲜水河断裂、安宁河断裂、则木河断裂、小江断裂，第四纪以来的水平错动都在地质、地貌上遗留下了大量的证据。鲜水河断裂在其南段可见到5 km的左旋走滑错距[17,18]。晚更

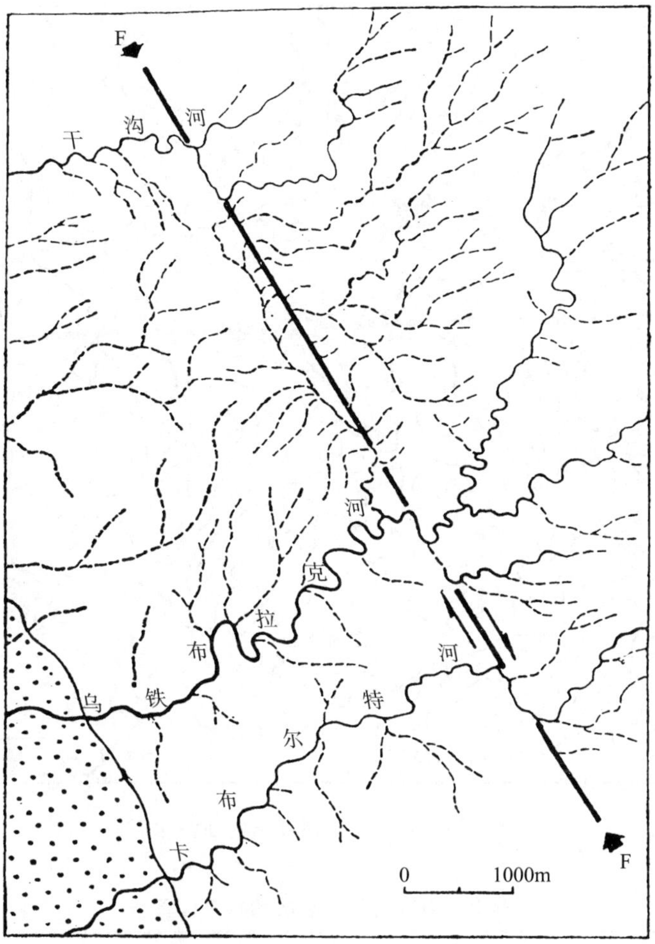

图5　沿阿尔泰山区可可托海－二台断裂的断错水系

新世以来北段炉霍一带错动量约1 km，中段道孚麻孜一段错距500～700 m，南段康定附近的水系被左旋错动250～300 m。按断错水系估计的断层水平滑动速率北段达5～10 mm/a，南段3 mm/a。这与用1925年以来6级以上强震资料求得的断裂带平均滑动速率为9 mm/a是近似的（图6）。沿则木河断裂，在扯扯街一带，一系列则木河支流被水平断错1 km以上。对东川、寻甸、宜良等地，被小江断裂错动的全新统地层作^{14}C定年后，求得小江断裂东西两支在全新世晚期左旋水平滑动速率分别为（4.8±0.4）mm/a和（6.1±0.4）mm/a。在寻甸大白河一支流的阶地（其年龄据^{14}C测定为2700±180年）已被错开13 m。宜良麦西附近^{14}C测定年代为1322±85年的沉积层已被错开8m，平均滑动速率约为5～6 mm/a（朱成男等，1982）。红河断裂是西南地区在卫片上十分清晰夺目的一条巨大的活动断层。在红河至弥渡一带断错水系等表明的断层的水平总错距达5.5 km。平均最大活动速率为7 mm/a（Allen，Sich，韩源，朱成男，1982）。

中国东部断层的水平位移在第四纪以来，不如西部那样明显强烈（表2）。但据这些年来从多方面取得的资料表明在华北地区第四纪或上新世以来断层水平位移与垂直位移的数量大体成2∶1的比例[19]。一般看来第四纪断层的水平位移总量约为数百米至一二千米的量级。第四纪平均滑动速率约为每年十分之几毫米至一二毫米左右。但有些拉张盆地的边缘或其转换部位所具有的水平位移量则要大许多。如临汾盆地的霍县什林断裂，左旋错断中更新世汾河阶地600 m，平均水平滑动速率达5 mm/a。宁夏贺兰山东麓断裂的明代（1506年后的）长城右旋错断1.45 m。平均滑动速率达3 mm/a以上。华北东部巨大的郯庐断裂带，第四纪以来一直承受侧向挤压的右旋走滑活动，在郯城马岭山西麓的冲沟水平错动25 m。

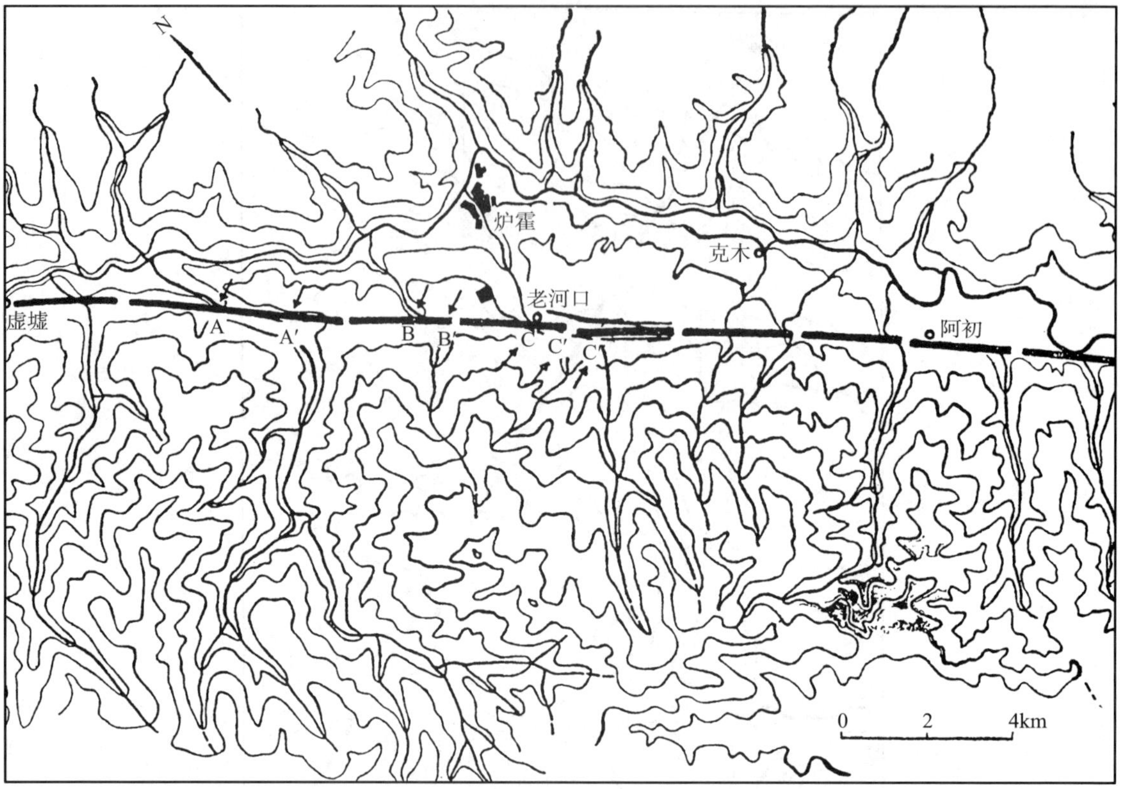

图 6　沿四川鲜水河活断层的断错水系

表 2　中国东部活断层的水平位移

区域	F 活断层	T^* 上溯的活动时间	D_m 累积总位移量（m）	年平均滑动速率（mm/a）	备　注
鄂尔多斯周围	银川盆地断裂带	（1000～1981）	3.8	3.8	卢演俦
	贺兰山东麓断裂	（1506～1981）	1.45	3	宁夏地震局
	汾渭断裂带	（1000～1981）	5.3	5.3	卢演俦
	临汾什林断裂	Q_3	600	5	杨景春
	渭河盆地断裂带	（1000～1981）	4	4	卢演俦
	秦岭北侧断裂	Q_1	3000	1.3	
华北平原	河北平原断裂带	（1314～1967）	0.4	0.6	刘伯篪
	沧东断裂	（1625～1978）	0.18	0.5	向宏发
	郯庐断裂（马陵山附近）	H_1	15～27	1.3～2.3	高维明
	郯庐断裂（麦坡附近）	H_1	23	2	方仲景
	郯庐断裂带	（1548～1975）	0.4	0.6	刘伯篪
	八宝山断裂	（1967～1976）	0.003	0.4	据形变测量资料（马廷著）
	夏垫断裂	（1972～1977）	0.005	1	据形变测量资料（马廷著）
华南	河源断裂	（1964～1972）	0.07～0.19	1～2	据形变测量资料
	福州－南澳断裂带	（1604～1978）	0.32	1	向宏发
	灵山断裂	Q_1	1000	0.4	广西地震局
	右江断裂	N_2～Q_1	4000	1.2	广西地震局

续表

区域	F 活断层	T^* 上溯的活动时间	D_m 累积总位移量（m）	年平均滑动速率（mm/a）	备　注
台湾	台湾东部断裂带	（1900～1978）	1	12	向宏发
	台湾西部断裂带	（1900～1978）	0.45	6	向宏发
	台东纵谷断裂	N_2	26000～36000	~8～11	
	台东纵谷断裂	（1942～1971，1909～1971）	3.47～3.84	60～100	Chen Chia-yuan（1974）

目前取得的上述一些结果还是非常粗略的，但它为认识大陆内部在上新世—第四纪以来地壳水平运动的状况提供了一个大体定量的、相对明确的总体轮廓。

四、活断层的现代动态

为了取得中国内陆活断层现代动态的具体数据，近十几年来布设了大量的形变测量点，特别是跨断层水准及短基线的观测效果较好。它们提供了许多用地质学方法所不可得到的有关断层活动细节的资料。华北平原地区一些断层的现代垂直位移速率小于 1 mm/a，多为十分之几个毫米。水平位移约为垂直位移的 2 倍。郯庐断裂带中段由 4 条平行断层组成，据 20 多年来形变测量资料表明，东侧两条活动强于西侧的两条。断裂带本身相对两侧以隆起为主。西部平均速率 1 mm/a，东部 2.5 mm/a。沿断裂带在安丘、临沂、宿迁、嘉山布设的水平形变测网（75 条边）反映安丘临沂段断层为右旋扭动，宿迁、嘉山段断层为左旋扭动，大致以北纬 34°～35°为界。沿 NW 向的灌云—临沂—邢台一线呈现左旋扭动（赵金瑞，1981）（图 7）。京、津、唐一带建立了一批（11 个）跨断层位移测量点，各年观测资料阐明了断层现代活动的一些细节，如反复蠕动，在海城、唐山等几次大震前后断层活动状况有变化等。在北京附近布设的一等三角测网，至 1978 年底已取得 354 条侧边成果，反映了这一带是以 NWW 向张应变为主，NNE 为压应变。NW 向的张家口 - 渤海断层有左旋走滑错动。八宝山断裂上的大灰厂短水准 10 年来累积最大变化量 8.7 mm。在汾渭盆地垂直形变速率近期一般为 2～4 mm/a。韩城等地三角网反映了渭河谷地具有继承性的张性左旋扭动。

在东南沿海一带据水准资料，泉州 - 汕头一带断层的活动速率为 2.25 mm/a，榕江断裂 5 mm/a，台湾东部断裂达 7～9 mm/a。

西北祁连山、六盘山一带，沿西华山布设的 11 条基线，从 1971～1978，4～7 次测量有 6 条基线缩短，年变化在海源干盐池等地为 0.3～1.5 mm/a。自酒泉至宝鸡一带布设的 23 条基线，自 1970 年以来除 4 个点外，其余皆呈 NE - SW 向缩短（李玉龙，1978）。在石嘴山布设的跨黄河三角网表明黄河断裂带是有活动的。

在鲜水河布设了 6 处跨断层测量场地及三角网，多期复测成果表明沿断裂带水平滑移速率各段有所不同。北段 7.9 mm/a，南段 2.7 mm/a，水平与垂直位移量之比北段约为 5∶1，南段 3∶1（图 8）。沿则木河及小江断裂，在西昌、冕宁等地布有三角网，在西昌布设的三角网 1958～1977 年 5 期测量成果表现这一带是挤压左旋扭动。沿则木河秦汉古墓变形亦为左旋水平扭动。这些都与地质上长期以来断层的动态完全一致。

据对邢台、通海、河间、阳江、东川、甘孜、海城、唐山等多个震例震前有关断裂的形变资料分析表明，震前形变速率多出现一段比平时形变量要高的阶段（图 9、10、11）。如唐山大震前 1972～1975 年南东盘下降达 180 mm。在唐山震区用地震前后拍摄的航片进行对比观测，用计算机算出变形点

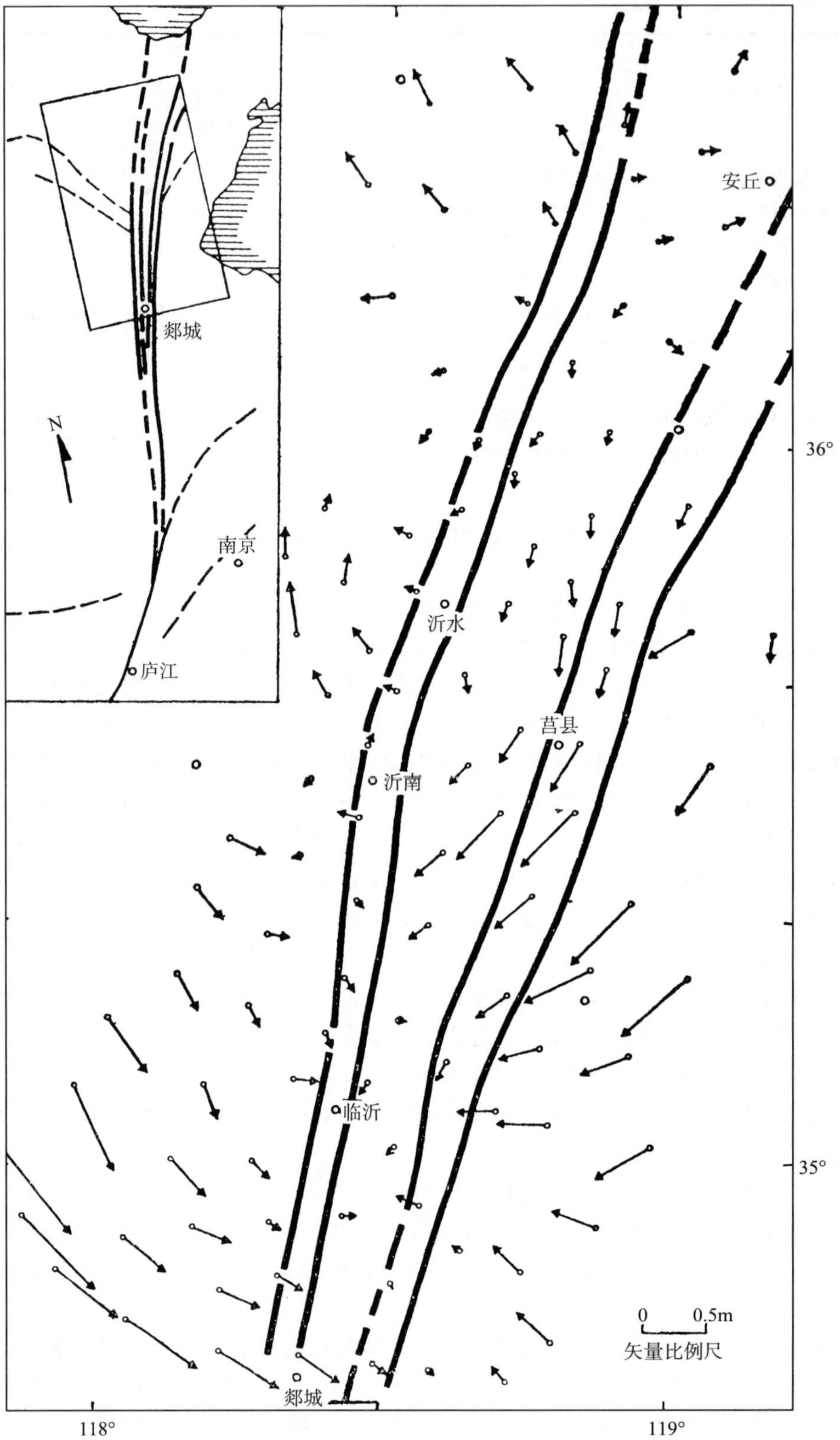

图 7　沿郯庐断裂带中段的水平位移矢量图（1973～1954）（据虞廷林，1981）

的高程和平面形变量，用这种航测解析法求出的1976年唐山地震后在发震断层附近的最大位移达5 m。这大大超出了地面上观察到的断裂两侧的形变量（只有1～2 m）。

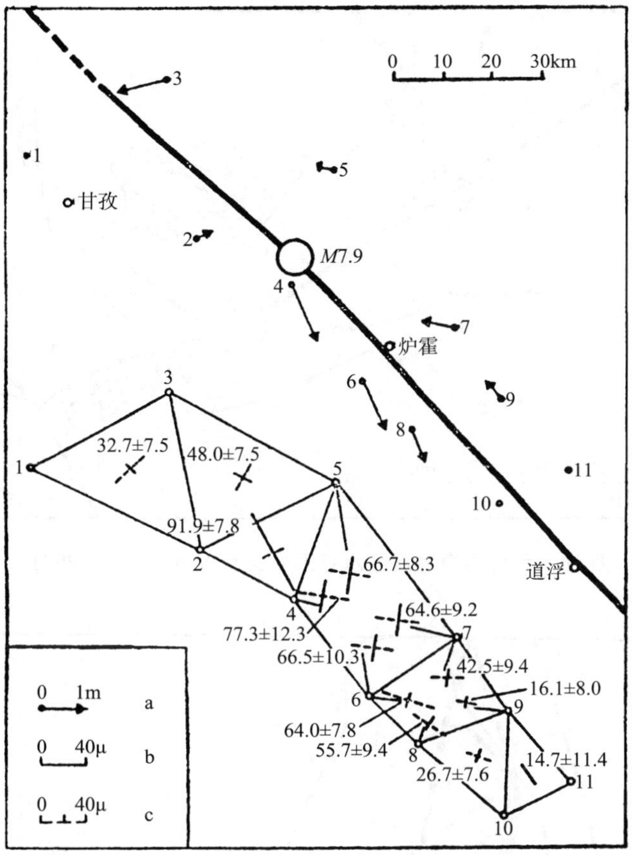

图 8　沿鲜水河断裂的地面水平形变（1975～1961，1960）（据刘本培等，1981）

a. 位移矢量，b. 主张应变，c. 主压应变

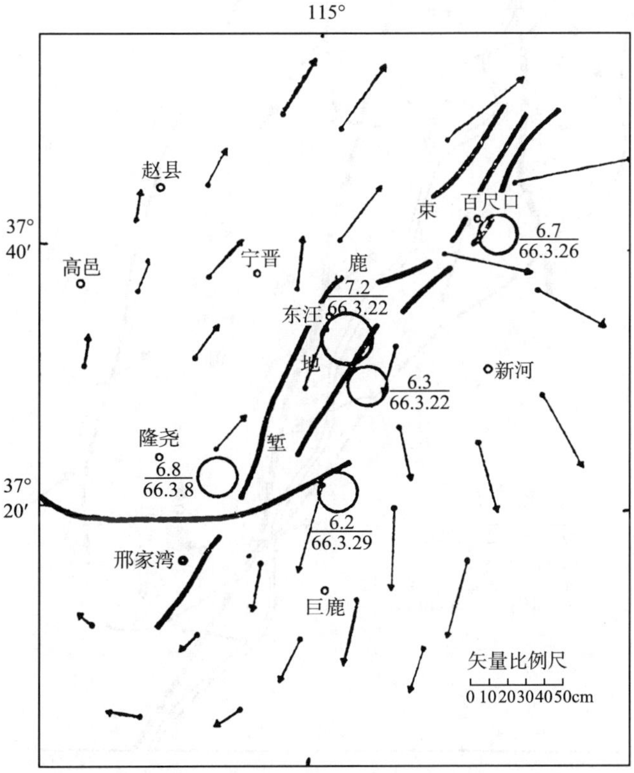

图 9　邢台地震区水平形变矢量图（1966～1960）

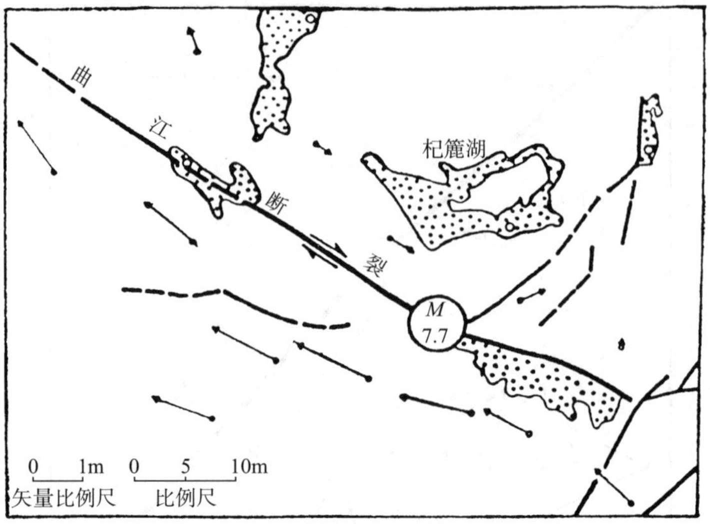

图 10　云南通海地震区水平形变矢量图（1970～1958）

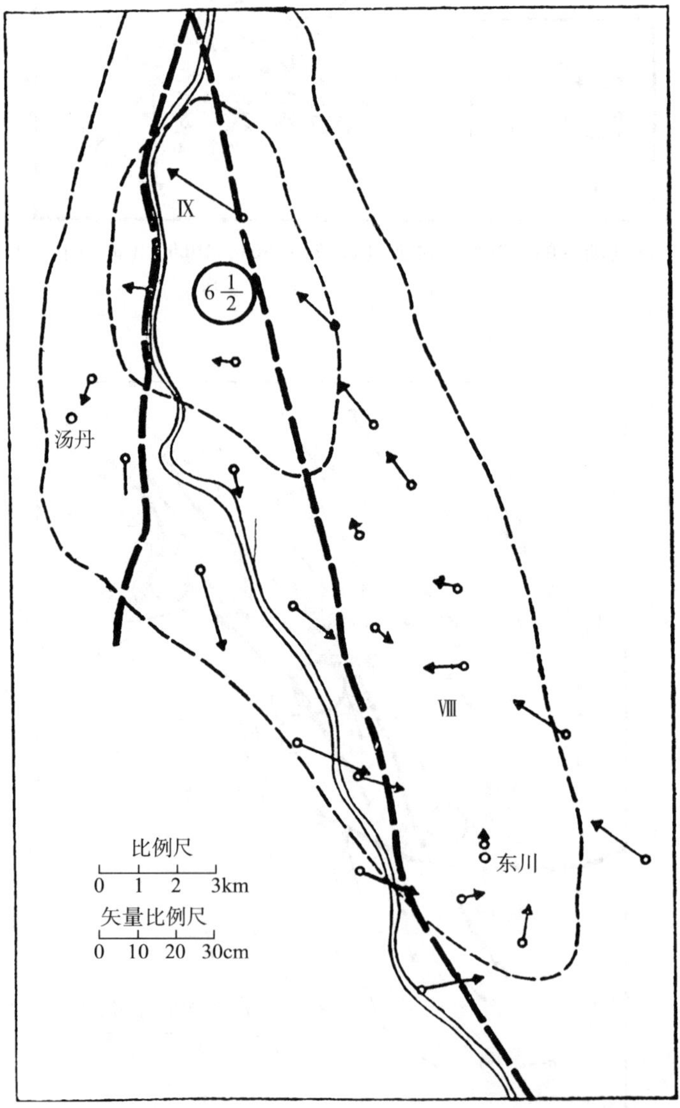

图 11　云南东川地震（1965）的水平形变（1966～1965）

五、讨　论

（一）中国活断层的分布与组合

在中国，广泛分布的活断层具有明显的区域特征。如以中部的南北构造带为界可分为东西两部分。并进一步可分为青藏高原、新疆、东北、华北、华南等五个区域。各区的活断层在延展方向、类型、活动状况、动力来源等方面各有独自的特点。如在青藏高原区是以一系列巨大的逆冲和走滑活断层为主。在新疆的塔里木和准噶尔周围，除了平行天山阿尔泰等褶皱带的大型逆冲和走滑活断层外，由于地块被挤压扭动变形的不均匀，在边缘地带还有一些非常活跃的横向走滑活断层。东部则是以与张性盆地伴生的张性走滑断层为特点。

内陆是多个块体相互镶嵌的整体，当某一部分受力变形，往往要引起与相邻地块间相对位置和应力状态的重新调整。因之内陆一些活断层的活动往往不是孤立的，而是相互联系，相互牵制或在运动方式上相互转换的[20]。如在青藏高原周围，各类活断层的相互转换就非常明显。内陆各地区的活断层相互交叉组合，在广大的范围内构成了一个复杂的活动断裂网络。这一断裂网络的动态受到区域应力场以及全球运动机制的制约[21,22]。

（二）关于活断层的位移量和滑动速率

从目前取得的资料看，已可以对活断层的位移总量和滑动速率得出一个大体定量的认识（图 12）。

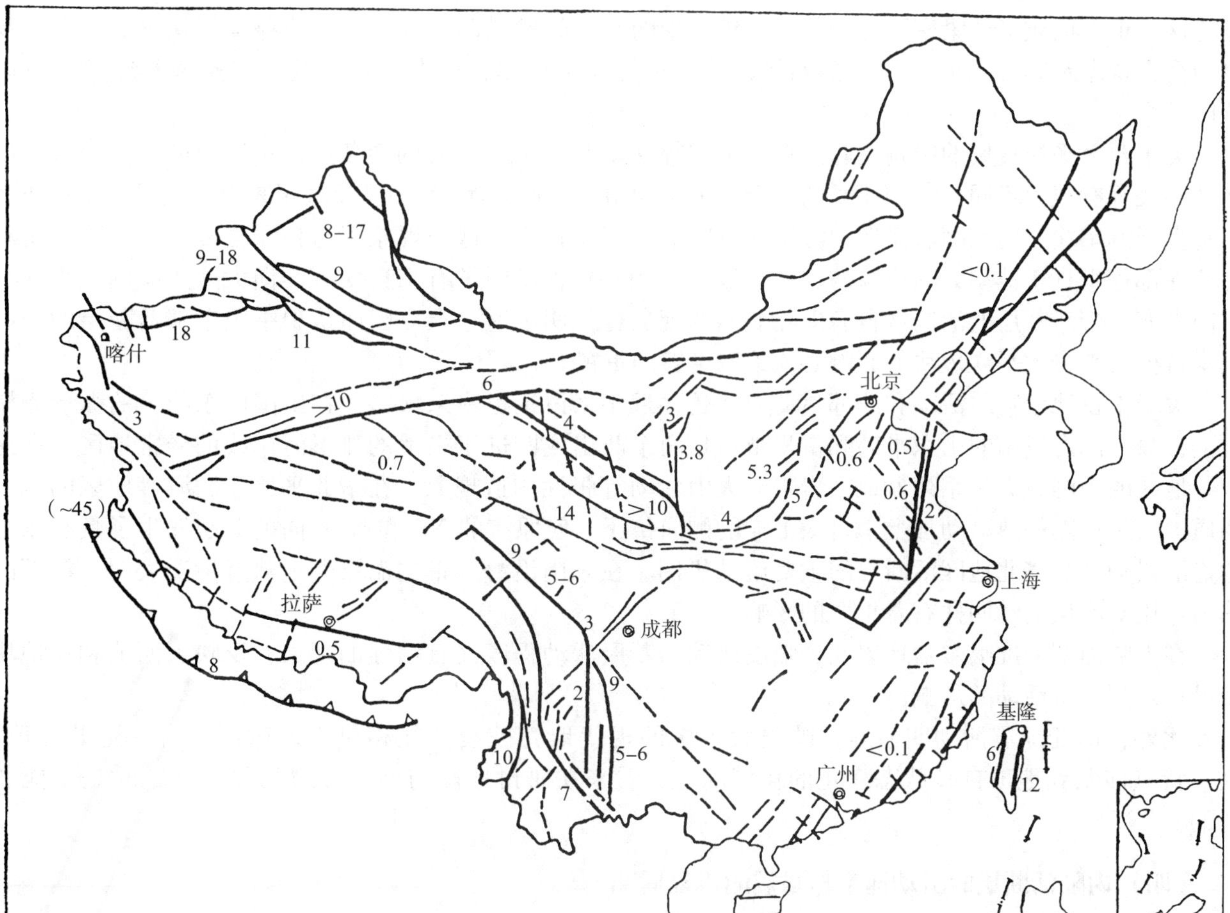

图 12　中国活断层及其水平滑动速率分布示意图（单位：mm/a）

总的看来，它们自上新世晚期至早更新世以来的水平位移总量，西部大，从数千米至一二十千米，甚至更大；东部小，从数十米至数公里。平均滑动速率华北为每年不足 1 mm 至数毫米。华南除沿海外活动速率更小，为百分之几至十分之几毫米。西部滑动速率大得多，每年数毫米至 10 mm 以上。垂直位移比水平位移要小得多，东部为数百米至一千多米，华南为数十米至数百米，西部则可达三四千米。与水平位移量比在华北约为 1∶2，西部 1∶6 以至 1∶10。

在第四纪以来不同阶段断层滑动的速率显然不是十分均匀的，但总的方向是继承性的，没有过大的改变。各地断层的水平错距都是表现为年代愈久错距愈大就说明了这一点。

从速率大小的平面分布看，由喜马拉雅向北至新疆北部有由大变小，又由小变大的趋势，反映了来自印度和北方西伯利亚地块的双重影响。中部的南北构造带是来自东部和西部两方面影响的一个干涉地带，活断层的滑动速率较大。东南沿海由海向内陆活断层活动程度的逐渐变低，则反映了来自西太平洋的影响。

总的看来，在地块相互镶嵌和围限的内陆，活断层的位移是一种约束性的运动，其位移总量和速率都比板块边缘要小数倍至数十倍。

（三）中国活断层的动力来源问题

讨论中国活断层的区域特点、组合图像以及在活动方式上的相互转换和活动程度的变化等问题，就必然涉及到大范围的现代应力场和动力来源问题。当前对这类问题的讨论主要集中在印度与欧亚大陆的碰撞、西太平洋板块活动对中国大陆的影响、大陆内部深部物质运动与热力源的影响以及地球自转状态变化的作用几个问题上[23~29]。

印度与欧亚大陆的碰撞是造成亚洲大陆内部一系列强烈变形的重要原因。讨论内陆的活断层问题是与这一重大地质事件紧密不可分的。近年讨论的一个问题是两个大陆已形成碰撞焊接之后，目前边界的受力状态及其影响的传递范围如何，其影响是及于华北、蒙古还是仅及于阿拉善及准噶尔以南地区。

关于西太平洋板块的影响问题。在中国东部从华北到东南沿海的活断层，尽管走向大体一致，但运动方式等有很大不同。它们所受的主压应力方向由 NE 渐变为 SW 向，反映了来自西太平洋的挤压大体垂直于海岸线方向，随着弧形的海岸线方向的转变而转变。这一现象正与自洋壳传播至大陆的挤压力往往都是垂直于被动大陆边缘的这一一般特征相一致，说明了有来自太平洋向大陆边缘的推力。在东南沿海一带活断层的活动性自海向陆变弱的现象也说明了这一点。因而认识中国东部活断层的一些基本特征对来自太平洋板块的影响必须给以足够的重视。

关于来自地幔物质活动和深部热动力问题，近年来讨论也愈来愈多。在中国向东凸出的弧形海岸线上，只有渤海以南的山东半岛和雷州半岛是两个凸出或凹进于平滑的弧形海岸线的异常地区。在这两个地区的周围，有一系列盆地、岩浆、火山活动等张性构造现象。在华北平原、渤海等地区的地幔物质上隆及伴随的热活动加上来自太平洋的侧向挤压，使原有的 NE 和 NNE 向的断裂发生了具有张性的走滑错动，是华北地区活断层的主要运动机制。在东南沿海一带的温泉、地热等情况表明，深部的热力作用对断层活动同样有着重要的影响。

在大陆内部的准噶尔盆地以北，强震活动、断层活动程度又有增强的现象，反映了西伯利亚地块及贝加尔裂谷带活动的影响。

此外，内陆地震活动明显地反映出大范围的现代地壳破裂往往相对于地球形状有一定的方位，这一特点涉及到地球自转状态变化的作用问题，看来在研讨地震与地壳破裂的关系问题时是不能忽视的。

（四）内陆活断层的滑动速率与强震的重复周期

在中国活断层分布广泛，规模宏伟，表现清晰，与活断层有关的地震活动又非常强烈，因之这里是研究内陆活断层非常理想的地区之一[30]。对活断层活动状况的了解是研究大陆内部最新构造变形和地球动力学的重要课题。另一方面，研究活断层很重要的目的是在于解决沿断层带上的强震危险性、地震预报、重大工程如大坝、核设施等的基础稳定性等实际问题，特别是活断层与强震活动的关系问题。

从近年取得的一些研究结果看，内陆强震重复间隔的长短与断层活动速率的大小有明显的关系。在西部一些活动速率大的断层上，8 级强震的重复周期为数十年至几百年，而活动速率较低的东部，巨大地震的重复周期则往往长达数百年以上以至数千年。在近年对一些活断层上古地震研究中所取得的新资料也具体地说明了这一点。如在郯庐断裂带中段的沂沭断裂，河北的唐山断层等 8 级左右强震的重复间隔达二千年以至四五千年（高维明等，1982；王挺梅等，1981）。在红河断裂上亦可达千年（Allen 等，1981）。内陆每条断层上的强震重复间隔如此之长，已大大超出了地震记录的时间。这就给人们造成了强震往往不在一地重复，而总在意料不到的地方突然发生的印象。因此要正确地判定内陆一些活断层上强震的重复间隔，只依靠历史地震记录资料是不够的，还必须加强史前古地震的研究。它将为从更长的时间尺度上认识强震活动的状况提供重要的依据。

此外，中国长期历史地震活动表明，内陆地震具有沿断裂带成系列连续发生的特点，密集活动与平静相交替的特点，与外围一定的地震带（区）转移或先后交替呼应的迁移特点，以及强震发生地段的等距规则性等。这些情况反映了活断层在有历史记载的几十年、几百年以至上千年的时间尺度内活动状况的一些细节。这些都是在研究强震重复周期时需要考虑的问题。

参 考 文 献

[1] 黄汲清等，中国大地构造及其演化，科学出版社，1980。

[2] Molnar. P. and P. Tapponnier，Tectonics of Asia：Consequences and implications of a continental collision，Science，1975，189.

[3] Tappnnier，P. and P. Molnar，Active fauting and cenozoic tectonics of China，J. Geophys. Res，1977，82.

[4] 郭增建等，1949 年到 1960 年中国大地震震源机制研究，地球物理学报，1962，Vol. 11，No. 1。

[5] 时振梁等，中国地震活动的某些特征，地球物理学报，1974，Vol. 17，No. 1。

[6] 时振梁等，我国强震活动与板块构造，地质科学，1973，No. 4。

[7] 李志义等，对我国地震地质特点的一些初步认识，地质科学，1974，No. 4。

[8] 阚荣举等，我国西南地区现代构造应力场与现代构造活动性的探讨，地球物理学报，1977，Vol. 20，No. 2。

[9] 高维明，沂沭大陆裂谷的生成与演化，地震地质，1980，No. 3。

[10] 丁国瑜，我国地震活动与地壳现代破裂网络，地质学报，1979，Vol. 53，No. 1。

[11] 丁国瑜，活动走滑断裂带的断错水系与地震，地震，1982，No. 1。

[12] Allen，C. R.，Geological criteria for evaluating Seismicity，Geol. Soc. America Bull，86，1975，8.

[13] Matsuda，T. et al.，Studies of active faults in Japan（in Japanese）. Quaternary Research，1968，7，4.

[14] Matsuda，T.，Empirical rules on sence and rate of recent crustal movements，Jour，Geod. Soc. Japan，1976，Vol. 22.

[15] Wallace，R. E.，Notes on stream channels offset by the San-Andreas fault，Southern coast ranges，California，Procceedings of Conference on geologic problems of San-Andreas fault system，Stanford University Publications，Geological Science，1968，11.

[16] 杨章、弋树漠，对 1931 年新疆富蕴地震断裂带及构造运动特征的初步认识，地震地质，1980，No. 3。

[17] 李坪、汪良谋，云南川西地区地震地质基本特征的探讨，地质科学，1975，No. 4。

[18] 唐荣昌等，1973 年炉霍 7.9 级地震的地裂特征及地震成因的初步探讨，地球物理学报，1976，Vol. 19，No. 1。

[19] 强祖基，张立人，华北第四纪活动断裂的分级，地震科学研究，1980，No. 2。

[20] 张文佑等，初论断裂的形式和发展及其与地震的关系，地质学报，1975，No. 1。

[21] 丁国瑜，线性构造和地震活动，地质与地球化学，1980，No. 3。

[22] 马宗晋等，亚欧地震系的地震构造特征，中国科学，1980，No. 9。

[23] 刘百篪，中国大陆地震的应力调整场动态模型，地震地质，1979，No. 3。

［24］汪一鹏，我国板内地震和中新生代应力场，地震地质，1979，No. 3。
［25］邓起东等，中国构造应力场的主要特征及期与板块运动的关系，地震地质，1979，Vol. 1，No. 1。
［26］张裕明等，中国东部新生代构造应力场变化之探讨，地震地质，1979，No. 1。
［27］高明修，华北断块构造区的现代引张应力场，地震地质，1979，Vol. 1，No. 2。
［28］罗焕炎，从大陆地壳动力学观点试论我国地震的成因和机制，地震地质，1979，No. 1。
［29］杨理华，李钦祖，华北地区地壳应力场，地震出版社，1980。
［30］李善邦，中国地震，地震出版社，1981。

ACTIVE FAULTS OF CHINA*

1. Introduction

From late Eocene epoch to Oligocene, the collision of India subcontinent against the Eurasian continent took place, and that is considered to be the first episode of the Himalayan movement. The tectonic movement from Pliocene epoch to Pleistocene epoch is the most important episode of tectonic movement that had affected the recent tectonic stress field and morphological development of China. The so-called "neo-tectonic period" generally refers to the tectonic developing period from the most recent episode of the Himalayan movement up to now. That is the period during which a series of mountain ridges in Qinghai-Tibet plateau and the west part of China drastically uplifted, whereas the mountain front depression intensively subsided, the period when the Cenozoic geosynclines in Taiwan folded, and also the major period when the grabens and plains in the east China further developed and the present drainage system of China are fundamentally formed. It is also a new period of development for both the new and old fault structures under a new stress field. Therefore, when we refer to the "active fault", we just mean those active or intermittently active faults affected by the tectonic movement during this episode.

2. Distribution of the Active Faults in China

Distribution of the active faults in China generally inherits the old and especially the Mesozoic and Tertiary fault patterns. They may be divided into the east and the west parts taking approximately 105°E as the demarcation line. In the east part there are mainly tensional and tensional strike-slip faults striking NE or NNE, whereas in the west part, there are principally strike-slip and thrust strike-slip faults striking NW and NWW.

In the west part of the country, the Qinghai-Tibet plateau and its surrounding areas form a region enclosed by active thrust or strike-slip faults with strong Quaternary activities, such as the Arjin fault on the northwest side. To the north and east side, there are the Qilianshan fault, the Liupanshan fault and the Longmenshan fault; Within the plateau, there develop a series of huge strike-slip faults striking NW and near EW. These are the Yarlung Zangbo River fault, the Karakunlun fault, the Bangong-Qilin Lake fault, the Kunlunshan fault, the Xianshuihe fault, the Arnimaqing fault, etc.. As a whole, their movement during the Quaternary belongs to left lateral strike-slip type with some extent of compression except for some faults in the south and west parts. They cut the geological terrains and distort a series of recent geomorphological settings such as the drainage systems. All these obviously reflect an inhomogeneous lateral torsion among the different landmasses within the Qinghai-Tibet plateau since the Quaternary or the Himalayan movement. The Sanjiang fault, the Red River fault, the Anning River fault, the Zemu River fault and Xiaojiang fault on the southwest side of the plateau have very strong activities. They enclose a rhombic block, the Sichuan rhombic block that slips and moves toward southeast. In the

* 本文原载于《A Collection of Papers of International Symposium on Continental Seismicity and Earthquake Prediction》, Seismological Press, 225～242, 1984. 作者:Ding Guoyu.

southern part of the plateau, there is a series of tensional or tension-torsional active faults and tensional basins striking near NS due to the south-north compression. In the area to the north of the Qinghai-Tibet plateau, the active faults distribute mainly around the Talimu, Zhungel and Alashan blocks, such as the faults on the north and south piedmonts of the Tianshan mountain Keping fault, the Erqis fault of Altai and the Keketuohai-Ertai fault. Most of them are mainly characterized by compressional strike-slip movement (Fig. 1).

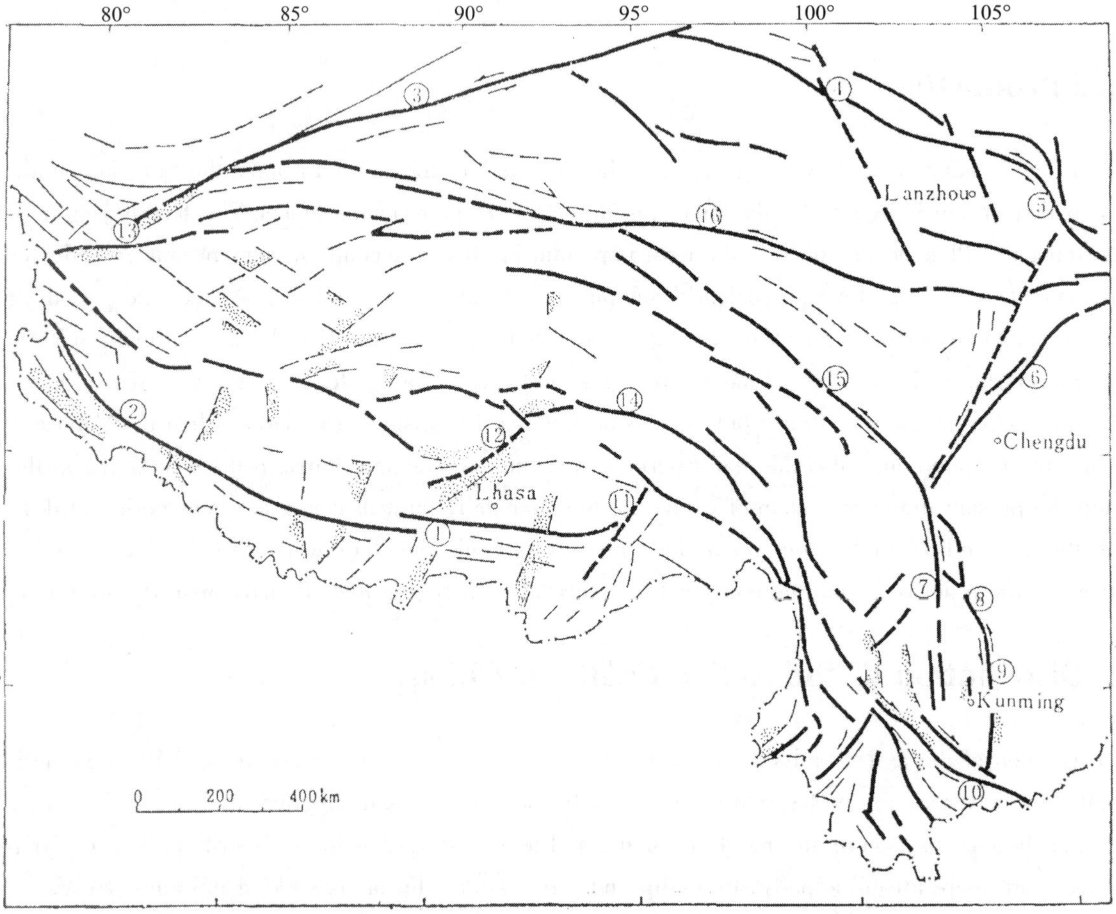

Fig. 1 Sketch map of the active faults in Qinghai-Xizang (Tibet) Plateau

(1) Yarlung Zangbo Fault; (2) Karakorum Fault; (3) Altun Fault; (4) Qilianshan Fault; (5) Nanhuashan Fault; (6) Longmenshan Fault; (7) Anning River Fault; (8) Zemu River Fault; (9) Xiaojiang Fault; (10) Red River Fault; (11) Milin Fault; (12) Nam Lake Fault, (13) Huya Fault; (14) Bangong Lake-Dingqing Fault; (15) Xianshuihe Fault; (16) Arnimaqing Fault

In the east part, the active faults of North and Northeast China are mainly characterized by tensional and tension-torsional movement, such as the marginal faults surrounding the Quaternary grabens of the Ordos and a series of faults striking NE and NNE located on or within the margins of the basins of North China plain, Northeast China plain and the Xialiaohe plain. The Tanlu fault is a huge fault running through the east part of China with obvious activities along it during the Quaternary (Fig. 2).

In South China, the relatively active faults distribute mainly around the southeast coast, such as the Quanzhou-Shantou fault, Heyuan-Shaowu fault, Lingshan fault and so on, and their activities tend to be weaker from Taiwan toward to inland (Fig. 3).

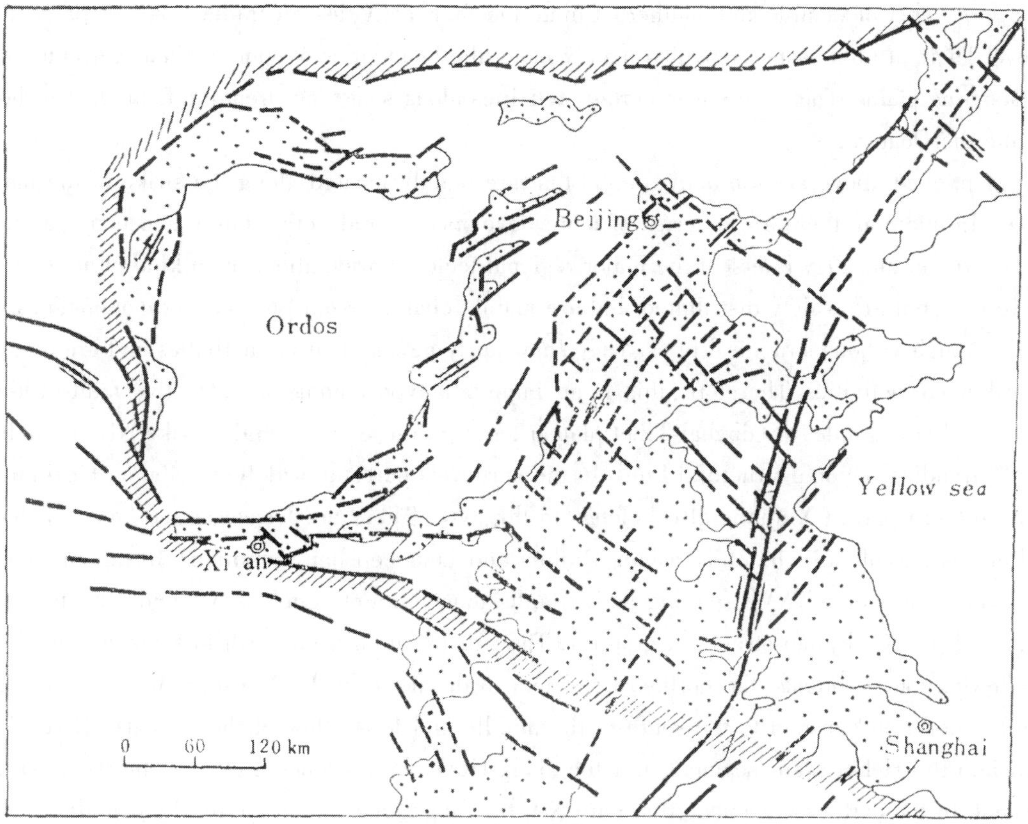

Fig. 2 Sketch map of the active faults in the North China

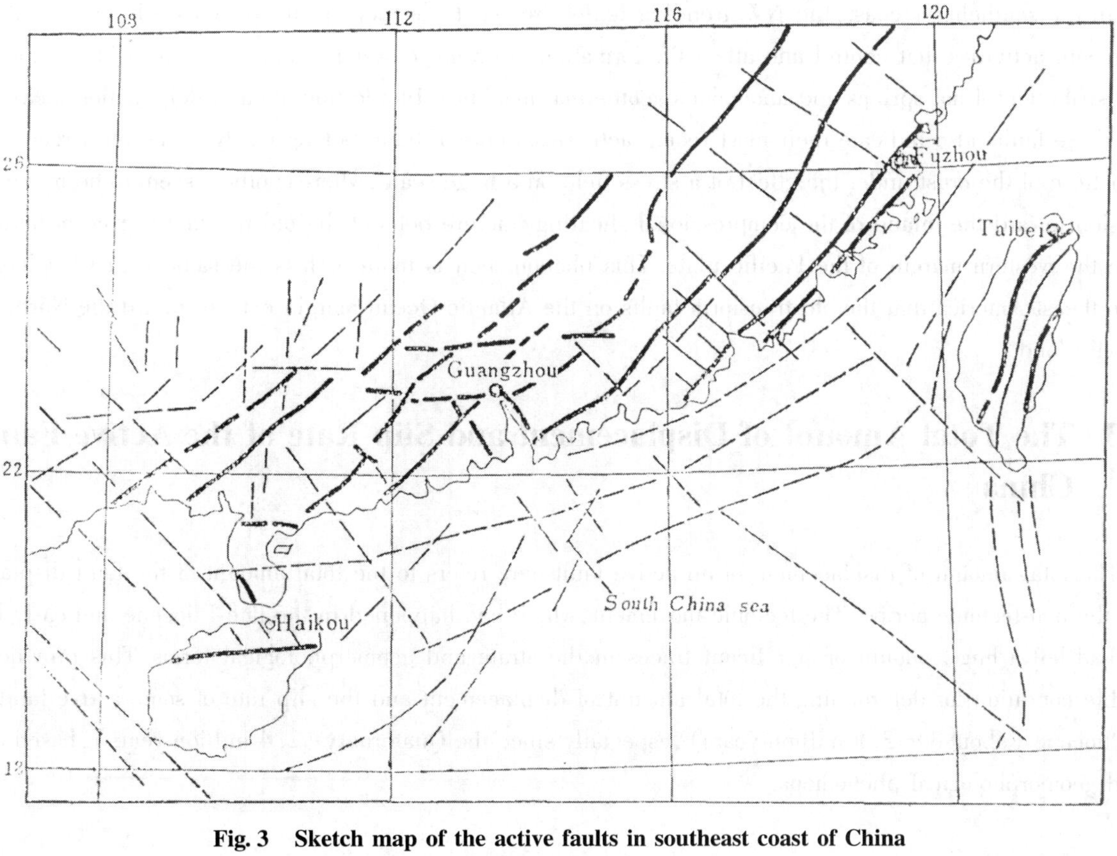

Fig. 3 Sketch map of the active faults in southeast coast of China

In the large area of central and southern China, the fault activities are rather low compared to that mentioned above. There are only some activities mainly along the boundaries of some grabens surrounding the Jiang-Han and Dongting plains. There were also certain activities along some NW trending faults in Guizhou- Guangxi region during the Quaternary.

What mentioned above are the active faults that are mainly located along the strike of the major regional tectonic belt. In addition, there are a series of more developed lateral active faults and conjugate active faults within the continent and they intersect the major regional tectonic orientation. Such kind of active faults are not very long in size, but are widely distributed and are mainly characterized by shearing motions, running linearly and cutting through various structural lines. They show fairly new and strong activities and are often closely related to earthquake activities. Therefore, this is an important type among inland active faults which deserves much attention. For example, in Qinghai-Tibet plateau, most of these active faults strike NE and obliquely cut a series of EW trending regional structural lines. In the northwest part, the widely distributed Hexi fault system in Gansu and northern part of Xinjiang also belongs to this type. There are lots of active faults of the same type developed across the folded belts of Tianshan, Qinling and Longmenshan mountains. In the east part, there are even more widely distributed NW trending active faults that obliquely cut the NE and NE striking structures (Cathysian and new Cathysian structural groups). Their distribution from north to south can likely be divided into the following four segments: the northeast segment to the north of the Yanshan mountain; the middle segment from the north of Yanshan to the south of the middle and lower flow of thet Yangtze River (this can be subdivided into the Hebei plain segment and the Jiang-Huai plain segment); the southeast coast, namely, the south segment. In the northeast segment, there are NW trending faults which control the boundaries of the Northeast plain, such as the Kailu- Liaoyang fault, Haicheng fault and so on. In the middle segment, there are NW trending fault such as the Zhangjiakou-Bohai fault and a series of NW trending faults that cut through the Tanlu fault. In the southeheast coast, the NW trending faults are much developed and obvious. All these faults show very recent activities that control and affect the formation of drainage systems and seismicities in the coast areas and distribution of hot springs and anomalous geothermal localities. In addition, data of deformation measurement along these faults also indicate their most recent activities. Some of them belong partly to the most recent fracturing pattern of the crust under the effect of a stress field on a large scale, whereas others seem to be related to the extension toward the inland of the compressional shearing fracture belts of the old residual transform faults located on the western margin of the Pacific plate. This phenomenon is more or less the same with what happen in the northeast America that the old transform faults on the Atlantic Ocean margin extend toward the North American main land.

3. The Total Amount of Displacement and Slip Rate of the Active Faults in China

The total amount of displacement of an active fault here refers to the total amount of the fault displacement since the neo-tectonic period. The tectonic movement, which had happened in the late-Pliocene and early Pleistocene had left a huge amount of significant traces in the strata and geomorphological forms. This provides a favourable condition for determining the total amount of displacement and the slip rate of some active faults since late Pliocene (about 3 ~3.5 million years), especially since the Quaternary (2.4 million years), based on strata and geomorphological phenomena.

3.1 Estimation of the total amount of vertical displacement and the average vertical slip rate of the active faults

The total amount of the vertical displacement of active faults is usually obtained from the data analysis of the elevation changes of the graded surface and the terrace surface as well as the thickness of the Quaternary sediments on both sides of the faults. In West China, to the north of the Himalayas, there are tremendously thick Molasse deposits formed in the foredeeps of the Pamirs, the Kunlun and the Tianshan mountains accompanied by thrust movement of faults since the Himalayan movement. This kind of deposits north of the Pamirs mountain front reached more than 8000 m in Ucha; in Hetian-Yecheng region of the Kunlun mountain front, over 5000 m; in the Artushi area in the Mt. Tianshan South piedmont, up to 5000 m; in the Kuche area, over 4000 m; in the Manas area in the north piedmont of Mt. Tianshan, about 2000 m, In the Altai mountain area, it is only less than 200 m. It can be seen that the amount of vertical dislocation of the faults as reflected by the thickness of the deposits decreases gradually from south to north, among which if deformation of the early-Quaternary Xiyu gravel groups is taken as the total amplitude of tectonic movement since middle Pleistocene, the slip rate of faults north of the Pamirs, West Kunlun mountain front, the south and north piedmont of the Tianshan mountain and Beitashan mountain are respectively 1.6, 1, 0.7, 0.5 and 0.1 mm per year (Ge Sumo, 1981) (Fig. 4). The vertical slip rate of the fault at the Qilianshan mountain in the Quaternary is about 1 mm/a.

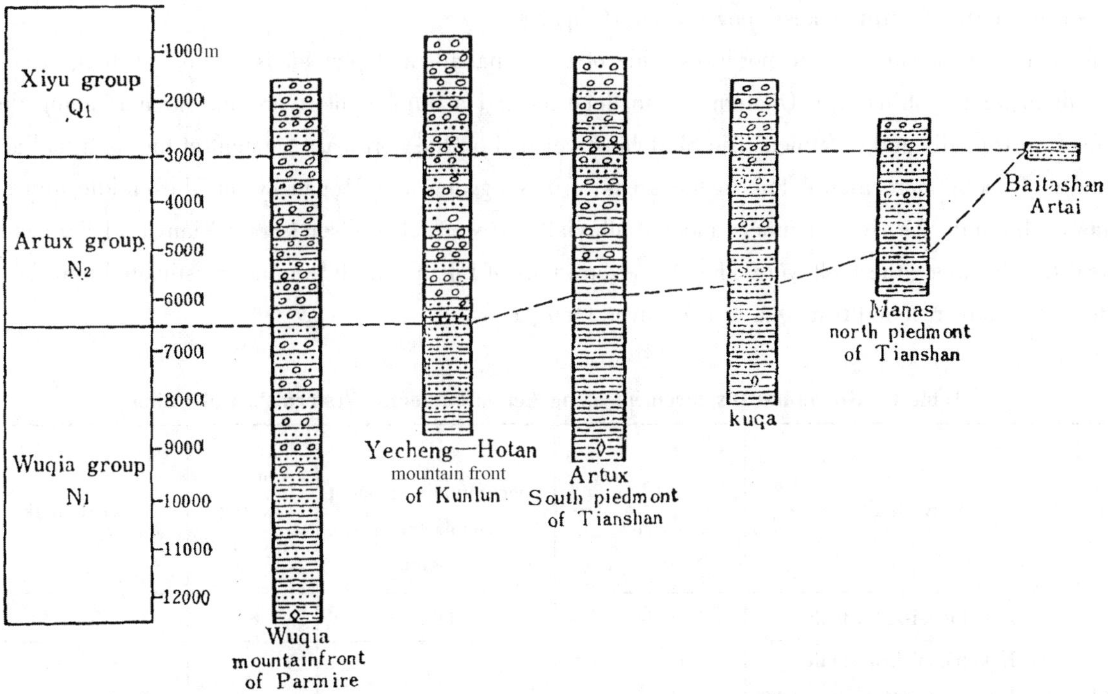

Fig. 4 Thickness comparison of N-Q_1 molasse deposits from Pamir to Altai

In East China, the thickness of Quaternary deposits of all basins of North China plain ranges approximately from 300 ~400 m to 1000 m, and about 400 ~500 m in normal cases. Together with the elevation uplift of the mountain areas on the basin margins, it is deduced that the total amount of vertical dislocation of the active faults is about 500 ~600 m in average. Usually, the rate of vertical movement is smaller than 1 mm/a.. In some cases, it is even smaller than 0.1 mm/a. The average vertical slip rate is thus about 0.2 mm/a. The rate in the surrounding and on the margins of some Quaternary graben basins is much greater. Especially, in the Yinchuan basin and the Weihe basin. The rate reached 2. 3 mm/a. and 1. 3 mm/a. respectively. In South China, the average slip rate of vertical dislocation of the faults is much lower than that in North China. It is normally several hundredth of millimeter per year or several tenths of millmeter per year as the maximum. Along the coastal areas, the rate is higher, it amounts to several mm/a. (Qiang Zuji, 1982).

3. 2 The total amount of horizontal displacement and the slip rate of the active faults

The most direct method for obtaining the total amount of horizontal displacement of active faults is to measure the offset of geological terrains, drainage systems and other morphological patterns in the field since the neotectonic movement epoch. In some areas of China, especially in the west, due to the favourable conditions such as the geological structures, the topographic and climatic factors, there are very clear traces of various geological and morphological phenomena created by the horizontal displacements of active faults (Table 1). For example, along the Keketuohai-Ertai fault which is on the northern boundary of the Zhungel basin in Xinjiang, the 1931 Fuyun earthquake of $M=8$ created 14 m of horizontal displacement. Traces of horizontal offset along the fault can still be seen now. Some late-Pleistocene river valleys were offset by several hundred meters or even by 700 m, whereas the horizontal displacement in the middle Pleistocene river valleys reached 2 to 3 km. The total amount of horizontal displacement in the neotectonic movement period reached 26 km. A large number of traces of palaeoearthquakes along the fault line indicate that the fault had witnessed a long history of fracturing activities which took the form of earthquakes along the fault (Fig. 5).

The Arjin fault located on the northwest side of the Qinghai-Tibet plateau is one of the biggest strike-slip active fault in inland China. The Quaternary fan deposits and a number of rivers and streams along the faults were offset horizontally and deformed. The Shulehe River bed on the northeast segment of the fault had also been horizontally offset by more than 4 km. In the areas of Yesanggang and Mugansayi on the middle and southern segments of the fault, the river channels and the alluvial fans were also offset (Feng Xianyue, 1979), and some geological terrains along the fault were offset by several tens of kilometers. It is roughly estimated that the average slip rate of the fault reached 6 mm/a. or even over 1 cm/a.

Table 1 Horizontal Displacement along Active Faults in Western Part of China

Regions	Active faults	T* (Age)	Dm (accumulative amount of displacement, in meter)	V mm/a (average slip rate)	Remarks
Altai	Keketuohai-Ertai fault	N_2	26000	8	
	Keketuohai-Ertai fault (south-eastern part, Gango) near	Q_3^2	700	14	
	Keketuohai-Ertai fault (middle part, near jounghe)	Q_3	2000	18	
Tianshan	Fault on North Tianshan front	(1906 ～ 1975)	0. 65	9. 3**	Xiang Hongfa
	Fault front On South Tianshan	(1902 ～ 1975)	0. 85	11**	Xiang Hongfa
	Fault on North side of Yili basin	Q_3	1000 ～ 2000	9 ～ 18	Bai Mei-xiang
	Puchang fault	Q_3	2000	18	Bai Mei-xiang

续表

Regions	Active faults	T* (Age)	Dm (accumulative amount of displacement, in meter)	V mm/a (average slip rate)	Remarks
Surround of Qinghai - Xizang (Tibet) Plateau	Altyn fault zone	(1910 ~1975)	0.12	2*	Xiang Hongfa
	Altyn fault (western part, Achiang)	Q_2	4000	6	Offset Kagamilan River
	Altyn fault (eastern part)	Q_2	5000	7	Offset Shule Xunglu Rivers
	North Qilianshan fault	(1609 ~1954)	1.24	4**	Liu Bochi
	Nanhuashan fault Anning River fault	Q_3	~2000	~18	
	Anning River fault	(1536 ~1952)	0.73	2**	Liu Bochi
	Zemu River fault	Q_3	~1000	9	Near Chennan
	Xiaojiang fault, near Xundian	2700 ± 180	13	5 ~6	Zhu Chennan
	Xiaojiang fault, near Yiliang	1322 ± 85	8	5 ~6	Zhu Chennan
	Red River fault	Q_2	5500	8	C. Allen, K. Sieh, Hanyuan, Zhu Chennan
Interior of Qinghai - Xizang Plateau	Milin fault	(1900 ~1975)	0.58	8**	Xiang Hongfa
	Yaluzangbu fault	(1911 ~1966)	0.04	0.5**	Liu Bochi
	Fault on Kekesili mountain front	(1900 ~1975)	0.06	0.7**	Xiang Hongfa
	West Kunlunshan fault	(1900 ~1975)	0.19	2.5**	Xiang Hongfa
	Xianshuihe fault zone	(1786 ~1973)	2	10**	Liu Bochi
	Xianshuihe fault (northern part)	Q_3	1000	9	
	Xianshuihe fault (middle)	Q_3	500 ~700	5 ~6	
	Xianshuihe fault (southern part)	Q_3	250 ~300	3	
	Arnimaqing fault	Q_3	80 ~100	~1	Gao Weiming

* Age (time back to) - N_2: 3.4×10^6 years; Q_1: 2.4×10^6 years; Q_2: 0.69×10^6 years; Q_3: 0.11×10^6 years; H: 12×10^3 years.

** Result obtain from seismic moment data.

The active faults along the Qilianshan belt on the north side of the Qinghai-Tibet plateau mainly show a thrust movement with remarkable horizontal displacement. For example, along the Changma fault, many drainage systems were horizontally twisted southeast toward the Liupanshan area, whereas in the Xihuashan and Nanhuashan fault zone horizontal slip turns out to be the major pattern of the fault movement. The horizontal displacement since late-Pleistocene in the Caiyuan-Dagoumen area, Haiyuan, reaches as high as 2 ~3 km.

Horizontal displacements since the Quaternary along the Xianshuihe fault, Anning River fault, Zemu River fault and Xiaojiang fault in Sichuan-Yunnan region left a large number of geological and morphological evidence. Left-lateral strike-slip displacement of 5 km can be found on the south segment of the Xianshuihe fault. The displacement in Luhuo area on the north segment is about 1 km since late-Pleistocene. Displacement in Daofu-Mazhi on the middle segment is about 500 ~700 m. The drainage system in Kangding on the south segment were left-laterally offset by 250 ~300 m. Based on the estimation of the drainage system displacement, the

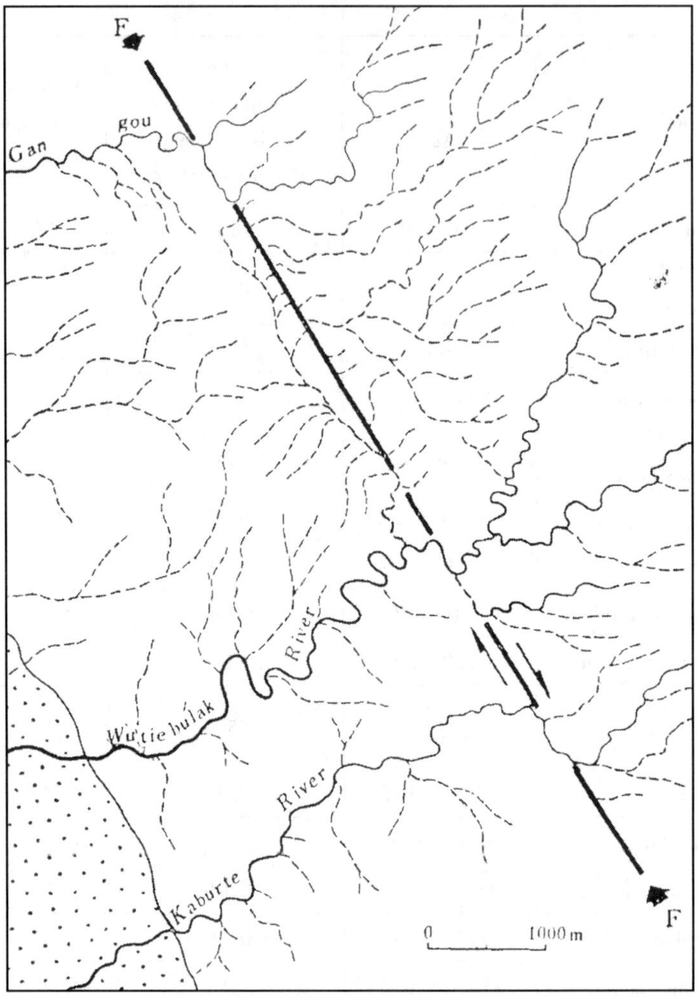

Fig. 5 Offset streams along the Ertai fault

horizontal slip rate of the fault reaches 5 ～ 10 mm/a on the north segment, and 3 mm/a on the south segment. This is close to the average slip rate of 9 mm/a (Fig. 6) obtained from the data of strong earthquakes of $M = 6$ occurred since 1725. In Chechejie area along the Zemu River fault, a series of tributaries of the Zemu River was horizontally offset by 1 km. ^{14}C dating on the Holocene strata offset by the Xiaojiang fault in the Dongchuan, Xundian and Yiliang areas shows the left-lateral slip rate during late-Holocene of the east and west branches of the Xiaojiang fault is 4.3 ± 1.4 mm/a and 6.1 ± 0.4 mm/a respectively. The terrace (2700 ± 180 years of age as determined by ^{14}C dating) at a tributary of Dabai River, Xundian was offset by 13 m. The sedimentary strata (1322 ± 85 years old determined by ^{14}C dating) near Yiliang-Maixi area was offset by 8 m, the average slip rate of which is 5 ～6 mm/a (Zhu Chengnan et al., 1982). The Red River fault is a gigantic active fault in southwest China which is shown clearly on the satellite images. The displaced drainage systems in the Red River-Midu zone indicate that the total horizontal displacement of the fault reached 5.5 km, the maximum average slip rate of which reaches 7 mm/a (C. R. Allen, K. Sieh, Han Yuan and Zhu Chengnan, 1982).

The horizontal displacement of the active fault in the east part of China is not so obvious and intense as compared with that in the west part of the country (Table 2). However, data obtained from all sources in recent years show that the horizontal vs. vertical displacement ratio of the faults since the Quaternary or late Pliocene is about 2 : 1. In general, the total amount of horizontal displacement of the Quaternary faults is about several hundred meters to 1 ～2 km and the average slip rate during the Quaternary is about several tenths of millimeter to

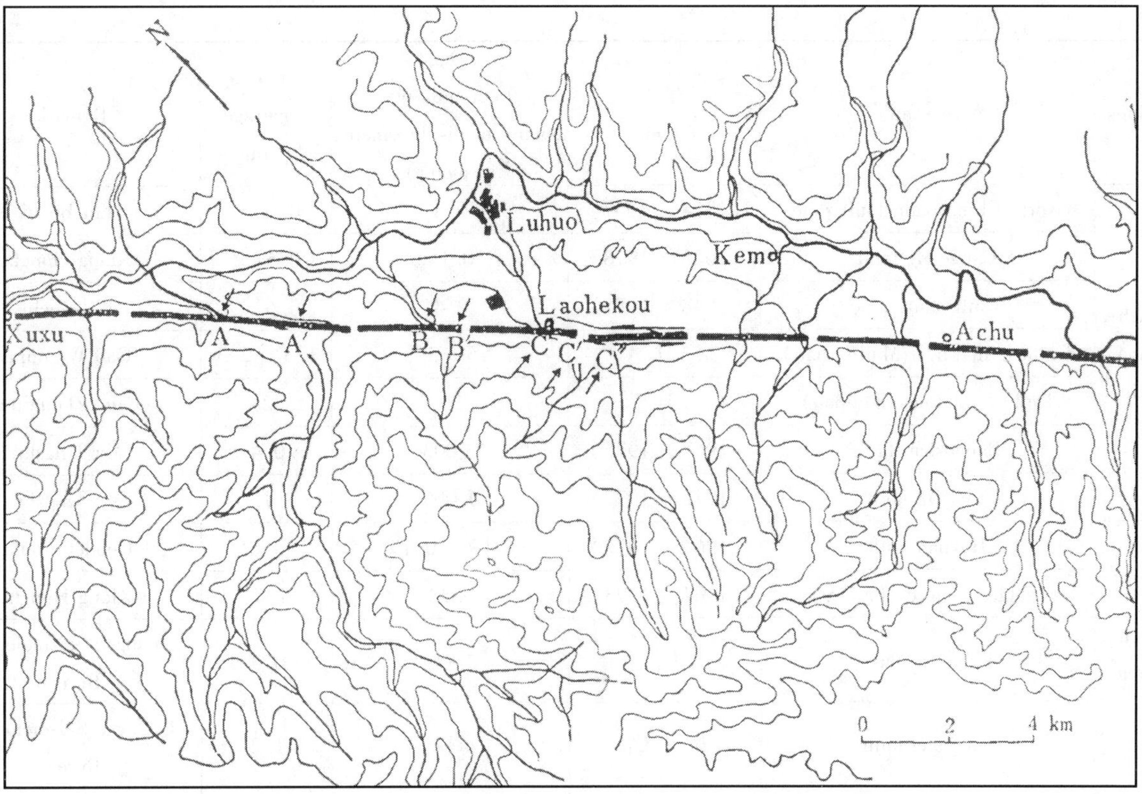

Fig. 6 Offset streams along the Xianshuihe Fault near the Luhuo County

1 or 2 millimeters per year. But on the tensional basin boundaries or in the transform segments, the horizontal displacement is likely much greater. For example, the Shilin fault in Ruoxian, Linfen basin left-laterally offset the Middle Pleistocene Fenhe terrace by 600 m, and the average horizontal slip rate of which is 5 mm/a. The east piedmont fault of the Relan mountain, Ningxia Province right-laterally offset the Great Wall erected in the Ming dynasty (after 1506) by 1.45 m, and the average slip rate is more than 3 mm/a. The Tancheng-Lujiang fault in the east part of North China has been bearing lateral compression which produced right-lateral motions and horizontally offset the gullies in the west piedmont of Maling mountain, Tancheng by 25 m.

Table 2 Horizontal Displacement along Active Faults in Eastern Part of China

Regions	Active faults	T* (Age)	Dm (ccumulative amount of displacement, in meter)	V (mm/a) (average slip rate)	Remarks
Surround of Ordos	Yinchuan basin fault zone	(1000 ~ 1981)	3.8	3.8**	Lu Yanchou
	East Piedmont fault of the Helan mountain	(1506 ~ 1981)	1.45	3	
	Fenwei fault zone	(1000 ~ 1981)	5.3	5.3**	Lu Yanchou
	Shilin fault, Linfen basin	Q_3	600	5	Yang Jingchun
	Weihe fault zone	(1000 ~ 1981)	4	4**	Lu Yanchou
	Fault on North front of Qinling mountain	Q_1	3000	1.3	

续表

Regions	Active faults	T* (Age)	Dm (ccumulative amount of displacement, in meter)	V(mm/a) (average slip rate)	Remarks
North China Plain	North China plain fault zone	(1314 ~ 1967)	0.4	0.6**	Liu Bochi
	Cangdong fault	(1625 ~ 1978)	0.18	0.5**	Xiang Hongfa
	Tanlu fault zone	(1548 ~ 1975)	0.4	0.6**	Liu Bochi
	Tanlu fault (near Malingshan)	H	15 ~ 17	1.3 ~ 2.3	Gao Weiming
	Tanlu fault (near Maipou)	H	23	2	Fang Zhongjing
	Babaoshan fault	(1967 ~ 1976)	0.003	0.4	Ma Tingzhu
	Xiadian fault	(1972 ~ 1977)	0.005	1	Ma Tingzhu
South China	Heyuan fault	(1964 ~ 1972)	0.07 ~ 0.19	1 ~ 2	Geodetic data
	Fuzhou - Nan'ou fault zone	(1904 ~ 1973)	0.32	1**	Xiang Hongfa
	Lingshan fault	Q_1	1000	0.4	Guangse Seismological Bureau
	Youjiang fault	$N_2 \sim Q_1$	4000	1.2	Guangse Seismological Bureau
Taiwan	East Taiwan fault zone	(1900 ~ 1978)	1	12**	Xiang Hongfa
	West Taiwan fault zone	(1900 ~ 1978)	0.45	6**	Xiang Hongfa
	Longitudinal Valley fault	N_2	26000 ~ 36000	~8 ~ 11	
	Longitudinal Valley fault	(1942 ~ 1971, 1909 ~ 1971)	3.47 ~ 3.84	60 ~ 100	Chen Chia - yuan (geodetic data, 1974)

*, **: see Table 1.

4. The Recent Movement of the Active Faults

In order to obtain the actual data of the present behavior of the active faults, lots of deformation measurements have been conducted in the last 15 years or more. Cross-fault leveling and short base line measurements showed very good results. They provide very detailed data about the present behavior of the active faults which are hard to get by geological explorations. In the North China plain, the present vertical displacement rate is less than 1 mm/a, in most cases, several tenths of millimeter per year. The amount of horizontal displacement is twice of that of the vertical displacement. Four parallel faults compose of the middle segment of the Tancheng-Lujiang fault. Deformation data accumulated in the last twenty years show that activities at the two faults on the east side is stronger than that of the other two on the west side. The fault zone itself uplifted relative to the two sides. The uplift rate of the west side is about 1mm/a, whereas 2.5 mm/a. on the east side. Horizontal deformation observation networks (75 measuring lines) were deplayed along the fault zone in Anqiu, Linyi, Xuqian and Jiashan, and the result from the observation show the Anqiu-Linyi segment of the fault zone had right-lateral torsional motions, and the Xuqian-Jiashan segment had leftlateral torsional motions, taking approximately 34°~35°N as the demarcation line. The NW trending Guanyun-Linyi-Xingtai line displayed left-lateral torsional motions (Zhao

Jinrui, 1981) (Fig. 7). 11 cross-fault displacement observation stations were set up in the Beijing-Tianjin-Tangshan region. The observation data obtained each year show some details about the present movement of the fault such as repeated creeping and changes in the fault behaviors before and after the Haicheng and Tangshan earthquakes and several other strong earthquakes. A first-order triangulation network was set up near Beijing and results were obtained up to the end of 1978. It indicates that this area is predominantly under NWW tensional strain, whereas in the NNE direction, it is predominantly under compressional strain. The NW-striking Zhangjiakou-Bohai fault shows left-lateral strike-slip motions. The maximum accumulated variation of short level-

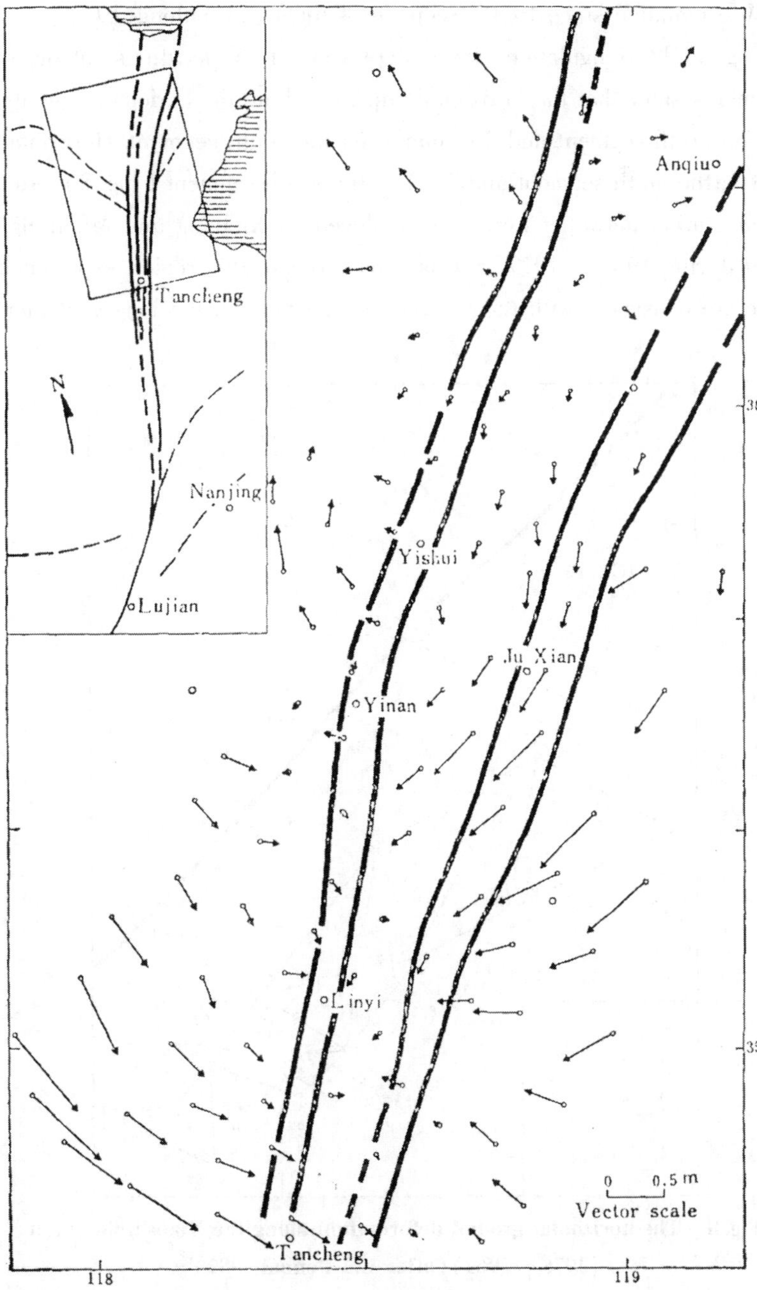

Fig. 7 Horizontal displacement vectors (1973 ~ 1954) along the middle part of Tanlu Fault zone (after Yu Tenglin, 1981)

ing over 10 years at the Dahuichang Observatory on the Babaoshan fault reached 8. 7 mm. The recent vertical deformation rate in the Fen-Wei basin is usually about 2 ～4 mm/a? The triangulation data of Hancheng area gives information that the Weihe valley shows inherted tensional left-lateral motions.

In the southeast coast, leveling data show the slip rate of faults in the Quanzhou-Shantou area is about 2. 25 mm/a, whereas that of the Rongjiang fault, 5 mm/a, and in the east part of Taiwan, 7 ～9 mm/a or more.

In the Qilianshan-Liupanshan of northwest China, 11 base lines were deployed along the Xihuashan, 6 of these 11 lines showed shortening during 4 ～7 measurements since 1971 to 1978. The annual change at Haiyuan and Ganyanchi is 0. 3 ～1. 5 mm/a. In Jiuquan-Baoji area, 23 base lines were deployed, all these lines showed shortening in the NE-SW orientation since 1970 except for 4 lines (Li Yulong, 1973).

Cross-fault surveying and triangulation were deployed at 6 localities along the Xianshuihe fault zone. Repeated measurements show that the horizontal slip rate along the various segments of the fault is different. It is 7. 9 mm/a on the north segment and 2. 7 mm/a on the south segment. Horizontal vs. vertical displacement ratio is about 5 : 1 at the north segment and 3 : 1 at the south segment (Fig. 8). Along the Zemu river and the Xiaojiang faults, triangulation networks were also deployed in Xichang and Mianning areas. 5 triangulation measurements conducted during 1958 ～1977 in Changma indicate this region experienced compressional left-lateral motions. All these are consistent with the behavior of the fault in the long geologicnl times.

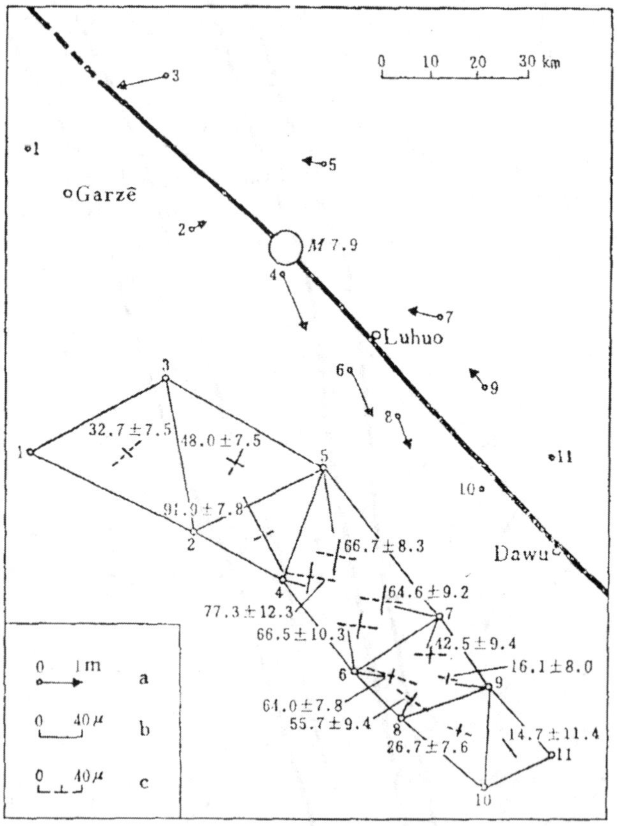

Fig. 8　The horizontal ground deformation along the Xianshuihe Fault (1975 ～1961) (after Liu Benpai 1981)

a. displacement vector; b. tensional strain; c. compressional strain

Analysis of deformation data of the corresponding faults before many earthquakes occurred respectively in Xingtai, Tonghai, Hejian, Yangjiang, Dongchuan, Ganzi, Haicheng and Tangshan shows a period of much higher deformation than usual emerged before the earthquakes (Fig. 9,10,11). For example, during 1972 ~1975 before the Tangshan earthquake, the east wall of the fault subsided by as much as 180 mm. Comparative observation is made of the airphotos of the Tangshan earthquake area taken both before and after the quake. Then computer calculation is made to obtain the deformation amount of the elevation and plane of the different deformation points. The maximum after earthquake displacement amounted to 5 m near the seismic-genetic fault of the 1976 Tangshan earthquake is disclosed by the analytic method of aerial surveys. This deformation value greatly exceeds that observed at the ground surface (2 ~3 m only).

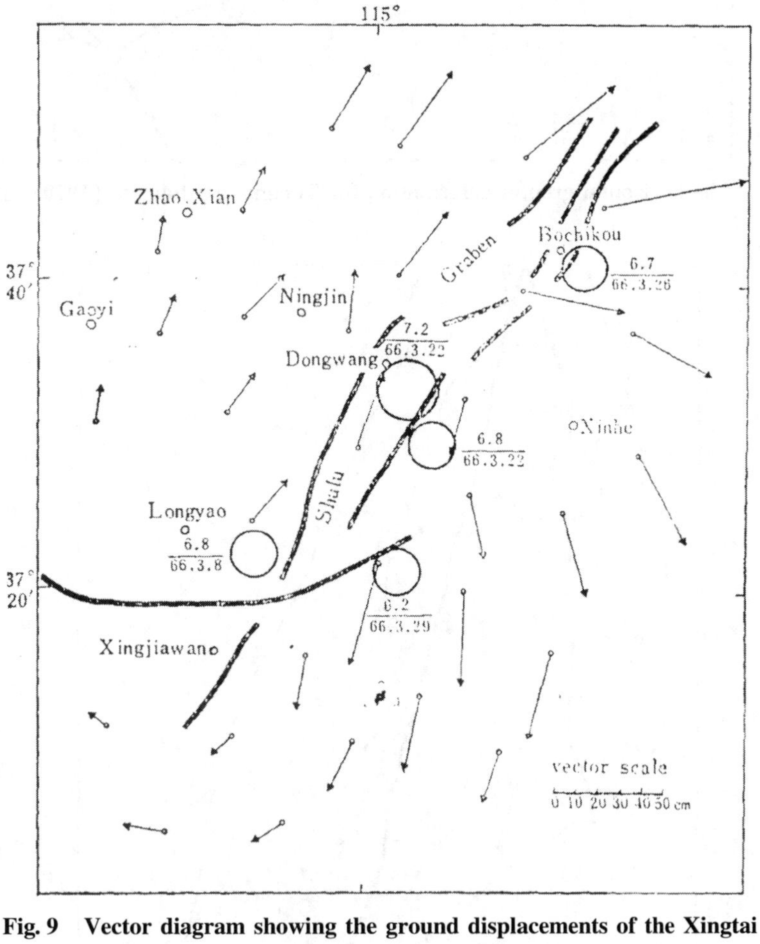

Fig. 9 Vector diagram showing the ground displacements of the Xingtai earthquake (1966 ~1965)

5. Discussion

5.1 The integration and distribution of active faults in China

The widely distributed active faults in China have noticeable characteristics of regionalization. If taking the South-North Tectonic Belt as the boundary, they can be divided into the east and the west groups. Then, they can be subdivided into five regions: Qinghai-Tibet plateau, Xinjiang, Northeast China, North China, South China, etc. The active faults in each of these regions have their own characteristics in their extending directions, types, activity status and the regional dynamic sources. In Qinghai-Tibet plateau, a series of huge thrust and strike-slip faults are dominant. In Xinjiang, except the huge thrust faults running parallel to the Tianshan and Altai fold

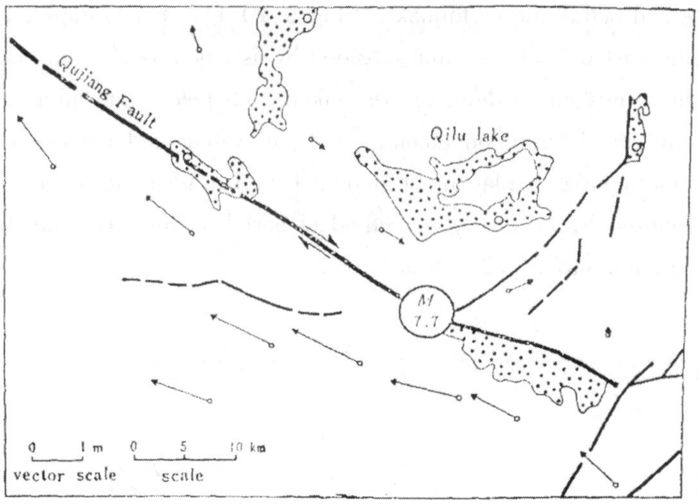

Fig. 10　The horizontal ground deformation for Tonghai earthquake (1970 ~1958)

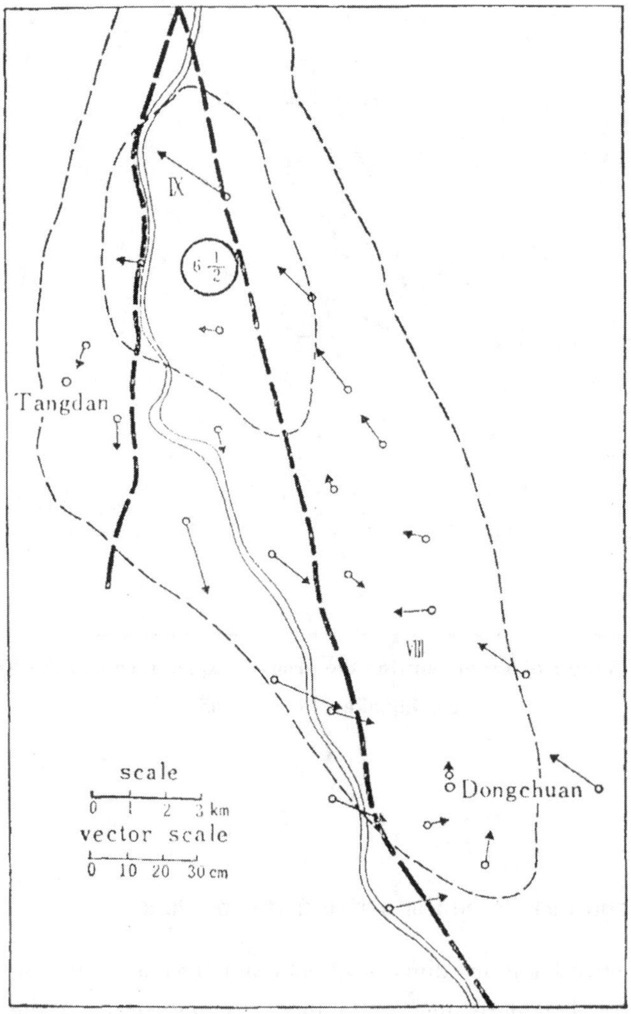

Fig. 11　The horizontal ground deformation for Dongchuan earthquake (1966 ~1965)

zones, there are still some very active lateral strike-slip faults in the vicinity of the Talimu and Zhungel basins due to the uneven compressional and torsional deformation of landblocks. The east part of China is characterized by tensional strike-slip faults accompanying the tensional basins.

The intracontinent is an integrated body formed by multiblock mosaic structures. In case one of them is deformed under certain forces, it often causes relative displacement among the neighbouring blocks and readjustment of stress status will occur. Therefore, the activities of the inland active faults are not isolated, but are mutually related and tied up, or they shift between each other in the sense of mode of movement. For example, in the suroundings of the Qinghai-Tibet plateau, it is very obvious that all types of active faults shift between each other in movement. The active faults of all inland regions join each other, forming a very complicated faulting pattern in a broad area. This faulting pattern is controlled by the regional stress field as well as by the global dynamic mechanism.

5.2 The amount of displacement and slip rate of active faults

A somewhat quantitative understanding has been achieved based on the data obtained up to the present (Fig. 12). In general, it seems that since late-Pliocene to early-Pleistocene, the total amount of horizontal displacement is greater in the west (from several km to ten or twenty km or even greater), whereas it is much smaller in the east (from several meters to several km). The average slip rate in North China is less than 1 mm to several millimeters per year. In the west, the slip rate is much greater which reaches several to over ten mm per year. The vertical displacement is much smaller than the horizontal displacement. It is about several hundred to one thousand meters in East China, several tens to several hundred metres in South China, and 3 ~4 thousand meters in west China. The vertical displacement vs. horizontal displacement ratio is about 1 : 2 in North China and 1 : 6 or even 1 : 10 in West China.

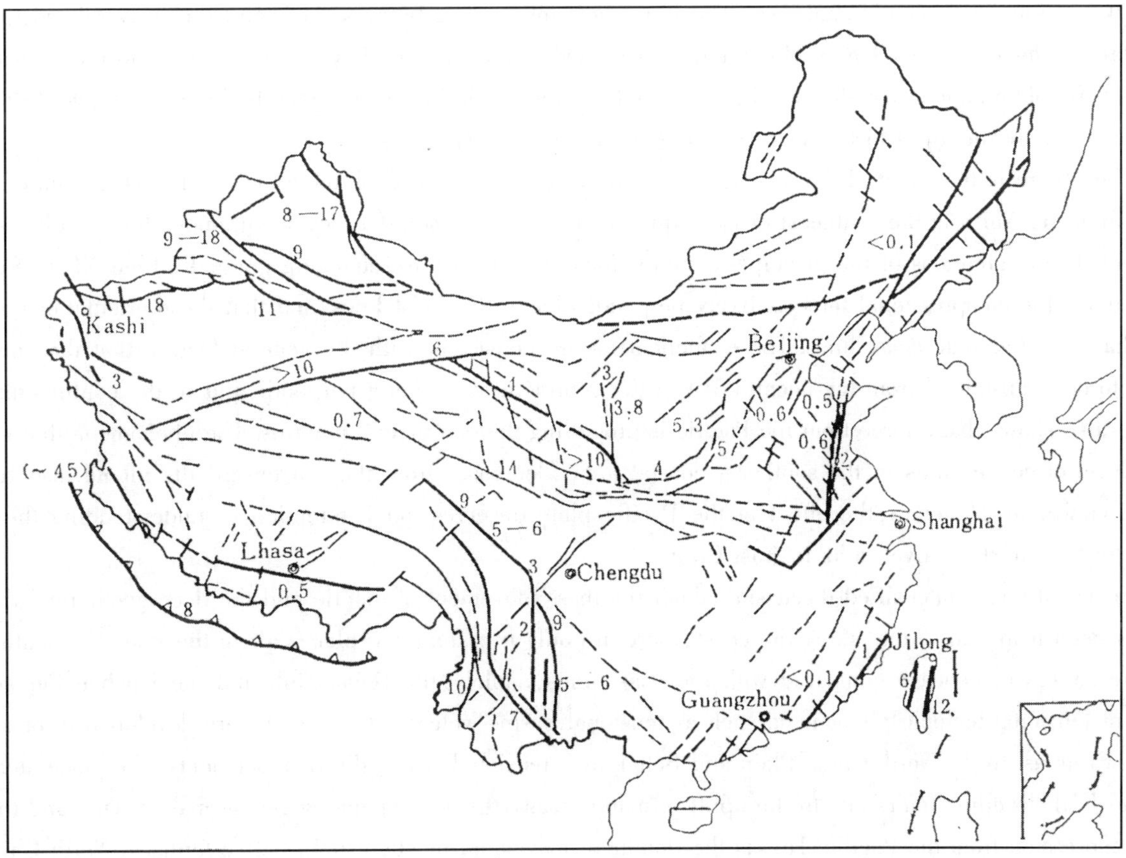

Fig. 12 Sketch map of the active fault distribution in China and its horizontal slip-rates

The slip rates in different periods since the Quaternary are obviously not so even, yet the general orientation is inherited without significant changes. This can be supported by the fact that no matter to which region the faults are located, bigger and older faults would have larger horizontal displacement.

Viewing the plane distribution of the amount of slip rate, from the Himalayan to northern Xinjiang, the slip rate first decreases and then increases again. This reflects the dual effect of both the Indian and the Siberian blocks. The South-North Tectonic Belt in Central China is an interfered belt under influence from both the east and west parts of the country, and this produced fairly great slip rate at the active faults. The activity level of an active fault at the southeast coast decreases gradually toward the inland, and this is the manifestation of the effect from the West Pacific.

Generally speaking, the displacement of the active faults adopts a restrained motion within the continent of block mosaic structures. The total amount of displacement and the fault slip rate are several or several tens times smaller compared with that at the plate boundaries.

5.3 Dynamic sources of active faults in China

Discussion of the regional characteristics, combination patterns, the mutual shift in mode of movement and the change of activity level of the active faults in China will inevitably involve problems such as the present stress field and the dynamic sources in much broader areas, etc. At present, discussions are mainly focused on problems such as the collision of the Indian plate against the Eurasian plate, effect of the West Pacific plate on the China mainland, deep crustal mass movement within the continent, the effects of the geothermal sources and the effect due to changes in the rotation of the earth, etc.

The collision of the Indian against the Eurasian plates is the important factor that causes a series of intensified deformation within continental Asia. The intracontinental active faults are of course, closely related to these important geological events. One problem much discussed in recent years is the stress status and the transmitting range at the plate boundaries after the collision and welding of the two continents. Is this affecting North China, Mongolia or only the areas to the south of the Alashan and the Zhungels?

Then there is the effect of the west Pacific plate. In the east part of China, although the orientation of active faults from the North to the southeast coast is quite consistent, the mode of movement among these faults is quite different. The orientations of the principal compressional stress axes are changing gradually from NE to SW and this reflects the compressional force is likely perpendicular to the coast lines, and that these orientations change with that of the arcuate coast lines. These phenomena are consistent with the general feature that the compressional forces transmitted from the ocean crust to the continent are usually perpendicular to the continental margins. It also shows that a force from the Pacific is propelling the continental margins. The phenomena that the activity level of active faults in the southeast coastal areas decreases from the sea toward the inland also support such a viewpoint. Therefore, the effect of the Pacific plate deserves much attention in understanding the basic characteristics of the active faults in East China.

In recent years, intensified discussion about the mass movement of mantle and the deep geothermal dynamics has been made. In China, along the coast, there arc only two abnormal places along the smooth arcuate coast that are convex or concave compared with the coast lines, namely, the Bohai Gulf and the Leizhou Penisula. A series of tensional tectonic phenomena such as tensional basins, volcano activity, etc. are developed in or around these two areas. In the North China Plain and Bohai area, tensional strike-slip displacements take place along the NE and NNE trending faults due to the uplift of mantle mass, the accompanying geothermal activity, and the lateral compression from the Pacific. This is the dominant movement mechanism of active faults in North China. In the southeast coastal areas, hot springs, grabens and other phenomena show that the geothermal sources deep down the earth also play the same important role in fault activities.

North of the Zhungel basin which is also within the continent the strong earthquake activity and the fault movement level increase again, and this reflects the effects due to the activity of the Siberian block and the Baikal rift zone.

On the other hand, the intracontinental seismicity remarkably shows that the fracturing of the present crust usually has certain orientations corresponding to the shape of the globe. This involves the effect due to changes in the earth's rotation, and should not be neglected in the study of the relationship between the earthquakes and the crustal fracturing patterns.

5.4 The slip rate of intracontinental active faults and the recurrence intervals of strong earthquakes

Based on the research results in recent years, there is remarkable relationship between the recurrence intervals of intracontinental earthquakes and the slip rate of active faults. In West China, the recurrence interval of strong earthquakes of magnitude 8 along some active faults having great slip rate is about several tens to several hundred years. However, in East China, the recurrence interval of great earthquakes along the faults with lower slip rate is as long as several hundred to several thousand years. Fresh information obtained through our studies in recent years of the palaeoearthquakes along some active faults also supports this viewpoint. For example, the recurrence interval of earthquakes of about magnitude 8 along the middle segments of the Tancheng fault and along the Tangshan fault is as long as 2000 to 4000 ~ 5000 years (Gao Weiming et al., 1982; Wang Tingmei et al., 1981). Along the Red River fault, the recurrence interval is as long as several thousand years (C. R. Allen, 1981). The recurrence interval along each fault is so long that it far exceeds the period of historical records. Therefore, people tend to believe that strong earthquakes do not recur in the same locality, but suddenly occur in some unexpected places. So it is not enough only to rely on the historical earthquake information in determining the recurrence intervals of strong earthquakes along certain active fault. Intensified study of the prehistoric earthquakes should also be made. This will provide important evidence for understanding strong earthquake activities in a much longer time span.

In addition, the earthquake activity in the long historical records of China indicates that the intracontinental earthquakes possess outstanding characteristics. For example, the intracontinental earthquakes tend to occur in series and continuously along the fault zone; alternation of periods of high and low seismic activities; earthquake migration toward the surrounding seismic zones or regions; alternative occurrence or "echoing" of earthquakes in different areas; The regularity of equal distances of the earthquake generating segments etc. All these give information of the details of active faults about their activity status within several tens or several hundred or even one thousand years. This kind of things should be considered seriously in studying the recurrence intervals of strong earthquakes.

References

[1] Allen, C. R., Geological Criteria for Evaluating Seismicity. Geol. Soc. America Bull, OG, G, 1975.

[2] Matsuda, T. et al., Studies of active faults in Japan (in Japanese). Quaternary Research, 1968, 7, 4.

[3] Matsuda, T., Empirical Rules on Sence and Rate of Recent Crustal Movements, Jour. Geod. Soc. Japan, 1976, Vol. 22.

[4] Molnar. P and P. Tapponnier, Tectonics of Asia: Consequences and Implications of a Continental Collision. Science, 1975, 189.

[5] Tapponnier, P and P. Molnar. Active Faulting and Cenozoic Tectonics of China. J. Geophys. Res, 1977. 82.

[6] Wallace, R. E., Notes on Stream Channels Offset by the San-Andreas Fault, Southern Coast Ranges, California, Proceedings of Conference on Geologic Problems of San-Andres Fault System, Stanford University Publications, Geological Science, 1968, 11.

富蕴地震断裂带（前言）*

1931 年 8 月 11 日在我国新疆阿尔泰山区发生的富蕴 8 级地震，造成了 176 km 长的地表地震断裂带。这条地震断裂带规模巨大，断裂地貌现象十分醒目，地震断裂类型齐全，断裂组合形态复杂多样，是一条典型的右旋走滑脆性剪切破裂带。全带基本连续，具明显的线性特征。由于有利的自然条件，至今虽已时隔半个多世纪，但各种现象仍保存完好，地震断裂带，特别是在震中区一带的破裂现象宏伟壮观，断裂带两侧块体运动的差异性、末端效应和大幅度水平位移的分段性等特点甚为明显，是世界上罕见的地震断裂带之一。

像这样强烈地震引起的地面破裂（地震断层）是大自然在地表留给我们的强震记录，它给我们带来了大量来自震源的信息，是震源过程和聚集的弹性能释放过程的明显标志。这一剩余变形现象是研究地震破裂方式和过程、认识地震破裂机制的重要对象，也是了解地震地面效应、探寻有效的抗震途径、确定地震危险程度进行地震烈度小区划的重要依据。这些地震断层是一种地壳现代破裂的现象，是最现实的活动构造形式，通过对它的研究还可以为认识现代地壳应力和现代地壳运动的状况提供重要的信息。因此，地震断层一直是地质学、地震学、地球动力学等研究中的一个十分引人重视的课题。80 年代国际岩石圈研究计划，反映出当代地学研究的重点从海洋转向了大陆，地震断层现象的研究无疑将会直接有助于对板内现象，特别是板块内部的强震与现代地壳运动等重要研究领域的探索。

发生富蕴地震的阿尔泰山区以及蒙古人民共和国（以下简称蒙古）西部一带，近百年来曾发生过多次强烈地震，是一个引人注目的内陆强震活动地区。在该地区发生的一系列强震中，尤以 1905 年 7 月 9 日和 23 日沿杭爱断裂发生的两次 8 级地震、1931 年 8 月 11 日富蕴 8 级地震和 1957 年 12 月 4 日戈壁阿尔泰 8. 3 级地震造成的地面破裂和位移最为显著。北蒙古两次 8 级地震的地震断裂带长达 350 km，最大水平位移 8 m；富蕴地层断裂带长达 176 km，最大水平位移 14 m；戈壁阿尔泰地震断裂带长达 275 km，最大水平位移 8. 85 m。在这一远离板块边界的内陆地带为什么不断地发生强烈地震，并造成如此巨大的地面破裂与位移？这一板块内部地区的现代地壳应力状况和现代运动状况有何特点？动力来自何方？未来的地震危险性又如何？要回答这些问题，位于内陆腹地的富蕴地震断裂带处于关键性的位置。我们的工作就是试图通过对这条地震断裂带的深入剖析，在地震断层的研究方面搜索一些经验，同时也就上述一些涉及了亚洲板块内部的强震危险性和板内现代运动等理论和实际问题进行一些探索，以期提高对阿尔泰及内陆地区强震危险性预测方面的认识。

关于这一地区的现代应力场和现代地壳运动向题，弗罗连索夫（Н. А. Флоренсов）、索洛年柯（Б. П. Солоненко）等对 1957 年戈壁阿尔泰地震的考察和研究报告中曾提出以下看法。他们（1963）认为在这一地区发生了北蒙古地震和戈壁阿尔泰地震的北西西向平移断裂以及富蕴地震的北西西向平移断裂，构成了一组具有最新活动的平移断裂系统。这组交叉的平移断裂系统发育于东萨彦岭至戈壁阿尔泰一带，具有很新的活动，沿这些断裂第四纪以来有明显的位移。弗罗连索夫等在提到造成这些断裂的活动特点和力源等问题时，引用了穆迪（Moody, J. D. , 1966）全球共轭剪切断裂系的观点，并认为这一带的一些强震活动与深部构造变形作用有关，地震对这些平移断裂来说起着释放其逐渐积

* 本文为《富蕴地震断裂带》一书的前言部分，地震出版社，1985，作者：石鉴邦　丁国瑜。

累的应力的作用。

70年代中，塔波尼尔（P. Tapponnier）和莫尔纳（P. Molnar）用印度刚性地块嵌入欧亚大陆所引起的滑移线场，对亚洲内部晚新生代以来的构造变形以及现代的内陆地震活动进行了解释。他们认为，在中亚一带，伴有右旋走滑的逆断层是天山的主要构造，青藏高原及其东侧为左旋走滑断层活动地区。阿尔泰和蒙古西部一带为北北西（右旋）和北西西（左旋）两组方向构成的共轭走滑断层区。在相当于被挤入区前缘的中部地区，两套剪切带都存在，反映这里最大压应力是近北东－南西向的。由阿尔泰山、萨彦岭，再向东北至贝加尔裂谷区，发育了引张的正断层。塔波尼尔等对整个这一区域应力场的分析，认为应力场是渐变的，并认为亚洲内部复杂的构造变动用连续变形来解释比用一些刚性地块的相互运动要更好。他们对亚洲内部广大区域的变形从整体上给了一个很好的解释，但他们对结构极不均匀的大陆内部，对不同区域、不同地壳块体和深部构造的差别的影响，以及对引起板内运动问题的复杂性未给予应有的讨论。

达斯和费尔逊（Das, Sh. & Filson, J. R, 1975）在分析中亚地区的地震活动资料以后，支持亚洲内部镶嵌小板块边界不连续变形的观点。佐宁申和萨瓦斯廷（Zonenshain, L. P. & Savostin, L. A., 1981）也以板块构造的观点讨论过亚洲内部的构造。他们结合贝加尔及其周围地区的地质及地震资料，探讨了这一带一些地块间的现代运动问题。

尽管许多学者对中亚区域构造问题作过不少论述，仍对阿尔泰山地的新构造运动及地震活动的研究程度还是较低的，对富蕴地震及地震断裂带的具体研究工作也开展得较少。

1931年富蕴地震发生后，苏联地质学家奥勃鲁切夫（B. A. Обручев）最早报道了富蕴地震的有关资料。1932年，他在苏联的《自然》杂志了发表了《蒙古地震》一文，由于他收集的材料仅限于蒙古境内若干点受震情况的通信报道，因之误称为蒙古地震。

1933年李善邦教授发表了鹫峰地震台关于富蕴地震记录的报告，1934年又发表了《新疆地震》一文，对富蕴地震（当时称阿山地震）作了专门论述。他根据鹫峰地震台及世界60多个地震台的记录，确定富蕴地震的震中位置为46°51′N，89°49′E。他还根据当时正在新疆进行地质调查的清华大学地学系袁复礼教授提供的资料，叙述了地震烈度的分布情况。1957年，在他发表的中国地震区域划分图及其说明中，粗略圈定了阿尔泰山不同强度的地震区和烈度区。

在50年代，对富蕴地震断裂带曾进行过一些零星的调查。如1957年新疆维吾尔自治区水电局黄大明等在水电勘测过程中，曾首先对可可托海附近的地震断层现象进行过一些观察描述。新疆维吾尔自治区地质局有关单位的区域地质测量和普查等报告中，也曾对富蕴断裂带有零星的描述，但都没有进行较系统的工作。直至60年代，才陆续开展有关阿尔泰山及其周围地区地震活动性的研究。1962年，在苏联境内的阿尔泰－萨彦地区开始了地震台网系统的观测工作。1972年，我国在阿尔泰地区建立了富蕴地震台。区域性的地震地质调查工作开始于70年代，对富蕴地震断裂带的工作也是如此。1972年以来，新疆维吾尔自治区地震局对富蕴地震先后组织过多次考察。1972年，冯先岳、沙塔尔、孙启、王新政、范芳琴、郑福婉、陈镇铎、梁廷宽、买买提·明·艾买提等在受震严重的富蕴、青河等地及新疆北部广大地区，调查访问了富蕴地震的影响和破坏情况，对地震断裂带的一些地段进行了观察记录。这次调查圈定了等震线，对富蕴地震的烈度、构造条件，特别是地震断裂带作了一定分析。该考察报告是对富蕴地震首次较全面的初步总结，其中对地震断裂带的描述和讨论引起了普遍的关注和兴趣。

1974年，柏美祥、杨章、王树基、梁廷宽、柔洁、紫丽曼、李志民、买买提·明·艾买提等沿地震断裂带进行追索，填制了大比例尺地震断层平面分布图，对震中区地震破裂进行了较详细的调查研究。这次考察基本查清了地震断裂带北段的展布情况，并对地震断裂带规模、断裂类型、组合形态、断层产状以及二台断裂的活动情况等进行了讨论，但对地震断裂带的南段未能追索。

1978年，戈澎谟、杨章、陈松涛、周殿英、王煜和买买提·艾里等继续对地震断裂带南段进行追索、填图，同时还考察了南侧的阿尔曼特山和北塔山地区的地震地质情况。

这三次野外考察，积累了丰富的资料，为进一步的研究工作奠定了比较坚实的基础。在这个基础上，1979 年，对富蕴地震从烈度、地震活动特点、区域地质背景、发震构造条件等进行了较全面的总结，并发表了初步研究成果（杨章等，1980，1982）。

1980 年，国家地震局丁国瑜、高维明与新疆维吾尔自治区地震局石鉴邦、张风岭、冯先岳和杨章等对富蕴地震现场又进行了一次考察。在这次考察中，沿地震断裂带发现了多期古地震现象，以及有关断错水系等方面的一些新的重要地质现象，提出了沿断裂带存在多期古地震活动、地震断层具有多点破裂机制等看法，并决定组织力量进一步开展对这一地震断裂带较系统的专题研究工作。之后，又制定了富蕴地震断裂带研究的具体方案与计划，并做了一些准备工作，如：开展航空照片及卫星影像资料的收集和判读解释，为研究地层断裂带的几何形态和断错水系位移情况的统计分析提供依据；搜集地震目录、地震图纸等资料，进行地震活动性、震源深度、震源机制解和其他震源参数的分析工作，收集和阅读阿尔泰区域地质文献和二台断裂大比例尺的地质测绘资料，结合以往在地震断裂带上取得的资料进行综合分析和讨论。

1981 年按方案组织了综合考察研究。参加这次综合考察研究工作的有：新疆维吾尔自治区地震局石鉴邦、冯先岳、戈澎谟、杨章、柏美祥、胡军、张政、彭树森、郑福婉、范芳琴、金小玉、丁德轩、周殿英、王煜、寇大兵、宋和平、罗福忠、谷建中、徐和、姚颂民、冯铁石、刘四兵、张永岗、刘鸣、沈伟、余剑和、王平顺、申文庄、刘永廷、刘富安和买买提·明·艾买提等，国家地震局丁国瑜、国家地震局地质研究所邓起东、吴裕文、范福田、钱瑞华、张培震。整个工作按计划分成地震断裂带考察研究、区域地震构造调查、震中区地形地质测图、地震活动性研究、临时地震台网观测和构造物理模拟实验等小组，分别承担地震断裂带、地震活动性、新构造活动、古地震、地震破裂机制、区域构造应力场、地震孕育环境和发震构造条件等专题研究任务。

在这次考察研究工作中，追索调查了地震断裂带，测量了各种大比例尺地形地质图和断裂平面图约 30 幅，测制了大量的跨地震断层的地质构造剖面和河谷横剖面，开挖了探槽 16 个，采集了断层面结构物岩组分析、^{14}C 年龄测定、孢粉分析等样品，进行了断裂面结构物岩组统计分析、基岩构造裂隙和地衣统计测量等工作，并对重点现象和重点地段拍摄了照片和电影（图 1）。

为了配合专题研究，取得沿断裂带现今地震活动状况的资料，在阿尔泰山区的青河县城、布尔根、二台和哈拉通古东面的白杨沟口架设了临时地震台，连同附近的富蕴固定台站组成了围绕富蕴地震断裂带的一组临测台网，自 1981 年 4 月至 8 月进行了连续观测。此外，为了取得有关富蕴地震断裂带和可可托海 - 二台断裂（以下简称二台断裂）现在的动态资料，1981 年 5 月在地震断裂带的北、中、南段分别建立了跨断层的水准及三角复测点。

在上述工作的基础上，我们对富蕴地震断裂带的几何学、运动学、动力学各方面的特点做了较系统的全面分析和总结，编写了本书。全书围绕着富蕴地震断裂带这个主题，从富蕴 8 级地震谈起，对地震地表断裂带的展布、位移、类型及组合特征，地震断裂带破裂特征，地震断裂带的形成机制和构造应力状态进行了分析。之后，在时间上加以扩展，论述了断裂带上的古地震现象和二台断裂的新活动，以反映地震断裂带长期以来的运动情况；在空间上加以展开，分析了富蕴地震所处的大范围构造环境、区域构造应力场、现代地壳运动和动力来源等问题。最后，总结了富蕴地层断裂带的特征，并讨论了这种强烈地震形成的地震断裂带的研究内容和方法等问题。

本项研究工作的计划、野外考察、总结、出版等大量组织工作，是在新疆维吾尔自治区地震局领导下，由张宏益、张风岭等具体组织实施的。

在总结过程中，构造物理模拟实验、孢粉分析、^{14}C 年龄测量和断裂带上岩石学显微构造分析等工作是国家地震局地质研究所协助完成的。另外，徐煜坚、李坪、高文学、马宗晋、赵文栋等曾于 1981 年赴现场进行了短期考察，对研究工作和编写本书提出了许多宝贵意见，并热情地提供了一些参考资料。这里谨向所有关心富蕴地震断裂带的研究工作、为这项研究工作付出了辛勤劳动的同志们表示诚挚、深切的谢意。

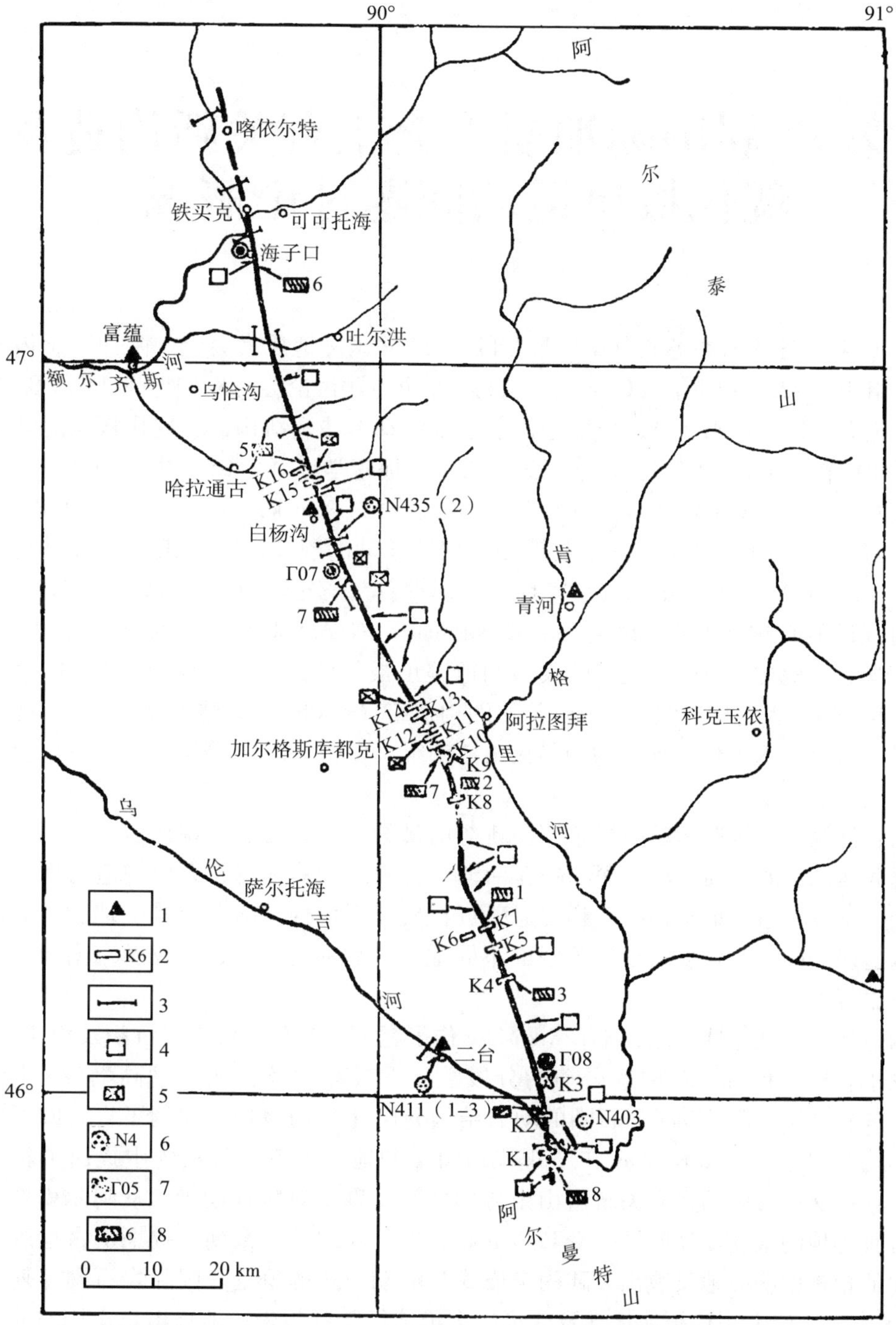

图 1　富蕴地震断裂带 1981 年研究工作布置略图

1. 地震台；2. 探槽及编号；3. 河谷横剖面位置；4. 主要地形地质图或地质平面图测图点位置；5. ^{14}C 样品位置；6. 孢粉样品及编号；7. 同位素年龄样品及编号；8. 结构物岩组测量点及编号

本书是在多年野外实际资料的基础上总结出来的，内容经集体讨论，各章节分别由专人执笔，是一项集体研究成果。参加本书撰写的主要有丁国瑜、石鉴邦、冯先岳、戈澍谟、杨章、柏美祥、胡军、郑福婉等。丁国瑜为全书主编，石鉴邦、冯先岳、戈澎谟担任全书编辑工作，图件由李胜年、曹文选、杨继林清绘。

第 27 届国际地质大会上有关新构造及现代板块运动问题讨论概况*

1984 年 8 月 4 日至 14 日在苏联莫斯科举行的第 27 届国际地质大会上，除两次全体参加的大型学术报告会外，组织了 22 个专业组（C. 01 ～C. 22）、6 个专题讨论会（K. 01 ～K. 06）及 10 个国际岩石圈计划专题讨论会（L. 01 ～L. 10），分别进行了学术活动。涉及新构造、现代板块运动及地震构造方面的论文主要集中在以下几个组中：在第四纪地质学及地貌学组（C. 03）中组织了三次地貌、古地貌及新构造学的专题讨论（C. 03，1. 4），由 Ganeshin. G. S.，Demek，J.，Kanashov. I. P. 主持、宣读了 20 多篇论文。还组织了两次“晚第三纪及第四纪构造运动的规律性”的组间联合讨论会（S. 03，2，1，及 C. 03）。由 N. I. Nikolaiv，丁国瑜、V. G. Trifonor 主持，安排了 19 篇论文。“现代及第四纪板块运动”的专题组（L. 04）进行了两次讨论，由 K. Kasahara，G. A. Sobolev 主持，宣读了 11 篇论文。此外在“地球物理场、大地构造及现代运动的关系和地震预报”的专题讨论组（C. 08. 1. 4），地震与地质灾害预报组（K. 06），大地构造组（C. 07），亚洲构造组（K. 0S），遥感组（C. 18），海洋盆地地质组（C. 06），古海洋学组（K. 03），地球物理与火山活动组（C. 08. 1. 5）等组中都有一些直接涉及新构造问题的论文。

论文的内容涉及了新构造运动的规律性、新造山带的地球动力学、现代裂谷作用、第四纪及现代板块运动、海底运动、海平面变动、深部的新活动、各种地球物理场、大地构造与现代构造运动的关系、活动断层、地震构造与地震预报、利用遥感资料研究现代构造活动及构造地貌、火山活动等。一些地域性新构造研究的论文较多的涉及关联的不同地区、欧洲、北美、东亚及东南亚、特提斯带、印度、越南、古巴等地。

关于新构造运动的规律性问题，N. I. Niko-laiv 作了题为“晚新生代以来沉积及构造运动的规律性”的报告。讨论了新构造制图及新构造运动的分段性、不对称性及各地活动高潮的不同期性等问题。V. G. Trifonov 作了“新构造活动带岩石圈的动力结构分层性”的报告。强调了岩石圈不同层次结构与最新形变的不均一问题。V. K. Kuchay 在“现代造山带的地球动力学”报告中提出了新造山区的地热带动力模式，在论文中最多的是有关新造山带方面的，特别是对特提斯带，从阿尔卑斯、高加索、帕米尔至喜马拉雅等地的最新变动问题。X. LePichon 展出了新编的一系列特提斯的古地理及构造图。在苏联这些方面的报告中明显地反映出大陆固定模式与活动模式的争论。国际岩石圈计划第一工作组主席 K. Kasahara 作了“研究现代板块运动及变形的多维途径”的报告。他指出自运用空间技术以来，测量板块间的相对运动看来很有希望，但必须考虑一系列的复杂问题，如观测点的局部变动、不规则的板块运动对地球旋转的影响、板块插入与软流圈的黏度问题等。G. A. Sobolev 讨论了应用地震学研究应变场的问题。在分析大量大地测量资料的基础上，P. Bankwitz 讨论了中欧的断裂带现代活动的规律性；A. A. Nikonov 则论述了全苏联的现代地壳运动问题。N. A. Morner 作了题为“海岸带的新构造”的报告，从世界各地海平面升降变化的差异，讨论了海面变化与新构造运动的关系问题。此次会议讨论大陆及海洋裂谷的论文甚多，其中不少是涉及贝加尔、东非、北美、红海、北大西洋等地裂谷的最新活动。

---

* 本文原载于《地震地质》，1985，Vol. 6，No. 4，70。作者：丁国瑜。

我国学者提交大会的论文中有多篇涉及新构造方面的问题。有 5 篇在会上进行了宣读。

对新生代晚期以来全球经历的新的构造作用阶段已日益引起了更多的注意，从一些论文看，对新构造的研究已涉及到岩石圈现代动力学、地球内部物理、板块现代动力学、大陆活动与洋底活动的关系、现代构造应力场与地震活动的关系等一系列问题。从事研究新构造问题的已不仅限于地质学家和地貌学家，而且有地球物理、大地测量、地震学家等等参加，它已成为一个内容更加丰富和生动的专题领域。

地块相对运动与鄂尔多斯地块周围第四纪断陷盆地*

一、引　　言

华北地台区内一个明显的新构造现象是：在相对稳定的鄂尔多斯地块（包括晋西北）周围边界地带上发育了一系列第四纪断裂和断陷盆地，并且不断发生强烈地震，而地块内部中新生代地层产状平缓。从新第三纪以来主要发育了风化壳型的三趾马红土、风尘堆积（黄土）和风砂堆积物，它们的构造形变不显著，地震活动的级序低，近二千多年来几乎没有 $M_S \geqslant 6$ 地震[1,2]，如图 1 所示。这样的活动构造布局与板块构造平面模型即板内是几乎不变形的无震区而板缘则是强烈活动的地震带[3,4]，两者颇有类似之处。板块边缘活动带的构造变动与板块间相对运动状态息息相关的。那么，鄂尔多斯地块与相邻地块的相对运动是如何呢？它对鄂尔多斯地块四周边界地带构造变动又有何作用？这是本文拟予探讨的问题。

二、思路与方法

地壳是固体地球最外面的一个圈层，为各种断裂系统和薄弱带而分割成大大小小的块体即地块。当地块具有足够高的刚性时，例如地块内部不出现或很少发生 $M_S \geqslant 6$ 地震，那么，地块间的相对运动就可能相似于板块间的相对运动，在一定圈层的球面上进行，并且将集中地表现在地块边界的相对位移和变形上。这样，地块边界地带的构造变动，包括构造盆地的长消，将极大的取决于地块间的相对运动状态。

根据欧拉几何学的一条定理——在球面上任意一条曲线的位移都可以描述为该曲线绕某一条轴（通过球心）而转动这条定理可推导出，球面上任意相邻的两个刚性块体（如板块或刚性地块）的相对运动都是一块相对于另一块绕某一固定轴的转动[5~7]。这样，根据板块或刚性地块边界上破裂面的错动方向（如地震断层的错动方向或走向、转换断层走向、走滑断层走向等）观测资料，利用球面三角法就可以来分析相邻板块或刚性地块的相对运动状态。

若相邻的两个刚性地块的相对运动是绕极（转动轴在球面上的出露点）转动，则这两个地块边界上破裂面错动方向的水平投影必定是以转动极为圆心的同心圆圆弧的切线方向。它们之间的球面三角关系如图 2 所示，并可用下式表示：

$$\begin{cases} A_z = 90^\circ - B \\ B = A_r\sin[\sin C\cos\phi_r/\sin\gamma] \\ \gamma = A_r\cos[\sin\phi_r\sin\phi_b + \cos\phi_r\cos\phi_b\cos C] \\ C = \lambda_r - \lambda_b \end{cases}$$

* 本文原载于《中国第四纪研究》，1985，Vol. 6，No. 2，123～131。作者：卢演俦　丁国瑜。

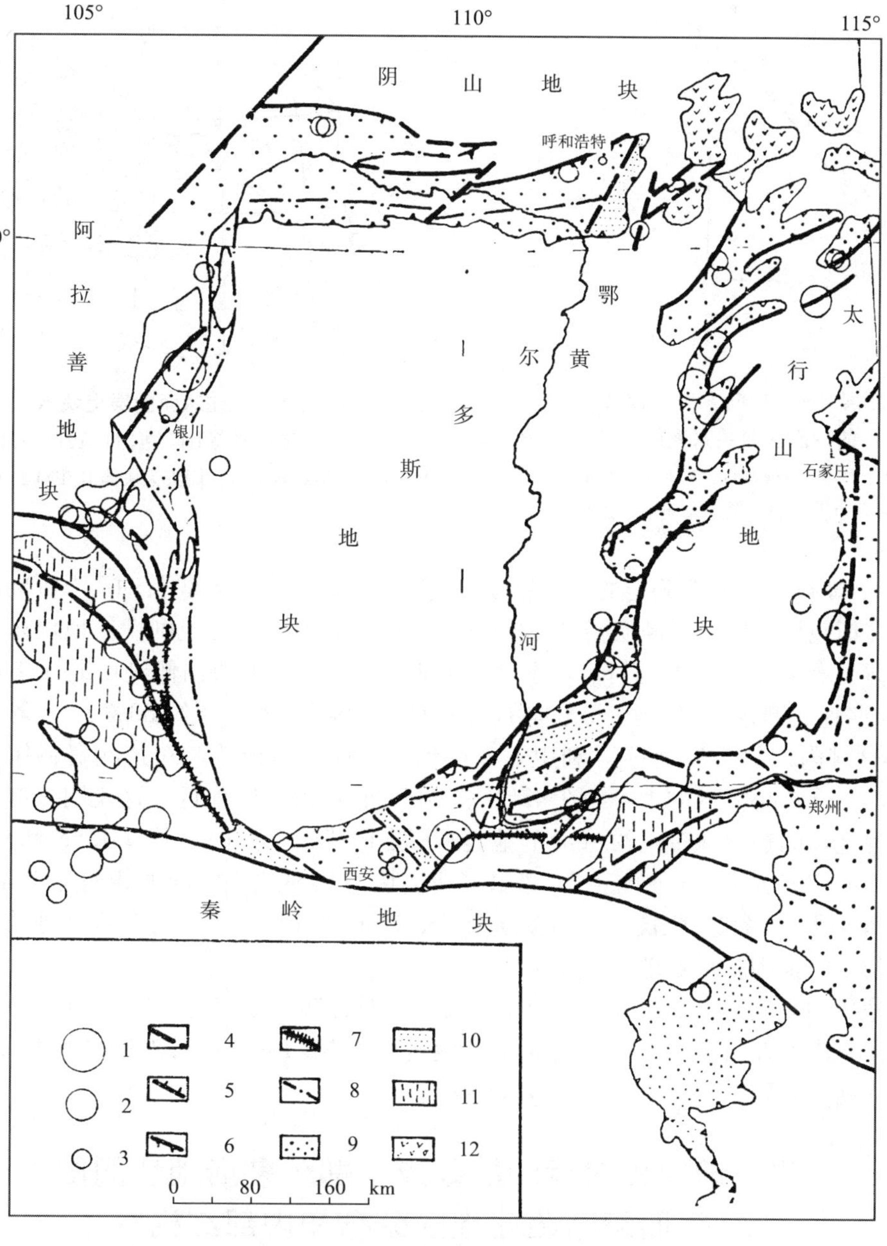

图 1 鄂尔多斯地块周围第四纪盆地、活动构造和强震震中分布略图

1. $M_s \geqslant 8$；2. $7.9 \geqslant M_s \geqslant 7.0$；3. $6.9 \geqslant M_s \geqslant 6.0$；4. 活动断裂；5. 正断层；6. 拉扭断层（短刺为倾滑方向）；7. 逆断层（或断裂带）；8. 活动性质尚不明确的深断裂；9. 第四纪断陷盆地；10. 断陷盆地中相对上升部分；11. 已抬升的第三纪盆地；12. 新生代玄武岩

式中，ϕ_r、λ_r 和 ϕ_b、λ_b 分别为转动极 R 和边界上观测 B 的地理坐标（经、纬度）；A_z 为观测点 B 处的破裂面错动方位角。

三、鄂尔多斯地块相对于邻近地块逆时针转动或扭动

鄂尔多斯地块四周边界地带地震活动相当强烈，现已出现的强震都是地壳内的构造地震，震源深度一般在 10～30 km 左右。在已有的震源机制资料[8,9]反映出，地震断层的水平滑动分量通常都远大于倾向滑动分量。这样，这些地震的震源错动方向和地震断层就包含了地块相对运动的重要信息。

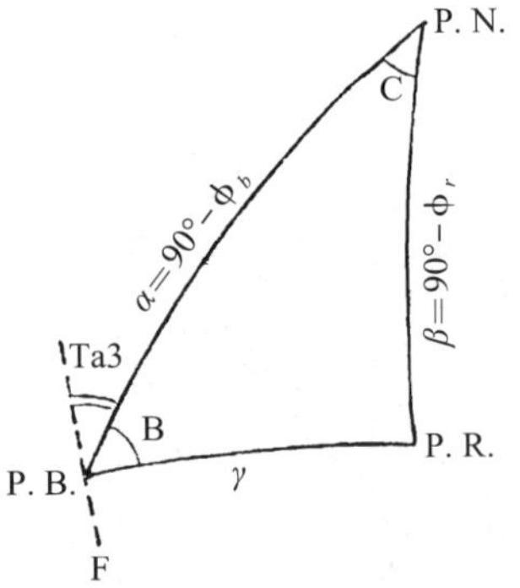

图 2（a）　断层（F）走向方位与转动极（P. R.）的球面三角关系图解

P. N. 为地理北极；P. B. 为观测点；P. R. 为地块相对转动极；F 为 B 点上破裂面错动方向水平投影

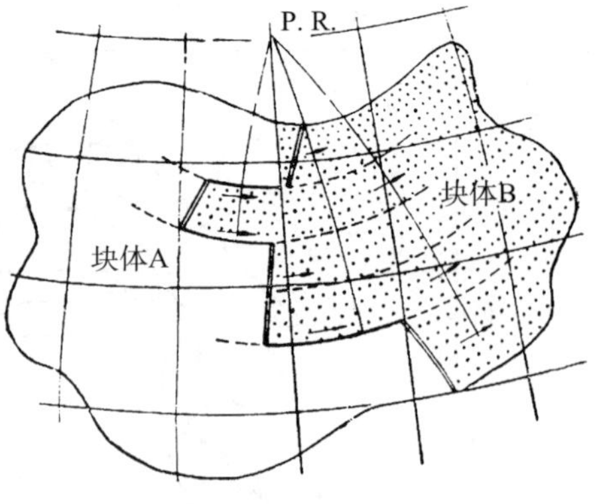

图 2（b）　在球面圈层上块体 A 和 B 相对绕极转动图（据 Morgan，1968）

P. R. 为块体相对转动极，箭头为块体 B 相对于块体 A 的运动方向

从 16 个由 P 波初动符号所确定的震源错动方向[8,9]①和 23 个由等线长轴[8,10]所判定的地震断层走向来看，鄂尔多斯地块周围地震断层错动方向和走向变化具有一定的规则性。地块东侧地震断层错动方向和走向大体上自南而北由 NE 逐渐变到 NNE 或近于 EW，而地块西侧则由北而南从 SSW 或近 EW 过渡到 SW。这些地震断层错动方向或走向的法向水平投影大多数（约 80%）交会于 41°～44°N 和 91～95°E的小区域内，如图 3a 所示。利用上节提到的球面三角公式，对这些资料作最小残差平方和拟合，初步得出，这个小区域的中心约在 42°N 和 94°E 的哈密盆地附近。这说明，鄂尔多斯地块与太行山、阿拉善等地块的边界地带里约 80% 的地震断层走向或错动方向，是以 42°N 和 94°E 为圆心的一系列同心圆圆弧的切线方向。从而证明，鄂尔多斯地块与相邻地块之间的相对运动是绕极（42°N 和 94°E）转动。如果无强震和少强震的鄂尔多斯及其邻近地块（图 1）可视为刚性地块。那么，这一结果符合欧拉几何学的推理就是顺理成章的了。

假定四邻地块相对固定，鄂尔多斯地块本身就作逆时针转动或扭动（图 3（b））。它相对于太行山地块的运动方向自南而北由 NE 38°左右逐渐向北偏转到约 NE 14°，相对于阿拉善和广义的青藏地块的运动方向由北而南从 SW 13°左右变化到 SW 42°左右。

四、地块相对运动的效应：鄂尔多斯地块周围第四纪断陷盆地的分布和内部结构

从图 1 可看出，在鄂尔多斯地块与邻近的秦岭、太行山、阴山和阿拉善地块之间分布着一系列狭长的第四纪沉积盆地。这些盆地的长消与地块相对运动有什么关系？对于这一点，不妨先从各条边界地带内第四纪沉积盆地的分布和内部结构特征来分析。

（一）山西断陷盆地地带

该带位于鄂尔多斯地块东侧，与太行山地块交界地带，总走向呈 NE 30°左右，由右行斜列的大同 – 朔县、繁峙 – 原平、定襄 – 忻县、太原 – 介休、临汾、曲沃 – 河津及运城盆地组成。各个盆地几乎都由 NEE – NE 走向和 NW – NWW 走向的两组断裂所围限或控制，长轴走向 NEE – NE，狭长形，宽长比为 1∶3 – 1∶7。大多数盆地呈箕状或半地堑，向最活动的断裂一侧掀斜[11]；第四纪沉积中心紧靠着盆地的东南或西北缘断裂，最大沉积厚度约为 400～700 m（表 1）。

---

① 部分资料取自山西省地震局和陕西省地震局。

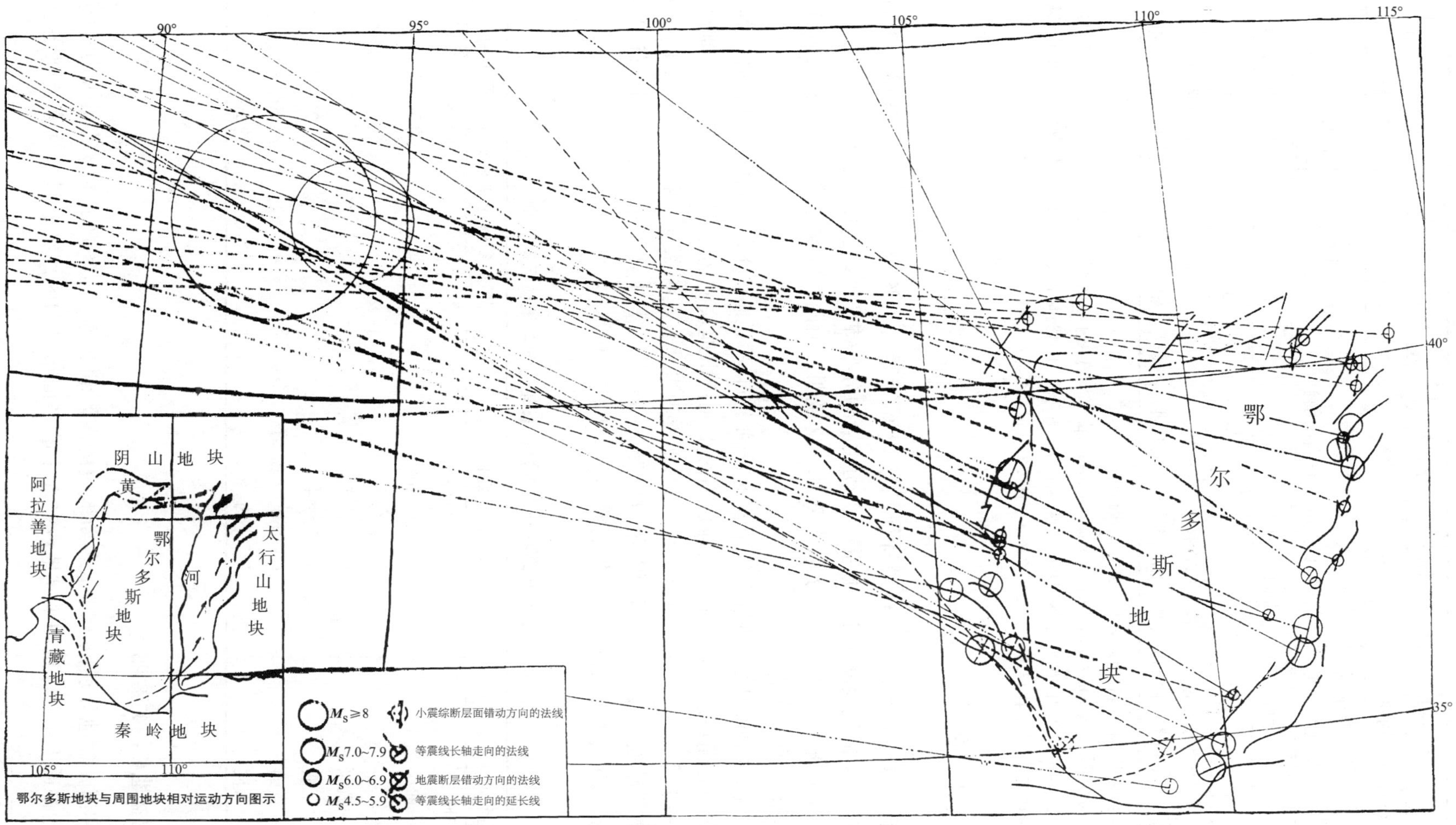

图3 鄂尔多斯地块周围地震断层错动面聚焦图

图3（a） 鄂尔多斯地块周围地震断层错动面聚焦图；（b）（图（3a）左下角）鄂尔多斯地块与周围地块相对运动方向图

表 1　鄂尔多斯地块周围各个第四纪盆地沉积厚度和沉积中心

盆　地	大同－朔县①	繁峙－原平①	定襄－忻县①	太原－介休①	临汾①	曲沃－河津①
第四纪沉积厚度（m）	约 400	约 300	约 470	700	约 400	约 350
第四纪沉积中心	朔县附近（恒山山前）	代县附近（紫荆山山前）	忻县南（系舟山山前）	介休附近	临汾西	
盆　地	运城②	固市②	西安②	银川③	后套（五原）④	呼和浩特⑤
第四纪沉积厚度（m）	～320	1324	～800	1605	908	426
第四纪沉积中心	运城南（中条山山前）	华县－华阴（华山山前）	户县（秦岭山前）	平罗（贺兰山北段山前）	临河附近（狼山山前）	

①据邓起东等，1973[11]和山西省地质局 1：20 万区测报告。

②据汪品先等，1981[12]，含 *Ammonia tepida* 和 *Nonion Weiheense* sp. 等有孔虫组合的永乐店群二、三组（上新世晚期）顶部埋深在运城盆地 450 m、华县 1840 m、渭南 1790 m、西安 900 m 及长安 771 m；该层上含近岸正星虫等介形类化石组合的沉积层顶板（相当于 Q/N 界线）埋深在运城 320 m、华县 1324 m、渭南 1276 m、西安 680 m、长安 712 m。

③据何寿欢，1980[13]。

④据汪良谋等，1981，内部资料。

上述各盆地的内部结构和平面布局特征，与 1976 年唐山（$M_S=7.8$）[14]①、1973 年炉霍（$M_S=7.9$）[15]等大地震产生的地表断裂带中拉张－剪切裂缝的分布特征可以类比，也可与模拟实验中在一对力偶作用下产生的拉张－剪切裂缝的分布[16]对比。这说明，山西断陷盆地带内各个盆地可视为剪切形变带里出现的拉张－剪切盆地。

值得指出的是，山西断陷盆地带内各个盆地长轴走向呈规则地分布，除临汾盆地外，盆地长轴走向自南而北依次向北偏转；并与鄂尔多斯地块相对于太行山地块的运动方向自南而北逐渐向北偏转相关联，两者保持约 25°～35°的夹角（表 2）。山西地震带里地震震源深度一般为 10～30 km。在这一深度范围内，地震错动面与最大剪切面的夹角约为 25°～30°[17]，与上述夹角一致。由此可认为，山西断陷盆地带是鄂尔多斯地块与太行山地块作右旋相对运动的产物。

表 2　山西断陷盆地带各盆地长轴走向与地块运动方向

断陷盆地	长轴走向	鄂尔多斯地块相对于太行山地块运动方向
运城	约 68°	约 38°
河津－曲沃	约 70°	约 36°
临汾	约 35°	约 29°
介休－太原	约 52°	约 24°
忻县－定襄	约 45°	约 21°
原平－繁峙	30°～60°（约 40°）	约 20°
朔县－大同	约 38°	约 16°

（二）渭河盆地和河套盆地

渭河盆地和河套盆地分别位于鄂尔多斯地块的南侧和北侧，与秦岭地块、阴山地块的接界地带。它们的长轴走向都近于东西。这两个盆地或盆地带的平面布局和内部结构具有许多类似之处，使得它

① 河北省地震局等，1976 年 7 月 28 日唐山地震（M_S7.8）烈度调查总结报告（内部资料），1976。

们可以相对比。例如，渭河盆地东宽西窄，松散沉积物西薄东厚，向西尖灭；河套盆地却为西宽东窄，沉积物西厚东薄，向东尖灭。又如，北西向的临潼－高陵横向突起把渭河盆地分成东部固市盆地和西部西安盆地；与此相似，北东向的达拉特旗－包头隆起将河套盆地分为西段后套（五原－临河）盆地和东段呼和浩特盆地。同时，处于鄂尔多斯地块东南和西北边缘的固市盆地和后套盆地不仅发育了千余米和近千米厚的第四纪沉积物，而且现今仍在不断下沉和横向扩展，形成宽达 30～40 km 的低平谷地，具有相当典型的地堑盆地的特征。此外，固市盆地的沉积中心在华县一带，紧靠秦岭北侧山前断裂；河套盆地的沉积中心在临河一带，紧邻狼山山前断裂。

上述特征可以从鄂尔多斯地块相对于邻近地块作逆时针转动或扭动得到解释。鄂尔多斯地块在渭河谷地东端相对于秦岭地块向 NE 运动，在河套盆地西端相对于阴山地块向 SSW 运动（图3（b）），以致在这段边界地带出现不断拉张、下沉的地堑型盆地。而在渭河谷地的西端宝鸡一带和河套的东端呼和浩特一带，鄂尔多斯地块相对于秦岭、阴山地块则分别向 SW 和 NNE 方向运动，致使这两段边界地带具有一定程度的聚敛性质，沉积盆地逐渐收缩，以致消失。

（三）银川盆地

该盆地位于鄂尔多斯地块与阿拉善地块的边界上，长轴走向约 NE 35°，呈中间宽两头窄的三角形。从新第三纪以来强烈断陷。第四纪沉积物西南薄东北厚，在盆地北部平罗一带达 1605 m[13]，而在南部灵武一带可能只有三五百米厚，再往南就逐渐抬升了。这些现象可能与鄂尔多斯地块相对于阿拉善地块向 SSW 方向运动有关，亦即与两个地块作右旋剪切－拉张运动有关。盆地西北缘的贺兰山东麓的断裂活动，例如石嘴山红果子沟 NNE 向断裂把明代的长城一段水平右旋错开 1.45 m，垂直落差（向 SE 滑落）0.9 m[18]，也反映出这种关系。由于该盆地几乎正交于陇西弧（广义青藏地块北缘）的弧顶，又处在鄂尔多斯、阿拉善和青藏三个地块的汇聚点附近，它的形成和演化受到更多因素的约束，较为复杂。对于这一点还待进一步探讨。

（四）六盘山东侧挤压抬升带

从图 3(b) 可看出，鄂尔多斯地块相对于青藏地块的运动方向（SW）与六盘山东侧地块边界断裂带的走向（NNW 和 NW）成大角度相交（约 60°～80°）。这可能致使鄂尔多斯地块西南边缘，从固原至宝鸡一段，不仅没有较典型的第四纪断陷盆地，而且新生代地层普遍被抬升，发生褶皱和逆冲变形。例如，在固原县叶蒙河，可见到向西南逆冲的全新世断层[18]。近 1/4 世纪以来，这一带地壳垂直形变平均速率等值线延长方向与断裂带走向基本一致，并以平均每年 1～2 mm 的速率上升①。这些都表明，鄂尔多斯地块西南边界地带即六盘山东麓断裂带至今仍在挤压、抬升，属于聚敛型边界地带。

综上所述，鄂尔多斯地块周围边界地带的第四纪断陷盆地的平面布局及各个盆地的内部结构特征，与鄂尔多斯地块和邻近地块之间的相对运动方式是相协调的。这反映了地块间相对运动在制约着鄂尔多斯地块四周第四纪断陷盆地的形成和发展。

五、小结和问题

由上述可以得出以下两点初步认识：

（1）鄂尔多斯地块及邻近的太行山、阴山、阿拉善、秦岭地块可视为无强震或少强震的刚性地块。它们之间在作绕极（42°N 和 94°E）相对转动。若四邻地块相对固定，鄂尔多斯地块本身就作逆时针转动或扭动。当然在彼此镶嵌的板内地块之间，这种转动或扭动的幅度是有限度的。

① 国家地震局第二测量大队，1978～1954 年陕甘宁地区垂直地形变平均速率分布图（内部资料），1978。

（2）鄂尔多斯地块周围边界地带内第四纪沉积盆地的分布和各个盆地的内部结构特征与上述地块相对运动方式相协调。换言之，用上述地块相对运动方式有可能比较全面地解释鄂尔多斯地块周围第四纪断陷盆地的分布和内部结构特征。由此可认为，板内刚性地块边界地带的构造变动（包括构造盆地的长消）可能严重地受到地块间相对运动的制约。

上述板内地块间相对运动的力源和机制目前还不清楚，是一个尚待探讨的问题。与这些问题有联系的另一个问题是，上地幔隆起与断陷盆地形成的关系。据重力测量资料，研究区内断陷盆地下陷都出现不同程度的莫氏面上隆。目前观测到的这种地幔上隆究竟是断陷盆地的起因还是后果？这是有待今后探讨的一个问题。就研究区内而言，地幔上隆与地壳上部开裂、错动和下陷之间不是简单的前因后果的单行道关系，而可能是互为因果的复杂的双行道关系。

参 考 文 献

[1] 国家地震局编，中国地震简目，公元前1177年～公元1976年8月（$M_S \geqslant 4\frac{3}{4}$），地震出版社，1977。

[2] 国家地震局地质研究所，中华人民共和国地震构造图（1：400万）及简要说明，地震出版社，1979。

[3] Wilson，J. T.，A New Class of Faults and Their Bearing Continental Drift. Nature，1965，No. 207，343～347.

[4] Le Pichon，X.，Sea-Floor Spreading and Continental Drift. *J. Geoph. Res.*，1968，73，3661－3697.

[5] Bullard，E. C.，et al，Fit of continents around Atlantic. *Roy. Soc. London*，*Phil. Trans.*，*Ser. A*，1965，258，41～75.

[6] Mckenzie，D. P.，et al，The North Pacific：An Example of Tectonic on a Sphere. *Nature*，1967，216，1276～1280.

[7] Morgan，W. J.，Rises，Trenchs，Great Fault，and Crustal Blocks. *J. Geoph. Res.*，1968，73，1959～1982.

[8] 李钦祖，华北地壳应力场的基本特征，地球物理学报，1980，Vol. 23，No. 4，49～61。

[9] 孙加林，内蒙古地区的震源机制与区域应力场，地震科学研究，1979，No. 1，28～35。

[10] 国家地震局全国地震烈度区划编图组，中国地震等烈度线图集，地震出版社，1979。

[11] 邓起东，王克鲁等，山西隆起区断陷地震带地震地质条件及地震发展趋势概述，地质科学，1973，No. 1，37～47。

[12] 汪品先，王乃文，鲍金松，汾渭盆地新生代有孔虫的发现及其意义，地质论评，1982，Vol. 28，No. 2，93～100。

[13] 何寿欢，银川地堑及其地震活动，西北地震学报，1979，Vol. 1，No. 1，23～27。

[14] 虢顺民等，唐山地震区域构造背景和发震模式的讨论，地质科学，1977，No. 4。

[15] 唐荣昌等，1973年炉霍7.9级地震的地裂缝特征及成因的初步探讨，地球物理学报，1976，Vol. 19，No. 1。

[16] 张文佑等，中国断裂构造体系的发展，地质科学，1977，No. 3。

[17] 郭增建等，震源物理，地震出版社，1979，104～123。

[18] 国家地震局兰州地震研究所和宁夏回族自治区地震队，1920年海原大地震，地震出版社，1980，86～87。

有关地震地质研究的一些动向*

摘　要　近年来，在地震地质工作中，有关地震构造、活断层、古地震、现代板块运动与地震活动的关系等方面的研究都取得了一定的进展。随着我国大规模经济建设的兴起，在地震预报、地震烈度鉴定及地震危险性评价等方面的要求日益增多，迫切需要适应新的地震危险性评价的原则和方法。这对地震地质工作提出了新的更高的要求。在这一方面，解决大量实际问题的能力和水平决定于一系列基础研究的深度和水平。因之，在地震地质研究中还必须加强一些重要的基础研究课题，改进和加强地震地质研究课题的选定与组织管理工作；适当加大这方面在地震工作投资中所占的比例，以期在减轻地震灾害方面做出更多的贡献。

地震地质学是主要运用地质学的理论与方法研究地震现象的科学。它的目的在于解决地震成因、地震活动规律、地震预报、减轻地震灾害等理论与实际问题。19 世纪末至 20 世纪初是地震学有突破性发展的一个时期，那时绘制的全球震中分布图已注意到地震活动都集中发生于最近时期有火山活动和构造活动强烈的地带。随着对大地震现场调查的增多，对地震活动与地质构造关系的研究愈来愈多。到 20 世纪中叶以前，已在一些国家开始了地震危险区划的研究。60 年代以后，对地震预报的提出与探索也大大推进了地震地质学的发展。近年来，减轻地震等地质灾害已成为 80 年代国际岩石圈计划的两大任务之一。随着与地球物理学、地震学、大地测量学等不同学科更密切的结合，各种现代地球科学的新技术，特别是深部探测技术、精密地壳形变观测技术、遥感和空间技术、数理模拟等的采用，重点试验场区的深入研究及大范围系统的专题制图等工作的开展，地震地质学作为地震学与地质学之间的一个边缘分支正在迅速地发展着，其研究内容日益丰富，并在逐步地形成其独特的研究方法。

一、世界地震地质研究进展

近年来美国开展的各项地震研究工作中，包括区域监测及地震趋势的研究、地震预报、区域地震灾害评价以及工程地震等，都有大量地震地质方面的项目，例如地震带几何形态和构造特点的研究，活动断层及其滑动速率的估计，活动断层上最大地震及其复发周期研究以及与地震研究有关的地质制图等。C. Allen 认为在减轻地震灾害包括地震预报这一研究领域中，在美国近十几年来的情况是：在短期预报研究方面的进展也不如五六年前所期望的那样快，而长期预报的进展却远比最初预料的快得多，这方面的进展主要是运用地震地质学的方法取得的。如对与圣安德烈斯断层上大震重复率有关的古地震的研究，取得了突破性的进展；为定量估计该断层带上大地震的危险性打下了较为坚实的基础。这一方法并已应用于美国中部、东部以及世界许多地区：利用古地震断层陡坎研究内华达等地区强震重复周期的工作以及对瓦萨奇活动断层的研究等也都取得了重要的结果。近年来在美国地震学的研究已不仅限于西部地震活跃的圣安德烈斯断层带，对中部 1811、1812 年的新马德里地震和东海岸 1886 年的查理士顿地震等都进行了大量地震地质学的研究，目的在于探索板内强震的原因及其重复活动间隔。方法是比较这些地区地质构造的特殊性。1886 年查理士顿地震已被阐明是一古老逆断层再次活动的产物。关于地震活动与深部构造的关系，美国近年来大陆反射剖面（COCORP）的方法在盆岭区、内华

* 本文原载于《中国地震》，1985，No. 3。作者：丁国瑜。

达和瓦萨奇高原等地震活动区取得了不少有关地震构造方面的新认识，如在西犹他州许多地震是与地表为正断层而在 20 km 深度平缓延伸上百公里的缓倾斜断层相伴生。在 1983 年发生地震的加州科林加的周围进行的大量反射剖面探测也提供了有关震源位置的资料。

苏联对地震地质工作一向比较重视，在高加索、柯别达克、帕米尔、天山、贝加尔等地开展了大量工作。除了对地壳表部的研究外，近年来对地壳深部以及上地幔的结构深部作用与地震活动的关系给予的注意日益增多。认为岩石圈不同深度的不同层次有着不同的构造活动类型，不同层次各有结构上及动力学上的特点；地震活动与褶皱基底表面及各地震测深界面间的起伏有着密切的关系。地震活动主要发育于地壳上层的花岗变质岩层中，特别是大约 40 km 是一个震源集中的层位。在塔吉克的地震实验场区大部分强震震源位于古生代结晶基底的隆起部位。南帕米尔 - 中天山的高密度的震源带多处于 8 ～12 km 的花岗变质岩地震测深 A 层的隆起边部及莫氏面表面。为了加深对地震活动带包括震源结构及构成特征的认识，计划加强岩石圈无震块体与震源带的对比研究以及开展震源区的钻探工作。苏联专家乌鲁莫夫建议开展对 1966 年塔什干地震震源的钻探（$H = 7 \sim 12$ km）。国际大陆深钻计划也提出了这方面的设想。苏联的 H. K. 布林认为这种震源钻探可先从波罗的海地盾或印古什古老地块上 2 ～3 km 深的浅源微震区做起。在地震烈度区划方面，苏联以前出版的图件主要是根据地震地质综合资料在研究地震活动带的基础上编制的。苏联科学院大地物理研究所新编的 1：200 万全苏烈度区划图上，在不同烈度区又按强震发生重复间隔的长短分为三类：百年、千年和万年重复。此外，在强震与构造关系的研究中，除了强调强震与活动性基底构造的关系外，发现高地震活动区还往往与大的挤压背斜带有关。如在土尔克明、柯别达克、东西伯利亚都有此现象。应力测量亦得出了背斜褶皱区构造应力较高的结论。

日本在地震地质方面的工作主要放在活断层与地震活动关系的研究上。1976 年日本组织了一个由地质学家、地貌学家、地球物理学家构成的活断层研究组，对日本各地的活断层进行了大量的细致深入的工作，1980 年出版了“日本活断层及其说明书”。其中包括全日本 1：25 万陆地活动断层图及 1：50万海底活断层图；总结了日本全国多年来对活断层的研究成果，1981 ～1984 年间，在日本重点进行了对丹那、山崎、新谷、中央构造线等五条主要活断层活动段的槽探开挖及研究工作，以阐明这些断层带上的强震重复率。在丹那断层系的明河段，探槽揭露出距今 7000 年以来的 9 次古地震事件，地震重复间隔比较均匀，平均复发间隔约 1000 年，反映了该断层 7000 年来的均匀滑动情况（松田时彦，1984）。在系鱼川中段，在全新统堆积层中揭露出 4 次地震事件，复发间隔约为 1000 ～3000 年，最新的一次距今约 1200 年。山崎断层的强震重复间隔约为 1000 年（冈田笃正，1981）。中央构造线断层上的强震复发间隔约为 600 ～1300 年（佃为成，1984）。

对鹿野、山崎、梅原、迹津川和阿寺断层上古地震的研究表明强震的复发间隔有明显的不规则性，从 1000 ～20000 年不等（佃为成，1984），仅阿寺与迹津川一对共轭的断层上的强震复发间隔是相近的。

在日本，在活断层图集工作及古地震研究的基础上，下一步将编制“地震灾害图”。日本地质调查所垣见俊弘、衣笠善博等主编的 14 幅 1：50 万日本活构造图也已大部完成。

其他一些处于地震活跃地带的国家也开展了不少地震地质的研究工作，如印度、巴基斯坦对喜马拉雅及帕米尔一带的研究，新西兰对阿尔卑斯活断层和现代地壳运动与地震关系的研究，土耳其对安纳托利亚活断层的研究，德国对莱茵地堑，法国对地震构造的研究等都取得了一定的进展。

二、中国地震地质研究进展

我国的地震地质学是随着国家建设中的工程稳定性研究、烈度鉴定、地震危险区划、地震预报等的需要而发展起来的。新中国成立后，在西北、华北、西南、东南沿海等地进行了许多工作。1957 年召开的“中国新构造运动座谈会”包含了大量有关地震地质方面的内容。1966 年邢台地震以后，随着地震工作的迅速发展，这方面的工作也取得了很大进展。自 20 世纪 70 年代以来，在地震地质的研究中，在总结前一时期一般的地面地质构造研究的基础上，明确地提出了地震地质工作在研究对象、内容及方法上要特别强调从老到新、从静到动、由浅入深、由定性到定量的方向。近十几年来，一系列地震地质方面的学术活动对这一学科的发展起了积极的推动作用，如 1977 年全国烈度工作会议及全国地震烈度图的编制，1979 年在黄山召开的地震地质和地壳深部结构探测会议，1979 年地震学会地震地质专业委员会的成立，1980 年在银川召开的活动断裂与古地震学术讨论会，1981 年的中国大陆地震构造及地壳动力学讨论会，1983 年的地震断层讨论会以及在深部构造、构造物理、诱发地震等方面的学术讨论会等。从这些学术活动中反映出我国地震地质研究的内容在地震构造、强震形成机制及其伴生现象的地质环境、震害地质、构造应力场、活动构造及地震烈度区划等方面都有了很大的扩展和充实。在有些课题领域取得了较为明显的进展。

在区域地震构造的调查研究、地震活动与大地构造特征之间的关系、地震活动与具体地震断错型式之间关系的研究等方面都进行了大量的工作。特别是通过全国地震烈度区划图和分省、区地震构造图的编制，对全国地震构造的轮廓有了较为清晰的认识。对华北的张性盆地和川滇及南北地震带、东南沿海以及青藏高原等地震区、带的地震构造特征，对一些巨大的剪切带、裂陷构造、具缓倾斜断裂的滑脱构造、地壳与上地幔深部构造与地震活动关系的研究以及经纬向巨型构造带与地震活动的关系、现代地壳破裂网络的研究等都取得了一些新的认识。

活动断层的研究是近年最活跃的一个课题。对许多条活断层如郯庐、鲜水河、红河、二台、海原、鄂尔多斯周围的活断层等都进行较为系统的调查。在一些重点地段开挖了探槽，开展了详细的地质填图和对断层的活动状况及有关年代学、应力状况等方面的研究。沿一些活断层加强了仪器观测，包括跨断层的短水准、基线和三角的重复测量以及伸缩仪、倾斜仪等的定点连续观测。沿一些断层还进行了地震活动观测和震源机制的分析等。随着资料的积累对活断层的类型、分布组合、活动方式、活动速率及它们与地震活动关系等的认识也在逐步深入。利用地质、地貌学方法特别是断错水系的分析以及沿断层的形变重复测量在确定断层的水平位移状况方面取得了许多很有意义的结果。对我国各地活断层滑动速率大小分布的状况已有了一个轮廓性的认识。取得的一些结果表明，它们具有明显的区域性：东部与西部不同，华北与华南不同。自上新世后期以来的位移总量，在西部为数千米至一、二十千米，在东部为数十米至数千米。东部年平均滑动速率从不足 1 mm 至数毫米，西部则达数毫米至 10 mm 以上。这一年平均滑动速率较板块边缘要低一至二个数量级。这些结果初步勾画出了我国大陆内部在上新世－第四纪以来地壳水平运动状况的一个大体定量的总体轮廓（图 1）。

在古地震研究方面，自 1979 年以来利用地质学方法沿一些活断层带的研究工作已经迅速开展起来。特别是在活断层及历史强震震中附近开挖探槽直观地找寻和判定古地震事件造成的各种地质遗迹方面，已获得许多有意义的结果，如在新疆的阿尔泰，鄂尔多斯周围的宁夏中宁、银川盆地，沿海原断裂、汾渭盆地、华北平原的京津唐一带，西南的红河、鲜水河等地都已发现了多处古地震遗迹（图 2）。从目前取得的结果看，在一条断层上 8 级左右强震的复发间隔一般为数百年至数千年，这一结果比据地质资料确定的圣安德烈斯断层东南段华莱士溪一带定的强震复发间隔（约 140 ～300 年）和南加州帕列特溪一带强震复发间隔（约 160 年）要长得多。而与美国板内内华达盆岭区等地以及日本内陆一些活断层的强震危险间隔大体相似。无疑，这些结果对一些活断层的强震危险性预测和烈度的正确评价具有重要意义。例如近年来在许多发生过 8 级左右地震的地方，如华县、郯城、海原、平罗、富蕴、临汾、唐山等地都发现了古地震现象，表明这些地方的强烈地震曾是重复发生的。但重复的间隔在一条断层上大多长达千年以上。这一点对解决 8 级左右地震是否在原地重复和复发间隔的问题提供了重要依据（表 1）。

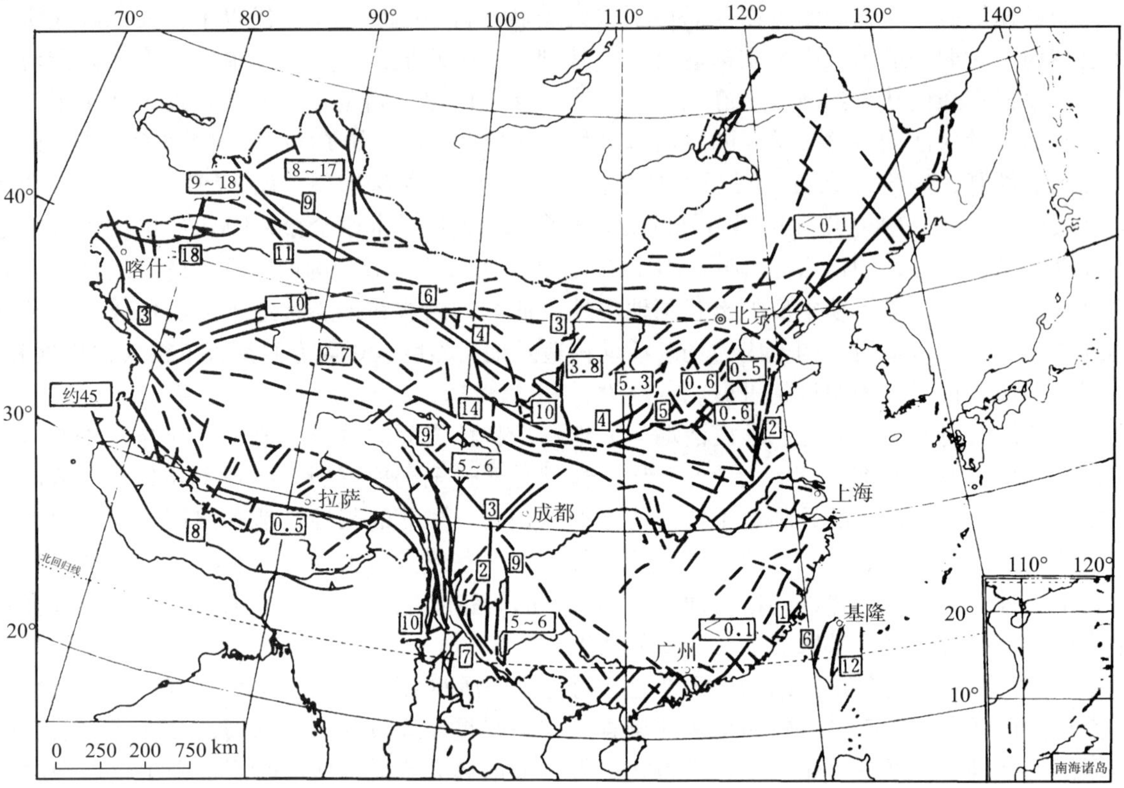

图 1　中国活断层滑动速率分布概图（单位：mm/a）

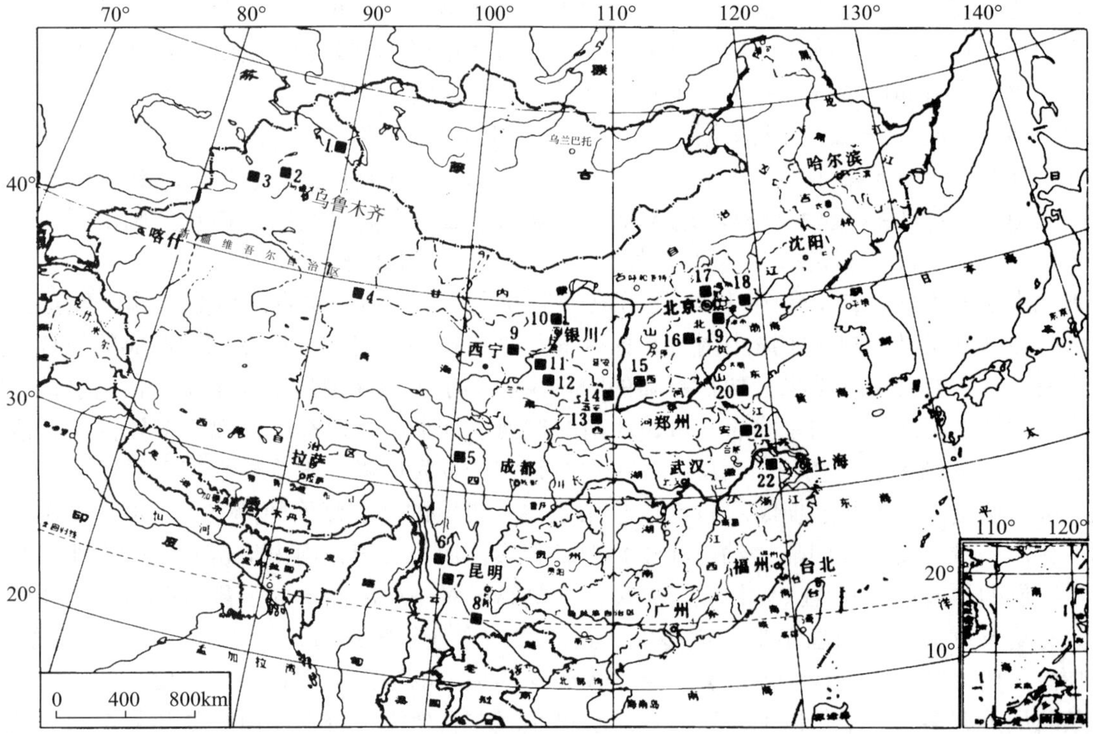

图 2　近年发现的古地震地点分布示意图

1. 富蕴；2. 玛纳斯；3. 尼勒克；4. 阿尔金；5. 甘孜；6. 鹤庆；7. 大理；8. 红河；9. 景泰—海源；10. 银川苏峪口；11. 中宁；12. 西吉；13. 渭南：14. 韩城；15. 临汾；16. 河北平原中部；17. 北京；18. 唐山；19. 天津；20. 临沂；21. 嘉山；22. 溧阳

表1　我国几条活断层上的古地震事件及强震重复间隔

编号	活动断裂	最近一次强震时间及震级	古地震事件的时间及可能强度	强震重复间隔（年）		备注
				最近两次的	历次的均值	
1	新疆富蕴二台断裂	1930.8.10 $M=8$	A：全新世初期 B：B.P.7000～8000 C：B.P.2500～3500 D：B.P.685 E：B.P.230 F：B.P.155			冯先岳等（1982）
2	甘肃、宁夏，南、西华山断裂	1920.12.16 $M=8.5$	A：B.P.9360±75 B：缺年龄值 C：B.P.6300±70　M 约8.5 D：B.P.3680±60	约3600	2325	刘百篪、周俊喜（1984）
3	宁夏、中宁－中卫断裂	1561.7.25 $M=7.3$	A：发生在 Q_2 与 Q_3 之间 B：发生在全新世早期，震级不详			朱海之等（1980）
4	宁夏、贺兰山前断裂	1739.1.3 $M=8$	A：发生在全新世早期 B：B.P.57.45±90.M 约8 C：缺年龄值	约5500		邓起东、汪一鹏（1984）
5	陕西、渭河断裂	1556.1.23 $M=8$	约B.P.2000年	约1570		李永善等（1982）
6	河北、唐山－丰南断裂	1976.7.28 $M=7.8$	A：B.P.14865 B：B.P.7665±105 $M=7.5$～8	约7660	7400	王挺梅（1984）
7	山东、郯庐断裂	1668.7.25 $M=8.5$	A：B.P.12000 B：B.P.6200 C：B.C.1831　M 约8 D：B.C.70	约1740	约3000	高维明（1984）
8	四川、鲜水河断裂	1973.2.6 $M=7.9$	A：B.P.17850±255 B：B.P.11075±120 C：B.P.10110±60 1816，1923曾发生 $I_0>X$ 强震	约60		唐荣昌等（1984）
9	云南、红河断裂东南段		全新世期间至少发生过4次强震事件		最大值约为2000年	C. Allen，K. E. Sieh，韩源等

强震导致的地面破裂（地震断层）及各种残留变形现象是研究地震破裂方式和过程，了解地震时地面效应，确定地震危险和震害程度以探寻有效抗震途径的重要对象；同时它又是研究现代区域应力、应变和地壳运动状况的重要依据。因此对地震断层的调查研究也是我国近年地质研究中工作较多的一个领域。至今已对全国约40多条地震断层进行了较详细的调查（图3）。对一些地震断层的形态特征，各类伴生构造，断层活动产物如断层泥等，断层的运动情况，破裂的起始、扩展和末端终止的过程，两盘的相对运动状况以及它们与先存断层、深部断层的关系等取得了进一步的认识，这些不仅是许多人感兴趣的实验理论上的问题，而且是涉及到地震的地面效应与震害研究及地震危险区划、小区划和

工程抗震等有关工程实际方面的重要问题。对地震断层动力学特征的研究也已有所开展。

近年来结合地震研究对我国地球动力学问题的讨论日益增多。特别是华北及青藏高原尤其引人注目。青藏高原具有涉及研究地球动力学问题的多种地质现象，而华北平原则是一个引张沉陷而又强震频发的地区。它们是揭开板内地震成因的两个极具研究价值的关键地区。近年来对青藏高原隆起的结构和变形、内部的巨大走滑断层、南部的张性构造、东南边缘的川滇地块的运动状态和华北平原各张扭性盆地的结构和运动发展特征等与地震及深部活动的关系问题的讨论，大大促进了对我国板内地球动力学问题和板内地震问题的认识。

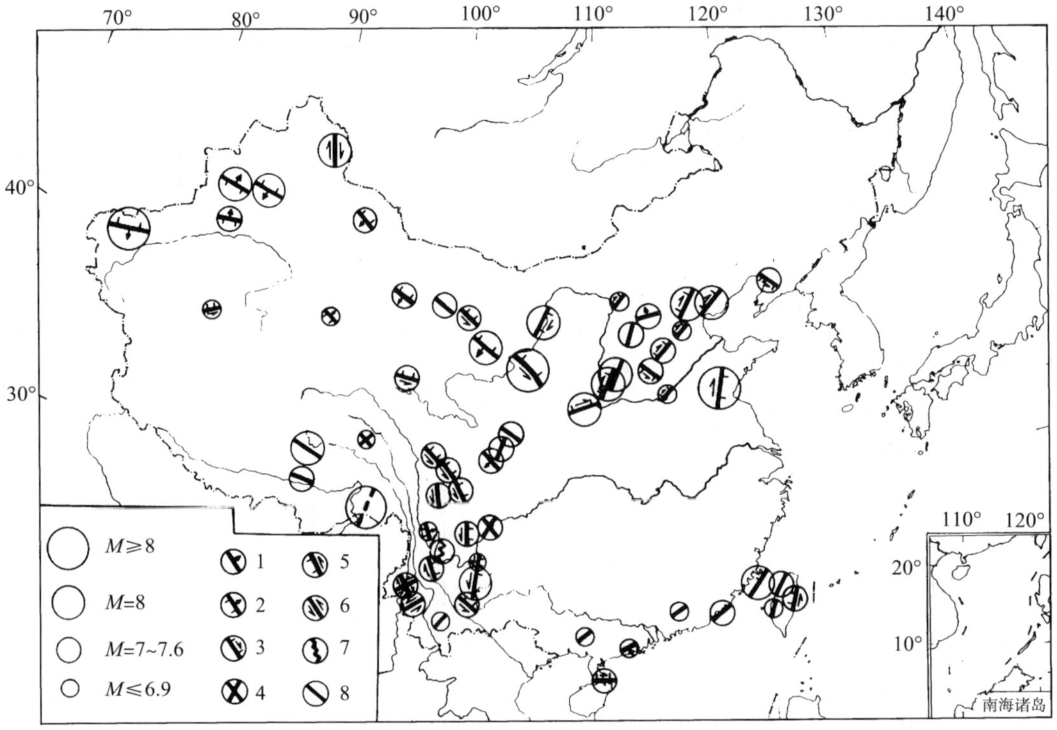

图 3　中国地震断层的破裂类型及其分布示意图

1. 正断层；2. 逆断层；3. 正走滑断层；4. 共轭断层；5. 逆走滑断层；6. 走滑断层；7. 张破裂；8. 性质不明

地壳应力状况的观测与研究是我国地震地质工作中的一个重要课题。无论是对应力状态的实地观测、利用震源机制和形变资料进行的分析还是对实验与理论的探索都在积极地进行。近年来对我国大陆内部应力场状况的讨论很多。1983 年我国向 IUGG 提交的国家报告和中国地震学会 1984 年学术年会的有关报告对我国东西部不同区域和不同深度应力的具体状况都有较全面的论述（鄢家全等，1983；李方全等，1984）。

编制中国及邻近海域岩石圈地球动力学图集是近年来进行的一项重大工作。1984 年底全图集的编稿工作已基本完成，现已转入编制清绘阶段。几年来在编制这一图集过程中，组织了全国许多人员，汇总和分析了多项有关的科学资料。图集重点是放在岩石圈的结构、新构造动态和地震三个方面。许多内容可以说是多年来大量地震地质研究的总结。

随着国家大规模经济建设的兴起，在地震烈度鉴定及工程稳定性、震害预测等方面对地震地质工作提出了许多新的更高的要求，如急需对一些进行建设的高烈度区开展烈度的复核工作，给出有时间尺度的地震危险性估计等。最近几年对近期及较长时期我国强震活动趋势的研究，对新的地震危险区划的原则和方法的探索，为配合核电站、高坝、海洋石油平台等大型工程建设和城镇规划、区域开发规划的要求而开展断层活动性评价、潜在震源区的判定、地震危险性的判定、震害预测以及对区域地壳应力应变状态的判定等正与日俱增。

三、中国地震地质应重点加强的几项工作

总的看来，近年我国地震地质研究的内容有了很大的扩展，不足之处是工作还比较零散和不够深入，从当前的情况和动向看，我国的地震地质研究应重点加强下列几方面的工作：

（1）在地震构造方面除继续深入研究强震区表层构造的特征外，需要加强深部构造包括对多震层、震源构造、深成岩中地震遗迹、深部与表部构造关系等问题的研究。可选择适合于我国情况的国际地学研究前沿中有关的研究领域和课题，减少低水平的重复工作。重点地区应是华北、青藏高原，特别是其周围的多震区，如南北带等地。

（2）加强地球动力学特别是现代地壳运动及应力场状态与地震活动关系的研究。目前把现代地壳运动理解为全新世以来包括当前进行着的地壳运动。它是研究地震活动的一个基础性问题。对现代地壳运动的观测与研究既是一个涉及了地壳均衡、流变等地学理论的古老的研究课题，又是当代地学中一个新的前沿问题。国际岩石圈计划中的第一项就是“现代板块运动和变形”。多年来这一问题吸引着大量的地质、地球物理、大地测量和海洋学家。他们进行的广泛探索和用各种不同方法进行的观测提供了现代地壳运动的许多细节。但地质学的研究更重要的则是揭露在较大范围及较长时间内地壳运动较普遍的规律性。从地质学角度研究现代地壳运动的方法很多，与各种形变观测方法相结合就更加广泛。目前已发展到与航天方法相结合以研究大范围包括板块间和板内的运动状况。在美国应用人造卫星激光测距、超长基线的方法已在测量圣安德烈斯断层的动态、南加州地壳隆起、美国内陆变形、北美板块与其他板块间的运动状态等方面获得了初步数据。在我国，除了加强有关现代地壳运动的一般调查与研究外，应开展对我国大陆内部现代地壳运动状态，包括对不同地壳块体间相对及绝对运动状况的观测与研究；应注意超长基线测量（VLBI）及全球定位系统（GPS）等新技术方法的进展情况以及在我国采用的可能性。这些工作对认识我国内陆现代构造运动与变形以及地震活动的规律具有重要的意义。当然这一问题的解决需要地质学家、测量学家、地球物理学家、天文学家等的通力合作与密切结合。

（3）继续深入开展活断层的研究。活断层的研究不仅对地震长期预报而且对短期预报都是一项基础性的研究工作。对选定的一些重点活断层，如参加国际地质对比计划第206项目（IGCP. № 206 全球主要活断层的对比研究）的郯庐、红河、鲜水河、鄂尔多斯周围、二台、祁连山等活断层开展系统的大比例尺地震地质制图，逐步开展深入的综合性研究，包括断层的位移观测、应力测定、微震观测等。还可组织少量精干的队伍开展像阿尔金那样的国际瞩目的活断层的地震地质科考，以取得对活断层的新认识。

（4）在一些重点地区系统地开展古地震的深入研究，以探索解决强震的复发间隔问题。特别是在历史上发生过8级左右强震的地带，如鄂尔多斯周围、京津唐一带、郯庐带、川滇、河西走廊等地。开展此项研究需要有计划地大量开挖探槽，建立建全新年代测定的实验技术装备，提高年代测定的水平和质量。

（5）研究和制定新的地震危险区划的原则和方法以适应国家建设高潮的急迫需要。目前随着国家经济建设大规模地迅速开展，许多地区特别是一些兴建重大工程地区，急需确定和复核其地震危险程度。而这一问题的核心是未来强震发生的时间和地点的长期预报问题。现有的烈度区划方法在时间尺度等方面存在着不少缺欠，必须加以改进。要研究不同地震带上地震活动的复发间隔，设法利用地震活动的平静阶段，利用少震的安全地带，适应不同类型工程的需要，减少抗震设防费用。

地震危险程度的判定经常涉及到活断层问题。对活断层的定义，特别是涉及什么时间内活动的断层才能称为活断层一直是一个有争议的问题。如有人认为全新世，即一万年以来有过活动的断层即为活断层，有人认为三万五千年，有人取十万年、第四纪甚至新构造阶段，时间下限的划定差别很大。

由于工程的不同情况和要求，需要研究和确定断层活动的时限也有所下同。如核设施应考虑到 100 ～ 200 年；有些房屋建筑只需考虑 50 年左右就可以了。针对这一情况 R. Wallace 最近曾提出了对活断层的定义不必再限定活动时间上限，而着重按将来实际需要和考虑的时间长短确定研究时段的看法。从实际需要看，这显然是一个很有意义的建设。今后在制定新的地震危险区划时必须考虑不同工程的实际需要以确定相适应的研究时段，充分运用历史地震和地质学方法提供的古地震资料以及活断层的活动速率资料，深入研究和正确判定强震的复发间隔，这对地震危险程度的估计是十分重要的。

减轻地震灾害不能看作只与短期地震预报有关，短期地震预报是整个减轻地震灾害工作许多方面之一。真正解决地震灾害问题涉及到工程抗震、合理的土地利用与规划、震害估计、对群众的宣传普及工作、正确的地震预报及地震危险的概率性评价等一系列问题（C. Allen，1983）。在这一系列问题的解决中地震地质研究可以起到很重要的作用。从我国当前的情况看，要做好这方面的工作需要加强规划，抓住一些重要的关键性课题领域，适当增加对地震地质研究方面的投资，以期在减轻地震灾害方面做出更多的贡献。

对我国现代板内运动状况的初步探讨*

探讨亚洲东部这一新构造变形强烈区域，尤其是中国境内现代的应变和运动状况，是一个很有意义的课题。根据地震资料可获得对板内地壳瞬时的或短期的应变和运动状况的认识，但是鉴于地震活动在时间上分布的不均匀性和地震记录的时间不够长，探讨板内变形和运动的基本状况还有赖于地质资料，特别是有关活动构造资料的应用。

在我国，晚第三纪以来的活动断裂十分发育，近年来对它们进行了大量的调查与研究，积累了丰富的资料，为探讨我国大陆内部各个块体的相对运动和总的变形情况提供了重要的基础[1]。我国主要的活断层多数是继承性地分布于一些刚性或准刚性块体和巨型褶皱带的边缘，是板内的主要活动边界。活断层两盘的相对运动是在三维空间里进行的，为了直观地反映新构造期（尤其是近几万年来）块体水平相对运动状况，我们采用断裂两盘在水平面上相对运动的平均速率矢量即两盘相对滑动的平均速率矢量的水平投影值（V）来表示。

$$V = V_1 + V_2 \tag{1}$$

这里 V_1 和 V_2 分别为平行于和垂直于断层线的平均滑动速率矢量。它们的量值关系为

$$\left.\begin{aligned} |V| &= \left|\sqrt{V_1^2 + V_2^2}\right|, \\ V_1 &= u_1/t, \\ V_2 &= u_2/t = h \cdot \mathrm{ctg}\alpha/t, \\ \theta &= \mathrm{Arctg} V_2/V_1 \end{aligned}\right\} \tag{2}$$

式中 u_1 和 u_2 分别为在 t 时间里平行于和垂直于断层线的总错距，h 为 t 时间里两盘铅垂落差（即两盘差异性升降幅度），a 为断裂面倾角，θ 为水平面内断裂两盘错动方向与断层线的夹角。

对中国各地主要活断层的错动资料按上述方法进行了整理和分析，已获得百余个观察段上断层滑动平均速率矢量的水平投影值的数据，其中一部分表示在图 1 上。

这些资料表明，我国大陆内块体边界上活断层的滑动速率比板块边界上的小约 1 ～2 个数量级，但又明显地大于块体内部的运动速率，以南北带（约 104°E）为界，西部块体边界上的平均水平滑动速率一般为 5 ～10 mm/a，块体内的通常为 1 ～3 mm/a 或更小些；东部各块体边界上的通常为 1 ～4 mm/a,块体内的往往小于 0. 5 ～1. 0 mm/a。活断层滑动速率的这种大小分布格局与地震活动强弱的空间分布大体相吻合，这反映出我国板内变形和运动具有以块体为单位的特征，看来不尽符合均匀连续介质变形和位移的模式。

大陆板内地质历史和结构的复杂性导致其应变和相对运动状况比简单的刚性块体所表现的要复杂得多[2,3]，从图 1 可看出，相当多的块体边界具有压扭或张扭的复杂运动性质，反映边界两侧块体作斜冲或斜拉的相对运动。但从总体上看，在反映块体间相对运动上，块体边界类型与板块边界相类似，基本上可分为聚敛（挤压逆冲）型，剪切（走滑）型和拉张（裂陷）型三类。由各类边界上活断层滑动的平均速率和方向（图 1）可以得到相邻两块体间相对运动速率和方向的估计，但这只是反映了相邻两块体的相对运动状况，要确定各个块体的实际运动或绝对运动速率和方向要涉及到板内块体运动

---

* 本文原载于《科学通报》，1986，No. 18。作者：丁国瑜　卢演俦。

的发动者和参考系（不动点），以及块体边界和内部的物理力学性质，大陆板内一般可划分为刚性或准刚性块体和塑性变形较显著的褶皱造山带。此外还有一些处于这两者性质之间的变形地带。对于我国西部，块体间的相对运动以及一些刚性块体及其相邻的褶皱带的变形状况与印度板块相对于欧亚板块向北运动有密切关系，印度板块向北运动是我国西部各个块体和褶皱带运动和变形的根源，内陆各地形变的情况表明，许多地带都不是纯刚性体，而是具有不同塑性变形性质又具有传递力和速度的弹塑性体，这样，印度板块向北约 50 mm/a 的运动[3]除了被各块体，尤其是块体间的褶皱带的变形吸收一部分外，其余部分沿块体和褶皱带逐次向前传递。

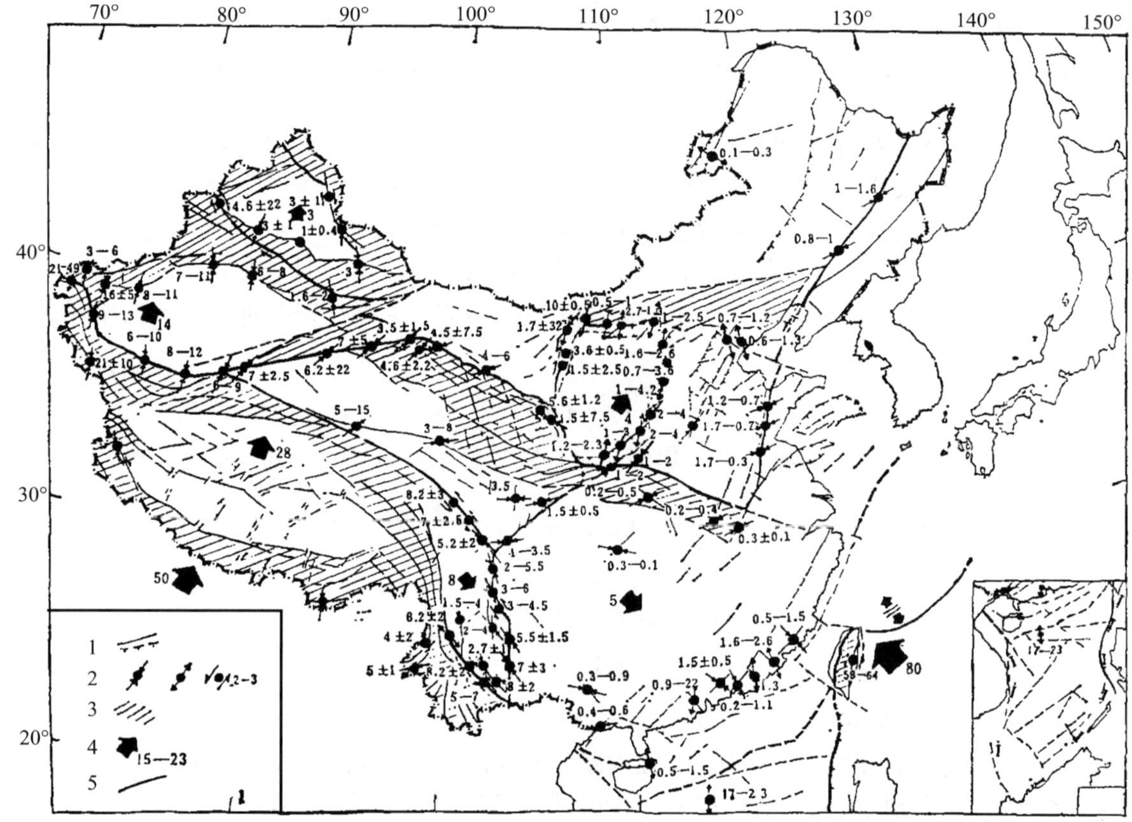

图 1　中国活断层平均水平滑动速率矢量及板内现代运动状况示意图

1. 活断层；2. 活断层水平滑动平均速率（水平投影值，mm/a）及方向（挤压、拉张及走滑三类）；3. 褶皱带（新造山带）；4. 块体或褶皱带运动方向及速率（mm/a）；5. 主要运动边界

为了得出各个块体向北相对运动速率的估计值，我们主要利用了西部各块体和褶皱带晚第三纪夷平面变形抬升幅度及褶皱带两侧断裂逆冲速率的资料，来大体估算了各个块体和褶皱带的缩短变形速率（即印度板块向北运动速率因块体变形而被吸收的部分）。方法、步骤及所得结果列于表 1 及图 1 上。图 1 中各个块体的运动方向是根据新褶皱轴和活动逆冲断层走向在水平面上垂直方向的展布状况而确定的。它们与研究区域内震源主压应力轴方位的展布基本一致[4～6]。

分析活断层资料可以看出，西藏块体在近南北向缩短、增厚的同时还发生近东西向的延伸，推挤东邻块体。其速率可从西藏块体内出现的一系列近南北向张裂带的拉张速率得到估计，约为 10～20 mm/a。

表 1 中国西部块体和褶皱带形变和运动速率估计值

块体和褶皱带	平面宽度 (km)	地壳厚度 (km)	垂直形变（膨胀）速率[a] (mm/a)	横向缩短（压缩）速率[b] (mm/a)	平均运动速率（mm/a）和方向			
					后缘	中部	前缘	方向
喜马拉雅褶皱带	250	60	3.7	15.4	50[c]	42.3	34.6	～N
西藏块体	450	70	2.0	13.0	34.6	28.1	21.6	～N
西昆仑山褶皱带	150	65	3.0	7.0	21.6	18.1	14.6	～N
塔里木块体	600	50	0.1	1.2	14.6	14.0	13.4	～N
天山褶皱带	250	55	2.2	10.0	13.4	8.4	3.4	～N10°E
准噶尔块体	350	50	0.1	0.7	3.4	3.0	2.7	～N10°W
横断山褶皱带	100	55	2.0	3.6	15[d]	13.2	11.4	～S80°E
川滇菱形块体	200	45	1.5	6.7	11.4	8.0	4.7	～S70°E

a）垂直形变速率 = 夷平面上升速率 + 剥蚀速率 + 均衡速率；b）缩短速率 = 垂直形变速率 ×（宽度/厚度）；c）为喜马拉雅前缘印度板块向北运动速率（Minster 等，1978）；d）为西藏块体纵向延伸速率。

从表 1 的估计值可看出，近三百万年来西藏块体平均向北（或北偏东）运动速率约 25～28 mm/a。根据拉萨西北吉果达盆地中吉果达组（N_2）古地磁测定，该组沉积时古纬度为 29°4′ N，现为 30°7′N[7]，向北移动 31°3′（约 118 km），平均速率约为 31 mm/a，与我们所得的估计值相近。塔里木块体西部以约 14 mm/a 速率向北运动。准噶尔块体约以 3 mm/a 速率向北偏西运动。川滇菱形块体以约 8 mm/a 的速率向南东运动，由于未考虑底部界面摩擦及纵向延伸变形的吸收，这些估计值有可能偏大。但是，从各块体边界活断层的水平滑动速率的分布分析，它们大体上是比较符合实际的。

喜马拉雅褶皱带的缩短率约为 15.4 mm/a，天山的为 10 mm/a 左右。这些都与 Molnar 等据近 80 年地震资料所得的估计值相近[2]。西藏块体的缩短率约为 13～18 mm/a，较 Molnar 等的估计值（4～7 mm/a）为大。但他曾指出其估计值可能偏小，而大于 10 mm/a 是不足为奇的。从表 1 还可看出，准噶尔块体前缘仍可能有约 2.7 mm/a 向北偏西的运动。祁连山北缘有约 4～12 mm/a向北东的运动，西秦岭和六盘山东缘有 4 mm/a 向东偏北的运动，川滇块体东缘可能有 5 mm/a 左右的速率向南东运动，这反映了印度板块向北的推挤对我国内陆各块体运动和变形的影响范围北可达阿尔泰褶皱带和北山一带，东可达南北带以东。

“南北带”作为我国板内块体运动、地壳变形和地震活动的大区分界线是十分突出的。它具有复杂的结构，其不同段落的运动状况亦有所差别。它的中南段西侧的各个块体有明显的向东的侧向挤压，导致了鄂尔多斯块体向北东运动并作逆时针扭动，华南块体向东南运动，华北和华南块体之间出现相对的左旋剪切运动。但由于沿南北带一线地壳及岩石圈结构上的控制，青藏高原向东运动的影响，在穿过南北带之后，在中国东部便迅速地减弱了。

在东部，依兰－伊通、郯庐及闽粤沿海北东和北东东走向断裂带都具有明显的逆冲分量，反映了我国东部除有向东及向东南运动的趋势外，东部各块体的运动状况还受到太平洋板块，尤其是菲律宾海板块向西北运动以及与此相关的弧后扩张的影响。在台湾和闽粤沿海一带，从东南向西北，即从沿海向内陆，活断层滑动速率逐渐变小，地震活动减弱就明显反映了这一点。

据地质和地震等资料分析，华南块体除有向东南方向的运动外，还具有一定的顺时针方向的扭动。Molnar 据地震资料估算的华南块体向东南方向的滑动速率约为 21 mm/a，看来这一数值可能偏大。若据前面求得的青藏高原东侧边缘向东的运动量（表 1）估算应约为 5 mm/a 以下。

华北地区块体运动状况比较复杂。自新第三纪晚期以来，这里已不是像老第三纪时那样的引张开裂，而是已变为以张扭为主的运动了。这可能与它两侧的蒙古－黑龙江块体和华南块体之间的相对运动有关[8]。据青藏高原东北侧的西秦岭、祁连山一带的运动速率估计，华北地区向北东东方向的运动速率应约为4 mm/a或更小。

上述对我国板内各块体运动速率的估计值是非常粗糙的，可能存在一倍或更大的误差（不确定性）。然而它们初步给出了我国现代板内运动状态的一个总体轮廓。它还需要多方面资料的补充和修正，包括了诸如利用超长基线测量等新技术方法在我国大陆内部的实地观测与检验。

参 考 文 献

[1] Ding Guo-yu, Quaternary Geology and Environment, China Ocean Press, 1982, 125～129.

[2] Molnar, P., Deng Oidong, *JGR*, 1984, 89, B7: 6203～6227.

[3] Minster, J. B., Jordan, T. H., *JGR*, 1978, 83. B11: 5331～5354.

[4] 鄢家全、时振梁等，地震学报，1979，1，1：9～24.

[5] 刘百篪，地震地质，1979，1，3：24～40。

[6] 汪素云、许忠淮，地震学报，1985，7，1：17～32。

[7] 钱方、浦庆余，吴锡浩，青藏高原地质文集，第4集，地质出版社，1982，34～50。

[8] Zonenshain, L. P., Savostin, L. A., Tectonophysics, 1981, 76, 1～2: 1～45.

关于地震断层研究的几个问题*（代前言）

强烈地震导致的地面破裂（地震断层）犹如大自然在地表面留给我们的强震记录图纸，它带给我们大量来自震源的信息，反映了区域应力和地壳运动的状况。因之，这一残留变形现象是研究地震破裂的方式和过程、了解地震时的地面振动效应、确定地震危险和震害程度、探寻有效抗震途径的重要对象，同时它又是研究现代区域应力应变和地壳运动状况的重要依据。地震断层一直是地质学、地球物理学、地球动力学等许多领域中的一个十分引人注意的课题，它曾成为探讨地震与断层的关系等问题的起点，如日本1891年浓尾地震在根尾谷形成的断层、1906年美国旧金山地震的断层现象都曾大大促进了对地震成因、活断层等问题的认识。

在我国古老的历史地震文献中有不少有关地震断层的记载，如1556年1月23日发生于汾渭断裂带南段的华县大地震，有地面变形和破裂记载的县，西起扶风、东至临汾，范围长达400 km。1668年山东郯城大地震、1679年河北三河平谷大地震、1773年云南小江地震等也都有记载，明确地叙述了地震断层的分布和位移等情况。但限于历史条件这类有关地震断层的历史记载记述多较简略。

对本世纪大地震造成的地震断层，近年来结合地震研究已有不少进行了较详细的调查。从已取得的资料来看，特别是对一些7级以上地震和近年发生的一些地震的地面断层，都进行了较为详细的研究。如对我国莒县、嵩明、华县、三河、平谷、富蕴、海原等8级以上大地震造成的地震断层，还有昌马、托索湖、邢台、通海、炉霍、海城、松潘、龙陵、唐山等多次7级以上地震造成的地震断层都作了详尽的调查研究。这些工作大大深化了对我国地震断层特点的认识。特别是1931年富蕴大地震的地震断层调查研究，为我们提供了许多在关于地震断层现象地质学研究的内容与方法等方面的认识。下面就有关问题，特别是走滑型地震断层的一些问题，从更广泛的角度作一些讨论。

一、关于走滑型地震断层的几何形态特征

走滑型地震断层是地震断层错动类型中最为常见的一种，据对我国境内32条地震断层统计，走滑型的占地震断层总数的65%以上，其中正走滑型的多分布在我国东部，而逆走滑和纯走滑型的则多分布于我国西部。走滑型地震断层与区域构造的关系主要有两种情况：一种是地震断层的展布与区域构造一致，它们往往延伸较长，是沿已有断层发生的断层再破裂，如1920年海原地震所造成的215 km长的地表破裂；另一种情况是横切或斜切区域构造的横破裂，其地表破裂一般较前者为短。富蕴地震断裂带就是横切阿尔泰挤压褶皱带的一条斜向捩断层，是近南北向区域挤压作用下，阿尔泰褶皱带压缩变形中不同段落不均匀而造成的一种横向撕裂。

走滑地震断层几何形态的研究，主要是通过野外实地测量和航空照片、卫星影像的判读来查明其平面分布的，在这方面充分进行地形图、航片资料的详细解译可取得极好的效果。有关地震断层几何形态研究的内容与方法的文献很多，研究这一问题的目的不仅仅在于弄清其形态特征，还在于据此推求其发生时的力学状态和应力应变情况，而不是限于繁琐的形态描述。地震断层几何形态研究的内容主要包括下列几方面：

---

* 本文原载于《中国地震断层研究》，新疆人民出版社，1988，1～9。作者：丁国瑜。

1. 地震断层整体形态特征的研究

走滑型地震断层是剪切性质的破裂，往往有较一致的形态特征，一般在整体形态上呈直线形或缓弧形，其弯曲的形状可呈 S 形、Z 形、C 形或折线状。断层面倾角陡直，破碎带相对较窄。

走滑型地震断层有的还有分支、分叉的支断层或在两侧平行分布的副断层。

2. 次级破裂的形态及其组合的研究

走滑型地震断层往往是由一系列扭动构造，包括一系列成群的大致平行的次级破裂所构成。这些次级破裂都按一定的方式组合，如羽列或雁列，呈左行排列或右行排列等。

3. 破裂终止末端的研究

走滑断层的端部可以出现不同形式的破裂，它与断层运动中的破裂扩展方式密切相关。单侧破裂走滑断层两端的破裂形式不同，分别称为首端和末端；双侧破裂的走滑断层两端破裂形式大体相当，都是破裂的终止末端。走滑断层在其端部出现破裂终止的方式表现为：断层滑动量趋近于零；断层发生弯曲、折尾，出现挤压或拉张构造；断层端部散开，出现活动性质相同的分支；断层尖灭端运动性质改变，出现扭张性雁列构造；断层与横向构造相交，由横向构造补偿断层在走向上的滑动等等。

二、各种伴生构造的研究

所谓伴生构造指的是在断层的剪切滑动过程中同时生成的挤压、引张以及扭动等各种形式的构造。分析这些沿断层面水平滑动发生的各种伴生构造的形式和它们的组合变化情况，可以阐明地震断层形成的力学状态。

伴生的张性构造最简单常见的形式是数米至数百米的二级以至更低序次的张裂缝，它们往往成带出现或在一定范围内构成沉陷地带，沿断层的水平运动在这些地段转变为垂直运动。复杂的张性构造有正断层、地堑、箕形构造、挠折构造以及碎裂带（区）等。

伴生的挤压性构造最简单的形式是挤压垅脊、逆断层、逆掩断层、挤压带、挤压性拗陷及褶皱等。

沿地震断裂带各类断层水平滑动伴生的构造形式呈有规律的组合，特别在前述的两条支断层的过渡区（即岩石破裂试验中称之为岩桥）或断层末端以及断裂两侧的牵引构造等表现的尤为清晰。在有些地段，再加上地形、岩性等条件的影响有时呈现出更复杂的图像，形成滑塌构造等特殊伴生构造形式。

1. 滑塌构造

滑塌构造是一个剪切、挤压和引张各类构造加上地形及重力作用的影响而构成的复杂构造体。富蕴地震震中区卡拉先格尔山峰东坡地震时形成的大型滑塌体，就是这种滑塌构造的典型实例之一。

1957 年蒙古戈壁阿尔泰地震断裂带上亦有这样一个下滑了 328 m 的滑塌构造，索洛年柯曾对它的形成进行过专门的讨论，并称之为“彼图特”型地震重力楔构造。1933 年迭溪地震、1896 年日本陆羽地震以及天山、高加索、贝加尔、阿拉斯加和新西兰等地的一些大地震时均产生过此类滑塌构造。这种构造规模和现象都极为突出，从几个震例看，它往往是发生在地震断裂带位移最大或遭受挤压隆起最为强烈的地段，因之，实际上它指示了震中区所在的地震破裂现象。

2. 次级破裂间过渡区的构造

研究次级破裂之间的过渡区或搭接区（或称岩桥区）的变形形态特征，对判别剪切带错动情况有重要意义。在过渡区的构造形态中，挤压性构造常见的是挤压隆起、挤压拗陷、褶皱、逆断层（图 1（a）），张性构造常见的为地堑、拗陷、正断层等（图 1（b））。还有形成更为复杂的情况，挤压性构造、张性构造以及更次一级小型剪切破裂相互穿插。当在这一地带存在不同方向的剪切破裂时，过渡区的构造图像则尤为复杂（图 1（c）、（d））。一般说来，在挤压区变形范围较小，而在引张区变形范围较大。这一现象不仅在地震断裂带上如此，在地表巨大的剪切走滑断裂带长期发展运动的情况亦是如此。

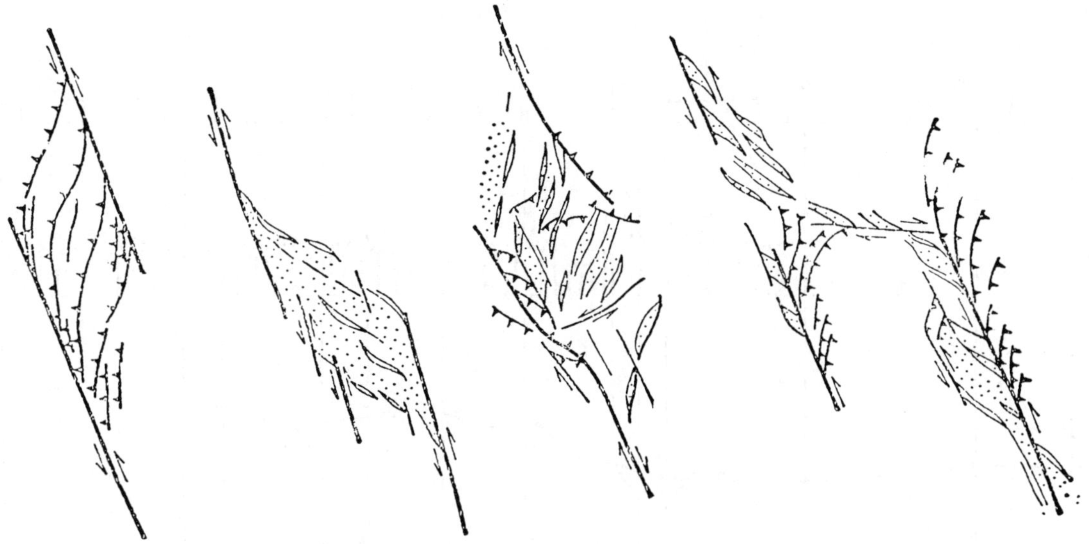

(a) (b) (c) (d)

图 1　地震断层搭接过渡区的构造变形（据布尔特曼资料改绘）

（a）过渡区发育挤压构造；（b）过渡区发育张性构造；（c、d）过渡区存在剪切破裂时的复杂构造变形

三、地震断层运动状况的研究

研究走滑型地层断层的运动状况，重要的是要弄清楚沿整个地震断裂带的水平位移量的分布，不同断层和支断层上位移量的变化，位移方式和方向，位移大小与构造、地貌部位和断层产状的关系，垂直与水平位移量的变化，断层面上擦痕的研究等问题。这些问题涉及到判定断层破裂起始、破裂扩展方向、破裂发展过程和终止方式，断层两盘的相对和绝对运动情况，震前震后的蠕滑等断层运动状况等等内容。

研究走滑型地震断层的水平位移，首先要选定适宜的标志，如各种地质体的变位及侵蚀和堆积地貌形态的变位，包括河谷、冲沟、间歇性流水线、山脊、垅岗、冲洪积锥、倒石堆、林木或灌木丛的劈开位移等。断错水系是研究走滑型断层非常重要的对象，需详细解剖与之有关的各种微地貌形态和相关堆积物。

1. 沿地震断层位移量的大小的分布

在一般情况下，沿一条走滑型地震断层的位移分布是震中处或破裂起始处位移量最大，往两侧逐渐变小，两端处为零，总体呈抛物线形态分布。但实际由于地震断裂带断层的分支、分叉、次级断裂的排列、岩性及所处地貌部位等因素的影响和断层两盘运动状况、断层产状的不同，位移值的分布往往起伏变化很大，并有水平位移与垂直位移的转换等。沿富蕴地震断裂带位移值的分布变化就充分反映了这一点（图2）。

走滑断层的水平运动可以表现为挤压、引张和平移三种形式。沿一条地震断层由于在不同地段上上述三种运动形式的复杂组合，使得弄清沿断层位移量大小的分布并不是十分简单的。布尔特曼等曾提出一个走滑型断层两盘，由于在错动过程中挤压与拉张的不同情况而造成的沿断层位移复杂情况的模式图（图3），这一模式考虑了当断层滑动的地壳长度有缩短、拉长或不变三类情况，考虑了断层两盘同时运动或只有一盘运动等种种情况。尽管这一模式对断层终止端的运动情况考虑的是不够的，但犹如波你拉（M. G. Bonilla）所统计的那样，8 级左右的走滑型地震所造成的位移多数是在 8 ～11 m 之间。

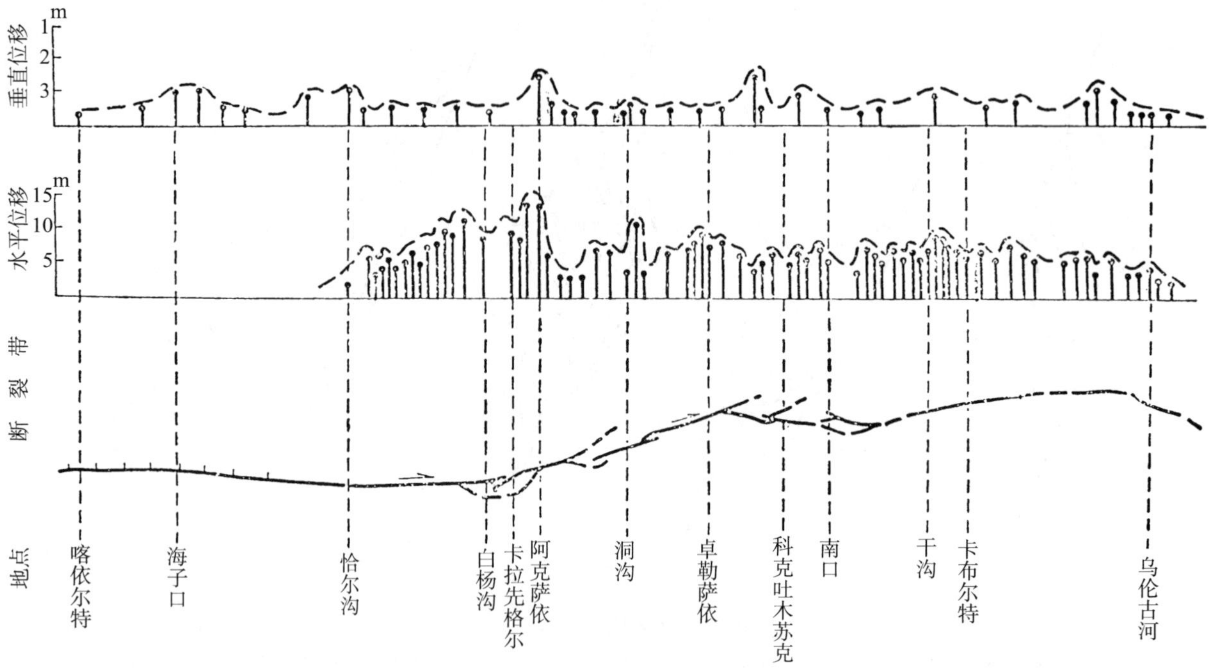

图 2　沿富蕴地震断裂带水平与垂直位移的分布

富蕴地震断裂带，经过多年来野外的细致测量取得了断裂带上 184 个测点断层位移的具体数值，14 m 这一数值是确实可靠的。达一巨大位移值所包含的意义是什么？它是否包含了如美国 1968 年鲍瑞哥山地震、日本松代地震等所具有的那种震后蠕动？还是有其他的原因？是值得研究的。但在欧亚板块内部，这种地表断层位移特别巨大的现象有集中分布于板块内部一定地区的情况，它们并不分布于接近板块边缘的地区，这是研究板内构造运动的一个值得注意的现象。

2. 破裂的起始、扩展和终止过程

通过对地震断裂带各种地震断层形态特征、位移量变化、破裂变形的配套组合等方面的研究，可以判定地震断层的起始、破裂扩展方向、破裂扩展过程和破裂终止方式。破裂起始实质上就是地震破裂发生前，积累了大量应力－应变能的震源或“闭锁”点。走滑型地震断层破裂起始部分的变形特征往往具有突出的破裂景观、最大位移量和滑塌构造。破裂起始部位的地质构造环境，乃是确定大地震危险地点的地震地质标志。

破裂扩展有单侧、双侧两种方式：一般双侧扩展的地震断层，它的两侧、两端构造变形有相似之处；而单侧扩展的地震断层如富蕴地震断裂带一样，两侧、两端是完全不对称的。

破裂终止过程是地震断层运动应力－应变调整衰减过程。走滑型地震断层的破裂终止方式，如前所述，至少有 5 种不同的方式。它们可以在破裂扩展过程中逐渐进行，从而使断层运动的应力－应变逐渐衰减，以致消失；它们亦可以是在破裂末端以不同构造变形特征的形变作用来转化断层运动的应力和应变；它们还可以在破裂末端，由塑性变形或横向构造活动来调整地震断层运动的应力和应变。实际上，这是一个很复杂的过程，对于一条走滑型地震断层的破裂终止过程而言，上述各种方式、各种情况往往兼而有之，只不过在某方面更为突出而已。

四、破裂过程中断层两盘的运动速度或断层两侧相对运动中的主动盘问题

为了研究应力场和更大范围的地壳运动状况，需要探讨断裂两盘相对运动状况问题。根据断裂带上许多破裂特征，我们可以确定断层两盘相对运动中哪一盘的运动速度较快，即断层两侧相对运动中

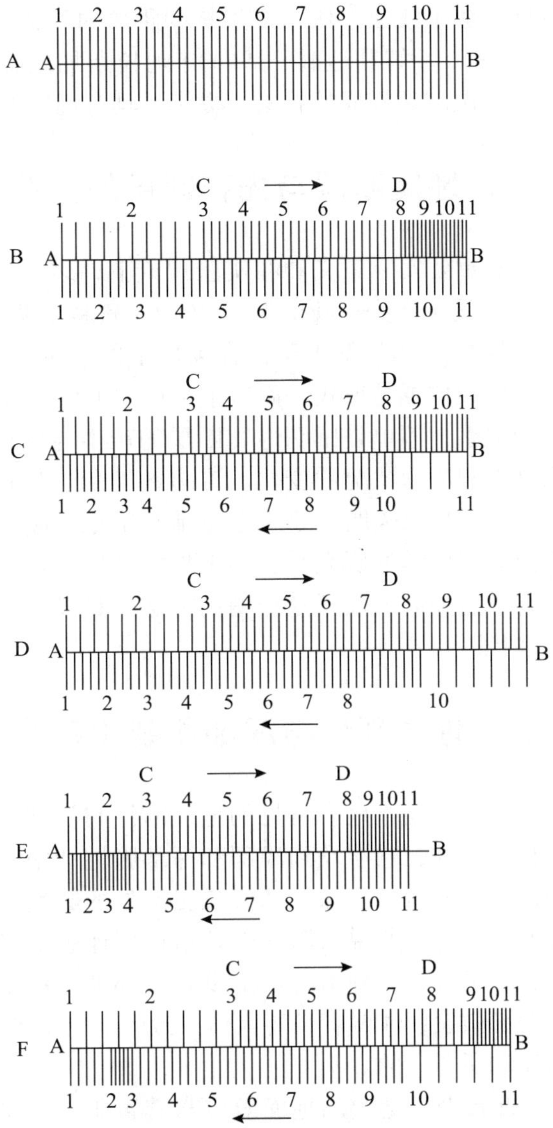

图 3　走滑断层两盘的运动位移及变形的各种情况
（据布尔特曼，1963）

哪一盘是主动盘。如富蕴地震断裂带的研究表明沿额尔齐斯深断裂的近代活动是以阿尔泰山地往准噶尔地块的逆冲活动为主，并带动地块朝西南方向掀斜，而不是准噶尔地块往北东方向的俯冲。

五、地震断裂带形成过程中的多点闭锁和瞬时多点破裂问题

一次巨大地震造成的地震断裂带的位移变化和其他破坏现象，有时表现出全带的不同段落有多次增强和起伏现象。反映了这一地震断裂带的形成不是简单的在一点破裂，再向一侧或两侧均匀传播衰减而成的，而是由多次破裂组合而成的。当主破裂发生并向前扩展时，在不同地段，特别是在一些受到老的结构面控制的地点，不断遇阻，又不断克服阻力突破闭锁点，再次破裂而前进。也有可能是在整个断裂带的范围内有几个破裂点同时或几乎同时发生破裂。这一总的破裂过程是在很短时间内完成的。富蕴地震地面断裂的大量事实给我们提供了这一多点破裂过程的模式。

多个破裂点在瞬时先后（几乎同时）发生破裂，但它们还是有最早的起始破裂点，有主有从，有

大有小，有先有后的。它们共同构成了波浪起伏，在很长的距离内经久不衰的破裂图像。富蕴地震断裂带在宏观上为一些大地震，如 1960 年智利地震、1964 年阿拉斯加地震、1974 年昭通地震、1976 年唐山地震等根据波谱分析认为是多次破裂构成的看法，提供了具有现实地质证据的实例。

六、地震断层与先存断层的关系

这是一个在研究地震断层时有重要实际意义和在实验理论上许多人感兴趣的问题。鲍尼拉统计了世界上 108 条地震断层，其中 91% 发生在先存断层上，8% 限于资料不够清楚，仅一例是发生在以前没有断层的地方。由此可见，地震断层经常是发生于先存断层上的。对一个重复发生破裂的地区来说，弄清这一问题有助于预测未来的破裂位置与形式，而这正是重大工程所需解决的一个重要问题。

研究地震断层与先存断层的关系，不单是阐明地震断层的产生与先存结构的关系，重要的是探讨在更长时间尺度内，断层的活动性和应力状况的变化。许多地震断层与先存断层历史上的破裂或史前的破裂在位置上往往是吻合的。这一现象表明，要想定量地解决地震断层在先存断层上重复破裂的时间间隔问题，必须开展古地震及其年代学的研究。这一工作的开展还将会大大加深对地震断层生成背景的认识。进行这一工作时，在重点关键地段开挖探槽的方法，是详细揭露断层活动历史与先存断层的关系以及古地震现象的有效途径。

七、表部地震断层与深部断裂关系的问题

对这个问题，有两方面的理解。一是指地表可见的地震断层与深部断层的关系，即深、浅部构造关系的问题。这两者的关系是很复杂的，它涉及到浅部和深部脆性和塑性变形的变化等问题。有些地表断层只是发生在表部滑脱构造层的断裂，与深部基底或更深处的断裂，无论从方向上还是活动方式上都可能有很大差别。另一方面理解是，所说的深部破裂指根据地震学资料或地壳形变资料计算求得的震源破裂。它与地表破裂的关系可以有 5 种情况：①没有表部破裂；②表部只有地面的穹起或一些次级小破裂；③表部破裂短于深部破裂；④两者长短大体一致；⑤表部破裂长于深部破裂。根据分析，最后一种情况主要是由于震后蠕动所造成的。

研究和区分这些情况，进一步涉及到地震的地面效应与震害研究，在解决烈度小区划和工程抗震等方面都是很重要的。

八、地震断层的动力学研究

对地震断层的几何学及运动学特征等方面进行分析后，最终要讨论到涉及动力学的问题。这方面的内容十分广泛，包括地震断裂带的构造应力分析、断层活动产物（如断层泥等组织结构研究和应力应变分析）、物理和数学模拟实验、利用断层滑动资料或对比理论地震图等方法，研究区域应力场或断层破裂情况、区域应力场和动力源的分析等等问题。只有通过这方面的工作，才能取得对地震断层形态及运动特征的全面认识，取得对地震断裂形成机制的更深刻了解。对地震断层这一重要现象的研究，必将有助于对我国内陆强震、板内现代运动和动力学的深入讨论，有助于对强震危险性的判定工作。

我国东北地区的新构造环境与深震火山活动*

摘　要　东北地区地处西太平洋俯冲带、千岛弧和日本弧的内侧。其新构造变形及板内运动明显地受到地幔上隆、火山活动与裂谷盆地的扩张等弧后活动的强烈影响。自上新世以后由于弧后深部作用和岩浆活动的大大减弱，来自我国西部向东北方向的挤压和贝加尔裂谷、莫穆裂谷的活动对此区的影响明显增强。西伯利亚与亚洲大陆南部之间的相对挤压迫使此区向东北方向滑移，但滑动速率、内部变形以及地震活动都远较其南侧的华北为低。

一、中国三个新构造活动区概述

中国处于欧亚板块的东部边缘。其新构造变形明显地受到了周围板块相互运动的强烈影响和制约。根据周围板块运动对亚洲大陆内部的影响范围以及板内自身变形与运动的特点，在中国及邻近地区这一范围内基本上可划分出三个大的不同的新构造活动区：青藏－新疆区，黑龙江－华北区和华南－南海区（图1）。

（1）青藏－新疆新构造区：这里是以喜马拉雅弧为底边，以帕米尔、阿尔泰、阿萨姆为端点的一个三角区。它是由于印度与亚洲大陆碰撞，并不断向北推进，在亚洲内部形成的挤压区。表层变形极为强烈。但深层的岩浆及火山活动在新构造阶段很少显示。这里发育了地壳的加厚、缩短与抬升、大量的逆冲断层、压陷盆地以及走滑断层和挤出构造等一系列挤压构造型式。对此，许多国内外的地质学家已有大量讨论，在此不必赘述。在青藏－新疆新构造区的内部，又可划分为藏南、藏北、青海－川北、川滇、塔里木、准噶尔及西蒙古－阿拉善等亚区。

印度板块向北推移的速率为60 mm/a（Minster，1978）。由于被喜马拉雅、昆仑、祁连、天山等新造山带和青藏高原的隆起，各种伴生的变形与侧向滑移的消耗，向北传导的运动速率逐步降低，根据一些地质和地震活动性资料的分析，当前喜马拉雅碰撞带在大陆内部的影响范围，中亚一带可及于阿尔泰山及萨彦岭一带，东部则及于鄂尔多斯及四川盆地一带。再向北向东已逐渐过渡到外围其他板块运动影响为主的范围了。青藏高原周围的几个坚硬块体，根据活断层的位移等情况分析，塔里木体向北移动的同时有顺时针方向的扭动，鄂尔多斯块体作逆时针方向的扭动，川滇菱形块体则有向SE方向的挤出。

青藏块体向东的侧向运动在南北带南段龙门山至横断山一带所积蓄的应力以强烈的地震活动方式得到了释放。因之华南块体由青藏高原侧向挤压而造成的向东及东南的运移，在南北带以东急速降低，活断层速率的变小，直接反映了这一点。

（2）华南－南海新构造区：又可分为四川、江南、南海等三个亚区。这里是岩石圈较厚，现代构造活动相对微弱的一个地区，区内活断层的活动速率较低（小于2 mm/a）。仅在东京沿海一带，受台湾与菲律宾板块碰撞的影响，有较高的活动性。Tapponnier 等把华南块体看作是由于碰撞形成的一个挤出构造块体。Molnar 据近80年来地震资料估算的华南块体向东南方向的滑动速率可高达21 mm/a。看来这一数值可能偏大，据青藏高原东侧边缘向东的运动量估算约为5 mm/a以下。

（3）黑龙江－华北新构造区：这里是以西太平洋板块俯冲带的千岛弧、日本弧与琉球弧为底边，

---

* 本文原载于《东北地震研究》，1988，No. 3。作者：丁国瑜。

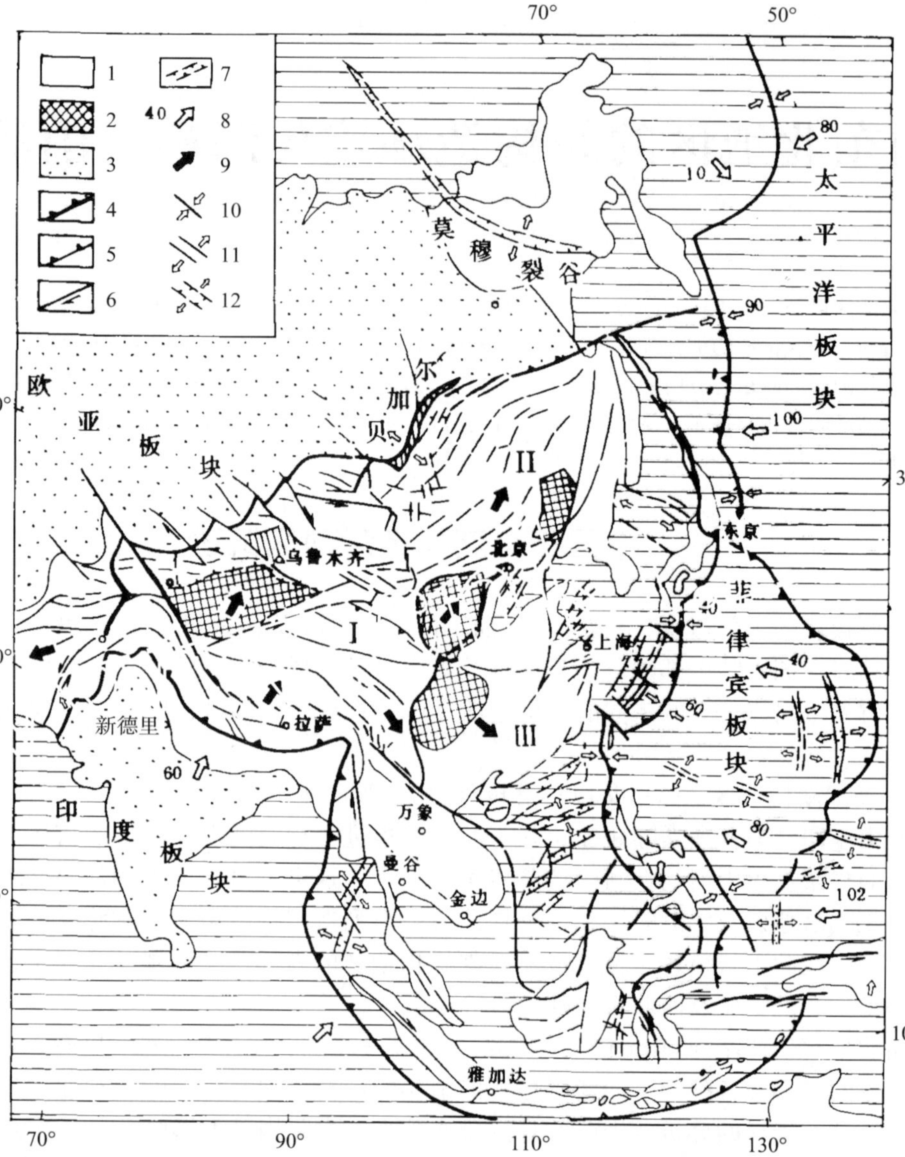

图1　中国及邻近地区板块运动与新构造分区示意图

Ⅰ. 青藏－新疆区；Ⅱ. 黑龙江－华北区；Ⅲ. 华南－南海区

1. 新生代强烈活动变形区；2. 活动区中的稳定地块；3. 板内相对弱变形区；4. 板块边界；5. 压性活断层；6. 走滑活断层；7. 张性活断层；8. 板块运动方向及速率；9. 板内块体相对运动方向；10. 局部相对运动方向及速率；11. 活动扩张带；12. 停止活动的扩张带

以贝加尔、萨哈林湾和台湾为端点的另一大三角区。西太平洋板块俯冲规模及俯冲深度巨大，俯冲角度平缓，深入大陆内部，延边深源地震区是西太平洋深源地震带深入亚洲大陆最西和最深的部位，这些都对我国东北地区的深部活动具有重要的影响。与青藏－新疆活动区不同。这里广泛发育了深层玄武岩的溢出、火山活动、裂陷盆地等与拉张有关的各类构造型式。这一广大地区的新构造变形及板内现代运动的状况明显地受到了地幔上隆、海槽的开裂、盆地与火山裂谷扩张等的影响和控制。在海域有日本海的开裂、东海冲绳海槽的扩张。在内陆则有贝加尔裂谷带、鄂尔多斯周围盆地系、渤海－河北平原盆地、南黄海－苏北盆地以及蒙古中部火山区、汉诺坝－大同火山裂谷盆地；阿巴嘎旗、五大连池、长白山以及蒙古中部贝加尔附近等火山区的开裂与喷发。但它们影响和推动周围地块运动的速率以及喷发活动已较上新世以前大大降低。这些盆地的生成及火山活动的机制是由于板块俯冲、岩石圈的消减在大陆边缘的深部诱发的深层物质活动的产物。

二、东北区新构造环境和新构造运动特点

黑龙江－华北区与西部的青藏－新疆区有着截然不同的新构造环境和新构造运动的表现（图2）。它们的分界线可由挤压构造、拉张盆地、火山活动的分布范围划分出来。青藏－新疆区的新构造变形是由板块碰撞形成的表层挤压变形机制，第三纪以来的岩浆活动仅在藏北及藏南一带分布，其余广大地区极少岩浆溢出现象。而黑龙江－华北区的变形则主要是由板块俯冲引致的弧后深层扰动及岩浆熔融溢出机制，是一个上新世以来岩浆活动十分广泛的区域。黑龙江－华北新构造区基本上可分为黑龙江亚区及华北亚区两部分。南部的华北亚区包括了鄂尔多斯、冀鲁平原、淮河、黄海等单元。黑龙江亚区则包括了贝加尔、蒙古中部以东，外兴安岭以南，我国东北三省、内蒙古、阴山以北及朝鲜、苏联的滨海省等广大地区。佐宁申称之为黑龙江微板块（Zonenshain，1981），在岩石圈动力学分区上马杏垣教授称为黑龙江亚板块。这两个亚区新构造变动的区别在于华北亚区在新生代早期强烈拉张形成的一些盆地在上新世后仍继续有强烈的沉陷活动，而且遭受扭动的成分逐渐增大，地震活动强烈，而黑龙江亚区则主要发育了大面积相间的隆起与拗陷，在白垩纪至早第三纪时发育的拗陷型盆地到晚第三纪以后已渐萎缩，活动幅度比华北小，而火山活动的规模到上新世以后都相对比华北要大。

图2　黑龙江－华北新构造区

Ⅰ. 黑龙江亚区；Ⅱ. 华北亚区

黑龙江亚区的北界由贝加尔沿外兴安岭至鄂霍茨克海的萨哈林湾。这一边界西部的贝加尔湖盆是在晚白垩纪至早第三纪早期的夷平面上于渐新世时开裂发展起来的内陆裂谷，在中上新世时达到开裂发展的高峰。贝加尔裂谷东北翼向东北延伸为穆雅－塔拉断裂带。苏联的舍尔曼把它视为一个近东西

向的左旋转换断层。再向东过渡为外兴安岭挤压带。这是一条明显的地震活动带。由贝加尔向西延伸成为蒙古北部一系列近 SN 向的狭长地堑带。有的沉积有厚达 200 ～300 m 的上新统及更新统堆积。沿一些断层有火山活动。西太平洋板块俯冲引致的日本海的开裂扩张曾给予黑龙江亚区以明显的侧向挤压。此扩张停止以后，黑龙江亚区的东界是由日本的大深沟向北经本州西侧、北海道一直延伸至库页岛北端。这是一条欧亚板块与古北美板块的分界线也是一条具有挤压性质，时有地震发生的活动断裂带。它与外兴安岭东端相会于萨哈林湾。

黑龙江亚区的西界位于蒙古中部杭爱山与戈壁阿尔泰山的东缘，是由一系列 NE 及 NW 向规模不很大呈折线状排列的正断层构成。向东南延至我国河套盆地的西北缘经贺兰山至鄂尔多斯西南边缘的海原断裂带。黑龙江亚区的北部和西部边缘大体上正是亚洲东部北冰洋水系与太平洋水系的主要分水岭。此边界线以东和以西新构造变形和地貌有着明显的不同。如在蒙古境内，挤压构造以及杭爱、戈壁阿尔泰等大型走滑断层皆发育于西部，并伴有 1905、1957 年等 8 级以上强震，而东部则以新的北东向张性断层与坳陷盆地及火山活动为普遍发育的构造活动形式。

黑龙江亚区的南侧以阴山 - 燕山山脉与华北亚区相接。山脉北缘的西拉木伦河断裂是一条重要的区域边界。从区域构造的发展看，它是东北与华北两个构造单元的边界线。目前这条断裂的活动性不明显，佐宁申根据地震活动将黑龙江亚区的南界划在张家口 - 渤海这一 NW 向地震带上（Zonenshain et al.，1981）马杏垣教授亦主张这一方案。

在黑龙江亚区内，在接近上新世时除一些局部的盆地外，发育有广阔的准平原及低山地形。随着西太平洋板块俯冲状况的变化在黑龙江亚区内部上新世至早更新世时是构造运动表现最为强烈的一个阶段。断裂复活，块体位移，形成山地，许多地区大量玄武岩溢出地表。以后侵蚀切割明显加强，在大兴安岭、内蒙古、蒙古等地上新世的玄武岩之上或其周围堆积了白土山组砾石、砂等粗粒堆积层。在上新世及第四纪期间松嫩平原、海拉尔盆地、呼伦湖盆地、三江平原等坳陷盆地的扩大，收缩与分解，大小兴安岭、长白山等山地上升幅度大小的变化以及辽河、松花江、额尔古纳河、海拉尔河、蒙古及贝加尔一带一些河流河道的袭夺改向，水系的重新配置等都是与板块俯冲、深部物质活动、深层界面的起伏变化对表部引致的影响有关。根据贝加尔区、蒙古及我国东北的资料可以看出，在这一广大地区上新世 - 下更新世之间和在中、上更新世之间构造活动曾有过明显加剧。

黑龙江亚区位于巨大而稳定的西伯利亚地台南缘与西太平洋中生代构造带的中白垩世巨大的中酸性火山岩带的西缘之间。新生代以来，随着西太平洋板块的俯冲与运动使处于弧后陆缘区的这一地带，沿着深断裂，特别是盆地及地堑边缘，残余岩浆的喷溢活动仍呈现出十分活跃的状态，主要分布地区有：长白山区、松嫩平原的五大连池区、汉诺坝区，在阿巴嘎旗一带以及海拉尔以南的火山群与蒙古境内的达里干戈火山区相连接。在蒙古境内还有大戈壁火山区、戈壁阿尔泰火山区、杭爱火山区以及贝加尔西南的胡布素火山区等（Selivanov，1972）长白山区以及阿巴嘎旗至蒙古的达里干戈火山区规模最大，仅蒙古境内部分即有 200 多座火山口。在我国东北早第三纪的火山活动是以拉斑玄武岩间有碱性玄武岩的裂隙喷发为主，仅零星出露于牡丹江、长春、沈阳、通辽等地主要的喷发活动期是在晚第三纪，以碱性玄武岩为主，间有拉斑玄武岩。在长白山还有粗面岩的喷发，活动范围广，熔岩大量溢出，充填堵塞河谷，形成湖盆及广泛的湖相堆积，水系网消亡改造，火山活动对许多地区地表地貌的塑造上起了重要的作用。至第四纪时岩浆活动明显减弱，分布范围变小，以中心式喷发为主。大量资料反映出在黑龙江亚区内许多在新生代曾有过明显活动的断裂，如鸭绿江断裂，敦化密山断裂、依兰伊通断裂、大兴安岭东侧断裂以及呼伦贝尔至蒙古东部的许多北东向断裂，在经历多次火山活动以后至第四纪后期断裂的活动性明显减弱，这除了区域构造作用状况的变化以外，沿这些断裂带的岩浆活动所起的“焊接”作用在一定程度上可能也是一个重要的因素。

三、东北地区新构造环境讨论

黑龙江亚区在新构造阶段以来的板内运动状况受到了其周围块体活动的制约。这包括了其西北侧西伯利亚地块及贝加尔裂谷的影响；来自其东北侧莫穆裂谷的影响；来自西蒙古地块向西滑动，青藏高原向东北方向挤压的影响以及其南部的华北地区相对更强烈的新构造活动的影响等等。

贝加尔裂谷的开裂始于渐新世末－早中新世，其开裂是自南贝加尔盆地逐渐向东北及西南两侧扩展的。形成了西南及东北两翼近东西向剪切滑动及伴生的一些张裂盆地。据近年的水准复测资料盆地的拗陷速率为0.8～1.2 mm/a。它的开裂是推动黑龙江区围绕以外兴安岭西端逆时针扭动的力源之一。

东北的莫穆裂谷带是北冰洋洋中脊（又称罗蒙诺索夫洋脊）向亚洲大陆内部的延伸。它比贝加尔裂谷开裂较晚，但与其两侧新构造运动的对比性很明显，裂谷带中的一系列拉张盆地中没有渐新世－中新世的堆积，上新世及第四纪的河湖相及沼泽相堆积反映的拗陷幅度达800 m。盆地多呈不对称型，断裂多发育于西南边界。沿裂谷地震活动频繁，震源深度一般约20 km，形成一个明显的地震带向东北延伸，与北冰洋中脊的地震带相连。

黑龙江亚区是西伯利亚稳定块体东南侧外围的蒙古兴安岭弧形带的一部分，是处于西伯利亚与亚洲东部大陆相对近南北向挤压时向东北方向挤出滑动的一个地带，加上上述贝加尔的影响和莫穆裂谷开裂形成的向西南方向的推挤和加上来自东侧的千岛弧、日本弧、西太平洋板块俯冲带向西的作用，以及来自华北向东北方向的压力，共同形成了此区之压应力方向为北东向的应力场和此区在总体上向东北方向滑移运动的状况。

关于向东北方向运动的速率以及此区板内块体间相对运动的情况目前研究的还较少。赵文峰据老爷岭至东京城间晚第三纪至全新世的玄武岩活动位置逐渐由东向西的迁移，在143万年移动30 km所可能表明的此区地球表部相对向东的移动速率约为6.8 mm/a（赵文峰，1985）。由于目前还缺乏更多的其他方面有关资料，对这一问题尚有待更进一步地深入探讨。

沿黑龙江亚区边界地震相对较为活跃，并包括有一些较强烈的地震活动，如1957年外兴安岭的7.9级地震，1960年中蒙交界的7级地震，1967年蒙古北部的7级地震以及贝加尔一带的中强震等。佐宁申据震源机制资料认为沿外兴安岭山脉的地震主要是逆断层型而贝加尔一带为正断层型。他据震源滑动矢量和平均断层走向确定黑龙江块体相对于欧亚板块有围绕北纬56.3°，东经117.9°为极点的逆时针旋转，从而使贝加尔裂谷向东开裂并形成向外兴安岭的挤压。沿华北亚区与黑龙江亚区之间的边界一带的地质与地震资料表明这是一条近东西向的、左旋活动带，因此看来沿这一边界以南的华北亚区具有比黑龙江亚区向东方向更大的滑移速度。否则这一边界则应是右旋性质的了。

讨论和分析研究东北地区所处的新构造环境，包括对其周围板块运动和亚洲大陆东部板内运动以及深部构造活动对此区的影响等，有助于深入认识这一地区一系列新构造运动的表现和特点。开展通过深震区经长白山地、松嫩平原、五大连池火山区、大兴安岭以至贝加尔大剖面的综合研究、加强对深震活动和地热流的观测，深入进行活动断裂包括其活动方式、活动过程及古地震遗迹的探寻等都将是十分有意义的基础研究。通过这些研究获取对东北地区板内地球动力学特点的正确认识，这将对提高这一地区的地震预报研究和地震危险性评价的水平是有很实际的意义。

参 考 文 献*

[1] Logatchev N. A., The Baikai Rift System, Episodes, 1984, Vol. 7, No. 1, 38～43.
[2] Selivanov S. L., Neotectonies and geomorphology of the Mongolian PEOPLES Republik. State publishing House "Nedra",

* 本文参考文献著录格式原文如此。

Moscow. 1972, 292.
[3] Zonenshain L. P. and Sovostin L. A, Geodynamies of the Baikai rift Zone and plate tectonies of Asia. Tectonophysics, 1981, Vol. 76, No. 1 ~2, 1 ~45.
[4] 赵文峰，东北大陆活动断裂系与地震，中国活动断裂文集，地震出版社，1982，167 ~171。
[5] 卢造勋，东北地区的深部构造与地震，东北地质学院学报，1983，No. 1。
[6] 赵文峰，珲春深震火山共生与内陆地震线，海洋地质与第四纪地质，1985，Vol. 5，No. 1，83 ~90。
[7] 郭令智、施央申、马瑞，论西太平洋弧后盆地区的基本特征和形成机理及其大地构造意义，板块构造基本问题，地震出版社，1986，155 ~163。
[8] 丁国瑜、卢演俦，对我国现代板内运动状况的初步探讨，科学通报，1986，No. 18，1112 ~1115。

有关青藏高原活动构造的一些问题*

一、引　言

印度板块与欧亚板块的碰撞及在碰撞后印度大陆继续以 5 cm/a 的速率向北方的推进，是形成青藏高原及其周围地区强烈变形和大尺度位移的主要动力来源。在中始新世晚期至晚始新世初期，新特提斯海域开始封闭，印度与欧亚大陆发生碰撞，印度板块向北的漂移速率至渐新世由 30 mm/a 突然降至8 mm/a，具体反映了这一碰撞事件即喜马拉雅早期运动的发生。随着晚始新世至渐新世大陆碰撞期而来的大陆聚合，在喜马拉雅形成了缝合线、混杂堆积，褶皱逆冲、区域变质等碰撞期特有的构造形式（图 1）。

晚渐新世至早中新世，喜马拉雅山区为一强烈的挤压幕，特别是在上新世 - 早更新世，发生喜马拉雅晚期运动，青藏高原急剧隆起，在喜马拉雅山前形成了巨厚的磨拉石堆积——锡瓦利克群。由于此幕运动的影响，在青藏高原的其他边缘以及邻区如昆仑山麓、天山南北麓、祁连山前，也形成了挤压型山前拗陷和巨厚的磨拉石堆积（黄汲清等，1980）。伴随两大陆的进一步聚合，使得在中新世已经形成的喜马拉雅褶皱系逆掩于山前挤压拗陷中的磨拉石堆积之上，并迫使这些磨拉石堆积也发生了褶皱变形。在高原边缘及其内部形成了一系列的碰撞期后构造形式。

至今印度大陆仍以 5 cm/a 的速率向北推进着（Minsfer et al. ，1978），据 Achache 等人的古地磁资料（Achacbe et al. ，1984），自碰撞以来印度大陆已将西藏南部向北推进了 1500 ～2000 km。有人估算，早第三纪时亚洲大陆的南缘大致是从巴基斯坦西南的阿曼海湾以平缓弧形延至苏门答腊一带，而碰撞之后这一边缘已是沿奎塔 - 恰曼断层、印度河 - 雅鲁藏布缝合线及缅甸掸邦高原西缘分布，这两个界线之间的面积，亦即碰撞后印度大陆插入亚洲大陆后所压缩的面积可达 860 万平方公里以上（Tapponnier et al. ，1986，图 2）。这一巨大空间距离的缩短在亚洲大陆特别是青藏高原内部是如何吸收和调节的，这是研究青藏高原活动构造的一个极为重要的问题。

二、亚洲大陆内部变形形式

从目前已取得的资料和认识看，碰撞、挤压及印度大陆继续向亚洲大陆内部的推进所引起的亚洲大陆内部的变形主要是以下列几种形式进行的：

1. 印度板块的俯冲及喜马拉雅山区的褶皱逆冲与隆起

印、亚大陆碰撞后，印度板块继续向北会聚，因受阻挡而向亚洲大陆下俯冲。由于俯冲的岩石圈受到其本身浮力的阻止等原因，俯冲至一定深度时，印度板块内部大致沿俯冲方向发生撕裂，破裂面的上盘滑动逆冲于印度板块之上，这一滑动破裂面即主中央逆冲断层（MCT）。破裂面下盘继续向下俯冲，达到一定深度再次发生撕裂形成新的逆冲断片及新的逆冲断层即主边缘断层（MBT）。每次形成的断片逆冲滑动造成的地壳缩短约在 100 km 左右，至今几次断片俯冲形成的总缩短量大约有 300 km（Molnar，1986）。MCT 是一个模糊不清、宽约数十公里的弥漫型断层边界，是一条2000 万年前的巨大的俯冲活动带，至今已不活跃。MBT 则是现今喜马拉雅山带中重要的地震活跃带。

---

* 本文原载于《西北地震学报》，1988，Vol. 10，（增刊），1 ～11。作者：丁国瑜。

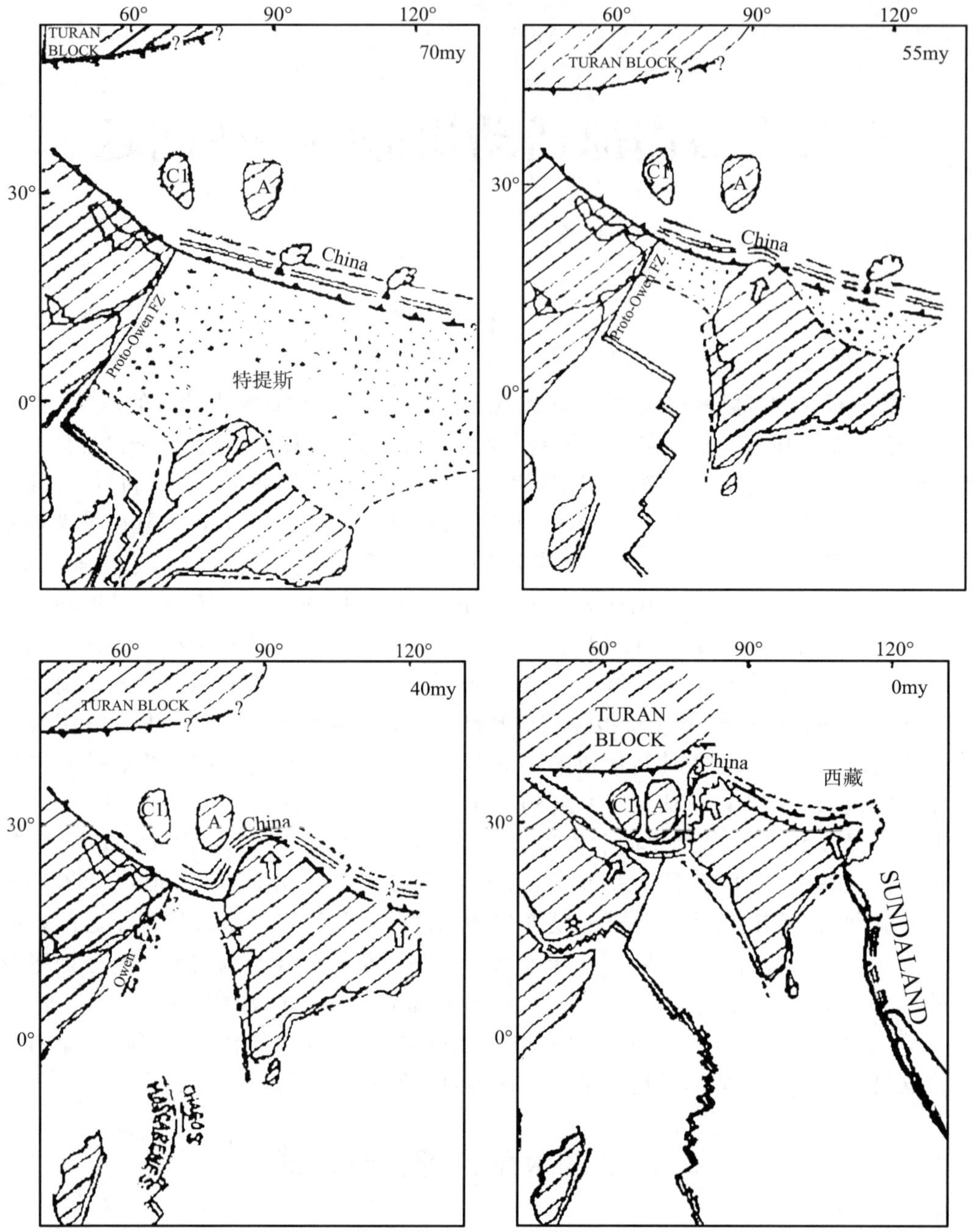

图 1 印度与欧亚大陆碰撞过程示意图（C. Powell，1979）

两大陆的会聚造成了在西藏高原南缘的强烈隆起、褶皱与逆冲。喜马拉雅山向南冲覆于印度大陆之上并高高隆起，雅鲁藏布江缝合线以及主中央逆冲断层遭到了进一步的挤压变形。在山前挤压拗陷中的锡瓦利克群亦褶皱变形并形成了喜马拉雅前缘逆冲断层（HFT）。在喜马拉雅山带，这些变形所造成的侧向缩短包括 MCT、MBT 等约计 500 km（图 3）。

2. 隆起与增厚

早第三纪因印度板块的俯冲，藏北地区形成了大规模的中酸性火山岩喷发及拉萨一带的中基性喷发、冈底斯火山带以北的冈底斯－念青唐古拉地块上有新生的内陆断陷盆地发育。在喜马拉雅山北坡亦有多个上新世的沉积盆地。徐仁教授对希夏邦马峰下上新世盆地野博康加勒群沉积中所含高山栎植物群的研究，估计该盆地的高度在上新世中、晚期时为海拔 2000～2500 m（徐仁等，1973）。黄汲清教授根据山前磨拉石堆积的发展情况结合徐仁教授的推断等地层构造方面的大量材料讨论了青藏高原

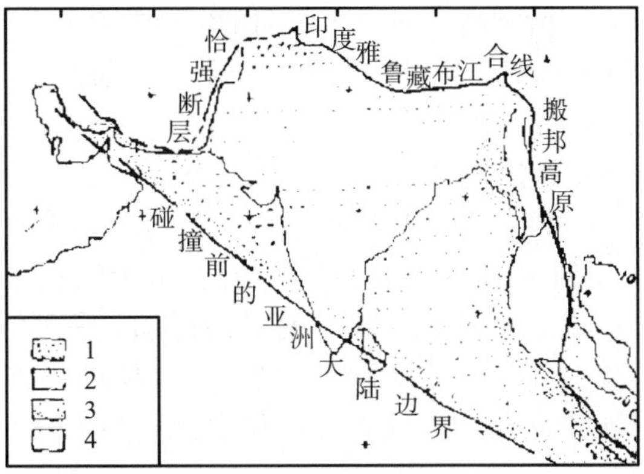

图 2　碰撞后印度嵌入亚洲大陆的范围（据 C. Powell，1979）
（图中粗线为变形后的亚洲大陆边缘的现在位置）
1. 碰撞增生沉积物；2. 碰撞后裂开的盆地；3. 前第三纪亚洲边缘的现今位置；
4. 碰撞前前第三纪亚洲边缘最简单的假定位置

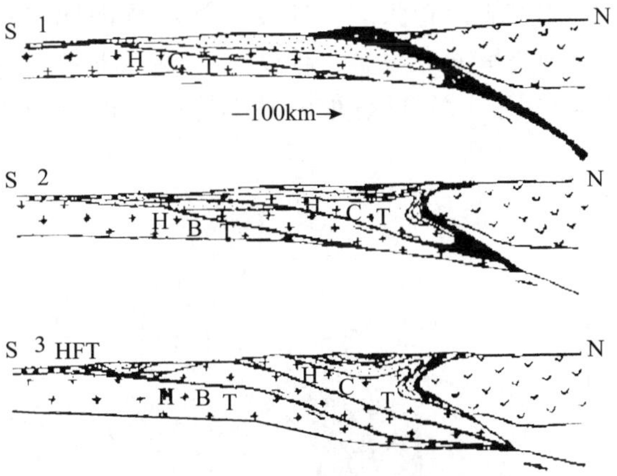

图 3　喜马拉雅山带碰撞俯冲构造发展示意剖面

的隆起时代、幅度等问题。认为目前希夏邦马峰下上新世盆地堆积的高度为 5700～5900 m，即这里至今已上升了 3000 余米。至于喜马拉雅峰群上升幅度当然更大。藏北高原的夷平面自上新世以来的上升幅度约在 2000～3500 m 以上（中国古地理图集，1986）。

3. 高原边缘的逆冲与推覆

在印度板块的挤压下，青藏高原的边缘，特别是在与外围的塔里木、鄂尔多斯、四川等刚性地块相接触的地带，由于这些刚性块体的阻挡，各种挤压变形表现得极为强烈。形成了一系列强烈褶皱、挤压拗陷、逆冲断层等活动构造，造成了这些地带地壳的大幅度的缩短。

除了在喜马拉雅山前形成有巨厚堆积的挤压拗陷外，在青藏高原西北边缘的昆仑山前、北边缘的祁连山前、东边缘的龙门山前的上新世以来形成的挤压拗陷中也都堆积了数百米以至数千米的巨厚磨拉石堆积。而且受到强烈变形并在山前形成了新的逆冲断层以及推覆构造。如在祁连山前一带，据甘肃省区测队资料（1∶20 万玉门幅区测报告），在大黄沟一带，上石炭太原统煤系地层以极平缓的断面逆掩于上第三系白杨河组之上。据分析，北祁连山前浅层的推覆距离至少在 5～12 km 以上（费琪，1986）。上新世至第四纪的玉门砾石层、酒泉砾石层都遭受了变形。布设于祁连山前的形变观测也反映了当前这一地带近南北向的缩短（李玉龙，1980）。在四川盆地西北缘，南起天全北至青川间长约 400 km的龙门山褶皱带中的逆冲推覆构造也主要形成于早第三纪晚期，是因大陆碰撞引起青藏高原阿坝地块向东南方向推移受到扬子地台的阻挡而造成的。有人估算，龙门山在喜山期向南东方向的推覆

可达数十 公里以上。上新世以来，由于高原向南东方向的继续挤压，以龙门山前断层为主与东侧的龙泉山前断层对冲形成了成都盆地的挤压拗陷。在拗陷中堆积了巨厚的大邑砾岩、雅安砾石层等。而且在这一地段表现了较强的地震活动性。

4. 高原内部的块间滑移与挤出构造

从总体看，青藏高原虽然是一个较为完整统一的巨大隆起，但通过对其内部变形的具体分析可以看出，它是一个由多个块体镶拼而成的复杂变形单元。由于结构、应力状况以及边界条件的差别，在受挤压的青藏高原内部形成了明显的不均匀的横向滑动。一系列北西、北西西向大型走滑断层的发育，如喀喇昆仑断层，班公湖－怒江走滑活动带、红河断层、鲜水河断层、舒玛断层和西秦岭南麓断层等，这是青藏高原在碰撞期后的发展阶段最引人注目的活动构造形式之一，引起了很多人的重视和研究。

由这些大型走滑断层分割的多个不均匀滑移块体中，一些处于适宜构造部位、运动相对较快的块体，脱离了原来周围相互依靠的构造格架，形成挤出构造。有人称为逃脱构造（Sengor，1985）。Molnar 与 Tapponnier 认为青藏高原向南东方向挤出是吸收由于碰撞而引起的内陆缩短的最重要的方式之一。Tapponnitr 提出，由于印度向亚洲的不断压入，迫使东部的部分地块沿红河等走滑断层，从大陆内部向东南方向挤出，并在断层右端形成地壳张裂。印度支那和华南地块依次向南东方向的挤出，以及南中国海的张开可吸收大陆内上千公里的缩短量。他认为一个几乎是均衡的走滑挤出和地壳加厚是亚洲大陆因印度和欧亚大陆碰撞所产生的大尺度变形的基本特点（Tapponniter，1986，图 4、5）。

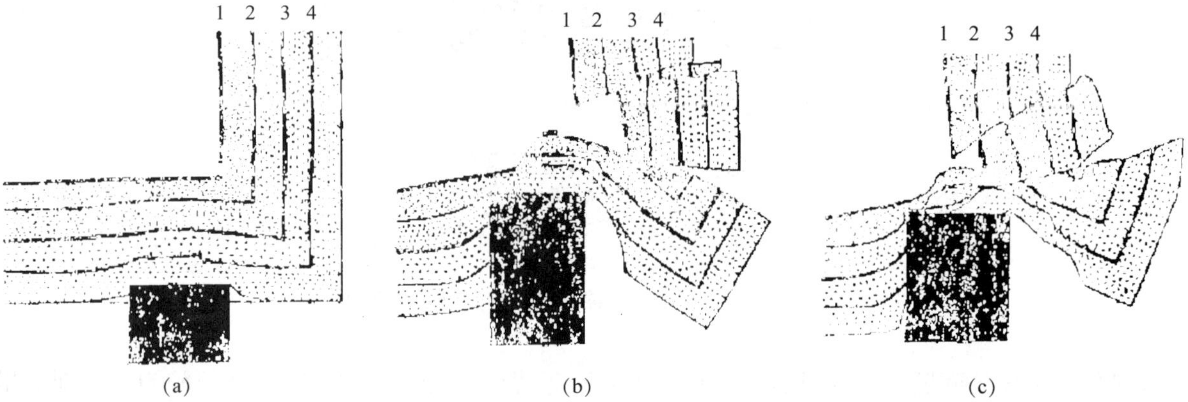

图 4　挤出构造的模拟实验（P. Tapponnier，1986）

还有一种与这类挤出构造相类似的现象，如在青藏高原内部，反映块间滑动最明显的一个边界是阿尔金断层。它与喀喇昆仑断层共同构成了帕米尔构造挤压结点东侧的一对似共轭状的活断层。阿尔金断层为左旋，喀喇昆仑断层为右旋，它们构成了向东挤出滑动的青藏高原的西北侧和西南侧的边界，并与帕米尔结点以西的希拉特右旋断层和恰曼左旋断层遥相对应（图 6）。这种在一个强挤压结点的两侧形成共轭状滑动断层及滑动挤出体的活动构造形式在大陆内部是很常见的，可称之为共轭挤出构造。这类构造的结点两侧常常是强烈地震发生的地区，如上述帕米尔结点东侧的 1902 年阿图什 8 级地震和西侧 1907 年杜尚别附近的 8 级地震等。

这类活动共轭挤出构造由两侧的楔形挤出体和其两侧的呈共轭状旋性相反的走滑断层以及中间的构造结点所构成。这类走滑断层是随着楔形挤出体的不断向外滑出而逐渐发展加长的，恰曼断层是如此（图 7），喀喇昆仑断层、阿尔金断层都是如此发展而成的。

5. 张裂

对西藏高原南部的活动张性构造已有许多人讨论过（J. Ni et al.，1978；Molnar，1978，韩同林等，1985）。在喜马拉雅山带以北至西藏南部一带，第四纪以来由于近南北向的挤压，发育了一系列近南北

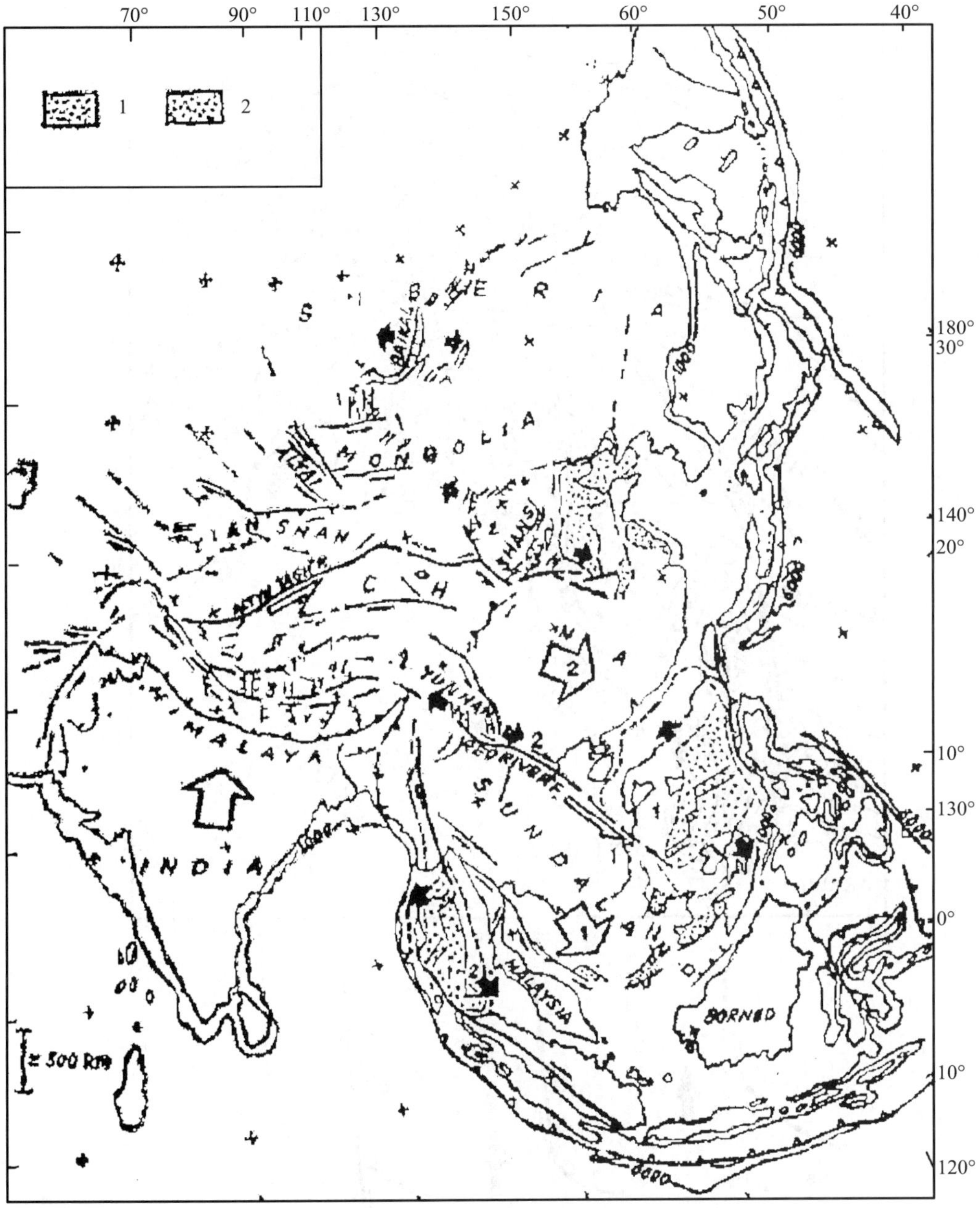

图 5　亚洲新生代的挤出构造示意图（Tapponnier，1982）

1. 中生代伸展；2. 南海、阿达曼海洋壳

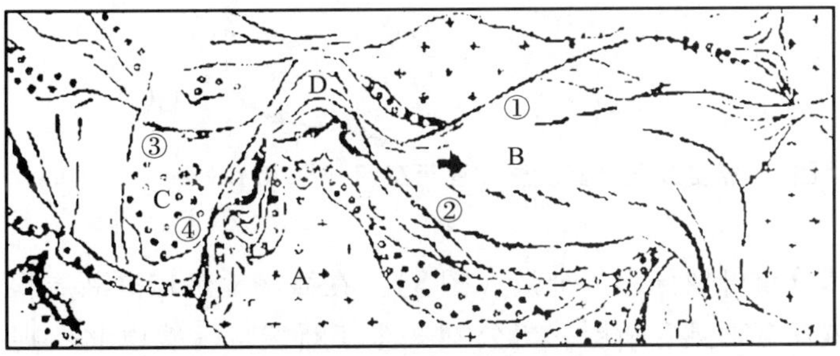

图 6　帕米尔挤压构造结点两侧的共轭挤出构造（据 G. Sarwar，1979）

A. 印度大陆；B. 西藏地块；C. 阿富汗地块；D. 帕米尔

①阿尔金断层；②喀喇昆仑断层；③希拉特斯层；④恰曼断层

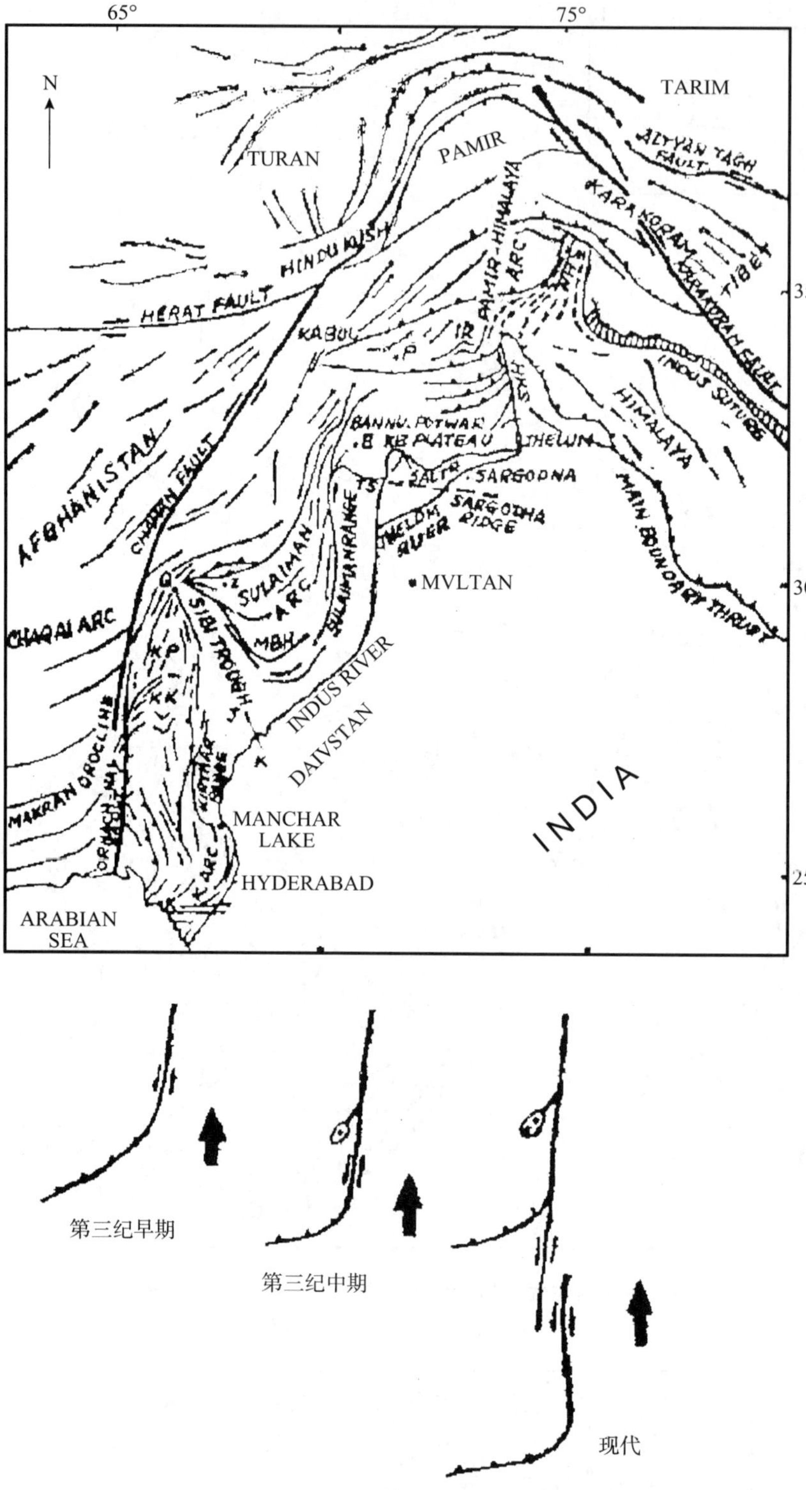

图 7　恰曼断层及其发展过程示意图（据 R. Lawrence，1979）

向的张性构造盆地，按其分布可划分为 7 个带（图 8）。在藏南地带走滑断层很不发育，而在分布张性构造的地带以北，即大体在喀喇昆仑断层－班公湖—怒江断裂带一线以北，则主要是以共轭走滑断层活动为主的区域。班公湖－怒江断裂带或称为喀喇昆仑—嘉黎断裂带是由一系列左旋雁列的走滑断层组成的。它反映了西藏中北部地区更易向东滑移挤出，而察隅、阿萨姆一带大拐弯结点则是这一地带向东挤出的障碍（Tapponier，1986，见图 8）。

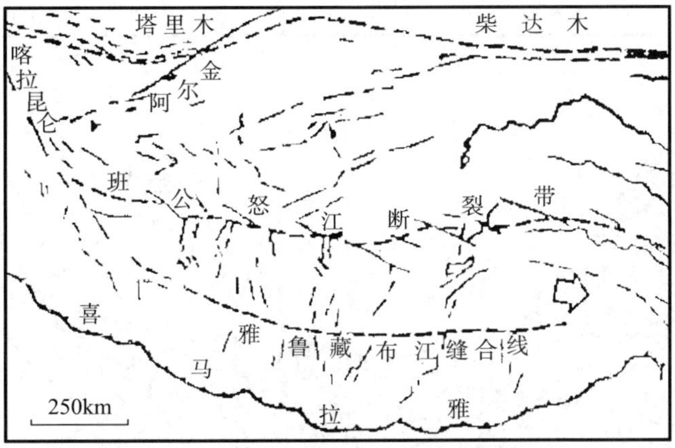

图 8 青藏高原南部的活动张性构造

根据这些张性盆地估算，第四纪以来在喜马拉雅弧形山带的两端（西部的哈札拉及东部的阿萨姆）之间约 1100 km 长发育张性盆地的地带，其伸张应变率约为每百万年 1%。从盆地宽度等计算求得西藏块体南部的南北向拉张带的总拉张速率大约为 10 ～20 mm/a（丁国瑜等，1986）。

三、青藏高原水平运动情况

除了上述的几个问题外，青藏高原总体的应变和水平运动状况也是一个需要讨论的重要问题。Molnar 曾根据近 80 年来的地震资料推算出亚洲东部包括青藏高原这一区域的变形速率，即每百万年的应变约为百分之几或更大，据此计算得碰撞以来 3000 万年的应变可达 10%～100%。但由于地震记录时间短以及不完整等缺点，而且地震活动在长时间内有不均匀性，因之用地震资料来确定较长时间的板内变形与运动的基本图像和趋势受到一定的局限。这一问题的解决还有赖于地质、地貌等方面资料的运用。

近一二十年来有关青藏高原新构造的研究，特别是在活断层、地震活动、古地震、地震断层、震源机制、形变测量等方面积累了相当多的资料。这对认识青藏高原内部的变形和运动的状况，包括运动单元的划分、运动的速率、总量和机制等从多方面提供了大量信息（图 9）。

青藏高原是一个具有不均匀结构，由多个块体镶嵌构成的有着复杂变形和相互运动的区域，其内部可划分出若干次级的活动单元。这些单元或块体主要是依据地质构造、活断层、地震活动、地形变等特点划分的。特别是一些巨大的活断层是明确划分活动单元边界的最重要的依据。大陆内部许多地带都不是纯刚性体，而是具有不同塑性变形性质又具有传递力和速度的弹塑性体。这样，印度板块向北约 5 cm/a 的运动除了被前述各种变形形式所吸收外，还有相当部分是以各块体单元相互运动的形式逐渐向前传递的。

利用各块体及新褶皱山带晚第三纪夷平面变形抬升幅度以及块体边缘活断层的滑动或逆冲速率资料，以垂直形变速率等于夷平面上升速率加剥蚀速率再加均衡速率，而缩短速率则等于垂直形变速率乘以区域宽度除以地壳厚度，这样可大体估算出各个块体和褶皱带的缩短变形速率，即印度板块向北运动速率因块体变形而被吸收的部分，具体数据及计算结果见表 1。从表 1 可以看出，近 300 万年来，西藏块体平均向北或北偏东运动速率约为 25 ～28 mm/a。根据拉萨西北吉果达盆地中吉果达组（N_2）古地磁测定，该组沉积时的古纬度为 29°4′N，现为 30°7′N，向北移动了 1°3′（约 118 km），平均速率约为 31 mm/a，与表 1 所得的值相近。从各块体边界活断层水平滑动速率分析，西藏块体在近南北向缩短增厚的同时，还发生近东西向的延伸。根据西藏块体内出现的一系列近南北向张裂带的拉张量估算其速率约为 10 ～20 mm/a。喜马拉雅山带的缩短率约为 15. 4 mm/a，这与 Molnar 等据地震资料所得估计值大体相近。西藏块体的缩短率为 13 ～18 mm/a，较 Molnar 的估算值 4 ～7 mm/a 大，但他曾指出

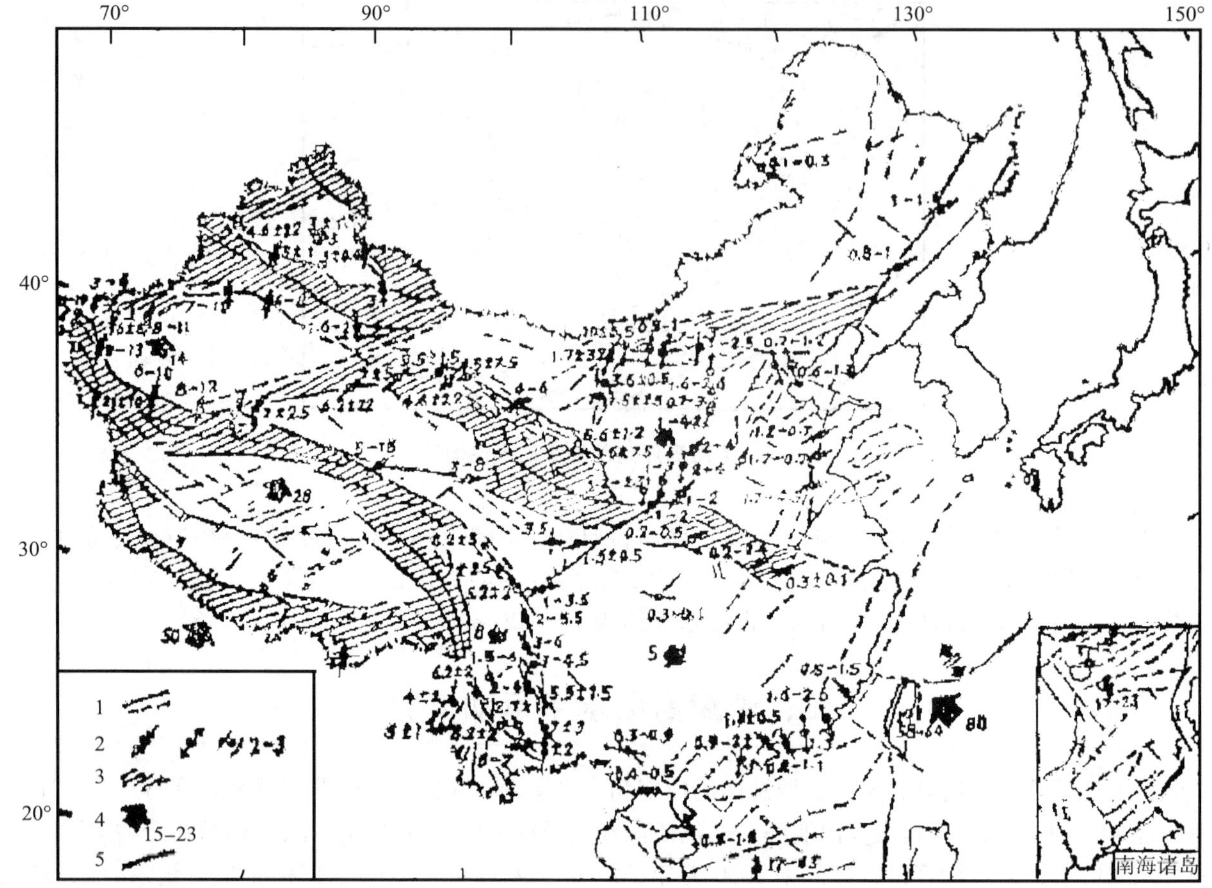

图 9　中国活断层平均水平滑动速率矢量及板内现代运动状况示意图

1. 活动层；2. 活断层水平滑动平均速率（水平投影值，mm/a）及方向（挤压、拉张及走滑三类）；3. 褶皱带（新造山带）；4. 块体或褶皱带运动方向及速率（mm/a）；5. 主要运动边界

其估计值可能偏小，而大于 10 mm/a 是不足为奇的。

表 1　中国西部块体和褶皱带形变和运动速率估计值

块体和褶皱带	平面宽度（km）	地壳厚度（km）	垂直形变（膨胀）速率①（mm/a）	横向缩短（压缩）速率②（mm/a）	平均运动速率（mm/a）和方向			
					后缘	中部	前缘	方向
喜马拉雅褶皱带	250	60	3.7	15.4	50③	42.3	34.6	～N
西藏块体	450	70	2.0	13.0	34.6	28.1	21.6	～N
西昆仑山褶皱带	150	65	3.0	7.0	21.6	18.1	14.6	～N
塔里木块体	600	50	0.1	1.2	14.6	14.0	13.4	～N
天山褶皱带	250	55	2.2	10.0	13.4	8.4	3.4	～N10°E
准噶尔块体	350	50	0.1	0.7	3.4	3.0	2.7	～N10°W
横断山褶皱带	100	55	2.0	3.6	15④	13.2	11.4	～S80°E
川滇菱形块体	200	45	1.5	6.7	11.4	8.0	4.7	～S70°E

①垂直形变速率 = 夷平面上升速率 + 剥蚀速率 + 均衡速率；

②缩短速率 = 垂直形变速率 ×（宽度/厚度）；

③为喜马拉雅前缘印度板块向北运动速率（Minster 等，1978）；

④为西藏块体纵向延伸速率。

南北带作为我国板内块体运动，地壳变形和地震活动的大区分界线是十分突出的。它具有复杂的结构，不同段落运动状况也有所差别。青藏高原沿南北带一线向东的挤压形成了深部地震呈现出向东凸出的一系列弧形分布（图10）。青藏高原的挤压导致了鄂尔多斯块体向北东运动并作逆时针扭动，华南块体向东南运动，在秦岭南部的丹凤断层在第四纪以来的左旋走滑就是华北和华南块体之间相对左旋剪切滑动的明显表现（Peltzer et al.，1985）。由于南北带一线岩石圈及更深层次结构上的控制，青藏高原向东运动的影响，在穿过南北带之后有明显的减弱。Molnar据地震资料估算的华南块体向南东方向的滑动速率值21 mm/a可能是偏大的。

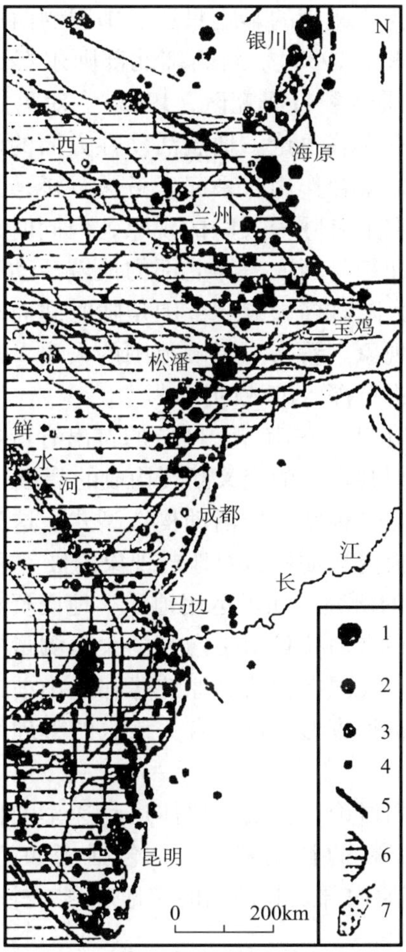

图10　沿南北带地震震中分布图

四、结　　论

从以上对青藏高原多种新构造变形及运动状况的概略综述中可以看出；

（1）印度与亚洲大陆的碰撞及印度继续向亚洲内部的推进，是形成青藏高原及其周围地区强烈变形及大尺度位移的主要动力来源。青藏高原的南北向缩短和内部地块间北西－南东向的不均匀滑动这一主要现代变形图像已为大量地质特别是活断层和地震等资料所证实。Molnar及Tapponnier综合出的模式尽管在一些问题上还存在不同看法，但它勾划了这一广大区域最新变形及运动状况的基本特征。可以看出，青藏高原在东亚及南亚这一广阔而强烈的形变场中占据着核心的位置。对它的变形及运动状态的深入剖析，对认识我国及其周围一系列活动构造的基本特点和活动规律以及地震活动等，具有突出的意义。

（2）两大陆碰撞之后，由于印度大陆长期向北的插入，在印度与亚洲大陆之间造成了大面积的缩短，这一巨大空间距离的压缩，在亚洲内部主要是以下列5种方式吸收和调节的：

①印度板块的俯冲及喜马拉雅山区的褶皱、逆冲与隆起；②高原的增厚与隆起；③高原边缘的逆冲、推覆与滑移；④高原内部的块间滑移与挤出；⑤张裂。

（3）碰撞及青藏高原的强烈变形与运动，对周围相邻地带以极大的影响。但对这一影响所达的范围，影响区域的边界在哪里，还存在着远非一致的看法。一些人认为，碰撞引至的板内连续变形可达于贝加尔以至更远的地区；有人认为，碰撞的影响只达于中国的西部（黄汲清，1980）或鄂尔多斯西侧一带，再向东就很微弱了（汪一鹏，1982）。对新疆北部阿尔泰二台断裂的研究反映了大量来自北方影响的信息（新疆地震局富蕴地震断裂带研究队，1985）。对贝加尔地区有无印度与亚洲两大陆碰撞的影响问题，在苏联学者中间也存在着争论。地震活动性方面的研究也表明，有许多人将亚洲东部广大区域的地震活动与印、亚大陆的聚合作用联系起来考虑。喜马拉雅带的一些强震活动的确也存在与我国内陆一些地区地震活动在时空上有呼应关联的现象，但同时西部又有些地区，如阿尔泰、蒙古西部的地震活动不是与喜山碰撞带而是与西太平洋北部的地震活动有同步对应的现象。从亚洲板块内部新生代以来的地质发展史看，两大陆碰撞影响的范围是随时间而有所变化的，有先逐渐扩大而后又逐渐缩小和影响区边界南移变化的现象。看来对影响范围的大小、边界，特别是不同时段范围的变化以及影响的方式等问题，都还有待进行深入细致的探讨。

（4）关于挤出构造问题，除了印度、华南等大区域的挤出有待更深入的讨论和研究以外，在中国大陆内部，包括青藏高原在内，由似共轭式的交叉断裂构成的菱形块体十分发育，在遭受强烈挤压时，共轭断层的两侧形成共轭挤出构造是一种常见的活动构造型式。这种型式的活动构造的结点周围都是地震活动非常强烈的地带，是研究板内活动构造及地震现象的极为重要的场所。

（5）对青藏高原现代运动状况的研究，除了运用地质、地震资料以外，大地形变测量资料的运用也具有重要的意义。如近年来印度在喜马拉雅山带南缘的大地测量资料表明，喜马拉雅弧西段及东段较为活动，而中段活动量相对较小。我国在青藏高原北缘祁连山前布设的基线观测，高原东侧鲜水河一带的形变观测网以及全国大地测量垂直形变资料有关该区的整理结果等都为研究有关高原变形与运动状态提供了宝贵资料。

本文对青藏高原总体运动状况的讨论，包括各块体运动速率的估计是非常粗糙的，可能存在很大的误差。这一问题还需要多方面资料的补充和论证，包括诸如超长基线（VLBI），全球定位系统（GPS）等测量新技术方法在青藏高原内部及其周围的实地观测与检验。

参 考 文 献

[1] 丁国瑜，卢演俦，对我国现代板内运动状况的初步探讨，科学通报，1986，Vol. 31，No. 18。

[2] 汪一鹏等，宁夏北部活动断裂的若干特点，中国活动断裂，地震出版社，1982。

[3] 费琪等，北祁连逆掩断裂带的缓倾角断层，地球科学，1986，Vol. 11，No. 8。

[4] 徐仁等，希夏邦马高山栎化石层的发现及其在植物学和地质学上的意义，植物学报，1973，Vol. 15，No. 1。

[5] 黄汲清、陈炳慰，特提斯－喜马拉雅构造城上新世－第四纪磨拉石的形式及其与印度板块活动的关系，国际交流地质学术论文集（一），地质出版社，1980。

[6] 常承法，青藏高原碰撞期后构造与土耳其－伊朗高原的比较，地震地质译丛，1986，Vol. 8，No. 2～8。

[7] 新疆维吾尔自治区地震局，富蕴断裂带，地震出版社，1985。

[8] 韩同林，李廷栋、周济，试论藏南活动构造系，中法喜马拉雅考察成果，地质出版社，1984。

[9] Achache J.，V. Courtillot and Z. Y. liu，Palcographic and tectonic evolution of Southern Tibet since middle Cretaceous time，New paleomagnetic data and synthesis，J. Geophys. Res.，1984，Vol. 89，10311～41.

[10] Minster J. B.，Jordan T. H.，Present－day plate motions，J. G. R.，1978，Vol. 83，5331～5354.

[11] Molnar P. and Tapponnier. P. , Active tectonics of Tibet, J. Geopbys. Res. , 1978, Vol. 83, 5361～75.

[12] Molnar P. , The geological history and structure of the Himalaya, American Scientist, 1986, Vol 74. 144～154.

[13] Ni J. , and J. E. York, Late Conozoic tectonics of the Tibetan Plateau, J. G. R. , 1978, Vol. 83, No. B11. P. 5377～5384.

[14] Peltzer G. , Tapponnier P. , Zhang Zhitao and Xu Zhiqin, Neogene and Quaternary faulting in and along the Qinling Shan, Nature, 1985, Vol. 317, No. 6037, 500～505。

[15] Tapponnier P. , G. PeltZer and R. Armijo, On the mechanics of the collision between India and Asia, 1986.

[16] Valdiga K. S. , The two intracrustal boundary thrusts of the Himalays, Tectonophysis, 1980, Vol. 66, 323～48.

DISINTEGRATION, FAULTING AND SEISMOGENESIS OF THE NORTH CHINA CRATON*

Abstract The North China Craton (NCC) began to disintegrate completely in the Yanshan Movement period (Jurassic-Cretaceous) forming a great number of NE, NEN, NW and WNW trending faults. Such fault systems have played an important role in the development of tectonics and seismicity in the Craton area. There has been a big change of stress field since the Pliocene, from predominantly normal faulting to predominantly strike-slip faulting. The NCC is an area with high seismicity. The recent seismicity is obviously controlled by the tectonic framework derived from Craton disintegration. Six strong earthquakes with $M > 8.0$ in this area have occurred in the past two thousand years. Many strong earthquakes in the NCC area are mainly caused by preexisting faults that move horizontally forming pull-apart basins.

1. Disintegration of the north China craton

The North China Craton (NCC), consisting of Pre-Proterozoic metamorphic rock systems, had been relatively stable before the Triassic period. Strong, deep geothermal activity was shown in the late Triassic period due to the effects of western Pacific plate movement. The craton began to disintegrate completely in the yianshan Movement period (Jurassic-Cretaceous). In the western part of the craton, many large-scale inland depression formed, and in the eastern part intense magmatic activity occurred. Fault activity not only used old SN- and EW-trending faults, but also occurred on newly-developed NE- and NNE-trending folds and faults. Such a fault system provided a rupture framework which has played an important role in the development of structures and the seismicity in the craton area. Because the western Pacific plate subducted landward in the Eocene, the western part of the NCCW as strongly rifted as the result of back-arc extension, and the craton further disintegrated. The Rifting reached the most active stage in the Oligocene. The southern depressions extended to the northern Margin of the Qinlin Range, and formed the Hetao Basin. In the Neogene, because of the decrease in upper mantle activity, the rifting diminished in the eastern basins and was replaced by large-scale area downwarping. However, rifting around the Ordos basins remained highly active, and formed the Shanxi rifting basin system in Pliocene. At that time, the major features of the disintegrated craton were established (Ma et al., 1982).

Three sub-areas may be defined in the disintegrated NCC region: the Ordos block, the Hebei basin area, and the Subei (northern Jiangsu)-Yellow Sea basin area. The included neotectonic units are five uplift blocks, the Ordos, Taihang Mountains, Yianshan Mountains, Taishan Mountain, and Jiaoliao (northern Shandong-Liaoning); and six depression areas, the Hetao, Fengwei, Yinchuan, Hebei, Huaibei, and Subei-Yellow Sea. Around these uplifts and depressions developed a series of active faults. Many of them resulted from reactivation of preexisting faults, which constitute the recent seismic zones (Figure 1).

* 本文原载于《Seismological Research Letters》, Vol. 59, No. 4, 1988. 作者: Ding Guoyu.

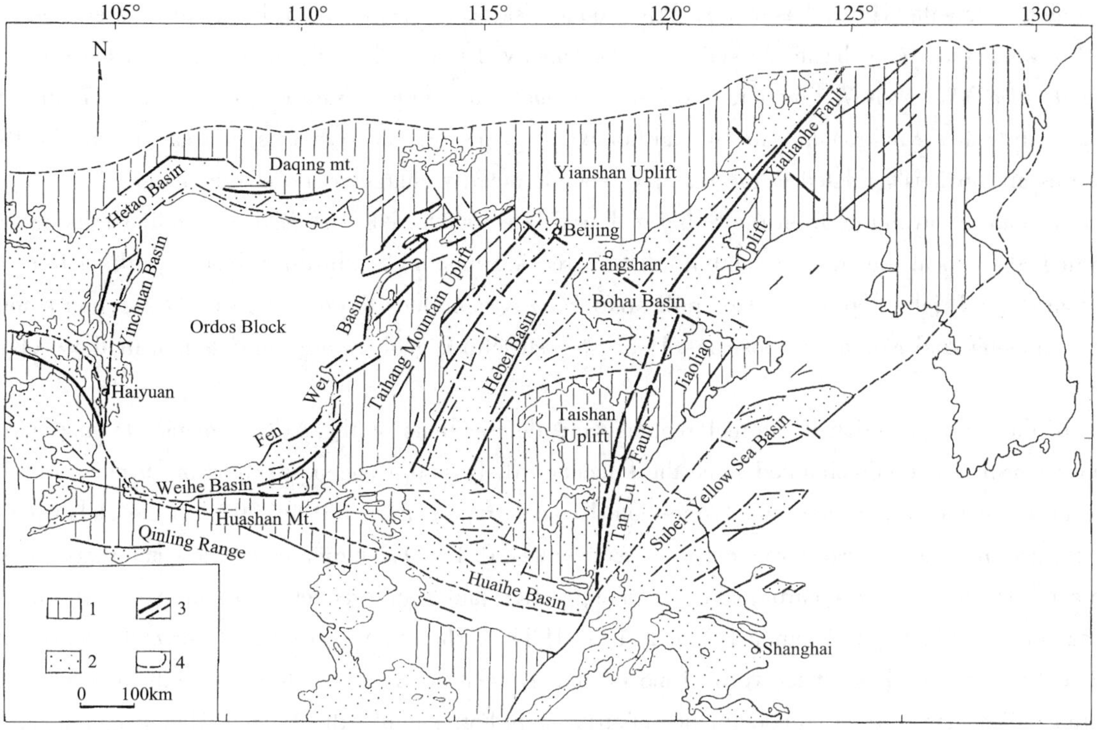

Fig. 1 Neotectonic map of North China Craton

1. Upwarping area; 2. Downwarping area; 3. Fault; 4. Craton boundary

2. Basic Characteristics of Neotectonics in the North China Craton

From the Pliocene to early Pleistocene is a very important tectonic episode for the recent tectonic stress field of the Chinese mainland. Since this episode, the Qinghai-Tibet plateau has been rising, and transferred compressive stresses to the surrounding areas; a striking change in the basin development and fault activity occurred in the eastern China region. The disintegrated interior of the NCC has shown the following patterns of movement and deformations in and between different blocks:

(1) The Ordos block experienced NE – SW compression. The extensional basins were extended and accelerated in their development process, the eastern and western basins (the Fenwei and Yinchuan basins) resulted from right-lateral shearing, and the northern and southern basins (the Hetao and Weihe basins) resulted from left-lateral shearing along the corresponding margins of the block. Meanwhile, because of the northeastward movement of the Qinghai-Tibet plateau, the Ordos block rotated counterclockwise around the pole of 42° N, 94° E (Ding and Lu, 1983).

(2) The Hebei Plain-Bohai basin area was further pulled apart. Its extensional downwarp occurred most strikingly in the Paleocene, and diminished greatly from late Pliocene to early Pleistocene. But, because of the increments of right-lateral slip components along the Taihang Mountain front fault, the inner Hebei Plain Fault, and the Bohai-Xialiaohe fault, which are arranged as a right stepping fault system, the large scale Hebei Plain-Baohai pull-apart basin was further extended (Nabelek et al., 1987).

(3) Along the latitude 34°N, the North China Basin area is separated into northern and southern Parts. The southern part is the Huaibei basin. This Basin area differs greatly from the Hebei basin area to The north. Its structures trend mainly NW and WNW. It showed less Pliocene activity, Quaternary downwarping, faulting, and

recent seismicity than the Hebei basin area. But ground fissures were well developed in a large area during 1966 ～1977 when the Hebei basin showed strong seismicity. These widely-distributed ground fissures trended approximately in a NW – WNW direction, and had systematic mechanical Natures. Some ground fissures in the Huaibei area are really synchronous with the earthquake sequences in the Hebei basin area (Li and Li, 1986). These fissures are obviously related to the regional tectonic activity characteristic of this area.

(4) Few data are available from the Subei-Yellow Sea area. The NE – or ENE – trending fults are strike-slip as indicated by focal mechanism solutions. This Area is probably a pull-apart basin resulting from movements of right-lateral right-step faults. This pull-apart activity continues to encourage the separation among the Shandong, Liaodong, and Korean Peninsu-las. Data from structural geology are consistent with those of paleomagnetics.

Some of the above mentioned internal motions and deformations of the NCC demonstrate that horizontal extensional shearing has predominanted since the Pliocene. Analyses of Neogene denudation surfaces and deposit thickness show that the vertical movement since late Neogene ranges from 400 to 700 m in the Hebei plain and its adjacent area, thus the vertical movement rate has averaged 0. 1 ～0. 2 mm/a since the Quaternary. However, from displaced drainage systems, earthquake slip along active faults and geodetic measurements, the horizontal slip rate has averaged 0. 6 ～1. 2 mm/a (Ding and Lu, 1983). Therefore, slip rates of horizontal movement are 2 to 10 times greater than those of the vertical movement. A great number of earthquake faults and focal mechanism solutions all demonstrate the predominance of strike-slip. For example, the Xingtai, Haicheng, and Tangshan strong earthquakes showed 2 ～ 4 times greater amounts of horizontal slip than vertical slip on earthquake faults. Therefore, the amount of horizontal slip is greater than that of the vertical since the Pliocene in the NCC. The crustal movement situation has been greatly different from that of the Paleogene in which extensional downwarping was predominant. Quantitative estimates of horizontal distortion can help us understand the seismicity within the NCC.

3. Characteristics of Seismicity

The NCC is an area with unusually high seismicity. The recent seismicity is obviously controlled by the above tectonic framework derived from the craton disintegration, especially by shearing on the preexisting faults. These are reflected in the following (refer to Figure 2):

(1) Distribution of seismic zones coincides with preexisting faults. They trend mostly along NE, NNE, NW and WNW directions, forming a framework pattern. That is the geometric pattern of the craton during disintegration. The moderate earthquakes are related to interlayer slip in the crust.

(2) Data from focal mechanism solutions, earthquake, faults, and geodetic measurements show that the whole NCC interior (including the inland, the Yellow Sea, and the Korean Peninsula) has a systematic stress field, with the maximum principal compressive stress axis oriented ENE – WSW, and the least principal stress oriented NNW – SSE, with both of the axes nearly horizontal (Wang et al., (1987). However, local variation of the regional stress field do exist. For example, deviations of stress axes occur in the Bohai Bay area when they cross the Tanlu fault. Such deviations also occur in the fault system surrounding the Ordos basin.

(3) Analysis of the long historical earthquake record portrays the episodic activity of seismicity (Ma and Fu, 1982). The seismicity also varies in space; for instance, it occurred in the Fengwei zone during the 16 ～17 centuries, and has migrated to the Hebei plain since the nineteenth century.

(4) During the active seismic period, earthquakes occur clustered along a fault zone until the fault has been broken through. In space, strong earthquakes usually began to the south and migrate northeastward along fault

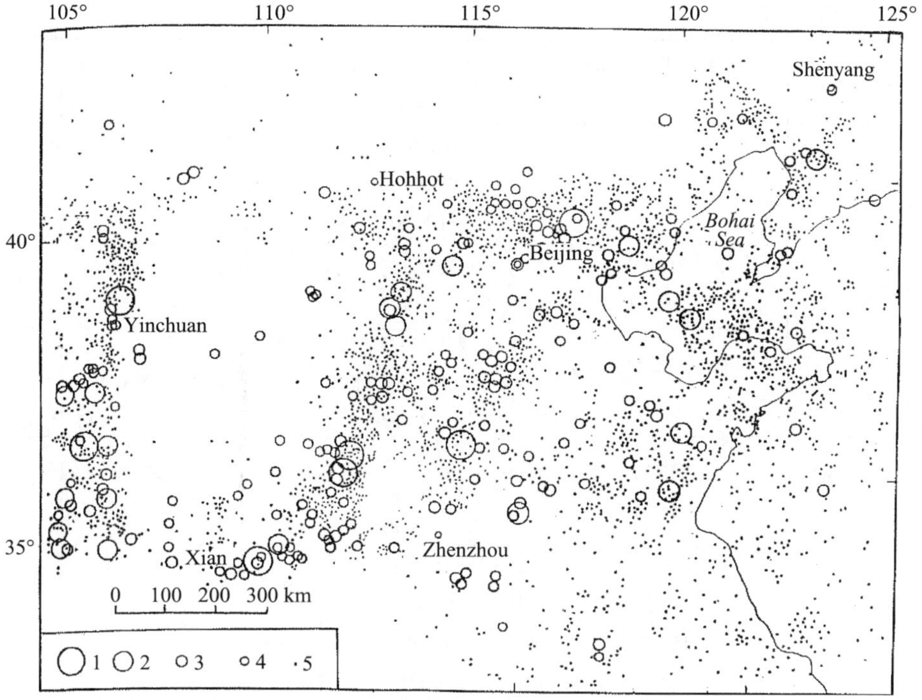

Fig. 2 Epicenter distribution in the North China

region: 1. $M > 8.0$; 2. $7.0 \leq M < 8.0$;
3. $6.0 \leq M < 7.0$; 4. $5.0 \leq M < 6.0$; 5. $M < 5.0$

zones. Such examples can be found in the Fengwei fault zone from the 1556 ~ 1695 strong earthquake sequence and the Hebei plain fault zone from the 1966 ~ 1977 strong earthquake sequence. Analyses of focal rupture propagation also demonstrate the development process from SW – NE. These results are consistent with regional compression from the southwest.

(5) Many studies on the recurrence interval of strong earthquakes along seismic zones have been carried out in the NCC area using various techniques, such as seismic moment, slip rates of active faults, trenching across fault zones, and the like. The general conclusion can be made that the recurrence intervals of strong earthquakes in the NCC are, in general, relatively long for $M = 8$ earthquakes, between 2000 ~ 3000 years; around the Ordos basin system, between 1000 ~ 2000 years; in the Tanlu fault zone between 3000 ~ 3500 years; and 7000 years in Tangshan as determined by trenching studies (see Table 1) (Ding, 1986). Because of the intermittent activity of seismicity, and its variable distribution in space, assessments of strong earthquake recurrence intervals are difficult. Much attention should be paid to nonuniform recurrence intervals in different fault zones.

Table 1 Recurrence Interval for Large Earthquakes in North China Craton

Name of Faults	Latest Earhquake (A. D.)	Paleoearthquake (B. P.)	Interval of Last Two Earthquakes	Average Interval (Years)
Tancheng – Lujiang (Tanlu F.)	1668 $M = 8.5$	3100 ~ 4000 6000 ~ 7000 11000		3000 ~ 3500
Fengnan-Tanshan (Yanshan Mt. Front)	1976 $M = 7.8$	7665 ± 105 14865	7665 ± 105	7410

续表

Name of Faults	Latest Earhquake (A. D.)	Paleoearthquake (B. P.)	Interval of Last Two Earthquakes	Average Interval (Years)
Daqing Mt. Front (Hetao Basin)	849 $M=7$	3900 + 9000 + 10000 +		3000
Linfen Basin	1695 $M=8$	685 6000		3000
Huashan Mt. Front (Wethe Basin)	1556 $M=8$	2550 ~ 3000 4000 ~ 4500 7500	2000 ~ 2500	2000 ~ 2500
East Helan-Mountain-Front (Yinchuan Basin)	1739 $M=8$	2720 4760 7800	2473	2000
Haiyuan	1920 $M=8.5$	3680 ± 60 6300 ± 70 7380 + 9360 +	361	1900

4. Summary

The NCC experienced intense tectonic transformation in the Mesozoic era, forming a great number of NE, NNE, NW, and WNW faults. During the Cenozoic era, the craton further disintegrated, forming a series of rifts. Due to northeastward movement of the Qinghai-Tibet plateau, the preexisting faults in the interior of NCC increased their strike-slip movement components, which contributed to the disintegration of the NCC. These are the principal elements of the tectonic background for the recent seismicity. During the disintegration, the development of rift basins showed some regularity. For the pre-Pliocene, the rift basins developed mainly in the eastern part, such as the Yellow Sea and Hebei basin areas, with relatively less development in the western part. Since the Pliocene, the western rift basins have been well developed, and formed the Shanxi rift zone. Either the thickness of basin deposits or the slip rates on the faults at basin margins have been greater in the west than in the east. In addition, seismic migration is regionally eastward to northeastward along a specific zone. All these characteristics indicate that the interaction (including deep geothermal activity) between the NCC and the western Pacific plate has decreased, and the affected area (the NCC) has been forced eastward by the increased action from the Qinghai-Tibet plateau. The affected area has extended northeastward because of the northeastward movement of the plateau.

The characteristics of seismicity in the NCC, such as high in the west and low in the east, predominant strike-slip movement, and northeastward earthquake migration, are consistent with the above-mentioned tectonic background. There has been a major change of stress field since the Pliocene, from predominantly normal faulting to predominantly strike-slip faulting. Therefore, earthquakes in the NCC area are mainly caused by preexisting faults that move horizontally forming pull-apart basins.

References

[1] Ding Guoyu and Lu Yanchou. A discussion on basic characteristics of neotectonic deformation in North China block, North Chi-

na Earthquake Sciences, 1983, 1, No. 2, 1 ～9 (in Chinese).

[2] Ding Cuoyu. Recent crustal rupture field in China and the problem of strong earthquake prediction, J. Phys. Earth, 1986, 34, Suppl., S265 ～ S278.

[3] Li Yongshan and Li Jinsheng. The Ground Fissures in Xi'an, Seismological Press, Beijing, 1986, 30 pp.

[4] Lu Yanchou and Ding Guoyu. The relative motions among inter-plate Blocks and Quaternary Geology and Environment of China, China Ocean Press, Beijing, 1982, 189 ～ 192.

[5] Ma Xingyuan, Deng Qidong and Wang Yipeng. Cenozoic graben systems in North China, Z. Geomorph. N. F., 1982, Suppl. Bd. 42, 99 ～ 116.

[6] Nabelek, J. Wang-Ping Chen and Hong Ye. Tangshan earthquake sequence and its implications for the evolution of the North China Basin, J. Geophys. Res., 1987, 92, 12, 615 ～ 12, 628.

[7] Ma Zongjin and Fu Zhengxiang. The Nine Great Earthquakes in China during 1966 ～ 1976, Seismological Press, Beijing, 1982, 216 pp.

[8] Wang Suyun, Xu Zhonghuai and Ge Min. Seismotectonic stress field in Eastern China Sea area, Earthquake Research in China, 1987, 3, 18 ～25.

第四纪断层上断裂活动的群集及迁移现象*

摘　要　对许多第四纪断层上形成地表破裂的巨大滑动事件及错动位移状况的具体研究表明，在不同时间段它们的数量和强度是变化的、不均匀的。这种断层活动的不均匀性主要表现在两个方面：一是滑动事件的发生往往集中于一定的地段和一定的时间段，并与相对平静的阶段相交替，即所谓断裂活动的群集性；另一方面的表现是集中发生滑动事件段落（或区域）在空间上的迁移变化。这是中国大陆内部第四纪断层活动所表现出的主要特征之一。这方面的实例可见于许多活断层上。如沿郯庐断层、鲜水河断层以及河西走廊断裂带、阿尔金断裂带等。深入研究第四纪断层活动的这一不均匀特性对正确评估活断层的活动程度和潜在地震危险性具有实际应用意义。

关键词　第四纪断层　断裂活动　表面断层　群集　迁移　滑动速率

一、第四纪断层上表面断层及巨大滑动事件的群集性

断裂活动的群集性指的是在一条活断层上在一定时间段内断层的破裂事件集中发生于断层的一定段落上，其他段落则处于平静状态，而晚些时候破裂重复发生于另外的段落上，原来活动的段落却变为平静的现象。近些年来，随着沿活断层上古地震遗迹的大量发现及各事件年龄数据的不断增多，这一现象已成为当前探讨活断层活动特性最引人注目的问题之一。如 Wallace 曾研究了美国大盆地省沿山前断层一些段落上位移事件的间歇性活动及分组现象[1,2]。Трифонов 在研究中亚的塔拉斯费尔干断层和蒙古西部的杭爱断层、科布多断层等的新活动时曾提出了断层发展过程中断裂活动的脉动问题[3]。这些讨论都涉及了活断层的这一特性问题。

根据对我国一些第四纪断层上破裂位移情况的详细研究[4]可以看出：在不同时间段，断层位移量的大小有明显的变化；不同年代的断裂活动形成的地貌断错现象，如断错水系等所显示的错距往往呈现不连续的累积增长，位移数值的大小具有分组和成倍数增长的现象，即数值往往具有可公度性的特点。例如新疆阿尔泰地区的二台活断层[5]，第四纪期间该断层有过多期的右旋走滑活动，穿越断层的不同时期形成的河谷冲沟构成了复杂的断错水系。分析这些断错水系的位移状况表明：全新世以来，45 条不同时间出现的大小冲沟的错距大致可分为 33 ±3、65 ±2、95 ±4、166 ±3 和 205 ±4 m 5 组，它们具有约 30 m 的可公度值（表 1）。又如郯庐断层上很活跃的沂沭段，在山东莒县左山一带，在全新世阶段因断层的右旋走滑而造成的断错冲沟的错距多在 4 ～34 m 之间。但各冲沟的位错数值很不连续，主要集中于三个范围内，即 4 ～9、14 ～20 和 24 ～34 m（图 1）。这三组数值也大致具有倍数的关系。与此相对应，在横过断层的剖面上已揭露和确定有 10000 aB. P. 左右、6300 aB. P. 左右、3500 a B. P. 左右及 320 a B. P. （即 1668 年郯城 8. 5 级大地震）等 4 次大地震事件的存在[6]。类似这样的现象还可在许多活断层上发现。

---

* 本文原刊于《第四纪研究》，1989，No. 1。作者：丁国瑜。

表1 沿二台断裂冲沟断错一览表*

编号	地名	断列东侧冲沟长度(km)	断错距离(m)	编号	地名	断裂东侧冲沟长度(km)	断错距离(m)
1	阿斯套沙以南	0.85	164	24	卡拉先格尔以南	0.721	15
2	阿斯套沙以东	0.32	65	25	卡拉先格尔以南	0.411	31
3	阿斯套沙以东	0.39	32	26	萨热巴斯陶以南	0.847	169
4	阿斯套沙以东	0.31	30	27	奥尔塔哈腊苏北	0.67	67
5	阿斯套沙东南	0.427	30	28	奥尔塔哈腊苏北	1	13
6	阿斯套沙东南	0.427	31	29	奥尔塔哈腊苏北	0.34	130
7	阿特舒古勒以北	0.721	36	30	卓勒萨依南	2.8	10
8	阿特舒古勒以北	2.967	36	31	桑绕西	0.88	34
9	阿特舒古勒以北	1.899	178	32	科克吐木苏克北	1	88
10	阿特舒古勒以北	1.424	208	33	哈旦孙西	5.4	67
11	阿特舒古勒以北	2.008	208	34	哈旦孙西	0.67	67
12	阿特舒古勒以北	0.127	485	35	哈旦孙西	6	94.5
13	水磨沟以北	0.994	99.4	36	乌铁布拉克南	2.9	80
14	水磨沟以北	0.166	33	37	卡布尔特南	3.7	30
15	水磨沟以北	1.193	99.4	38	夏贝尔特山前	4.9	42
16	水磨沟以北	0.365	166	39	夏贝尔特山前	2.4	30
17	水磨沟以北	1.259	166	40	夏贝尔特山前	3.7	48
18	水磨沟以北	0.799	66	41	夏贝尔特山前	5	67
19	阔依巴尕尔	1.539	199	42	夏贝尔特山前	4	61
20	卡拉先格尔以南	0.649	10.8	43	夏贝尔特山前	2	16
21	卡拉先格尔以南	0.108	28	44	夏贝尔特山前	1.73	18
22	卡拉先格尔以南	0.189	21	45	夏贝尔特山前	0.25	20
23	卡拉先格尔以南	1.19	21	46	夏贝尔特山前	0.25	63

* 系胡方秋等航片判读资料。

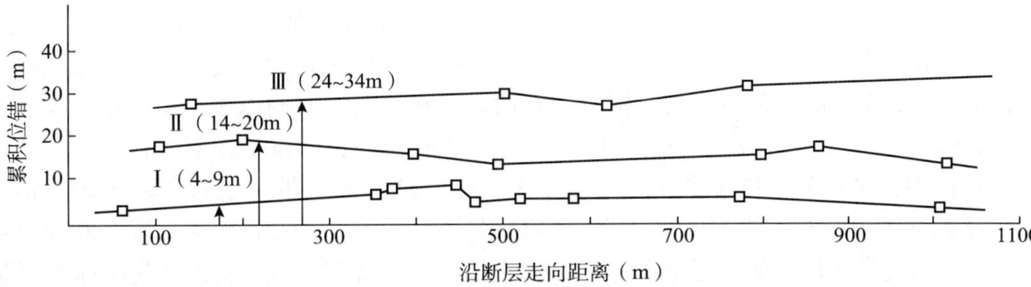

图1 郯庐活断层沂沭段莒县左山一带冲沟位错量分布图（据黄伟师资料）①

这一现象意味着断层的错动过程并不是均匀进行的，而是经历着滑动与平静相间歇的进程。在许多横过活断层的探槽剖面上可看到与这些断错事件同时形成的埋藏断层楔、埋藏地震断层陡坎等古地震遗迹的存在。这些情况表明，断层的位移是经历多次突发的断错事件或地震事件累积而成的，而不是连续的或均匀的蠕滑的结果。通过对这些断错事件年龄资料的分析还可以看到，这些事件的发生时间常常是集中存在于一定的地质时间段内或在地质剖面中存在于一定的地层层位上。也就是说这里存在有上述的断层上地震表面断层的出现及巨大滑动事件的群集现象。

① 黄伟师，1986，郯庐断裂中段的新构造及强震活动特性的研究。

这一现象与近代地震活动的丛集现象是一致的。地震活动的丛集性已为许多地区的详细研究所肯定。我国长期的地震历史记载更好地说明了这一点。选择沿一些活断层带（又是地震带）的地震活动时间—强度分布图上所归纳出的地震活动分期分幕现象，实际就是这些活断层上破裂活动群集现象的最直接证据。这些上千年来地震记录所反映出的强震活动期、幕实际就是断裂活动期、幕的反映[7]。

至于全新世或晚更新世晚期以来这种间歇性的断层活动过程，可利用大量有年龄数据的断裂错动事件及古地震的资料作为依据来进行更为具体的剖析。对许多断层来说，目前积累的古地震资料数量还不够多，常常难于据此作出这方面的深入分析，但整理现有的一些资料已可看出在一些研究得较为系统、年龄资料较多的晚更新世晚期以来的断层活动是明显地具有这一特性的。

对更长的时间尺度如自第四纪或上新世晚期以来不同地质阶段断层活动强度起伏变化方面的认识，主要是用不同阶段断层的位移量或平均滑动速率的变化取得的。我国广大地区的许多断层都表现出在中更新世以来水平滑动速率有明显的增高现象。在中更新世以来的这段时间内有的断层是在中、晚更新世之间断裂的水平滑动最为强烈，如青藏高原东北边缘的海原断层；有的则是在晚更新世晚期活动明显增强，如祁连山的昌马－鄂博断层；有的则是在全新世以来才表现出有活动逐渐加剧的趋势，如新疆北部的二台断层。这样长的时间尺度断层活动增强阶段中破裂的群集现象及滑动速率的变化在美国西部盆岭区的断层、日本中央构造线等断层、蒙古西部的杭爱断层、科布多断层、苏联中亚的一些断层上都有所发现。而且有几个强烈的活动增强阶段出现的时间在有些区域似有一致性。但对不同断层上不同段落活动增强或减弱阶段的时间则并不一致，有着复杂的迁移变化的活动图像。

二、第四纪断层上断裂活动的迁移

断层上的破裂活动不仅往往是以群集的方式在断层的一定段落或一定区域的断层上活跃，此时在其邻区或相邻段落保持平静，而且在活动段一系列群集的破裂事件发生之后，断裂活动往往还以一定的次序变换到其他段落或地区，这就是所谓的断裂活动的迁移现象。

对断裂活动迁移现象的了解，是通过对断层上一系列强震形成的地表断层的年代或破裂段发展过程的比较而得出的。如郯庐断层的沂沭段是由平行的 4 条断层组成，自东向西的排列顺序为 F_1、F_2、F_3和 F_4。各地段断裂活动切穿的地层和上覆地层的年代资料表明，早更新世至中更新世早期沂沭断层的活动主要是西支断层（F_2），东支断层（F_1）当时只是一条潜在活动的迹线而存在；至中更新世中期，该断层保持平静，到中更新世末，活动段转移至东支断层并一直持续到晚更新世，此时西支断层的活动明显减弱；在晚更新世末期，东支断层及断层南段同时都有活动。晚更新世末期以来，南段活动又明显强于东支断层的北段。可以看出，断层活动经历了由西向东又由北向南迁移变化的过程[8]（图 2）。

另一个断层破裂活动迁移的例子是北祁连活动断裂带。这一断裂带位于青藏高原的北侧，西起昌马东至固原，从西向东由昌马－鄂博断层、冷龙岭断层、毛毛山－老虎山断层及海原断层所组成，全长约 1000 km。在断裂带东段北侧有近东西向的分支断层——古浪断层。这是青藏高原北缘最主要的活动断裂带，是随着青藏高原向东北方向的挤压，高原物质因受到北侧阿拉善地块和鄂尔多斯地块的阻挡向东及东南方向侧向滑移而形成的一条左旋挤压走滑活断层。沿断层地震活动强烈，20 世纪 20 年代以来发生的一系列强烈地震所造成的地表断层明显地反映出了沿这一断层破裂活动的迁移现象。地表断层所显示的破裂段自东南向西北有规律地逐渐迁移。先是 1920 年的海原 8.5 级地震在东段的海原断层上形成了自固原至景泰长 237 km 的新破裂带。继之 1920 年靖远 7 级地震，1927 年 5 月古浪 8 级地震（形成了 145 km 的地表破裂），1932 年在西段的昌马发生 7.5 级地震（形成了长约 120 km 的地表破裂）。此外还有 1986 年发生于冷龙岭断层附近的门源 6.4 级地震等，填补了上述 20～30 年代间一系列强震所未曾破裂的地段。至今除民乐盆地南缘一段外，此断裂带已基本上破裂贯通（图 3）。这一断裂带的破裂过程明显地显示了破裂段落是自东南向西北逐渐迁移的。这种沿活断层上强震活动及伴生的地表断层逐段破裂迁移的现象还可在鲜水河、河北平原中部、汾渭等活断层上看到[9]。

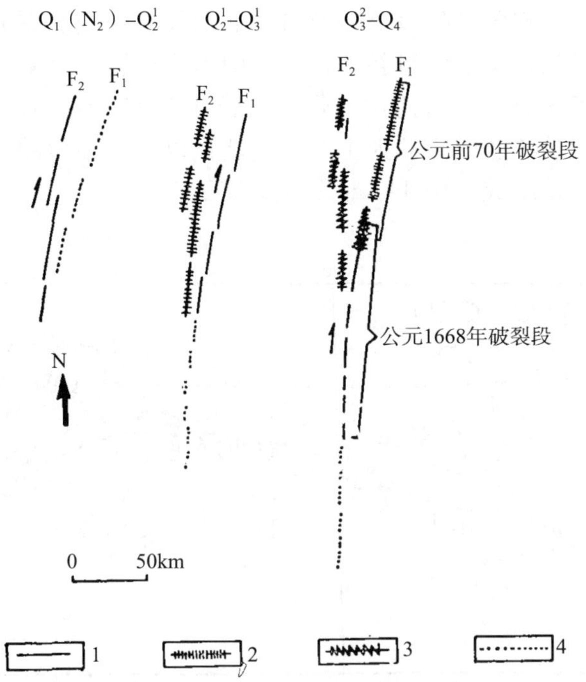

图 2　郯庐活断层沂沭段破裂活动的迁移（据黄伟师①）

1. 当时活动的断裂迹线；2. 当时弱活动的断裂迹线；3. 当时不活动的断裂迹线；
4. 当时潜在活动的断裂迹线；5. 地震地表破裂的叠加部位；F_1. 东支断层；F_2. 西支断层

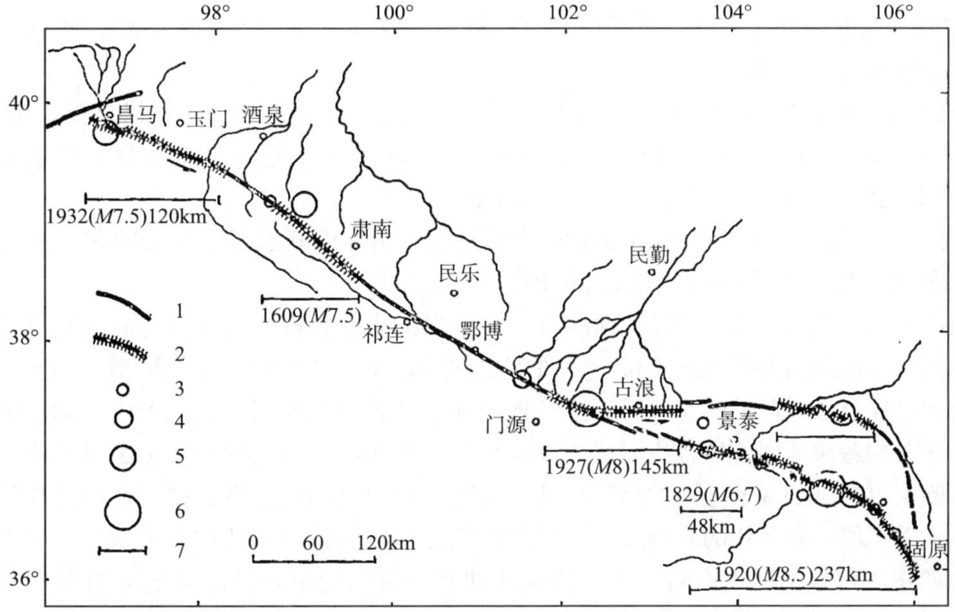

图 3　沿北祁连活断层（昌马－固原）地震地表断层的分布及迁移（据刘百篪等人资料②编绘）

1. 断层；2. 地震破裂带；3～6. 地震震中，*M* 依次为 5～5.9，6～6.9，7～7.9，≥8；
7. 强地震发生年代、震级及地表断层的长度

① 黄伟师，郯庐断裂中段的新构造及强震活动特性的研究，1986。
② 刘百篪、周俊喜，1927 年古浪地震的地表破裂带研究，1987。

青藏高原西北部边界的阿尔金断层是我国内陆最巨大的一条活动走滑断层。它的形成和发展过程也明显地反映了断裂活动复杂的迁移现象。阿尔金断层自藏北的拉竹龙向北东方向延展，斜切西昆仑经苦牙克穿过安迪尔河、喀拉米兰河、车尔臣河谷地，切入阿尔金山脉，沿肃拉穆塔格南坡至索尔库里谷地，经阿克赛、党河、疏勒河至甘肃的玉门镇一带。全长约 1600 km。阿尔金断层自上新世末期以来有着明显的强烈活动。早期以挤压逆冲活动为主，中更新世以后以强烈的左旋走滑活动为主。这一巨大的走滑活断层由四个大的段落组成（图 4），自西向东为：

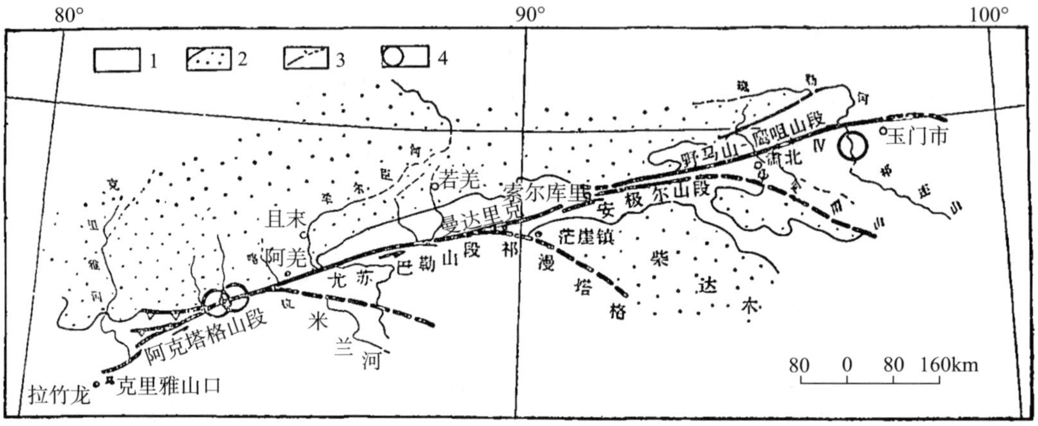

图 4　阿尔金活断层的分段

1. 山区；2. 平原；3. 断层；4. 地震震中（$M>7$）

（1）自拉竹龙至阿羌为阿克塔格山断层段。此段位于昆仑山的西北侧。此段包括了克里雅山口以北至慕士山间阿尔金断层西南末端一系列近东西向挤压断层及北东向的走滑断层。此段东端逐渐向东转换为昆仑山北缘逆冲挤压带。

（2）自阿羌至茫崖镇附近为尤苏巴勒山断层段。其东端向东南转换为祁漫塔格挤压带。

（3）自茫崖镇附近的曼达里克至肃北一带为安极尔山断层段。这主要是发育于柴达木盆地与阿尔金山之间的一段。此段东端与党河南山挤压带相转换。

（4）自肃北至玉门市以北（玉门镇以南）为野马山－鹰嘴山断层段。这是阿尔金断层发育于祁连山褶皱带西北侧的一段，又称阿尔金山北缘断层。

从图 4 可以看出，这几个大段落呈左阶排列，每一段的东北端都由北东东走向的走滑断层向东南逐渐转换为近东西或北西西向的挤压构造带。各段落之间除最东的两段以索尔库里槽地相隔外，西边三段新的断层破裂都已穿过了各段间的过渡区，而已连通成一条连续的断层。这几个段落的活断层是沿着青藏高原东北边缘各构造块体间的拼合边界或先存断层发展起来的。巨大的阿尔金走滑活断层的形成是多个段落的先存断层再次破裂逐渐连通的结果。从大量野外观察到的现象看，这一连通过程经历了多个阶段，是多个活动破裂段迁移变化的复杂过程。但总的趋势是破裂活动由西向东发展，西强东弱。沿阿尔金断层各段第四纪的位移情况很不同，这与各段活动起始时间的早晚、滑动速率的大小以及滑动持续时间的长短有关。这些情况都可通过对阿尔金活断层各段第四纪以来位移情况的分析而反映出来：

（1）沿阿尔金断层断错水系十分发育，据河流发育的相关堆积物和切割地形的年代推断，约在上新世－早更新世形成的本区最长的一级河流中，凡切过断层西部段落的河道在穿过断层处至今所累积的总错距都要比东部的大。如穿过西部段落的莫勒切河错距为 27 km，更长的车尔臣河达 54 km；而切过东部段落的疏勒河虽是形成时代相近的一级河流，但被阿尔金断层错动至今累积的错距仅 5 km。另一些位错量较大的（1～10 km）断错河道都主要分布于偏西段的且末—若羌一带。这些情况都说明了东段的一些断层开始出现错动的时间是晚于西段的，或者说活动西强东弱。

（2）沿断层两侧新地层错距的情况亦反映了这一点。在阿尔金断层西段的来西瓦断层附近上新统地层被水平错开达60 km，向东在乌尊硝尔以西一带亦可达20多公里，再向东至索尔库里一带上新统地层被错开16～17 km，而在东段看不到这样大的错距现象，有错距愈东愈小的趋势。

（3）一些二级河流，如在西段的喀拉米兰河错距达5 km，而大约同期形成的同级河流在东段错距要小得多，如长草沟、好不拉沟、大黑沟等左旋错距多在1.8～3.5 km之间。但是，普遍分布于全断裂带上的一些晚更新世及全新世以来形成的三、四级河流或规模更小的冲沟，其错移量则有时东段的并不比西段的小，甚至有些段落错距有东大西小的情况。与上面所说的一、二级河流错距情况相比较，则不难看出阿尔金断层的破裂活动是西早东晚，由西向东发展的，也就是说具有破裂活动迁移现象的存在。

（4）在一些次级断层上的破裂位移也有类似现象，如近年国家地震局阿尔金活断层考察队取得的资料表明，在安极尔断层段上发现的多条全新世古地震形变带的年代愈东边的愈新，在乌尊硝尔湖一带错移了湖岸的活断层上同时期的错距沿断层由西向东明显减小。最新的二次滑动事件的地表断裂上位移的情况也是如此。这与新疆阿尔泰区1930年富蕴8级地震形成的地表断层的一些次级断层上位移量向一个方向逐渐减小的情况是很相似的（图5）。

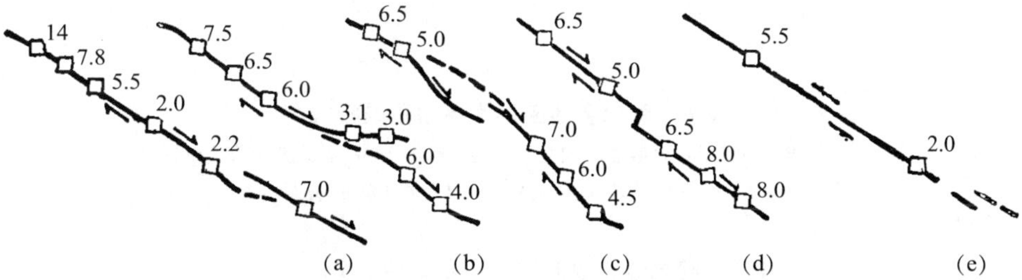

图5　1930年新疆富蕴8级地震的4条次级地表断层（a—d）及阿尔金安极尔山断层段（e）上位移量的变化

（a）萨热巴斯陶；（b）托库特拜；（c）新山口；（d）干沟；

（e）阿尔金安极尔山断层段上乌尊硝尔湖一带的最新地表断层，位移量单位为m

综合有关阿尔金断层新活动的资料，分析各段及不同时间破裂发展的特点，可以概括出阿尔金活断层形成发展过程的一个粗略模式：阿尔金活断层的形成是在先存断裂的基础上由西南向东北依次向前破裂发展，由几个段落连接而成的。每次形成的破裂段都包括了两个部分，一是北东东走向的走滑断层，一是其东北端部向东南侧的高原内部逐渐转换的北西西向挤压逆冲带。在下一个活动阶段，破裂再次向前发展。新的破裂冲过两个段落之间的过渡地带，逐步将两个段落连接起来，这样断层的长度不断增大。新的破裂段的端部不断形成新的挤压带，而旧的转换挤压带或逆冲断层则因与新断层段落的连接而逐渐停止活动。阿尔金断层就是这样不断地向前延伸增长，破裂段不断地由西南向东北方向迁移，直至形成了现今长达1600 km的巨大规模（图6）。

总的说来，各段的年龄愈向东北愈新。从西南向东北除多种断错地形的资料外，山地剥蚀形态新老的差异也说明了这一点。看来这一发展过程是与青藏高原的发展，由挤压、隆升和向外扩散滑动的过程相联系的。当然阿尔金活断层的形成是一个十分复杂的破裂过程，存在破裂段的反复迁移。限于当前研究的程度，这一过程的具体建立还有待于下一步的细致调查与研究。从整个断裂带切穿地层和地貌情况分析，整个断层贯通过程至中更新世末期已基本完成。仅在安极尔山断层段与最东部的阿尔金山北缘断层之间目前尚未完全破裂连通，两者之间有一段很长的重叠（索尔库里槽地），呈左阶斜列存在。据陈国星的调查资料，最东段的阿尔金山北缘断层可分为西、中、东三个区段，同时期水系错动量的分析表明，这一断层的水平活动量中区段幅度最大，西区段次之，东区段最小（表2）。这一资料除具体地说明了阿尔金断层活动的不均匀性外，也与上述的阿尔金断层的发展模式具有很好的一致性。

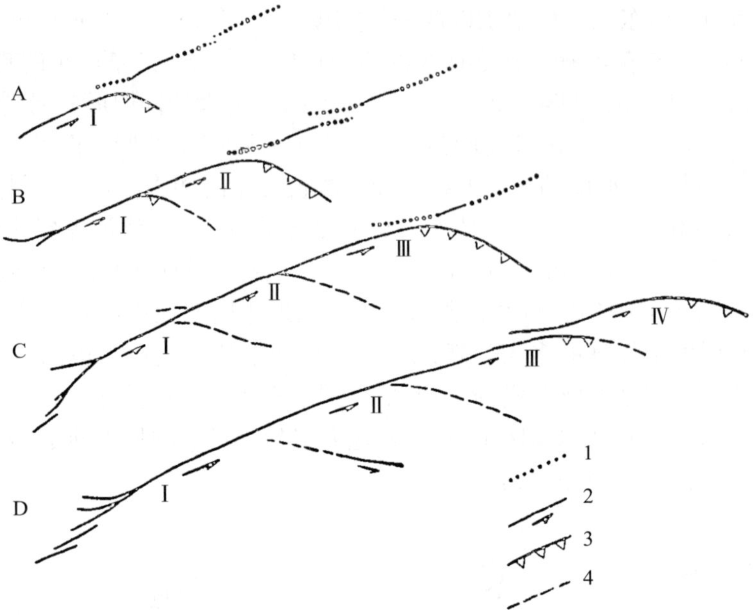

图 6　阿尔金活断层发展阶段的模式

1. 先存断层；2. 活动走滑断层；3. 挤压逆冲带；4. 活动微弱的断层；

A ～ D. 发展阶段；Ⅰ～Ⅳ. 不同发展阶段的破裂段

表 2　阿尔金北缘断层水系错动量一览表[10]

分段	水系级别	错动量（m）	测量条数	水系名称及规模
西区段（青崖子—党城湾）	一		1	党河，位于次级断层端部，无错动形态
	二	1800	1	长草沟，有五级阶地，最高阶地由玉门砾石层组成
	三	350 ～ 550	6	大冲沟、民主乡沟、清水河沟、黑石头沟等，有四级阶地
	四	130 ～ 180 40 ～ 100	> 100	中沟等无名沟，有二至三级阶地
	五	12 ～ 24 7 ～ 8	数十条	小冲沟，发育一至二级阶地
中区段（党城湾—八个峡）	一	6500	1	红柳峡，下蚀 80 ～ 100 m，河流在山中延伸 50 km
	二	1800 ～ 3500	6	好不拉沟、大黑沟、一碗泉、芦草沟等，下蚀亦达 80 ～ 100 m，长 15 ～ 20 km
	三	600 ～ 1100	8	滴水沟、青石峡、八个峡等，一般长度 < 5 ～ 6 km
	四	320 ～ 390 140 ～ 230 50 ～ 90	> 100	大量的无名沟
	五	17 ～ 35 7 ～ 12	数十条	小冲沟

续表

<table>
<tr><th>分段</th><th>水系级别</th><th colspan="2">错动量（m）</th><th>测量条数</th><th>水系名称及规模</th></tr>
<tr><td rowspan="6">东区段
（八个峡—赤金）</td><td>一</td><td colspan="2">5000</td><td>1</td><td>疏勒河，下蚀 210 m，有五级阶地</td></tr>
<tr><td>二</td><td colspan="2"></td><td>0</td><td>本段无二级水系</td></tr>
<tr><td>三</td><td colspan="2">180 ～280</td><td>11</td><td>车路沟等，沟长 <7 ～ 8 km，下蚀 40 ～ 50 m，一般有三级阶地</td></tr>
<tr><td rowspan="2">四</td><td>疏勒河西</td><td>疏勒河东</td><td rowspan="2">数十条</td><td rowspan="2">大量的无名沟，一般长数百米，下蚀 20 m，有二级阶地</td></tr>
<tr><td>80 ～105
20 ～60</td><td>50 ～70
20 ～30</td></tr>
<tr><td>五</td><td>8 ～12
4 ～7</td><td>4 ～7. 5
1. 5 ～2. 5</td><td>数十条</td><td>小冲沟，下蚀深度 <5 ～6 m</td></tr>
</table>

在我国大陆内部第四纪断层活动的迁移方向似乎存在有一定的趋势。从多个第四纪断层上破裂的过程看，北东向的断层其破裂活动多是由西南向东北迁移，北西向的断层则多是由东南向西北迁移。活动段落大致循此规律迁移，当整个断层几乎全部破裂贯通以后，这一活动过程即行结束，然后转入一个平静阶段。

关于断层活动迁移的速度，沿昌马－鄂博断裂带、河北平原断裂带及东南沿海断裂带 7 ～8 级大地震破裂的迁移速度约在 50 ～100 km/a 之间，这与茂木清夫指出的在太平洋与澳大利亚板块之间边界的汤加－克马德克地震带上巨大地震由浅部向深部迁移的速度约 50 km/a 的数值大体相近。但断层活动的迁移涉及不同构造边界或区域以及不同时间和空间尺度的问题，如单条断层上的迁移或一个断裂带上以至一个区域的迁移是不同的，将不同级别的迁移速度混为一谈显然只能增加认识上的混乱。至于断层上破裂活动的群集出现及其迁移现象的原因是与脆性地壳下面的深部物质活动有关[1]还是与影响地球旋转等整体运动的环境动力因子有关，目前还远未能作出有充分依据的论证。

三、讨　　论

随着对我国一些活断层详细研究的开展，加深了对断层上破裂过程具体状况的认识，许多第四纪断层上形成地表破裂的巨大滑动事件及位移错动状况在时空上的分布具有明显的不均匀特性。这种断层活动的不均匀性主要表现为断层上破裂事件在时间上的群集性及活动段落在空间上的迁移性。长期的地震活动，包括地震形成的地表断层的分布和大量有关断层位移状况的地质地貌资料，特别是有关破裂事件年代学的资料都有力地支持断层活动具有这一特殊习性的认识。看来断层活动的这种不均匀性是大量活断层所普遍具有的一种特性。

目前对这一断层活动特性认识的材料还很零碎。鉴于这一问题在评估断层活动程度及地震危险性方面的重要意义[11]，应当加强对这一现象的系统研究，首先特别是有关断层上巨大破裂事件研究方法的进一步完善和资料的积累。近年来古地震研究的进展使得揭露断层活动在几百年、几千年以至几万年范围内的具体情况和过程成为可能，古地震事件的研究已成为活断层研究中的一个重要课题。特别是晚更新世晚期以来或全新世以来这段时间内，古地震事件的研究具有更为突出的实际意义[12]。在这方面如何更好地解决判定古地震事件存在的标志及提高测定事件发生年代的精度是两个关键的问题。

断层活动的群集与迁移表明了断层滑动过程中滑动速率具有明显的变化。对断层活动状况的评价中滑动速率是一个最常用的指标。但目前一般使用的是断层活动在一个相当长的时间段的平均滑动速率。如松田时彦按断层长期以来平均滑动速率 $\bar{v}$ 将活断层分为 A 级（$1 \leqslant \bar{v} < 10$ mm/a）、B 级（0.1≤

$\bar{v}<1$ mm/a）及 C 级（$0.01\leq\bar{v}<0.1$ mm/a）三个活动程度不同的级别[13]。这一划分方案已被广为引用。但这种用平均滑动速率的大小来量度断层活动程度只是对一条断层长期以来活动的总体评价。如上所述，断层活动的群集现象及迁移现象的存在反映了断层活动在时空上的不均匀特性，反映了活断层滑动速率在不同时段具有复杂的变化过程，而平均速率掩盖了断层活动的这一不均匀过程，它不能具体地反映和代表一条断层在不同时间段具体的活动程度。因之必须考虑断层活动的群集性和迁移特点，具体研究断层滑动速率的长期变化过程，这样才能更适当地给出一条活断层活动程度和状况的评价。

地震危险性的评估常常是用研究发震断层过去的习性去预测其未来活动状况而得出的。这种估计往往需要有关古地震事件的时间、地点、强度、重复率等各种参数以及断层滑动速率及其变化情况等方面的具体资料作为依据。断层上破裂事件的群集及迁移现象的存在表明，在确定这些事件的重复率和复发间隔时，不能简单地作为均匀的周期重复来处理。只靠断层的长期平均滑动速率或仅对一条断层或断层的一个段落上几个探槽或有限的年龄资料作出地震重复间隔的判断有时将会是十分危险的。在评价地震危险性时必须充分估计断层活动的这种不均匀特性，才能提高有关地震危险性概率分析的水平，得出区域稳定性或地震危险性更适当的有关结论。

参 考 文 献

[1] Wallace, R. E., Patterns of Quaternary Faulting in the Great Basin Province, Western United States. Continental Seismicity and Earthquake Prediction, Seismological Press, Beijing, China, 1984, 290～297.

[2] Wallace, R. E., Grouping and Migration of Surface Faulting and Variations in Slip Rates on Faults in the Great Basin Province: Bull. Seism. Soc. Am., 1987, 77 (3), 868～876.

[3] Трцфонов, В. Г., Осбенности развития актнвнцХ раздомов. Геотектонцка, 1985, 2, 16～26.

[4] Ding Guoyu, Active Faults in China. Continental Seismicity and Earthquake Prediction, Seismological Press, Beijing, China, 1984, 225～242.

[5] 新疆维吾尔自治区地震局，富蕴地震断裂带，地震出版社，1985。

[6] 林伟凡、高维明，沂沭断裂带大地震重复周期，中国地震，1987，Vol. 8，No. 8，34～40。

[7] 马宗晋，地震幕，1966～1976 中国九大地震，地震出版社，1982，189～204。

[8] 郑朗荪、高维明、郑传贝，郯庐断裂带的分段与沂沭断裂的活动性，中国地震，1988，Vol. 4，No. 8，123～129。

[9] 丁国瑜，我国的强震系列与第四纪活动断裂带，第三届全国第四纪学术会议论文集，科学出版社，1982，184～194。

[10] 陈国星，阿尔金断裂东段第四纪活动的时空特征，中国地震，1987，Vol. 8，增刊，35～51。

[11] Slemmons, D. B. and Depolo, C. M., Evaluation of Active Faulting and Associated Hazards. Active Tectonics, National Academy Press, Washington, 1986, 45～62.

[12] Allen, C. R., Seismological and Paleoseismological Techniques of Research. Active Tectonics, National Academy Press, Washington, 1986, 148～154.

[13] Matsuda, T., Estimation of Future Destructive Earthquakes from Active Faults on Land of Japan. J. Phys. Earth. 25, Suppl., 1977, 251～260.

《中国活断层图集》前言*

一、活断层项目介绍

国际地质对比计划（IGCP）是联合国教科文组织（UNESCO）和国际地质科学联合会（IUGS）共同组织的一项大规模的国际间地质合作研究项目。它选定了一系列具有重要意义的地质学专题广泛组织国际间的合作与交流。到目前，进行过和正进行着的国际地质对比研究项目已达200多项。我国已于1980年建立了中国国际地质对比计划全国委员会，并积极参与和主持了多项国际地质对比计划工作。为了进一步推进我国活动构造、地震预报、工程地震等方面的研究工作，1981年国家地震局高文学教授向我国IGCP全国委员会提出了建立“全球活断层及其地震活动性比较研究”项目的建议。提出这一建议的目的，是由于在地球科学中活断层的研究无论在理论上还是在实际中都具有重要的意义。对活断层的研究是当今世界上许多地区研究的重点课题之一。这些研究为认识构造作用的性质、构造活动的速率、地震成因与预报、地震危险性判定等提供了十分重要的见解，同时也是进一步解决这一系列科学问题的关键所在。目前对单个活断层的研究尽管很多，可是由于研究的目的与方法的不同，还十分缺乏横向的综合研究与交流。开展全球各地活断层的对比分析将会对上述一系列问题的解决起到重要的促进作用。这一建议得到了中国委员会的积极支持，由其向IGCP执行局正式提出，并很快得到了当时IGCP执行局科学委员会主席A. W. Bally的积极响应。1982年9月中国的丁国瑜、张裕明与美国的R. Wallace、R. Bucnm就如何开展这一项目在北京进行了讨论，双方同意共同负责推进该项目的组织，并决定起草项目建议书报IGCP执行局。1983年2月IGCP执行局会议正式批准了这一项目的计划，作为IGCP的第206号项目，进行时间为5年，由美国的R. Bucknam及中国的丁国瑜、张裕明共同担任项目主席。IGCP科学委员会认为“这一项目是IGCP第一份论述地震灾害的建议书。活断层的对比，对充分估价我们的地球当前的动力状态是十分重要的。这个项目将最终提高我们评价地震危险的能力”。在酝酿如何具体组织这一项目的过程中，马杏垣教授、C. Allen教授和R. Wallace教授等曾为推动这一项目的实现提出了许多重要的建议，作出了积极的贡献。

这一项目的任务和目的是积极地吸引各国从事活断层研究的科学家参加这一项目，对全球一些主要活断层分别进行细致的研究，并将获取的大量资料汇集成图集及报告；对选定的主要活断层的特性进行系统的综合对比研究，改进活断层研究的方法，深入认识活断层的习性，以利于地震灾害的预测及减轻，提高地震危险性评价、工程稳定性评价的可靠程度。自1983年以来，除我国以外，还有美国、日本、新西兰、印度、巴基斯坦、英国、法国、土耳其、阿根廷、巴西、秘鲁、委内瑞拉、尼泊尔、泰国、印度尼西亚、缅甸等十几个国家的科学家参加了这一项目的活动，交流了有关活断层的各种资料。这一期间，还先后在日本、中国、新西兰、阿根廷、印度等地进行了这一项目的学术讨论会，并对日本的中央构造线活断层、中国的郯庐活断层、新西兰的阿尔卑斯活断层进行了野外考察，交流了各国科学家在活断层研究方面的经验。

在中国，这一项目得到了国家地震局的大力支持。1983年建立了IGCP第206项中国工作组，挂靠在国家地震局地质研究所，并决定提出郯庐、鄂尔多斯周缘、鲜水河、红河、昌马、二台等六条活

---

* 本文系《中国活断层图集（IGCP－206项目）》前言，1989，地震出版社、西安地图出版社，作者：丁国瑜　张裕明　方仲景。

断层进行对比研究。目前编辑的这一图集就是中国工作组为这一项目提供的工作成果，是全球活断层对比项目的中国活断层部分的图集。这里除了参加对比研究的6条活断层以外，又适当增补了有关阿尔金活断层的一些新资料。这主要是由于它是亚洲大陆内部极为引人注目的一条巨大的活断层，尽管材料还较少，但对了解亚洲东部的活断层来说，我们认为对它作一些介绍是十分必要的。在这一图集里，集中反映了选定的各条活断层在卫星影像、重力和磁场的背景、新构造环境、断层活动及其地质地貌体现、现代地壳形变特征、地震活动性及古地震等方面有关的大量实际资料，反映了多条活断层各自的活动特性。虽然这仅仅是中国众多活断层中的一部分，但在一定程度上也是对中国活断层研究中一个阶段所取得的资料和结果的归纳和总结。

二、中国活断层研究状况

在本世纪30～40年代，我国的一些地质学家已经开始注意描述有关活断层的地质地貌现象。1949年新中国成立以后，随着大规模经济建设的兴起，地震区划工作、重大工程的区域地壳稳定性评价和地震烈度的鉴定广泛开展，这些工作都涉及到活断层的研究。1956年中国科学院生物地学部召开了中国第一次新构造运动座谈会，与会科学家从许多方面论及了中国的活断层以及与地震活动的关系。当时把活断层称为第四纪断层、新断层或伴随新构造运动而形成的断层等等。1957年正式出版了这次座谈会的发言记录。这一阶段的活断层研究主要是大地貌、冲积洪积扇的变形、新生代地层的错断以及地震震中分布等宏观定性研究。

1966年以来，由于华北和西南地区相继发生一系列 $M>7$ 的破坏性地震，从而使与地震活动密切相关的活断层研究提到了更加重要的位置。20多年来，对活断层研究的内容和采用的方法都取得了较明显的进展。对全国一些重要的活断层，除了开展一般性的地貌、地质学（包括遥感资料的应用）的野外综合调查和专题研究外，还在一些重要地段进行开挖探槽、地质填图、年代学和应力状况的研究。与此同时，加强了仪器观测，沿一些活断层开展了包括大地水准复测、跨断层的短水准基线和三角的重复测量、断层应变观测、原地应力测量、微震观测、震源机制、地热、地球化学和其他地球物理方法的探测和研究。所有这些工作，为从浅层到深层、从定性到定量研究活断层的运动学和动力学积累了十分丰富的实际资料。中国地震学会地震地质专业委员会1982年汇编出版的《中国活动断裂》一书，基本上代表了70年代我国活断层的研究状况。80年代以来，对我国活断层研究的内容和方法又有了很大的拓展，涉及对活断层的几何图像、断层结构、断错地貌、断层的运动方式和速率、与地震的关系、古地震与大震复发间隔、活断层的活动习性及其动力学的研究等。有关判定活断层运动年代的多种方法，特别是^{14}C、热释光、断层陡坎坡度的测量、发掘活断层上古地震地质证据的探槽方法等也都得到了广泛的运用。同时，结合全国地震构造图、烈度区划图等各类图件的编制工作，对全国显露的和隐伏的活断层资料进行了一次普查和整理，其许多成果已经在这些全国性的小比例尺（1/600万～1/300万）地震构造图和岩石圈动力学图中得到了反映。对一些发生过巨大地震的主要活断层，如选入本图集中的郯庐、鲜水河、红河、昌马、二台活断层和鄂尔多斯周缘活断层系等所进行的比较系统的野外考察和专题研究就是在这一阶段进行的，其中郯庐、二台和鄂尔多斯周缘活断层已出版了专著。

本图集中还绘出了一张中国主要活断层的分布图。由该图可以看出，中国的活断层在分布上总的是继承了原有的，特别是中生代和新生代以来的断裂构造的格架。大约以东经105°为界可以分为东西两部分，东部以NE和NNE走向的正断层和张性走滑活断层为主，西部则是以NW和NWW走向的走滑、逆走滑和逆断层为主。在西部的青藏高原内部发育有一系列NW和近EW的大型走滑活断层，它们是喜马拉雅碰撞带造成的近NS向挤压所引致的高原内部块体间不均匀的侧向滑移而形成的。在青藏高原边缘的祁连山、龙门山、塔里木南侧、帕米尔、天山南北麓、准噶尔北侧则发育了一系列活动逆断层。在东部，活断层的分布自北而南又可分为东北、华北、华南3个断层活动特征各不相同的地区。在东北平原的边缘及内部有一系列NE及NNE向的活断层，但活动程度不高。华北是东部断层活动及地震活动最强烈的一个区域，它主要以与新生代沉积盆地相伴生的一系列 NE、NNE 向张性右旋走滑活断层为特征，尤其是围绕鄂尔多斯的活断层系最为引人注目。在华南，活断层的活动程度较上述地区为弱，除分布于东南沿海外，湖北、广西一带还有少量分布。在东部海域活断层也主要分布于一些新生代盆地的边缘，以 NE－NNE 向正断层及张性走滑断层为主。活断层是内陆地块间相互运动的主要活动边界。本图集所包括的各条活断层是从中国众多的活断层中所选择出来的，它们在活动类型上和在区域分布上具有一定的代表意义。我们认为，通过对这些有代表性的活断层具体资料的了解，可以窥见中国这一广大区域活断层特性的基本状况。

三、活动层研究启示与认识

我国选定参加 IGCP 第 206 项的 6 条活断层各位于不同的大地构造单元上，它们所处的构造环境及重力和地磁等地球物理场背景，形成及发展的过程都有很大的差别。但它们在空间展布、几何图像、活动风格及速率、地貌特征、地震活动等方面又具有许多共同的、相似的习性和特点，而这些特点正涉及了活断层特性本质的一些问题。

通过对这些活断层研究所获取的多方面资料的分析和对比，我们可以得到如下一些启示与认识：

1. 活断层的活动方式及断层活动在时间上的不均匀性

活断层的活动方式有 3 种：蠕动、黏滑与旷动。从中国活断层的活动情况看，大量的活断层以黏滑方式运动为主，除一些地区反映了深部断裂带蠕动的地裂现象外，至今在中国大陆内部尚未发现像圣安德烈斯断层的一些段落所具有的那种蠕滑现象。鲜水河活断层虽有人认为有蠕动现象，但 1976～1986 年间记录到的蠕动位移有随时间而衰减的现象，故很可能属于震后的蠕滑现象，主要是多次地震破裂造成破碎带强度减弱而引致的。鄂尔多斯周缘活断层虽有人提出可能存在无震蠕动与地震滑动交替出现，但还缺乏确切的直接证据。郯庐、红河、二台等活断层的详细调查及研究都尚未发现蠕动现象。旷动是指断层两盘处于未愈合状态，经常反复活动，但并未造成明显位错的一种断层活动方式。在中国，许多跨断层的基线和短水准线重复测量以及其他应变测量手段得到的资料反映存在有这一类型活动方式。大量断层位移重复观测的结果表明，断层是未愈合的，两盘有不断地反复相对运动，但最终并未造成明显的错距。

根据对中国活断层位移情况的分析可看出，在不同时间段位移的大小是变化的。不同年代的断错地貌所显示的错距往往呈不连续地累积增长。位移值的大小呈现有分组现象，而且往往具有可公度性。例如对二台活断层全新世以来的 45 条冲沟被断层错断的位移值的统计表明，大小冲沟的错距大致可分为 33±3、65±2、95±4、166±3 和 205±4 m 五组，并有约 30 m 的可公度值。郯庐活断层在山东莒县左山一带的断错冲沟错距大致为 4～34 m，但位错数据很不连续，主要集中于 3 个范围内，即 4～9，14～20 和 28～34 m。这三组数值大致有倍数的关系，表明该断层曾经历过与平静相间歇的 3 个活动阶段或多次突发的断错事件。这已为该地段开挖的探槽剖面上的古地震及年代学资料所证实。还可以在中国内陆很多条断层上指出上述这种现象的存在。沿断层发现的断错事实说明：

（1）大部分断层不具有蠕动或连续的均匀滑动的活动方式，断层位移量的积累主要是以地震的方式实现的。

（2）断层的活动过程是以活动与停顿相交替的方式进行的。断层各不同发展阶段累积的位移值所呈现的可公度性反映了断层的断错活动及破裂事件具有丛集现象和间歇性，这种断层的间歇式滑动在一定阶段是有规律地周期性地重复进行的。沿断裂带地震活动的分期分幕现象就是这种运动形式的具体表现。

由此看来，这种不均匀的但又有规律的间歇式的幕式活动是中国内陆活断层的主要活动方式。需要指出的是，由于断层滑动及古地震事件集中的活动段和平静段不仅呈现出间歇性的周期变换，而且是一种具有不同周期与幅度的多层次的准周期性波动的叠加，有较短的周期，还有更长的周期，从而使断层滑动强弱时段或古地震事件集中出现的情况呈现出并非简单周期的重复，而是具有更复杂的情况，不能把大震复发间隔都视为简单的周期重复。

在中国大陆上，自上新世末期进入了一个构造运动（包括断层活化）的新阶段，即所谓的新构造时期。进入这一阶段以来有多个次一级构造活动加强的阶段，较明显的是在早、中、晚更新世各个阶段之间。这已为许多资料所证实。但因周围构造应力场状况的差别，在不同区域断层出现活动和平静阶段的时间有所不同。

2. 关于断层活动在空间上的不均匀性及分段性

中国内陆活断层不仅在时间上具有间歇式活动特点，在空间上由于地质结构、区域应力状况等环境条件的不同，断层活动也呈现出不均匀性和复杂的变化。活断层往往不是一条简单的断层，而是由多条次级断层组合形成的，在空间展布上表现出不连续性。有的形成雁列，并在次级断层之间形成一系列的拉分或挤压构造。有的表现出明显的分段现象，不同段落的断层活动特性各异。关于活断层的分段主要是对一条断层在破裂发展过程中破裂单元的划分。断层的分段性概念是一种持久性的控制破裂传播的阻挡体思想。对一条活断层的分段，包括了对断层各个段落的方向、连续性及其活动特点的识别。活断层的分段研究能加深对断层破裂特点的认识，是预测潜在破裂区的物理基础。对活断层的分段一方面要考虑一条断层的物理特性（断层几何、走向、断面结构等），另一方面要考虑地震（包括古地震）的破裂长度，即要从断层的结构组合形式和断层活动习性等各方面综合起来进行合理的分段。

综合分析中国一些主要活断层的分段可以看出，造成分段的因素以及识别分段的构造标志主要有：

（1）断层与断层或与其他构造的切割。这常常是形成断层分段的重要因素。

（2）断层两侧的岩性、断层面的宽度和结构的变化。如郯庐活断层的中段是穿越前震旦系坚硬块体的一段，所以此段有不同于北段和南段的断层活动特点和地震破裂特点。

（3）断层迹线的复杂程度。断层迹线分支分叉复杂的地段由于应力分配到多条断层上，不易积累应力，而断层迹线简单且有弯曲现象时则易于积累应变而发生强震。如红河活断层的北段及东南段的划分及破裂特点就是如此。

（4）断层的阶步组合状况。阶步的过渡部位的状况对破裂的延展或终止往往起着重要作用，直接影响到断层的分段。如鲜水河活断层在北端甘孜附近与玉树断层间及在南端乾宁东南与康定断层间的两个过渡构造（甘孜拉分盆地及折多山挤压区）就限制了鲜水河活断层在两端的破裂发展，使这一段断层成为一个有独特活动风格的段落。

（5）断层面的变化。当断层的走向与区域滑动矢量方向斜交时可造成很高的有效正压力，具有高摩擦强度，易于发生强震及大的位移滑动。而断层走向平行或接近平行区域滑动矢量的方向时，正应力低，则不易发生大震。因此，在许多场合下断层产状的变化也是构成断层分段的一个因素。许多断层的分段是与其走向的变化有关的。

（6）沿断层新的火山活动。这种火山活动可对断层面起到焊接作用，从而成为断层分段的影响因素。如沿郯庐活断层即有此情况。

3. 断层活动的迁移

断层活动发生的不均匀性还表现在断层的活动段落或活动区域在空间上的迁移。如郯庐活断层中段（沂沭活断层段）是由平行的四条断层组成的，由东向西排列顺序为 F_1，F_2，F_3，F_4。在早更新世至中更新世早期，沂沭活断层的活动主要是 F_2 断层，F_1 当时只是一条潜在活动的迹线，至中更新世中期该断层一直保持平静。到中更新世末，活动转移至东支的 F_1 并一直延续到晚更新世，而 F_2 的活动明显减弱。晚更新世末期以来，F_1 的南段活动又明显大于其北段。总的看来，断层活动经历了由西向东、又由北向南迁移发展的过程。沿我国西部巨大的阿尔金断裂带，根据近年取得的一些资料看，第四纪以来，特别是晚更新世晚期至全新世以来大量保存较好的断层滑动和古地震破裂遗迹的分布表明，该断层活动在时空上也是明显地存在着迁移现象。从较短的时间尺度上看，沿青藏高原北侧的海原活断层至昌马活断层在本世纪 20～30 年代就表现出地震破裂从东南向西北方向迁移。沿鲜水河活断层、汾渭活断层系也都有此情况。在国外，对美国西部内华达州大盆地区活断层的活动段落或活动区域的迁移现象，帕米尔、中亚、天山一带断层活动段落的迁移现象都有过一些报道。看来，活动区域的迁移与变化是断层活动的一个普遍特性。尽管迁移的时间尺度和规律还有待深入的研究，但对这一断层活动习性的认识无疑是涉及地震灾害评价的一个基础问题。

4. 活断层的滑动速率

根据涉及活断层特别是本图集中各条活断层滑动速率的大量资料，目前已可以对第四纪（有些是晚更新世）以来中国大陆地区断层的位移总量和平均滑动速率得出一个大体定量的认识。总的看来，自上新世晚期以来的断层水平位移总量西部大，从数公里至数十公里，如鲜水河、二台、阿尔金等活断层；东部小，从数十米至数公里，如郯庐活断层等。活断层的平均滑动速率西部每年数毫米以至10 mm以上，华北由不足1 mm至数毫米，华南除沿海外为百分之几到十分之几毫米。垂直位移的总量比水平位移要小，东部为数百米至一千多米，华南为数十米至数百米，西部则可达三四千米。垂直与水平位移量之比在华北约为1∶2，西部为1∶6以至1∶10。从具体分布上看，中国大陆内部块体边界上活断层的平均滑动速率比板块边界上的小约1～2个数量级，但它们又明显地大于块体内部一些断层的滑动速率。如西部各块体边界上活断层的平均滑动速率一般为5～10 mm/a，而块体内部的通常为1～3 mm/a；东部各块体边界上的平均滑动速率通常为1～4 mm/a，块体内部的则往往小于0.5～1 mm/a。活断层平均滑动速率的这种大小分布格局与地震活动强弱的空间分布大体一致。

前面已经提到断层活动在时间上、空间上往往是不均匀的，不同时间段断层的活动方式和速率可以有很大的不同，因此上面给出的活断层平均滑动速率只是对一条断层活动程度的总体评价，不能反映出不同断层活动过程的差别，而对活断层不同活动阶段滑动速率大小及其变化过程的细致研究又是十分必要的。

5. 活断层的发育阶段

活断层的发生发展以至愈合的过程，总的看来是从微小的破裂带到直线性的断层，到大型波状弯曲的断裂带，最后被扭曲、切割、愈合的过程在不同的发展阶段，断层的活动状况及地震活动性也表现出很大的不同。因此，对比分析活断层处于什么发展阶段或发展程度也是深入认识断层活动习性特征的一个重要方面，这对评价活断层上的地震危险性具有重要的意义。

活断层发育的初期往往是一个应力集中的隐形破裂带，没有明显的位移，可称为初始期破裂或雏形期活断层。它们的存在常以小震的成带活动表现出来。

生长期或幼年期的活断层是活动旺盛阶段的活断层，具有明显的位移，常以多条成系统地存在。我国东部华北及东南沿海发育的北西向断层，西部新疆、甘肃、青海一带的北北西向活断层（有的称河西系）等均可视为此类活断层在其破裂发展的端部或与其他构造交叉的部位常有中强震或强震发生。

发育成熟的活断层可称为活跃期或壮年期活断层。它们常以规模巨大的弧形或波状延展的活断层带出现，往往由多条活断层连通而成，活动方式复杂，位移量大。在其不同活动段落地震活动性强弱不一，且有活动段落的迁移转换现象。我国西部一系列巨型走滑活断层，如鲜水河活断层等，多属这一发展阶段的活断层。

活断层发育的最后阶段是衰亡期或老年期活断层，形态上多已扭曲以至被切割支解。沿这类断层地震活动性低，可能有个别调整性强震发生，但复发时间间隔很长。郯庐断裂带可视为一个已处于衰亡期的活断层。当断层的活动已完全停止，断层面已愈合，即可称为愈合断层或死断层、化石断层。这时，这样的断层上已无强震活动可言。

需要指出的是，大量的活断层往往是先存断层或愈合断层的复活，并不是所有活断层都会完整地或依次地经历上述各个发展阶段。大量的活断层在经历了一个或二三个发展阶段后由于没有适宜的条件便停止了发展，有的还可以在愈合后再次复活，而且不同活断层各期发展时间的长短也可以很不相同。这都决定于应力场状况的变化。从中国大陆各地活断层的发展历史看，活断层是在不断地新生着、发展着和衰亡着。伴随着区域地壳运动的发展，它们有时大量生成，有时大量衰亡，而有时只是较平稳地发展活动着或休眠着。

四、结　论

这一项目所选定的一些活断层都是我国内陆最主要的活断层，虽然它们在大地构造背景和现代构造应力场中所处的位置不同，各自的活动状况有着显著的差别，但如前所述，它们有很大的代表性和典型性。本图集中的大量资料及上面提及的一些看法反映了不同区域、不同类型活断层的一些基本习性，反映了我国内陆活断层的主要特点。对比研究是揭示事物本质和特性的一个重要方法和途径，对这些活断层有关资料的深入综合分析与对比研究将会更进一步揭示断层活动在时间、空间和强度上不均匀特性的具体状况，而这一点无论在理论上还是实际上都有着重要的意义。活断层反映了现今的或最新地质时期地壳变形和运动的特点，对活断层的活动方式、滑动速率、断层活动的分段、破裂的传播、破裂的反复迁移与变换等问题的深入了解无疑是认识现代岩石圈、板块运动和板内运动特点的一个重要窗口。活断层的研究所获得的结果可为评价区域地震危险性提供极为重要的基础，是探讨地震强度、强震复发间隔、判定潜在震源区以及评估重大工程场地稳定性的重要依据。这一图集所包括的材料正是为适应这些方面的需要而提供的。但编辑这样的图集还是首次尝试，而且由于各条活断层的研究程度不平衡，难免在形式与内容上存在不一致和欠缺之处。一些有关断层活动的定量数据受当前研究深度的限制也不够丰富和系统。此外，这些活断层虽有很大的代表性，但毕竟是少数，不可能完全反映我国境内数量繁多、类型多样的活断层情况，如还缺乏典型的逆断层和板块边界上的活断层等。随着活断层研究工作的进展和新资料的积累，本图集中的某些内容和所表达的概念定会有进一步的充实、提高以至改变。但作为一个阶段性工作成果的汇集与总结，我们热切期望它能在推进我国以及全球主要活断层的对比研究中发挥其应有的作用。

自 1983 年 IGCP 第 206 项被批准和建立之后 5 年来，编制这一图集的工作一直是在国家地震局的支持下进行的。地震局将此项目列为重点研究课题，并先后于 1983 年（武昌）、1984 年（北京）、1985 年（烟台）召开了多次编图工作会议，制定计划，统一要求，交流成果。葛治洲、李裕彻、朱世龙等曾为此进行了大量的组织工作。

IGCP 第 206 项中国工作组设置于国家地震局地质研究所。地质所的领导及有关部门为推进这一项目的完成，对工作组的工作一直给予了大力的支持。

在 1984 年日本神户召开的 IGCP 第 206 项第一次国际讨论会上我国曾为会议提供了作为对比研究的《中国活断层图集》样本。这是在中国工作组组织下由国家地震局地质研究所和山东、山西、陕西、四川、云南、新疆等省（区）地震局的参加者共同完成的。它为进一步编制图集奠定了基础。

1985 年 11 月在北京召开了 IGCP 第 206 项第二次国际讨论会。会后，对郯庐活断层在山东的一段进行了野外考察。这一期间，与会许多国家的科学家们对《中国活断层图集》提出了宝贵意见。

1986 年 7 月，在基本上完成了图集初稿后，在北京召开了图集评审会，IGCP 中国委员会主席程裕祺教授、著名地学家马杏垣、徐煜坚、陈述彭、陈庆宣、李玶、李廷栋、马宗晋、刘若新、陈鑫连、常承法、任继舜、邓起东、韩慕康等 20 多人对图集进行了认真的评议，对图集的进一步完善和出版提出了许多宝贵的意见。目前这一图集就是在评审会后吸收了这些意见又几经修改补充而完成的。

图集英文版中各条断层的说明由何永年、沈德富、林传勇、程绍平等翻译，顾平、孔凡臣、黄伟师等校改。绪论的英文是由戴月君翻译的。

图集由西安地图出版社清绘印刷。图集照片的制版原稿由中国图片社放大加工，张景山给予了协助。

总之我们深切地感到这一图集包含了多个单位许多年来对我国这些主要活断层辛勤的野外调查及多方面的研究结果。没有这一基础，没有上述各个部门、科学家及各方面同志的帮助和积极支持是不可能完成的。谨向所有为此图集做出贡献者表示衷心谢意。

阿尔金活断层*

一、概　　述

阿尔金活断层是中国大陆内部规模最大的一条活动走滑断层，同时它又是青藏高原的西北边界断层。因此，深入研究它的第四纪活动性质和时空演化特点以及它的地震活动性，对于板内地震理论的研究、讨论青藏高原的演化与发展以及评估中国西部地震活动的背景都有重要的意义。

由于受自然条件的限制，对阿尔金活断层的系统研究工作起步较晚。这里的资料主要是据 1984 年对阿尔金活断层进行的野外调查整理的。

阿尔金活断层是沿袭着华北、塔里木、柴达木、藏北等多个地体间的拼合边界发展起来的。新构造时期随着印度次大陆与欧亚板块碰撞作用的影响，阿尔金活断层开始强烈发育，并构成为中国青藏块体西北部的活动边界。

阿尔金活断层由多条大致平行、规模不等、活动程度不一的断层所组成。新构造时期活动最强烈的主体走滑活断层西起于藏北高原的苦牙克一带（东经 83. 5°，北纬 36. 6°），向东沿阿尔金山脉至河西走廊西端的玉门镇一带，这一主体走滑断层长约 1500 km，总体走向 70°。

新构造运动时期阿尔金活断层活动的时空特点主要表现为：

（1）具有分段活动性。根据断层的几何形态，可以把阿尔金活断层分成东、西两大段。西段从苦牙克至安南坝山南缘，长约 1100 km，主要分布在阿尔金山脉中。东段的主体走滑断层从拉配泉向东至玉门镇一带，长约 600 km，主要展布在阿尔金山脉北缘冲积裙中。这两段成左阶排列，重叠近 200 km。它们在活动性质、活动时间和活动强度等方面都有所差别，应为在统一的区域应力场作用下产生的两个次级破裂系统。

（2）新构造运动时期，该活断层经历了一个从挤压逆冲至水平剪切走滑的演变过程，断层水平剪切走滑活动的性质越来越典型，到晚更新世以后断层活动的走滑性质尤为明显。

（3）根据不同阶段断错水系位移幅度的数据，可以看出，早更新世末以来，水系的最大左旋错动量可达 29 km，平均水平左旋错动速率为 29 mm/a；晚更新世以来，断层的平均水平左旋错动速率一般不超过 9～10 mm/a；全新世不超过 6 mm/a。活动强度似有减弱的趋势。

（4）断层的活动强度具有西强东弱、自西往东衰减的趋势。

（5）断层的东南盘为主动盘，它自西往东主动推进。这种运动明显地影响了断层两端构造活动的特点。在断层西端发育有走向为 50°左右、长达 250 km 的苦牙克裂谷，它在第四纪晚期仍有明显活动。在断层东端断层走向向东偏转约 15°～20°，形成了一条长约 50 km 的晚更新世逆掩断层。

（6）沿阿尔金活断层可见到大量古地震遗迹，古地震断层的形变现象清晰，类型多样。据目前取得的一些年代数据，其年代多属晚更新世晚期及全新世。

* 本文节选自《中国活断层图集》地震出版社，西安地图出版社，1989，100～104。作者：陈国星　丁国瑜　高维明。

二、新　构　造

阿尔金左旋走滑断层西起藏北高原的苦牙克一带，东至河西走廊西端的玉门镇一带，总体走向为北东，全长约1500 km。据断层的几何形态和活动性特点，可以把它分成东、西两大段。西段（A－B）从苦牙克至阿尔金山主峰（阿克塞县南），长约1100 km，东段（C－D）自拉配泉至玉门镇附近，长约600 km。两段成左阶错列，重叠近200 km。西段主要展布在阿尔金山脉中，东段断层主体则展布在阿尔金山脉北缘的冲积扇中。西段断层的最大左旋位移量分布在其西端的安迪尔河至车尔臣河之间，向东位移量逐渐衰减，在索尔库里槽地以东，位移量已很微小。东段最大左旋位移量分布在断层的中西部（安南坝一带和好不拉至红柳峡之间），向东其位移量也显著减少。因此新构造时期阿尔金活断层的西段和东段是该断层在统一的区域应力场作用下产生的两个次级破裂系统。野外和航片资料还表明，阿尔金活断层西段的次级断层主要是左阶雁列，东段主要是右阶排列，这可能是地表破裂形成年代不同的结果。

三、断层地质特征

新构造时期，阿尔金活断层经历了一个从挤压逆冲（或逆掩）至剪切走滑的演变过程，断层的剪切走滑性质愈来愈典型。晚第三纪和早更新世，断层在全区显示挤压逆冲（或逆掩）活动性，中更新世时期转为逆冲－走滑型（西段）和走滑－逆冲型（东段），从晚更新世开始，断层在全区显示典型水平剪切走滑活动的性质。全新世时期，断层表现为局部零星的活动，但从总体上说，西段断层活动强度大于东段。

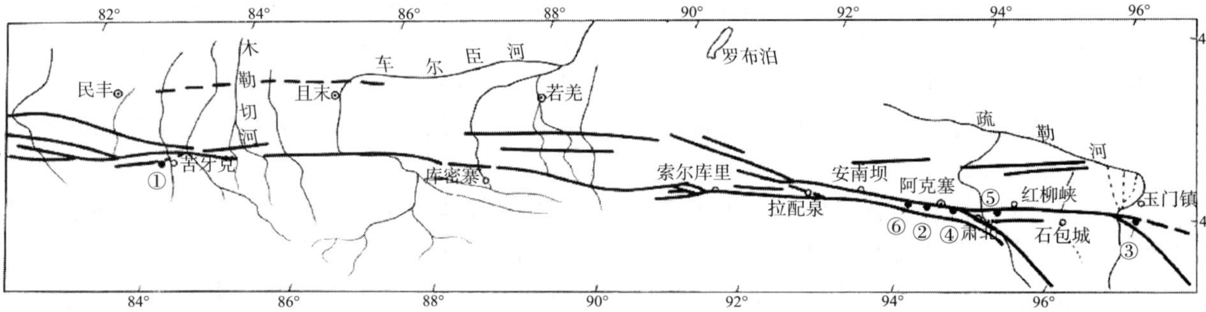

图1　阿尔金断裂平面展布图

四、断层地貌特征

第四纪时期，阿尔金活断层的剪切走滑性质虽然越来越典型，但是它的活动强度却有逐渐减弱的趋势。在阿尔金活断层西段形成于早更新世末期的二级河流的最大累积错动量为29 km（木勒切河），由此求得早更新世末期（约1 Ma）以来的最大平均左旋错动率为29 mm/a。晚更新世（约100 ka）以来，水系的最大累积左旋错动量为900～1000 m，断层的平均错动速率为9～10 mm/a。全新世以来根据4个^{14}C年龄样品数据求得断层的最大平均错动速率为5.8～6.0 mm/a。在阿尔金活断层东段，断层的最大左旋平均速率中更新世以来为9.4 mm/a，晚更新世以来为5.6～7 mm/a，全新世以来为2.2～3.2 mm/a。对比阿尔金活断层东段和西段第四纪各时期的错动速率可以看出，断层的活动强度总体上具西强东弱的特点。进一步分析次级断层左旋错动量的空间分布状态，还可看出断层的活动强度自西

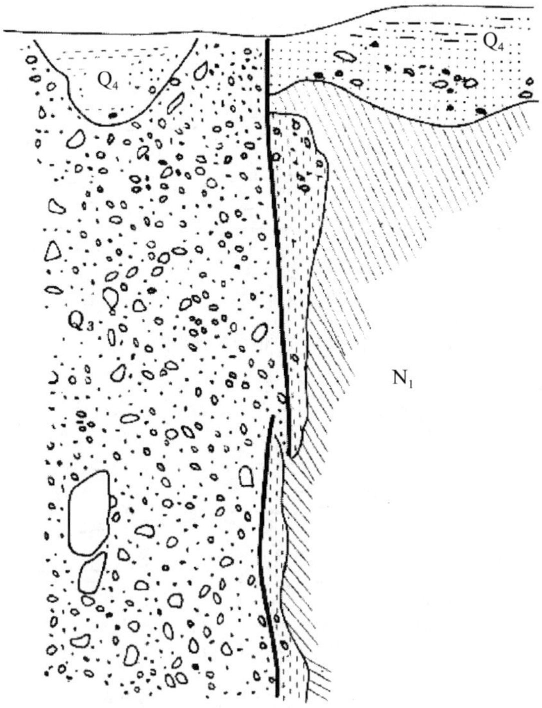

图 2 肃北铁匠沟中切错上更新统和全新统的断层剖面

往东逐渐呈连续或跳跃式衰减（表 1、2）。

表 1 阿尔金断层西段第四纪左旋错动速率

时间域	最大累积错动量（m）	最大位错量测量地点	最大平均错动速率（mm/a）	备 注
早更新世末约 100 万年以来	29×10^3	木勒切河（安迪尔河）	29	据河流阶地确定河流形成年代
中更新世末约 10 万年以来	900 ～1000	库密寨	9 ～10	据 ^{14}C 和热释光测定计算阶地堆积速率
晚更新世末 1. 1 万年以来	60	分布广泛	5. 8 ～6. 0	^{14}C 年龄测定

表 2 阿尔金断层东段第四纪左旋错动速率

时间域	最大累积错动量（m）	最大位错量测量地点	最大平均错动速率（mm/a）	备 注
早更新世初约 70 万年以来	6500	红柳峡河	9. 4	据河流阶地确定河流形成年代
中更新世初约 40 万年以来	1800 ～3500	红柳峡	8. 8	据 ^{14}C 和热释光测定
晚更新世初 7 万年以来	320 ～390	红柳峡—安南坝	5. 6 ～7. 0	据 ^{14}C 和热释光测定
全新世初约 1. 1 万年以来	17 ～35	红柳峡	3. 2	据 ^{14}C 年龄测定

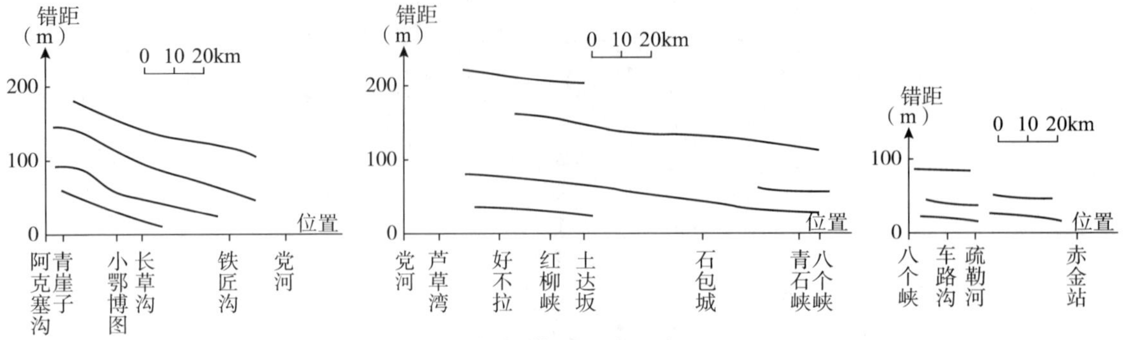

（a）晚更新世7万年以来

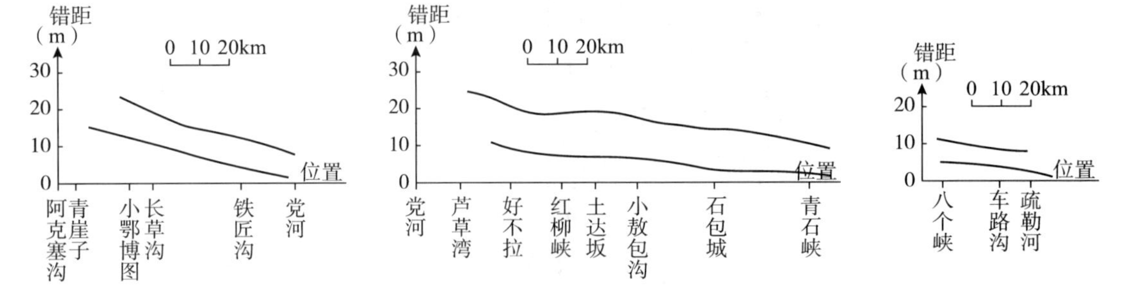

（b）全新世以来

图3　水系错动量空间分布图

五、古地震遗迹

阿尔金活断层位于人迹罕至的地区，历史地震资料匮乏（有记载的 $M_S \geqslant 6$ 的历史地震只有 3 次）。但在野外调查中发现，这一条活断层上有大量古地震遗迹。由于有利的气候环境，多种地表破裂现象至今尚保存完好清晰。本版照片中反映了全新世古地震破裂带上的断错冲沟、断层陡坎、挤压鼓包、断塞塘、阶地错断等现象。

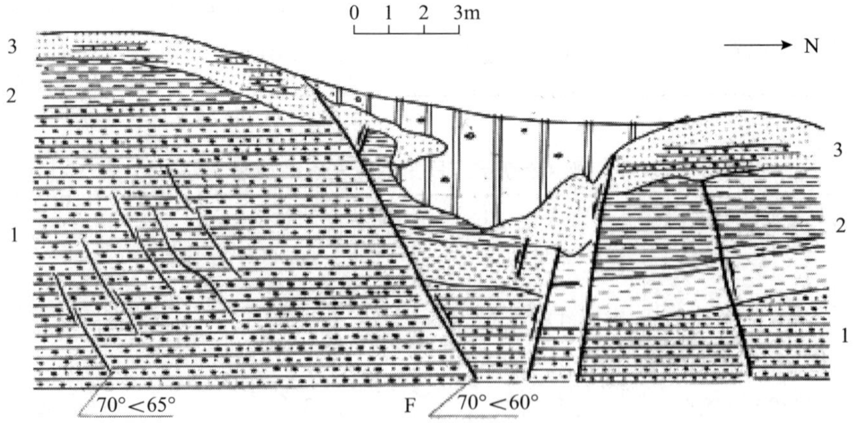

1.黑灰色砂砾石（Q_3^2）；2.黄褐色湖相砂泥层（Q_3^2–Q_4^1）；3.灰黑色冲洪积相砂砾石（Q_4）；4.含砾次生黄土（Q_4）；▲ ^{14}C 采样点，t=16090±380a

图4　芦草湾二级阶地断层实测剖面图

开展对我国板块现代运动与变形状态的观测与研究*

对现代构造运动状况的了解、测量及其动力学的研究是当代地球科学中的一个重要课题。特别是近年来板块构造理论、新构造变形研究的不断深入和空间技术在大地测量中的应用对板块现代运动进行直接观测与研究提供了极重要的理论与技术条件，大大促进了对这一问题研究的进展。

对板块现代运动的研究是国际岩石圈计划中的一项重要内容。因为这是对板块理论的关键性检验。对板块运动和变形的定量描述、板块运动机制的力学模型、岩石圈内应力应变的分布、积累和释放，在板块边缘和内部的地震活动以及极移变化和地球旋转与各种地球动力现象之间的关系等都需要从研究现代板块（包括板内）的运动和变形取得证据和新的认识。

我国是研究板块特别是板内现代运动与变形的最理想区域之一。它处于一个被周围多个板块挤压围限的特定部位，内部变形与各板体间相互运动的现象十分清楚，有强烈的板内地震活动，广泛分布有类型多样的活动构造，有高耸的青藏高原，有活跃的弧后地区及大陆边缘。对这一地区现代板块运动状况的阐明显然具有重要的理论意义。它将是认识和解决我国环境变迁、灾害预测与防治、海平面变化等一系列问题的一个重要的科学基础。

自20世纪60年代起，特别是自70年代以来，利用空间技术，包括超长基线干涉测量（VLBI）、卫星激光测距（SLR）和全球定位系统（GPS）对板块现代运动与变形状况的测量已取得了迅速的进展。开始了一系列国际间的计划，由美国的NASA主持的地球动力学计划，在1979～1988年间开展了对西、北美洲、南美、加勒比、地中海、新西兰等地区变形以及全球主要板块间的相对运动及其内部变形，特别是北美及太平洋板块的运动以及极移和地球自转等方面的观测，不断地完善了观测系统的装备及模型的建立。国际岩石圈计划第一工作组，即板块现代运动组已结束了前一阶段的工作。在新建立的任务组中仍包括有空间大地测量和全球海平面（重点是地中海、加勒比海）、全球应力、世界主要活断层等课题以进一步研究全球变化和现代动力学。

对我国板内现代运动与变形的问题曾有过不少的讨论，特别是对我国西部南北向的缩短、沿一系列大型活断层的走滑活动、青藏高原的隆起、华北地区沿NW－SE向的引张，以及华南向东南方向蠕滑等现象都有所研究，新编的《中国岩石圈动力学图集》中包含有多方面的有关材料与结果。据近80年来地震资料计算得出的中国大陆形变速率表明，在西藏西北部、甘肃、宁夏一带为40mm/a，天山横向缩短速率为11mm/a，西藏有每年数毫米的东西向扩张，而华南相对欧亚大陆向东南方向有21mm/a的位移。据活断层及其他地震、地质资料对我国大陆内部各个主要块体，包括青藏高原南部和北部、塔里木、准噶尔、东北、华北、华南等块体间的相对运动状况及运动速率也有过探讨与估算。近年还根据近30年来全国大地水准复测圈的重复测量资料编制了全国现代的垂直运动速率分布图，反映了全国最近的升降情况。这些研究为认识我国板块现代运动的基本特点提供了很有意义的结果。但由于资料与方法的限制还存在不少需进一步探讨的问题，如这些工作多属定性和半定量的分析，缺乏直接的、定量的、适时的测量数据，因此，进一步运用空间技术测量方法，开展直接观测并与地质学、地球物

* 本文原刊于中国科学院地学部《地学发展若干问题和对策研讨会》论文摘要汇编，1990，11～13。作者：丁国瑜。

理学的研究相结合，无疑将会对检验以往的研究结果和推进一些问题的解决提供定量的重要依据。

近年来，我国利用空间技术进行板块现代运动及变形的研究已取得了一定的进展，上海 VLBI 站于1988 年已开始与阿拉斯加、夏威夷、日本、澳大利亚开展对太平洋板块运动的联合观测。在上海、武汉、长春等地已建成第三代 SLR 站，并进行了卫星跟踪、国际及国内联测等。已有多个单位引进了多台 GPS 接收机，并已在西安—上海、潍坊—连云港、东南沿海、武汉—上海等地开展了多种试验观测。在京津唐地区建立了 GPS 的地壳形变观测网。在云南西部的地震预报实验场区，横跨红河断裂带与西德合作建立了三维的 GPS 观测网并已取得了一些初步结果。尽管在这方面还是刚刚起步。但全国各部门包括科学院、地震、测绘、海洋、国防部门等在近十多年来建立起来的 VLBI、SLR 和 GPS 等空间技术和高精度的重力测量技术，无论在装备上还是在研究力量上都已具有了一定的基础和规模。

开展对板块边缘及内部现代运动与变形的观测与研究主要涉及了下列一些内容：

（1）测量我国与周围板块现代相对运动的状况，并开展与新构造运动状况的比较研究。

（2）测量及研究板内变形、应力与应变的分布。

（3）研究板块边界运动对板内的影响及作用方式。

（4）研究板内地震活动以及其他形式的构造活动与现代板块运动的关系。

（5）研究板内的垂直运动以及板内深部活动对表部的影响。重力场时空构造、固体潮的研究等。

（6）研究极移、地球旋转与各种地球动力学现象之间的关系。

结合我国当前的实际力量与条件可主要放在中国大陆与邻近板块相互运动状况的观测与研究；中国大陆板内一些重点地区，特别是青藏高原及其周缘现代运动状况的观测与研究，当然建立全国观测网及区域性的观测网以及相应的数据库等是必要的。

由于构造运动具有复杂的周期性及明显的不均匀性，因此必须加强直接量测与天文学、地质学、地球物理学、大地测量学等研究的密切结合，加强对新构造运动，特别是全新世以来构造运动的研究与现代运动直接观测的结合。在加深对较长时间尺度内板块运动及板内变形具体过程认识的基础上，明确当前在这一过程中所处的位置，更全面、正确地认识短暂时间内观测到的现代运动状况的真实含义。

全新世断层活动的不均匀性*

摘　要　中国内陆一些活断层在全新世发生的破裂活动表现出明显的不均匀性。在时间上的不均匀性主要表现在断层活动的间歇性、强度的变化及破裂事件的群集性上；在空间上的不均匀性主要表现在断层活动的分段差异性上。断层破裂活动的区域或段落又是迁移变换的。因此必须研究活断层的破裂分段，进行对活断层的合理分段，确定断层的间歇活动及古地震破裂事件的群集、平静的具体情况以及活动段迁移变化的过程，建立破裂事件的时间序列并确定当今所处的位置，判别断层破裂活动的复发类型。深入阐明这些断层活动习性的具体状况对克服在判定强震复发间隔中的简单化倾向，为地震危险性分析提供更合理的参数，提高地震危险性评估及概率分析的水平都具有重要意义。

一、断层破裂活动的不均匀性

中国内陆一些活断层的破裂活动在时、空、强上都表现出很大的不均匀性，这主要表现在以下三个方面：

（1）断层活动在时间上的不均匀性主要表现在断层活动的间歇性、经度的变化及断层上破裂事件发生的群集性上。这涉及了断层活动有无规则的周期性、群集破裂事件和复发间隔的变化等问题。

（2）断层活动在空间上的不均匀性除了活动性在区域上的差异外，在单条断层上主要表现在其活动的分段性上。这包括了一条断层各段活动的强度、滑动速率、活动方式等的差异与变化上。

（3）在时、空上结合起来看，断层活动不均匀性的主要表现为断层活动段落（或区域）的迁移和变化。

鉴于断层活动的这些不均匀习性对判定活断层的滑动速率、活动程度、大地震的复发间隔与地震危险性评估以及提高评价地震灾害概率方法的水平等方面具有重要的意义，而当前对上述断层活动不均匀特性的认识又是十分有限的，因此推进对这些问题的深入认识，对在更大范围内更多的断层在这方面的各种情况进行分析研究十分必要（丁国瑜，1989）。

二、活断层在时间上破裂活动的不均匀性

大量事实已经说明断层滑动的过程往往不是均匀进行的，从较长的时间尺度看，这反映在不同活动阶段累积的位移量和滑动速率常常存在有明显的差别，如根据 A · 尼柯诺夫收集整理的一些大走滑断层的资料，在新生代以来滑动速率曾经历了多次显著的变化（图 1）。我国许多断层在第四纪以来的活动也存在这种情况。许多地区的地质剖面明显地表明断裂活动在一些地质时间段，如早、中更新世之间，中、晚更新世之间曾表现得十分强烈，而在此断裂活动阶段之后继之以长期的平静。最明显的例子如在早、中更新世之间曾有过一段断裂活动非常活跃的阶段，甘、青、新一带早更新统的玉门砾石层和华北一些地区如豫北的三门系都遭受了强烈的断裂变形。而进入中更新世后断裂活动转为平静。

* 本文原载于《中国地震》，1990，Vol. 6，No. 1. 1 ～9。作者：丁国瑜。

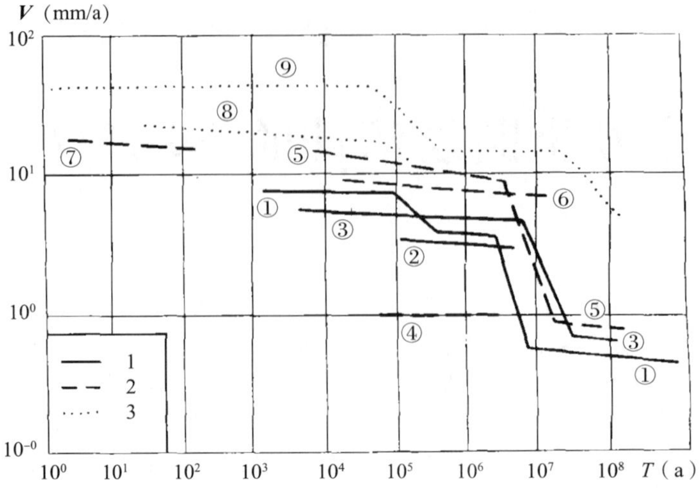

图 1　新生代以来一些主要走滑断层滑动速率的变化（据尼柯诺夫资料改绘）

1. 中亚活动带：①达瓦斯－卡拉库里断层，②准噶尔断层，③塔拉斯费尔干断层；

2. 地中海活动带：④柯别达克断层，⑤卡曼断层，⑥死海断层，⑦北安纳托里亚断层；

3. 太平洋活动带：⑧阿尔卑斯断层（新西兰），⑨圣安德烈斯断层

对地震危险性判定的需要来说更重要的是对数百年、数千年以至全新世（1 万年）以来这一时间尺度内断层活动状况更具体的了解。近年取得的许多资料已经表明在这样的时间尺度内断层活动的过程也存在有明显的变化，而且表现出快速滑动与缓慢滑动、活动阶段与静止阶段相交替的间歇性活动特点。这种断层间歇性活动最直接的表现是断层上近代地震活动的丛集与平静现象。中国、朝鲜、土耳其等地长期的历史地震记录所表现出的地震活动分期分幕现象都很好地反映了断层破裂活动的群集和间歇特性，但由于历史记录时间的局限，对更长时间尺度断层活动的具体状况，特别是复发间隔往往达数千年之久的板内地震所在断层的活动状况，只有依靠运用地质学的方法研究古地震遗迹来加以阐明。

近年来在我国许多横跨活断层的探槽剖面上已揭露出大量、多次断层破裂事件的地质、地貌遗迹。大量事实表明许多断层的巨大位移是经历多次突发的地震破裂事件累积而成的，而不是连续或均匀蠕滑的结果。如郯庐断层上很活跃的沂沭段，在山东莒县左山一带，据黄伟师的测量全新世阶段因断层的右旋走滑而造成的断错冲沟的错距多在 4 ～34 m 之间，但各种沟的位错数值主要集中于 4 ～9，14 ～20，28 ～34 m 三个范围（图 2）；与此相对应，在横跨断层的剖面上已揭露和确定有距今约 10000，6300，3800 及 320 年（即公元 1668 年）等 4 次古地震事件的存在（林伟凡等，1987），反映了断层间歇活动的特点。在宁夏的海原断层上据宋方敏等人的研究，其西段（哈思山南麓和马厂山北麓断层）断层上的古地震事件主要群集发生于全新世早、中期（距今约 5000 ～9500 年间），全新世晚期是较平静的；而海原断层东段（西华山北麓断层）上的古地震事件则主要群集发生于全新世中、晚期（距今约 4000 年间），表现了间歇活动的特点（宋方敏，1990）（图 3）。

全新世以来断层的这种不均匀破裂活动过程有没有可被认出的一些规律性呢？为了探索这一问题我们整理了我国近年研究较为系统的一些主要活断层上一批断层滑动和古地震事件年龄的数据。初步建立了活断层全新世破裂事件的时间序列。这些资料包括了青藏高原内部及其边缘、甘新一带、华北三个地带的 16 条活断层。图 4 给出了这些活断层上在 12000 年以来的古地震事件在时间上的分布情况。这些古地震事件的年龄主要是依据 ^{14}C 方法测定的，有的是据热释光、考古学方法确定的。图 4 中表示了每次事件发生年代可能的误差范围。关于古地震的强度由于目前对各次事件的震级给以明确的判定还存在一定的困难，考虑到我国内陆地震一般是中强以上地震才形成较明显地表破裂的实际情况，在地质剖面及探槽开挖中揭露出的古破裂事件大都具有 $M \geqslant 6$ 以上的强度，因此都先笼统地视为强破

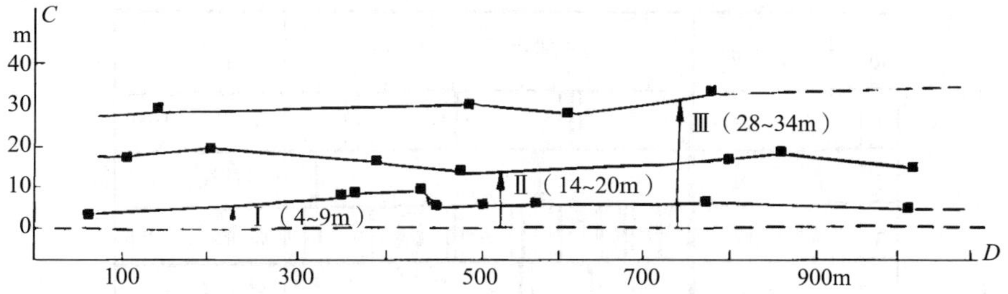

图 2 郯庐断裂莒县—左山段冲沟断错值的分布

（C 为冲沟断错位移的累积值（m）；D 为距离（m）

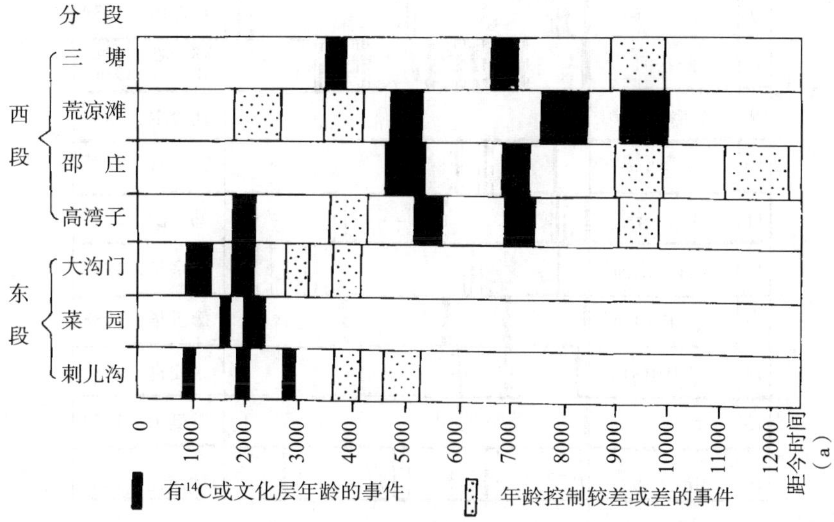

图 3 海原活断层全新世破裂事件的时空分布图（据宋方敏资料绘）

裂事件，而暂未予以区分。随着将来研究工作的深入，划分为 6 ～7 级的和 8 级左右两档地震是必要的。由于遗迹保存不好或由于无法取得测定事件年龄的标本或因研究范围和开挖探槽数量不够等而导致对一些活断层上古地震事件次数有所遗漏的问题，这种情况可能会存在。但从对这些断层，特别是一些主要活断层的调查研究情况看，许多工作是结合工程地震任务的要求进行的，对全新世以来的断层破裂事件观察研究的都较细致，一般说来遗漏的可能性相对于更古老的时间段要小得多。因此这些材料在一定的程度上可反映出 1 万多年以来内陆活断层破裂和活动过程的一些基本特征。对图 4 中这些材料的分析可以使我们看到以下的一些很有意义的现象和情况：

（1）在不同构造区，活断层上破裂事件复发间隔的长短不同。在距今 12000 年以来，青藏高原区的 10 条活断层上（图 4 中 No. 2 ～11）共发掘出 51 次破裂事件。总起来计算平均间隔约为 2100 年。这一区域还表现出距今 7000 年以来是一个活断层上破裂事件相对群集的阶段，而距今 7000 年至距今 12000 年间则是一相对平静的阶段。

在华北地区的 5 条活断层上（图 4 中 No. 12 ～16）共发掘出 18 次破裂事件，平均间隔为 3300 年。

（2）不同活断层上破裂事件在时间上的分布组合方式是很多样化的。基本上可分为三种复发类型：

①单发式。如沂沭断层是大约以每 3000 ～3500 年的间隔发生一次强大破裂事件在重复活动着。二台断层也是以大约每间隔 3000 ～3500 年发生一次强破裂事件活动着。

②群发式。如阿尔金断层西段是在距今 2000 ～4500 年间发生群集的多次事件，而在此段时间以外则很平静或仅有个别事件发生。

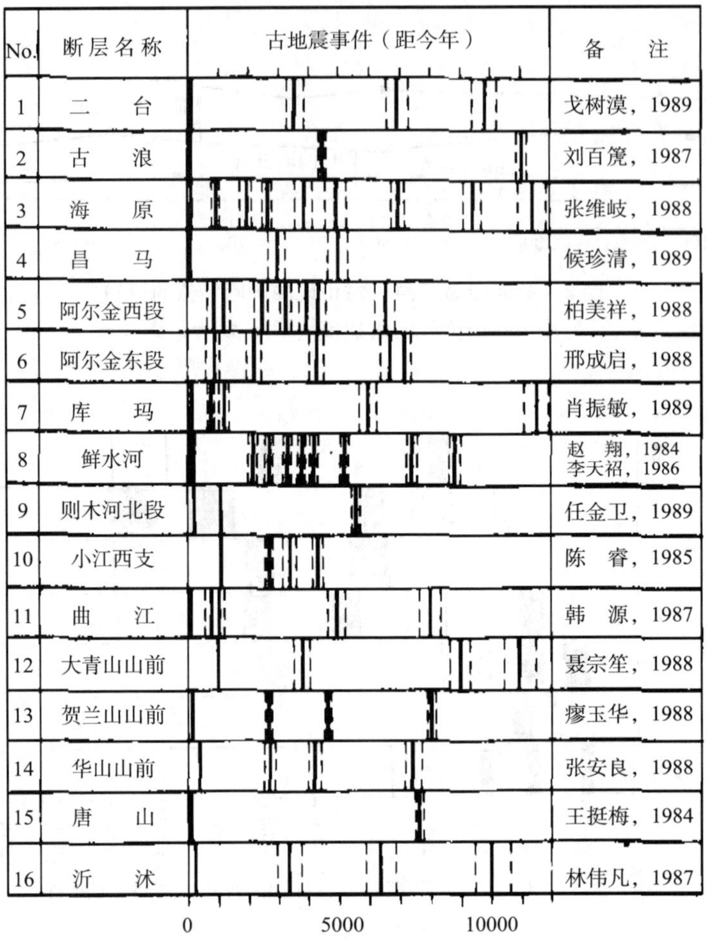

图 4　中国一些活断层上全新世占地震事件在时间上的分布

③混合式。鲜水河可能属于这一类型，既有事件群集发生的阶段，也有事件单发的阶段。每类又可按其事件复发间隔是否具有规则性又分为规则型及不规则型的两种。对各类的不规则型的事件来说是难于预报的。活断层上破裂事件在时间分布上的这些多样性导致了确定断层滑动速率及大震复发间隔的复杂性和困难。

（3）在组成一个大断裂带内的不同断层的破裂事件复发的状况或类型可有很大的差异。而且在一条大的断层上不同段落的复发状况也可以是完全不同的类型。如海原断层、古浪断层同是昌马－祁连断裂带上的断层，但它们的破裂事件复发状况就不一样，古浪断层是单发式的，而海原断层则似乎应属于混合式的不规则型复发类型。阿尔金断层的东段和西段破裂的复发情况也有明显的差异。因此绝不能为单条断层与一个由多条断层组成的断裂带的强震复发间隔混为一谈。如我国华北一般的单条活断层上强震复发间隔都为数千年，而一些巨大断裂带则具有 300 年的活动复发间隔。如何评价断裂带的破裂复发间隔还是一个需要深入研究的复杂问题。

三、活断层在空间上破裂活动的不均匀性及活断层的分段

在有些长度不很大的活断层上发生强震时，破裂一次即贯通整个断层。如二台断层，1931 年富蕴 8 级地震的地表破裂就是一次贯通了长约 180 km 的整条断层。但许多巨大断层的破裂一般则是通过多次地震事件，分段破裂，直至破裂贯通整个断层带而完成一次活动。这方面明显的例子很多，如昌马－祁连－海原断层。其最近的一次活动是通过 1888 年景泰 7 级、1920 年海原 8.5 级、1927 年古浪 8

级、1932年昌马7.5级和1986年门源6.4级等多次地震、多次破裂而体现出来的。至今除西北部的一段外，破裂已几乎贯通整个断层（图5）。沿汾渭断裂带、河北平原断裂带、鲜水河断裂带的断层活动都是以这种方式进行的。

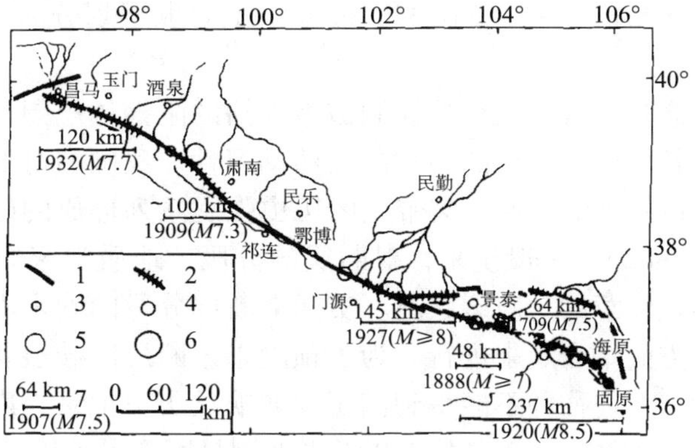

图5 昌马－祁连－海原断裂带上地震破裂段落的分布（据刘百篪资料绘制）

1. 断裂；2. 地震破裂段；3. $M=5\sim5.9$；4. $M=6\sim6.9$；5. $M=7\sim7.9$；6. $M\geq8$；7. 地震发生年份、震级及地表破裂长度

再一种情况是断层的破裂总是在断层的一个或几个段落上进行，并不贯通整个断层，有些段落并不发生大的黏滑破裂，而是以蠕滑或他种方式调整其应变状况。这些现象提出了断层活动在空间上的不均匀性和断层活动的分段性问题。

一条断层的不同段落的活动在强度、方式等方面表现有明显的不均匀性。如云南红河断层的东南段与其西北段地震强度以及强震活动间隔有明显的差别（Allen、韩源，1984）。郯庐断层的东北段、中段（沂沭段）及南段活动强度长期以来就存在明显的不同。又如内蒙古河套地区的大青山前断层，从最近聂宗笙等揭露出全新世期间的6次古地震事件和断层活动的其他资料的情况看，断层破裂事件复发间隔一般均大于1000年，但断层的东段和西段的活动情况并不一样，具有西段强东段弱的现象。在宁夏中卫－固原断层上，在南段的固原、固原南于1912、1306年分别发生了6.5级地震，而在其北段的同心、固原北、中卫南于1561、1622、1709年分别发生了7.3级、7级和7.5级地震。在同一断层上的不同段于不同活跃期活动强度有明显的差别。此外一些活断层上古地震资料还表明，不少断层的不同段落长时期以来各段的多次古地震事件常常具有与自己相近的震级和复发间隔，即反映出具有特征地震的特性，如郯庐断层的沂沭段（高维明，1988）、昌马－祁连断层的东段（刘百篪，1987）等。有些断层的不同段落上地震强度不同，各段分别具有不同的特征地震的震级及复发间隔，如鲜水河断层。但有些断层上的古地震活动则并不具有特征性。断层分段活动的这些多样性和复杂性还有待深入的研究。

关于活断层的分段，断层分段本是一个古老的概念了，但随着近年来古地震研究的进展和对断层活动具体状况的了解，对断层分段这一概念赋予了许多新的含义和内容。

为了对一条断层或震源带的灾害进行评价，一个重要的问题是未来事件发生的地点。前面已经谈过，一次地震破裂事件，破裂往往并非贯穿整个断层。那么，破裂位置的随机性程度如何呢？是否存在一些地质的和物理的因素，它们在断层带中控制着破裂的范围，控制着破裂的延展和终止，从而可把断层分成段落呢？而且更重要的是断层的各段能否通过地质、地震及地球物理资料辨认分离出来。显然这一问题的研究可大大加深我们对活断层的活动过程、破裂传播的认识，从而可作为预测潜在破裂地段的重要依据。

目前对断层的段或段落（segment）一词和分段（segmentation）一词的理解还存在一些含混不清的

地方。有时断层的段或段落被理解为一条断层的物理性质，例如断层几何形态的变化或走向的变化，运动状况的变化等，有时则被理解为断层上地震活动或地震时破裂长度所决定的段落。此外，对划分段落的大小和尺度也是一个模糊的问题，常常因分段的要求和划分的原则不同而产生很大的差异。如美国圣安得烈斯断层，长达 1100 km，C. Allen 将其分为 4 段，两个以大震活动为特征的段落和两个以中小地震活动为主的地段。D. Schwartz 将长仅 370 km 的瓦萨奇断层划分为 7 段。显然这之间存在着分段尺度的差异问题。

一般对活断层分段的概念是一种持久性的控制破裂传播的阻挡体思想（Aki，1984）。也可以说活断层的分段性是由强震破裂状况所反映出的一种断层活动习性。我国的汾渭断裂带、昌马 - 祁连断裂带、鲜水河 - 安宁河断裂带以及河北平原断裂带上的历史强震系列形成的破裂状况清晰地反映了这些活断层的分段性（丁国瑜，1982）。一般说来，对断层的分段，地质学家们更多地注意的是断层的结构特点，地震学家们则更多地注意的是破裂状况。实际上断层分段的确定需要既考虑断层的结构特点又考虑地震破裂的情况，两方面结合起来进行。为了预测未来断层的破裂状况，根据地震资料的分段是极为重要的，但这方面的资料往往并不能得到满足，如缺乏历史记录，恢复古地震破裂状况的困难等等，因之不能不依靠利用地质结构、深部构造以及形变测量断层滑动等方面的资料进行综合的识别。特别值得提出的是在进行活断层的分段时，表部断层与深部断层的关系及断层向深部变化是一个重要而困难的问题。我觉得值得强调的是：活断层的分段应是该断层上最大震级地震的破裂分段。对这一点来说有时表部的结构分段和断层的破裂分段是不同的。例如，海原断层按地表次级剪切断层的结构可由一系列拉分盆地与隆起将其划分为 11 个段落（邓起东等，1989）。但 1920 年地震破裂贯穿了几乎所有的段落。地表破裂有的直接切过了拉分盆地等段落之间的过渡地带。这一情况不仅涉及了分段的尺度问题，还表明断层的破裂分段必须考虑深部（达到最大震级地震震源深度）的断层结构和破裂特点。这方面显然会遇到一系列困难和问题，但对合理的断层分段来说，是需要进一步研究和解决的。

关于地震破裂长度与活断层的分段，根据断层的分段可估计未来可能的破裂长度，而破裂长度是确定最大震级的一个重要的几何参数。国内外有许多人研究建立了有关震级与破裂长度和地震位移之间关系的一系列统计公式，并将其作为确定最大震级的依据。断层的破裂分段给出了用断层破裂长度计算最大震级、预报破裂地段以及分段计算复发间隔等问题的一个重要的科学基础。看来活断层分段及不同段破裂特性的识别，将为地震长期预报及危险性评价的概率计算提出一个很有希望的前景。

四、断层活动的迁移

在断层的活动段一系列破裂事件以群集的方式发生之后，断裂活动往往就变换到其他段落或地区，这就是所谓的断层活动的迁移。如前面提到的海原断层，在全新世中期地震事件主要在西段活跃，而后来到全新世晚期时都变化为只有东段活跃了，就是断层活动段迁移变化的一个例子。

又如（据鲁南地震烈度区划的资料（高维明，1988））郯庐断层的沂沭段，这一段是由东向西依次排列的 F_1、F_2、F_3、F_4 4 条断层组成，根据各条断层上破裂活动切穿的地层和上覆地层的年代资料表明：早更新世至中更新世早期主要是 F_2活动，东侧的 F_1当时只是一条潜在的活动迹线而存在。至中更新世末期，活动段转变为东侧的 F_1并一直持续到晚更新世，此时西边的 F_2的活动明显减弱，在晚更新世末，东侧的 F_1的南段活动又明显地强于其北段。可以看出，沂沭断层的活动经历了由西向东，又由北向南迁移变化的过程（图6）。

断层活动段或区的迁移变化现象往往是受到区域构造块体或板块间相互作用、运动的影响和控制。如巨大的阿尔金断层，它的最新走滑活动开始于中更新世。这一活断层由 4 个大的段落组成。它们是沿着呈左阶排列的先存断层或地体边界线再次破裂，再次连通的产物。从大量野外考察到的现象看，这一断层的连通过程从更新世以来经历了多个阶段，经历了多个破裂段迁移变化的复杂过程。断层破裂活动的总趋向是由断层的西南段向东北一段段依次发展的。亦即破裂活动具有由西南向东北迁移的

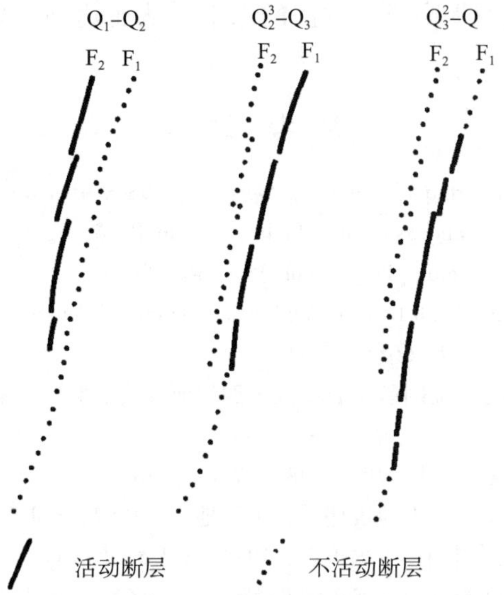

图 6　郯庐断层中段（沂沭断层）第四纪断层活动的迁移

现象。各段破裂活动的时间是西早东晚，最后将两个段落间的过渡地区破裂贯通。这样，使得活断层的长度不断增长，直至形成了现今长达 1600 km 的巨大规模。阿尔金断层的分段活动及破裂迁移发展的过程反映了与青藏高原受到压缩而向东北滑动过程的密切联系。

在我国大陆内部有些断层破裂活动的迁移方向似乎存在有一定的方向性，如一些 NE 向的断层上的破裂活动有由西南向东北发展的趋向（如河北平原、阿尔金断裂带等），NW 向的断层有由东南向西北发展的趋向（如昌马 - 祁连断层等），但也存在活动迁移方向相反或反复迁移变化的情况（如汾渭断裂带、鲜水河断裂带等）。

五、结　　语

为了判定活断层的潜在地震危险性，在活断层的研究中人们最注意的是有关断层活动的位移量、滑动速率、古地震破裂的位置、强度、事件的复发间隔，最后一次事件距今的时间等，而其中最关键的是破裂事件的年代及其复发间隔问题。近年来在我国各地通过对多条活断层进行开挖探槽、详细制图、年代测定以及对古地震遗迹和断层破裂情况的细致研究获取了有关上述这些问题的大量资料，为判定断层的活动性及评估地震危险性以及强震预报等提供了重要的科学依据。但随着工作的开展和认识的逐步深入，又发现和提出了一系列需要进一步解决与研究的新问题，例如，当前在古地震研究中的两个突出问题：一是年代测定技术的可靠性及需要提高精度的问题；二是判定地震复发间隔中的简单化倾向。而后者则主要是与如何深入认识断层活动的习性及其破裂滑动在时空上的变化和不均匀性问题有关。

鉴于断层活动存在有不均匀的特性，在评估其地震危险性时必须对断层的不均匀活动在时空上的具体情况进行细致深入的剖析。要进行对活断层的合理分段，特别是破裂分段、确定断层间歇活动及其上古地震事件群集、平静的具体情况以及活动段的迁移变化等三个方面的定性和定量分析，判别断层破裂活动的复发类型，最后才有可能提供有关该断层当前及今后一定时间段的活动程度的材料，以及地震危险性分析所需的多个基本参数。对断层在未来一定时间段的活动状况的预测，要靠对断层在过去更长的时间尺度内活动习性的深刻了解。细致地挖掘和研究全新世或晚更新世以来断层上古地震破裂事件的遗迹，系统地整理出主要活断层带上古地震事件的时间序列及当今所处的位置，是重建这些断层的破裂活动历史，具体阐明断层活动的不均匀状况和特殊习性，识别未来断层破裂段落的位置，判定最大震级、破裂复发间隔以及提高概率方法的水平，从而达到更好地进行地震灾害预测的一个有希望的途径。

参 考 文 献

[1] Aki K. , Asperities, barriers on an earthquake fault, J. Geophys, 1984, Res. 89, 5867～5872.

[2] Allen. C. R. , Han Yuan, Red River and associated faults, Yunan Province, China: Quaternary geology, slip rates and Seismic hazard. Geol. Soc. of Amer. Bulletin, 1984, Vol. 95, 686～700.

[3] Schwartz D. P. and K. J. Coppersmith, Fault behavior and chacteristic earthquakes: Examples from the Wasatch and San Andreas faults, J. Geophys, 1984, Res. 89, 5681～5698.

[4] 丁国瑜，我国的强震系列与第四纪活动断裂带，中国第四纪研究委员会第三届全国学术会议论文集，科学出版社，1982，184～194。

[5] 马宗晋等，中国的强震期和强震幕，中国地震，1987，Vol. 3，No. 1。

[6] 刘百篪，活断层带的滑动行为与中强以上地震序列，中国地震，1987，Vol. 3，No. 3。

[7] 林伟凡等，沂沭断裂带大地震复发周期，中国地震，1987，Vol. 3，No. 3。

[8] 宋方敏，海原断裂带大地震重复间隔（《海原活动断裂带》第八章），地震出版社，1990。

[9] 高维明等，1668 年郯城 8.5 级地震的发震构造，中国地震，1988，Vol. 4，No. 3。

[10] 丁国瑜，第四纪断层上破裂活动的群集及迁移现象，中国第四纪研究，1989，No. 1。

[11] 邓起东等，海原走滑断裂带及其尾端挤压构造，地震地质，1989，Vol. 11，No. 1。

我国大陆的新构造变形与板内现代运动*

摘　要　本文对我国新构造变形及其板内运动的基本状况进行了讨论。根据周围板块运动对我国的影响范围及板内变形的特点划分出三个不同的新构造区：青藏－新疆区、黑龙江－华北区及华南－南海区。它们分别表现为碰撞带后的表层挤压变形、弧后拉张区的扭动拉分以及挤出滑动等不同的变形和运动机制。对各不同区域内部各个块体间相对运动的基本状况及相对滑动速率进行了估算与讨论。

关键词　新构造变形；板内运动；活断层；滑动速率；碰撞拉分；挤出

一、引　　言

亚洲东部板内新构造变形及运动状况的研究长期以来一直是一个十分引人注目的问题。早在 1924 年 E. Argand 对亚洲大地构造的讨论，1929 年李四光对东亚构造形式的讨论和他在 1951 年“受了歪曲的亚洲大陆”一文以及 1945 年黄汲清在“中国主要地质构造单位”的论文中都曾提出了许多与此有关的重要问题。70 年代以来对此问题的讨论大量增多，时振梁[1]、Molnar[2]、Tapponnier（1977）、张文佑[3]、刘伯篪[4]、汪一鹏[5]、黄汲清[7]、Zonenshain[8]、丁国瑜[15]、马杏垣[18]等，均对这一地区新生代晚期变形的基本特征提出了许多重要看法，如对亚洲变形中最引人注目的南北向缩短，青藏高原的隆起与增厚，北西－南东向的地壳引张，大型活动走滑断层，中国东南部向南东方向的蠕滑与挤出以及板内各块体相互运动状况的探讨等等。

中国大陆处于欧亚板块的东部，是一个被周围板块挤压围限的区域，其内部的变形与运动受到了周围板块活动的强烈影响，并在一些地区叠加了深部构造活动引致的表部响应。影响到中国及其相邻地段新构造变形与运动状态的动力来源，亦即中国大陆的边界动力状况，主要涉及到以下各点：

（1）印度板块与亚洲大陆在喜马拉雅一带的碰撞及向亚洲内部的继续挤入；

（2）西太平洋板块向亚洲大陆下的俯冲与挤压；

（3）菲律宾板块向西的俯冲以及在台湾一带的会聚；

（4）日本海、东海东部冲绳海槽及南海盆地的弧后局部扩张；

（5）贝加尔裂谷带的张开与活动；

（6）莫穆裂谷带的张开及向西南方向的推挤。

影响中国大陆内部变形与运动状况的边界动力环境是十分复杂的，加上在东北、华北等地区来自深部活动力源的叠加以及板内结构的不均一性，使得板内各不同部位的新构造变形、变位都呈现出十分复杂的图像。

二、探讨板内运动的一些依据

对中国及临近地区新构造变形和运动状况的讨论，当前主要有下列几方面可依据的资料：

---

* 本文原载于《国际大陆岩石圈构造演化与动力学讨论会——第三届全国构造地质会议论文集（Ⅱ）》，科学出版社，1990，73～85。作者：丁国瑜。

（一）地震学资料

地震活动、震源机制及各种震源参数等方面资料是研究现代构造活动的重要依据。这方面已积累了大量资料。可根据强震的震源尺度、平均位移、地震矩和断层方位等来确定一定区域的平均形变率，计算这些地区的平均旋转应变（或变形）张量。Molnar 等曾利用亚洲 1900 年以来 $M \geqslant 7$ 的地震资料对亚洲东部地区 80 年来的形变状况进行了计算[10]，得出亚洲中部及东部大部分地区具有快速的形变速率，认为在西藏西北部、甘肃、宁夏等地的形变速率高达 40 mm/a，在天山横向缩短速率为 11 mm/a，在内蒙古、西藏西北部、甘肃、宁夏等地向东延伸断层的左旋剪切以及鲜水河断层上的左旋剪切均在 10 mm/a 以上，西藏并有每年数毫米至 10 mm 的东西向扩张，华南近 80 年相对欧亚大陆向南东东向有 21 mm/a 的位移。地震活动是认识板内运动状况极为重要的资料，但由于大陆内部地震活动在长时间内存在明显的不均匀性，用不很长时间的地震资料来估算较长时间板内变形与运动的基本状况存在一定的局限性。

（二）大地测量资料

这是了解地壳形变状况最直接的资料。从我国地震测量队据全国范围精密水准网重复测量资料进行平差计算及编绘的中国现代地壳垂直形变速率图反映出，30 年来的地壳垂直形变基本上仍遵循着长期以来新构造变动的图像进行，但在一些地区也有着极大的差别和变化。如一直强烈隆起的青藏高原北部、东北地区、新疆北部山区等地都呈现出相对沉降的图像，这反映了新构造运动过程的不均匀性和复杂性。反映了以时间不很长的观测资料，用于判定一个地区地壳形变的基本状态所遇到的一些问题。

（三）地震断层

在中国各地区已积累有大量的有关地震断层的实际资料。从图 1 列出的 50 多条地震断层的情况看，其分布明显地反映出它们的走向绝大部分是与区域构造走向一致。但有一定数量共轭式的破裂则常与区域的次要构造方向有关。大量地震等震线特别是极震区长轴的资料，也是认识现代地壳破裂运动状况的重要依据。李希特曾评论过等震线图在了解深部岩石变形及其效用的问题。在中国，等震线的几何形状与地震破裂带以及震源机制推测的断层之间有着很好的对应关系。它们可明显地反映现代地壳破裂与运动的具体状况。如中国主要破坏性的地震等震线图中极震区长轴的分布明显地反映出在青藏高原东侧存在两条新的弧形破裂带（图 2）。

它们的排列图像反映出青藏高原东部几个块体正在相对地沿这两个最新破裂带（鲜水河断裂带及海原断裂带）作顺时针的左行扭动。沿这些带上强震不断发生，是内陆活跃着的两个块体相对运动着的突出活动边界[15]。据四川省地震局及 C. Allen 的最新实地研究资料，沿鲜水河断裂带的左旋滑动的速率在其西北段为（15 ± 5）mm/a，在东南段降至 5 mm/a。沿海原断裂带的滑动速率据张维歧等的最新资料亦很高，达 7 ～14 mm/a。故地震断层可很直接地反映了当前地壳运动的状况，但是这方面的资料是很有限的。

（四）活断层

鉴于上述几方面资料本身存在的局限性，判定板内新构造及现代变形与运动的基本状况还主要有赖于地质、地貌资料的运用，而在这一方面活动构造特别是活断层的资料最为重要。

在中国大陆内部活断层十分发育，近年来对各地多条活断层进行较详细的调查研究，特别是对一些主要的活断层，发生过强震的活断层，如青藏高原周边的阿尔金、祁连山前、龙门山、红河、小江、高原内部的鲜水河、阿尼玛卿山前、天山南北和阿尔泰一带的逆冲和走滑活断层；鄂尔多斯周边及华北平原区的张性和张扭性活断层；郯庐断裂及东南沿海的一些活断层；东北的下辽河、伊兰伊通、密

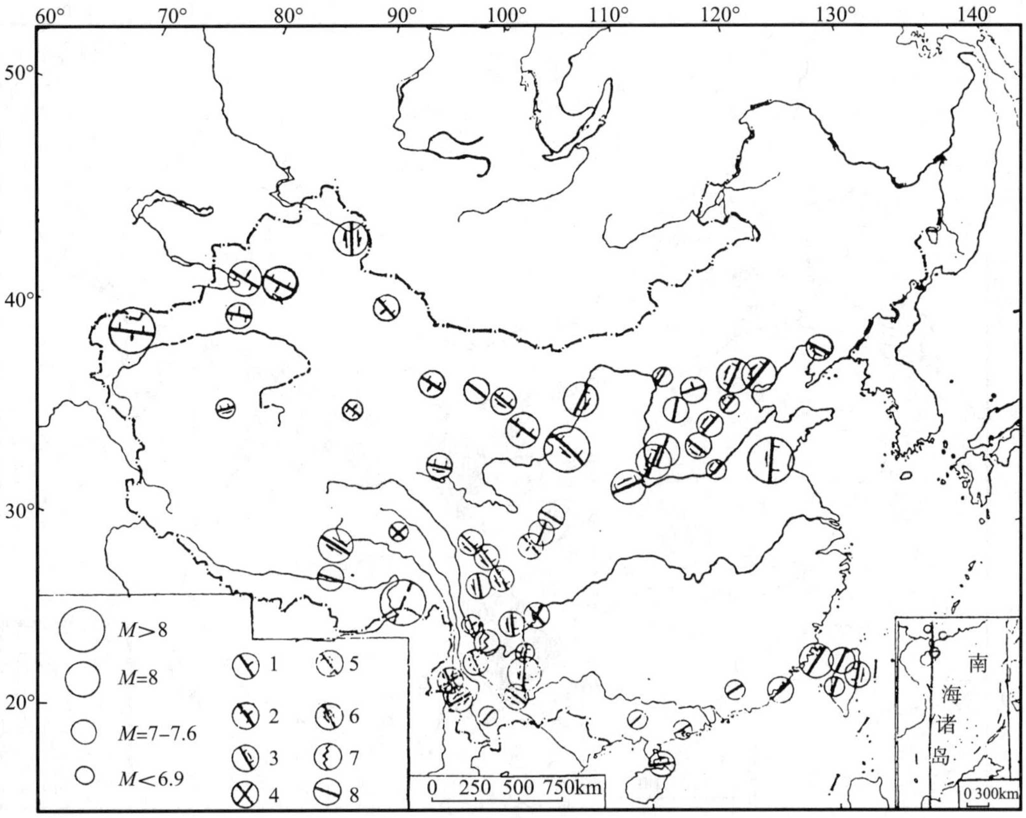

图 1　中国地震断层的分布及性质

1. 正断层；2. 逆断层；3. 正走滑断层；4. 共轭断层；5. 逆走滑断层；
6. 走滑断层；7. 地表破碎带；8. 性质不明断层

山敦化断层等进行了较深入的研究。根据大量位移现象和有关年代学的研究取得了许多活断层滑动的类型、位移量、滑动速率以及断层两侧地块相对运动状况的具体数据。目前已在数十条活断层上取得了百余个这方面的数据（表 1）。这些数据为探讨我国大陆内部各个块体或地区的相对运动和总的变形情况提供了重要的基础。

活断层是板内运动的主要活动边界，活断层活动的传播与蔓延调制着板内的最新变形与运动状况。活断层两盘的相对运动是在三维空间里进行的，为了更直观地真实反映各不同块体间的水平相对运动状况，对各条断层滑动的水平及垂直分量应当全面地予以考虑。故采用了以断层两盘在水平面上的相对滑动平均速率矢量的水平投影值（V）来表示活断层平均滑动速率的方式[15]。

这里

$$V = V_1 + V_2 \tag{1}$$

式中，V_1 和 V_2 分别为平行于和垂直于断层线的平均滑动速率矢量，它们的量值关系为：

$$\left.\begin{aligned} V &= \left|\sqrt{V_1^2 + V_2^2}\right| \\ V_1 &= U_1/t \\ V_2 &= U_2/t = h \cdot \cot\alpha/t \\ \theta &= \arctan V_2/V_1 \end{aligned}\right\} \tag{2}$$

式中，U_1 和 U_2 分别为在 t 时间里平行于和垂直于断层线的总错距，h 为 t 时间里两盘铅垂落差（即两盘差异性升降幅度），a 为断裂面倾角，θ 为水平面内断裂两盘错动方向与断层线的夹角。对中国

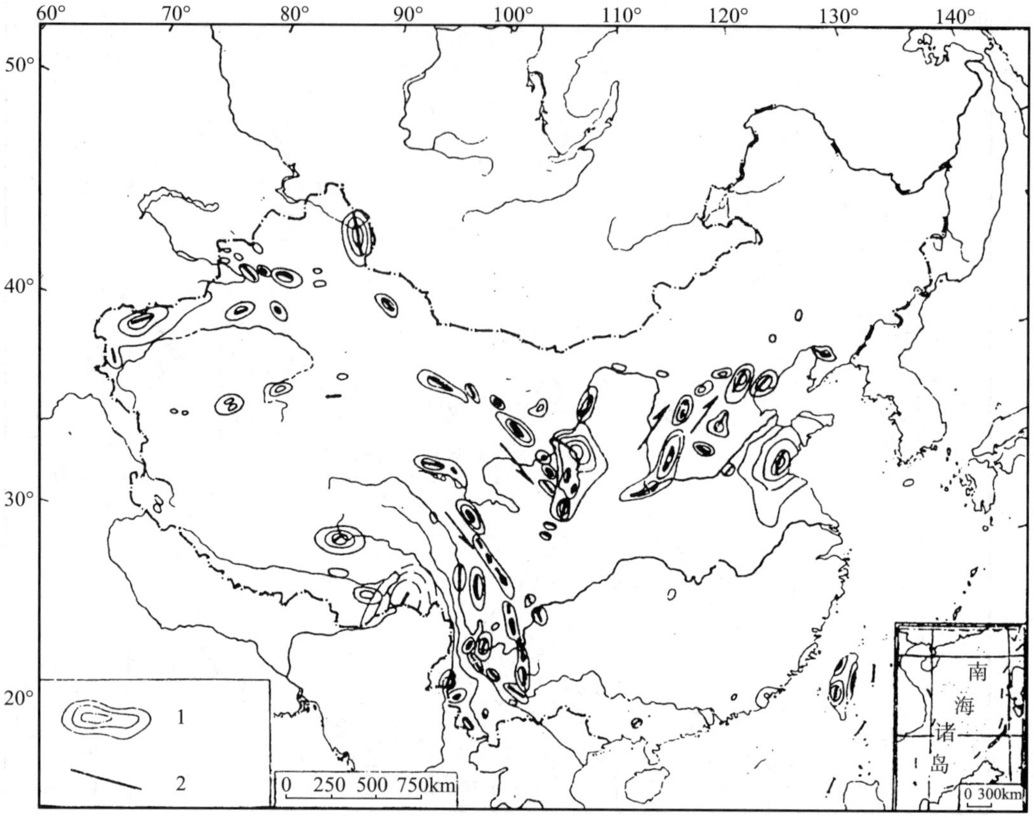

图 2　中国强震等震线（I_0 > Ⅷ）略图

1. 等震线（I_0 > Ⅷ）；2. 地震断层

各地主要活断层的错动资料按上述方法进行了整理和分析后，将获得的百余个数据的一部分在图 3 上作了表示。所用数据中的大部分为晚更新世和全新世以来的平均速率值，一部分为上新世末和早、中更新世以来的平均速率值。活断层滑动速率图上的数据分布还不够均匀，精度有的还较差，但它们从整体上已可明显地反映全国不同区域扭动变形和相互运动的强弱等基本情况。

这些资料表明，我国大陆内块体边界上活断层的滑动速率比板块边界上的小约 1 ～2 个数量级，但又明显地大于块体内部的运动速率。以南北带（约 104°E）为界，西部块体边界上的平均水平滑动速率一般为 5 ～10 mm/a，块体内的通常为 1 ～3 mm/a 或更小些；东部各块体边界上的通常为 1 ～4 mm/a，块体内的往往小于 0.5 ～1.0 mm/a。活断层滑动速率的这种大小分布格局与地震活动强弱的空间分布大体相吻合。这反映出我国板内变形和运动具有以块体为单位的特征，看来不尽符合均匀连续介质变形和位移的模式[15]。

（五）深部作用、火山活动、盆地挤张及其他地质资料

在燕山构造阶段，亚洲大陆东部边缘发生了强烈的岩浆活动与弧后边缘盆地的开裂扩张。俯冲、岛弧、弧后开裂的这一发展形式经喜马拉雅构造阶段一直延续至今。这一形式的构造发展过程是决定我国东部的新构造变形与板内运动特点的主要因素，且随着太平洋板块西侧向亚洲大陆的俯冲以及运动方向的变化，新的海槽盆地的开裂与发展，对亚洲大陆内部影响范围以及运动状况也在不断发生变化。日本海的扩张与停止，上新世以来冲绳海槽的开裂，南海西沙海槽的开裂以及渤海、华北、东北、内蒙古等地地幔的上涌与火山岩的溢出都对其周围地区块体变形与运动推移产生极大的影响。在我国东部，大量盆地的出现与扩张推动了周围地块的移动和扭转，改变着周围地块的运动状况，从而成为研究板内块体间相对运动的重要依据。华北与黄、渤海盆地的扩张造成了它们周围地块相对位置的巨

表 1　中国活断层水平运动平均速率矢量

编号	活断层	产　状	水平运动平均速率（mm/a）和方向				运动方式
			平均断层线分量（V）	垂直断层线分量（V_2）	水平面上平均速率（V_1）	运动方向与断层线夹角（θ）	
1	额尔齐斯	N60°～70°W/NE　∠50°～70°	0.5～1.0	-0.5～-1.0	0.7～1.4	30°～60°	逆右旋
2	可可托海-二台	N18°W/NE　∠80°～85°	3.0±1.0	-0.3±0.1	3.0±1.0	6°±4°	右旋走滑
3	天山北缘	近 EW/S　∠30°～80°		-2～-4	-2～-4	90°	逆冲
4	博罗霍洛	N40°W/SW　∠70°～80°	4.5±1.0	-0.7±0.3	4.6±2.2	9°±5°	右旋走滑
5	柯坪	N40°～50°E/NW　∠50°～70°	2.7～3.7	-7.5～-10	8～11	约 70°	逆冲兼左旋
6	库车-轮台	~EW/N　∠60°		-6～-8	6～8	约~90°	逆冲
7	喀孜朵尔-阿拉塔什	~EW/N　∠15°～25°		-21～-40	21～40	约 90°	逆掩
8	西昆仑山前	N15°～25°W/SW　∠40°～70°	7～11	-4.5～-8.5	9～13	30°～40°	逆右旋
9	塔拉斯-费尔干纳	N30°～35°W/SW　∠60°～70°	3～5.5	-1～-3	3～6	12°～35°	右旋兼逆冲
10	阿尔金（中段）	N70°E/NW　∠70°	6.2±1.5	-3.5±2.0	7±2.5	~35°（N35°E）	左旋兼逆冲
11	祁连山北缘（西北段）	N70°W/SW　∠45°～70°	2～3	-3～-7	4.5～7.5	~65°（N45°E）	逆冲兼左旋
12	昌马-祁连	N70°W/SW　∠50°	3.0±1	-3.5±2	4.6±2.2	50°（N30°E）	逆冲兼左旋
13	西华山-南华山山前	N70°W/SW　∠70°～80°	5.5±1	-1.0±0.5	5.6±1.2	10°（S10°E）	左旋走滑
14	鲜水河（炉霍-道孚）	N50°W/SW　∠70°～80°	8±3	-1.5±0.5	8.2±3.0	11°（S60°E）	左旋走滑
15	鲜水河（乾宁-康定）	N40°W/SW　∠50°～60°	5±2	-1.5±0.5	5.2±2.0	17°（S55°E）	左旋兼逆冲
16	则木河	N40°W/NE　∠70°～80°	3±4	-1～-2	3～4.5	15°～25°（S55°～65°E）	左旋兼逆冲
17	小江东支	SN/W　∠70°～80°	4.5±1	-3.5±1	5.5±1.5	40°（S40°E）	左旋兼逆冲
18	曲江	N70°W/NE　∠70°～80°	2.5±1	-1±0.5	2.7±1	20°（S40°E）	右旋逆冲
19	红河（元江-弥渡）	N60°W/NE　∠75°	5～7	-0.5～-1.0	5～7	10°（S50°E）	右旋走滑
20	红河（大理一带）	N40°W/NE　∠70°	5±1	3.6±1.5	6.2±2	35°（S75°E）	右旋引张
21	龙门山前	N40°E/NW　∠60°～80°	1～3	-1～-2	1～3.5	35°～40°（N75°～85°E）	右旋逆冲
22	汉中-青川（龙门山内侧）	N60°E/NW　∠75°	1.5～2	-0.3～-0.6	1.5～2	15°（N75°E）	右旋走滑
23	瑞丽-畹町	N45°E/NW　∠70°～80°	4～5	-0.5～-1.0	4～5	10°（S35°W）	左旋走滑
24	贺兰山前	N28°E/SE　∠78°	3.6±0.5	0.5±0.1	3.6±0.5	8°（S20°）W	右旋走滑

续表

编号	活断层	产　状	水平运动平均速率（mm/a）和方向				运动方式
			平均断层线分量（V）	垂真断层线分量（V_2）	水平面上平均速率（V_1）	运动方向与断层线夹角（θ）	
25	狼山前	N40°E/SE　∠50°～60°	1.5～3	0.7～1.0	1.7～3.2	18°～25°（S21°W）	右旋引张
26	乌拉山前	EW/S　∠60°～70°		0.5～1.0	0.5～1.0	90°（S－N）	引张
27	大青山前	N65°～75°E/SE　∠60°～70°	1～2	0.5～1.5	1～2.5	30°～35°（S30°～35°W）	右旋引张
28	恒山山前	N40°E/SE　∠50°～60°	1.5～2	0.7～1.7	1.6～2.6	25°～35°（N5°～15°E）	右旋正断
29	五台山前（北缘）	N60°～70°E/NW　∠60°～80°	0.5～3.0	0.5～2.0	0.7～3.6	35°～45°（N20°～25°E）	右旋正断
30	临汾盆地西缘	N30°～35°E/SE　∠50°～70°	2～4	0.2～0.4	2～4	35°～40°（N35°～40°E）	右旋走滑
31	华山北缘	EW/N　∠45°～60°	1～1.5	1～2	1～2.5	45°～55°（N45°～55°W）	引张兼左旋
32	铁炉子	N20°W/SW　∠60°～80°	0.5～1.5	－0.3～－0.5	0.6～1.6	20°～30°（N80°～90°E）	左旋兼逆冲
33	竹山	N50°W/NE　∠50°～70°	0.2～0.5	－0.1～－0.2	0.2～0.5	15°～25°	左旋兼逆冲
34	昌平－丰南	N65°W/SW　∠60°～70°	0.6～1.2	0.1～0.5	0.6～1.3	22°（S45°E）	左旋引张
35	汤西（太行山前）	N20°E/SE　∠60°～75°	0.4～1.0	0.1～0.3	0.5～1.0	15°（N35°E）	右旋
36	清凉河	N18°E/NW　∠70°～80°	0.2～0.4	0.1	0.2～0.5	20°（N40°E）	右旋
37	郯庐	N15°E/SE　∠30°～75°	1.0±0.5	1.4±0.5	1.7～0.7	55°（S70°W）	逆冲右旋
38	依兰－伊通	N40°E/SE	1.0～1.4	0.6～0.8	1～1.6	15°（S255°W）	右旋逆冲
39	依兰－伊通	N40°E/SE	0.5～1.0	0.7～1.0	0.8～1.0	35°（S255°W）	右旋逆冲
40	呼伦贝尔湖东	N35°E/NW　∠50°～60°		0.1～0.3	0.1～0.3	90°（NW35°）	正断
41	百色－合浦	N40°～50°W/SW　∠60°～70°	0.2～0.7	－0.2～－0.5	0.3～0.9	30°～45°（S60°～85°E）	左旋兼逆冲
42	王五－文教	N10°E/NW　∠60°～70°		0.5～1.5	0.5～1.5	90°（N10°W）	正断
43	西江	N40°W/NE　∠70°～80°	0.7～1.5	0.7～1.5	0.9～22	45°（S5°W）	正断左旋
44	海丰－政广	N45°E/SE　∠60°～80°	0.1～0.5	0.2～1.0	0.2～1.1	65°（N20°W）	正断右旋
45	长乐－诏安（南澳）	N50°E/SE　∠70°		－0.5～－1.5	0.5～1.5	85°～90°（N35°～45°W）	逆冲
46	台湾纵谷（东侧）	N15°～10°E	57～64	4～6	58～64	10°～15°（N21°～25°E）	左旋走滑
47	南海北缘裂槽	N80°～85°E		17～23	17～23	90°（N10°～5°W）	张裂

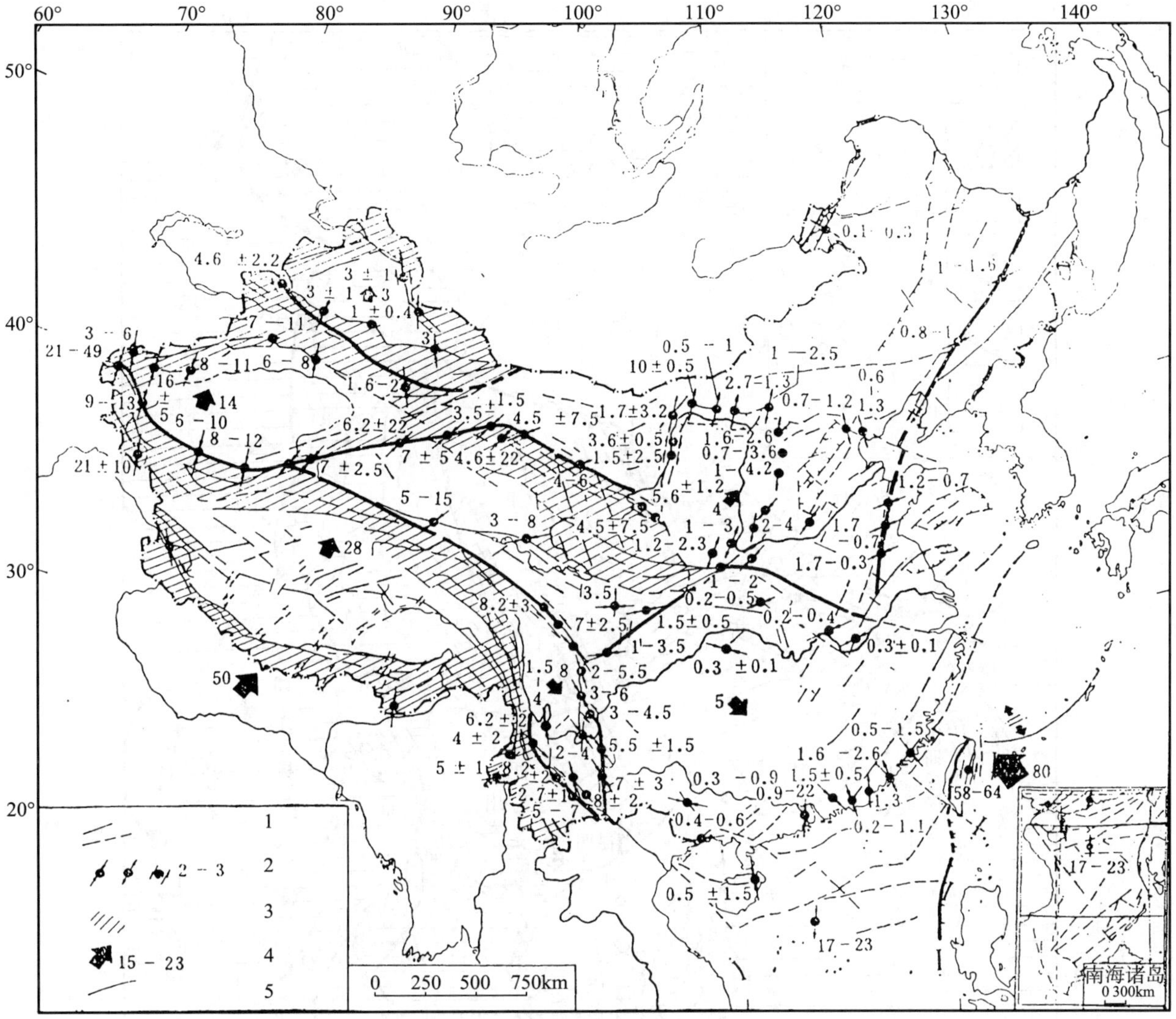

图3 中国活断层平均水平滑动速率矢量图

1. 活断层；2. 活断层平均水平滑动速率（水平投影值 mm/a）及方向，自左而右为：逆冲、引张及走滑；3. 褶皱带（新造山带）；4. 褶皱带及块体运动方向及滑动速率；5. 主要块体边界

大变化。同样，内陆一些地区的火山活动，地幔的上隆也在局部地区造成了类似的效果。如汉诺坝－大同火山裂谷盆地中火山岩成水平对称分布，老的（中新世）在外侧，新的（晚更新世）在内侧，反映了裂谷盆地的水平扩张，其向南东方向漂移速率约为 0.22 cm/a[17]。在东北老爷岭－东京城间晚第三纪以来玄武岩活动位置的迁移（443 万年移动 30 km），表明上地幔至地表相对向东的移动速率约为 0.68 cm/a[11]。

古地磁资料是判定板块运动极为重要的依据，但可惜的是我国目前涉及新构造阶段的这类数据还甚为贫乏。

三、我国新构造变形及板内现代运动的基本状况

根据周围板块运动对亚洲大陆内部的影响以及板内自身变形与运动的特点在中国及临近地区基本上可划分为三个各有特点的新构造活动区（图4）。

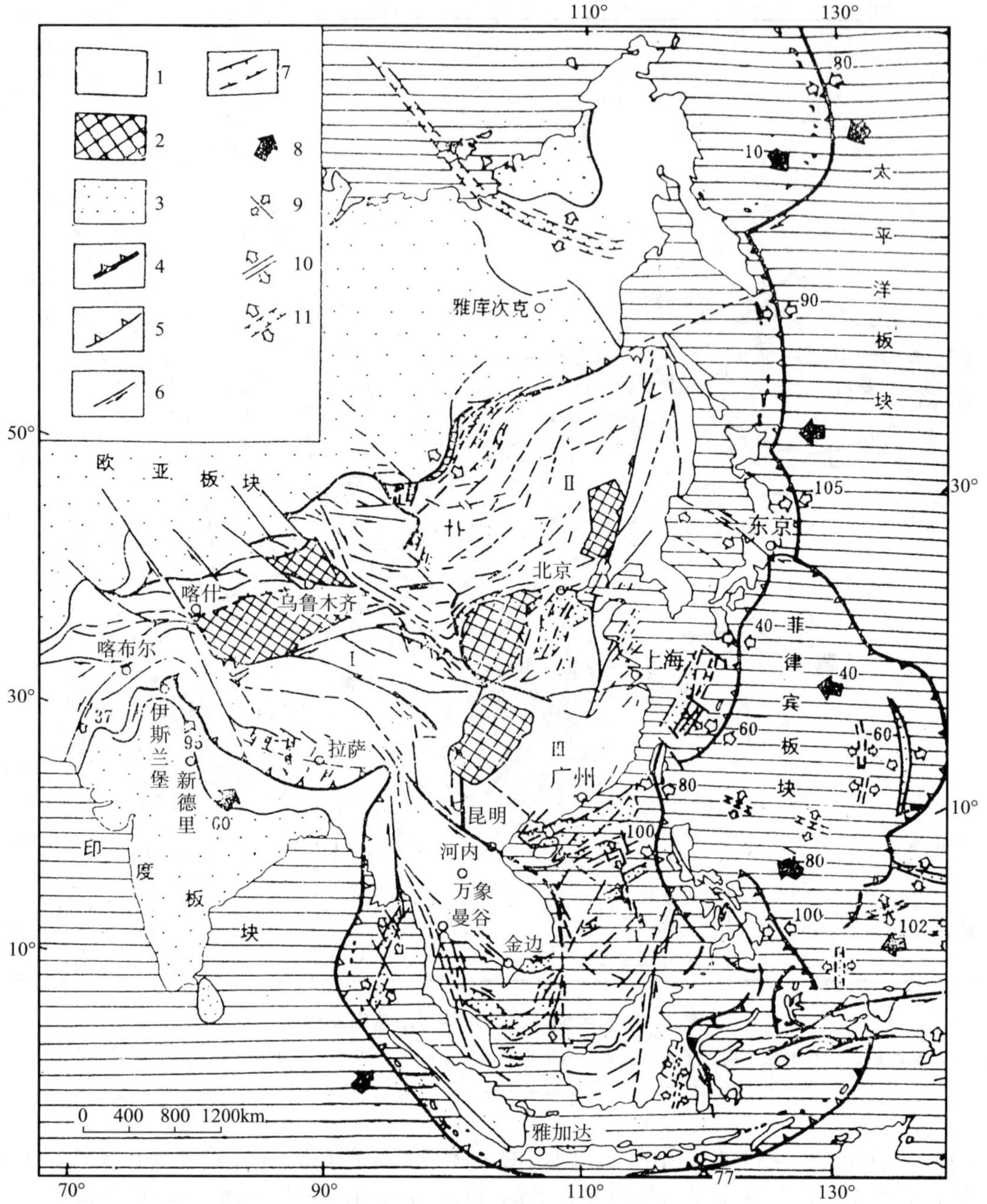

图 4　东亚地区板块运动状态略图

1. 新生代强烈活动变形区；2. 稳定地块；3. 相对弱变形区；4. 板块边界；5. 压性活断层；6. 走滑活断层；7. 张性活断层；8. 板块运动方向及速率（mm/a）；9. 局部相对运动方向及速率（mm/a）；10. 活动扩张带；11. 停止活动的扩张带；Ⅰ. 青藏－新疆构造区；Ⅱ黑龙江－华北构造区；Ⅲ. 华南－南海构造区

（一）西部地区（或称青藏－新疆区）

这里是以喜马拉雅弧为底边，以帕米尔、阿尔泰、阿萨姆为端点的一个三角区。它是由于印度与亚洲大陆碰撞并不断向北推进在亚洲内部形成的挤压区。表层变形极为强烈，但深层的岩浆活动在新构造阶段已很少显示。这里发育了地壳的加厚、缩短与隆升，大量的逆冲断层，压陷盆地以及走滑断层和挤出构造等一系列挤压构造形式。对此，许多国内外的地质学家已有大量讨论，在此不再赘述。在西部，由于地质历史和结构的复杂性，因碰撞引致的各地块间相互运动的状况表现得十分复杂，根据板内的聚敛（挤压逆冲）、剪切（走滑）和拉张（裂陷），各类边界上活断层滑动的平均速率和方向（图3），可以得到相邻两块体间相对运动速率和方向的估计，但这只是反映了相邻两块体的相对运动状况。要确定各个块体的实际运动或绝对运动速率和方向要涉及到板内块体运动的发动者和参考系（不动点），以及块体边界和内部的物理力学性质。大陆板内一般可划分为刚性或准刚性块体和塑性变形较显著的褶皱造山带。此外还有一些处于这两者性质之间的变形地带。对于我国西部，印度板块向北运动是各个块体和褶皱带运动和变形的根源。内陆各地形变的情况表明，许多地带都不是纯刚性体，而是具有不同塑性变形性质又具有传递力和速度的弹塑性体。这样，印度板块向北约50mm/a的运动除了被各块体，尤其是块体间的褶皱带的变形吸收一部分外，其余部分沿块体和褶皱带逐次向前传递。

为了得出各个块体向北相对运动速率的估计值，主要利用了西部各块体和褶皱带晚第三纪夷平面变形抬升幅度及褶皱带两侧断裂逆冲速率的资料，来大体估算了各个块体和褶皱带的缩短变形速率（即印度板块向北运动速率因块体变形而被吸收的部分）。方法、步骤及所得结果列于表2及图3上，图3中各个块体的运动方向是根据新褶皱轴和活动逆冲断层走向在水平面上垂直方向的展布状况而确定的。它们与研究区域内震源主压应力轴方位的展布基本一致。

表2　中国西部块体和褶皱带形变和运动速率估计值

块体和褶皱带	平面宽度（km）	地壳厚度（km）	垂直形变（膨胀）速率[a)]（mm/a）	横向缩短（压缩）速率[b)]（mm/a）	平均运动速率（mm/a）和方向			
					后缘	中部	前缘	方向
喜马拉雅褶皱带	250	60	3.7	15.4	50[c)]	42.3	34.6	约N
西藏块体	450	70	2.0	13.0	34.6	28.1	21.6	约N
西昆仑山褶皱带	150	65	3.0	7.0	21.6	18.1	14.6	约N
塔里木块体	600	50	0.1	1.2	14.6	14.0	15.4	约N
天山褶皱带	250	55	2.2	10.0	13.4	8.4	3.4	约N10°E
准噶尔块体	350	50[c)]	0.1	0.7	3.4	3.0	2.7	约N10°W
横断山褶皱带	100	55	2.0	3.6	15[d)]	13.2	11.4	约S80°E
川滇菱形块体	200	45	1.5	6.7	11.4	8.0	4.7	约S70°E

a) 垂直形变速率 = 夷平面上升速率 + 剥蚀速率 + 均衡速率；b) 缩短速率 = 垂直形变速率 ×（宽度/厚度）；c) 为喜马拉雅前缘印度板块向北运动速率（Minster等，1978）；d) 为西藏块体纵向延伸速率。

分析活断层资料可以看出，西藏块体在近南北向缩短、增厚的同时还发生近东西向的延伸，推挤东邻块体。其速率可从西藏块体内出现的一系列近南北向张裂带的拉张速率得到估计，约为10～20 mm/a。

从表2的估计值可看出，近300万年来西藏块体平均向北（或北偏东）运动速率约25～28 mm/a。根据拉萨西北吉果达盆地中吉果达组（N_2）古地磁测定，该组沉积时古纬度为29°4′N，现为30°7′N，向北移动了1°3′（约118 km），平均速率约为31 mm/a，与我们所得的估计值相近。塔里木块体西部以约14 mm/a速率向北运动。准噶尔块体约以3 mm/a速率向北偏西运动。川滇菱形块体以约8 mm/a的速率向南东运动。

喜马拉雅褶皱带的缩短率约为15.4 mm/a，天山的为10 mm/a左右。这些与Molnar等据近80年地震资料所得的估计值相近。西藏块体的缩短率约为13～18 mm/a，较Molnar等的估计值（4～7 mm/a）为大。但他曾指出其估计值可能偏小，而大于10 mm/a是不足为奇的，从表2还可看出，准噶尔块体前缘仍可能有约2.7 mm/a向北偏西的运动。祁连山北缘有约4～12 mm/a向北东的运动，西秦岭和六盘山东缘有4 mm/a向东偏北的运动，川滇块体东缘可能有5 mm/a左右的速率向南东运动。这反映了印度板块向北的推挤对我国内陆各块体运动和变形的影响范围北可达阿尔泰褶皱带和北山一带，东可达南北带以东。

“南北带”作为我国板内块体运动、地壳变形和地震活动的大区分界线是十分突出的。它具有复杂的结构，其不同段落的运动状况亦有所差别。它的中南段西侧的各个块体有明显的向东的侧向挤压，导致了鄂尔多斯块体向北东运动并作逆时针扭动，华南块体向东南运动，华北和华南块体之间出现相对的左旋剪切运动。但由于沿南北带一线地壳及岩石圈结构上的控制，青藏块体向东的侧向运动在南北带南段（龙门山至横断山一带）所积蓄的应力以强烈的地震活动方式得到了释放。华南块体由青藏高原侧向挤压而造成的向东及东南的位移量在南北带以东急速降低，活断层速率的变小也直接反映了这一点。

（二）东部地区（或称黑龙江－华北区）

包括了我国的东北、华北、华东以及黄海、东海一带，从构造环境上看又可称为黑龙江－华北新构造区。这里是以西太平洋板块俯冲带的日本弧与琉球弧为底边，以贝加尔、萨哈林湾和台湾为端点的一个大三角区。与青藏－新疆新构造区截然不同，新生代时这里广泛发育了深层玄武岩的溢出、火山活动、裂陷盆地等与拉张有关的各类构造形式。青藏－新疆区是由板块碰撞形成的表层挤压变形机制，而此区是由板块俯冲引致的深层扰动及溢出机制。由于西太平洋板块俯冲规模及俯冲深度巨大，俯冲角度平缓，深入大陆内部，故其在板内的影响范围达到了很远的距离。这一广大地区板内现代运动的状况受到了地幔上隆、海槽开裂、盆地与火山裂谷扩张的影响和控制，并叠加了来自西部的影响。此区第三纪以来在海域有日本海的开裂、东海冲绳海槽的扩张。在内陆则有贝加尔裂谷带、鄂尔多斯周围盆地系、渤海－河北平原盆地、苏北盆地以及蒙古中部火山区，汉诺坝－大同火山裂谷盆地和阿巴嘎旗、五大连池、长白山以及蒙古中部等火山区的开裂与扩张，但上新世以来它们影响和推动周围地块的状况已与以前大大不同了。深层地幔物质的上隆及表层拉张裂陷作用大大降低，而表部由于来自西部影响的加强遭受扭动的成分逐渐增大。

1. 黑龙江—蒙古东部一带

这一带新构造变形微弱，断层新活动不明显，伊兰－伊通，敦化－密山等断裂仅有少量的右旋活动的迹象。Zonenshain 曾根据沿外兴安岭的压性活动及贝加尔一带的引张认为他划分出的黑龙江块体具有逆时针方向的转动，并认为其相对于欧亚板块的转动极点在北纬 56.3°东经 117.9°，正位于此块体的北部边界上[8]。这样，则沿阴山—燕山一带的北西向及近东西向断层的左旋滑动性质尚需要作进一步解释。

这一地区的区域主压应力方向为北东至北东东向。相对于欧亚大陆腹地的西伯利亚等地总体上是在作向东北或向东方向的移动。据吉林老爷岭—东京城一带第四纪火山活动位置的迁移所反映的这里相对于太平洋俯冲带向北东东方向的相对位移速率为 6.8 mm/a[11]。这一数值较大，目前还缺乏其他方面资料的佐证，对这一位移值的认识尚有待进一步的讨论。

2. 河北盆地的拉分与鄂尔多斯地块的扭转

在华北平原晚第三纪晚期以来盆地的发展进入了一个新的阶段，已不是像第三纪早期那样的引张开裂，张扭形式运动的成分大大增加。从更大范围的新构造变形环境看，华北是一个既承受着青藏高原向东北方向推挤的影响又是处于阴山与秦岭大别山之间因相对于华南的挤出而左旋扭动的一个地带。在这样的构造应力场下，一系列北东－北北东向断裂形成右旋张扭性滑动，其间的地块则呈现逆时针方向的扭转。北部的河北平原是太行山前与郯庐两个右旋走滑断裂带间的一个巨大的拉分盆地。一系列现代地震造成的右旋右阶走滑断裂以及震源机制解可以很好地证明这一运动特性。它是在早第三纪开始拉张的一系列盆地逐步发展扩大联合的结果，山西地堑带和银川盆地正是类似其早期发展阶段的构造盆地，甘肃的石洋河谷、弱水河谷则可能是一些更雏形的开裂地带。与东部的黄海盆地区扩张沉陷变形的同时，朝鲜半岛有向东偏北的运动。

河北、豫北、渤海以至黄海等盆地在第三纪以来的强烈下沉相对地加强了对太行山以西地区的北西向引张作用。使鄂尔多斯这一硬性地块的周围处于相对松弛的状态，这对鄂尔多斯周围断陷盆地系的发展也有一定的影响。由于青藏高原的强烈隆起与向东北方向的挤压，鄂尔多斯周缘因袭了老破裂带而发育的断陷盆地在上新世以来有了更强烈的张扭性活动。鄂尔多斯地块由于其南北两侧的秦岭与阴山山脉间的左旋扭动而发生反时针方向的扭转。南侧的华南地块因青藏高原的压迫而向南东方向滑移的速率大于鄂尔多斯的扭转速率，故在鄂尔多斯南侧边界呈现出左旋滑动，当然扭转的距离是有限的。根据活断层以及地震破裂面滑动状况反映出鄂尔多斯与相邻的阿拉善、太行山地块的转动极点约位于北纬42°及东经94°左右[16]。据断层位移、地震以及邻区相对位移等方面的资料估算，华北地区向东北方向的相对运动平均速率约在4 mm/a以下。

3. 淮河过渡区

淮河流域一带是华北与华南之间不同构造应力场的过渡地带。华北北部的震源机制解表明主压应力 P 轴方向约为66°～69°[6]，华北南部的豫北、鲁南、皖北一带为79°，在大别山—长江下游一带约为283°[9]与华北北部相比有明显向东南逐渐偏转的现象。秦岭大别山以南则转为北西西向的压应力方向了。

从地貌上看，黄河与长江两大流域之间淮河流域的形成正是这一过渡的新构造应力场控制下的产物。这一过渡区的北界约在淮河流域北部的分水岭一带，其南界在桐柏山、大别山北麓经霍山、泾县至杭州湾一带。此线以南由大别山南麓向东南方向经福州至台湾以北所夹的三角区已属华南块体的范围，其东部沿海一带明显地有台湾及琉球海槽活动的影响。

4. 华南－南海区

华北与塔里木两个坚硬地块的存在对青藏高原向北的推进起了明显的阻挡作用，促使了青藏高原对其东侧的华南地块向东及南东方向推移。华南地块内部是新构造运动与变形相对微弱的一个地区，区内活断层的活动速率较低（一般小于2 mm/a），仅在东南沿海一带有较高的活动性。Tapponnier把华南块体看作是由于碰撞形成的一个挤出构造块体，其北部边界大致沿丹凤断层至大别山北麓一线，其南部边界则是以红河断层为滑动边界[13]。Molnar据近80年来地震资料估算的华南块体向东南方向的滑动速率可高达21 mm/a[10]。看来这一数值可能偏大，从南北带变形以及鲜水河断裂、红河断裂等两侧的最大错距情况看，因青藏高原挤压形成的华南块体向东南方向的挤出现象是存在的，但挤出滑动的距离是有限的。据青藏高原东侧边缘向东的运动量估算约在5 mm/a以下。在南海中部的北东东走向的扩张带停止活动以后，在其北面约北纬16°～17°之间出现了一个新的北东东向扩张开裂带，其扩张速率约为17～23 mm/a。

四、结　束　语

我国大陆的新构造变形及板内运动的基本状况为：

（1）中国板内的新构造变形与运动明显地受到周围板块运动的强烈影响。根据周围板块运动对大陆内部的影响范围以及板内自身运动与变形的特点，在中国及邻近地区这一范围内可划分出三个不同的新构造活动区。西部是印度与欧亚板块碰撞形成的挤压区，主要表现为碰撞引致的表层挤压变形、大尺度的凹陷隆起与水平平移运动。东部的变形与运动的特点则与西太平洋板块俯冲对大陆边缘地区的影响有关，但随着深部活动的逐渐减弱，来自西部影响的比重在东部岩石圈上部有明显的增加。中国东南部则是一个处于西部挤压与北部围限下相对较为完整并向东南方向稳定滑移的区域。

（2）内陆各块体间相对运动的速率一般较板块边缘要小一至二个数量级。由不足1 mm/a到10多个mm/a，因板内结构的不均一性，板内运动呈现出的图像仍是十分复杂的。

（3）大部分板内的活动边界继承了重新活动的古老边界，如阿尔金断层、丹凤断层、红河断层等，但由于运动格局的逐渐变化而有一些新的活动，边界在逐渐形成，如怀来－渤海活动带，青藏高原中部的北东向活动带等。地震活动是确定这类边界的重要依据。

（4）限于当前的资料所估算的板内各区域间相对运动的状况及速率值是极为粗糙的，可能存在很大的误差，还需要新资料的补充与修正，包括了诸如利用超长基线（VLBI）、全球定位系统（GPS）等新技术方法在我国大陆内部的实地观测与检验。

本文是 1983～1985 年间编制中国岩石圈动力学图集中现代板内运动图幅时整理的一些资料。卢演俦同志协助进行了一些活断层及块体运动速率数值的计算。部分内容在 1985 年美国地球物理联合会秋季大会上介绍过。

参 考 文 献

[1] 时振梁等，我国强震活动和板内构造，地质科学，1973，No. 4。

[2] Molnar, P. and Tapponnier P., Cenozoic tectonics of Asia. Effects of a continental collision, Science, 1975, Vol. 189, 419～426.

[3] 张文佑、钟家猷，中国断裂构造体系的发展，地质科学，1977，No. 3。

[4] 刘伯篪，中国大陆地震的应力调整场动态模型，地震地质，1979，No. 3。

[5] 汪一鹏，我国板内地震与中新生代应力场，地震地质，1979，No. 3。

[6] 许忠淮等，京、津、唐、张地区应力场的方向特征，地震学报，1979，Vol. 1，No. 2。

[7] 黄汲清、陈炳蔚，特提斯、喜马拉雅构造域上新世－第四纪磨拉石的形成及其与印度板块活动的关系，国际交流地质学术论文集（构造地质，地质力学），地质出版社，1980。

[8] Zonenshain, L. P. and Savostin, L. A., Geodynamics of the Baikal rift zone and plate tectonics, Tectonophysics, 1981, Vol. 76, No. 1～2.

[9] 魏光兴等，由震源机制解推断苏、鲁、皖、豫地区的现代构造应力场，地震地质，1981，Vol. 3，No. 1。

[10] Molnar, P. and Deng Q., Faulting associated with large earthquakes and the average rate of deformation in central and eastern Asia, JGR, 1984, Vol. 89, No. B, 7, 6203～6227.

[11] 赵文峰，珲春深震火山共生与内陆地震线，海洋地质与第四纪地质，1985，Vol. 5，No. 1。

[12] Ding G., A discussion on the status of active faulting and intraplate motions in China (abstract), EOS, 1985, Vol. 66, No. 46, 1067.

[13] Tapponnier, P., On the mechanics Of the collision between India and Asia, Collision Tectonics, Geological Society Special Publication, 1986, No. 19.

[14] Ding G., Recent crustal rupture field in China and the problem of strong earthquake prediction, J. Phy s. Earth, 1986, 34 suppl., 265～278.

[15] 丁国瑜、卢演俦，对我国现代板内运动状况的初步探讨，科学通报，1986，No. 18。

[16] 卢演俦，华北地区地块相对运动几何学的初步研究，地震地质论文集，国家地震局地质研究所编，1986，18～35。

[17] 邓晋福，大同火山群地质及岩石学特征，地球科学——武汉地质学院学报，1987，Vol. 12，No. 3。

[18] 马杏垣，中国及邻近海域岩石圈动力学图及说明书（1∶400 万），地质出版社，1987。

山西及邻区水系与黄土冲沟的分形几何学分析结果及其与构造活动的关系*

摘　要　本文用分形几何理论，对山西及邻区水系与黄土冲沟作了分析，发现水系与冲沟分维值的大小反映了该区构造活动性的强弱，分维值的分布定量地反映了区域构造活动的背景及各区域构造活动性的差异，在构造活动强的区域，分维值高，反之则低。按分维值的大小山西断陷带分成南中北三段，以中段介休—临汾一带的分维值及反映的构造活动性最强。该区分维值的分布及反映的构造活动性有从四周向中间增强的特点，增强区与强震的发生有关。

关键词　分形几何学　分维值　水系　黄土冲沟

一、引　　言

越来越多的工程和社会经济建设及地震预报实践要求我们开展面上的全面的区域构造活动背景的研究及不同区域构造活动性强弱的对比分析工作。水系与冲沟作为遍布地表的地貌景观，与构造活动密切相关[1]，水系与冲沟的发育及其展布的形态受到构造的控制和影响，不同区域不同强度的构造活动常使水系及冲沟呈现出不同的展布形态图案[2]。开展水系与冲沟的分形几何学研究，可以定量地分析比较其展布形态特点及各区域的差异，进而与构造活动的强弱及各区域的差异相联系。本文着眼于从水系整体形态提取区域构造活动的信息。

本文工作区为一黄土地区。进行水系研究的区域为34°～40°N，108°～114°E。黄土冲沟则以临汾附近的隆起区为重点，并分别以延安附近的冲沟代表鄂尔多斯块体内部的冲沟系统，盂县附近的冲沟代表太岳山以东的冲沟系统进行了对比分析。

二、求分维值的原理和方法

（一）原理

自然界存在许多不规则的形态和现象，如弯弯曲曲的海岸线、遍布地表的山脊和河流冲沟、扩展生长的破裂等，它们具有令人惊奇感叹的尺度不变性和自相似性特点，即其在很大的尺度范围内的任何尺度下观察均具相似的特点，其中的任何一部分经放大都与整体相同或大部分相同。通常人们把这种不规则但具尺度不变性和自相似性的形态现象称为分形（fractal）[3]。分形的特点是由分维值来描绘的，其定义之一为[4]：

$$N \propto r^{-D} \tag{1}$$

---

* 本文原载于《地震地质》，1991，No. 3。作者：孔凡臣　丁国瑜。

式中，N 是尺度大于 r 的物体的个数，即累积频度，D 定义为某一分形的分维值，它反映了分形形态结构的复杂程度。

水系与黄土冲沟遍布地表，河流弯曲和分支的状态、冲沟展布的形态图案等，不论从全体还是支流看都没有太大的变化，即它们具有自相似性及尺度不变性，是典型的分形[5]。研究区各流域水系及黄土冲沟均具此特点，故可用分形理论对其展布形态加以研究。

对某一流域的河流或冲沟，用间隔为 r 的格子把平面分割成边长为 r 的正方形网（粗视化网格），并且数出包含河流或冲沟的正方形格子的个数，记为 $N(r)$，当对 r 进行各种变化时（图 1），可得[5]：

$$N(r) \propto r^{-D} \tag{2}$$

式中，r 为正方形格子的边长，$N(r)$ 为含河流或冲沟的格子的个数，D 为其分维值。

（二）求分维值的方法

将式（2）两边取对数得：

$$\lg N(r) \propto -D\lg r \tag{3}$$

显然，$\lg N(r)$ 和 $\lg r$ 呈直线关系，直线斜率的大小即分维值 D 的大小。其实际求法为：对某一流域的水系或冲沟，分别用一组边长为 r_i（$i=1, 2, \cdots, n$）的格子网覆盖，得到一组 $N(r_i)_i$（$i=1, 2, \cdots, n$），分别以 r 和 $N(r)$ 为横、纵作标轴，将点（r_i，$N(r_i)_i$）（$i=1, 2, \cdots, n$）绘在坐标上（图 2），用最小二乘法可拟合出一条直线：

$$\lg N(r) = A - D\lg r \tag{4}$$

其斜率的大小即为分维值 D，它反映了水系或冲沟展布形态的复杂程度。

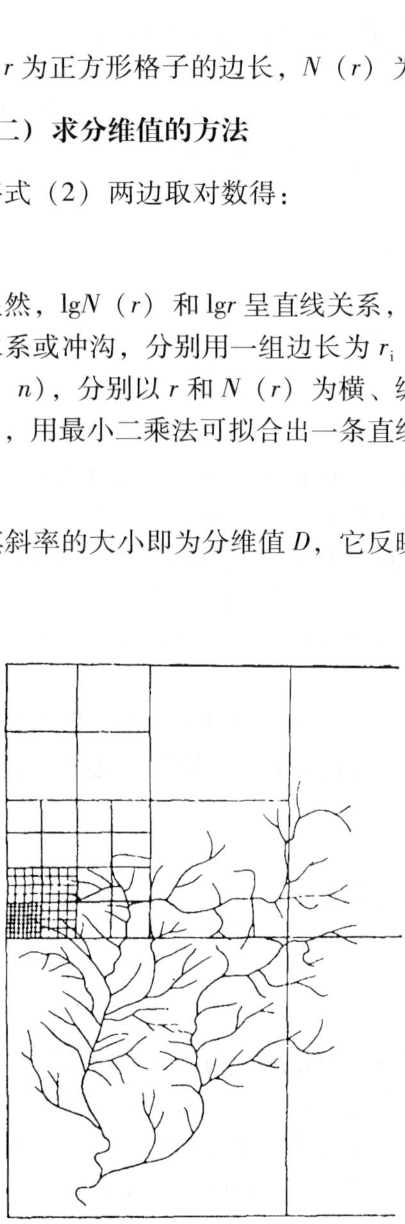

图 1　进行水系与冲沟统计的不同网格

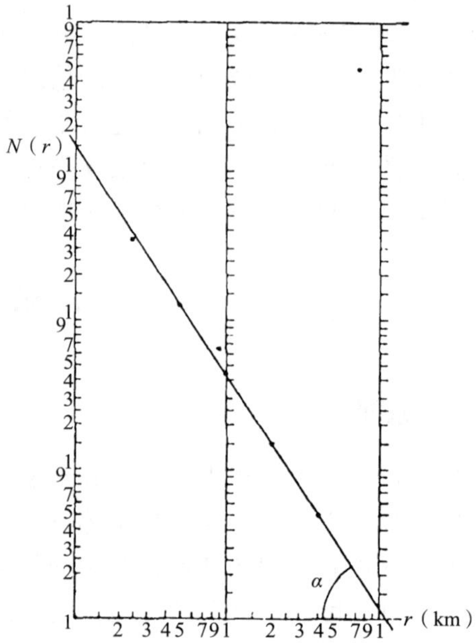

图 2　分维值的求法

图中直线的斜率值为分维值的大小

三、资料的处理及有关问题

（一）水系与冲沟资料的取舍

文中统计的水系取自1：50万地形图上的水系系统（图3），遗漏少，资料的可靠性比较高，求得的分维值D真实地反映了水系的形态特征。

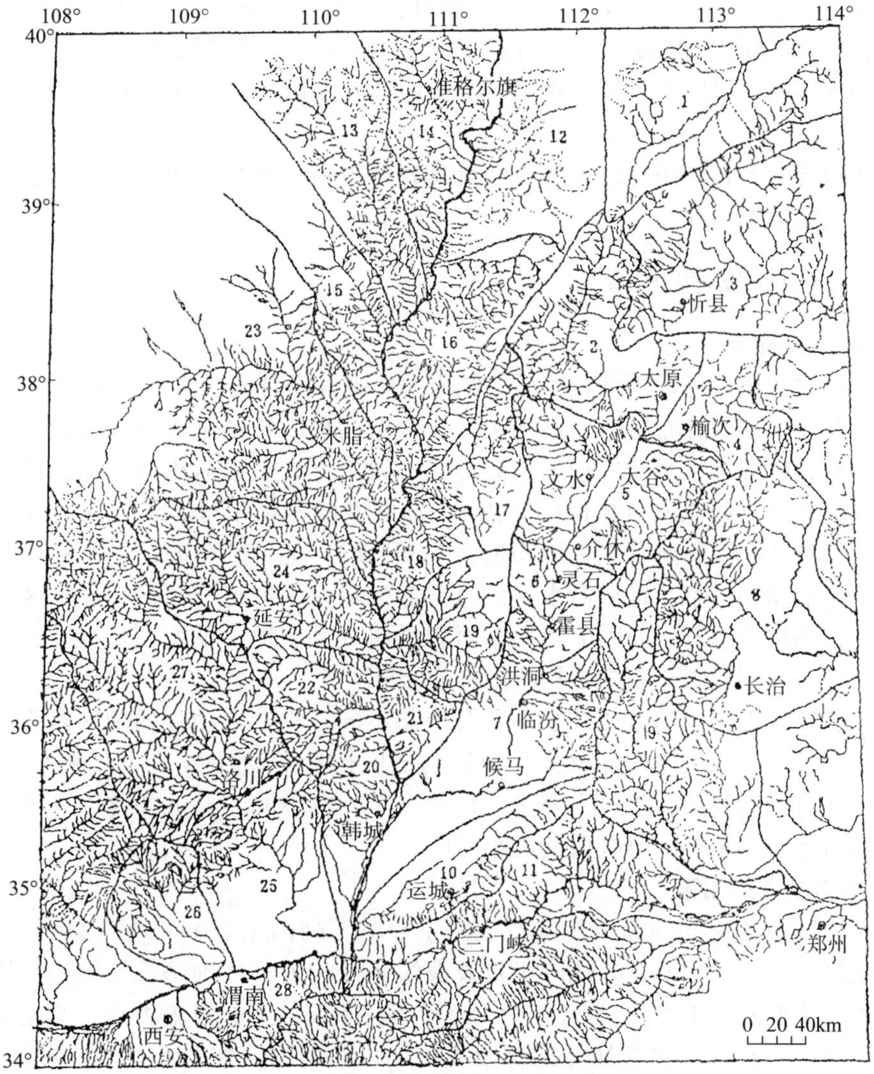

图3　山西及邻区水系分布和区域划分

黄土冲沟系统取自1：5万地形图。因黄土冲沟在图上并未明确标绘出来，故提取冲沟时尽量不遗漏一、二级冲沟，同时结合野外调查、航片解译和资料分析，力保所取冲沟为黄土冲沟，而抛开基岩沟谷。实际上临汾附近黄土分布的界限比较明显，黄土冲沟与基岩沟谷区分清楚。统计中实际上比较全面地提取了最新最小的冲沟，所以黄土冲沟系统的资料是可靠的，统计曲线的良好直线性也反映了这一点。

（二）统计处理的有关问题

1. 统计区域的划分

水系统计区域划分的原则主要依据二条：一是不同流域划分为不同的统计区域，但相似流域归结为一起；二是沿断陷盆地带附近分别以盆地和盆地间的隆起为单位划分统计区域。水系实际分区图（图3），共分成28个区域。黄土冲沟统计区域划分的依据也为两条：一是大的范围划分以各隆起为单元；二是以各隆起上不同流域的冲沟系统为单元，相似冲沟系统归结为一起。临汾附近冲沟系统，分为10个区。此外，以延安附近之冲沟代表鄂尔多斯块体内的冲沟系统，而以盂县附近冲沟代表太岳山以东的黄土冲沟系统。

2. 粗视化网格的尺度

水系与冲沟的规模相差很大，故实际统计时选用了不同的粗视化网格尺度系列。统计水系时，网格正方形边长分别为：2.5、5、10、20、40 km。统计冲沟时，网格正方形边长分别为：1、2、4、8、16 km等。由于水系与冲沟具有尺度不变之特点，故用不同的尺度系列统计时，网格尺度的差异对统计结果无影响，同样用同一尺度系列统计规模不等的冲沟或水系时，所得结果是可比的。

3. 可靠性

用最小二乘法拟合时，各区统计结果的直线性均很好，所得结果是可信的，真实地反映了每一区域内水系或冲沟系统的形态特征。

（三）影响水系与冲沟发育的因素

1. 影响水系发育的因素

水系是较长时间过程里内外动力综合作用的结果，影响其发育的因素为：①气候——降雨、气温、湿度等；②介质条件——地层分布；③地形地貌；④构造活动。气候条件在局部地区可能存在一些差异，但从区域整体看，研究区气候条件相近，故本文不讨论气候差异对水系形态的影响。区内除断陷盆地带外，地层的分布具有相似或自相似的特点①，即除断陷盆地带外，研究区的介质条件认为是均匀的，局部的影响暂不考虑。断陷盆地带因构造活动的影响，地层的分布与盆地带外相差很大，这种差别本身反映了构造活动的信息。地形对水系的直接影响最大，但退一步看，影响和控制地形的主要因素还是构造活动，如构造抬升、断陷下降、掀斜和拱曲等都使地形发生剧烈变化，从而导致水系形态的变化，所以地形对水系的影响也多是构造影响的结果。

一般说来，构造活动性不同的区域，水系发育形态不同。构造活动强的地区水系多呈平行状，弱的地区多呈树枝状。鄂尔多斯块体内部及太岳山以东地区构造活动性弱[6]，水系主要呈树枝状展布；沿汾渭断陷盆地带构造活动强烈，水系主要呈平行状展布。在不同的盆地和盆地间地区构造活动有所差异，水系形态也有不同，求得的分维值的大小不同。

2. 影响黄土冲沟发育的因素

黄土冲沟是黄土区很典型的现象，其发育也是主要受下列因素影响：①气候；②介质；③地形；④构造条件。研究区气候条件相似，各地降雨量及温湿条件相近，特别是临汾盆地周围气候一致，故可不考虑。黄土冲沟主要发育于Q_2、Q_3黄土中，介质条件相同。直接影响冲沟发育的是地形，而控制地形的主要是构造活动。在鄂尔多斯块体内部及太岳山以东地区，构造活动弱，冲沟主要为树枝状。而在临汾附近的几个隆起区构造活动强烈，冲沟主要呈平行状。但不同隆起区构造活动强度亦有所差别，灵石、西佐岭、柴庄等隆起活动强烈，Q_3以来的上升幅度分别为30～35、30～40、38 m等，而万荣隆起Q_3以来的上升幅度仅为20～30 m②，活动性相对弱。

---

① 中国地质科学研究院主编，中华人民共和国地质图集，1973。

② 山西省地质局第二水文地质队，山西省合阳县农田供水水文地质勘察报告，1977。

四、分析讨论

（一）水系分维值的分析

水系分维值分布图（图4）中显示，构造活动弱的地区，水系分维值低。如鄂尔多斯块体内部构造活动弱，所统计的黄河东西两岸的12～18和22～24各区分维值较低，一般大于1.40而小于1.50。太岳山以东的阳泉—长治一带构造活动也很弱，对应的8、9区的分维值较小，8区为1.457，9区为1.379。构造活动强的地区，分维值高。如沿断陷盆地带及两侧的山地，构造活动强，所得的分维值高。具体讲，沿大同、忻定、太原、临汾、运城、灵宝、渭河等盆地及两侧山地即五台山、云中山、系舟山、太原盆地两侧山地、霍山、罗云山、中条山、韩城西山、华山等，以及盆地间和盆地内的隆起区如石岭关、灵石、西佐岭、柴庄、万荣等隆起，块体差异升降明显，构造活动强，分维值高，即图4中的1～3、5～7、10、11、19～21、25、26、28各区的分维值高，一般在1.50以上。这表明，构造活动的强弱决定了分维值D的大小，而分维值D的大小定量地反映了构造活动的强弱。

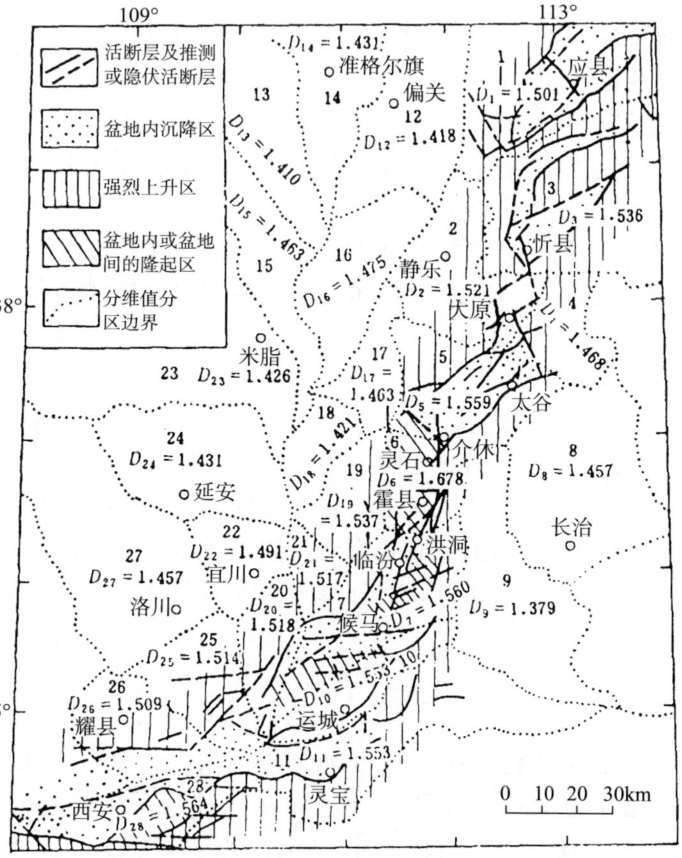

图4　山西及邻区水系分维值分布和本区主要的构造条件

图4中D值的大小分布与构造活动强弱的分布相吻合，说明构造活动的强弱分布决定了水系D值的大小分布，而水系D值的分布则从面上定量地勾划了区域构造活动的背景及各区域的差异。在构造活动强的地区，D值一般大于1.5，在弱的地区，D值一般在1.4左右。

以前我们说某一区域的构造活动性强，而另一区域的构造活动性弱，只是一种定性的描述，缺少一个定量的指标，分维值的引入为我们提供了这样一个指标。

既然分维值的大小反映了构造活动性的强弱，*D* 值大构造活动强，*D* 值小构造活动弱，那么，*D* 值的大小差异就定量地反映了构造活动性的差异。据此可定量地比较各区域构造活动的强弱。图 4 中大多数区域的 *D* 值不同，表明各区域构造活动的程度有差异。除了稳定区和活动区的明显差异外，在沿构造活动强的断陷盆地带的各个区域内，*D* 值也有差异，表明构造活动性强的各区域的强弱也有差异。

沿断陷盆地带，按 *D* 值的大小可分成北、中、南三段。北段包括大同盆地、忻定盆地和石岭关隆起，*D* 值分别为 1.501（大同盆地）、1.536（忻定盆地）和 1.521（石岭关隆起），忻定盆地较大。中段包括太原盆地、灵石隆起、临汾盆地等，*D* 值分别为 1.559（太原盆地）、1.678（灵石隆起）和 1.560（临汾盆地），以灵石隆起为最大。南段包括运城．灵宝和渭河等盆地，*D* 值分别为 1.533（运城盆地）、1.533（灵宝盆地）、1.564（渭河盆地），以渭河盆地为大。北、中、南三段各区的 *D* 值比其东、西两侧各区均高的多，但三段比较，以中段 *D* 值最大最突出，南段次之，北段较低。三段的三个高值点，即忻定盆地、灵石隆起（介休—霍县—洪洞—临汾）、渭河盆地（西安—渭南一带）相比，以灵石隆起为最大。这些表明，沿断陷盆地带的构造活动可分成北、中、南三段，其中以中段的活动性为最强，南段次之，北段较低。同时各段内也有很大的差异，其中北段以忻定盆地较强，大同盆地和石岭关隆起较弱。中段各区的活动性比南、北段均强得多，而又以灵石隆起周围最强。南段以渭河盆地的活动性较强，而运城和灵宝盆地相对较弱。这种区域差异与各区域地震活动的差异有很好的相关性。

从整个区域的变化看，研究区内 *D* 值的分布还具趋势性变化的特点。从东西方向看，有从东、西两侧向断陷盆地带增加的趋势。沿断陷盆地带看，南，北段的分维值总体上均比中段低得多，以中段最大，三段的三个高值区也以中段的最高，说明由南、北向中间均呈趋势性增加。综合东西方向及沿断陷盆地带的这些变化可知，研究区的 *D* 值有从四周向中间即介休—霍县—洪洞—临汾一带增高集中的现象，反映了构造活动性自南、北及东、西向中间增加的现象，最强区在介休—霍县—洪洞—临汾一带，这个构造活动的强烈集中区正是 1303 年和 1695 年强震活动的背景。这种趋势性变化与大小地震分布的特点①也有对应的关系。

此外，10 和 11 区即运城盆地和灵宝盆地的 *D* 值近似相等，而与临汾盆地有所差别，表明两盆地水系发育特征相似，说明在新活动时期两盆地构造活动的程度相同，中条山在新活动时期并没有构成隔开两个盆地的活动边界，它们是渭河盆地向东的延伸部分，与北侧的临汾盆地有很大的差别，万荣隆起为分隔它们的边界。这在地震活动上也有很好的反映，运城、灵宝盆地历史上有 5～6 级地震但没 7 级以上地震，小震也很少。临汾盆地历史上有两次 8 级大震及很多中小震及现代小震。它们明显不同。

（二）黄土冲沟分维值的分析

一点不漏地对研究区的黄土冲沟系统加以处理工作量太大，故重点统计了临汾周围的黄土冲沟系统。另外，为便于对比，统计了延安周围地区的部分冲沟系统，其分维值为 1.473。众所周知，鄂尔多斯块体内部构造活动性弱，块体稳定，黄土冲沟系统的形态十分相似，故用 1.473 代表整个块体内冲沟系统的分维值。盂县盆地附近冲沟系统的分维值是 1.497，可用以代表太岳山以东阳泉—长治一带黄土冲沟的分维值。这些地区冲沟的分维值较小，所对应的构造活动性及地震活动性均很弱。

图 5 是临汾附近黄土冲沟的分维值分布图。在临汾周围，黄土冲沟系统主要发育于周围的隆起区，这些隆起是断陷盆地带很重要的一部分，对盆地的结构有很大的影响，它们的构造活动性强，影响和

① 孔凡臣，线性构造的结构及其与地质的关系，硕士研究生毕业论文，1988。

控制了黄土冲沟系统的发育。图5显示，这些区域黄土冲沟分维值大，一般在1.75～1.90之间，明显高于稳定的鄂尔多斯块体内部和盂县—长治一带黄土冲沟的分维值，说明构造活动强的地区，分维值大，弱的地区，分维值小，因而，黄土冲沟系统分维值的大小也反映了构造活动的强弱。由于黄土冲沟系统是一些新的地貌景观，所以其分维值的大小反映了最新构造活动的信息。

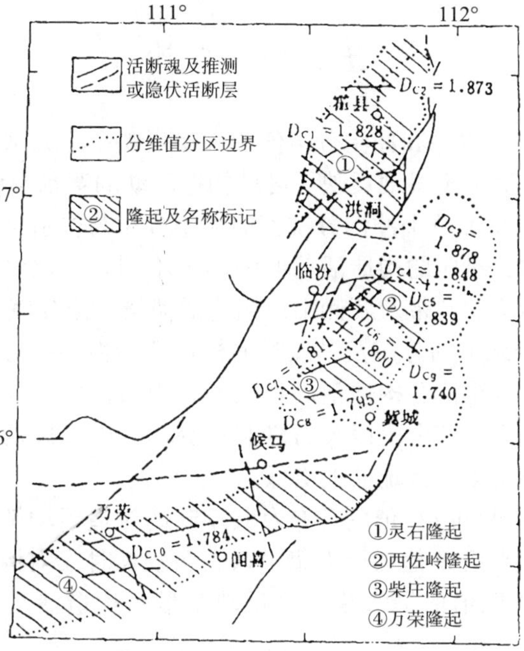

图5 临汾附近黄土冲沟分维值分布和主要构造条件

各隆起区黄土冲沟系统的分维值又有很大的差异，其中以临汾—洪洞东的区域为最大，灵石隆起次之，继之以柴庄隆位、万荣隆起。这种差异定量地反映了构造活动或者说地震活动对黄土冲沟系统影响和控制程度的差异。在临汾—洪洞一带构造活动强度和幅度是临汾盆地中最大的地带。洪洞附近和临汾附近为盆地内两个强烈沉降中心，第四纪以来强烈下陷，加之霍山断裂的强烈差异活动[6]，使这一区域成为临汾盆地甚至整个山西断陷盆地带活动强度和幅度最大的区域，与其毗邻的灵石、西佐岭、柴庄等隆起则相对强烈上升，构造活动性强。临汾和洪洞一带强烈的构造活动致使该区成为山西带内地震活动最强的地区，历史上曾发生1303年和1695年两次8级大震，同时有大量的中小震发生，在黄土冲沟里还可见大量的与地震相关的崩塌、滑坡、震动碎裂等变动现象。强烈的构造活动和地震活动直接或间接地对黄土冲沟的发育产生了重大的影响，所以在洪洞—临汾以东一带及灵石隆起和柴庄隆起附近冲沟的分维值高。而万荣一带构造活动性及地震活动性均较上述地区弱得多，其分维值较小。由此认为黄土冲沟系统分维值的差异也定量地反映了构造活动性的差异。

冲沟分维值也有区域内趋势性变化的特点。自万荣和侯马经翼城至临汾—洪洞东部 D_c 值逐渐增加，自灵石经霍县至洪洞东部 D_c 值也显示增加的特点，既有分别自南、北向中间增加的趋势，且以霍县—洪洞—临汾东部为最显著，表明最新构造活动的强度自万荣—侯马到临汾—洪洞逐渐增加，自灵石至洪洞亦趋增加，既分别由南、北向中间增加集中且以霍县—洪洞—临汾东部一带最强。结合东西向上由两侧向中间增加的现象，我们说最新构造活动强度也有从四周向中间增强的趋势，最强区集中在霍县—洪洞—临汾一带。结合古地震遗迹、历史地震资料及临汾—洪洞以东黄土冲沟变动的情况认为，这个最强区与1303年和1695年的8级大震直接相关。

霍山山前冲沟的 D_{c2} 大于其西侧的 D_{c1}，表明灵石隆起东侧（霍山山前）冲沟系统的结构复杂程度大于西侧，意味着东侧的构造活动强度大于西侧。这与实际情况相符合。

水系和黄土冲沟均显示了分维值及构造活动强度由四周向中间增强的趋势，且中间的值最大，但水系和冲沟的高分维值集中区有所区别。水系高 D 值区集中在介休—霍县—洪洞—临汾一带，而冲沟的高 D_c 值则集中在霍县—洪洞—临汾东部一带。显示了水系的较长时段内构造活动最强区集中在介休—霍县—洪洞—临汾一带，而冲沟的最新构造活动（包括地震活动）的最大强度集中在霍县—洪洞—临汾东部一带。

五、结　　论

（1）就山西及其邻区而言，水系和冲沟分维值的大小反映了水系或冲沟分布的复杂程度，反映了构造活动性的强弱，其分布从面上定量地反映了区域构造活动的背景及各区域构造活动性的差异。

（2）山西及邻区各区域水系和黄土冲沟分维值的大小分布与构造活动强弱的展布具有良好的对应关系。不同区域的分维值不同，对应的构造活动的强弱也不同。鄂尔多斯块体内部及太岳山以东地区构造活动弱，分维值低，沿断陷盆地带及两侧山地构造活动强，分维值高。

（3）沿断陷盆地带水系分维值的分布及其反映的构造活动性具有分段的特点，按分维值的大小分成南、中、北三段。以中段的分维值和构造活动性最高，南段次之，北段相对较低。各段内的不同区域也有差异，北段以忻定盆地为高，中段以灵石隆起最突出，南段以渭河盆地为高。三个高值点以灵石隆起最高，渭河盆地较之小得多，忻定盆地更低。

（4）研究区内水系和黄土冲沟分维值的分布及其反映的构造活动性具有趋势性变化特点，即有从四周向中间增强集中的趋势。水系 D 值的最大集中区表明较长时段内构造活动的最强区集中在介休—霍县—洪洞—临汾一带；冲沟 D_c 值的最大集中区反映了最新构造活动集中在霍县—洪洞—临汾东地区；两者之间稍有差别。

（5）水系和黄土冲沟分维值的高值区与强震的发生有关，1303 年和 1695 年的大震就发生在这一区域。运城盆地和灵宝盆地水系的 D 值近似相等，反映两者构造活动的强弱相近，中条山在新活动时期并没构成分隔两盆地的界限。它们与临汾盆地在构造及地震活动上均有差别。霍山山前冲沟的 D_{c2} 大于其西侧的 D_{c1}，表明灵石隆起东侧构造活动的强度大于西侧。

参 考 文 献

[1] 丁国瑜，李永善，我国地震活动与地壳现代破裂网络，地质学报，1979，Vol. 53，No. 1。

[2] Bloom，A. L.，Geomorphology - A Systematic Analysis of Late Cenozoic Landforms，Prentice Hall，Inc.，Englewood Cliffs，New Jersey，1978.

[3] Mandelbrot，B. B.，Fractals，Form，Chance and Dimensions，W. H. Freeman，San Francisco，1977。

[4] Turcotte，D. L.，Fractals and Fragmentation，Journal of Geophysical Research，1986，Vol. 91，No. B2，1921～1926.

[5] 高安秀树，分数维，地震出版社，1989，14～18，34～35。

[6] 国家地震局《鄂尔多斯周缘活动断裂系》课题组，鄂尔多斯周缘断裂系，地震出版社，1988，5～19，86～98。

中国岩石圈动力学概论（绪言）*

还在 1977 年时，国际大地测量和地球物理联合会（IUGG）与国际地质科学联合会（IUGS）的执行委员会考虑到 1979 年底国际固体地球动力学计划即将结束，尽管在这方面已经取得很大进展，但还有许多重大问题仍未解决，认为应提出一个于 80 年代执行的国际固体地球科学多学科研究规划。这样，IUGG 和 IUGS 联合指导委员会主席和秘书长 C. Kisslinger 及 H. Llies 于 1979 年向国际科学联合会（ICSU）提出了一个开展对岩石圈动力学、组成和演化研究的建议书，并于 1980 年正式提出了为期 10 年的“岩石圈动力学、组成和演化、自然资源和减轻灾害纲要”的计划书。在 IUGS 及 IUGG 两个联合会请求下，由 ICSU 正式建立了国际岩石圈委员会（ICL），以计划和协调规划的实现。

岩石圈的研究是继国际上地幔计划和地球动力学计划之后的又一项宏大项目，是 80 年代地球科学研究的前沿。它以大陆岩石圈及其边缘作为规划的中心，把注意力主要集中于更详细地确定岩石圈的现状（各个深度的结构和成分），其中正在发生的作用以及现代构造运动的机制，涉及到现代板块运动及变形、大陆岩石圈的演化、板内现象、岩石圈 - 软流圈的结构、物质组成和动力学等方面。

70 年代末在国际上开始论证岩石圈计划时，我国的马杏垣教授作为国际大地测量和地球物理联合会与国际地质科学联合会共同组成的联合指导委员会的成员参加了这一活动，并在中国科学技术协会领导下建立了我国岩石圈计划委员会。许多中国地学科学家还参加了国际岩石圈计划委员会各工作组、协调委员会的各项活动。

我国位于亚洲大陆东部，是一个以大陆为主体的国家，东临太平洋，西南有世界屋脊之称的青藏高原，地域辽阔，地质构造条件复杂多样，大陆内部强震时有发生，是全球新构造变动和现今构造运动最强烈的地区之一，是研究大陆内部及其边缘岩石圈的一个难得的、条件优越的地区，在地球科学研究中占据着十分重要的位置，一直受到世界地学界的广泛关切和注目。我们应该通过对我国岩石圈的深入研究，对全球岩石圈这一地球科学的前沿课题研究作出应有的员献。近几十年来，我国的地学工作者在地质构造、新构造变动、地球物理场、深部结构、地震活动等方面做了大量工作。自 1966 年邢台地震之后，国家地震局结合地震预报、地震危险性分析及地震灾害减轻的任务要求，在探索岩石圈结构、新构造变动及最新动态和地震活动、地震构造、形变测量及其他地球物理、地球化学观测方面积累了大量的资料，这些方面正是国际岩石圈计划所涉及的重要内容。

早在 1980 年，国家地震局就组织了编绘《中国分省区地震构造图集》的工作。到 1982 年，考虑到国际上岩石圈研究计划的开展、我国独特的地理位置和构造环境以及我国近年来在这方面资料的大量积累，经反复研究，感到有必要将此项工作扩大内容，不再局限于地震构造图的编制。决定以近年的大量有关地震、新构造、地壳变形测量、地震地质、多项地球物理探测和分析研究等方面的资料为基础，并收集吸取国内有关资料，结合国际岩石圈 10 年规划研究的新动向编绘《中国岩石圈动力学地图集》（以下简称《图集》）以适应对岩石圈研究和寻找资源、保护环境、减轻自然灾害多方面的需要，特别是为探索孕震规律和减轻地震灾害服务。

在 1982 年初，由国家地震局正式下达了编绘这一《图集》的任务书，并作为“六五”期间地震局系统的重点科研项目。《图集》由国家地震局所属的地质研究所、地震研究所、分析预报中心、地

* 本文是《中国岩石圈动力学概论》一书序言，地震出版社，1991。作者：丁国瑜。

壳应力研究所和各省（自治区、市）地震局（办）以及地质矿产部航空物探大队、武汉地质大学北京研究生部等31个单位200多位科研人员参加编制，由马杏垣任主编，丁国瑜、高文学、张海根、张步春、马宗晋任副主编。考虑到近年工作领域和所掌握资料的情况，决定内容重点放在岩石圈结构、新构造变动和地震活动三个方面。

《图集》计有图68幅，分4个图类。

1. 序图

简述我国总的自然地理概况：

（1）中国政区；

（2）地势图。

2. 专题图类

共计31幅，每一幅图件都表现一种单项专题内容，几个相近的单项专题图幅又构成一个图组。它们是：

（1）地质基础图组。为了反映非均质的岩石圈的演化和动力学待征，需要正确地阐明岩石圈发展各阶段地质构造条件及发育特征，反映地壳上层和地表的地质结构。这是研究岩石圈的地质基础资料。本图组包括：

①中国地质图；②中国大地构造图；③中国前寒武纪构造格架图；④中国中新生代构造纲要图；⑤中国卫星影像活动构造判读图。

（2）地球物理及地球化学图组。本图组包括：

①中国1°×1°布格重力异常图；②中国1°×1°自由空气重力异常图；③中国均衡重力异常图；④中国地壳厚度图；⑤中国异常磁场图，⑥中国新生代岩浆分布图；⑦中国地热特征图；⑧中国热震能态结构图。

（3）新构造图组。本图组包括：

①中国新构造图；②中国活动断裂及其现代运动图；③中国现代地壳垂直形变图；④中国震源断裂类型图；⑤中国地壳应力状态图；⑥中国板内现代运动图；⑦中国地质灾害图。

（4）地震活动图组。本图组包括：

①中国历史地震震中分布图；②中国现代强震震中分布图；③中国地震破裂特征图；④中国地震震源深度图；⑤中国地震活动时序图；⑥中国地震震源机制图；⑦中国地震线图。

3. 各省（区）地震构造图类

包括河北、山西、内蒙古、辽宁等省（自治区、市）地震构造图共28幅〔其中河北与北京、天津为一幅，江苏、上海为一幅，广东、海南分为陆地及南海海区两幅）。这一图组名为地震构造图，但内容涉及地震、地质构造（特别是新构造）、地球物理和动力学参数等大量区域性实际资料，最后并有一全国地震构造特征的综合性图件。

4. 分区岩石圈动力学特征图类

这是分析概括专题图组以及各省（自治区、市）区域资料，综合反映岩石圈结构、运动和演化等区域特点的一些图幅，包括华北、东北、西北、青藏、华南、南海等6个图幅及华北地区专题图组。华北地区专题图组包括：①华北地区地壳上地幔电性结构图；②华北地区北部地壳上地幔构造图；③华北地区全新世时期地壳变动图；④华北地区地壳厚度图。

为了更概括地全面反映我国岩石圈动力学的基本特征，除《图集》外，又特别编制了《1∶400万中国及邻近海域岩石圈动力学图》一幅及图幅说明书。它是在对《图集》大量具体的材料进行选择和整理的基础上，并广泛应用和补充国内外其他资料编制而成的，是《图集》的一个重要组成部分。

《图集》编稿完成后，曾于1985年10月先后在武汉、北京等地进行了评审，参加评审会的有37个单位100余名专家。由著名学者黄汲清、李春昱、顾功叙、孙殿卿、郭令智、曾世英、王仁、陈述彭等组成的评审委员会对《图集》内容等进行了认真的评议，提出了许多重要的意见和建议，对提高

《图集》质量起了重要作用。

《图集》稿于1985年，还经国际岩石圈计划委员会主席Raymand A. Price，Karl Fuchs和秘书长Eaward A. Flinn审阅过，并提出了许多宝贵意见，同时将《图集》和《1∶400万中国及邻近海域岩石圈动力学图》作为国际岩石圈计划的出版物，编号分别为0125及0126。

制图是研究地球动力学的一种方法，它既是综合性的又是分析性的。《中国岩石圈动力学概论》（以下简称《概论》）是作为《图集》的说明书而编写的。虽然《图集》中各幅图件除主图以外还附上了一些附图、插图及简要文字说明，但限于图面空间的限制，对一些资料和问题不可能作详尽的阐述与讨论，《概论》正是为了更有效地利用《图集》这一形式和反映更为丰富的内容而编写的。它与《图集》相辅相成，共同构成一个完整的有机整体。

大体与《图集》内容相适应，《概论》一书分为四编。一至三编是对我国岩石圈结构、新构造变动及地震活动三个方面问题的讨论，第四编是对各省（自治区、市）岩石圈和地震构造特征的区域各论。

板块构造学说在合理地阐明地球表层物质的运动学方面取得了明显的效果，它容纳了各种与地球内部动力学有关的假说。然而，随着现代科学技术的发展，早期简单化的模式日益受到其内部不断揭露出来的复杂现象的严峻考验，不可避免地遇到一系列新的挑战，并把一些具有战略意义的问题推到当代地球科学研究的前沿，例如对大陆及其边缘岩石圈和地球深部的研究。为了深入探索和解释岩石圈组成及动力学有关的问题，美国地球动力学委员会于1982年在德克萨斯大学举行了一次研讨会．会后出版了名为《岩石圈》的小册子（1983）。会议主席John C. Maxwell（1983）还以“什么是岩石圈?”为题发表了文章。这无疑也是我们需要首先谈及的一个问题。

《岩石圈》在地质文献中并不是一个新名词。它早已出现于19世纪初的文献中，指的是地球的石质外壳，以区别于大气圈和水圈。现代岩石图的概念是与板块构造相联系的。它的要点是，地球外部的刚性壳，由能够独立地相互运动的不连续的板块组成，而这种板块的组合就构成地球的岩石圈。

然而，当前鉴别岩石圈的准则很不相同，有关岩石圈的含意至少有4种：

（1）弹性或挠曲的岩石圈，从地表载荷或卸荷调整计算得出，通常为20～30 km厚。

（2）热岩石圈，即支撑一个传导热梯度的地球的冷的外层，计算得出的厚度约为100 km。

（3）地震波的岩石圈，覆盖的范围广泛，但不一定均在全地球规模的地震波低速层之上。这个层的深度在年轻大洋下不到45 km，在大陆下约为150 km。一般把这个低速层当作软流圈，但未必是正确的。

（4）化学-矿物学的岩石圈，如果地幔的顶部是层状的或大体上是不均匀的话，就可以推断出岩石圈与软流圈的化学或矿物学的边界。

本《图集》中采用了地震波得出的岩石圈概念。

众所周知，动力学是力学的一个分支。它研究改变或产生物体运动的力。而地球动力学是一个内涵很广泛的名词，简言之，其对象是地球内部的力和各种过程。Turcotte和Schubert（1982）在其所著的《地球动力学》一书中把理解板块构造和一系列地质现象所必须的基本物理过程作为基本内容。这里所用的岩石圈动力学主要是指岩石圈的运动与变形及其与深部过程的关系。

《图集》的主要任务是汇集岩石圈现代运动和变形以及现今进行着的各种过程的信息，并表示将来会导致运动的因素。前者如活动亚板块、构造块体的划分及其运动矢量、主要活断层及其滑移速率、活动裂谷、活动褶皱、年轻火山、地震活动等；后者如重力、航磁异常带、地壳和岩石圈厚度、上地幔顶部纵波速度、岩石应力状态等，则是反映地壳、上地幔非均匀性和应力状态，会在将来引起运动的因素。简言之，《图集》是从岩石圈的介质、结构、应力、运动、变形和深部过程的角度综合表现我国的岩石圈动力学的。

板内应力场受控于板块相互作用的状况和岩石圈非均匀性。反之，利用板内各种地质和地球物理信息去再造板内应力场也可估计块体相互作用的状况和相对运动的速率，进而推测造成这种运动的动力学过程。总之，《图集》正是以厚度不均匀的地壳、岩石圈为基础，以大地构造分区为背景，通过各活动亚板块体相对欧亚板块（西伯利亚）的整体运动及它们之间的相对运动、在板缘和板内造成的各种构造现象以及各种地球物理场去揭示第四纪以来，特别是现今活动或新生代曾经活动过的地质和地球物理过程，给予总的概括。它为进一步把这些活动过程外推到地质过去或未来提供了一个区域性格架，并以此为寻找资源、保护环境和减轻地质灾害服务。

《概论》一书是在各图幅的主要作者分别撰写图幅说明资料的基础上再进行全面的整理编辑而成的。有关我国岩石圈结构和演化特征的主要观点在《中国岩石圈动力学纲要》即《1：400 万中国及邻近海域岩石圈动力学图》说明书中已全面地作了扼要的阐述（马杏垣，1987），《概论》一书的一些章节的主要论点直接引自《纲要》，它是结合整个《图集》中各个图幅的大量实际材料，对这些基本论点更详细的具体阐述。

本书的编写过程是先由各图幅的主要编写人提供图幅说明，然后由编辑组综合整理编辑而成。本书由丁国瑜任主编，蔡文伯、于品清、谢广林任副主编。

参加各国幅说明编写的主要执笔人员名单在相应章节处加以注明。绪言、第二编、结论由丁国瑜编辑整理；第一编及第四编各分区论由于品清编辑整理；第三编及第四编各省区论由蔡文伯编辑整理；插图的统编和图式设计由谢广林负责；全书统编由丁国瑜负责。

本书内容广泛、涉及问题很广，由于对我国岩石圈动力学的系统论述这是第一本，缺乏经验，必然存在不少缺点。在编图过程中有关资料的使用一般截止到 1983 年底。此外，本书是对多人分散写出的材料进行统编的，难免出现重复和遗漏，甚至不妥和矛盾之处，还请读者指正。随着对我国岩石圈研究的进展，本书中的一些内容及概念难免将要修改和补充。但作为一定历史阶段工作的总结，我们期望它能发挥其应起的作用。

在编写本书过程中，广泛引用了许多部门和个人的资料及观点，得到了许多人的支持和帮助，赵和平参加了稿件的整理工作，岳书玉、耿爱玲、张飞飞、于桦、魏玉芳为本书清绘插图，在编辑过程中李裕彻、朱世龙协助做了大量组织工作。在此一并表示深切的谢意。

CHARACTERISTIC BEHAVIOUR OF ACTIVE FAULTS IN CHINA*

1. Behaviour of Active Faults in China

Active faults are well developed and widely distributed throughout the intracontinent of China in general, they are the major boundaries of relative movement between fault blocks. These active faults display a diversity at characteristics and behavior depending upon their location within the neotectonic stress field and their tectonic setting. An understanding of the formation and development of active faults requires considerable research(Figure 1).

Research on active faults has utilized the techniques of geological mapping, trenching and age dating and in particular the synthetic analysis of the abundant date on the slipping process, seismic rupture, palaeoseismic events and so on. The study concluded that the characteristic behavior of active faults in the intracontinenut of China can be summarized under ten main headings, namely:

a. Inheritance of the spatial distribution pattern

Active faults in the intracontinent of China are predominantly rejuvenated preexisting faults. Their spatial distribution pattern is inherited from the antecedent tectonic framework, especially the pattern of Mesozoic and Cenozoic faults. However, the active styles and combination patterns are those of renewed features derived from the characteristics of the latest tectonic stress field.

b. Obvious regional inhomogeneity of active degree or slip rate

A quantitative knowledge of the amount of displacement and the average slip rate of active faults in the intracontinent of China during the Quaternary, and some during Late Pleistocene, has been derived from the abundant data on fault slip rates. In general, there has been a large amount of horizontal displacement in the west since the late Pliocene, ranging from a few kilometres to tens of kilometres. Examples are the active Xianshuihe, Ertai and Altun faults. In contrast displacements in the east are small, from tens of metres to several kilometres in the case of the active Tanlu fault. Average slip rates in the west are from a few to over ten millimetres per annum whereas, those in northern China range from less than one to several millimetres per annum. In South China they range from a few hundredths to a few – tenths of a millimetre per annum, except in the coastal zone. The amount of vertical displacement is less than that of the horizontal. In the eastern part of China, the vertical displacements are from a few hundred to over one thousand metres, in South China from tens to several hundreds of metres, whereas in the west they are up to 3 to 4 thousand metres. The ratio of vertical to horizontal displacements is 1 : 2 in northern China, 1 : 6 or 1 : 10 in the western part of China(Figure 2).

---

* 本文原载于《Seismicity in Eastern Asia》, Geological Society of Hong Kong Bulletin, No. 5(1996).

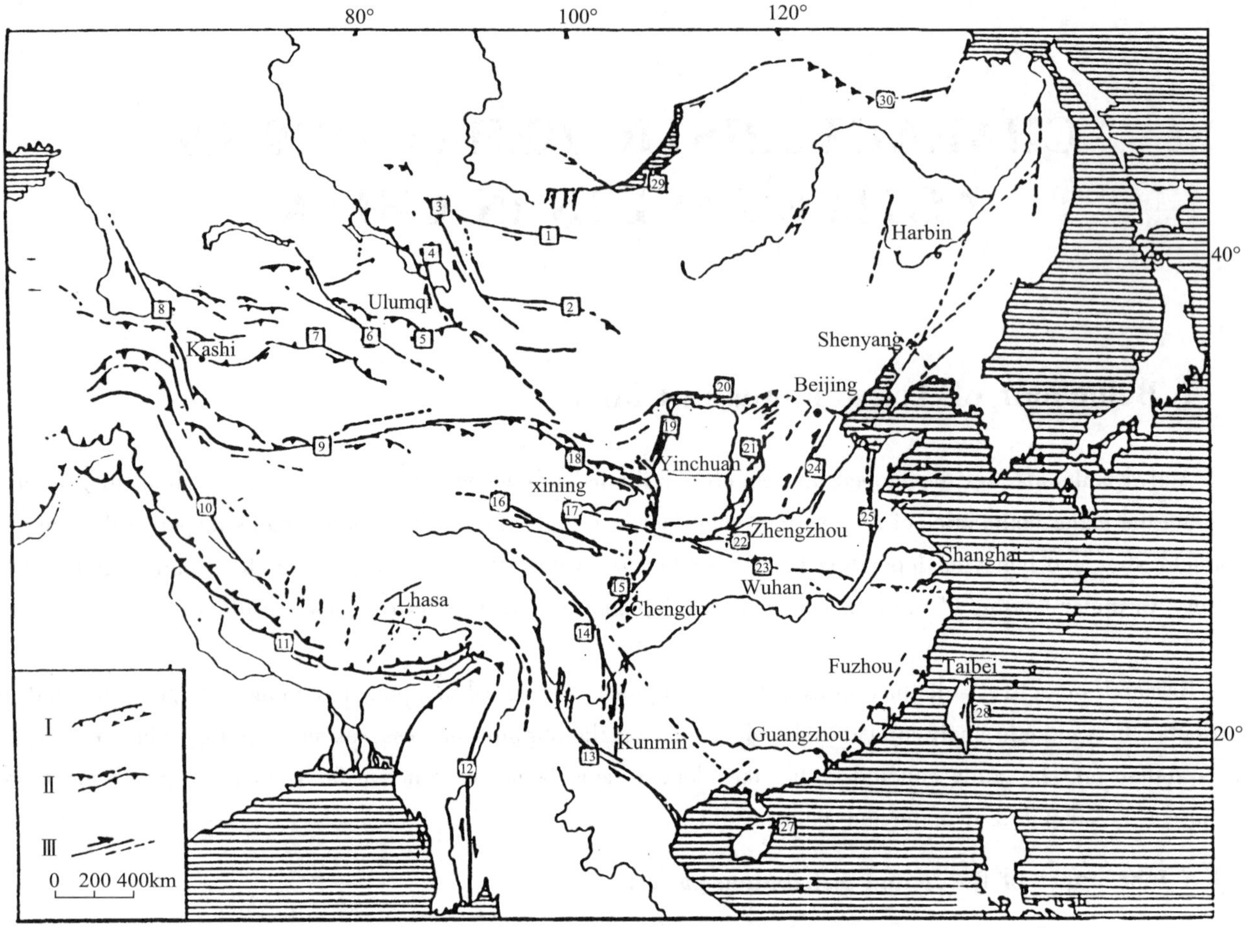

Figure. 1 Main active faults in China and adjacent areas

I-Normal fault; II-Reverse & thrust faults; III-Strike-slip fault. Faults: 1. Khangai; 2. Gobi-Altai; 3. Kobda; 4. Ertai (Fuyun); 5. Tianshan north-piedmont; 6. Borohoro; 7. Tianshan south-piedmont; 8. Talass-Fergana; 9. Altun; 10. Karakorum; 11. Himalaya; 12. Sagaing; 13. Honghe (Red River); 14. Xianshuihe-Xiaojiang; 15. Longmenshan; 16. Kunlunshan; 17. Western Qinling; 18. Qilian-Haiyuan; 19. Helanshan piedmont; 20. Hetao; 21. Fen-Wei fault zone; 22. Huashan piedmont; 23. Danfeng; 24. Hebei Plain; 25. Tanlu; 26. Southeast Coast fault zone; 27. Northern Hainan; 28. Longitudinal Valley fault of Taiwan; 29. Baykal fault zone; 30. Stanov fault zone

c. Regional distribution of the different types of active faults

Active faults in the intracontinent of China may be divided into two groups, the eastern and western. The dividing line is longitude 105°east. The eastern group is dominated by normal and tensional strike-slipping faults striking NE and NNE, whereas the western group is characterized by strike-slip, thrust strike-slip and thrust faults trending NW and WNW. Within the Qinghai-Tibetan Plateau in the west, a series of large NW and nearly EW trending strike-slip faults are developing. These have resulted from the differential lateral slipping of the component blocks of the plateau caused by collisions in the Himalayan region. However, a series of active thrust faults are developing in the Qilianshan and Longmenshan mountains. These surround the Qinghai-Tibetan Plateau, the Pamirs, the southern Talimu Basin, the southern and northern margins of the Tianshan Mountains, and the north of the Junggar Basin. In the eastern part of China, three north to South subdivisions can be made. These are northeastern China, northern China and Southern China, each with its own distinctive active fault characteristics. Within northeastern China there are a series of NE and NNE striking active faults, with lower seismicity. The eastern part of northern China is the region of both the strongest fault activity and highest seismicity. It is charac-

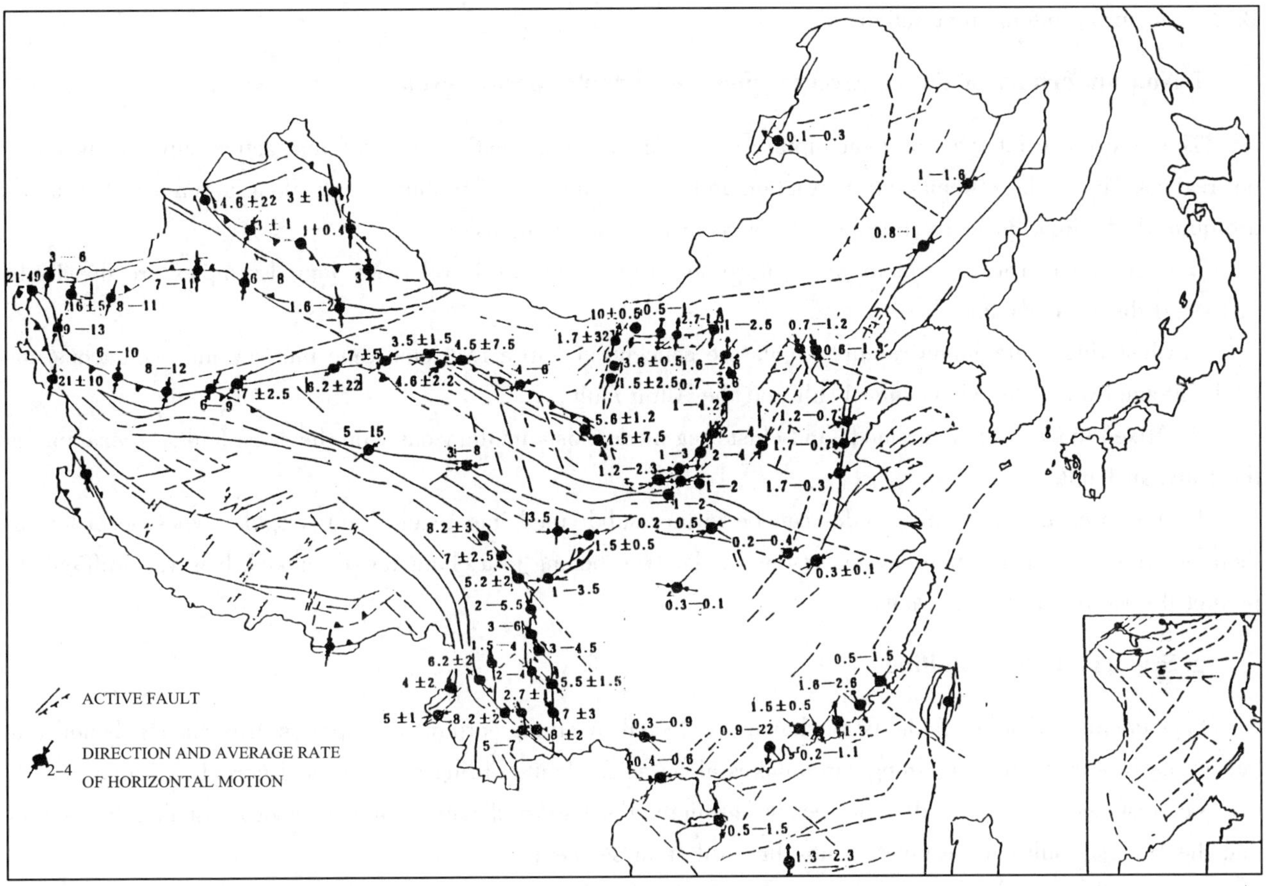

Figure. 2 The slip rates of active faults in China(unit:mm/a)

terized by a series of NE and NNE tensional strike-slip faults with right lateral displacements. The region is also associated with Cenozoic sedimentary basins, of which the active fault system around the Ordos Basin is the most prominent.

d. Predominance of stick-slip active styles

Most of the active faults in the intracontinent of China are stick-slip, except some ground fissures which indicate the existence of fault creep at depth, in some areas. Up to now, examples of fault creep similar to some segments of the San Andreas fault have not been recorded in the intracontinent of China. Geological, geomorphological and trench excavation data show that fault displacement is an accumulation of multiple abrupt earthquake offsets, not the result of the even creep of faults.

e. Fault intermittence and the grouping of rupture events

Faulting is not an even and regular process, but an intermittent and spasmodic activity with slipping periods alternating with those of quiescence. This is the principal behaviour of faulting as observed in the intracontinent of China. The clustering of recent earthquake activity and the grouping of fault slipping and palaeoseismic events have been verified by the detailed investigation of multiple active faults. For example, along the western segment of the Haiyuan fault, palaeoseismic events were mainly clustered in the early and middle Holocene (about 5000 ~9500 years B. P.), becoming comparatively quiescent in the late Holocene. In contrasts, along its eastern segment, palaeoselsmic events were mainly clustered in the middle and late Holocene (about 4000 years

B. P.), featuring intermittent activity.

f. Non-uniformity of the recurrence intervals of fault rupture events

The recurrence intervals of great rupture events are varying greatly along different active faults or in different regions. The modes of temporal distribution and the combination of rupture events along different active faults are quite diversified. Basically, three modes of recurrence are recognised:

i. Single mode: The interval between successive rupture events is relatively long. Examples are the Tanlu Fault and the Ertai Fault.

ii. Clustering mode: Many rupture events are concentrated in a restricted time interval and occur cousecutively. Examples are the Xianshuihe Fault and the Altun fault.

iii. Mixed mode: The single mode and clustering mode exist simultaneously on the same fault. An example is the Haiyuan Fault.

Events in each of the three modes can be further subdivided into regular and irregular types according to their recurrence intervals. Some events of the regular type belong to a characteristic model. It is very difficult to predict the various irregular events.

g. Segmentation of faulting

Segmentation of active faults is a behaviour reflected by strong earthquake ruptures. It is clearly demonstrated by the rupture pattern of strong earthquakes along active faults during the historical period in China.

For instance, analysis of data on recent seismicity, the nature of faulting and palaeoearthquakes has shown that the Honghe fault can be divided into three different segments.

Isoseismal maps of historical earthquakes and the distribution of earthquake ruptures along the Xianshuihe Fault, Xiaojiang Fault, and the Qilian-Haiyuan Fault also clearly display rupture segmentation.

On the southern segment of the Zhongwei-Guyuan Fault, two $M6.5$ earthquakes occurred in 1306 and 1912 respectively, whereas on its northern segment $M7.3$, $M7.0$ and$M7.5$ events occurred in 1561, 1622 and 1709 respectively. The level of seismicity and their periods of activity are obviously different, showing the behaviour of rupture segmentation.

h. Linking-up of ruptures

During an active period of earthquake clustering, rupture events usually occur segmentally along a large active fault. When the ruptures mutually linkup along the whole fault, the fault ceases to be active and becomes quiescent. Rupture linking is an important behavioural characteristic of many large fault zones in China.

For instance, rupture linking occurred along the Fenwei Fault zone during 1556 ~1695 and along the Hebei Plain Fault zone during 1966 ~ 1976. It can also be observed on the Qilian-Haiyuan Fault and the Xianshuihe-Xiaojiang Fault among others.

i. Equidistance and commensurability of rupture lengths and faulting segments

There are some features of regularity apparent in the lengths of active segments of faults or the lengths of linked ruptures. For instance, the total lengths of ruptures on many active faults with strong earthquakes commonly range between 1000 ~1200 km. Examples are the Qilian – Haiyuan Fault, the Fenwei Fault, the western segment of the Altun Fault, the Xianshuihe – Xiaojiang Fault zone and the rupture zone along the southeastern coast during the period 1600 ~1605. The distribution of rupture segments for strong and moderate earthquakes and the length ratio possess interesting characteristics of equidistance and commensurability. This feature can be related to rupture networks and the fractal texture of ruptures.

j. Migration of faulting and its directionality

After a series of rupture events have occurred on an active segment of a fault in a clustering mode, the fault activity usually transfers to another fault or area. This is the migration of faulting. For example, alone the Haiyuan Fault mentioned above, seismic events occurred mainly on its western segment in the middle Holocene but exclusively on its eastern segment in the late Holocene. Another example is the Yishu segment of the Tanlu Fault, which consists of 4 parallel faults, F_1, F_2, F_3 and F_4. From the Early Pleistocene to the early stage of the Middle Pleistocene, fault activity occurred mainly on F_2. By the end of the Middle Pleistocene, fault activity transferred to F_1 on the eastern side of the fault zone and continued until the Late Pleistocene. By the end of the Late Pleistocene, fault activity on the Southern segment of F_1 was strikingly more intense than that on its northern segment. Thus, the activity of the Yishu segment had initially migrated from west to east, and then subsequently from north to south.

The migration of faulting along some faults within mainland China seems to be directional to a certain extent. For instance, along some NE – striking faults, the faulting migration tends to develop from southwest to northeast (such as the Hebei Plain Fault Zone and the Altun Fault), whereas along some NW – striking faults it tends to develop from Southeast to northwest (such as the Qilian – Haiyuan Fanlt). At the same time, there also exist cases of reversed migration or repeated migration.

2. Regionality of Fault Behaviour

In the continent of China and adjacent areas six regions are recognised based on the behaviour of active faults.

a. The Qinghai – Tibetan Plateau Region

This region can be divided into northern and southern sections bounded by the Xianshuihe Fault. The slip rate along some large-scale strike-slip or reverse strike-slip faults within the plateau or on its margins may reach several millimeters per year to several tens of millimetres per year, as estimated from data on drainage displacement. Altogether 51 rapture events have been revealed from the palaeoseismic traces formed 12000 years B. P. on nine faults in the plateau. In general, the average interval is about 2000 years. However, the rupture process at each fault is not uniform. It is suggested that the period of 7000 years B. P. was a stage with prominent grouping of rupture events. Whereas that from 7000 ~ 12000 B. P. was a relatively quiescent stage (Figure 3).

b. The Pamir – Tianshan Region

This region is dominated by reverse faults, accompanied by some compressional strike-slip faults. Along the Northern Piedmont Fault of Tianshan, five palaeoseismic events that occurred since 10000 years B. P. have been uncovered near Dushanzhi. The recurrence interval ranges from 1580 to 2945 years, with an average recurrence interval of about 2200 years (after Zhu Haizhi et al., 1989). The fault repeatedly reversed, forming faults of the F in F type.

c. The Altai – Mongolian Region

The most notable tectonic features are large scale strike slip faults, such as the Khangay Fault, the Gobi Altai Fault, the Kobot Fault and the Ertai Fault, constituting a conjugate fracture network. The recurrence interval

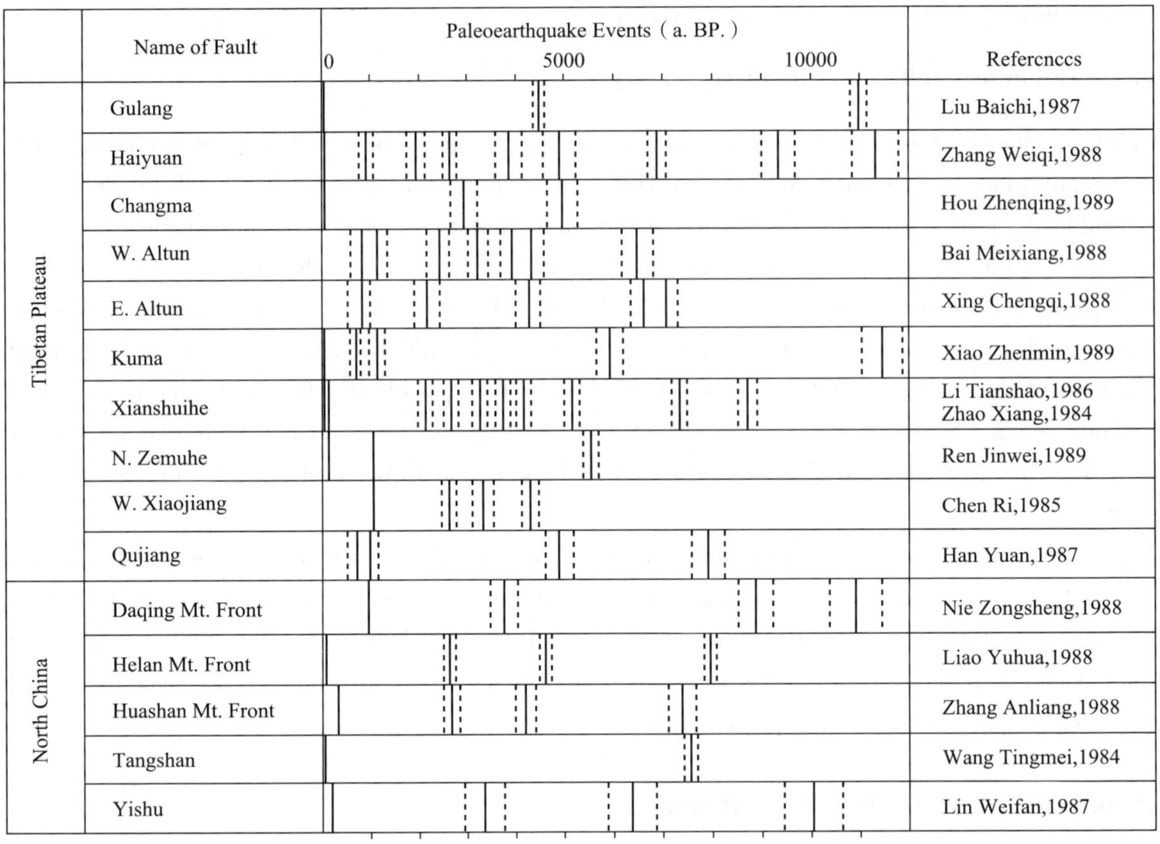

Figure. 3　Temporal distribution of Holocene palaeoearthquake events on active faults in China

of palaeoseismic events revealed along the Ertai Fault to the South of the Altai Mountains is about 3000 ~3500 years, and the average slip rate is about 3 mm per year.

d. The Heilongjiang (Amur) Region

This region has in the Heilongjiang subplate. Within this region, fault activity in most areas is very weak, with short rupture segments and poor linking-up features except for the Baikal Fault, Stanov Fault and the Tanlu Fault that have relatively higher levels of seismicity.

e. The North China Region

The average recurrence interval is about 3300 years or more. This conclusion is derived from an analysis of historical earthquake data and the 18 rupture events that occurred in the Holocene as revealed on five active faults in this region. In general, it is about half or more than that in Western China.

f. The South China Region

The thickness of the lithosphere in this region is relatively thick, reaching 160 km, and the neotectonic activity is relatively weak. The slip rate of active faults within this region is relatively small, less than 2 mm per year. Activity along the southeastern coast is slightly higher due to the collision of the Philippine plate with the continent in Taiwan.

The regionality expressed by faulting behaviour results from inhomogeneous strain in the intracontinent of China produced by the activity of the surrounding boundaries, especially the Himalayan collision boundary on the southern side of the continent. The diversity of faulting behaviour in different regions is determined by regional lithospheric structures and their position in the neotectonic stress field.

The Qinghai – Tibetan Plateau is an intensely deformed region owing to the direct influence of collision. Within it and at its margins, some strike – slip faults display very high average slip rates. The average recurrence interval of rupture events ($M > 7$) on a fault is about 2000 years or much shorter. Rupture events are of prominent grouping and linking-up features, forming great rupture zones of more than 1000 km.

The Eastern Tianshan, Altai – Mongolian, and North China regions are influenced by the Qinghai – Tibetan Plateau, but not directly affected by the Himalayan collision boundary. Reverse and strike – slip faults are developed that display a very high rate of activity. The average recurrence interval of strong rupture events ($M > 7$) on a fault is about 2000 ~ 3500 years. Rupture slipping also exhibits obvious grouping and linking-up on some active faults. Rupture zones may reach several hundreds to about 1000 km. However, the degrees of activity and faulting behaviours have some clear differences from those of the Qinghai – Tibetan Plateau.

In the Heilongjiang (Amur) and South China regions, the influence of the Himalayan collision boundary is very weak. The behaviour of faults in these regions differ markedly from that other regions. The slip rate is very small and the relatively large rupture events only occur in some individual and separate segments with a very long recurrence interval, reaching several thousands to tens of thousands of years. The rupture segments are very short and seldom link up into a large-scale rupture zone.

Obviously, it is of practical significance for seismic zonation and seismic hazard assessment to fully understand the regional features of faulting behaviour.

References

[1] Aki, K., Asperities, Barriers on an earthquake fault. J Geophys. Res., 1984, 89, 5867 ~ 5872.

[2] Allen, C. R and Han Yuan, Red River and associated faults, Yunnan Province, China: Quaternary geology, slip rates, arid seismic hazard, Bull Geol. Soc Am., 1984, 95, 686 ~ 700.

[3] Deng Qidong et al, The Haiyuan Active Fault Zone, Seismological Press China, 1990, 286p, (in Chinese).

[4] Deng Teanggung (Editor in Chief), The Xianshuihe Active Fault Zone. Scientific and Technological Press of Sichuan, 1989, 130p, (in Chinese).

[5] Ding Guoyu, The strong earthquake sequences and active Quaternary fault zones in China, Proceedings of the Third National Conference of China, National Quaternary Research Committee, Science Press, Beijing, 1982, 184 ~ 194 (in Chinese).

[6] Ding Guoyu, Active Faults in China. A Collection of Papers from the International Symposium on Continental Seismicity and Earthquake Prediction, Seismological Press, Beijing, China, 1984, 225 ~ 242.

[7] Ding Guoyu, Disintegration, Faulting and Seismogenesis of the North China Craton. Seismological Research Letters, 1988, 59 (4), 247 ~ 250.

[8] Ding Guoyu, Grouping and Migration of Faulting on Quaternary Faults, Quaternary Sciences, 1989, No. 1, 36 ~ 47 (in Chinese).

[9] Ding Guoyu, The Inhomogeneity of Faulting in the Holocene, Earthquake Research in China, 1990, 6(1), 1 ~ 9 (in Chinese).

[10] Gao Weiming et al., Earthquake – generating structure of the 1668 Tancheng earthquake with magnitude 8.5, Earthquake Research in China, 1988, 4(3), (in Chinese).

[11] Lin Weifan and Gao Weiming, The recurrence interval of large earthquakes in the Yishu fault zone. Earthquake Research in China, 1987, 3(3), (in Chinese).

[12] Liu Baichi, The characteristic slip behaviour and the sequence of moderate and strong earthquakes in the active fault zone. Earthquake Research in China, 1987, 3(3), (in Chinese).

[13] Ma Zongjin and Jiang Ming, Strong earthquake periods and episodes in China. Earthquake Research in China, 1987, 3(1), (in Chinese).

[14] Ma Xingyuan, Explanatory Notes For the Lithospheric Dynamics Map of China and Adjacent Seas (scale 1 : 4 000 000), Geological Publishing House, China, 1987.

[15] Qian Hong C. R et al, the active characteristics of the xianshuihe fault in the holocene, earthquake research in china, 1988, 4 (2), 9 ~18.

[16] Schwartz, D. E. and Coppersmith, K. J., Fault behaviour and characteristic earthquakes: Examples from the Wasatch and San Andreas faults, J. Geophys. Res, 1984, 89, 5 681 ~5 698.

[17] Wallace, R E., Grouping and migration of surface faulting and variations in slip rates on faults in the Great Basin Province, Bull Seism Soc Am., 1987, 77(3), 868 ~876.

[18] Wang Yipeng et al., Active Fault System Around the Ordos Massif, Seismological Press Beijing, China, 1988, 335p, (in Chinese).

[19] Wen xueze et al, recent slip rates, earthquake recurrence intervals and strong seismic hazards on the northwestern segment of the Xianshuihe Fault Zone, Earthquake Research in China, 1988, 2(4), 431 ~451.

[20] Wen xueze et al., segmentation, geometric features and seismotectonic implication for the holocene xianshuihe fault zone. acta seismologica sinica, 1989, 11(4), 362 ~372.

[21] Zhang yuming and wu xuman, the role of data on active fault in determining potential earthquake source areas, journal of seismological research, 1988, 11(3), 325 ~335.

NEOTECTONICS AND SEISMOTECTONICS*

The Chinese mainland lies in the eastern margin of the Eurasian plate; it is a region compressively confined by surrounding plates. Within it neotectonic deformation and movement are strongly expressed due to affection of activating of its surrounding plates and action in depth. The subjects such as uplifting and thickening of the Qinghai-Tibet Plateau, north-south shortening, NW-SE crustal extension, large scale strike-slip faulting with southeastward sliping and pushing mutual movement among various plates and seismotectonics within the mainland etc. have always been noticeable geoscience problems.

1. Study of Regional Neotectonics and Seismotectonics

According to deformation characteristics of neotectonics along some major active boundaries and in their adjacent regions, multiple neotectonic units can be divided (Ma Xingyuan 1987). Their essential states are listed as follows:

1.1 Uplifting longitudinal shortening and transversal sliping of the Qinghai-Tibet Plateau (Han Tonglin 1987, Zheng Jiandong 1988)

The collision between the Indian and the Asian plates, together with the resulted northward compressing, is the principal dynamic origin leading to intense deformation of neotectonics in West China. Since the beginning of large scale uplifting of the Qinghai-Tibet Plateau owing to further converging of these two plates starting from Pliocene, the neotectonic deformation in the internal plateau and its periphery has mainly undergone the following five modes of activity (Ding Guoyu, 1988):

(a) Further subducting of the Indian plate and the intense uplifting of the Himalayan orogenic zone, as well as further developing of the major boundary faults and piedmont depression.

(b) Broad swelling shortening and thickening of the plateau. The amplitude of uplift reached about 2000 ~ 3500 m. With compressing and swelling of the plateau, there has produced a series of tensional tectonics trending nearly north-south on its southern side.

(c) Obduction and overriding in its periphery of the plateau. In addition to forming piedmont depressions with a huge thickness of deposit in front of the Kunlun Mountain in the northwestern margin, the Qilian Mountain in the northern margin and the Longmen Mountain in the eastern margin of the plateau etc. Both obduction and overriding tectonics are of a quite large scale.

(d) Northward and northeastward compressing and sliping of the plateau. This is dominantly expressed in the left-lateral strike-sliping along the Altun fault zone in its northwestern margin of the plateau. Judged from data of strata dislocations and drainage offsets etc. the horizontal slip distance may reach 80 km since Quaternary. With progress in sliping and compressing, there has produced a series of new born foldings and related tecton-

* 本文原载于《China National Report (1987-1990) for the XXth General Assembly of IUGG》, China Meteorological Press, P. 99 ~ 110, 1991. 作者: Ding Guoyu.

ic modes (Gaudemer, 1989; Zhong Jiayou, 1988).

(e) Transversal sliping among various blocks within the plateau. The large scale left-lateral strike-slipings of a series of gigantic strike-slip faults such as the Bangong Co-Nujiang fault zone, the Xianshuihe fault, the Shuma fault and the southern piedmont fault of the Western Qinling Range etc. are enough to reflect the northward sliping and compressing out of the central-north part of the plateau.

1.2 The compression deformation in Xinjiang

In this region included are the three blocks of Tarim Junggar and Alashan and the intensely compressed mountain belts of Tianshan and Altay. The neotectonic deformation in this region is mainly characterized by palingenetic high mountains like the Western Kunlun, Tianshan and Altay mountains piedmont compressional depressions and obduction overridings near the peripheries of mountains such as along the northern piedmont of the Kunlun mountains, the north side of the Tianshan mountains and the southern margin of the Altay mountains. A number of transversal active strike-slip faults transecting compressional tectonic zones e. g. the Wuqia fault, the Borohoro fault and the Ertai fault etc. The depression of the piedmont compressional basins was mostly intense before the Middle Pleistocene. The maximum depth of deposit reached about several thousand meters It has begun to be dominated by strike-sliping since Middle Pleistocene and the total slip amount of a number of transversal strike-slip faults may amount to several tens of kilometers.

The Tarim block has experienced further, longitudinal shortening due to the strong northward compressing of the Qinghai-Tibet Plateau in neotectonic period which has been continuously reflected by a series of moderate-small earthquakes occurring in this block and a series of tensional tectonics trending nearly north-south has begun to form along the southern side of the block the Yarkant Hetan Keriya Niya and Andir rivers etc. extending north-south have developed along these tensional tectonics.

1.3 Activity at depth in Northeast China

Northeast China is a part of the Heilongjiang subplate which lies west of the Pacific subduction zone, the Kuril arc and Japan Sea. Its neotectonic deformation and intraplate motion are clearly strongly influenced by back-arc activity of mantle upwelling, volcanic activity, basin extension, large areas of swellings and basins, alternatively positioned, have evolved in this region. Along deep faults especially the basin and graben margins there occurred intense magmatic eruption and volcanic activity.

In this region, Pliocene-Middle Pleistocene was a period with the strongest tectonic movement expressed in fault reactivation and a large amount of basalt eruption out of the ground. During this period the depressing basins of the Songhua-Nenjiang Plain, Hailar and Hulun Lake basins, Sanjiang Plain etc. had undergone expanding shrinking or disintegration and the rivers of Liaohe, Songhua, Ergun, Hailar etc. had experienced channel capturing and diverting the drainage systems rearranged and redisposed. All these were associated with the influence of plate subduction deep media activating and undulate variation of deep seated boundary surfaces. While in late Quaternary many faults had ever clearly activated in the early period of Cenozoic have shown a sharp decrease inactivity, such as the Yalu River fault, the Yilan-Yitong fault, the east side fault of the Da Hinggan Mountains and a lot of NE-trending faults east of Hulun Buir-Mongolia. In short, neotectonic deformation is dominated by influence of deep tectonic activity on ground surface but its active extent is much lower than that of south of it.

1.4 Disintegration and twisting of the North China Craton

The North China Craton has encountered intense tectonic alteration and deformation forming a large number of faults trending NE – NNE and NW. Strength of the craton has greatly decreased especailly owing to the influence of the Western Pacific plate movement and deep thermal activity. Since Cenozoic, the North China Craton has been further disintegrated accompanied with strong tensional rifting. During the neotectonic period, the strike-sliping of a lot of pre-existing faults within the North China Craton has enormously enhanced because of the northeastward pushing and compressing of the Qinghai-Tibet Plateau producing and promoting the twisting of the block and pulling-apart of a number of basins (Ma Xingyuan, 1987; Ding Guoyu, 1989).

Viewing from the process of disintegration of the North China Craton, the change and migration of rifting basinsare of certain principles. Rifting basins were mainly evolved in the Huanghai Sea and the Hebei basin area before Pliocene when the rifting of basins in the western part was relatively weak However, the activity of the rifting basins in the western part has been evidently enhanced since Pliocene and the Shanxi fault basin zone has begun to form the deposit thickness in various basins and the rate of strike-slip of faults along the basin margins are largest in the western part and gradually diminishes eastwards. Besides, migration of activity of seismic zones is from east to west, while the migrating directions of large earthquakes within the seismic zones and the rupturing directions of a number of strong earthquake sources are also mostly from southwest to northeast. All these reflect unanimously the decrease of the influence of plate action including deep thermal activity derived from the Western Pacific plate, together with the eastward receding of its influential range and the enhancing of the affection of pushing and compressing coming from the Qinghai-Tibet Plateau, together with the eastward extending of its influential range.

The deformation of this disintegrated craton during neotectonic period is mainly demonstrated as follows:

(a) Twisting of the Ordos block

The Ordos block has experienced strong NE – SW compression. The shearing-tensional basin zones on its east and west sides respectively are named the Shanxi and the Yinchuan basin zones with right-lateral shearing, and on its south and north sides respectively called the Weihe and the Hetao basin zones with left-lateral shearing of the Ordos block, have produced intense twisting and extending accelerated the development of a series of shearing-tensional basins around the Ordos block. Meanwhile because of the northeastward movement of the Qinghai-Tibet Plateau the Ordos block has rotated counterclockwise around a pole at 42°N 94°E.

(b) Further pulling-apart of the Hebei Plain-Bohai basin area

In the Hebei Plain-Bohai basin area, in which occurred most strikingly tensional down warping in Palaeogene, intense extending has greatly diminished after Pliocene-Early Pleistocene. But the right-lateral strike-slip components have been enormously increased along the Taihang Mountain front fault, the inner Hebei Plain fault and the Bohai-Xialiaohe fault which are arranged as a right stepping fault system trending NNE further promoted the development of the gigantic Hebei Plain-Bohai Sea pull-apart basin (Nabelek, 1987).

(c) Slow subsiding upwarping and creep rupturing of the Huaibei basin area

Along 34°N the Hebei-Huaihe basin area equivalent to the North China Plain is separated into two: the northern and southern parts. The southern part is the Huaibei basin. This basin area differs greatly from the Hebei basin area to the north. The fault structures in Huaibei trend mainly NW and WNW and the basin development since Pliocene faulting and seismicity are much weaker than that of the Hebei basin area. However ground fissures were well developed in an extensive area during 1966 ~ 1977 when the Hebei basin area showed strong seismicity. These widely-distributed ground fissures trended with approximately consistent strikes and had systematic mechanical natures. The accelerating activity of ground fissures in some regions of the Huaibei area was really correlated and synchronous with the increase of earthquake frequency in the Hebei basin area. These fissures were obviously related to the regional tectonic creep reflecting characteristics of tectonic activating mode in this area.

(d) Proceeding of subsiding and pulling-apart of the Subei-Yellow Sea basin and drifting of the Liaodong

Peninsula, Shandong Peninsula and Korean Peninsula.

In this region, there exists strike sliping along NE – ENE trending faults indicated by focal mechanism solutions, showing that the pulling-apart activity of basins resulting from movement of right-lateral right-step faults continues to encourage the separation among the Shandong Liaodong and Korean peninsulas (Wang Suyun, 1987).

1.5 Southeastward sliping and extrution of South China

The existence of the two stiff land blocks, North China and Tarim, plays a distinct role in resisting the northward pushing of the Qinghai-Tibet Plateau, resulting in the sliping east-southeastwards of the South China land block pushed by the Qinghai-Tibet Plateau. The South China land block is a region with relatively thick lithosphere and properly weaker neotectonic activity, within it the rate of active faulting is low generally less than 2 mm/a, only along the southeastern coastal zone relatively higher tectonic activity could be observed. Some researchers regarded the South China block as a pushed-out block to the eastern side of the Qinghai-Tibet Plateau due to collision with the Himalayas. Its northern active boundary extends roughly from the Danfeng fault to the northern piedmont of the Dabie Mountains though its southern boundary is the Honghe fault (Tapponier, 1986). The slip rate of the South China block towards the southeast may reach as highly as 21 mm/a as estimated by Molnar using seismic data of recent 80 years. But it is thought that this value might be partially larger than that in practice. According to deformation of the North-South Seismic Zone and the distributions of displacements along the Xianshuihe fault and the Honghe fault, the southeastward pushing-out of the South China block indeed exists effected by compression of the Qinghai-Tibet Plateau, yet the pushed-out distance is limited.

In the South China Sea, the spreading of the South China basin already ceased in Pliocene, however the NNW-SSE extension action still exists. A number of rifting zones trending ENE-EW, for example, the Qiongbei fault depression and Xisha sea trough etc. are still developing and subsiding.

2. The Amplitude and Rate of Neotectonic Movement and Recent Tectonic Movement

A large quantity of data concerning with the amplitude and rate of neotectonic movement in China have been acquired by means of geological, geomorphological, geodetic measurement and archaeological methods etc. A large amount of geological and geomorphological data show the amplitude and average rate of vertical or horizontal movement since Pliocene, especially Late Pleistocene, while geodetic, seismological and archaeological data reflect recent tectonic movement in a short period (Ying Shaofen, 1988; Zhang Cunde, 1990).

2.1 Vertical movement

In the west of China, there are a large quantity of literature concerning the uplifted height of the Qinghai-Tibet Plateau in the neotectonic period. Nowadays it is generally considered that its amplitude of uplift since Quaternary is about 2000 ~3500 m. The peneplain of Late Tertiary in the Tian Shan mountains which lies in the periphery of the plateau has been lifted to 2700m. The amplitude of dfifferential elevating-subsiding activity in its all around margins of the plateau and the molasse-type sediment formed in the piedment basins due to thrusting of faults in the Pamirs, the Kunlun mountains, the Tianshan mountains, the Qilian mountains, the Altay mountains, etc. , north of the Hymalayas since the Hymalayan movement reflects enormous subsiding extent in these regions. The thickness in front of the Pamirs reaches more than 8000 m; in front of the Kunlun Mountains larger than 5000 m in the southern piedmont of the Tianshan Mountains about 4000 ~5000 m and in its northern piedmont about 2000 m; however in front of the Altay Mountains less than 200 m reflecting that the amplitude of vertical elevating-subsiding movement decreases gradually from south to north.

In the east of China the thickness of Quaternary deposit in various basins in the North China Plain ranges from 300 ~400 m to about 1000 m and generally 400 ~500 m. These together with the elevating height of surrounding mountains demonstrate that the total amplitude of regional differential elevating-subsiding activity is about 500 ~600 m. But it is much larger in a number of fault basin areas especially in the Yinchuan basin, Weihe basin, Hetao basin, it is the most prominent. In Northeast China the amplitude of vertical movement may reach 700 m in the eastern and western mountain areas, while the maximum subsiding extent is about 200 m in the Songhua-Nenjiang Plain and the Sanjiang Plain. The elevation of South China during the neotectonic period arrives at several hundred meters and it might reach more than one thousand meters in some mountain areas. However it is less than 200 m in the lake areas of the Dongting Lake and the Poyang Lake. The strong orogenic movement during Late Tertiary-Quaternary made the internal part of the Central Mountains in Taiwan elevated over 2500 m.

2. 2 Horizontal movement

In the west of China the northward pushing rate of the Indian plate is about 60 mm/a. The northward propagating motion rate consumed and diminished by the uplifting of the Himalayas, Kunlun, Qilian and Tianshan neo-orogenic zones, the Qinghai-Tibet Plateau and its lateral slip progressively decreases resulting in mutual movement among various land blocks in its periphery analysed according to a quantity of geological and seismic data.

In the east of China according to the compressive activity in the Stanov Mountains and the extension along the Bakur Lake Zonenshain thought that the Heilongjiang subplate undergoes counterclockwise rotation and the rotating pole relative to the Eurasia plate is located at 56. 3 north latitude 117. 9 east longitude just at the northern margin of this subplate.

The extent and rate of horizontal movement among various blocks and in their internal areas were assessed according to the displacements of offset drainages caused by active faults since the late period of Pliocene, especailly Late Pleistocene (Ding Guoyu, 1986). Along a number of the enormous active faults in the periphery of the Qinghai-Tibet Plateau, the horizontal displacements since Pliocene are the largest, for instance, the horizontal displacement of the Karakorum fault in the southwestern side of the plateau reaches 120 km, it may achieve 80 ~ 90 km along the Altun fault in its northwestern margin of the plateau, the Haiyuan fault in its northern margin and the Xianshuihe fault in its eastern side etc.

In North China since Quaternary the horizontal displacement is generally 2 ~4 km reflected by fault offsets, it might reach 7 km in some areas. And it is much smaller in Northeast China and South China.

2. 3 The basic characteristics of recent crustal movement

The Geodetic Brigade of State Seismological Bureau compiled a map of recent vertical crustal deformation rate of the Chinese mainland using pseudo-inverse adjustment of the repeated precise levelling data of China. Data obtained from two times of precise levellings in the whole country and many regions carried out during 1951 ~1982 were utilized, including 564 representative levelling sites, 235 levelling fines, the total length was about 90000 km and the repeated levelling data amounting to 204000 km covering the whole Chinese mainland. Such research results demonstrated that in the recent thirty years the vertical deformation of the Chinese mainland showed a general trend of uplifting in the south and downwarping in the north (Ying Shaofen, 1988). Furthermore the Chinese mainland could be divided into the east and the west parts bounded by the Kunming-

Yinchuan zone, In the west part the amount elevated in Southern Tibet is the highest in China, the uplifting rate reaches 10 mm/a and that in the broad area of Northern Tibet is about 5 ~6 mm/a. However the regions north of the Kunlun Mountains and east of the Jinsha River are dominated by subsiding, only a number of mountain ranges show relatively obviously elevating in the background of regional subsidence, for example, in the Western Qinling Range and the Anyemaqen Mountains, the activity is not dominant with a rate of only 0 ~1 mm/a, but if compared with the surrounding areas such as the Zoige prairie and the Qaidam Basin, a relative uplift rate of 5 mm/a could be observed. The Tarim Basin, the Qaidam Basin and the Jungar Basin all display inherited descending with a subsiding rate of -3 ~5 mm/a.

In the east part in Northeast China, the average subsiding rate is about -3 ~4 mm/a. In North China in addition to the elevating of the mountain areas in the eastern part of Liaoning Province, Shandong Province, the Taihang Mountains and the Luliang Mountains etc. the broad basin and plain regions exhibit downwarping. However, South China is mainly characterized by elevating with a rate being generally 1 ~4 mm/a and the Dongting Lake is also uplifting with a rate of about 3 ~ 4 mm/a. In the southeastern coastal zone of China there is a gentle uplift but in the areas around Guangzhou-Nanning and Nanchang-Fuzhou subsidence is observed with a rate about -1 ~3 mm/a.

Ying Shaofen, through analysing the relationship between recent vertical crustal deformation and tectonics, points out that the state of recent vertical crustal deformation is evidently controlled by regional tectonic activity, and the recent crustal deformation clearly reflects the latest activity of a large number of faults. In the west of China the activity is dominated by faults trending WNW and ENE, partially extending in arcs and the NS direction. However in the east of China it is dominated by NNE - NE trending faults, together with that trending NW and EW. The texture and activity in deep crust and the activity of various intraplate blocks are all evidently reflected in the pattern of recent vertical crustal deformation.

The development of geodetic techniques in recent years, especially that related with the development in space technology, for instance, Very Long Baseline Interferometry (VLBI), Satellite Laser Ranging System (SLR), Global Positioning System (GPS), etc. establishes a new way to measure and investigate directly and quickly the recent tectonic movement. In China the research of recent plate motion carried out by means of space technology has definite progress in recent years. Several VLBI stations have been established. The Shanghai VLBI Station began to jointly measure the motion of the Pacific plate with the Alaskan Hawaiian, Japanese and Australian stations in 1988. In Shanghai, Wuhan, Changchun, etc. SLR stations of the third generation have been set up carrying out satellite tracking and international-domestic joint observation. Many research organizations have imported a number of GPS receivers and finished various experimental observations along the lines of Xi'an-Shanghai, Weifang-Lianyungang and the southeastern coastal zone, Wuhan-Shanghai and in the South China Sea. And in the Beijing-Tianjin-Tangshan area, a GPS Earthquake Monitoring Network has also been built to observe the crustal deformation in this region. In Dianxi Earthquake Prediction Experimental Region, State Seismological Bureau of China and West Germany jointly established a 3-dimension GPS monitoring network stretching across the Honghe fault zone covering more than 40000 km[2]. These works are just a start, however, both the technical equipment and the research power have already reached certain scale. With the improvement of technical equipments and the advance of observation accuracy, it will provide extremely valuable scientific evidences for investigating and understanding recent plate movement in China and the situation of recent plate deformation.

3. Study of Active Faults

Since 1966, earthquakes of M 7 have successively occurred in North China and the southwestern region of

China, therefore, the active fault study, which is closely related with earthquake activities, has been given more priorities. And in the fast 20 years, both the scope of the active fault study and the methods adopted have been obviously developed. To some important faults in China, in addition to the comprehensive field investigations on geomorphology and geology (including application of data by remote sensing) and studies under special topics, trenching in some key segments and geological mapping are also carried out, as well as studies of chronology and stress status. Meanwhile, instrumental observations have been intensified, including repetitive geodesic levellings, repetitive short baseline levellings and triangulation across faults, and fault strain measurement, in-situ stress measurement, micro-earthquake observation, geothermal, geochemical and other geophysical measurements. Large amounts of data have been accumulated from these observations for a study of the kinematics and dynamics of active faults from shallow to deep depths in an approach of qualitative to quantitative analysis. The book on Active Faults in China published in 1982 by the Seismogeological Commission of the Seismological Society of China represents the research status of the 1970s in this field in China. In the 1980s, both the content of active fault studies and the methods adopted have been greatly advanced. Efforts are made in the researches and investigations of the geometry of an active fault, fault structure, fault geomorphology, the modes and rates of fault movements and their relationship with earthquakes, paleoearthquakes and recurrence intervals between large earthquakes, behaviours of faulting, and fault dynamics etc.. Techniques dating active faults have been widely used, especially those of $C^{[14]}$ dating, thermoluminescence, measurement of fault scarp obliquity, and trenching for geological evidence of paleoearthquakes on a fault etc. Integrated with the efforts of compilation of the Chinese Seismotectonic Map, Intensity Zoning Map and other kinds of mapping, data of active faults, both exposed and covered over the country, have been scrutinized and sorted out. And many of the results have been reflected in the small-scale (1 : 6000000 ~ 1 : 3000000) Seismotectonic Map and Map of Lithospheric Dynamics. During this period, systematic field investigations, and studies under definite topics have been performed, of some active faults, such as the active Tanlu fault, the active Xianshuihe fault, the active Red River fault, the active Changma fault, the active Ertai fault and the active fault system around the Ordos (Deng Qidong, 1990; Deng Tiangang, 1989; Wang Yipeng, 1989; Wen Xueze, 1989). The Atlas of Active Faults in China was published in 1989.

Active faults are the main boundaries of the intra-continental block motions. The results of recent studies on active faults show that there has existed obvious inhomogeneity of activity of some intracontinental active faults in China, In order to access the potential seismic risks of active faults, we are mostly concerned with faulting and paleoseismic events since the Holocene in active fault studies (Ding Guoyu, 1989, 1990). The inhomogeneity of Holocene faulting is mainly indicated in three aspects. The nonuniform spatial distributions of faulting means the segmented activities, involving the difference and variations for the intensity, rates and manners of faulting of different fault segments. The inhomogeneous time distributions of faulting are the intermittence of faulting grouping of rupture events. The inhomogeneous time-space distributions of faulting mainly indicate the segmented (or regional) migrations and variations of faulting. The inhomogeneous features of faulting in the Holocene are of extreme importance in identifying the extent of faulting and the recurrence interval of large earthquakes, assessing seismic risk, as well as improving the level of probablistric evaluation of seismic hazards (Zhang Yuming, 1988).

References

[1] Deng Qidong et al., Haiyuan Strike-slip Fault Zone and its compressional structures of the end. Seismolog and Geology, 1989, Vol. 11, No. 1, P. 1 ~ 14.

[2] Deng Qidong et al., The Haiyuan Active Fault Zone. Seismological Press China. 1990, P. 286.

[3] Deng Tiangang (eaditor in chief), The Xianshuihe Active Fault Zone. Scientific and Technological Press of Sichuan, 1989, P. 130.

[4] Ding Guoyu, Disintegration, Faulting and Seismogenesis of the North China Craton. Seismological Research Letters, 1988, Vol. 59, No. 4, P. 247 ~250.

[5] Ding Guoyu, 1989, Grouping and Migration of Faulting on Quaternary Faults in China, Quternary Sciences. No. 1, P. 36 ~47.

[6] Ding Guoyu, The Inhomogeneity of Faulting in Holocene. Earthquake Research In China. 1990, Vol. 6, No. 1, P. 1 ~9.

[7] Ding Guoyu, Neotectonic Deformation and Recent Intraplate Motion of the Chinese mainland. International Symposium on Tectonic Evolution and Dynamics of Continential Lithosphere The Third All China Confrence on Tectonics Collected Papers, 1990.

[8] Ding Xuchu and Zhang Wentao, State of Modern Tectonic Stress Field in the East China Mainland. Acta Seismological Sinica, 1988, Vol. 10, No. 1, P. 2538.

[9] Gao Weiming et al., Earthquake Generating Structures of the 1668 Tancheng Earthquake with M8. 5. Earthquake Research China. 1988, Vol. 4, No. 3, P. 9 ~15.

[10] Gaudemer Y. Tapponnier P. Trcotte D., River Offsets across Active Strike-slip Faults, Annales Tectonicae, 1989, Vol. , No. 2.

[11] Han Tonglin, The Active Tectonics in Xizang (Tibet). Geological Publishing House, China, 1987, P. 219.

[12] Hong Hanjing, Numerical Simulation of Contemporary Crastal Block Motion in China and Surrouding Area. Seismology and Geology. 1990, Vol. 12, No. 4, P. 319 ~331.

[13] Hu Huimin, Shen Yongjing, Principle Characteristics of Vertical Crustal Deformation in Southeast China. Seismology and Geology. 1990, Vol. 12, No. 2, P. 121 ~130.

[14] Jia Yunhong, Study on the large Earthquakes on the South Side of Middle Altyn Tagh. Inland Earthquake, 1988, Vol. 2, No. 4, P. 422 ~427.

[15] Jin Jinlu, Mechanism for Crustal Thickening in Tibet: A Paleomagnetic View. Seismology and geology, 1987, Vol. 9, No. 4, P. 41 ~54.

[16] Molnar. P. et al., Geologic Evolution of Northern Tibet: Results of an Expedition to Ulugh Muztagh, Science, 1987, Vol. 235, P. 299 ~305.

[17] Ma Xingyuan, Explanatory Notes for the lithospheric Dynamics Map of China and Adjacent Seas. (scale 1 : 4000000). Geological Publishing House, China, 1987.

[18] Ma Xingyuan and Wu Daning, Cenozoie Extensional Tectonic in China. Tectonophysics; 1987, Vol. 133, No. 3/4, P. 243 ~256.

[19] Ma Zongjin et al., Developement and Prospects of Seismogeology in China Earthquake Research in China, 1988, Vol. 4, No. 2, P. 113 ~117.

[20] Nabelek, J. Wangping Chen and Hong Ye, The Tangshan Earthquake Sequence and Its Implication for Evolution of the North China Basin. J. Geophys. Res. 1987, 92, P. 12615 ~12628

[21] Peltzer G. Tapponier P., Offsets of Quaternary Mophology, Rate of Slip, and Recurrence of large Earthquakes on The Chang Ma Fault. (Gansu, China), J. Geophs. Res. 1988, 93, 7793 ~7812.

[22] Qian Hong, C. R. Allen et al., The Active Characteristics of Xingshuihe Fault in Holocene, Earthquake Rearch in China, 1988, Vol. 4, No. 2, P. 9 ~18.

[23] Wan Ruobai, A Study of the Recent Tectonic Activity in the Jiangsu-Shandong-Anhui Area, Seismology and Geology, 1987, Vol. 10, No. 1, P. 1 ~14.

[24] Wang Suyun, Xu Zhonghuai and Ge Min, Seismotectonic Stress Field in the Eastern China Sea Area, Earthquake Reasearch in China, 1987, Vol. 3, No. 3, P. 18 ~25.

[25] Wang Yipeng et al., Active Fault System around the Ordos Massif. P. 335, Seismological Press, Beijing, China, 1988.

[26] Wen Xueze, et al., Recent Slip Rates, Earthquake Recurrence Intervals and Strong Seismis Hazards on the Northwestern Segment of the Xianshuihe Fault Zone, ERC, 1988, Vol. 2, NO. 4, P. 431 ~451.

[27] Wen Xueze and C. R. Allen et al., Segmentation, Geometric Features, and Seismotectonic Implication for the Holocene Xianshuihe Fault Zone, Acta Seismologica Sinica, 1989, Vol. 11, No. 4, P. 362 ~372.

[28] Xiang Guangzhong, u Dehui, Northeastern Structures and Their Seismicity in the Qinghai-Xizang Plateau, Northwestern Seismo-

logical Journal, 1989, Vol. 9, No. 1, P. 62 ~68.

[29] Xu Zhonghuai et al. , The Tectonic Stress Field of the Chinese mainland Deduced from a Great Number of Earthquakes, Acta Geophysica Sinica, 1989, Vo1. 32, No. 6, P. 636 ~647.

[30] Ye Chenzhi, Recent Tectonic Movement along the North frontal Qilianshan Fault Zone, Seismology and Geology, 1990, Vo1. 12, No. 3, P. 275 ~281.

[31] Ying Shaofen et al. , Basic Characteristics of Recent Vertical Crustal Movement of the Chinese Mainland, Earthquake Research in China, 1988, Vo1. 4, No. 4.

[32] Zhang Cunde, Xiang Jiacui, On the Recent Tectonic Movement in North China, Seismology and Geology, 1990, Vo1. 12, No. 3, P. 256 ~271.

[33] Zhang Hunan, Cheng Weiguang, Feature of Tectonic and form of Fault-blocks in South China Coastal Area. Seismology and Geology, 1989, Vol. 11, No. 3, P. 37 ~35.

[34] Zheng Jiandong, A Preliminary Study on Geodynamics of the Qinghai-Xizang (Tibet) Plateau, Geoscience, 1988, Vo1. 2, No. 2, P. 194 ~206.

[35] Zhong Jiayou, Tectonic Feature of Qinghai-Xizang Plateau and Its Stressed State, Seismology and Geology, 1988, Vo1. 10, No. 3, P. 67 ~87.

[36] Zhang Yuming and Wu Xuman, The Role of Data on Active Fault in Determining Potential Earthquake Source Area, Journal of Seismological Research, 1988, Vo1. 11, No. 3, P. 325 ~335.

新构造与地震构造*

中国处于欧亚大陆的东部边缘，是一个被周围板块挤压围限的区域，其内部的新构造变形与运动由于受到了周围板块运动及深部作用的影响而表现的十分强烈。对这一区域内青藏高原的隆起与增厚、SN 向的缩短、NW－SE 方向地壳引张、大型走滑断层的活动及向南东方向的滑动与挤压、板内各块体间的相对运动及地震构造等都是一些十分引人注目的地学问题。近年来，这方面的研究工作主要涉及以下一些问题。

一、区域新构造及地震构造研究

（一）青藏高原的隆起、纵向缩短与滑移

印度板块与亚洲板块的碰撞与向北的推挤是造成中国西部新构造强烈变形的主要动力来源。自上新世以来，由于两个板块进一步的汇聚造成青藏高原大幅度隆起以来，高原内部及其边缘的新构造变形主要有下列五种方式（马杏垣，1987；郑剑东，1988；韩同林，1987；洪汉净，1990）：

（1）印度板块的进一步俯冲与喜马拉雅山带的强烈隆起，边缘断层、山前凹陷的进一步发展。

（2）高原的大面积隆起、缩短与增厚。上升幅度约为 2000 ～3500 m，随着高原的挤压与隆起，在其南侧形成一系列近 SN 向的张性构造。

（3）高原边缘的逆冲与推覆。在西北部边缘的昆仑山、北部边缘的祁连山、东部边缘的龙门山等山前隆起形成了有巨厚推挤的山前凹陷外，逆冲与推覆构造都具相当的规模。

（4）高原向北及东北方向的压缩与滑移。这以在高原的西北侧边缘沿阿尔金断裂带的左旋走滑活动表现最为明显。据断错的地层及水系等资料，第四纪以来的水平滑移距离可达 80 km。随着滑移及紧缩，在高原内部形成一系列新的褶皱及有关的构造型式（钟嘉猷，1988；Gaudemer，1989）。

（5）高原内部的块间横向滑移。一系列大型走滑断层，如班公湖怒江断裂带、鲜水河断层、舒玛断层、西秦岭南麓断层等的大幅度的左旋走滑活动，充分地反映了高原中北部地区向东的滑移与挤出（闻学泽，1989；邓天岗，1989）。

（二）新疆地区的压缩变形

这里包括了帕米尔以北的塔里木、准噶尔、阿拉善三个地块和强烈推挤隆起的天山、阿尔泰山地。这里的新构造变形以再生高山（西昆仑、天山、阿尔泰山）山前挤压凹陷盆地和山地边缘的逆冲推覆（沿昆仑山北缘、天山南北侧、阿尔泰山南缘）以及一些挤压构造带的横向走滑断层（如乌恰断层、博洛霍洛断层、二台断层）等为主要特征。山前挤压盆地的凹陷作用在中更新世以前十分强烈，堆积最厚的达几千米，中更新世以来开始以走滑活动为主，一些横向的走滑断层的位移总量可达数千千米。

塔里木地块在新构造阶段由于青藏高原向北的强烈推挤，遭到进一步的压扁，至今，地块南部一系列中小地震活动仍反映了这一作用的继续进行。在其南侧开始形成一系列近南北向张裂构造，叶尔

---

* 本文原载于《固体地球物理学论评》，地震出版社，1991，64～70。作者：丁国瑜。

羌河、和田河、克里雅河、尼雅河、安迪尔河等南北向河流即是沿这些构造发育的。

（三）东北地区的深层活动

东北地区是黑龙江亚板块的一部分。黑龙江亚板块地处西太平洋俯冲带、千岛弧和日本海的西侧，新构造变形及板内运动明显地受到地幔上隆、火山活动与盆地扩张等弧后活动的强烈影响。这里发育了大面积相间的隆起与盆地，沿着深断裂特别是盆地及地堑边缘，有强烈的岩浆喷溢及火山活动。上新世至早更新世时是新构造运动表现最为强烈的一个阶段，断裂复活，大量玄武岩溢出地表，松嫩平原、海拉尔盆地、呼伦湖盆地、三江平原等凹陷盆地扩大、收缩或分解，辽河、松花江、额尔古纳河、海拉尔河等发生河流袭夺改向，水系重新配置，这些都是与板块俯冲、深部物质活动、深层界面的起伏变化对地表部分引致的影响有关。至第四纪后期，许多在新生代早期曾有过明显活动的断裂，如鸭绿江断裂、伊兰伊通断裂、大兴安岭东侧断裂以及呼伦贝尔和蒙古东部的许多 NE 向断裂活动性明显减弱。总的看来，这一地区的新构造变形以深层活动对地表的影响为主，但其活动幅度远较其南侧的华北为低。

（四）华北克拉通的裂解与扭动

华北克拉通在中生代遭到了强烈的构造变动，形成了大量的 NE、NNE、和 NW、NWW 向断裂，克拉通强度大大降低。尤其是在新生代以来，由于西太平洋板块活动及深部热活动的影响，发生了强烈的拉张裂陷作用，克拉通遭到进一步解体。在新构造阶段，由于青藏高原向东北方向的推挤，使华北克拉通内大量先存断层大大地增强了走滑活动，促进了块体的扭转以及一些盆地的拉分（马杏垣，1987；丁国瑜，1989）。

从华北克拉通破裂解体的过程看，裂陷盆地的变迁有一定的规律性，上新世以前的裂陷盆地主要强烈发育于克拉通东部的黄海及河北盆地区，而西部相对较弱。上新世以后，西部断陷盆地的活动性明显加强，山西断陷带开始形成，各断陷盆地中的沉积厚度以及盆地边缘断层的走滑速率都是西部最大向东逐渐减小。此外，地震带活动的迁移是由东向西的，而带内强震的迁移方向以及一些强震震源破裂的方向也多是由西南向东北。这些情况都一致反映了在华北克拉通内来自西太平洋板块作用（包括深部热活动）的影响在新构造期减弱及影响范围的向东扩展。

这一解体的华北克拉通在新构造阶段的变形主要表现在：

（1）鄂尔多斯块体的扭转。鄂尔多斯块体遭受了 NE－SW 方向的强烈挤压，东西两侧的山西和银川两个右旋的剪切拉张带和南北两侧的渭河和河套两个左旋的剪切拉张带发生了强烈的剪切和拉张，加速了鄂尔多斯块体周围的一系列剪切拉张盆地的发展，同时由于青藏高原向东北方向的推挤，鄂尔多斯块体相对于42°N，94°E 这一旋转极点做逆时针方向的旋转。

（2）河北平原－渤海盆地的进一步拉分。在早第三纪强烈拉张沉陷的这一地区，在 N_2-Q_1 以后强烈的拉张作用大大减弱，而沿着 NNE 向呈右阶排列的太行山山前断裂、平原内部断裂、渤海－下辽河断裂的右旋走滑活动的成分大大增加，进一步促进了河北平原－渤海这一巨大拉分盆地的发展（Nabelek，1987）。

（3）淮北盆地区的缓慢沉陷、隆升与破裂。沿北纬 34°线的东西向构造将河淮盆地区分为南北两部分，以南为淮北盆地，这里与北部的河北盆地有很大差别，断裂构造以 NW 及 NWW 向为主，上新世及第四纪以来盆地的发育、断层活动与地震活动比河北盆地区要微弱得多。但是在北部地震十分活跃的 1966～1976 年期间，这里发生了大面积的地裂现象。这些广泛发育的地面破裂都具有大体一致的走向和统一的力学性质，有些地区地裂缝的加速活动与地区的地震活动增强有明显的相关性，显然与区域的构造活动有关，反应了此区域的构造活动方式的特点。

（4）苏北－黄海盆地的继续沉陷拉分与辽东半岛、山东半岛、朝鲜半岛的漂移（丁国瑜，1990）。此区震源机制等所反映的 NE－NEE 向断层存在走滑活动，表明这里右旋右阶断层活动造成的拉分活动继续推进了山东半岛、辽东半岛与朝鲜半岛的分离（汪素云，1987）。

（五）华南向南东方向的滑移

华北与塔里木两个坚硬地块的存在对青藏高原向北的推进起了明显的阻挡作用，促使了青藏高原对东侧的华南地块向东及东南方向的滑移。华南地块是一岩石圈相对较厚、新构造运动相对较弱的地区，区内活断层的速率较低，一般小于2 mm/a，仅在东南沿海一带有较高的活动性。有人把华南块体看作是由于喜马拉雅的碰撞在青藏高原东侧形成的一个基础构造块体，其北部活动边界大致沿丹凤断层至大别山北麓一线，其南部边界则是红河断裂（Tapponnior，1986）。Molnar 等以近 80 年来的地震资料估算的华北块体向东南方向的滑动速率可高达 21 mm/a。看来这一数值可能偏大，从南北带变形以及鲜水河断裂、红河断裂等两侧的错动情况看，因青藏高原的挤压形成的华南块体向东南方向的挤压现象是存在的，但挤出滑动的距离是有限的。

在南海，南海盆地的扩张在中新世已经停止，但 NWN－SES 向的引张作用依然存在，NEE 及近 EW 向的一些断陷带如琼北断陷、西沙断陷等一致仍在继续沉陷和发展。

二、新构造运动与现代地壳运动的幅度和速率

有关中国大陆地区新构造运动的幅度和速率，利用地质学、地貌学以及大地测量学、考古学等方面已取得了大量的资料来源。大量的地质学、地貌学资料反映了上新世晚期以来，特别是晚更新世以来地壳垂直运动或水平运动的幅度及其平均速率，而大地测量学、地震学以及考古学的资料则反映了较短时期的现代构造运动的情况（应绍奋，1988；张存德，1990）。

（一）垂直运动

中国的新构造垂直运动西强东弱，以南北带大兴安岭—雪峰山一线为界形成了自西向东地势逐渐降低的三级阶梯地形。

在西部，有关青藏高原在新构造阶段隆起高度问题有大量文献。目前一般认为第四纪以来隆起的幅度约在2000～3500 m左右。在外围的天山山地晚第三纪准平原面已被抬升到2700 m高度，高原边缘及一些地块的活动边界地带差异升降活动幅度最大，由喜马拉雅山向北在帕米尔、昆仑山、天山、祁连山、阿尔泰山等地自喜马拉雅运动以来伴随断裂的逆冲活动在山前凹陷中形成的磨拉石堆积的厚度反映了这些地区巨大的沉降幅度，在帕米尔山前厚达8000 m以上，昆仑山前大于5000 m，天山南麓达4000～5000 m，天山北麓有2000 m，而阿尔泰山前不足200 m，反映了垂直升降运动的幅度从南向北逐渐减小。

在东部，华北平原各盆地第四纪厚度三四百米至千米左右，一般四五百米，加上盆地边缘山地的抬升高度，反映了区域差异升降运动的总幅度约为五六百米。在一些断陷盆地区活动幅度则要大得多，特别是银川盆地、渭河盆地、河套盆地最为突出。

东北地区的垂直运动幅度在东西部上地可达700 m，在松嫩平原、三江平原等地的沉降幅度最大为200 m。

华南地区新构造阶段上升幅度有些地区也达几百米，个别山区可达1000 m以上，洞庭、鄱阳等湖区的下降幅度不超过200 m，台湾在晚第三纪与第四纪间的强烈造山运动使中央山脉内部隆起达2500 m以上。

（二）水平运动

在西部，印度板块向北被推移的速率为60 mm/a，由于被喜马拉雅、昆仑、祁连、天山等新构造带和青藏高原隆起与侧向滑移的消耗，向北运动的速率逐步降低，且引致了周围各地块间的相互运动。

在东部，据沿外兴安岭的压性活动及贝加尔一带的引张，Zonenshan 认为黑龙江亚板块具有逆时针方向的转动并认为其相对于欧亚板块的转动极点在 56.3°N，117.9°E，正位于此亚板块的北部边界上。

至于各个块体间及其内部相对水平位移的幅度和速率，据各个地区上新世晚期，特别是晚更新世以来活断层形成的断错水系等位移量可予以估算（丁国瑜，1986）。在青藏高原边缘的一些巨大活断层带上，上新世以来的水平错距最大，如沿青藏高原南侧的喀喇昆仑断层两侧水平错距可达 120 km，西北侧的阿尔金断层、北侧的海原断层，东侧的鲜水河断层等可达 80～90 km（Gaudeman，1989）。

在华北第四纪以来，由断层错距反映的水平位移幅度一般是 2～4 km，有的地方可达 7 km，在华南则更小。

（三）现代地壳垂直运动

国家地震局测量大队应用中国大陆范围内重复测量的精密水准网，采用伪逆动态平差计算编绘了中国大陆现代地壳垂直形变速率图。这一图件是利用了 1951～1982 年两次全国范围和多次区域性精密水准测量资料编制的。包括有代表性的 564 个水准点，235 条水准路线，长度约 9 万 km，复测资料共 20.4 万 km，覆盖了整个中国大陆。这一研究结果表明（应绍奋，1988），中国近 30 年来的大陆垂直形变总的趋势是南升北降，又可以银川、昆明一线为界，分为东西两部分。西部以藏南一线为全国之冠，年速率达 10 mm/a，藏北高原的大面积上升速率为 3～6 mm/a，昆仑山以北和金沙江以东以下降为主，但一些山脉则在区域下降的背景上，具有相对明显的上升，如秦岭及阿尼玛卿山，仅有 0～1 mm/a的速率，活动并不明显，但与其周围的若尔盖草原、柴达木盆地、准噶尔盆地相比较显示有继承性下降，速率为 -3～-4 mm/a。在华北地区，辽宁东部、山东、太行山、吕梁山等山地有上升外，盆地、平原皆为下降区。华南则以上升为主，一般 1～4 mm/a，包括洞庭湖地区亦有 3～4 mm/a 的上升速率，东南沿海有轻微上升，但在广州南宁间与南昌福州间有 -1～-3 mm/a 的下降。

应绍奋在分析了现代地壳垂直形变与构造的关系后指出：现代地壳垂直形变的状况明显地受区域构造活动的控制，反映了许多断裂带的最新活动。西部以北西西向和北东东向活动为主，兼有北西向及东西向的活动，地壳深部结果及其活动，板内各块体的活动也都在地壳现代形变的状况上有着明显的反映。

近年来大地测量技术，特别是空间技术的发展，如甚长基线干涉测量（VLBI）、卫星激光测距（SLR）和全球定位系统（GPS），开辟了直接快速地测量和研究现代构造活动的新途径。在中国，利用空间技术进行板块现代运动的研究近年来已取得了一定的进展，已建立了数个 VLBI 站，上海 VLBI 站于 1988 年已开始与阿拉斯加、夏威夷、日本、澳大利亚对太平洋板块的联合观测，在上海、武汉、长春等地已建成了第三代 SLR 站，进行了卫星跟踪，国际及国内联测，国内许多单位已引进了多台 GPS 接收机，并已经在西安—上海、潍坊—连云港、东南沿海、武汉—上海、南海等地开展了多种试验观测，在京津唐地区设立了监测该区地形变的 GPS 地震监测网，在滇西地震实验场区，由国家地震局与西德合作建立了横跨红河断裂带，网面积超过 40000 km^2的 GPS 三维监测网。尽管这方面的工作还是刚刚起步，但无论在技术装备还是研究力量上都已具有了一定规模。随着装备的增强与观测精度的提高，这方面的工作将为研究和认识我国周围板块的运动和板内现代变形的具体状况提供有重要价值的科学依据。

三、活断层研究

1966 年以来，由于华北和西南地区相继发生一系列 $M \geqslant 7$ 的破坏性地震，从而使与地震活动密切相关的活断层研究得到了更加重要的位置。二十多年来，对活断层研究的内容和采用的方法都取得了明显的进展，对全国一些重要的活断层，除了开展一致性的地貌、地质学（包括遥感资料的应用）的野外综合调查和专题研究外，还在一些重要的地段进行开挖探槽、地质填图、年代学和应力状况的研究。与此同时，还加强了仪器观测，沿一些断层带开展了包括大地水准复测、跨断层短水准基线和三角的重复测量，断层应变观测、地应力测量、微震观测、震源机制、地热、地球化学和其他地球物理方法的探测和研究。所有这些工作，为从浅层到深层、从定性到定量研究活断层的运动学和动力学积累了十分丰富的实际资料。中国地震学会地震地质专业委员会1982年汇编出版的《中国活动断裂》一书，基本代表了70年代我国活断层的研究状况。80年代以来，对我国活断层研究的方法和内容又有了很大的扩展，涉及对活断层的几何图像、断层结构、断错地貌、断层的运动方式和速率、与地震的关系、古地震与大震重复间隔、活断层的运动习性及其动力学的研究等，有关判定活断层运动年代的多种方法，特别是^{14}C、热释光、断层陡坎坡度测量、发掘活断层上古地震地质证据的探槽方法等也都得到了广泛的应用。同时，结合全国地震构造图、烈度区划图等各类图件的编制工作，对全国显露的和隐伏的活断层进行了一次普查和整理，其许多成果已经在一些全国的小比例尺（1∶600万至1∶300万）地震构造图和岩石圈动力学图中得到了反映，对一些发生巨大地震的主要活断层，如郯庐、鲜水河、红河、昌马、二台断层和鄂尔多斯周缘断层系等所进行的比较系统的野外考察和专题研究就是在这一阶段进行的，其中郯庐、二台和鄂尔多斯周缘活断层、鲜水河活断层、海原活断层已出版了专著（邓起东，1990；邓天岗，1989；汪一鹏，1988），一本中国活断层图集也已于1989年出版，对全国14条活断层自1987年开始了1∶5万的详细填图工作，现已有数条完成。

近年来对中国一些主要活断层的研究表明：中国内陆的一些活断层在全新世发生的一些破裂活动表现出明显的不均匀性（丁国瑜，1989），在时间上的不均匀性主要表现在断层活动的间歇性、强度的变化及破裂事件的群集性上，在空间上的不均匀性主要表现在断层活动的分段差异性上。断层破裂活动的区域或段落又是迁移变换的。近年来正在开始研究活断层的破裂分段。进行活断层的合理分段，确定断层的间歇活动及古地震破裂事件的群集、平静的具体情况以及活动段迁移变化的过程，建立破裂事件的时间序列并确定当今所处的位置，判定破裂活动的复发类型，这些研究对深入阐明断层活动习性的具体状况，对克服在判定强震复发间隔中的简单化倾向，为地震危险性分析提供更合理的参数，对提高地震危险性评价及概率分析的水平都具有重要的意义（张裕明，1988）。

有关活断层分段的一些问题*

摘　要　在地震预测、潜在震源的确定和重大工程的地震危险性评估中，活断层的分段已成为日益引起人们重视的一个问题。但目前有许多涉及分段问题的概念和认识还有待深入的讨论：本文就活断层分段问题中有关不同类型的分段、段及分段的定义和理解、段的稳定性、分段尺度与段的层次结构、分段标志以及表部与深部破裂段的关系等六个方面的问题提出了看法与讨论。

关键词　段；分段；段的稳定性；段的层次结构；段的标志

在把活断层的研究成果用于地震危险性预测和评价方面主要涉及以下三个问题：一是要回答破裂发生在断层的哪一段，破裂段从哪里开始，终止于何处，破裂引致地振动的影响在空间的分布如何；另一个问题是如何取得断层上有关段落的地震复发间隔的数据，除用断层滑动速率解决这一问题外，非常重要的是要获取在一定长度时间内历史地震和古地震事件的资料，建立地震活动的序列过程，藉以推测未来断层破裂的时间；再有就是在断层的不同段落上破裂事件的强度，特别是最大震级的确定。可以看出，在这些问题中活断层的分段是一个十分重要而基础的问题。

对断层的分段是一个较古老的概念，根据断层的几何形态、结构特点将断层划分为若干段落的工作在许多巨大的断裂带上进行过，但早期的工作主要是对断层结构的分段及长期活动性差异的分段，随着近年来对断层活动习性特别是古地震研究的深入，对断层分段这一概念赋予了许多新的认识和涵义。可以说这一概念是在不断了解断层破裂的扩散过程及断层长期活动习性，特别是在古地震研究中对断层不同段落上地震事件的强度变化及复发情况的深入了解后逐渐得到发展的。

在这一方面，美国圣安德列斯断层可作为很好的代表。1960 年当 K. V. Steinbrugge 和 E. G. Zacher 研究沿中加州的断层发生的连续滑动或蠕动时，开始认识到沿此断层的不同部分活动习性很不相同，首先涉及了圣安德列斯断层的分段的概念。在此基础上，在 1968 年 C. Allen 描述了沿圣安德列斯断层 5 个活动情况不同的区域，3 个是地震活跃区，两个是地震弱活动或不活动区，并将断层划分为 4 个不同的段落[1]。R. Wallace 在 1970 年将圣安德列斯断层分为 9 段，主干断层分为 7 段，另 2 段是分支段，并详细描述了各个段落在活动习性上的特点。1963 年苏联的 B. S. Burtman 进行费尔干断层与圣安德列斯断层的对比研究时对费尔干断层的分段曾给予了描述，认为此断层座落于不同的构造单元，穿过不同的地质体及不同的岩层，位移也是发生于不同的年代，故可区分为若干段落，指出沿此巨大断层的走滑过程中，不同段落可分别产生挤压和拉张，这一巨大断层的形成是多次大地震事件的快速位移逐渐积累而成。

对活断层分段的研究是随着对断层活动习性、古地震研究和地震危险性分析方面的需要而开展起来的。在进入 80 年代的一系列有关国际会议上都表现出人们对这一问题日益增长的兴趣和重视。对断层分段的认识与研究也进入了一个新阶段。

1982 年 10 月美国地球物理学会召开的“断层性质和地震孕育过程”讨论会上专门讨论了断层带的分段问题。但讨论的重点主要还是在断层带的几何特征和分段的关系方面。在这次会议上 Schwartz 和 Coppersmith 在分析圣安德列斯断层上大地震复发资料及特征地震模式时涉及了地震重复性及断层分

---

* 本文原载于《中国地震》，1992，No. 2。作者：丁国瑜。

段的问题。1984 年，在日本神户召开了国际地质对比计划中的“全球主要活断层特性对比研究项目（IGCP－206 项）”的会议，Schwartz 在此会议上作了“活断层习性和特征地震”的报告，并于同年发表了这一文章[2]。文中根据圣安德列斯断层和瓦萨契断层的古地震研究结果，对断层分段作了具体而深入的分析，1987 年 4 月在新西兰“全球主要活断层特性对比研究项目（IGCP－206 项目）”第三次讨论会上，曾对作为断层活动特性之一的断层分段进行了热烈的讨论，中国工作组的报告给出了有关中国郯庐等 6 条主要活断层的活动特性研究成果，发表了对断层分段标志问题的看法，提出了断层分段的 6 条标志①，并写入了 IGCP－206 项目的“中国活断层图集”的说明中[3]。对分段问题讨论的深入是与古地震的研究分不开的。1987 年在美国召开的“古地震学的趋向”专题讨论会上，Wheeler 对正断层分段的边界，特别是破裂端部的识别问题进行了讨论[4]。1988 年 3 月在美国召开的“断层的延展、终止与分段”专题讨论会是对断层分段的一次系统而深入的讨论，涉及了断层分段的多方面问题[5]。1987 年和 1990 年美国地震预测专题会议结合强震危险性评估对圣安德列斯断层作了进一步分段，给出了不同段落发生地震的概率。

在我国，从断裂带的结构或活动历史及断层几何特征等方面对断层进行一般性的分段早已有人做过许多工作，结合断层活动性的深入研究和地震危险性预测进行对活断层分段的深入讨论是在 80 年代中期才开始的。到 1991 年以前已进行的这方面的工作主要有：对红河断层（韩源等，1988）、鲜水河断层（C. Allen，闻学泽等，1989）[6]、香山－天景山断层（汪一鹏等，1989）[7]、郯庐断层（高维明，1987）、海原断层（邓起东等，1990）、新疆一带活断层（郑福婉，1989）、安宁河断层（唐荣昌，1989）等的研究，此外，1991 年田勤俭完成了有关大青山山前断层的分段及正断层活动分段性的研究，谢霄峰完成了沂沭全新世活断层分段的研究。1988 年 10 月国家地震局在银川召开的活动断裂地震地质填图工作会议上，本文作者提出了有关活断层分段中对段与分段概念的理解、断层的几何分段、物理特性分段及破裂分段的区别，以及划分和限定段落的标志等问题②，并在 IGCP－206 中国活断层图集和 1990 年发表的“全新世断层活动的不均匀性”一文中给予了论述。1991 年 10 月中国地震学会地震地质专业委员会召开的有关活断层的学术讨论会上，有多篇报告讨论了不同活断层的分段问题。这些研究工作反映了对活断层分段问题的日益重视和研究的深入。但总的看来，对断层分段问题的研究刚刚开始，对于问题的复杂性、不同类型活断层分段的本质区别及涉及分段的一系列理论问题的认识，还需进一步深入研究。分析当前我国在活断层的分段问题上的研究情况可以看出，在涉及分段的一些认识和基本概念方面，明显的存在着许多模糊不清和有待深入探讨的问题。下面作者就活断层分段的类型、段及分段含义的理解、段的稳定性、分段尺度与段的层次结构、表部与深部破裂段的关系、分段的标志等 6 个问题，提出一些看法，供讨论和参考，以促进对活断层分段问题研究的深入。

一、不同类型的分段

从对断层分段的理解情况看，地表大大小小的断裂构造有着十分复杂的结构，它们可以是一个十分巨大的数百乃至上千千米计的巨大断裂系统，可以是数以百千米计的复杂断裂带，可以是具有多条分支的断层束或复式断层和一条由不同段落组成的单个断层。对这些不同规模的断裂构造都可以进行分段。但最具本质性的分段主要还是对单条断层上具有独立破裂特性的结构单元或最基本的破裂单元的划分：

对段（segment）一词和分段（segmentation）一词的理解和用法存在许多含糊不清的地方。在

① Ding Guoyu, The Characteristics of Active Fault in China. Paper on the Third IGCP－206 Working Group Meeting, New Zealand, April., 1987.

② 丁国瑜，有关活断层习性的几个问题，活动断裂地质填图工作汇编，国家地震局灾害防御司，1989。

国内外近年发表的一些有关断层分段的文章中就可反映出这一点。有的把断层分段理解为断裂带上物理特性（如断层几何形态、走向变化）的差异，有的则用地震活动或地震时地面破裂的长度来划分。

近年来对断层分段已赋予了更为深刻的含义，更强调了能够解释断层与地震间的时空关系，使断层的分段成为在评价地震危险性中最能描述地震破裂特征和断层性质的一种基础资料。

简单地说断层分段可概括有以下 4 种：

（1）断层形态的几何学分段：根据断层的分布排列等几何学特征进行的段落划分；

（2）断层的结构分段：包括根据断层带内及两盘岩性、地层结构的特征而进行的分段；

（3）断层的活动性分段：是根据断层长期以来活动性差异的分段；

（4）断层的破裂分段：是断层上破裂状况的分段。

在这 4 种类型的断层分段中，当前我们讨论的主要是活断层的破裂分段，即力图把断层活动与地震破裂联系起来的断层破裂分段。我们现在所说的活断层的分段指的就是破裂分段，因为我们对断层进行分段研究的一个重要目的在于寻找与确定一条活断层上未来地震破裂段落的位置和大小，而几何分段、结构分段以及活动性分段都不能给出与未来地震危险性必然联系的明确结论。断层的破裂分段较之其他三类分段是一种提出了更高要求，需要有更为定量化和深入具体的地震破裂资料作为依据的分段。对活断层进行破裂分段有着更大的难度，但它在地震危险性的评估中具有更为重要的实际意义。当然，断层的几何分段、结构分段、活动性分段与断层的破裂分段有着密切的联系，前面几种分段的研究往往是获得破裂分段的正确结果的重要基础。一般说来，从地质学的角度应多着重进行结构分段、活动性分段的研究，而破裂分段主要是从地震学或地球物理学角度考虑问题，而实际上从目前提出的对活断层分段所包含的内容来看，这一问题的解决则需要地质学、地震学、地球物理学多方面的资料、理论和方法的综合运用。

二、段及分段的涵义

对断层进行合理的分段是一个识别断层破裂段落、更准确地进行地震灾害评价的有希望的途径，然而对断层“段”和“分段”存在的许多含糊不清的认识大大影响着对这一概念的深入理解和正确开展这方面的研究以及有效应用这一概念。

对断层分段理解的深入是与下面几个概念的发展分不开的：

（一）特征地震

在一定区域、一定时间范围内，地震活动一般满足古登堡－里克特震级－频度曲线。事实上，如果在活断层的某些段落进行统计，则会发现某一震级范围（如 M_b）的频度偏高，而缺乏相对另一震级范围（如 M_b）的地震，在同一断裂带的其他段，则可能是震级范围为 M_c 的地震频度偏高。即同一断裂带的不同段易于发生不同级别的地震。对于强震则表现为在特定段上重复发生。

Wallace（1968）在研究圣安德列斯断层卡左里平原段断错水系图像时，发现大量小冲沟的断错量大致为 1857 年大震断错量的倍数。在我国如郯庐断裂沂沭段的断错冲沟的错距主要集中在 4 ～9、14 ～20、20 ～34 m，大致具有倍数关系，并发现与之相对应的大震事件。如果认为震级大小与地表破裂断错量正相关，则相同断错量可认为对应大致相等的震级，断错量的倍数关系则反映相同地震的原地重复，而形成地表破裂的较小地震缺乏。Schwartz（1984）把这种原地重复的近乎同等大小的地震称为特征地震。特征地震不仅造成原地重复、大小相近的断错，而且具有相同的运动方式和相近的破裂长度。特征地震的提出指明了断层上独立破裂段落的存在。

（二）地震空间

大震在地震带上连续发生，在没有明显超覆的情况下，如果考虑一个合适的长度间隔，大震破裂会连续覆盖一条地震带。如果大震破裂带空间分布有空区，未来大震会发生在这里以充填空区，这就是茂木清夫所谓第一类空区。Fedotov（1965）和茂木（1968）分别在研究环太平洋带时发现了这一规律。在一些地震带内，在一定时间间隔内将连续出现大震破裂，这类空区是地震带内最大地震破裂的分布空区。地震空区的概念揭示了一个事实，即在地震带内，断裂活动是以一次地震破裂为单位分布的，相邻破裂带重叠部分很小。空区现象的研究为断层的分段提供了更为明确的可能性。

（三）累计滑动亏损

由空区的概念可知，每次大震破裂很少相重叠，即地震破裂是分段破裂的。就此，有两种可能模式：①大震随机相间分布，即地震破裂起始点和终止点在破裂发生前并无显著差别，大震只是在未破裂段随机发生，破裂的终止也是能量自由释放的结果。②大震特定分布，即由于断裂带的不均匀性，地震破裂被限定在一定范围之内发生。两种模式的差别在于，第一种模式下，地震破裂完成一次覆盖后，再次发生的大震与原来大震的发生无关，即第二次覆盖重新分布。在第二种模式下，大震的发生及地震破裂与前一次重合，即破裂段在多期地震覆盖内是稳定的。而且由于段的稳定性，使其活动的独立性增强，地震在没有完全覆盖整个断裂带时即可在某段上重复发生，由此造成各段大震活动的非同步性。特征地震的发现，为第二种模式提供了证据。由于地震破裂始发点的位移量大，向两侧逐渐衰减，如果断层活动符合第二种模式，则在多期地震破裂重复后，势必造成破裂终止部位的位移量远小于起始部位位移量，这就是累计滑动亏损的概念。Wheeler 等（1989）在研究美国盆地 - 山脉省正断层及 Machette 和 Schwartz 等（1989）在研究瓦萨契断层时，都使用了累计滑动亏损的概念，证明在一些破裂端点部位横向隆起（salient）的存在，这些隆起或是显露地表的或是被埋藏的，可以通过重力测量揭露。累计滑动亏损为进行断层分段提供了依据和途径。

（四）障碍体

W. Aki（1979）在研究地震波的传播时，提出了地震破裂的障碍体（barrier）模型[8]。其特点是断面失稳错动后的终止应力是不均匀的，具有部分应力降或负应力降的区域可解释为障碍体。由于障碍体吸收了继续破裂需要的应力，所以对破裂的扩展产生阻碍作用。脆性地壳的不均匀性使障碍体的存在成为可能。如前所述，特征地震的概念提出断层段的相对稳定性，这种稳定性的基础只能是物质及构造特征。许多地震地质学家在活断层调查中也在一些破裂端点发现了障碍体的存在。障碍体可分为岩性障碍和构造障碍（几何障碍）。岩性障碍主要指由于地下岩体的存在，在破裂的传播方向上岩石抗剪强度发生变化，对破裂传播产生阻碍。构造障碍主要指沿断裂带的一些特殊构造部位对破裂传播的影响。断裂活动的野外调查更主要集中在几何形态的变化即构造障碍上。障碍体概念的提出，为活断层分段提供了理论依据。

上述几种概念的发展大大促进了对断层分段的深入理解。

近年来，不同研究者对断层的“段”曾给出了各种各样的理解或定义。例如：

（1）断层段是断层的一部分，它控制了破裂位置和延展，或者说“段”是在地震时地表破裂的一个明晰的破裂段落（Schwartz 和 Coppersmith，1984）。

（2）段可以是一条长断裂带上的一次单独事件期间积累的同震破裂（长数十千米以上）；可以是随同一次断裂事件形成的破裂的一部分（仅数千米）或是断层面局部的不均匀性（长仅数十到数百米）（Schwartz，1986）。

（3）段是一条断层的一部分或断裂带在地质时期的一个破裂单元（dePolo，1989）。

（4）段是一条断层上趋向于彼此独立破裂的部分（R. L. Wheeler，1989）。

（5）段是断层不完全连续或具有较为明显界限的部分（Wallace，1990）[9]。

（6）段是在一个断裂带上，当一个地震发生时破裂的那些部分（dePolo 和 Slemmons，1990）。

从这些定义可以看出，虽然所强调的各有不同之处，但明显地反映出对段的概念有许多共同的认识。

综合现今对断层段的各种认识，我们认为可对段及分段的定义作如下理解：

由于地质结构、应力状况及环境条件的不同，断层的活动往往呈现有明显的分段现象。不同段落的活动特征各异。一条断层的破裂活动是通过一个或多个独立破裂段的组合而完成的，故可以简单地说段是断层的破裂单元。断层分段就是对断层进行破裂单元的划分。对一条活断层的分段，包括了对断层不同段落的方位、连续性及其活动特点的识别。

需要补充说明的是段是断裂在一定时空上稳定的独立破裂单元，当这种稳定的破裂效应的累积足以形成一定的结构时，才能进行分段。这里特别强调了破裂单元和在一定时空上破裂单元的稳定性（或持久性）两点，形成结构是这两点的结果。所以，段的划分需要有关破裂的资料和形成一定结构的资料。如果破裂未形成一定的足以辨认的结构，则进行分段也是比较困难的。

三、段的稳定性

断层分段活动的稳定时间是具有重要意义的概念。所以 Aki 认为习惯上的断层分段性概念就是一种持久性的控制破裂传播的阻挡体思想。但断层滑动的情况、阻挡体的情况是复杂的，Schwarta 等（1986）提出了三种断层滑动模式，即可变滑动、均一滑动和特征滑动模型[10]。1989 年作为三种基础模式的补充，他又增加了叠复模式。可变滑动模型破裂事件随机分布于断裂带上，具有可变的破裂位置和破裂规模，因之在断层上难划分出稳定的破裂单元，即此种类型的断裂不具有分段的特点或者说只是具有临时性的而非持久性的分段；均一滑动模型和特征地震模型指大震具有固定的位置和规模，显示出大震重复段破裂活动的相对独立性，或者说断层破裂段的端点在时间上具有稳定性。因之破裂端点的效应足以在地质结构上积累形成明显特征，使断层具有分段的特点。

一条断层长期以来活动强度的变化及破裂端点的这种结构特征，可用于判别断层活动段的稳定性并用于分段。断层活动强度包括活动幅度、活动速率、破裂活动段落的连续性等。特征地震模式中断层不同段活动强度的变化在活动幅度上有很好的显示，易于划分；均一滑动模式运动强度的变化则主要表现在断层连续性等特征上；而可变滑动模式中沿断层活动强度基本上是均一的，不可能存在明显的变化。因此，据沿断层带活动强度的变化可判断断层活动是否具有分段性。

断裂分段活动稳定时间的长短，对未来活动预测具有重要意义。对时间过短即稳定性差的断层难于预测其未来的破裂段落或状况。

根据 Aki 等提出的破裂发展的障碍体模型，段的稳定性与障碍体的特征关系很大，因此，进一步研究段的时间稳定性需研究障碍体的尺度、物性、发展、迁移等特征，以及应力条件对障碍体的影响，如倾滑断层和走滑断层段稳定性的差别等。

目前，根据历史破裂或较少次数的古地震破裂进行分段，必需还要进一步考虑段的稳定时间问题，因此，结合地质地貌资料的研究是十分必要的。

四、分段尺度及段的层次结构

对划分段落的大小和尺度也还是一个较为模糊的问题，常常因破裂的复杂性和对分段的要求和划分原则的不同而产生很大差异。如美国圣安德列斯断层，长达 1100 km，Allen 分为 4 段，Wallace 分为 9 段，Bilham 分为 36 段，差别很大；长仅 370 km 的 Wasatch 断层，D. Schwartz 将其分为 7 段，Machette 将其分为 10 段。显然这之间存在分段尺度的差异问题。

一条断裂带上，破裂的活动行为是复杂的。可以表现为某段只能发生 7 级左右的地震，另一些段落只能发生 6 级左右的地震，而某些段落不具有中强以上地震的发震条件，只表现为微震活动；还可表现在当有更大地震发生时，破裂贯通若干较小地震破裂段。为了描述断裂活动的复杂性，我们提出断裂带破裂的层次结构的概念。这主要有两方面的含义，即断裂带上不同量级的破裂段的并置和较大量级破裂段的段内层次结构。

沿一条断裂带的破裂分段，主要是指最大破裂段的划分（丁国瑜，1990）[11]，但是，由于破裂活动的复杂性，破裂段内的破裂活动不完全是特征性的，而是包含有较小量级的破裂。这些较小量级的破裂，也可能是分布于破裂段上的特定段落，即破裂段中的某些段落具有一定量级较小破裂独立活动的特点，另一些段落只有最大量级的破裂，而当最大量级的破裂发生时，破裂贯通整个段。一个破裂段上较低层次的段落可能不止一个，而是多个并置，各自作为低层次的破裂段相对独立活动，并共同受控于更大量级的破裂。

由于低层次段落活动性的差异及相对独立性，利用研究沿断裂段活动强度的变化等方法是可以识别破裂段的层次性的。要判别一些中等破裂段是否能被较大的破裂贯通，则要根据相邻段的对比、所处的构造位置、更大级别的单元性显示等资料才能完成。

破裂段的层次结构可能是一种较普遍的现象，Schwartz 等（1989）所提出的正断层分段模式中的主次破裂实际上可归并到破裂段的层次结构上。一些走滑断层或正断层上断裂活动特点亦可显示出层次性。如 1920 年海原 8.5 级地震的破裂带，断裂贯通了整个断裂带的 7 条次级断层[12]。这 7 条断层上，全新世平均滑动速率有很大差别，古地震事件亦显示出差异性，因此，海原地震带上的次级断层可能具有单条或几条断层组合作为相对独立的低层次破裂活动的特点。1793 年平罗 8 级地震发生于贺兰山东麓断裂带上，沿断裂带的几条斜列展布的次级断层上晚更新世以来的位移分布（廖玉华，1988）存在明显的差异。由于古地震事件及测年误差的影响，尚不能确定各次级破裂活动的独立性，但仍可看出层次性结构的迹象。另外，美国圣安德列斯断层上曾发生 1906 年 8.3 级地震的破裂段上，个别地区曾发生较小震级的地震（Wallace，1970），也显示了破裂段的层次性。

在讨论断层分段时，更主要的是与断层上地震破裂相联系的分段，而不是断层的活动性分段，因此，分段的层次结构是与不同震级的大小地震破裂长度相对应的破裂层次划分，最高层次的破裂长度受到最大震级破裂长度的制约，即这一分段长度是有极限的（最大长度，即地震最大破裂的长度是 300 km 左右），超过这一最大长度的分段已不应属于当前讨论的对断层分段的范畴。

五、表部与深部破裂段的关系

在活断层分段的问题上，表部与深部破裂的关系即断层向深部如何变化是一个重要而复杂的问题。地表断层往往只是断层深部活动的尾端效应，表部与深部破裂的关系还涉及到浅部和深部塑性变形的变化等问题。有些地表断层只是发生在表部滑脱构造层的断裂，与深部断裂在方向和活动方式上都可能存在很大差异。上下不同层次间可能是耦合的，也可能耦合的不十分密切。这方面的例子很多，如 1969 年澳大利亚的麦克开容（Meckering）地震的震源机制解为逆左旋走滑断层，而地表则为一弧形的右旋逆走滑断层。又如 Schwartz 等和 Hancook 在讨论正断层出露地表时的表现形态时指出，深部断层向上传播时在近地表处常形成阶梯状断层和其他复杂的伴生构造。Swanson 讨论了走滑环境下震源断层向上发展过程中的变化，指出地表断裂的割阶部位在深部（脆塑性转换带）可能呈双向控制的板形构造，在断裂活动过程中，破裂呈喇叭状向上传播，到地表时形成断裂割阶等复杂情况。

地表与深部破裂的关系至少可有下列 5 种情况：①没有表部破裂；②表部只有地面的隆起或一些次级小破裂；③表部破裂短于深部破裂；④两者长短大体一致；⑤表部破裂长于深部破裂。最后一种情况据分析多数因震后蠕动所造成。

地表破裂与深部破裂虽然存在差别，但地表破裂作为深部活动在地表的反映，必然携带有大量的深部信息。W. Thatcher 等比较了用地质、大地测量和微震能量释放等方法估计的地震断层位移分布后发现，它们之间具有很大的相关性，而且许多实例表明地震地表破裂的分布往往与有余震分布所反映的深部破裂的范围和图像有很好的一致性。反演计算推测所得的深部断层滑动状况与地表形变状况是相匹配的。这种地表破裂与深部破裂一致性的存在，提供了以用地表破裂资料进行断层破裂分段的可行性。

在探讨表部与深部破裂分段的关系时，沿断层不同段落一侧的新沉降或隆起形成的各种构造、潜伏的隆起构造、重磁等地球物理资料以及震源机制和震源深度分布资料具有重要意义。例如在大青山山前断裂带上第四系沉积等厚线、航磁等深部资料就与断层的破裂分段呈现出了很好的一致性。

六、活断层分段的标志问题

活断层分段的实质是确定断层破裂活动的基本单元，研究其各自的活动行为特点。由于段的形成是受断层的应力条件、结构条件和介质条件等制约的，而且当断层分段活动具有一定稳定性时，多次累加的破裂活动可形成明显的地质地貌和地球物理等方面的标志，因此可利用这些标志判定持久性地震破裂的端点亦即段之间的边界，从而进行断层的分段。

在编制中国一些主要活断层图集和进行它们的活动特性对比研究时，我们在全球主要活断层 IGCP－206第三次会议（新西兰，1987）上曾提出了造成中国一些主要活断层分段的因素及识别分段的6项标志，并将其发表于中国活断层图集中，它们是：

（1）断层与断层或其他构造的切割。这常常是形成断层分段的重要因素。

（2）断层两侧的岩性、断层面的宽度和结构的变化。如郯庐活断层的中段是穿越前震旦系坚硬块体的一段，因之此段有不同于北段和南段的断层活动特点和地震破裂特点。

（3）断层迹线的复杂程度。断层迹线分支分叉的复杂地段由于应力分配到多条断层上，不易积累应力；而断层迹线简单且有弯曲现象时则易于积累应变而发生强震。如红河断裂北段及东南段的划分及破裂特点即是如此。

（4）断层阶步组合状况。阶步过渡部位的状况对破裂的延展或终止往往起着重要作用，直接影响到断层的分段。如鲜水河断层在北端甘孜附近与玉树断层间及在南端乾宁东南与康定断层间的两个过渡构造（甘孜拉分盆地及玉树挤压区）就限制了鲜水河活断层在这一段的破裂发展，使这一断层成为各具独特活动风格的段落。

（5）断层面的变化。当断层的走向与区域滑动矢量方向斜交时可造成很高的有效正压力，具有高摩擦强度，易于发生强震及大的位移滑动。当断层平行或接近平行于区域滑动矢量方向时，正压力低，则不易于发生大震。因之在许多场合下断层产状的变化也是构成断层分段的一个因素。许多断层的分段是与其走向变化有关的。

（6）沿断层新的火山活动。这种火山活动可对断层起到焊接作用，从而成为断层分段的影响因素。如郯庐活断层即有此情况。

近年来，关于活断层分段的标志问题日益引起人们的注意，对断层破裂终点的识别问题已有许多人进行了讨论（R. L. Wheeler，1987）[13,14]。对有关断层破裂终点的各种常见特征，如断层的不连续及不平整部位的存在、挤压或膨胀阶区、断层走向的变化、弯曲、分支，与横向断层或其他构造的交叉，以及断层滑动矢量、性质和情况的改变等，作为断层分段的标志也已陆续在许多文章中提及。不同作者分别对不同类型的活断层（主要是对正断层或走滑断层）分段的标志特点作了具体的深入分析。但值得指出的是，由于断层类型的不同，断裂带结构及介质条件的不均匀，特别是应力状况的变化这一不确定的因素，使得断层破裂延展及终止的情况变化多端。目前提出的许多标志不是断层分段的充分条件，至今尚没有提出认识和评价段边界的明晰的物理准则，因之对提出的任何标志在应用中都会出现复杂的情况，使得据其在确定边界时形成错误的判断。故对断层的分段标志还有待进行更深刻的探讨，以期制定出对分段更为可靠的标志。

上述6个问题涉及了有关活断层分段的许多基本概念的理解，由于目前对活断层分段的理论与方法都尚未成熟，因而还存在许多不透彻的问题。这里提出的一些看法肯定会有许多地方值得进一步深入讨论。此外，限于篇幅，本文未能就一些重要问题更广泛地展开讨论或结合实例作些具体的剖析。在1990～1991年间，作者和国家地震局分析预报中心的几位人员共同承担了国家地震局资助的“活动断裂破裂分段与在地震危险性预测中的应用”的研究项目，主要目的是对活断层分段的原则与方法及应用进行综合分析研究。这一项目的研究总结报告对涉及分段的一系列基本问题已有较详细的论述，报告已在付印中，可资参考。

对活断层合理的分段可明确地提供未来的破裂范围，在估计未来地震强度时具有更高的可信度。对一条活断层进行合理的分段之后，根据各段上大震复发间隔及最近一次地震活动的时间，就可更好地确定各段上发生大震的实时概率。根据段的长度及边界性质可判断未来地震的最大震级、发震时危险区的范围以及对地面振动的影响。这可克服以前把整个断裂带的大震复发间隔、震级大小等与带上各独立段混为一谈的弊病，使这些参数得到更精确的限定，从而提高危险性评价的水平。活断层分段还可为重点监测台网更合理的布设提供依据，故它将成为一个在确定潜在震源、进行地震危险性分析中的有用方法及技术。

参 考 文 献

[1] Allen. C. R. , The tectonic environments of seismically active and inactive areas along the San Andreas fault system: Stanford Univ. Pubs. Geol. Sciences, 1967, Vol. 11, 70～82.

[2] Schwartz. D. P. , and K. J. Coppersmith, Fault Behavior and characteristic earthquakes. Examples from the Wasatch and San Andreas zones. Journal of Geophys. Research, 1984, 198. No. 89, 5681～5694.

[3] IGCP－206项中国工作组，中国活断层图集，地震出版社，1989，121。

[4] U. S. Geological Survey Open file Report, Proceedings of Conference XXIX－Directions in Paleoseismology. 1987.

[5] U. S. Geological Survey Open file Reports, Proceedings of Conference XIX－Fault Segmentation and Controls on Rupture Initiation and Termination, 1989.

[6] 闻学泽等，鲜水河全新世断裂带的分段性、几何特性及其地震构造意义，地震学报，1989，Vol. 11，No. 4。

[7] 汪一鹏等，宁夏香山－天景山断裂带晚第四纪强震重复间隔的研究，中国地震，1990，Vol. 6，No. 2。

[8] Aki, K, Asperities, barriers, Characteristic earthquakes, and strong motion prediction: Jour. Geophys. Research, 1984, Vo1. 89, 5867～5872。

[9] Wallace E. R. (Editor), The San Andreas Fault System, California, U. S. Geological Survey Professional paper 1515, U. S. Gorerment Printing Office. Washington, 1990, 283.

[10] Schwartz D. P. , Coppersmith K. J. , Seismic Hazards: New Trends in Analysis Using Geological data. Active Tectonics. National Academy press Washington, D. C, 1986, 215～230.

[11] 丁国瑜，全新世断层活动的不均匀性，中国地震，1990，Vol. 6，No. 1。

[12] 国家地震局地质研究所、宁夏回族自治区地震局，海原活动断裂带，地震出版社，1990，286。

[13] Wheeler R. L. , Boundaries between segments of normal faults-Criteria for recognition and interpretation, U. S. Geological Survey Open file Report, Directions in Paleoseismology, 1987, 385～398.

[14] Zhang Peizhen et a1. . Geometric pattern, rupture termination and fault segmentation of the Dixie Valley-pleasant valley active normal fault system, Nevada, U. S. A. , Journal of structure Geology, 1991, Vol. 13, No. 2, 165～176.

中国内陆活断层的习性特征与地震危险性评估*

一、中国内陆活断层研究概况

20 世纪 30 ～40 年代，我国的一些地质学家已经开始注意描述有关活断层的地质地貌现象。50 年代以来随着工程建设、地震区划、地震烈度鉴定工作的广泛开展对活断层的研究逐渐受到了重视。1956 年科学院生物地学部召开了第一次新构造运动座谈会[1]。与会科学家从许多方面论及了中国的活断层以及与地震活动的关系。当时把活断层称为第四纪断层、新断层或伴随新构造运动而形成的断层等。1957 年正式出版了这次座谈会的发言记录，并已被译成英文版、俄文版。这一阶段的活断层研究主要是从地貌、冲洪积扇、水系的错断，新生代地层的变形以及地震活动等宏观现象进行的定性研究。

1966 年以来由于在华北和西南地区相继发生一系列 $M \geqslant 7$ 的破坏性地震[2]，从而使与地震活动密切相关的活断层研究提到了更受重视的位置。20 多年来对活断层研究的内容和采用的方法都取得了较明显的进展[3～4]。对一些重要的活断层，除了开展一般性的地貌、地质学的野外调查和专题研究外，还在一些重要地段进行开挖探槽、地质制图、年代学和应力状况的测定。与此同时，加强了遥感资料的运用，加强了仪器观测，沿一些活断层开展了包括大地水准复测、跨断层的短水准、基线和三角的重复测量、断层应变测量、原地应力测量、微震观测、震源机制、地球化学和其他地球物理方法的探测和研究。所有这些工作，为从浅层到深层、从定性到定量研究活断层的运动学和动力学积累了十分丰富的资料。中国地震学会地震地质专业委员会于 1980 年召开了活动断裂与古地震的专题讨论会，并于 1982 年汇编出版了《中国活动断裂》一书，基本上反映了 20 世纪 70 年代对我国大陆地区活断层研究的状况[5]。80 年代以来，对活断层研究的内容和方法又有了很大的扩展。研究内容涉及对活断层的几何学、断层结构、断错地貌、断层的运动方式和速率、大震复发间隔、活断层的活动习性及其动力学的研究等。有关判定活断层运动年代的多种方法，特别是^{14}C、热释光、电子自旋共振、断层陡坎坡度测量、发掘活断层上古地震地质遗迹的探槽方法等也都得到了广泛的运用[6]。对一些主要的活断层如二台、鲜水河、红河、海原、祁连、汾渭、阿尔金、库玛、郯庐等活断层进行了较深人地专题调查研究。对它们的活动方式、位移状况、滑动速率、地震破裂、古地震事件年代及复发间隔等方面都取得了大量丰富的实际资料。对这些活断层的综合研究成果已出版了多本专著[7～8]，编印了《中国主要活动断裂带卫星图像集》[11]。1984 年，我们与美国地质调查局的 R. Bucknam 一起组织开始了联合国教科文组织资助的国际地质对比计划第 206 项目—全球主要活断层特性对比研究。这一项目的目的在于通过全球一些主要活断层的对比研究改进活断层的研究方法，深入认识活断层的习性，以达到有益于地震灾害的预测与减轻，提高地震危险性评估的可靠程度。在中国大陆地区提供了郯庐、鄂尔多斯周缘、二台、昌马、鲜水河、红河等 6 条活断层参加了这一对比研究，1989 年出版了《中国活断层图集》，并对有关活断层的活动特性的认识进行了初步总结[12]。为了汇集有关中国活断层的几何学、运动学的各种详细资料，目前在对十多条主要活断层进行 1∶5 万比例尺的详细地质填图工作。

总的看来，通过 20 多年对中国大陆内部活断层多方面的调查研究，已基本上了解了它们的存在与分布的总体轮廓（图 1），对它们的活动特性的认识也在逐步地深入。许多研究成果在解决一系列有关

* 本文原载于《第一届两岸地震学术讨论会论文集》，地震出版社，1992，73 ～87。作者：丁国瑜。

理论和实际问题中的应用已日益广泛和受到重视。特别是在一些重大工程，如核电站、大坝的建设中对活断层研究的要求有的已明确列入规范和导则之中。

二、活断层的习性特征

由于各活断层在所处应力场中的位置和构造环境的不同，在它们形成和发展的过程中，活动风格、活动程度等方面具有很大差别，但它们在活动中又往往表现出许多共同的习性特点。这些习性特征涉及了活断层特性的一些本质问题。通过对中国大陆多条活断层的研究，对这些活断层所表现的习性特征可概括以下 8 个方面：

（一）活断层的活动方式

在断层的黏滑与蠕滑两种活动方式中，中国大陆内部的大量活断层以黏滑方式运动为主。至今尚未发现像圣安德列斯断层的一些段落所具有的那种蠕滑现象。鲜水河活断层虽有人认为有蠕滑现象，但 1976～1986 年间记录到的蠕动位移有随时间衰减的现象，故很可能属于 1973 年炉霍 7.6 级地震的震后蠕滑现象。这种在地震前后深部断层的蠕滑现象还见于 1976 年唐山 7.8 级地震之前。在渭河盆地南侧西安一带的地裂现象，近年的研究表明也可能与深部断层的蠕动有关。

有一些断层的断层面处于未愈合状态。从跨断层的基线和水准重复测量所取得的结果看，断层两盘有不断反复的相对运动，位移量很小，最终并未形成明显的错距，我们称断层的这种运动为旷动。是未愈合状态断层的一种特殊运动方式。在北京附近的一些跨断层测量所取得的数据就表明了有这种现象的存在。有些活断层在一定的阶段，特别是在其两次黏滑事件之间的阶段，也呈现出有这种旷动现象。如沿新疆北部右旋走滑活动的二台断层上所布设的跨断层三角测量，通过 1985，1986，1988 年三次测量所获得的数据表明，二台断层南段 1985 年有继承性右旋活动。但从 1986 年起作反向活动，1～2 年的水平滑动量为 2.9～8.1 mm，其累积的水平滑动分量为左旋 8.2 mm，平均滑动速率为 2.1 mm/a，表现出在短期内有往复旷动的情况（柏美祥，1991）。

（二）断层活动的间歇性及破裂事件的群集性[13]

根据对许多活断层位移情况的分析可以看出，不同年代的断错地貌所显示的错距往往呈不连续地累积增长。位移值的大小呈现有分组现象，而且往往具有可公度性。例如二台活断层全新世以来的 45 条冲沟被断层错断的位移值的统计表明大小冲沟的错距大致可分为（33 ±3）m，（65 ±2）m，（95 ±4）m，（166 ±3）m 和（205 ±4）m 5 组，并有约 30 m 的可公度值（表 1）。郯庐活断层在山东莒县左山一带的断错冲沟错距大致为 4～34m，但位错数值主要集中于 4～9 m，14～20 m 和 28～34 m，3 组数值大致有倍数的关系。这表明该断层曾经历过与平静相间歇的三个活动阶段。这已为该地段开挖的探槽剖面上的古地震及年代学资料所证实[14]。沿断层发现的大量断错事实说明了断层活动的过程是往往以活动与停顿相间歇的方式进行的。

断层活动的群集性是指在一条断层上在一定时间段内破裂事件集中发生于断层的一定段落上的现象。中国长期的历史地震记录很好地说明了这一点。许多地震带上地震活动时间 - 强度分布图上所表现出的地震活动分期、分幕现象正是活断层上破裂活动群集现象的最直接的反映。

断层活动除了几十年、数百年时间尺度的间歇活动以外，据古地震的资料还有更长时期的间歇活动。如宁夏海原断层西段上的古地震事件主要群集发生于距今约 5000～9000 年间，而东段则在距今约 4000 年以来是一个活动阶段[10]（图 2）。关于断层活动的这种间歇有无规律性和周期性的问题，在有些断层上一定的时间段在复发间隔、位移具有可公度值等方面反映出有一定的周期性，但从大量断层上古地震事件在时间上的分布所反映的情况看，则表明这一过程是不均匀的。这种不均匀的、呈间歇式的活动是中国内陆活断层活动过程的主要方式。

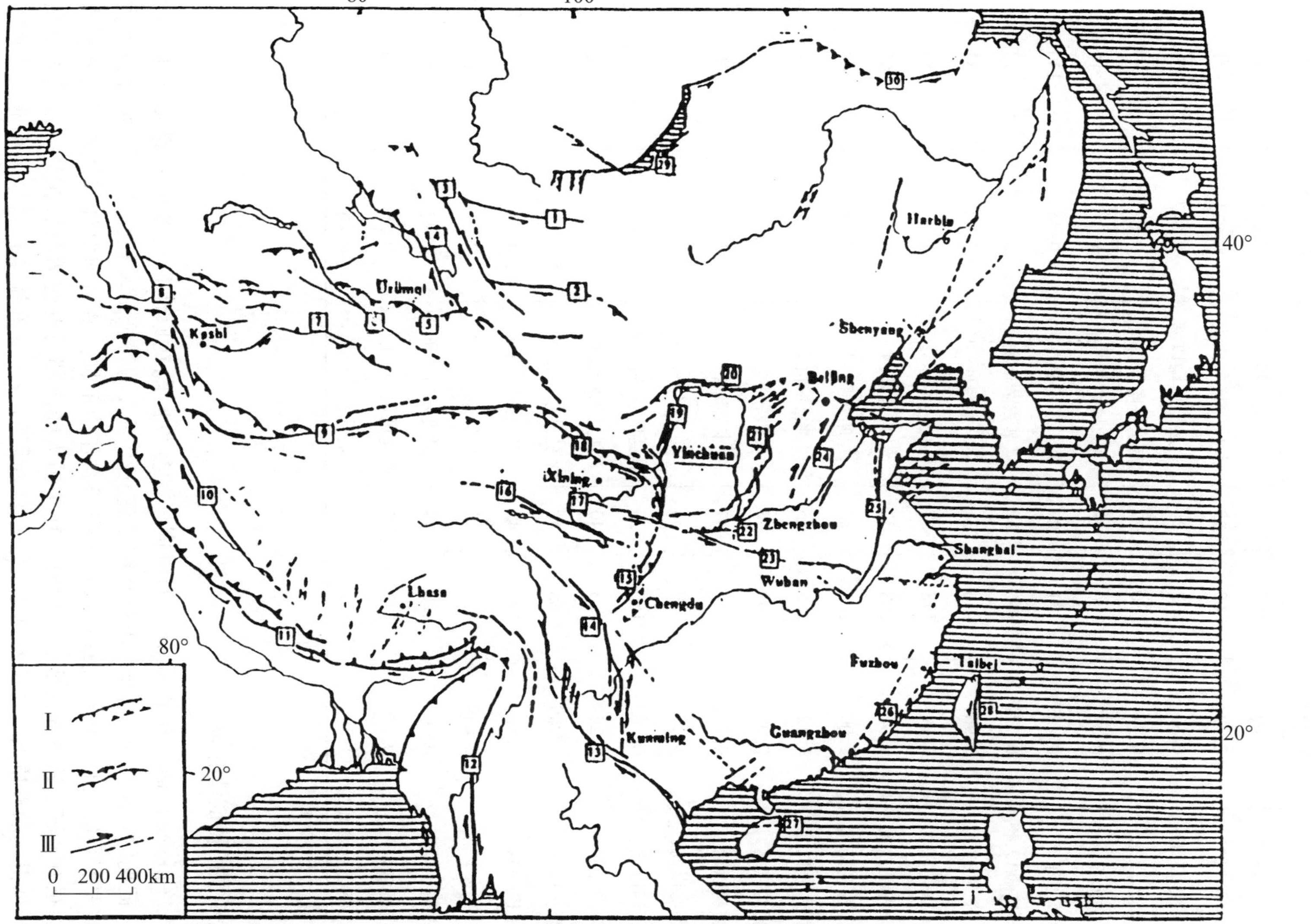

图1 中国大陆及邻近地区主要活断层示意图

Ⅰ. 正断层；Ⅱ. 逆断层；Ⅲ. 走滑断层，1. 杭爱断层；2. 戈壁－阿尔泰断层；3. 科布多断层；4. 二台（富蕴）断层；5. 天山北麓断层；6. 博洛霍洛断层；7. 天山南麓断层；8. 塔拉斯－费尔干断层；9. 阿尔金断层；10. 喀喇昆仑断层；11. 喜马拉雅断层；12. 实皆断层；13. 红河断层；14. 鲜水河－小江断层；15. 龙门山断层；16. 东昆仑断层；17. 西秦岭断层；18. 祁连－海原断层；19. 贺兰山麓断层；20. 河套断裂带；21. 汾渭断裂带；22. 华山山前断层；23. 丹凤断层；24. 河北平原断层；25. 郯庐断裂带；26. 东南沿海断裂带；27. 海南北部断层；28. 台湾纵谷断层；29. 贝加尔断裂带；30. 斯丹诺夫断裂带

表 1　沿二台断裂冲沟断错一览表*

编号	地名	断裂东侧冲沟长度（km）	断错距离（m）	编号	地名	断裂东侧冲沟长度（km）	断错距离（m）
1	阿斯奎沙以南	0.85	164	24	卡拉先格尔以南	0.721	15
2	阿斯奎沙以东	0.32	65	25	卡拉先格尔以南	0.411	31
3	阿斯奎沙以东	0.39	32	26	萨热巴斯陶以南	0.847	169
4	阿斯奎沙以东	0.31	30	27	奥尔塔哈腊苏北	0.67	67
5	阿斯奎沙东南	0.427	30	28	奥尔塔哈腊苏北	1	13
6	阿斯奎沙东南	0.427	31	29	奥尔塔哈腊苏北	0.34	130
7	阿特舒古勒以北	0.721	36	30	卓勒萨依南	2.8	10
8	阿特舒古勒以北	2.967	36	31	桑绕西	0.88	34
9	阿特舒古勒以北	1.899	178	32	科克吐木苏克北	1	88
10	阿特舒古勒以北	1.424	208	33	哈旦孙西	5.4	67
11	阿特舒古勒以北	2.008	208	34	哈旦孙西	0.67	67
12	阿特舒古勒以北	0.127	485	35	哈旦孙西	6	94.5
13	水磨沟以北	0.994	99.4	36	乌铁布拉克南	2.9	80
14	水磨沟以北	0.166	33	37	卡布尔特南	3.7	30
15	水磨沟以北	1.193	99.4	38	夏贝尔特山前	4.9	42
16	水磨沟以北	0.365	166	39	夏贝尔特山前	2.4	30
17	水磨沟以北	1.259	166	40	夏贝尔特山前	3.7	48
18	水磨沟以北	0.799	66	41	夏贝尔特山前	5	67
19	阔依巴尕尔	1.539	199	42	夏贝尔特山前	4	61
20	卡拉先格尔以南	0.649	10.8	43	夏贝尔特山前	2	16
21	卡拉先格尔以南	0.108	28	44	夏贝尔特山前	1.73	18
22	卡拉先格尔以南	0.189	21	45	夏贝尔特山前	0.25	20
23	卡拉先格尔以南	1.19	21	46	夏贝尔特山前	0.25	63

*系胡方秋等航片判读资料。

（三）活断层的特征性滑动

特征地震（Characteristic Earthquake）即以同样的复发间隔在原地重复发生同等大小地震的现象。随着这一问题的提出（Schwartz，1984）继之建立了断层的特征滑动模型[16]。特征性滑动类型断层的判定需要有足够长时间的历史地震或古地震资料作为依据。从目前对许多活断层的研究程度来看，还不能很好地满足这方面的要求。但看来在中国大陆内部的有些活断层在其一定的发展阶段是具有这种特征滑动的性质的。如鲜水河断层、小江断层的一些段落就具有同等大小地震原地重复发生的特点（刘百篪 1987，Allea，闻学泽等 1989）[17~18]（图 3），炉霍段的 1816 年 7.5 级地震，1973 年的 7.6 级地震，道孚段的 1904 年地震和 1981 年 6.9 级地震，康定段的 1725 年 7 级和 1955 年的 7.5 级地震以及西昌段的 1536 年 7.7 级地震和 1850 年的 7.5 级地震等。且都是具有相似的破裂长度。在郯庐断裂的沂沭段古地震和成倍数水系错动量现象的存在也说明了这里可能是具有特征

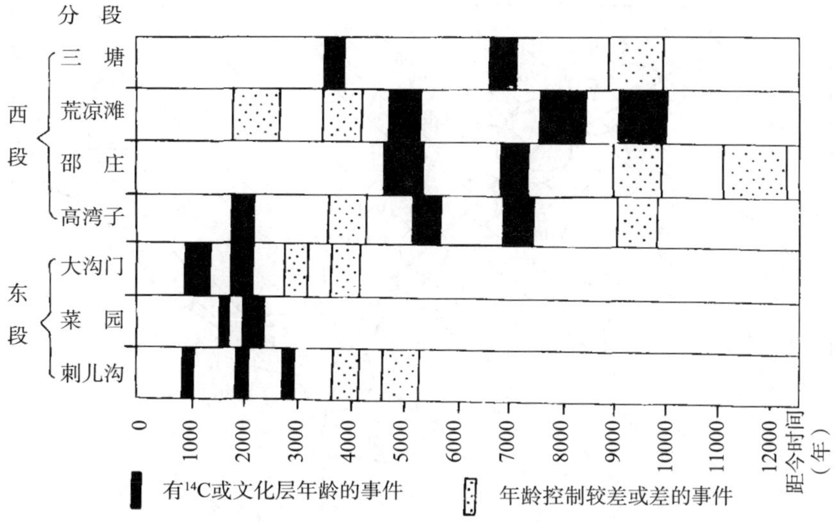

图2 海原活断层全新世破裂事件的时空分布（据宋方敏资料绘）

性滑动的一个活动段落。

从近年来积累的古地震有关破裂状况和年代学的大量资料表明，典型的特征地震或具特征性滑动的段落并不是较普遍存在的一个现象。相当普遍的断层的滑动有着更为复杂的过程，破裂事件复发间隔的不均匀性是更为主要的一面。

整理分析近年获得的一些有关我国西部，主要是青藏高原周边一带及华北地区一些活断层上古地震的资料表明：各条断层上破裂事件复发间隔的情况，总的说来是相当多样化和不均匀的，仅在少量断层的一定时间段表现有等间隔的特征性（图4）。具对青藏高原周缘的阿尔金、昌马、海原、库玛、鲜水河、则木河、小江等多条断层上发掘出的51次古地震事件复发间隔的时间进行统计，其平均间隔为2100年，且表现出距今约7000年以来是一个破裂事件相对群集的阶段，而距今7000年到12000年间则是一相对平静阶段。在华北地区的贺兰山前、大青山前、华山山前、沂沭等活断层上揭露出的18次古地震事件则具有约3300年的平均复发间隔，明显地比西部长。

（四）断层滑动速率的不均匀性

关于中国大陆上活断层滑动速率的情况已积累了大量数据。取得的这些数据已可大体上勾划出中国大陆内部活断层滑动状况的总体概貌（图5）。总的看来，平均滑动速率每年一般在十分之几至一二十毫米之间。在不同地区有很大的不均匀性。西部一般在数个至十数个毫米，少量的可达一二十个毫米。在块体边缘的断层滑动速率比块体内部的可高一个量级。东部一般在十分之几至几十毫米。东北、华南的更小，小于一二或十分之几以至百分之几毫米[19~20]。活断层的活动程度一般常用滑动速率的大小来度量（松田时彦，1977；Slemmons，1977）。但由于断层活动存在间歇性，在不同阶段滑动速率可有很大的变化，在运用滑动速率进行断层活动程度以及地震危险性评价时必须对此加以细致的考虑。

（五）活断层破裂的分段性

断层的破裂活动并不是一次即贯通整个断层，而是分段破裂。对不同规模的断裂构造，包括数以百公里的断裂带或一条不很长的断层都可以进行分段。可以根据断层的几何形态或结构特点进行分段，也可以根据断层长期以来不同段落活动性的差异进行分段。但对地震危险性评估的需要来说，最具有实际意义的分段主要是对单条断层上具有稳定的独立破裂特性的破裂单元的划分，即活断层的破裂分段。

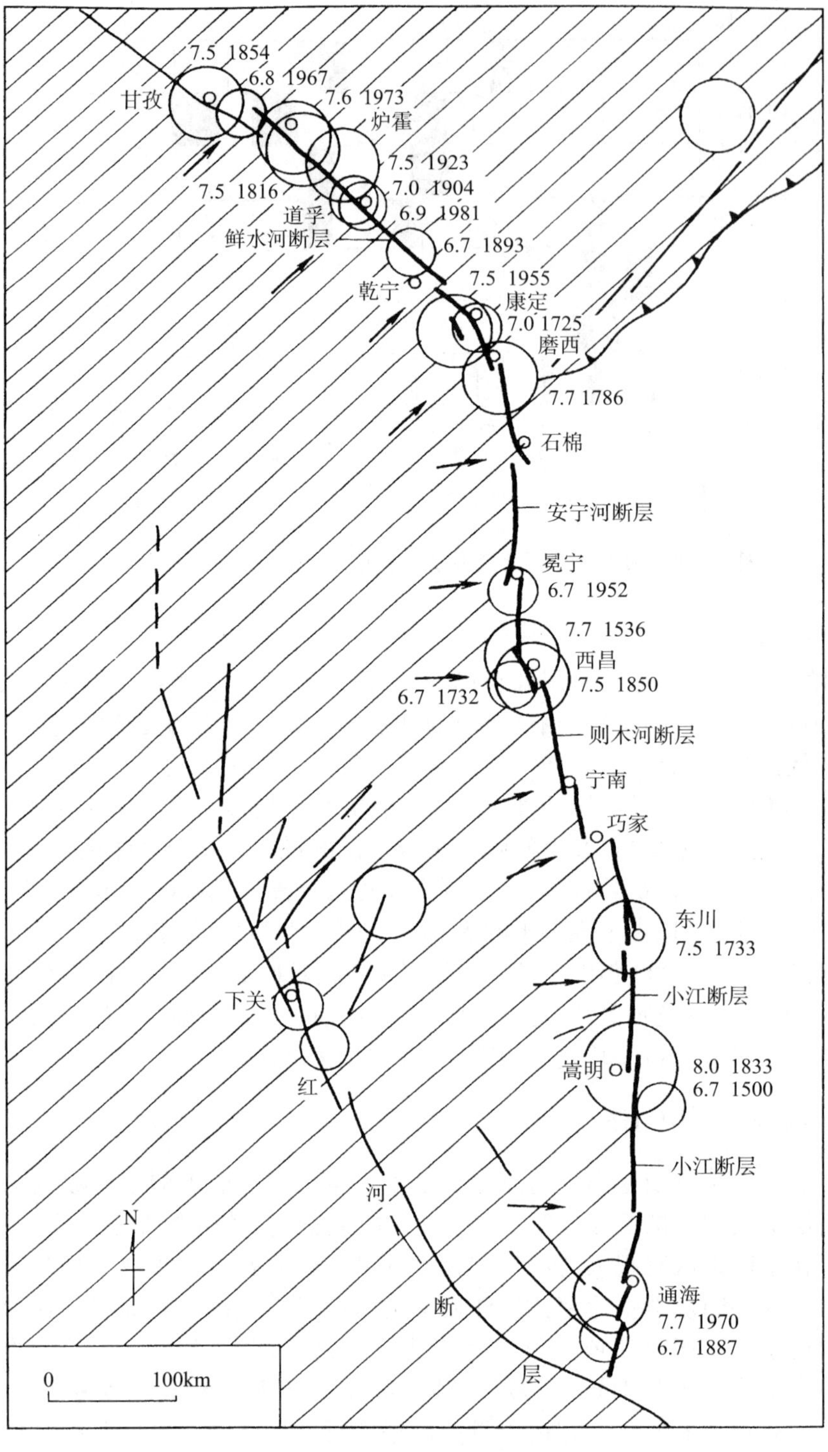

图 3　鲜水河－小江活动断裂带

鲜水河－小江活动断裂带是断层破裂分段表现的比较清楚的一个例子（图 3）。这一断裂带自甘孜经康定、西昌、巧家至个旧全长约 1400 km，左旋走滑，沿断裂带有一系列强震发生。自 16 世纪以来沿线在炉霍、道孚、康定、西昌等段落都有 7 级左右地震在原地或同一段落重复发生的现象；断层几何形态和结构的资料以及面破裂和古地震的资料为断层的破裂分段提供了清晰的依据；此外根据统计分析，一般认为烈度Ⅷ度区的长轴与震源的破裂长度相当，因此可把历史地震Ⅷ度区长轴分布作为划分断层破裂分段的依据之一。沿此断裂带这方面也是有十分丰富而理想的资料。根据上述资料可将这

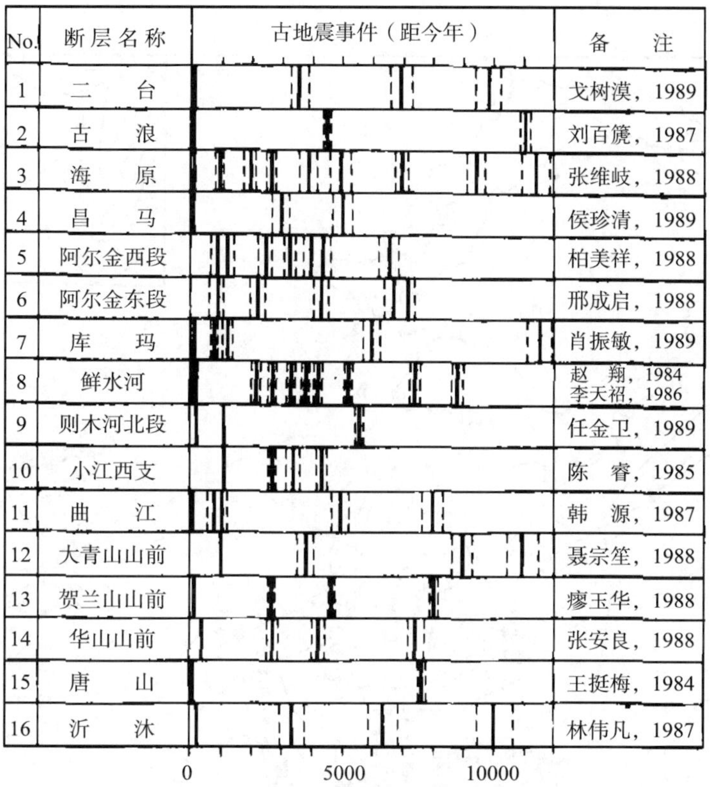

图4　中国大陆一些活断层上全新世古地震事件在时间上的分布

2～11. 青藏高原及其周缘的活断层；12～16. 华北地区的活断层

一断裂带初步划分出十余个段落。而且可以看出，当前沿此断裂带许多段落已相继发生过破裂，并表现出相互独立，破裂区彼此连接而基本上不重复的现象。目前仅有乾宁、康定，冕宁间、东川等三四个段落尚未破裂（黄圣睦，1390；唐荣昌，1989；闻学泽，1992），是一些潜在危险区[21～23]。

沿青藏高原北缘的祁连－海原断裂带也是一个活断层破裂分段的良好例子（图6）。沿此断裂以及东段北侧的中卫－固原断裂，一系列强烈地震的破裂断续分布于整个断裂带上，清晰地反映了这一活动断裂带破裂分段的图像。

（六）活断层破裂的延展、贯通与终止

一条活断层在其活跃阶段破裂事件沿断层分段发生，往往是破裂基本贯通了整个断层后活动才行停止，继之转入到平静阶段。这种破裂延展并贯通整个断层后停止活动的特点是内陆许多活动断裂带在强烈活动阶段表现出的一种习性特征。这方面最明显的例子如祁连－海原断裂带，它最近的一次活动是沿断裂上发生的1888（*M*7），1920（*M*8.5），1927（*M*8），1932（*M*7.5），1986（*M*6）等多次地震、多次破裂而体现出来的。至今除民乐盆地南侧、景泰—古浪间等段以外几乎已全线贯通（图6）。沿隐伏的河北平原断裂带在1966～1976年的一系列地震破裂；沿鲜水河断裂带的破裂活动以及沿汾渭断裂带在16～18世纪的活动都是以近似于这样的方式进行的[24]。

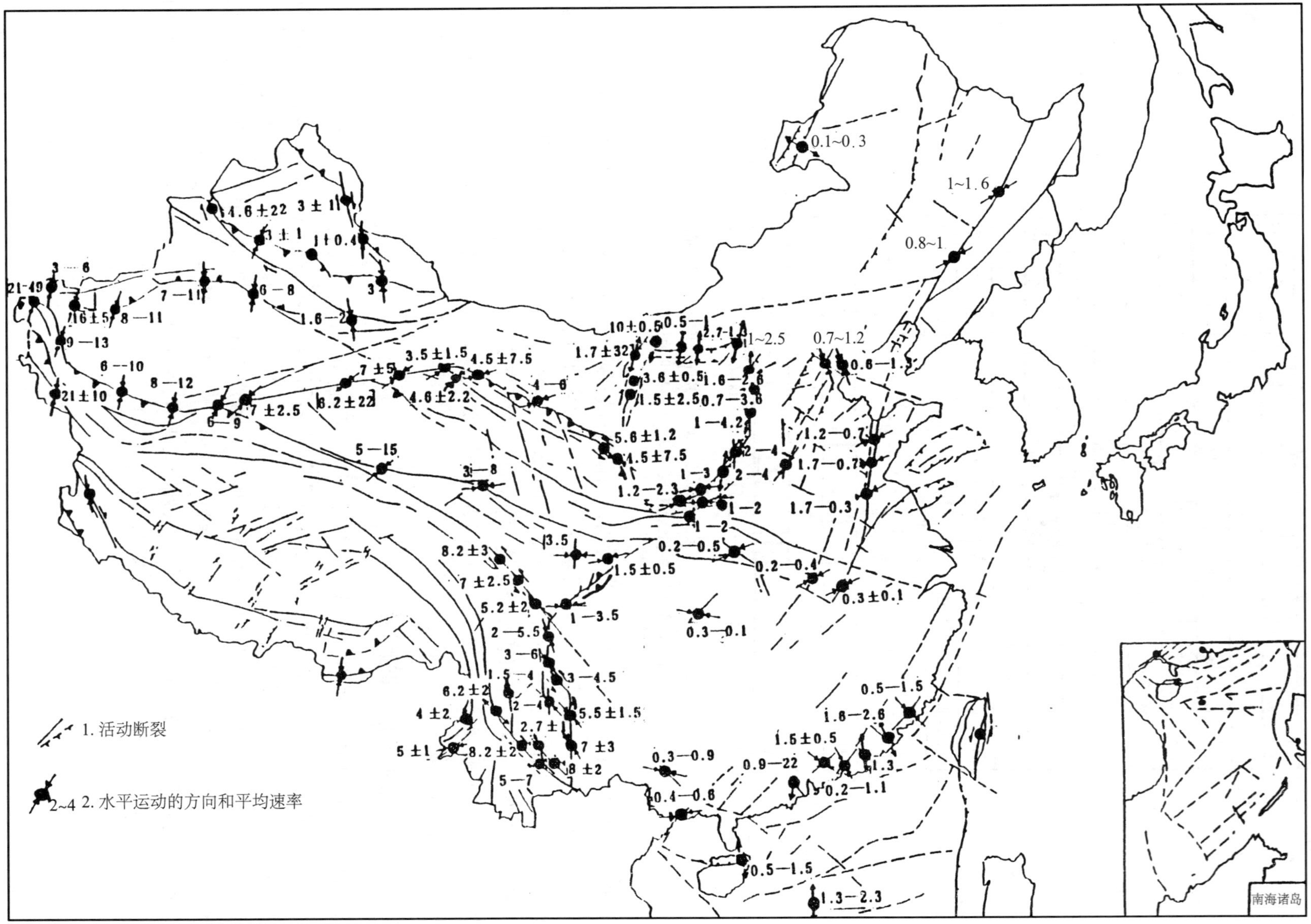

图 5　中国活断层平均水平滑动速率示意图（mm/a）

1. 活断层；2. 水平运动的方向及平均速率

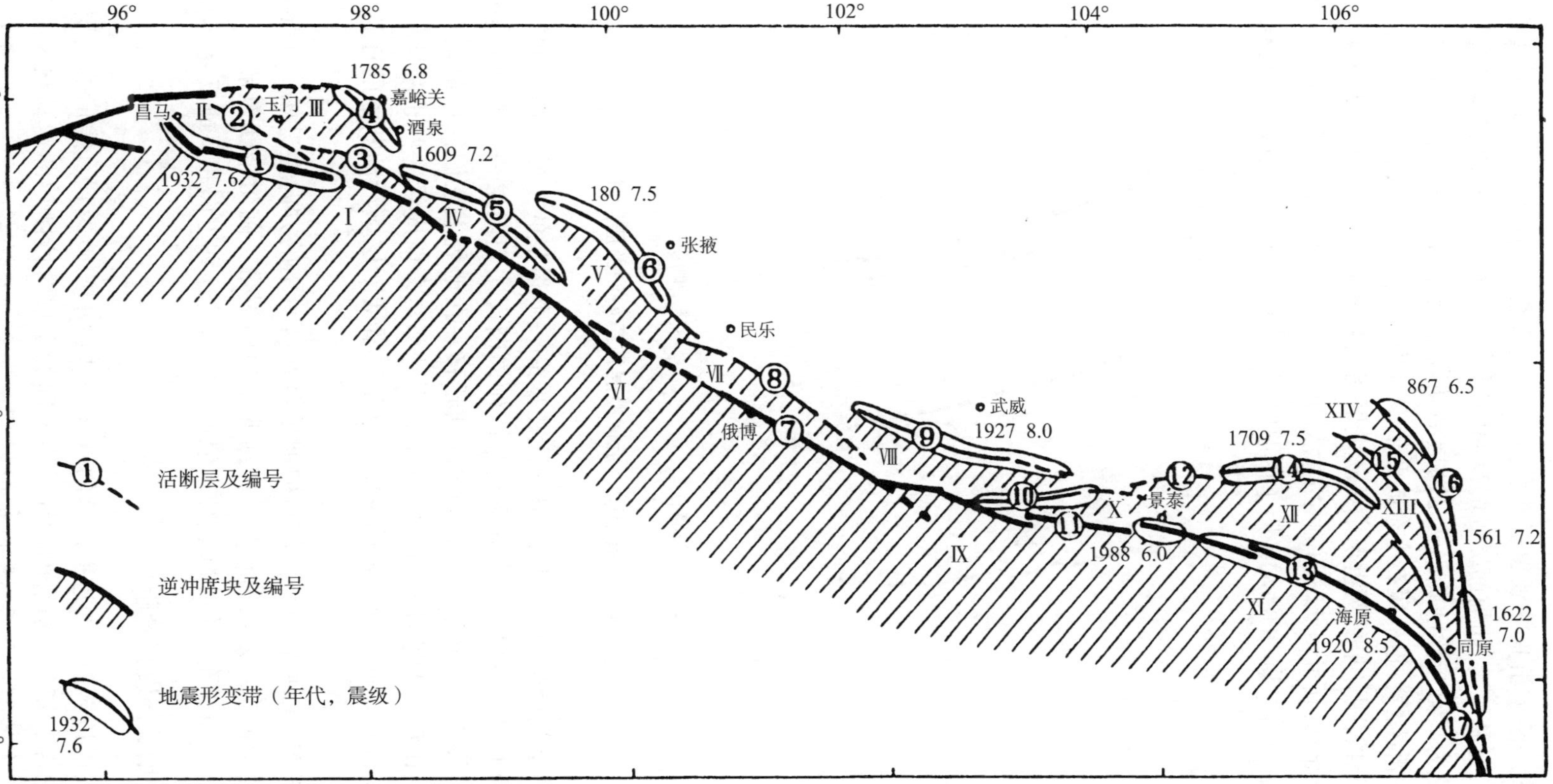

图 6　祁连－海原活动断裂带

图中箭头示断层的破裂分段

（七）断层活动的迁移

在断层的活动段一系列群集的破裂事件发生之后，断裂活动往往就变换到其他段落或地区，这就是所谓的断层活动的迁移[25]。如前面提到的海原断层，在全新世早期地震事件主要在西段活跃，而到全新世晚期时却变化为只有东段活跃，就是断层活动段落迁移的一个例子。

又如郯庐断层的沂沭段，这一段有由东向西依次排列的 F_1、F_2、F_3、F_4 四条断层组成。根据断层活动切穿的地层年代资料表明，早更新世至中更新世早期主要是 F_2 活动，至中更新世末期活动段转变为东侧的 F_1 并一直持续至晚更新世，此时西侧的 F_2 活动明显减弱，在晚更新世末至全新世，又迁移至 F_1 的南段活动。可以看出，沂沭断层的活动经历了由西向东，又由北向南的迁移变化过程[26]（图 7）。

图 7　郯庐断层中段（沂沭断层）第四纪断层活动的迁移

在一个较宽的活动断裂带中，断层的滑动往往是沿一个很窄的主破裂面滑动的。随着断裂带的进一步活动，主破裂面的位置可以发生变化和迁移。倾向断层中正断层是在上盘沿倾向主破裂面向前迁移，而逆断层的主破裂面则是在下盘背着倾向向前迁移。在地貌上它们往往都是表现出有由山区向平原迁移的趋向。如天山南北两侧伴随褶皱的逆断层，沿鄂尔多斯周缘一些正断层活动都是有随时间主破裂面的活动有自山麓逐渐向盆地迁移的现象。至于走滑活断层上活动断落的迁移则是与破裂的延展方向有关。

在中国大陆内部有些断层活动的迁移方向似乎存在有一定的方向性。如一些北东向的断层表现出其破裂活动常有自西南向东北发展的趋向，如河北平原断裂带、阿尔金断裂带。北西向的断层有由东南向西北破裂的趋向，如祁连 - 海原断裂带。但也存在活动迁移方向相反或反复迁移的情况[24]。

（八）活断层的增长与发育阶段

活断层的发生发展以至愈合的过程，总的看来是从微小的破裂到直线形的断层，到大型波状延展的断裂带，最后被扭曲，切割、愈合的过程。在不同的发展阶段断层的活动状况、地震活动都表现出很大的不同。例如巨大的阿尔金活断层的形成就是在先存断裂的基础上，由西南向东北依次地向前破裂发展，由小到大，由多个段落逐步连接不断增长而成的。

活断层的发育可概括为几个阶段[27]：在活断层发育的初始期多是以应力集中的隐形破裂带或密集的节理带的形式出现。往往没有十分明显的位移。在生长期的活断层常是多条成系统地存在，具有明显位移，往往伴有中等强度的地震活动。华北及东南沿海的一系列北西向活断层，西部甘肃、青海一带的北北西向活断层（有人称河西系）等可视为此类活断层。成熟期的活断层常以规模巨大的弧形或波状延展的活断层带出现。往往由多条活断层连通而成，活动方式复杂，位移量大。在不同活动段落地震活动性强弱不一。常有强烈的大地震发生。西部的一系列巨型走滑活断层，如鲜水河活断层，库玛活断层等皆属于这一发展阶段的活断层。衰亡期的活断层在形态上多已被扭曲以至被切割支解，沿此类断层地震活动性低，可能有个别调整性强震发生，但复发时间间隔很长。郯庐断裂带可视为一个已处于衰亡期的活断层。需要指出的是，大量的活断层往往是先存断层或愈合断层的复活。并不是所有活断层都会完整地或依次地经历上述各个发展阶段。大量的活断层往往是在经历了一个或二个、三个发展阶段后由于没有适宜的条件便停止了发展[12]。

三、活断层的习性与地震危险性评估

和世界许多地区一样，中国大陆内部的大地震与活断层之间有着很好的相关性。几乎几千年来发生的大地震绝大部分都位于活断层上，表现了这两者之间的密切联系。强烈地震导致的表面断裂（地震断层）很易鉴别，它们犹如大自然在地表面留给我们的强震记录图纸，带给我们大量来自震源和断层活动的信息，反映了区域应力和地壳运动的状况。近年来古地震研究又在更长的时间尺度提供了对了解地震事件与断层活动关系具有重要意义的大量事实。这些都为利用活断层资料进行地震危险性评估给出了重要的科学依据。

地震危险性的评估需要确定发生地震的强度、烈度、频度。这涉及最近一次地震以来已经历的时间及其复发间隔。在地震与断层活动显示了具有明显关系的地区对潜在地震危险性的评估是有可能的，这是由于已有大量资料表明了地震的大小与断层的长度、最大位移以及断层破裂面积之间等方面有着较好的相关性。这种相关性的良好的比例关系是地震在构造上，特别是活断层上的构造效应所决定的。因而近年来在地震危险性分析中运用活断层的有关定量资料已被看作是一个有效的方法而得到了迅速的发展。反过来，随着这一方法的应用，对活断层的研究也日益提出了更高的要求，特别是要求深化对断层活动习性特点的认识[28,29]。

运用地质资料进行地震危险性评估要求地质学家提供有关活断层的滑动速率、大震复发间隔、最近一次大震后已经历的时间、每次事件的位错量、断层的几何特征以及断层的分段情况等。这些方面更好的定量数据提供有赖于对断层活动习性特征的深入研究与认识程度。从前面的论述可以对中国大陆内部活断层习性特征的认识作如下概括：

（1）活断层的活动方式主要是以黏滑为主。一些活断层在大的黏滑事件之前或以后有蠕滑活动，但这种蠕滑在断层活动造成的位移总量中所占的比重还是一个需要具体研究的问题。

（2）中国大陆内部的活断层自上新世－第四纪早期以来的位移总量在西部可达数十公里，而东部一般为数公里。

（3）第四纪，特别是更新世晚期以来，活断层的平均滑动速率在西部为每年几毫米至一二十毫米，华北一般在一至数毫米，华南与东北多为十分之几至一二个毫米。主要活动块体边界上活断层的滑动速率比块体内部的高一至二个数量级。

（4）断层活动具有明显的间歇活动及破裂事件群集发生的习性特征。这构成了在不同时段断层滑动速率的明显差异和变化。

（5）在一些活断层上的一定时段的确存在有特征地震、特征性滑动的段落。但它不是普遍存在的一个现象。

（6）活断层具有明显的分段破裂的习性，不同段落的活动特征各异。一条断层的破裂过程是通过一个或多个独立破裂单元的组合而完成的。

（7）活断层上不同段落的破裂事件复发间隔的长短有很大的不均匀性。据古地震复发间隔的年代资料，一般说来，西部一些断层的破裂段上 $M>7$ 级地震的复发间隔一般平均约在数百年至二三千年或更长一些。而东部则约为三四千年或更长。

(8) 有一些断层在其活动阶段常常表现为分段的破裂在基本贯通了整个断层之后活动即行停止。这种由一系列强震事件构成的破裂带还常常具有大体相仿的长度，多在 1000 km 左右，或是其倍数或半数。

(9) 在有的断层上破裂的延展或活动段落的迁移变化具有一定的方向性，如 NE 向断层的破裂由 SW 向 NE 方向迁移，NW 向断层为由 SE 向 NW 方向迁移。

(10) 断层活动的习性具有一定的区域性特征。

总的看来，中国大陆内部活断层的这些习性特征表现出了极大的复杂性和活动的不均匀性。因之在地震危险性评估中各种有关断层活动性参数的采用是一个十分复杂的向题。对活断层习性特征取得的这些认识涉及了如何正确地确定各种有关参数和减少其不确定性的许多重要原则，具有十分重要的意义和作用。长时间的历史地震记载所反映出的地震活动在时空上明显的变化和断层活动习性的复杂性使得人们认识到只用极为短暂时间的地震记录来评估未来的地震危险性是不可靠的[30]。更好地评估未来地震危险性的一条最重要的途径是利用地质学资料，利用大自然留下的更长时间段断层破裂活动的客观记录。特别是要更深入地研究活断层在晚第四纪以来的活动历史，才可能对一条断层的活动习性有更加深入的了解，从而给出较高符合实际情况的各种重要参数，诸如滑动速率、复发间隔、断层分段等方面的定量数据。依据足够长的断层活动历史的资料对未来一定时间段的地震活动作相应的外推，对于利用统计学方法和确定性构造分析方法研究地震危险性来说是一个最有扎实科学依据的基础。更合理的确定断层活动的各个有关参数也是提高概率分析方法的可信度，从而为地震危险性分析、提高地震预报、抗震防灾中决策能力的可用途径。

深入地研究和揭露断层活动习性的各种特征，提供定性的及定量的有关认识和数据是提高地震危险性评估水平的重要基础。不强调深刻认识活断层的习性特征而简单采用一些定量的数据是十分危险的。可信的断层长度数据的给出要基于对断层破裂分段的深入研究，合理的断层滑动速率的确定要基于对断层活动不均匀过程的深刻分析和当前所处活动阶段的判定，断层活动方式类型的判别，破裂事件复发间隔的不均匀性的分析等都是科学地给出有关参数值的前提。

参 考 文 献

[1] 中国科学院．中国科学院第一次新构造运动座谈会发言记录，科学出版社，1957。
[2] 马宗晋等，1966～1976 中国九大地震，地震出版社，1984。
[3] 丁国瑜，中国活断层研究近况．国际地震动态，1982，No. 10. 1～2。
[4] 汪一鹏，马宗晋，丁国瑜，我国地震地质工作 30 年，地震地质，1979，Vol. 1，No. 4，1～9。
[5] 丁国瑜（主编），中国活动断裂，地震出版社，1982，337。
[6] 丁国瑜，古地震研究近况．史前地震与第四纪地质文集．中国第四纪研究委员会全新世分会、陕西省地震局编，1982，3～7。
[7] 丁国瑜（主编），富蕴地震断裂带，地震出版社，1985，306。
[8] 汪一鹏（主编），鄂尔多斯周缘活动断裂系，地震出版社，1988，335。
[9] 邓天岗（主编），鲜水河活动断裂带，四川科技出版社，1989，130。
[10] 邓起东（主编），海原活动断裂带，地震出版社，1990，286。
[11] 国家地震局地震研究所，中国主要活动断裂带卫星图像集，科学出版社，1989，148。
[12] 丁国瑜（主编），中国活断层图集．地震出版社，1989，No. 1。
[13] 丁国瑜，第四纪断层上断裂活动的群集及迁移现象，第四纪研究，1989，No. 1，36～47。
[14] 林伟凡，高维明，沂沭断裂带大地震复发周期，中国地震，1987. Vol. 3，No. 3，35～40。
[15] 马宗晋，蒋铭，中国的地震期与地震幕，中国地震，1987，Vol. 3，No. 1，47～51。
[16] Schwarry. D. P. K. J. Coppersmith，Faul Behavion and Characteristic earthquakes：Examples from the Wasatch and San -

Andreas Faults, 1984, 3. Geophys. Res. 89. 5681～5698.
[17] 刘百篪，活断层带的特征滑动行为与中强以上地震活动特征，中国地震，1987，Vo1. 3，No. 3，60～67。
[18] 闻学泽等，鲜水河全新世断裂带的分段性、几何特征及其地震构造意义，地震学报，1989，Vol. 11，No. 4。
[19] 丁国瑜，中国的活断层，大陆地震活动和地震预报国际学术讨论会论文集，地震出版社，1984，149～163。
[20] 丁国瑜，卢演俦，对我国现代板内运动状况的初步探讨，科学通报，1986，No. 18，1412～1415。
[21] 唐荣昌，黄祖智等，试论安宁河断裂带新活动的分段性与地震活动，地震研究，1989，Vol. 12，No. 4。
[22] 黄圣睦，青藏高原及其邻区大震形势的初步探讨，高原地震，1990，Vol. 12，No. 4，36～46。
[23] 闻学泽，陈农，四川省地震重点监视防御区未来地震潜势的研究，四川地震，1992，No. 1，1～25。
[24] 丁国瑜,我国强震系列与第四纪活动断裂带，第三届全国第四纪学术会议讨论文集，科学出版社，1982，184～194。
[25] Wallace，R. E.，Grouping and Migration of surface Faulting and variationsin Slip Rates on Faults in the Greaat Basin Province. Hu1l. Seism. Soc. Am，1987，77（3），868～876.
[26] 丁国瑜，全新世断层活动的不均性，中国地震，1990，Vol. 6，No. 1，1～10。
[27] 丁国瑜，中国内陆活动断裂基本特征的探讨，中国活动断裂，地震出版社，1982，1～9。
[28] Slemmons D. B. and Depolo C. M.，Evaluation of Active Faulting and Associated Hazards. Active Tectonics. National Academy Press. Washington D. C.，1986，45～62.
[29] Schwartz D. P. and Coppersmith K. J.，Seismic Hazards：New Trends inAnalysis Using Geologic Data. Active Tectonics. National Academy Press. Washington D. C.，1986，215～230.
[30] Allen C. R.，Geoiogical Criteria for Evaluating seismicity. Geol. Soc.，America Bull. 1975，86，8，1041～1057.

THE CHARACTERISTIC BEHAVIORS OF ACTIVE FAULTS AND EARTHQUAKES IN CHINA MAINLAND*

Abstract The activity of strong earthquakes in the inland areas of China shows a good coincidence with active faults. In order to evaluate the potential seismic risks of active faults, it is necessary to analyse their characteristic behaviors thoroughly. In this paper, six characteristic behaviors of active faults are discussed, namely, (1) the styles of faulting, (2) the intermittence of faulting and the clustering of rupture events along active faults, (3) the segmentation of active faults, (4) the propagation and linking up of rupturing and the growth of active faults, (5) the migration of faulting, and (6) the stages of active fault development. These behaviors of active faults must be understood more profoundly in order that more reasonable parameters for seismic risk analysis can be provided and the reliability of seismic risk evaluation and probabilistic analysis can be raised.

1. Active Faults in the Inland Areas of China

In the 1930s and 1940s, some Chinese geologists began to realize the importance of describing the geologic and geomorphic features of active faults. After the founding of new China in 1949, with the development of large-scale economic constructions, the techniques of seismic zoning and assessment of regional crust stability, which are closely related with active fault studies, were applied in major engineering projects to determine the seismic intensity. In 1956, the First National Symposium on Neotectonics was held by the Bio-geoscience Division, Academia Sinica. At the Symposium, the problems of active faults and their relations with seismicity were discussed. At that time, the term "active fault" was considered as "a Quaternary fault, or a new mobile fault during the stage of neotectonic movement". The minutes of the Symposium were published in 1957. The efforts on active fault studies in this period were focused mainly on macro-qualitative studies such as the large scale geomorphology, deformation of alluvial and proluvial fans, displacements of Cenozoic strata and distribution of earthquake epicenters.

Since 1966, earthquakes of *M*7 have successively occurred in North China and Southwest China. Therefore, the study of active faults, which is closely related with earthquake activities, has been given more priority. During the past 20 years, both the scope and methods of active fault studies were obviously developed. On some of the active faults in China, in addition to the comprehensive field investigations of geomorphology and geology (including the application of data by remote sensing), monographic studies have also been carried out. This includes not only the trenching study and geological mapping in some key segments, but also the studies of their chronology and stress states. Meanwhile, instrumental observations, such as repetitive geodetic levellings, repetitive short base line levellings and triangulation across faults, fault strain measurement, in-situ stress measurement and micro-earthquake observations, as well as geothermal, geochemical and other geophysical measurements have been

* 本文原载于《Journal of Earthquake Prediction》, Vol. 1 No. 1, 5～19, 1992. 作者:Ding Guoyu.

intensified. Large amounts of data, which can be used to study the kinematics and dynamics of active faults from shallow to deep in an approach of qualitative to quantitative analysis, have been accumulated from these observations. The book "Active Faults in China" published in 1982 by the Seismogeological Commission, Seismological Association of China, represents the 1970s' research status in this field in China. In the 1980s, both the contents and methods of active fault studies were greatly advanced. Efforts have been made to investigate the geometry, structure and geomorphology of active faults, the mode and rate of fault movements and their relation with earthquakes, paleoearthquakes and recurrence intervals between large earthquakes, behaviors of faulting, fault dynamics, etc. Techniques for the age dating of active faults have been widely used, especially ^{14}C dating, thermoluminescence, measurement of fault scarp obliquity, and trenching study on geological evidence of paleoearthquakes on active faults, etc. Through these efforts and the compilation of the Chinese Seismotectonic Map, Intensity Zoning Map and other kinds of mapping, data of active faults over the country, both exposed and covered, have been examined and classified. Many of the results have been included in the small-scale (1 : 6000000 ~ 1 : 3000000) Seismotectonic Map and the Map of Lithospheric Dynamics. During this period, systematic field investigations and studies of definite topics have been conducted on some active faults, such as the Tanlu, Xianshuihe, Honghe, Changma and Ertai faults and the fault system around the Ordos[1-6].

It has been found that the main active faults generally exhibit a good inheritance from pre-existing fault structures, especially those formed since the Mesozoic and Cenozoic[7]. These main active faults may be divided into two parts, the eastern and western parts, with 105° east longitude as the demarcation line. The eastern part is dominated by the NE and NNE normal and tensional strike-slip faults, while the western part by NW and WNW strike-slip, thrust strike-slip and thrust faults. Within the Qinghai-Tibet Plateau in the western part, a series of large NW and nearly EW strike-slip faults are developing, which have resulted from the uneven lateral slipping of blocks in the plateau due to collision in the Himalayan region. However, a series of active thrust faults are developing in the Qilianshan and Longmenshan mountain ranges surrounding the Qinghai-Tibet Plateau, in the Pamirs, along the southern margin of the Tarim Basin, the southern and northern piedmonts belt of the Tianshan Mountain, and the northern margin of the Junggar Basin. In the eastern part of China, three sub-divisions of fault distribution may be divided from north to south, namely, the Northeast China, North China and South China subdivision, each with its own distinctive characteristics of active faults. Within the Northeast China sub-divisions, there are a series of NE- and NNE-striking active faults with lower seismicity. In the North China sub-division, both the fault activity and the seismicity are the highest. It is characterized by a series of NE and NNE tensional strike-slip faults with right lateral displacements and associated with Cenozoic sedimentary basins, of which the active fault system around the Ordos is the most prominent. In the South China sub-division, most active faults extend along the southeastern coast, only a few in Hubei Province and Guangxi Zhuang Autonomous Region. Their activities are relatively weaker as compared with those in the North China sub-division. In addition, in the East China Sea area, most active faults are distributed around some Cenozoic basins, they are mainly NE and NNE normal faults and tensional strike-slip faults (Fig. 1).

Active faults are the main moving boundaries of intra-continental blocks. They lie in different tectonic units and differ largely in their histories of formation and evolution as well as geophysical fields such as those of gravity and geomagnetism, but they have many similarities in spatial patterns, geometry, styles and slip rates of faulting, geomorphic features, seismicity, etc. All these similarities are closely related to the nature of active faults.

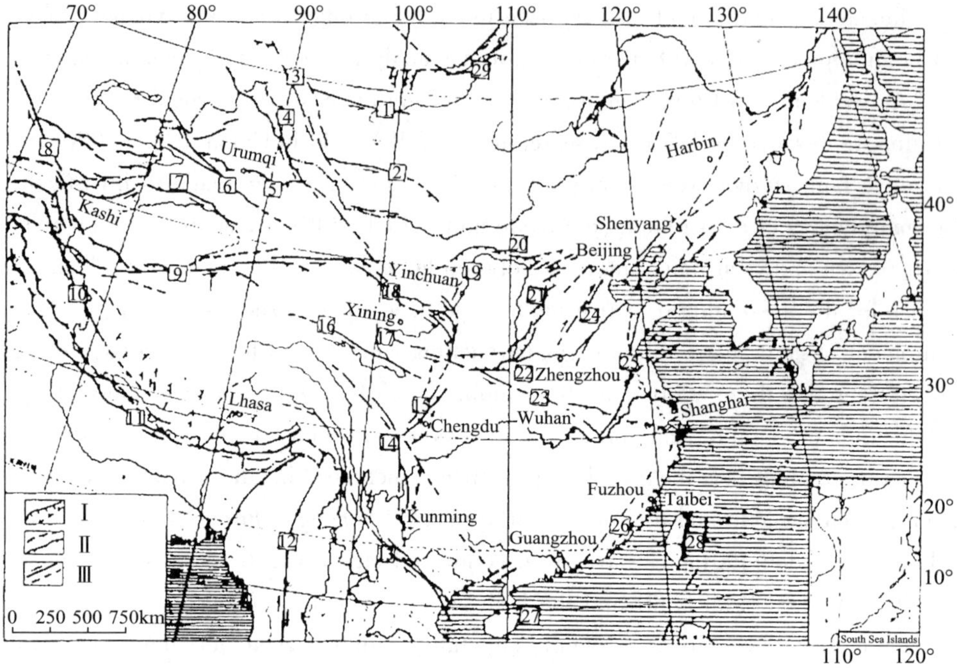

Fig. 1 Active faults in China mainland and adjacent areas

I normal fault, II reverse and thrust fault, III strike-slip fault. 1. Khangai fault, 2. Gobi-Artai fault, 3. Kobda fault, 4. Ertai (Fuyun) fault, 5. Tianshan north-piedmont fault, 6. Borohoro fault, 7. Tianshan south-piedmont fault, 8. Talasso-Fergana fault, 9. Altun fault, 10. Karakorum fault, 11. Himalaya fault zone, 12. Sagaing fault, 13. Honghe (Red River) fault, 14. Xianshuihe-Xiaojiang fault, 15. Longmenshan fault, 16. Kunlunshan fault, 17. Western Qinling fault, 18. Qilian-Haiyuan fault, 19. Helanshan piedmont fault, 20. Hetao fault zone, 21. Fenwei fault zone, 22. Huashan piedmont fault, 23. Danfeng fault, 24. Hebei plain fault, 25. Tanlu fault, 26. Southeast coast fault zone, 27. Northern Hainan fault, 28. Longitudinal valley fault of Taiwan, 29. Baykal fault zone, 30. Stanov fault zone.

2. The Behaviors of Active Faults in China

In order to assess the potential seismic risk of faults, people are most concerned with fault slip and paleoseismic events since the Holocene in active fault studies. In recent years, Chinese researchers have obtained a large quantity of data in this aspect through trenching study, dating and profound analyses of paleoseismic remains and faulting on many active faults in China (Fig. 2).

Some main fundamental behaviors of faulting are discussed below.

2.1 Styles of Faulting

There are 3 types of fault movement: creep, stick-slip and in-frame slip. Data on the activities of active faults in China show that most of the faults are predominated by stick-slip, except some ground fissures which suggest the existence of creep of faults in depth in some areas. But up to now, examples of fault creep like those in some segments of the San Andreas faults, USA, have not yet been found in China mainland. Although some people believe that there is creep motion on the Xianshuihe fault, it is probably a kind of post seismic creep. The creep displacement recorded in the period from 1976 to 1986 showed an attenuation with time, which may be caused by the weakening of the crushed zone due to repetitive rupturing associated with many earthquakes. Though someones have conjectured that the active fault system around the Ordos has undergone aseismic creep and seismic slip alternately, direct and conclusive evidences are still lacking. Detailed explorations and

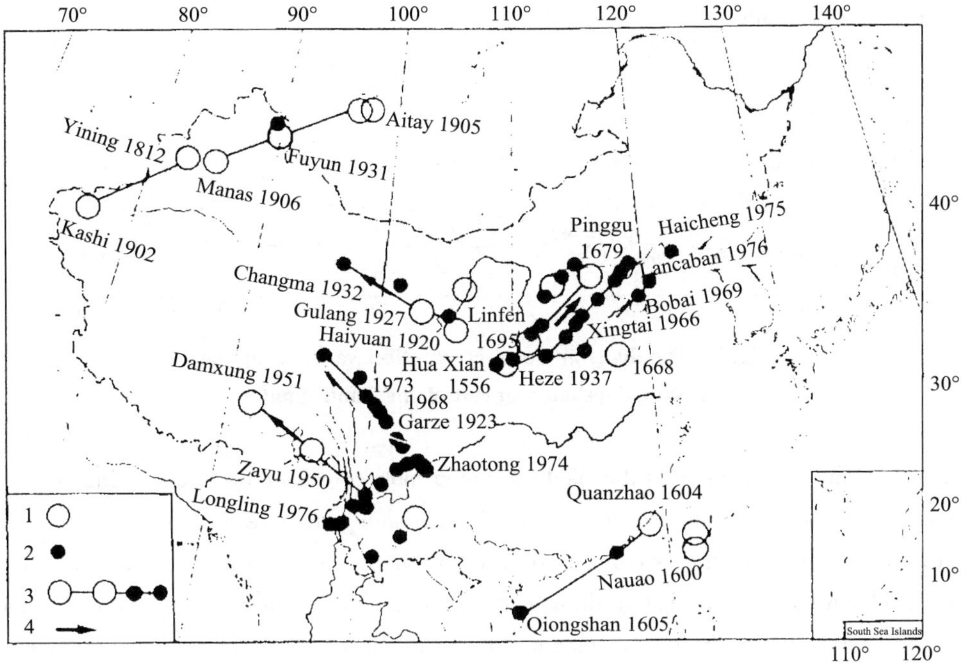

Fig. 2 Paleoearthquake sites discovered in China

studies of the active Tanlu, Honghe and Ertai faults have not provided any traces of creep. The in-frame slip is a mode of fault motion in which the two walls of an unhealed fault move back and forth repeatedly without producing any obvious displacement eventually. Data from repetitive baseline surveys and short-range levellings across faults and from other strain measurements show that such kind of fault movement does exist. Repetitive displacement measurements of many faults indicate that the two walls of a fault, if unhealed, indeed do to-and-fro relative motions continually but no any marked displacement is produced in the end.

2.2 Intermittence of Faulting and Clustering of Rupture Events

The dislocation process of a fault is non-uniform, but shows an alternation of seismic slip and seismic quiescence. The geological and geomorphological remains of multiple dislocation events found in many trenching profiles across active faults have shown that fault displacements are accumulated by multiple sudden seismic events, instead of continuous or homogeneous creep-slip.

Analysis of data on displacement of active faults in China shows that the magnitudes of displacements changed in different time intervals. Usually the displacements revealed by offset geomorphic features with different ages were intermittently accumulated and can be divided into different groups based on their values which are commensurable. For instance, statistics show that the displacements of 45 gullies since the Holocene along the Ertai fault can be put into 5 groups, 33 ± 3, 65 ± 2, 95 ± 4, 166 ± 3 and 205 ± 4 m, with about 30 m as a common divisor. Also, along the Tanlu fault, the displacements of the gullies near Zuoshan, Juxian County of Shandong Province, are mainly concentrated in 3 intervals within the range of 4 to 34 m, viz., 4 to 9 m; 14 to 20 m and 28 to 34 m, which are generally in multiple (Fig. 3). This shows that the fault has undergone 3 periods of active-quiet alternation of faulting or many sudden faulting events. Such an inference has already been proved by the-paleoseismic traces in trench profiles and chronological data of the fault[8]. This kind of phenomena can also be found on many active faults in China mainland. From the fact that faulting events found on a fault are always concentrated in a certain time interval and a certain strata position, the following inferences can be made.

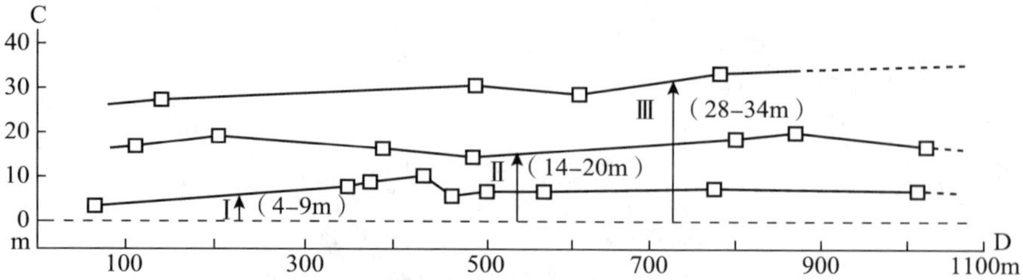

Fig. 3 The distribution of creek offset values near the Juxian-Zuoshan segment of the Tanlu fault

(1) Most active faults do not possess the mode of creep motion or uniform and continuous slip the motion, and the accumulation of displacements on active faults comes mainly from earthquakes.

(2) The process of fault activation is comprised of an alternation of active and quiet periods of one faulting.

The clustering of faulting means that faulting events occur concentratedly at a certain segment of a fault within a certain time period, while the rest segments of the fault remain quiet and then take place concentratedly at another segment of the fault within another time period, while the former active segment becomes quiet[9].

Such a phenomenon seems to be consistent with the clustering of recent seismicity. The clustering has been ascertained by some detailed studies in many areas. The abundant records of historical earthquakes in China have rendered better supports to this point. The periodicity and episodes of seismicity expressed in the time-magnitude distribution of seismicities in some seismic regions have actually provided the most direct evidences for the clustering of rupture events on some active faults (Fig. 4). The periodic and episodic features of seismicity elaborated by the earthquake records of several thousand years reflect actually the periodicity and episodic features faulting[10,11].

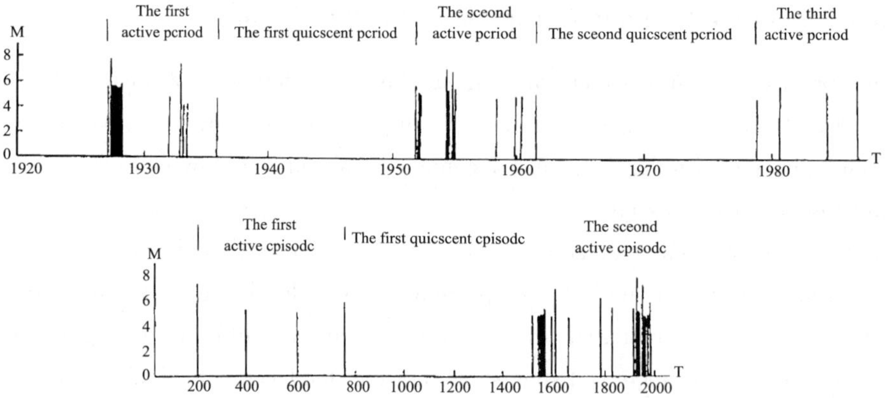

Fig. 4 MT diagram in the Qilian piedmont fault zone and the intermittent activity of earthquakes

When a larger time-scale is involved the periods of intermittent faulting activities would also be longer. For example, at the west segment of the Haiyuan fault (the south piedmont of Hasishan and north piedmont of Machangshan), the paleoseismic events were mainly concentrated in the middle and early Holocene (about 5000 ~9000a B. P.), while seismicity has been fairly quiet in the Late Holocene. However, at the east segment of the fault (the north piedmont of West Huashan), paleoseismic events were mainly clustered in the middle to late Holocene (from 4000 a B. P. up until now), featuring an intermittent faulting activity (Fig. 5). The seismicity was very high at the west end of the Xiangshan-Tianjingshan fault north of the Haiyuan fault zone during the late period of the Late Pleistocene, with shorter intervals between paleoseismic events, and the seismic events became weaker in the Holocene and were of longer intervals in between. This also indicates the intermittent and clustering features of faulting.

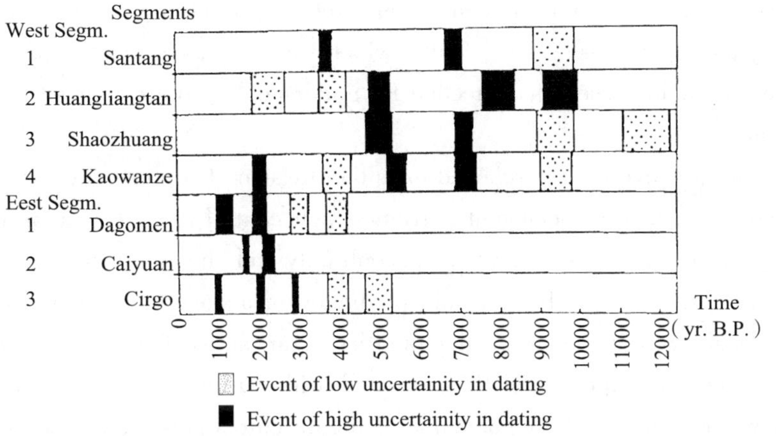

Fig. 5 The time-space distribution of rupturing events in the Holocene along the active Haiyuan fault (modified from Song Fangmin, 1990)

Therefore, it can be concluded that the episodic faulting activities, which take place nonuniformly with a regular intermittence, are the principal style of fault activities in China mainland. However, it should be noted that the quiet intervals do not recur with a simple periodicity, because the alternation of active intervals associated with concentrated displacements and paleoearthquake events and quiet intervals exhibits a fluctuation in period. Such a fluctuation may be caused by the overlapping of multiple active-quiet alternations with different amplitudes and periods. Furthermore, the actual situation is much more complicate. So the recurrence of major earthquakes should not be regarded as a simple periodic one.

Since the end of the Pliocene, the tectonic movement in China mainland have entered a new active period, the so-called neotectonic period, during which there have been many sub-periods with intensified tectonic movements. The more obvious ones are between the Early, Middle and Late Pleistocene. This has been affirmed by lots of practical data. However, because of the difference in the surrounding tectonic stress fields, the time of appearance of active or quiet periods in different areas may sometimes differ more or less.

2.3 Segmentation of Active Faults

As mentioned before, the intermittent feature of faulting is also characterized by its spatial nonuniformity and complex changes owing to the variations in geological structures and regional stress fields, etc. Usually an active fault is not simply a single fault, but is composed of many secondary faults which extend discontinuously and sometimes in an en echelon pattern consisting of a series of pull-apart and push-crushing structures. Some active faults have a strong tendency of segmentation and their features of activation vary from segment to segment. For instance, on the Xiangshan-Tianjingshan fault located north of the Haiyuan fault, the geological and geomorphological data indicate that this fault can be clearly divided into the eastern segment with strong activity and the western segment with weak activity since the late Quaternary. This has been verified not only by the data of displacements and recent seismicity, but also by paleoseismic data. The data on the intensity of many paleoseismic events also indicate a high intensity at the eastern segment and a low intensity at the western segment[6].

Again take the Honghe fault zone as an example, its southeastern and northwestern segments are quite different in seismic magnitude and intervals. Similar phenomena can also be found on the Tanlu fault zone; at its northeastern, middle (Yishu) and southern segments, the intensity of faulting has been obviously different long ago. Besides, paleoseismic events and historical earthquakes often have their own magnitudes and recurrence intervals at some segments of a number of active faults, such as the Yishu fault, the eastern segment of the Qilianshan fault and the Xianshuihe fault; seismic events of this kind are called the characteristic earthquake[12,13]. However, there are also some faults which do not have such characteristic paleoseismic activity. Therefore, more profound research is needed for understanding the complexity and multiplicity of segmented faulting activities.

The segmentation of an active fault is referred to as the division of rupture units on it. The segmentation of an active fault is based on an idea of persistent barriers which control the propagation of rupture[14]. To segment an active fault means to identify the orientations, continuity and characteristics of activation of the individual segments, which forms the physical basis of the prediction of a potential rupture area. It is necessary for fault segmentation to consider both the physical properties of an active fault (its geometry, strike and fault plane structures, etc.) and the rupture length associated with earthquakes (including that of paleoearthquakes). That is to say, for a reasonable segmentation, fault structures must be considered in combination with fault behaviors.

By comprehensive analyses of the segmentations of some main active faults in China, the main factors resulting in segmentation and the tectonic criteria for segment discrimination may be found as follows.

(1) Transection of a fault with other structures. This is usually an important factor in consideration of segmentation.

(2) Lithologic characters of the two flanks of a fault plane, and variations of the width and structure of a fault plane. For instance, the middle segment of the active Tanlu fault is the part which has traversed the North China Craton, therefore, it has quite different characteristics of fault activity and seismic rupturing from the northern and southern segments of the fault.

(3) Complexity of fault traces. At the segment where fault traces are complexly ramified, stress is scattered among the branched faults and thus high stress is not easy to accumulate; whereas at the segment where fault traces are simple and curved, stress is easy to accumulate, and major earthquakes are apt to occur. That is the case at the northern and southeastern segments of the active Honghe fault.

(4) Composition pattern of fault steps. The transition parts of fault steps play a major role in the extension or halt of rupturing and give a direct effect on segmentation. For example, the two transition structures (the Garze pull-apart basin and the Zheduo Mountain compressive region) at the terminals of the active Xianshuihe fault, of which one related with the Yushu fault in the vicinity of Garze County, and another with the Kangding fault southeast of Qianning County, have confined the growth of ruptures from those two terminals and thereby made the Xianshuihe fault a segment with a distinctive style of faulting[15,16].

(5) Strike changes of active faults. When the strike of an active fault is oblique to the vector of regional slip, the existence of a high effective normal pressure on the fault plane and a high frictional resistance accompanying it will benefit the occurrence of strong earthquakes and large displacements. Conversely, when the strike of an active fault parallels or approximates the regional slip vector, the normal pressure on the fault plane is low and thus major earthquakes are unlikely to occur. Therefore, in many cases, change in the attitude of fault plane is a factor which should be considered in segmentation and many fault segmentations are related with their strikes.

(6) New activity of volcanoes on a fault may weld the two opposite fault surfaces together and hence is also

a factor influential to segmentation. Such a phenomenon can be found on the active Tanlu fault.

2.4 Extension and Coalescence of Ruptures and Growth of Active Faults

On some active faults the earthquake rupture could run through the whole fault. For example, when the 1931 Fuyun earthquake of *M*8 took place on the Ertai fault, the rupture ran through the whole fault with an extent of about 180 km. However, for many huge active faults, the rupture of the whole fault zone is generally linked up by multiple seismic events which cause segmented breakage. The most persuasive instance is the Changma-Qilian fault zone which has been almost entirely linked up by multiple ruptures caused by multiple earthquakes like the 1888 earthquake of *M*7, the 1920 earthquake of *M*8.5, the 1927 earthquake of *M*8, the 1932 earthquake of *M*7.5 and the 1986 earthquake of *M*6, with its northwestern segment as an exception (Fig. 6). This is also the case for the Fenwei fault, the Hebei plain fault and the Xianshuihe fault zone.

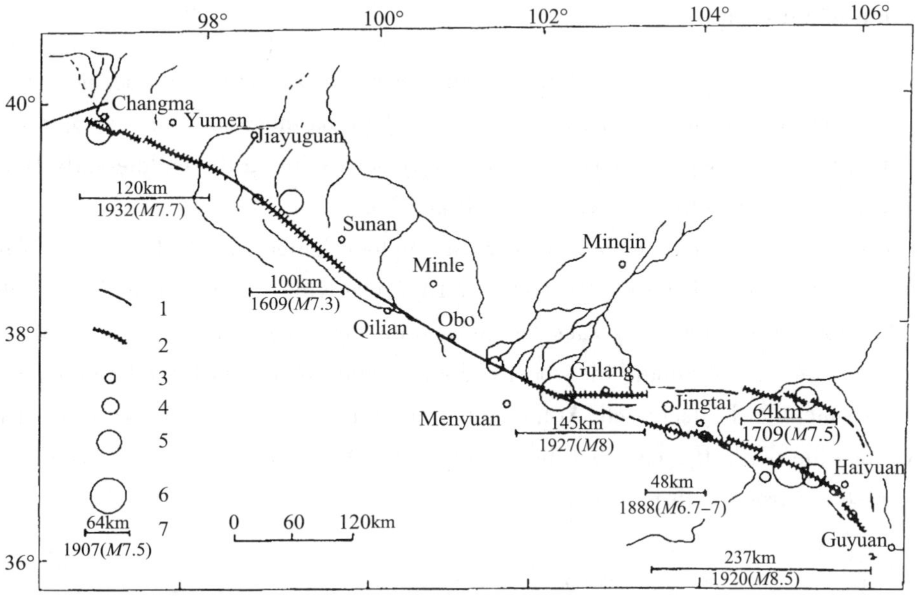

Fig. 6 Rupturing events on the active Changma-Qilian-Haiyuan fault zone

Another situation is that rupture events always take place at one or several segments of an active fault, and the rupture would not link up the whole fault. At the rest segment of the fault segments, no major stick-slip faulting occurs, instead, creep or faulting in other forms may take place for stress readjustment.

The huge Altun fault zone is an active strike-slip one with its most recent strike-slip faulting started in the Middle Pleistocene. This active fault is composed of four major segments. The fault has been linked up by repeated ruptures along existing left-lateral faults or block boundary lines. It is seen from a large number of field observations that the fault experienced a complicated multistage process of linking up and multiple migration of rupturing among different segments since the Pleistocene. The shear faulting showed a general trend of breakage of one segment after another from southwest to northeast, that is, the migration of faulting from southwest to northeast. The time of activation of each segment was early at the west and late at the east, and finally the transitional section was ruptured to link up the whole segment. Therefore, the fault has lengthened gradually and reached about 1600 km so far (Fig. 7). The evolution of the Altun fault is closely related to the constant compression and northeastward and southeastward expansive sliding of the Tibet Plateau[8].

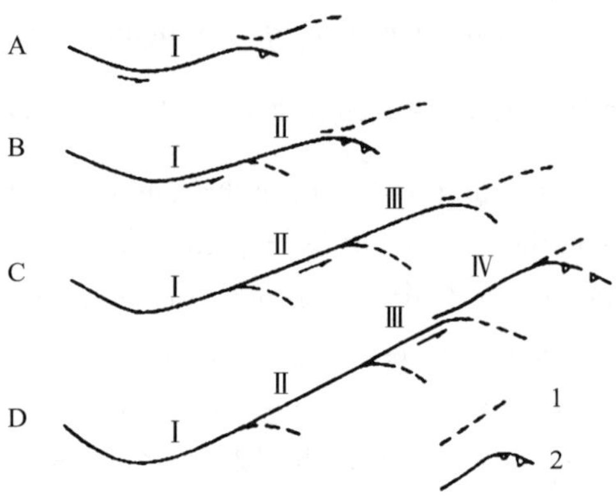

Fig. 7　A model of development stages of the Altun fault

2. 5. Migration of Faulting

After the occurrence of a number of clustering rupture events at an active fault segment, faulting activity usually moves to other segments or areas. This is the so-called faulting migration. One example is the above-mentioned Haiyuan fault; its western segment was seismically very active during the middle-early Holocene, and later on, the eastern segment became active during the late Holocene.

The Yishu segment of the Tanlu fault zone consists of four faults, F_1, F_2, F_3, and F_4 from west to east (Fig. 8). The data of age dating of the faulted strata and the overlying strata indicated that only F_2 was active during the early Pleistocene and the early stage of the middle Pleistocene, while F_1 was only a potential fault trace in that period. At the end of middle Pleistocene, the activation moved to F_1 and continued till late Pleistocene, whereas the seismicity of F_2 decreased. At the end of late Pleistocene, the south segment of F_1 obviously became more active than the north. It seems that the activity of the Yishu fault has experienced a process of migration from west to east and from north to south.

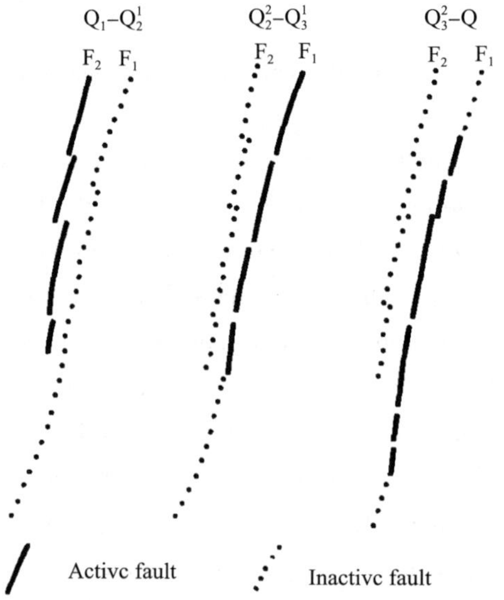

Fig. 8　The migration of Quaternary faulting on the middle segment of the Tanlu fault (the Yishu fault)

For some active faults in China mainland, there seems to be a certain direction of faulting migration[17,18]. For example, some NE-striking faults have exhibited the trend of faulting migration from southwest to northeast, such as the Hebei plain fault and the Altun fault. Some NW-striking faults such as the Qilianshan and other faults have presented the trend of faulting migration from southeast to northwest (Fig. 9). However, there are also some phenomena of direction reversal or repetition of faulting migration, such as the Fenwei fault and the Xianshuihe fault system. Additionally, migrations of active segments and regions in the Great Basin, Nevada, U. S. A., and the Pamirs as well as the Tianshan Mountain in the Middle Asia have also been reported. It seems that migrations and changes of active areas are a common feature of faulting activities. The time scales and laws of faulting migration need to be studied further because knowledge of this aspect is essential for seismic hazard assessment.

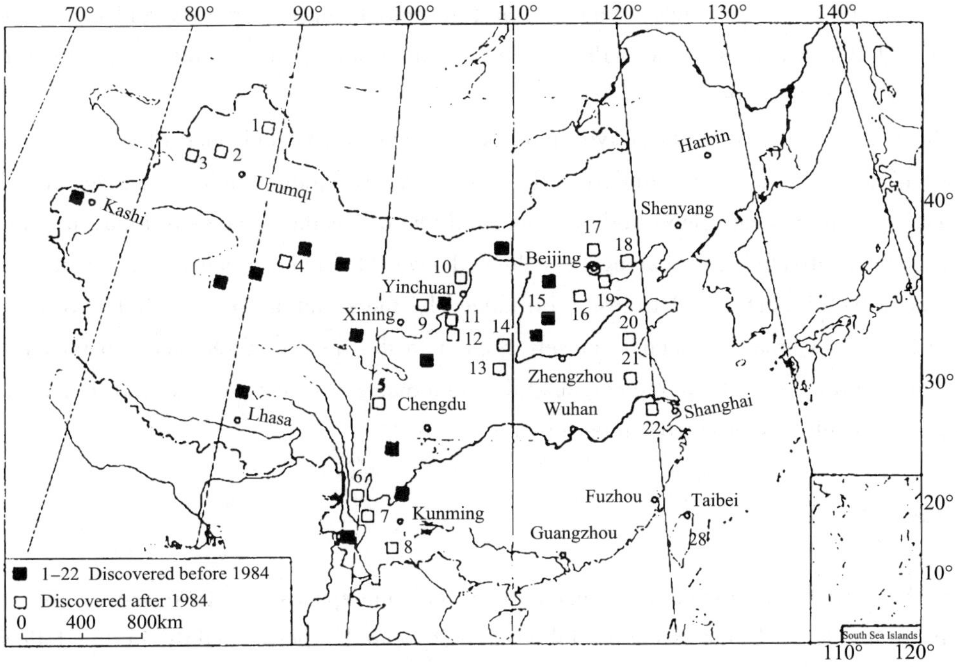

Fig. 9 Strong earthquake series in China

2.6 Evolution Stages of Active Faults

The evolution of a fault, including its initiation, growth and healing up, is generally a process of development from a small fracture zone to a linear fault, then to a large fluctuant fault zone, getting warped and bent, cut and transected and ultimately healed over. At different stages of its evolution, fault activities and seismicities differ markedly. Therefore, to know the stage of evolution and/or the extent of development of a fault is also an important aspect for further understanding the characteristic behaviors of fault activities which are of great importance for seismic risk assessment.

In the initial stage, a fault is simply a potential fracture zone where stress is concentrated without any evident displacements. It may be called incipient ruptures or an embryonic fault. Its existence is usually manifested by belts of small earthquake activities.

A fault in its growing or young episode is of abundant activities with obvious and systematic displacements. The NW – striking faults in North China and in the southeast coastal areas of China are regarded as this kind of faults, and so are the NNW – striking faults in Xinjiang, Gansu and Qinghai (some authors call them the Hexi Fault System). On these faults or at their intersections with other structures, moderate-strong earthquakes often occur.

A fault in its active or mature period may be called a mature fault. Fault of this kind often appear as large-scale arcuate or fluctuant active fault zones and usually consist of many active faults which merge with each other and show complex active patterns and large displacements. The intensities of seismicity on different segments of a mature fault are not the same. Moreover, migrations and inversions of active segments may also exist. A number of huge strike-slip faults in the West of China are in this stage of evolution, such as the active Xianshuihe fault.

The last or old stage of fault evolution is the decaying stage. Most of faults in this stage have been distorted, or even transected and dismembered. The seismicity on such faults is usually low, one or two major earthquakes may occur due to stress adjustment but the recurrence interval is very long. The active Tanlu fault may be considered as a fault in the decaying stage. When the faulting activity has completely ended and the fault planes have been cemented and healed over, the fault is called a healed fault or dead fault. At this time, there would be no earthquake activity on the fault.

It should be pointed out that many active faults are pre-existing healed ones which are reactivated subsequently, and not all active faults have to undergo all the stages of evolution mentioned above. After having experienced one or more evolution stages, most active faults would stop growing because of unfavourable conditions. Of course, some may be reactivated after having been healed over. Moreover, various active faults may have quite different intervals of evolution stages. All these are induced by the variation in stress fields. In fact, the evolution history of active faults in China mainland is closely related to the history of regional crustal movements, sometimes large amounts of active faults may emerge, while numerous ones may get decayed and become dead, and sometimes they may develop stably or become dormant.

3. Discussions

In general, there has been obvious inhomogeneity in the time-space-magnitude distributions of activities of some inland active faults in China. Such an inhomogeneity can be noted mainly in the following three aspects[19,20].

(1) The nonuniform spatial distribution of faulting events suggests the segmentation of activities, involving the differences and variations in intensity, rates and manners of activities on different fault segments.

(2) The inhomogeneous temporal distribution of faulting events comes from the intermittence of faulting and the clustering of rupture events, including the regular or irregular periodicities of faulting intermittence, and the variations in rupture events clustering and recurrence intervals.

(3) The inhomogeneous time-space distribution of faulting events mainly indicates the segmented (or regional) migration and variation of faulting activities. The determination of the orientation, rate and mechanism of faulting migrations still remains unsolved.

Fig. 10 shows the temporal distribution of Holocene paleoseismic events on different active faults. The ages of these paleoseismic events is mainly determined by the ^{14}C technique, together with the methods of thermoluminescence and archaeology. The figure also shows the possible error range of paleoseismic events dating. Due to the limitation of actual data, the magnitude of paleoseismic events is expressed as $M6 \sim 7$ and $M7 \sim 8$. The age of these faulting and paleoseismic events given in Fig. 10 is mainly within the recent 12 thousand years. Owing to the poorly preserved remains, or the unavailability of specimens for age dating, and the insufficiency of the study area and trenching work, some paleoseismic events might have been missed, and the careful reconstruction of detailed development process of various active faults is evidently too early because of the incomplete data. However, studies of some major active faults indicate that the survey and research work on them have been so careful that the research results may reflect, to a certain extent, some fundamental characteristics of Holocene activation processes of some inland active faults as stated below.

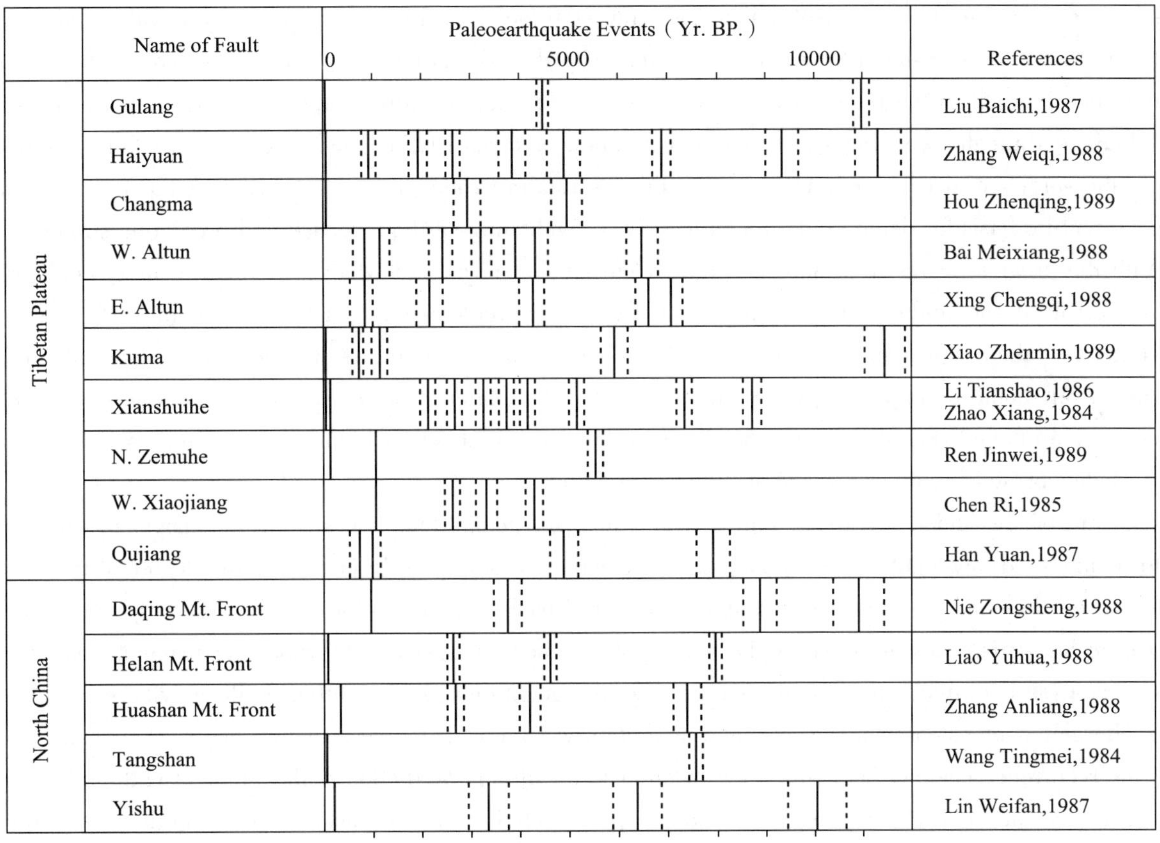

Fig. 10 Temporal distribution of Holocene paleoearthquake events on active faults of China

(1) The recurrence intervals of rupturing events on these faults are different in different tectonic provinces. Up to now, 54 rupturing events since 12000 a B. P. have been discovered on 10 faults in the Tibet-Qinghai plateau (Fig. 10). The average recurrence interval on each fault is about 2100 years. It is also found that the area underwent a period of rupture events clustering in the past 7000 years, and, before this up to 12000 a B. P., the area witnessed a period of quiescence. In North China (Fig. 10), 18 rupture events were discovered on 5 faults. The average interval is 3300 a.

(2) The temporal distribution, configuration and pattern of rupture events vary on different faults and are mainly of three types: single rupturing (e. g., on the Yishu fault), clustered rupturing (e. g., on the Xianshuihe fault and the Altun fault), and the mixed type. According to the regularity of the recurrence intervals, every type can be further divided into regular and irregular sub-types. Events of the irregular sub-type can hardly be predicted.

This difference in time distribution of rupturing events indicates the complexity of variation in slip rates of faults.

The above-mentioned features of faulting events are of extreme importance in the identification of the extent of faulting, the recurrence interval of large earthquakes and the assessment of seismic risk, and also in the improvement of the probabilistic evaluation of seismic hazards[21]. Nevertheless, the present knowledge of the characteristics of faulting activities is still limited and hence it is very necessary to deepen the qualitative and quantitative studies of these problems and to accumulate more data on more faults in regions of larger scale. Comparative research seems to be a significant approach for this purpose.

In order to evaluate the potential earthquake risk along active faults, extra attention in the study of active faults has been paid to the fault displacement, slip rate, the location, size and recurrence interval of paleoseismic events, and the time from the last event till now, etc. , with the age dating of rupture events and the determination of recurrence interval as the point. In recent years, plenty of data concerning the above mentioned aspects have been obtained through trenching study, detailed mapping and age dating along many active faults as well as through the studies of paleoseismic relics and faulting status in various areas in China. This has provided an important scientific basis for determining the fault activity, evaluating earthquake risk and predicting strong events, etc. With the progress of research and the gradual enrichment of our knowledge, a series of new problems that need to be solved and studied further have arisen. Two major problems now existing in the study of paleoseismic events can be taken as examples: one is that the reliability of age dating techniques should be evaluated and their precision should be improved, while the other is that the tendency of improper simplification in determining the recurrence interval should be overcome. To solve the latter problem, it is important to understand further the faulting behavior and the temporal-spatial inhomogeneity of slip.

In view of the inhomogeneous faulting character, the actual temporal-spatial inhomogeneity of faulting should be analyzed thoroughly when evaluating the seismic risk of a fault. In order that the degree of fault activity in the present time and in the near future and a number of basic parameters for seismic risk analysis can possibly be given at last, it is necessary to study the reasonable segmentation, especially rupturing segmentation, of active faults, to analyse both qualitatively and quantitatively the actualities of intermittent fault activity, clustering-quiescent alternation of paleoseismic events and migration-variation of active segments on the fault, and then to judge the recurrence mode of fault rupturing. In order to enable the prediction of the status of fault activity in the near future, the faulting behavior in a much longer period of time in the past should be understood thoroughly. Detailed excavation and study of the relics of paleoseismic rupture events since the Holocene or late Pleistocene on faults, systematic reestablishment of the temporal sequence of paleoseismic eventson major active fault zones and estimation of the present earthquake potential are a hopeful approach. Through such an approach, it would be possible to retrace the faulting history of those faults, to exactly expound their inhomogeneous activity and characteristic behavior, to identify the segment of forthcoming rupture, to evaluate the maximum magnitude and rupture recurrence interval and thus to raise the efficiency of the probabilistic prediction method, so as to predict earthquake hazards better.

References

[1] Allen C. R. and Han Yuan, Red River and associated faults, Yunnan Province, China: Quaternary geology, slip rates, and seismic hazard, Bull. Geol. Am. , 1984, 95, pp. 686 ～700.

[2] Deng Qidong, et al. , The Haiyuan Active Fault Zone, Seismological Press, Beijing, 1990, pp. 286 (in Chinese).

[3] Deng Tianguang (ed.), The Xianshuihe Active Fault Zone, Scientific and Technological Press of Sichuan, Chengdu, 1989, pp. 130 (in Chinese).

[4] Gao weiming, et al. , Earthquake-generating structures of the 1668 Tancheng earthquake with magnitude 8. 5, Earthquake Research in China, 1988, Vol. 4, No. 3, pp. 9 ～15 (in Chinese).

[5] Qian Hong, C. R. Allen, et al. , The active characteristics of Xingshuihe fault in Holocene, Earthquake Research in China, 1983, Vol. 4, No. 2, pp. 9 ～18.

[6] Wang Yipeng, et al. , Active Fault System around the Ordos Massif. 335, Seismological Press, Beijing, China, 1988 (in Chinese).

[7] Ding Guoyu, Active Faults in China, in: A Collection of Papers of International Symposium on Continental Seismicity and Earthquake Prediction, Seismological Press, Beijing, China, 1984, pp. 225 ~242.

[8] Lin Weifan and Gao Weiming, The recurrence intervals of large earthquake in the Yishu fault zone, Earthquake Research in China, 1987, Vol. 3, No. 3, pp. 35 ~40 (in Chinese).

[9] Wallace R. E. , Grouping and migration of surface faulting and variations in slip rates on faults in the Great basin province, Bull. Seism. Soc. Am. , 1987, 77(3), pp. 868 ~876.

[10] Ma Zongjin and Jiang Ming, Strong earthquake periods and episodes in China, Earthquake Research in China, 1987, Vol. 3, No. 1, pp. 47 ~51 (in Chinese).

[11] Ma Xingyuan, Explanatory Notes for the Lithospheric Dynamics Map of China and Adjacent Seas (scale 1 : 4000000), Geological Publishing House, Beijing, China, 1987.

[12] Liu Baichi, The characteristic slip behavior and the sequence of moderate and strong earthquakes in the active fault zone, Earthquake Research in China, 1987, Vol. 3, No. 3, pp. 60 ~67 (in Chinese).

[13] Schwartz D. E. and K. J. Coppersmith, Fault behavior and characteristic earthquakes: examples from the Wasatch and San Andreas faults, J. Geophys. Res, 1984, 89, pp. 5681 ~5698.

[14] Aki K. , Asperities, barriers on an earthquake fault, J. Geophys. Res. 1984, 89, pp. 5867 ~5872.

[15] Wen Xueze, et al. , Recent slip rates, earthquake recurrence intervals and strong seismic hazards on the northwestern segment of the Xianshuihe fault zone, Earthquake Reasearch in China, 1988, Vol. 2, No. 4, pp. 431 ~451.

[16] Wen Xueze and C. R. Allen, et al. , Segmentation, geometric features, and seismotectonic implication for the Holocene Xianshuihe fault zone, Acta Seismologica Sinica, 1989, Vol. 11, No. 4, pp. 362 ~372.

[17] Ding Guoyu, The strong earthquake sequences and active Quaternary fault zones in China, Proceedings of the 3rd National Conference of China by National Quaternary Research Committee, Science Press, Beijing, 1982, pp. 184 ~194 (in Chinese).

[18] Ding Guoyu, Disintegration, faulting and seismogenesis of the North China craton, Seismological Research Letters, 1988, Vol. 59, No. 4, pp. 247 ~250.

[19] Ding Guoyu, Grouping and migration of faulting on quaternary faults (in Chinese), Quaternary Sciences, 1989, No. 1, pp. 36 ~47.

[20] Ding Guoyu, The inhomogeneity of faulting in Holocene. Earthquake Research in China, 1990, Vo1. 6, No. 1, pp. 1 ~9.

[21] Zhang Yuming and Wu Xuman, The role of data on active fault in determining potential earthquake source area, Journal of Seismological Research, 1988, Vol. 11, No. 3, pp. 325 ~335.

活断层分段——原则、方法及应用*

前　言

对活断层分段的研究是随着对断层活动习性、古地震研究和地震危险性预测、灾害评估方面的需要而开展起来的。20 世纪 80 年代以来，在一系列有关国际会议上都表现出人们对这一问题日益增长的兴趣和重视。对断层分段的认识与研究也进入了一个新阶段。

在把活断层的研究成果用于地震危险性预测和评价主要涉及以下三个问题：一是要回答破裂发生在断层的哪一段，破裂段从哪里开始终止于何处，破裂引致地振动的影响在空间的分布如何。另一个问题是如何取得断层上有关段落的地震复发间隔的数据。除用断层滑动速率解决这一问题外，非常重要的是要获取在一定时间长度内历史地震和古地震事件的资料建立地震活动的序列过程，藉以推测未来断层破裂的时间。再有就是在断层的不同段落上破裂事件的强度，特别是最大震级的确定。可以看出，在这些问题中活断层的分段是一个十分重要的问题。

断层的分段本是一个较古老的概念。根据断层的几何形态、结构特点将断层划分为若干段落的工作在许多巨大的断裂带上进行过，但早期的工作主要是对断层结构分段及长期活动性差异的分段。随着近年来对断层活动习性特别是古地震研究的深入，对断层分段这一概念赋予了许多新的认识和涵义。可以说，这一概念是在不断了解断层破裂的扩散过程及断层长期活动习性，特别是在古地震研究中对断层不同段落上地震事件的强度变化及复发情况的深入了解后逐渐得到发展的。

在这一方面美国圣安德烈斯断层可作为很好的代表。1960 年当 K. V. Steinbrugge 和 E. G. Zacher 研究沿中加州的断层发生的连续滑动或蠕动时，开始认识到沿此断层的不同部分活动习性很不相同，首先涉及了圣安德烈斯断层的分段的概念。在此基础上，1968 年 C. Allen 描述了沿圣安德烈斯断层 5 个活动情况不同的区域，3 个是地震活跃区，2 个是地震弱活动或不活动区，并将断层划分为 4 个不同的段落。R. Wallace 在 1970 年将圣安德烈斯断层分为 9 段，主干断层分为 7 段，另 2 段是分支段，并详细描述了各个段落在活动习性上的特点。B. S. Burtman 于 1963 年在进行费尔干断层与圣安德烈斯断层的对比研究时对费尔干断层的分段曾给予了描述，认为此断层位于不同的构造单元，穿过不同的地质体及不同的岩层，位移也是发生于不同的年代，故可区分为若干段落。指出沿此巨大断层的走滑过程中，不同段落可分别产生挤压和拉张，这一巨大断层的形成是多次大地震事件的快速位移逐渐积累而成。

1982 年 10 月美国地球物理学会召开的“断层性质和地震孕育过程”讨论会上专门讨论了断层带的分段问题。但讨论的重点主要还是断层带的几何特征和分段的关系方面。在这次会议上 Schwartz 和 Coppersmith 在分析圣安德烈斯断层上大地震复发资料及特征地震模式时涉及了地震重复性及断层分段的问题。Schwartz 于 1984 年在国际地质对比计划中全球主要活断层特性对比研究项目（IGCP－206 项）在日本神户召开的会议上作了“活断层习性和特征地震”的报告并于同年发表了这一文章。文中根据圣安德烈斯断层和瓦萨契断层的古地震研究结果，对断层分段作了具体深入分析。1987 年 4 月在新西兰全球主要活断层特性对比（IGCP－206 项目）第三次讨论会上曾对作为断层活动特性之一的断

* 本文是《活断层分段——原则、方法及应用》一书的前言和第一章，地震出版社，1993。作者：丁国瑜。

层分段进行了热烈的讨论。中国工作组的报告给出了有关中国郯庐等6条主要活断层的活动特性研究，发表了对断层分段标志问题的看法，提出了断层分段的6条标志①，并写入了IGCP-206项目的“中国活断层图集”的说明中。对分段问题讨论的深入是与古地震的研究分不开的。1987年在美国召开的“古地震学的趋向”专题讨论会上，Wheeler对正断层分段的边界，特别是破裂端部的识别问题作了讨论。1988年3月在美国召开的“断层的延展、终止与分段”专题讨论会是对断层分段的一次系统深入的讨论，涉及了断层分段的多方面问题。1987和1990年美国地震预测专题会议结合强震危险性评估对圣安德烈斯断层作了进一步分段，给出了不同段落发生地震的概率。

在我国，从断裂带的结构或活动历史及断层几何特征等方面对断层进行一般性的分段早已做过许多工作，而结合断层活动性的深入研究和地震危险性预测进行对活断层分段的深入讨论是在80年代中期才开始的。到1991年以前已进行的这方面的工作主要有：对鲜水河断层（C. Allen，闻学泽等，1989），香山-天景山断层（汪一鹏等，1990），郯庐断层（高维明等，1991），海原断层（邓起东等，1990），新疆一带活断层（郑福婉，1989），安宁河断层（唐荣昌等，1989）等。这些研究工作反映了对活断层分段问题的日益重视和逐渐深入。1988年10月在银川召开的活动断裂地震地质填图工作会议上，作者提出了有关活断层分段中对段与分段概念的理解，断层的几何分段、物理特性分段及破裂分段的区别以及划分和限定段落的标志等问题②，并在IGCP-206中国活断层图集和后来发表的“全新世断层活动的不均匀性”一文中给予了论述。1991年，田勤俭完成了有关大青山山前断层的分段及正断层活动分段性的研究③，谢霄峰完成了忻沭全新世活断层分段的研究④，他们的工作开始较系统地讨论了正断层及逆断层分段的一些基本问题。

但总的看来，对活断层分段问题的研究刚刚开始，对于问题的复杂性、不同类型活断层分段的本质区别及涉及分段的一系列理论问题的认识，还有许多问题需进一步深入研究。

近年来在地震预报、地震危险区划、地震灾害预测以及重大工程地震危险性评估中提出了许多有关活断层分段的问题。为了推进活断层分段研究的深入，我们于1989年提出了开展“活断层的分段性及其在地震危险性预测中的应用”专题研究的建议，这一意见被国家地震局震害防御司所采纳，并列入了国家地震局1990年地震科研项目计划。要求对活断层的破裂分段原则、分段标志及方法以及在地震危险预测中的应用等方面研究。本书就是这一研究项目1990～1991年研究工作的总结。全书共分11章，除前言外，第一至三章重点是对有关活断层分段的一些基本概念包括其含义、分类、段的持久性、分段的尺度与层次结构等问题的讨论；第四至六章则是对活断层分段有关方面的几个问题作了较具体的阐述；第七至九章是对正、逆、走滑三种不同类型活断层的分段标志的论述；最后的第十和十一章是对有关分段的原则、方法及分段正确性的检验以及应用问题的讨论。

自80年代后期以来，虽然已有许多有关活断层分段的文章发表，但还缺乏对这一问题进行较全面分析和系统论述的材料，本书是一个初步的尝试，希望能起到提出问题、引起思考和讨论、抛砖引玉的作用。为了这一目的，我们在开展这一问题的研究和总结的过程中，在引用和分析当前有关的一些最新文献和研究成果的同时，尽可能的在一些问题上提出我们自己的观点和想法。但是，活断层的破裂分段问题，从实质上看与地震预报研究中所遇到的许多困难问题包括存在大量的不确定因素的问题，是一样的，同样显示了其复杂性。由于这一情况以及作者水平和资料、时间的限制，书中定有不足之处，望读者给以指正。

参加这一课题研究及本书撰写工作的共有6人。本书由丁国瑜主编，负责制订编写大纲及全书的

---

① Ding Guoyu, The Characteristics of Active Fault in China, Papers on the Third IGCP Working Group Meeting, New Zealand, April. 1987.

② 丁国瑜，有关活断层习性的几个问题，1989年活动断裂地质填图工作汇编，国家地震局震害防御司，1989。

③ 田勤俭，大青山山前断裂分段及正断层活动分段性探讨，硕士论文，1991。

④ 谢霄峰，鲁南马陵山地区的新构造变形及沂沭全新世活断层分段，硕士论文，1991。

统编，并撰写了前言、第一章和第八、十、十一章的部分内容；田勤俭撰写了第二章、第三章、第七章和第十一章的部分内容；孔凡臣撰写了第六章及第十章部分内容；张立人撰写了第四章；王立平撰写了第五章；谢霄峰撰写了第八章部分内容及第九章。田勤俭并协助进行了全书的统编工作。

在这一研究课题进行过程中，曾听取过国家地震局分析预报中心高维明、林伟凡、陈国星，国家地震局地质研究所张培震及国家地震局灾害防御司卢寿德、张宏卫等同志对活断层分段问题的许多宝贵意见和看法。本书插图及植字工作由国家地震局分析预报中心绘图室孙彤等完成，在此一并表示感谢。

第一章　不同类型的断层分段及段的含义

（一）不同类型的断层分段

从对断层分段的理解情况看，地表大大小小的断裂构造有着十分复杂的结构，它们可以是一个十分巨大的数百上千千米计的巨大断裂系统，可以是数以百千米计的复杂断裂带，也可以是具有多条分支的断层束或复式断层和一条由不同段落组成的单个断层。对这些不同规模的断裂构造都可以进行分段。但最具本质性的分段主要还是对单条断层上具有独立破裂特性的结构单元或最基本的破裂单元的划分。

对段（segment）一词和分段（segmentation）一词的理解和用法存在许多含糊不清的地方。这在国内外近年发表的一些有关断层分段的文章中就可反映出这一点。有的把断层分段理解为断裂带上物理特性（如断层几何形态、走向变化）的差异，有的则用地震活动或地震时地面破裂的长度来划分。

近年来对断层分段已赋予了更为深刻的含义，更强调了能够解释断层与地震间的时空关系，使断层的分段成为在评价地震危险性中最能描述地震破裂特征和断层性质的一种基础资料。

简单地说，断层分段可概括有以下 4 种类型：

（1）断层形态的几何学分段：根据断层的分布排列等几何学特征进行的段落划分；

（2）断层的结构分段：包括根据断层带内及两盘岩性地层结构的特征进行的分段；

（3）断层的活动性分段：是根据断层长期活动性差异的分段；

（4）断层的破裂分段：是断层破裂状况的分段。

在这 4 种类型的断层分段中，当前我们讨论的主要是活断层的破裂分段，即力图把断层活动与地表破裂联系起来的断层破裂分段。我们现在所说的活断层的分段指的就是破裂分段，因为我们对断层进行分段研究的一个重要目的在于找寻与确定一条活断层上未来地震破裂段落的位置和大小，而几何分段、结构分段以及活动性分段都不能给出与未来地震危险性必然联系的明确结论。断层的破裂分段较之其他三类分段是一种提出了更高要求，需要有更为定量化和深入具体的地震破裂资料作为依据的分段，对活断层进行破裂分段有着更大的难度，但它在地震危险性的评估中具有更为重要的实际意义。当然断层的几何分段、结构分段、活动性分段与断层的破裂分段有着密切的联系，前面几种分段的研究往往是获得破裂分段的正确结果的重要基础。一般说来，从地质学的角度多着重进行结构分段、活动性分段的研究，破裂分段主要是从地震学或地球物理学考虑的问题，而实际上从目前提出的对活断层分段所包含的内容来看，这一问题的解决需要有地质学、地震学、地球物理学多方面的资料、理论和方法的综合运用。

（二）段及分段的含义

对断层进行合理的分段是一个识别断层破裂段落、更准确地对地震灾害评价的有希望的途径，然而对断层“段”及“分段”的理解还存在许多含糊不清的地方。这就大大影响着对这一概念的深入理解以及正确开展这方面的研究和有效应用这一概念。

对断层分段理解的深入是与下面几个概念的发展分不开的。

1. 特征地震

在一定区域、一定时间范围内，地震活动一般满足古登堡－里克特震级－频度曲线。事实上，如果在活断层的某些段落进行统计，则会发现某一震级范围（如 M_a）的频度偏高，而相对缺乏另一震级范围（如 M_b）的地震，在同一断裂带的其他段，则可能是震级范围为 M_c 的地震频度偏高。即同一断裂带的不同段易于发生不同级别的地震。对于强震则表现为在特定段上重复发生。

Wallace（1968）研究圣安德烈斯断层卡左里平原段断错水系图像时，发现大量小冲沟的断错量大致为1857年大震断错量的倍数。在我国如郯庐断裂沂沭段断错冲沟的错距主要集中在4～9 m、14～20 m、20～34 m，大致具有倍数关系，并发现与之相对应的大震事件。如果认为震级大小与地表破裂断错量正相关，则相同断错量可认为对应大致相等的震级，断错量的倍数关系则反映相同地震的原地重复，而形成地表破裂的较小地震缺乏。Schwarz（1984）把这种原地重复的近乎同等大小的地震称为特征地震。特征地震不仅有原地重复大小相近的断错，而且具有相同的运动方式和相近的破裂长度。

2. 地震空区

大震在地震带上连续发生，在没有明显超覆的情况下，如果考虑一个合适的长度，大震破裂会连续覆盖一条地震带。如果大震破裂带空间分布有空区，未来大震会发生在这里以充填空区。这就是茂木清夫所谓第一类空区。Fedotov（1965）和茂木（1968）分别在研究环太平洋带时发现了这一规律。在一些地震带内，在一定时间间隔内将连续出现大震破裂，这类空区是地震带内最大地震破裂的分布空区。地震空区的概念揭示了一个事实，即在地震带内，断裂活动是以一次地震破裂为单位分布的，相邻破裂带重叠部分很小。

3. 累计滑动亏损

由空区的概念可知，每次大震破裂很少相重叠，即地震破裂是分段破裂的。有两种可能模式：①大震随机相间分布，即地震破裂起始点和终止点并无明显构造标志，大震只是在未破裂段随机发生，破裂的终止也是能量自由释放的结果。②大震特定分布，即由于断裂带的不均匀性，地震破裂被限定在一定范围之内发生。两种模式的差别在于，第一种模式下，地震破裂完成一次覆盖后，再次发生的大震与原来大震的发生无关，即第二次覆盖重新分布；在第二种模式下，大震的发生及地震破裂与第一次重合，即破裂段在多期地震覆盖内是稳定的。而且由于段的稳定性，使其活动的独立性增强，地震在没有完全覆盖整个断裂带时即可在某段上重复发生，由此造成各段大震活动的非同步性。特征地震的发现，为第二种模式提供了证据。由于地震破裂始发点的位移量大，向两侧逐渐衰减，如果断层活动符合第二种模式，则在多期地震破裂重复后，势必造成破裂终止部位的位移量远小于起始部位位移量，这就是累计滑动亏损的概念。Wheeler等（1989）在研究美国盆地－山脉省正断层及Machette和Schwartz等（1989）在研究瓦萨契断层时，都使用了累计滑动亏损的概念，证明在一些破裂端点部位横向隆起（salient）的存在，这些隆起或是显露地表的或是被埋藏的，可以通过重力测量揭露。

4. 障碍体

Aki（1979）在研究地震波的传播时，提出了地震破裂的障碍体（barrier）模型。其特点是断面失稳错动后的终止应力是不均匀的，具有部分应力降或负应力降的区域可解释为障碍体。出于障碍体吸收了继续破裂需要的应力，所以对破裂的扩展产生阻碍作用。脆性地壳的不均匀性使障碍体的存在成为可能。如前所述，特征地震的概念提出断层段的相对稳定性，这种稳定性的基础只能是物质及构造特征。许多地震地质学家在活断层调查中也在一些破裂端点发现了障碍体的存在。障碍体可分为岩性障碍和构造障碍（几何障碍）。岩性障碍主要指由于地下岩体的存在，在破裂的传播方向上岩石抗剪强度发生变化对破裂传播产生阻碍。构造障碍主要指沿断裂带的一些特殊构造部位对破裂传播的影响。断裂活动的野外调查更主要集中在几何形态的变化即构造障碍上。障碍体概念的提出，为活断层分段提供了理论依据。

上述几种概念的发展大大促进了对断层分段的深入理解。近年来，不同研究者对断层的“段”曾给出了各种各样的理解或定义。例如；

（1）断层段是断层的一部分，它控制了破裂位置和延展，或者说“段”是在地震时地表破裂的一个明晰的破裂段落（Schwartz 和 Coppersmith，1984）。

（2）段可以是一条长断裂带上的一次单独事件期间积累的同震破裂（长数十千米以上）；可以是随同一次断裂事件形成的破裂的一部分（仅数千米）或是断层面局部的不均匀性（长仅数十到数百米）（Schwartz，1986）。

（3）段是一条断层的一部分或断裂带在地质时期的一个破裂单元（DePolo，1989）。

（4）段是一条断层上趋向于彼此独立破裂的部分（Wheeler，1989）。

（5）段是断层不完全连续或具有较为明显界限的部分（Wallace，1990），

（6）段是在一个断裂带上当一个地震发生时破裂的那些部分（DePolo 和 Stemmons，1990）。

从这些定义可以看出，虽然所强调的各有不同之处，但明显地反映出对段的概念有许多共同的认识。

综合现今对断层段的各种认识，我们认为可对段及分段的含义作如下的理解：

由于地质结构、应力状况及环境条件的不同，断层的活动往往呈现有明显的分段现象。不同段落的活动特征各异。一条断层的破裂活动是通过一个或多个独立破裂段的组合而完成的，故可以简单地说段是断层的破裂单元。断层分段就是对断层进行破裂单元的划分。对一条活断层的分段，包括了对断层不同段落的方位、连续性及其活动特点的识别。

需要补充说明的是段是断裂在一定时空上稳定的独立破裂单元，这种稳定的破裂效应的累积足以形成一定的结构时，就是段。这里特别强调了破裂单元和在一定时空上破裂单元的稳定性（或持久性）及独立性两点，形成结构是这两点的结果。所以，段的划分需要有关破裂的资料、结构的资料。如果破裂尚未形成一定的足以辨认的结构，则进行分段也是比较困难的。

我国现代地壳运动研究*

一、现代地壳运动的研究途径

对现代地壳运动状况的了解、测量及其动力学的研究是当代地球科学中的一个重要课题。特别是近年来板块构造理论、新构造变形研究的不断深入和空间技术在大地测量中的应用，给对板块现代运动进行直接观测与研究提供了极重要的理论与技术条件，大大促进了对这一问题研究的进展。

对板块现代运动的研究是国际岩石圈计划中的一项重要内容，因为这是对板块理论的关键性检验。对板块运动和变形的定量描述、板块运动机制的力学模型、岩石圈内应力应变的分布、积累和释放，在板块边缘和内部的地震活动以及极移变化和地球旋转与各种地球动力现象之间的关系等都需要从研究现代板块（包括板内）的运动和变形取得证据和新的认识。

对现代地壳运动的研究可主要从三个不同的途径进行：①用地质学、地貌学方法；②用地震、重力等地球物理学方法；③用大地测量学的方法进行。这三者各自获取对现代地壳运动认识的不同方面，而要取得对现代地壳运动的全面认识需要这三个方面的密切结合。特别是对大陆内部现代地壳运动的研究，由于陆壳结构及变形的复杂性这种结合显得尤为重要。

自20世纪60年代起，特别是自70年代以来，利用空间技术，包括超长基线干涉测量（VLBI），卫星激光测距（SLR）和全球定位系统（GPS）对板块现代运动与变形状况的测量已取得了迅速的进展，开始了一系列国际间的计划，由美国的NASA主持的地球动力学计划在1979～1988年间开展了对西、北美洲，南美，加勒比，地中海，新西兰等地区变形，以及全球主要板块间的相对运动及其内部变形，特别是北美及太平洋板块的运动的观测，不断地完善了观测系统的装备及模型的建立。近年DeMets等人提出的Navel－1板块相对运动模型与过去Minster和Jordan提出的模型有了不少差别。中南美的CASA，GPS计划获得了纳斯卡板块对南美板块相向会聚的速度为10 cm/a，对可可斯板块的分离速度为7 mm/a。北安底斯板块相对南美板块正向东北运动。这些都与全球模型吻合得很好。用Lageos卫星1983～1990年SLR观测的结果与Navel－1模型也有很好的一致性。这些情况表明利用空间技术测量板块间的现代运动已取得了很好的效果。

板内运动与板块间的有很多不同，板内具有更为复杂的地质结构和地震活动。但由于板内现代运动的研究与人类有更为密切的关联，对一些关键性地区如北美西部、地中海－阿尔卑斯区，中东及中国大陆有大量这方面的研究课题正在开展。其中青藏高原是最引人注目的一个地区。

二、中国现代地壳运动研究内容

我国是研究板内特别是板内现代运动与变形的最理想区域之一。它处于一个被周围多个板块挤压围限的特定部位，内部变形与各块体间相互运动的现象十分清楚，有强烈的板内地震活动，广泛分布有类型多样的活动构造，有强烈隆升的青藏高原，有活跃的弧后地区及大陆边缘。对这一地区现代板块运动状况的阐明显然具有重要的理论意义。而且是认识和解决我国环境变迁、相对海平面变化、灾

---

* 本文原载于《中国地震年鉴（1992）》，地震出版社，1992，117～120。作者：丁国瑜。

害预测与防治，特别是地震监测预报及其灾害减轻等一系列问题的一个重要的科学基础。对我国板内现代运动与变形的问题曾有过不少的讨论，特别是对我国西部南北向缩短、沿一系列大型活断层的走滑活动、青藏高原的隆起、华北地区沿 NW－SE 向的引张，以及华南向东南方向蠕滑等现象都有所研究。在对中国大陆内部现代运动的讨论中，因印度－欧亚板块碰撞，至今在大陆内部引致的效应是讨论最多的问题。Tapponnier（1983）提出了由于印度板块向亚洲大陆内部的压入，引致多个块体沿巨大的走滑断层向东南滑动的挤出构造模型。他用这一模式解释了中国大陆现代运动的总体格架。近年来 Molnar（1989）抛弃了大陆向东南大尺度滑动挤出的观点，强调了沿 SN 带形成的巨大剪切带间块体的旋转，只造成有限的向东滑动与挤出，而不存在向东的大量挤出，从而否定了华南相对于欧亚大陆向东南运动的观点。

我国许多著名学者如李四光、黄汲清、张文佑、马杏垣等对中国大陆的新构造变形及涉及现代运动的许多问题曾发表了重要的意见。马杏垣教授主编的《中国岩石圈动力学集》中即包含有有关这方面的大量最新材料。

根据地质资料特别是新构造、活动断层以及地震活动资料所获得的有关我国现代地壳运动的基本格架是：在中国大陆西部由于受到来自印度板块以约 60 mm/a 的速率向北运动的作用，青藏高原地区地壳缩短、增厚、强烈隆起，并作顺时针方向扭动。在高原内部形成了一系列沿着 NW－SE 向断层的左旋剪切滑动。其中最活跃的鲜水河断裂和昆仑山断裂将青藏块体划分为南北两部。南部块体以约 28 mm/a的速率，北部块体以约 18 mm/a 速率向北及北东方向运动。塔里木地块是以平均约 14 mm /a 的速率向北偏西运动。川滇菱形块体则以约 8 mm/a 的速率向南东方向运动。天山以北的准噶尔块体向北运动的速率已减至约 3 mm/a。东部的鄂尔多斯块体作向东北方向的运动，运动速率约 2～4 mm/a，同时有相对周围块体作逆时针方向的扭转。华南块体在不同程度上相对周围块体向东南运动并具有一定的顺时针扭动，运动速率约为 4～3 mm/a。东北与华北块体则是以约 1～2 mm/a 的速率向北东东方向运动。这一运动状况是以全球模型中印度板块以约 60 mm/a 向北运动的作用为前提计算得出的。这只是一个对我国大陆内部不同块体现代运动总体状况的定性及半定量的描述。要取得有关现代运动的定量数据，还需要运用大地测量、特别是空间技术测量开展直接观测，并与地质学、地球物理学的研究相结合。

近年来，我国利用空间技术进行板块现代运动的研究已取得了一定的进展。中国科学院上海天文台建立的上海 VLBI 站于 1988 年已开始与阿拉斯加、夏威夷、日本、澳大利亚开展对太平洋板块运动的联合观测。国家地震局地震研究所等单位在武汉、上海、长春等地已建成第三代 SLR 站，并进行了卫星跟踪、国际及国内联测等。已有多个单位引进了多台 GPS 接收机，并已在西安—上海、潍坊—连云港、东南沿海、武汉—上海等地开展了多种实验观测。在京津唐地区建立了 GPS 的地壳形变观测网。在云南西部的地震预报实验场区横跨红河断裂带与德国合作建立了三维的 GPS 观测网并已取得了一些初步结果。尽管在这方面还是刚刚起步，但全国许多部门在近十多年来建立起来的 VLBI、SLR、GPS 等空间技术和高精度的重力测量技术，无论在装备上还是研究力量上都已具有了一定的基础和规模。

开展对我国现代地壳运动的观测与研究主要涉及以下内容：

（1）测量我国与周围板块现代相对运动状况，并研究板块边界运动对板内影响及作用方式。

（2）测量与研究板内不同地区的现代运动及变形的状况。由于中国大陆是一个由若干相对完整的刚性块体和相对活动的塑性地带拼合而成的组合体，这一状况决定了这一地区现代地壳运动与变形的高度不均匀性。需要深入研讨这一不均匀变形的模式与特点。

（3）研究板内运动单元的划分及其特点。这是正确理解和分析大地测量等观测数据，进一步进行板内现代地壳运动的运动学与动力学的一个基础。

（4）进行各运动单元间活动边界的运动方式速率和过程的研究。各个活动单元间的活动边界是运动和变形最为复杂的地带，它们可以是较单一的活动断层，复杂的活动断裂带，也可能是较宽广而复杂的变形地带。活跃于块体间的一些大型活断层往往是最主要的现代活动边界。对它们现代动态的观测与研究尤为重要。

(5) 研究板内的垂直运动以及板内深部作用对表部的影响。包括重力场时空结构、固体潮的研究等。

(6) 研究极移、地球旋转与各种地球动力学现象之间的关系。

结合我国当前的实际力量与条件主要是放在对中国大陆与邻近板块相互运动状况的观测与研究;中国大陆板内一些重点地区,特别是青藏高原及其周缘现代运动状况的观测与研究。当然建立全国观测网及区域性的观测网以及相应的数据库等是必要的。

由于构造运动具有复杂的周期性及明显的不均匀性,因之必须加强直接量测与天文学、地质学、地球物理学、大地测量学等研究的密切结合,加强对新构造运动,特别是全新世以来构造运动的研究与现代运动直接观测的结合。在加深对较长时间尺度内板块运动及板内变形具体过程认识的基础上,明确当前在这一过程中所处的位置,更全面、正确地认识短暂时间内观测到的现代运动状况的真实含义。

三、我国现代地壳运动研究实施项目

为了推进对我国现代地壳运动的研究,作为国家“八五”期间基础研究和国家攀登计划中的一个重大项目,“我国现代地壳运动及其动力学研究”已于1991年启动,1992年正式开始了研究工作。这是一个天文学、大地测量学、地球物理学、地质学多学科相互交叉的科研课题。主要的参加单位是中国科学院,国家地震局、国家测绘局和军委测绘局。由叶叔华、丁国瑜、陈俊勇、孙秀文、许厚泽、赖锡安、宁津生、魏子卿、王宜等9人组成专家委员会,组织领导这一项目的进行,叶叔华任首席科学家。

这一项目包括了如下6个二级研究课题:

(1) 中国现代地壳运动的全球背景研究。课题组长赵铭。

(2) 中国大陆板内主要活动带现今地壳运动的特征与机制。课题组长赖锡安。

(3) 青藏高原的现今地壳运动与动力学。课题组长马宗晋。

(4) 中国沿海地区陆地与海平面垂直运动的研究。课题组长冯浩鉴。

(5) 地球重力场和大地水准面模型的研究。课题组长陆仲连、许厚泽。

(6) 中国现代地壳运动监测网和GPS测轨网的研究。课题组长叶叔华。

现代地壳运动状态的研究是处于“环境时代”的当代地球科学中的重要前沿课题。它对认识和解决我国环境变迁、地震活动、灾害预测与防治、海平面变化以及空间科学技术的发展等一系列问题具有重要的理论和实际意义。地震是一定区域内应力积累最终导致应变能突然释放的结果,它是地壳运动的一种表现形式,地震活动总是与地壳形变的过程密切联系着,对现代地壳运动状态的观测与研究无疑将会加深对我国广大地区地震活动规律的认识,推进与地震研究有关的一些深层次科学问题的解决,从而为地震监测、地震预报和地震危险区划等提供更坚实的科学基础。

地震预报与活断层分段*

摘　要　文章回顾分析了地震预报的经验与问题，对地震短期预报需进行新的探索与研讨，才能更快地前进。文章重点论述了地震预报和地震危险性评估方面有关的断层分段性问题。如何在众多的活断层上确定近期可能发生强震的地段，是地震预报中突出的重要问题之一。有关活断层分段性问题是近年来十分引人注目的课题，段是断层的破裂单元，断层的分段就是对断层进行独立的破裂单元的划分。断层分段有4种，当前讨论的主要是活断层破裂分段。

关键词　地震预报；活断层分段；地震危险性评估

一、引　　言

前美国地震学会会长，地震预报评估委员会主席克拉伦斯·艾伦教授在20世纪80年代时曾对地震预报的进展情况提出过一个总的评论意见，他认为自70年代末期美国制定国家减轻地震灾害计划以来，经过多年的实践，总的看来，地震短期预报比初期预料的要困难得多，对这一问题研究的进展比预期的要缓慢得多。尽管当前对能否进行地震短期预报存在着两种不同的观点，对地震短期预报的研究应当坚持下去，努力进行，但在对地震短期预报的科学对策上应当深刻分析当前作法的利弊而有所变化。另一方面，他认为在地震长期预报和地震危险性评估方面，则在近些年来取得了较快的进展。特别是在基础地质野外现场研究建立地震复发间隔方法的发展。这一研究进展在进行地震危险性评估建立坚实的概率方法中的作用是十分重要的。在长远规划、工程设计、发展现行建筑规范中这些结果的作用实际上远比发展短期预报的实效要重要得多。

我国进行地震预报的研究已有多年，总的情况与上述的分析是基本相似的。在过去的20多年里，我国在国际上的这一领域中从默默无闻的一员变成了举世瞩目的地震预报研究的先进国家。但地震预报涉及的许多问题并未彻底解决，在关键性的短期预报方面的进展近几年来是迟缓的。我们必须面对过去的经验与问题进行必要的回顾与分析，进行新的探索与研讨才能更快地前进。下面我仅就在地震预报及地震危险性评估方面有关的断层分段性问题谈一些看法。

二、活断层破裂分段

大陆内部的破坏性地震主要都发生于大小不同等级地壳块体的活动边界地带，即一些主要的活动断裂带上，对这些活动断裂带的研究与限定可以大大缩小地震发生地点的判定范围。但这类活动地带仍是十分广泛的，如何在众多的活断层上确定近期可能发生强震的地段是地震预报中突出的重要问题之一。在解决这一问题的研究中，有关活断层分段性问题是近年来一个十分引人注目的课题。

一次独立的地震事件仅仅是使一条大的断层上的一小部分破裂，并非沿整个断层全部破裂。而破裂发生的位置及其延展与终止是由断层的一系列物理特性包括地质结构、应力状况等所控制着。这样，

* 本文原载于《地震学刊》，1993，No. 1。作者：丁国瑜。

断层上就出现了破裂分段现象。多次地震破裂在不同段先后发生，一条断层的破裂活动是通过一个或多个破裂段的组合而完成的。这一事实已为断层上大量的历史地震和古地震资料所证实。同一断层上不同段的破裂活动历史是不同的。也可以说段是断层的破裂单元，断层的分段就是对断层进行独立破裂单元的划分。对一条活断层的分段包括了对断层不同段落的方位、连续性及其活动特点，诸如滑动方式、发生地震的大小与时间间隔等的识别。简单地说断层分段可概括有以下4种：

（1）断层形态的几何学分段：根据断层的分布排列等几何学特征进行的段落划分。

（2）断层的结构分段：包括根据断层带内及两盘岩性、地层结构的特征而进行的分段。

（3）断层的活动性分段：是根据断层长期以来活动性差异的分段。

（4）断层的破裂分段：是断层上破裂状况的分段。

在这4种类型的断层分段中，当前我们讨论的主要是活断层的破裂分段，即力图把断层活动与地震破裂联系起来的断层破裂分段。因为我们对断层进行分段研究的一个重要目的在于找寻与确定一条活断层上未来地震破裂段落的位置和大小，而几何分段、结构分段以及活动性分段都不能给出与未来地震危险性必然联系的明确结论。断层的破裂分段较之其他3种分段是一种提出了更高要求，需要有更为定量化和深人具体的地震破裂资料作为依据的分段，对活断层进行破裂分段有着更大的难度，但它在地震预报及地震危险性的评估中具有更为重要的实际意义。当然断层的几何分段、结构分段、活动性分段与断层的破裂分段有着密切的联系，前面几种分段的研究往往是获得破裂分段正确结果的重要基础。

对断层分段理解的深人是与下面几个概念的发展分不开的：

（1）特征地震：Schwartz（1984）把原地重复的近乎同等大小的地震称为特征地震。特征地震的提出指明了断层上独立破裂段落的存在。

（2）地震空区：地震空区的概念揭示了地震带内，断裂活动是以一次地震破裂为单位分布而相邻破裂重叠部分很小的事实。空区现象的研究为断层的分段提供了明确的可能性。

（3）累计滑动亏损：当多次地震的发生是重合的，亦即破裂段是稳定的，则在多期地震破裂重复后破裂终止部位的位移量将形成累计亏损的现象，它为进行分段提供了依据与途径。

（4）障碍体：障碍体对破裂的扩展产生阻碍作用，地质调查已在断层上的一些破裂端点肯定了岩性障碍或构造障碍的存在，障碍体概念的提出为活断层分段提供了理论依据。

在把活断层的研究成果用于地震预测和危险性评价方面主要涉及以下3个问题：①要回答破裂发生在断层的那一段，破裂段从那里开始，终止于何处，破裂引致地振动的影响在空间的分布如何，②如何取得断层上有关段落的地震复发间隔的数据，除用断层滑动速率解决这一问题外，非常重要的是要获取在一定长度时间内历史地震和古地震事件的资料，建立地震活动的序列过程，借以推测未来断层破裂的时间；③在断层的不同段落上破裂事件的强度，特别是最大震级的确定。可以看出，在这些问题中活断层的分段是一个十分重要的基础的问题。

断层分段的方法是利用断裂带有关的地质、地震活动的各种信息确定断层上一些稳定的破裂段落的范围，用段的长度估计地震的大小。

活断层分段的实质是确定断层破裂活动的基本单元，研究其各自的活动行为特点。由于段的形成是受断层的应力条件、结构条件和介质条件等制约的，而且当断层分段活动具有一定稳定性时，多次累加的破裂活动可形成明显的地质地貌和地球物理等方面的标志，因此可利用这些标志判定持久性地震破裂的端点亦即段之间的边界，从而进行断层的分段。

近年来，关于活断层分段标志的问题日益引起人们的注意，对断层破裂终点的识别问题已有许多人进行了讨论（R. L. Wheeler，1987）。对有关断层破裂终点的各种常见特征，如断层的不连续、不平整部位的存在，挤压或膨胀阶区，断层走向的变化、弯曲、分支，与横向断层或其他构造的交叉，以及断层滑动矢量、性质和情况的改变等，作为断层分段的标志也已陆续发表了许多文章，不同作者分别对不同类型的活断层（主要是对正断层或走滑断层）分段的标志特点作了具体的深入分析。但值得指出的是由于断层类型的不同，断裂带结构及介质条件的不均匀，特别是应力状况的变化是一个不确定的因素，使得断层破裂延展及终止的情况变化多端。目前提出的许多标志不是断层分段的充分条件，至今尚没有提出认识和评价段边界的明确的物理准则，因之对提出的任何标志在应用中都会出现复杂的情况，使得据其在确定边界时形成错误的判断。故对断层的分段标志还有待进行更深刻的探讨，以期制定出对分段更为可靠的标志。

断层的破裂长度是据以确定最大震级的一个重要几何参数，国内外有许多人建立了有关震级与破裂长度和地震位移之间关系的一系列统计公式，并将其作为确定最大震级的依据。断层的破裂分段给出了用破裂长度计算最大震级的基础，而对各个不同段落上古地震的研究则可恢复长期以来断层破裂活动的历史过程及建立滑动模式，从而为估计地震的复发间隔提供更切实可靠的依据。

对活断层合理的分段可更明确地提供未来的破裂范围，在估计未来地震强度时具有更高的可信度。对一条活断层进行合理的分段之后，根据各段上大震复发间隔及最近一次地震活动的时间，就可更好地确定各段上发生大震的实时概率。根据段的长度及边界性质可判断未来地震的最大震级、发震时危险区的范围以及对地面振动的影响。这可克服以前把整个断裂带的大震复发间隔、震级大小等与带上各独立段混为一谈的弊病，使这些参数得到更精确的限定，从而提高危险性评价的水平。活断层分段还可为重点监测台网更合理的布设提供依据，故它将成为一个在确定潜在震源、进行地震预报和危险性分析中的有用方法及技术。

宁夏中卫沙坡头黄河位错现象*

摘　要　在青藏高原东北侧，黄河经黑山峡进入中卫盆地处形成一异常的大弯。这一大弯不是一般的蛇曲，它的出现与此处近东西向的中卫-同心断裂带的左旋走滑活动有关，是一个穿过活动走滑断层的河流位错现象。错距达3 km，这代表了中卫-同心断裂带的中段（香山-天景山断层）自此段黄河形成以来（约1.4 Ma B. P.）的位移总量。

关键词　活动走滑断层；河流位错；古地震事件；黄河；中卫-同心断裂带

一、引　言

在青藏高原的东北边缘，黄河切过陇西高原山地，经红山峡、黑山峡注入中卫、中宁盆地、六盘山地北缘，向银川盆地流去。这一带地处青藏高原、鄂尔多斯、阿拉善几个构造单元的交接地带，也是青藏高原、黄土高原、鄂尔多斯高原与腾格里沙漠的交接地带，一向受到中外地学界的重视。早在1892～1894年，B. A. Обручев曾在银川至中卫一带调查地质，在其《中亚、中国北部与南山》巨著的一卷中就有穿越中卫到兰州一带的叙述，并讨论了风成黄土的学说。袁复礼教授于1923年节译了J. G. Andersson的“中国北方之新生界”一文，并与谢家荣教授于1921～1924年间先后对这一带的固原寺口子红层做过调查，命名了“寺口子系”和“固原系”。袁复礼教授对这一带的新构造、地震十分注意。他在1957年发表的《秦岭以北的新构造运动》一文中曾指出秦岭以北的新构造运动显著的三个地段[1]，其中在谈到陇县山地以东及六盘山系统以南的千阳—凤阳—宝鸡一带时，曾特别指出了一些黄土堆积区的坍塌作用和新石器时代的灰坑大规模坍塌现象是地震的结果，并讨论了地震与断层活动关系的问题。这是在我国提出用地质学方法研究古地震现象的先声。袁复礼教授提及的这些问题，今天都已成为在新构造和地震构造研究中广泛进行的课题了。1991年针对黑山峡水利工程选址的需要，我参加了黑山峡至中卫一带活动断层与古地震方面的专题研究，在工作中在中卫-红谷梁西的活断层带上的古地震遗迹中就发现了地震坍塌体和灰烬层的存在，使我不时回忆起在50年代初担任袁老的助教时，他在有关新构造、黄河、古地震等方面许多问题的教诲。在袁复礼教授诞辰100周年之际，仅以这一带活断层及地震与黄河发育有关的这篇短文略表对袁老师的怀念之情。

由于青藏高原的隆起和向四周的挤压扩散及侧向滑移，在其东北边缘的陇西山地北侧形成了一系列向外凸出的弧形挤压构造及其边缘的左旋走滑断裂带。这些断裂带由内向外依次为：海原断裂带、中卫-同心断裂带、烟筒山断裂带及牛首山断裂带。这些断裂带在第四纪以来有强烈的逆冲和左旋走滑活动，发生过强烈的地震。总的来看活动强度从西南向东北逐渐减弱。

在海原断裂带与中卫-同心断裂带之间为香山—景山挤压隆起区，黑山峡即为黄河在此段的深切谷地。黄河穿过黑山峡段之后，进入腾格里沙漠南侧和中卫盆地。黄河出峡在大湾村一带河道突然弯转，形成一个异乎寻常的巨大蛇曲，经沙坡头、中卫向东流去。这一黄河河道大弯并非一个一般的河道蛇曲，它的出现与此处的近东西向中卫-同心断裂带的活动有关，是黄河穿过这一活动走滑断裂带

* 本文原载于《第四纪研究》，1993，No. 4。作者：丁国瑜。

的河流位错现象。

二、中卫－同心活动断裂带

中卫－同心活动断裂带最西出现在小红山、甘塘一带，向东断续出露，经中卫至红谷梁转向南东和南南东，延至固原、七营，全长200 km，是一条有很大逆冲成分的左旋走滑断裂带，由一系列斜列及分支或平行的次级断层组成（图1）。自西向东可分为三段，依次为：

1. 小红山－麻黄沟段

全长约50 km。在甘塘以西断层出露清楚，在错断的小山山麓有高达数米的断层陡坎。坎底部有60 cm较新的断坎，断续分布较长，此次在断层陡坎的上覆黄土层中取样，TL年龄为（38000 ± 4000）a B. P.。断面倾向北，侧角64°，断面上有40°的擦痕倾伏角，在表部表现为正走滑断层。向东断层面倾向逐渐转向南，表现为逆冲走滑活动。在麻黄沟一带，断层走向转向SSE，逐渐尖减与麻黄沟东北侧的上茶房庙－孟家湾方向延展的断层成左阶斜列。

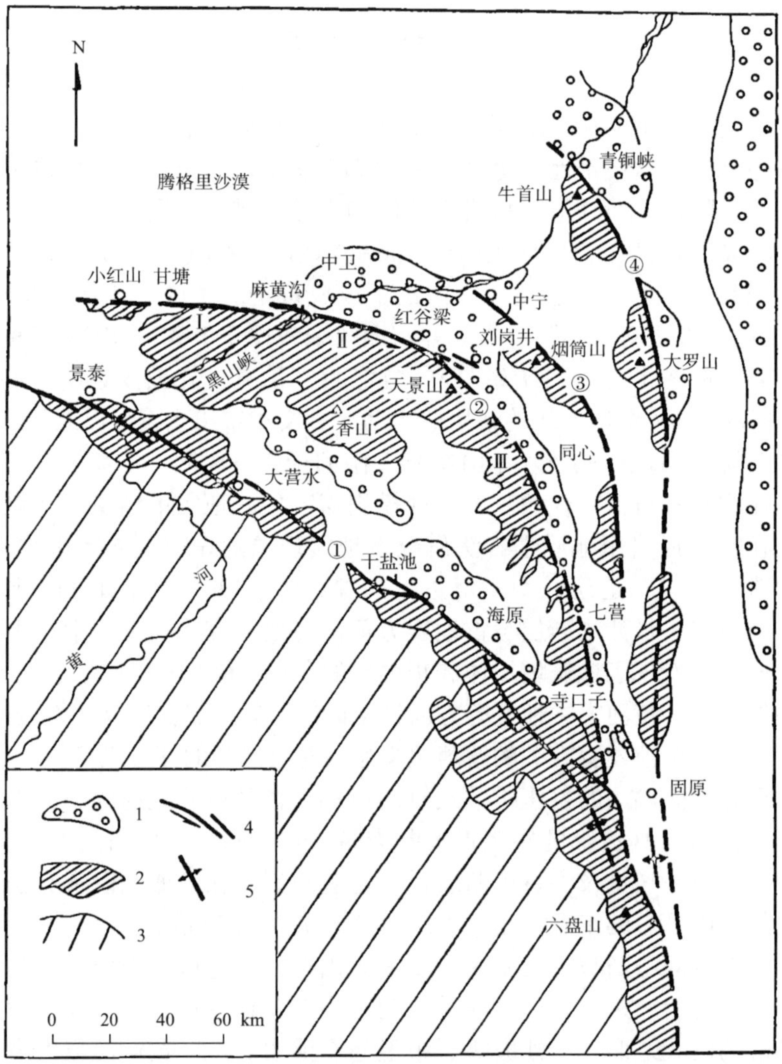

图1　青藏高原东北侧的弧形挤压－走滑活动断裂带及中卫－同心断裂带的分段

1. 第四纪拗陷盆地区；2. 基岩山地区；3. 陇西高地；4. 活动断层；5. 背斜

①海原断裂带；②中卫－同心断裂带；③烟筒山断裂带；④牛首山断裂带

Ⅰ. 小红山－麻黄沟段活断层；Ⅱ. 香山－天景山段活断层；Ⅲ. 同心－七营段活断层

2. 香山－天景山段

西起上茶房庙，向东经大堆堆沟、孟家湾，过黄河经窑上、碱沟、红谷梁转向东南方向至同心西。由红谷梁向东还有断层断续分布至刘岗井、陈麻井一带，全长约 80 km。由多条次级断层和分支断层组成。逆冲和左旋走滑活动清楚。多处可见到古老岩石逆冲到第四系之上及水系、山脊扭错现象，是中卫－同心断裂带中第四纪以来活动性最强的一段。1709 年中卫 7½级大地震就发生在这一断层上。

3. 同心西－七营段

是中卫－同心断裂带的东南段，走向 NNW，沿清水河西侧有一系列的 NNW 轴向的新褶皱及延续的陡坎地形。在一些地点（如桃山及张家堡子）可看到褶皱的第三纪砾石层逆冲到全新世堆积之上。但总的看来，这一段断层的最新活动性弱。

三、香山－天景山断层的活动与沙坡头黄河大弯的形成

香山－天景山断层是中卫－同心断裂带中最活跃的一段。强烈的左旋走滑活动在地貌上留下了明显的痕迹。沿断层可以看到大量的地层挤压变形，地质体与冲沟的位错现象。对这些断错冲沟已有许多调查和分析，并配合着开挖过多个探槽，进行了古地震遗迹及有关年代学的研究[2,3]。根据冲沟年龄的新老及其相应长度的大小，大致可分为三组：

（1）全新世晚期形成的小冲沟。一般仅具有 1～6 m 长，个别点达 7 m 多的位错，它们反映了 1709 年中卫 7½级地震的位错量。

（2）晚更新世或全新世早、中期开始形成的冲沟。多具有七八米、数十米以至上百米的扭错量。在腰岘子沟至红谷梁一带，孟家湾至大堆堆沟一带以及西段的小红山一带皆有发育。

（3）中更新世或其以前形成的冲沟。这些具有巨大规模和长度的冲沟往往具有数百米以至上千米的扭错量。如腰岘子沟在穿过断层处已被扭错 805 m，阴洞沟已被扭错 1370 m 等。

为了揭露这条断层的活动性情况，国家地震局地质研究所、宁夏地震局、兰州地震研究所和国家地震局分析预报中心等单位曾开挖过探槽。此次在对这条断层活动性的专题研究中又开挖了 8 个探槽，做了 24 个年龄样品的测定。根据这些资料并参考了以往的一些研究结果进行分析，可以看出：

（1）地面调查和探槽中揭露的现象表明，1709 年中卫 7½级地震的地面断层东至红谷梁以东的刘岗井、陈麻井一带，西至大堆堆沟一带，全长 53 km，主要沿 F－201 断层分布。这次地震的位移量为 5.5 m，破裂基本上贯穿了香山－天景山断层大部分。在红谷梁一带，长流水沟沟口、孟家湾和大堆堆沟等地的探槽开挖的剖面上皆可追踪到它的痕迹。破裂影响到的地层的年龄亦可较明确地对这一事件做出判定[4]。

（2）最近的研究表明，在全新世期间，除了 1709 年地震外，在 8000～7500 a B. P. 曾有一次大的地震事件，这次事件可在红谷梁西、窑上、孟家湾、麻雀湾和大堆堆沟等地探槽剖面中看到其踪迹。虽然有些剖面的年龄资料还有其一定的不确定性，但在多点上的年代大体一致，从其分布的范围看，与 1709 年 7½级地震破裂的长度相当，根据冲沟扭错情况，其位移量亦大致与 1709 年地震的相当，故此两次事件的强度亦应相近。

（3）全新世以前的古地震事件在红谷梁西、孟家湾以及小红山等地探槽中皆发现有多次的存在。由于当前已有数据的局限，还难以进行具体事件的对比。但已有资料表明，这些事件的复发间隔均具有至少四五千年以上的时间长度。

（4）沿断裂带还可以看到前第四纪的地质体或地质界线被断层切断而发生位错的现象。如碱沟与阴洞沟之间断层将第三系与前寒武系不整合面的界线错动位移了 3.2 km[2]。在乱岔井一带，粉石沟附近亦有这种现象。这一 3.2 km 的错距反映了该断层在第四纪强烈走滑活动以来的位移总量。关于断层开始强烈走滑活动的时代，根据在青藏高原边缘的一些地带取得的认识是在早更新世的中期，即在距今约 1.6～1.4Ma 以来的时间[5]。

从以上几个方面的材料可以看出，沿着这一断层长期以来主要以地震破裂位移的方式进行着强烈的左旋走滑活动，每次位移量约在 1 ～6 m 之间。随着时间的推移，穿过断层的一些冲沟、河谷、地质体的位移不断加大。由于经受断层错动的时间长短的不同，年代新老不同的河谷或冲沟错距大小就与它们的年代的长短表现出明显的函数关系。

黄河是切过中卫 - 同心断裂带的最大、最古老的河流。它是此处经历香山 - 天景山断层走滑错动最久的一条大河。它在黑山峡段的走向总体上是 N60°E，在大柳树村东北穿过香山 - 天景山断裂带。出黑山峡并未沿原有的流向向东北流去，而是穿过断裂带后突然转向西，又向东和东南，在沙坡头一带形成一大弯。根据航空卫星照片和对中卫盆地的地形的分析，在盆地的西北侧有一蜿蜒伸展的富水条带，其间还分布着荒草湖、马场湖、高墩湖等残留湖沼，深部可能有潜伏的黄河故道。这一北东向条带的西段向西延伸至沙坡头一带在方向上正与黄河大弯的北侧相接（图 2）。

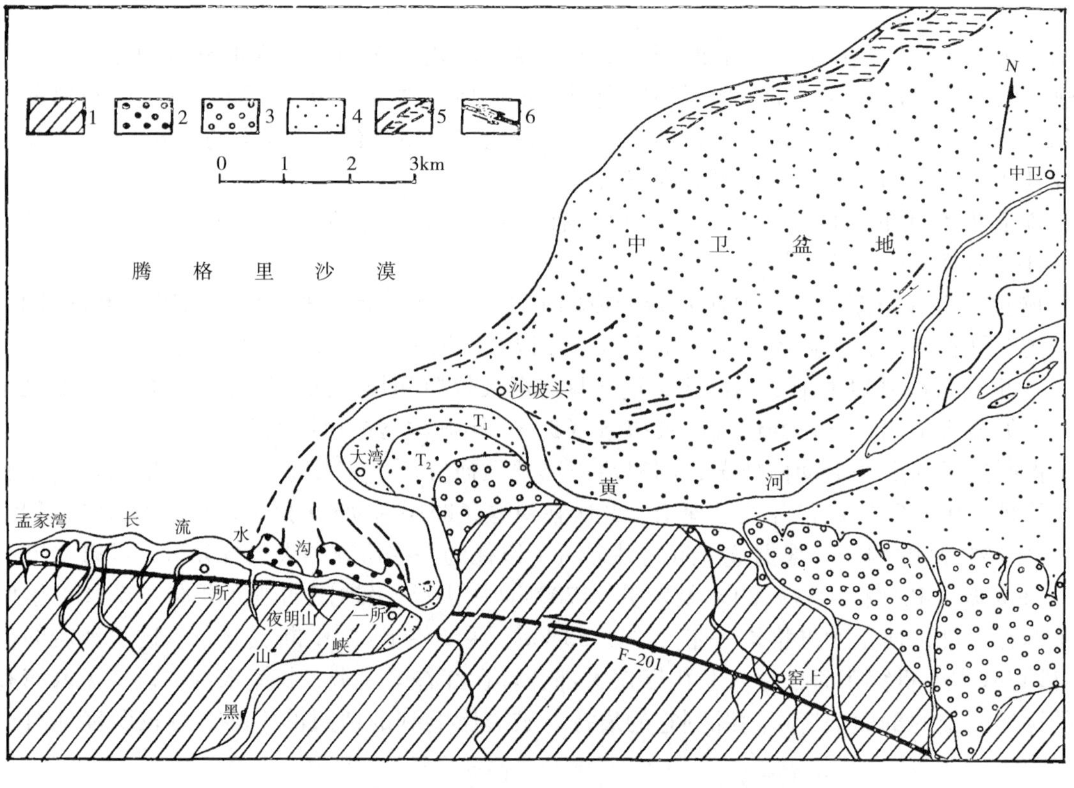

图 2　沙坡头黄河大弯附近第四纪地质及地貌示意图

1. 前第四纪岩石；2. 古黄河河床砾石层；3. 中 - 晚更新世台地；
4. 晚更新世、全新世沉积；5. 推测的黄河故道；6. 活动断层（F - 201）

在黄河大弯的西侧供水一所与二所一带，沿长流水沟正是香山 - 天景山断裂带通过的地方。在长流水沟北侧，亦即断层的北侧，分布有一套巨厚的冲积砾石层，砾石滚圆度很高，胶结坚硬，从砾石的岩石组成成分看有大量上游黑山峡段的古生界岩石。从砾石层的巨大规模和砾石的岩石组成来看，它绝非长流水这一短小河谷的产物，而是古黄河的河床堆积。

中卫盆地东部拗陷较深，据钻孔资料，此处第四系厚度可达 300 多米。盆地向西逐渐变浅，盆底的基岩顶面向西逐渐升高。在大弯一带盆地底板已高出黄河河面 50 m。从长流水沟北侧古黄河砾石层出露的位置看，这一带砾石层与下伏基岩的接触面已出露地表，约位于现代黄河的 I - II 级阶地的高度。从黄河在沙坡头一带切出的剖面看，剖面顶部有晚更新世的沉积层。沙坡头剖面顶面高程为 1340 m，黄河河面高程为 1220 m，黄河大弯在此下切约 120 m。古黄河砾石层底座的高程为 1250 m，故这一砾石层层位是处于断层北侧中卫盆地西部边缘第四纪沉积剖面中底部的位置，在第四系剖面中具有较老的年龄。

黄河大弯的南西侧的夜明山发育有多级黄河阶地。根据宁夏地震局的划分，其中VI到VIII级阶地的时代定为早更新世晚期到中更新世早期。长流水沟北侧的古黄河砾石层的砾石组成、胶结程度及风化程度等与断层南侧夜明山地所见的黄河VI级阶地的砾石层有一定差别，关于这一砾石层的年代目前尚未取得准确数据。与上游兰州附近黄河阶地的系列相比较，兰州黄河VI级阶地底部砾石层的年龄为(1.49±0.11) Ma B.P.[6]。若如上所述将此砾石层视为盆地一侧黄河的最底部的砾石层，则此砾石层的年代可暂视为与此大体相当。

古黄河砾石在断层北盘的出露地点与断层南盘现代黄河的距离约为3 km。这一数值意味着穿过香山－天景山断层的黄河河道在约1.4 Ma以来，由于断层的左旋走滑所造成的黄河河道在断层两侧被侧移的距离。很巧这一数值正与根据沿这一断层上的地质体的错位所确定的3.2 km的位移值基本吻合。也可以说这又为确定香山－天景山断裂带在大约1.4 Ma以来左旋走滑的位移总量提供了一个证据。

从以上几方面的情况分析，古黄河在早更新世的后期在此段形成后，流出黑山峡后河道原沿中卫盆地西北侧、腾格里沙漠东南侧的北东向的方向流出，由于香山－天景山断层的左旋走滑错动，使得断层南盘的黄河河道逐渐向东偏离，在断层北侧逐渐形成了河道的牵引弯转。中卫、中宁盆地至清水河盆地是香山－天景山挤压褶皱带前缘的拗陷盆地，拗陷最深的部位在卫宁盆地的中、东部，这可能是造成沙坡头以东古黄河河道逐渐向南迁移，又回到盆地中部流去的构造背景。这就形成了在沙坡头附近的黄河大弯。这一突然出现的大弯不是一般的河流蛇曲，它的出现是香山－天景山断层的左旋走滑活动所造成的一个穿过走滑活断层河流的位错现象。

四、讨　　论

由于断层的走滑活动造成穿过断层的河流被错动变位，发生急剧转折，甚至重新配置的水系断错现象是研究地壳水平运动的重要标志。对断错水系的研究，特别是结合古地震资料的分析是判定断层走滑活动过程、位移总量、位移速率的重要方法[7]。在我国沿许多大的走滑断层常可以看到河流被扭曲牵引和错动的现象，一些古老的河流被错断的距离有时可达数十以至上百公里。它反映了内陆一些以活断层为边界的地块间的相互运动的许多具体情况。

水系的形成和发展受构造、岩性、气候、水文等多方面因素的影响，但是在断层附近，由于断层的强烈活动，河流的发展则主要受到构造活动的控制，沿活动走滑断层，地震的水平错动对水系的扭曲变形和改造更是明显，由于急剧位错的效应，河流的平衡状态遭到破坏，被切错的两段河道之间需要解决新状态下的接口和平衡问题，形成河槽内部水力学状态的变化，影响河槽的稳定性。断层的一次错动尽管距离不大，但河流对小变化（如一次地震数米的位错）有快速反应的本能。位错量随时间而增长。河流巨大距离的扭曲变形是长时期以来众多微小变化，多次地震位错累积的结果。除了因断层的走滑活动造成穿过断层的河流错位，由于新构造活动还可以导致河床的不稳定，造成下切、沉积、河岸侵蚀、发育曲流或河曲裁弯取直，发育辫状或交织河道等众多现象[8]。中卫沙坡头黄河大弯一带就是这方面一个具体的例子。由于香山－天景山断层的走滑活动使穿过它的黄河河道形成了约3 km的位错外，还加剧了河岸的侧向侵蚀，导致了河道的迁移，使黄河在沙坡头一带形成异常的巨大弯曲，并在中卫盆地发育了辫状河道。

黄河是一条大河，有很长的发育历史，在一定的适宜部位保留下来的位错现象记录反映了长时间以来它所穿过的活动走滑断层的位移总量和情况。在中卫沙坡头一带根据断层两侧古黄河堆积及古河道遗迹位置的变化所确定的黄河被位错的距离为3 km，这一数值与沿此断层上古老地质体的位错量正相一致，是香山－天景山块体与其北侧的烟筒山块体间在约1.4 Ma以来相对位移的总量。这是青藏高原东北缘块体与华北块体之间相对位移总量的一部分。

在青藏高原东北侧，自海原断裂带至银川盆地一带是阿拉善地块、鄂尔多斯地块及青藏高原之间的一个复杂的边界地带。这里是古生代的一个拗拉槽地。第三纪晚期以来因青藏高原向东北的强烈挤压在此古拗拉槽地带形成了一系列向东北凸出的弧形挤压构造及其边缘的左旋走滑断裂带。中卫－同心断裂带只是其中的一个。据已有的一些资料看，南侧的海原断裂带上的西华山北麓断层在更新世早、中期以来的位移总量达 14 km[3]，但这只是据一条断层两侧的错距确定的，也还不能代表了海原断裂带的总位移量。北侧的烟筒山断裂和牛首山断裂等的左旋走滑位移量尚不十分清楚。青藏高原东北部与华北块体之间在新构造阶段相对水平位移总量的估算还有待于对这些弧形走滑断裂带位移情况的全面分析。在我国有许多巨大的走滑断裂带，并且有许多大河穿越它们。选取适宜的地段，分析研究那些穿过走滑活断层的河流位错现象，特别是结合古地震破裂年代及错动量的研究，将对深入认识这些走滑断裂带的活动状况，重建这些作为活动边界的活动断裂带两侧块体相互运动的过程，提供许多有重要意义的科学依据。

参 考 文 献

[1] 袁复礼，秦岭以北的新构造运动，中国科学院第一次新构造运动座谈会发言记录，科学出版社，1957，81～83。

[2] 张维歧等，宁夏香山－天景山弧形断裂带新活动特征及 1709 年 7½ 地震形变带，地震地质，1988，No. 3，12～20。

[3] 汪一鹏等，宁夏香山－天景山断裂带晚第四纪强震重复间隔的研究，中国地震，1990，No. 2，15～24。

[4] 聂政、林伟凡，中卫－同心断裂带中段香山－天景山断裂 1709 年 7½ 地震形变带特征，地震，1993，No. 1，41～44。

[5] Lu Yanchou，Ding Guoyu，A Major Neotectonic Event for ca. 1. 6 – 1. 2 Ma B. P. On the Qinghai – Xizang（Tibetan）Plateau and Its Bouder. Abstracts INQUA XIXI Gongress 220. 1991.

[6] 李吉均、康建成，中国第四纪冰期、地文期和黄土记录，第四纪研究，1989，No. 3，269～278。

[7] 丁国瑜，活动走滑断裂带的断错水系与地震，地震，1982，No. 1，3～8。

[8] Schumm, S. A.，Alluvial River Response to Active Tectonics. Active Tectonics，National Academy Press. Washington，1986，80～94.

阿尔金活断层的古地震与分段*

摘　要　活断层的破裂过程往往是通过多个独立破裂段落的组合而进行的。活断层的分段就是对断层上各个稳定的独立破裂单元的识别。这是深入认识断层的活动习性特征和进行潜在地震危险性评估的重要途径。古地震资料是识别破裂单元最直接的依据。本文在根据障碍构造对阿尔金活断层进行几何结构分段的基础上，结合古地震资料的分析进行了破裂分段的识别，划分了 11 个破裂段。在约 20000 年来各个段落活动时段、强度、古地震复发间隔都有所不同。总趋势是由西向东逐渐减弱。在约 4500 ～2000a B. P. 存在一个各个段落都比较活跃的阶段。这与沿青藏高原边缘的一些活动带上揭露出的情况很相似，看来这是与整个高原的构造活动在这个时段曾有所加强有关。

关键词　阿尔金活断层；古地震；障碍构造；结构分段；破裂分段

一、引　　言

活断层分段（segmentation）的研究是当前在活断层及地震危险性评估的研究领域中一个备受注目的热点课题[1]。这是由于近年对断层分段的内涵及其研究方法的新进展已使这一问题成为深入认识断层的活动特性及破裂滑动过程和进行断层不同段落地震潜在危险性评估的重要依据和可行途径。一条断层的破裂活动过程是通过一个或多个独立破裂段的组合而完成的。段就是断层上稳定的独立破裂单元。这种在一定时、空上的稳定破裂的端点，由于累积滑动亏损会形成可以识别的结构或障碍构造。分段就是进行对断层上稳定破裂单元的识别和划分。在活断层分段的研究中，古地震资料具有非常重要的意义，因为它可提供一条断层上较长时间段（数百年至数万年）地震破裂的历史和破裂范围的大致分布，是划分稳定破裂段落最有价值的依据。

阿尔金活动断裂带是东亚大陆内部一条最引人注目的巨型断裂带。它以其巨大的规模和极其醒目的线性形象分割了塔里木盆地和柴达木盆地，成为高耸的青藏高原西北部的天然边界，是研究中国大陆内部新构造变形和运动的一个重要构造形体。

阿尔金活动断裂带是一条复杂的断裂带。它的最新位移活动主要集中在一条主要滑动面上进行。这与一般活动断裂带在一定时间段沿一个主滑动面活动的情况是一致的。这条主滑动面西起硝尔库勒，经苦牙克、曼达里克、清水泉、阿卡吐塔格、索尔库里、安南坝、阿克赛、肃北至宽滩山。全长约 1600 km[2]。实际上它向西及南西仍有延伸，在苦牙克以西分为两支，一支向西过硝尔库勒之后称康西瓦断层，一支向南西延伸并分散为多条（图 1）。对这样一条巨大活断层分段问题的研究是深入认识其破裂发展过程和正确评估其未来地震危险性的一个重要课题。

* 本文原载于《第四纪研究》，1995，No. 2，97 ～106。作者：丁国瑜。

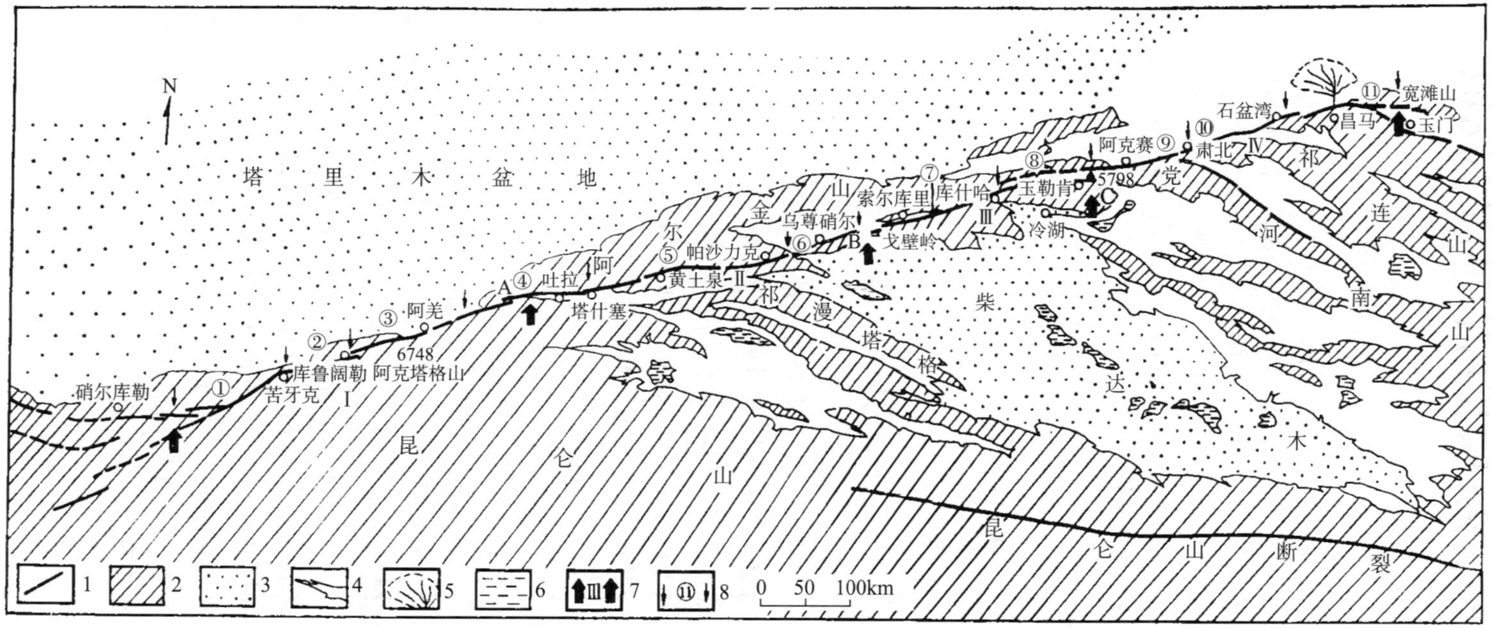

图1　阿尔金活断层及其分段

1. 阿尔金活断层；2. 山区；3. 盆地区；4. 谷地、丘陵；5. 冲积扇；6. 湖泊；7. 一级分段边界及编号；8. 破裂分段及编号；

Ⅰ. 阿克塔格山段；Ⅱ. 尤苏巴勒山段；Ⅲ. 安极尔山段；Ⅳ. 野马山段；A. 吐拉复式阶区；B. 阿卡吐塔格阶区；C. 玉勒肯阶区

①硝尔库勒段；②苦牙克段；③阿拉萨依段；④吐拉段；⑤黄土泉段；⑥乌尊硝尔段；

⑦索尔库里段；⑧库什哈段；⑨阿克赛段；⑩红柳峡段；⑪疏勒河段

二、障碍构造与结构分段

阿尔金断裂带由多条断层组成，它是沿着许多先存断层或构造块体边界发展起来的。从整体看全新世的活断层迹线具有相当好的连续性，呈平缓波状展布。次级断层具有明显的雁列特征，右阶排列占优势。从断层的结构及几何形态看，阿尔金活断层的分段具有多层次性，所谓多层次性是指大的破裂段内叠加有多级次级破裂的现象，主要可划分三个层次的分段。

（一）一级分段

一级分段是据地质构造及断层活动性的特点进行划分的。长达 1600 km 的阿尔金活断层由 4 个大的段落组成[3]。从西向东为：

（1）阿克塔格山段，自硝尔库勒经库鲁阔勒、阿羌至吐拉盆地以西，东端渐转换为北西西向的昆仑山北缘逆冲挤压带，又可称为昆仑山段。

（2）尤苏巴勒山段，自阿羌至茫崖以东的阿卡吐塔格，此段东端逐渐向东转换为祁漫塔格挤压带。

（3）安极尔山段，自阿卡吐塔格向东经索尔库里、库什哈至玉勒肯一带，东端与党河南山挤压带相转换。

尤苏巴勒山段与安极尔山段处于柴达木盆地的西北侧，沿阿尔金山南缘展布，这两段又可统称为柴达木盆地段或阿尔金山南缘段。

（4）野马山段，自拉配泉向东经阿克赛、肃北至玉门市以北的宽滩山，展布于阿尔金山北缘及祁连山山脉的西北侧，又可称为祁连山段。

这 4 个段落呈右阶排列，它们之间被三个最大的一级障碍构造，即阿克塔格东端与阿尔金山西端之间的吐拉复式阶区、乌尊硝尔与戈壁岭之间的阿卡吐塔格阶区和库什哈与阿克赛之间的玉勒肯阶区所隔开。在阶区部位有的地段又已有全新世的破裂通过，表明这几个大段落之间正遭受着破裂连通和断层平直化的过程。

（二）二级分段

从整体上看阿尔金断层呈缓波状延伸。上述 4 个大的段落又都是由多条雁列的次级断裂组成，沿断层有大量的大大小小的障碍构造存在。这些障碍构造包括弯曲、阶区、分支等多种类型，将断裂带的一级段落又分成了若干明显的次级段落。从西向东主要的障碍构造有：

（1）硝尔库勒拉张阶区，是阿尔金活断层最西段的一个右阶阶区。阿尔金活断层由此向西过渡为康西瓦断层，阶距 12 km。东侧分支构成昂克提勒克库勒与看尔晒等右阶拉张阶区，形成一系列湖泊。

（2）苦牙克弯曲，由阿尔晒至苦牙克为一断层南侧块体左旋滑动形成的拉张谷地，其弧顶向北，弯曲角 24°，在阿尔晒西南有一右阶阶区宽 2 km。

（3）库鲁阔勒拉张阶区，这里同时又是自安迪尔谷地经库鲁阔勒盆地至曼达里克的弧形弯曲处。

（4）曼达里克弯曲，弧顶向北，两翼构成的弯曲角约 15°。

（5）解放牧场弯曲，向南弯曲，弯曲角 18°。

（6）秦布拉克拉张阶区。

（7）叶俄阿勒克萨依拉张阶区，阶距不大，仅 1 km。

（8）约马克其弯曲，顶端向北，弯曲角 15°。

（9）帕沙力克弯曲，弧顶向南，弯曲角 14°。

（10）依吞布拉克弯曲，在乌尊硝尔一带本是一拉张阶区，第四纪的破裂穿过这一阶区，在依吞布拉克形成一弯曲构造，弯曲角18°。

（11）阿卡吐塔格拉张阶区，第四纪断层在此区是一个大型左阶排列的挤压阶区。全新世破裂在其南侧形成一右阶拉张阶区。

（12）库什哈弯曲，为一向北突出的弧形，以库什哈为顶点，弯曲角约10°。

（13）玉勒肯阶区，阶区两侧断层为右阶排列，皆终止于阿尔金山东段主峰（5798 m）附近，阶距达11 km。

（14）阿克赛弯曲，由其一系列左侧的次级左阶斜列断层和右侧的右阶斜列断层形成了此段向南的弯曲，弯曲角13°。

（15）石盆湾弯曲，是阿尔金活断层最东端的一个弯曲，向北弯曲的顶点在石盆湾至疏勒河一带，弯曲角较大，达28°。

从上面对阿尔金活断层上障碍构造的叙述可以看出，阿尔金断层的障碍构造中弯曲构造比阶区更为普遍。这些弯曲都是弧形弯曲而不是折线形弯曲。整个断层呈缓波状延展，共有较大的弯曲9个、阶区6个。有些相邻的弯曲也可组合起来作为双弯构造看待。如约马克其弯曲与帕沙力克弯曲，阿克赛弯曲与石盆湾弯曲等。

这些弧形弯曲大多弧顶向北，由西翼和东翼两段组成。由于区域主压应力方向为NNE－NE向，而阿尔金活断层的走向为NEE向，因而常常形成了弧的东翼有更大的逆冲成分（弧顶向南的弧则为西翼）。两个弧形弯曲之间断层多为一右阶阶区。有许多阶区又已有新的破裂穿过。

阿尔金活断层发育于青藏高原与塔里木地块之间的强烈挤压带上，沿此带有许多透镜状的挤压构造块体。上述的这些弯曲弧形断裂是沿一系列挤压带内的透镜状构造块体的边缘一段段再次破裂的产物。阿尔金活断层就是由这些一个个弧形破裂段连接而成。总体上形成波状延伸的形象。根据上述沿断层发育的弧形构造可以进行阿尔金活断层的几何形态及结构的分段，可划分出十余个这样的弧形段落，弧形段落之间多呈右阶排列，有的存在阶区，有的则存在间断。但它们是否就是断层的破裂分段，是否就是稳定的破裂单元，则还需要结合古地震和地震破裂的资料进行具体分析。

三、古地震与破裂分段

沿阿尔金活断层可见到一系列的地表破裂、第四纪的变形和古地震的遗迹，包括断错水系、断错脊、发育于松散沉积物中的断层陡坎、埋藏断层陡坎、多期地震断层滑动面、沿破裂带的楔状裂缝堆积、崩积楔、挤压隆起、地震槽沟以及沙土液化现象等。对阿尔金的古地震现象近年已有一些研究[4,5]。特别是国家地震局于1985～1989年组织的阿尔金活动断裂带课题组在这方面开展了大规模的调查研究工作，开挖了探槽51个，测定^{14}C年龄样85个，热释光样161个。发现和确定了18条古地震破裂带，并对它们进行了具体的追踪制图。通过探槽和年龄测定，揭露和确定了31次古地震事件的存在，根据遗迹的破裂规模估计，除两次稍小外，其余都是相当7级以上的强震。从这些事件在时、空上的分布看，在空间上有明显的分段现象，在时间上则表现出多个活跃期和间歇期的存在。在23000a以来，粗略划分出5个活跃期和5个间歇期，5个地震事件比较集中的时段是4500～2500、7500～6000、13500～12500、18000～16000和约23000 a B. P.，活跃期持续时间为1000～2200 a。并对古地震活动的一些特点和重复间隔等问题进行了讨论。

古地震资料是确定活断层破裂分段最直接的重要依据。利用阿尔金活动断裂带课题组的古地震资料结合作者对一些重点剖面及探槽的野外观察，对阿尔金活断层的破裂分段进行了识别和划分，并与几何形态和地质结构的分段相联系对比，取得了如下结果。

（一）时限

对阿尔金活断层上古地震遗迹及断层滑动事件年龄的分析可以看出，较早的事件是在鄂博图、长草沟、乌尊硝尔等地的剖面上看到的。晚更新世晚期以来在 22000 a B. P. 及 42000 a B. P. 曾有过两个断层滑动的阶段。这些阶段中的几次事件是这一带最老的断层滑动事件。对 22000 aB. P. 以前的事件，由于目前数据很少，难于进行事件的复原和对比。故这里讨论的是对约 22000 a 以来的古地震事件所表现的破裂分段情况。

（二）破裂分段

对阿尔金活断层上已揭露出的 31 次古地震事件的分析表明，各地段古地震在时间序列、复发间隔、地震大小以及事件群集时段等都明显地反映出断层破裂的分段性。按照这些古地震事件在时、空上的分布、复发间隔等情况，并综合考虑地面上地震形变带遗迹的分布、断层几何形态和结构分段的状况，可划分出如下 11 个破裂段落（图 2），自东向西为：

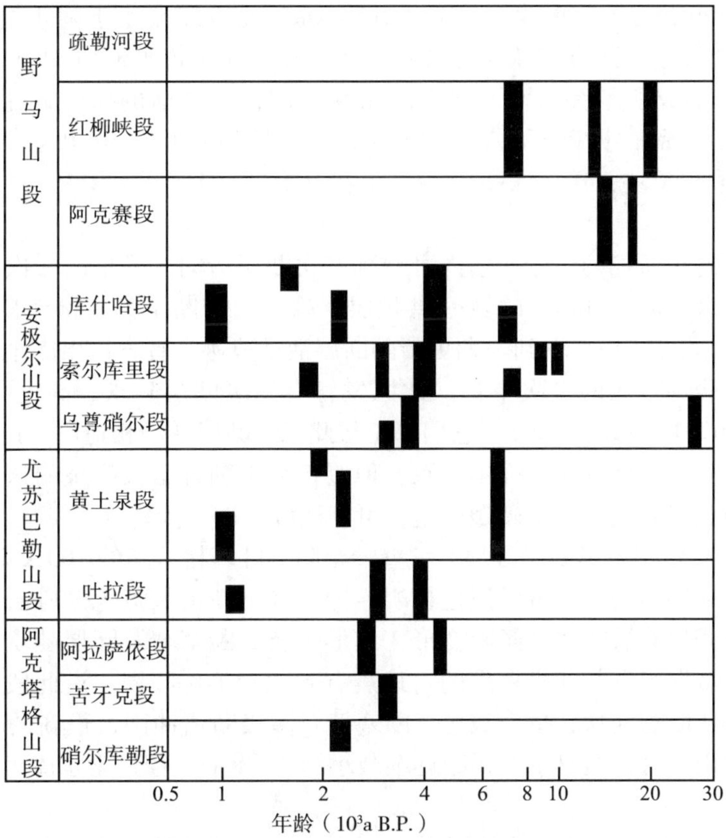

图 2 沿阿尔金活断层的古地震破裂分段

古地震事件及其年龄资料据国家地震局阿尔金活动断裂带课题组，1992

（1）疏勒河段，自宽滩山至石盆湾，长约 130 km。

（2）红柳峡段，自石盆湾至肃北长约 160 km，在石盆湾以西的青石峡西约 1.5 km 处开挖的牛毛泉探槽剖面由晚更新世晚期及全新世堆积的砾石层、细砂及黄土层组成。剖面中可看出断层的三次滑动事件及生成的三期断层崩积楔和埋藏断层坎。剖面中可看到几期的侵蚀面及沉积层的侵蚀和厚度变化。据专题组的资料，三次古地震事件的年龄如下：事件 1（F_1）为（18620 ± 500）a B. P. 之后；事件 2（F_2）为（12590 ± 190）~11160 a B. P. 之前；事件 3（F_3、F_4）为（7080 ± 570）a B. P. 之前。由于此剖面的位置处于断层受拉张的弯曲处，地震断层表现为具有一定倾向滑动的张性走滑。在此剖面以东的青石峡探槽剖面也可看到此三次事件的存在。

在肃北以北的芦草湾剖面，长约 40 m，1985 年陈国星对此剖面给出过详细的描述，并进行了有关地层和古地震事件的年代估计[4]。这一剖面中可看到三次破裂事件，它们的年龄现已被确定为约18910 a B. P. 、(15600 ± 600) a B. P. 之后及 (7510 ± 600) a B. P. 之前。从地表破裂情况看三次事件即上述牛毛泉、青石峡一带探槽剖面中揭露的三次事件。故这些点皆应属于同一破裂段。

(3) 阿克赛段，自肃北至安南坝，长约180 km，东端在党河河谷处与红柳峡段之间存在一右阶阶区，此段地面破裂带清晰。次级断层呈左阶雁列。从阿克赛沟经鄂博图沟、长草沟至红石拉坡沿当金山北麓一带可看到切割II、III级阶地、高1～2 m的多个断层陡坎。沿此带断错水系发育，错距数米至数十米，其中以7～9 m者最为普遍和清楚。它与切割II级阶地的4～5.5 m高的陡坎相对应。此外，尚有13～15 m错距的一组断错沟也很普遍。这两组位错与阿克赛城西的达勒巴依沟古地震探槽剖面中的 (16446 ± 100) a B. P. 和 (13510 ± 180) a B. P. 两次事件可以对比。在阿克赛城东20 km的清水沟探槽剖面以及小鄂博图以东2km等地剖面中也可看到此两次事件的存在，故也应同属一个破裂段。

(4) 库什哈段，自玉勒肯至拉配泉西，长约150 km，此段东端止于阿尔金山东部的5798 m主峰附近，与阿克赛段之间为一宽约11 km的右阶阶区。在库什哈苦水河西2km的探槽中可看到断层切割不同层位的地层并形成了多次充填了黄土的张性地震楔。以前的研究确定有4次古地震事件：最老的一次未取得年龄样品，据砾石层沉积速率估计大约为6700 a B. P. ；第二次事件约发生在 (4130 ± 300) a B. P. 或稍早些；第三次事件约发生在 (2170 ± 100) a B. P. 之前；第四次事件发生在 (920 ± 80) a B. P. 。

在拉配泉西南由课题组所挖的7号探槽内可看到三次断层活动。最早的一次错断了晚更新世晚期地层，年龄为 (22060 ± 6400) a B. P. 的坡－洪积层。第二次错断了其底部年龄为 (9600 ± 1000) a B. P. 的全新世堆积层。此外，还可看到一期更新的断层活动遗迹，有直接出露地表的喷砂体及切割至地表的断层，显然是距今不很久的一次事件。此区发育有三级断层陡坎，高度分别为2、1、0.5 m，三组断错冲沟 (15～16、11～13、7 m)，它们都正与此三次断层活动相适应。此探槽剖面中断层活动的年龄与库什哈剖面中几次事件的年龄并不一致，但鉴于从玉勒肯至拉配泉的这一段地面破裂和变形带连续性很好，我们暂且将它视为一个破裂段落，可能还应做进一步划分。

(5) 索尔库里段，自索尔库里断层谷地经戈壁岭至阿卡吐塔格，长约100 km。在戈壁岭一带的剖面，可看到断层的两次逆冲活动。元古代黑色板岩逆冲于晚更新世灰黄色砂砾石层之上，最新的一次活动使上覆的全新世堆积碎石层亦遭到倾斜变形。地形上新的断塞塘及断层陡坎十分清楚新鲜，其年代不会超过数千年。据课题组资料此段揭露的古地震有6次，事件频繁。沿此段断层，特别是戈壁岭一带走滑错动明显，形成断层陡坎、挤压鼓包、断塞塘及多级断错冲沟，最新的一组错距为9～13 m较为清楚。向东至金鸿山一带，扭错水系错距逐渐减小为5～8 m，穿过索尔库里谷地过渡到库什哈破裂段。

(6) 乌尊硝尔段，自阿卡吐塔格至帕沙力克，长约80 km。断层穿过乌尊硝尔湖，影响湖区晚更新世以来的沉积层。

(7) 黄土泉段，自帕沙力克至塔什萨依，长约230 km。西端为叶俄阿勒克萨依阶区，地面地震形变带自塔什萨依至约马克其一带表现清楚。在黄土泉清水泉至长沙沟一带存在的古地震破裂带长约75 km，据课题组在黄土泉附近一断塞塘边缘处所挖探槽剖面可以见到砂层的液化褶皱现象及至少有两期的崩积楔。专题组突出的两次事件年龄分别为 (6400 ± 63) a B. P. 及 (2270 ± 80) a B. P. ，此段东端的约马克其与帕沙力克间断层表现为一双弯构造。

(8) 吐拉段，自塔什萨依以西的叶俄阿勒克萨依至阿羌东，全长约120 km，在此段揭露有两次古地震事件。

(9) 阿拉萨依段，从阿羌经阿拉萨依、曼达里克至库鲁阔勒，长约100 km，有2～3次古地震事件，地面有米特代牙和曼达里克两个地震形变带，也可能是同期事件的产物。此段的西端为库鲁阔勒拉张阶区。

（10）苦牙克段，自库鲁阔勒至苦牙克，长约 80 km。

（11）硝尔库勒段，自苦牙克经开什昆、阿尔晒、看尔晒至硝尔库勒，长约 120 km，由开什昆、看尔晒、硝尔库勒三个右阶斜列的断裂组成。暂将其归为二段看待。

四、认识与结论

阿尔金断层是一条规模巨大、走滑错动现象鲜明的活断层，有一些研究者对它的滑动速率及位移总量都给出过很高的估计[6~8]，但一个与此不谐调的现象是沿断层一带很少历史大地震（$M>7$）的记载，仅有 1924 年 7 月 3 日和 12 日发生在民丰附近的两次 7¼级地震；近代仪器观测资料也表明这一带的地震活动性并不很高。近年来沿这一断层大量古地震遗迹的发现对如何认识这一矛盾现象提供了新的重要依据。对古地震和破裂分段的分析则加深了对这一巨大活断层破裂发展状况的了解。

（1）阿尔金活断层是沿着一些先存断层或构造块体边界发展起来的。由 4 个大的一级段落组成，呈右阶排列。它们之间被 3 个大的障碍构造，即吐拉复式阶区、阿卡吐塔格阶区及玉勒肯阶区所隔开。按古地震事件在时、空上的分布情况，沿阿尔金活断层也可分为 4 个大的段落，与上述的结构分段正相一致（图 2）。阿克塔格山段的古地震事件集中发生在 4400～1000 a B. P. 时段；尤苏巴勒山段在 6000 年来有多次大震发生，但复发间隔较长；安极尔山段古地震事件的数量最多，是发震频度最高、复发间隔最短的一段。最活跃的时段是在约 7000～1500 a B. P. 间。最东的野马山段的古地震事件主要发生在距今 18000～7000 a B. P. 间，活动时段较早。在安南坝至索尔库里槽地一带古地震事件最为频繁，反映了阿尔金南缘断裂与槽地南侧的安极尔山段断裂之间正遭受着破裂连通和断层平直化的过程。

（2）阿尔金活断层上次一级的障碍构造（不连续构造）包括 6 个阶区和 9 个弧形弯曲。由于弧形弯曲构造的发育，形成整个断层呈缓波状延展。这些弧形弯曲是破裂沿着一系列透镜状挤压构造块体的边缘发展而成的，它们也控制了破裂的延展和终止。弧与弧之间有的以双弯形式过渡，有的为阶区或间断。可划分出十余个弧形段落。按现已确定的古地震事件的强度及活动历史的差别，沿阿尔金断层也可划分为十余个段落，将此两者对照起来综合考虑，绝大部分的段落这两者是相一致的。少量相邻的弧形段落上的古地震有同样的活动历史，可归并为一个段落，表明是穿越了两个或更多的结构段的一个破裂段落。这些破裂段共可划分出 11 个。古地震的情况及端部的结构特点表明，它们是沿阿尔金活断层的稳定破裂单元。当然，随着古地震资料的丰富这种分段可能会有所调整或划分得更为细致。

（3）从已有资料看，晚更新世晚期（22000 a 以来）在阿尔金断层的不同段落上古地震事件的次数和复发间隔是不同的。一般为 2～3 次，多的可达 5 次，亦即这些事件（$M>7$）的复发间隔平均约为 4400～11000 a。从不同段落上事件间的复发间隔看，有从西向东逐渐增长的趋势：在西部的米特代牙约为 1900 a，清水泉约为 3200 a，中段的索尔库里约为 2000 a，东段的阿克赛、八个峡约为 6000～8000 a。这一情况与用不同时代断错地貌得出的断层平均滑动速率有自西向东减小的总趋势[6]是相一致的。

（4）古地震事件的年代表明，在全新世期间曾在 4500～2000 a B. P. 和约 8000～6000 a B. P. 有过两次地震活跃阶段，而目前正处于这种活跃阶段后的平静阶段。这一平静阶段至今已超过 1500a。从过去平静阶段的持续时间长度看（每次约 1500～2000 a），阿尔金断层上未来活动阶段的到来也许可能是不很久远的事情。对于较短周期（数十年以至百年的）地震活动分幕性已有较多的讨论。但由于历史地震记载时间的限制，对于更长时间尺度（数百年以至数千年）大地震活动周期的情况目前还知之甚少。阿尔金断裂带上古地震研究所取得的资料对于认识这一问题提供了一些新的线索。对沿青藏高原周围多条地震活动带上古地震事件的研究反映出在 5000～2000 a B. P. 存在一个古地震活跃的阶段，这与阿尔金活断层上古地震研究所揭露出的情况是很相似的。看来，这是与整个青藏高原的构造活动在约 5000～2000 a B. P. 这个时段曾有所加强有关。

参 考 文 献

[1] 丁国瑜等，活断层分段，地震出版社，1993，142。
[2] 国家地震局阿尔金活动断裂带课题组，阿尔金活动断裂带，地震出版社，1992，319。
[3] 丁国瑜，第四纪断层上断裂活动的群集及迁移现象，第四纪研究，1989，No. 36～47。
[4] 陈国星、高维明，阿尔金断裂东段第四纪活动的时空特征，中国地震，1987. Vol. 3 增刊。
[5] 丁国瑜主编，中国活断层图集，地震出版社，1989，121。
[6] Molnar, P. and Deng Q., Faulting Associated with Large Earthquakes and the Average Rate of Deformation in Central and Eastern Asia. . J. Geophys. 1984, Research. 89, 6203～6228.
[7] Tapponnier, P. and Molnar, P., Active Faulting and Tectonics of China. ibid., 1977, 82, 2905～2930.
[8] Avouac, J., Tapponnier, P., Kinematic Model of Active Deformation in Central Asia. Geophysical Research Letters. 1993. 20 (10), 895～898.

中国的古地震研究*

一、引　　言

近年来对古地震遗迹的研究日益引起人们的重视。这主要是由于发现古地震研究对解决用仪器记录、历史记录以及地质构造等方面资料评估地震危险性、强震重复周期等问题时所遇到的困难有重要的作用和特色。如在美国西部的多震区仅有200多年的地震记录历史，运用这样短时间的资料去判定地震危险性是极其不可靠的，因此必须重视史前古地震的研究，在我国虽有近3000年的历史地震记录，但较完整的强震记载也不过几百年的历史，而且仅限于东部的一些地区。此外，地震活动具有周期性，如果活动或平静的阶段较长，那么过短的记录就不可能正确地反映地震活动的真实面貌，地震平静期给予人们的假安全感，很容易导致错误的判断。

古地震学方法较早是由苏联学者N. A. Florensov和V. P. Solonenko在20世纪60年代提出的，曾广泛用于估算贝加尔、高加索、中亚等地区的地震参数[1]。70年代以来，美国的Clark，Allen，Sieh等人陆续开展了这方面的研究。由于其显露出的重要科学及应用意义，日益得到重视，获得了迅速发展，被认为是近几十年来在地震地质研究方面获得最大发展与成就的一个领域[2]。

二、古地震研究的主要内容

古地震学是识别和研究史前地震的科学，其内容主要是研究地质历史上，特别是第四纪晚期遗留下来的与地震有关的各种地质、地貌现象，并进一步确定其发震时间、地点、强度以及古地震事件的复发间隔，追溯更长时期内地震活动的规律。

研究古地震首先要解决确定古地震事件存在的标志[3]。古地震的标志包括：①构造标志，如断裂位错等；②沉积物变形标志，如揉皱、液化等；③地貌标志，如断错水系、阶地变形、断塞塘、断层崖等；④生物标志，树木的破坏，生态、年轮的变异等；⑤考古标志；⑥岩石矿物及其他微观标志。在各类的古地震标志中近年研究较为深入的现象是：断裂的多次错动、断层崖、地震崩积楔、断塞塘、沙土液化、同震海岸隆升阶地等。在运用各种标志识别古地震事件的遗迹时必须注意区别那些非地震成因但与地震遗迹有相似形态的地质、地貌现象，如非地震成因的地裂缝、断错现象，泥火山、泥石流、冰川、冰缘区的许多变形形态，差异风化形成的特殊构造和地貌，外生的各种重力崩塌滑落现象、非地震成因的管涌喷砂现象以及特殊环境下的扰动变形和滑动现象等。

在判定确有古地震事件的存在以后，进一步需解决事件发生的位置、强度、发生时间以及其破裂延展和终止的情况，震动的衰减情况等。为了运用古地震资料来探讨地震的活动状况、复发间隔等问题必须取得古地震事件较具体的发生时代。除根据一般地质年代的测定方法，如^{14}C、热释光、钾-氩、铀系、裂变径迹、电子自旋共振、氨基酸外消旋以及年轮，地衣测量等定年方法以外，有些特殊的堆积层，像火山灰，古土壤等也可作为定年的标志层来利用。近年利用陆地上岩石暴露面就地产生

---

* 本文原载于《中国地质学科发展的回顾——孙云铸教授百年诞辰纪念文集》，中国地质大学出版社，1995，193～197。作者：丁国瑜。

的宇宙成因核素来测定地貌面以及岩石暴露面的侵蚀速率也已应用于地质年龄的测定。有些方法在取得适宜的定年样品有时比较困难。因此，需要根据研究地区的具体情况选择合适的具体方法。

古地震事件的强度及其震中位置的估什是两个更为困难的问题，一般说来可根据剩余形变的强烈程度来判定，如利用可反映变形强弱程度的形变类型，尺度大小，位移量，破裂长度，它们的分布情况等。

但获得这类的准确数据往往是不容易的。古地震事件强度及位置的估什是一项很复杂的研究工作，古地震研究的主要目的之一是要获取有关地震危险性评价的有用信息。据对一条断层上多次古地震事件的识别与定年，可以确定该断层在较长时间段的滑动习性特征和地震活动的规律，从而取得评价一条地震断层地震危险性所需的一些主要参数。这些参数如：每次事件的滑动量、滑动速率、破裂延伸情况、复发间隔、已消逝时间、断层的破裂分段等，这些都是进行地震危险性概率分析和建立地震复发模型的地质数据基础[4]。

一次事件的滑动量是指一次事件产生的同震滑动，代表了地震时释放的能量。当单个事件可被识别，垂直与水平滑动分量都表现清楚，断层面倾向已知时，这次事件在断层面的滑动量才可正确地量测出来。一次事件的滑动沿断层不一定是均匀的，经常具有复杂的变化，因之沿断层进行大量测量以取得滑动平均值是很必要的。

滑动速率可作为比较断层活动程度的一个指标。它代表了断层的平均活动性，滑动速率未必是潜在地震危险性的一种直接的指标，但有高滑动速率的断层一般多发生高震级地震，低滑动速率的断层也可能发生大的地震（如我国的郯庐断层），但要有较长的时间间隔，滑动速率的计算是基于在一特定的时间段内断层产生的形变为基础的。基本依据是变形的时间和变形总量。较短时间平均速率一般是靠探槽剖面及断错地貌的分析取得，而长期的则要用区域地貌（阶地、古夷平面），盆地或山脉的增长等方面资料评估。

复发间隔是指同一断层上两次事件的间隔。当能在一条断层上识别出多次地震事件及其年代时，平均复发间隔可直接得出。若一条断层是特征性类型的，用单次事件滑动量与断层滑动速率即可得到平均复发间隔。复发间隔的了解对判别断层活动习性是非常重要的。

已消逝时间是指上次地震后至今已过去的时间。它与复发间隔相比较是计算未来地震发生概率的重要数据。

三、我国主要活动断裂带上的古地震研究

1980 年在宁夏银川召开了全国第一次古地震讨论会，开始了对古地震问题较系统的研究。目前已沿许多条活断层进行了较详细和深入的工作。结合对活断层 1∶50000 的填图和一些重大工程地震安全性评价的任务需要开展了大量的古地震探槽的开挖、断层活动习性的研究、古地震事件年代的测定等。粗略估计在已开展调查研究的数十条活断层带上，开挖的古地震探槽数以百计，揭露出大量的古地震遗迹，并测定了许多事件的发生年代，为重建不同断裂上强震活动的序列，更深刻地认识这些断裂带的破裂过程和建立地震复发模型提供了重要的科学依据。

下面对一些主要活动断裂带上古地震研究的近况作一概略地介绍：

（1）祁连－海原断裂带　这一青藏高原东北缘的活动断裂带以逆冲走滑为主，可划分为多个破裂段落，各具有不同的古地震活动的历史[5]。西段的昌马活断层在 1992 年曾发生 7.6 级地震。现已揭露出 9 次地震事件，全新世以来就有 6 次，平均复发间隔约为 2000 年[6]。

东段的海原活断层上共揭露出不同时期的 9 次古地震事件。平均复发间隔 1200 年[7]。海原活断层北侧的中卫－同心活断层上在约距今 25000 年以来发生过 4 次强震事件，平均间隔约 8000 年。

（2）鲜水河－则木河－小江断裂带　它是位于青藏高原东侧的一条极为活跃的左旋走滑活动断裂带，长约 1100 km。包括鲜水河断层，安宁河断层，则木河断层及小江断层 4 个大的段落。

鲜水河断层西北段（甘孜—乾宁段）由炉霍、道孚、乾宁等多个段落组成，平均滑动速率可达15 mm/a（Allen 等，1983），各段上古地震复发间隔为1000多年，但在活跃阶段，一些段落上7级地震复发间隔仅220～320年（唐荣昌，1985）。鲜水河断层东南段（色拉哈—康定—磨西段）平均滑动速率约为6～10 mm/a。据对多次断错活动形成的段塞塘韵律性沉积年代学的研究，在全新世中期以前的古地震复发间隔为3000～4000年，全新世中期以后为1000～1500年（李天佑，1994）[8]。

则木河断层的大箐梁子等地皆已发现多次古地震事件遗迹，晚更新世以来8级地震的复发间隔为2000年。在小江断层的巧家段，全新世以来至少有3次 $M>7$ 的古地震遗迹，复发向隔约为1500年。在小江西支断层的宜良等地也已发现有17次古地震遗迹的存在。其中全新世的有4次，晚更断世以来大震（$M8$）的复发间隔约为830～930年（李坪等，1993）[9]。

（3）红河断裂带，根据中美合作研究的结果（Allen，韩源等，1984）[10]，红河断裂带中南段在全新世至少有4次强震事件发生过，复发间隔约为2000年。在北段，红河段落分散为多条断层，它们在全新世期间有5个相对活跃、4个相对平静的阶段。在不同断层上古地震的复发间隔不同，在北段的平均间隔在2600～3500年之间[11]。

（4）阿尔金断裂带，是东亚大陆内部最引人注目的一条规模巨大的走滑断层。目前对其最新活动的研究程度还较低。有一些研究者对它的滑动速率及位移总量给出过很高的估计（Molnar，1984，Tapponnier，1977，Avouac，1993）[12]，但与此矛盾的现象是沿断层一带很少历史大地震（$M>7$）的记载，仅有1924年7月3日和12日发生在民丰附近的两次7¼级地震；近年来沿这一断层大量古地震遗迹的发现对如何认识这一矛盾现象提供了新的重要依据。从已取得的资料看，在距今22000年以来在阿尔金断层的不同段落上古地震事件的次数和复发间隔是不同的，一般为2～3次，多的可达5次，亦即这些事件（$M>7$）的复发间隔平均约为4400～11000年[13]。从不同段落上事件间隔看，有从西向东逐渐增长的趋势，在西部的米特牙代一带约为1900年，清水泉一带约为3200年，中段的索尔库里约为2000年，东段的阿克塞、巴个峡约为6000～8000年。从整个断层看，在距今2000～4500年和6000～8000年间曾是两个地震活跃阶段，而目前正处于这种活跃阶段后的平静阶段的后期。

（5）天山北麓断裂带，对天山山前活动逆冲断裂带的古地震研究（朱海之，1984；邓起东，1991；冯先岳，1992）已揭露出在独山子－安集海断层上全新世以来发生过多次古地震事件，复发间隔约为3000～4000年[14]。玛纳斯－吐谷鲁断层上全新世有3次事件（包括1906年玛纳斯7.7级地震）复发间隔约为5000～6000年。霍尔果斯断层上全新世有3次事件，复发间隔为3000～3500年。

（6）二台断裂，发育在阿尔泰山区的这一走滑活断层在全新世中期以来有4次古地震（$M>7$），复发间隔为1100～2200年[15]。

（7）贺兰山东麓断裂，发现有4次古地震事件（其中3次约为 $M=8$），复发间隔为2000～2700年[16]。

（8）大青山前断裂，可划分出4次较明显的活动事件，距今约10000年、9000年、3900年及公元849年，最晚两次的间隔约为3000年[17]。

（9）汾渭断裂带，这一活动断裂带由一系列盆地边缘的断层组成，在渭河盆地南缘、临汾盆地东侧、忻定盆地边缘、怀来－涿鹿盆地北缘等地都已发现了大量古地震遗迹[18]。如华山山前断层在全新世以来大震复发间隔约为2000～2500年，在渭河盆地南侧的秦岭北缘断层，探槽揭露出4次古地震事件，复发间隔大致在2000～4000年之间。在代县盆地的五台山北麓断层，在距今约7000年以来至少有3次事件，其中最近的一次为公元512年的7.5级地震。在汾渭断裂带北端的怀来－涿鹿盆地北缘活断层上已揭露出距今40000年以来的古地震在时间分布上存在两个长间隔期群集阶段及两个短间隔期的群集阶段。前者复发间隔约10000年，后者约5000～3000年[19]。

（10）郯庐断裂带，在其中段的沂沭断层上，1668年曾发生8.5级强震。经过详细研究已发现此次地震断续分布的地表断层，自莒南至新沂长达150 km，沿此线还可分辨出3次古地震事件的遗迹，它们分别发生于距今3510～4960年间、8230～5250年间及约距今10000年前后，平均复发间隔约为

3000 年[18]。

总的看来，近年沿活动断裂带运用近场的地质、地貌学方法，结合探槽开挖及微地层学和精确年代测定技术，在古地震事件的研究方面有良好效果并已取得了明显的进展。获取的大量有关古地震事件序列的资料表明[19]：

（1）在不同构造活动区，断层上古地震破裂事件复发间隔长短有很大差别。在晚更新世晚期以来，西部的一些活断层上 $M>7$ 地震的复发间隔一般平均约为数百年至二三千年，而东部则可达三四千年或更长。

（2）不同活断层上破裂事件在时间上的分布组合方式是多样化的，有的是以间隔较长时间才发生一次破裂的单发式；有的则是在一段时间内群集发生多次事件；也有的是单发与群集相混合。这一情况使得估计其复发间隔及未来危险性大大增加了困难。

（3）历史地震资料已表明地震活动具有明显的活动期与平静期相间歇的特性。古地震资料则反映了更长时间（数千至数万年）内地震间歇活动的状况。如青藏高原边缘多条断层上古地震资料表明在距今约 2000～5000 年曾是一个活跃的阶段。

（4）古地震事件的分布、强度及其复发间隔的长短等明显地受断层破裂分段的控制。不少地段具有特征性破裂的习性，在许多历史上曾发生过 8 级大地震的地段开展的古地震研究，结果表明几乎在这些地区都发现了有多次古地震事件的存在。这说明这些巨大地震是原地重复发生的，也表明这些破裂段落在一定时间段内具有稳定性。

四、展　　望

地震现象的研究对认识地壳构造的活动过程起着十分重要的作用。但近些年来在活动构造研究方面最引人注目的进展并不在地震学方面，而是在古地震学方面，同时随着古地震学的进展对断层滑动速率这一重要问题的理解也取得了重大的进展，这方面实质上已形成了一个新的研究领域（Allen, 1986）。古地震学可以通过对大地震产生的永久变形遗迹的研究确定古地震事件的存在、大小、发生年代以及复发间隔等，而这些参数都是重大工程的地震危险性评估和地震与灾害预测等方面十分需要的，因而得到了迅速发展。1987 年在美国新墨西哥州举行的古地震学讨论会十分成功，被认为是古地震学研究历史中具有里程碑意义的一次会议[20]。之后又举行过多次这方面的专题讨论会。目前在许多国家如澳大利亚、加拿大、中国、厄瓜多尔、瑞典、希腊、伊朗、以色列、意大利、日本，新西兰、菲律宾、新几内亚、波多黎哥、土耳其、俄罗斯、美国等都在开展古地震的研究。1994 年在美国加州 Marshall 举行的古地震学国际讨论会反映了在古地震学方面近年的最新进展。回顾和分析古地震学研究的状况可以看出当前在这一领域的主要研究方向与问题有：

（1）对古地震标志及地震事件主要参数（震中位置、大小、破裂范围等）确定方法的深入研究。这经常涉及到对断层近场的微地层学的研究，包括其形成过程、堆积速率，表层土壤层的形成及其地震或非地震扰动变形的区别等。

（2）年代测定精度的提高。这是一个最基本也是最常遇到的问题。如何合理采用适宜的方法，合理取样，不同方法的综合运用与检验等常常是非常关键的。同时需要进一步发展新的有前途的定年方法。

（3）定量地貌学的研究。许多地貌现象的形成与古地震有关，如断层崖等。定量地貌学在这方面的近期研究是十分突出的，但仍有大量需要进一步深入研究的问题。

（4）逐步建立不同区域或活动断裂带的古地震事件序列及年表。

（5）结合古地震与断层活动习性特征的研究建立地震复发模型及分段模型，特别是对断层的特征性滑动模型与群集性破裂滑动模型的深入研究。

（6）加强与近代地震现场详细调查的对比研究。只有通过在现场详细研究现代地震，才会不断提高和加深对古地震的认识。

（7）小型、大型探槽布设的合理化及探槽开挖技术的改进。

（8）加强古地震研究与地震工程实际需要的进一步结合。

（9）古地震与沙土液化现象的深入研究，这在平原区具有特殊重要的意义。

（10）当前对古地震的研究重点是放在全新世这一时段上。这是由于对这一最近地质时段的研究最具有实际应用价值。国际岩土圈计划（ILP）第二专题（现今动力学与深部作用）中专门设立了一个专项（专项3）"晚全新世古地震学"。这一项目的目的主要是与全世界从事古地震研究的专家共同探讨这方面的技术方法，并向地震灾害严重的发展中国家传播评价地震危险性方面的有关技术。这一项目已在美国 R. Yeats 教授组织下开展了许多活动。我国有悠久的历史地震记载资料。最早的地震记载始自公元前1831年，至今已有近3700年。加之中国大陆，特别是黄河流域，有广布的新、旧石器时代的考古点存在。可运用于古地震事件年代研究方面的考古资料可上溯到约5000年前，这已是全新世一半时间了。因之对我国说来，采用历史地震学、考古学与地质学相结合的方法进行古地震的研究具有特别有利的条件。完全有可能在一些地区建立起全新世中晚期以来较详细的古地震事件序列年表，从而获得对更长时间尺度地震活动规律性的认识。

参 考 文 献

[1] СоΛоненко В. п. паΛеосеисмоΛогия. цзд. АН. СССР. 1973，9.

[2] Allen C R，Seismological and Paleo siesnological Technigues of Research in Aetive Tectonics，in Active Tectonics National Acagemy press，1986，215～230.

[3] 丁国瑜，古地震标志问题，中国活动断裂，北京：地震出版社，1982. 276～281。

[4] Schwartz D F，Seismic Hazards，New Trends in Analysis Using Geologic Data，inActive Tecionics National Academy Press，1986，215～230.

[5] 国家地震局地质研究所、兰州地震研究所，祁连山－河西走廊活动断裂系，北京：地震出版社，1992。

[6] 国家地震局兰州地震研究所，昌马活动断裂带，北京：地震出版社，1992。

[7] 国家地震局地质研究所，宁夏回族自治区地震局，海原活动断裂带，北京：地震出版社，1990。

[8] 李天才，杜其方，鲜水河断裂带的断塞塘及其在古地震研究中的意义，活动断裂研究（2），1994。北京：地震出版社，126～134。

[9] 李坪，鲜水河－小江断裂带，北京：地震出版社，1993。

[10] Allen C R，Han Yuan，Red River and Associated Faults，Yunan Province，China，Quarternary Geology，Slip Rate and Seismic Hazards，Geol Soc of Arner，Bulletin，1984，95：686～700.

[11] 国家地震局地质研究所、云南省地震局，滇西北地区活动断裂，北京：地震出版社，1990。

[12] Avouac J P，P Tapponnier，Kinematic Model of Active Deformation in Central Asia，Geophysical Research Letters，1993，20（10）：895～898.

[13] 国家地震局阿尔金活动断裂带课题组，阿尔金活动断裂带，北京：地震出版社，1991。

[14] 邓起东等，新疆独山子－安集海活动断裂带晚第四纪活动特征及古地震，活动断裂研究（1），北京：地震出版社，1991，37～56。

[15] 柏美泽等，可可托海－二台活动断裂第四纪活动时代研究，活动断裂研究（1），北京：地震出版社，1991，57～70。

[16] 国家地震局鄂尔多斯断裂系课题组，鄂尔多斯周缘活动断裂系，北京：地震出版社，1988。

[17] 冉勇康等，怀来－涿鹿盆地周缘的活动断裂及其基本特征，活动断裂研究（10），北京：地震出版社，1991，140～155。

[18] 林伟凡等，沂沭断裂带大震复发周期，中国地震，1987. Vol. 3，No. 3。

[19] 丁国瑜，全新世断层活动的不均匀性，中国地震，1990，Vol. 6，No. 1，1～9。

[20] U. S. Geological Survey，Direction in Paleoseismology，Open-File Report 1987，87～673.

NEOGENE VOLCANISM AND HOLOCENE EARTHQUAKES IN THE TANLU FAULT ZONE, EASTERN CHINA*

Abstract In this paper, we study the relationship between Neogene volcanism and Holocene earthquakes in the Tanlu fault, eastern China. We find that fault segments through which Neogene and Quaternary magma have extruded do not show Holocene slip because they are covered by unfaulted basalts. In contrast, fault branches that are away from the Quaternary volcanic centers display Quaternary faulting and are responsible for earthquakes as recorded both historically and geomorphologically. Therefore, magma intrusion appears to modify fault activity in two different ways: (1) within the faults, the cooling magma serves as a cohesion or barrier, welding the faults so that they become stronger in resisting slip; (2) beneath the faults, the upwelling magma promotes slip of faults above the magma body, and hence generation of earthquakes. Physically, the first case results from contraction of the cooling magma, which causes a relative increase in fault-normal stress so that the fault failure resistance is enhanced. The second case results from the upward dynamic force and the heat brought in by the magma body, both of which cause the effective fault-normal stress to decrease so that the fault failure resistance is reduced. That could explain why earthquakes occur on faults bypassing the volcanic centers as typified in the Yishu fault zone and in the regions where heat flows are relatively high as shown in the Bohai Bay area.

1. Introduction

The Tanlu fault in eastern China is known for its great length, which is about 2400 km within the Chinese territory from Zhaoxing in the north to Guangji in the south (e. g., Fang et al., 1981), and perhaps about 3600 km if one considers its possible extension into Russia and the Gulf of Sakhalin (Xu et al., 1986, 1987). In view of its length, it is indeed one of the largest intracontinental faults in the world. Investigations and studies in the last three decades have revealed that the Tanlu fault has had a very complicated evolution. It was a left-lateral transcurrent fault with displacements as large as 740 km between the late Triassic and middle Cretaceous periods (Xu, 1980, 1984). It showed strong rifting to form a graben in the late Cretaceous period and a great thickness (up to 10 km) of clastic and pyroclastic sediments were accumulated (Gao et al., 1980; Xu, 1984). The rifting graben was closed in Paleogene time in response to the changes of the regional tectonic stress field from WNW extension to ENE contraction (Gao et al., 1980). As a result, the Tanlu fault reversed its slip direction from left-lateral to right-lateral. The current active right-lateral motion of the fault was demonstrated by Shi et al. (1973), who studied focal mechanisms over many areas of eastern China. The Tanlu fault may have begun its right-lateral shear in the late Eocene time due to the collision between Indian and Eurasia plates to the southwest and opening of the Japan Sea to the northeast (Lu et al., 1983). Systematic measurements of deflected stream channels across the Yishu fault, the southcentral subsegment of the Tanlu fault, also verify its right-lateral motion in the Holocene. The maximum offset stream channel was measured 38 m, possibly up to 100 m (Huang, 1993). Field

* 本文原载于《Tectonophysics》, 260, P. 259 ～270, 1996。作者: W. Huang, W. Gao, G. Ding。

studies of Quaternary geology have led to the conclusion that activity of the fault was nonuniform along its length (Fang et al., 1981), and individual fault branches within the fault system activated independently over time (Huang, 1988). Based on gouge maturity studies, mainly mineral compositions, grain sizes, and surface textures of quartz grains, Huang (1991) concluded that activity in the Yishu fault zone has migrated both eastward and southward since the later Tertiary. Characteristics like this typify segmentation of activity, to which more and more attention has been paid in earthquake hazard evaluation. With this in mind, we do not intend in this paper to add arguments in the formation and evolution of the Tanlu fault, but instead focus our attention on its neotectonic activity. Readers are referred to the recent book The Tancheng-Lujiang Wrench Fault System by Xu (1993), and recent work by Okay and şengör (1992) and Yin and Nie (1993) for the older history of the fault. Many details of the Quaternary activity of this fault can also be found in The Tancheng-Lujiang Fault (Geological Institute, State Seismological Bureau of China, 1987) and Atlas of Active Faults in China (Chinese Working Group of Project 206, 1989).

2. General geologic features

The Tanlu fault zone has an overall NE strike, extending from Zhaoxing near the border between Russia and China, southward through Shulan, Changtu, across the Bohai Sea, southwestward through Yishui, Juxian, Tancheng, Xinyi, Jiashan, Lujiang, to the northern bank of the Changjiang (Yangtze) River at Guangji, where it is transformed into the WNW striking Dabaishan thrust belt (e. g., Xu et al., 1987; Okay and şengör, 1992). Many geologists (e. g., Fang et al., 1981) believe that the Tanlu fault ends at Guangji. South of Guangji across the river, there exist many NE-striking left-lateral parallel faults that possibly belong to the old Tanlu fault system (Xu, 1993, and Fig. 1). Significant changes in strike along its length are obvious. It strikes NE north of the Bohai Sea, NNE between the Bohai Sea and Lujiang, and swings back to NE south of Lujiang, forming a "S-like" geometric appearance. It is not a single fault trace but consists of many individual fault branches. When the Tanlu fault was first recognized as a linear structure in the late 1950's through aeromagnetic surveys in East China, its length was thought to extend only from Tancheng and Lujiang, and so it was called the Tancheng-Lujiang (Tanlu for brevity) fault (see Xu, 1993). Before the late 1970's, Chinese geologists strongly doubted that the Tanlu fault extended northward across the Bohai Sea. This debate was not resolved until the beginning of the 1980's, when geophysical prospecting was carried out extensively in the Bohai Sea area. Geophysical work demonstrated that NE-striking faults do exist on the seafloor. Today, most Chinese geologists agree that the Tanlu fault is much longer than originally thought. However, some geologists are still skeptical. They prefer to use local fault names in the area they have studied and discuss the relationship between the studied faults and the so-called Tanlu fault zone. This has given rise to different names for different segments along the Tanlu fault zone. The Yilan-Yitong fault, Mishan-Fushun fault, Xialiaohe fault and the Yishu fault are some of them (Fig. 1).

3. Segmentation of the Tanlu fault

Three major segments, the northern, central and southern, along the Tanlu fault have been suggested (e. g., Fang et al., 1981; Xu, 1993). Each of them shows differences in evolution, neotectonic activity, and frequency of historical earthquakes. Based on the size of recorded earthquakes and fault geometry, we herein divide the central segment into two subsegments at the point where the Tanlu fault changes its strike from NNE to NE in the Bohai Sea (Fig. 1). Moderate earthquakes are characterized by the northcentral subsegment whereas great earthquakes are characterized by the southcentral subsegment (see below).

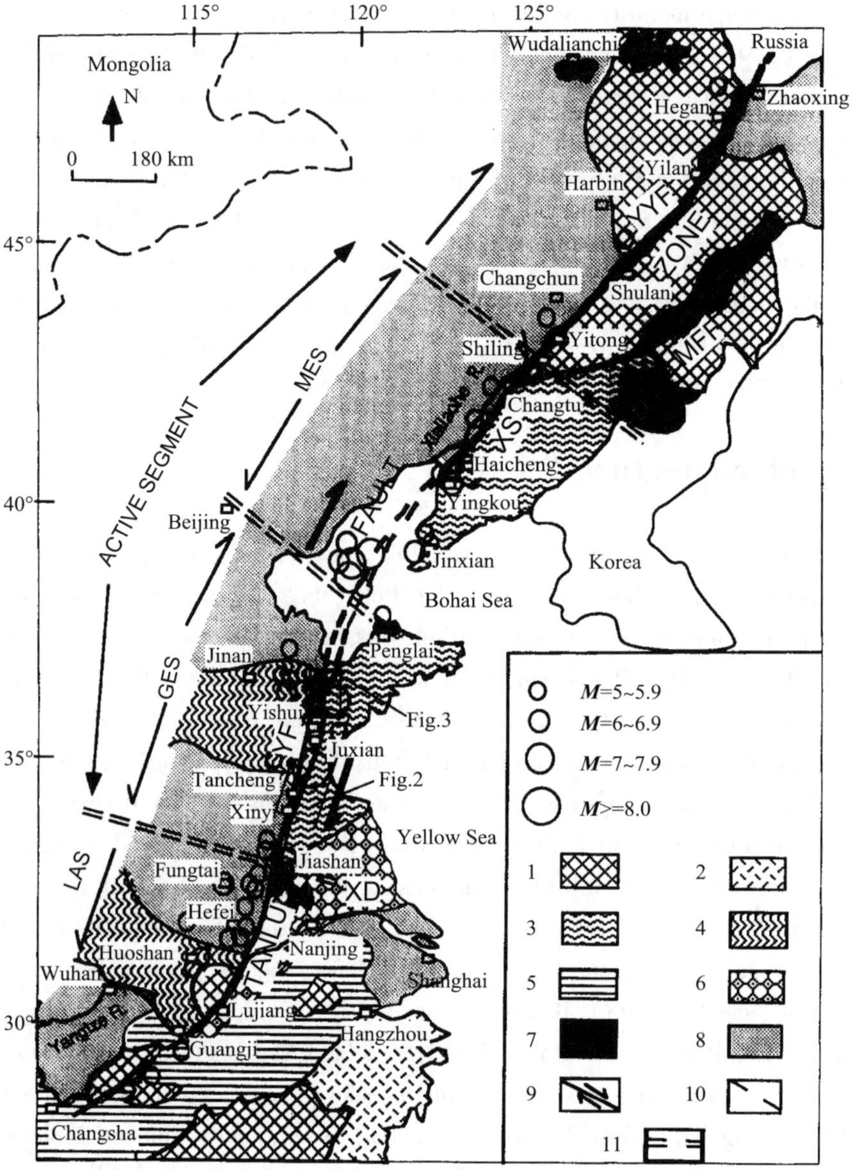

Fig. 1　Map showing segmentation of activity and its relation to geologic environments along the Tanlu fault zone, eastern China. Circles are historic epicenters. The indicators for segmentation are Neogene and Quaternary basalts in the fault zone

GES = Great-Earthquake Segment; LAS = Lowly Active Segment; MES = Moderate-Earthquake Subsegment; MFF = Mishan-Fushun Fault; XD = Xiayangzi Downwarp; XS = Xialiaohe Subsegment; YF = Yishu Fault; YYF = Yilan-Yitong Fault; 1 = pre-Cenozoic granitoid; 2 = mid-Mesozoic volcanic rocks; 3 = Arehean and Prnterozoic metamorphic and igneous rocks; 4 = Luixi Uplift (Axchean metamorphic and metased-imentary rocks); 5 = pre-Paleozoic geosynclinal sedimentary rocks; 6 = buried volcanic rocks; 7 = Neogene and Quaternary basalts; 8 = basin or plain alluvia; 9 = fault and movement sense; 10 = covered or inferred fault traces; 11 = segmentation boundaries. Sources are from Geologica Academia (1974), Zhang and Liu (1982), Gu (1983a, b), Weng (1983), Zhao et al. (1983)

3.1　Northern segment

The northern segment of the Tanlu fault splays into two branches, the Yilan-Yitong fault to the west, and the

Mishan-Fushun fault to the east. The southern terminus is conventionally thought to be at Changtu, at the point where these two splays join (e. g., Fang et al., 1981). However, we instead place the terminus 70 km to the north at Shiling, which marks the southernmost point where Neogene and Quaternary basalts are exposed along each of the splays. North of Shiling, large areas of early Paleozoic granitic and Cenozoic volcanic rocks (mainly basalt) are exposed. They are so widespread that they constitute almost all of the mountain ranges in northeastern China. These two branch faults are developed in the huge granitic batholith. The Yilan-Yitong fault is a long, narrow graben zone, with widths ranging from 4 to 20 km (e. g., Zhang and Liu, 1982). Within this narrow graben zone, Neogene strata are non-uniformly distributed. They are thick on the western side and thin on the eastern side (Ji et al., 1987), indicating northwestward tilting of the graben base, which is consistent with local topography. Neogene and Quaternary basalts are discontinuously exposed. Good exposures can be observed in and near Hegang, Yilan, Shulan and Yitong. The great granitic batholith on both sides of the Yilan-Yitong fault appears to be displayed 360 km rightlaterally by the fault (Fig. 1).

Compared with the Yilan-Yitong fault, the Mishan- Fushun fault is associated with much more Neogene and Quaternary basalts, both in terms of area and times. Most of the basalts there are of Quaternary age (Geologica Academia, 1974). These basalts are continuously distributed along the fault zone, spreading as wide as 60 km. Hence, its rifting nature is much more evident than the Yilan-Yitong fault.

Which is the main branch of the Tanlu fault, the Mishan-Fushun or Yilan-Yitong fault? Some authors (e. g., Fang et al., 1981; Lu et al., 1983) regarded the Yilan-Yitong fault as the main branch, whereas others (Xu et al., 1987) designated the Mishan-Fushun fault as the main branch. We are inclined to agree with the suggestion that the Yilian-Yitong fault is the main branch, because the Yilan-Yitong fault is more representative of the nature of the Tanlu fault elsewhere, especially in its neotectonic expression. Of course, both of these two branches may be regarded as part of the fault system. In our opinion, they delineate the overall width of the Tanlu fault zone in its northern segment.

3. 2. Central segment

The central segment can be divided into two subsegments. The first, the Xialiaohe subsegment, extends south from Shiling to the Bohai Sea. Unlike the northern segment, most of this part of the fault is developed in Pre-Paleozoic metamorphic or metasedimentary rocks. From Shiling to the Bohai Sea, the fault separates plain areas on the west from mountainous areas on the east. The Xialiaohe River follows the fault zone southward to the Bohai Sea, so it is designated as the Xialiaohe subsegment (XS in Fig. 1). The Tanlu fault in this subsegment lacks continuity, partly because it is covered by fluvial sediments. The Bohai Sea is a young basin which opened in the late Cenozoic era (e. g., Li, 1980). It has the highest heat flow and the thinnest crustal thickness in the North China region (Xie et al., 1980).

The second subsegment, the Yishu subsegment, extends from south of Bohai Sea to Jiashan. The Tanlu fault is best exposed between Yishui and Tancheng in this subsegment. Two major drainage systems, the Yihe and Shuhe Rivers, follow the fault traces. The Yishu fault is named after these two rivers. The fault zone here consists of four major individual fault branches, which have been designated, from east to west, as F_1, F_2, F_3 and F_4 (Fig. 2), by earlier researchers. They diverge northward and converge southward. At Yishui, separation between F_1 and F_2 is nearly the same as between F_3 and F_4, which is about 10 km. But F_2 and F_3 are about 20 km apart. Thus, these faults form a fault zone totalling about 40 km in width. The structure of the Tanlu fault zone in this section is quite different from other segments. Between F_2 and F_3 is the Archean granogneiss, which is flanked by a great thickness of late Cretaceous sandstone and early Cretaceous pyroclastic rocks bounded by F_1

and Fz, and by F_3 and F_4 (Fig. 2). The sediments were deposited when the crust at this latitude was undergoing rifting in the late Cretaceous period. The rift was closed in early Neogene, and the strata have since been squeezed upward (Gao et al., 1980) to form a horst sandwiched by grabens on both sides (e. g., Yu et al., 1963; Qiang et al., 1984). Unlike the other segments described previously, the Yishu fault separates upland on the west and lowland on the east. Lithology is complex. Quaternary basalts lie on the north, Proterozoic metasedimentary and metaplutonic rocks on the east. The exposed Archean granogneiss on the west makes up the Luxi (West Shandong) Uplift (Fig. 2). Quaternary volcanic activity in this segment was less extensive than in the northern section. It occurred only in three separated localities, one in Penglai at the southern margin of the Bohai Sea, and others at 40 and 80 km, respectively, north of Yishui. The Penglai basalts lie 80 km east away from the fault. The basalts near Yishui were emplaced in a series of several eruptions. The latest eruption in the Yishui area occurred in the middle Pleistocene epoch (about 0. 83 ~1. 14 Ma) (Ding, 1987). These basalts are located exactly in and undisplaced by F_3 and F_4, within which several Quaternary volcanic centers are located (Fig. 3). The volcanic centers are clearly isolated from F_1 and F_2, which display very active faulting in the late Quaternary period as indicated by geomorphic expressions (Fang et al., 1976; Gao et al., 1984; Qiang and Ye, 1985;

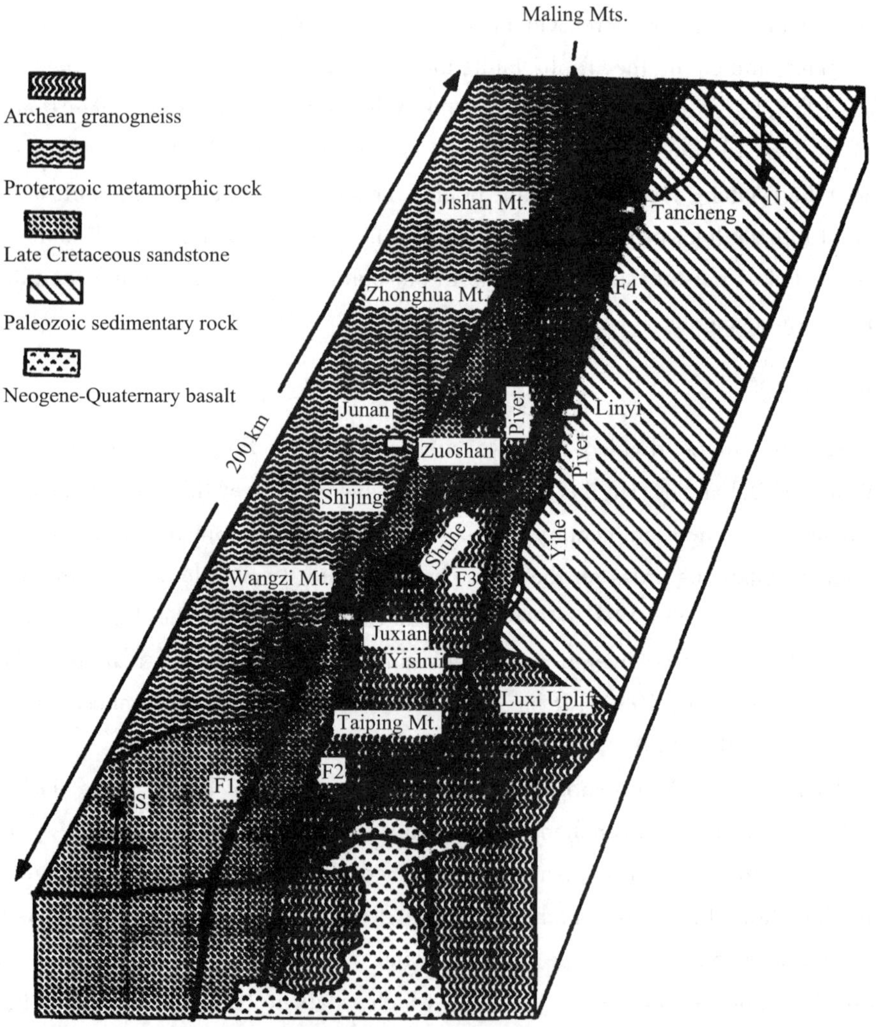

Fig. 2. Block diagram illustrating Quaternary fault traces (heavy lines) on the southcentral subsegment (Yishu fault) of the Tanlu fault. Dashed lines are buried or old faults

The 1668 $M=8.5$ earthquake was associated with displacements on the eastern two faults from Tancheng to Juxian (hatched heavy lines) (Huang, 1993), which bypass the Quaternary volcanic center (see Fig. 3)

Huang,1988,1993) and gouge maturity (Huang,1991). The unfaulted basalts indicate that F_3 and F_4 have not been active since the latest eruption.

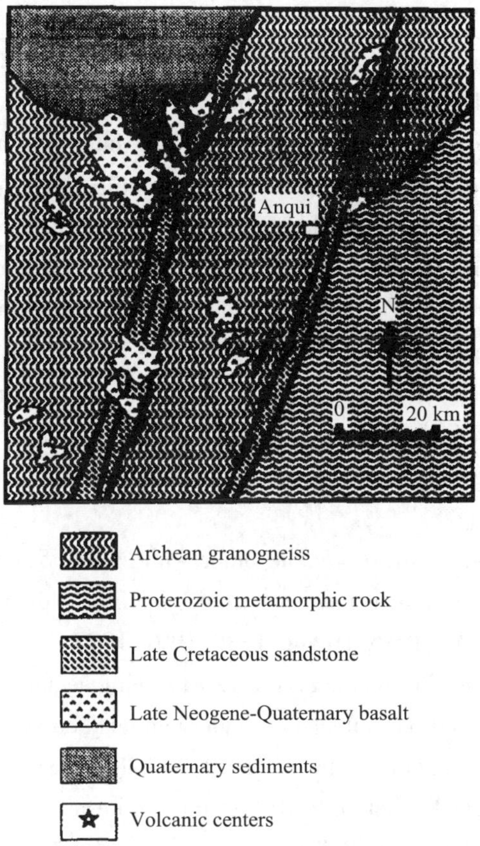

Fig. 3 Enlarged map showing late Neogene and Quaternary volcanic centers and major faults branches in the Yishu subsegment of the Tanlu fault zone

Note that the two faults in the west have shown no activity since the latest eruption, which was in the early Quaternary period (see text)

3.3 Southern segment

South of Jiashan, the fault branches converge and join to form the master Tanlu fault extending further south. At Jiashan, Quaternary basalts adjacent to the surface fault trace are well exposed. A very distinctive lineament of aeromagnetic anomalies is associated with the Tanlu fault in this segment. However, there is no distinctive topographic contrast across the fault zone, indicating low activity during the Quaternary period. The fault separates the Xiayangzi downwarp (XD in Fig. 1) to the east, in which Cenozoic volcanic rocks underlying late Cenozoic terrigenous sediments are accumulated, and the WNW-striking Dabaishan fold-thrust belt to the west in the areas between Huoshan and Guangji. Many people believe that this belt was formed in association with the early movement of the Tanlu fault (see Xu, 1993 for summary). The fault zone in this section is characterized by consolidated fault rocks, such as mylonite and green schist, which are ductile deformed. They were probably formed at a depth of 5 ~ 15 km below the present surface, during the late Jurassic and middle Cretaceous periods (Xu et al., 1986). By studying the deformation of lenticles across the fault zone, Xu et al. (1986) concluded that the strongly deformed zone is 40 km wide, and the affected shearing zone may reach a width of 80 km. Therefore, the southern segment of the Tanlu fault is very different from the other segments to the north. Here, it is characterized by transverse convergence, instead of divergence.

4. Earthquake faulting

Both north of the Bohai Sea and south of Jiashan, late Quaternary faulting in the Tanlu fault zone is very limited. Significant Quaternary faults have not been found (e. g., Fang et al., 1981; Qiang et al., 1984). Some Quaternary faults in the Xialiaohe subsegment strike NW. Their intersections with the NE-striking faults have been observed to be the localities of major earthquakes. For example, the rupture of the 1975 $M=7.3$ Haicheng earthquake occurred along a NW-striking concealed fault, and it terminated at the intersection with a NE-striking fault (e. g., Deng et al., 1976; Chung et al., 1979). In contrast, the southcentral subsegment (Yishu fault) of the Tanlu fault is characterized by many Quaternary faults. Its linear appearance is very impressive both on air-photos and satellite images. Many geologists, only from analyzing the images, suspect that it is a major Quaternary strike-slip fault. But field mapping shows that differential erosion of different rock types on the two sides of the fault zone also accounts for much of the lineament. Furthermore, the lineament is actually composed of many individual faults with lengths ranging from 5～12 km, which are arranged in an en-echelon pattern (e. g., Huang, 1988).

Two historical earthquakes, one with $M=7$, the other with $M=8.5$, have been documented in this Yishu subsegment, and also geologically verified to have occurred specifically on the Yishu fault zone (Fang et al., 1976; Gao et al., 1984; Qiang and Ye, 1985; Huang, 1988, 1991, 1993). The 1668 $M=8.5$ earthquake was associated with surficial measurable displacements on the 120-km-long segment between Juxian and Tancheng. The maximum displacement was 8 m based on deflected stream channels across the fault (Huang, 1993). It is possible that the total rupture length extended even further north and south, reaching 160 km or more (Fig. 2). Note that the ruptures do not exactly trace F_2, but shift to F_1 at the northern end. This illustrates that not all old faults in the Yishu fault zone were activated in 1668. The active traces are aligned to form a newly-active fault system that is dominated by right-lateral strike slip motion. It is, however, within the old fault zone which was characterized by left-lateral movement (from late Triassic to Paleogene) and by rifting (between late Cretaceous to Paleogene). Trenching excavation studies across the fault give an average recurrence interval of about 3000 years (Lin et al., 1987), which is very close to the inferences of Huang (1993) from independent analysis of stream incisions. All these lines of evidence indicate that these two fault branches (F_1 and F_2) have been active since Holocene or earlier.

All other historic earthquakes with $M \geqslant 5$ in and near the Tanlu fault zone in the past 2000 years are displayed by circles in Fig. 1. Most of them occurred prior to the instrumental records and hence they are located wholly based on historical documentations that describe the degrees to which groundshaking was felt, and the houses were damaged. The reasonable assumption is applied in locating these events that the closer to the epicenter, the severer the damage. Also, because the population is widely distributed in eastern China, the isoseismic intensity map can be constructed from the reports. Thus, the epicenters may be controlled within a small uncertainty (see Gu, 1983a, b for details). Many of these events are in the range of magnitudes 5 to 6. They are probably associated with little, if any, surface faulting. Therefore, it is difficult to verify them in the field. Nevertheless, there is no doubt that earthquakes did occur in or adjacent to the Tanlu fault. It is notable that earthquakes in the northern and southern segments are not exactly located on the master Tanlu fault. These two fault segments, as previously pointed out, also lack significant Quaternary faults. Thus, we designate the southern and northern segments as the low-activity segments (LAS in Fig. 1), and the central segment as the active segment, which is subdivided into two smaller subsegments by a line from Beijing to Penglai. North of this line moderate earthquakes (M 6 ~7) prevail, and hence it is designated as a moderate earthquake segment (MES in Fig. 1). South of this line great earthquakes ($M \geq 8$) occur, and hence it is designated as a great-earthquake subsegment (GES in Fig. 1).

5. Discussion

We would like to begin the discussion by asking a fundamental question, why is the Tanlu fault segmented in both tectonic nature and seismic activity? One very simple answer is that the Tanlu fault is segmented because it is made up of different faults, which happened to be juxtaposed to form a continuous fault trace due to rotation or horizontal movement of intracontinental blocks. That is, before they were aligned, they had probably served as boundaries of mobile continental blocks. If this speculation is true, then in eastern China mainland we would expect to find great horizontal movement between interblocks in the direction oblique or perpendicular to the present Tanlu fault, or great rotation of blocks near the Tanlu fault. To elucidate this process, paleomagmetic data are critical.

If, however, we regard the different segments of the Tanlu fault as a through-going fault zone that had accommodated all the deformation since Neogene or Quaternary, then why is the seismic behavior so different along its length? One possible reason is that the central segment currently is a bent section compared with the northern and southern segments. Like the San Andreas fault, the bent segments are the locations of large earthquakes (1857 and 1906 events), because strains are easy to build up there (Allen, 1968). Another reason may be attributed to the difference in basement lithology between the three segments. Fang et al. (1981) inferred, without showing detailed evidence, that the differences in seismic activity is due to difference in basement rigidity in the fault zone. The basement rigidity is weak in the northern and southern segments, but strong in the central segment. Hence, they concluded that strong earthquakes can occur only in the central segment. Their inference is perhaps correct for the southcentral subsegment but not for the northcentral segment, because the northern central segment has very high anomalies of heat flow, indicating a warmer rather than cooler basement there. In the North China Plain region, the average heat flow values range from 1.45 ~1.5 HFU, but 2.36 HFU occurs in the central Bohai downwarp area, and 2.24 HFU in the Xialiaohe basin area (Xie et al., 1980). North of Xialiaohe and south of Bohai, heat flow values are less than 1.3 HFU (e.g., Wang and Chen, 1984).

These geothermal anomalies are apparently related to Neogene and Quaternary volcanism. Since the active traces of the Tanlu fault in the southcentral subsegment do not displace Quaternary basalts that were extruded along the fault (Figs. 2 and 3), we therefore interpret that this recent volcanism may have modified the fault activity in the following two ways as schematically illustrated in Fig. 4. First, during an eruption only part of the magma reaches the surface through the openings that are either preexisting or contemporaneously formed in the fault zone. After emplacement, the cooling magma in the fault zone may serve as a cohesion, welding the fault so that it becomes relatively stronger in resisting slip than the adjacent ones. This magma welding may in fact be portraited as a local increase in fault-normal stress resulted from cooling contraction of the magma. As a result, the local tectonic stress field is amplified. Let the regional tectonic stress field be represented by a tensor T^r, and the local stress field induced by cooling magma contraction be represented by a tensor T^c, then the total stress tensor in the fault zone is $T = T^r + T^c$. The normal stress on the fault plane is then expressed as:

$$\sigma_n = n \cdot (T^r + T^c) \cdot n \tag{1}$$

where n is the unit normal vector of the fault plane. Since the signs between the two tensors are consistent, fault-normal stress is enhanced as a result of the magma cooling. Therefore, the magma in this case appears to be a barrier to hinder the fault from slip. On the Mohr stress diagram, this means that the confining stress increases and the Mohr circle moves to the right, further away from the critical failure stress (lower left, Fig. 4). Second, the unextruded magma beneath the fault zone creates an upward dynamic force, which causes the fault-normal stress on branch faults on top of the magma body to decrease as the fault-normal stress will become:

$$\sigma_n = n \cdot (T^r - T^u) \cdot n \tag{2}$$

where T^u is the local stress field induced by the unextruded magma. Since in this case the two tensors are different in sign, the total fault-normal stress is reduced. On the Mohr stress diagram, this means a decrease in confining pressure and the Mohr circle moves leftward, closer to the critical failure stress (lower right, Fig. 4). Therefore, in this case magma intrusion acts to promote faulting. That could explain why faults in the volcanic centers have not shown slip after eruption but faults away from the Quaternary volcanoes in the Yishu fault zone have continued to be active. The decrease in fault-normal stress could also be accomplished by an increase of fluid pore pressure due to the heat brought in by the hot magma. Both of these two factors have the same effect to reduce the effective fault-normal stress. This mechanism may help to explain why seismicity persists in the regions with large positive geothermal anomalies, such as in the Bohai and Xialiaohe areas.

The critical problem of the above hypothetical process is the timing. Undoubtedly, magma intrusion is associated with earthquakes either immediately preceding, shortly after, or during the outburst of magma (Wood, 1933). The question is how the Pleistocene eruption or intrusion could affect the current earthquakes? Because of the fact that the latest volcanic eruption was in the early Quaternary, and that the surface heat flow anomalies are regional over most of the North China region including the Bohai Bay area, we consider the following two possibilities. The first is that if there was one and only one intrusion since the early Quaternary period, then all the high heat flow anomalies we observe today can be attributed to this magma body. Let us do a simple calculation to see if that is possible. For normal thermal properties of the crust, the time required for a 20-km-wide magma body (approximately the separation between F_2 and F_3) to completely solidify is about 3 million years (e. g., Turcotte and Schubert, 1982, p. 173). This means that a 20 km-wide magma body emplaced in the early Quaternary can still contribute heat to the surrounding rocks at the present time, although not as much as before. At first g lance, the case for a single intrusion appears to contradict the hypothesis of magma-promoted faults we described previously, because faults are increasingly hindered from slip as the magma is cooling off. However, we must realize the differences in cooling history between the extruded and unextruded magma bodies. The former should cool faster than the latter. Hence, while the tendency of failure in the area through which the magma has extruded is decreasing, the tendency of failure in the area beneath which the magma has unextruded will be increasing. This case is probably true for the Yishu fault and the southern and northern segments of the Tanlu fault, where geothermal anomalies are relatively low and infrequent earthquakes occur away from Quaternary volcanic centers (Fig. 1). Geologically, slip rates on the active Yishu fault have reduced since the late Pleistocene, from 4 mm/a to about 2 mm/a (Huang, 1993), implying that the fault has been increasingly hindered from movement. Earthquakes west of Jiashan and north of Shiling all occurred away from the master Tanlu fault and from the volcanic centers, which appears to be consistent with the magma-promoted faulting model. In this case, the failure resistance of faults is reduced by increased pore pressure due to the heat transmitted from the magma body. The upwelling dynamic force is less important.

If, on the other hand, there has been more than one subsurface intrusions since the early Quaternary, which we think is most likely in the Bohai Bay and the northcentral subsegment, or the Xialiaohe subsegment, where heat flow anomalies are relatively high and earthquakes are widespreading, then the contemporary seismic activity could be well explained by the magma-promoted faulting model. In this case, the failure resistance of faults is re-

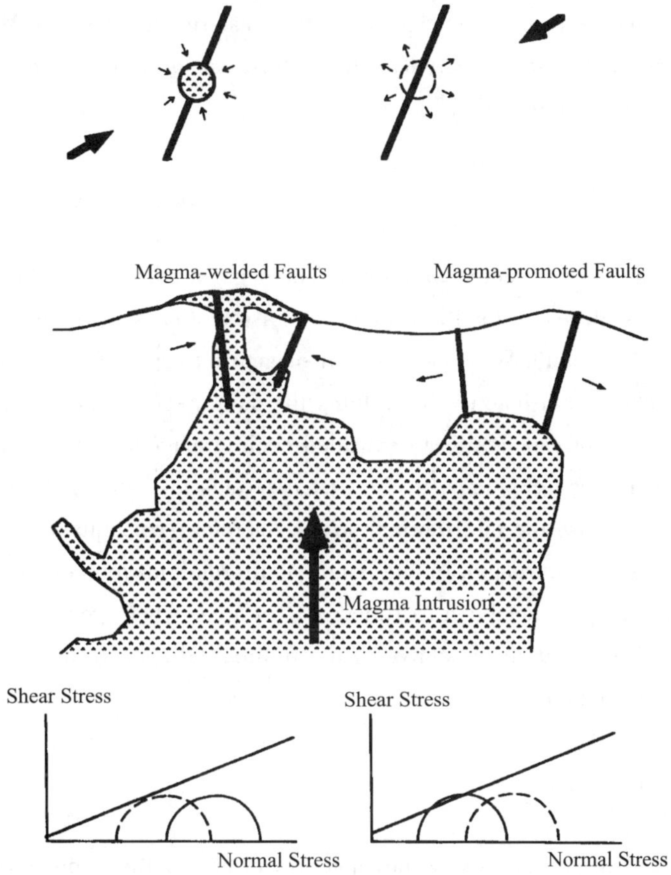

Fig. 4 Schematic diagrams illustrating how magma intrusion can modify fault activity

The upper part is a map view. The large arrows indicate the direction of the maximum principal compression. The small arrows surrounding the magma bodies indicate the local stress fields induced from extruded cooling magma (upper left) and unextruded upward moving magma (upper right); the middle par is a cross-section view of the volcanism; the lower part is Mohr stress diagrams corresponding to extruded cooling (lower left) and unextruded intruding (lower right) of a magma body. They are associated with magma-welded and intrusion-promoted faults respectively in the Tanlu fault system. In the magma-welded case, the failure resistance is enhanced by an increase in normal pressure or an increase in friction cohesion on the fault plane due to cooling contraction and welding of the magma; in the magma-promoted case, the upward moving magma creates a vertical dynamic force and brings heat to the seismic source region, which effectively reduces the normal pressure on the fault plane and hence promotes generation of earthquakes.

duced by both the upward dynamic force and lateral thermal expansion. It is therefore apparent to us that the activity of the Tanlu fault could be intimately controlled by magma intrusion.

Magma welded and intrusion promoted faults can also be found in other places of the world. One of the best examples is perhaps in Turkey. A number of major earthquakes have occurred on the North Anatolian fault, but not on the East Anatolian fault, although both are strike-slip faults that serve as plate boundaries. The difference between these two faults among other things, is that the Eastern Anatolian fault has experienced Neogene and Quaternary basalt eruptions (e.g., Şengör et al., 1985, their fig. 5). In California, the Kern Canyon fault in south Sierra Nevada displaced tens of kilometers of Cretaceous granites, but has shown no movement since the Quaternary because it is covered by an unfaulted layer of 3.5-Ma-year-old basalt (Moore and du Bray, 1978). The eastern California shear zone in central Mojave also shows migrating activity. Faulting was concentrated in the eastern part of the Mojave Desert during late Miocene and early Pleistocene, but jumped westward between 1.5 and 0.7 Ma (Dokka and Travis, 1990). The ruptures and displacements in the shear zone associated with the 1992 $M = 7.3$ Landers earthquake are located in the western Mojave, and display a discrete distribution along length. The difference in geologic environment between the eastern and western Mojave again, among other things, is in the level of Quaternary volcanic activity. The eastern part of Mojave is associated with many Quaternary eruptions of volcanoes (see Jennings, 1977).

6. Summary

In summary, the Tanlu fault is segmented in activity. The segmentation is long enough to be considered permanent. One of the prominent features of the Tanlu fault is its association with intensive Neogene and Quaternary volcanism along many parts of the fault. We conclude that magma intrusion can modify fault activity in two contrasting ways. First, it can make a fault inactive by welding the fault. Second, it can activate a fault by decreasing the fault-normal stress. The first corresponds to an extruded cooling magma whereas the second corresponds to a upward moving or hot stagnant magma. Magma in the first case acts to increase the fault-normal stress whereas in the second case it acts to decrease the fault-normal stress. Therefore, earthquake faulting can be hindered and promoted by the process of magma intrusion. In the Tanlu fault zone, current earthquakes occur on the faults through which Quaternary magma has not been extruded and in areas where geothermal anomalies are relatively high. These types of faults will continue to be active in the future, and special attention should be paid to these faults in earthquake hazard evaluation.

Acknowledgements

We are grateful to Seth C. Moran and two anonymous reviewers for their constructive and critical review of the manuscript, which improved the manuscript a great deal. We would also like to thank C. R. Allen, A. G. Sylvester for helpful criticisms of the early draft of the manuscript.

References

[1] Allen, C. R., The tectonic environments of seismically active and inactive areas along the San Andreas fault system. In: W. R. Dickinson and A. Grantz (Editor), Proc. Conf. Geol. Prob. San Andreas Fault System, Stanford Univ. Publ., Geol. Sci., 1968. 11 :70 ~82.

[2] Chinese Working Group of Project 206, Atlas of Active Faults in China. Seismological Press, Beijing, 1989. pp. 1 ~21.

[3] Chung, Y., Lu, Z. and Liu, T., Characteristics of crustal structures in Northeast China and their relations to the distribution of strong earthquakes. Seismol. Geol., 1979. (2):13 ~21 (in Chinese with English abstract).

[4] Deng, Q., Wang, T., Li, J., Xiang, H. and Cheng, S., A discussion on source model of the Haicheng earthquake. Sci. Geol. Sin., 1976. (4):195 ~204.

[5] Ding, M., Cenozoic tectonic features on both sides of the Tanlu fault zone. In: The Tanlu Fault. Geol. Inst., State Seismol. Bureau. Seismological Press, Beijing, 1987, pp. 83 ~116 (in Chinese).

[6] Dokka, R. K. and Travis, C. J., Role of the eastern California shear zone in accommodating Pacific-North America plate motion. Geophys. Res. Lea., 1990, 17:1323 ~1326.

[7] Fang, Z., Ji, F., Xien, H. and Ding, M., The characteristics of Quaternary movements along the middle segment of the old Tancheng-Lujiang fracture-zone and their seismological conditions. Sci. Geol. Sin., 1976, (4):352 ~365 (in Chinese with English abstract).

[8] Fang, Z. J., Ding, M. L., Ju, F. J. and Xien, H. F., Geologic analysis of seismicity along the Tancheng-Lujiang fault zone in eastern China. In: W. D. Simpson and P. G. Richard (Editors), Earthquake Prediction: An International Review. Manrice Ewing Series 4. Am. Geophys. Union, Washington D. C., 1981, pp. 291 ~296.

[9] Gao, W., Li, J. and Sun, Z., Formation and evolution of the Yihe-Shuhe continental rift. Seismol. Geol., 1980, (12): I 1 ~18

(in Chinese with English abstract).

[10] Gao,W. ,Li,J. and Sun,Z. ,The Yishu active fault and its seismotectonics. In:Forum on Structural Geology (3). Geological Press,Beijing,1984,pp. 263 ~271 (in Chinese).

[11] Geologica Academia,Atlas of Geological Maps of the People's Republic of China. Beijing,1974,149 pp. (in Chinese).

[12] Geological Institute,State Seismological Bureau of China,The Tancheng-Lujiang Fault. Seismological Press,1987,254 pp. (in Chinese)

[13] Gu,G. (Chief Editor),Earthquake Catalogue of China (1831 B. C. -1969 A. D.). Science Press,Beijing,1983a,894 pp. (in Chinese with English introduction).

[14] Gu,G. (Chief Editor),Earthquake Catalogue of China (1970 AD. -1983 A. D.). Science Press,Beijing,1983b,333 pp. (in Chinese).

[15] Huang,W. ,Characteristics of neotectonic activity in the Yishu fault zone,based on geologic and geomorphic work. Earthquake Res. China,1988,(3):134 ~141 (in Chinese).

[16] Huang, W. , Gouge maturity and fault activity in the Yishu fault zone, Shandong Province, eastern China. Earthquake Res. China,1991,5(4):293 ~310 (in English).

[17] Huang,W. ,Morphologic pattern of stream channels on the active Yishu fault,southern Shandong Province,eastern China — Implications for repeated great earthquakes in Holocene. Tectonophysics,1993,219:283 ~304.

[18] Jennings,C. W. ,Geologic Map of California,scale 1 : 750,000. Williams and Heintz Map Corporation,1977.

[19] Ji,F. ,Fang,Z. and Li,R. ,Basic characteristics of the Tanlu fault structure. In:The Tanlu Fault. Geol. Inst. State Seismol. Bureau. Seismological Press,Beijing,1987,pp. 27 ~67.

[20] Li,J. L. ,On the formation and evolution of the Bohai Sea. In:W. Y. Zhang (Editor),Formation and Evolution of the North China Fault-Block Region. Science Press,Beijing,1980,pp. 206 ~220 (in Chinese).

[21] Lin, W. , Zheng, L. , Chen, G. , Zheng, C. and Gao, W. , The recurrence interval of large earthquakes in the Yishu fault zone. Earthquake Res. China,1987,(3):34 ~40 (in Chinese with English abstract).

[22] Lu,H. F. ,Yu,H. N. ,Ding,Y. W. and Zhang,Q. L. ,Changing stress field in the middle segment of the Tan-Lu fault zone, eastern China. Tectonophysics,1983,98:253 ~270.

[23] Moore,J. G. and du Bray,E. ,Mapped offset on the rightlateral Kern Canyon fault,southern Sierra Nevada,California. Geology,1978,6:205 ~208.

[24] Okay,A. I. and,Şengör,A. M. C. ,Evidence for intracontinental thrust-related exhumation of the ultra-high-pressure rocks in China. Geology,1992,20:411 ~414.

[25] Qiang,Z. and Ye,S. ,Active fault features of the 1668 Juxian-Tancheng 8 ½ great earthquake area. Seismol. Geol. ,1985,7: 19 ~26 (in Chinese with English abstract).

[26] Qiang,Z. ,Hu,S. ,Hu,H. and Ye,S. ,Structures and evolution features of the Tanlu fault zone. In:Forum on Structural Geology (3). Geological Press,Beijing,1984,pp. 94 ~106 (in Chinese).

[27] Şengör,A. M. C. ,G? rür,N. and Şaroölu,F. ,Strike-slip faulting and related basin formation in zone of tectonic escape: Turkey as a case study. Soc. Econ. Paleontol. Mineral. ,Spec. Puhl. ,1985,(37):227 ~264.

[28] Shi,Z. ,Huan,W. ,Wu,H. and Cao,X. ,Strong earthquake activity in China and plate tectonics. Sci. Geol. ,1973,(4):281 ~ 293 (in Chinese with English abstract).

[29] Turcotte,D. L. and Schubert,G. ,Geodynamics:Applications of Continuum Physics to Geological Problems. Wiley,Chichester, 1982,450 pp.

[30] Wang,J. and Chert,M. ,Review on progress of geothermal research in China. Earthquake Sci. Res. ,1984. (6):38 ~43 (in Chinese).

[31] Weng,S. ,Cretaceous plate tectonics and related magmatic activity in eastern China. Acad. Geol. ,1983,(2):119 ~127 (in Chinese with English abstract).

[32] Wood,H. O. ,Volcanic earthquakes. Bull. Natl. Res. Counc. ,1933,(90):9 ~31.

[33] Xie,Z. ,Wu,J. ,Chan,R. and Xie,Y. ,A preliminary analysis of some heat flow values in the Bohal Sea and adjacent region. Seismol. Geol. ,1980,3:57 ~63 (in Chinese with English abstract).

[34] Xu,J. ,The horizontal displacement of the Tancbeng-Lujiang fault zone and its geological significance. In:Scientific Papers on

Geology for International Exchange. Geological Press, Beijing, 1980, pp. 129 ~ 142 (in Chinese with English abstract).

[35] Xu, J., The Tancheng-Lujiang wrench fault system. In: Forum on Structural Geology (3). Geological Press, Beijing, 1984, pp. 18 ~ 23 (in Chinese).

[36] Xu, J., Historical review and present setting. In: J. Xu (Editor), The Tancheng-Lujiang Wrench Fault System. Wiley, Chichester, 1993, pp. 3 ~ 15.

[37] Xu, J., Wang, P., Cheng, R. and Ye, Z., Ductile deformation and regional strain field in the southern segment of the Tancheng-Lujiang fault zone, eastern China. Pageoph, 1986, 124: 337 ~ 367.

[38] Xu, J., Zhu, G., Tong, W., Cui, R. and Liu, Q., Formation and evolution of the Tancheng-Lujiang wrench fault system: a major shear system to the northwest of the Pacific Ocean. Tectonophysics, 1987, 134: 272 ~ 310.

[39] Yin, A. and Nie, S., An indentation model for the north and south China collision and the development of the Tan-Lu and Honam fault system, eastern Asia. Tectonics, 1993, 12: 801 ~ 813.

[40] Yu, P., Qian, Z. and Pan, L., Geologic structures of the Yishu fault zone and some related problems of their formation mechanism. In: Proc. 30th Annual Academic Conf. of the Chinese Geol. Soc. (Tectonic Section), 1963 (in Chinese).

[41] Zhang, B. and Liu, Y., Basic characteristics of the Jiamusi-Yitong fault zone and its relation with the Tanlu fault. J. Changchun Geol. Inst., 1982, (1): 56 ~ 69 (in Chinese).

[42] Zhao, D., Xiao, Z. and Weng, Y., Characteristics of Cenozoic volcanic rocks in the Tanlu fault zone and the adjacent area, and discussions on their genesis. Acta Geol., 1983, (2): 128 ~ 141 (in Chinese with English abstract).

RECENT CRUSTAL MOTION AND DEFORMATION IN THE CONTINENT OF CHINA*

1. Introduction

As a region compressively confined by surrounding plates, the continent of China is most strongly affected by the India-Eurasian collision, where intraplate relative motion and deformation is very clear and expressed by the frequency of intracontinental earthquakes, the variety of active tectonic patterns, the high-rise Tibetan plateau, and the deep subsiding basins of back-arc and continental margins.

It has always been a noticeable geoscientific problem on the recent crustal motion and deformation in this region. In the early 1950's, Professor J. S. Lee proposed some important ideas in his paper "The Distorted Asia Continent". The literature on this subject has been increased largely since the 1970's (Shi Zhenliang, 1973; Molnar, 1975, 1984; Tapponnier, 1976, 1977; Zhang Wenyou, 1977; J. Ni, 1978; Liu bochi, 1979; Wang Yipeng, 1979; Deng Qidong, 1979; Huang Jiqing, 1980; Ding Guoyu, 1986; Ma Xingyuan, 1987; Ying Shaofen, 1988; England, 1990; Hong Hanjing, 1990; Ma Zongjin, 1992; Zeng Rongsheng, 1993; Avouac et al., 1993). This research is not only of important theoretical significance, but also provide a scientific basis in solving a series of practical problems such as environmental changes, earthquake prediction, natural disaster prediction and prevention, and sea level changes.

2. The Regionalization of the Recent Crustal Motion and Deformation

The Chinese continent locates in the southeastern part of the Eurasia plate. Its intraplate deformation and status of motion are strongly controlled and affected by motions of surrounding plates. According to the extent of the affected areas and the intraplate deformation characteristics, three domains with different movement nature are divided in China and its adjacent areas. They are the Qingzang-Xinjiang domain, the Heilongjiang-North China domain, and the South China-South China Sea domain, which are systematically and basic tectonic domains in neotectonic movement and deformation. Each domain can be divided into several smaller blocks (Ma Xingyuan, 1987). They are the basic elements of recent crustal motion and deformation in these areas.

2.1 The Qingzang-Xinjiang Domain

This domain is a triangle area with the Himalayas arc as its base line, Pamir, Altai-Sayan and Assam as its apexes. It suffers compressive environment resulting from the collision between the India and Eurasia plate. Strongly surfacial deformation is occurred in this area. The most typical tectonic phenomena are thrust

* 本文原载于《Achievement of Seismic Hazard Prevention and Reduction in China》, Seismological Press, 108～126, 1996。作者：Ding Guoyu.

faulting, crust thickening and shortening, uplifting, compressive basins, strike-slip faulting, extrusive tectonics, and many other compressive structures. This domain can be divided into the following smaller blocks. They are the South Tibet, Qinghai-West Sichuan, Sichuan-Yunnan, Tarim, Zhungaer, and West Mongolia-Alashan blocks.

2.2 The Heilongjiang-North China Domain

This is a triangle-like area with Japan island arc and Ryukyu island arc as its base line, Baikal, Saghalien and Taiwain as its apexes. This domain can be divided into the following smaller blocks. They are Songliao-Xingan, Zhangbaiw Ordos, Jilu, Huaihe-Huahe basin, Yellow Sea, Yuwan, East China Sea and Japan sea blocks.

Different from the Qingzang-Xiwiang domain, it has a large amount of eruption of basalt, showing high volcanic activity, and are characterized by rift basins and related tensional structures. Deep crust disturbances resulting from plate subduction and magma intrusion and eruption, instead of surface compression, are the principal mechanism in this area. Because of the great depth to which the west Pacific Ocean plate subducts landward, the upper part of lithosphere may be strongly deformed to some extent and large-scale areas are affected. However, with the decreasing of deep tectonic and thermal activity owing to the western Pacific plate since Quaternary, the influence of East China is increasing remarkably.

2.3 South China – South China Sea Domain

This domain can be divided into the Sichuan, Jiangnan, and South China Sea blocks. Because of its great difference in tectonic environment of its relatively weaker tectonic activity, the slip rates of active faults in this domain are extremely low (no more than 2mm/a). The relatively active area lies only in the south-eastern coast, which is resulted from the collision between the Taiwan and Philippine plates.

3. Basic Characteristics of Recent Tectonic Deformation

3.1 Uplifting, Longitudinal Shortening and Transversal Slipping of the Qinghai-Tibet Plateau

The high-rise Qinghai-Tibetan plateau is the result of continental convergence between the Indian and the Eurasian plates. The following five styles of neotectonic deformation can be found inside and around the plateau since the Late Pliocene:

(a) Further subducting of the Indian plate and the intense uplifting of the Himalaya as well as further developing of the major boundary faults and piedmont depression.

(b) Broad swelling, shortening and thickening of the plateau, where E-W extension occurs on normal faults in southern Tibet. The amplitude of uplift is about 2000 ～3500 m.

(c) Thrusting arround the plateau. In addition to forming piedmont depressions with a huge thickness of deposit in front of the Kunlun Mountain in the north-western margin, the Qilian mountain in the northern margin and the Longmen mountain in the eastern margin of the plateau etc. , both thrust and overriding tectonics are of a quite large scale.

(d) Northward and north-eastward compressing and slipping of the plateau. This is dominantly expressed in the left-lateral strike-slipping along the Altun fault zone, which is north-western margin of the plateau. Judged from data of strata displacements and drainage offsets etc. , the horizontal slip distance has reached about 80 km since Quaternary. With progress in slipping and compressing there has produced a series of new folds and related tectonic styles.

(e) Transversal slipping and torsion among various blocks within the plateau. The large scale left-lateral strike-slipping of a series of gigantic strike-slip faults, such as the Bangong lake-Nujiang fault, the Xianshuihe fault, the Kunlun fault, and the western Qinling fault etc., are enough to reflect the eastward slipping and torsion of the central-north part of the plateau.

3.2 The Compression Deformation in Xinjiang

In this region included are the three blocks of Tarim, Junggar, and Alxa and the intensely compressed mountain belts of Tianshan and Altay. The neotectonic deformation in this region is mainly characterized by reactivated high mountains like the western Kunlun, Tianshan, and Altay mountains (Zhang Peizhen, 1994), piedmont compression basins and thrust near the peripheries of mountains, such as along the northern piedmont of the Altay mountains a number of transversal active strike-slip faults transect compression tectonic zones, e.g., the Kazkart fault, the Kuluktag fault and the Ertai fault etc. The depression of the piedmont compressive basins was mostly intense before the middle Pleistocene, the maximum depth of deposit reached about several thousand meters. It has begun to be dominated by strike-slipping since middle Pleistocene, and the total slip amount of transversal strike-slip faults may reach tens of kilometres.

The Tarim block has experienced further longitudinal shortening due to the strong northward compressing of the Qinghai-Tibet plateau in neotectonic period, which has been continuously reflected by a series of moderate-small earthquakes occurring in this block, and a series of tensional tectonics trending nearly north-south has begun to form along the southern side of the block, the Yarkant, Hetan, Keriya, Niya and Andir rivers etc., extending north-south, have developed along these tensional tectonics.

3.3 Activity at Depth in Northeast China

Northeast China is a part of the Heilongjiang-North China domain which lies to the west of the Pacific subduction zone and Japan Sea. Its neotectonic deformation and intraplate motion are strongly influenced by back-arc activity of mantle upwelling, volcanic activity, basin extension. Large areas of swellings and basins, alternatively positioned, have evolved in this region. Along deep faults, especially the basin and graben margins, there occurred intense magmatic eruption and volcanic activity.

In this region, Pliocene-Middle Pleistocene was a period with the strongest tectonic movement, expressed in fault reactivity and a large amount of basalt eruption out of the ground. During this period, the depressing basins of the Songhua-Nenjiang plain, Hailar and Hulun Lake basins, Sanjiang Plain etc. had undergone expanding, shrinking, or disintegration, and the rivers of Liaohe, Songhua, Ergun, Hailar etc. had experienced channel capturing and diverting, the drainage systems rearranged and redisposed. All these were associated with the influence of plate subduction, deep media activating and undulate variation of deep seated boundary surfaces. While in Late Quaternary, many faults, had ever clearly activated in the early period of Cenozoic, have shown a sharp decrease in activity, such as the Yalu River fault, the Yilan-Yitong fault, the east side fault of the Da Xinanling mountains, and a lot of NE-trending faults east of Hulun Beier-Mongolia. In short, neotectonic deformation is dominated by influence of deep tectonic activity on ground surface, but its active extent is much lower than that of in the North China.

3.4 Disintegration and Twisting of the North China Craton

The North China craton has encountered intense tectonic alteration and deformation, forming a large number of faults trending NE, NNE, and NW, WNW. Strength of the craton has greatly decreased, especially owing to the influence of the western pacific plate movement and deep thermal activity since Cenozoic, the North China craton has enormously enhanced because of the north-eastward pushing and compressing of the Qinghai-Tibet plateau, producing and promoting the twisting of the block and pull-apart of a number of basins (Ma Xingyuan, 1987; Ding Guoyu, 1988).

Viewing from the process of disintegration of the North China craton, the change and migration of rifting basins are of certain principles. Rifting basins were mainly evolved in the Yellow Sea and the Hebei basin area before Pliocene, when the rifting of basins in the western part was relatively weak. However, the activity of the rifting basins in the western part has been evidently enhanced since Pliocene, and the Shanxi fault basin zone has begun to form, the deposit thickness in various basins and the rate of strike-slip of faults along the basin margins are largest in the western part, and gradually diminishes eastwards. Besides, migration of activity of seismic zones is from west to east, while the migrating directions of large earthquakes within the seismic zones and the rupturing directions of a number of strong earthquake sources are also mostly from southwest to northeast. All these reflect unanimously the decrease of the influence of plate action including deep thermal activity derived from the western Pacific plate together with the eastward receding of its influential range, and the enhancing of the affection of pushing and compressing coming from the Qinghai-Tibet plateau together with the eastward extending of its influential range.

The deformation of this disintegrated craton during neotectonic period is mainly demonstrated as follows:

(a) Twisting of the Ordos block. The Ordos block has experienced strong NE-SW compression. The shearing-tensional basin zones on its east and west sides, respectively named the Shanxi and the Yinchuan basin zones with right-lateral shearing, and on its south and north sides, respectively called the Weihe and the Hetao basin zones with left-lateral shearing have produced intense twisting and extending, accelerated the development of a series of shearing-tensional basins around the Ordos block. Meanwhile, because of the north-eastward movement of the Qinghai-Tibet plateau, the Ordos block has rotated counterclockwise around a pole at 42°N, 94°N (Lu Yanchou, 1982) (Fig. 1).

(b) Further pull-apart of the Hebei plain-Bohai basin area. In the Hebei plain-bohai Basin area in which occurred most strikingly tensional down warping in Palaeogene, intense extending has greatly diminished after Pliocene-Early Pleistocene. But, the right-lateral strike-slip components have been enormously increased, along the Taihang Mountain front fault, the inner Hebei plain fault, and the Bohai-Xialiaohe fault, which are arranged as a right stepping fault system trending NNE; further promoted the development of the gigantic Hebei plain-Bohai sea pull-apart basin (Nabelek, 1987).

(c) Slow subsiding, upwarping and creep rupturing of the Haubei basin area. Along 34° north latitude, the Hebei-Huaihe Basin area, equivalent to the North China Plain, is separated into two: the northern and southern parts. The southern part is the Huaibei Basin. This basin area differs greatly from the Hebei basin area to the north. The fault structures in Huaibei basin trend mainly NW and WNW, and the basin development, faulting, and seismicity have been much weaker than that of the Hebei Basin area since Pliocene. However, ground fissures were well developed in an extensive area during 1966 ~ 1977 when the Hebei basin area showed strong seismicity. These widely-distributed ground fissures trended with approximately consistent strikes, and had systematic mechanical natures. The accelerating activity of ground fissures in some regions of the Huaibei basin area was really correlated and synchronous with the regional tectonic creep, reflecting characteristics of recent tectonic activating mode in this area.

(d) Proceeding of subsiding and pull-apart of the northern Jiangsu-Yellow Sea basin and drifting of the Liaodong peninsula, Shandong peninsula and Korean peninsula.

In this region, there exists strike slipping along NE-ENE trending faults indicated by focal mechanism solu-

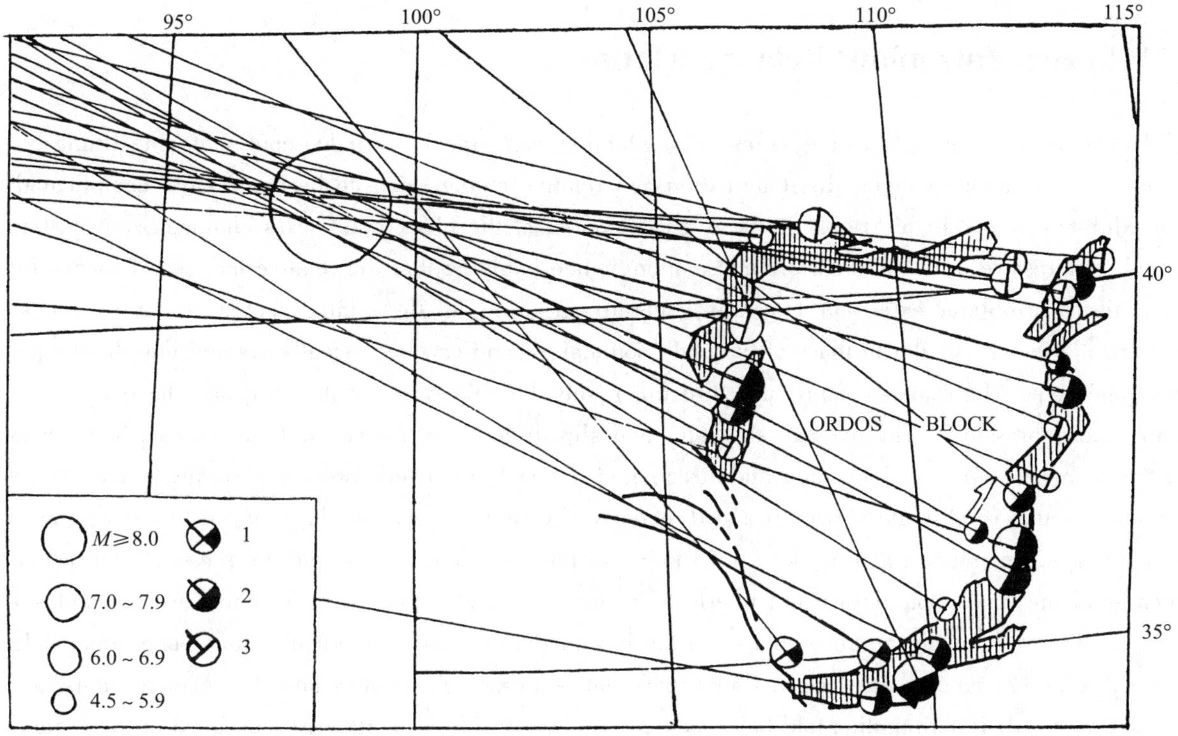

Fig. 1 The normal line focus of earthquake fault planes and torsion of Ordos block

1. The composite fault plane for small earthquake; 2. The long axis orientation of isoseism; 3. The dislocation orientation of earthquake fault

tions, showing that the pull-apart activity of basins resulting from movement of right-lateral right-step faults continues to encourage the separation among the Shandong, Liaodong, and Korean peninsulas.

3.5 South-eastward slipping of south China

The existence of the two stiff land blocks, North China and Tarim, plays a distinct role in resisting the northward push of the Qinghai-Tibet plateau, resulting in the slipping east-south-eastwards of the South China block pushed by the Qinghai-Tibet plateau. The South China block is a region with relatively thick lithosphere and properly weaker neotectonic activity, within it the slip rates of active faults is low, generally less than 2 mm/a, only along the south-eastern coastal zone relatively higher tectonic activity could be observed. Some researchers regarded the South China land block as a pushed-out block to the eastern side of the Qinghai-Tibet plateau due to collision with the Himalayas. Its northern active boundary extends roughly from the Danfeng fault to the northern piedmont of the Dabie mountains, though its southern boundary is the Honghe fault (Peltzer and Tapponnier, 1988). The slip rate of the South China land block towards the south-east may reach as high as 21 mm/a, as estimated by Molnar using seismic data of recent 80 years. But it is thought that this value might be partially larger than that in practice. According to deformation of the North-south seismic zone and the distribution of displacements and torsion along the Xianshuihe fault and the Honghe fault the south-eastward pushing-out of the South China land block indeed exists effected by compression of the Qinghai-Tibet plateau, yet the pushed-out distance is limited.

In the South China Sea, the spreading of the South China basin already ceased in Pliocene, however, The NNW-SSE extension action still exists. A number of rifting zones trending ENE-EW, for example, the Qiongbei fault depression and Xisha sea trough etc., are still developing and subsiding.

4. Recent Intraplate Relative Motions

As the result of multiple rifting, collision, subduction, convergence of paleo-continents, the Chinese continent is extremly inhomogeneous. Its deformation and relative motion seem to be much more complicated than those exhibited by the simple rigid blocks. A great number of the block boundaries characterized by the complicated compressive or extentional tortional motion, hence implying that the relative motions of blocks include oblique thrust or oblique extension. However, generally speaking, for the relative motion of various blocks, the block boundaries are similar to those of the plate boundaries, and can be basically divided into three types: the convergence type (horizontal compressive thrusting), the shearing type (strike slip) and the extentional type (rifting and depression). The average slip rates and slip direction of active faults on various boundaries can give the estimated of relative slip rates and direction of the motion between two neighbouring blocks. The determination of actual or absolute slip rates and directions of various blocks should relate to the driving agents of motions and the reference frame works (fixed point) of the intraplate blocks, and the physical and mechanical properties of the block boundaries and interios. The intracontinental plate may contain the rigid and subrigid blocks, the folded mountain-building zones with fairly remarkable plastic deformation, and some other deformed zones with different natures. In western China, the relative intrablock motions and deformation status for some rigid blocks and their surrounding fold belts seem to be closely with the northward movement of the Indian plate relative to the Eurasian plate. If the Siberian block in the central part of the Eurasian plate was taken as a fixed point, the northward movement of the Indian plate might be the root cause producing the motions and deformation of various blocks in western China. The situation of deformation of various regions in the Chinese continent suggest that many blocks and zones are not purely rigid, but are elastoplastic bodies that have different natures of plastic deformations, and with transmission ability and velocity. In this case, fractions of northward movement of the Indian plate of about 50mm/a. have been absorbed by deformation of various blocks, especially of the interblock folding zones, with the remaining portion of the movement still pressing ahead progressively along blocks and fold belts.

In order to obtain the slip rates for the northward movements of various blocks relative to Siberia, we have used chiefly the data on amplitudes of deformation and upheaval of the Neogene erosion surface of various blocks and fold belts and on the rates of thrusting on both sides of fold belts in western China, to estimate approximately rates of deformation and shortenings of various blocks and folding zones (that is, the fraction of the northward movement of the Indian plate absorbed by the deformation of various blocks). The estimated results are shown in Table 1 and Fig. 2. In Fig. 2, the directions of the motions of the blocks are defined by using the distribution state of horizontal orientations of new folding axes and active thrust faults, and they are generally coincident with the azimuthal distribution of focal principal compressive stress axes in the studied regions (Yan Jiaquan et al., 1979; Liu Bochi, 1979; Wang Suyun et al., 1985).

The analysis of the data on active faults shows that the Xizang block is extending with a nearly EW orientation, while contracting and thickening in nearly NS trending, and pushing and compressing the surrounding blocks in the east. The rates are about 10 ~20 mm/a., estimated from the extensional rates for a series of nearly NS trending tensile fault zones within the Xizang block. Similarly, the nearly EW trending extensional rates for the Qaidam block are estimated to be roughly 6 mm/a.

It can be seen from Fig. 3 that the average northward (or north-eastward) movement rate of the Xizhang block in the past three million years are about 25 ~28mm/a. According to the result of palaeomagnetic determination of Jigouda formation in the Jigouda basin northwest of Lasa city, the palaeolatitude of this formation during

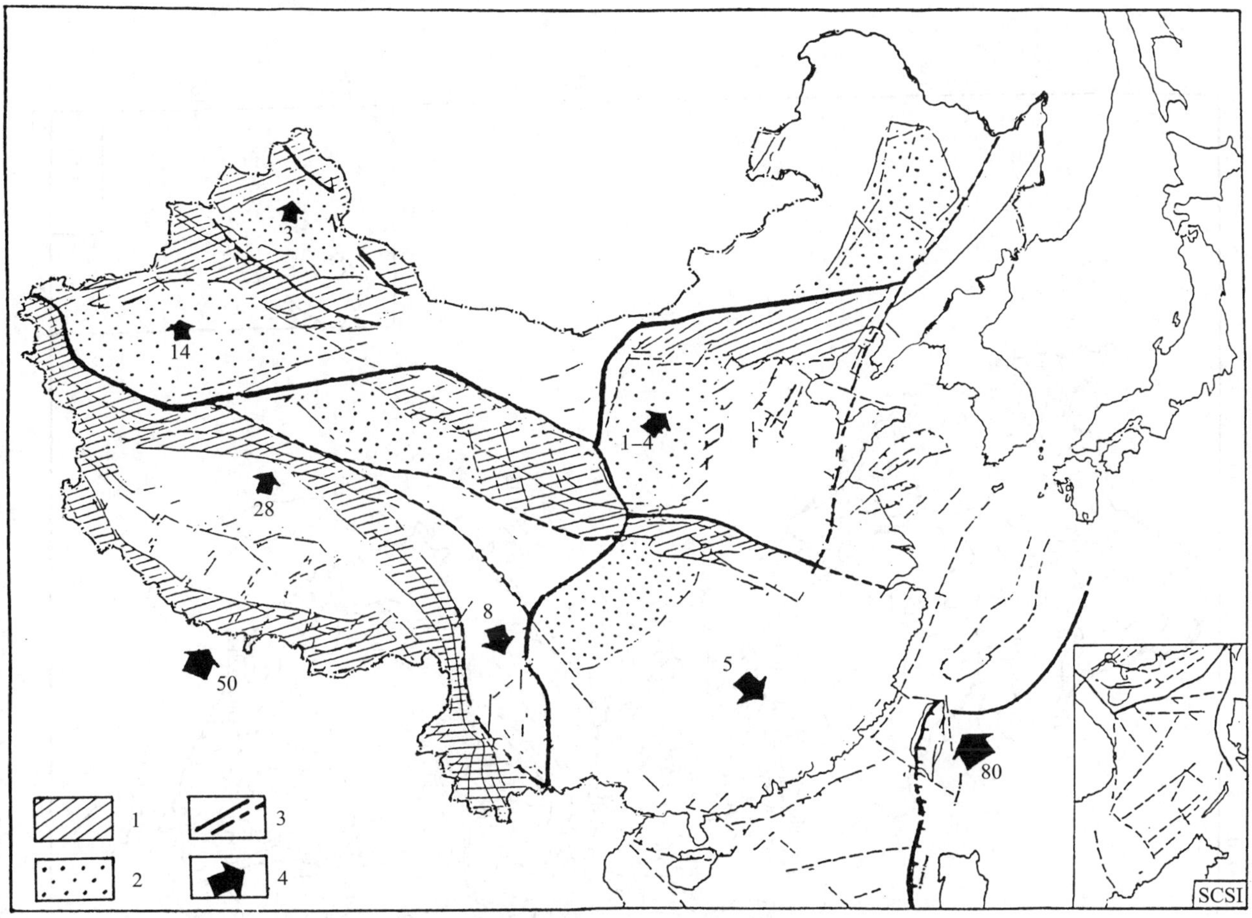

Fig. 2 A schema of intraplate relative motion in China

1. New mountain-building belts; 2. Relative rigid blocks; 3. Active fault; 4. Motion orientation and slip rate for blocks (in mm/a)

its deposition was 29°4′N, but present become 30°7′N, with northward movement of 1°3′ (about 118km). The average rate was about 31mm/a., close to our estimated value. The Tarim block is moving northwardly at a rate of about 14mm/a., and the Junggar block is moving northwestwardly at a rate about 3mm/a. The Qaidam block moves northeastwardly at a rate of about 8mm/a., and the rhombic Sichuan-Yunnan block moves southeastly at a rate of about 8mm/a. Since we have not considered the absorption by extension, deformation and friction of the bottom surface, the estimated rates might be a little bit greater. However, the analysis on the distribution of horizontal slip rates of active faults in the boundary of various blocks suggests that these estimated values are generally true.

The Himalayan folding zone is shortening at a rate of about 15.4mm/a, and the Tianshan zone about 10mm/a. These are very similar to that obtained by Molnar and Deng (1984) from the study of the earthquake data for the recent 80 years. The shortening rate of Xizhang block is about 13 ~ 18mm/a, fairly greater than that obtained by Molnar and Deng (4 ~ 7mm/a). Nevertheless, Molnar and Deng indicated that the value they estimated might be small, and it would not be surprise if the value exceed 10 mm/a. From Table 1, it can also be seen that the front of the Junggar block may be moving northwestly at a rate of about 2.7mm/a, the north margin of the Qilianshan range moves northeastly at a rate of about 0.1 ~ 3mm/a, the east edge of the west Qinling and Liupanshan range moves eastwardly with northward component at a rate of about 4mm/a, and the east margin of the Sichuan-Yunnan block moves southeastly at a rate of about 5mm/a. All this has reflected that the effects of

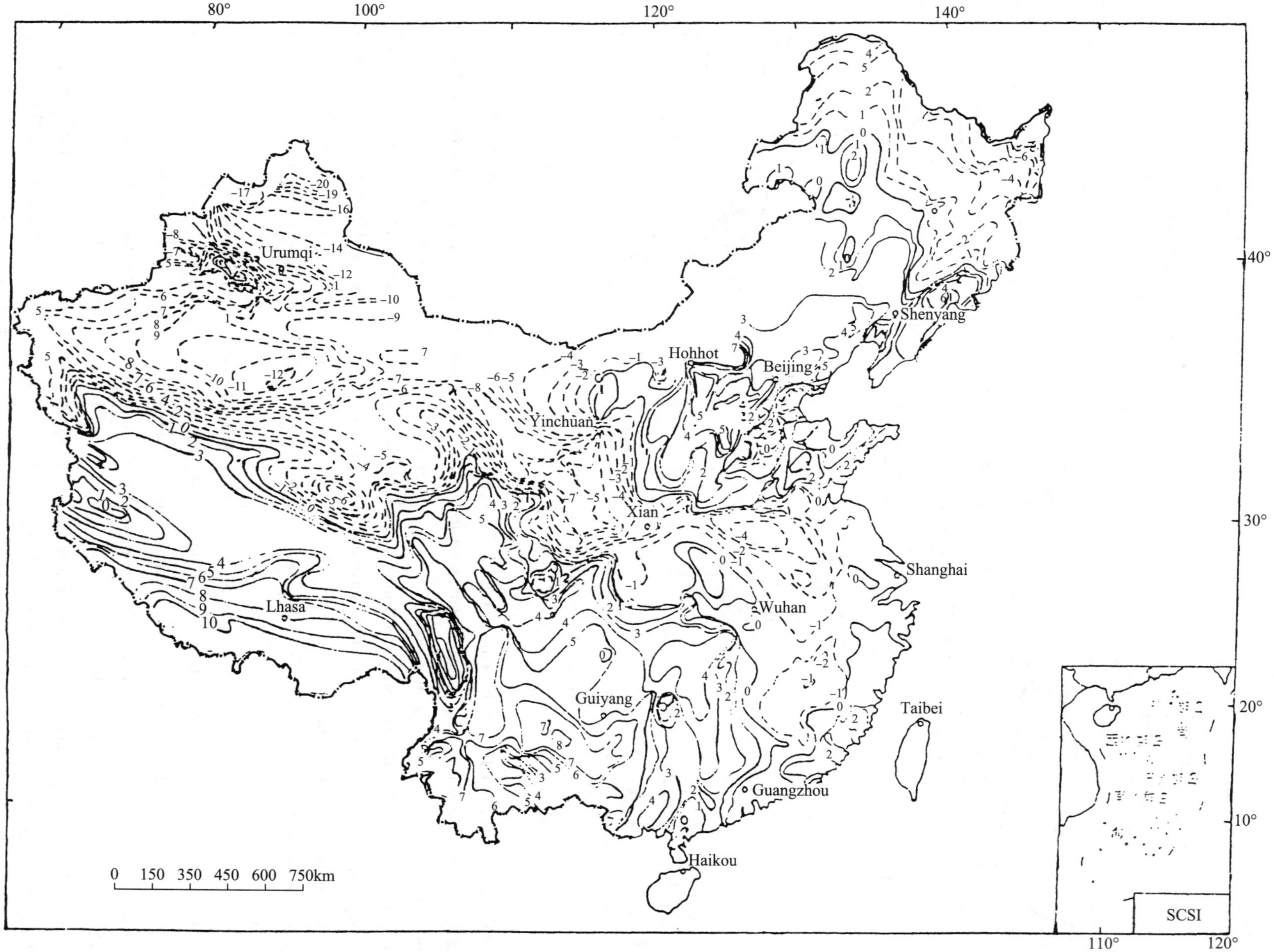

Fig. 3 Map of recent vertical crustal deformation rate of China (Ying Shaowen, 1996)

the northward compression of the India plate on the motions and deformation of various intracontinental blocks in China has reached the Altai folding zone and the Beishan zone in the north, and the east of the NS seismic zone in the east.

Table 1 Estimated values of deformation and slip rate of blocks and folding zones in western China

Blocks and folding zones	Width (km)	Thickness (km)	Vertical[a] deformation (expansion) rates (mm/a)	Lateral[b] Shortening (compression) rates (mm/a)	Average slip rate (mm/a)			
					Back margin	Central part	Front edge	Direction
Himalayan folding zone	250	60	3. 7	15. 4	50[c]	42. 3	34. 6	N
Xizang block	450	70	2. 0	13. 0	34. 6	28. 1	21. 6	N
West Kunlun folding zone	150	65	3. 0	7. 0	21. 6	18. 1	14. 6	N
Tarim block	600	50	0. 1	1. 2	14. 6	14. 0	13. 4	N
Tianshan folding zone	250	55	2. 2	10. 0	13. 4	8. 4	3. 4	N10°E
Junggar block	350	50	0. 1	0. 7	3. 4	3. 0	2. 7	N10°W
Hengduan range folding zone	200	55	2. 0	3. 6	15. 0[d]	13. 2	11. 4	580°E
Sichuan-Yunnan rhombic block	200	45	1. 5	6. 7	11. 4	8. 0	4. 7	870°E

a) Vertical deformation rate = uplift of erosion surface + eroded rate + equilibrium rate;

b) Shortening rate = vertical deformation rate (width/thickness);

c) Northward motion rate of the Indian plate at the front margin of Himalayan range (Minster et al. ,1978);

d) An extention rate of the Xizang block.

"The NS seismic zone" is very outstanding as the large-scale regional demarcation line for the intraplate block motion, crustal deformations and seismic actives in China, being very complicated in structure and different status of motions along its different section. On the west side of its central section, various blocks appeared to be featured with apparent eastward compression, which has caused the Ordos block to move northeastwardly, and rotate in a counter clockwise manner. The South China block seems to move southeastwardly, and the relative left-lateral shearing movement occurs between the South China block and the North China block. However, due to the constrains of the structures of the crust and lithosphere along the NS seismic zone, the influences of the eastward movement of the Qinghai-Xizang plateau are greatly diminished in eastern China, while cutting through the NS seismic zone.

In eastern China, the Yilang-Yitong fault, the Tanlu fault zone and the NE and NEE fault zone along the coastal regions of Fujian and Guangdong provinces are characterized by notable thrusting component, indicating that the motion states of various blocks in eastern China are also influenced by the north-westward movements of the Pacific plate, particularly of the Philippine sea plate and the back-arc expansions related to them as well, in addition to the tendency of the eastward and south-eastward movements in this part. In Taiwan province and along the coastal line of Fujian and Guandong Province, the slip rates of active faults decrease progressively from SE to NW, that is, from the coast toward inland, as indicated by the increasing reductions of seismic activities.

The state of the motion of the North China block appears fairly complicated. Since the late Neogene, the North China block has been predominated by the tensile and torsional movement, instead of the tensile rifting in the Early Tertiary. This situation might be associated with relative movement between the Mongolia-Heilongjiang block and the South China block on both sides of the North China block. Estimated from the motion rates of the

West Qinling and Qilianshan ranges on the northeast side of the Qinghai-Xizang plateau, the North China block may be moving northeastwardly at a rate of 4mm/a or less.

Based on the analysis of geological and seismic data, the South China block is featured with certain clockwise torsion, besides the south-eastward movement. The slip rate obtained by Molnar and Deng (1984) based on the earthquake data is about 21mm/a for the south-eastward movement of the South China block. This value seems large. If the motion amount (Table 1) for the eastward movement of the east edge on the east side of the Qinghai-Xizang plateau was taken, the slip rate should be less than 5mm/a. This is more than that of north-eastward movement of western North China block (4mm/a) to the north. This results in extensional sinistral slip along Weihe and Huashan mountain frontal fault zone. however, the relative slip rate of active faults is low, generally less than 0. 1 mm/a. inside the South China block.

The above-mentioned estimated slip rates for various crustal blocks of the continent of China are very tentative, and may contain errors (uncertainties) of one fold or more. However these values preliminarily give a general outline of the status of the recent intraplate motions in China.

5. Recent Vertical Crustal Motions

A large quantity of data concerning with the amplitude and rate of neotectonic movement in China has been acquired by means of geological, geomorphologic, geodetic measurement and archaeological methods etc. A large amount of geological, and geomorphological data show the amplitude and average rate of vertical or horizontal movement since the Late Pliocene, especially Late Pleistocene, while geodetic, seismological and archaeological data reflect recent tectonic movement in a short period.

5. 1 Vertical Movement During Neotectonic Period

In the west of China, there are a large quantity of literature concerning the uplifted height of Qinghai-Tibet plateau in the neotectonic period. Now, it is generally considered that its amplitude of uplift since Quaternary is about 2000 ~3500 m. The peneplain of Late Tertiary in the Tianshan mountains, which lies in the periphery of the plateau, has been lifted to 2700 m. The amplitude of differential elevating-subsiding activity in its all around margins of the plateau and the boundaries of some land blocks is largest. The thickness of the molasse-type sediment formed in the piedmont basins due to thrusting of faults in the Pamirs, the Kunlun mountains, the Tianshan mountains, the Qilian Mountains, the Altay moutains etc. reflects enormous subsiding extent in these regions since the Himalayan Movement. The thickness in front of the Pamirs is more than 8000m, in front of the Kunlun mountains larger than 5000m, in the southern piedmont of the Tianshan Mountains about 4000 ~5000m and in its northern piedmont about 2000m, however, in front of the Altay mountains less than 200m. All these indicate that the amplitude of vertical elevating-subsiding movement decreases gradually from south to north.

In the North China plain, the thickness of Quaternary deposits in various basins ranges from 300 ~400m to about 1000 m, and generally 400 ~500m. These, together with the elevating height of surrounding mountains, demonstrate that the total amplitude of regional differential elevating-subsiding activity is about 500 ~ 600 m. But it is much larger in a number of fault basin areas, especially in the Yinchuan basin, Weihe Basin, Hetao basin, it is the most prominent.

In Northeast China, the amplitude of vertical movement may reach 700m in the eastern and western mountain areas, while the maximum subsiding extent is about 200m in the Songhua-Nenjiang plain and the Sanjiang plain.

The elevation of South China during the neotectonic period reach to several hundred meters, and it might be more than one thousand meters in some mountain areas. However, it is less than 200m in the lake areas of the Dongting lake and Poyang lake. The strong orogenic movement during Late Tertiary-Quaternary made the internal part of the Central mountains in Taiwan elevated over 2500m.

5.2 Recent Crustal Movement

The Geodetic Brigade of State Seismological Bureau compiled a map of recent vertical crustal deformation rate of the Chinese mainland using pseudo-inverse adjustment of the repeated precise levelling data of China from the National Surveying and Mapping Bureau and others. Data obtained from two times of precise levelling in the whole country and many regions carried out during 1951 ~ 1982 were utilised, including 564 representative levelling sites, 235 levelling lines, the total length are about 90000km, and the repeated levelling data amounting to 204000km, covering the whole Chinese mainland. Such research results demonstrated that in the recent thirty years, the vertical deformation of the Chinese mainland showed a general trend of uplifting in the south and downwarping in the north (Ying Shaofen, 1988).

Furthermore, the Chinese mainland could be divided into the east and west parts, bounded by the Kunming-Yinchuan zone. In the west part, the amount elevated in southern of north Tibet is about 5 ~ 6mm/a. However, the regions north of the Kunlun mountains and east of the Jinsha River are dominated by subsiding, only a number of mountain ranges show relatively obviously elevating in the background of regional subsidence, for example, in the western Qinling range and the Anyemaqen mountains, the activity is not dominant, with a rate of only 0 ~ 1 mm/a, but if compared with the surrounding areas, such as the Zoige Prairie and the Qaidam basin, and the Jungar basin all display inherited descending, with a subsiding rate of −3 ~ −5mm/a. In the east part, in the Northeast China the average subsiding rate is about −3 ~ −4 mm/a. In the North China, in addition to the elevating of the mountain areas in the eastern part of Liaoning Province, Shandong province, the Taihang Mountains and the Luliang mountains etc., the broad basin and plain regions exhibit downwarping. However, the South China is mainly characterised by elevating with a rate being generally 1 ~ 4mm/a, and the Dongting lake is also uplifting, with a rate of about 3 ~ 4mm/a. In the south-eastern coastal zone of China, there is a gentle uplift, but in the areas around Guangzhou-Nanning and Nanchang-Fuzhou, subsidence is observed with a rate about −1 ~ −3 mm/a.

Ying Shaofen, through analysing the relationship between recent vertical crustal deformation and tectonics, points out that the state of recent crustal deformation clearly reflects the latest activity of a large number of faults. In the west of China, the activity is dominated by faults trending WNW and ENE, partially extending in arcs and the NS direction. However, in the east of China, it is dominated by NNE-NE trending faults, together with that trending NW and EW. The structure and activity in deep crust and the activity of various intraplate blocks are all remarkablely reflected in the pattern of recent vertical crustal deformation. Ying Shaofen et al. (1996) compiled a new map on recent vertical crustal deformationtion rates in China recently, based on more abundant levelling date (1950 ~ 1990). The general picture of deformation has not changed comparing with the old map.

6. Observation of Recent Crustal Motion

The observation of fault activity has been carried out in Chinese continent besides the repeated levelling in large scale area. About 218 survey sites have been set up along and across main active fault zones all over the country. A lot of observed data have been accumulated which provided valuable evidence for understanding the basic state of recent crustal motion, the slip patterns and rates of active faults, and its relationship with earthquakes.

Since the 1960's, especially the 1970's, great development has been obtained using space technology, such as Very Long Baseline Interferometer (VLBI), Satellite Laser Ranging System (SLR), and Global Positioning System (GPS) etc., to measure and investigate the recent tectonic movements (DeMets, 1990). A series of international joint projects have been conducted. In China, some progress has also been got in this research in recent year.

As a important project in the State Climbing Project and basic research in the Eighth State Five-Year Plan, "Recent Crustal Motion and Dynamics in China (RCMDC)" has started in 1991, which is an interdisciplinary project of astronomy, geodesy, geophysics, and geology. The main attendees are the Chinese Academy of Sciences, State Seismological Bureau (SSB), National Surveying and Mapping Bureau (NSMB), and Survey Bureau of the Central Military Commission. This project includes the following six sub-projects:

(1) The global setting of recent crustal motion in China;

(2) Characteristics and mechanism of recent intraplate crustal motion along main active tectonic zones in China (Fig. 4);

(3) Recent crustal motion and dynamics of the Tibetan plateau;

(4) Vertical movement of the land and sea level along the coastal zones of China;

(5) The model of the earth gravity field and the geoid surface;

(6) The monitoring networks of recent crustal motion and the GPS orbit determination networks in China.

A national-wide monitoring station network has been set up preliminarily and some results have been got after several year's observation:

The data of relative motion between the Shanghai VLBI station with the Alaskan, Hawaiian, Kagoshima in Japan, and Australian stations has been obtained based on the VLBI data of international joint measurement during 1988 ~ 1992. The relative shortening rates between Shanghai and other stations are 1.3, 8.7, 2.8 and 6.1 cm/a, respectively.

Sun Fuping and Zhao Ming (1994) analyzed local deformation feature of SLR stations on the Eurasian plate according to the SLR data during Jan. 1980 ~ July 1991 provided by Germany SLR data analysis center GFZ. There is 10 ~ 20mm/a relative motion between the western and the eastern Eurasian plate. The Shanghai station in the east of the Eurasian has greater eastward by north residual site velocity (17.8mm/a; N75°E). This indicates that the eastern Eurasian has greater eastward motion relative the western.

It has always been a noticeable subject to measure the continental convergence rate between the Eurasian and Indian plates and the status of its influence on the continent of China to the north (Bilham et al., 1991; Jackson and Bilham et al., 1991; Chen Junyong et al., 1994). The work using GPS technique has rapidly increased in recent years. The measurement between China with India and Nepal across the Himalaya was carried by Bilham in 1991. Several international joint projects is now in progress in Xinjiang, Longmen mountains of Sichuan and Qilian mountains.

The repeated GPS observation in 9 sites on the Tibetan plateau and its adjacent area were made by the Institute of Seismology, State Seismological Bureau from 1991 to 1994. The data showed that the N-S shorting rate was 7 ~ 12mm/a, and the southwestward slip rate of the Chuandian block was about 10 ~ 16mm/a. Additionally, the GPS monitoring stations were also set up in Hexi Corridor, Gansu and west Sichuan. The similar work on the Tibetan plateau were also made by Wuhan Survey and Maping University and the Geodesy and Geophysics Institute, Chinese Academy of Sciences etc.

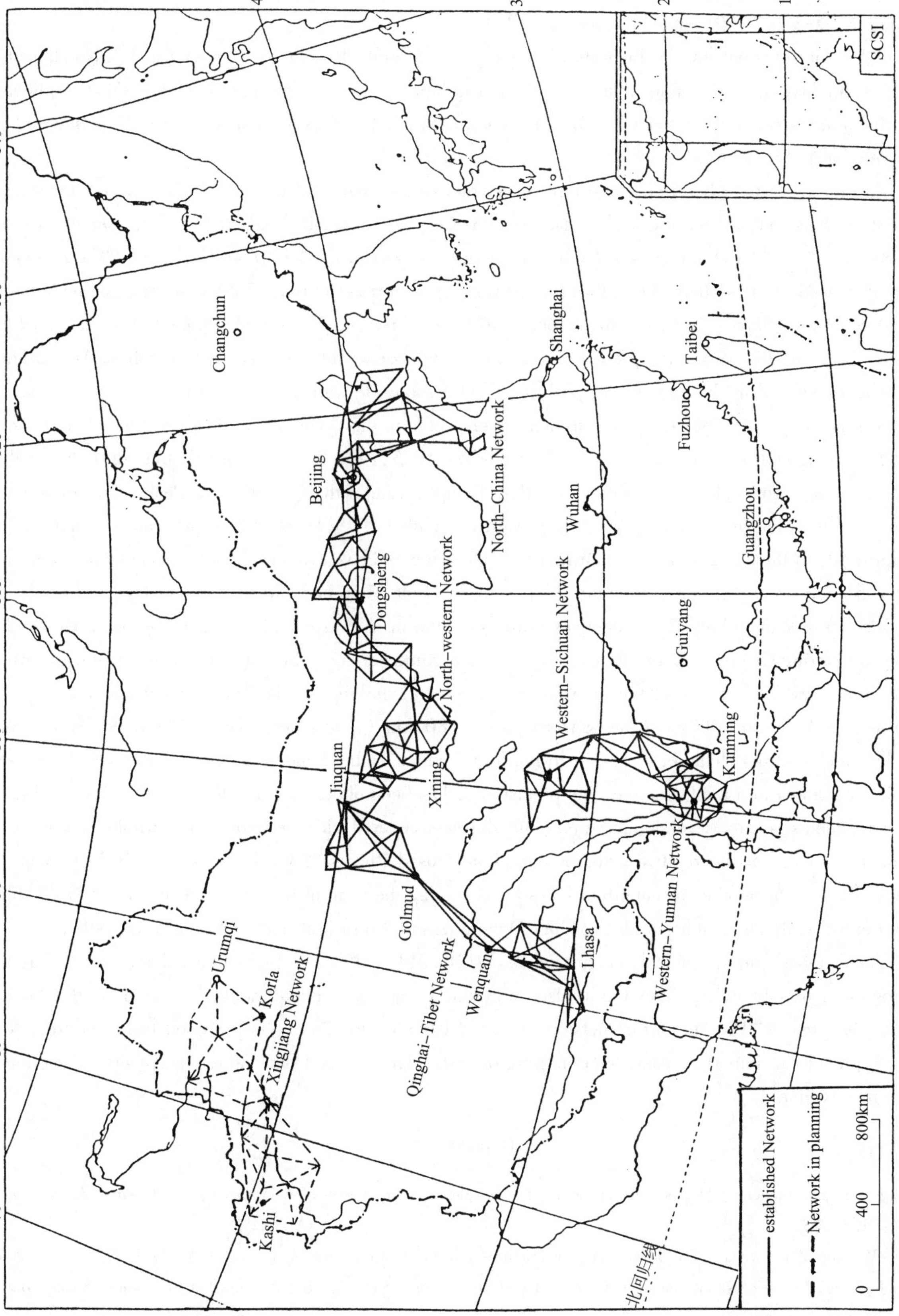

Fig 4 The GPS crustal monitoring networks along main active zones in China

Seven baseline vectors and their rates were accurately calculated by Zhu Wenyao et al. based on the twice measurements among Lasha, Wenquan, Geermu, Xialatuo, Xining and Xiaguan GPS stations on Tibet and its adjacent area in 1992 and 1994 under the project "RCMDC".

The GPS data obtained by the Institute of Geology and Mineral Resources, Chengdu and Massechusetts Institute of Technology, U. S. A. shows that the dextral slip rate of the eastern margin of the Tibetan plateau in Longmen mountains is about (5 ~10) ± (2 ~5) mm/a. , that is, the Tibetan plateau has NEE motion and compression relative to Sichuan basin.

In addition, twice GPS baseline measurements in the western part of Yunnan Province were carried out by the Institute of Seismology, SSB and Wuhan Survey and Mapping University, and Hannover University of Germany in 1988 and 1991 (Lai Xian, 1994). 48 base lines were observed in 1988, and 25 in 1991. The inversion of fault activity based on these data shows that the dextral slip occurred on about 268km segment of Jianchuan-Lijiang fault zone and Honghe fault, and the strong activity occurred on the central segment of Jianchuan-Lijiang fault zone. Based on this work, they predicted that an earthquake would occurred in this region. An earthquake with $M_S = 7.0$ occurred in this region on 3 February, 1996 soon afterwards.

Three times large-scale geodetic measurements were made in the Qomolangma Peak and its adjacent area by National Surveying and Mapping Bureau (NSMB) in 1966, 1975, 1992. The synthetical study on GPS, levelling, gravimetry, and astronomical geodesy data shows that the uplift rate of the Qomolangma Peak is 37mm/a. relative the reference site 70km to the north, and its westward by south (252°) horizontal motion rate is about 187mm/a. The uplift rate of the site 20km to the north of the Qomolangma Peak is about 4mm/a, and its horizontal rate is only about 51mm/a with the same direction relative to the same reference site (Chen Junyong, 1994).

A GPS network including 42 stations was built along the main active tectonic zones by the First Land Deformation Monitoring Center, SSB in order to monitoring earthquakes and the state of recent crustal deformation in North China. The longest side of the network is 362km, and the shortest is 30km. The network is more than 1400km long in E-W, and 400km (the western part) ~ 800km (the eastern part) wide. It covers an area of 700000 km^2 and controls Hetao basin, basin in northern Shanxi, Taihang mountain front fault zone, Yuxian-Yanqing fault zone, and Tanlu fault zone etc. The precise data has been obtained since March 1992. The closing error of each components is only several milimeters, and the accumulated closing error of the whole network is less than 7cm. The change of the relative error of the whole closed line is $4.3 \times 10^{-7} \sim 4.0 \times 10^{-8}$, its average is 1.7×10^{-7}. These data provide an important basis for observing the state of recent crustal motion in Ordos block, northern Fenwei fault zone, Hebei plain, Taishan Mountain, and Tanlu fault zone (Li Yanxing, 1993).

As stated above, the space technology such as VLBI, SLR, GPS, and high-precised gravimetry has made great progress not only in equipment but also in research by many departments in China in the last decades. Now, the project "The Monitoring network of Crustal Motion in China" is prepared to be constructed. All these work provide an important basis for obtaining directly high-precised data about recent crustal motion and deformation in China.

References

[1] Avouac, J. P. and Tapponnier, P., Kinematic model of active deformation in central Asia. *Geophysical Research Letters*, 1993, 20 (10): 895 ~898.

[2] Chang Wenyou, Zhong Jiayou, The development of fracture-systems in China. *Scientia Geologica Sinica*, 1977, 3: 197 ~209.

[3] Chen Junyong, On the crust movement, gravity field and atmospheric refraction in Mt. Evirest area. *Chinese Science Bulletin*, 1994, 39(13): 1204 ~1207.

[4] DeMets, C., Gorden, R. G., Argus, D. F. and Stein, S, Current plate motion. *Geophys J. Int*, 1990, 101: 425 ~478.

[5] Deng Qidong, Zhang Yuming, Xu Guilin and Fan Futian, On the tectonic stress field in China and its relation to plate movement. *Seismology and Geology*. 1979, 1(1): 11 ~22 (in Chinese).

[6] Ding Guoyu, A preliminary disussion on the status of recent intraplate motions in China. *Kexue Tangbao*. 1986, 33(1): 52 ~57.

[7] Ding Guoyu, Disintegration, Faulting and Seismogenesis of the North China craton. *Seismological Research Letters*. 1988, 59(4): 247 ~250.

[8] Ding Guoyu, Neotectonic deformation and recent intraplate crust movement. In *Proceedings of the Third Chinese Symposium on Structure Geology and Tectonics*. Beijing: Chinese Science Press, 1990, 73 ~85 (in Chinese).

[9] England, P. and Molnar, P., Right-lateral shear and rotation as the explanation for strike-slip in Eastern Tibet. *Nature*, 1990, 344: 140 ~142.

[10] Hong Hanjing, Numerical simulation of contemporary crustal block motion in China and surrounding area. *Seismology and Geology*. 1990, 12(4): 319 ~331 (in Chinese).

[11] Huang Jiqing, Chen Bingwei, On the formation of molasses in the Tethys-Himalayan tectonic domain and its relation with the Indian plate motion. In *The Collection of International geological Academic Papers*. Beijing: Geological Press, 1980.

[12] Lai Xian, Wu Xinghua, Monitoring plate motion in the region of the Qinghai-Tibetan plateau using GPS techniques. In Western Pacific Geophysics Meeting, Hong Kong, 1994.

[13] Lai Xian, Xing, C., Seeber, G., Torge, V., Chao, D. and Zhao, S., Crustal movement characteristics research in Yunnan, China —GPS Campaigns in 1988 and 1991. *Proceeding of the CRCM*' 93. Kobe, 1993: 321 ~324.

[14] Li Yanxing, The establishment of the GPS monitoring network in North China. *Dynamic Geodesy*. 1993, 9(4): 36 ~45.

[15] Liu Bochi, Dynamical model of the stress adjustment of the continental earthquakes in China. *Seismology and Geology*. 1979, 1(3): 24 ~40.

[16] Lu Yanchou, Ding Guoyu, The relative motions among intraplate blocks and Quaternary fault basins around Ordos block North China. In *Quaternary Geology and Environment of China*. Beijing: China Ocean Press, 1982, 189 ~192.

[17] Ma Xingyuan and Wu Daning, Cenozoic Extensional Tectonics in China. *Tectonophysics*. 1988, 133(3/4): 113 ~117.

[18] Ma Xingyuan et al, An outline of the Lithospheric dynamics of China. Beijing: Geological Publishing House, 1987.

[19] Ma Zongjin, Problem on recent crustal movement, The Method and Practice of Geomechanics IV-2: Beijing: Geological Publishing House: 1995, 146.

[20] Molnar, P., and Tapponnier, P., Cenozoic tectonics of Asia: Effects of continental collision. *Science*. 1975, 189(4201): 419 ~426.

[21] Molnar, P., and Deng Qidong, Faulting associated with large earthquakes and the average rate of deformation in central and eastern Asia. *J. Geophys. Res.* 1984, 89(B7): 6203 ~6227.

[22] Nabelek, J., Wangping Chen and Hong Ye, The Tangshan earthquake sequence and its implication for evolution of the North China Basin. *J. Geophys. Res.* 1987, 92: 12615 ~12628.

[23] Ni, J. and York, J. E., Late Cenozoic tectonics of the Tibetan plateau. J. *Geophys. Res.* 1978, 83(B11): 5377 ~5384.

[24] Peltzer, J. G. and Tapponnier, P., Formation and evolution of strike-slip fault, rifts and basins during the India-Eurasia collision: an experimental approach. *J. Geophys. Res.* 1988, 93: 15085 ~15117.

[25] Shi Zhenliang. Huan Wenlin, et. al., The intensive seismic activity in China and its relation to plate tectonics. *Scientia Geologica Sinica*. 1973, 4: 281 ~293 (in Chinese).

[26] Sun Fuping, Zhao Ming, Study of Plate motion and crustal deformation from satellite laser ranging site vidocitico. *Acta Geophysica Sinica*. 1994, 37(5).

[27] Tapponnier, P. and Molnar, P., Active faulting and tectonics of China. *J. Geophys. Res.* 1977, 82: 2905 ~2930.

[28] Tapponnier, P., Meyer, B. Avouac, J. P., Peltzer, G., Gaudemer, Y,. Shunmin, G., Hongfa, X., Delun, Y., Zhitai, C., Shuahua, C. and Huagang, D, Active thrusting and folding in the Qilianshan, and decoupling between upper crust and mantle in Northeastern Tibet. *Earth Planet. Sci. Lett.* 1991, 97: 382 ~403.

[29] The research group on "Active fault system around Ordos Massif", State Seismological Bureau, Active fault system around Ordos Massif. Beijing: Seismological Press, 1988 (in Chinese).

[30] The research group on "Altun active fault zone", State Seismological Bureau, Altun Active Fault Zone. Beijing: Seismological Press, 1992 (in Chinese).

[31] Ying Shaofen et al. , Basic characteristics of recent vertical crustal movement of China mainland. *Earthquake Research in China*. 1988, 4(1): 1～8.

[32] Ying Shaofen et a. , The characteristics of the Chinese continental deformation and the seismic hazards zoning. *Dynamic Geodesy*. 1996, 12(1): 2～11.

[33] Zeng, R. and Sun, W. , Seismicity and focal mechanism in Tibetan plateau and its implications to lithospheric flow. *Acta Seismol. Sinica*. 1993, 6(2): 261～287.

[34] Zhang Peizhen, Deng Qidong, Xu Xiwei, Peng Shizhen, Yang Xiaoping, Feng Xangyue, Li Jun, Blind thrust, folding earthquake and the 1906 Manas earthquake, Xinjiang. *Seismology and Geology*. 1994, 16(3): 193～204 (in Chinese).

PALEOSEISMICITY AND RUPTURE SEGMENTS ALONG THE ALTUN FAULT IN THE PAST 22ka*

Abstract The existence of numorous paleoearthquake traces along the Altun Active Fault proved that this fault has a history of highly seismic activity in the Quaternary period. The temporal and spatial distributions of paleoearthquake events reflected the character of segmentation along the whole fault. The segmentation of Altun fault has the phenomenon of hierarchy. The entire Altun fault is made up of four large segments arranging in the form of right-step. At least eleven segments of second level can be identified. The number and intensity of paleoearthquake events on the different segments along the fault are different. The average recurrence intervals along the fault have the tendence of gradually increasing from west to east.

Key words: Altun fault zone, Palaeoearthquake, Rupture segmentation

The Altun fault zone is a notable huge fault zone in the Asian continent interior. It extends along the northwestern boundary of the Qinghai-Xizang (Tibet) Plateau, cutting obliquely the Kunlun Mts, passing through Kuyak, Andir River, Qargan River and Altun mountain region, and eastward stretching along the Horkor Valley, then across Danghe and Shule rivers into Yumen town of Gansu Province (Fig. 1). Its large extent and strikingly linear manifestation on the surface has attracted the attention of the world geoscientists. The Altun active fault zone is composed of several faults developed along the preexisting faults or the boundaries of tectonic blocks, and shows very strong recent movement. The process of its formation and development is closely related with the uplifting of the Qinghai-Xizang (Tibet) Plateau.

1. Paleoearthquakes

The Altun active fault is a strike-slip fault with large extent and manifest dislocations. Many researchers have evaluated its Quaternary slip rate to a high grade. But, by contraries, except for the two $M = 7\frac{1}{4}$ earthquakes of July 3 and July 12 of 1924 near Minfeng, there has little large earthquake recorded in history. The instrumental observations have also showed that the seismic activity of this region is low. In recent years, a great number of paleoearthquake sites were found along the Altun fault. They provided many new data to explain this contradictory phenomenon.

The recent new activities of Altun active fault are mainly distributed along a principal sliding plane. This principal sliding plane extends from west by Xorkol, passing through Kuyak, Mandalike, Qingshuiquan, Aktutage, Horkor . Annanba, Aksay, Subei and eastward to Kuantanshan, with whole length of about 1600 km. Along this principal sliding plane, a series of surface ruptures, deformations and paleoearthquake traces can be found, including many geological and geomorphological phenomena, such as offset drainage system, offset ridge, buried fault scarp, multiphase gliding surface of earthquake fault, wedge-shaped fissure deposits along rupture zone,

* 本文原载于《Seismology and Geology》, Vol. 18, suppl. P. 38 ～48, 1996. 作者: Ding Guoyu.

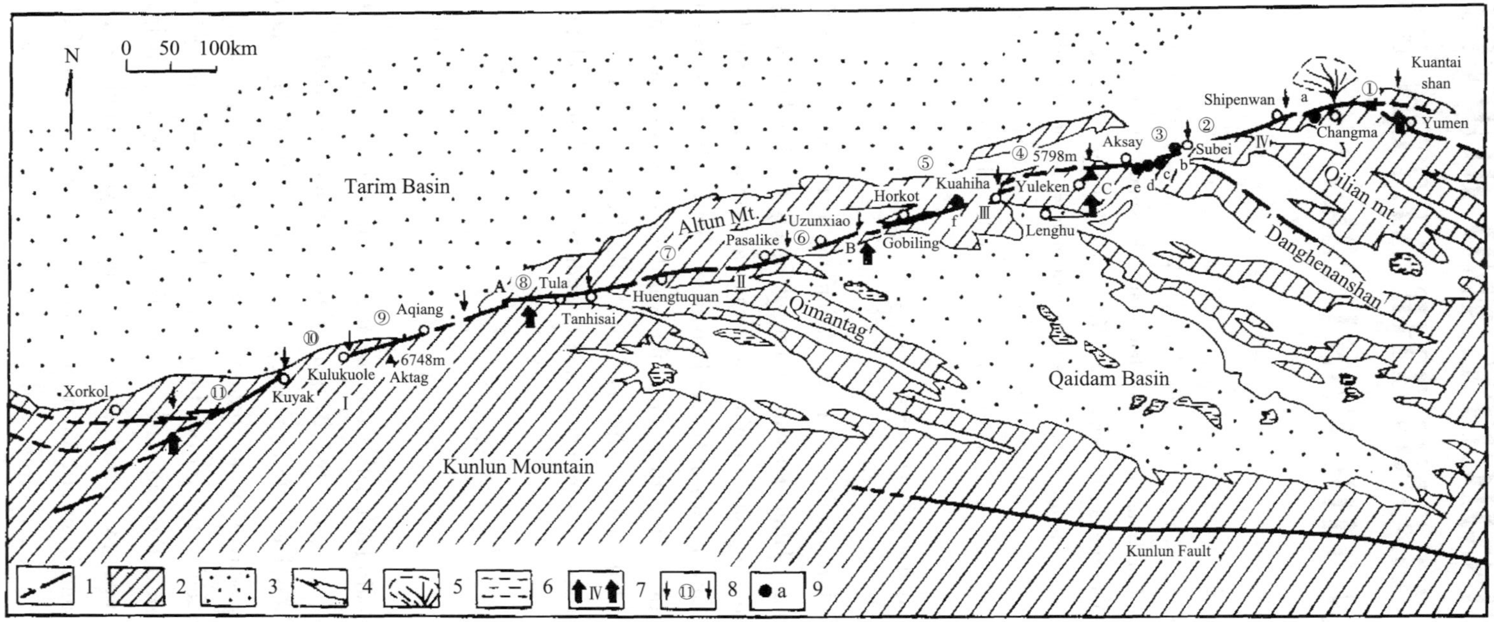

Fig. 1 Altun active fault and its segmentation

1. Altun active fault, 2. Mountain area; 3. Basin; 4. Wide valley; 5. Alluvial fan; 6. Lake; 7. Segments of first level; 8. Segments of secondary level (rupture segments); 9. Trench for paleoearthquake; I, Aktag Mountain segment; Ⅱ. Jusubarle Mountain segment; Ⅲ. Anjier Mountain segment, IV. Yerna Mountain segment (or Qilian Mountain segment); A. Tula stepover; B. Aktutag stepover; C. Yuleken stepover; ① Shulehe segment; ② Hongliuxia segment; ③Akcay segment; ④ Kushiha segment; ⑤ Horkor segment; ⑥Uzunxiaol segment; ⑦ Huangtuquan segment; ⑧ Tula segment, ⑨ Alasay segment, ⑩Kuyak segment, ⑪Xorkol segment; a. Niumaoquan; b. Lucaowan; c. Changcaogou; d. Xiaoebotugou; e. Daebotugou; f. Lapeiquan

colluvial wedge, liquefaction of soil and so on. The existence of numerous paleoearthquake traces along the fault zone proved that the Altun fault has been a very active fault in Holocene. The most active segments can be found along the line of Kuyak-Aqiang, Tula-Huangtuquan, and Uzunxiaol-Aksay.

Some research work along the Altun fault was carried out in recent years (Chen Guoxing, 1985; Xing Chengchi, 1986; Bai Meixiang, 1987; Jia Yunhong, 1988), especially, the Research Group on Active Altun Fault Zone did a lot of work on this topic. 51 trenches were excavated, 85 samples for C^{14} dating and 161 samples for TL were obtained.

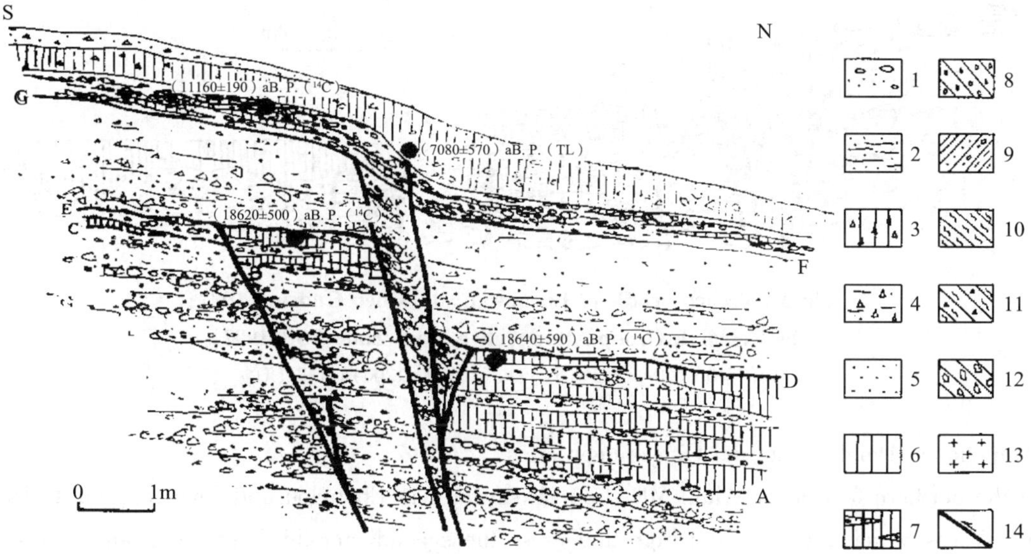

Fig. 2 Trench profile of Niumaoquan site

● Sample age data (The Research Group of Altun Active Fault Zone. SSB. 1992), 1. Sands and gravels; 2. Clay and sands; 3. Loess-like deposits with crushed stones, 4. Sands and crushed stones; 5. Sands; 6. Loess-like deposits; 7. Loess-like deposits with lens of mixed sands and gravels; 8. Conglomerates; 9. Laminated sands and clay; 10. Proterozoic metamorphic rock; 11. Fault fracture zone in metamorphic rock; 12. Fault breccia zone; 13. Granite; 14. Fault (hereafter)

1.1 Field investigation

In 1986 and 1988, the author had two opportunities to do some field investigations along the Altun fault, studying some profiles and trenches on central and eastern segments. Here, sometypical profiles (from east to west), which have been observed by author, are introduced as follows.

(1) Trench at Niumaoquan site.

The profile, 1.5 km to the west of Qingshixia, contains gravel layer, poststone and loess layers accumulated in Late Epipleistocene and Holocene (Fig. 2). Three faulting events, along with the three corresponding colluvial wedges and buried fault scarps, can be identified in this profile. Also, the post erosion surface (A-G), and the erosion and thickness changes of sedimentary layers can be observed. Three paleoseismic events dated at (18620 ± 500) a B. P. later (F_1), (12590 ± 190) a B. P. earlier (F_2), and (7080 ± 570) a B. P. earlier (F_3, F_4) were determined on the basis of the data of the Research Group.

Because the profile is located at the extensional bend segment of fault, the earthquake fault presented a extensional strike slip one with some dip slip motion. The three events can also be recognized in the trench at Qingshixia site, to the east of the above profile.

(2) Trench at Lucaowan site.

The profile is about 40m long. In 1985, Mr. Chen Guoxing depicted in detail the profile on the relevant strata and paleoseismic events (Chen Guoxing, 1987). In this profile, three paleoseismic events are recently dated at about 18910 a B. P., (15100 ± 600) a B. P. later, and (7510 ± 600) a B. P. earlier. According to the surface fractures can be defined that the three events may possibly be equivalent to those exposed in the trenches at Niumaoquan and Qingshixia sites (Fig. 3).

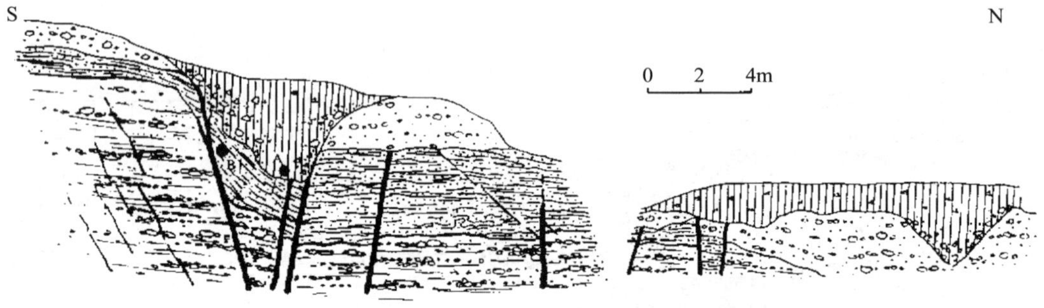

Fig. 3 Trench profile of Lucaowan site (Chen Guoxing, 1987; The Research Group Altun Active Fault Zone, SSB, 1992)

A. (7510 ± 600) a B. P. (TL); B. (15100 ± 1200) a B. P. (TL)

(3) Trenches at Dalebayigou and Qingshuigou sites.

Along the northern foot of the Altun Mt., from Aksaygou, via Ebotugou and Changcaogou, to Hongshilapu, several fault scarps, which are 1 ~ 20m high and cross the second and third terraces, can be observed. Offset drainage systems, the displacement of which are from several meters to dozens of meters (esp. 7 ~ 9m), developed along this zone. It corresponds to the 4 ~ 5.5m scarps crossing the second terrace. Besides, a group of offset gullies of 13 ~ 15 m displacement are also ordinary events. The displacement data of the two groups can be compared with the two events dated at (16446 ± 100) a B. P. and (13510 ± 180) a B. P. in the paleoearthquake trench at Dalebayigou site, to the west of Aksay town. The two events can also be recognized in the trench at Qingshuigou site, 20 km to the east of Aksay town, and in the profile, 2 km to the east of Xiaoebotu site.

(4) Profile at Changcaogou site.

Sinian subkingdom metamorphic rocks can be seen to obduct over the Cenozoic groups in this profile. The main fault plane extends with N77°E strike, SEE trend and 80°dip angle. A series of reverse faults developed on the lower wall of the main fault, cutting Pliocene, Early and Middle Pleistocene strata, and forming the flower-shaped structure by multiple reverse faulting. The youngest reverse faults developed at the outermost side, cutting Late Epipleistocene sandy gravel layer (Fig. 4).

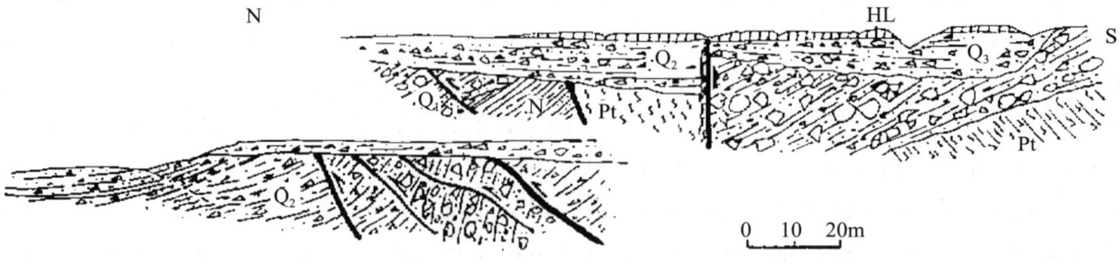

Fig. 4 Profile at Changcaogou site

(5) Profile at Xiaobotugou site.

Earlier rupture events can be seen in this profile. A compressional step exists between two left-handed faults, the topographic form showing an isolated bedrock hill, 70 m over the Gebi, with elevation of 2680 m. Reverse faults and compressional structures well developed in this area, with several imbricated reverse faults of $F_1 \sim F_4$. Proterozoic phyllites obducted over the strongly folded Eopleistocene Yumen gravel layer (Fig. 5). It represented a strong faulting event occurring in the Middle-Late Eopleistocene time. At the outer side, F_2 made the Proterozoic metamorphic rocks abducting over sandy gravel layer of Eopleistocene and Early Mid-Pleistocene. It is another faulting event being occurred in the Mid-Pleistocene time. In the profile of more outer second terrace of Late Epipleistocene, two faulting events can be revealed, of which the oldest one was dated earher than (42500 ± 4300) a B. P. ; the younger one (22400 ± 2000) a B. P. The Research Group has ever collected a TL sample dated at 57800a B. P. near the younger fault. The reason why the age is older is that the sampling location has involved the fragments of older accumulative formations. The ages of these faulting events are the oldest along this zone, the gray sandy gravel layer covering disconformably on which was not offset by the fault. The date of the bottom of sandy gravel layer is (22400 ± 2200) a B. P. (Fig. 6).

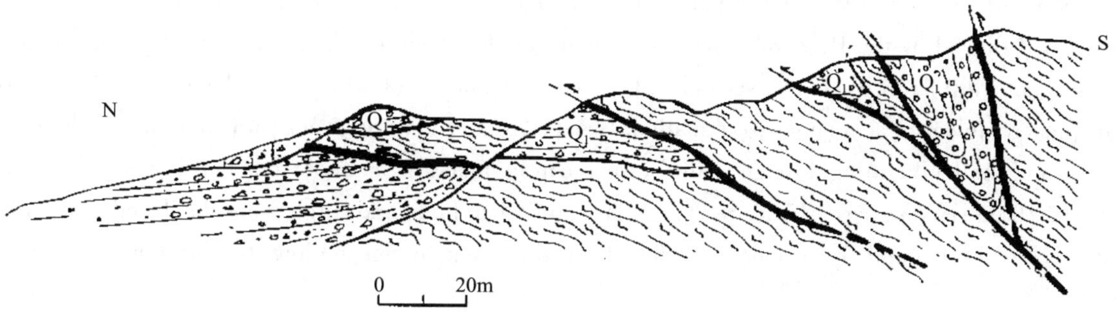

Fig. 5 Profile at Xiaobotugou site

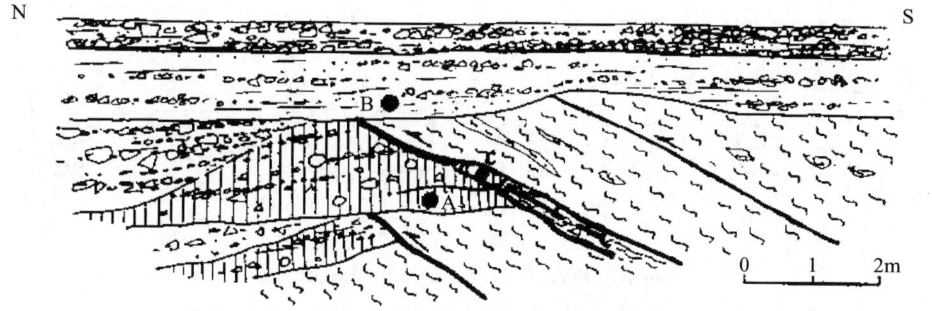

Fig. 6 Terrace I profile of Xiaobotu gully

A. (42500 ± 4300) a. B. P. (TL) ; B. (22400 ± 2200) a. B. P. (TL) ; C. (57800 ± 5800) a B. P. (TL) ;

Age data from The Research Group of Altun Active Fault Zone. SSB, 1992

(6) Profile at the west of Daebotugou site.

This profile is located on the east side near the road, where the Late Epipleistocene fault activities are very obvious, the old granites obducting over gray sandy gravel layer of Late Epipleistocene were discordantly covered by Holocene loess-like soil layer (Fig. 7).

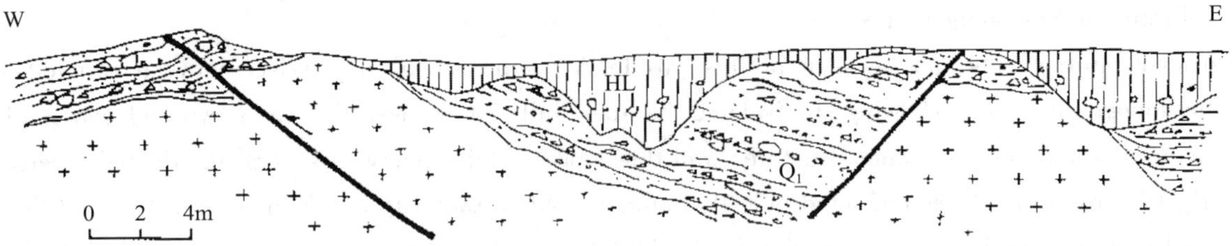

Fig. 7　Profile at the west of Daebotugou site

(7) Trench profile at Kushiha site.

This profile is 2 km to the west of the Kushiha river; and the trench is 10 m long. The fault cut different layers forming several extensional earthquake wedges filled with loess. Previous studies determined four paleoseismic events, the sample for dating the oldest event couldn't be obtained. This event dated at 6700a B. P. was estimated on the basis of the depositional rate of gravel layer. The three others are (4130 ± 300) aB. P. or earlier, (2170 ± 100) a B. P. and (920 ±80) a B. P. in age (Researth Group, 1992).

(8) Profile at Lapeiquan site.

This profile is located at the central part of the Lapeiquan segment. Three faulting events can be recognized in trench No. 7 digged by the Research Group, of which the oldest one displaced the Late Epipleistocene diluvium((22060 ± 6400) a B. P.). the second oldest one. the bottom of which was dated at (9600 ± 1000) a B. P. , displaced Holocene accumulative formation. Besides, a later faulting event with sandblow body exposing to the surface and the fault cutting through to the surface can be found. It's an obvious faulting event no sooner before present. Three scale scarps, which are 2 m, 1 m, and 0. 5 m high, and three scale displaced gully, which are 15 ~16 m, 11 ~13 m, and 7 m long, developed in this area, corresponding to the three faulting events (Fig. 8).

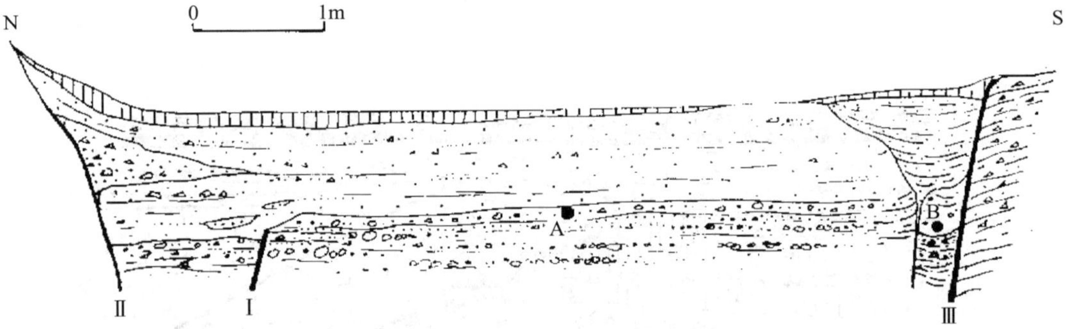

Fig. 8　Trench profile at Lapeiquan site

A. (22060 ± 6400) a B. P. (TL); B. (9600 ± 1000) a B. P. (TL), Age data from the Research Group of Altun Active Fault Zone. SSB, 1992

(9) Profile at Gebiling-Horkor site.

The Horkor segment is a faulted valley which is 110 km long. It extends from Aktutag on the west, crossing Gebiling into the Horkor faulted valley. Along the fault, esp. the Gebiling zone, developed obvious strike slip faulting events with fault scarps, compressional swells, sag ponds and several groups of displaced stream channels. The latest displacements (9 ~13 m) are expressed more clearly, which decayed to 5 ~8 m eastward to the Jinhong Mt. zone (Fig. 9).

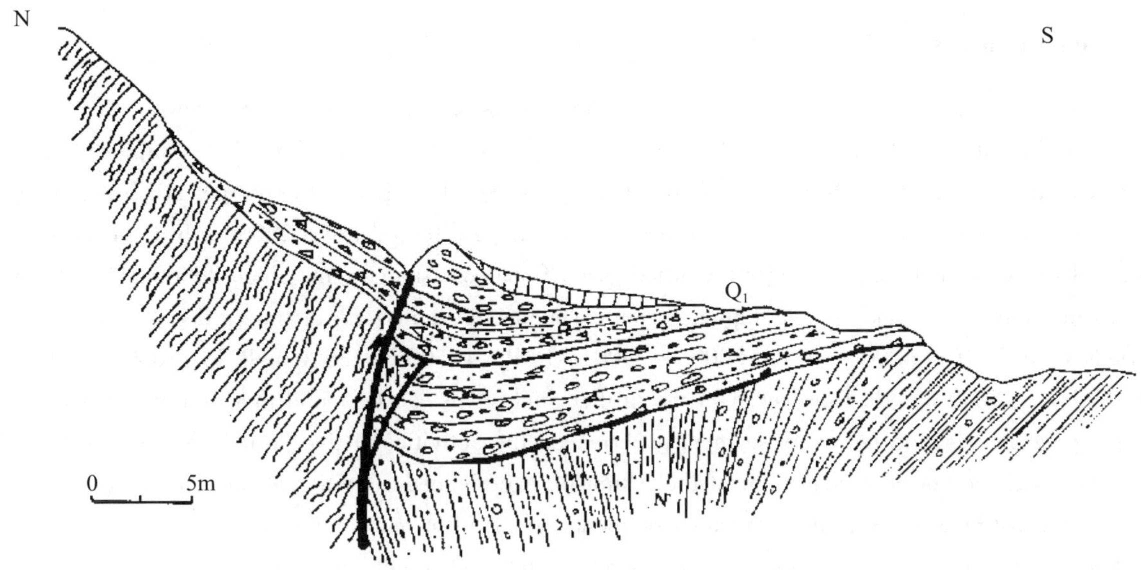

Fig. 9 Profile at Gebiling-Horkor site

Two faulting events can be found in the profile at Gebiling zone. Proterozoic black slates obducted over the gray yellow sandy gravel layer of Epipleistocene. The youngest one made the overlying Holocene slope debris obliquely deformed. Topographically, new sag ponds and fault scarps are very fresh, which are not more than thousands years old.

(10) Profile at Huangtuquan site.

Along the sites of Qingshuiquan, Huangtuquan, and Changshagou, there exists a paleoearthquake rupture zone with 75 km long. Two faulting colluvial wedges, along with the liquefying and folding of sandstone layer, can be observed through analysing the trench digged by the Research Group at the edge of a sag pond near Huangtuquan site. The two events dated at (6400 ± 63) a B. P. and 2270a ± B. P. were defined by the Research Group (Fig. 10).

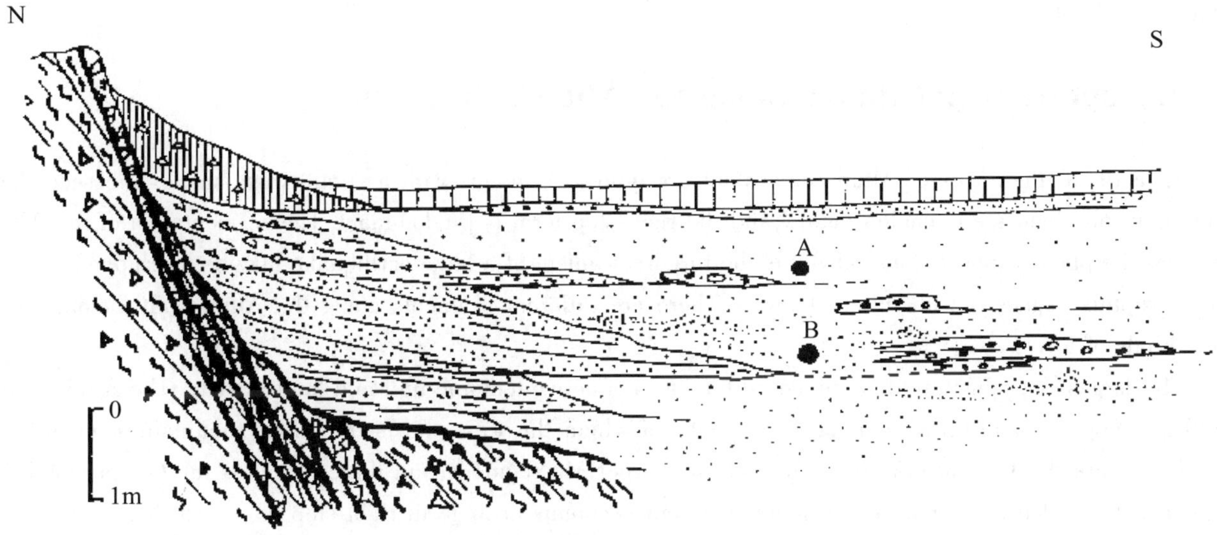

Fig. 10 Trench profile at Huangtuquan site

A. (514 ± 103) a B. P. ; B. (3440 ± 67) a B. P.

1. 2 Some remarks

On the basis of analysing the paleoseismic data, some conclusions can be drawn as follows.

(1) Along the Altun fault, there exist a large number of paleoseismic traces. Since Late Epipleistocene, two faulting stages dated at 22000 a ± B. P. and 42000 a ± B. P. can be identified by the profiles at Ebotu, Changcaogou, Uzunxiaol, etc. sites. However, it's hard to recover and compare the events at 22000 a B. P. because of the limited data. The Research Group has ever identified over 30 paleoseismic events since 25000 a B. P., which could be divided into five periods for earthquake grouping along the fault zone in time order. The age dates of these periods were 2500 ～4500 a B. P., 6000 ～7500 a B. P., 12500 ～13500 a B. P., 16000 ～18000 a B. P. and 23000 ～25000 a B. P. However, with the further analysis. it can be found that different segments had different grouping periods, and not every segment experienced the activities of five periods. Some segments, like the east segments of the northern edge fault of the Altun Mt. experienced activities at only one or two periods, while others (the Kushiha, Horkor, and Uzunxiaol segments etc.) did at more periods.

(2) Now, because of the limitation of research degree, number of trench, and digging scale, it's more difficult to determine the recurrence interval of a large earthquake, and the result would be also indefinite. But, through the available data, we can judge that the number of paleoseismic events (faulting events) on the different segments (or the different profiles) along the Altun fault since Late Epipleistocene is different, general 2 ～3 and up to 5. All of these are large earthquakes of the magnitude more than M 7 by the estimate of scale and displacement of residual deformation belt. The average recurrence interval of all segments is 4400 ～11000 a B. P. But, if they are calculated within event grouping stages, it's recurrence interval will become much more shorter.

(3) The average recurrence interval along the Altun fault has the tendency of gradually in creasing from west to east. For example, on the west segment, it is about 1900 a B. P., at Miteyadai and 3200 a B. P. at Qingshuiquan site; on the central segment, it is about 2000 a B. P. at Horkor site, on the east segment, it is 6000 ～8000 a B. P. at Aksay and Bagexia site. This characteristics are consistent with the average slip rate, which has the tendency of reducing from west to east, obtained from the offsetting landforms in different stages.

Through the above analysis on the paleoearthquake data of the Altun fault, we can see, the further study of the fault rupture segmentation is very important for us to recognize the active characteristics and history of this large active fault.

2. Rupture segmentation along the Altun active fault

As a whole, the traces of Altun active fault are quite continuous with a gentle wave shape. The secondary faults have an obvious en echelon nature, and the right-step form is predominant. The segmentation of the Altun fault has the phenomenon of hierarchy, i. e. the rupture segment of a large earthquake may be overlapped by secondary rupture segments with different levels. There are different segments along the Altun fault, belonging to three kinds of levels.

The largest segments are determined on the basis of active tectonic unit and fault activity. The Altun fault, 1600 km long, is made up of four large segments, of which the west one is the Aktag mountain segment; the middle two are the Jusubarle Mt. segment and the Anjier Mt. segment; and the east one is the Qilian mountain segment, also called the Yama Mt, segment. The four segments arrange in right-step, in which there exist three largest barriers: the Tula stepover , the Aktutag stepover and the Yuleken stepover, The distribution of paleoearthquake ruptures also indicates the existence of four large segments and their different active stages (Fig. 1).

The west segment extends from Xorkol to Tula and its main faulting time interval was between 2200 a B. P. and 4400 a B. P. ; the second and third segments extend from Tula to Yuleken and its faulting time interval was between 1500 a B. P. and 7000 a B. P. , the east one extends from Aksay to Bagexia and its faulting time interval was between 7000 a B. P. and 18000 a B. P. .

The segmentation of secondary level is based on the rupture coverage of the largest earthquake. The Altun fault is located on the highly compressional belt between the Tibet Plateau and the Tarim Basin, in which there are a lot of lenslike compressional structural blocks. Along the arc margin of these lens-like blocks the new fault ruptures developed. The Altun active faults are right linked by these arc fault ruptures, and present the shape of wave-like extending as a whole. Now, at least 11 such arc segments can be identified. They arrange in right step with some stepovers and interruptions. These arc segments have various lengths, from 80 km to 280 km, and all the convex parts of arc segments point at NNW direction because of the northward compression of the Tibet Plateau. The arc structures control the segment division of the Altun fault and an arc structure is right a persistent rupture segment.

From east to west, the 11 arc segments are as follows (Fig. 1, 11) ;

(1) The Shulehe segment, from Kuantanshan to Shipenwan, about 170 km long;

(2) The Hongliuxia segment, from Shipenwan to Subei, about 120 km long;

(3) The Aksay segment, from Subei to Annanba, about 140km long;

(4) The Kushiha segment, from Yuleken to Kushiha, about 140 km long;

(5) The Horkor segment, from Kushiha to Aktutag, about 180 km long;

(6) The Uzunxiaol segment, from Aktutag to Uzunxiaol, about 120 km long;

(7) The Huangtuquan segment, from Uzunxiaol to Tashisai, about 230 km long;

(8) The Tula segment, from Tashisai to the east of Aqiang, about 120 km long;

(9) The Alasay segment, from east of Aqiang to Kulukuole, about 100 km long;

(10) The Kuyak segment, from Kulukuole to Kuyak, about 80 km long;

(11) The Xorkol segment, from Kuyak to Xorkol, about 140 km long .

Some paleoearthquakes with very large rupture scale(>100 km) are regarded as of 8 ± magnitude on the basis of displacement and linked up a whole arc structure. The Research Group of Altun Active Fault Zone under State Seismological Bureau (1992) had already identified 13 such scale paleoseismic events along the Altun fault. Some rupture events ($M\,6\sim7$) were involved only in a part of an arc segment. They belong to the third level fault segments. From the view of statistics, this kind of paleoearthquake rupture segments, often located on the left wing or west wing of arc fault, are related to the direction of fault compression and the direction of regional stress.

On the whole, although there has been little record of recent and historical large earthquakes along the Altun fault. the series of surprising Holocene paleoseismic deformations on the fault have demonstrated that this large fault has a history of highly seismic activities in the Quaternary period. Date of the events showed that there were two periods of large events in Holocene, the 1300 ~4500 a B. P. and the 6400 ~9700 a B. P. , which give a seismic active stage (episode) of a long time (about 3000 a). Now, it is at the quiet period since the end of the last active episode. This quiet period has lasted for more than 1500 a. There are many discussions on shorter seismic active period (earthquake grouping) , But because of the short history of earthquake record, the episode from several hundreds to several thousands years episode of large earthquake activity remain less known. Further studies of paleoseismicity on Altun active fault will be helpful to the understanding of the complexities of earthquake activity for a long period.

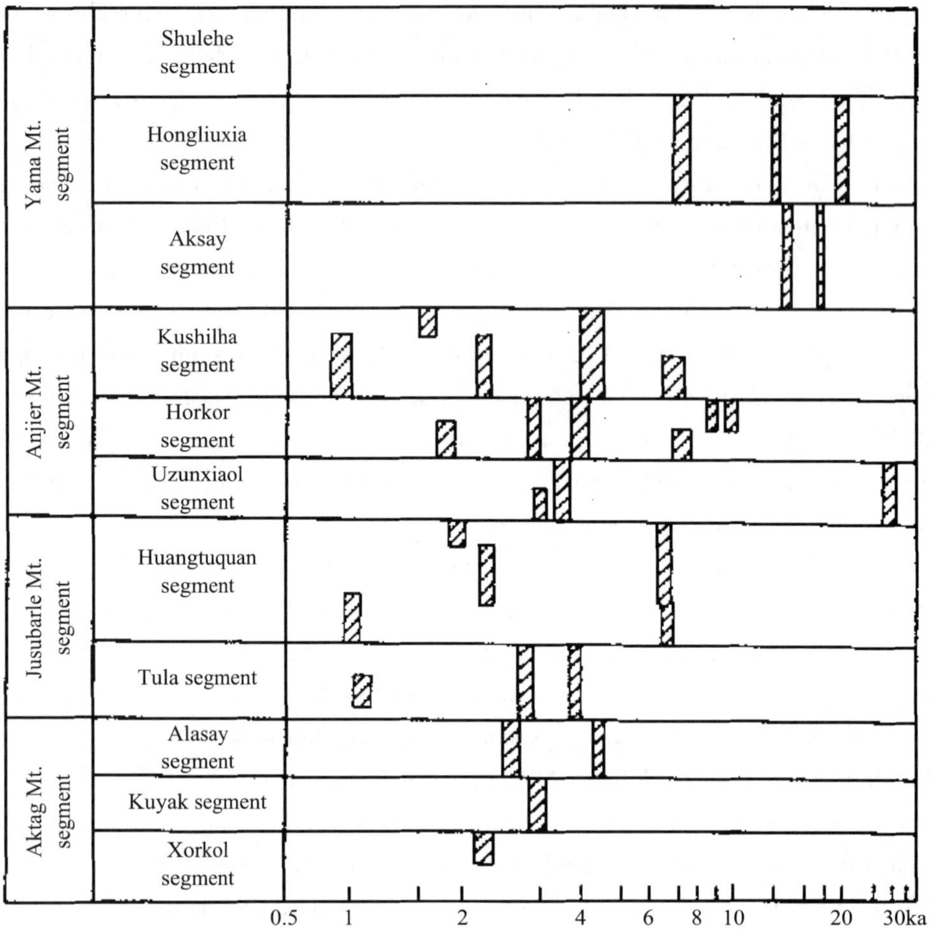

Fig. 11 Paleoearthquake rupture segments along Altun active fault (paleoearthquake events and age data from The Research Group of Altun Active Fault Zone, SSB, 1992)

References

[1] Bai Meixiang, Ge Shumo, Hu Jun. et al. The character of earthquake activity in the Altun fault. Earthquake Research in China. 1987. 3(1):77～82 (in Chinese).

[2] Chen Guoxing, Gao Weiming. The time and space features of the Quaternary activity in the eastern Altun fault. Earthquake Research in China. 1987. 3(Suppl):35～51 (in Chinese).

[3] Ding Guoyu. Paleoearthquakes along the Altun active fault and its segmentation. Quaternary Sciences 1995. (2):97～106 (in Chinese).

[4] Jia Yunhong, Zhang Ruibin. Study of the large earthquakes on the south side of Middle A1tun. Inland Earthquake, 1988. 2(4): 422～427(in Chinese).

[5] The Research Group of Altun Active Fault Zone. SSB. The Altun Active Fault Zone. Beijing: Seismological Press. 1992. 319 (in Chinese).

[6] Xing Chengchi. Preliminary study on eastern segment of Altun northern margin fault. Northwestern Seismological Journal, 1986. 8(3):72～80(in Chinese).

中国大陆地震构造研究*

摘　要　在中国大陆地区强震活动明显地局限分布于一定的地带。它们与活动构造块体、活动断裂等一定的构造形式之间显示了密切的联系。地震预报、地震危险性评估、震害预侧、地震区划等方面的问题都涉及对孕育发生强震的地质构造环境的考虑。地震构造研究不仅是对地震成因、地球动力学等方面理论研究的重要课题，而且是解决许多具体问题的一个重要基础课题。本文对中国大陆地区有关孕育大地震的构造环境，地震构造区、带的划分，与地震有关的活动构造形式，其活动特点、应变及位移速率和数量，现代地壳运动以及地震复发间隔等几个方面的问题近年研究概况给予了扼要的介绍。

一、强震孕育的构造环境

中国及其邻近地区是世界上大陆内部发生 $M \geqslant 8$ 大地震最集中的地区之一（图 1），20 世纪以来这里已发生了 14 次，约占全球大陆区 $M \geqslant 8$ 地震总数的 28 %。大地震之所以特别集中在这里发生是与此区特有的地震构造环境相联系的。由于周围的印度、菲律宾等板块与欧亚板块的碰撞、俯冲的强烈影响，使这里成为全球大陆上新构造变动最剧烈的地区之一（时振梁，1973；马杏垣，1987）。多条穿过这一地区的地学断面揭示出中国大陆的岩石圈结构、热结构变化等都十分复杂（马杏垣等，1991），巨大的地壳结构异常带和断裂构造非常发育（滕吉文，1994）。陆内强烈的新造山带及拗陷带在此区累计宽达数千千米。青藏高原与华北平原的升降反差在新生代以来可达 20 km。地壳大幅度的水平压缩、巨大的水平位移及应变速率为许多大陆内部所罕见。这些都是决定了此区地震活动强烈的构造环境背景（中国岩石圈动力学图集编委会，1991）。

中国大陆约以 105°E 为界，东西两部在地质结构和新构造变形、地震活动等方面都有明显不同。在西部，地震活动主要集中在青藏高原边缘、高原内部的一些活动走滑断裂带上和高原外围的帕米尔、天山、阿尔泰山一带。大地震往往是构造块体间相互挤压滑动或旋转的产物，主要沿一些构造块体的边界分布，与一系列大型走滑断层和逆冲断层有关。在东部，大地震主要发生在华北地区（马宗晋等，1982）。它们往往沿造成华北克拉通基底裂解的活动断裂带，如汾渭、河北平原、郯庐断裂等分布。发育于表部的地堑或铲状盆地的断层一般终止于 10～17 km 深度，向深部逐渐变为平缓的滑脱面。大地震往往就发生在一些盆地中主铲状断层底部与隐伏的高角度深断裂顶部之间的过渡地带（王椿镛等，1994）。许多资料表明：这里一些大地震的发生是在克拉通裂解的基础上，块体的旋转或发育于中下地壳内的深部断裂的破裂滑动，引致与上部层次间的解耦有关。

二、地震构造区、带的划分

中国大陆的新构造明显表现出是一个由若干相对稳定的刚性构造块体和相对活动的塑性变形地带（或称内陆新造山带）拼合而成的组合体（丁国瑜，1990）。这一图像决定了这一地区地震构造区划分的基本格局。据构造活动和地震活动的特点，可将中国大陆及其邻近地区划分为青藏、新疆、黑龙江、

* 本文原载于《第二届两岸地震学术讨论会论文集》，国家地震研究中心（台湾）出版，1996，48～57。作者：丁国瑜。

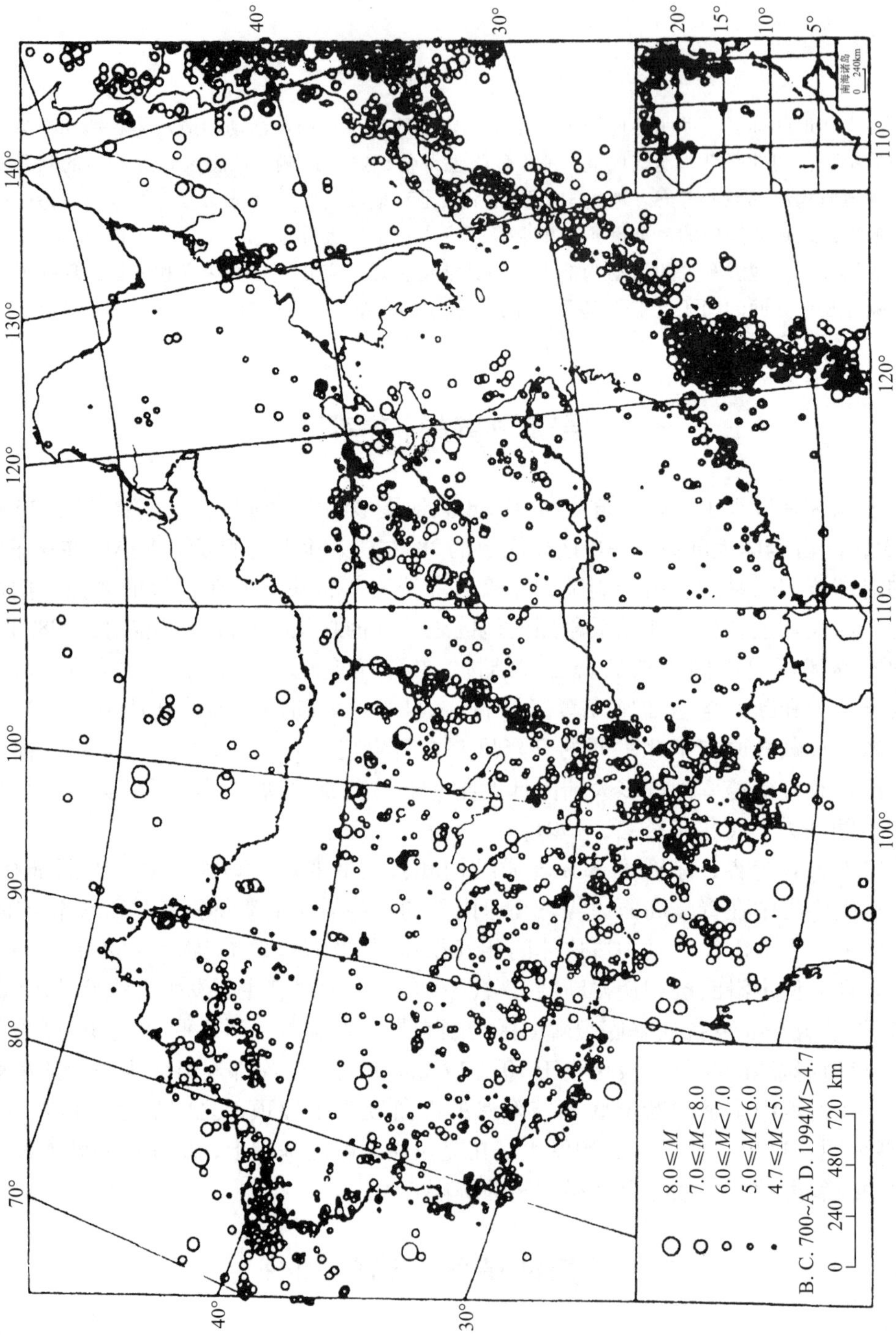

图 1　中国及邻近地区地震震中分布

华北、华南、南海、台湾等7个地震构造区（图2)。这些地震构造区的边界主要就是一些活动块体或内陆再造山带的边缘。强地震活动主要就是沿着这些活动边界成带分布的。在各地震构造区内还可进一步进行地震构造带的划分。这些地震构造带是地震活动在空间分布的成带性、活动强度、构造背景和发生时间的相关性等方面具有密切关联的地带。共划分了40个这样的地震构造带，其中主要的有28条（图3)。活断层是形成地震构造带的主体构造，它们往往是划分地震构造带的基础。

三、活断层研究及潜在震源区的识别

在中国大陆内部活断层十分发育，它们的分布总的是继承了老的，特别是中生代和第三纪以来断裂构造的格架。大约以东经105°为界，分为东西两部。东部以NE和NNE走向的张性和张性走滑断层为主，西部则以NW和NWW走向的逆冲走滑断层为主（丁国瑜，1984)。从1966年邢台地震之后开始了对一些重点活断层的系统调查研究。在80年代，通过参加国际地质对比计划IGCP第206项——全球主要活断层特性对比研究的工作，对我国郯庐断裂等6条活断层的活动特性进行了总结，并出版了《中国活断层图集》(1989)。近年来又对多条重点的活断层，如青藏高原周缘及其内部的阿尔金、祁连山前、海原、鲜水河、阿尔泰山的二台、天山北麓、鄂尔多斯周缘、郯庐断层等进行了较详细的制图（1∶50000）和研究。目前已取得了对许多活断层的活动习性、分段、古地震活动、活动年代、滑动速率和位移数量的大量资料。在活断层研究中获得的多方面成果，大大推进了对大陆内部地震构造的认识。

近年来开展的活断层分段研究是对一个地震构造带内具体的发震构造单元的结构及其活动特性的详细剖析，这一研究对各地震构造带上潜在震源区的识别和评估其不同段落的潜在地震危险程度直接相关（丁国瑜等，1993)。近年来对全国各地震构造区、带上的数百个潜在震源区及其地震活动性参数的确定主要就是通过详细的地震构造和活断层破裂分段的研究得出的（国家地震局中国地震区划图编委会，1991)。

四、位移总量、速率与强震复发间隔

判定活动构造块体边界和活动断裂带长期以来的位移总量和平均速率是估计地震构造区、带地震活动水平的重要依据。依据不同年代沉积物、地质体、地貌形态等的位错遗迹获得的有关位移总量和速率的数据（图4)，表明自印度板块与欧亚板块碰撞，从始新世中晚期，即约40 Ma前后发生的喜马拉雅运动第一幕以来，在一些主要活动断层上的位移总量可达十几公里至二三百公里的量级，最大值见于喜马拉雅山带的东西两端。在阿尔金、康西瓦、鲜水河－小江、龙门山等青藏高原边缘的边界断裂带上常可见到的位错量达七八十公里。由于时代的久远和确定错断标志物精确年代的困难，有的位移量有较大的不确定性。有些断层开始走滑位错的时间较晚，有些是从喜山运动第一幕的第二期活动，距今约23 Ma的中新世开始的；甚至是上新世－早更新世（约3.4 Ma以来）阶段才开始的。上新世—早更新世时发生的喜马拉雅运动第二幕（新构造运动阶段的开始）青藏高原及天山等强烈隆起，至距今1.6～1.2 Ma时我国西部构造运动状况有一次明显的变化。形成了现代构造应力场和地震活动的基本格局。自此时起沿一些挤压断层开始转变为以走滑为主。水系配置发生变化，黄河、长江开始形成，据地质及断错水系资料确定的这一时期以来的位移总量为数公里至十数公里（丁国瑜，1984)，滑动速率在2～15 mm/a之间，个别的巨大活断层有更大的平均速率。此阶段以来总的平均滑动速率约为5 mm/a。有关晚更新世－全新世阶段位移和滑动速率的数据最多，且有较多较确切的年龄数据为依据。在西部的一些主要活动边界上这一阶段滑动速率一般在2～10 mm/a之间，总的平均速率亦为5 mm/a左右，东部为0.1～2 mm/a（丁国瑜，卢演俦，1986)。

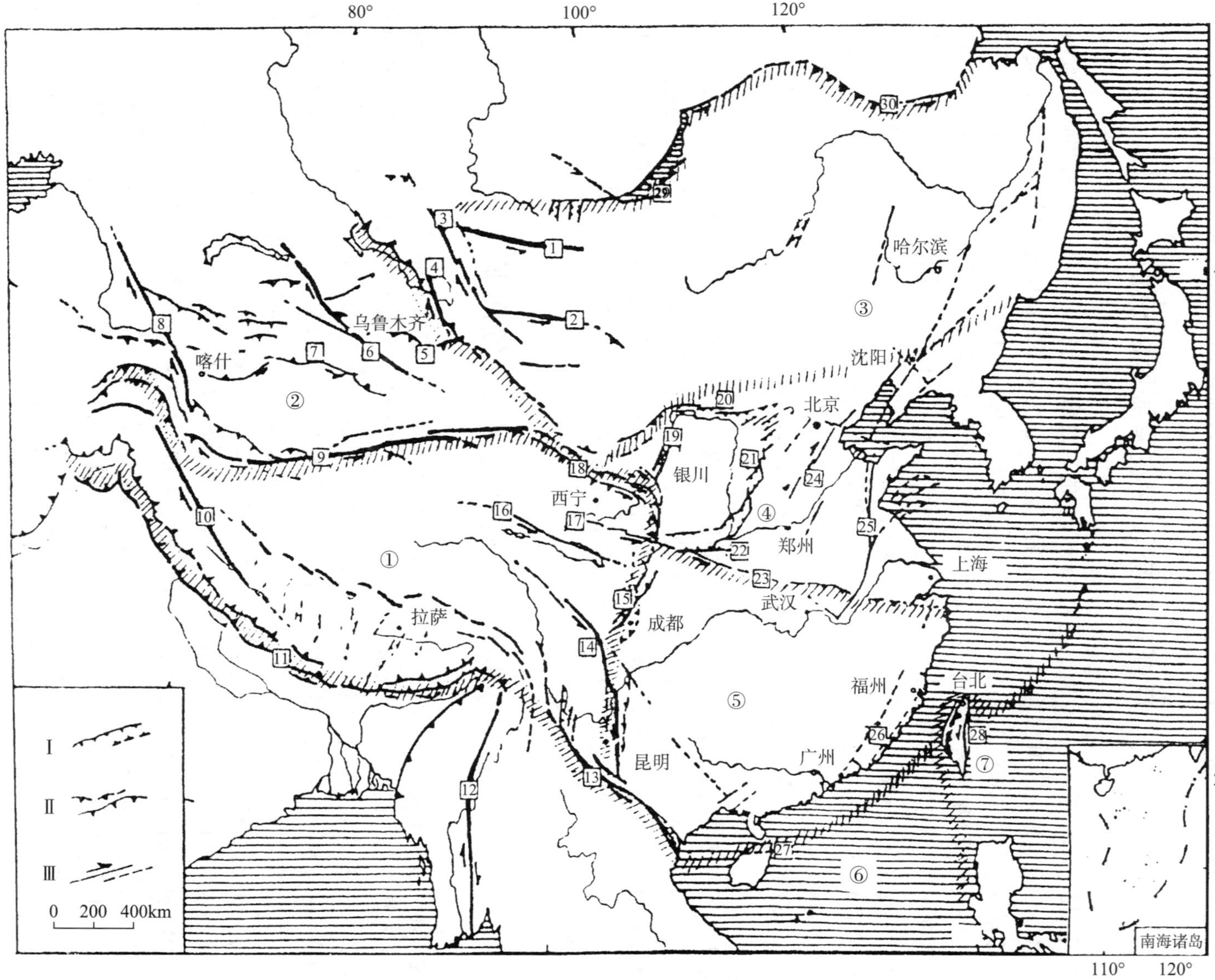

图 2 中国及邻近地区地震构造分区

Ⅰ. 正断层；Ⅱ. 逆断层；Ⅲ. 走滑断层；1 活断层编号

①青藏区；②新疆区；③黑龙江区；④华北区；⑤华南区；⑥南海区；⑦台湾区

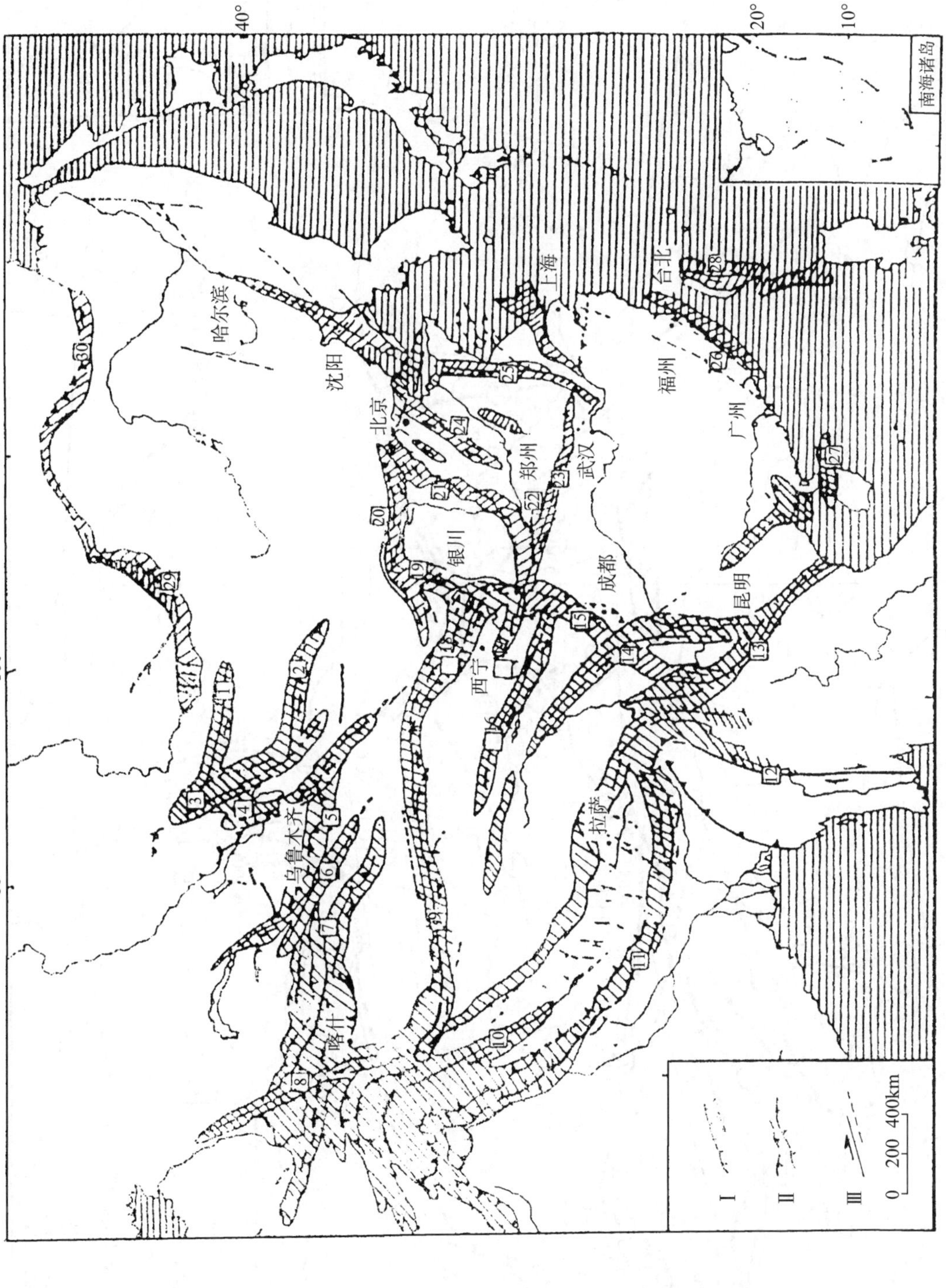

图3 中国大陆及邻近地区主要地震构造带

I. 正断层；II. 逆冲断层；III. 走滑断层

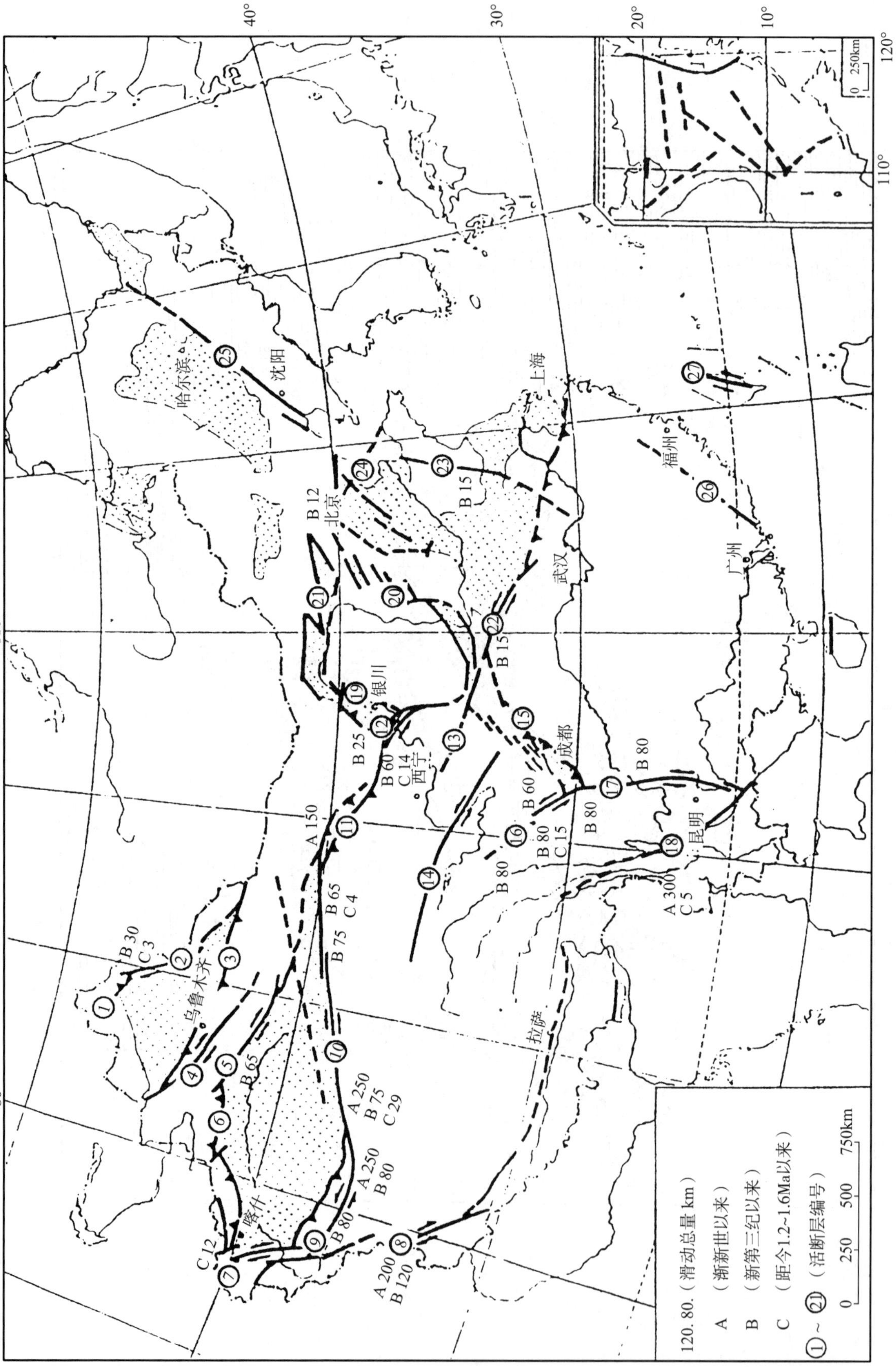

图 4　中国主要新构造活动块体边界的滑动量

根据位移量、滑动速率、单个地震的位移量和古地震事件的时间序列获得的中国大陆上一些主要活断层的大震（$M>7$）复发间隔，在西部为数百年至二三千年，平均间隔约为二千年左右。东部则可长达万年，平均间隔约为3500年左右（丁国瑜，1990）。从晚更新世晚期约2万年以来的资料看，用断层的平均滑动速率所得的大地震复发间隔和活断层上古地震事件时间序列的实际情况，而两者的结论基本上是一致的。

五、现代地壳运动

研究当前各地震构造区带的活动状态，现代地壳运动的实际观测资料有重要意义，近20多年来，国家地震局在许多活断层上布设了跨断层的形变观测，获得了大量有关这些断层现代活动情况的数据，还应用中国大陆范围内自20世纪50年代至今30多年间精密大地水准的复测资料编制了中国大陆现代地壳垂直形变速率图（应绍奋，1988）。它是用覆盖了整个中国大陆的564个水准点，235条，总长约90000 km的水准路线，共204000 km复测路线的数据编制而成的。这一结果表明了中国大陆30多年来的垂直形变总的趋势。近年来利用空间技术进行现代地壳运动的研究也已开始，并已取得了一些初步的进展。由地震、天文、地球物理、测量等部门联合组织的“中国现代地壳运动和地球动力学”研究项目已于1991年开始进行（丁国瑜，1993）。在上海、乌鲁木齐已建立了VLBI站，并与阿拉斯加、夏威夷、日本、澳大利亚开始了对太平洋板块运动的联合观测。获得了上海与日本Kashima站以及上海与澳大利亚DSS45站自1988～1992年间两条基线分别以27.3 mm/年和59.2 mm/年的速率在逐年缩短的观测结果。在上海、武汉、长春、北京建立了SLR网。利用GPS技术的区域形变观测已在滇西、河西走廊、青藏高原、京津等地震活动地带开展。这些方面观测数据的积累无疑将为中国大陆地区地球动力学、活动构造、地震构造以及地震预报和自然灾害防御的研究提供重要的科学基础。

参考文献

[1] 时振梁、环文林、武宦英、曹新玲，我国强震活动与板块构造，地质科学，1973，No.4。
[2] 马杏垣，中国岩石圈动力学纲要，地震出版社，1987，76。
[3] 马杏垣、刘昌诠、刘国栋，江苏响水－内蒙古满都拉地学断面及说明书，地质出版社，1991。
[4] 滕吉文，中国岩石圈物理与动力学研究，中国固体地球物理学进展，海洋出版社，1994，9～22。
[5] 中国岩石圈动力学图集编委会，中国岩石圈动力学概论，地震出版社，1991，600。
[6] 马宗晋、傅征详等，1966～1976年中国九大地震，地震出版社，1982，216。
[7] 王椿镛、张先康、吴庆举，冀中坳陷内深地震反射剖面揭示的滑脱构造，科学通报，1994，Vol.39，No.7。
[8] 丁国瑜，我国大陆新构造变形与板内现代运动，国际大陆岩石圈构造演化与动力学讨论会——第三届构造地质会议论文集，科学出版社，1990，73～85。
[9] 丁国瑜，中国的活断层，国际大陆地震和地震预报学术讨论会论文集，地震出版社，1984，149～1630。
[10] IGCP206项目中国工作组，中国活断层图集，地震出版社，1989，121。
[11] 丁国瑜等，活断层分段，地震出版社，1993，143。
[12] 国家地震局中国地震区划图编委会，中国地震烈度区划图及说明书，地震出版社，1991。
[13] 丁国瑜、卢演俦，对我国板内运动状况的初步探讨，科学通报，1986，No.18。
[14] 丁国瑜，全新世断层活动的不均匀性，中国地震，1990，Vol.6，No.1。
[15] 应绍奋等，1988，中国大陆垂直向现代地壳运动基本特征，中国地震，1988，Vol.4，No.4。
[16] 丁国瑜，我国现代地壳运动研究，中国地震年鉴（1992），地震出版社，1993，117～120。

祁连山西段及酒西盆地区第四纪构造运动的阶段划分*

摘　要　通过沉积地层、地貌、构造形变等的综合研究，对祁连山西段及酒西盆地区第四纪构造运动的期次和阶段进行了划分。上新世晚期以来，这一地区至少经历过6次显著的构造变动或构造事件，其中以玉门、酒泉和白杨河运动最为强烈。针对上述构造事件进行了古地磁、孢粉、红外释光和热释光等方法的综合研究和年龄测定，论述了各阶段构造运动的方式、性质和其他有关特征。

关键词　祁连山西段；第四纪构造事件；年龄测定

一、引　　言

祁连山西段及酒西盆地区位于青藏高原块体、塔里木块体和阿拉善块体的衔接带上。由于这些块体的相互作用，该区经历了十分复杂的演化历史。其第四纪构造运动一直为地质学者所关注[1~5]。这些研究表明，祁连山西段第四纪发生过多期重大构造运动事件。这些构造事件究竟发生在什么具体的年代？其性质和强度如何？变化过程的确切地质、地貌证据又是什么？这些都是我国大陆构造和现代构造运动研究中亟待解决的一些问题。

通过对祁连山西段及酒西盆地区第四纪地层分布、沉积相变、地层变形和构造地貌演变的研究，利用多种第四纪地质年代学方法，我们对其第四纪构造发展阶段和构造事件进行了划分，建立了第四纪构造事件的时间序列，并进一步探讨了各期构造事件的特点。

二、沉积地层、地貌及构造变形概况

（一）沉积记录

与再生造山带毗邻压陷盆地中的同造山沉积记录了各种沉积环境变化，这种变化对应和受控于盆地边缘及内部的构造事件。因此，对祁连山北麓酒西盆地沉积记录的解译可以重建北祁连山再生造山带的构造演化历史。酒西盆地晚新生代地层厚达数千米，我们重点研究了冒海头沟、牛胳套沟和白杨河大队3条剖面。

（1）冒海头沟剖面位于玉门市西，在鸭儿峡背斜南翼西端。剖面由下而上可分为14层：1～11层测厚28.3 m，属上新统牛胳套组顶部红色河-湖相细粒碎屑沉积；第12～14层测厚16.7 m，属下更新统玉门组下部的磨拉石相粗碎屑沉积。

（2）牛胳套沟剖面位于玉门市石油河西2 km，在老君庙背斜北翼。剖面岩层总厚1207 m，由下而上可分为5段19层，各段之间均为不整合接触。其中，第1段（第1～6层）为上新统牛胳套组红色

* 本文原载于《第四纪研究》，1996，No. 3。作者：陈杰　卢演俦　丁国瑜。

砂质泥岩、砂岩、含砾砂岩，测厚422 m；第2段（第7、8层）为下更新统下部的下玉门组，以厚层砾岩为主，测厚238 m；第3段（第9～13层）为下更新统上部的上玉门组砾岩层，测厚428 m；第4段（第14～18层）为中更新统酒泉组砾石层，测厚116 m；第5段（第19层）为上更新统戈壁组灰黄色砂砾层，测厚3 m。

（3）白杨河大队剖面位于玉门市北白杨河五队西北，在白杨河背斜南翼近核部，由中更新统酒泉组砾石层组成。剖面岩层厚度58 m，由下而上按岩性可分为4层。

从上述剖面可看出，在上新世末－早更新世初发生了大范围的沉积相变，由上新统牛胳套组的红色河－湖相细粒碎屑沉积突变为下更新统玉门组的磨拉石相粗碎屑沉积。

盆地沉积物厚度和沉积速率的变化，从另一个侧面反映了构造运动的时间变化和强度变化。从酒西盆地晚新生代地层的沉积厚度及沉积速率可以看出，在上新世末与更新世初期以及早更新世早、中、末期之间，盆地沉积速率都发生了突变。

（二）地貌记录

由于祁连山西段及酒西盆地区第四纪的多期构造运动，在祁连山北麓发育了不同时期的山麓剥蚀面、河流阶地等层状地貌。

1. 四级地貌面

在北祁连山西段及酒西盆地区，地势南高北低，由北祁连山向北发育有4级大的地貌面，呈阶梯状下降。其中，I级山麓剥蚀面由零星分布的中高山山峰顶面组成，海拔3600～4300 m。由盆地沉积相分析可知，在上新世中晚期，北祁连山区地形较为平缓，剥蚀区与沉积区逐渐过渡。I级山麓剥蚀面就是与上述沉积相关的剥蚀地貌。现今北祁连山峰的主体由志留系旱峡组的紫红色硬砂岩组成，但其剥蚀物在上新世晚期才首次出现于酒西盆地沉积中。这表明，I级山麓剥蚀面是在上新世末的构造运动中开始隆升解体的。II级山麓剥蚀面由切割破碎的山麓缓坡或晚、壮年期的宽谷及中低山峰顶面构成，海拔3200～3500 m。主要由中新生代地层组成，切割的最新地层为下更新统玉门砾岩。显然II级山麓剥蚀面是在玉门砾岩沉积后开始隆升解体的。III级山麓剥蚀面位于II级面之北，由酒西盆地南部的低山丘陵带组成，海拔2200～2900 m，表现为平台，分布较广，形态简单且多呈扇状向北伸展，主要由晚新生代地层组成，切割的最新地层为中更新统酒泉组下部，其隆升解体可能发生在中更新世晚期。再北即属以片流为主的冲－洪积扇裙组成的山前冲－洪积戈壁面即IV级面，海拔1700～2200 m，可能成型于晚更新世晚期。4者由高而低在形态上渐趋简单和完整，显示出极为鲜明的垂直差异性。

这4级地貌面总体分布呈NW－NWW向的窄条状。作为不同地貌面分界的是几条近平行展布的NW－NWW向活动断裂带。由南而北，祁连山北缘大断裂是北祁连山与酒西新生代盆地的分界断裂，庙北断裂带主要是酒西盆地中老君庙推覆体第四纪（尤其是中更新世以后）后驮盆地与前缘盆地的分界断裂（图1）。显然，多层状地貌的形成与这些边界断裂的活动有关。

2. 河流与冲沟阶地

在祁连山北麓横穿活动褶皱和逆断裂带的河流及冲沟阶地晚更新世发生了不同程度的构造变形。区内石油河和白杨河是两条比较大的河流，由南而北由北祁连山流入酒西盆地。

石油河在穿切盆地南部的老君庙背斜中部时，在不同的构造部位发育了不同类型和级数的阶地：

（1）除局部地区外，在背斜以南的上游区段和以北的下游区段，河谷中仅发育有Ⅲ～Ⅵ级堆积阶地，但在背斜区段河流两岸至少发育有Ⅵ级基座阶地。

（2）在背斜北翼近核部，阶地基座出露位置最高，上覆阶地堆积物厚度最薄，只有1～2 m。向南北两侧基座出露位置渐低，基岩开始向下倾伏并很快被埋藏，阶地堆积物厚度渐增，转变为堆积阶地。基岩出露位置及堆积物厚度的这一变化可能意味着，由于背斜不断拱曲隆升，河流在穿过背斜时，河流堆积速率在背斜两翼要高于背斜核部。

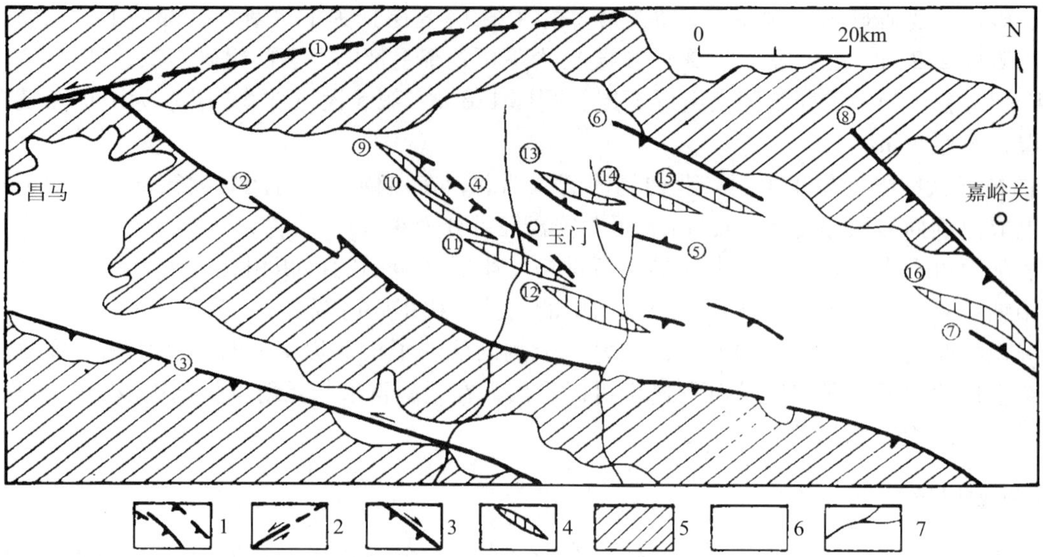

图 1　祁连山西段及酒西盆地区第四纪构造略图

1. 活动逆断裂（带齿一侧为断层上盘）；2. 活动走滑断裂；3. 活动逆走滑断裂 4. 活动背斜；5. 山区；6. 盆地区；7. 河流

①阿尔金断裂；②祁连山北缘大断裂；③昌马断裂；④庙北断裂；⑤白南断裂；⑥新民堡断裂；⑦文殊山断裂；⑧嘉峪关断裂；⑨青草湾背斜；⑩鸭儿峡背斜；⑪老君庙背斜；⑫石油沟背斜；⑬白杨河背斜；⑭新民堡背斜；⑮南山背斜；⑯文殊山背斜

（3）从 1∶1 万地形图上切出的石油河阶地纵剖面位相图（图 2（a））上可看出，河流阶地及现代河床在横穿背斜时发生了拱曲变形，阶地愈老拱曲幅度愈大，阶地的拱曲是不对称的。

（4）河床及阶地面的宽度在穿过背斜时也发生了变化，在背斜区段较窄，在背斜南北两侧明显变宽。

（5）所有阶地由南而北在穿过背斜后均迅速与山前冲－洪积戈壁面汇为一体。

上述阶地特征显然是由于晚更新世老君庙推覆体沿庙北逆断裂带的间歇性推覆掀斜运动造成的。在盆地中部横穿白杨河背斜中部的白杨河两岸阶地也发生了类似的构造变形。另外，在酒西盆地东南的大黄沟北口发育有Ⅲ级阶地，由于祁连山北缘大断裂的多次逆冲断错，在地表形成了清晰的多层状断错地貌。

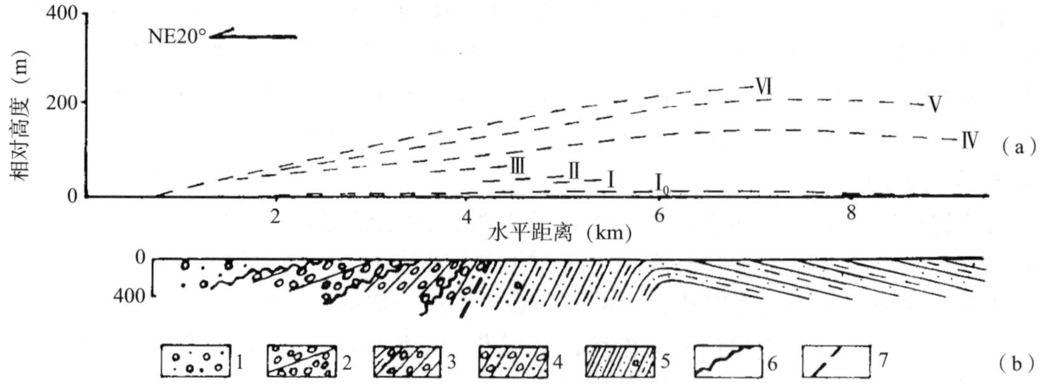

图 2　横穿老君庙背斜石油河阶地位相图

（a）校正到水平面的石油河阶地纵剖面；（b）横穿老君庙背斜地质纵剖面

1. 戈壁组砂砾石层；2. 酒泉组砾石层；3. 上玉门组砾岩层；4. 下玉门组砾岩层；5. 牛胳套组砂质泥岩、砂岩、含砾砂岩；6. 角度不整合；7. 平行不整合 I_0. 现代河床；Ⅰ～Ⅵ. 阶地面

（三）构造记录

老君庙背斜位于酒西盆地南部老君庙逆断裂－背斜带的中段（图1），是一北陡南缓的不对称背斜构造。背斜南翼倾角20°～30°，北翼倾角30°～90°。背斜北翼发育有一组倾向SW的叠瓦状逆掩断层（即庙北断裂带），其断面上陡下缓，向下逐渐收敛于深处的主滑脱面上，向上并未出露地表，其滑动量向扩展端部逐渐减小，并最终消失于老君庙背斜之下，成为盲断裂。这表明，老君庙背斜是一断层褶皱，深部逆断层的滑动量消耗在背斜的形成和生长中。在此断层作用与褶皱作用是同时进行的。组成老君庙背斜的上第三系疏勒河群是一套连续沉积的陆相碎屑岩，其北翼下更新统玉门组与上新统牛胳套组间的平行不整合（图2（b））表明，在上新世末－更新世初老君庙逆断裂－背斜带已开始形成。在背斜北翼可见下更新统下玉门组底部有一同构造层内渐进不整合（在图2（b）中，由于比例尺较小未能表示），下更新统下玉门组与上玉门组，玉门组与中更新统酒泉组，酒泉组与上更新统戈壁组间均为不整合接触，形成所谓"叠背斜构造"[1]。这表明，老君庙逆断裂－背斜带自上新世末以来至少有过5次活动。

在酒西盆地中部可见一近东西向波状延伸的线性隆起岗地，在地表显示出南陡北缓的形态，其南坡比高较北坡大，与盆地南高北低的总地势相反，此即白杨河逆断裂－背斜带。该构造带西起玉门市北，东经白杨河至玉门东站以北。总体走向近东西，长30余千米。由白杨河、新民堡和南山等3个短轴背斜呈左行雁列组成（图1）。我们对白杨河背斜进行了较为详细的研究。该背斜位于构造带的西部，为一南陡北缓、轴面北倾的宽缓背斜，背斜长轴呈一略向SSW突出的弧形。地表由中更新统酒泉砾石和上更新统戈壁砂砾石组成。据玉门石油局钻井及物探资料[6]，在深部白杨河背斜核部近南翼发育一组逆冲断裂，称白南断裂带。沿断裂带向上断距渐小，断裂带向上最终消失在白杨河背斜之下，成为盲断裂。由此可见，白杨河背斜是由于深部白南断裂的逆冲作用而在地表形成的断层褶皱。背斜南翼可见中更新统酒泉组下部与上部、中更新统酒泉组与上更新统戈壁组间的不整合接触，这表明，白杨河背斜与白南断裂带自中更新世中晚期以来至少有过两次活动。新民堡断裂发育在酒泉盆地北部边缘（图1），可能是北祁连山逆冲推覆体的前缘断层。断面倾向南西，倾角30°左右，为典型的逆掩断层。时振梁等[7]认为，该断裂开始活动于中更新世末。

三、第四纪主要构造事件及其时间序列

根据沉积地层、地貌及构造变形现象的分析，上新世晚期以来祁连山西段及酒西盆地区至少可确定出6次显著的构造变动或构造事件。这里所讨论的构造事件主要是指第四纪对北祁连山西段及酒西盆地区的地貌和沉积环境演化发生过影响或改变其演化进程的事件，这些事件具有一定的时间跨度（10^4～10^5年）和显著的构造变形特征。将其中分布范围较大，具有一定的普遍性和较大的强度，对现代地貌的发育和地形形态特征均产生很大影响，在地层划分上又有一定意义的构造事件，称之为一次构造运动。划分构造事件的依据是沉积相变、构造不整合、褶皱及断裂活动、大的地貌面（山麓剥蚀面、阶地面）及其相关沉积等。

（一）6次构造事件的基本特征

祁连山西段及酒西盆地区第四纪构造运动以由SSW向NNE的挤压褶皱、逆冲为特征，形成了数排活动褶皱和逆断裂带。这一变形过程经历了多个发展阶段，其基本特征如下：

（1）构造事件Ⅰ以酒西盆地南部结束湖相沉积、盆地南缘祁连山北缘大断裂重新活动、盆地南部发生强烈断陷、下更新统玉门组磨拉石相沉积代替上新统牛胳套组河－湖相沉积（两者在局部地段为平行不整合接触）、盆地南侧北祁连褶皱山系明显抬升、北祁连山Ⅰ级山麓剥蚀面隆升解体、酒西盆地南部先存的庙北逆断裂带重新活动以及老君庙背斜的雏形开始形成为特征。北祁连山快速抬升的重要

标志是，发育在其北麓巨厚的下更新统玉门组粗粒磨拉石建造（最厚达850 m）。这一事件又可称玉门运动。

（2）构造事件II强度较弱，仅在酒西盆地南缘的胳塘沟、石油河一带可见下更新统玉门组底部的同构造层内的渐进不整合，在牛胳套沟剖面上表现为沉积粒度由细变粗。酒西盆地南部的老君庙逆断裂－背斜带再次活动。推测这一时期以自SSW向NNE的水平挤压为特征。

（3）构造事件III仅局限于酒西盆地南缘区，分布范围不大，表现为牛胳套沟、石油河一带下更新统下玉门组与上玉门组间的角度不整合。庙北逆断层带重新活动。组成老君庙背斜的下玉门组发生了褶皱变形，倾角达17°～20°

（4）构造事件IV以酒西盆地南部与周围山地一起作整体抬升、祁连山北缘断裂和庙北断裂带再次发生逆冲活动、盆地中部相对于南部（即老君庙推覆体上盘）下沉以及北祁连山II级山麓剥蚀面隆升解体为特征。上玉门组及其以前的新生代地层普遍遭受强烈褶皱，形成了老君庙逆断裂－背斜带，由青草湾、鸭儿峡、老君庙、石油沟等略呈雁行排列的短轴背斜组成（图1），整个构造带呈NW－NWW向展布，每个背斜构造的轴线也为NW－NWW，表明是在NNE－NE向挤压应力作用下形成的。上玉门组在背斜北翼倾角达32°～47°，并与上覆酒泉组为区域角度不整合接触。酒西盆地东南的文殊山背斜也是在这一时期形成的。这一事件极为强烈，可称之为酒泉运动。

（5）构造事件V强度不大，使酒西盆地南部再次褶皱抬升，北祁连山III级山麓剥蚀面开始隆升，盆地中部白南断裂带开始向南逆冲、白杨河背斜初具雏形以及中更新统酒泉组内形成一轻微角度不整合，此时本区最大主压应力方向仍以NNE－NE向的挤压为主。

（6）构造事件VI以祁连山北缘大断裂带及庙北逆断裂带再次向北逆冲、III级山麓剥蚀面继续隆升解体、酒泉砾石层普遍发生褶皱变形（与上覆上更新统戈壁砂砾石层不整合接触）、老君庙推覆体后缘开始发育后驮小盆地、盆地中部白南断裂向南逆冲、白杨河背斜继续褶皱隆升、盆地北缘新民堡断裂开始活动、酒西盆地与周围山地一起作整体抬升、酒西盆地地貌格局基本形成以及盆地结束广泛的加积作用为特征。据断裂和背斜的空间展布特征分析，此时本区最大主压应力方向以NNE－NE向的挤压为主。这一事件较强烈，可称之为白杨河运动。

上述构造变形在晚更新世期间乃至全新世仍继承性地进行着，表现为横穿褶皱和逆断裂带的河流及冲沟阶地的形成、阶地类型的转变、阶地级数的增多和阶地面被断错或发生拱曲变形。这一构造变形在邻近祁连山体一侧较为强烈，远离山体构造变形渐弱，反映了祁连山西段及酒西盆地区晚第四纪构造运动的脉动性。

上述构造事件与青藏高原的发展，即由挤压、隆升和向外扩散滑动的过程是相联系的。它们与青藏高原及其周缘地区构造活动阶段间存在何种关系是值得进一步研究的问题。

（二）各次构造事件的时间序列

第四纪早期地层以砂砾岩为主，其中化石资料极少，在纯系砾岩的典型剖面中至今尚无化石发现，而且缺乏可供电子自旋共振、裂变径迹和K－Ar等方法测年的物质。为此，我们选择了磁性地层对比法，对上述3个剖面进行了岩性分层、古地磁测试和孢粉分析等的综合研究①，并分别从岩性、岩相、构造和地貌等方面综合确定了下更新统玉门组和中更新统酒泉组的底界。祁连山西段及酒西盆地区第四纪下限应以玉门组砾岩底界年龄而定，玉门组底界位于古地磁极性柱M/G附近，年龄约为2.5～2.4 Ma B. P. 中更新统酒泉组的底界位于布容正向极性带的底界附近，年龄约为0.73 Ma B. P.。根据磁性地层、孢粉地层和沉积速率推测，构造事件I（即玉门运动）大约发生在2.5～2.4 Ma B. P. 之前；构造事件II大约发生在2.14～2.12 Ma B. P；构造事件III发生在1.67 Ma B. P. 前后；构造事件

① 陈杰．祁连山西段第四亿构造运动的阶段、性质及其年代学研究。国家地震局地质研究所博士学位论文．1995。

Ⅳ（酒泉运动）大约发生在0.85～0.73 Ma B.P.。

对于晚第四纪沉积物，我们选择了红外释光和热释光等测年方法，并对所有样品年龄进行了可靠性评价①。结果表明，构造事件Ⅴ至少发生在0.249 Ma B.P.之前（可能在0.5～0.4 Ma B.P.）；构造事件Ⅵ（白杨河运动）发生在0.119 Ma B.P.之前；石油河阶地、白杨河阶地和大黄沟阶地被废弃、抬升的年龄分别约为90000、70000、44000、29000、20000、13000、5600 a B.P.前后；在大黄沟，祁连山北缘大断裂在5600～3700 a B.P.间有过一次活动。

（三）酒西盆地一带的第四纪运动幅度

由祁连山西段及酒西盆地区主要构造带的变形特征可看出，虽然本区经历了多次构造运动，构造变形十分复杂，但大致近NNE向的水平挤压及其所形成的NW－NWW向的逆断裂和挤压褶皱是本区最显著的构造特征。这说明，祁连山西段及酒西盆地区的地壳第四纪主要经历了一个缩短的过程。

根据地表地质、地震反射剖面及钻孔等资料对横跨北祁连山西段及酒西盆地区的石油河－宽滩山地质剖面的构造恢复研究表明，2.5 Ma B.P.以来，横跨这一剖面（NE20°）的地壳总缩短量约为6400 m，平均缩短速率约为2.56 mm/a；老君庙推覆体在2.14 Ma B.P.以来的总缩短量约为4000～4100 m，平均缩短速率约为1.87～1.92 mm/a，总抬升量约为2900 m，平均抬升速率约为1.36 mm/a，其中中更新世中晚期以来的抬升量约为700 m，平均抬升速率约为2.8 mm/a；白杨河背斜中更新世中晚期以来的缩短量约为250 m，平均缩短速率约为1 mm/a；新民堡断层中更新世末以来的缩短量约为120 m，其缩短速率约为1 mm/a。

参 考 文 献

[1] 黄汲清. 中国新构造运动的几个类型. 见：中国科学院地学部编. 中国科学院第一次新构造运动座谈会发言记录，北京：科学出版社，1957，8～44。

[2] 黄汲清，陈炳蔚. 特提斯－喜马拉雅构造域上新世－第四纪磨拉斯的形成及其与印度板块活动的关系，见：地质部书刊编辑室编，国际交流地质学术论文集（1）构造地质地质力学. 北京：地质出版社，1979，1～14。

[3] 国家地震局地质研究所、国家地震局兰州地震研究所. 祁连山－河西走廊活动断裂系. 北京：地震出版社，1993，1～340。

[4] 国家地震局兰州地震研究所，昌马活动断裂带，北京：地震出版社，1992，1～207。

[5] 国家地震局阿尔金活动断裂带课题组，阿尔金活动断裂带，北京：地震出版社，1992，1～319。

[6] 玉门油田石油地质志编写组，中国石油地质志（13）玉门油田，北京：石油工业出版社，1989，53～57。

[7] 时振梁、环文林、谢原定，河西走廊西部的活动断层和地震，见：中国地震学会地震地质专业委员会编，中国活动断裂，北京：地震出版社，1982，212～218。

SEISMOTECTONIC RESEARCH IN CHINA*

The China continent is an area with intense neotectonic movement and high seismicity in which the occurrences of many large earthquakes are closely related to certain tectonic environment. This review briefly introduces recent advancements in the field of seismotectonics, including characteristics of seismicity, tectonic framework for large earthquakes, active faults associated with earthquakes, recent crustal movement and the division of seismic regions and belts.

1. Introduction

The China continent lies on the eastern edge of the Eurasia Plate. The wide-spread Cenozoic crustal deformation and neotectonic movement were resulted from interaction among the collision between the India Plate and the Eurasia Plate and the uplift of the Tibetan plateau, the subduction of the Western Pacific Plate beneath the Asia Plate, the collision between the Philippines Plate and the Asia Plate near Taiwan, and the deep tectonic and thermal activity underneath the Chinese continent. Frequently occurred strong earthquakes are manifestation of the recent tectonic activity over most part of China.

2. Seismicity

China is a country with long and abundant historical earthquake records. The duration of which can be traced back for 3828 years since the first record of the 1831 BC earthquake. However, the temporal and spacial distribution of historical earthquake records are quite different. The relative systematic and complete records of strong earthquakes are mainly distributed in North China with the duration of recent 500 years. According to "Earthquake Catalogue in China" (Gu Gongxu et al, 1983) and historical earthquake data of the adjacent areas of China, there were only 36 records for strong earthquake with $M \geq 7.7$, and the spacial distribution of which concentrated on several regions such as Qinghai-Tibet Plateau, Pamir, Tianshan, Altai, North China and Taiwan (Figure 1).

The activity of strong earthquakes in China shows the characteristics of episodic activity followed by a period of seismic quiescence. K. Moji (1985) suggested that the activity of major global seismic belts in this century had the similar characteristics with a short quiescent interval about 20 years. The long time records of historical earthquakes from China also indicated a long fluctuating process of high seismicity alternating with low seismicity. For instance, according to the historical records in North China where the data are believed to be complete after the year 1400, four active seismicity periods can be recognized, in which $M \geq 6$ earthquakes occurred densely. Each period lasts about 300 years with active episode followed by a quiescent one. Within the 3rd and 4th periods, several seismic episodes can be further recognized, according to the degree of clustering of $M \geq 4.7$ earth-

* 本文原载于《Episodes》(IUGS, ISSN 0705 - 3797), Vol. 20, No. 2, P. 79 ~83, 1997. 作者: Ding Guoyu.

quake occurrence. Each episode, including seismic clustering phases and quiet phases, lasted about 20 ~ 30 years.

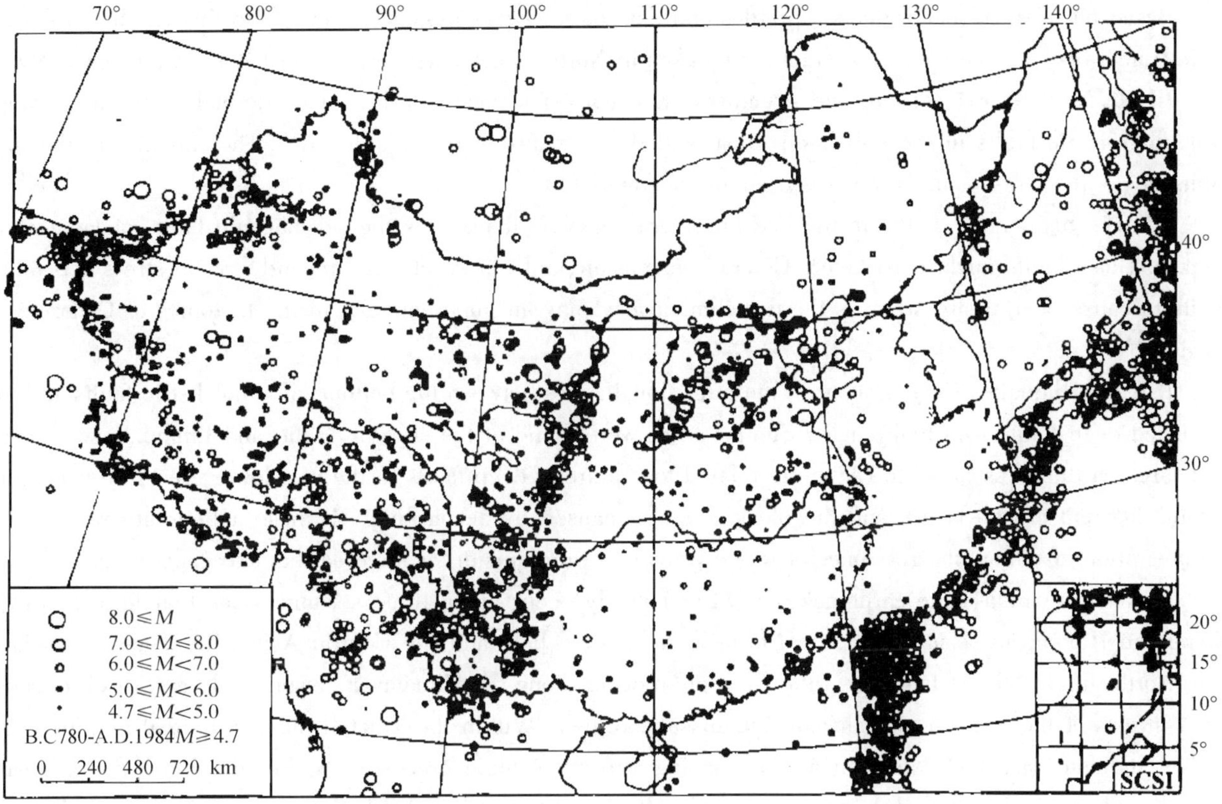

Fig. 1 Epicenter distribution of $M_S \geq 4.7$ earthquakes in China and adjacent areas

The episodic phenomena of seismicity in eastern China can be compared with the cases in the region from Japan to Korea or even larger. In a seismic episode, earthquakes often concentrate in a certain seismotectonic belt, which is regarded as the main active belt (region) of this episode (Fu Zhengxiang et al., 1990). This phenomenon has been obviously showed by the four active episodes in China since 1900.

3. Tectonic framework of large earthquakes

China continent is one of the regions with frequent $M \geq 8$ earthquakes in the world. Fourteen such earthquakes have occurred since this century, which occupy 28% of that in the global continents. The places where these large earthquakes occurred are characterized by major geological structures with the strongest neotectonic deformation in the continent. The contrast between the uplift of the Tibetan plateau and the subsidence of the North China plain approaches 20 km during the Cenozoic Era. The width of deformation region caused by collision and subduction is as wide as 2000 ~ 3000 km. The lithosphere is extremely heterogeneous with changing crustal thickness, and developing low speed layers and high conductivity layers. All these characteristics provide the essential conditions for large earthquakes to occur in these regions (Ma Xinyuan et al., 1987).

In North China, large earthquakes often occured along the edges of Cenozoic rift basins or in their interiors. These basins are grabens or half grabens, where a series of listric normal faults are often present. These faults merge downward into the basal detachments at the depth of 10 ～17 km. Most of these listric faults do not related to large earthquakes. On one side of these deep faults often exist low speed and high conductivity bodies and detachments (Liu Guodong et al. ,1996).

Based on deep seismic reflection profiles and data of other geophysical surveys, following results on the tectonic framework of some area with large earthquakes in North China have been found (Wang Chunyong, 1996):

(1) In North China, seismogenic structures often consist of moderate-low angle normal faults in the upper crust, high-angle faults in the mid-lower crust, and detachments in the middle crust. The junction of the three faults favors the stress concentration and energy accumulation.

(2) The high- angle faults in the mid-lower crust can be thought as the seismogenic faults of large earthquakes. These faults might exist before Cenozoic extension, and was reactivated recently. Shear stress acts on the faults to cause dextral slip, whereas the detachment may play an important role in the tectonics of Cenozoic extension basin.

Large earthquakes usually occur in the transitional zones between the bottoms of major listric faults and tops of buried deep-faults with high angles. Similar cases were found at the sites of Xintai and Linfen. So we suggest that large earthquakes in North China are related to rupture of deep faults in the mid-lower crust, the decoupling among different crustal layers, and the block rotations caused by decoupling. All these actions are result of the disintegration of craton, the rift zones of which provide a prerequisite for large earthquake generation.

In western China, large earthquakes ($M \geq 8$) mostly occur along three seismic zones that form a triangle shape; the Himalayan seismic belt, the North-South seismic belt, and the Central Asia (the Tianshan) seismic belt. North-dipping thrust faulting earthquakes often occur along the Himalayan seismic belt as a result of southward thrusts of the Tibetan plateau onto Indian subcontinent. Within the Tibetan plateau, normal-faulting earthquakes indicate east-west extension as the ongoing current tectonic processes. Within the North-South seismic zone, occurrences of earthquakes are usually controlled by large strike-slip faults such as the Xianshuihe fault and the XiaoJiang fault. Reverse faulting and folding are predominant tectonic processes in the Central Asia seismic belt (Tapponnier et al. ,1991; Zhang Peizhen et al. ,1994). Earthquakes in western China can be correlated with surface geological structures such as active faults and folds. The slip rates of these faults are usually several to tens millimeters per year. The recurrence intervals of $M \geq 8$ earthquakes are much shorter than those in eastern China. According to statistical results for 51 rupture events (including paleoearthquakes) on ten active faults, average recurrence intervals are about 2000 years, whereas in eastern China the intervals are over 3500 years even 5000 years or more (Ding Guoyu, 1991).

It appeared that large earthquakes in western China are caused by the compression and rotations between the lithospheric terrains and tectonic blocks. Except the extensional rift type earthquakes caused by the compression in southern Tibet, the seismotectonic pattern that produces large earthquake in eastern China is seldom observed in western China.

4. Active faults

In China, active faults are generally defined as those which have been active during Quaternary and are likely to be active in the future. In engineering stabilization evaluation, active faults are defined to be those showing slip during the late Pleistocene. There are many active faults in China continent. Because of their close relation with seismicity in recent years, detailed mapping (1 ∶ 50000) and comprehensive studies have been conducted on the major active faults such as the Altun faults, the Qilian front fault, the Kunlun front fault, the Honghe fault, and the Xianshuihe fault in and around the Tibetan plateau, the Ertai fault and the North Tianshan front fault in Xinjiang province, the faults around the Ordos Block, and the Tanlu fault in Shandong province, etc. According to a large number of offsets on these faults and related chronological data, a vast amount of data have been obtained on the geometry, behavior, segmentation, seismicity, slip rates and accumulated displacement along these active faults. Figure 2 shows the distribution of main active faults in China.

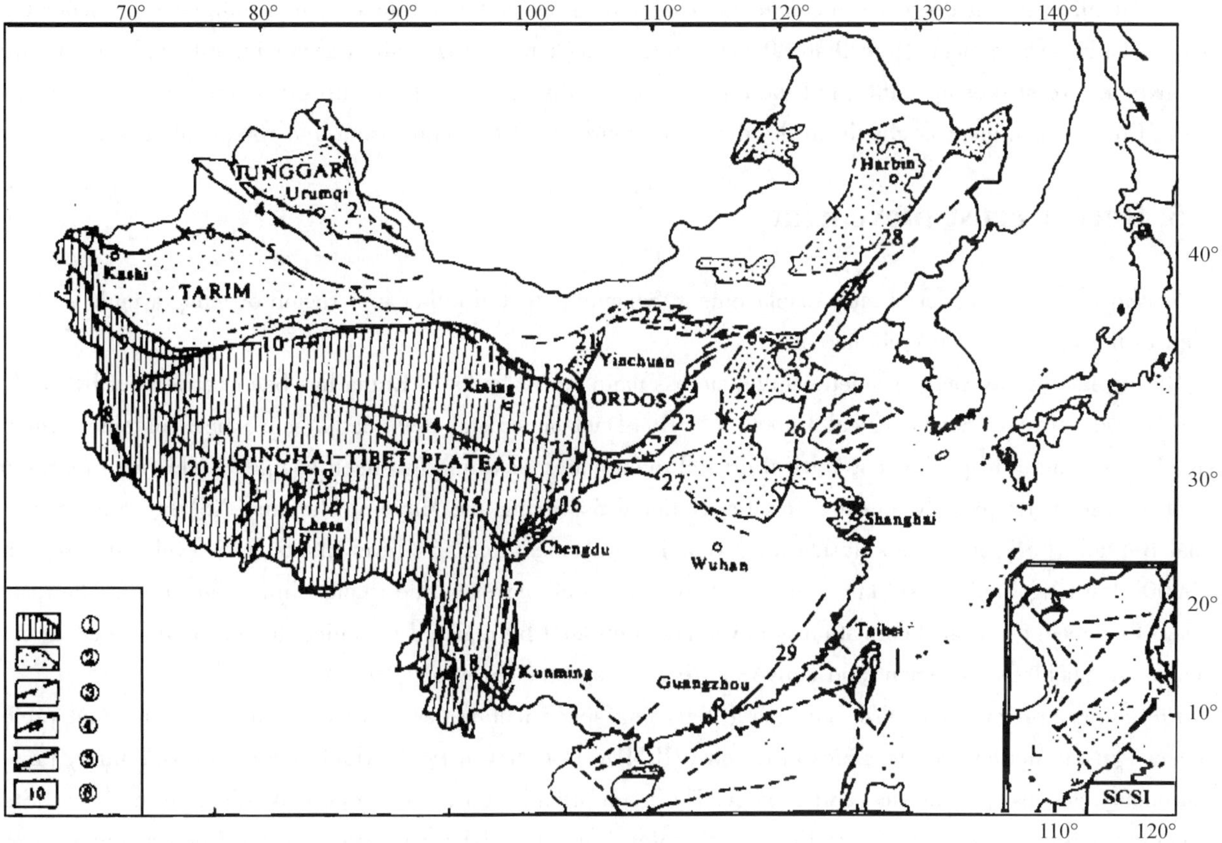

Fig. 2 Active faults in China

①Qinghai-Tibet plateau; ②Basin; ③Normal fault; ④Strike-slip fault; ⑤Thrust fault; ⑥Number of active fault. 1. Altai fault; 2. Ertai fault; 3. Northern piedmont fault of Tianshan; 4. Borohoro fault; 5. Kuluktag fault; 6. Southem piedmont fault of Tianshan; 7. Kazikeaete fault; 8. Karakorum fault; 9. Kangxiwar fault; 10. Altun fault; 11. Qilian fault; 12. Haiyuan fault; 13. Northem piedmont fault of western Qinling; 14. Kunlun fault; 15. Xianshuihe fault; 16. Longmenshan fault; 17. Xiaojiang fault; 18. Red river fault; 19. Jiali-Bengco fault; 20. Normal faults of southern Tibet 21. Helanshan piedmont fault; 22. Hetao faults; 23. Fenwei faults; 24. Hebei plain faults; 25. Changping-Fengnan fault; 26. Tanlu fault; 27. Danfeng fault; 28. Yilan-Yitung fault; 29. Changshao fault; 30. Longitudinal valley fault of Taiwan

The slip rates of active faults within a tectonic block are 1 ~ 2 order smaller than those along the main active faults that bound the blocks. The horizontal slip rates of these main active block-bounding faults west of the "N—S seismic zone", are generally 3 ~ 15 mm/a, and those within the blocks are usually 1 ~ 3 mm/a or even smaller. In eastern China, rates along block-bounding faults are about 1 ~ 4 mm/a, and 0.5 ~ 1 mm/a within the blocks. These patterns are essentially similar to the spatial distribution of seismicity (Ding Guoyu, 1986).

It is very important to estimate the total amount of displacement and slip rates of major active faults in order to understand the characteristics of fault activity and seismic hazards. During the last decades, a large amount of data have been accumulated from detailed investigations along many active faults of China. Based on the data of offset of geomorphic units, geologic units and paleomagnetic data, etc., the amount of accumulated displacements of these active faults or boundaries can be estimated as follows: about 200 ~ 300 km since Oligocene, 70 ~80 kmsince late Miocene or early Pliocene and 10 ~20 kin in the last 1. 2 ~1. 6 Ma BP respectively. The average rate of these active faults is about 1 ~8 mm/a in western China, and 0. 2 mm/a in North China.

The places with greatest amount of accumulated displacements were located at the margins of Qinghai-Tibet plateau, and at the eastern and western tips of the Himalayan belt. The seismic activity is strongest in Eastern Asian Continent. Active faults mark the main active boundaries of the intracontinental subplates or neotectonic blocks in Chinese continent. More than 30 main active block-bounding faults can be identified, 80% of which are convergent or strike slip faults, and the other 20% are divergent or strike slip-divergent ones. This indicates that the Chinese continent is chiefly in the dynamic environment of compression and rotational shear.

5. Recent crust movement

Earthquake is a product of fault displacement. Seismic potential either in a region or along a fault is closely related to the recent crustal deformation.

During last twenty years, geodetic survey across main active faults in China has been carried out by the Geodetic Brigade of State Seismological Bureau (SSB). Data on crustal deformation have been obtained. On the basis of those data a map of recent vertical crustal deformation of China has been compiled. This map represents data of the repeated precisely leveling from the National Surveying and Mapping Bureau (NSMB), State Seismological Bureau (SSB) and others during a 30-year interval, including 564 level marks, 235 level routines which are 90000 km long, and 204000 km resurveying routines in all, covering the whole Chinese mainland. The results indicate that recent crustal deformation is obviously controlled by regional tectonics. It reflects the latest activity of major crustal block movement and active faulting (Ying Shaofen et al. ,1996).

Preliminary progress has also been made by using space techniques in recent years. An important project "Recent Crustal Motion and Dynamics in China (RCMDC)-started in 1991, which is an interdisciplinary project of astronomy, geodesy, geophysics, and geology. The main attendees are the Chinese Academy of Sciences, State Seismological Bureau, National Surveying and Mapping Bureau, and Survey Bureau of the Central Military Commission The VLBI stations have been built in Shanghai and Urumqi. The relative motion between the Shanghai VLBI station and the Alaska, Hawaii, Kashima in Japan, and Australian stations has been obtained based on the VLBI data from international joint measurement during 1988 ~1992. The relative shortening rate is 27. 3 mm/a between Shanghai and Japanese Kashima station, and 59. 2 mm/a between Shanghai and Australian DSS45 station respectively. The SLR networks were set up in Shanghai, Wuhan, Changchun, and Beijing. The repeated GPS observation has already been conducted along the active seismic belts in western Yunnan, the Hexi Corridor region, the Tibetan plateau, Beijing and Tianjin (Figure 3).

It has always been a noticeable subject to measure the continental convergence rate between the Eurasian and Indian plates and the status of its effects on the continent of China to the north and east. The repeated GPS observation in 9 sites on the Tibetan plateau and its adjacent area were made by the Institute of Seismology, State Seismological Bureau from 1991 to 1996. The data showed that the N-S shorting rate was 7 ~12 mm/a. within the southeastern part of Tibetan Plateau, and the southeastward slip rate of the Sichuan-Yunnan block was about 10 ~16 mm/a.

Seven baseline vectors and their rates were accurately calculated by Zhu Wenyao et al. based on the twice measurements among Lhasa, Wenquan, Golmud, Xialatuo, Xining and Xiaguan GPS stations in Tibet and its adjacent area in 1992 and 1994.

In addition, twice GPS baseline measurements in the western part of Yunnan province were carried out by

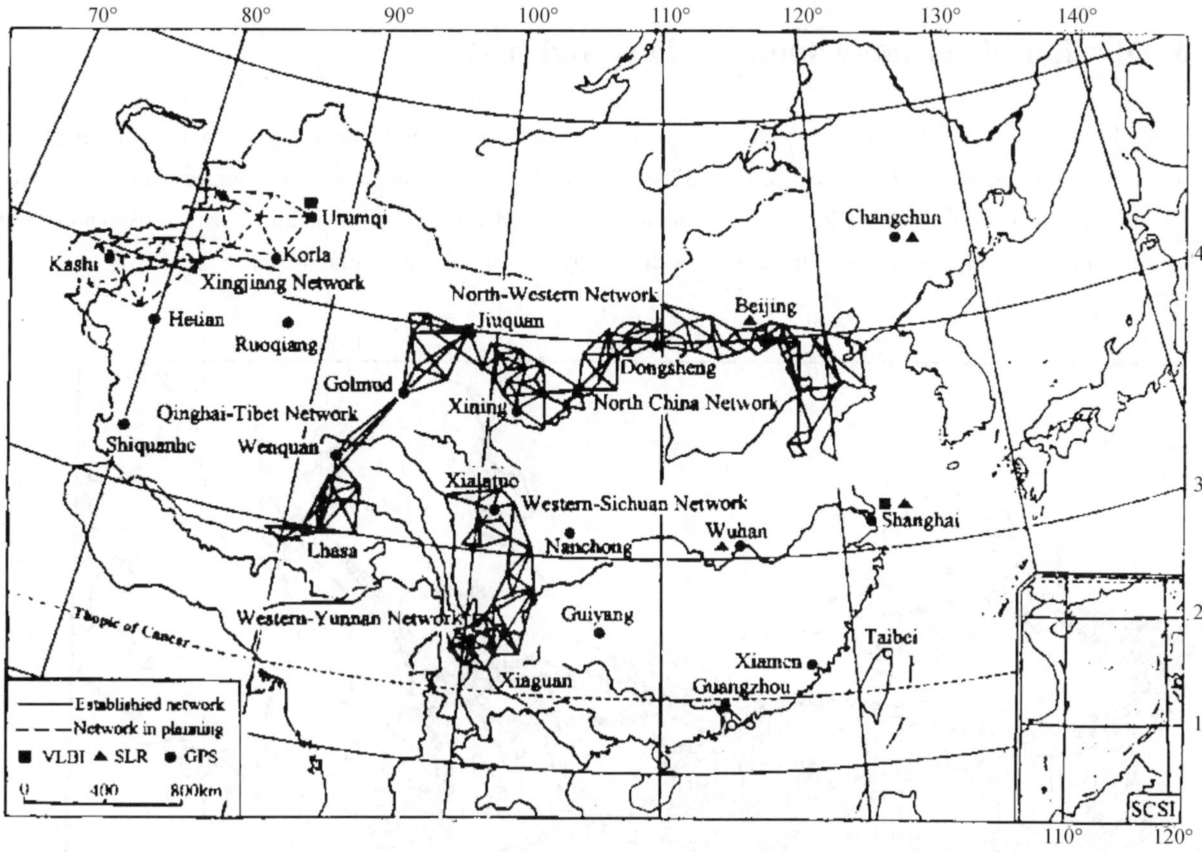

Fig. 3 The GPS crustal monitoring networks along active zones in China (from Seismological Institute, SSB)

the Institute of Seismology, SSB, and Hannover University of Germany in 1988 and 1991 (Lai Xian et al., 1994). Forty eight base lines were observed in 1988, and twenty five in 1991. The inversion of fault displacement based on these data shows that the dextral slip occurred in about 268 km long segment of Jianchuan-Lijiang fault zone and Honghe fault, and the rapid strain accumulation occurred in the central segment of Jianchuan-Lijjang fault zone. Based on this study, they predicted that an earthquake would occurred in this region. An earthquake with $M_S = 7.0$ occurred in this region on 3 February, 1996 soon afterwards.

A GPS network including 42 stations was set up along the main active tectonic zones by the First Land Deformation Monitoring Center, SSB in order to monitor earthquakes and the state of recent crustal deformation in North China around Beijing and Tianjin. The longest side of the network is 362 km, and the shortest is 30 km. The network is more than 1400 km long in E-W, and 400 km (the western part) ~ 800 km (the eastern part) wide. It covers the Hetao basin, basins in northern Shanxi and Tanlu fault zone et al. with a total area of 70000 km^2 (Li Yanxing, 1993).

As stated above, the space technology such as VLBI, SLR, GPS, and high-precision gravimetry has made great progress not only in equipment but also in research by many departments in China during the last decades. Now, a project "Crustal Movement Observation Network of China" is prepared to be launched. All these works provide an important basis to obtaining high-precision data on recent crustal motion and to facilitate the understanding of the seismic activity and seismotectonics of China.

6. Division of seismotectonic regions and belts

The China continent consists of several geological terrains, relative rigid blocks, and relative ductile belts, each of which has a long history of geological evolution. Together, they form a complex geological pattern. Recognition of each terrain evolution of recent tectonic activity of each block and dividing seismotectonic regions and belts form important basis for assessing its future earthquake potential (Figure 4).

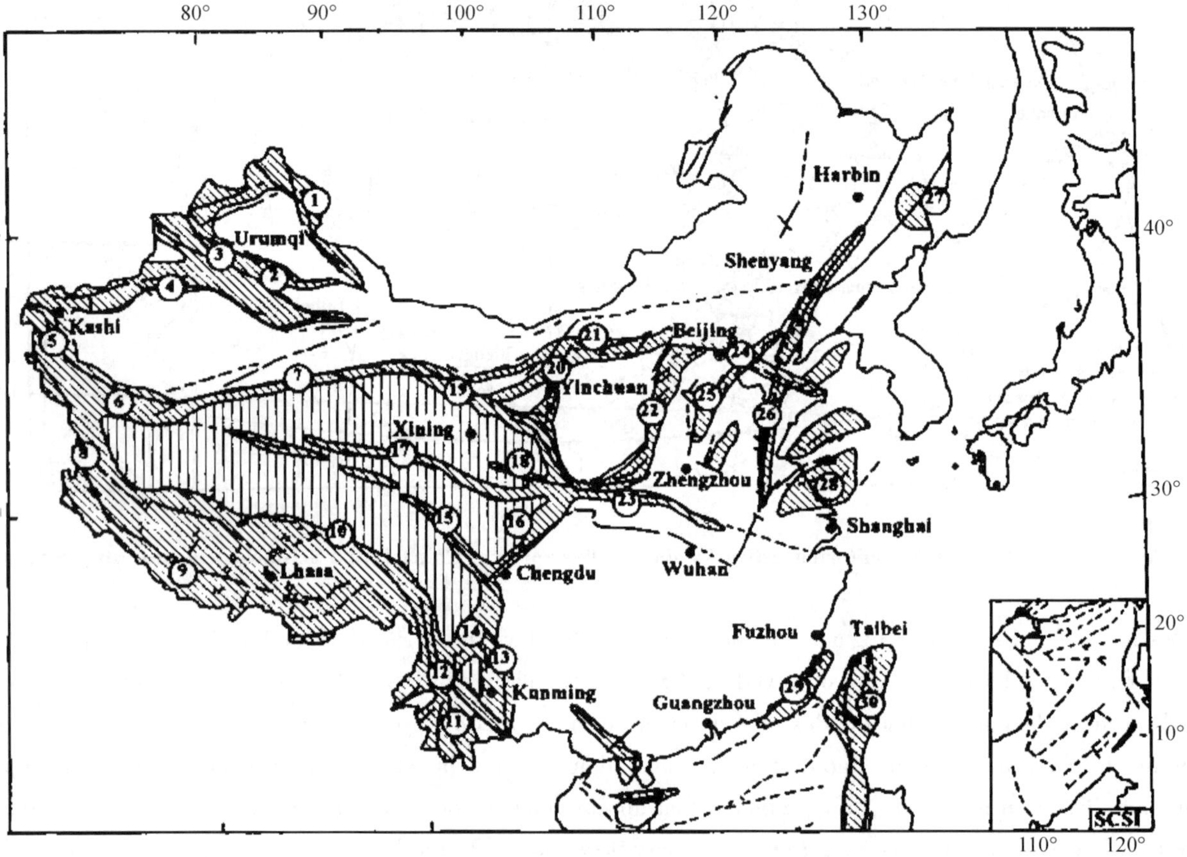

Fig. 4 The sketch map of main seismotectonic belts in China and adjacent area

The shaded area with vertical lines indicate Qinghai-Tibet seismotectonic region. Thick lines and dashed lines indicate active fault. 1 Altai Belt; 2 Northern piedmont Belt of Tianshan; 3 Borohoro Belt; 4 Southern piedmont of Tianshan; 5 Pamir Belt; 6 Western Kunlun Belt; 7 Altun Belt; 8 Karakorum Belt; 9 Himalaya and Southern Tibet Belt; 10 Jiali-Bengco Belt; 11 Western Yunnan Belt; 12 Red River Belt; 13 Xiaojiang Belt; 14 Yunnan Belt; 15 Xianshuihe Belt; 16 Longmenshan Belt; 17 Kunlun Belt; 18 Western Qinling Belt; 19 Hexi Corridor-Qilian Belt; 20 Yinchuan Belt; 21 Hetao basin Belt; 22 Fenwei Basin Belt; 23 Danfeng Belt; 24 Zhangjiakou-Behai Belt; 25 Hebei plain Belt; 26 Tanlu Belt; 27 Yanji Belt; 28 Southern Huanghai Sea Belt; 29 South-east Coast Belt; 30 Taiwan Belt

Based on the characteristics of tectonics and seismicity, we can divide the China continent and the neighbouring region into eight seismotectonic regions, which are the Qinghai-Tibet Plateau, the Xinjiang, the Heilongjiang, the North China, the South China, the Indo-China, the Taiwan, and the South China Sea regions. Each of these regions is bounded by major active faults. The historical earthquakes and many paleoearthquakes are mainly distributed along these active faults. The strong earthquakes with magnitude about 8 are only distributed in the western part of the Xinjiang Region (from the Pamir to the Altai), the margin of the Qinghai-Tibet plateau, the North China Region (around the Ordos, the Tanlu fault), and the Taiwan Region. The other regions and areas are the places of smaller and medium sized earthquakes.

The seismotectonic regions can be further divided into many seismotectonic belts. These seismotetonics belts reflect the regional differences of tectonics and seismic activities (Gao Weiming. 1991). 30 seismotectonic belts have been divided in which tectonic Movement and seismic activity share the common tectonic attributes. Active faults are the major structures of seismotectonic belts.

The division of seismotectonic regions and belts provides an important background and regional framework for further research on earthquake prediction and seismic hazard evaluation.

References

[1] Centre for Analysis and Prediction, State Seismological Bureau, Map of Seismicity in China (1 : 6000000), China Cartographic Publishing House, Beijing 1990, (in Chinese with English notes).

[2] Ding Guoyu, A preliminary discussion on the status of recent intraplate motions in China: Kexue Tongbao, 1986. 33(1): 52 ~57.

[3] Ding Guoyu, The inhomogeneity of Holocene faulting: Earthquake Research in China, 1991, 5(2).

[4] Fu Zhengxiang et al., Spatial heterogeneity of strong earthquake activities in East China mainland and its implications of earthquakes mechanics: Earthquake Research in China, 1990, 6(4).

[5] Gao Weiming, Map of Active Tectonics in China and Its Adjacent Areas, Seismological Press, Beijing, China 1991, (in Chinese with English notes).

[6] Gu Gongxu (editor in chief), Catalogue of Chinese Earthquakes (1831 BC—1969 AD), Science Press, Beijing. 1989.

[7] Lai Xian, Xing, C., Seeber, G., Torge, V., Chao, D. and Zhao, S., Crustal movement characteristics research in Yunnan, China. —GPSCampaigns in 1988 and 1991: Proceeding of the CRCM'93, Kobe, 1993, 321 ~324.

[8] Li Yanxing, The establishment of the GPS monitoring network in North China: Dynamic Geodesy, 1993, 9(4), 36 ~45. (in Chinese).

[9] Liu Guodong et al., A study on seismogenic structure and earthquake generating indication of large earthquakes, North China: Earthquake Sciences, 1996, 12(3): 53 ~58, (in Chinese).

[10] Ma Xingyuan et al., An outline of the lithospheric dynamics of China, Geological Publishing House, Beijing. 1987.

[11] Mogi, K., Earthquake prediction. Academic Press, Tokyo, 1985, 355p.

Sun Fuping, and Zhao Ming, Study of Plate motion and crustal deformation from satellite laser ranging site vidocitico: Acta Geophysica Sinica, 1994, 37(5).

[12] Tapponnier, P., Meyer, B. Avouac, J. P., Peltzer, G., Gaudemer, Y,. Shunmin, G., Hongfa, X, Delun, Y., Zhitai, C., Shuahua, C. and Huagang, D. Active thrusting and folding in the Qilianshan, and decoupling between upper crust and mantle in Northeastern Tibet: Earth Planet. Sci. Lett., 1991, 97, 382 ~403.

[13] Wang Chunyong, Deep seismic reflection profiling in the strong earthquake areas of the North China, in "Achievements of seismic hazard prevention and reduction in China", Seismological Press, Beijing, 1996, 48 ~71 .

[14] Ying Shaofen et al., The characteristics of the Chinese continental deformation and the seismic hazards zoning: Dynamic Geodesy, 1996, 12(1), 2 ~11 (in Chinese).

[15] Zhang Peizhen, Deng Qidong, Xu Xiwei, Peng Sluzhen, Yang Xiaoping, Feng Xianyue, and Li Jun, Blind thrust, folding earthquake and the 1906 Manas earthquake, Xinjiang: Seismology and Geology, 1994, 16(3), 193 ~204 (in Chinese).

中国大陆内部新构造块体的位移规模*

亚欧与印度两个板块在喜马拉雅聚合带的水平位移引致了结构不均匀的东亚大陆内部的复杂应变。多种多样的板内变形和新造山带巨大的隆升主要导源于这一水平运动。研究水平位移如何转变为内陆的应变及其空间分配是大陆构造研究中的一个基本问题，而内陆各构造块体间水平位错总量的确定是阐明板内各块体的应变分配及建立各种变形组合动力学模型的关键。

对我国大陆地区新构造垂直变形量的研究，特别是对青藏高原的隆升量、速率及过程的研究已有大量成果。但对一些活动边界或活动断裂带上水平位错规模的讨论则相对较少，已有的也多限于对一些地段局部现象的讨论，对位错总体规模的认识也还存在许多不同的看法。

通过对中国大陆内部一些活动块体间相对位移所遗留的各种现象和有关资料的调查和分析，可看出：在喜马拉雅构造阶段，即自印－亚大陆碰撞开始引起内陆大规模变形以来，内陆各活动块体间的水平位错现象在青藏高原的周缘最为明显，在一些地段其水平位移量可达到数百公里的规模。其最大值出现在喜马拉雅弧的东西两端。在帕米尔附近及滇缅一带，位移总量可达200～300km。沿青藏高原东缘和北缘的一些地段可达100～250km。向高原外围则明显减小。在中国大陆东部，一些活动块体间的水平位错总量则只有数公里至数十公里的规模。按位错量的大小，结合其累积形成的年代，可将位错量大体划分为三组。这反映出滑移的过程经历了三个构造运动阶段。这一情况可与喜马拉雅运动的三个构造幕相对应。最大的一组位错数据应属于喜马拉雅运动第一幕（约36 Ma B. P.）以来的滑移总量，在红河断裂带、西昆仑、阿尔金断裂带等地可达200～300km。

在青藏高原边缘及其内部一些主要活动块体边界上的水平错距中，最常见的是30～90km的一组数值。如沿康西瓦断层、阿尔金断层、鲜水河断层等。这些位移多系喜马拉雅运动第二幕，即中新世晚期或上新世以来（约5.3 Ma B. P.）的水平位错总量。在青藏高原此期曾有水系的大规模改造，在高原东北侧河西走廊一带，这一时期与开始出现盆地沉积的时代相当，另一组断错较新的水系，水平断距达数公里至数十公里。它们往往是喜马拉雅运动第三幕（或称新构造运动阶段）的产物，这一幕构造运动发生在3.4 Ma B. P. 以后，在25、1.6～1.2、0.70、0.12、0.03 Ma B. P. 等又有过多次的构造波动。

总的看来，中国大陆沿一些新构造活动边界上的水平位移规模相当巨大。在它们发展的过程中，对一系列盆地的产生和消亡、河流的袭夺、水系的改造、区域环境的演化都曾产生过巨大的影响，对这些大尺度水平位移现象进行深入探讨的必要性及其在地球动力学上所具有的重要意义是不言而喻的。

---

* 本文原载于《人类与环境》，第七届全国第四纪研究学术讨论会论文摘要汇编，1997，85。作者：丁国瑜。

依据 GPS 数据建立中国大陆板内块体现时运动模型的初步研究*

摘　要　中国大陆被认为是研究大陆地壳运动和动力学的最理想地区。过去基于地面观测技术，很难对时间尺度为数年的大空间范围的陆内块体运动作定量研究。本文根据中国国家攀登计划“现代地壳运动和地球动力学”1994 和 1996 年 GPS 全国复测数据，提出了一种完全基于实测资料，通过卡尔丹角计算块体间现时运动欧拉矢量的理论方法。尝试性地初步建立了刻划中国大陆西藏、川滇、甘青、新疆、华南、华北和黑龙江等 7 个主要块体现时运动模型 PBMC－1（present-time blocks movement model on the Chinese continent），首次在数年时间尺度内给出了中国大陆块体相对运动的点位速度场及边界带运动。模型结果表明：各块体的运动速率由南向北、由西向东逐次减少；运动方向由北北东逐步转向东以致东南和东东南。印度板块的碰撞对中国大陆内部诸块体运动起主导作用；而诸块体运动又决定着块体边界带——断裂带的活动方式与速率。模型给出的数年尺度的现时运动，总体上与地质学给出的百万年以来的平均状态相似，与地球物理学和天文学观测结果也较符合。GPS 等空间测地结果已初步具备揭示正在进行中的地壳运动的能力。

关键词　GPS；中国大陆；构造块体；现时运动模型

一、引　　言

岩石圈是一个具有层次结构的多体动力学系统。全球构造板块是第一层次，板内构造块体是第二层次……迄今为止，科学工作者对全球板块运动研究较多，如 DeMets 等（1990）提出了 NUVEL－1 模型，Gordon（1991）和 Larson（1997）证实了近几年某些 VLBI 和 GPS 的实测结果与 NUVEL－1 和 NUVEL－1A 模型值较符合；而对板块内部块体间的运动则研究不足。对板内及板缘现今地壳运动的观测和研究是当今地球科学的热点。中国大陆被挟持在印度、太平洋、菲律宾海板块和西伯利亚－蒙古块体之间，陆内构造运动强烈、青藏高原隆起、强震频繁，被认为是研究板内现今地壳运动最理想地区（赖锡安，1996）。该研究具重要基础科学意义与防灾减灾实用价值。

丁国瑜和卢演俦（1986，1989）研究了中国大陆地壳的不均匀结构，划分了各构造块体，并估计了在百万年时间尺度上的平均运动状态——块体运动的方向和年速率，建立了描述近百万年来平均运动状态的地质学模型。现今地球动力学、地壳动力学和灾害预测迫切需要知晓在年和数年时间尺度上，周缘各板块对中国大陆和大陆内部各块体间正在进行着的现今块体运动，以便建立完全基于实测的中国大陆现时块体运动模型 PBMC。经典大地测量学由于测程和精度的局限，难以完成此任务，因而多年来该领域的研究难以进行。GPS、SLR 和 VLBI 等空间大地测量新技术的应用，使现时块体运动模型研究成为可能。本文根据中国国家攀登计划“现代地壳运动和地球动力学研究及其应用”（叶淑华，1996）、1994 和 1996 年两期 GPS 全国复测网的有限数据，首次对中国大陆构造块体现时运动模型进行了初步研究。

* 本文原载于《地震学报》，1998，No.4。作者：周硕愚　张跃刚　丁国瑜　吴云　秦小军　施顺英　王琪　游新兆　乔学军　帅平　邓干金。

二、中国大陆板内块体划分与 GPS 测量

（一）中国大陆板内块体划分

在丁国瑜和卢演俦（1989）的“板内块体现代运动图”中，通过运动大区分界线，将中国大陆地壳划分为 6 个大构造块体。为了揭示西藏块体内部不同的运动状态，又将其分为两个块体，如图 1 所示。

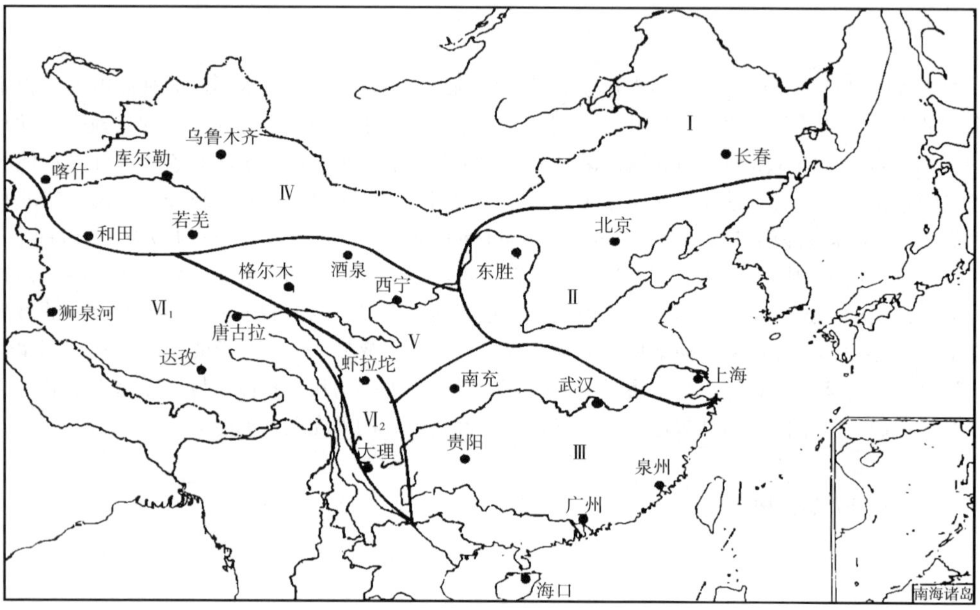

图 1　中国大陆板内块体划分

Ⅰ. 黑龙江块体；Ⅱ. 华北块体；Ⅲ华南块体；Ⅳ. 新疆块体；Ⅴ. 甘青块体；$Ⅵ_1$. 西藏块体；$Ⅵ_2$. 川滇块体

（二）1994 和 1996 年的 GPS 测量

国家攀登计划全国 GPS 地壳运动监测网共 23 个点。国家地震局地震研究所、武汉测绘科技大学、国家地震局第一地形变监测中心和中国科学院上海天文台在 1994 年 8 月和 1996 年 7 月，联合实施了两期观测。实际复测共 21 个点，使用了 9 台 Leica 2000、7 台 Ashtech Z－12 和 7 台 Rogue 8000GPS 接收机。每个点上连续观测 6～8 天，每天观测 12～24 小时，数据采样间隔 30s，卫星截止高度角 15°。采用 IGS 星历和 ITRF 坐标系。应用国家地震局地震研究所 GPS 组在 GAM 1T 软件基础上研制的 SNAPS（satellite navigation and positioning software）软件处理观测资料，基线长加权平均值和平差值的相对精度均达到 10^{-9}（Qiao et al.，1997）。本文将依据复测 21 个点 1994～1996 年间的两次测量结果，初步建立完全基于实测的中国大陆块体现时运动模型。

三、建立模型的理论和方法

（一）建模的步序和假设

DeMets（1990）在建立全球构造板块运动模型 NUVEL－1 时，把各构造板块视为刚体。事实上，无论板块还是块体，除具有整体平动和转动的刚性体特性外，还具有内部不均匀结构和弹性变形特性。为了较为精细地刻划板内块体的现时运动及其可能存在的随时间演化，除合理划分块体外，在建模时应同

时考虑该两种特性。我们计划分两步建模：首先仅考虑块体的刚性运动特性，初步建立“中国大陆现时块体运动模型 - 1”（PBMC - 1）；然后再同时考虑各块体内部存在的弹性变形，进而建立“模型 - 2”，并对比两者的效能。显然，后者要求布设密度更高的 GPS 监测网。本文研究范围仅限于前者。

Scholz（1990）在研究了北美大陆，周硕愚（1994，1996）根据 30 年积累的跨断层形变测量资料，在研究了中国大陆板内断层滑动速率时均指出，板内主要块体边界滑动速率显著高于块体内部次级断层的滑动速率，前者约比后者高数倍至一个数量级。王琪等（1996）根据 1991～1993 年间，巴拉—达孜（约 55 km）和日喀则—达孜（约 247 km）两条基线的 GPS 复测资料，求得西藏块体的内部变形速率，南北向为（7.0 ±2.3）mm/a（缩短），东西向为（7.4 ±2.3）mm/a（伸长）。而丁国瑜和卢演俦（1989）则估计西藏块体的整体运动速率可望达到 25～28 mm/a，即数倍于块体内部变形速率。尽管上述资料仍不够完整，但它们均支持如下的假设：板内主要构造块体整体的刚性运动显著大于其内部变形，刚性块体运动模型可能是实际模型的一级近似。本文将在此假设下，研究建模的理论方法，并依据稀疏的 21 个 GPS 复测点，尝试性地建立 PBMC - 1 模型。

（二）刚性块体运动与欧拉角及卡尔丹角

经典力学中的“定点转动位移定理”已证明：定点转动刚体的任何有限位移等效于绕通过该定点的某轴的一次转动并可用欧拉（Euler）矢量来定量刻划（秦家桦，1993）。某构造块体在地球表面作刚性运动（平动与转动），可将此块体视为通过一种无质量的刚性物质与地球质心紧固地联结在一起的“扩大刚体”。因而，此构造块体在地球表面的运动可视为绕地球质心——固定点的转动。这恰与以地球质心为原点 GPS 坐标系（如 WGS - 84 坐标系）相对应，有利于用 GPS 测量求算欧拉矢量以定量刻划块体的刚性运动。自由刚体的自由度为 6，绕固定点转动刚体的自由度仅为 3。

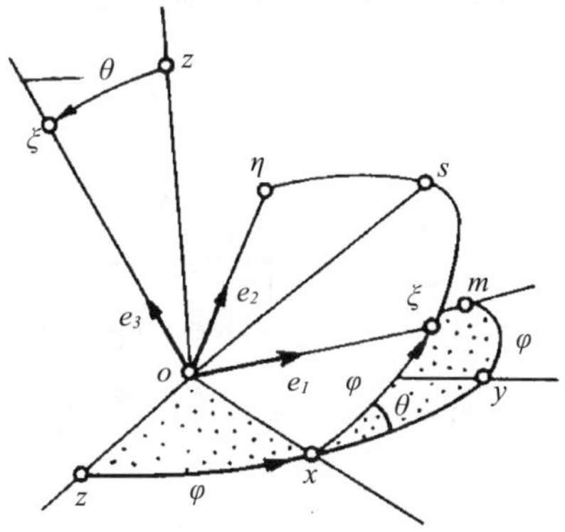

图 2　定点转动刚体的欧拉角示意图

图 2 中正交坐标系 $o-xyz$ 固定不动，称为“固定基”，原点 o 为固定点。另有一套固结在刚体上并随刚体一同转动的坐标系，称为“连体基”。在初始状态时，“连体基”与“固定基”相重合。现通过 3 次绕特定轴的转动：第 1 次绕 z 轴转动 ψ 角（进动角）；第 2 次绕 on 轴转动 θ 角（章动角）；第 3 次绕 ζ 轴转动 φ 角（自动角），使连体基偏离固定基，到达某一任意位置，即 $o-\xi\eta\zeta$ 状态。以方向余弦矩阵为工具，通过推导可得下列欧拉运动学方程：

$$\begin{cases}\omega_x = \psi\sin\theta\sin\varphi + \theta\cos\varphi \\ \omega_y = \psi\sin\theta\cos\varphi - \theta\sin\varphi \\ \omega_z = \psi\cos\theta + \varphi\end{cases} \tag{1}$$

其中

$$\psi = \frac{\partial\varphi}{\partial t} \quad \theta = \frac{\partial\theta}{\partial t} \quad \varphi = \frac{\partial\varphi}{\partial t} \tag{2}$$

式中，ω_x、ω_y、ω_z为旋转矢量 ω 分解的 3 个分量，欧拉矢量 ω 为

$$\omega = (\omega_x, \omega_y, \omega_z) \tag{3}$$

鉴于构造块体运动对应于 $o-xyz$ 地心坐标系的旋转角度非常小，当 θ 角很小时，式（1）中 ω_y将趋近于零，难以进行数值计算。为此引入另一种框架角，卡尔丹（Cardan）角。它也是通过 3 次转动到达刚体的任一方位。所不同的是欧拉角转动次序为（z，x'，z''），而卡尔丹角转动次序为（x，y'， z″)，ϵ_x，ϵ_y，ϵ_z 为卡尔丹角的3次转动角（洪善桃，1996）。同样可导出类似式（1）的运动方程（4）

$$\begin{cases}\omega_x = \epsilon_x - x\cos\epsilon_y\cos\epsilon_z + \epsilon_y\sin\epsilon_x \\ \omega_y = -\epsilon_x\cos\epsilon_y\sin\epsilon_z + \epsilon_y\cos\epsilon_x \\ \omega_z = \epsilon_x\sin\epsilon_y + \epsilon_z\end{cases} \tag{4}$$

当 ϵ_x，ϵ_y，ϵ_z 很小时

$$\omega_x = \epsilon_x \quad \omega_y = \epsilon_y \quad \omega_z = \epsilon_z \tag{5}$$

（三）基于GPS数据推求卡尔丹角

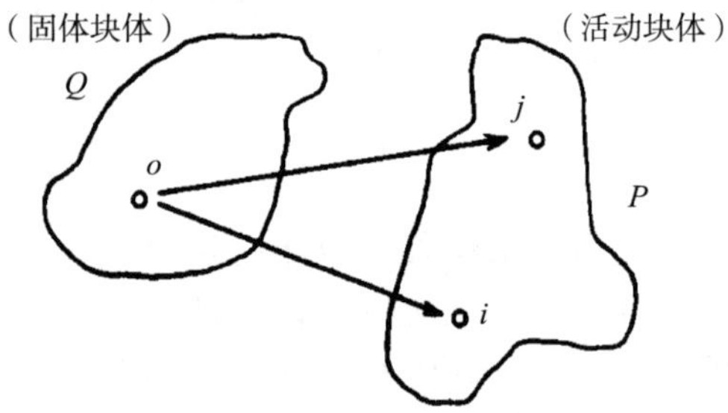

图3 通过GPS测量描述块体的相对运动

设 o、i、j 等点是分别设置在块体 Q 和 P 上的GPS测站（图3）。假定块体 Q 相对不动，我们的目标是，完全以实测资料为基础，建立在现时某一时间区间内，块体 P 相对于块体 Q 的运动学定量模型。

在块体 P 上任取一点 i，它在GPS两期观测中的坐标分别为（x_{1i}，y_{1i}，z_{1i}）和（x_{2i}，y_{2i}，z_{2i}）。在两期观测之间，块体 P 相对于块体 Q 产生了运动，如2.2节所述此运动等效于块体的“连体基”相对“固定基”以地心坐标系原点为固定点的坐标旋转。它是通过3个卡尔丹角 ϵ_x、ϵ_y、ϵ_z 顺次旋转来实现的。因此旋转矩阵 R 为

$$R = R_x(\epsilon_x)R_y(\epsilon_y)R_z(\epsilon_z)$$
$$= \begin{pmatrix}\cos\epsilon_y\cos\epsilon_z & -\cos\epsilon_y\sin\epsilon_z & \sin\epsilon_y \\ \cos\epsilon_y\sin\epsilon_z + \sin\epsilon_x\sin\epsilon_y\cos\epsilon_z & \cos\epsilon_x\cos\epsilon_z - \sin\epsilon_x\sin\epsilon_y\cos\epsilon_z & -\sin\epsilon_x\cos\epsilon_y \\ \sin\epsilon_x\sin\epsilon_z - \cos\epsilon_x\sin\epsilon_y\cos\epsilon_z & \sin\epsilon_x\cos\epsilon_z + \cos\epsilon_x\sin\epsilon_y\sin\epsilon_z & \cos\epsilon_x\cos\epsilon_y\end{pmatrix} \tag{6}$$

由于 ϵ_x、ϵ_y、ϵ_z 均为微小量，故

$$R = \begin{bmatrix}1 & -\epsilon_z & \epsilon_y \\ \epsilon_z & 1 & -\epsilon_x \\ -\epsilon_y & \epsilon_x & 1\end{bmatrix} \tag{7}$$

两期观测结果之关系为：

$$\begin{bmatrix}x_{2i} \\ y_{2i} \\ z_{2i}\end{bmatrix} = \begin{bmatrix}1 & -\epsilon_z & \epsilon_y \\ \epsilon_z & 1 & -\epsilon_x \\ -\epsilon_y & \epsilon_x & 1\end{bmatrix}\begin{bmatrix}x_{1i} \\ y_{1i} \\ z_{1i}\end{bmatrix} \tag{8}$$

进一步推导可得：

$$\Delta r_{2i} - \Delta r_{1i} = C_i T \tag{9}$$

其中，

$$\Delta r_{2i} = \begin{pmatrix}(x_{2i} - x_{20}) \\ (y_{2i} - y_{20}) \\ (z_{2i} - z_{20})\end{pmatrix} \qquad \Delta r_{1i} = \begin{pmatrix}(x_{1i} - x_{10}) \\ (y_{1i} - y_{10}) \\ (z_{1i} - z_{10})\end{pmatrix}$$

$$C_i = \begin{pmatrix} 0 & z_{1i} & -y_{1i} \\ -z_{1i} & 0 & x_{1i} \\ y_{1i} & -x_{1i} & 0 \end{pmatrix} \qquad T = \begin{pmatrix} \epsilon_x \\ \epsilon_y \\ \epsilon_z \end{pmatrix}$$

若块体 P 上有数个 GPS 测点，式（9）中 $i=1, 2, \cdots, n$。式（9）建立了两期 GPS 实测值与卡尔丹角 ϵ_x，ϵ_y 和 ϵ_z 的关系。以式（9）为基础，建立误差方程与法方程，在最小二乘原则下，可解出 ϵ_x，ϵ_y 和 ϵ_z，并估计其精度。

（四）计算欧拉矢量

欧拉矢量有两种表达形式，一是欧拉矢量 ω；二是（φ，λ，ω），φ，λ 是欧拉极的经纬度，ω 是以欧拉极和地心坐标系原点联线为转动轴的旋转角速度 ω

$$\omega = (\omega_x, \omega_y, \omega_z) = (\mathring{\epsilon}_x, \mathring{\epsilon}_y, \mathring{\epsilon}_z) = \left(\frac{\epsilon_x}{\Delta t}, \frac{\epsilon_y}{\Delta t}, \frac{\epsilon_z}{\Delta t}\right) \tag{10}$$

或

$$\omega = \omega(e_x, e_y, e_z) \tag{11}$$

其中，（e_x，e_y，e_z）为单位矢量给出欧拉矢量方向，ω 为 ω 的模，即旋转角速度

$$\omega = \|\omega\| = \sqrt{\omega_x^2 + \omega_y^2 + \omega_z^2} \tag{12}$$

$$\varphi = \tan^{-1}\left[\frac{1}{\sqrt{e_x^2 + e_y^2}}\left(e_z + \frac{ce^2\tan^2\varphi}{R\sqrt{1 + e'^2 + \tan^2\varphi}}\right)\right] \tag{13}$$

$$\lambda = \tan^{-1}\left(\frac{e_y}{e_x}\right) \tag{14}$$

其中，$c = a^2/b$；a、b 分别为地球长、短半径，e 为第 1 偏心率，$e'^2 = \dfrac{e^2}{1-e^2}$。

（五）计算点位线速度

活动块体 P 上任意点位 i 的相对运动线速度 v_i 为

$$v_i = \omega \times r_i \tag{15}$$

r_i 为 i 点在地心坐标系中的矢径。

将 v_i 表达到以 i 点为原点的站心坐标系（周忠谟等，1997），即可求得在局部范围内按东西南北方向表示的速度的方位角，而 v_i 的模即为速度值。

（六）计算块体边界带运动

设 i 点位于块体 P_A 和 P_B 的活动边界带上，分别求得 v_{iA} 和 v_{iB}，v_{iA} 和 v_{iB} 两速度矢量之差即块体边界带（活断层）的相对位移速度矢量。

四、模型的初步结果

应用上述理论方法，基于攀登计划 GPS 全国监测网 1994～1996 年数据，尝试性地初步建立了中国大陆现时块体运动模型 PBMC－1。

（一）中国大陆板内块体相对运动的欧拉矢量

地质学研究表明，在图 1 的各板内块体中以黑龙江块体较为稳定，其运动速率仅 0.1～0.5 mm/a

（丁国瑜等，1989）。故我们将其选为相对不动块体，以长春为固定参照点，计算出其余 6 个块体相对于黑龙江块体的欧拉矢量。其欧拉极、旋转速率及其 3 个分量，列于表 1 中。从而初步建立了刻划各块体相对运动的定量模型。

表 1　中国大陆板内块体欧拉矢量（1994～1996，长春固定）

块体		φ（北纬为正）	λ（东经为正）	ω/（″）·a^{-1}	旋转矢量/n rad·a^{-1}		
序号	名称				ω_x	ω_y	ω_z
Ⅱ	华北	50°32′36″	107°40′59″	0.001441	-1.266	3.971	5.604
Ⅲ	华南	-2°35′59″	-63°55′49″	0.001197	2.547	2.547	-0.261
Ⅳ	新疆	-14°23′14″	-80°37′57″	0.001470	1.123	-6.807	-1.780
Ⅴ	甘青	30°48′34″	-60°54′51″	0.000915	1.856	-3.337	2.262
$Ⅵ_1$	西藏	65°17′1″	44°35′24″	0.001626	2.361	2.327	7.154
$Ⅵ_2$	川滇	20°40′45″	-80°39′11″	0.005764	3.799	-25.89	-9.811

（二）中国大陆板内块体相对运动的点位速度场

应用欧拉矢量可计算出各个块体内任何一点相对于基准（相对不动）块体的速度矢量，从而构成中国大陆板内块体相对运动的速度场。我们仅计算了各 GPS 测点上的速度矢量。

表 2 给出了 1994～1996 年间，以长春为基准点的中国大陆内部各点位的年速率及其精度和方位角。可以看出，除华北块体 3 点位的速率中误差略大于模型估计值外，其余所有点位速率中误差均显著小于或小于估计值。从整体上看模型结果仍是可信的。

本文所建立的模型是块体间的相对运动模型。选择不同的块体作为相对不动块体，所给出的欧拉矢量和点位速度场图像会有所差别。若以新疆块体为相对不动块体，乌鲁木齐为固定点，所算出的速度场其整体空间分布和表 2 及图 4 相近似；但各矢量均会顺时针方向略作不同的旋转、矢量模也会略作一些变化。只要我们知道了相对不动块体的绝对运动或在某种参考系中的运动，就可求出所有各块体的相应运动。

（三）PBMC-1 模型结果与地质学、地球物理学和天文学结果的比较

图 4 中，近百万年来中国大陆板内块体平均运动状态的地质学模型（丁国瑜等，1989）的年速率和方向，用粗黑箭头表示；1994～1996 年间，基于 GPS 实测数据，以长春为固定点的 PBMC-1 模型结果的年速率和方向用尾部带小圆点的细黑箭头表示。两种资料来源完全不同，且时间尺度殊异的模型，能相互印证，整体上具有相当好的一致性。两种资料均揭示出，在印度板块向北推挤下中国大陆板内各块体的相互作用：运动速率由南向北、由西向东逐次减少；运动方向由北北东逐步转向东以至东南和东东南的基本特征。说明中国大陆板内块体现时运动（数年时间尺度）整体上仍是新构造运动（百万年时间尺度）基本格局的继承。围绕此基本格局随时间演化的现时构造微动态过程，还有待作更多期 GPS 测量来测定。PBMC-1 模型的运动速率普遍高于地质学速率，是否因为 1994～1996 年正处在中国大陆 20 世纪第五地震活跃期内，故其构造活动水平高于百万年来的平均状态？尚有待更多的观测与研究来证实。PBMC-1 模型所给出的川滇菱形块体是向东南方向运动，这与地质学结果一致。用本文的方法，计算了川滇块体和甘青块体边界带-鲜水河断裂带、川滇块体与华南块体边界带-安宁河、则木河、小江断裂带的现时运动均呈现左旋状态；还计算了西藏块体与川滇块体的边界带-红河断裂带的现时运动均呈右旋状态，这与地质学和地面跨断层测量结果一致，说明块体运动状态决定了边界带断层的滑动状态。

表 2　中国大陆板内块体相对运动的点位速度矢量（1994～1996，长春固定）

块体		点位	速率（mm/a）	方向
序号	名称			
Ⅵ$_2$	川滇	虾拉坨	33 ± 5	S78°E
		大理	16 ± 5	S70°E
Ⅵ$_1$	西藏	唐古拉	34 ± 13	N63°E
		狮泉河	31 ± 15	N67°E
		达孜	36 ± 16	N64°E
Ⅴ	甘青	酒泉	27 ± 23	N71°E
		格尔木	27 ± 19	N68°E
		西宁	26 ± 22	N74°E
Ⅳ	新疆	库尔勒	20 ± 10	N63°E
		乌鲁木齐	23 ± 11	N67°E
		喀什	24 ± 13	N44°E
		和田	22 ± 10	N47°E
		若羌	20 ± 10	N65°E
Ⅲ	华南	广州	13 ± 5	N82°E
		贵阳	16 ± 4	N67°E
		泉州	14 ± 4	S83°E
		武汉	17 ± 5	N86°E
Ⅱ	华北	北京	12 ± 14	N71°E
		东胜	11 ± 15	N84°E
		上海	18 ± 21	N70°E

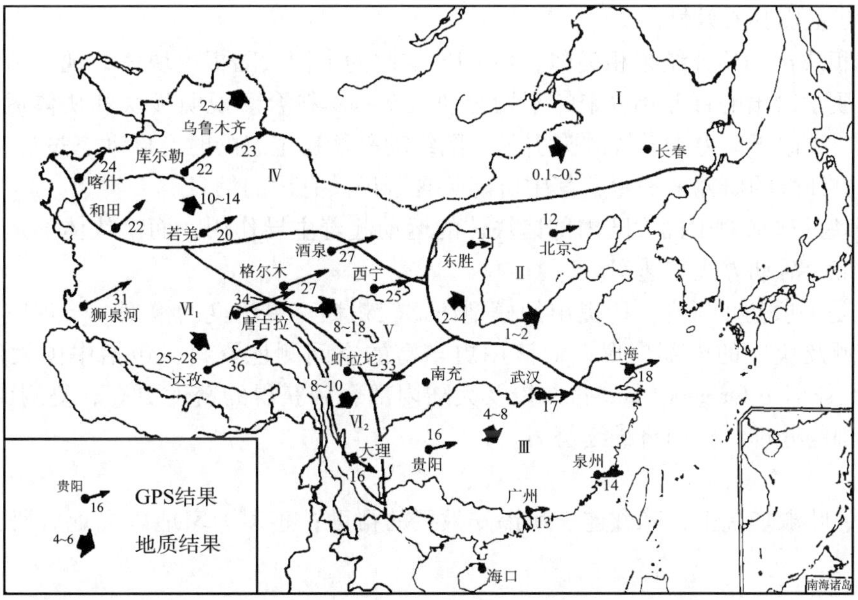

图 4　中国大陆板内块体相对运动略图（基于 GPS 测量的 PBM C－1 模型结果与地质学模型的对比）

图 5 是中国西南部由震源机制解获得的主压应力轴水平投影（陈开平、马瑾，1995），与图 4 中 PBMC－1 模型给出的速度场比较，整体状况相当符合。上海天文台 VLBI 近年来的实测结果表明，中国东南地区上海的 VLBI 站相对于西欧存在约 15～20 mm/a 的向东偏南现时运动（赵铭，1996）。基于 GPS 实测的 PBMC－1 模型给出上海相对于长春存在 18 mm/a 向东偏北运动，两者也大致符合。

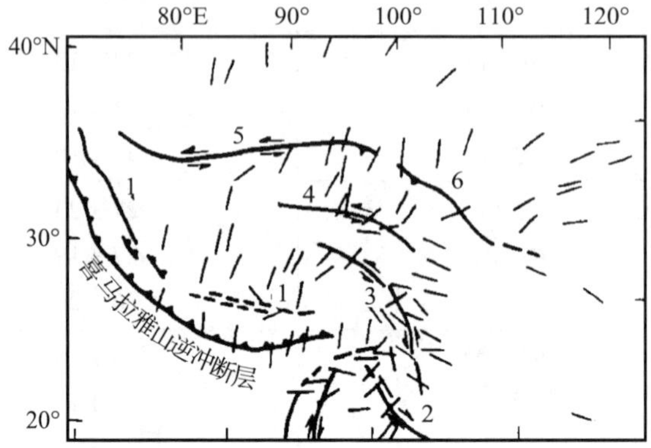

图 5　由震源机制解获得的 P 轴水平投影

1. 印度－雅鲁藏布江缝合带；2. 红河断裂；3. 鲜水河断裂；4. 昆仑断裂；5. 阿尔金断裂；6. 海原断裂

五、结论与讨论

（1）基于国家攀登计划 1994～1996 全国 21 个 GPS 点的复测结果，我们研究了建模的理论方法，并初步建立了“中国大陆板内块体现时运动模型”（PBMC－1）。它与地质学、地球物理学和天文学的结果能相互验证，且自身也具有较好的内精度。它首次完全基于实测数据，定量揭示出在中国大陆范围内各主要构造块体在数年时间尺度上的现时运动。

（2）GPS 等空间测地技术为大空间范围现时时间尺度的地壳运动和动力学研究创造了前所未有的良好条件。已初步证实其有效性。

（3）与全球板块运动研究结果相类似，由 GPS 实测的中国大陆板内块体的现时运动（数年时间尺度）状态，与地质学给出的百万年以来的平均运动状态基本符合。说明板块和块体运动可能存在着一种动平衡稳定态，类似于动力学系统的吸引子。围绕动平衡稳定态的时空微动态过程，有待于更精确、更密集的观测和更细微的研究来揭示，其中可能蕴含着极其有用的信息。

（4）印度板块的碰撞对中国大陆内部诸块体的运动起着主导作用；而诸块体的运动又决定着块体边界带——断裂带的活动方式与速率。

（5）本文仅是一项初步研究，所提出的模型还比较粗糙。更优良的模型，不仅应考虑块体的刚性运动，还应同时顾及块体的内部变形；应该用更丰富的空间测地资料，包括中国大陆邻区的“IGS”（international GPS service for geodynamic），以及大陆内部今后获得的密度更高、复测期更多的新资料，并对它们作更精细的处理。我们将继续努力。

感谢马宗晋、叶淑华院士，陈鑫连、赖锡安教授的帮助；感谢国家地震局地震研究所 GPS 组提供 GPS 资料。

参 考 文 献

[1] 陈开平、马瑾，印度与欧亚大陆碰撞构造变形数值分析，地震地质，1995. Vol. 17，No. 3，277～284。

[2] 丁国瑜、卢演俦，对我国现代板内运动状态的初步探讨，科学通报，1986. No. 18，1412～1413。
[3] 丁国瑜、卢演俦，板内块体的现代运动（1：1400 万）见：马杏垣（主编），中国岩石圈动力学地图集 北京：中国地图出版社，1989. 21。
[4] 洪善桃，高等动力学（新一版），上海：同济大学出版社，1996，79～86。
[5] 赖锡安，我国大陆主要活动构造带现今地壳运动及其动力学机制，见：叶淑华（主编），运动的地球——现代地壳运动和地球动力学研究及应用，长沙：湖南科术出版社，1996，58～63。
[6] 秦家桦，经典力学，合肥：中国科学技术大学出版社，1993，168～183。
[7] 王琪、游新兆、王启梁，用全球定位系统（GPS）监测青藏高原地壳形变，地震地质，1996，Vol. 18，No. 2，97～103
[8] 周忠谟、易杰军、周琪，GPS 卫星测量原理与应用（修订本）北京：测绘出版社，1997，14～34。
[9] 赵铭，中国地壳运动的全球背景，见：叶淑华（主编），运动的地球——现代地壳运动和地球动力学研究与应用. 长沙：湖南科技出版社，1996，22～27。
[10] 周硕愚，断层形变测量与地震预报，地壳形变与地震，1991，Vol. 14，No. 4，90～97。
[11] 周硕愚，中国大陆活动断县的分类，见：叶淑华（主编），运动的地球——现代地壳运动和地球动力学研究及应用，长沙：湖南科技出版社，1996，75～79。
[12] DeMets C，Gordon R G，Argus D F，et al，Current Plate motions GeophysJ Int 101：1990，425～478.
[13] Gordon R G，Plate motions In：American Geophysical Union，U S National Rep ort 1987～1990 Contributions in Tectonophysics，20th，U GG，Vienna 1991. 748～758.
[14] Larson KM，Gbbal Plate vebocities from the global positioning system，J Geophys R es，1992，102（Bs）：9961～9981.
[15] Q iao X J，You X Z，W an Q，Monitoring crustal movement in China continent Using GPS 1988～1997. In：UGG IA G Proceeding of International Symposion on Current Crustal Movement and Hazard Reduction in East Asia and South-east Asia. Wuhan China 1997，43～44.
[16] Scholz C H，The Mechanics of Earthquakes and Faulting Cmabridge：Cambridge University Press 1990，305～309.

关于公元649年临汾地震的讨论*

摘　要　唐贞观23年8月癸酉（公元649年9月12日）河东（黄河以东，今山西省境）地震，晋州（治临汾，今临汾市）尤甚。对此次地震事件的烈度等一直存有不同看法。过去中国地震目录对此次地震的烈度定为Ⅶ度，震级5½级。后来的目录对此有所修改和提高（Ⅷ～Ⅸ，6¾级），但从对有关资料分析看仍嫌偏低，它应是一次Ⅸ～Ⅹ，震级约为7½级的破坏性地震。由于这次事件在临汾地区强震活动历史中占有十分重要的位置，对研究此区强震复发状况及进行地震危险性评估具有重要影响，应对其有足够的重视并开展历史地震学及古地震学的深入研究和讨论。对一些我国早期历史地震事件的烈度和震级存在有估计偏低的现象，此是一例。

关键词　历史地震；烈度；震级；复发间隔

一、临汾地震历史记录

《旧唐书》卷四《高宗纪》载：“贞观二十三年八月癸酉朔（公元649年9月12日），河东（黄河以东，今山西省境）地震，晋州（治临汾，今临汾市）尤甚，坏舍，压死者五千余人。”“三日又震。诏遣使存问，给复二年，压死者赐绢三匹。”对这次地震，《旧唐书》、卷三七《五行志》，《新唐书》卷三《高宗纪》卷三五《五行志》及卷一〇四《张成行传》，《资治通鉴》等亦皆有记载。除上述9月15日发生的主震及二日后的余震外，对此次地震的其他余震活动尚有如下记录：

（1）公元650年1月5日（唐太宗贞观二十三年十一月乙丑）晋州地又震（旧唐书·五行志记为十一月五日又震）。

（2）公元650年5月9日，（唐高宗永徽元年）夏四月己巳朔，晋州地又震。

（3）公元650年5月19日，（永徽元年四月）己卯（晋州地）又震。

（4）公元650年7月18日，（永徽元年）六月十二日（晋州地）又震。高宗顾谓侍臣曰“朕政教不明，使晋州之地，屡有震动”侍中张成行曰“……今晋州地震，弥旬不休，……”。

（5）公元650年7月19日，（永徽元年六月庚辰）晋州地震，诏五品以上言事。

《张成行传》中也有：“高宗即位，封北平县公，监修国史。时晋州地震不息”，“……诏五品以上极言得失”的记载。

（6）公元651年11月22日，（永徽二年）冬十月辛卯晋州地震。新唐书·五行志称永徽二年十月“又震”。

二、临汾地震震级修正情况

对这次地震的烈度及震级的估计在《中国地震目录》（顾功叙，1983）中定为Ⅶ度，5½级，《中国地震简目》（1988）改为Ⅷ～Ⅸ，6½级；后来《中国强震目录》中又改为Ⅸ度，6¾级（吴戈，

* 本文原载于《中国地震》，1998，No.3。作者：丁国瑜。

1994)。由于记载的简略和死亡人数记载的差异，对这次地震规模的估计一直存有不同意见。李群(李君年，1988）曾对有关史料中余震持续时间、朝廷采取的措施等分析后认为这应是一次烈度达Ⅸ度的强烈地震，部分史料中死亡五十人的记载应是五千人之误。王汝雕对有关史料进行了更细致的分析，从死亡人数、余震序列以及当时政治环境的影响和赈灾措施等面的情况看也认为这应是一次烈度Ⅸ度，震级可达7级的地震，并认为是整个唐朝时期三次最严重的地震事件（公元734年天水地震，849年河套地震）之一；是历史地震记录中唐朝阶段仅有的三次由朝廷采取救灾措施、死亡达数千人的强震之一。我认为对史料的这些具体分析是十分正确而重要的，我很同意他们提出的许多看法。分析有关649年地震的历史资料可以看出：

（1）这是一次很强烈的地震活动系列，余震活动持续了很久，如果将公元651年11月22日的地震作为最后一次强余震看待，则余震活动持续了26个月。而且这些余震相当强烈，以致曾数次引致了唐高宗皇帝的不安并亲自过问。他针对主震后将近一年时间发生的余震活动甚至决定诏五品以上官员进行商讨，可见当时情况绝非一般。

（2）这次地震的震级《中国地震目录》(顾功叙主编，1983）定为5½级，《中国地震简目》(1988）改为6½级，后来《中国强震目录》(1995）改为6¾级。但从有关这次地震记载的情况分析，震级仍显然偏低。

（3）这次地震造成的死亡人数，《旧唐书·高宗纪》，《资治通鉴》皆记载为五千人，而《旧唐书五行志》记作五十人。李群、王汝雕等对“十”字系“千”字之误提出的怀疑是十分正确的。从朝廷对此事件的反应及所采取的措施，如给复二年、皇帝遣使存问、压死者赐绢三匹和从余震持续时间、强度及引起的反应等情况看，不会是对一次6级多地震后一般出现的反应。“五十人”显系“五千人”抄写刊刻之误。这还可从比较在山西发生的其他地震的引致的反映情况得到证明。如与此次地震时间、地区都较近的公元512年山西代县地震相比较，该次地震死亡5310人，当时皇帝（北魏宣武帝）下诏免租税一年，也遣使前往救灾，余震活动也是延续了约两年（公元512年5月至514年3月）的情况是很相近的。而代县地震定为7½级，这也可说明临汾地震定为6¾级是偏低的。至于这两次地震影响范围的比较，对512年代县地震的记载为：京师（洛阳）及并、朔、相、冀、定、瀛六州地震。主要在黄河以东，山西北半，波及河北；而649年临汾地震的有关记载虽无代县地震那样明确，但记为“河东（黄河以东，今山西省境）地震，晋州尤甚”，而未称“晋州地震”，皇帝遣使存问的也是河东而不仅仅是晋州，这都表明有严重影响的地区比临汾要更广泛得多。

从以上几方面的情况分析以及与512年代县地震相比较，总体看来649年临汾地震与512年代县地震的规模基本上是相当的，其震级应定为7½级更为合适。此次地震的记载较少，这与下述的情况有关。

（4）史载此次地震发生在唐太宗贞观23年，但查阅有关唐太宗的史料可以看到，唐太宗晚年身体不好，贞观19年（公元645年）以后身患多种疾病，嗜服丹药以至食丹中毒，公元649年（贞观23年）3月病发，5月去世，7月李治（唐高宗）即位，实际上这次地震发生时，唐太宗已经病殁。地震发生时正值唐太宗刚刚去世之后不久，唐高宗李治正忙于继承王位尚未改元的时刻。直至次年（公元650）春正月李治才处理好继位事宜，改元为永徽元年。处于这种非常时刻对这次地震事件的处理与记载较为草率是可以理解的，至于是否有因皇帝驾崩，上下讳言地震以避天谴之嫌也有可能。从另一方面看，在唐太宗刚刚逝世的情况下，朝中还以皇帝名义作出遣使存问河东，给复二年，赐死者绢三匹等决定，又足见这一事件的严重性。

（5）还有一点值得指出的是：贞观年间自然灾害频繁而严重，唐太宗及其群臣很重视赈恤灾民的工作。据史载贞观九年、十一年、十五年、十七年、十八年、十九年、二十年、二十一年、二十二年都曾进行过赈恤的工作。可以说当时的朝臣们对灾害后是否需要赈恤、赈恤的规模及标准是富有经验的。因之从对649年地震当时所给予的赈恤规格看，也充分反映了这次地震灾害事件的严重性。

三、临汾地区地震记录及问题探讨

临汾盆地区是汾渭地震带以至华北地区历史地震最为活跃的一个地段。也是我国历史地震资料记载最早、内容最为丰富的地区之一。涉及此区的一些地震记载有：

（1）公元前466年，周贞定王三年晋空桐地震，震七日，台舍皆坏，人多死。

（2）公元前169年，代国地动，代国都晋阳即今临汾。《史记》载：上幸代，地动。

（3）公元315年，平阳（今临汾西南）地震，崇明观陷为池，水赤为血，赤气至天（晋书）。

（4）公元316年，平阳地震，汾水大溢，流漂数百家（十六国春秋）。平阳地震，烈风拔树废屋（晋书）。

（5）公元649年9月15日，河东地震，晋州尤甚；坏民舍，压死者五千余人。

（6）公元650年1月5日，晋州地又震（旧唐书）。5月9日晋州地又震。5月19日晋州地又震。7月18日晋州地又震，弥旬不休。7月19日，晋州地震，诏五品以上言事（新唐书高宗纪）。

（7）公元651年11月22日，晋州地震。

（8）公元712年2月19日。并、汾、绛三州地震，坏民舍（旧唐书，资治通鉴等皆有记载）。

（9）公元865年12月，晋、绛二州地震，坏民舍，地裂泉涌，泥出青色，867年2月又震，坏民舍，人有死者。

（10）公元1209年浮山地震，城、民居圮者十之七八，死者二、三千人。

（11）公元1291年8月25日，临汾一带地震，坏民舍万有八百二十六区，压死150人。

（12）公元1303年9月17日，震中在洪洞赵城一带，烈度Ⅺ度（8级）。坏城郭、毁官民舍十万计，压死人无数，地裂成渠，村堡陡移，余震继续三、四年。

（13）公元1316年，蒲县地震，1303年地震后重修的东狱庙栋宇再摧。

（14）公元1633年，汾阳地震，县西与乡如园村地裂百余丈，所裂之井皆竭。

（15）公元1695年5月18日，平阳地震，临汾、襄陵、浮山、洪洞四邑较重，临、襄尤甚，城廓仅存无二三，居人死伤十之七八，黑水涌地，地震经年不息。

（16）公元1813襄陵（在临汾西南20 km）地震，塌毁民房甚重。

（17）公元1967年12月18日蒲县地震，5.4级。

上述记载最早的空桐地震是一次疑难不清的重大事件，对“空桐”位于何处存在疑问。一说在今河南虞城一带；另一说认为空桐即崆峒，是据《山海经海内东经》记载温水出崆峒，山在临汾南”，在今山西新绛东北。我认为后一说法更为合理，理由有二，一是晋空桐地震七日的记载显引自宋刘恕《通鉴外记》，宋朝所称“晋”应是指山西一带，而不会是春秋战国时称为“晋地”的魏国的虞城、延津一带的看法更为合理；二是从地质构造条件看，河南虞城一带并不具备发生强震的构造环境，而临汾盆地则是一个强震频仍的地区。因之可将这次事件视为临汾地区记载最早的一次大震。

临汾地区破坏性地震的频度很高，对此区是否具有约300年左右的地震活动周期以及Ⅸ度或Ⅸ度以上（或7级以上）地震的复发间隔问题一直为人们所关注（吴开统，1988；武烈等，1993）。据彭美暄（1993）的分析：山西地震活动的显著周期受321年及347年的控制，与华北第二、三地震活动期的持续时间330年和360较为一致。从历史地震目录看临汾地区地震活动的这种准周期性和节律性特征是比较明显的。B. C. 466年空桐地震及公元649年地震皆处于这种准周期活动的一些重要位置，更重要的是，它们的震级大小牵涉到此区7级以上强震复发间隔长短的估计，具有突出的意义。

早期的历史地震记录遗留下来的甚少，如何对待这些记载简略而又十分宝贵的历史早期地震记录是一个很值得研究的问题。一般说来，能传留下来的这类事件大都是十分突出、有深远影响的重要事件。这些稀少的地震事件往往具有极为重要的意义，绝不可草率待之。它们在肯定一些大地震发生的时间、地点等方面比用地质方法揭露出的古地震遗迹要肯定和明确得多。由于这些早期事件的记录十分简略，对其震级规模的估计往往容易偏小。在评定这些较早的事件的可能震级时应充分注意这一点。现有目录中对早期历史地震事件的震级定的偏低的现象是相当突出的，对我国公元 1000 年以前的历史地震记载还存在有许多这方面的疑难问题值得深入研究。

参 考 文 献

[1] 顾功叙主编，中国地震目录，北京：科学出版社，1983。
[2] 李君年，谈 649 年 9 月 12 日山西晋州（临汾）地震烈度问题，山西地震，1988，No. 1，13～14。
[3] 闵子群主编，中国历史强目录，北京：地震出版社，1995。
[4] 王汝雕，唐贞观晋州地震考，山西地震，1991，No. 2，38～41。
[5] 吴戈、刘昌森，中国清代前历史强震的编目，东北地震研究，1994，Vol. 10，No. 3。
[6] 吴开统，论 1695 年临汾地震序列，山西地震，1988，No. 3，45～50。
[7] 武烈等，山西地震，北京：地震出版社，1993，21 ~ 15。

青藏高原东北隅似三联点构造特征*

摘　要　在大陆内部，对于一定尺度的构造块体，似三联点构造是一种较普遍的构造形式。由于大陆内部块体旋转的普遍性，似三联点构造可形成顺旋型和逆旋型两种构造形式。随着块体的旋转和构造演化，似三联点逐渐改变原来的形状，在交接构造区内部的沉积和构造变形不断记录着演化过程，因此，通过对其研究可了解区域构造演化过程。

根据运动学和几何学特点，可以应用似三联点构造的概念研究构造运动和应变的平面分配以及地震活动的规律性。

似三联点构造往往是受控于深部构造运动的表层构造形式，三条构造支的活动强度有一定差异。在青藏高原东北隅，北西西向的祁连山左旋挤压构造带和青藏高原东缘右旋剪切带具有深部构造背景，六盘山构造带则偏离深部构造带。

关键词　似三联点构造；构造变形；青藏高原

引　言

三个板块的汇聚点被称为三联点（Mckenzie，1967），它连接三条板块边界活动带，是板块边界的转换点。对于三联点构造，由于相关地块的相对运动方向不同，可以有多种相关断裂活动的组合方式，从而形成多种类型的三联点构造。但是，若假定各相关块体为刚体，则三个块体相对运动速率必定满足下式。

$$V_C^A + V_C^B + V_A^C = 0$$

可依此检验三联点相关边界活动构造的活动性质及活动速率。

在板内地区，由于次级块体间的相对运动，三个地块的汇聚点成为较普遍的构造形式。考虑到地块性状、尺度和边界性质与板块的差异，可称三个地块的汇聚点为似三联点（卢演俦等，1986）。在大陆内部，假设如图 1 所示构造，随着块体活动，经过时间 t 后，B、C 之间将产生拉开，A、B 之间将产生重叠。在板块边界，B、C 之间的拉开由洋脊处的物质增生来填补，海沟处由消减作用吸收重叠部分。由于物质增生和消减，使块体运动保持总体平衡状态，三联点构造稳定发展。但在大陆内部，由于不存在物质增生和消减作用，拉张和重叠只能靠断层运动及变形来完成。在似三联点附近，由于各分支构造运动和变形的相互转换，形成复杂的交接构造。对于与图 1 运动形式相同的构造组合，在大陆内部可形成两种类型的交接构造区（图 2）。这两种类型都伴随块体的旋转运动，根据交接区内块体的相对旋转方向，将上述两种交接构造分别命名为顺旋型和逆旋型似三联点构造。

在中国大陆内部有很多似三联点构造，如海原－银川附近、西安、临汾附近、焦作－新乡附近、鲜水河－龙门山附近、北京附近、渤海湾附近等。本文将应用似三联点构造的基本概念，对海原－银川附近的青藏高原东北隅似三联点构造进行讨论。

---

* 本文原载于《中国地震》，1998，No. 3。作者：田勤俭　丁国瑜。

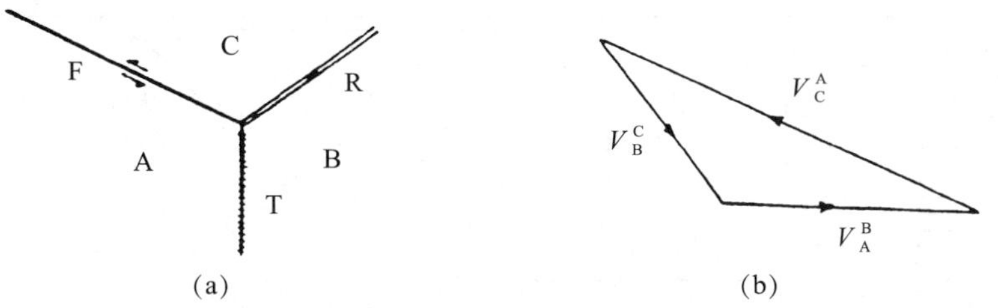

图1　三个块体汇聚点上板块相对运动及速率矢量图解

（据 Mckenzie 等（1967）修改）

A，B，C：三个板块；T. 海沟；R. 扩张洋脊；F. 转换断层

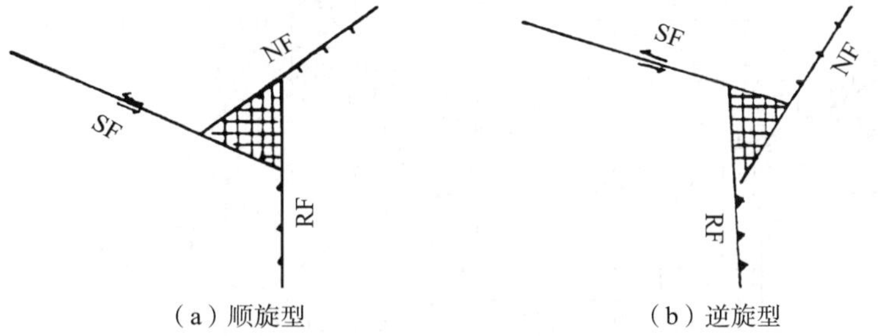

图2　大陆内部似三联点构造模型

SF. 走滑断层；RF. 逆断层；NF. 正断层；网线为交接三角形

一、相关块体及构造支

如图3为青藏高原东北隅似三联点及相关构造，相关的三个块体为青藏块体、阿拉善块体和鄂尔多斯块体。相关构造为祁连山－河西走廊断裂带、银川－吉兰泰－临河断陷盆地带和六盘山断裂带。其中祁连山北缘断裂带主要为左旋挤压性质；银川－吉兰泰－临河断陷盆地带主要包括银川盆地、吉兰泰盆地和临河盆地，具有右旋拉张性质；六盘山断裂带主要包括六盘山褶皱带和六盘山东麓断裂等，主要活动性质为压性。

（一）祁连山－河西走廊断裂带

祁连山－河西走廊断裂带位于青藏高原北部边缘，总体走向290°～310°，区内主要有三条北西西向断裂带：昌平－俄博－毛毛山断裂带、祁连山北缘断裂带、龙首山南缘断裂带，彼此成等间距排列，在祁连山北缘断裂带和龙首山南缘断裂带之间发育河西走廊盆地带，它是祁连山－河西走廊断裂系的重要组成部分，并构成青藏高原块体与阿拉善块体的分界带。

祁连山－河西走廊断裂带表现为挤压和左旋走滑活动特征。昌马－俄博－毛毛山断裂发育于祁连山内部，其左旋走滑活动表现为沿断裂带的水系、山脊、地质体的断错及次级断裂交接区拉分盆地和挤压隆起的发育。祁连山北缘断裂和龙首山南缘断裂的走滑活动表现在所夹持的河西走廊盆地的运动和变形。走廊盆地带自西向东有昌马盆地、玉门盆地、酒泉东盆地、张掖－民乐盆地、武威盆地等，盆地之间有北北西向的隆起相隔。这些盆地为压性盆地，长轴北北西向，呈左阶排列，反映了左旋剪切作用下的变形；同时，盆地边界断裂活动性研究表明，盆地西边界断裂为右旋逆冲活动，如酒泉东盆地西界为右旋逆冲的嘉峪关断裂，民乐盆地西界为右旋逆冲的榆木山东缘断裂，而盆地的南北边界则为左旋逆冲活动，这样，盆地块体具有反时针旋转运动（国家地震局地质研究所等，1993），反映了盆地块体在左旋剪切作用下的递进变形和运动特征。因此，河西走廊内部盆地的变形和运动，反映

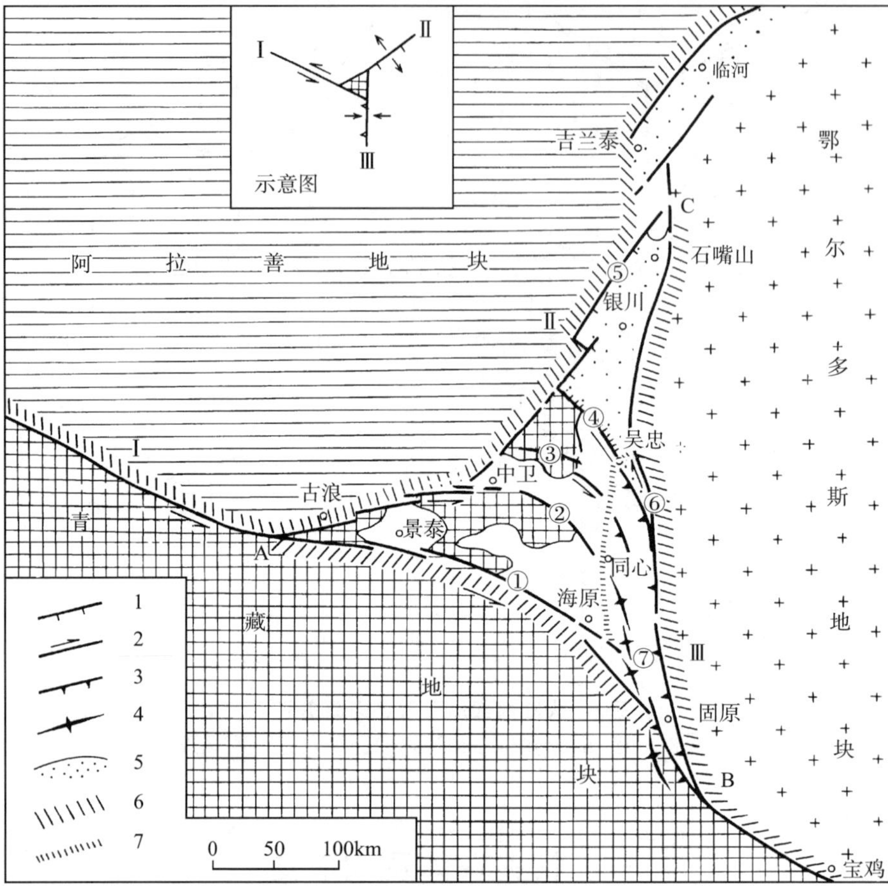

图3 青藏高原东北隅似三联点及交接构造区变形分布

1. 正断层；2. 走滑断层；3. 逆断层；4. 背斜构造；5. 断陷盆地；6. 构造块体边界；7. 活动性质分区界线；①海原断裂；②中卫－同心断裂；③烟筒山断裂；④牛首山断裂；⑤贺兰山前断裂；⑥罗山－云雾山断裂；⑦马东山背斜；Ⅰ：祁连山－河西走廊构造支；Ⅱ. 银川－临河构造支；Ⅲ：六盘山构造支；A－B－C：交接构造区

了祁连山－河西走廊断裂带的左旋挤压活动。

（二）银川－吉兰泰－临河断陷盆地带

银川－吉兰泰－临河断陷盆地带位于鄂尔多斯西北缘，东北部与近东西向的河套盆地相接，总体走向约50°，由临河断陷、吉兰泰断陷和银川断陷组成，临河、吉兰泰断陷之间由近东西向的磴口隆起相隔，吉兰泰断陷和银川断陷之间为北北东向的贺兰山隆起。银川－吉兰泰－临河断陷盆地带发育于早第三纪，晚第三纪末的构造运动造就了现今的构造格局。临河盆地、吉兰泰盆地、银川盆地的构造运动表现为北西向的引张掀斜运动。其中，临河、银川盆地的运动量较大，吉兰泰盆地较浅，运动量较小。第四纪以来的构造活动基本继承了上述活动，同时，对盆地边缘断裂带即狼山山前断裂和贺兰山东缘断裂的活动性研究表明，断裂第四纪以来的活动具有明显的右旋活动分量（国家地震局鄂尔多斯周缘断裂课题组，1988）。因此，银川－吉兰泰－临河断陷盆地带第四纪以来的活动性质为引张性质并兼有右旋走滑。银川盆地、吉兰泰盆地、临河盆地的平面排列方式也与断裂带的右旋拉张活动性质一致。

（三）六盘山断裂构造带

六盘山是一个复背斜构造，总体走向约150°。其构造变形在第三纪之前已开始发育。第三纪以来主要表现为挤压褶皱作用和逆冲断层作用，第三纪时期的构造运动使基岩地层逆冲到始新统和渐新统之上，第四纪以来的断层活动主要集中于六盘山东麓断层，活动性质没有发生大的变化，仍表现为强烈的挤压、逆冲性质，叠加在早期变形基础上，使六盘山高出东盘第三系 500 ～1000 m（国家地震局鄂尔多斯周缘断裂课题组，1988）。

在六盘山东麓断层北段，根据横跨断层的水系和山脊断错，可推断断层左旋走滑运动分量的存在（国家地震局地质研究所，1990）。沿断裂由北向南，逆冲分量逐渐增大，走滑分量逐渐消失，北段的左旋走滑运动分量，主要受祁连－海原左旋走滑的影响。所以，六盘山构造带以挤压活动为主。

二、交接构造区的运动和变形

上述三条构造带的相互作用和运动转换，在海原—银川一带形成三角形的交接构造。交接构造区主要由楔形的银川断陷和弓形的青藏高原东北隅弧束区组成（卢演俦，1986）。银川盆地基本形态在横剖面上呈一地堑式，为东宽西窄的不对称形态，盆地近轴部发育北北东向银川－平罗隐伏断裂，该断裂错开第四系 400 多米，为第四系沉降中心的东界断裂，贺兰山山前断裂为盆地西界的主控边界断裂。1739 年平罗 8 级地震发生在盆地北部，沿贺兰山山前断裂古长城右旋水平位错 145 m（国家地震局鄂尔多斯周缘断裂课题组，1988）。盆地中北西向横向构造将盆地分成北部的石嘴山南凹陷区、中部银川平罗深陷区及南部的吴忠灵武凹陷区。在吴忠灵武凹陷区，断裂发育，但规模较小，以中小地震活动为主，无大于 6 级的地震发生。

青藏高原东北隅弧束区由南向北包括海原断裂、中卫－同心断裂、烟筒山断裂、牛首山－罗山断裂等一系列弧形断裂带。

弧束区新构造变动最突出的一个特点是由西南向东北逐渐减弱，第三纪地层出露高度向北东降低，第三系分布区的地形切割深度向北东减小。位于最南部的海原断裂活动性最强。下面对其活动性质作简要说明。

海原断裂带：海原断裂带西接祁连山北缘断裂带，东连六盘山断裂带，自甘肃景泰、兴泉堡至宁夏固原硝口，全长约 200 km。由一系列不连续的次级剪切断层呈羽列式排列组合而成。海原断裂带是弧形断裂带中规模最大、活动性最强的断裂带，以左旋走滑活动为主，晚更新世以来平均滑动速率约为 4. 3 mm/a（程绍平等，1984），全新世以来最大可达 6 ～9 mm/a（国家地震局地质研究所等，1990）。1920 年海原 8. 5 级地震发生在该断裂上。

中卫－同心断裂带：中卫－同心断裂带是第四纪以来有显著活动的一条逆左旋走滑断裂带，第四纪中晚期以来水平滑动速率约为 2. 7 ～5. 5 mm/a（国家地震局地质研究所等，1990）。其中段香山－天景山断裂，西起上茶房庙、向东跨黄河至宁夏同心西，全长约 80 km，该段为 1709 年中卫 7. 5 级地震的破裂段落。

烟筒山断裂带：主体分布于烟筒山东麓，一系列大小不等的冲沟在通过山前断层处发生左旋同步弯曲，说明断裂具有左旋走滑活动。

牛首山断裂带：青藏高原东北缘最前缘的一条弧形断裂带，由三关口断裂、青铜峡断裂组成。三关口断裂长约 50 km，沿断裂带有左旋活动迹象，在断裂北段，沿断层崖发育的断层错断全新世地层，具有正断层性质。青铜峡断裂是弧形最突出的一段，根据断层面上发现的断层擦痕特征，断层具有挤压逆冲和左旋走滑性质（国家地震局地质研究所等，1990）。

罗山－云雾山断裂：位于鄂尔多斯西缘，总体走向近南北，断裂从大、小罗山东麓穿过，具有挤压逆冲及右旋走滑活动性质。根据水系断错的研究，其全新世以来右旋走滑活动速率约为3 ～4 mm/a（闵伟等，1994）。

上述一系列弧形断裂将三角形交接区分成多个弧形条块，条块间的相对运动可通过边界断裂的活动表现。其中，海原断裂、中卫－同心断裂、烟筒山断裂具有左旋运动性质，说明上述断裂北部各条块相对青藏块体向北西运动；罗山断裂具有右旋性质，说明与罗山断裂相邻的块体相对鄂尔多斯地块向北偏西运动。所以，可以认为，交接区内的块体具有相对于青藏块体和鄂尔多斯块体向外（北西）运动的特点，类似于一种“挤出”构造：即由于青藏地块对鄂尔多斯地块的挤压，海原断裂至牛首山断裂之间的三角块体被挤向北西方向运动，造成海原断裂左旋走滑而牛首山断裂南部（罗山－云雾山断裂）右旋走滑。由于银川盆地的拉开，三角块体的运动被吸收，从而使沿弧形断裂带的相对运动终止于银川盆地西缘的延长线上。当然，所谓挤出具有相对意义，实际上，交接区块体相对于青藏块体具有向北西运动的趋势，而相对于鄂尔多斯块体，则大部分仍具有向南东运动的趋势。这是因为海原断裂、中卫－同心断裂、烟筒山断裂带的累积左旋滑动速率远远大于罗山－云雾山断裂带的右旋滑动速率。

与三个构造支的构造活动相对应，交接构造区的构造变形也可分为三个区，靠近走滑分支的部分以走滑变形为主，靠近拉张分支的部分以张性变形为主，靠近挤压分支的部分以挤压变形为主（图4）。

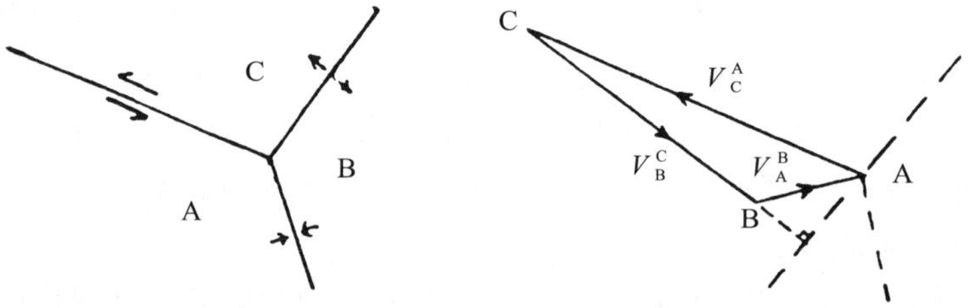

图4　青藏高原东北隅似三联点构造要素及运动矢量合成（第一分量）

A. 青藏块体；B. 鄂尔多斯块体；C. 阿拉善块体

张性变形区主要为银川盆地，包括银川凹陷和吴忠灵武凹陷，由上述三关口－牛首山－罗山断裂的活动性研究表明，三关口断裂具有左旋正断性质，牛首山断裂具有左旋挤压性质，罗山断裂具有右旋挤压性质。所以，可以以三关口断裂及牛首山断裂作为张扭性变形区与走滑及挤压变形区的边界。弧形断裂带由走滑和挤压变形组成，其中，北西部分以走滑活动为主，南东部分以挤压变形为主，走滑和挤压变形的过渡带大致位于弧形断裂带内断裂走向由北西向北北西转变的部位，如海原断裂带方向转变部位的马东山褶皱带（图3）。类似的构造性质变化也发生在中卫－同心断裂带上（闵伟等，1991）。因此，以上述构造性质转变部位一线为界，可将弧形断裂带部分的构造变形分为以走滑运动为主的北西部分和以挤压变形为主的南东部分。

综合上述分析，交接构造区的构造变形可分为三部分（图3），三部分的交接点大致在吴忠、灵武附近，可称之为似三联点构造的中心。从图3中可看出，似三联点构造的中心靠近鄂尔多斯地块，即交接构造区中走滑变形的区域最大。对于具有相同的构造规模和活动强度的分支构造的理想化走滑－拉张－挤压型似三联点构造，其交接构造区内走滑、挤压、拉张变形区的面积应基本相同。所以，可根据交接构造区内不同性质变形区域的大小，推测相关分支构造的相对活动强度。

三、似三联点构造的运动平衡

通过上述研究认识到，祁连山－河西走廊断裂带除具有左旋走滑运动外，还具有挤压分量，银川－吉兰泰－临河断陷盆地带除具有拉张运动外，还具有右旋剪切分量。为了便于研究似三联点构造的运动平衡和发展演化，根据本区地壳结构及构造活动特点，将上述运动分量分为两部分：

分量1：祁连山－河西走廊断裂带的左旋走滑，银川－吉兰泰－临河断陷盆地带的拉张和六盘山构造带的挤压。

分量 2：祁连山－河西走廊断裂带的挤压，银川－吉兰泰－临河断陷盆地带的右旋走滑和六盘山构造带的挤压。

若假定分量 1 代表似三联点相关块体运动平衡的分量，则三条构造带上的运动分量应满足图 1 所示的矢量三角形。这样，就可根据一条断裂带上的构造运动推测其他两条断裂带上的运动分量。对祁连山断裂带的研究获得了晚更新世以来活动速率的大量数据，沿昌马－俄博断裂左旋滑动速率平均为 3.2 mm/a，沿祁连山北缘断裂的左旋滑动速率平均为 1.4 mm/a（国家地震局地质研究所等，1993），假定祁连山－河西走廊断裂带的左旋走滑活动主要集中在上述两条断裂上，则其左旋走滑速率约为 4.6 mm/a，实际上此值代表运动速率的下限。由于银川－吉兰泰－临河断陷盆地带和六盘山断裂带缺少同一时代的活动速率资料，可根据运动矢量三角形进行推测（图 4）：

祁连山－河西走廊断裂带走向：300°，左旋走滑速率：4.6 mm/a；银川－吉兰泰－临河断裂盆地带走向：50°；六盘山断裂带走向：150°。则在图 4 的运动矢量三角形中：$\angle A=60°$，$\angle B=100°$，$\angle C=20°$，$V_C^A=4.6$。

根据正弦定理：$\frac{\sin A}{V_B^C}=\frac{\sin B}{V_C^A}=\frac{\sin C}{V_A^B}$　即：$\frac{\sin 60°}{V_B^C}=\frac{\sin 100°}{4.6}=\frac{\sin 20°}{V_A^B}$

可得：$V_B^C=4.0$，$V_A^B=1.6$。

由此可知，银川－吉兰泰－临河断陷盆地带晚更新世以来拉张速率为 4.0 mm/a，六盘山构造带相应的挤压速率为 1.6 mm/a。

对于分量 2，祁连山－河西走廊断裂带的挤压、银川－吉兰泰－临河断陷盆地带的右旋走滑和六盘山构造带的挤压等运动分量不可能构成封闭三角形，如图 5 所示，要达到运动矢量的封闭需存在运动分量（V_A^B）′，（V_A^B）′指示在青藏块体（块体 A）内北北东向的右旋走滑活动或鄂尔多斯块体（块体 B）内北西西向的挤压活动。

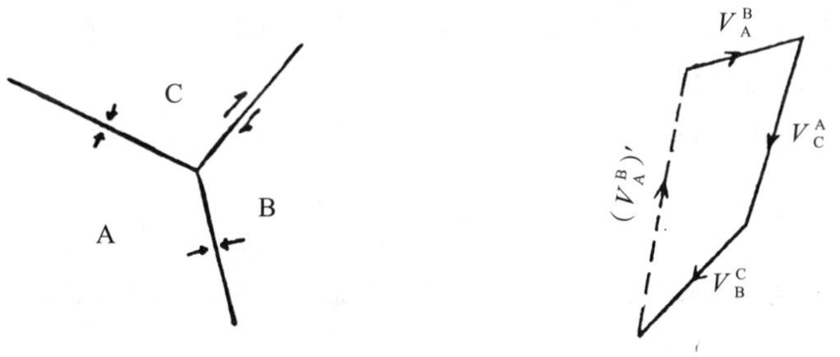

图 5　青藏高原东北隅似三联点构造要素及运动矢量合成（第二分量）

A. 青藏块体；B. 鄂尔多斯块体；C. 阿拉善块体

鄂尔多斯块体南北两条近东西向的边界分别发育渭河断陷盆地和河套断陷盆地，属张性活动，因此，在鄂尔多斯块体内部不可能存在北西西向的压性构造带；由于印度板块向青藏块体的推挤作用，在块体东缘可能形成右旋剪切带。1979 年武都 8 级地震、1654 年天水 8 级地震、1718 年通渭 7½级地震、1352 年会宁 7 级地震等一系列北北东向排列的强震反映了该构造带的存在。该构造带在地表没有明显显示，是一条深部活动构造带。

四、讨　　论

三个板块的接合点称为三联点。在大陆内部，三个次级构造块体的接合点可称为似三联点。似三联点构造是大陆内部的一种重要的构造结。随着大陆内部块体的运动和变形，在交接构造区可形成顺旋型和逆旋型两种三角形的似三联点构造，其发展演化反映了相关块体运动的基本状态。本文以青藏高原东北隅为例进行了讨论。

在青藏高原东北隅，青藏块体、阿拉善块体和鄂尔多斯块体在海原－银川附近交接形成顺旋型似三联点构造。三个构造支分别为祁连山－河西走廊断裂带、银川、吉兰泰－临河断陷盆地带和六盘山断裂带。其中祁连山－河西走廊断裂带主要为左旋挤压性质；银川－吉兰泰－临河断陷盆地带主要包括银川盆地、吉兰泰盆地和临河盆地，具有右旋拉张性质；六盘山断裂带主要包括六盘山褶皱带和六盘山东麓断裂等，主要活动性质为压性。

青藏高原东北隅似三联点构造的交接构造区平面上呈三角形，边界为青藏高原北缘的海原断裂带、阿拉善块体东缘的贺兰山山前断裂带和鄂尔多斯西缘的罗山－云雾山断裂带。它主要由楔形的银川断陷和弓形的青藏高原东北隅弧束区组成。弧束区由走滑和挤压变形组成，其中，北西部分以走滑活动为主，南东部分以挤压变形为主，走滑和挤压变形的过渡带大致位于弧形断裂带内断裂走向由北西向北北西转变的部位，以上述构造性质转变部位一线为界，可将弧形断裂带部分的构造变形分为以走滑运动为主的北西部分和以挤压变形为主的南东部分。银川断陷包括银川凹陷和吴忠灵武凹陷，以张性变形为主。因此，与三个构造支的构造活动相对应，似三联点构造区的构造变形也可分为三个区，靠近走滑支的部分以走滑变形为主，靠近拉张支的部分以张性变形为主，靠近挤压支的部分以挤压变形为主。

根据相对运动原理，三个相关块体相对运动的矢量和应为零。为了研究方便，将三个构造支上的运动分解为两个分量。分量 1 为祁连山－河西走廊断裂带的左旋走滑，银川－吉兰泰－临河断陷盆地带的拉张和六盘山构造带的挤压；分量 2 为祁连山－河西走廊断裂带的挤压、银川－吉兰泰－临河断陷盆地带的右旋走滑和六盘山构造带的挤压。研究表明，分量 2 为不平衡分量，从而推测在青藏高原东缘可能存在北北东向右旋断裂带，强地震活动也显示了该带的存在。

似三联点构造往往是受控于深部构造运动的表层构造形式。随着块体的旋转和构造演化，似三联点逐渐改变原来的形状，其内部的沉积和构造变形不断记录着演化过程，因此通过对其研究可了解区域构造演化过程。同时，根据运动学和几何学特点，可以应用似三联点构造运动平衡的概念研究构造运动和变形以及地震活动的平面分配。

致谢　在工作与成文过程中与卢演俦研究员进行了有益的讨论，在此表示感谢。

参 考 文 献

[1] 程绍平，彭贵，李洪春，宁夏海原南华山北麓断裂带的冲沟断错与 8.5 级地震重复率，地震地质，1984，Vol，6，No. 4，25～37。

[2] 国家地震局地质研究所等，祁连山－河西走廊活动断裂系，北京：地震出版社，1993，148～174。

[3] 国家地震局鄂尔多斯周缘断裂课题组，鄂尔多斯周缘活动断裂系，北京：地震出版社，1988，143～161。

[4] 国家地震局地质研究所等，海原活动断裂带，北京：地震出版社，1990，36～37，99～120。

[5] 卢演俦，华北地区地块相对运动几何学的初步研究，地震地质论文集，天津：天津科学技术出版社，1986，18～35。

[6] 闵伟，王萍，杨平等，罗山东麓断裂的几何学特征及全新世滑动速率，活动断裂研究（3），北京：地震出版社，1994，140～150。

[7] 闵伟，邓起东，香山－天景山断裂带的变形特征及走滑断裂端部挤压构造的形成机制，活动断裂研究（1），北京：地震出版社，1991，71～80。

[8] Mckenzic，D. P. et al.，The North Pacific：An Example of Tectonics on a Sphere，Nature，1967，Vol. 216，1276～1280.

[9] Mckenzic，D. P. et al.，Evolution of Triple Junctions，Nature，1960，Vol. 224，125～133.

用 GPS 研究南天山（伽师）地区现今地壳变形*

摘　要　伽师地区现今地壳运动方式、变动幅度和形变应变特征对研究该地区孕震环境具有重要作用。利用 1994 和 1998 年两次 GPS 大地测量，我们监测到伽师地区相对于北天山哈萨克地块的地壳缩短速率大约为 19mm/a，与 20 世纪以来地震学（地震矩张量）资料估计的速率（约 13mm/a）相比，GPS 测定的速率高约 50%。大地测量与地震学对南天山（伽师）地区地壳运动速率的估值差异，既可能说明该地区 20 世纪以来存在大量无震、震间应变，也可能表示至今与地震活动有关的断层变动尚不足以消减整个天山地区的现今变形。无论何种可能，从应力应变积累的角度看，都意味着天山西段及帕米尔东北侧一带发生强震的可能性将长期存在。

关键词　天山；地壳运动；GPS 测量

一、引　　言

自 1996 年 3 月 19 日新疆阿图什 6. 9 级地震后，在南天山地区的伽师一带又先后发生 7 次 6 级以上地震。自 20 世纪有仪器记录以来，一年多时间里发生如此多的强烈地震，在大陆地区还从未有过。这一现象引起广大地震工作者的关注。

伽师强震群发生的区域位于喜马拉雅碰撞带西端帕米尔弧束区的东北侧，是 3 个构造单元：天山褶皱带、帕米尔弧形构造和塔里木块体的交接地带。从构造背景看，帕米尔及天山是印度板块向中亚大陆楔入最深的一个部位，也是亚洲大陆受板块动力作用最强烈的地区之一。地质及古地磁证据表明，这一向北凸出的构造弧自渐新世以来自南向北推覆的距离已达 200 ～300 km，其间帕米尔地块伴随有大幅度的旋转并伴有强烈隆升过程，形成平均高度在 4000 m 以上的高原地形地貌及一些向北凸出的弧形山系。同样，受印度次大陆向北推挤作用的影响，天山也在同一时期经受强烈挤压而隆起、褶皱并向南逆冲，形成大陆内部典型的新生代造山带。

帕米尔、天山地区经历了强烈褶皱变形，弧形断裂发育，在南天山一带更是分布有大量性质各异的新生代活动断层，成为划分不同地质块体的重要边界；同时，作为大陆地震活动较强烈的地区之一（属于著名的帕米尔 - 兴都库什地震带），具有地震活动密度高，强度大的特点，如 1902 年新疆阿图什 8¼级地震就是 20 世纪发生在该地区的最大地震。

我们近期在伽师及其邻区的天山南麓和帕米尔东北侧布设了大地形变监测网，以期获取南天山地区高精度、高时空分辨率的现今构造运动和块体变形图像，为伽师强震群研究提供区域块体及其重要边界带运动学背景。本文以 1994 ～1998 年 GPS 大地测量为基础，初步给出伽师及天山地区现今地壳运动的状况及其构造应力场基本特征。

---

* 本文原刊于《地震学报》，2000，Vol. 22，No. 3。作者：王琪　丁国瑜　乔学军　王晓强。

二、GPS 观测与数据处理

从 1992 年开始，我们就在天山及塔里木边缘布设了 GPS 监测点，1994 年又观测了其中 15 个测站（游新兆、王琪，1995）。其中，新疆南天山（伽师）地区有 9 个点，天山东部有 6 个点。在总共 15 天观测期间，每天用 10 小时接收双频载波相位，每站连续观测 3 天。1996 年又对其中 4 个点进行每站连续 7 天、每天 12 小时以上的复测（游新兆等，1998）。1998 年以伽师地区为重点进行加密观测，增加观测点 30 余个，并进行每点连续 72 小时不间断观测。

我们用 GAM IT 软件处理了 1994～1998 年新疆境内天山地区有复测资料的 GPS 站观测数据和境外跟踪站资料，具体点位是：喀什、和田、阿克苏、阿拉尔、三岔口、乌什、乌恰、莎车和比士凯克（POL 2）。在数据处理第一阶段，每日时段内有关各站截止高度角在 15°以上双频相位，组成消除电离层效应的双差分观测值。在剔除初差、修补跳周并扣除各类因大气、潮汐、地球自转及卫星轨道等因素引起的相位延迟后，该观测值被用于估算基线坐标分量、初始相位模糊度和天顶方向对流层残余延迟，并通过最小二乘法解算组成单日时段解。其中，GPS 轨道直接来自 IGS 精密星历，在基线解算中不作轨道改正；各测站不同时期的近似坐标经比士凯克站和有关基线分量精密确定，并转换至观测时刻的 ITRF’96 地心坐标系统上，然后在基线解算中加权约束；此外，对双差相位模糊度不进行整周分辨处理。以每期观测基线多时段解的重复率来衡量该地区 GPS 定位精度，结果表明，1994 年各基线定位（200～600 km）南北向平均重复率为 7 mm、东西向为 12 mm；而 1998 年的基线定位精度则分别提高到 4 mm 和 7 mm。

三、区域形变场及其特征

每期观测的单日时段解可整体地形成一个大地控制网。对伽师地区而言，将两个不同时间得到的控制网坐标统一、直接对比，即可简单地给出各测站因地壳构造运动而导致的点位位移。在选取适当的运动基准后，最终获得由各测站所代表的区域形变场。需要说明的是：自 1996 年 3 月以来，阿图什、伽师发生的一系列 6 级以上强震对局域地壳变形会产生一定影响，但由于弹性应变比较微弱，加上观测点位大多远离发震断层，发震断层活动对 GPS 点所代表的整个位移场可能不产生实质性影响（不排除区域内强震对局部点位变形方式产生扰动的可能性，但现有资料还难以区分，在此我们忽略这种影响），因此，通过 1994～1998 年 GPS 两期资料获取的运动速率，在某种程度上应更多地反映该地区构造变形的长期趋势。由于 GPS 高程测定精度较差，且两期测量的接收机天线不统一，垂直向相位中心误差难以有效抑制，因此我们忽略垂直形变场，着重于水平形变。

鉴于测站集中于天山以南地区，我们可针对两种区域形变场进行探讨：①以喀什为参考点的变形场，研究伽师地区地壳相对构造变动；②以比士凯克为参考站的位移场，研究伽师地区相对于哈萨克地块的地壳整体运动背景。为此，首先分别确定和田、阿克苏、阿拉尔、三岔口、乌什、乌恰、莎车等 7 个测站相对于喀什的移动速率以及喀什 - 比士凯克基线变形速率估值（表 1）。前者通过 1994 和 1998 年测定的基线分量变化来推算，而后者则将 1996～1998 年 3 次独立观测以线性拟合方式确定。然后，简单集成各测站结果即得到伽师地区的地壳变形场（图 1（a））。其平均精度（2σ）：南北向速率优于 1. 3mm/a。东西向优于 2. 6 mm/a 。对于跨天山地区的位移场，我们可通过运动参考点的速度变换（变形场的运动基准从喀什移至比士凯克）得到，其平均精度（2σ）比变形场略低：其中南北向优于2. 4 mm/a，东西向优于 4. 4 mm/a（图 1（b））。

表 1　GPS 观测的伽师地区及邻区各测站相对于喀什的运动速率

测站名	λ_E/（°）	φ_N/（°）	高程/m	速率（mm/a）		精度（2σ）（mm/a）	
				东西	南北	东西	南北
莎　车	77.25	38.41	1178	3.1	6.4	1.6	0.7
三岔口	78.44	39.95	1079	-0.8	-2.4	1.6	0.7
乌　什	79.21	41.20	1384	-1.0	-5.6	1.7	0.8
阿克苏	80.78	41.38	949	3.5	-3.0	2.1	0.9
乌　恰	75.25	39.72	2114	4.2	-1.5	2.3	1.0
阿拉尔	81.32	40.61	1174	-2.7	-2.5	2.1	1.0
和　田	79.96	37.10	1326	0.0	6.2	1.4	1.0
比士凯克	74.69	42.67	1723	6.9	-18.1	2.6	1.3
喀　什	75.92	39.52	1271	0.0	0.0	0.0	0.0

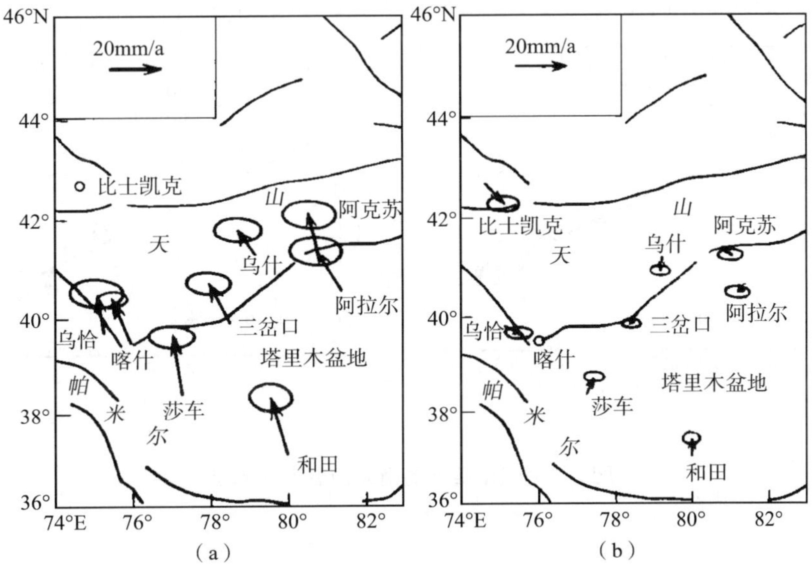

图 1　天山、伽师地区现今地壳运动与形变

依据南北天山位移场结果，整个伽师地区相对于北天山的现今地壳运动，均一致地表现为近南北向的向北推移，塔里木盆地对天山的正向挤压为主要运动方式。在北纬 39.5°～41.5°带之间，各 GPS 站从西到东相对北天山的汇聚速率呈逐步递减势态，递减速率大致为 1.0 ± 0.2 mm · a^{-1}/(°)，或等价于每向东 100 km，跨天山的汇聚速率则递减 1.2 mm/a 左右。而从伽师变形场分析，喀什、乌什一线的西北与东南各点的位移方位有所不同（图 1（b）），西北侧的比士凯克、乌恰向南南东运动，而东南侧的三岔口、莎车、乌什、阿拉尔、和田皆向北北西或南南西运动（仅阿克苏一点例外）。这表明大约在喀什至乌什一线，有相对左旋运动，与地质调查所发现的塔里木地块与天山褶皱带之间的相对运动状况是一致的。除去比士凯克不计，在南天山地区各点中，莎车具有最大变形。如果与乌什测站的移动相对照，两地间的相对运动在南北向为 10 mm/a、东西向为 4 mm/a，代表了本地区最大的地壳变形幅度及其位移方向。

为全面地认识伽师地区现今变动特征，我们将境外天山西段 GPS 测定点位速率与我们的结果（Abdrakhmatov et al.，1996），按经度线形成跨天山西段的 4 条南北向变形速率带，以剖线的形式显示天山地区各点相对于哈萨克地块褶皱变形的变化趋势。其中，3 条变形速率带（图 2(a)、(b)、(d)）宽度在 1°左右，最东面 1 条宽 3°（图 2(c)）。对于每一条变形速率带，我们用最小二乘法拟合带内的各测站的南北向运动速率（图 2）。结果表明：从总体上看，天山褶皱带南北向的变形方式为线性、基本均匀的，各 GPS 点相对于哈萨克地块的运动幅度按每度 4～5 mm/a 由南至北衰减或等价于每向北 100 km，地壳变形速率递减 3.7～4.5 mm/a。从现有的 GPS 结果的精度与空间分辨率分析，没有发现构造变形存在明显的阶段性突跳或集中于某个局部地段以及活动断层。因此，如果未来地震确有可能发生的话，从形变应变分析，整个天山西段和帕米尔东北侧一带都是潜在危险区，但这并不表明区域内各部位发生地震的几率均等。在同等应力环境下，发震地点还要受区域构造格局、断层活动状况及其发震部位的岩石力学性质等因素制约。

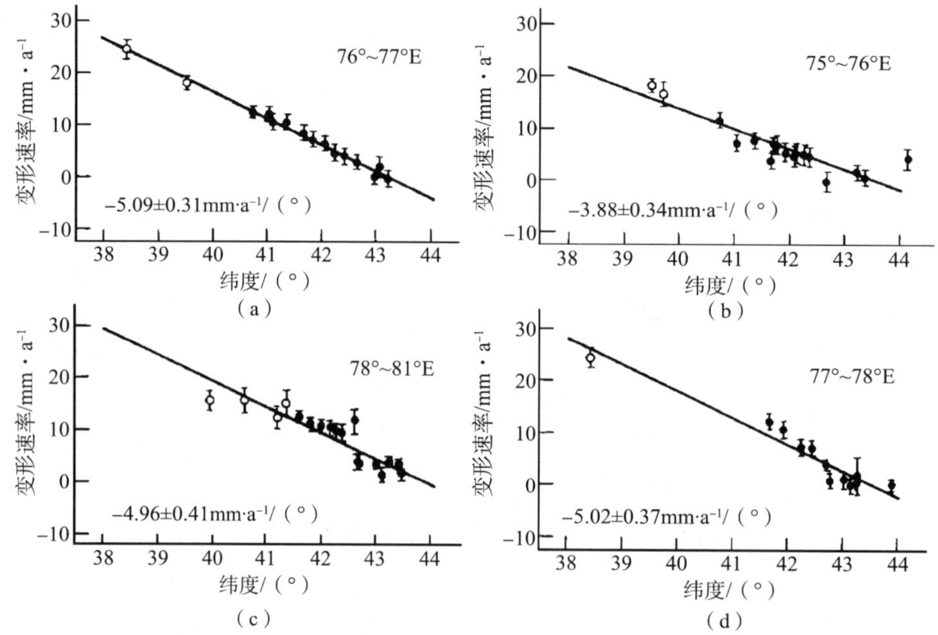

图 2　跨天山西段的南北向变形速率带

四、伽师地区的应变场

如果区域形变场展示了测站间相对运动状况，那么区域应变场则直接刻划了局部应力应变的空间分布特征，并可能以此（如应力集中状态）评估地震危险性。为了从形变场推算相应的应变场，由离散的测站运动速率值计算局部应变特征参数，我们假定每一个局域具有均匀连续线弹性变形（忽略高阶变形），并定义应变场的坐标系统为：x 轴的正向指向正北，而 y 轴正向指向正东：变量（u，ν）分别对应（x，y）向的位移。这样，点位运动速率与局域线应变率的观测模型可简化为以下形式：

$$\begin{pmatrix} \mathring{u}_i \\ \mathring{\nu}_i \end{pmatrix} = \begin{pmatrix} 1 & 0 & \Delta x_i & \Delta y_i & 0 & \Delta y_i \\ 0 & 1 & 0 & \Delta x_i & \Delta y_i & -\Delta x_i \end{pmatrix} \begin{pmatrix} \mathring{u}_0 \\ \mathring{\nu}_0 \\ \mathring{\tau}_{xx} \\ \mathring{\tau}_{xy} \\ \mathring{\tau}_{yy} \\ \omega \end{pmatrix}$$

式中，$\mathring{u}_i$，$\mathring{v}_i$ 分别代表第 i 站点位水平运动速率的两个分量；Δx_i，Δy_i 为该测站与区域位移场某个基准站（这里选喀什）的平面坐标差分量；而参数中 $\mathring{u}_0$，$\mathring{v}_0$ 是基准站速率的两个分量（一般设为常数，不作为待估参数，这里为 0，0）；$\mathring{\tau}_{xx}$，$\mathring{\tau}_{xy}$，$\mathring{\tau}_{yy}$ 是平面应变率三分量；ω 为旋转速率，详细定义可见黄立人和王敏（1999）文章。待估参数解算通常用最小二乘法，解算中一般将测站速率的方差－协方差作为定权的依据。当以上参数被求解后，可进一步计算出局域应变场特征值：主应变率、剪切应变率、主应变方向（从正北向起算，以顺时针方向）及面膨胀率等。

为了较详细地了解伽师地区现今应变场特征，我们计算出 7 个三角形和一组反映整个伽师地区的应变场特征参数。前者解算仅用围限三角形的 3 个测站速率值，后者则由伽师地区 7 个测站速率联合解算得出。所有解算结果列于表 2。

表 2　GPS 给出的区域应变场特征参数值 $10^{-6}/a$

No	面膨胀率	$\mathring{\tau}_{xx}$，$\mathring{\tau}_{yy}$	$\mathring{\tau}_{xy}$	最大应变率	最小应变率	最大剪应变率	最小应变方位/（°）
1	－0.039±0.018	－0.022±0.017	0.022±0.004	0.003±0.001	－0.042±0.017	0.031±0.014	158.1±12.6
2	－0.037±0.020	－0.013±0.017	0.011±0.005	0.001±0.001	－0.038±0.019	0.017±0.015	160.8±21.4
3	－0.036±0.016	－0.023±0.016	0.004±0.004	0.000±0.001	－0.036±0.016	0.023±0.016	174.9±7.1
4	－0.041±0.004	－0.034±0.008	－0.013±0.009	0.001±0.001	－0.042±0.004	0.036±0.008	190.4±7.5
5	－0.052±0.008	－0.051±0.011	－0.020±0.009	0.002±0.002	－0.054±0.008	0.055±0.011	190.6±5.0
6	－0.028±0.003	－0.020±0.007	－0.006±0.005	0.000±0.001	－0.028±0.003	0.021±0.007	187.9±6.9
7	－0.064±0.009	－0.032±0.006	0.029±0.006	0.003±0.001	－0.067±0.008	0.043±0.007	158.5±4.3
8	－0.028±0.003	－0.028±0.004	0.001±0.003	0.000±0.001	－0.028±0.003	0.028±0.004	179.2±3.0

注：1. 阿拉尔—阿克苏—乌什；2. 乌恰—三岔口—乌什；3. 阿拉尔—三岔口—乌什；4. 和田—三岔口—莎车；5. 乌恰—三岔口—莎车；6. 和田—三岔口—阿拉尔；7. 乌恰—比士凯克—乌什；8. 伽师地区阿克苏、乌什、乌恰、三岔口、和田、莎车、阿拉尔。

根据表 2 中列出的应变特征参数估值，帕米尔东北侧及天山地区的应变量级仅在 10^{-8} 水平，而且各个三角地带的应变状况变化不大。这可能是由于现有的 GPS 点位较稀、各三角形覆盖范围较大的缘故，因此，表 2 的结果仅能反映一种平均的应力应变状态，尚缺乏对特定区域，如断层的应变活动精细表现。从面膨胀率分析，区域内地壳均处于压缩应变中，这是从各个三角形最大应变率（张应变）接近于零值，而最小应变率均为负值得到进一步认识的。我们注意到：面压缩率在天山褶皱带达到其峰值 $-0.064\times10^{-6}/a$，比伽师地区面压缩率平均值高将近一倍，表明天山现今仍存在着持续的变形、褶皱及造山条件。场区内剪切应变率在乌恰、喀什、三岔口和莎车一带到区域内峰值 $0.055\times10^{-6}/a$，比伽师地区剪切应变率平均值高一倍。而这一线正是天山南缘逆冲断裂最发育的部位，较强的剪切变形与天山南缘的变形活动的左旋移动趋势相对应，近期地震活动也主要集中在该区域内。

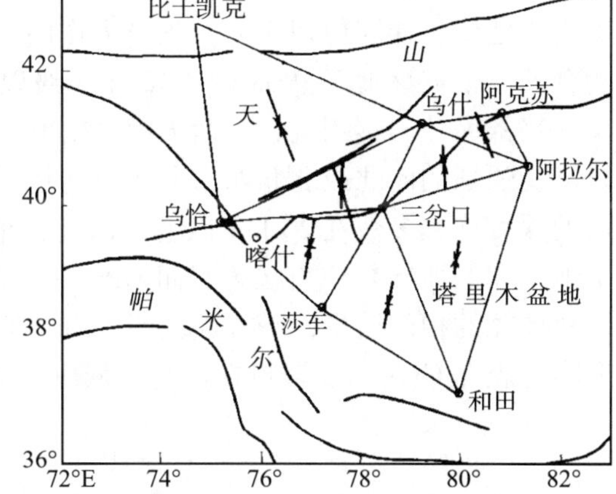

图 3　伽师地区应变分布特征

从最小应变（主压应变）方位看，和田、乌恰、三岔口和莎车一带为北北东，而阿克苏、乌什、阿拉尔、三岔口与和田一带为北北西（图 3）。虽然主压应变方位略有不同，但基本上均一致表现为受印度板块向北推挤而形成的近南北向压性应力场。由于这一区域构造应力场比较复杂，受多个构造单元制约，因此，某个区域具体的应力应变状态可能会受特定块体（如青藏、帕米尔、塔里木）的影响而变化。进一步分析尚有待今后更多的加密复测资料。

五、分析与结论

依据全球板块模型，印度次大陆相对于西伯利亚以大约 55 mm/a 的速率向北推移（DeMets et al.，1990），亚洲大陆受挤压变形，其中有相当一部分的地壳变形，表现为天山的地壳南北向压缩、隆升和一定程度的地震活动。GPS 测定的跨天山西段近 20 mm/a 的变形量，已接近喜马拉雅西北角（75°E，35°N）南迦帕尔巴特峰地区印度板块向北（相对于75°E，43°N）推移速率（43.1 mm/a，近南北向）的一半（Argus，Gordon，1991）。表明天山西段的现今构造运动的最重要特征之一，就是在南北方向上地壳大幅度缩短变形。印度板块对欧亚板块的挤压是伽师及帕米尔一带强烈构造变动的主要动力。这可从该地区一系列弧形构造及其褶皱变形状态直观地反映，以及更为广泛分布的地震活动所证实。为此，Molnar 和 Tapponnier（1975），Tapponnier 和 Molnar（1977）、Avouac 等（1993）以及丁国瑜和卢演俦（1989）根据野外考察和卫星影像等资料，对天山、帕米尔地区新生代构造变形的方式、过程、变形量、速率和动力机制等已做过大量研究，比较充分地揭示了该区域构造变动与板块运动的内在关系。而近期的 GPS 测量，则从运动学角度进一步给出了区域变形与板块运动的定量关系及区域内外现今地壳运动的分布特征。依据现有的 GPS 观测结果，天山西部及帕米尔东北侧一带，还有南北向变形沿经线方向呈线性递减的特点，说明该地区尤其是天山褶皱带上地壳岩石变形基本为连续介质变形，与相邻的塔里木和哈萨克块体的岩石变形方式不同。另外，根据天山南麓各 GPS 点的速率值变化，跨天山的总变形量表现出从西到东线性递减的特征，对应着如下事实：随着天山从西到东逐步远离板块边界、板块作用力逐渐减弱，褶皱变形相应趋缓。

同样，对于跨天山西段的变形，由地震矩张量解资料估算的（13 ±7）mm/a 的缩短速率，比 GPS 测定的结果低 30% ～40%（Molnar，Deng，1984）。如果这种差异真实存在（这有待地震学研究的进一步细化），则 GPS 观测结果或者表明天山地区 20 世纪以来存在大量无震及震间应变或者暗示该地区与地震有关的断层错动有较大亏空，至今与地震有关的断层变动尚不足以消减整个天山地区的现今变形。无论何种可能，都可能暗示着南天山发生中强震的可能性将长期存在。

根据 GPS 结果，场区的平均应变率在 0.04×10^{-6}/a，从量级上讲并不高，这与板块边界带两侧应变状况有较大差异。如北美地区 San Andereas 断层（Shen et al.，1996）和新西兰 Hikurangi 断裂（Arnadottir et al.，1999），平均应变一般在 10^{-7}水平；且断层两侧应变更高，如此对照，伽师地区的应力应变环境在强度上不能与板块边界相比，这也可从伽师地区的地震活动强度即使在帕米尔 - 兴都库什地震带中也不是最高的这一点得到佐证。GPS 推算出伽师地区主应变方位为近南北向，如设定大范围地壳的应力应变方向具有一致性，则可以论定该地区应变场主应力方位在整体上为南北向，且压应力占主导地位。伴随剪切应力，张应力作用微弱。这与地震资料所反映出的区域构造应力场特征是基本吻合的。根据该地区 1968 ～1982 年 5 级以上浅中源地震 P 波初动解（宁杰远、臧绍先，1990）：帕米尔—兴都库什、喀喇昆仑—西天山一带 P 轴大多位于南北向和北北西 - 南南东向，且多近水平。反映该区受强烈的南北或北北西 - 南南东向挤压。其中印度板块向北推挤是其主要动力来源。由于以上地震的深度绝大多数在 20 km 以上，因此，地震资料所推断的构造应力场更多地代表了地壳内部（中、下地壳和上地幔）应力状态，而 GPS 则比较准确地反映了地表或上地壳的应力应变环境。对两种不同资料推算的相似结果，一方面说明，伽师地区岩石圈内上、下地壳应力应变场的一致性；另一方面则表明地震与 GPS 形变资料在研究区域应力场上可相互补充，有助于形成更全面、更准确的认识。

参 考 文 献

[1] 丁国瑜、卢演俦，板内块体的现代运动（1∶14000000）[A]，见：马杏垣主编．中国岩石圈动力学地图集 [C].

北京：地图出版社，1989，21。
［2］黄立人，王敏，构造块体的相对运动与应变［J］，地壳形变与地震，1999. Vol. 19，No. 2，17～26。
［3］宁杰远，臧绍先，帕米尔—兴都库什地区地震空间分布特征及应力场特征［J］．地球物理学报，1990，Vol. 33，No. 6，657～669。
［4］游新兆，王琪，GPS 网整体平差与精度评定［J］．地震形变与地震，1995. 15（增刊）：68～75。
［5］游新兆，王琪，乔学军，等．中国大陆地壳运动 GPS 监测网［J］．地壳形变与地震，1998，18（增刊）：128～136.
［6］Abdrakhmatov K Y，Aldazhanov S A，Hager B H. Relatively recent construction of the Tien Shan inferred from GPS measurements of present-day crustal deformation rates［J］. Nature，1996. 384：450～453.
［7］Argus D，Gordon R. No-net rotation model of current plate velocities incorporating motion model Nuvel－1［J］. Geophys Res Lett，1991. 18：2039～2402。
［8］Arnadottir T，Thomley S，Pollitz F F. Spatial and temporal strain rate variations at the northern Hikurangi margin，New Zealand［J］. J Geophys Res，1999. 104：4931～4944。
［9］Avouac J P，Tapponnier P，BaiM. Active faulting and folding in the northern Tien Shan and rotation of Tarm relative to Dzungarian and Kazakhstan［J］. J Geophys Res，1993，98：6755～6804.
［10］DeMets C，Gordon R，Argus D. Current plate motions［J］. Geophys J Int，1990. 101：425～478.
［11］Molnar P，Deng Q D. Faulting associated with large earthquakes and average rate of deformation in central and eastern Asia［J］. J Geophys Res，1984. 89：6203～6277.
［12］Molnar P，Tapponnier P. Cenozoic tectonics of Asia：effects of continental collision［J］. Science，1975. 189：419～426.
［13］Shen Z K，Jachson D D，Ge B X. Crustal deformation across and beyond the Los Angeles basin from geodetic measurements［J］. J Geophys Res，1996. 101：27957～27980.
［14］Tapponnier P，Molnar P. Active faulting and tectonics of China［J］. J Geophys Res，1977. 82. 2905～2930.

塔里木西缘晚新生代造山过程的记录*

——磨拉石建造及生长地层和生长不整合

摘　要　塔里木西缘帕米尔－西昆仑山北麓和西南天山南麓前陆盆地中巨厚的晚新生代磨拉石建造在岩石地层上包括阿图什组、西域组、乌苏组和戈壁组。通过对这套磨拉石建造及其中生长地层和生长不整合的野外观测，结合磁性地层年代学，初步研究了西域砾岩（即西域组）和西域运动的起始年代以及西域运动可能的演化阶段，得到如下初步认识：①研究区西域砾岩开始沉积于3.5～4.6 Ma B.P. 之前，其底界具有穿时性，其年代从山体向前陆盆地一般逐渐变新。②在上述前陆盆地分布着4～6排由晚新生代磨拉石建造组成的逆断层－褶皱带。各排褶皱带均发育有生长地层及生长不整合，生长地层的开始沉积指示了该排褶皱和相应生长不整合的开始形成。从最靠山体一排褶皱带生长地层开始沉积的年代，初步判定西域运动的起始年代在西昆仑山叶城附近约为3.6 Ma B.P.，在西南天山喀什附近显然早于2.4 Ma B.P.。此后该运动可能经历了4～6个活动阶段，每一阶段又由若干个相对活跃期和相对稳定期组成。它们可通过各排褶皱带内生长地层的产状、组成和年代测定来确定。本文还探讨了生长地层和生长不整合形成过程中构造变形与侵蚀－剥蚀和沉积作用间的相互关系。

关键词　塔里木西缘；晚新生代磨拉石建造；生长地层；生长不整合；西域砾岩；西域运动

一、引　　言

发育于中国西部帕米尔－西昆仑山、天山、祁连山等山体前陆盆地的巨厚晚新生代磨拉石建造普遍发生了强烈的褶皱和断错，显示了极为显著的造山运动。对于这期构造运动，在不同地点曾被命名为西域运动[1~6]、盐水沟运动[7]、玉门运动[1,2,8]、酒泉运动[8]、青藏运动[9,10]或昆仑－黄河运动[10,11]等等，并进行了比对[1~11]。这期构造运动可认为是新生代喜马拉雅运动在我国西北和中亚地区极为重要的一个发展阶段，对这一地区的地形地貌、重要水系的现今分布格局，对油气等矿产资源的运移、聚集和保存，对活动构造和强震活动等都有重要影响。

对于上述晚新生代巨厚磨拉石建造及变形与造山运动，或者说与印度板块和欧亚板块汇聚引致的青藏高原隆升及内陆造山运动之间的关系，就目前的认识而言存在以下待解决的问题：①巨厚粗粒磨拉石建造是青藏高原及周缘昆仑山、天山、祁连山强烈抬升的证据[2,3,6,8~12]，还是冰期与间冰期气候巨变的产物[13,14]；②这套磨拉石建造已强烈褶皱和断错，并与上覆乌苏砾石（或酒泉砾石）呈明显的角度不整合，显然是发生了一期极重大的构造运动（在塔里木西缘称为西域运动）。关于这一运动的性质、过程与起止年代以及如何研究和认识这些问题，目前都存在着不同的看法[2~11,15~19]。

在塔里木西缘这套磨拉石建造在岩石地层划分上自老而新包括了阿图什组（上新统?）、西域组（下更新统?）、乌苏组（中更新统?）和戈壁组（上更新统?）[2]，其中最令人注目的是巨厚粗砾岩组成的西域组即西域砾岩。本文重点讨论了西域砾岩堆积的起始年代，并从生长地层（Growth strata）与生长不整合（Growth unconformity）的角度讨论了西域运动的起始年代和发展过程，强调了研究和认识生

---

* 本文原刊于《第四纪的研究》，2001，No.6。作者：陈杰　卢演俦　丁国瑜。

长地层及生长不整合的意义。

二、塔里木西缘磨拉石建造中的西域砾岩

前陆盆地磨拉石建造是同造山期的沉积建造，记录了造山作用与前陆盆地形成演化及其构造改造的全过程[20]。塔里木西缘前陆盆地晚新生代磨拉石建造的下伏地层为乌恰群（Nw），时代可能属中新世，主要为一套河湖相杂色泥岩、砂质泥岩、粉砂岩与砂岩不等厚互层，下部多见石膏，最厚处达3300 m。磨拉石建造本身具有下细上粗的特点，其中阿图什组（Na）为苍棕色具大型交错层的厚砂岩、粉砂岩、泥岩夹砾岩堆积，由下而上，颜色由深变浅，粒径由细变粗，上部出现砾岩，厚度最大处逾3400 m，与下伏乌恰群为连续沉积。西域组（Qx）主要为暗灰色、灰褐色山麓相厚层块状砾岩堆积，厚度最大处逾3100 m，与下伏阿图什组为连续沉积。作为一岩石地层单位，西域组的岩性和沉积相都显著不同于其下伏的阿图什组。乌苏组和戈壁组主要为冲洪积相半胶结或未胶结的砾石层夹透镜体状砂层。

对于研究区这一磨拉石建造的时代，由于普遍缺乏详细的生物地层和年代地层限定，主要采用传统的统一地层划分法，依据岩石地层对比来确定，例如砾岩沉积 = 西域组 = 早更新世，由此导致将分布于塔里木周缘造山带晚新生代前陆盆地中的所有砾岩堆积均视为早更新世的同期堆积[2、13、17、21]。事实上，西域组作为一岩石地层单位，其地质时代在空间上不同地点是不一致的，其顶、底界均具有穿时特征[6]。

塔里木西北缘西南天山山前喀什附近的前陆盆地内地表由山体（北）向前陆盆地（南）依次发育有乌留克塔克、依什拉克喀拉乌尔、塔什皮萨克 - 科克塔木、阿图什 - 塔浪河、明尧勒 - 喀什和木什等6排近东西走向的晚新生代逆断层 - 褶皱带（图1）[19]。上述磨拉石建造组成了这些褶皱带的翼部。对阿图什 - 塔浪河背斜的详细填图发现，西域砾岩仅断续出露于背斜南翼及东围斜，在背斜南翼往往对应于大的出水口，表现为点源沉积沿其走向是不连续的。据初步的磁性地层研究①，阿图什 - 塔浪河背斜南翼西域砾岩的底界年龄在博古孜河剖面约为1.9 Ma B. P.（图1（a）），在该剖面东北约6 km的干旱沟剖面则晚于1 Ma B. P.。此外，沿走向该背斜轴面至西域组底界的地层厚度在南翼明显比北翼厚1.5～2倍（图（1b）），在该背斜南侧的明尧勒、喀什背斜也存在着类似的现象，背斜南翼的阿图什组厚度明显大于北翼（图（1c））。沿博古孜河剖面，在阿图什 - 塔浪河背斜北、南两侧的科克塔木背斜南翼和喀什背斜北翼，西域砾岩底界的地表出露点显然位于据阿图什 - 塔浪河背斜两翼阿图什组 - 西域组厚度推测的位置（如图1（b）中标志层X1）之北。在此，西域组与阿图什组各套地层间均为连续沉积，并未发现任何明显的沉积间断。在背斜两翼也未发现任何大规模的逆冲断层。我们认为这一现象是由西域砾岩与下伏阿图什组间的进积式沉积接触造成的，如图2所示，远离其物源区，西域砾岩的底界年龄由山体向前陆盆地逐渐变年轻。根据阿图什组 - 西域组的沉积速率（0.8 mm/a）①，结合初步的地质填图，初步推算西域砾岩的底界年龄在阿图什 - 塔浪河背斜北翼约为2.8 Ma B. P.，向北在科克塔木背斜南翼约为4.6 Ma B. P.（图（1b））；向南在喀什 - 明尧勒背斜北翼约为1.3 Ma B. P.。乌留克塔克背斜北翼出露的厚约2 km的西域砾岩（图（1a））显然要比其南科克塔木背斜南翼的西域砾岩更老。但由于缺乏对科克塔木背斜以北地区的详细填图及相应的年代学研究，我们目前尚无法估算这套西域砾岩的底界年龄。

塔里木盆地西南缘帕米尔 - 西昆仑山前叶城附近的前陆盆地内发育了4排晚新生代逆断裂 - 褶皱带，由山体（南）向前陆盆地（北）依次为甫沙、柯克亚、固满及泽普等背斜构造，以由南向北逆冲的隐伏型薄皮推覆构造为特征。这4排构造翼部地表均出露了阿图什组和西域组地层。沿新藏公路横穿甫沙构

① Chen Jie，Burbank D W，Scharer K M，*et al.* Magnetochronology of the Upper Cenozoic strata in the Southwestern Chinese Tian Shan：Rates of Pleistocene folding and thrusting，2001.

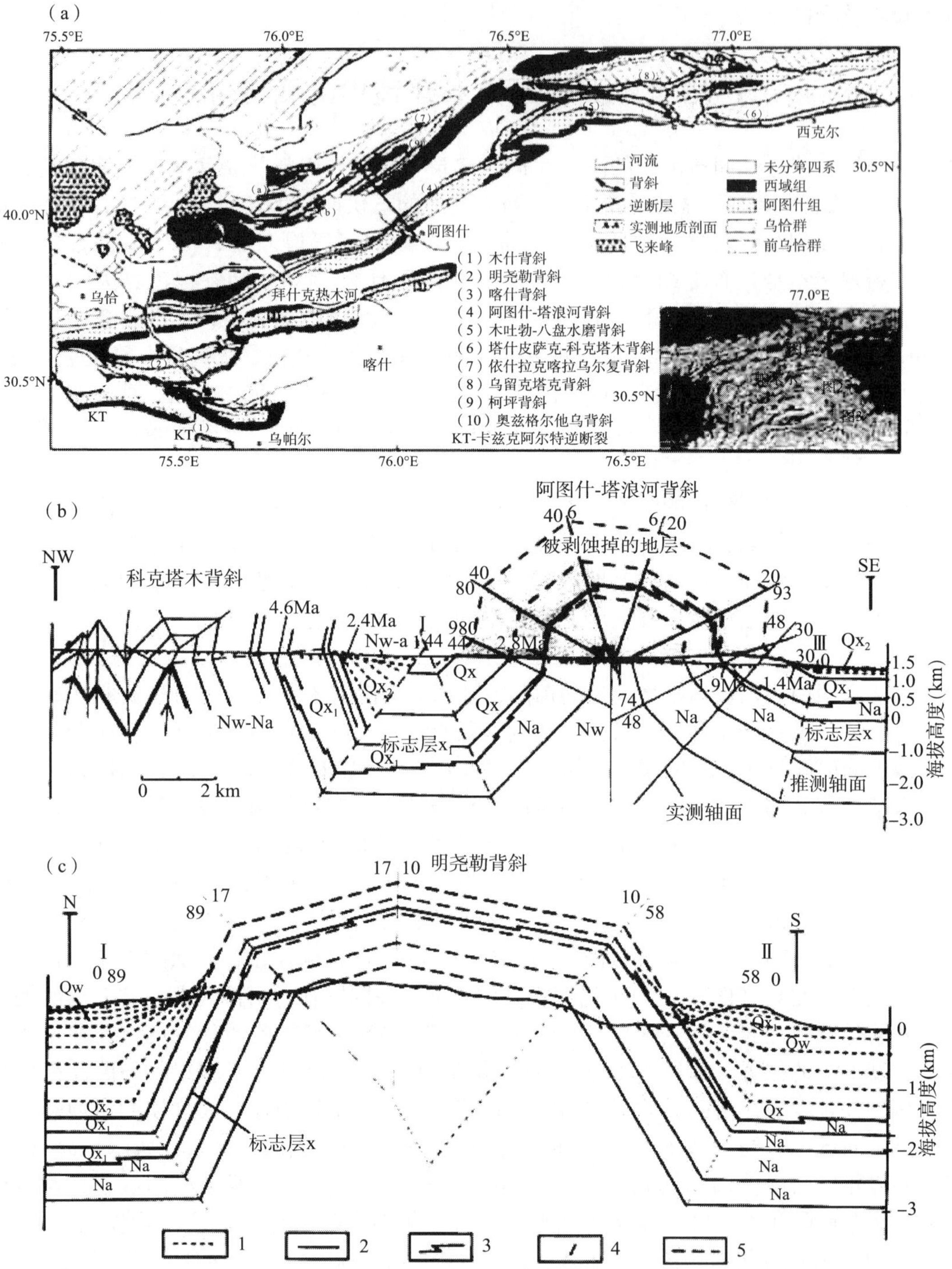

图1 西南天山晚新生代地质简图(a)及博古孜河地质剖面(b)和喀浪勾律克河西地质剖面(c)

1. 生长地层;2. 生长前地层;3. 西域砾岩与下伏地层间的进积式沉积接触;

4. 实测地层产状;5. 已被剥蚀掉的地层

造北翼的叶城剖面(图3),出露了一套大于4500m的晚新生代沉积[12]。剖面下部为乌恰群(Nw)远源冲积扇相或洪泛平原相红色泥岩与灰黄色细砂岩的交互层,偶夹细砂砾岩,厚度大于1000 m。剖面中部为阿图什组(Na)中砂岩、砂质泥岩夹薄层细砂砾岩,厚约800 m。剖面上部为西域组(Qx)近源冲积扇相厚层块状砾岩,厚约2100 m。西域砾岩的底界年龄约为3.5 Ma B. P.[12]。与喀什前陆盆地类似,西域砾岩的底界在叶城盆地也具有穿时特征,由山体向前陆盆地逐渐变年轻。由于叶城剖面位于该前陆盆

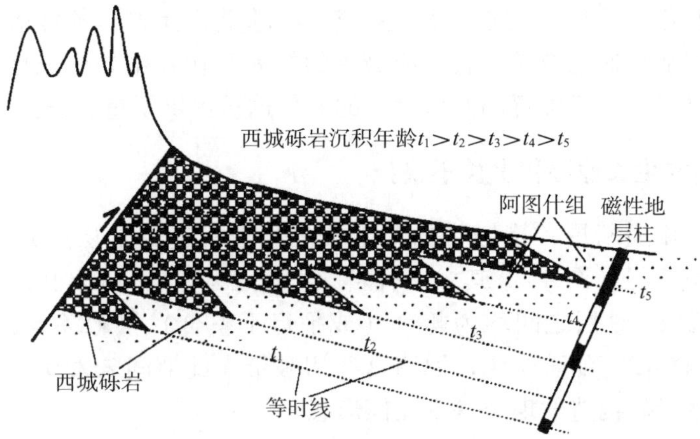

图2 西域砾岩与下伏阿图什组间的进积式沉积接触

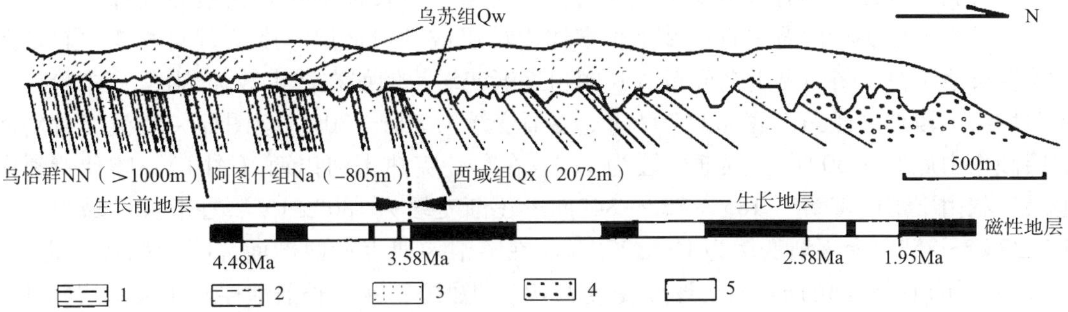

图3 塔里木盆地西南缘叶城剖面（剖面位置见图1插图）

表示生长前地层和生长地层及乌苏组与下伏地层间的角度不整合，图中磁性地层柱据［12］；

1. 泥岩；2. 砂质泥岩；3. 砂岩；4. 砾岩；5. 晚更新世风积粉砂

地最南缘的甫沙褶皱构造带上，因此可以推断该盆地西域砾岩首次出现的时间约为3.5 Ma B. P.。

需要指出的是，组成上述前陆盆地众多褶皱构造带的西域砾岩与下伏阿图什组间均为连续沉积，因此西域砾岩首次出现时其所在褶皱带并未发生构造变形。对于这套砾岩的成因，目前有两种代表性观点：第一种观点认为这套砾岩代表了前陆盆地毗邻造山带晚新生代的一次强烈的造山作用[2,9,12]；第二种观点认为这套砾岩是晚新生代全球气候变冷和气候从稳定状态变至大幅度、高频率动荡状态的产物[13,14]，由此引发了所谓的“鸡与蛋”的争论。如上所述，西域砾岩首次出现的时间在塔里木西缘叶城盆地约为3.5 Ma B. P.，在喀什盆地则早于4.6 Ma B. P.，在这一时段全球气候并未发生巨变[22]。此外，与下伏阿图什组相比，上述盆地内最老西域砾岩的沉积物源、砾石成分、砂岩成熟度、古水流方向和沉积相均发生了显著的变化[6,12]，这些变化仅用全球气候变冷是很难解释的。因此，上述前陆盆地巨厚粗粒块状西域砾岩的首次出现，可视为记录了前陆盆地后陆区山体开始强烈隆升或山体继续隆升并达到相当的高度和陡峻，剧烈物理风化和坡面失稳。但是，这一阶段山体隆升引发的构造变形主要集中在后陆区，山体前缘则强烈沉陷和快速堆积。至第四纪大冰期开始后，气候大幅度和高频率变化很可能极大地加剧了西域砾岩的发育[14]。从这一点出发，西域砾岩相当大的一部分可视为造山作用和气候变化耦合的产物。

三、塔里木西缘前陆盆地生长不整合、生长地层与西域运动

塔里木西缘包括西域砾岩在内的上述晚新生代磨拉石建造普遍发生了强烈的褶皱变形，在前陆盆

地内形成了 4～6 排逆断层－褶皱带，这是该区西域运动的重要标志。各排褶皱带内均发育有生长地层及生长不整合。这些与前陆盆地内逆断裂－褶皱带的扩展密切共生的生长地层及生长不整合记录了造山作用发生、发展的过程，为详细解剖西域运动的演化过程提供了重要证据。

（一）西南天山山前的生长地层和生长不整合

组成西南天山山前 6 排逆断层－褶皱带的新生代沉积在构造－地层序列上可划分为生长前地层（pregrowth strata）和生长地层（图 4）。其中喀什群（早第三纪?）、乌恰群、阿图什组及西域组下段（Q_X^1）间均为连续过渡沉积，地层之间均为整合（或平行不整合）接触关系，相互间近于平行产出，地层厚度及产状在背斜两翼没有显著变化，说明这些褶皱带在此期间未发生大的构造变形，是一套生长前地层，并构成了这些背斜构造的现今基本几何形态。

西域组上段（Q_X^2）及其上覆乌苏组（Qw）和戈壁组（Qg）在这些背斜两翼均呈扇形分布，是一套与褶皱构造变形同期沉积的地层，即生长地层（图 4）。这套生长地层是构造变形与沉积作用同时进行的产物，在背斜横剖面上具有以下 5 个显著特征：①整个生长地层序列在褶皱翼部具有楔状几何形态，构成一生长楔，楔尖指向背斜脊；②生长楔体内单层或一组地层厚度从背斜脊至向斜轴逐渐增厚（图 4）；③生长地层在背斜两翼由老而新，其倾角逐渐变缓，例如在博古孜河剖面（图 1），科克塔木背斜南翼西域组上段地层倾角由底部的 70 °向上逐渐变缓为 50 °～30°；阿图什－塔浪河背斜南翼西域组上段地层倾角由底部的 30 °向上逐渐变缓为 12°。在拜什克热木河以西（图 1），喀什背斜南翼西域组上段地层产状由下部的 175 °～185°∠82°～84°向上逐渐变缓为 180°∠15°，在北翼西域组上段地层由下部的 15°∠74 °～75°向上逐渐变缓为 10°∠20°[6]。在喀浪勾律克河西剖面，明尧勒背斜北翼（前翼）西域组上段地层倾角由底部的69°向上逐渐变缓为 17°（图 1）；④生长前地层与生长地层间并未出现沉积间断，两者间为一同构造渐进不整合。生长地层开始沉积的时代即为该构造带晚新生代磨拉石建造褶皱变形的起始时间（图 4）；⑤生长楔体内几组地层间往往发育不整合，且角度不整合一般只发育于背斜构造近核部，远离背斜核部，依次渐变为组内同构造不整合、假整合（沉积相系转换面）和整合（图 4）。例如在科克塔木背斜南翼的阿湖水库库区，可见一套半胶结砾石层（乌苏组－戈壁组（Q w－g)?）超覆不整合在西域组之上（图 1）。在木吐勒－八盘水磨背斜南翼的苏洪以及明尧勒背斜南翼的喀浪勾律克河两岸，可见乌苏组砾石以角度不整合超覆在西域组与阿图什组之上。上更新统戈壁组又上超不整合在乌苏组及一切老地层之上。

上述背斜翼部生长地层及其内不整合的几何形态和结构主要取决于背斜脊构造抬升、沉积作用和侵蚀作用三者间的相对速率[23~28]。假定沉积速率 R_s 相对于变形速率 R_u 是稳定的，我们可用图 4 来描述这些背斜的生长过程。在 T_1 至 T_2 时段（图 4（b）、（d））即生长前地层沉积期，也即构造相对稳定期，喀什群至西域组下段各组地层间为整合接触关系，彼此间几乎近平行产出，地层厚度几乎恒定。此时背斜脊部构造抬升速率 R_u 远小于沉积速率 R_s，即 $R_u/R_s \ll 1$。

在 T_2～T_3 时段（即生长地层西域砾岩上段沉积期，图 1 中的 Q_x^2 或 Q_x^{21}），背斜开始形成，由背斜脊至背斜两翼，地层倾角逐渐变缓，地层厚度增厚，形成如图 4b 所示的退覆生长层序（growth off-lap），$R_u/R_s > 1$ 并逐渐增大至≫1，反映了构造加速抬升的过程。在背斜核部沉积作用结束，地表开始形成正地形，并遭受侵蚀，侵蚀速率 Re 渐大；在背斜翼部沉积作用仍在进行。至 T_3 时刻，在背斜核及翼部 ABC 段以强烈侵蚀为主（图 4（d）中虚线部分），$R_e/R_s \gg 1$；在 CD 段则以沉积为主（$R_s/R_e \gg 1$），形成平行不整合或整合。至 T_3～T_4 时段（即乌苏砾石沉积期，图 1 中的 Qw），乌苏砾石超覆沉积在下伏老地层之上，形成如图 4（c）下部所示超覆生长层序（growth onlap），$R_u/R_s < 1$ 并逐渐趋于≪1，总体反映了构造抬升逐渐减慢的过程。抬升出水面的背斜脊及附近翼部早期以侵蚀为主，侵蚀速率 R_e 较大，下伏生长退覆楔系的上部逐渐被剥蚀掉（图 4（d）中虚线部分）；背斜翼部至向斜轴以沉积为主，并逐渐向背斜脊超覆，不整合向背斜脊发展，最终在 CB 段形成角度不整合。至 T_4～T_5 时

段（即戈壁砾石沉积期），大部分地区以沉积为主，戈壁砾石向背斜脊上超，形成如图4（c）上部所示的上超生长层序（growth overlap），$R_s \gg R_u$、$R_e \approx 0$，反映了构造抬升逐渐减慢至平静的过程。不整合继续向背斜脊发展，最终在BA段形成平行不整合。这些背斜翼部的生长地层实际上是分别由上述一个退覆生长层序、一个超覆生长层序和一个上超生长层序相互叠加，构成如图4（d）所示的复合生长层序（Composite growth）。

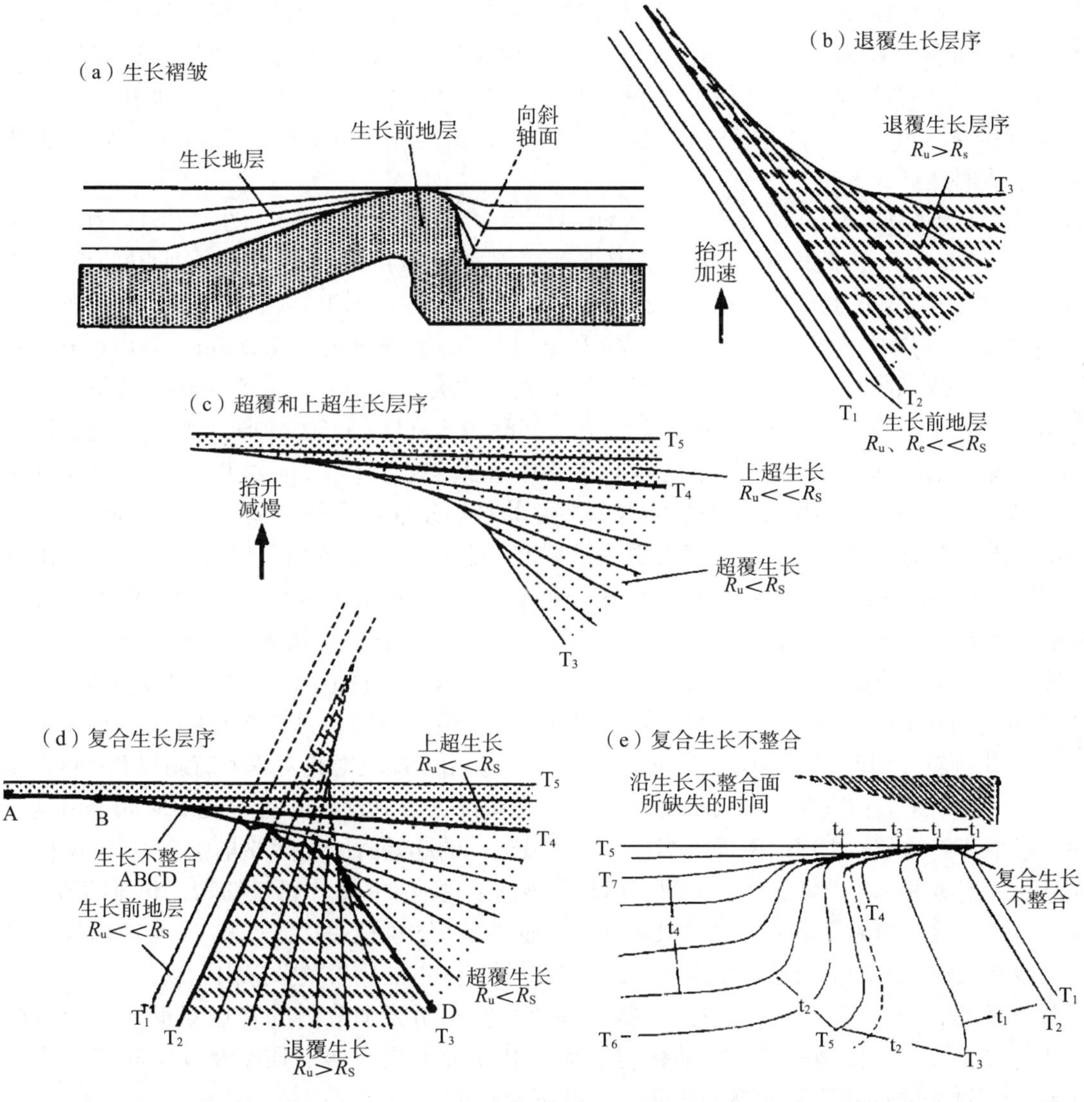

图4　与生长构造有关的生长地层、生长不整合及其沉积几何结构（据［23～25、27］编绘）

（a）生长褶皱两翼地层厚度的变化及相关术语；（b）退覆生长层序；（c）超覆和上超生长层序；（d）复合生长层序；（e）生长不整合的时间结构。图（e）中T_1－T_8代表不同的地层层位。T_1－T_2为一生长前层序；T_2－T_3、T_3－T_4、T_4－T_5、T_5－T_6、T_7－T_8、T_8－T_9分别为背斜翼部不同时段的退覆或超覆或上超生长层序

图4（d）中的不整合ABCD即为生长不整合。此生长不整合在背斜翼部BC段为角度不整合，向背斜脊过渡为平行不整合（AB段），至向斜轴过渡为整合（CD段），在盆地内侧形成复合生长不整合。显然，该生长不整合的形成起始于T_2（即生长地层开始沉积之时）之后，结束于T_5时刻。其形成期T_2～T_5代表了褶皱过程中由构造活跃渐变至平静的一个完整序列。需要指出的是，在此过程中，背斜翼部的沉积作用始终进行着，并未出现沉积间断。沿该不整合面，不同构造部位、不同时期构造抬升速率、沉积速率和侵蚀速率三者间的相对值是不同的。

该生长不整合的形成过程大致可分为4个阶段：初期，强烈构造变形，$R_u \gg R_e$ 和 R_s，在地表形成正地形并开始遭受剥蚀；中期，$R_e \geq R_u \gg R_s = 0$，剥蚀夷平；晚期，$R_e \gg R_u$，$R_s = 0$，强烈剥蚀；末期，$R_s \gg R_u$ 和 $R_e = 0$，以沉积为主。图4（e）中的复合生长不整合是由多个退覆、超覆或上超生长层序生长层序的复杂叠加而成，指示了褶皱过程中的多个构造活跃期和平静期。沿该不整合面，在任一地点不整合面所代表的时间间隔（即不整合面下伏最新地层与上覆最老地层之间的时期或上下两套地层之间所缺失的那部分地层的时代）是不同的，如图中的 t_1、t_2、t_3 或 t_4，这一时间间隔由向斜轴至背斜脊逐渐增大，即该不整合面具有穿时特征。若用不整合面任一点缺失地层的年代来代表该生长不整合的形成时代或构造强烈活动的时期，显然是不正确的。对于最简单的不整合，地层缺失实际上由两部分组成[29]：①“失”即被侵蚀掉的地层所记录的时段，称为侵蚀间断；②“缺”即由于无沉积而未被记录的时段，称为沉积间断。这两个过程同时在进行，但其速率不同。后一时段即“缺”才真正代表了不整合的形成时代。

据初步的磁性地层研究①，在博古孜河剖面阿图什－塔浪河背斜南翼（图1（b））生长地层 Q_x^2 开始沉积于约1.4 Ma B.P.，此即阿图什－塔浪河背斜开始形成的年代。生长前地层的沉积速率约为0.8 mm/a，显然1.4 Ma B.P.以前该背斜的抬升速率要小于这一数值。在图1（b）中，若以生长前地层X作为标志层，阿图什－塔浪河背斜1.4 Ma B.P.以来的抬升量约为4.2 km，平均抬升速率约为3 mm/a；最小地壳缩短量约为4.6 km，最小平均缩短速率约为3.3 mm/a①。在该剖面背斜核部，晚更新世阶地砾石直接不整合在乌恰群和阿图什组之上，其间约3600～3750 m厚的地层已被剥蚀掉（图1（b））。这一剥蚀作用与背斜的生长可能是同步进行的，显然晚于1.4 Ma B.P.。如果侵蚀量与时间成线性关系，则博古孜河一带阿图什－塔浪河背斜核部的平均侵蚀速率约为2.6～2.7 mm/a。

从前陆盆地发育的全过程来看，西南天山6排褶皱带上生长地层及相关生长不整合开始出现的时间显然是不同的，其年代从山体向前陆盆地一般逐渐变新。例如科克塔木背斜生长地层西域组上段 Q_x^2 开始沉积的时间显然要比阿图什－塔浪河背斜 Q_x^{21} 的早（图1（b））。若假定沉积速率约为0.8 mm/a①，结合初步的地质填图，我们推算在博古孜河剖面科克塔木背斜开始形成的年代可能约为2.4 Ma B.P.（图1（b）），抬升量约为6.1 km，平均抬升速率约为2.5 mm/a，最小缩短量约为5.0 km，最小缩短速率约为2.1 mm/a；喀什背斜开始形成的年代可能晚于1 Ma B.P.。由于缺乏对科克塔木背斜以北地区的地质填图及测年，我们目前尚无法估算西南天山山前最靠山体的乌留克塔克背斜的起始变形时间，但这一时间显然要比科克塔木背斜的早，也即西南天山喀什盆地西域运动的起始时间显然要早于2.4 Ma B.P.。西南天山6排逆断层－褶皱带的活动可能代表了西域运动在该前陆盆地中的6个活动阶段。每排褶皱带上的生长地层及相伴生长不整合的形成是和相关褶皱带的褶皱逆冲扩展相联系的，只是一个与造山运动过程中前陆盆地内一次有限空间内的褶皱逆冲作用有关的局部现象，并不能代表整个造山运动。

值得注意的是，横穿阿图什－塔浪河背斜、喀什背斜和明尧勒背斜的晚更新世河流阶地在横穿背斜时均发生了拱曲变形，阶地愈老，拱曲幅度愈大，其变形方式、变形强度及其空间变异性与其下伏构造是一致的。这表明这些背斜构造的生长一直持续至现今。

（二）帕米尔－西昆仑山前

在帕米尔－西昆仑山前陆盆地甫沙构造北翼的叶城剖面（图3），乌恰群与阿图什组下部红层间均为整合（或平行不整合）接触关系，地层厚度及产状（约为10°～15°∠71°～75°）没有显著变化，是一套生长前地层（图3）。阿图什组上部地层产状开始逐渐变缓，至顶部其产状为15°∠65°；至西域组沉积时，其产状迅速由底部的15°∠65°向上变缓至西域组顶部的10°～15°∠18°～20°，是一套生长地层。这套生长地层的出现标志着晚新生代甫沙背斜构造变形的起始。根据 Zheng et al. 的磁性地层研究

① Chen Jie, Burbank D W, Scharer K M, et al. Magnetochronology of the Upper Cenozoic strata in the Southwestern Chinese Tian Shan: Rates of Pleistocene folding and thrusting. 2001.

结果[12]（图3），其起始时间约为3.6 Ma B.P.，要略早于西域砾岩的沉积。在该剖面上2.58～1.95 Ma B.P.期间，地层厚度仅为330～350 m[12]，沉积速率约为523 m/Ma，由此推算西域组的顶界年龄约为1.3 Ma B.P.。近水平产出的乌苏组砾石角度不整合超覆在西域组、阿图什组及其以前的老地层之上（图3）。这说明在西域组顶部地层沉积后，乌苏组沉积之前，构造变形异常强烈，剖面所在地强烈抬升并遭受强烈剥蚀，在地表已形成正地形。至乌苏组沉积时（即1.3 Ma B.P.之后），甫沙背斜构造阿图什组－西域组的变形已基本结束。

在叶城剖面西北的齐姆根剖面，齐姆根弧形构造带前缘是一向北东倾的巨厚单斜层，依次出露了白垩系、第三系喀什群（厚约1220 m）、乌恰群（厚约2100 m）、阿图什组（厚约1800 m）和西域组。白垩系至阿图什组上部地层间近平行产出，未发现明显的角度不整合，为一套生长前地层。在地震反射剖面上（图5）①，阿图什组顶部和西域组地层产状与下伏地层明显不同，其地层产状逐渐变缓，地层厚度向南西渐薄，构成一楔尖指向南西的退覆生长层序。该生长地层的开始沉积标志着齐姆根弧形构造带晚新生代构造变形的开始。乌苏砾石和戈壁砾石超覆不整合在西域砾岩之上，构成一超覆生长层序（图5）。

需指出的是，叶城附近前陆盆地中4排褶皱构造的形成时间是不同的，远离造山带其形成时间逐渐变新[30]，也即4排褶皱构造晚新生代磨拉石建造褶皱变形的起始时间由南向北渐新。这4排逆断层－褶皱带的活动可能代表了西域运动在该前陆盆地中的4个活动阶段。甫沙构造是该前陆盆地最南缘的一排褶皱，因此可以推断该前陆盆地晚新生代磨拉石建造褶皱变形的起始即西域运动的起始时间约为3.6 Ma B.P.。目前由于缺乏对柯克亚、固满及泽普等背斜构造的详细填图及相关的年代学研究，我们还无法获得这几排褶皱构造褶皱变形的起止时间。

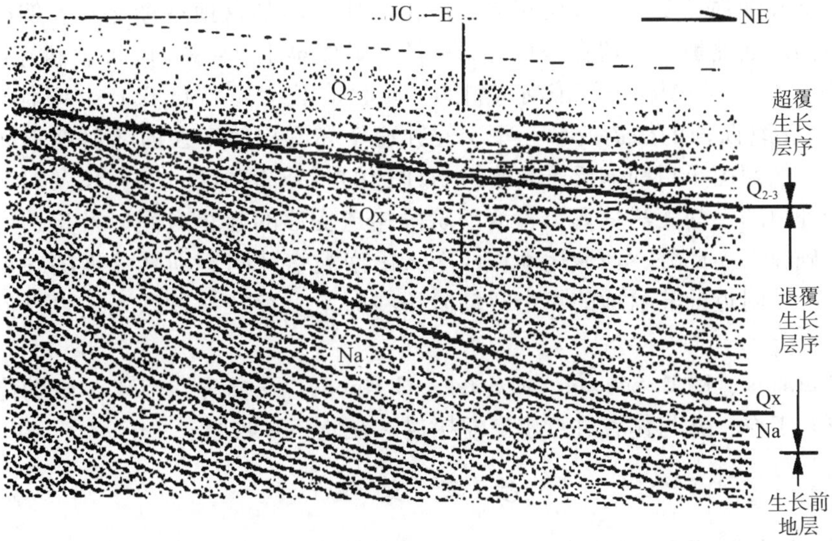

图5 齐姆根JC－E地震反射剖面（剖面位置见图1插图）所显示的生长地层

四、初步结论与讨论

综上所述，帕米尔－西昆仑北麓以及西南天山南麓前陆盆地内堆积的巨厚晚新生代磨拉石建造在

① 中国石油天然气总公司勘探院塔里木分院、塔里木石油勘探开发指挥部勘探研究中心．塔里木盆地西南坳陷石油地质特征、油气资源综合评价和油气勘探方向，1997。

岩石地层上通常包括了阿图什组、西域组、乌苏组和戈壁组。通过对这套磨拉石建造中生长地层和生长不整合的野外观测，结合磁性地层年代学，初步研究了西域砾岩（即西域组）和西域运动的起始年代以及西域运动可能的演化阶段。

西域砾岩（即西域组）的底界具有穿时特征，其年代在前陆盆地不同构造部位可能是不同的，从山体向前陆盆地一般逐渐变新。西域砾岩在西昆仑山前的叶城盆地起始沉积于3.5 Ma B.P.[12]。在西南天山山前由北而南，最靠山体一排褶皱带西域砾岩开始沉积于4.6 Ma B.P.之前，在科克塔木背斜南翼可能约为4.6 Ma B.P.，在阿图什－塔浪河背斜北翼可能约为2.8 Ma B.P.，在阿图什－塔浪河背斜南翼约为1.9 Ma B.P.，在喀什背斜北翼可能约为1.3 Ma B.P.。巨厚粗粒块状西域砾岩的首次出现，可能代表了毗邻后陆区造山带的又一次开始强烈隆升或继续隆升达到了相当的高程和陡峻，造成剧烈的物理风化和坡面失稳。而巨厚的西域砾岩中相当一部分可能是山体急剧隆升与第四纪气候强烈变化相耦合的产物。

包括西域砾岩在内的上述晚新生代磨拉石建造普遍发生了强烈的褶皱变形，在前陆盆地内形成了4～6排逆断层－褶皱带，这是该区西域运动的重要标志。各排褶皱带均发育有生长地层及生长不整合，它们与前陆盆地内逆断裂－褶皱带的扩展密切共生，反映了造山作用发生、发展的过程。它们的空间组合记录了前陆盆地褶皱生长中构造、沉积和侵蚀过程间的相互作用。生长地层的开始沉积指示了该排褶皱和相应生长不整合的开始形成。从最靠山体一排褶皱带生长地层开始沉积的年代，初步判定西域运动的起始年代在西昆仑山叶城附近约为3.6 Ma B.P.，在西南天山喀什附近显然早于2.4 Ma B.P.。此后该运动可能经历了4～6个活动阶段，在前陆盆地内形成了4～6排逆断层－褶皱带，每一活动阶段又由若干个相对活跃期和相对稳定期组成。它们可通过对各排褶皱带内生长地层的产状、组成和年代测定来确定。

这些逆断层－褶皱带强烈变形的起始年代一般由山体向前陆盆地逐渐变新。例如在喀什附近的前陆盆地中，由山体向前陆盆地，乌留克塔克背斜的活动显然早于2.4 Ma B.P.，科克塔木背斜的活动可能起始于约2.4 Ma B.P.，阿图什－塔浪河背斜的活动起始于约1.4 Ma B.P.；喀什背斜的活动可能晚于1 Ma B.P.。每一活动阶段的构造变形速率、侵蚀速率和沉积速率在前陆盆地不同构造部位的相对比率显然是变化的。然而由于目前缺乏这套磨拉石建造的一个高精度时间标尺及对其内生长地层和生长不整合的详细野外填图，尚无法估算出各活动阶段构造变形的起止时间以及构造变形、沉积和剥蚀作用三者变化的精确速率。此外，西域运动在西南天山南麓喀什附近前陆盆地的6个活动阶段与在帕米尔－西昆仑北麓叶城附近前陆盆地的4个活动阶段在时空上存在何种联系，也是值得进一步研究的问题。

致谢　D. W. Burbank、K. M. Scharer、E. Sobel、C. Rubin、尹金辉、南凌、田勤俭、赵瑞斌、孙东江等参加了部分野外工作，并与作者进行了有益探讨，在此一并致谢。

参 考 文 献

[1] 黄汲清，中国新构造运动的几个类型．见：中国科学院地学部编．中国科学院第一次新构造运动座谈会发言记录．北京：科学出版社，1957，8～44。

[2] 黄汲清，陈炳蔚．特提斯－喜马拉雅构造域上新世－第四纪磨拉斯的形成及其与印度板块活动的关系，见：地质部书刊编辑室编，国际交流地质学术论文集（1），北京：地质出版社，1980，1～14。

[3] 戈树漠，天山南缘第四纪砾岩与新构造运动初探，见：中国地质学会、新疆地质学会编，新疆第四纪及冰川地质论文集，乌鲁木齐：新疆人民出版社，1981，226～229。

[4] 洪里、祁国远、吕守安等，新疆第四纪地质概要，见：中国地质学会、新疆地质学会编，新疆第四纪及冰川地质论文集，乌鲁木齐：新疆人民出版社，1981，170～176。

[5] 彭希龄，新疆第四纪的沉积序列，见：干旱区新疆第四纪研究论文集，乌鲁木齐：新疆人民出版社，1985，121～136。

[6] 陈杰、尹金辉、曲国胜等，塔里木盆地西缘西域组的底界、时代、成因与变形过程的初步研究，地震地质，2000，

22（增刊）：104～116。
[7] 陈华慧、林秀伦、关康年等，新疆天山地区早更新世沉积及其下限，第四纪研究，1994，No. 1，38～47。
[8] 陈杰、卢演俦、丁国瑜，祁连山西段及酒西盆地区第四纪构造运动的阶段划分，第四纪研究，1996，No. 3，263～271。
[9] 李吉均、方小敏、马海洲等，晚新生代黄河上游地貌演化与青藏高原隆起，中国科学（D），1996，Vol. 26，No. 4，316～322。
[10] 潘保田、方小敏、李吉均等，晚新生代青藏高原隆升与环境变化，见：施雅风、李吉均、李炳元主编．青藏高原晚新生代隆升与环境变化．广州：广东科技出版社，1998，373～414。
[11] 崔之久、伍永秋、刘耕年等，关于“昆仑－黄河运动”．中国科学（D），1998，Vol. 28，No. 1，53～59。
[12] Zheng, H. B., Powell, C. M., An Zet al. Pliocene uplift of the northern Tibetan Plateau. Geology, 2000, Vol. 28, No. 8, 715～718.
[13] Molnar P and England P., Late Cenozoic uplift of mountain ranges and global climate change: chicken or egg? Nature, 1990, 346, 29～34.
[14] Zhang P Z, P Molnar, W R Downs. Increased sedimentation rates and grain sizes 2～4 Myr ago due to the influence of climate change on erosion rates. Nature, 2001, 410, 891～897.
[15] 万天丰，中国第四纪的构造事件与应力场，第四纪研究，1994，No. 1：48～55。
[16] 卢演俦、丁国瑜，与亚洲古季风有关的中国及邻区新生代构造演化的几个问题，第四纪研究，1998，No. 3，205～212。
[17] 邓起东、冯先岳、张培震等，天山活动构造，北京：地震出版社，2000，399。
[18] 赵志军、方小敏、李吉均等，酒泉砾石层的古地磁年代与青藏高原隆升，科学通报，2001，Vol. 46，No. 14，1208～1212。
[19] 陈杰、丁国瑜、Burbank DW 等，中国西南天山山前的晚新生代构造与地震活动，中国地震，2001，Vol. 17，No. 2，134～155。
[20] 周鼎武、董云鹏、华洪等，“磨拉石建造”和“不整合”在地层对比中的意义，地质论评，1996，Vol. 42，No. 5，416～423。
[21] Burchfiel B C, Brown E T, Deng Q et al. Crustal shortening on the margins of the Tian Shan, Xinjiang, China. International Geology Review, 1999, Vol. 41: 665～700.
[22] Shackleton N J, Kennett J P. Paleotemperature history of the Cenozoic and the initiation of Antarctic glaciation: Oxygen and carbon isotope analysis in DSDP sites 277, 279, and 281. Initial Reports of the Deep Sea Drilling Project, 1975, Vol. 29: 743～755.
[23] Riba O. Syntectonic unconformities of the Alto Cardener, Spanish Pyrenees: A genetic interpretation. Sedimentary Geology, 1976, Vol. 15: 213～233.
[24] Anadon P, Cabrera L, Colobo F et al. Syntectonic intraformational unconformities in alluvial fan deposits, eastern Ebro Basin margins (NE Spain). In: Allen P A, Homewood P eds. Foreland Basins. Oxford: Blackwell Scientific, 1986, 259～271.
[25] Suppe J, Chou T T, Stephen C H. Rate of folding and faulting determined from growth strata. In: McClay K R. ed. Thrust Tectonics. New York: Chapman and Hall, 1992, 105～122.
[26] Verges J, Burbank D W, Meigs A. Unfolding: An inverse approach to fold kinematics. Geology, 1996, Vol. 24: 175～178.
[27] Ford M, Williams E D, Artoni A, et al. Progressive evolution of a fault－related fold pair from growth strata geometrys, Sant Llorenc de Morunys, SE Pyrenees. Journal of structural Geology, 1997, Vol. 19, No. 3～4: 413～441.
[28] Poblet J, Munoz J A, Trave Aet al. Quantifying the kinematics of detachment folds using three－dimensional geometry: Application to the Mediano anticline (Pyrenees, Spain). GSA Bulletin, 1998, Vol. 110, No. 1: 111～125.
[29] McLane M. Sedimentology. Oxford University Press. 1995, 166.
[30] 严伦等，构造与油气圈闭．北京：石油工业出版社．1996，201。

宁夏贺家口子地区晚新生代地层序列及其构造意义*

摘　要　对宁夏贺家口子新生代剖面进行了详细的岩石地层和磁性地层研究，并重点标定了晚第三纪和早第四纪地层的年代。结合相应的地层接触关系和沉积相研究，获得了该剖面构造事件序列信息。认为：青藏高原东北边缘的海原－同心弧形构造束地区强烈的新生代构造变形开始于 10M aB. P. 左右，并经历了多个变形阶段。贺家口子剖面所揭示出来的这种构造变形特征，在青藏高原东北边缘地区具有区域意义。

关键词　宁夏　贺家口子　新生代　磁性地层　构造事件

引　　言

青藏高原东北边缘的海原－同心弧形构造束，自新生代以来，由于受到青藏高原隆升的影响，总体上发育为青藏高原北缘前陆盆地并遭受强烈变形。弧形构造束区内新生代地层分布十分广泛，地层出露完整，是我国西部进行新生代地层研究较好的地区之一。根据迄今获得的研究结果，将本区新生代岩石地层的划分对比结果示于表 1（甘肃省地质局区域地质调查队，1984；李云通等，1984；霍福臣等，1989；甘肃省地矿局，1989；宁夏回族自治区地质局，1990；黄华芳等，1993；李吉均等，1995；方小敏等，1996；曹兴山，1997；王培玉等，1998）。

表 1　区域新生代地层划分对比沿革表

<table>
<tr><th>地层时代</th><th>河西走廊</th><th colspan="2">陇西盆地</th><th>临夏盆地</th><th>宁南地区</th></tr>
<tr><td>全新统</td><td></td><td colspan="2"></td><td>洒勒山组</td><td>灵武组</td></tr>
<tr><td>晚更新统</td><td></td><td colspan="2">萨拉乌苏组</td><td>北塬组</td><td>萨拉乌苏组</td></tr>
<tr><td>中更新统</td><td>酒泉砾岩</td><td colspan="2">秦家寨组</td><td>重台塬组</td><td>贺兰组</td></tr>
<tr><td>早更新统</td><td>玉门砾岩</td><td colspan="2">坡头组
五泉山砾岩</td><td>大塬组
井沟头组
东山组</td><td>银川组</td></tr>
<tr><td>上新统</td><td rowspan="2">疏勒河组</td><td rowspan="2">甘肃群</td><td>临夏组</td><td>积石组
王家山组</td><td>干河沟组</td></tr>
<tr><td>中新统</td><td>咸水河组</td><td>柳树组
东乡组
上庄组
中庄组</td><td>红柳沟组</td></tr>
<tr><td>渐新统</td><td>白杨河组</td><td rowspan="2">固原群</td><td>野狐城组</td><td>他拉组</td><td>清水营组</td></tr>
<tr><td>始新统</td><td>火烧沟组</td><td>西柳沟组</td><td></td><td>寺口子组</td></tr>
</table>

* 本文原载于《中国地震》，2001，No. 2。作者：申旭辉　田勤俭　丁国瑜　韦开波　陈正位　柴炽章。

二、岩石地层划分

贺家口子剖面位于海原－同心弧束区中部天景山构造带附近。地层剖面为贺家口子背斜一翼，出露连续，构造简单（图1、2）。现场工作测制了1∶200比例尺的岩石地层剖面，并进行了详细分层。根据实测剖面获得整个新生代地层总厚度约1050 m。按照区域岩石地层命名，剖面底部进入寺口子组，往上依次出露清水营组、红柳沟组、干河沟组、银川组、贺兰组和萨拉乌苏组，剖面顶部覆盖马兰黄土。根据剖面岩性特征，参考相关研究资料，对主要地层层位进行了进一步划分，其中红柳沟组划分为二段、干河沟组为四段、清水营组地层保持了前人的三段划分（表2）。

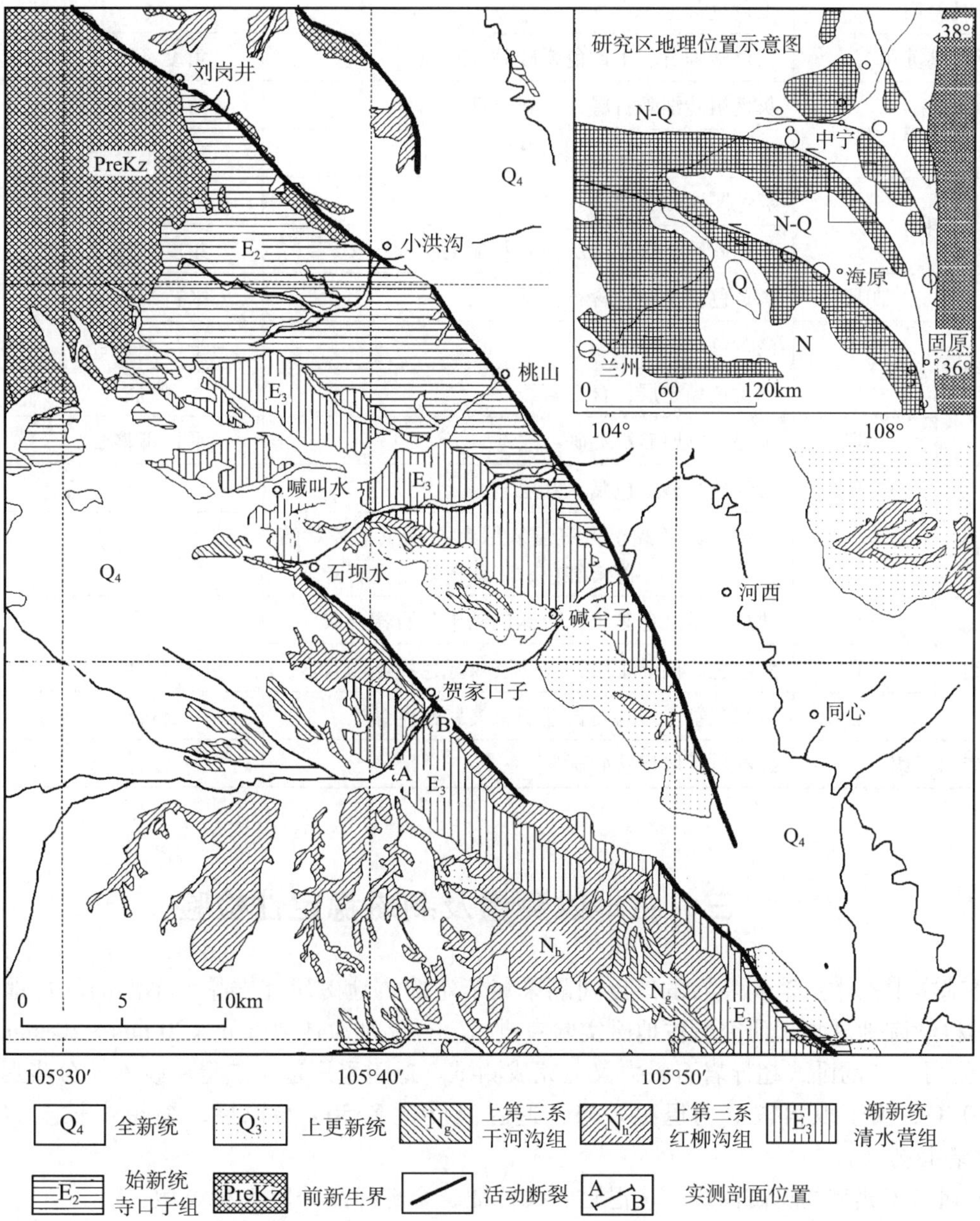

图1 贺家口子地区地质构造简图

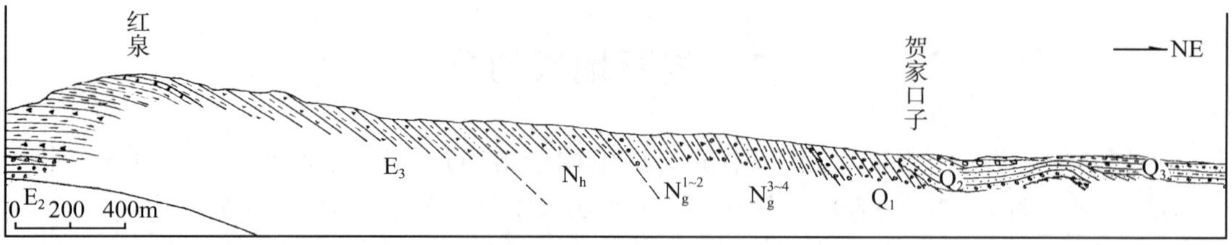

图 2　贺家口子沟新生代地层综合剖面

表 2　贺家口子剖面晚新生代岩石地层划分表

岩石地层单位		岩性特征	与下伏层接触关系	层厚（m）
马兰组		土黄色黄土	?	17.9
萨拉乌苏组		灰色砂砾石与土黄色粉砂黏土互层	角度不整合	38.2
贺兰组		灰色粗砂细砾石层，具斜层理	角度不整合	15.2
		铁质粗砂砾石互层，中薄层	角度不整合	10.0
银川组		灰色厚层砾石层	?	36.7
		灰色砂砾石层夹薄层粗砂及黏土团块	角度不整合	
干河沟组	四段	橘黄色黏土层，含石膏脉	平行不整合	40.3
	三段	橘黄色砾石层	平行不整合	63.1
	二段	橘黄色黏土层，含石膏线	整合	133.7
	一段	黄绿色巨厚砂层夹砾石层	平行不整合	64.2
红柳沟组	二段	紫红色与橘红色黏土互层	整合	138.4
	一段	上部紫红色黏土夹三层灰绿色石膏及纸片状暗紫色黏土，下部紫红色、暗紫色黏土夹石膏	平行不整合	36.2
清水营组	三段	薄层状紫红色黏土、灰绿色黏土与石膏互层	整合	251.1
	二段	紫红色砂层黏土层，夹薄层灰绿色黏土和石膏	整合	54.9
	一段	灰绿色黏土岩与石膏互层，夹紫红色黏土	整合	142.3
寺口子组		砖红色巨厚层状砂砾岩	整合	未见底

三、古地磁测量及剩磁稳定性检验

野外基本上按 1～2 m 左右的厚度间隔采集了定向古地磁研究样品。本剖面的古地磁样品测试全部在中国科学院地球物理研究所古地磁实验室进行。样品加工成 20 mm×20 mm×20 mm 的立方体，在美国 2G 公司生产的卧式超导岩石磁力仪上完成测试。退磁采用逐步热退磁技术，分步退磁。退磁步长一般为 50 ℃，为了取得较好的退磁效果，退磁温度达到 500 ℃以后，缩短步长至 20～30 ℃，在 680 ℃时结束测试。

图 3 列出了典型的退磁曲线。按退磁曲线特征，全部样品分成 3 种类型：

（1）单磁组分样品。随退磁温度升高，Z 矢量逐渐趋近于原点，剩磁强度迅速降低，剩磁方向变化不大，500 ℃以后剩磁方向趋于紊乱。该类型样品退磁结果全部为正极性（样品如 119，291，328，37，65 等）。

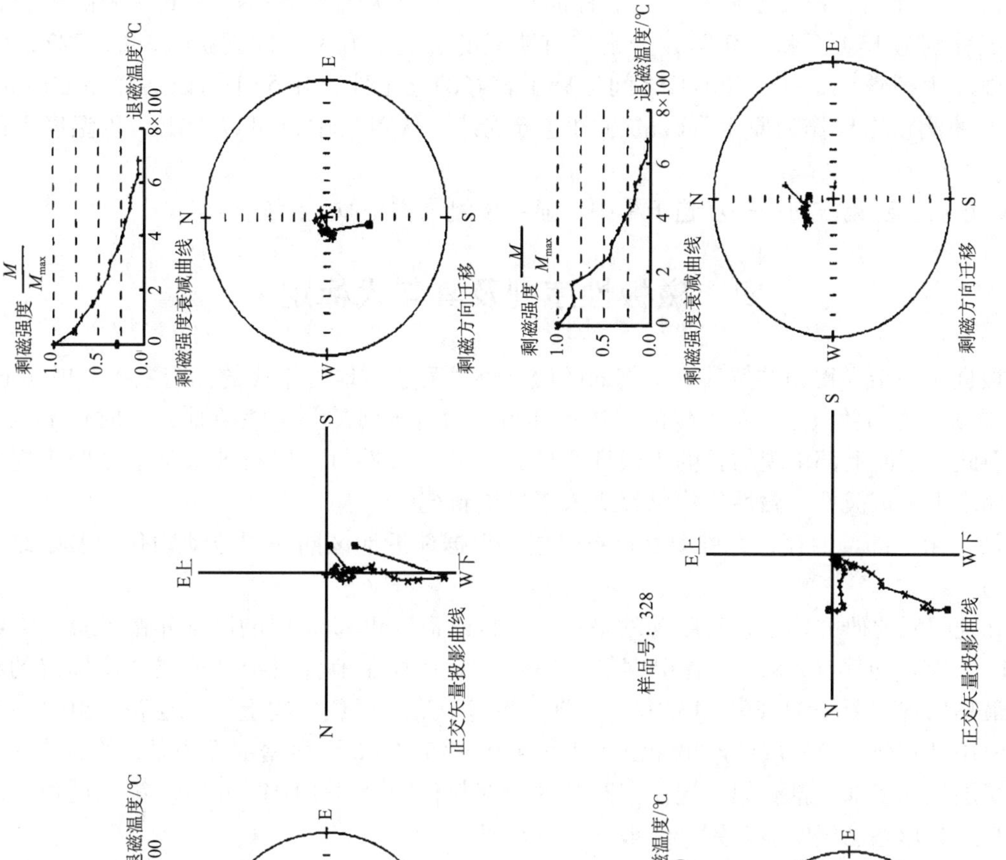

图3　典型样品退磁曲线

（2）双磁组分样品。除原生剩磁外，还包含一个低温次生剩磁。该低温剩磁一般在 250 ℃左右伴随剩磁强度的升高而烧失，Z 矢量曲线则发生拐折。250 ℃以后的退磁曲线保持正常（297，345，185，373，90，92，141，201，106，245 等）。

（3）多磁组分样品。该类型样品罕见。样品包含两个或两个以上的次生低温剩磁组分，低温组分的烧失温度分别为 150 ℃和 250 ℃，分别伴有明显的强度上升和方向拐折（348，227，119）。总体上，本剖面原生剩磁在 300～500 ℃之间保持了较好的稳定性，在 550 ℃以后样品磁性完全烧退。本文取 450 ℃的测量结果作为原生剩磁的方向进行统计。从图 3 中也可以看出，该温度下的磁稳定性较好。

经倾斜改正后，磁化方向进一步趋于集中，显示该组剩磁是原生组分。

四、磁极性序列及其年代标定

图 4 是根据实验结果得到的贺家口子剖面的磁极性序列。古地磁年代的标定主要考虑如下因素：

（1）剖面顶部为马兰黄土，其下伏的萨拉乌苏组作为苦水河的第三级阶地，其时代上也不会存在大的问题，因此，剖面上部出现的长的正极性段应为布容正极性时。岩石地层学上划归中更新统的贺兰组，其底部出现了负极性，磁性年代已经进入了早更新统。

（2）干河沟组底部普遍存在脊椎动物化石遗迹。根据邻近地区同一层位动物化石鉴定结果，该动物群含三趾马。

根据国际地层对比研究结果，三趾马的最早出现按欧洲 Vallesian 层的底部年龄推算，大约在距今 12～12.5 Ma 。李吉均等（1995）、谷祖纲等（1995）对临夏盆地含三趾马地层层位标定的结果，也认为三趾马最早出现在距今 11.86～13.97 Ma 前，相当于第三层位，向上第二层位三趾马对应的地层年龄距今 7～10.15 Ma，第三层位产出年龄为距今 4.0～45.7 Ma 。根据剖面记录，第二个三趾马层产出于相应地层层位的底部，推测第二层位三趾马的生存年代距今约 10 Ma 左右。第三层位三趾马化石为李氏三趾马，其形态已经明显区别于一般的三趾马类。

据鉴定，中宁 - 同心地区的三趾马形态较原始，是中新世末期到上新世初期的类型。剖面上含化石层位对应一个较长的正极性阶段，按其生物时代应属第七世。

（3）红柳沟组地层在同心地区已经发现铲齿象、利齿猪、皇冠鹿、短脚犀、鬣狗、角羊等脊椎动物化石。这些动物的出现，都是中新世的标志，其中偶蹄目的猪类和长鼻目的象类化石的突然出现，是划分中新世的重要标志（李云通等，1984）。在本区南部的临夏盆地，据谷祖纲等（1995）研究，铲齿象化石层位也出现于中新统中部。

（4）孢粉分析结果说明：本剖面上的清水营组基本包含了渐新世的全部沉积。其中，清水营组下部为 Ephedripites Meliaceoidites Ulmipollenites Salixiollenites 孢粉组合，上部蕨类植物孢子罕见（孙素英，1982），这两个孢粉组合分别是渐新世早晚期典型的孢粉组合。

据此，比照国际标准磁性地层年表（张一勇等，2000），对整个剖面的地质年代分段标定如下（图 4）：

剖面上部马兰黄土以下，为一大套砾石层夹砂层和黏土层。马兰黄土及萨拉乌苏组所处的地貌部位，控制了相应的地层年龄分布区间，相应的光释光年龄变化于 51.3 ± 3.6 ka～159.9 ± 1.1 ka 。同时，尽管地层比较粗，但样品间隔不大，似不应该漏掉极性事件。这样，以上部马兰黄土层位起算，包括萨拉乌苏组和贺兰组绝大部分的正极性段，为布容极性时，贺兰组的底部进入松山反向极性时，其底界年龄为 0.89 Ma 。

贺兰组以下，银川组以负极性为主，并出现了 5 个短的正极性段，对照标准年表，与松山极性时的特征完全相同。银川组的下界年龄约为 1.91 Ma 。

干河沟组上部，磁性测量获得一个长的正极性段和一个长的反极性段，对照标准极性年表，分别

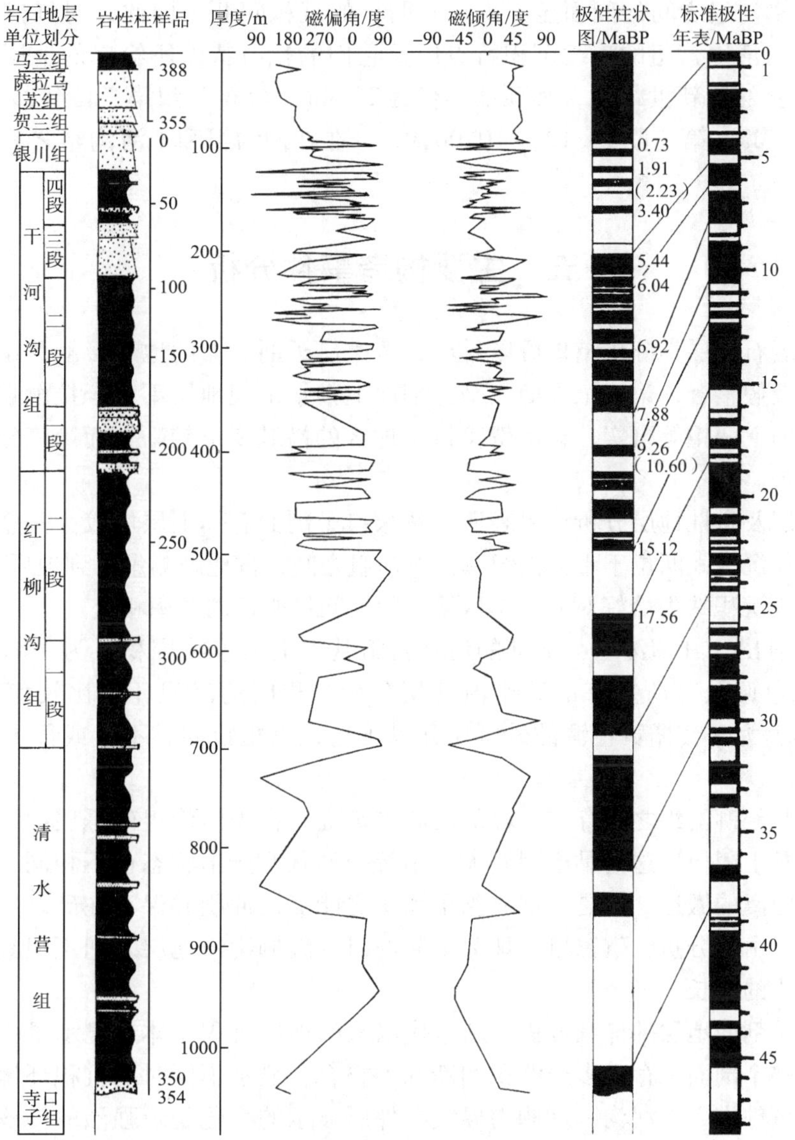

图4 综合磁性序列对比

确定为高斯正性极性时和吉尔伯特反向极性时。但极性柱分析显然漏掉了几个极性变化。高斯极性时只找到两个反向极性段，有一个缺失，吉尔伯特则仅测到一个正极性事件。分析其地层序列可知：高斯极性时顶部恰好是银川组和干河沟组间的不整合面，而底界位于干河沟组第四段黏土层中，因此，高斯极性时的缺失，只能在其顶部，据此推断，本剖面干河沟组顶界年龄为2.23 Ma 。在干河沟组与银川组之间，存在不超过0.32 Ma 的沉积间断。

同理，吉尔伯特极性时下部进入干河沟组第三段砾石层内，且剖面与干河沟组第二段间存在沉积间断，因此，吉尔伯特的缺失，应在下部，获得的唯一一个正极性，相当于努尼瓦克事件，这也恰好是干河沟组第四段的下界，年龄约为4.25 Ma 。

干河沟组下部显然已经进入了中新世。磁极性序列的对比主要考虑到区域上干河沟组底部三趾马化石的发现。对照临夏盆地的研究结果，本区三趾马化石的层位或者在11.86～13.97 Ma（临夏盆地第三层位三趾马），或者在7～10 Ma 左右（临夏盆地第二层位三趾马）。在极性年表上，这两个年代分别对应一个长的反极性段和一个长的正极性段。而在本剖面上，干河沟组底界出现一段长的正极性。因此，其绝对年龄，应在7.88～9.26 Ma 之间。干河沟组的底界年龄确定为9.26 Ma 。

干河沟组与红柳沟组之间的剖面显示了一个明显的沉积间断，因此，对红柳沟组地层时代的判断，重点考虑了其与清水营组的连续沉积特点以及它们的化石特点所给出的地层时代框架。将清水营组理解为一个完全的渐新世跨度，其顶部年代为23 Ma 。红柳沟组第一段年龄23～17.56 Ma，第二段17.56～15.12 Ma，第三段15.12～10.00 Ma 。在红柳沟组和干河沟组之间的沉积间断，不超过0.74 Ma 。

五、主要构造事件分析

从剖面的详细岩石地层学分析结果可以看出，贺家口子剖面上的地层接触关系在第三纪地层内部主要都表现为整合及假整合，第三纪末期以来，剖面上频繁出现地层不整合接触现象。结合剖面上地层沉积物粒度总体向上变粗等事实，显示贺家口子地区的褶皱变形较新，而第三纪的变形，则可能以整体缓慢抬升为特征。

详细的岩石地层及磁性地层分析结果表明，贺家口子剖面总体上层序较为完整，局部地段存在缺失。其中存在的最长沉积间断位于干河沟组－红柳沟组之间，古地磁测量得到地层缺失时段为10.00～9.26 Ma B. P.，这一沉积缺失恰好对应了本区第三纪期间最明显的沉积相变。

从剖面上可以看出，红柳沟组与下部的清水营组基本上为连续堆积，为一套棕红、紫红色调的黏土堆积，由沉积色调及其所夹有的原生石膏层分析，相应的沉积环境比较稳定。与下部地层不同，干河沟组总体上为一套橘黄色调的砂砾层和黏土层，以粗粒相、不含或很少含原生石膏堆积为特征。

干河沟组底部与红柳沟组之间存在明显的波状侵蚀面，在干河沟组砂砾层中，还常见物源于红柳沟组上部的橘红色黏土团块，这些黏土团块大小不等，形状及产出状态也不相同，显然是就地堆积的结果，没有经过远距离的搬运。但是，这些黏土团块之能够被冲刷并保存在砂砾层中，肯定经历了一定的固结压实过程。由此分析：贺家口子地区干河沟组－红柳沟组地层之间不但具有沉积间断，而且沉积间断还应有相当的时长。

根据环境开展了剖面地层的详细分析。新生代以来的地层沉积总体上显示了由湖相向河流相及山麓相过渡的过程，整个剖面上存在多个沉积间断和不整合，显示不同时期沉积环境的差异。在所有这些记录沉积相变的事件中，干河沟－红柳沟界线事件所显示的变化是最强烈的。该界限以下为典型的内陆湖相黏土层，以上突变为河流相为主的沉积。

从地层接触关系来看，在第三纪地层内部主要表现为整合及假整合，第三纪末期以来，剖面上频繁出现地层不整合接触现象。根据贺家口子剖面中沉积岩相的变化以及沉积间断面和地层不整合面的识别，除了上面论述的10 Ma B. P. 构造事件外，还可以进一步划分出多个构造变形事件，如：

N_1-N_2之间，绝对年龄距今约5 Ma 。在剖面上表现为明显的波状侵蚀面。上下地层平行不整合接触。该事件以剖面上曾发育最老的一套角砾石为特征，显示为快速的流水堆积，地层沉积色调由红色转变为橘黄色，中新世及以前的灰绿色黏土岩和石膏层不再发育，局部可见石膏脉。

N_2-Q_1间，古地磁标定的距今年代为2.23～1.91 MaBP，包含一个明显的微角度不整合面和0.25 Ma 的沉积间断。在沉积相方面，贺家口子地区从此完全结束静水堆积环境，成层的细颗粒堆积不再发生，偶尔可见砂黏土的透镜体或团块。

Q_1-Q_2间，古地磁标定的时间约距今0.80～0.90 Ma 。该事件由贺家口子剖面上最明显的一个角度不整合面所代表。从剖面细结构分析，该不整合面表现为一个连续渐变的同沉积过程，从距今0.90 Ma 开始，至距今0.80 Ma 前结束，地层倾向基本一致，倾角从30°～40°迅速变化到15°左右。

Q_2-Q_3间，光释光测年结果确定其发生年代约0.15 Ma B. P. 左右。表现为Q_2^2地层的褶皱变形和地层不整合面的存在。在贺家口子剖面上，该时期的褶皱轴向与早期褶皱相比有明显的差别。

六、问题讨论

近一二十年来，包括青藏高原东北隅在内的青藏高原活动构造研究一直是国内外科学家关注的一个焦点（国家地震局地质研究所等，1988，1990；汪一鹏等，1986，1990；Ding Guoyu，1982；Burchfiel B. C. et al.，1991；Moinar P.，1975；闵伟等，1991）。作为印度与欧亚板块聚合变形的强烈影响区，青藏高原东北缘地区新生代以来表现为明显的收缩式变形和走向位移（国家地震局《鄂尔多斯周缘活动断裂系》课题组，1988；国家地震局地质研究所等，1990；Peltzer G. et al .，1989；Gaudemer Y. et al .，1989）。然而，在关于本区位移及变形时代方面，一直存在尖锐的争论，一部分学者主张，本区地壳新生代构造变形开始于上新世末或第四纪初（Burchfiel B. C. et al .，1987；1991），晚新生代的变形经历了挤压和走滑两个不同的时期，构造转换的时间大约在早更新世中晚期（国家地震局地质研究所等，1990；闵伟等，1994），具体的构造变形则可划分为 3 个或 4 个阶段（Burchfiel B. C. et al .，1991）。而另外一部分学者所持的观点则恰好相反。

本文的研究结果表明，青藏高原东北隅新生代的变形，开始于中新世晚期，约距今 10 Ma 左右。从更广大的范围来看，本文所定义的青藏高原东北隅实际上处于强烈隆起的青藏高原外侧，陇西盆地，包括临夏盆地和弧束区在内，是西秦岭构造带山前一个巨型的前陆盆地，临夏剖面（李吉均等，1995）以及贺家口子剖面的研究结果证实，该巨型盆地可能形成于始新世晚期 30～40 Ma B. P.，是印度－欧亚板块碰撞汇聚的陆内效应之一。10 Ma B. P. 以来，该巨型前陆盆地解体、变形，标志着青藏高原的变形进入一个新的阶段。

此外，中新世早期，青藏高原南北两侧的地层具有可比性。如贺家口子剖面以及整个陇西盆地中作为红柳沟组的标志层的暗紫色纸片状黏土，在相应的下西瓦里克群（Chinji、Kamlialt 及 Murree 组）中同样发育（Cary D. J . et al .，1979；Noye M. J. et al .，1985；Gee E. R.，1989；Kumar R. et al .，1991）。已经证实：10～8 MaBP 以前沉积的下西瓦里克群，其物源主要来自于德干高原，而中西瓦里克群的物源，则主要在喜马拉雅地区，说明 10 Ma B. P. 以前，喜马拉雅山脉及青藏高原尚未强烈隆起。中西瓦里克期以来，青藏高原南北两侧的构造相发生强烈分异，沉积旋回、沉积物的色调等均显示出不一致，表明青藏高原的强烈隆升，可能开始于这一阶段。同时期在陇西地区，沉积相发生突变，并伴有长时期的沉积间断，也对应了区域地壳的隆升。

大约 10 MaBP 以来，青藏高原南北两侧的构造变形趋于明显分异，但东北边缘的贺家口子和临夏地区，由沉积物所显示的新第三纪的构造气候旋回具有一致性。

参 考 文 献

[1] 曹兴山，甘肃的第四系，甘肃地质学报，1997，Vol. 6，No. 2，1～51。
[2] 方小敏、李吉均、朱俊杰等，临夏盆地中心王家山剖面磁性地层与构造事件，青藏高原形成演化、环境变迁与生态系统研究学术论文年刊（1995），科学出版社，1996，65～73。
[3] 甘肃省地矿局，甘肃省区域地质志，北京：地质出版社，1989。
[4] 甘肃省地质局区域地质调查队，甘肃的第三系，甘肃地质，2，兰州：甘肃人民出版社，1984。
[5] 谷祖纲、王四海、胡向阳等，临夏地区第三纪红层生物地层学研究进展，青藏高原形成演化、环境变迁与生态系统研究学术论文年刊（1994），北京：科学出版社，1995。
[6] 国家地震局地质研究所、宁夏回族自治区地震局，海原活动断裂带，北京：地震出版社，1990。
[7] 国家地震局鄂尔多斯周缘活动断裂系课题组，鄂尔多斯周缘活动断裂系，北京：地震出版社，1988。
[8] 黄华芳、彭作林、卢伟等，酒西盆地、酒东盆地第三系磁性地层的划分与对比，甘肃地质学报，1993，Vol. 2，No. 1，6～16。
[9] 霍福臣、潘行适、尤国林等，宁夏地质概论，北京：科学出版社，1989。
[10] 李吉均、方小敏、朱俊杰等，临夏盆地新生代地层古地磁年代与模式序列，青藏高原形成演化、环境变迁与生态

系境研究学术论文年刊（1994），北京：科学出版社，1995。
[11] 李云通等著，中国的第三系，中国地层，13，北京：地质出版杜，1984。
[12] 闵伟、邓起东，香山－天景山断裂带的变形特征及走滑断裂端部挤压构造的形成机制，活动断裂研究，1，北京：地震出版社，1991。
[13] 宁夏回族自治区地震局，宁夏回族自治区区域地质志，北京：地质出版社，1990。
[14] 孙素英，宁夏同心地区渐新世孢粉组合．中国地质科学院地质研究所所刊，第4号，1982。
[15] 汪一鹏、宋方敏、李志义等，宁夏香山－天景山断裂带晚第四纪强震重复间隔的研究，中国地震，1990，Vol. 6，No. 2。
[16] 汪一鹏、宋方敏、廖玉华等，宁夏北部地震地质兼论青藏高原对华北地壳动力学的影响，现代地壳运动研究，2，北京：地震出版社，1986。
[17] 王培玉、王伴月，内蒙古阿拉善地区的第三系及其动物群，西北地质科学，1998，Vol. 19，No. 2，1～37。
[18] 张一勇、李建国，第三纪年代地层研究和中国第三纪年代地层表，地层学杂志，2000，Vol. 24，No. 2，120～125。
[19] Burchfiel B. C., Zhang Peizhen et al, Geology of the southern Ningxia Hui Autonomous Region, China and its relation to the evolution of the northeastern margin of the Tibetan Plateau, Abstracts with Programs Geological Society of America, 1987, Vol. 19, No. 7: 606.
[20] Burchfiel B. C., Zhang Peizhen et al, Geology of the Haiyuan fault zone, Ningxia Hui Autonomous Region, China and its relation to the evolution of the northeastern margin of the Tibetan Plateau, Tectonics, 1991, Vol. 10, No. 6, 1091～1111.
[21] Ding Guoyu, Quaternary faulting in China. In: Quaternary Geology and Environment of China. China Ocean Press, 1982, 125～128.
[22] Gee E. R., Overview of the geology and structure of the Salt Range, with observations on related areas of northern Pakistan: Geol. Soc. Of Am. Special. Paper, 1989, 232, 95～112.
[23] Gary D. J., Noye M. J., Neil D. O. et al., Magnetic Reversal Stratigraphy and Sedimentary Tectonic History of the Upper Siwalik Group Eastern Salt Range and Southwestern Kashmir: Geodynamics of Pakistan: Geological Society of Pakistan, Quetta, 1979, 149～165.
[24] Gaudemer Y., Tapponnier P., River offsets across active strike－slip faults, Annales Tectonical, 1989, Vol. 3, No. 2.
[25] Molnar P. and Tapponnier P., Cenozoic tectonics of Asia: Effects of a continental collision, Science, 1975, 189 (4201).
[26] Molnar P. and England P., Late Cenozoic uplift of mountain ranges and globe climate change: chicken or egg? Nature, 1990, 346: 29～34.
[27] Noye M. J., John Stix, Lisa Tauxe et al., Paleomagnetic Chronology, Fluvial Processes, and Tectonic Implications of the Siwalik Deposits near CHINJI Village, PAKISTAN: The Journal of Geology, 1985, Vol. 93, No. 1, 27～39.
[28] Peltzer G., P. Tapponnier, R. Armijo, Magnitude of Quaternary left－lateral displacements along the north edge of Tibet. 1989, Science 246, 1285～1289.
[29] Kumar R., Ghosh K., Virdi N. S. et al., The Silwalik Foreland Basin, Wadia Institute of Himalayan Geology, special publication No. 1, The Academy Publisher, Dehra Dun, India, 1991.
[30] William A. B., Dennis V. K., John J. F. et al., Van Couvering, Cenozoicgeochronology, Geol. Soc. Of Am. 1985, Bull. 96, 1407～1418

黄河黑山峡阶地的砾石 Ca 膜厚度与粗碎屑沉积地貌面形成年代的测定*

摘　要　发育在干旱－半干旱地区粗碎屑沉积地貌面土壤中的砾石 Ca 膜含有明显的年龄信息，它的厚度不仅是所在地貌面的一个良好的年代指标，同时它本身还可作为定年物质直接用于 ESR 法的测年。通过对黑山峡河口黄河阶地上砾石 Ca 膜厚度的详细测量和 Ca 膜的 ESR 测年，获得本区 1.57 Ma 以来砾石 Ca 膜厚度的平均累积速率为每万年 0.10 mm，建立了 Ca 膜厚度－发育时间之间的经验计算公式，并据此系统确定了研究区黄河 T_2～T_{11} 阶地的形成年代，其值依次为 18，94，139，215，285，360，495，742，1072 和 1570 ka。这些数据的可靠性同时得到已有的 ^{14}C 和 OSL 年龄（T_2，T_3 和 T_4）印证，并与地质、地貌对比分析得出的地质时代完全相符。

关键词　砾石 Ca 膜测年方法　土壤发育　黄河阶地　地貌面　黑山峡

沉积物的年代测定是第四纪地质、地貌、活动构造以及古气候环境变化等定量研究的关键之一，虽然最近十几年来第四纪测年技术取得了重大进展[1,2]，但在实际测年时，仍然会遇到两方面的困难：一是由于缺乏可资测年的物质，^{14}C，TL（热释光）和 OSL（光释光）等现有绝对测年方法在确定干旱－半干旱地区广泛发育的粗碎屑沉积物的年代时往往难以有效地应用；二是在测年范围上，早第四纪碎屑沉积物基本上是现有各种放射性测年技术的“盲区”，目前常用的 ^{14}C，TL，OSL 和 TIMS（铀系不平衡法）等测年技术，其测年范围都比较窄。尽管在理论上 TL，OSL 和 TIMS 法均可测定几十万年、上百万年甚至更老的年龄，但实际上它们目前有效的测年范围一般都在十几万年以内，最多不过 30 万年。近些年来，我国学者利用黄土－古土壤序列，在研究确定顶面覆盖有较完整黄土的河流阶地的形成年代方面取得了很好的效果[3~6]，然而。在没有或很少有黄土覆盖的广大地区，河流阶地等地貌面的测年仍然十分困难。因此，对于第四纪特别是早第四纪粗碎屑沉积物的测年问题，需要继续寻找新的途径和解决办法。

研究表明，发育在干旱－半干旱地区粗碎屑沉积地貌面土壤中的砾石 Ca 膜含有明显的年龄信息[7,8]。砾石 Ca 膜是在粗碎屑沉积地貌面形成固定之时，随着土壤的发生而在砾石底部逐渐淀积形成的，它的厚度随时间增加而增大，因而能够反映地貌面形成以后所经历时间的长短；同时由于 Ca 膜的主要化学成分是次生 $CaCO_3$，所以它本身还可作为测年物质，直接用于某些放射性方法的测年。例如，Pierce[7] 曾用 $^{230}Th/^{234}U$ 法对爱达荷中部一些中、晚更新世（十几万年内）冲积扇的 Ca 膜进行了分层测年，并统计得到了本区十几万年以来 Ca 膜的平均累积速率。由此可见，Ca 膜的这些特性为解决干旱－半干旱地区第四纪粗碎屑沉积物的测年问题提供了希望的前景。然而，目前问题的关键是：根据 Ca 膜发育特征，能否采用某种测年技术研究更老 Ca 膜的发育年代，并据此建立起方便快捷、测年范围比较大的 Ca 膜厚度－发育年代之间的定量计算关系，以便同时达到对干旱地区早、中更新世粗粒沉积物及其地貌面的系统定年。对此，本文采用可测年龄较大、并以次生碳酸盐为常用测年物质的电子自旋共振（ESR）法，通过对黄河黑山峡河口为早更新世晚期以来各级阶地上砾石 Ca 膜厚度的详细测量和 Ca 膜的 ESR 测年，实现了这一目标，从而为研究区及环境类似地区第四纪定量研究提供了新的

* 本文原载于《科学通报》，2002，No. 3。作者：邢成起　尹功明　丁国瑜　卢演俦　申旭辉　田勤俭　柴炽章　韦开波。

测年手段。

一、砾石 Ca 膜的成因、结构特征与测年原理

在干旱－半干旱气候条件下发育的土壤多富含 Ca 质。$CaCO_3$淀积往往形成 Ca 积层[9~11]，如果成土母质为粗碎屑沉积物，那么$CaCO_3$就会在砾石表面淀积，并逐渐形成致密坚硬的 Ca 质薄膜。一般认为，干旱－半干旱地区 Ca 质土壤中的$CaCO_3$聚积层和砾石 Ca 膜是在溶解有 Ca^{2+} 和 HCO_3^- 的水分向下渗透淋滤并至一定深度因蒸发失水后淀积形成的[9,10,12,13]，对于粗碎屑沉积母质而言，砾石的底部是含矿质的水分向下渗滤时最易聚集的部位，因此也是$CaCO_3$淀积最有利和最早开始的部位。随着时间的推移，$CaCO_3$的累积逐渐增多，厚度不断增大，同时包裹砾石表面的面积也会不断扩大。当这一作用过程的时间足够长时，$CaCO_3$会充满整个砾石间的空隙，而将其完全包裹起来。根据$CaCO_3$淀积的程度，Gile 等人[14]曾将 Ca 质土壤的发育过程划分出 4 个阶段。

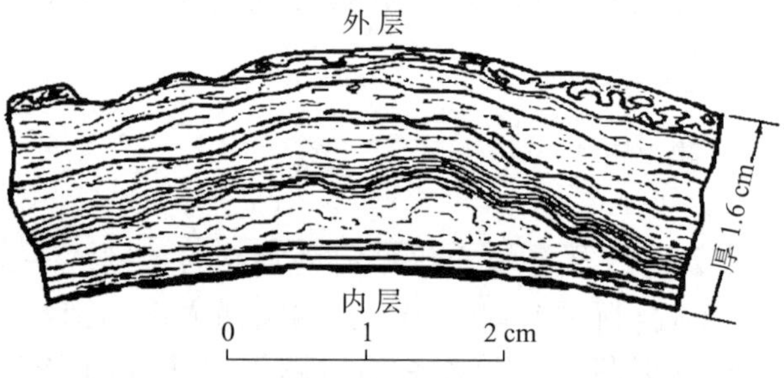

图 1　砾石 Ca 膜的纹层状结构（切片素描图）

Ca 膜的形成与石笋的生长过程极为类似[7]。切片观察，Ca 膜具有明显的纹层状结构（图 1）；分层作年龄测试，Ca 膜由内向外由老变新，这些特点表明，砾石 Ca 膜是一层一层地淀积起来的，它就像沉积岩层一样，具有正常的地层层序特征。

由于土壤开始发育的时间亦即其所在沉积地貌面形成固定的时间，因此，砾石 Ca 膜最内层的年代大致也就是地貌面的形成年代，Ca 膜的厚度代表了地貌面形成以后经历时间的长短，不同年代的地貌面具有不同厚度的砾石 Ca 膜，正是 Ca 膜厚度与年代之间存在的这种正相关关系，构成了能够利用 Ca 膜厚度进行沉积物和地貌面定年的基础。需要指出的是，土壤发育受许多环境因素的影响，除了时间因素以外，还包括气候、母质岩性、地形和植被等非时间因素。显然，要定量地确定所有这些因素与砾石 Ca 膜发育之间的关系是十分困难的。为了能够建立起 Ca 膜厚度与时间之间的定量计算关系，达到方便测年的目的，Ca 膜厚度测量需要进行合理的采样设计，以最大限度地减小除时间以外的其他非时间变量影响的范围。具体作法是通过研究区和研究地点的选择，使测年方法从建立到应用都完全限定在同一气候区域内和类似的母质及长期相对稳定、平坦的地貌部位[1~15]。由于植被主要受气候和地形的控制，因此在同一气候和同类地形（如平坦的阶地、冲－洪积扇面等）条件下，植被发育程度应大致相同。母质选择未完全固结的粗碎屑堆积，其岩性往往在较大区域（如同一构造区）内类似，并且可以通过选择研究地点而使岩性更趋接近；地形选择平坦、排水畅的阶地、冲－洪积扇面等沉积地貌面，显然，通过这种限定，气候、母质、植被和地形等非时间因素基本上都可近似地保持为常量，而时间则被突出为影响土壤发育的主要因素。

在非时间因素大致保持常量的情况下，土壤发育随时间的增长，不论在野外观察还是在具体的测试分析中都是很明显的事实。例如，Levine 等人[16]的研究显示，宾夕法尼亚东北部地区晚更新世冰碛物土壤中的氧化铁、氧化铝、高岭土和黏土等的含量均随年龄而增大，其中黏土累积指数与年龄呈明显的递增幂函数关系。Harden 等人[15]在岩性、地形相似的标准场地上，通过对多个土壤特性的定量化描述，建立了土壤剖面发育指数，该指数均随年龄而明显增大，并且在不同气候区似乎还表现出相似的增长速率，再如，本文所研究的黑山峡阶地，其上许多土壤性质如颜色、坚实度、$CaCO_3$含量、砾石 Ca 膜厚度等，均随阶地级数增高而增加，其中尤以 Ca 膜厚度随年龄的变化最显著（详见后）。

二、黄河阶地的砾石 Ca 膜及其厚度测量方法

（一）黄河阶地发育特征

在黑山峡河口，黄河共计发育 11 级阶地（图 2，表 1）。其中，T_1～T_{10}连续分布在河口西侧的夜明山东坡，河拔高度介于 13～170 m 之间；T_{11}被山前活动断裂带左旋错移，现位于峡口西约 8 km 处，河拔高度 215 m。阶地类型除 T_1为堆积型和 T_{10}为侵蚀型外，其余均为基座型阶地，各阶地的沉积物主要为砾石层，厚度多介于 4～10 m 之间，砂层等细粒沉积不发育。砾石成分复杂，主要为砂岩、板岩、石英岩、砾岩、花岗岩和基性岩类，没有或偶见灰岩砾石。阶地上没有或仅局部有薄层黄土发育。

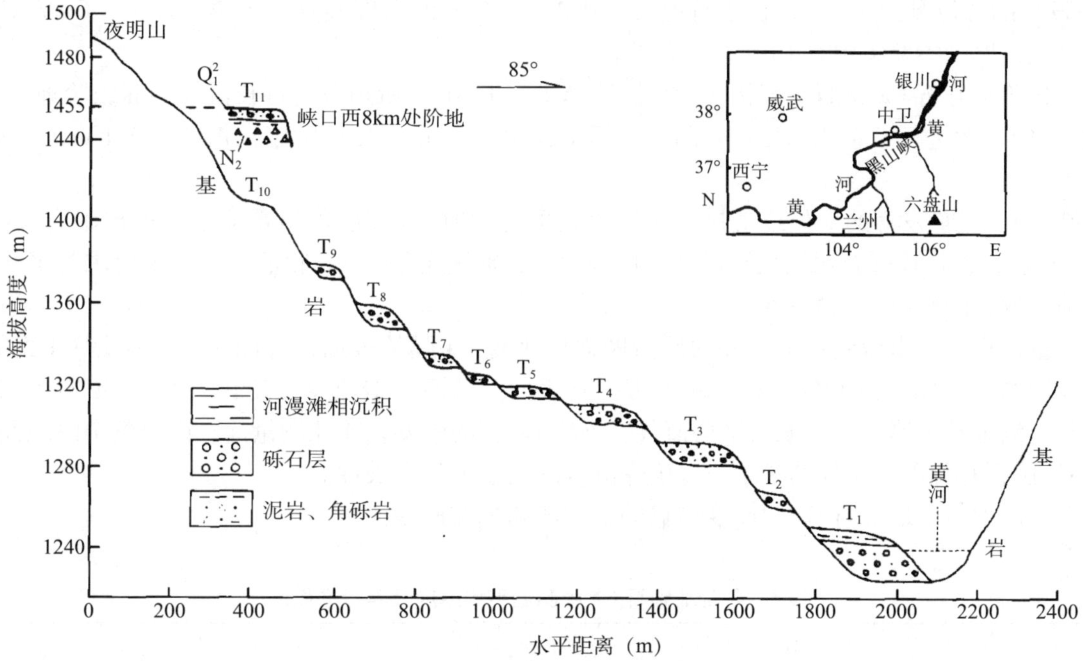

图 2　黑山峡口黄河阶地横剖面

表 1　黑山峡口黄河阶地特征简表

阶地①	类型	阶地高度（m）			阶面宽度（m）	冲积层厚度（m）	已有年龄（ka）与测年方法
		河拔	海拔	相对高度			
T_1	堆积	13	1253	13	200	>13	
T_2	基座	30	1270	17	30	4	
T_3	基座	55	1295	25	200	4～8	4.74±0.05[17]，^{14}C
T_4	基座	73	1313	18	160	8	17.92±0.7[17]，^{14}C
T_5	基座	80	1320	7	100	5	91.6±7.2②，OSL
T_6	基座	85	1325	5	75	3	
T_7	基座	95	1335	10	80	8	
T_8	基座	120	1360	25	60	9	
T_9	基座	140	1380	20	50	4	
T_{10}	侵蚀	170	1410	30	60	0	
T_{11}	基座	215	1455	45	400	2～4	

①T_1～T_{10}连续分布在黑山峡口的夜明山东坡，T_{11}位于峡口西约 8km 的孟家湾附近；
②据田勤俭博士论文。1998：OSL，光释光法。

在这 11 级阶地中，本文之前仅 T_3以下低阶地有年龄资料（表 1）。T_4在地貌上与东侧中卫南山台子相当，而该台地上部洪积角砾层的 OSL 年龄为（158.9 ±9.8）ka B. P.，因此推测 T_4的年代应小于 150 ka。另外，根据砾石层的胶结程度和区域地质地貌对比分析，推测 T_5～T_8可能形成于中更新世，T_9～T_{11}形成于早更新世。

（二）砾石 Ca 膜发育特征及其厚度测量方法

除 T_{10}外，上述各阶地上均有砾石 Ca 膜发育。Ca 膜附于砾石底面，发育层位埋深很浅，在一些阶地上已直接暴露在地表。Ca 膜的厚度随阶地变老而明显增大。T_1的 Ca 膜最薄，并多呈白色染状，其厚度难以测量。T_2 Ca 膜的厚度多不足 0.2 mm。T_3及其以上阶地的 Ca 膜厚度，由 T_3的大约 1 mm 左右逐渐增大至 T_{11}的 15 mm 左右。其中，T_{11}的 Ca 膜是研究区内所见到的发育最好的 Ca 膜。在该阶地上，Ca 膜最发育的层位厚约 0.2 m，位于阶地面下 0.2～0.5 m 的深度或直接出露在地表：Ca 膜对砾石多呈半包裹状，厚度主要集中在 13～18 mm 之间。

根据各阶地砾石 Ca 膜的发育状况，我们选择 T_2～T_9和 T_{11}阶地及附近长流水沟Ⅱ级阶地（与 T_2相当）对 Ca 膜厚度进行了系统的测量。测量工具是放大 10 倍的刻度放大镜，精度达 0.1 mm，具体测量方法如下：

在砾石 Ca 膜最发育的层位或直接在阶地面表层（此时 Ca 膜层位出露地表）取出附有 Ca 膜的砾石 40～60 块，将每块砾石用地质锤击开，用刻度放大镜测定每个 Ca 膜的厚度，最后求其平均值作为所测阶地上发育的砾石 Ca 膜厚度。

在测量过程中要求做到：①击开的砾石断面应垂直 Ca 膜的表面；②测定部位应是 Ca 膜的中部，因此处厚度均匀，Ca 膜淀积完整；③对于因砾石表面凹凸不平造成厚度变化大的 Ca 膜不予测量，或在不同部位测定数个厚度值，取其平均值代表该块 Ca 膜的厚度；④在测量前，应对整个阶地面的侵蚀状况和 Ca 膜保存程度作全面的了解，以确保测点的选取最具代表性。

表 2 列出了各阶地砾石 Ca 膜厚度测量的平均值和标准偏差。

表 2　各阶地砾石 Ca 膜测量平均厚度及其标准偏差

阶　地	T_1	T_2	T_3	T_4	T_5	T_6	T_7	T_8	T_9	T_{10}	T_{11}
地质时代	Q_4	Q_3		Q_2					Q_1		
平均厚度（mm）	—	0.18	0.94	1.39	2.15	3.05	4.10	4.95	7.42	—	15.40
标准偏差（mm）	—	±0.10	±0.28	±0.39	±0.73	±1.12	±1.09	±1.18	±1.94	—	±3.03

三、砾石 Ca 膜的 ESR 测年、厚度累积速率及厚度－年龄定量关系

（一）砾石 Ca 膜的 ESR 测年及其可靠性分析

为了定量研究砾石 Ca 膜厚度随时间生长的规律，建立起 Ca 膜厚度－年龄函数关系，对 T_6，T_7，T_9和 T_{11}的 Ca 膜进行了 ESR 测年。测年还包括采自区内两个冲洪积台地上的砾石 Ca 膜。

（1）样品制备与测试过程。样品制备时，首先用地质锤轻敲砾石，使 Ca 膜与砾石分离，并把需中间层取样的 Ca 膜切开，清洗 Ca 膜内外表层；然后沿 Ca 膜纹层用牙钻仔细研磨下所取层位（最内层或中间层）的样品，取样层的厚度控制在 1 mm 左右。把研磨下的粉末样品分成各 200 mg 的小量 8 份，1 份做天然 ESR 信号强度测量，另外 7 份做天然加人工 *r* 射线（^{60}Co，γ 源）不同剂量辐照后的 ESR 信号强度测量。在人工辐照时，加入丙氨酸剂量片，标定辐照量值，辐照后的样品放置 30 天后进行

测量。

测量是在中国计量科学院 ESR 实验室完成的，仪器条件如下：调制幅度为 0.08 mT，微波功率 2 mW，放大倍数各样品不同，所测信号为 $g=2.0036$，样品的等效剂量通过附加剂量法获得。表 3 列出了各样品的等效剂量、年剂量率和 ESR 年龄。表中 U，Th 含量由中子活化分析技术测定，K 含量用火焰光度计分析技术测定。

（2）ESR 年龄可靠性及误差分析，由表 3 可见，这批所测样品的等效剂量误差普遍较大，其原因可能在于用牙钻研磨获取的样品颗粒极细，为粉末。虽然进行等重量的分样，但在测量前装入玻璃管时，往往有样品粘在玻璃壁上，并且由于是粉末，各份小样在玻璃管内的密度也可能有所差异。另外，测量时仪器的中心磁场有所漂移。

表 3　砾石 Ca 膜 ESR 测年结果和分析数据表①

实验室编号	采样地点 野外编号	Ca 膜厚度 （mm） 及取样部位	U （μg · g^{-1}）	Th （μg · g^{-1}）	K （%）	年剂量 （Gy · ka^{-1}）	等效剂量 （Gy）	年龄（ka）
06	T_{11} MTD－1	16.0 最内层	3.51	0.74	0.16	2.637	4140 ±1257	1570 ±476
14	T_{11} MTD－1	9.5② 中间层	3.51	0.74	0.16	2.815	2750 ±646	1043 ±245
13	T_9 ST_9－2	7.8 最内层	3.29	1.46	0.30	2.727	1740 ±255	638 ±93
11	T_7 ST_7－b	4.0 最内层	2.12	2.96	0.73	2.627	945 ±343	360 ±131
09	T_6 ST_6	3.1 最内层	3.08	3.10	0.46	2.968	846 ±250	285 ±84
07	腰岘沟 西台地 G－4	5.8 最内层	3.11	2.82	0.56	3.027	1758 ±312	581 ±103
02	牛首山 台地 NP_3G	4.5 最内层	3.46	1.96	0.36	2.942	1372 ±329	466 ±112

①Ca 膜周围的 U，Th，K 含量以样品 06 号 Ca 膜周围的值统一代表，分别为 U：0.49 μg/g；Th：1.69 μg/g；K：0.60%，α 有效系数取 0.150，含水量估算为 5%，宇宙射线取 150 mGy/ka；②自取样处至外表面的厚度。

碳酸盐样品是 ESR 测年中的常用样品。虽然这种测年存在着若干问题[18]，但上述样品测量时，选择了次生碳酸盐常用的 $g=2.0036$，以此中心的顺磁信号作为测量信号，已获得了众多的可靠年龄[18,19]。测量条件选用了陈以键等人[19]推荐的实验条件，他们的测量仪器也是本文样品测量时所用的同一仪器。因此，可以认为这批样品的测量条件以及所选择的信号是可靠的，由此获得的等效剂量有一定的可信度。虽然对所测年龄没有其他独立的方法可以检验，但是，不同阶地的 Ca 膜样品和同一个 Ca 膜中最内层与中间层采集的样品，其年龄值均没有倒置现象，并且绝大部分测年结果与根据地质、地貌推测的结果吻合较好，这表明，所获得的年龄值是可以使用的。当然年龄值中有一定的不确定性存在，如在计算年剂量时，对于 Ca 膜周围物质的放射性含量都以样品 06 的来代替，没有测定含水量等，但是，这些不确定性的影响可能并不大。此外，强烈的风化作用对 Ca 膜的测年结果可能会有影响，例如，野外所见 T_9 的 Ca 膜完全暴露地表，风化严重，其所测年龄较地质地貌推测的结果偏年轻。

（二）砾石 Ca 膜厚度累积速率及厚度年龄定量关系

根据 ESR 年龄和 Ca 膜平均厚度（表 2、表 3 中两台地 Ca 膜的平均厚度分别为 5.82 和 4.45 mm）可以计算得到 Ca 膜厚度的平均累积速率。不同时间以来的累积速率似乎相差不大，多数介于每万年 0.10～0.11 mm 之间，取其平均值得到 1.57 Ma 以来的平均累积速率为每万年 0.10 mm。该速率与在甘肃阿尔金山山前地区获得的研究结果相同[8]，这似乎暗示了在西北地区可能存在着大致相似的 Ca 膜发育速率。

表 3 测年结果进一步表明了 Ca 膜厚度与发育时间之间的密切关系：同一 Ca 膜的发育随时间增加而厚度增大；不同地点、不同时间开始发育的 Ca 膜的厚度随时间而减小。使用 8 个年龄数据（表 3 所列及 T_2 的 ^{14}C 年龄）和相应的 Ca 膜厚度数据对多种数学模型（$y=a+bX$，$y=a+b\lg X$，$\lg Y=a+b\lg X$ 或 $Y=aX^b$）进行 Ca 膜厚度－时间关系的回归方程演算，以对比确定不同回归方程对于实际资料的拟合程度。结果表明，以 Ca 膜厚度与时间之间的双对数模型或幂函数模型拟合最好（图 3），并得到如下经验计算公式：$\lg Y=1.03\lg X+1.968$。式中 Y 为时间，以 ka 表示；X 为地貌面上砾石 Ca 膜的平均厚度，以 mm 表示。在此关系式中，相关系数 $r=0.998$，剩余标准差 $s=0.056$，说明由该经验公式所表示的 Ca 膜厚度与时间之间的关系具有显著的线性相关性。经回检分析，该公式的回检计算年代与实际测定年代之间的误差绝大多数小于 10%，个别最大为 15%。

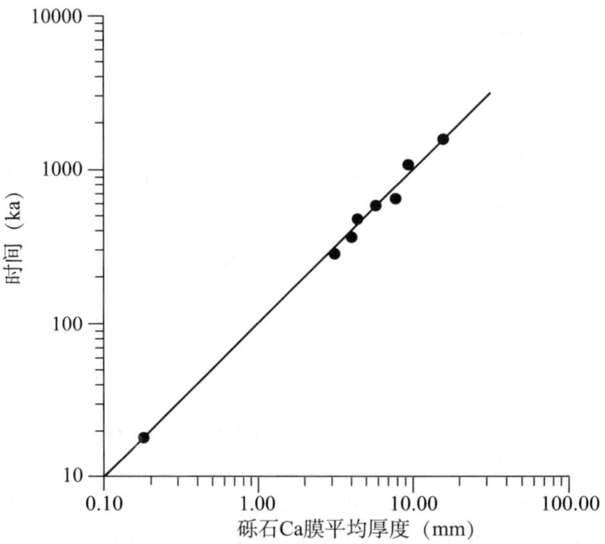

图 3　砾石 Ca 膜厚度与时间之间的变化关系

根据获得的 Ca 膜厚度平均累积速率和测量的 Ca 膜平均厚度，可求得黄河 T_2，T_3，T_4，T_5 和 T_8 的年代依次为 18，94，139，215 和 495 ka，同时还可求得 T_9 的校正年代为 742 ka。此外，根据 T_{11} 与 T_9 的年代和阶地相对高度可求得早更新世晚期河流的下切速率为每万年 0.91 m，据此估算得 T_{10} 开始下切的年代大约为 1072 ka。这些年龄结果的可靠性同时得到了已有的 ^{14}C 和 OSL 年龄（T_2，T_3 和 T_4）及相邻阶地 ESR 年龄的印证，并与地质、地貌对比分析的地质时代完全相符。这表明，以上所建立的 Ca 膜测年方法能够有效地用于研究区粗粒沉积地貌面形成年代的确定。采用这一方法，我们在青藏高原东北缘弧形构造区内成功地测定了多处山前洪积台地和河流阶地的年代，从而为对区内第四纪不同时期山地隆升、断裂错移等构造变形的幅度、速率以及构造作用详细过程进行更加深入的定量研究奠定了时间基础。

四、结　论

在于旱－半干旱地区，粗粒沉积地貌面土壤中发育的砾石 Ca 膜含有明显的年龄信息，它的厚度不仅是所在地貌面的一个良好的年龄指标，同时它本身还可以作为定年物质直接用于 ESR 法的测年，本文据此统计得到的 Ca 膜厚度平均累积速率和建立的 Ca 膜厚度－年龄经验公式，适用于研究区及环境类似地区的粗碎屑沉积地貌面的定年，它们对于 Ca 膜厚度的适用范围在 0. 18 ～15. 40 mm 之间，相应的计算年龄范围为 18 ～1570 ka 之间，经回检求得经验公式的年龄计算误差平均在 10% 以内。

根据累积速率，本区 Ca 膜在 1 万年内淀积的厚度仅为 0. 1 mm 左右，而由于野外测量手段的局限性，如此薄的 Ca 膜厚度目前是极难准确测定出来的。因此，Ca 膜方法更适合晚更新世及其以前的第四纪测年。事实上，这恰好弥补了目前早－中更新世碎屑沉积物测年方法与手段的不足，此外，Ca 膜厚度与发育年龄之间呈递增的幂函数关系，但这并不意味着随着年龄的无限增长，Ca 膜厚度始终会以这种函数关系增大，根据 Ca 质土壤的发育过程，随着砾石间的空隙被淀积的 $CaCO_3$ 充满，Ca 膜的增厚速率将会减慢，直至终止。因此，当 Ca 膜已包裹整个砾石表面（即砾石间空隙被完全充满）时，只能定性地认为其时代已很老，至于具体多老，则不能用公式计算出正确的年龄。

本区砾石 Ca 膜的平均累积速率，与在阿尔金山地区获得的平均速率一样，均为每万年 0. 10 mm。这两个地区的 Ca 膜同形成于西北干旱－半干旱荒漠草原的气候条件下，成土母质也类似，均为西北各山前广泛分布的、砾石成分比较复杂的冲－洪积物。因此，这一数值可能代表了西北地区类似或一般母质条件下砾石 Ca 膜厚度的平均累积速率。研究表明，在灰岩大量分布的局部地区会造成 Ca 膜发育速率的异常增大，但增大的量究竟有多少目前尚不清楚，这是使用 Ca 膜方法定年应予注意并有待进一步研究的问题。

致谢　Ca 膜样品的实验处理在中国地震局地质研究所第四纪年代学实验室完成，ESR 信号强度由中国计量科学院 ESR 实验室测定，U，Th 含量由中国科学院高能物理研究所测定，K 含量由中国地震局地质研究所测定，同时在工作中还得到高维明研究员的许多帮助，作者谨致谢意。本工作受国家自然科学基金（批准号：49732095）、地震科学联合基金（197021，9507422）和国家重点基础研究发展规划（G95130102）资助。

参　考　文　献

[1] Pierce K L. 著，四川省地震局译，活动构造学，成都：四川科学技术出版社，1989，230 ～254。

[2] 陈文寄、计凤桔、王非，年轻地质体系的年代测定（续），北京：地震出版社，1999，1 ～269。

[3] 李吉均、康建成，中国第四纪冰期，地文期和黄土记录，第四纪研究，1989，No. 3：269 ～278。

[4] 潘保田、李吉均、朱俊杰等，兰州地区黄河阶地发育与地貌演化，见：中国第四纪冰川与环境研究中心，中国第四纪研究委员会编，中国西部第四纪冰川与环境，北京：科学出版社，1991，271 ～277。

[5] 李吉均、方小敏、马海洲等，晚新生代黄河上游地貌演化与青藏高原隆起，中国科学，D 辑，1996，Vol. 26，No. 4：316 ～322。

[6] 熊尚发、丁仲礼、刘东生，北京地区河流阶地的发育年代，见：中国第四纪地质与环境，北京：海洋出版社，1997，221 ～227。

[7] Pierce K L. Quaternary history of faulting on the Arco segment of the Lost River fault. Central Idaho. In：Stein R S. Bucknam R C. eds. Proceedings of Conference XX VIII – the Borah Peak Earthquake. U S Geological Survey Open – File Report，Volume A. 1985，195 ～206.

[8] 邢成起、吕德徽、董治平等，阿尔金山东段山前砾石钙膜累积速率及其在估算断层活动年代方面的应用，内陆地震，1998，Vol. 12，No. 2：119 ～125。

[9] Machette M N. Dating Quaternary faults in the south western United states by using buried calcic paleosols. U S Geological Survey Journal of Research，1978，Vol. 6，No. 3：369 ～381.

[10] Machette M N. Calcic soils of the southwestern United States. In: Special Paper 203 of Geological Society of American, 1985. 1 ～21.

[11] 胡双熙、王乃昂、张家恩，我国西北地区钙积正常干旱土系统分类研究，见：中国土壤系统分类研究丛书编委会，中国土壤系统分类新论，北京：科学出版社，1994，40 ～48。

[12] Gardner L R. Origin of the Mormon Mesa caliche. Bulletin of American Geological Society, 1972, Vol. 83, No. 1: 143 ～156.

[13] Birkeland P W. Pedology, Weathering, and Geomorphological Research. New York: Oxford University Press, 1974.

[14] Gile L H, Peterson F F. Grossman R B. Morphological and genetic sequences of carbonate accumulation in desert soils. Soil Science, 1966, Vol. 101, No. 5: 347 ～360.

[15] Harden J W. Taylor E M. A quantitative comparison of soil development in four climatic regimes, Quaternary Research, 1983, 20: 342 ～359.

[16] Levine E R. Ciolkosz E J. Soil development in till of various ages in Northeastern Pennsylvania. Quaternary Research, 1983, 19: 85 ～99.

[17] 韩文峰，黄河黑山峡大柳树松动岩体工程地质研究，兰州：甘肃科学技术出版社，1993，81 ～89。

[18] Rink W J. Electron spin resonance (ESR) dating and ESR applications in Quaternary science and Archaeometry. Radiation Measurements, 1997, Vol. 27, No. 5 ～6: 975 ～1025.

[19] 陈以键、陈铁梅、陈琪等，次生碳酸盐沉积物的 ESR 年龄测定．见：王维达主编，中国热释光与电子自旋共振测定年代研究，北京：中国计量出版社，1997，413 ～43。

发震构造确定的原则和方法*

一、内涵及目的

我国在1987年发布的核电厂厂址选择中的地震问题（HAF0101）中曾将那些“与地震活动有关的构造”称为地震活动构造（Seismically active structure）。1994年修订本HAF0101（1）导则中将地震活动构造称为发震构造（Seismogenic structure），并定义为“显示地震活动性的或有历史地震破裂的，或古地震活动性影响的现代构造条件下曾是地震震源的构造。在关心的时期内很可能发生显震的构造考虑为发震构造”。这里所说的在“关心的时期内”不宜简单地理解为工程建设项目的有效期内。

鉴定发震构造的目的是为了分析厂址地震动水平和评价地震地表断裂对厂址的影响。前者关心的是那些发震构造的位置与潜在地震的组合能影响厂址的地面运动水平的发震构造，而后者关心的是那些靠近厂址在地表或近地表处有潜在相对位移的发震构造。

二、鉴定发震构造的依据

发震构造的鉴定要围绕上述两个目标对区域范围内收集的基本资料和近区域范围内详细调查的资料，进行综合分析与鉴定。在此基础上确定出对工程地震安全性评价有意义的发震构造。

发震构造的确定主要以地质、地震或地球物理资料为基础，能提供证明在现代构造条件下曾是地震震源构造的直接或间接的证据。确定发震构造的主要依据主要可归纳为以下3类。

1. 依据有潜在相对位移的地震地表断层

地震产生于断层的突然破裂和位移，这一观点在19世纪就已经提出，特别是在1891年日本浓尾地震和1906年美国旧金山地震之后得到广泛的流行（Reid，1910）。但其得到普遍的接受是在20世纪60年代（Eveson，1963）。这一观点能在世界上得到广泛的承认，主要基于两方面的依据：地表破裂的观测结果和大地震地震波传播形式皆可用双力偶模型解释；断层运动几乎总是发生在离开深部韧性剪切带的地壳相对浅部（5～20 km）。

在发震构造的研究中，断层研究已成了最为核心的一个问题。断层是一条不连续线，岩石曾沿此发生过变位。它可通过相应岩石的位移迹象来表现。断层的位错可通过岩层或地貌标志来计算。断层有各种不同的尺度，从很小的破裂到上千千米的板块边界的断裂带。小断层在地表露头近似为一条线，很多大断层常是包括很多断层集合的宽阔的地带，一般称单条的为断层，而多条断层的集合则称作断裂或断裂带。

断层到达的深度，一般认为是达到脆、韧性转换带，在韧性区位错迹象不能长时间的保留（Sibson，1983），因此脆性断层一般存在于中上地壳，大多数的地震也多是发生在这一深度。

深部的断层有的直接出露地表，有些地区则是隐伏的。隐伏的深部断层在地表位置的确定要靠非直接的方法。对断层在深部的位置和延伸情况的确定，要靠地球物理方法等间接的测定，故常存在一

---

* 本文原载于时振梁等著《核电厂地震安全性评价中的地震构造研究》（第六章），2004，154～180，中国电力出版社，作者：丁国瑜。

定的不确定性。常常是在大地震发生之后，通过详细研究才能得到地表断层及其与深部断层具体关系方面的认识。一般说来，深部的走滑断层和正断层型的大地震和位移引起的地表断层比较简单，而深部逆断层的活动引起的地表破裂则较为复杂。

地表出现的非连续断裂、变形，按其形成机制可分为：地表构造断层和非构造破裂两类。构造断层包括发震断层和非发震断层，前者指震源错动出露于地表的断层，后者指发震断层以外的其他构造性断层，如不发生地震的蠕滑断层即属此类。非构造破裂包括因岩土重力作用或其胀缩性质差异而形成的地表破裂，它们与构造性地表断层在形成机制与动力根源上有本质的区别。在讨论核电厂地震危险分析中有关地表断层问题时，我们可参考 L. Serva 根据意大利中亚平宁地区的资料，对与地震有关的各类地表破裂变形的划分、定义以及它们的相互关系。这虽然是一个在伸展环境下的模型，但对走滑和压缩环境（除去低角度断层）下在考虑了各自的特点加以修改后也是适用的（Serva，1992）（图1）。图内将与地震有关的各类地表破裂变形分为以下四类：

（1）地表断层（Surface Fault）：与地震震源机制相一致的断层错动，直接与主发震断层相联系。

（2）地表破裂（Surface Rupture）：与发震断层为分支或次级关系的断层错动。

（3）地基失效（ Ground Failure）：由地震引起的所有可能的非构造地表位错（滑坡、软土中的裂缝、液化等）。

（4）感应（或诱发）破裂（ Sympatetic Rupture）：完全与主发震断层相分离的断层上诱发的断层位错。

与震源有直接联系的地表断层的存在是确定发震构造的证据，是对工程选址和地震危险性评估十分重大的问题。尤其是在地震高活动区，如我国西部尤为突出。大地震的地表地震断层犹如大自然在地表留下的强震记录图纸，它可以带给我们大量的震源的信息，反映了区域应力和地壳运动的状况，对研究地震破裂的方式与过程、地震的大小、了解地震时的地面振动效应、确定地震危险和震害程度、探索抗震途径等有重要的意义。在根据地表断层鉴定发震构造时，要对上述各种不同类型的地表断裂，与地震有关的各类地表破裂变形作出明确的区分，以便予以不同的评价。

判断一条地表破裂属于哪种类型需要进行详细的调查分析。一般情况下与发震断层相联系的地表断层延展较长，因为只有在较长断层上有大的运动才能破裂地表。在英国，有关核电厂地震危险性评估经验中曾认为在很长的断层上的运动产生的地表破裂，包括连续的地表断层或不连续但却是相关的一系列短小断层（以及褶皱）的组合，其总长度至少是 20 km，这是地震带自韧性带之上典型厚度的一个分量，它们可认作是发震断层地表破裂的一部分，如果小于 20 km 的则常常是次要的或次级的断层。

Muir Wood（1984）的统计表明，当震级小于 7 级，产生地表断层的概率很低，对正断层和走滑断层，同样的概率水平对应的震级可低一级（图 2）。至于有关地震震级、断层长度和位移之间的关系，在以后的章节中讨论。

关于地震地表断层与先存断层的关系。波尼拉统计了世界上 108 条地震断层，其中 91% 发生在先存断层上，8% 限于资料不够清楚，仅一例是发生在以前没有断层的地方。可见地震断层经常是发生于先存断层上的，对一个重复发生破裂的地区来说，弄清这一问题对预测未来发震构造及破裂的位置与型式具有重要意义。研究地震断层与先存断层的关系，除阐明地震断层的产生与先存结构的关系外，还要通过地震、古地震的研究详细揭露在更长时间尺度内在先存断层上地震破裂的复发间隔及其年代、研究断层及地震破裂的活动规律。

对地表地震断层与深部破裂的关系问题可有两种理解，一是指地表可见地震断层与深部断层的关系，即深、浅部构造关系问题。这两者关系很复杂，它涉及到浅部和深部的脆性和塑性变形的变化问题。有些地表断层只是发生在表部滑脱构造层的断层，与基底或更深处的断裂无论从方向上或是活动方式上都可能有很大的差别。另一方面的理解是：所说的深部破裂指根据地震学资料或地壳形变资料计算求得的震源破裂。它与地表破裂的关系可以有多种情况：①没有地表破裂；②表部只有地面隆起或次级小破裂；③表部破裂短于深部破裂；④两者长短大体一致；⑤表部破裂长于深部破裂，这最后

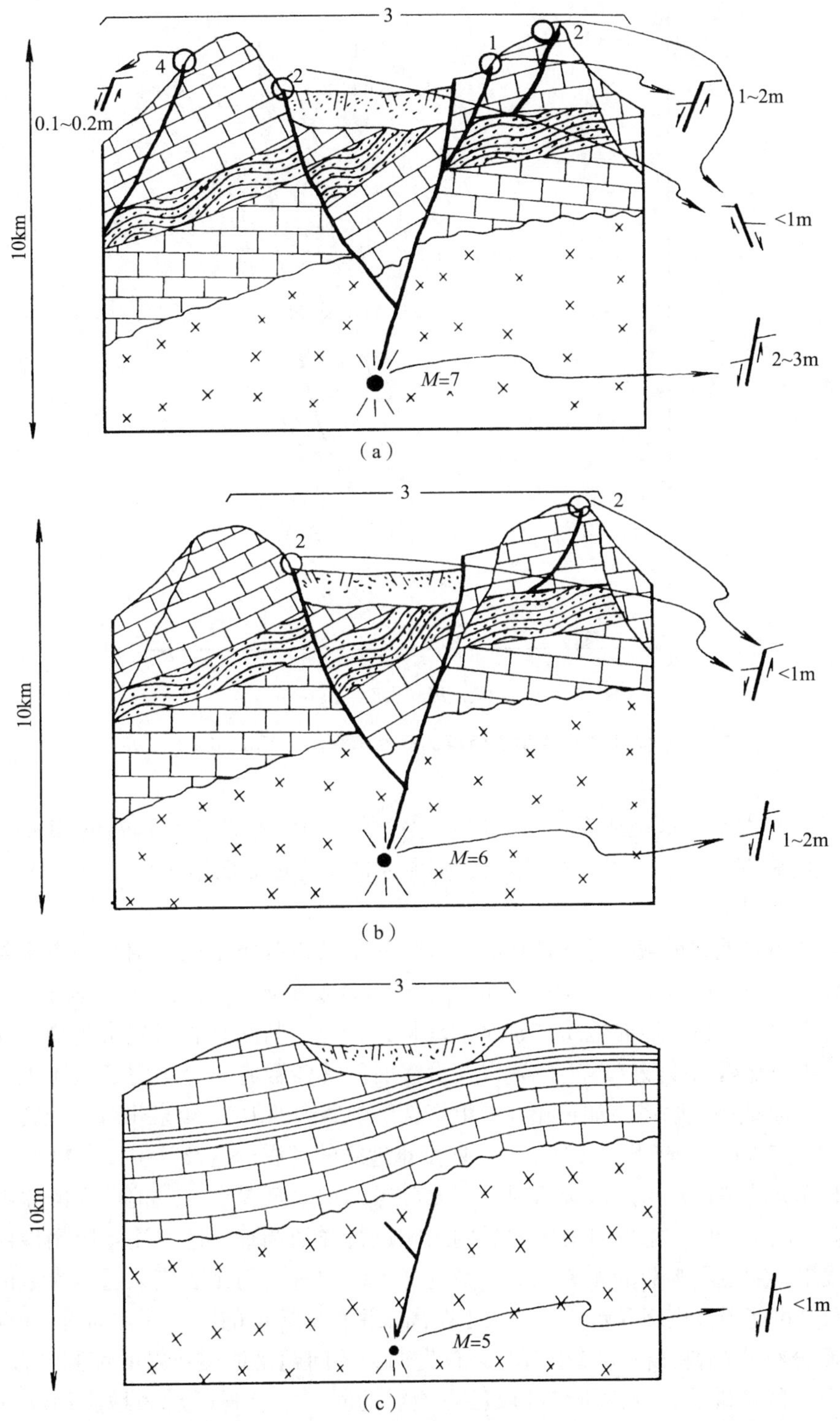

图 1　地震地表断层及其位移与震级的比较（L. Serva，1992）

1. 地表断层；2. 地表破裂；3. 地基失效；4. 感应破裂

——同震滑动；——先存岩性或构造边界

一种情况主要是由于震后蠕滑所造成的。

2. 依据历史地震或仪器测定的地震资料

地震活动是确定发震构造最直接和最根本的依据，断层的快速破裂产生地震事件，因此，在现代

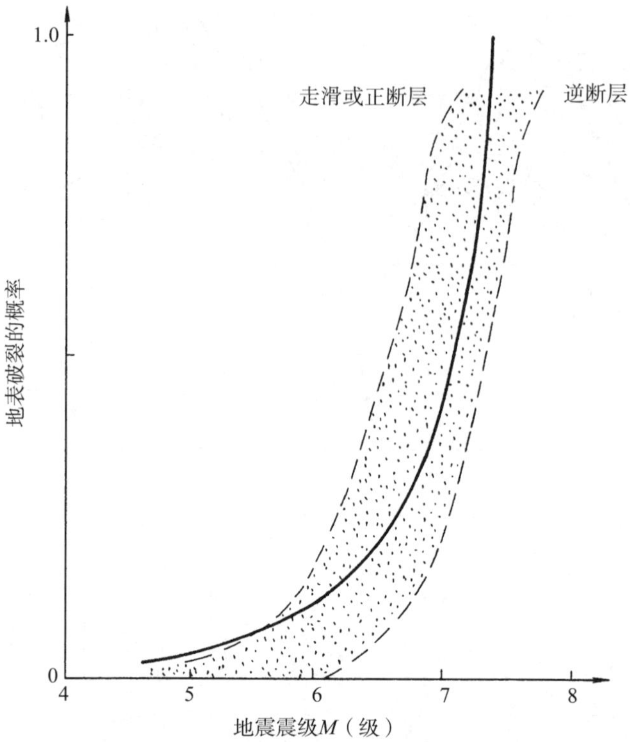

图 2　地震震级与产生地表断层的概率示意图（Muir Mood，1984）

构造应力场条件下，根据历史地震或现代仪器记录地震的分布特征及其与构造的相关性分析可作为进一步鉴定发震构造的依据。在已经发生过破坏性地震的地区，通常根据历史地震或仪器记录资料，即可较准确地确定发震构造。

我国悠久丰富的历史地震记载，对认识和确定发震构造有极其重要的价值。一个重要历史地震的重新认识，往往会导致对一个地区地震活动图像和发震构造认识的改观以及地震危险性评价结果的差别。特别是运用这些历史地震资料与地面地质特别是活动构造研究资料相结合时更会扩展其作用。由于历史记录资料的限制，历史地震的震级、震中位置以及发震时间等参数有时是不完备或不确定的，特别是被称为“疑难地震”的早期历史强震，如近年在核电厂选址中遇到的 1604 年泉州海外地震、1505 年南黄海地震，以及 1057 年北京附近的幽州地震等。对这些疑难地震的发震构造及其主要参数要充分调查和论证，对其不确定性要有充分的估计。当无法确认时，应充分考虑核安全要求，按偏保守的原则来评价其对工程产生的影响。首先应结合厂址条件对历史地震的影响进行详细调查，还应注意应用现代小震记录和其他有关地震研究成果，如地震构造的相关性等。当进行了详细研究仍无法确认适当参数的情况下，应按照偏保守的原则取其可能最大震级和距厂址的最近距离来评价对厂址的影响（常向东，1996）。

应用历史地震分布的资料分析发震构造时，首先遇到的问题是地震目录的编制与合理的定位问题。

在编制地震目录的基础上，分析研究区域历史地震的时、空、强的总体地震活动背景和特征是地震构造分区、地震活动趋势判断和发震构造及其震级上限判断的最直接的重要依据，因此，必须尽可能全面地收集有关的地震资料，要强调在地震目录编制中资料的完整性，并应对地震资料的完整性估计、历史因素造成的地震缺失、地震参数的不确定性等情况作出必要的分析。

震中位置是地震目录中的重要参数，根据多个地震资料确定断层活动和有关发震构造时，地震和断层的位置必须足够精确地确定。各种研究包括发震构造的分析必须考虑震中的定位精度。我国现行目录中，1900 年以前的 600 多个地震全部使用宏观震中；1900 年以后的地震按仪器记录测定微观震中，多数并未给出震中精度；1957 年以后的多数地震给出了定位精度。就整个目录而言，华北地区

85%以上的破坏性地震没有标出定位精度（张四昌，1987），应对定位精度给予具体分析，以提高目录使用的准确性。

仪器记录地震资料对分析地震活动的空间图像、构造条件和隐伏震源的特征等有重要意义，对这类地震资料定位精度有更高的要求。因此，需要对有关区域地震台网监测能力进行分析，以保证提供高精度的地震空间定位（包括深度）资料，对不符合要求的地震观测资料应重新进行必要的精定位工作。

在许多地区确定发震构造的首要条件是依据断层的存在，但在有些发生过大地震的地区，尽管一般承认大地震起因于断层面的滑动，可是还不清楚地震的发生与断层之间的具体因果关系，如美国中部的新马德里地震及我国东部的一些地震等。对这种发震断层并不明确的地区，可根据地震活动显示特点的资料来鉴定发震构造。因为根据历史地震资料，曾发生过大地震的地区，这些地区也常是小震活动的部位，所以显示地震活动集中地区可作为发震构造活动的一种显示和鉴定发震构造的一种依据(可能的，但不是必然的)。有人对那些存在一个清晰的地震活动集中的地带提出了震源区的概念(Coppersmith，1991)。在一个震源区的地域被认为具有同一的地震势，可以用最大震级和地震复发来表示，围绕此小地震活动地带的边线就是震源区的边界。由于在这种情况下对发震断层所知甚少，确定发震构造问题就更复杂。在这些地区地震活动分布相对均匀和微弱，地震常常是地质结构弱化带复活的结果，在这种地区需通过构造特征，如断裂构造、古缝合带、裂谷、地体以及区域破裂网络的分析和区域应力特征的分析来评估发震构造，识别应力的加强及适于发震的结构条件的存在，亦即地质结构特征和区域应力特征的分析成为识别发震构造更重要的依据。

3. 依据古地震地质遗迹和地球物理资料

地质记录能够保存有关发震断层位错方面的信息。古地震研究是根据对过去地震遗留下来的地质记录研究史前地震。古地震研究的实质是扩展地震活动的历史记录。鉴定史前的地震事件，包括其发生年代、地震大小和断裂带上长时间地震活动的过程和复发状况，这对发现和确定发震构造和地震危险性分析都具有重大的意义。古地震遗迹的发现是鉴定发震构造确定性的重要依据。这一领域发展的关键在于：古地震地质遗迹的认别和对有关地质体或地貌面的年代测定技术。研究古地震首先要解决古地震存在的标志问题，即古地震发生时遗留下来的各种剩余变形和特殊地貌，根据它们来判定古地震事件的发生。近代大地震调查中所见到的各种现象几乎都可以作为判断古地震的标志。但由于古地震遗迹已经历了漫长的剥蚀、掩埋等后期变化，这些遗迹的识别要更复杂。从广泛的现象看，古地震的标志包括以下六类：

（1）构造标志：如断裂位错、地裂缝等；

（2）沉积物变形标志：如揉皱、液化等；

（3）地貌标志：如断错水系、地震堰塞湖、阶地变形、断层陡坎以及崩积楔等；

（4）生物标志：如树木的破坏，生态、年轮发育变异等；

（5）考古标志；

（6）断裂带内岩石矿物等突然破裂变形的微观标志。

C. Allen 指出，揭露和识别单个古地震的主要具体地质现象有（图3）：

（1）断层切错老地层而本身因受后来的侵蚀作用被截断，又被地震后的较年轻地层所履盖［图3(a)］。地震事件曾发生于此时间间隔之内。

（2）识别被埋藏在强烈振动时因土壤液化而形成的喷沙体或注入沙脉［图3（b)］。

（3）伴随强烈振动形成的局部地区水下新沉积物的强烈揉皱现象［图3（c)］。

（4）识别后来被未破裂的年轻的沉积物埋藏的断层、陡坎［图3（d)］。

（5）与（4）紧密相关的来源于侵蚀断层陡坎的埋藏崩积物的识别［图3（e)］。

（6）识别与地表断裂运动有关的裂缝，它们后来多被地表物质所充填［图3（f)］。

有许多非地震成因但与上述现象相似的现象，例如由重力引致的土层滑动，有时形成大量的形变，外观上与地震活动产生的形变非常相似，充分认识与区别这两类不同的现象十分重要，以免造成错误

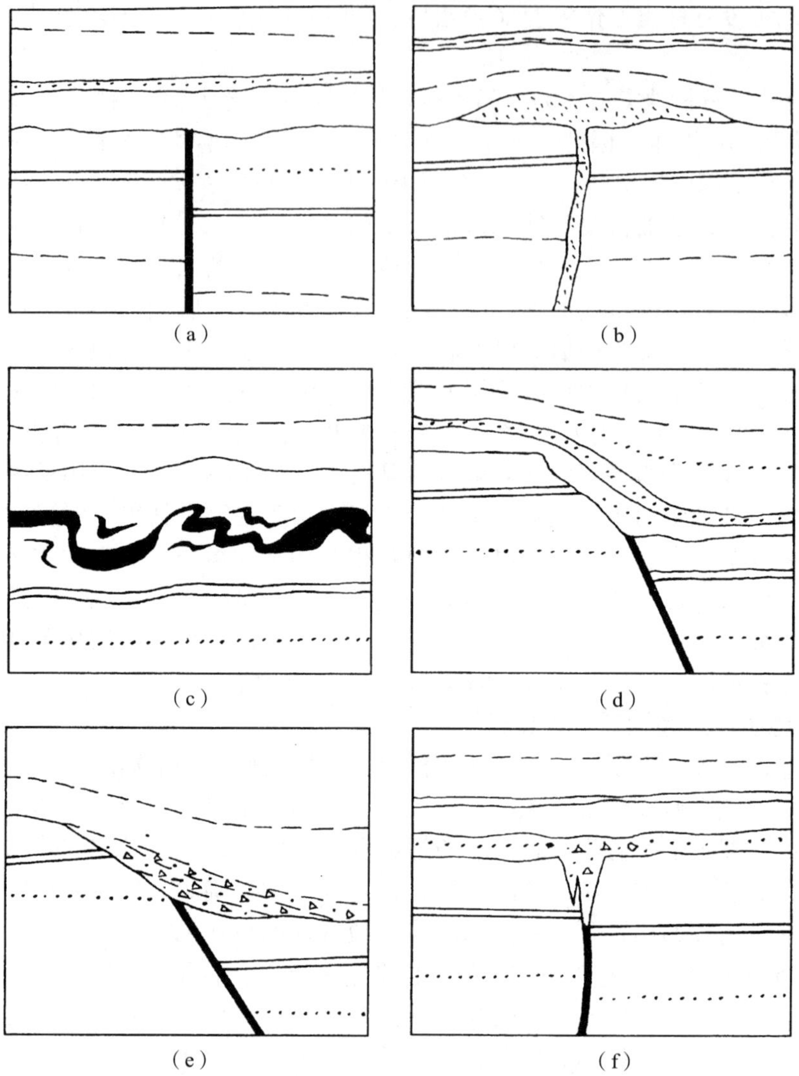

图 3　可能由各次古地震产生的地质关系剖面示意图（Allen，1989）

地判定发震构造的存在以及有关参数的错误结论。

在断裂带上合理布设和开挖探槽以探寻上述各种古地震遗迹是一种看起来简单但却有十分重大效果的方法。但由于古地震遗迹保留情况的复杂性和地层沉积物年代、断裂分段、地貌变化等条件的限制和影响，根据探槽揭露的古地震遗迹来重建一条断层上的古地震事件序列及它们的各有关参数（位错量、震级估计、震中位置）存在很大的不确定性，可以采用增大开挖探槽的数量和规模，合理布设不同方向相互交叉的复式大探槽，加大年代测定样本的数量，采用多种测年方法等措施来尽可能地减少其不确定性。

对有关最近一次事件的确定、地震活动群集或特征地震类型的存在与否等问题，特别是根据多次古地震年代资料，提出有关地震复发间隔时，尤其要慎重。

关于地球物理资料。许多断层活动都伴随有地震活动，地震活动性高的地区可作为判定活断层的依据，这在前面已有所论述。持续的地震活动并形成线状排列，尤其是在确认的断层端部时，可被看作是震源或发震断层的延伸，如新马德里附近线性排列的高地震活动性与地下活断层有关。

地震反射法可给出陆上沉积盆地以及湖泊和海下沉积盆地内的隐伏断层，阐明隐伏断层的下倾性质、滑脱面的状况等。地球物理场和深部构造的变异带，如重、磁异常梯度异常带和地壳厚度陡变带等，常常显示出与地震活动的分布有密切关系，是鉴定发震构造的重要间接标志。

4. 隐伏发震构造及深、浅部构造关系问题

地震地表断层可作为确定发震构造的直接依据，但地表断层的存在只是大地震发生后的产物，地表断层和地下与震源相联系的深部断层之间的关系是一个十分复杂的问题，尤其是当核工程位于新沉积层覆盖的基岩隐伏区时，隐伏断层状况的分析就往往变得更为重要。

在鉴定发震构造时，对隐伏断层的研究主要涉及下列一些内容：

（1）隐伏断层的有无及其准确定位；

（2）隐伏断层的活动性、活动时代和方式；

（3）隐伏断层是否为深部的发震断层。

确定有无隐伏断层的存在可根据具体情况从物探、遥感地质、地表地质、沉积地层分析、微地貌分析、化探、钻探、槽探等多种方法中择要使用，并相互综合对比。可开展综合手段的联合剖面探测研究以提高其可信度与精度。当前无论在各种化探方法（包括 Rn、Hg、H_2、CO_2等）的测量还是物探方法（包括地震反射、浅层地质雷达、CT 扫描等），在确定隐伏断层的存在、准确定位等方面都还在准确性方面存在着许多尚待深入研究的问题。此外，虽然浅层断裂的活动与深部断裂构造活动往往有着密切的关连，但深部与浅部构造又存在着复杂的并不是一一对应的关系，在确定隐伏区的潜伏发震构造时不应简单地对待。

随着在盆地平原地区、滨海地带经济的迅速发展，工程建设的大量兴建，探测与研究隐伏断裂，判定隐伏断裂及隐伏发震构造的要求日益扩大和迫切。过去在地震危险性分析中对隐伏的断裂及隐伏发震构造的研究是较为薄弱的。20 世纪 80 年代以来，在美国西部发生的 Coalinga、Whittier Narrows 和 Loma Prieta 等地震都未产生明显的地表地震断层。对它们的深入研究表明这些没有地表断层的地震与深部隐伏的活动褶皱、活动隐伏断层有关。而这些活动隐伏褶皱和活动隐伏断层均与可测量到的地表变形有关，皆是一些可识别的年轻褶皱区。

近年对活动隐伏断层的研究主要在活动隐伏逆冲断层、逆冲走滑断层及活动隐伏正断层、走滑正断层两个方面。前者如在美国西部，在隐伏断层定位研究方面利用在石油工业中发展的一些技术，结合运用定量地质构造剖面方法重建深部褶皱构造及隐伏逆冲断层的详细地下结构，这种技术已在可能隐伏着孕震逆断层或逆冲断层的挤压区内得到愈来愈多的应用。

我国在隐伏活动褶皱和隐伏活动逆冲断层与发震构造关系方面的研究近年亦已引起了人们的重视。在西部的天山南及北麓、帕米尔东北侧、祁连山区、龙门山区等地，这方面工作已有所开展。在这些挤压褶皱区，活动逆冲断层的滑动位移自下而上逐渐减小，至断层的前锋衰减为零，转变为褶皱形式或地表隆升。在地表变为分散的复杂的变形，甚至见不到地表破裂，这样，这些隐藏于深部的盲逆冲断层就成了找寻和确定发震构造的重点。

关于深、浅部构造关系，一般说来，深部的走滑断层在地表通常都比较简单，一般可简单地通过地表来显示地下深处断层的几何形态。对于逆冲断层和正断层的地表破裂形式与深部地震破裂形式的关系则较为复杂，对这类深部断层的位置及几何形态的鉴定要更困难。1980 年阿尔及利亚阿斯南地震（$M=7.3$ 级），1977 年阿根廷圣胡安地震（$M=7.4$ 级）和 1988 年亚美尼亚斯皮塔克（$M=7.2$ 级）地震都是与逆冲断层有关的地震，这些地震都有地表破裂出现，而据地表破裂计算出的地震矩比实际地震矩要小得多，斯皮达克地震的余震带长度是其地表破裂的 5 倍多。已有大量深部地震反射剖面和地震层析成像技术所提供的深部断层结构方面的成果，表明了许多铲形断层以及大的区域性拆离断层的存在，断层倾角及下倾宽度向深部的变化，对评价这些断层与深部断层以及震源的关系很重要。美国 Coalinga（1983）、Whittier Narrows（1987）和 North Ridge（1994）等地震的发震构造并未切到地表，在这些地震发生前并未识别这里的地震危险性。Whittier Narrows 地震发生在隐伏逆断层上，已解译出该地震与隐伏逆断层在空间的相关性，在地壳上部数千米范围内不适宜积累大量的剪切应变，故与没延伸到一定深度的小规模褶皱有关的隐伏断层不可能发生地震。地震的发生主要是与逆断层的陡倾断坡有关，这是因为在水平挤压下，剪切应力更容易在陡倾角的逆冲断层段集中，而与相对低倾角的断层段，如近水平的拆离断层或断坪段无关（Coppersmith，1991）。故深部盲逆冲断层的断坡段是判定褶皱逆冲构造区发震构造的主要研究对象。对薄皮构造区这类地震的震级较小，而与厚皮构造相联系和较深层的断坡构造则往往是与较大地震发震构造相联系的，必须予以更大的重视。

我国天山山前褶皱隐伏活动逆冲断裂带上的强震活动，如1906年发生的玛纳斯7.5级地震等的发震构造也是如此（张培震等，1994；Avouac，1993）（图4）。青藏高原北缘的祁连山、河西走廊至海原一带的挤压走滑变形带的一系列地震，如1927年古浪8级地震，1920年海原8级地震等的发震构造也是具有类似的构造模式。如古浪地震的地表破裂位移较小，且分布甚为复杂，主要是深部盲逆冲断层的活动，发震构造也是位于断坡部位。

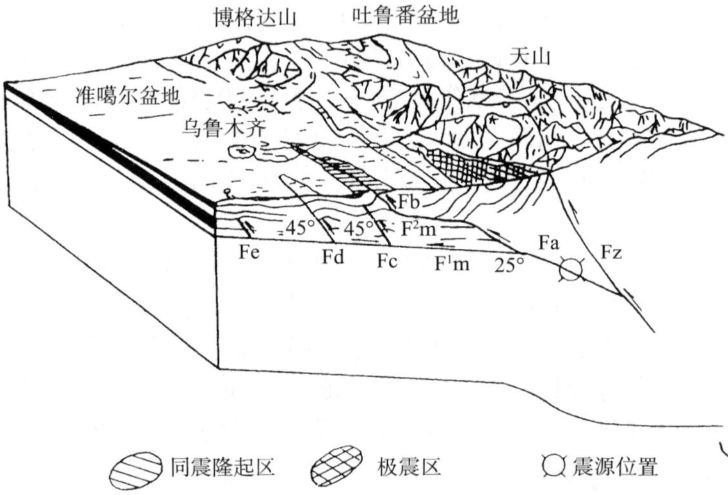

图4　天山山前1906年玛纳斯7.5级地震的发震构造（Avouac，1993；邓起东等，2000）

Yeats论述了与褶皱构造有关的两类断层：曲滑断层（Flexural-slip Fault）与弯矩断层（Bending-moment Faults）的地震危险性（Yeats，1986）。曲滑断层是指岩层发生褶曲时，由于层面滑动所形成的断层，这些断层朝着向斜轴部逆冲而尖灭于褶皱的枢纽部位。由于曲滑断层保持在地层面上，地层被褶皱岩系中平行于层理的断层切割，不易看到地层错开的现象，因而难以辨认。弯矩断层是当岩层两端受力而弯曲时，凸出的一侧因伸长而产生拉张，凹进的一侧因缩短而产生挤压，两侧的拉张和挤压由一对力偶或弯矩所形成，中间为一中性面。在此面上既无拉张也无挤压，随着褶皱作用的进行，在凸侧可产生张性破裂的规模一般都不很大。作为与褶皱作用有关的这两类断层的发震构造，由于这两类断层只是发育于沉积盖层，并不向下延至高强度岩石的深处，所以一般只产生中小地震，而不会产生大地震，Yeats（1982）称它们为低震断层（Low shake faults）（图5）。

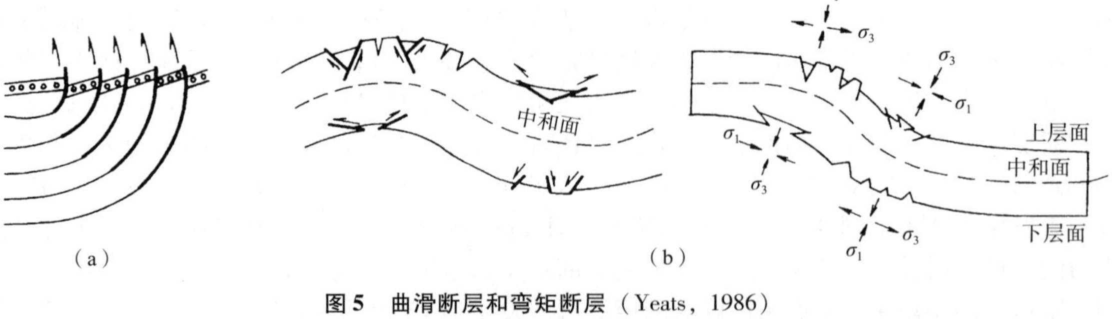

图5　曲滑断层和弯矩断层（Yeats，1986）

（a）曲滑断层；（b）弯矩断层

在隐伏活动正断层或走滑正断层研究方面，在美国中部的 New Madrid 地区，我国东部的华北平原地区，希腊等地进行的研究较多。新马德里地区大量对深部结构的地球物理探测工作以及在地质学、古地震学等方面的综合研究工作，已对这一古裂谷地区的隐伏发震构造的特征有了较为明确的认识。在我国东部的平原地区或盆地区对隐伏断裂构造的研究工作亦有一定的开展。对隐伏正断层或走滑正断层的结构特征，其最新活动性以及其地震危险性评价等方面也已积累了一些工作经验。例如：1966 年发生的 7.2 级邢台地震也是一次深部隐伏断裂活动引致的事件。在发生这次地震的地区，在水系分布、河流坡降等方面都有明显的异常显示，从震区北部的王家井、百尺口、东汪、耿庄桥至邢家湾一带河流坡降表现很大的负异常，明显的较周围河段的坡降要低许多，反映出这一深部北北东向狭长的隐伏活动地堑区的强烈下沉活动（图 6）。北区深部人工地震探测研究所得结果，确定了这一隐伏的邢台地震发震构造的具体位置和情况，阐明了深部基底近垂直的活动断层与近水平的滑脱层和表部张性铲状正断层等与发震构造之间的复杂关系（图 7）（王椿镛等，1997）。

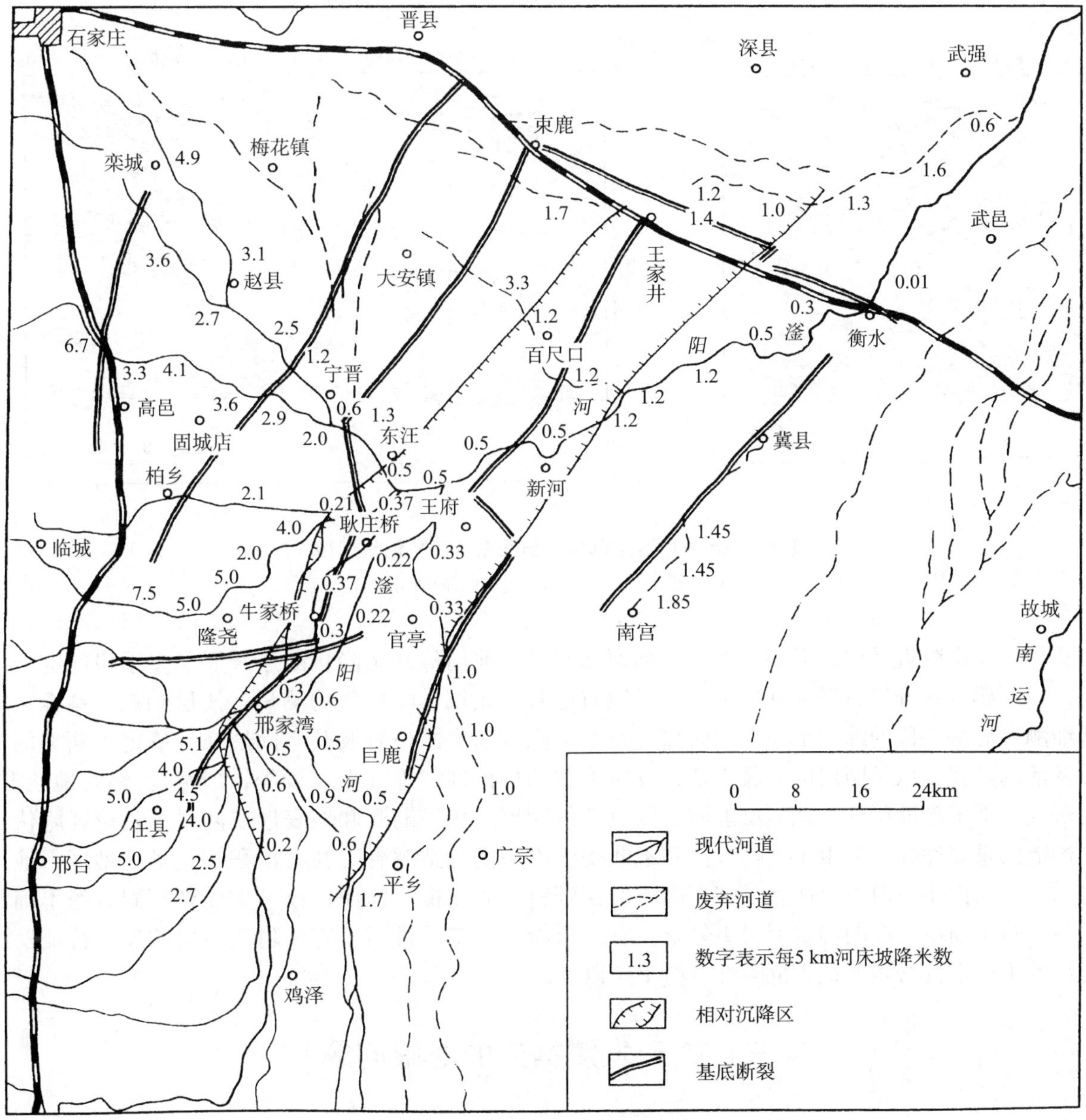

图 6　1966 年河北邢台地震极震区河床坡降

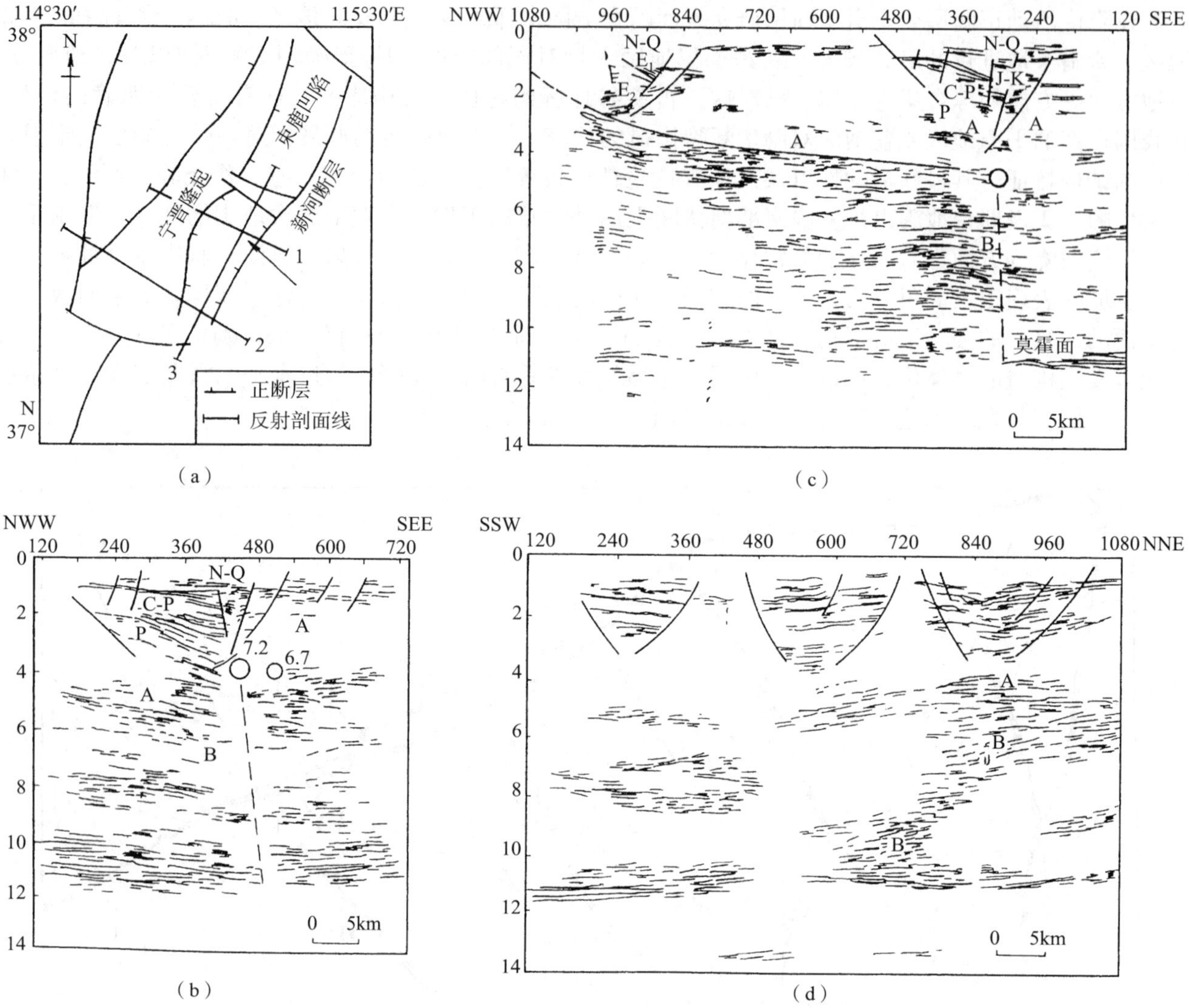

图7　邢台震中区深部构造剖面图（王椿镛等，1997）

（a）平面图；（b）、（c）、（d）剖面1～3

又如对北京附近平原区夏垫、南口—孙河和密云—前门等几条隐伏断层开展了多手段的综合探测研究，在遥感资料开发解释的基础上，通过地质地貌、化探、断层气的测量、浅层物探、钻探、槽探和精细测年等多手段的综合剖面探测研究，查明了隐伏断裂的位置及其空间展布、确定了断裂的活动性质及活动年代，以及断层的分段特征、发震构造的分析判定等（向宏发等，1994）。综合地质调查、地貌研究、平衡剖面研究、地震反射波法以及其他物探、化探勘测和地表形变测量等是论证隐伏发震断裂构造的重要途径，但由于这类方法并不能提供唯一的构造解释，在有沉积物覆盖的地区，地震断层的判定，又由于一般不可能有足够密度的钻探资料，而化探、物探资料又常受到其固有的不确定性的限制，隐伏断层情况的确定变得更复杂，有时只能靠一定的推断，有关隐伏断层的几何特征及与震源关系的不确定性必须在地震危险性分析中予以考虑。

三、关于发震构造的时限问题

在HAF0101（1）中对发震构造的定义里，并没有给出明确的发震构造的时限，但关于发震构造的定义中有两点涉及时限的问题，一是在“现代构造条件下”，这一“现代构造条件”的现代如何理解？

二是在“关心的时期内”，这一时期又该如何限定？这涉及到活断层及能动断层的年代问题。

1. 关于活断层

对活断层的年代限定问题一直争议较多，不同的限定为第四纪以来有活动的断层，70 万年以来的、50 万年以来的、10 万年以来的、1 万年以来的等各种不同时限。由于对活断层时限的理解不同，已导致出现了在工程、社会和法律方面的困难。

我国近年的一些研究报告中，还将活断层划分为：新生代活断层、第四纪活断层、晚更新世（约 10 万年以来的）活断层、全新世活断层等，并据核工业工程的需求和我国地质构造情况，在 HAF0101 中规定：在晚更新世（约 10 万年）以来有过活动的断层为“能动断层”，有人也称此时限以内有活动的断层为活断层或工程活断层。活断层和活动构造这些术语意味着事件“目前”正在发生，但“目前”这个术语是含混的，可能有各种不同的考虑，如以秒来考虑，也可能以年或数千年以至更长的一定地质时段来考虑。因此，R. E. Wallace 提出把活动构造定义中的时限改为着重于将来，强调未来构造事件的预测，这对指导减轻危险性的行动有极大的好处（Wallace，1986）。他认为活动构造的时限应是指在未来与社会行为（如核电站、大坝工程……）有关的时间段，在此时段之内预期有构造活动的即为活动构造。因此这一时限可因不同社会行为所需求的时间不一而长短不同。可同样用这一思想考虑活断层的定义。

从地质学角度看，一条断层如果在现代构造应力场的背景下，或说是在现代构造体制下曾是活动的，它就可被视为是活断层。因为许多地区的地质研究表明，断层一旦活动，则在同一构造体制环境下还会继续运动，这表现在最近地质时期内已发生多次运动的断层上可随时发生地表破裂（Schwartz 和 Coppersmith，1984），也表现在大断层上的位移可用多个单独的位移来表示，地震复发现象显示了在现代构造体制下断层就是应变能量重复释放的地带，因此要证明断层是否活动，所收集的资料的时间尺度应当是最近这一构造期或现代构造期体制下的这一时间范围，故理论上讲是在最新（或现代）构造阶段曾有过活动的断层都应视为活动断层。但对最新（或现代）构造阶段的时限也有不同理解的问题。构造体制或阶段的变化取决于所在的地壳或岩石圈块体边界条件（包括受力情况与构造等），这一最新构造体制所存在的时间尺度应与现代应力应变图像存在的时间相一致。

结合我国的实际情况看，不同区域开始的现存构造体制或最新构造阶段的时间是有差别的。广大范围决定了当前构造体制的最新一次重要的构造运动发生在上新世的末期（约 3.4～3MaB. P.）及早更新世中晚期（约 1.6～1.2MaB. P.），也就是说，现代构造阶段基本上可用第四纪作为时限。在区域发震构造鉴定过程中，断层在第四纪以来有无活动仍应是评价的重点。但时限过长，这里涉及了在这一时段内断层活动速率与地震复发间隔的长短及工程设施寿期的关系是否可接受的问题。在我国，前面提出的使用工程活断层这一名词就是解决这一问题的一种考虑。

2. 关于能动断层

“能动断层”（Capable Fault）最早见之于《美国联邦核管理委员会规程》(1962)，其定义为：在不久将来可能活动的断层。该定义强调的是断层的未来活动。为了使推断更有根据，该机构给出能动断层的判别标准如下。

(1) 在过去 3.5 万年中至少发生过一次地表或近地表活动，或在过去 50 万年中发生过重复性的上述活动；

(2) 有足够精确的仪器观测记录，证明显震（Macroearthquakes）活动与之有关；

(3) 与具有上述 (1) 或 (2) 特征的能动断层存在构造上联系的断层，可以合理地推断该断层能伴随其他能动断层的活动而产生活动。

这个判别标准美国一直沿用至今，无明显变更。

国际原子能机构（IAEA）删掉了美国核管会的判别标准中“在过去 3.5 万年中至少发生过一次活动”的内容，并把能动断层的判别标准简化为两条（1979，1987）。

(1) 在过去 50 万年之内，在地表或近地表有重复运动的迹象；

（2）已证明一个断层与另一已知能动断层有构造联系，以致于一个断层的运动会引起另一断层在地表或近地表处的运动。

我国1987年颁布的核安全导则HAF0101（0）中，将能动断层定义为："在地表或近地表很可能产生相对位移的断层"。它的判别标准与国际原子能机构所拟定的两条标准相同。

日本原子能土木委员会（1985）将能动断层分为两类：运行安全地震 S_1 相当的断层和极限安全地震 S_2 相当的断层，其定义分别为：1万年以来有过活动的A级活动断层（平均滑动速率 $S \geqslant$ 1 mm/a）和5万年以来有过活动的B级活断层（$0.1\text{mm/a} \leqslant S < 1.0\text{mm/a}$）和C级活动断层（$S <$ 0.1mm/a）。

国际原子能机构在1991年发布的安全导则（50 – SG – SI修订本）中对能动断层的判别标准又放宽了些，具体规定如下。

（1）已有证据表明，断层在某一时期内具有运动或重复运动的性质，就有理由推断在地表或近地表能够发生进一步的运动。

在高活动区，地震和地质的资料都显示地震重复间隔较短，评价能动断层原则以几万年为宜。在低活动区，可能需要更长的时间。

（2）业已证明与已知能动断层有构造联系，以至一条断层的运动可能引起另一条断层在地表或近地表的运动。

（3）与发震构造有关的最大潜在地震，当震级足够大且震源位于某深度上，就有理由推断出地表或近地表能够发生进一步的运动。

我国在《核电厂选址阶段地震工作内容与深度规定》（1994，修改稿）中将能动断层的判别标准修改为下述并行的两条：

（1）晚更新世以来（或10万年以来）有过地表或近地表活动的断层。

（2）与已知能动断层有构造上的联系，以致于一条断层的运动会导致另一条断层运动。

1994年我国重新颁布的核安全导则HAF0101（1）定义能动断层为："在地表或近地表处有可能引起明显错动的活动断层"，并对能动断层的判别标准归纳为三个方面：

（1）表明在晚更新世 Q_3（约10万年）以来有过运动的证据，以致可合理地推断在地表或接近地表处能够再次发生运动。

（2）已经证明一个断层与另一个已知能动断层有构造联系，以至于另一个能动断层的运动可能引起这一断层在地表处能够发生运动。

（3）在某一震源深度条件下，与发震构造有关的最大潜在地震的震级足够大，以致可合理地推论在地表或接近地表处能够发生运动。

3. 关于"构造上的联系"

这是一个较为复杂的问题。一条断层特别是大规模的长期活动的断裂带，它的存在及其空间分布与其他断层有着千丝万缕的联系。一条断层的活动，即应力的积累与释放，可导致整个区内应力场的调整或引起其他断层的运动。断层活动的影响范围与断层的规模、力学性质和活动强度都有关系。前面曾提到的1968年美国Borrego山发生的6.4级地震，据震后调查（Allen C. R. 等，1972），此次地震在震中区产生了长达31 km的地表破裂带（Coyote Creek Fault）。此外，还出现一个十分特殊的现象，即这次地震还同时触发了Imperial断层、Superstition山断层和San Andreas断层的同步错动。据此次地震的余震分布来看，这些敏感错动的断层似已分布在应变区之外，其中Imperial断层的感应破裂距震中已达70 km，San Andreas断层也有50km，最大右旋位错1～2.5 cm。这种现象可以做两种解释：一种是远距离的地震动作用于临界应力积累状态下的断层而产生被动破裂；另一种是处于同一断层系中的断层直接牵动所致。对于前一种可能，在对具体断层评价时，很难作出准确的判断。而后者则可以通过断层的几何结构分析和力学性质的判断，来确定构造上的联系性。因为，一条较大规模的断层往往可以区别出哪些是主干断层（Main Fault），哪些是分枝断层（ Branch Fault）以及哪些是次级断层

（Secondary Fault）。这种构造联系的断层牵动机制是主干断层的破裂通过它们的构造关系而向分枝断层或次级断层传递的。在我国也有个别震例，如1976年唐山地震时，北京夏垫断裂在香河就曾发生过感应破裂，感应距离约120 km（高名修，1992），但这是一种远距离的地震动触发，与直接的构造联系在物理性质上是有区别的。

事实上，相交汇的断层不一定存在运动学上的必然联系，交而不汇（有一定间隔）的断层不一定就没有联系，这与断层间相互的几何关系，主动断层的活动性质、活动方式均有关系。有构造成生联系的断层，后期由于区域构造应力场的改变，它们的活动性可能不再有明显的联系；没有构造成生联系的断层，现代却可能在活动性上相关。尽管对断层相互作用问题已引起人们的注意，但目前在上述各方面还缺乏明确的标准。

综上所述，我们可以把有关发震构造的时限问题概括为以下几点。

（1）发震构造的时限问题是与活断层、能动断层的时限问题密切相关联的。

（2）对活断层的时限，从理论上讲是应重视形成现代构造体制的这一时间阶段，如第四纪或更长的时段。

（3）核安全导则HAF0101（1）中已将能动断层的时限规定在晚更新世（约10万年），也有人将这一时段以来有过活动的断层定义为活断层或工程活断层（即结合工程上的需求和可接受情况定义的活断层）。这与国际上一些人建议在定义活断层及其时限时，要将理论上和社会与工程需求两方面分开处理的主张是相似的。

（4）对于发震构造的时限问题，对发震构造定义中“在关心的时期内可能发生显震的构造考虑为发震构造”的“关心的时期”，不宜简单地理解为工程建设项目的有效期。当前把约10万年以来有过活动的断层定为能动断层的这一规定中的时限，可作为发震构造的时限。

四、发震构造与活断层破裂分段

活断层分段问题是基于观察到的事实与有关地震破裂和震源过程研究的逐步深入而提出的，大量的地质和地震研究发现，断层的破裂过程在一次独立的地震中并非沿整条断裂全部破裂，而破裂仅仅是断层的一小部分（或一个段落），且破裂发生的位置也非随意的，而是许多可识别出的物理性质或地质结构控制着破裂的起始、传播和终止。这样，整条断层就被分成若干段落，破裂按一定规律在各段先后发生。这一事实不仅为理论实验所论证，而且已被大量近代有关资料以及古地震资料证明。

1. 活断层分段的含义

对断层的分段是一个较古老的概念，根据断层的几何形态、结构特点将断层划分为若干段落的工作在许多巨大断裂带上进行过，但早期的工作主要是对断层的结构的分段及长期活动性差异的分段，随着近年来对断层活动习性特别是古地震研究的深入，对断层分段这一概念赋予了许多新的认识和涵义。可以说这一概念是在不断了解断层破裂的扩散过程及断层长期活动习性，特别是在古地震研究中，对断层不同段落上地震事件的强度变化及复发情况的深入了解后逐渐得到发展的。

对活断层分段的研究是随着对断层活动习性、古地震研究和地震危险性分析方面的需要而开展起来的。在进入20世纪80年代的一系列有关国际会议上，人们都表现出对这一问题日益增长的兴趣和重视，对断层分段的认识与研究也进入了一个新阶段。

对段（Segment）一词和分段（Segmentation）一词的理解和用法存在许多含糊不清的地方。这在国内外近年发表的一些有关断层分段的文章中就可反映出这一点。有的把断层分段理解为断裂带上物理特征（如断层几何形态、走向变化）的差异，有的则用地震活动或地震时地面破裂的长度来划分。

简单地说，断层分段可概括为以下四种（丁国瑜，1993）：

（1）断层形态的几何学分段：根据断层的分布排列等几何学特征进行的段落划分；

（2）断层的结构分段：包括根据断层带内及两盘岩性地层结构的特征而进行的分段；

（3）断层的活动性分段：根据断层长期以来活动性差异的分段；

（4）断层的破裂分段：是断层上破裂状况的分段。

由于地质结构、应力状况及环境条件的不同，断层的活动往往呈现有明显的分段现象，不同段落的活动特征各异。一条断层的破裂活动是通过一个或多个独立破裂段的组合而完成的，故可以简单地说段是断层的破裂单元，断层分段就是对断层进行破裂单元的划分。在这四种类型的断层分段中，当前讨论的主要是活断层的破裂分段，即力图把断层活动与地表破裂联系起来的断层破裂分段。我们现在所说的活断层的分段指的就是断层破裂分段，因为我们对新断层进行分段研究的一个重要目的在于找寻与确定一条活断层上未来地震破裂段落的位置和大小，而几何分段、结构分段以及活动性分段都不能给出与未来地震危险性必然联系的明确结论。断层的破裂分段较之其他三类分段是一种提出了更高要求、需要有更为定量化和深入具体的破裂资料作为依据的分段，对活断层进行破裂分段有着更大的难度，它在地震危险性的评价中具有更为重要的意义。

由于断层破裂分段是对沿断裂破裂状况的划分，因此地震破裂资料是最基本和最直接的，包括现代地震破裂、历史地震破裂及古地震破裂资料。其他资料，包括地质、地貌、地球物理资料则为间接资料。

近年来，不同研究者对断层的“段”给出了各种各样的理解或定义。例如：

（1）断层段是断层的一部分，控制了破裂位置和延展，或者说“段”是在地震时地表破裂的一个明晰的破裂段落（Schwartz 和 Coppersmith，1984）。

（2）段可以是一条长断裂带上的一次单独事件期间积累的同震破裂（长数十千米以上），也可以是随同一次断裂事件形成的破裂的一部分（仅数千米）或是断层面局部的不均匀性（长仅数十到数百米）（Schwartz，1986）。

（3）段是一条断层的一部分或断裂带在地质时期的一个破裂单元（ Depolo，1989）。

（4）段是一条断层上趋向于彼此独立破裂的部分（Wheeler，1989）。

（5）段是一条断层上完全连续或具有较为明显界限的部分（ Wallace，1990）。

（6）段是在一个断裂带上当一个地震发生时破裂的那些部分（Depolo 和 Slemmons，1990）。

从这些定义可看出，虽然所强调之处各有不同，但明显地反映出对段的概念有许多共同的认识。

综合现今对断层段的各种认识，我们认为段及分段的定义可作如下理解。

（1）由于地质结构、应力状况及环境条件的不同，断层的活动往往呈现有明显的分段现象，不同段落的活动特征各异。一条断层的破裂活动是通过一个或多个独立破裂段的组合而完成的，故可简单地说，段是断层的破裂单元，断层分段就是对段层进行破裂单元的划分。

（2）对一条活断层的分段，应包括对断层不同段落的方位、连续性及其活动特点的识别。需补充说明的是，段是断裂在一定时空上稳定的独立破裂单元，这种稳定的破裂效应的累积足以形成一定的结构时，就是段。这里特别强调了破裂单元和在一定时空上破裂单元的稳定性（或持久性）两点，形成结构是这两点的结果。所以，段的划分需有关破裂的资料、结构的资料。如果破裂尚未形成一定的足以辨认的结构，则进行分段也是比较困难的。

把活断层的研究成果用于地震危险性预测和评价，主要涉及以下三个问题。

（1）要回答破裂发生在断层的哪一段，破裂段从哪里开始，终止于何处，破裂引致地震动的影响在空间如何分布。

（2）取得断层上有关段落的地震复发间隔的数据，除用断层滑动速率解决这一问题外，非常重要的是要获取在一定长时间内历史地震和古地震事件的资料，建立地震活动的序列过程，以推测未来断层破裂的时间。

（3）研究断层的不同段落上破裂事件的强度、以确定发生地震的最大震级。

可以看出，在这些问题中活断层的分段是一个十分重要而基础的问题，对活断层合理的分段可更明确的提供未来断层的破裂范围，在估计未来地震强度时具有更高的可信度。对一条活断层进行合理的分段之后，根据各段上大震复发间隔及最近一次地震活动的时间，就可更好地确定各段发生大震的实时概率。根据段的长度及边界性质可判断未来地震的最大震级、危险区的范围以及对地面震动的影响。这可克服以前把整个断裂带的大震复发间隔、震级大小等与带上各独立段混为一谈的弊病，使这些参数得到更精确的限定，从而提高危险性评价的水平。

2. 活断层上破裂的分布特征

地表大大小小的断裂构造有着十分复杂的结构，它们可以是一个十分巨大的数百上千千米计的巨大断裂系统，也可以是数以百千米计的复杂断裂带，还可以是具有多条分支的断层束或复式断层和一条由不同段落组成的单个断层。对这些不同规模的断裂构造都可以进行分段。但最具本质性的分段主要还是对单条断层上具有独立破裂特性的结构单元或最基本的破裂单元的划分。

沿断裂带的强震破裂分布有两种型式：

（1）型式1为强震破裂在一定时间范围内充满整个破裂带，即沿断裂带由逐段排列的强震破裂段组成。这种型式主要发生在板块边界断裂、次级块体边界以及活动性强烈的断裂上，如我国西部的阿尔金断裂、昌马－祁连断裂、鲜水河断裂、汾渭地堑系等。鲜水河－小江活动断裂带是断层这类破裂分段表现比较清楚的一个例子（图8）。

这一断裂带自甘孜经康定、西昌、巧家至通海，全长约1400 km，左旋走滑，沿断裂带有一系列强震发生。自16世纪以来沿线炉霍、道孚、康定、西昌等段落都有7级左右地震在原地或同一段落重复发生的现象；断层几何形态和结构的资料以及地面破裂和古地震的资料为断层的破裂分段提供了清晰的可靠依据。另外，一般认为烈度8度区的长轴与震源破裂长度相当，因此可把历史地震Ⅷ度区长轴分布作为划分破裂段落的依据之一。沿此断裂带这方面也有十分丰富而理想的资料。根据上述资料可清楚地看出这一断裂带上10余个破裂段落。当前沿此断裂带上许多段落已相继发生过破裂，并表现出相互独立、破裂区相互连接而不重复的现象。目前仅有乾宁、康定和冕宁间、东川等三、四个段落尚未破裂（黄圣睦，1990；唐荣昌，1989；闻学泽，1992），是一些潜在危险区。

同样的例子是河西走廊南侧的祁连－海原活动断裂带，这是一条兼有走滑和逆冲活动的断裂带，沿断裂带大量古地震遗迹的存在表明它经历过长期的破裂活动。最近的一次活动是通过沿断裂带上复发的1888（$M=7$级）、1920（$M=8.5$级）、1927（$M=8$级）、1932（$M=7.5$级）、1986（$M=6$级）等多个地震、多次破裂而体现出来的。至今除民乐盆地南侧、景泰－古浪等段以外破裂几乎已贯通全线了。根据地震、古地震、地面破裂等多方面资料可以反映出祁连－海原活动断裂带存在着10多个独立的破裂段落（图9）。

鲜水河－小江断裂带和祁连－海原断裂带是两个历史地震、古地震、地面断裂等多方面资料比较丰富的活动断裂带，这提供了易于进行破裂分段的有利条件。土耳其安纳托里亚断层、美国瓦萨契断层等也有类似的条件。但是通常情况下，有如此优越条件包括丰富的地震记录、地面破裂资料等的断层是不多的。在这些条件缺乏的情况下，要进行一条活断层的破裂分段并得出较正确方案，是比较困难的。

（2）型式2为强震只发生在断裂带的特殊部位，强震破裂段并不充满整个断裂带，这是因为强震破裂并非断裂活动的唯一形式。在块体内部活动强度相对较弱的断裂带上，强震破裂的分布常具有型式2的特点。如华南沿海强震常发生在北西向断裂与北东向断裂的交汇部位；太行山山前断裂北段强震的发生与北东向断裂段相关，而不发生在北北东向断裂段上。

一条断层是由一系列粗糙面（或凹凸体）和障碍体组成的混合体。粗糙面是断层面上的应力集中的高强度区，是孕育和发生大地震的地段，是断层上发生破裂的段落。障碍体则是地震破裂过程中断层面上留下未破裂的地段，它是阻止破裂传播的构造。它可以是几何障碍构造（如断层的弯曲、交叉、分支间断等），也可以是不均匀的结构体。若在蠕滑为主的断层上的障碍体上积累的构造应力不断增大，一旦超过障碍体强度时，则障碍构造区不再扮演阻止破裂传播的阻挡体作用，而

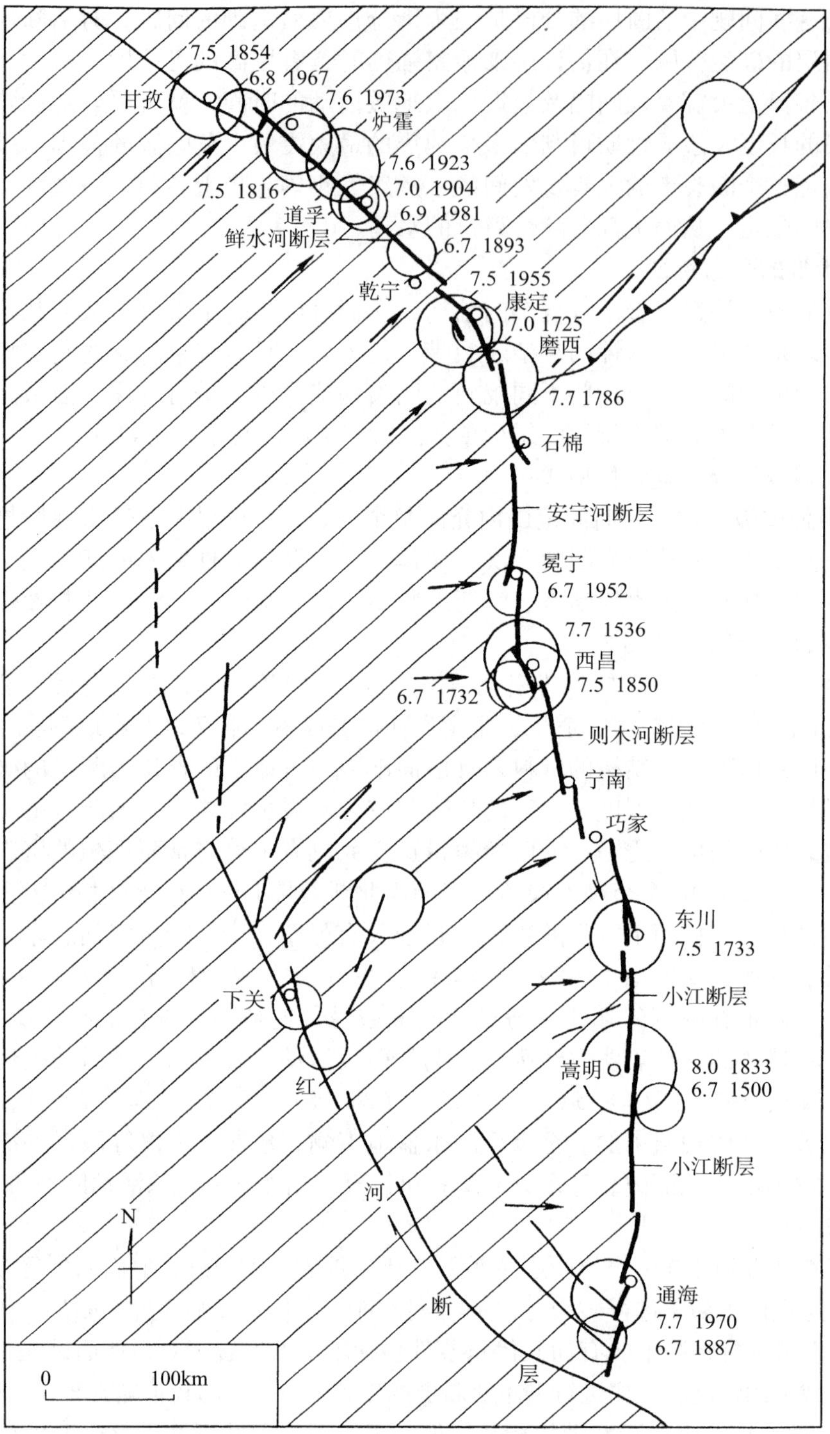

图 8　鲜水河－小江断裂带的地震与破裂分段

成为释放应力的地震破裂区。上述华北或东南沿海一带，北东向断层往往是区域的主体构造，北西向断层则规模相对较小，为切割北东向断层的横向构造，在它们的交叉部位应力积累到一定程度时，则发生地震，形成破裂。这类发震部位的地震往往比相邻蠕滑滑动段落的强度要大，形成独立的破裂段落。由于这类发生在断层交叉部位的地震向其两侧发展的破裂往往不具有明显的累积滑动亏损，形不成明显的地质地貌显示，故这种破裂段落长度范围的确定往往要靠余震分布范围或Ⅷ度烈度区长轴长度来确定。

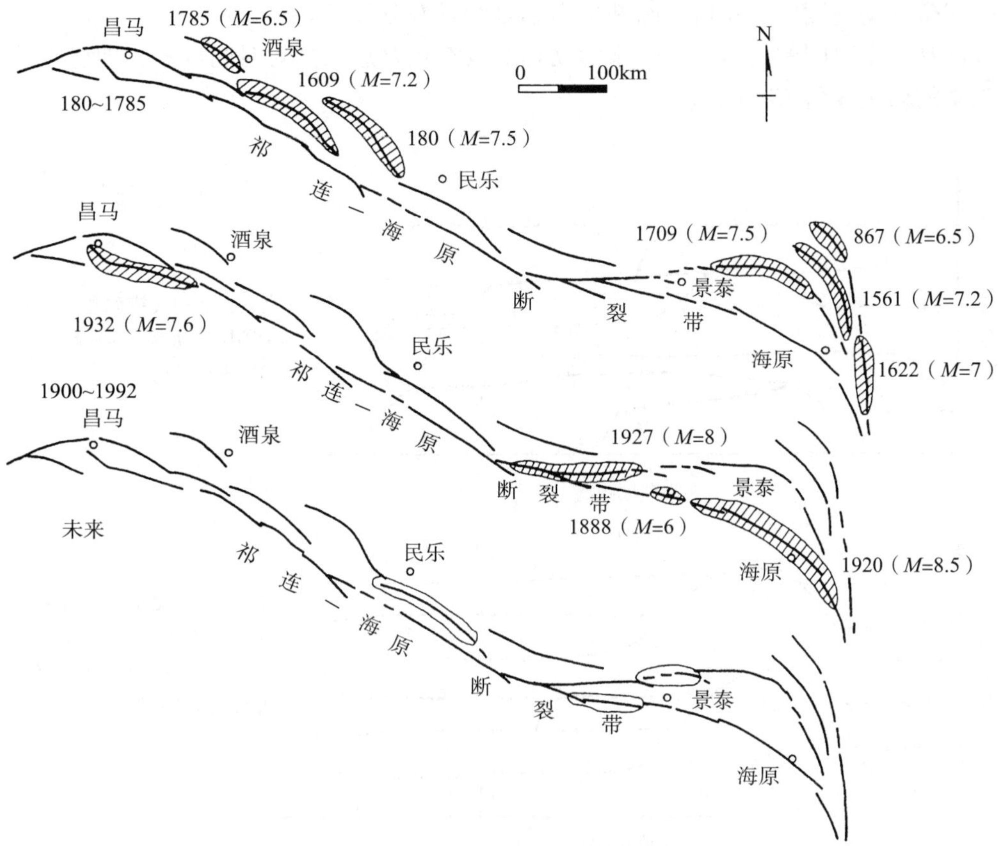

图 9　祁连－海原活动断裂带的分段及地震破裂

如果说型式 1 是以粗糙面的破裂为特征，粗糙面构成破裂单元并控制破裂段落的规模、长度一般较大；而型式 2 则是以障碍体的破裂为特征的，长度相对较小，且常常因两组交叉断层的解藕先后发生双震，形成共轭破裂。

3. 段的稳定性及分段标志

R. L . Wheeler（1989）在研究美国盆岭地区正断层分段边界时，曾指出段落边界的稳定时间是有差别的，并提出两种极端情况：长期控制着断层深化过程中的许多大规模破裂的持久性段落边界和仅在断层演化的某个时段内控制连续的若干次破裂，在此之前或之后边界都不起控制作用的非持久性段落边界。

断层分段活动的稳定时间具有重要意义的概念。因此 Aki 认为习惯上的断层分段性概念就是一种持久性的控制破裂传播的阻碍体思想。但断层阻碍体的滑动情况是复杂的。Schwartz 等（1986）提出了三种断层滑动模式，即可变滑动、均一滑动和特征滑动模式。1989 年作为三种基础模式的补充，他又增加了叠复模式。可变滑动模型破裂事件随机分布于断裂带上，具有可变的破裂位置和破裂规模，因此在断层上难划分出稳定的破裂单元，即此种类型的断裂不具有分段的特点或者说只具有临时性的而非持久性的分段。均一滑动模型和特征地震模型，大震具有固定的位置和规模，显示出大震重复段破裂活动的相对独立性，或者说断层破裂段的端点在时间上具有稳定性。因此，破裂端点的效应足以在地质结构上积累形成明显特征，使断层具有分段的特点（图 10）。

一条断层长期以来活动强度的变化及破裂端点的这种结构特征，可用于判别断层活动段的稳定性的情况并用于分段。断层活动强度包括活动幅度、活动速率、破裂活动段落的连续性等。特征地震模式中断层不同段活动强度上有很好的显示，易于划分，均匀滑动模式运动强度的变化则主要表现在断层连续性等特征上，而可变滑动模式中沿断层活动强度基本上是均一的，不可能存在足够大小的变化。

因此，据沿断层带活动强度的变化可判断断层活动是否具有分段性。

断裂分段活动稳定时间的长短，对未来活动预测具有重要意义。对时间过短，即稳定性差的断层，难于预测其未来的破裂段落或状况。

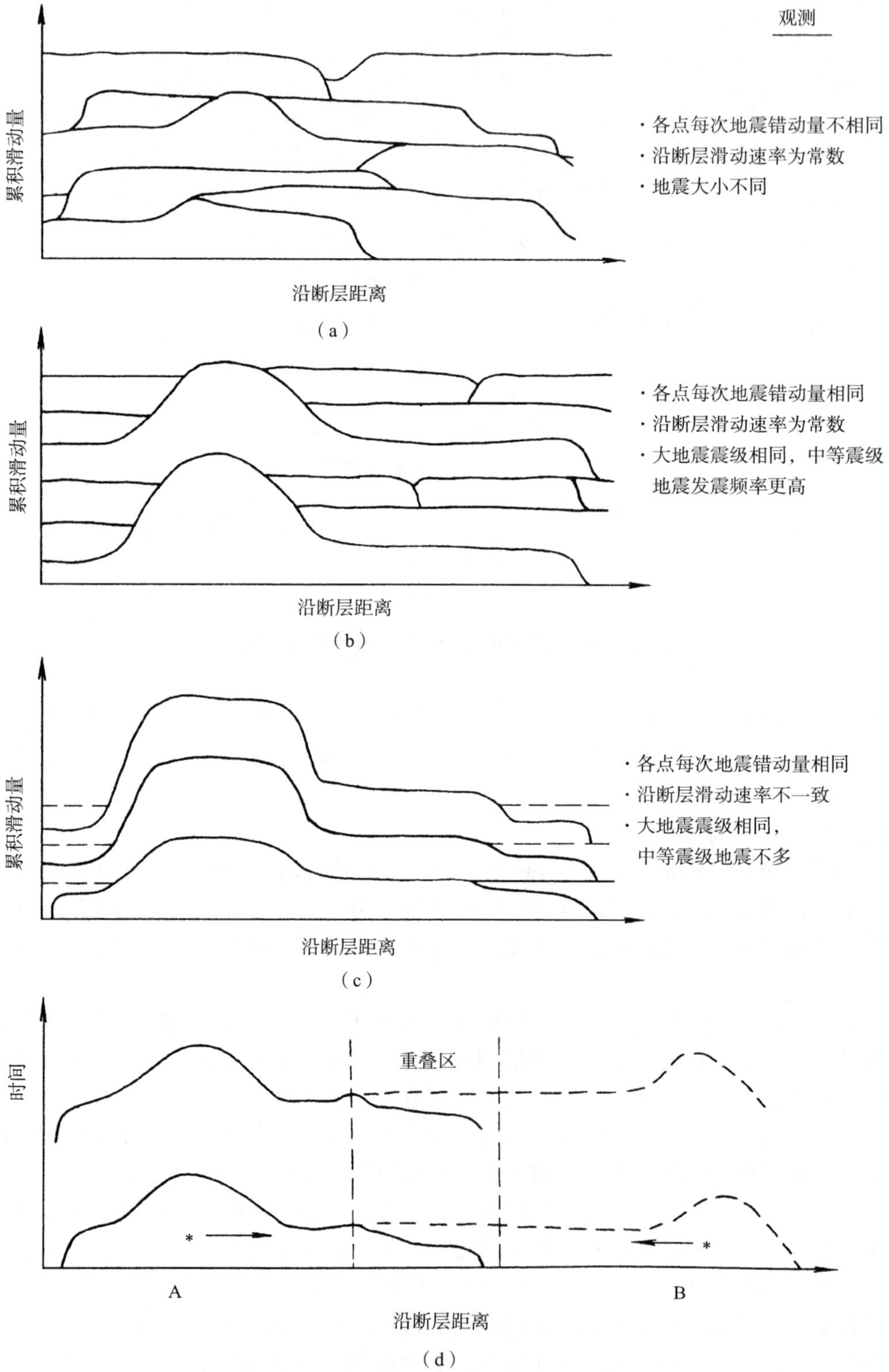

图 10　走滑断层的理论分段—位移分布—复发模式

(a) 不均匀滑动模式；(b) 均匀滑动模式；(c) 特征地震模式；(d) 重叠模式

根据 Aki 等提出的破裂发展的障碍体模型，段的稳定性与障碍体的特征关系很大，因此，进一步研究段的时间稳定性需研究障碍体的尺度、物性、迁移等特征，以及应力条件对障碍体的影响，如倾滑断层和走滑断层段稳定性的差别等。

目前根据历史破裂或较少次数的古地震破裂进行分段，必须还要进一步考虑段的稳定时间问题，因此，结合地质地貌资料的研究是十分必要的。

当断层的分段活动具有一定的稳定性或持久性时，多次破裂的叠加可使两个段落之间的边界地区由于累计滑动亏损的效应，在地质、地貌、地球物理性质等方面形成鲜明的特征，从而成为用以识别分段的具体标志。

不同类型的活断层由于其运动性质不同，其分段边界表现的具体特征也有明显区别。

（1）活动走滑断层的分段标志。

活动走滑断层是地壳中大量存在的与地震活动关系最为密切的一类断层。许多著名的活断层，如圣安德烈斯断层、它纳托里亚断层、鲜水河断层等都是大地震十分活跃的活动走滑断层。活动走滑断层的破裂分段的标志主要有：

①弯曲：可分为单弯与双弯。弯曲角度一般大于30°时，则出现断层的错列的阶区而不再形成弯曲（Sanders，1989）。根据其与断层运动方向所决定的力学性质又可分为挤压型（限制型）和拉张型（释放型）两类。如鲜水河断裂上炉霍1973年地震破裂段的西北边界就是一个有90°的弯曲。

②阶区：据力学性质也可分为拉张型和挤压型两类，或称膨胀型和反膨胀型阶区。阶区是破裂段落的错列部位。阶区需要有多大的尺度规模才能阻止破裂的传播，要视构造环境特别是应力的大小而定。一些实例表明它的宽度要大于5 km（Barka，1989）。

③间断：指断层迹线沿走向在较长距离内的空缺，它们往往对应于深部某个特殊物体或构造体的存在，从而构成阻止破裂前进的障碍体。

④分支及分叉：破裂位移在断层分支或分叉处由次级断层共同承担而骤减，从而形成障碍。分支及分叉都可视为弯曲或阶区的一种变种。

⑤横向构造：如褶皱、断裂、盆地、隆起等与主断层交会的各种地质构造的存在都可构成阻止破裂传播的障碍体。

⑥断裂宽度的突然变化也可造成走滑断层破裂传播的障碍区。

（2）活动正断层的分段标志。

在美国的盆—岭省地区正断层分段已有较多的研究，其分段标志主要有：

①阶区与间断区：它们反映了断层发展过程中断层段落的独立性。活动走滑断层的阶区与间断区相比，由于两者形成机制的不同，作为分段标志必须注意它们之间的差别。

②沿山前的主要凸出：指基岩山体向盆地内凸出的部分（Crone，1991）。

③横向基岩隆起：是由于沿断层不同段落沉陷幅度的差异而形成，可出露地表，也可呈埋藏状（Crone，1989）。

④断裂的宽度及其复杂性也可成为正断层分段的标志之一。

⑤断层崖特点的变化：断层崖形态的差异反映了其形成年代和历史的不同，这往往成为正断层分段的重要标志。

⑥横向断裂的交汇：可成为破裂传播的障碍，从而构成破裂端点。

（3）活动逆断层的分段标志。

与活动走滑断层、正断层相比，目前对逆断层分段标志的研究相对较为薄弱。上面谈及的一些分段标志有的也可用于逆断层。但由于逆断层特别是大型的逆冲、推覆断层在力学机制及运动过程的复杂性也构成了其分段标志的特点。例如在野外地表所见的断层剖面形态往往是逆断层自深处破裂向上传播到地表的尾端效应，不能简单地以地表现象类推深部的断面结构。有的断面并未出露地表而成为盲断层，地表仅可见到褶皱构造。这些都构成了逆断层分段的复杂性。

逆冲断裂常由一系列相对独立的活动推覆体作大致同一方向的逆冲活动，最后沿一定构造拼合而成。在逆冲断裂带上独立的地震破裂区与独立活动的推覆体具有大体一一对应的关系，因此分段边界也与推覆体的边界有大致一一对应的关系。只要能确定出推覆体之间的边界即可大致解决分段的问题。在活动逆断层的分段中，横向交叉构造往往具有重要的作用，成为分段的重要标志。这在河西走廊等地表现得十分清楚。

对断层破裂终点的识别和对断层分段标志问题的研究，近年来已引起人们更大的注意，发表了大量文章。值得指出的是，由于断层类型的不同、断裂带结构及介质条件的不均匀，特别是应力状况的变化是一个不确定的因素，使断层破裂延展及终止的情况变化多端。目前提出的许多标志不是断层分段的充分条件，至今尚没有提出认识和评价段边界的明晰的物理推测，因此对提出的任何标志在应用中都会出现复杂的情况，使得据其在确定边界时形成错误的判断。故对断层的分段标志还有待进行更深刻的探讨，以期制定出对分段更为可靠的标志。

4. 破裂的层次结构与最大破裂段

（1）断层破裂的层次结构。

由于断层破裂活动的复杂性，一个大的破裂段往往不是单一的破裂，而是包含有较小量级的破裂。这些较小量级的破裂，可能分布于破裂段上的特定段落，构成次级破裂单元。破裂段内的次级破裂单元可以有两种类型，一种类型为破裂段中的个别段落具有独立的次级破裂活动，另一些段落无独立的次级破裂，而只有当整个破裂段发生破裂时才有破裂单元相对独立活动，而共同受控于更大量级的破裂。另一类型为破裂段中每个次级段都具有独立的破裂。

破裂段层次性解释了大震破裂常常贯穿较小量级的破裂，或在大破裂上有较小量级破裂发生。

由于破裂段层次结构的存在，在进行破裂分段时，对活动单元内的破裂段落及次级破裂段落，既要注意统一性，又要注意其间差别。对于次级段落，要进行结构特点、活动性及古地震事件的对比，再通过破裂尺度、地震震级和位移幅度的对应关系，对不同尺度、不同层次的破裂段进行识别（丁国瑜等，1993）。1995 年美国加州地震概率研究组提出了走滑断裂带的“级联”破裂模式（Cascades）也认为断裂带的破裂可有多个级别，低级别的破裂可单独发生，也可多个连接从而发生高级别的大破裂。

（2）最大破裂段的确定。

由于破裂段具有层次结构，在进行断层破裂分段时，确定最大破裂段是很重要的。

断层破裂的层次结构特征、更高层次（更大尺度）的断层活动单元以及低序次破裂的存在，使断层形成自相似的结构特征。找出断层上与破裂尺度相适应的相似结构单元是判定最大破裂段的基础。

在一条断层上，与破裂尺度相适应的相似结构单元可能不只一个量级，这样，就存在最大可能破裂单元与其次级单元，要确定最大破裂段就要研究所确定的次级单元上破裂活动的独立性以及各次级单元的统一性等特征。

断层本身的活动强度、性质、规模以及所处的构造位置可以间接限定最大破裂的量级，为最大破裂段的确定提供重要参考。

5. 活断层分段的原则

对活断层分段的原则概括起来包括以下五条。

（1）断层活动性分段是基础。

断层活动性分段是断层长期以来活动性差异的分段。在长期地质活动时期，断层活动本身是不均一的。影响断裂活动不均一性的因素多种多样，如应力场变化、断层结构构造的差异、断裂穿越不同的地质构造单元等。

断层活动性分段实质是划分断层的活动单元。断层活动单元对地震破裂具有控制作用，地震破裂可以发生在活动单元内部或单元的分界区。因此，断层活动性分段是破裂分段的基础。断层活动性分段的长度一般大于（甚至几倍于）或等于破裂分段长度。

由于核工程厂址大多处于弱活动地区，受破裂资料缺乏的限制，目前一些核工程中的活断层分段大多属于活动性分段，主要依据活动时代的差异，但由于资料获取的不完整性和不确定性，在活动性分段中应注意对分段结果的合理解释。

（2）分段与地震破裂相联系。

只进行断层活动性分段是不够的，因为要进行地震安全性评价，把断层活动特征与地震相联系，即根据断层段长度和活动时间确定最大破裂震级和发震概率，必须进行破裂分段，破裂分段才是将断层活动与地震破裂相联系的分段。进行破裂分段必须研究古地震、历史地震和现代地震破裂资料，研究地震破裂与断层的关系。

如前所述，地震破裂与断层关系大概有两种类型：一种为强震破裂充满整个破裂段；另一种为强震只发生在断裂的特殊部位。因此，破裂分段之前应对区域范围及断裂上强震的分布特征作出论述。

如在我国西部地区，强震破裂常充满整个断裂带，这样，对其进行的破裂分段也应与活动单元相适应，即充满整个断裂带。而在我国的华南沿海地区，强震破裂与北东、北西两级断裂有关，并常发生在两组断裂的交汇区，这样，破裂分段就应基于这一事实，通过对两组断裂规模、活动性的分析，找出强震分布规律，进行破裂分段。

（3）要阐明破裂段的稳定性。

只有稳定的破裂段才有预测意义，因此对分段结果应进行稳定性判断。判断破裂段的稳定性大致可从两方面考虑：首先是破裂段与断层活动单元的关系；其次是破裂分界区的特征。

破裂段的分界区是对破裂产生阻碍作用的区域，分界区的尺度及重要性破裂活动产生的地质效应是判定破裂段稳定性的重要方面。

断层活动段的稳定时间由于构造环境的变化可有很大差异，有的是在断层长期演化中长期稳定的；有的则只是稳定一定的时间段。在应用于工程稳定性评价的活断层分段中，如对核工程来说，至少需要判定能动断层所要求的时间尺度。

（4）注意破裂段的层次结构特征，确定最大破裂段。

破裂段的层次结构是指较大的破裂段中常包含次级破裂段。而次级破裂段又是破裂活动具有一定差别的段落，易于将次级破裂段分作不同的破裂段，从而较低的估计破裂活动的影响程度。这样在具体工作中，就需判定所划分出的破裂段是否为最大破裂段，能否为更大尺度的破裂贯穿。由于地震破裂尺度对工程影响很大，因此，只有确定了最大破裂段才抓住了问题的关键。在进行断层破裂分段时，确定最大破裂段很重要。在确定最大破裂段时应考虑多种影响因素。

（5）破裂分段是与震源处破裂状况相一致的分段。

由于地震破裂产生在一定深度，破裂分段反映地震破裂特征，因此，破裂分段应与深部特征相一致。这样，在进行破裂分段时，应尽量应用深部资料。同时在应用地表资料时，应注意深、浅部断裂活动的关系。一个重要方面是深部破裂在地表反映会有一定的宽度范围。这样，在进行活断层破裂分段时，要看其是断裂带中的主断层还是分支断层，对于分段的结果，要注意整个断裂带的统一性。

6. 活断层分段与发震构造鉴定

在核工程选址中，根据对核电厂厂址选址安全规定［HAF0101（1），1991］中的厂址选择准则及核电厂安全导则中关于厂址选择中的地震问题（HAF0101）要求，对厂址及邻近地区的地表断裂现象的调查必须采用适当的和公认的技术方法，对勘查到的任何断层的活动性及其错动历史作出全面评价。近年来，在对断层活动性评价中对断层的分段引起了我们的极大关注。在核电厂安全导则中新修定的有关厂址选择中的地震问题（HAF0101，1994）中，特别提到了核电厂选址中地震问题的活断层的评价工作要进行区域地震的构造模型的建立，这种地震构造模型是用于推导地震危险性水平的任何计算模式和基本数据之间的桥梁，而地震构造模型主要由两个要素组成：一是发震构造，二是弥散地震活动。发震构造的确定要依据地质、地震、地球物理等多方面资料，主要是考虑与地震活动有可靠联系的地质特征为发震构造，实际上就是要确定断层的破裂单元，亦即要进行断层的破裂分段。在重大工程的安全性评价中，对活断层研究的最基本的目的就是鉴定评估地面运动的危险性和地表断裂的危险性，前者的核心问题是发震断层，后者的核心问题是能动断层问题。某一发震构造断层的最大地震潜势可根据断层的总破裂规模来估计，在作这些估计时，需确定在单个地震时构造运动的长度占总长度的份额，亦即断层的破裂分段问题。

目前，在一系列重大工程包括核电厂选址等的地震危险性评估的实际工作中，已有大量的活断层分段的论述与分析，但是由于分段和技术都在发展之中，还存在许多需要进一步深入探讨的问题。

根据对活断层分段的分析和研究的经验以及核工程的特殊要求，在进行分段时需注意以下要求（张培震、常向东，1994）。

（1）给出充分的分段依据，重在资料翔实。对每一段落划分的主要依据最好能以图件的方式给出，使得读者和审查者能够根据提供的图件独立判别分段的合理性和可靠性。

（2）合理考虑不确定性，力求用综合标志分段。鉴于活动断裂分段研究的各种不确定性，必须利用综合标志来最大限度可靠地划分段落。划分段落时要用三种以上的分段方法，四种以上（至少不少于三种）的分段标志。

（3）尽可能利用可靠的分段标志，增加分段可信度。根据分段标志的可靠程度可将其分为 A、B 两类，在核工程选址中应尽量使用两个以上的 A 类标志。

（4）慎重分段，不能忽视分段界限区的持久性。只有持久性的分段界限区，才能构成对未来地震破裂的阻挡，所以必须对持久性问题进行探讨。另外还要注意分段界限区与段落长度的尺度关系。只有足够大的分段界限区才能有效地阻止地震破裂。

参 考 文 献

[1] Sibson R. H. , Continental fault structure and the shallear earthquake source. J. Geal. Soc. Lond, 1983, 140, 741 ～767.

[2] Serva L. , An Analysis of the world Major Requlatory Guides for Nuctear Power Plant Seismic Design. Energian Nucleare, 1993, Anno. 10, N. 2, 77 ～96.

[3] Muir Wood R., 1984, Problems of ectimating earthquake recurrence from geological investigations in thrust fault terrains. Proc. Int. Comp. On Seisic Microzonation, Ech – cheliff Algerea. 1, 147 ～ 159. Allen C. R, 1986, Seismological and Palsoceismological Techniques of Research in Active.

[4] Tectonics. Active Tectonics. National Academy Press. Washington, 148 ～154.

[5] Schwartz D. P. , Coppersimth, Fault behavior and Characteristic Earthquakes: Examples from the Wasatch and San – Andreas Faults. J. Geophys. , Res, 1984, 89, 5681 ～5698.

[6] The Borrego Mountain Earthquake of April 9, 1968, Geological Survey Professional Paper 787, United States Government Printing Office, Washington.

[7] Coppersmith K. J., Seimic Source Characterization for Engineering Seismic Hazard Analyses, Proceedings of the Forth International Conference on Seismic zonation, 1991, Vol. 1.

[8] 张四昌，宏观震中及其他定位精度的探讨，中国历史地震研究论文集（1），地震出版社，1989，127 ～130。

[9] 汪素云，地震重新定位在核电厂厂址地震安全性评价中的重要性，地震地质，1993，Vol. 15，No. 4，389 ～394。

[10] 丁国瑜等，活断层分段－原则、方法及应用，地震出版社，1993。

[11] 常向东，核工程选址中的历史地震评价，地震研究，1996，No. 19。

[12] 李愿军，能动断层和地表断层的概念及其调查，地震地质，1993，Vol. 15，No. 4，359 ～363。

[13] Yeats R. S. , Active Faults Related to Folding, Active Tectonics, 63 ～79, National Academy Press, Washington, 1986.

[14] 王椿镛、王贵美、林中洋等，用深地震反射方法研究邢台地震区地壳细结构，地球物理学报，1983，Vol. 36，410 ～415。

[15] Wang Chunyong, Zhang XianKang et al, Crustal structure Beneath the Xingtai earthquake area in North China and its tectonic implications, Tectonphysics, 1997, 274, 307 ～319.

[16] 向宏发、方仲景等著，隐伏断裂研究及其工程应用，地震出版社，1994。

中国大陆现代地壳运动的新构造背景*

一、中国大陆新构造环境

对区域现代地壳运动的研究，离不开对那里新构造背景的了解。这是因为地壳运动在时间上和空间上都是一个不均匀的复杂过程，并又往往由一定规律所控制的。现代地壳运动是新构造运动的一部分，是其现代阶段的具体表现。新构造背景，包括新构造运动状况的研究，是正确和全面了解现代地壳运动的基础。

新构造一词，是由苏联地质学家奥布鲁切夫于1948年首先提出的。他根据中亚天山等地区在上新世末至第四纪初广泛出现的强烈构造运动这一事实，认为应在地球发展的历史中划分出一个单独的发展阶段，即新构造阶段。我国在始新世中晚期即约4000万年前后发生了喜马拉雅运动的第一幕，即印度板块与欧亚板块的碰撞与会聚，这一构造事件使中国大陆的构造应力场状况发生了巨大的变化。在渐新世末至中新世时发生了第二幕运动，在喜马拉雅地区发生了强烈的褶皱与岩浆活动。此时在东部也有一次构造运动在台湾形成了中新统与渐新统及始新统间的不整合，在华北也在渐新统与中新统之间形成了不整合。从上新世末－更新世时开始的喜马拉雅运动第三幕，在西部青藏高原及天山等地强烈隆升。在台湾发生了蓬莱运动，这期运动在台湾最为重要，在更新世中期达到最高潮（何春荪，1986），形成了西太平洋岛弧区的最新褶皱带。喜马拉雅运动第三幕是形成我国现代构造应力场及现代地貌形态基本面貌的一个阶段。针对这一情况，在我国一般将这一构造幕以来的这一时段，视为新构造阶段。

新构造运动包括了发生在地壳、岩石圈、地幔乃至整个地球体的运动。它在岩石圈的不同板块、地块以及地球不同深度的各圈层中具有不同的表现，运动的方式、幅度与速率存在明显的差别。活动板块边界是俯冲、碰撞挤压、拉张、剪切滑动以及地震和火山等各种不同方式新构造活动最为强烈的地带。在板块内部，由于结构的不均匀以及来自地球深部或板块间相互作用的影响，形成了各种复杂的新构造变形，如挤压隆起、回春复活的新造山带、压陷盆地、褶皱挠曲、各类张性构造以及各类断裂构造型式，但运动的幅度及速率一般较活动板块边界要小一到两个数量级。在北欧、北美等第四纪冰盖区，由于冰川融溶释重引起的地壳均衡补偿运动，洋面变化等亦是研究新构造运动所涉及的问题。

新构造运动对地壳、岩石圈的变形和发展有全面巨大的影响。它控制了沉积、地震、岩相的特征和组合，形成了各类断裂、褶皱等新构造型式，影响了夷平面、阶地、海岸线等等地貌形态的变形和发展，以及地震、火山的活动和分布。对新构造状况的了解可提供分析和认识现代地壳运动的基本格架。

亚洲东部板内新构造变形及运动状况的研究，长期以来一直是一个十分引人注目的问题。早在1924年E. Argand对亚洲大地构造的讨论，1929年李四光对东亚构造形式的讨论和他在1951年《受了歪曲的亚洲大陆》一文，以及1945年黄汲清在《中国主要地质构造单位》的论文中都曾提出了许多与此有关的重要问题。20世纪70年代以来对此问题的讨论大量增多（时振梁，1973；Molnar，1975；Tapponnier，1977；张文佑，1977；刘百篪，1979；汪一鹏，1979；黄汲清，1980；Zonenshain，1981；

---

* 本文原载于赖锡安等编著《中国大陆现今地壳运动》，第二章，2004，6～22，地震出版社。作者：丁国瑜。

丁国瑜，1986；马杏垣，1987；Dewey，1990；Avouac，1993）。对这一地区新生代晚期变形基本特征提出了许多重要看法。如对亚洲变形中最引人注目的南北缩短，青藏高原的隆起与增厚，NW－SE 向的地壳引张，大型活动走滑断层，中国东南部向南东方向的蠕滑、旋转与挤出，以及板内各块体相互运动状况的探讨等等。

中国大陆处于欧亚板块的东部，是一个被周围板块挤压围限的区域，其内部的变形与运动受到了周围板块活动的强烈影响，并在一些地区叠加了深部构造活动引致的表部响应。因之周围受力边界的展布和性质是影响到中国大陆及其相邻地段新构造变形与运动状态的一个主要动力来源，中国大陆的边界动力状况。主要涉及到以下各点：

（1）印度板块与亚洲大陆在喜马拉雅一带第三纪以来的碰撞及继续会聚，特别是其两端的帕米尔、阿萨姆两个构造突出部位向亚洲大陆的楔入。

（2）西太平洋板块向亚洲大陆下的俯冲。鄂霍茨克亚板块的日本海东缘—库页岛西侧挤压边界的作用。

（3）菲律宾板块在台湾一带与中国大陆的碰撞与会聚。

（4）日本海和东海东部冲绳海槽及南海海盆地的弧后局部扩张。

（5）缅甸—安达曼弧对印支、南海一带的影响。

（6）斯丹诺夫挤压带与贝加尔裂谷带的活动对周围地区的影响。

（7）西伯利亚、哈萨克斯坦、土兰等古亚洲地块及其间古老造山带对中国大陆的围限。

影响中国大陆内部变形与运动状况的边界动力环境是十分复杂的，加上在贝加尔、东北、华北等地区杂深部活动的影响，以及板内结构的不均一性，使得板内各不同部位的新构造变形，变位呈现十分复杂的图像（图 1）。

二、中国大陆新构造变形的基本状况

根据周围板块运动对亚洲大陆内部的影响以及板内自身构造变形与运动的特点，在中国及邻近地区的新构造变形基本上可划分为东西两部分和 7 个区（图 2）。

（一）西部地区

这里是以喜马拉雅弧为底边，以帕米尔、贝加尔、阿萨姆为端点的一个三角形的强烈变形区、它是由于印度板块与亚洲大陆碰撞并不断向北推进在亚洲内部形成的挤压区，发育了地壳的加厚、缩短与隆升、大量逆冲断层、压陷盆地、走滑断层、块体旋转和挤出构造等一系列有关的构造形式。

1. 青藏高原的隆起及变形

青藏高原是西部地区变形最强烈的一个地区，自阿尔冈（1924）提出亚洲的新生代构造主要是冈瓦纳大陆的一些地体与欧亚大陆会聚的结果以来，大量证据已证明了喜马拉雅的抬升、青藏高原巨大地壳厚度的形成是印度次大陆与亚洲大陆相碰撞的结果。对这一地区强烈变形的机制和模式，存在着多种不同的观点。除了阿尔冈的双层地壳模型和常承法的微板块多次缝合增生的模式以外，还有滑移线场模式（Molnar 和 Tapponnier，1975）；地壳缩短和加厚模型（Dewey，1973）；黏滞体连续变形模式（England，1982；1988）；地壳侧向挤出模式（Tapponnier，1982）；走滑挤压增长模式（Meyer、Tapponnier，1998）等。此外，当前对青藏高原的新构造变形方面争论的焦点除有关地质结构、演化过程和隆起机制等问题以外，还涉及到高原开始隆升的时代，隆升过程及达到最大高度的时代，以及高原是否已达到了极限高度并开始坍塌等问题（李吉均，1979；Gansser，1981；Molnar，1990；Harrison，1992；Collman，1995；Searle，1995）等，因会聚碰撞缩短引致的青藏高原水平位移的方向、尺度、速率有大量的古地磁资料（Klootwiik，1979；Bingham，1980；Achaoche，1983；Courtillot，1984），区域构造变形、古生物以及古地理等多方面的资料。

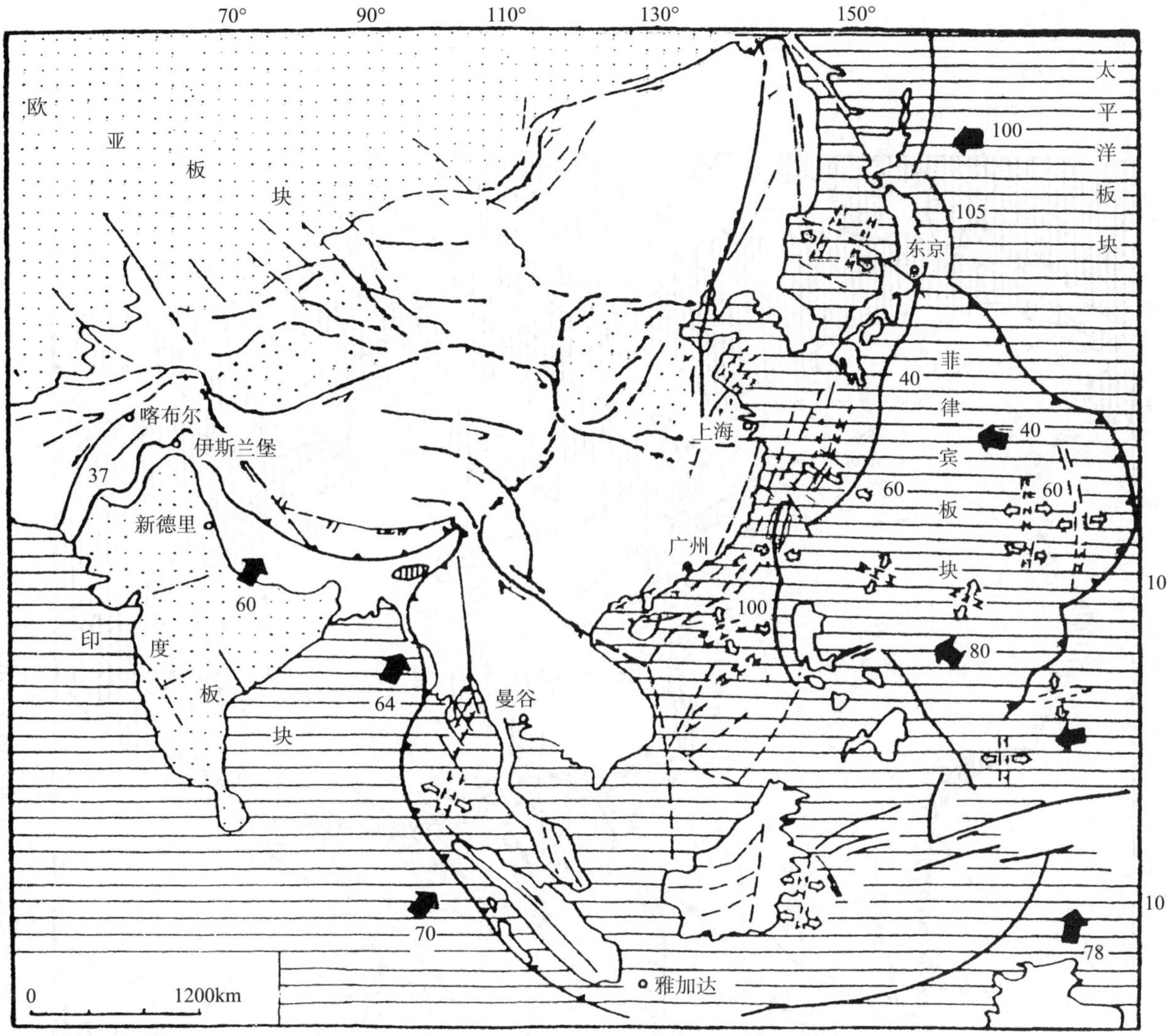

图1　中国及邻近地区新构造环境示意图

大量事实表明，自印亚碰撞以来（45Ma）印度相对于稳定的欧亚大陆已向北移动了约22°（2400 km），且逆时针转动了约21°，早第三纪时亚洲大陆的南缘大陆是从巴基斯坦西部的阿曼湾以平缓弧形延至苏门答腊一带，而碰撞之后这一边缘已是沿奎塔－恰曼断层、印度河－雅鲁藏布缝合线及缅甸掸邦高原西缘分布，这两个界线之间的面积亦即亚洲大陆被压缩的面积达850万平方公里（Tapponnier，1986）。这一巨大空间的压缩，在亚洲大陆内部，特别在青藏高原内部是通过了印度板块的俯冲、喜马拉雅区的褶皱逆冲与隆起、青藏高原地壳的加厚与隆升、高原内部块体间的滑移旋转与挤出，高原边缘的逆冲与推覆，以及高原南部张性构造的发展等多种应变形式吸收和调节。

（1）印度板块的俯冲及喜马拉雅山区的褶皱逆冲与隆起。

印、亚大陆碰撞后，印度板块继续向北会聚，因受阻挡向亚洲大陆下俯冲。由于俯冲的岩石圈受到其本身浮力和阻力等原因，俯冲至一定深度时，印度板块内部大致沿俯冲方向发生撕裂，破裂面的上盘滑动逆冲于印度板块之上，形成主中央逆冲断层（MCT）。破裂面下盘继续向下俯冲，达到一定深度再次发生撕裂形成新的逆冲断片及新的逆冲断层即主边缘断层（MBT）。几次断片俯冲形成的总缩短量大约有300 km（Molnar，1986）。MCT是一个模糊不清，宽约10数公里的弥漫型断层边界，是一条2000万年前的巨大的俯冲活动带，至今已不活跃。MBT则是现今喜马拉雅山带中重要的地震活跃带。目前两个大陆的会聚，已使喜马拉雅山前挤压拗陷中的锡瓦利克群褶皱变形，形成了喜马拉雅前缘逆冲断层（HFT）。

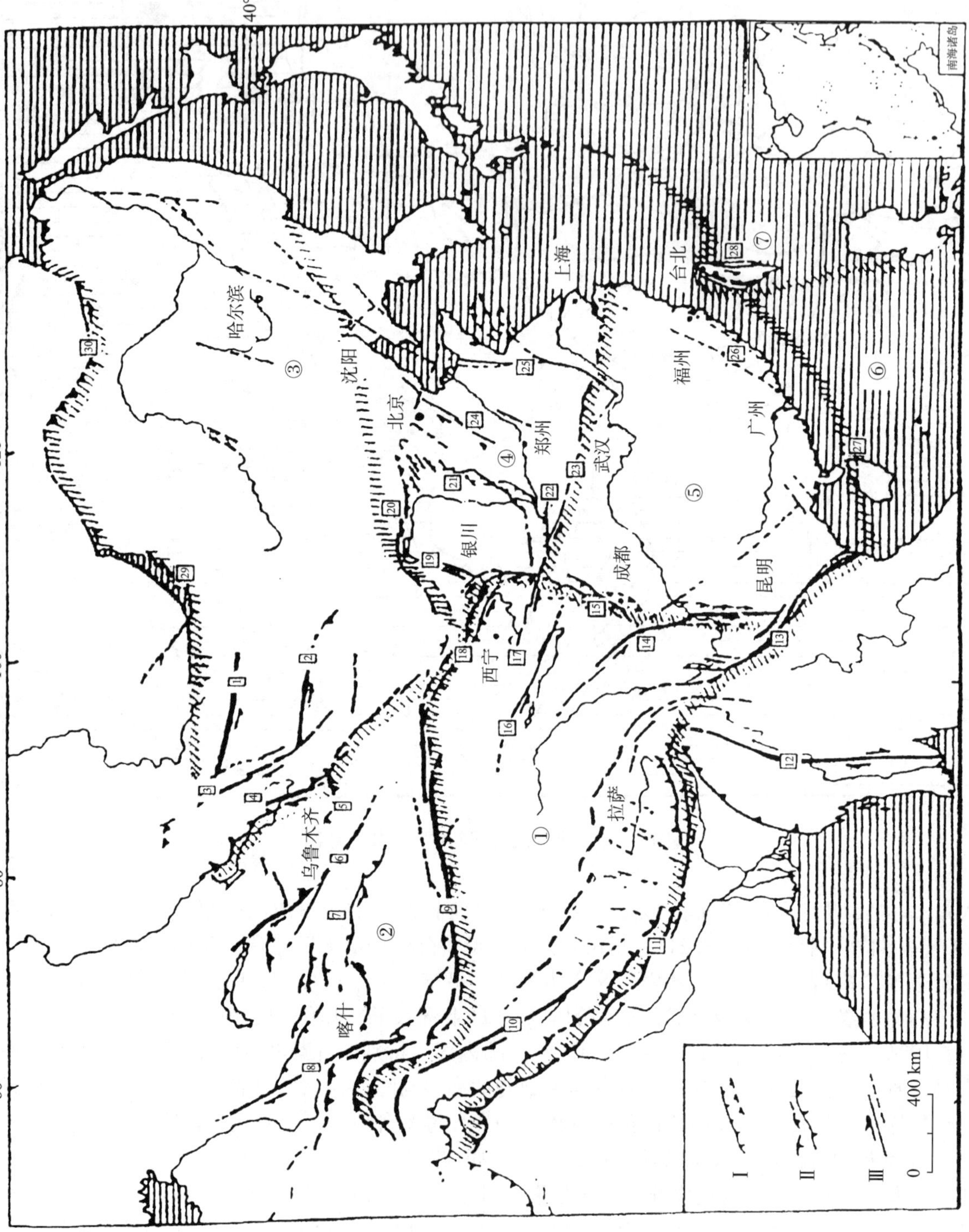

图 2　中国及邻近地区新构造分区示意图

（2）高原边缘的逆冲与推覆。

在印度板块的挤压下，青藏高原的边缘，受外围的塔里木、鄂尔多斯、四川等刚性块体的阻挡，各种挤压变形表现得极为强烈。形成了一系列强烈褶皱、挤压拗陷、逆冲断层等活动构造，造成了这些地带地壳的大幅度的缩短和强烈变形。在喜马拉雅山前的挤压拗陷中形成了巨厚堆积，在青藏高原西北边缘的昆仑山前、北边缘的祁连山前、东边缘龙门山前上新世以来形成的挤压拗陷中也都堆积了数百米以至数千米的巨厚磨拉石堆积，而且受到强烈变形，并在山前形成了新的逆冲断层及推覆构造。

（3）高原内部块体的滑移与旋转挤出。

从总体看，青藏高原虽然是一个较为完整统一的巨大隆起。但通过对其内部变形的具体分析可以看出，它是一个由多个块体镶嵌而成的复杂变形单元。由于结构、应力状况以及边界条件的差别，在受挤压的青藏高原内部形成了明显的不均匀的横向滑动，一系列北西、北西西向大型走滑断层的发育，如喀喇昆仑断层、班公湖－怒江走滑活动带、红河断层、鲜水河断层、昆仑断层和西秦岭南麓断层等大型走滑断层是青藏高原在碰撞后发展阶段的最引人注目的活动构造形式之一，引起了很多人的重视和研究。

由于这些大型走滑断层分割的多个不均匀滑移块体中，一些处于适宜构造部位、相对运动较快的块体，脱离了原来相互依靠的构造格架，形成挤出构造。有人称为逃脱构造（Songer，1985）。Tapponnier 认为青藏高原向南东方向挤出是吸收由于碰撞而引起的内陆缩短的最重要的形式之一。Tapponnier 提出，由于印度大陆向亚洲不断压入，迫使东部的部分地块沿红河等走滑断层，从大陆内部向东南方向挤出，并在断层右端形成地壳张裂。印度支那和华南地块依次向东南方向挤出，以及南中国海的张开可吸收大陆内上千公里的缩短量。他认为一个几乎是均衡的走滑挤出和地壳加厚这两者是亚洲大陆因印度和欧亚大陆碰撞所产生的大尺度变形的基本特点（Tapponnier，1986）。

还有一种与这类挤出构造相类似的现象，如在青藏高原内部，反映块间滑动最明显的一个边界是阿尔金断层。它与喀喇昆仑断层共同构成了帕米尔构造挤压结点东侧的一对似共轭状的活断层。阿尔金断层为左旋、喀喇昆仑断层为右旋，它们构成了向东挤出滑动的青藏高原的西北侧和西南侧的边界，并与帕米尔结点以西的希拉特右旋断层和恰曼左旋断层遥相对应。这种在一个强挤压结点的两侧形成共扼状滑动断层及滑动挤出体的活动构造形式在大陆内部是很常见的，可称之为似共扼挤出构造。这类构造的结点两侧常常是强烈地震发生的地区，如上述帕米尔结点东侧的1902年阿图什8级地震和西侧1907年杜尚别附近的8级地震等（图3）。

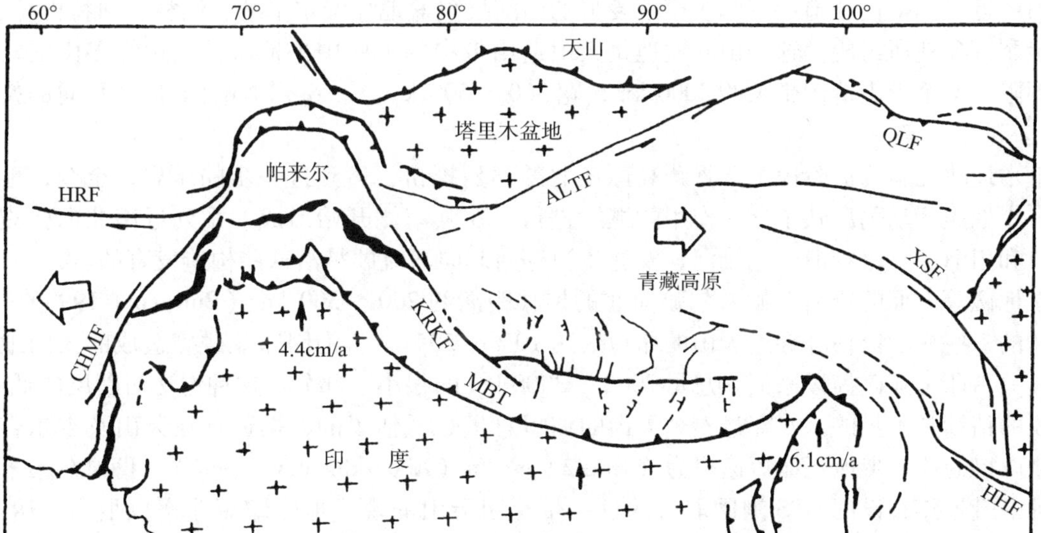

图3 帕米尔两侧的似共轭状挤出构造

这类活动共轭挤出构造由两侧的楔形挤出体和其两侧的呈共轭状旋性相反的走滑断层，以及中间的构造结点所构成。这类走滑断层随着楔形挤出体的不断向外滑出而逐渐发展加长。恰曼断层如此，喀喇昆仑断层、阿尔金断层都是如此发展而成。

印度与亚洲大陆碰撞之后，印度次大陆向北移动的速度大大减慢至5 cm/a，这一状况一直持续至现在。据Avouac估计，现代喜马拉雅的会聚速率约为20 mm/a，喜马拉雅的逆冲作用约占印－亚会聚量5 cm/a的1/3，其余2/3是由西藏的E－W向引张和大陆东南部的挤出所吸收（Armijo，Tapponnier，1989）。有许多人并不同意这样的看法，认为在东侧向东的运动只占碰撞带聚合速率很小的一部分，小于其1/4，而块体的旋转是更为重要的运动形式。

（4）藏南张性构造。

青藏高原的变形除了与北向压缩，还有东西向的拉伸。对西藏高原南部的活动张性构造已有许多人讨论过（j. Ni，1978；Molnar，1978；韩同林，1985；Tapponnier，1986）。在喜马拉雅山以北至西藏南部一带，晚新生代以来由于近南北向的挤压，发育了一系列近南北向的张性构造盆地，按其分布划分为7个带（图4）。平行于喜马拉雅山发育的藏南拆离带（STDS）与垂直于造山带高原南部的多个南北向张性地堑系统，是高原东西向伸展构造的代表性特征。前者形成于16～13 Ma P. B.，而地堑系统形成于约8Ma以后。（Harrion，1992；Molnar，1993），对这些伸展构造的成因有两种不同的解释，一些人认为它们是代表了高原隆起达到最大高度后开始坍塌下降的标志（Coleman，1995），而另一观点则认为它们是高原继续挤压变形分解和快速隆升的产物，并非下降的标志（张进江、丁林，1999）。

2. 新疆及中亚地区的压缩变形

天山新造山带的出现，是印－亚大陆碰撞引致的喜马拉雅造山带和青藏高原的形成以外，在亚洲大陆内部另一个最为显著的结果。印度板块的向北推挤及在东端阿萨姆构造结一带的嵌入，构成了青藏高原广大地区的强烈压缩、隆升以及块体间的相互滑移和旋转；而印度板块西北端帕米尔构造结的向北嵌入和塔里木地块向北挤压，则是构成了中亚天山及其以北广大地区强烈变形的重要动力根源。

帕米尔－喀喇昆仑造山带是由亚洲大陆南缘的多个地壳块体拼合而成。印度与亚洲大陆碰撞，印度板块西北隅向北的强烈嵌入，使这一地带向北弯曲形成帕米尔弧。据古地磁等资料，这一弧形构造向北推覆的距离自渐新世以来已达200～300 km，并伴有数十度的旋转（Burtmam，1993；Thomas，1994）。在帕米尔西北侧，据地震震源深度分布的资料，欧亚大陆向南俯冲已下插到帕米尔造山带之下200余公里（Burtman，1993）。而在东北侧据人工地震深部探测结果，塔里木地块与西昆仑造山带在深部则为相互交叉碰撞的接触关系（高锐，2000）。

天山由近E－W向新造山带和多个近菱形的山间拗陷盆地如费尔干纳、纳林、阿特巴什、伊赛克、楚伊、伊犁等盆地所组成。这些山间盆地是天山造山带中的一些中央地块，其边缘多由活动逆冲推覆断层所围限。整个天山造山带长约2000 km，宽300～500 km。一系列NW向和NEE向的挤压走滑断层穿插其间。

塔里木地块在新构造阶段由于青藏高原向北的强烈推挤，遭到进一步的压扁，至今，地块内部一系列的中小地震活动仍反映了这一作用的继续进行。在其南侧开始形成一系列近南北向张裂构造，叶尔羌河、和田河、克里雅河、尼雅河、安迪尔河等南北向河流即是沿这些构造发育的。

据古地磁等方面的资料，帕米尔弧向北的推移距离约200～300 km（Burtman，1993），俄罗斯及吉尔吉斯的一些科学家估算穿过天山的缩短仅达10%～20%，认为因印亚碰撞造成的天山地区的地壳缩短距离只占印－亚碰撞以来嵌入总量2000～3000 km的很小一部分。这种看法对断层的低倾角活动、层间滑脱的估计是不足的。对穿过整个天山的缩短总量是低估了的，据近年在天山及吉尔吉斯一带的GPS复测取得的这一带地壳缩短速率为（13±2）mm/a（Abdarkhmatov，1996）。我国在帕米尔东北侧围绕伽师一带近年布设的GPS测网取得的这一带至南天山的现代地壳缩短速率也很高，达19 mm/a。当前天山的这一高聚合速率与长期以来缩短总量之间的关系是存在缩短作用在近期有所加速，还是天山的缩短变形历史很短的问题还需做进一步的论证。

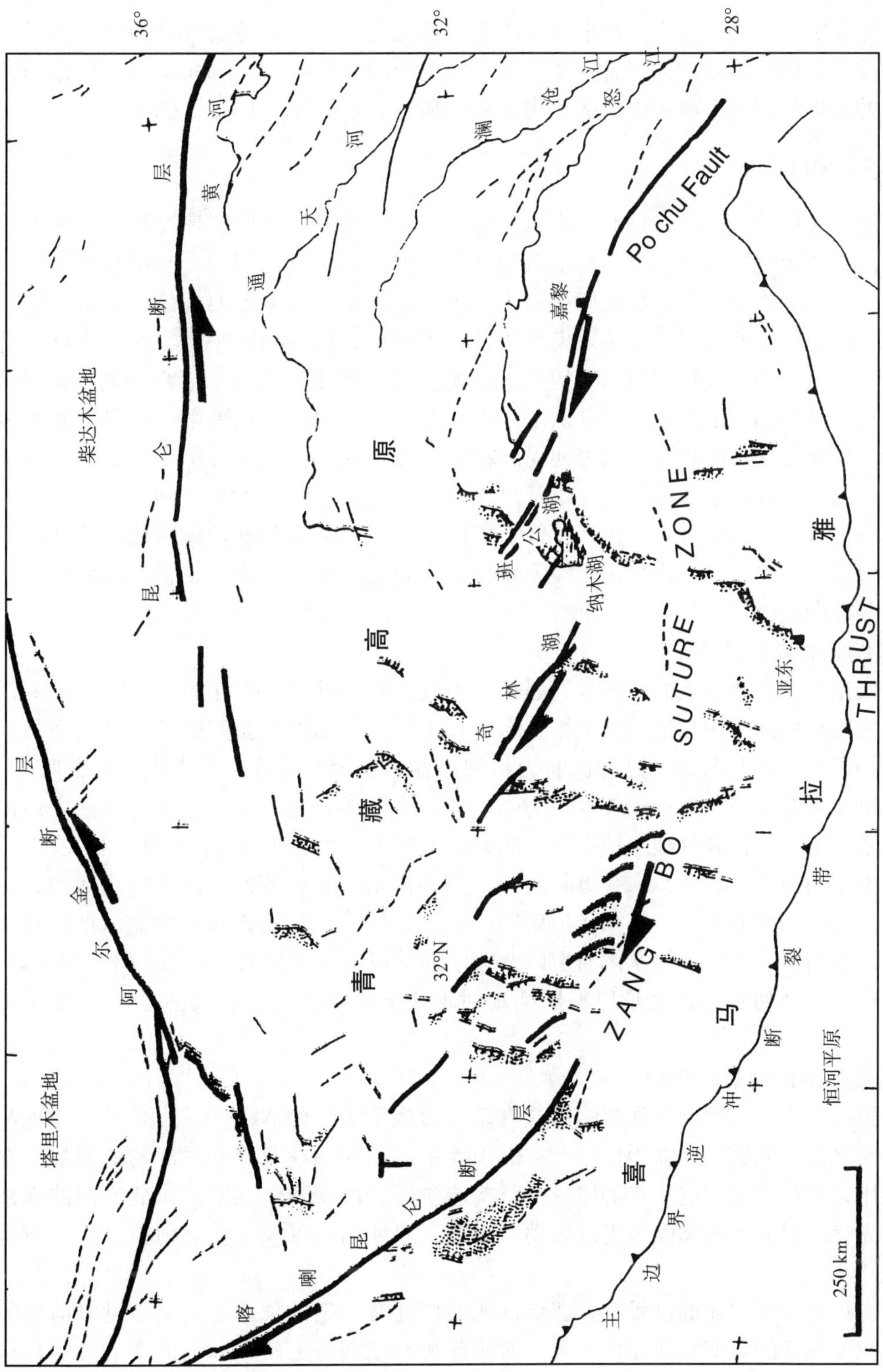

图 4 西藏南部的张性活动断裂系（据 Tapponnier 等，1986）

除了地壳的挤压褶皱、缩短和隆升以外，在碰撞带周围因地块嵌入而在大陆岩石圈内部形成的走滑断层称为嵌联走滑断层（Wood cock，1986）。在中亚天山一带 NW 向的喀喇昆仑断层、费尔干断层、博洛霍洛断层、艾比湖断层、NE 或 NEE 向的法拉赫断层、阿合奇断层等皆是因印度西北隅的嵌入而活动的嵌联走滑断层，这些巨大的走滑或挤压走滑断层是这一地区地震强烈活跃的地带，具有相当高的走滑速率及巨大的位错量，如阿合奇断层的平均走滑速率可达 15.2 mm/a（卢华复，1997），对这些断裂带动态的认识是正确了解天山地区新构造运动和变形不可忽略的重要方面。

（二）东部地区

在东部地区又可分为东北、华北、华南、南海等新构造区。从构造环境看，在东北、华北等地与西部截然不同，新生代时这里广泛发育了深层玄武岩的溢出，火山活动，裂陷盆地等与拉张有关的各类构造形式。青藏 - 中亚区是由板块碰撞形成的表层挤压变形机制，而此区是由板块俯冲所致的深层扰动及溢出机制。由于西太平洋板块规模及俯冲深度巨大，俯冲角度平缓，深入大陆内部，其在板内的影响范围深远。这一广大地区板内的构造运动的状况曾严重地受到了地幔上隆，弧后扩张，盆地与裂谷沉陷、火山活动影响的控制，并叠加了来自西部的影响。此区周围第三纪以来在海域有日本海的开裂，黄渤海等弧后盆地的扩张，东海冲绳海槽的开裂。在内陆则有贝加尔裂谷带，鄂尔多斯周围盆地系，渤海 - 河北平原盆地、苏北盆地以及汉诺坝 - 大同火山裂谷盆地；阿巴嘎旗，五大连池，长白山以及蒙古中部等火山区的开裂与扩张。但上新世以后它们影响和推动周围地块的状况与以前大大不同了。深层地幔物质的上隆及表层拉张裂陷作用大大降低，而表部由于来自西部的影响明显加强，遭受扭动的成分逐渐增大。

1. 东北地区的深部活动

东北地区是黑龙江亚板块的一部分。黑龙江亚板块地处西太平洋俯冲带、千岛弧和日本海的西侧，其新构造变形及板内运动明显地受到地幔上隆、火山活动与盆地扩张等弧后活动的强烈影响。这里大面积发育了相间的隆起与盆地，沿着深断裂特别是盆地及地堑边缘，有强烈的岩浆喷溢及火山活动。上新世至早更新世时是新构造运动表现最为强烈的一个阶段，断裂复活，大量玄武岩溢出地表。松嫩平原、海拉尔盆地、呼伦湖盆地三江平原等凹陷盆地扩大、收缩或分解，辽河、松花江、额尔古纳河、海拉尔河等发生河道袭夺改向，水系重新配置，这些都是与板块俯冲、深部物质活动、深层界面的起伏变化对表部引致的影响有关。至第四纪后期，许多在新生代早期曾有过明显活动的断裂，如鸭绿江断裂、依兰依通断裂、大兴安岭东侧断裂以及呼伦贝尔至蒙古东部的许多 NE 向断裂活动性明显减弱。总的来看，这一地区的新构造变形以深层活动对地表的影响为主，但其活动幅度远较其南侧的华北为低。

2. 华北克拉通的裂解与扭动

华北克拉通在中生代遭到了强烈的构造变动，形成了大量的 NE、NNE 和 NW、NWW 向断裂、克拉通强度大大降低，尤其是在新生代以来，由于太平洋板块活动及深部热活动的影响，发生了强烈的拉张裂陷作用，克拉通遭到进一步解体。在新构造阶段，由于青藏高原向东北方向的推挤，使华北克拉通内大量先存断层大大地增强了走滑活动，促进了块体扭转以及一些盆地拉分（丁国瑜，1983；马杏垣，1987）。

从华北克拉通破裂解体的过程看，裂陷盆地的变迁有一定的规律性。上新世以前裂陷盆地主要强烈发育于克拉通东部的黄海及河北盆地区，而西部相对较弱。上新世以后的活动性明显加强，山西断陷带开始形成，各断陷盆地中沉积厚度以及盆地边缘断层的走滑速率都是西部最大向东逐渐减小。此外，地震带内部强震的迁移方向以及一些强震震源破裂的方向也多是由西南向东北。这些情况都一致反映了在华北克拉通内来自西太平洋板块作用（包括深部热活动）的影响，在新构造期的减弱及西部构造运动影响范围的向东扩展。

3. 河北平原的进一步拉分

华北平原在新第三纪晚期以来盆地的发展进入了一个新的阶段。已不是像第三纪早期那样的引张开裂，张扭性形式运动的成分大大增加。从更大范围的新构造变形环境看，华北成为一个既承受着青藏高原向东北方向推挤的影响，又是处于阴山与秦岭大别山之间相对于华南左旋扭动的一个地带。在这样的构造应力场下一系列北东－北北东向断裂形成右旋张扭性滑动，其间的地块则呈现逆时针方向的扭转。北部的河北平原是太行山前与郯庐两个右旋走滑断裂带间的一个巨大的拉分盆地（Nabelek。1978）。一系列现代地震造成的右旋右阶走滑断裂，以及震源机制解可以很好地证明了这一运动特性。它是在早第三纪开始拉张的一系列盆地逐步发展扩大联合的结果，山西地堑带和银川盆地是类似其早期发展阶段的构造盆地，甘肃的石洋河谷，弱水河谷则可能是一些更雏形的开裂地带。

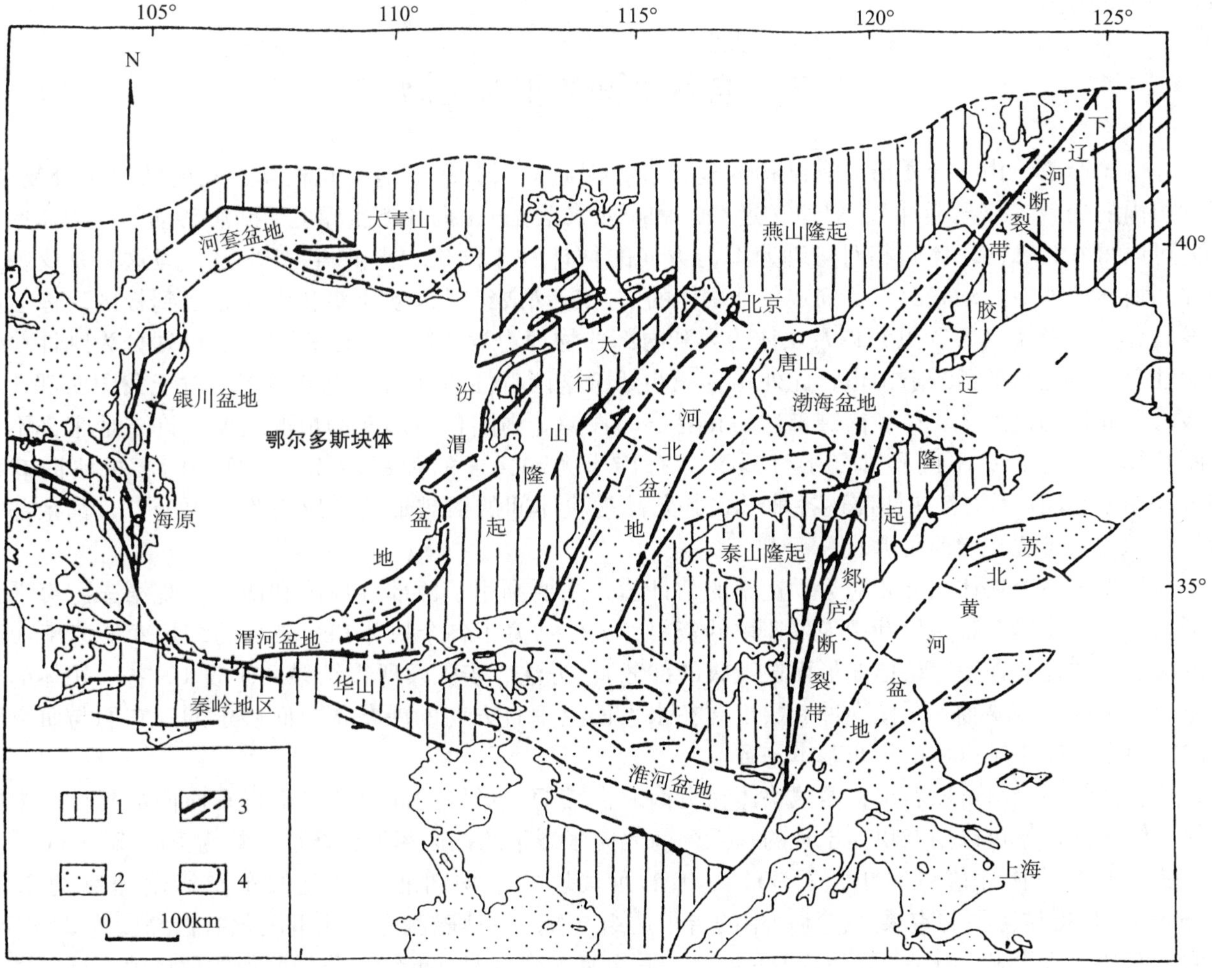

图 5　华北地区新构造

4. 淮河过渡区

淮河流域一带是华北与华南之间不同构造应力场的过渡地带。华北北部的震源机制解表明主压应力 P 轴方向约为 66°～69°（许忠淮，1979），华北南部的豫北、鲁南，皖北一带为 79°，在大别山—长江下游一带约为 283°（魏光兴等，1981）。与华北北部相比有明显向东南逐渐偏转的现象。秦岭大别山以南则转为 NWW 向的压应力方向。

从地貌上看，黄河与长江两流域之间淮河流域的形成，正是这一过渡的新构造应力场控制下的产物。这一过渡区的北界约在淮河流域北部的分水岭一带，其南界在桐柏山，大别山北麓经霍山，泾县至杭州湾一带。也可划在此线以南由大别山南麓向东南方向经福州至台湾以北所夹的三角区，其东部沿海一带明显地有台湾及琉球海槽活动的影响。

5. 华南

与华北相比华南块体是新构造运动与变形相对较弱的一个地区。Tapponnier 把它视为因大陆碰撞南北向挤压而产生的向 SE 滑移的一个挤出构造单元。并认为它具有较高的滑动速率，Avouac 认为由西藏向东北的挤出所吸收的应变可占到印亚聚会量的 40% 以上。Molnar 曾据本世纪 80 年来的地震资料估算华南块体向东南方向的滑动速率可高达 21 mm/a。从华南各地形变实际情况看这一数值偏大。这是与被青藏高原东边缘强烈地震活动所吸收以及岩石圈结构的特点有关，如西侧一带莫霍面的向西陡倾不利于构造应力向华南的传播等。看来华南地块存在一定的向 SE 方向的挤出，但挤出滑动的量有限，近年在川滇藏东一带块体旋转现象的发现也更增进了对这一带新构造变形状况有更全面的认识。

三、各块体间的相对运动

在中国西部，由于地质历史和结构的复杂性，因碰撞引起的各地块间相互运动的状况十分复杂，根据板内的聚敛（挤压逆冲）、剪切（走滑）和拉张（裂陷），据各类边界上活断层滑动的平均速率与方向可以得到相邻两块体间相对运动速率与方向的估计（丁国瑜、卢演俦，1986），但这只是反映了相邻两块体的相对运动状况。要确定各个块体的实际运动或绝对运动速率和方向涉及到板内块体运动的发动者和参考系（不动点）以及块体边界和内部的物理力学性质。大陆板内一般可划分为刚性块体和塑性变形较显著的褶皱造山带，此外还有一些处于这两者性质之间的变形地带。对于我国西部，印度板块向北运动是各个块体和褶皱带运动和变形的根源。内陆各地形变的情况表明，许多地带都不是纯刚性体，而是具有不同塑性变形性质又具有传递力和速度的弹塑性体。这样，印度板块向北约 50 mm/a的运动除了被各块体前述各种形式，尤其是块体间的褶皱带的变形吸收一部分外，其余部分沿块体和褶皱带逐次向前传递。

为了得出各个块体向北相对运动速率的估计值，主要利用了西部各块体和褶皱带晚第三纪夷平面变形抬升幅度及褶皱带两侧断裂逆冲速率的资料，大体估算了各个块体和褶皱带的缩短变形速率（即印度板块向北运动速率因块体变形而被吸收的部分）。方法、步骤及所得结果列于表 1，各个块体的运动方向是根据新褶皱轴和活动逆冲断层走向在水平面上垂直方向的展布状况而确定的。它们与研究区域内震源主压应力轴方位的展布基本一致。

分析活断层资料可以看出，西藏块体在近南北向缩短、增厚的同时还发生近东西向的延伸，推挤东邻块体。其速率可以西藏块体出现的一系列南北向张裂带的拉速率得到估计，约为 10 ～20 mm/a。

从表 1 中的估计值可看出，近 300 万年来西藏块体平均向北（或北偏东）运动速率约 25 ～ 28 mm/a，根据拉萨西北吉果达盆地地中的吉果达组（N）古地磁测定，该组沉积时古纬度为 29°4′N，现为 30°7′N，向北移动了 1°3′，（约 118 km），平均速率约为 31 mm/a 与我们所得的估计值相近。塔里木块体西部以约 14 mm/a 速率向北运动，准噶尔块体约以 3 mm/a 速率向北偏西运动。川滇菱形块体以约 8 mm/a 的速率向南东运动。

喜马拉雅褶皱带的缩短速率约为 15. 4 mm/a，天山约为 10 mm/a 左右，这些数值与 Molnar 等据近 80 年地震资料所得的估计值相近。西藏块体的缩短率约为每年 13 ～18 mm/a，较 Molnar 等的估计值（每年 4 ～7 mm/a）为大。但他曾指出其估计值可能偏小，而大于 10mm/a 是不足为奇的。从表 1 还可看出，准噶尔块体前缘仍可能有约 2. 7 mm/a 向北偏西的运动，祁连山北缘有约 4 ～12 mm/a 向北东运动，西秦岭和六盘山东缘有 4 mm/a 向东偏北的运动，川滇块体东缘可能有 5 mm/a 左右的向南东运动。这反映了印度板块向北的推挤对我国内陆各块体运动和变形的影响范围北可达到阿尔泰褶皱带和北天山一带，东可达南北带以东。

表 1　中国西部块体和褶皱带新构造形变和运动速率估计值

块体和褶皱带	平面宽度（km）	地壳厚度（km）	垂直变形（膨胀）[①]（mm/a）	横向缩短（压缩）[②]（mm/a）	平均运动速率（mm/a）和方向			
					后缘	中部	前缘	方向
喜马拉雅褶皱带	250	60	3. 7	15. 4	50[③]	42. 3	34. 6	N
西藏块体	450	70	2. 0	13. 0	34. 6	28. 1	21. 6	N
西昆仑山褶皱带	150	65	3. 0	7. 0	21. 6	18. 1	14. 6	N
塔里木块体	600	50	0. 1	1. 2	14. 6	14. 0	15. 4	N
天山褶皱带	250	55	2. 2	10. 0	13. 4	8. 4	3. 4	N10°E
准噶尔块体	350	50	0. 1	0. 7	3. 4	3. 0	2. 7	N10°W
横断山褶皱带	100	55	2. 0	3. 6	15[④]	13. 2	11. 4	S80°E
川滇菱形块体	200	45	1. 5	6. 7	11. 4	8. 0	4. 7	S70°E

①垂直变形速率 = 夷平面上升速率 + 剥蚀速率 + 均衡速率；②缩短 = 垂直形变速率 ×（宽度速率/厚度）；③喜马拉雅前缘印度板块向北运动速率；④西藏块体纵向延伸速率。

“南北带”作为我国板内块体运动、地壳变形和地震活动的大区分界线是十分突出的。它具有复杂的结构，其不同段落的运动状况亦有所差别。它的中南段西侧的各个块体有明显的向东的侧向挤压。导致了鄂尔多斯块体向北东运动并作逆时针扭动。华南块体向东南运动，华北和华南块体之间出现相对的左旋剪切运动。但由于沿南北带一线地壳及岩石圈结构上的控制，青藏块体向东的侧向运动在南北带南段（龙门山至横断山一带）所积蓄的应力以强烈的地震活动方式得到了释放。因之华南块体由青藏高原侧向挤压而造成的向东及东南的位移量在南北带以东急速降低，活断层速率的变小也直接反映了这一点。

东北地区新构造变形微弱，断层活动不明显，依兰 - 伊通，敦化密山等断裂仅有少量的右旋活动的迹象。Zonenshain 曾根据沿外兴安岭的压性活动及贝加尔一带的引张认为他划分出的黑龙江块体具有逆时针方向的转动，并认为其相对于欧亚板块的转动点在北纬 56. 3°东经 117. 9°，正位于此块体北部边界上（Zonenshain，1981）。如果这样，则沿阴山—燕山一带的 NW 向及近 EW 向断层的左旋滑动性质尚需要做进一步解释。据吉林老爷岭—东京城一带第四纪火山活动位置的迁移所反映的这里相对于太平洋俯冲带向 NEE 方向的相对位移速率为 6. 8 mm/a（赵文峰，1985）。这一数值较大，目前还缺乏其他方面资料的佐证，对这一位移值的认识尚有待进一步的讨论。

鄂尔多斯块体遭受了青藏高原向 NE 方向的挤压造成了块体的旋转，使东西两侧的山西和银川两个右旋的剪切拉张带和南北两侧的渭河和河套两个左旋剪切拉张带发生了强烈的剪切和拉张，加速了鄂尔多斯块体周围的一系列剪切拉张盆地的发展，同时促进了鄂尔多斯块体相对作逆时针方向的旋转。此外，鄂尔多斯地块由于其南北两侧的秦岭与阴山山脉间的左旋扭动，也促进了它作反时针方向的扭转。根据活断层以及地震破裂面滑动状况反映出鄂尔多斯与相邻的阿拉善、太行山地块转动极点约位于北纬 42°及东经 94°左右（卢演俦，1986）。据断层位移、地震以及邻区相对位移等方面的资料估计，华北地区向东北方向相对运动平均速率约在 4 mm/a 以下。

塔里木阿拉善、鄂尔多斯等坚硬地块的存在（图 6），对青藏高原向北的推进起了明显的阻挡作

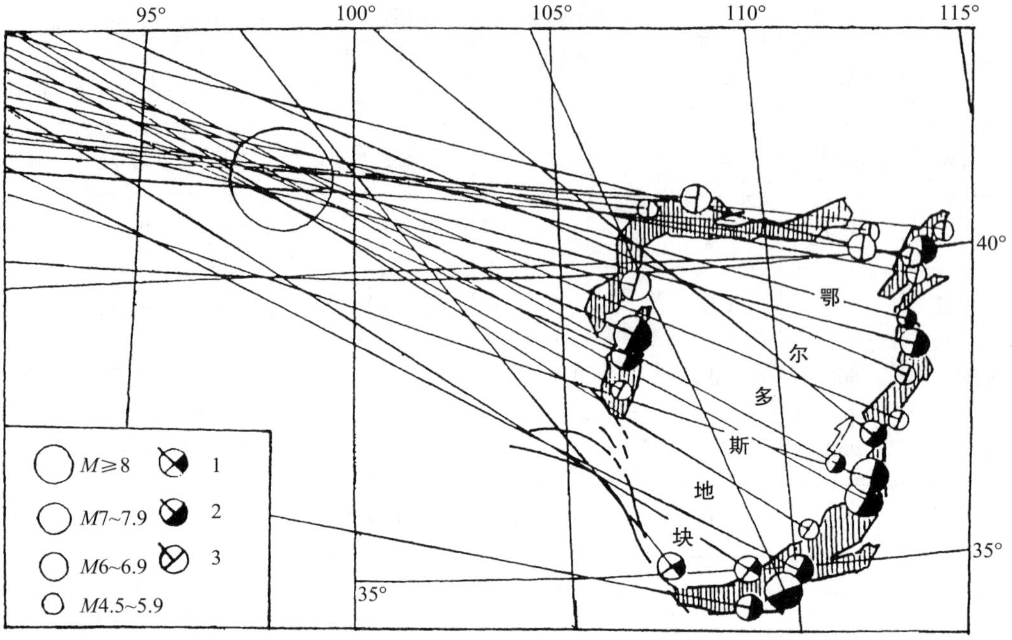

图 6　鄂尔多斯地块周围地震断层错动面法线的聚焦现象（卢演俦，1986）

1 ～3 分别为小震综合断层面错动方向，等震线长轴走向和地震断层错动方向的法线投影

用，促使了青藏高原对其东侧的华南地块向东及东南方向的滑移，但挤出滑动的距离是有限的。据青藏高原东侧边缘向东的运动量估算应约为 5 mm/a 以下。

黄海盆地区新生代扩张沉陷的同时，造成了朝鲜半岛向东偏北的漂移，逐渐拉大了与辽东半岛、山东半岛的距离。东海东侧的冲绳海槽是一个扩张边界，速率达 46 mm/a，其南段的扩张与菲律宾板块在台湾与大陆的碰撞是同时在新构造阶段发生的。南海盆地扩张在中新世已经停止，但 NWN－SES 向的引张作用依然存在。NEE 及近 EW 向的一些断陷带如琼北断陷，西沙海槽等一直仍在继续沉陷和发展，中国活动断层平均水平滑动速率矢量及块体相对运动状况及各块体水平运动速率表示在图 7。

上面极其概括地对我国大陆的新构造变形及板内运动的基本状况做了一些讨论。中国大陆的新构造变形与运动明显地受到周围板块运动的强烈影响。根据周围板块运动对大陆内部的影响范围以及板内自身运动与变形的特点，在中国及邻近地区这一范围内可划分出三个不同的新构造活动区。西部是印度与欧亚板块碰撞形成的挤压区，主要表现为碰撞引致的挤压变形：大尺度的凹陷隆起与水平平移运动。东部的变形与运动的特点则与西太平样板块俯冲对大陆边缘地区的影响有关，但随着深部活动的逐渐减弱，来自西部影响的比重在东部有明显的增加。中国东南部则是一个处于西部挤压与北部围限下相对较为稳定并向东南方向有少量挤出滑移的区域，其东南侧台湾附近则受到菲律宾板块碰撞的明显影响。内陆各块体间相对运动速率一般较板块边缘要小 1 ～2 个数量级。由不足 1 mm/a 到 10 多个 mm/a，而板块边缘达数个至十数个 cm/a。因板内结构的不均一性，板内运动呈现出的图像十分复杂。大量内部的活动边界是继承了古老边界重新活动的。但由于运动格局的逐渐变化而有一些新的活动边界在逐渐形成，如怀来－渤海活动带等，地震活动是确定这类边界的重要依据。据地质资料，所估算的板内各区域间相对运动的状况及速率值是较为粗略的，可能存在很大的误差，还需要新资料的补充与修正。但这些在大量地质学研究上取得的认识，为全面深入地分析和认识中国大陆现代地壳运动的状况的真实内涵提供了一个重要的基础。

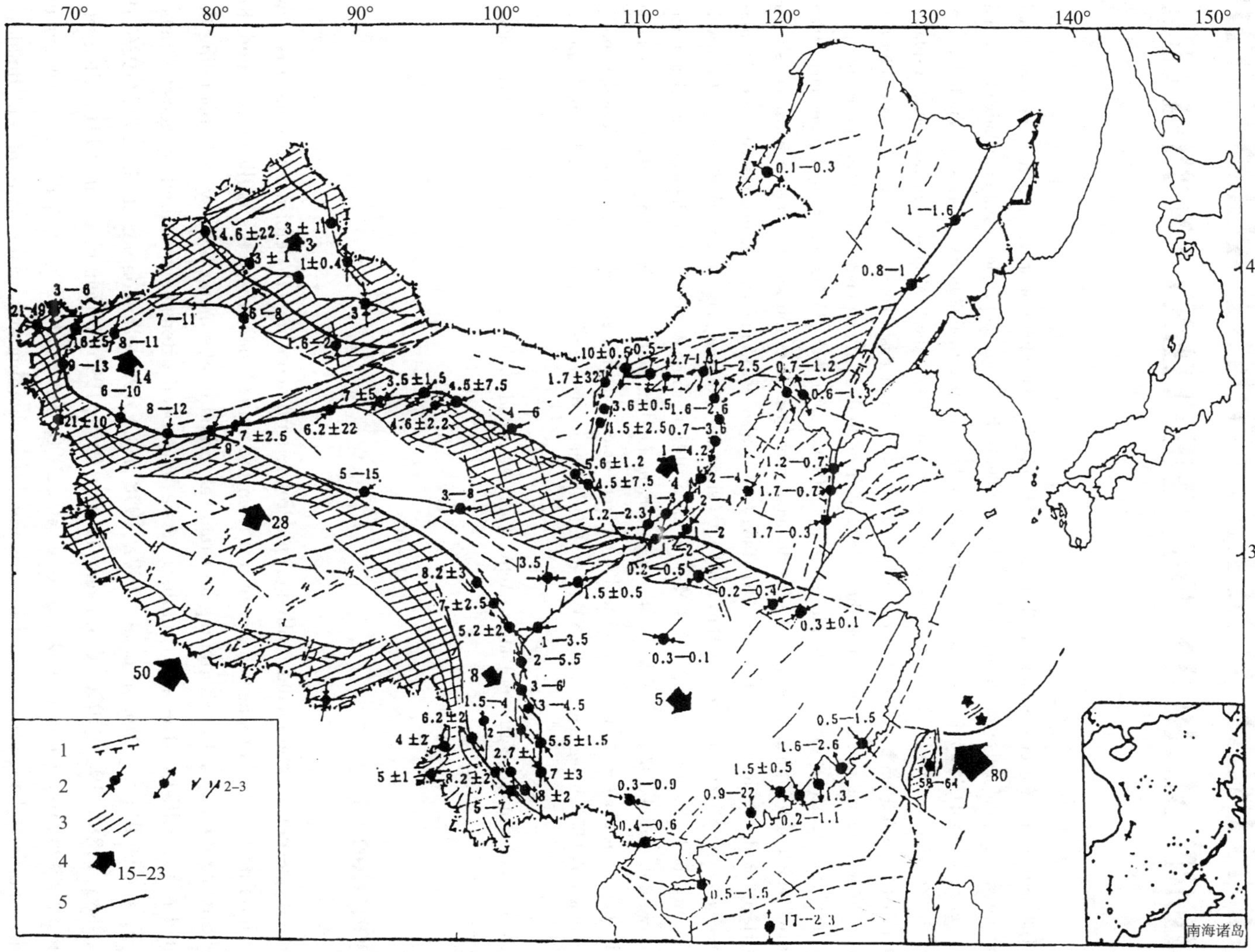

图7　中国活断层平均滑动速率矢量及块体相对运动状况示意图

1. 活断层；2. 活断层平均水平滑动速率（投影值，mm/a）及方向、逆冲、引张及走滑；3. 褶皱带（新造山带）；4. 褶皱带及块体运动方向和滑动速率；5. 主要块体边界

ACTIVE FAULTS AND MAGNITUDES OF LEFT-LATERAL DISPLACEMENT ALONG THE NORTHERN MARGIN OF THE TIBETAN PLATEAU*

Abstract The northern margin of the Tibetan Plateau (NMTP) is a major intracontinental Cenozoic transpressional zone that comprises a series of active strike-slip faults and thrust faults. It is important to document cumulative horizontal displacements along the NMTP in order to understand quantitatively strain partitioning in East Asia since the India-Eurasia collision. Based on an analysis of horizontal slip along major active faults, the total amount of horizontal displacements is estimated up to 700 km between the Tibetan Plateau and the Tarim Basin since the convergence of India and Eurasia. Along the western and middle segment of the Altyn Tagh fault to the northern margin of the Qaidam Basin, there are abundant evidence that show that the net displacement is ~400 km since 40 ~35 Ma, and along the Shulenan Shan and southeast of middle Qilian Shan since 25 ~17 Ma the amount of offset is ~150 km. The largest horizontal slip in Qilian Shan-Hexi Corridor to the northeast of the Altyn Tagh fault is also ~150 km since late Oligocene to early Miocene. It decreases to only ~60 km along the Haiyuan fault (since late Miocene) and to 25 km along the Zhongwei-Tongxin fault since the Pliocene (about 5. 3 ~3. 4 Ma), at the northeast margin of the Tibetan Plateau. This clearly implies northeastward diminishing of the total horizontal displacement and temporal getting younger of the fault slip along the NMTP. However, this tendency is very complicated at different times and different segments, as a result of the uplift, growth and rotation of different segments of the NMTP at different stages during the convergence of India and Eurasia.

Keywords: Northern margin of the Tibetan Plateau; Active faults; Magnitude of left-lateral displacement; Drainage offset and deflection; Altyn Tagh fault.

1. Introduction

A fundamental question of continental collision and related intracontinental deformation concerns how the Cenozoic deformation in Asia has propagated northward from the suture zone where the collision initiated. Key to this has been estimating the amount of shortening and rates absorbed by the major fault systems bounding the active blocks related to the collision. The active faults in Asia have been extensively studied by geoscientists from China, US, and France et al. (e. g. Molnar et al. , 1975, 1978, 1987, 1993; Tapponnier et al. , 1977, 1986, 1990; Peltzer et al. , 1988a, 1988b, 1989, 1996; Gaudemer et al. , 1989, 1995; Burchfiel et al, 1991; Allen et al. , 1991; Avouac et al. , 1993; Meyer et al. , 1998, Ritts et al. , 2000; Yin et al. , 2002). With the great amount of active fault studies that have been accumulated in China and the adjoining area to the north of the Himalaya collisional orogen in the past two decades, various kinematic models have been put forward to assess strain partitioning within intracontinental Asia. A key point, but a controversial one, is cumulative displacements, rates and timing of large-scale bounding strike-slip faults of Asia.

---

* 本文原载于《Tectonophysics》, 380, P. 243 ~260, 2004 作者 Guoyu Ding, Jie Chen, Qinjian Tian, Xuhui Shen, Chengqi Xing, Kaibo Wei.

The indentation of Asia by India, which has been ongoing since 40 ~ 50 Ma ago (Patriat and Achache, 1984; Dewey et al. 1986, 1990), has resulted in crustal thickening, shortening, and strike-slip motion along major faults distributed over a vast area of Asia. Two large-scale strike-slip fault zones have resulted from this indentation. In the west is the Oman-Chaman sinistral wrench zone, where an ophiolite belt along the Indus-Yaluzangbu suture was left laterally offset by about 1300 km, as evident from the large-scale deflection of the Indus River. In the east is the Sagaing dextral wrench zone, where the Indus-Yaluzhangbu suture zone was dragged northward about 2000 km. Meanwhile, similar patterns of displacements also occurred on a series of E-W striking tectonic belts across East Asia, such as the Bangonghu-Nujiang, Jinshajiang, Kunlun Shan-Qinling, and Tian Shan sutures. These tectonic zones were clearly deflected across the western and eastern wrench zone. The Kunlun suture has been offset by about 700 km, and the Tian Shan suture has been displaced by about 500 km on the western side. The Bangonghu-Nujiang and Jinshajiang have been offset right-laterally about 1000 km on the eastern side. According to these estimates, the amount of horizontal displacements in Asia decreases progressively northward in conjunction with the northward indentation of the India (Dewey et al., 1990). This picture clearly highlights the significance of horizontal relative motion and strike-slip-style faulting on the west and east sides of the Tibetan Plateau, which contrasts with vertical thickening and uplift of the Tibetan Plateau and subsidence at marginal area. It is critical to determine the amounts and rates of horizontal slip along the major active faults in order to constrain the way bulk shortening has been accommodated throughout Eastern Asia. We are trying to develop answers about how the magnitudes and styles of the horizontal displacement varies along the northern margin of the Tibetan Plateau (NMTP) and how such strains are partitioned and linked with surrounding area.

2. The magnitude of horizontal displacement at the northern margin of the Tibetan Plateau (NMTP)

The NMTP trends E-W for 3000 km, from external zone of the Pamirs, via the northern margin of West Kunlun Shan, the Altyn Tagh fault zone, and the northern margin of Qilian Shan, to Liupan Shan (Fig. 1). Together, the West Kunlun Shan, Altyn Tagh and Qilian Shan structures form a transverse S-shape margin bounding the southern edge of the Tarim, Alashan and Ordos rigid blocks. Its western end, the Pamir syntaxis, is the junction area of the Pamir, Tian Shan and Tarim blocks; its eastern end is the junction area of the Alashan, Ordos, Qinling orogenic zone and northeast Tibet, where neotectonic deformation and seismicity are most active.

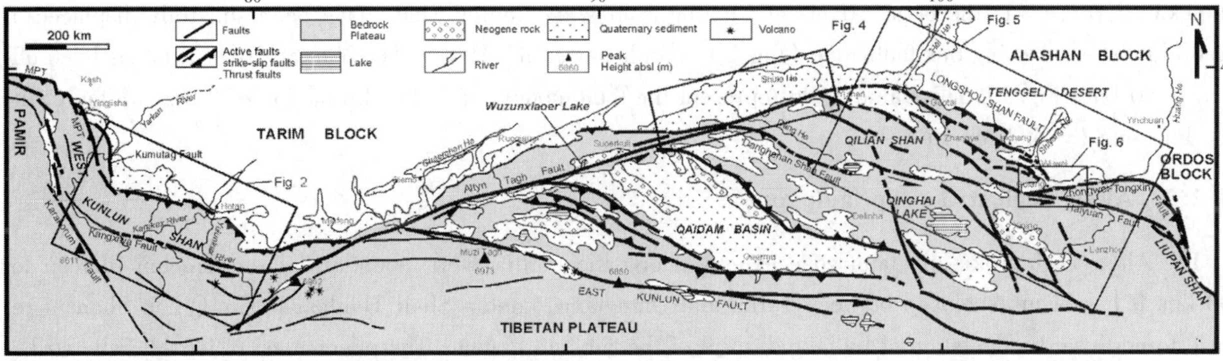

Fig. 1 Morphotectonic map of the northern margin of the Tibetan Plateau. MPT—Main Pamir Thrust. Boxes show locations of Figs. 2, 4, 5 and 6

The NMTP consists of a system of reverse and strike-slip faults that links the external zone of the Pamirs, northern West Kunlun Shan fault zone, Kangxiwa fault zone, Altyn Tagh fault zone, northern Qilian Shan frontal fault zone and Haiyuan fault zone from west to east. This margin of the Tibetan Plateau drops abruptly in elevation from 3000 ~4000 m high in the south to below 2000 m in the north. Considerable geological and geomorphologic evidence of strike-slip motion can be found where rivers originating from the Tibetan Plateau cross this boundary. At these intersections, good records of horizontal and vertical cumulative offsets are preserved.

2.1 Northern Pamirs-West Kunlun Shan fault zone

This fault zone is the most western segment of the NMTP. The Pamirs syntaxis is the result of the India-Eurasia collision. The northern margin of the Pamirs moved north by at least 300 km in concert with the penetration of the Indian plate, and a minimum of 300 km of shortening within the Pamir implies that the southern edge of the Pamir has moved 600 km with respective to the Tian Shan, according to the construction of the palinspastically restored palaeogeographic and sedimentologic environments on the basis of stratigraphic, lithological, structural and palaeomagnetic data (Burtman and Molnar, 1993; Burtman, 2000). This motion was accommodated by regional crustal thickening and block rotation (counterclockwise rotation of 50° according to paleomagnetic measurements) and by thrust and left-lateral strike-slip faulting in the Tadjik basin (e. g, Burtman and Molnar, 1993; Burtman, 2000; Thomas et al., 1996). Motion along the eastern margin of the Pamir syntaxis was accommodated by major dextral strike-slip or transpressional faulting within the western Kunlun Shan and Tarim basin along structures such as the Main Pamir Thrust (MPT), Kumutag fault and the Karakoram fault (Fig. 1, e. g., Wang et al., 1992; Brunel et al., 1994; Sobel, 1996; Sobel and Dumitru, 1997; Chen et al., 1997). Burtman and Molnar (1993) proposed that Paleozoic rocks and the Mesozoic suture were offset dextrally by 300 km along the Karakoram fault. Sobel and Dumitru (1997) suggest that faults east of the Karakoram fault must have accommodated some of the deformation. For example, the Main Pamir Thrust (MPT) and Kumutag fault system offsets the originally linear trend of the Paleozoic-early Mesozoic Kunlun arc system by 200 ~300 km for the past 20 Ma, thereby accommodating much of the Neogene northward indentation of the Pamir syntaxis.

The 600 km long, NWW striking Kangxiwa fault zone is a large sinistral strike-slip fault in the West Kunlun Shan. Its eastern end connects with NEE striking left-lateral Altyn Tagh strike-slip fault zone. Between the Kangxiwa fault and the dextral strike slip Karakoram fault is a small southeastward extrusion block due to shortening between the Pamirs and the Tarim Basin. This fault zone is very active, as is evident from active fault scarps that cut through Quaternary alluvial fans, river terraces and moraines, and from a volcanic cone, erupted in 1951, which has developed in the pull-apart basin in its eastern segment. In the west segment, the Karakax River and Yulungkax River, two of the largest rivers originating from West Kunlun Shan, have been sinistraly displaced about 80 km when crossing this fault zone (Fig. 2) (Gaudemer et al., 1989). The Yarkan River also has been offset by ~80 km (Fig. 2). This value could represent the total amount of strike-slip motion of Kangxiwa fault zone since Pliocene (~5.3 Ma BP).

2.2 Altyn Tagh strike-slip fault zone

The Altyn Tagh strike-slip fault zone extends along the northwestern boundary of the Tibetan Plateau for 1600 km. It has been developed between Tarim and Qiangtang, Kunlun Shan, Qaidam Basin, Qilian Shan in response to northward indentation of India and uplift of the Tibetan Plateau. The phenomena of left-laterally strike-slip motion have been reported in many literatures along Altyn Tagh fault zone. However, estimation of the total amount of lateral displacement is still debated, from several tens to 750 km.

The offsets of Tertiary and Quaternary rocks, alluvial fans and stream channels of different ages can be ob-

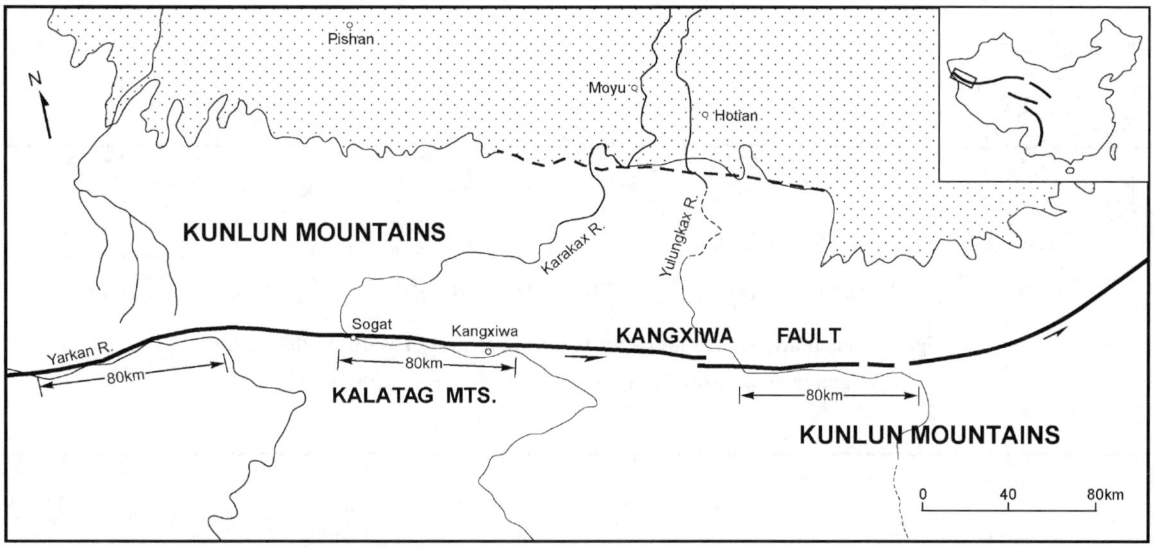

Fig. 2 Left-lateral apparent deflection of the Yarkan, Karakax, Yulungkax rivers across the northern margin of the West Kunlun Shan (based on Gaudemer et al., 1989)

served along the Altyn Tagh fault zone. For example, the East Kunlun Fault was originally the eastern extension of the West Kunlun Shan. Their major geological structure and tectonic units can be correlated (Li and Yin, 2002) and now is displaced sinistraly by about 400 km. All of the Quaternary volcanoes, moraines and major ridge crests in Kunlun Shan were offset left-laterally by about 50 km, and the Pliocene rocks west of Wuzunxiaoer Lake was displaced about 40 km in the middle segment of the Altyn Tagh fault at the same time (Ge et al., 1992).

Geomorphic offsets, especially of large rivers, are very useful to determine cumulative displacement of the Altyn Tagh fault. From west to east, the Cheerchen He (in Chinese, He means river), Dang He, and Shule He are three largest rivers originating from the Tibetan Plateau and crossing the fault. The last two rivers have developed since late Miocene (11 ~8 Ma BP) and are related to the intense uplift of the Tibetan Plateau. When the Dang He and Shule He cut through the piedmont of ranges, a very broad and flat fluvial plain has been formed to the northwest of the Altyn Tagh fault, due to sinistral strike-slip of the fault, and the migration and strong northeastward erosion of the river (Fig. 3). According to the width of these plains, and by matching occurrences of rocks, valleys and channels of different ages on either side of the fault, the cumulative left-lateral horizontal offsets along the Altyn Tagh fault were estimated to be 75 km in the Dang He and 65 km in the Shule He (slip rates were 5.9 ~9.4 mm/a) (Fig. 4, Ge et al., 1992). A lacustrine deposit (supposed to be 3 ~1.1 Ma) near Suoerkuli is offset left – laterally 16 km, yielding a mean horizontal slip rate ranging between 5.3 ~1.5 mm/a, which represents a total amount of Quaternary horizontal left-slip in this region (Ge et al., 1992). The Cheerchen He, the largest and oldest river originating from the Tibetan Plateau, has a left-lateral offset across the Altyn Tagh fault zone of up to 120 km (Ge et al., 1992). This is more than that of the Dang He and Shule He to the northeast, which implies that cumulative displacement along the Altyn Tagh fault zone decreases northeastward. The more older outlet paleochannel of the Cheerchen He in the Paleogene-Miocene Qaidam Basin has been deflected left-laterally for about 300 km by the Altyn Tagh fault (Fig. 10, c-c′).

The total amount of sinistral strike-slip along the Altyn Tagh fault zone since the collision of the India-Eurasia is still a controversial question. Peltzer and Tapponnier (1988), for instance, suggested a 500 ~600 km cumulative displacement along the Altyn Tagh fault zone. Zheng Jiandong (1988) estimated ~250 km according to

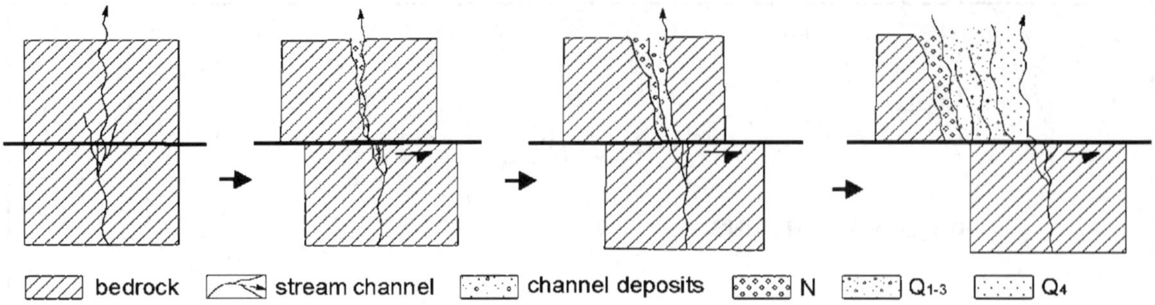

Fig. 3　Schematic sketch showing river offset and erosion model along active strike-slip fault(after idea of Ge et al. ,1992).

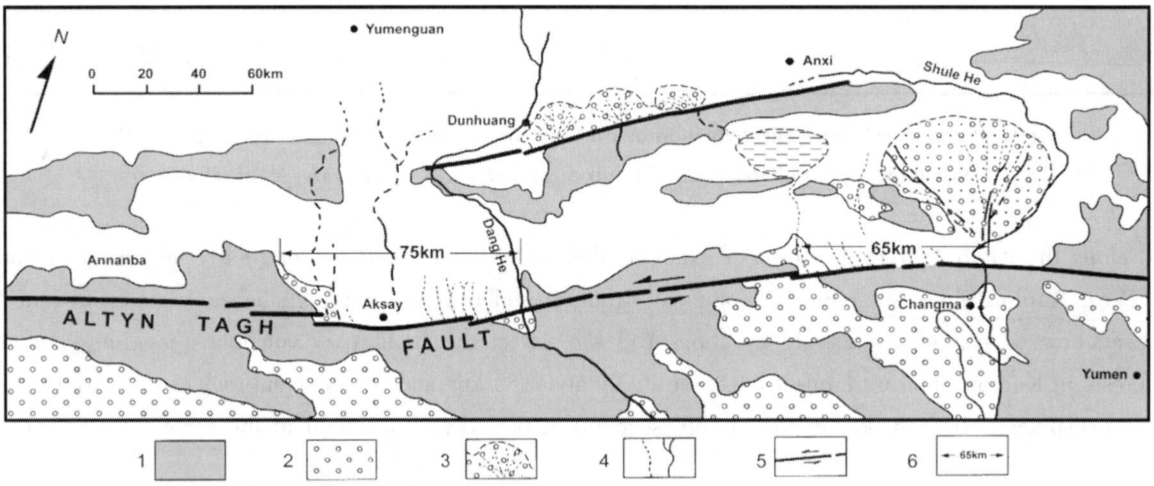

Fig. 4　Morphotectonic map of the Altyn Tagh fault at Aksay and Changma. Note ~75 and 65 km offsets of the Dang He and Shule He when across the fault (modified from Ge et al.,1992)

(1) Basement rocks; (2) Neogene-Quaternary deposits; (3) alluvial fan; (4) abandoned (dashedline) and present-day river; (5) active strike – slip faults; (6) offsets of river

offset of the Jurassic coal beds along the Altyn Tagh fault zone. Xu et al. (2000) inferred from sinistral offset Paleozoic ultra-high-pressure metamorphic zones and tectonic units around ~400 km of slip along the Altyn Tagh fault. Ritts and Biffi (2000) suggest that the net magnitude of post-Bajocian left-lateral separation on the Altyn Tagh fault is about 360 ~400 km based on restoration of the Jurassic facies boundary along the central segment of the Altyn Tagh fault and the Jurassic shoreline aligns felsic plutons across the western segment of the Altyn Tagh fault system. Ge Xiaohong (1998) and Ge and Liu (2000) proposed that old craton basement of tectonic units were left laterally offset ~400 ~750 km along the Altyn Tagh fault zone in a regional scale if assuming the Tarim, Qaidam and Alashan block have similar basement formed during 800 ~850 Ma, with offsets decreasing progressively northeastward. However, the onset of strike – slip deformation is poorly defined as all these observations were obtained by matching very older rocks or tectonic units on either side of the fault. Arnaud et al. (2000), for example, suggest multiple stages of deformation and a shifting in the Cenozoic location of the main strand of the Altyn Tagh fault. In general, 600 ~750 km is the maximum value of displacement along the Altyn Tagh fault. Cumulative left-lateral offset appears to be 250 ~400 km along the main active strand of the Altyn Tagh fault zone since the collision of India and Eurasia. More generally, the total amount of the horizontal sinistral displacement is ~400 ~750 km between the Tibetan Plateau and Tarim basin.

2.3 Qilian Shan and Hexi Corridor (QSHC) segment (Fig. 5)

The Altyn Tagh fault zone extends east northeastward and ends near Yumen, where motion is transferred onto SE-NW striking Qilian Shan. Here sinistral slip on the Altyn Tagh fault zone is absorbed by thrusting and shortening deformation on the Qilian Shan and Hexi corridor. The Qilian Shan is the first great mountain ranges south of the Gobi to stand above 4000 ~5000 m, with the northern boundary of the Tibet-Qinghai highlands being marked by the northern Qilian Shan frontal fault. The southern end of this segment is the Shulenan Shan and Danghenan Shan faults. Wang Erchi (1996) derive a left-lateral slip estimate of 150 km along the Shulenan Shan fault from offset of middle Qilian Shan rocks comprising of Proterozoic metamorphic rocks, the early Tertiary basin and deformation of Cretaceous red beds since early Tertiary, which represent the total sinistral offset of this fault zone since late Oligocene-Miocene.

The QSHC segment is still dominant by oblique thrusting combined with strike-slip component since Miocene. (chen et al, 1988). A succession of alternating depression basins (Jiuxi Basin, Jiudong Basin, Minle Basin and Wuwei Basin) and actively uplifting ranges (Jayuguan-Wenshu Shan, Yumu Shan and Dahuang Shan) trending approximately NNW developed in the Hexi Corridor to the north of the Qilian Shan (Fig. 5), accommodating some of the movement between the Tibetan Plateau and the Alashan rigid block. These four basins have been rotated counterclockwise with N – S shortening of about 22.5, 28.5, 23.3, and 19.2 km respectively since the Miocene (Guo et al., 1993; Xiang et al., 1993). However, the amount of lateral slip between the Tibetan Plateau and the Alashan block is poorly defined.

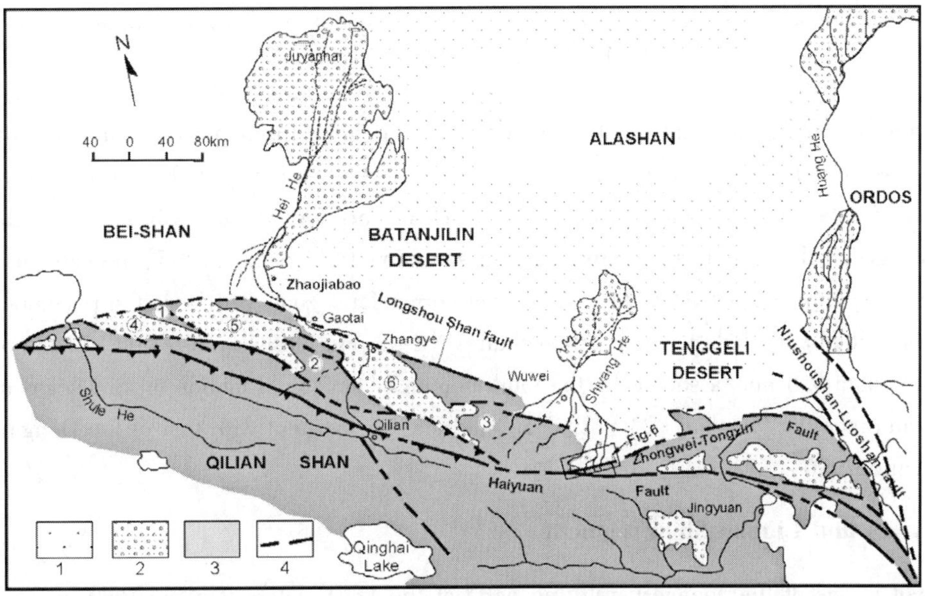

Fig. 5 Apparent left-lateral deflection of the Hei He, Huang He (Yellow River) and other drainages across the Qilian Shan-Haiyuan fault zone

1. Desert; 2. alluvial fans; 3. mountain areas; 4. active faults. ①Jiayuguan-Wenshushan uplift; ②Yumushan uplift; ③Dahuangshan uplift; ④Jiuxi Basin; ⑤Jiudong Basin; ⑥Minle Basin; ⑦Wuwei Basin. Box shows location of Fig. 6

Left-lateral slip on this QSHC segment is attested by morphological offset of rivers. A series of rivers draining from the Qilian Shan are deflected sinistraly when across the northern Qilian Shan fault zone and the Hexi Corridor depression. The older the river is, the larger the deflection. The most spectacular offset are that of three largest and oldest rivers, Hei He, Hongshui He and Huang He (Yellow River), which indicate left – laterally strike – slip component (Fig. 5 and 6).

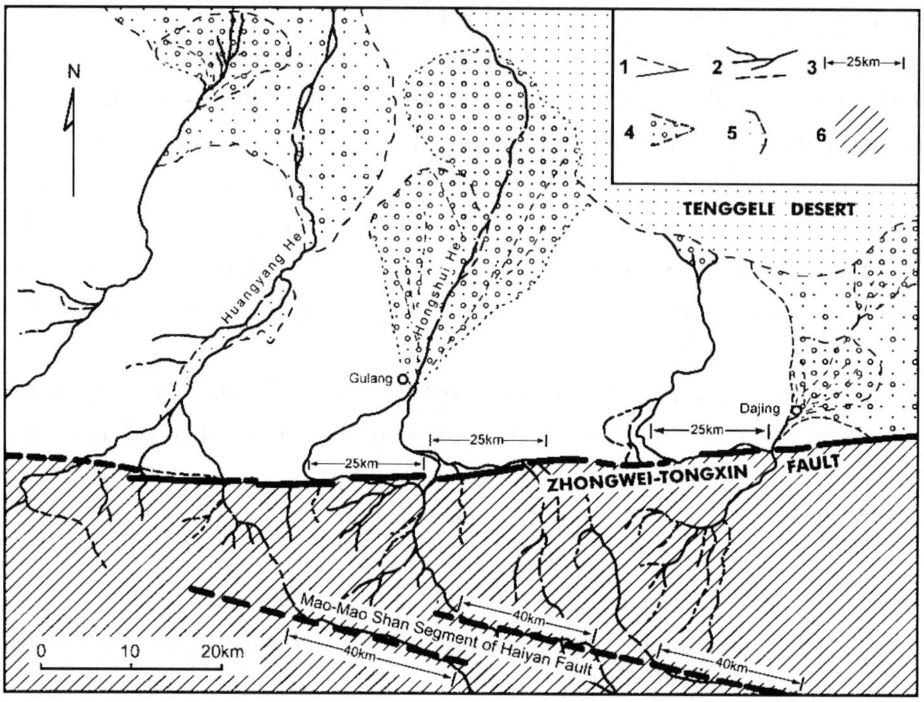

Fig. 6 Apparent left-lateral offsets of rivers across the Zhongwei-Tongxin fault

1. Active faults;2. present-day and abandoned rivers (dashed line) ;3. offsets of rivers;
4. alluvial fans;5. desert;6. basement rocks

The westernmost Hei He originates in the Qilian Shan and flows through Hexi Corridor and Bei Shan (in Chinese, Bei means north) to Juyanhai Lake. The Hei He has been obviously deflected sinistraly about 150 km from Zhangye and Gaotai to Zhaojiabao when across the Hexi Corridor, which implies the left-slip of the Longshou Shan fault. The results of telluric electromagnetic sounding (Shi et al. , 1995) indicate that the Longshou Shan fault zone is actually an active northward-vergent thrust fault zone with a left-slip component similar to faults in the Qilian Shan and Hexi corridor, rather than a NE dipping thrust faults. This 150 km offset of the Hei He with slip rate about 6. 5 mm/a should be the total amount of horizontal motion on this segment of the margin of Tibetan Plateau since the Miocene (23 ~25 Ma?) , which is consistent with that of the Danghenan Shan fault to the south (Wang, 1996).

2. 4 Haiyuan and Liupan Shan segment

This segment is one of the youngest uplifting parts of the northeastern Tibetan Plateau. The Haiyuan fault zone is a predominantly left-lateral fault extending along southeast of the Qilian Shan. The convex northeastward Haiyuan fault zone, the Zhongwei-Tongxin fault, and the Niushoushan-Luoshan fault to the north all converge and merge southeastwards into the Liupan Shan fold and thrust zone (Zhang et al. , 1991) (Fig. 1, 5, 7, and 10).

2. 4. 1 Left-lateral displacement on the Haiyuan fault zone

The Haiyuan fault zone is a very active left-lateral slip fault which was the source of the 1920, $M = 8.6$, Haiyuan earthquake. An unconformity between Tertiary and Precambrian strata is offset left-laterally ~14 km by the Haiyuan fault near Ganyanchi (Wang, 1988; Burchfiel et al. , 1991; Deng and zhang, 1990). This estimates relates only to movement on one segment of the presently active strand of the Haiyuan fault zone since middle or late of Early Pleistocene, it does not represent the total displacement on the whole Haiyuan fault zone.

Huang He (Yellow River) is deflected in a left-lateral sense about 90 km when crossing the Haiyuan fault zone (Fig. 5 and 7). Gaudemer et al., (1989) suggested that this was the result of slip on Haiyuan fault zone. However, no detailed geologic and geomorphologic research has been reported yet and some doubted about this suggestion (Burchfiel et al., 1991; Deng and zhang, 1990). In this regard, we found a large-scale pull-apart basin that developed since late Miocene along this segment of the Haiyuan fault zone (Tian et al., 2000), in relation to the deflection of the Huang He and provides important evidence to the total amount of left-slip along the Haiyuan fault zone.

Pull-apart basins are an important type of basin developed in strike-slip fault zone, and sedimentation and deformation of the pull-apart basin record the movement history of strike-slip fault (Mann et al., 1983). The bigger the pull-apart basin is, the larger the strike-slip (Sylvester, 1988; Woodcock and Schubert 1994). The main active strand of the Haiyuan fault zone tends to step systematically northwards, resulting in the formation of asymmetric Cenozoic pull-apart basins of various sizes, with prominent NW boundary faults. The basins can be divided in three classes according to their size (Fig. 7).

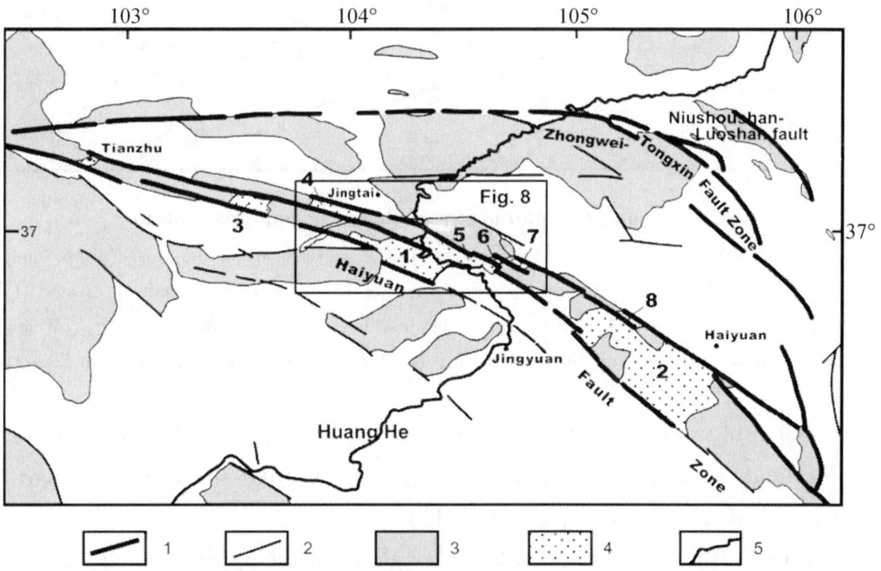

Fig. 7. Map shows locations of pull-apart basin along the Haiyuan fault

1. Laolongwan Basin; 2. West Yueliangshan Basin; 3. Songshantan Basin; 4. Songshanshui Basin; 5. Huangliangtan Basin; 6. Shaoshui Basin; 7. Dayingshui Basin; 8. Ganyanchi Basin. Box shows location of Fig. 8

The smallest basins are generally 5 ~8 km long and 2 ~4 km wide. These include, from west to east, the Tianzhu Basin, Shenjiazhuang Basin, Huangliangtan Basin, Shaoshui Basin, Dayingshui Basin and Ganyanchi (saltlake) Basin. About 8 km long, the Dayingshui basin and Ganyanchi basin are the longest of the structures and have sediment thickness more than 750 m and 550 m respectively (Deng et al., 1990). These two basins are generally incised into the surrounding Pleistocene gravels, indicating that they are formed after deposition of these gravels.

The medium-sized pull-apart basins include the Songshantan basin and the Songshanshui basin. Songshantan basin is about 15km long and 8km wide. The visible fill of the Songshanshui Basin is composed of late Pliocene (N_2^2) orange clays interbedded gravels and Early Pleistocene (Q_1) gray fanglomerates, which have been folded and uplift. This deformation implies the cession of aggradation in the basin.

The largest pull-apart basin, the Laolongwan Basin, develops in the left-stepping en echelon jog between the Laohu Shan and Hasi Shan uplifts. Huang He snakes through the basin and forms a big bend named the Laolongwan bend. The basin is 20 ~30 km long and ~20 km wide with a rhomboidal geometry.

The southern side of the Laolongwan Basin appears to be bounded by the Yehushui-Luquan fault, which is the eastern continuation of the southern Laohushan front fault. Bounding the northern side of the Laolongwan Basin, the southern Hasi Shan front fault is a very active strike-slip fault. The eastern side of the Laolongwan Basin is bounded by the Weiquan-Liugou fault. There is little evidence of prominent late Quaternary faulting along the western side of the Laolongwan Basin (Fig. 8).

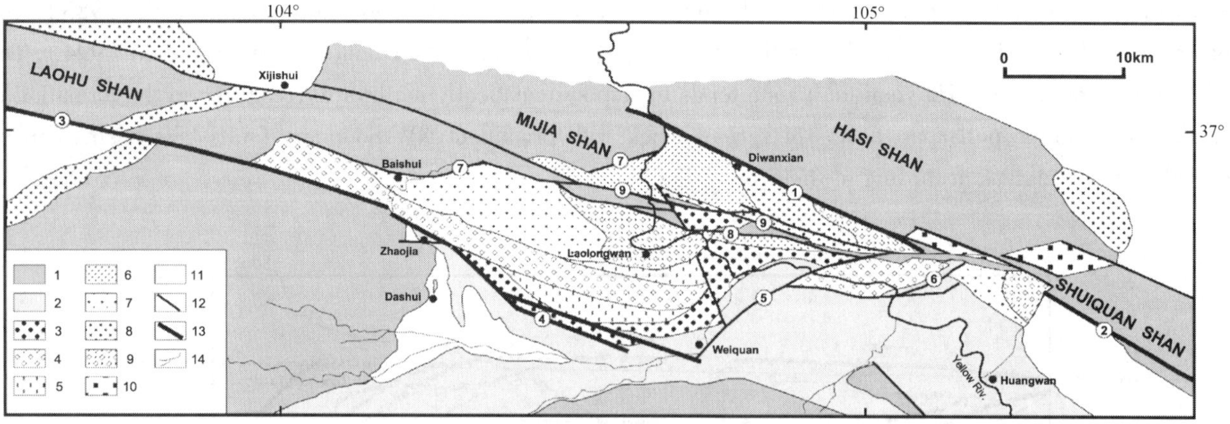

Fig. 8. Geological map of the Laolongwan pull-apart basin

1. Bare land; 2. Cenozoic sediments outside of the basin; 3. conglomerates; 4. gravel-sand rock; 5. sandstone; 6. sandy shale; 7. breccia; 8. redcaly; 9. Quaternary conglomerate; 10. Quaternary basin; 11. area of coverage; 12. major faults; 13. faults; 14. rivers. ①Southern Hasi Shan front fault; ②Southern Shuiquan Shan front fault; ③Southern Laohu Shan front fault; ④Yehushui-Weiquan fault; ⑤Weiquan-Chongtaigou fault; ⑥Honggou-Liugou fault; ⑦West boundary of the basin; ⑧Southern Zihong Shan fault; ⑨Northern Zihong Shan fault

According to the length of pre-existing block along fault strike (L_0), the length (L) and depth (T) of the basin, the depth of decollement surface (D) and the magnitude of strike-slip of a pull-apart basin (S) can be roughly estimated (Mann et al., 1983; Tian Qinjian, 2000).

The Laolongwan Basin is filled by ~3700 m thick conglomerate sequences which can be divided into three groups, N_1^3, N_1^4, and N_2^1. Preliminary magnetostratigraphic result indicates that the age of this sequence range from 5.4 Ma to 10 Ma (Shen et al., 2001). The maximum thicknesses and lengths along fault strike of these conglomerates have been listed in Table 1. No comparable conglomerates can be found outside the basin, which indicates that initiation of conglomerates deposition is related to the developing of the pull-apart basin. The basin conglomerates have been folded and faulted, which implies that the basin developed during 10 ~ 5.4 Ma B. P. Considering that the total thickness of deposition (N_1^1 and N_1^2) between the basin conglomerates and basement is about 1100 m, the depth of the decollement surface is estimated being about 4800 m. The total magnitude of strike-slip across the Laolongwan basin can be estimated to be 30 km with 7, 14, and 9 km respectively occurring during N_1^3, N_1^4, N_2^1. This cumulative left-slip on this segment of the Haiyuan fault gives an average rate of 6.5 mm/a.

The magnitude of sinistral strike-slip for two other smaller pull-apart basins, one developed during Pliocene-early Pleistocene and the other during the early Pleistocene-present, can be estimated to be ~22 km and ~8 km in the same way. The ages and the magnitudes of sinistral strike-slip of three classes of pull-apart basins along the Haiyuan fault zone are shown in Fig. 9. The total amount of sinistral strike-slip of the Haiyuan fault zone since late Miocene is ~60 km, summing the offsets that of three classes of pull-apart basins developed during different periods.

Table. 1 Three group conglomerates deposited in the Laolongwan Basin in different periods

Group	Age (Ma)	Maximum thickness (T), m	Maximum length along the fault zone (L), km
N_2^1	5.4 ~ 3.4	1340	32
N_1^4	7.0 ~ 5.4	1400	58
N_1^3	10 ~ 7.0	950	36

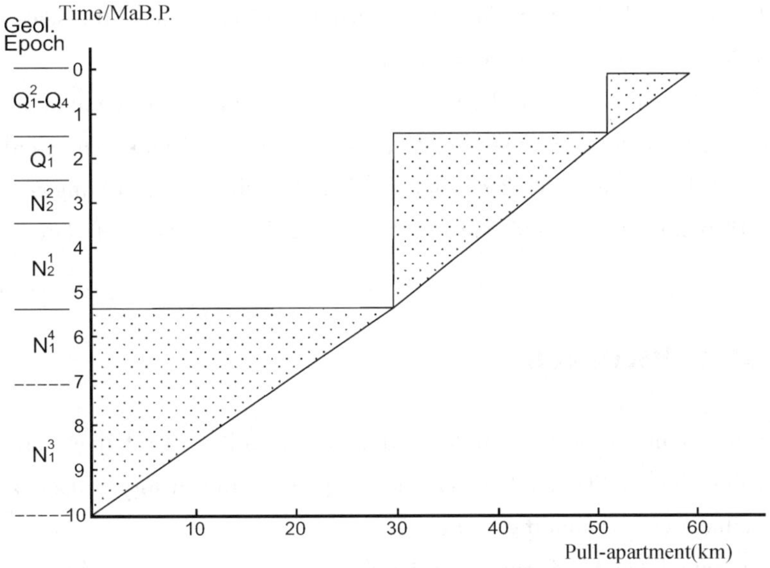

Fig. 9 Sketch showing developing period of pull-apart basins and related lateral horizontal displacement along the Haiyuan fault zone

2.4.2 Left-lateral displacement on the Zhongwei-Tongxin fault zone

To the northeast of the Haiyuan fault zone, the 200 km long Zhongwei-Tongxin fault zone is a left-lateral strike-slip fault combined with large component of thrusting, and comprising a series of subordinate splays or disconnected, active-fault segments. Thrusting of rocks of different ages and left-lateral offsets of most streams and geologic units are very prominent along this fault zone (Wang et. al., 1990).

The deflection phenomena can be clearly observed along the paleochannels of the upper stream stretch of the Shiyang He-Hongshui He and Huangshui He near Gulang. Across the Zhongwei-Tongxin fault zone, five large river channels have been left-laterally offset by 20 ~25 km (Fig. 6); these rivers are offset by more than 40 km where they cross the Haiyuan fault. The Shiyang He-Hongshui He is smaller and younger than the Hei He and according to the age of surrounding relief has developed during 5.3 ~3.4 Ma. Consequently, the left-slip rate of the Zhongwei-Tongxin fault is about 4 ~7 mm/a.

The Huang He is the largest and oldest river crossing the Zhongwei-Tongxin fault zone. After crossing the Haiyuan fault zone, the Huang He flows through the Heishan Xia, and then cuts across the Zhongwei-Tongxin fault zone at Shapuotou. (Ding, 1993) Eleven fluvial terraces are recognized (labeled as T_1, T_2, ⋯to T_{11} from the lowest level to highest level) at the west bank of the Huang He (Xing et al., 2001). The clear, broad-scale swing of the river course across the Zhongwei-Tongxin fault zone is that of a big sigmoidal shape. To the west of this big swing, and to the north of the fault, is an outcrop of very thick massive conglomerates. These conglomerates consist of well sorted, rounded and well cemented gravels and cobbles, most of these cobbles being sourced from the Paleozoic rocks of the Heishan Xia. This implies that where these conglomerates deposited had been the paleochannel of the Huang He. These conglomerates can be correlated to the terrace level T_6 conglomerates of the Huang He to the south of the fault. The terrace level T_3 above the present Huang He riverbed is offset left-laterally by 400 m. Infrared stimulated luminescence (IRSL) dating of a lens of silts from this terrace yields an age of 68.7 ± 5.1 ka, thereby giving a left-slip rate of 5.8 mm/a for the Zhongwei-Tongxin fault zone. Similar paleochannel conglomerates of the Huang He can be found on the northern side of the fault further west to the northwest of the Mengjiawan, about 8 km to the west of the present river course. However, these paleochannel conglomerates are much older (~2.4 ~1.6 Ma) and occurred at 1455 m above the sea level, which correlate to the height of the terrace level T_{11} of the present Huang He.

In summary, the Haiyuan fault zone and Zhongwei-Tongxin fault zone accommodate only a fraction of the movement of the northeast Tibetan Plateau relative to the Alashan Block. The total left-lateral displacement along the Haiyuan fault zone is ~60 km since 10 Ma. Activity on the Zhongwei-Tongxin fault is weaker and later than the Haiyuan fault to the south. The Huang He is offset left laterally by ~8 km while across this fault zone.

3. Summary and Discussion

It is very important to document the magnitudes and status of horizontal relative motions along the 3000 km long northern margin of the Tibetan Plateau (NMTP) in deciphering the history of Cenozoic deformation of the Tibetan Plateau and its effects on surrounding areas.

The NMTP is a very complicated deformation zone characterized by oblique thrusting, distributed across a linked system of the large-scale strike-parallel slip faults along the NMTP. Cumulative slip of these main strand strike-slip faults generally represents the total amount of horizontal relative motions of the Tibetan Plateau to surrounding Tarim, Alashan and Ordos blocks. The NMTP can be divided into four segments: ① Northern Pamirs-Western Kunlun Shan segment, including the external zone of the Pamirs and northern West Kunlun Shan fault zone. ② Altyn Tagh strike-slip fault zone. ③ Qilian Shan and Hexi Corridor segment. ④ Haiyuan strike-slip fault and Zhongwei-Tongxin fault.

The strike-slip displacements along the different segments of the NMTP since the collision of the India-Eurasia as stated above were summarized in Table 2 and shown in Fig. 10. These cumulative horizontal displacements can be classified into 4 groups according to their magnitudes. The first group of displacements, also the largest one, is about 400 ~700 km with large uncertainty, which represents horizontal displacement between the northern margin of the Tibetan Plateau and the Tarim block accumulated since ca. 40 ~35 Ma BP or earlier. It is based on offsets of old tectonic units such as Pamir, West and East Kunlun, Tarim and Qiadam, and eclogite high-pressure metamorphic belt in Qilian Shan (Peltzer, 1988; Ge, 1998; Guo, 1998; Xu, 2000) along the western and middle part of the Altyn Tagh fault. The magnitude of offsets decrease progressively from southwest to northeast. No such magnitude of offsets can be found at northeastern segment of the Altyn Tagh fault, northern piedmont of the Qilian Shan and Hexi Corridor segment.

Table 2 Strike-slip displacements along the different segments of the NMTP since the collision of India and Eurasia

Segments	Faults	Description	Amount of offset (km) / slip rate (*R* ~ mm/a)	Offset age (Ma)	References
Northern Pamirs-West Kunlun Shan fault zone	Pamirs	Northern margin of the Pamirs moved north relative to Tian Shan	300		Burtman, 2000
		Southern Pamirs moved north relative to Tian Shan	600		Burtman and Molnar, 1993
	Karakoram fault	Paleozoic rocks and the Mesozoic suture were offset dextrally	300	Miocene	Burtman and Molnar, 1993
		Originally linear trend of the Paleozoic-early Mesozoic Kunlun arc was offset	200 ~ 300	20	Sobel and Dumitru, 1997
	Kangxiwa fault	Yarkan River, Karakax River, and Yulungkax River sinistraly deflected	80 / R ~6.5 ~ 10	13 ~ 8	Gaudemer et al., 1989
Altyn Tagh strike-slip fault zone		Offset of tectonic units of pre-Mesozoic basement	750	40 ~ 50 Ma or earlier	Ge and Zhang et al., 1998
		Total amount of sinistral strike-slip along the whole Altyn Tagh fault zone	700	40 ~ 50 Ma or earlier	Guo and Xiang, 1998
		Sinistral offset Paleozoic ultra-high-pressure metamorphic zones and tectonic units	400	Cenozoic or earlier	Xu et al., 2000
		Offset of Aalenian-Bajocian lacustrine shoreline facies between the southeast Tarim and northwest Qaidam basins	400	post-Middle Jurassic	Ritts and Biffi, 2000
		Left-lateral deflection of the Cheerchen He	300	?	This study
		sinistral offset of ancient lake of Suoerkuli to the north from Lenghu to the south	80 ~ 100/R ~8 ~ 10	~10	Zhang et al., 2001
		Left-lateral deflection of the Dang He	75	13 ~ 8	Ge et al, 1992
		Left-lateral deflection of the Shule He	65	13 ~ 8	Ge et al, 1992
Qilian Shan and Hexi Corridor (QSHC) segment	Shulenan Shan fault	Left-lateral offset of middle Qilian Shan rocks comprising of Proterozoic metamorphic rocks, the early Tertiary basin	150/R ~6.5	23	Wang et al., 1996
	Longshou Shan fault	Sinistral deflection of the Hei He	150/R ~6.5	23	This study

续表

Segments	Faults	Description	Amount of offset (km) / slip rate (R ~ mm/a)	Offset age (Ma)	References
Haiyuan and Liupan Shan segment	Haiyuan strike-slip fault zone	Left-lateral deflection of the Huang He (Yellow River) between Jingyuan and Heishan Xia	90	?	Gaudemer et al., 1989
		Estimated total amount of sinistral strike-slip from multistage pull-apart basins along the Haiyuan fault zone	60/R ~6	~10	This study
		Offset of the Pliocene strata near Ganyanchi	14	~1.6	Wang et al., 1988; Burchfiel et al., 1991
	Zhongwei-Tongxin fault zone	Left-lateral deflection of the paleochannels of the Shiyang He and Hongshui He near Gulang	20 ~25	5.3 ~3.4	This study
		left-lateral deflection of the Huang He near the Shapotou	8/R ~3.4 ~5	2.4 ~1.6	This study

The second groups of faults have typical offsets about 150 ~200 km, which has accumulated since ca. 25 ~17 Ma BP. This category of offsets can be observed along the Shule-Nan Shan, Danghenan Shan fault in the south and middle Qilian Shan, around 150 km left-lateral displacement accumulated, and along the Hexi corridor where the Hei He is offset by 150 km since Miocene.

The third groups of faults have offsets of about 60 ~ 80 km and are found along most part of the NMTP. Examples include the Kangxiwa fault (80 km), the Altyn Tagh fault (65 km at the Akesai and 65 km at Shule He) and the Haiyuan fault (60 km). This group of displacements has accumulated since 13 ~8 Ma BP. Extensive molasse sediments began to aggrade in the Hexi Corridor, where the present main drainage rivers began to develop.

The fourth group is about several to tens of kilometers (<40 km) that accumulated since ca. 3.4 Ma BP and result from the most recent uplift and deformation of the Tibetan Plateau. Tectonic activities culminated at 2.4, 1.6 ~1.2, 0.7, 0.12, and 0.03 Ma BP, respectively, since then, which is featured by offset of Quaternary sediments, streams and geomorphologic surfaces. For example, well-defined cumulative offsets are 12 km at southern Minfeng, 15 km at Gandunsayi, Qiemo along the western segment of the Altyn Tagh fault, 12 ~17 km at Suoerkuli along the middle segment, 4 km at Shule He and 3 km at Shibaocheng (since 0.7 Ma, Guo and Xiang, 1998) along the eastern segment of the Altyn Tagh fault, 14 km along the Haiyuan fault (Zhang et al., 1991; Deng and Zhang, 1990) and 8 km along the Zhongwei-Tongxin fault since 2.4 Ma.

Four outstanding tectonic uplift and deformation phases can be identified as 40 ~35 Ma, 25 ~17 Ma, 13 ~8 Ma, and 3.4 Ma-present in the Tibetan Plateau since the convergence between India and Eurasia (Achache et al, 1984; Klootwijk et al, 1992; Coleman and, 1995; Harrison, 1992; Zhong et al., 1996; Jolivet, 2000). The classification of cumulative horizontal displacement along the different segments of the NMTP is compatible with these four tectonic phases and reflects evolution of the Cenozoic deformation of the inner and northern margin of the Tibetan Plateau. Average left-lateral strike-slip rates along the NMTP can be estimated to be 17 mm/a

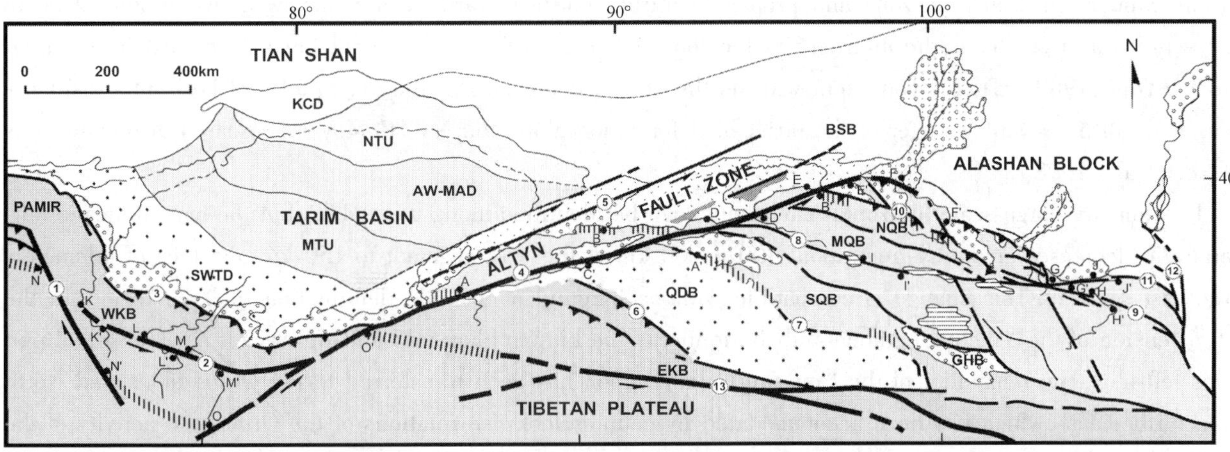

Fig. 10 Schematic map showing main sites of horizontal displacement along the NMPT

Fault: (1) Karakoram Fault, (2) Kangxiwa Fault, (3) Northern West Kunlun Shan Fault, (4) Altyn Tagh Fault, (5) Ruoqiang Fault, (6) Qiman Tagh Fault, (7) Northern Qaidam Fault, (8) Danghe-Nanshan Fault, (9) Haiyuan Fault, (10) Changma-Qilian Fault, (11) Zhongwei-Tongxin Fault, (12) Niushoushan-Luoshan Fault, (13) East Kunlun Fault. Tectonic unit: AW-MAD—Awate-Manjiaer Depression, BSB—Bei Shan Block, EKB—EastKunlun Block, KCD—Kuche Depression, MQB—Middle Qilian Block, MTU—Middle Tarim Uplift (Tazhong Uplift), NQB—North Qilian Block, NTU—North Tarim Uplift, QDB—Qaidam Block, SQB—South Qilian Block, SWTD—Southwestern Tarim Depression, WKB—West Kunlun Block. Main sites of horizontal displacements: 250-400-700 km left-lateral offsets of old craton basement of tectonic units (SWTD-QDB, MTU-AW-MAD-SQB-MQB-NQB, NTU-Alashan Block) along the Altyn Tagh Fault decreased progressively from southwest toward northeast. A-A′: 400 km sinistral offset of North Qaidam Ultra-high-pressure Metamorphic (UHP) Belt. B-B′: North Qilian High-pressureMetamorphic (HP) Belt. C-C′: 300 km left-lateral deflection of the paleochannel of the Cheerchen He. D-D′: 75 km left-lateral deflection of the Dang He. E-E′: 65 km left-lateral deflection of the Shule He. F-F′: 150 km left-lateral deflection of the Hei He. G-G′: 25 km left-lateral deflection of the Hongshui He. H-H′: 60 km left-lateral strike-slip displacement along the Haiyuan Fault. I- I′: 150 km left-lateral slip along the Shulenan Shan Fault. J- J′: 8 km left-lateral offset along the Zhongwei-Tongxin Fault. K-K′: 80 km left-lateral deflection of the paleochannel of the Yarkan River. L-L′: 80 km left-lateral deflection of the Karakax River. M-M′: 80 km left-lateral deflection of the Yulungkax River. N-N′: 300 km left-lateral offset of the Mesozoic suture belt along the Karakoram Fault. O-O′: ~400 km left-lateral offset of the East Kunlun tectonic belt relative to the West Kunlun tectonic belt. Arrows indicate senses of strike-slip

or less since 40 ~35 Ma, 12. 3 mm/a since 25 ~17 Ma, 5. 5 mm/a since 13 ~8 Ma, and 4. 4 mm/a, which decrease progressively temporal. Slip rates and magnitudes of left-slip decrease gradually from southwest to northeast along the NMPT. In western segment, Cenozoic deformation between the Pamirs and the Tarim Basin is controlled by the northward indentation of the India.

The largest cumulative horizontal displacement of 400 ~700 km along the NMTP is mainly found in the western and middle segments of the Altyn Tagh fault zone. Eastwards, it decreases to only 150 km along the Danghenan Shan-Shulenan Shan fault zone and Qilian Shan-Hexi Corridor, where intensive thrusting and folding absorb a considerable fraction of the northeastward movement of the Tibetan Plateau. At the far eastern end, east to Haiyuan and Zhongwei-Tongxin fault zone, the total horizontal offset diminishes to about 60 km.

Difference of cumulative horizontal displacements of different segments along the NMTP in time and space imply that the present topography and structure of the Tibetan Plateau resulted from a progressive growth (Ding, 1989; Meyer, et al. , 1998; Tapponnier et al. , 2001). The fact that the magnitudes of horizontal displacements of different segments along the NMTP generally diminish from west to east, clearly reflects differences of time or rates of slip on different fault segments. Individual structures like the present active Altyn Tagh fault also appear to have developed in this progressive way. It has formed by northeastward propagation along pre-existing discontinuous faults. Every time the active rupture zone includes two segments: a NEE-trending strike-slip fault and a SEE-striking thrust fault splaying from the northeastern transition end of this strike-slip fault. Then a new rupture will cut through the transition zone and propagate further northeastward to form a new active rupture zone in same way. At a larger scale, the entire 1600 km long Altyn Tagh fault zone might have developed in a similar fashion (Ding, 1989). This is consistent with northeastward decreasing of the magnitudes of horizontal displacements and northeastward younger of the onset of deformation along the NMTP. Meyer's research also shows this (Meyer et al., 1998).

In summary, large-scale horizontal movements can be identified along the NMTP, but the magnitudes of left-lateral slip decreases gradually from about 400 ~ 700 km at the west segment to 150 km and tens of kilometers at the east segment. This change is compatible with background of tectonic deformation in large region. In the east, extension of the Yinchuan graben and shortening of the Liupan Shan fold-and-thrust belt have absorbed part of this left-slip. The remainder of the "missing" deformation has been transferred to the Ordos block and North China further east, which has been accommodated by counterclockwise rotations of the Ordos and activity of the NNE trending Shanxi grabens and active fault systems in Hebei Plain (Lu and Ding, 1985). This may explain why high seismicity occurs only at the boundaries of the Ordos and North China Plain (including Bo Hai) in east Chinese continent. consequently, southeastward extrusion of south China block is limited in scale.

Acknowledgements

This research was supported by National Science Foundation of China grants 49732090. We are especially grateful to Prof. V. Trifonov for inviting us to write this paper and Prof. Iain Stewart for helpful and detailed comments on the manuscript.

References

[1] Achache, J., Courtillot, V., Lin, Z. Y., Paleographic and tectonic evolution of southern Tibet since middle Cretaceous time, new paleomagnetic data and synthesis. J. G. R., 1984. 89: 10311 ~ 10341.

[2] Allen, C. R., Luo Zhuoli, Qian Hong, Wen Xueze, Zhou Huawei and Huang Weishi, Field Study of a Highly Active Fault Zone: The Xianshuihe Fault of Southwestern China, Geol. Soc. Am. Bull. 1991, 103: 1178 ~ 1199.

[3] Arnaud N., Roger F., Delville N., Mock C., Scharer U., Brunel M., Tapponnier, P., Malavieille J., Xu Zhiqin, 40 Millions of Years of Deformation Along Some of the Tertiary Strike Slip Faults in Northern Tibet. abstract, International Symposium on Geosciences of the Northern Qinghai-Tibet Plateau. Beijing, CHINA. 2000, P. 1 ~ 2.

[4] Avouac, J. P., Tapponnier P., Kinematic model of active deformation in central Asia, Geophysical Research Letters, 1993, 20: 895 ~ 898.

[5] Brunel, M., Arnaud, N., Tapponnier, P., Yusheng, P., Yi, W., Kongur Shan normal fault; type example of mountain building assisted by extension (Karakoram fault, eastern Pamir): Geology, 1994, v. 22, p. 707 ~ 710.

[6] Burchfiel, B. C., Zhang Peizhen, Wang Yipeng, Zhang Weiqi, Molnar, P., and Royden, L., Geology of the Haiyuan Fault Zone, Ningxia-Hui Autonomous Region, China and its relation to the evolution of the northeastern of the Tibetan Plateau. Tectonics, 1991. 10(6): 1091 ~ 1110.

[7] Burtman V. S., Molnar P., Geological and Geophysical Evidence for Deep Subduction of Continental Crust Beneath the Pamir. Geological Society of America, 1993, Special paper 281. p. 1 ~ 76.

[8] Burtman V. S., Cenozoic crustal shortening between the Pamir and Tien Shan and a reconstruction of the Pamir-Tien Shan transition zone for the Cretaceous and Palaeogene, Tectonophysics, 2000, 319: 69 ~ 92.

[9] Chen Jie, Qu Guosheng, Feng Xianyue, Hu Jun, Arcuate thrust tectonics and its contemporary seismicity in the eastern section of the External Zone of the Pamir, Seismology and Geology, 1997, 19(4): 301 ~ 312 (in Chinese with English abstract).

[10] Chen Jie, Lu Yanchou, Ding Guoyu, Quaternary Tectonic Deformation in Jiuxi Basin, West Qilianshan Mountain, Northwestern China. Journal of Earthquake Prediction Research, 1988, No. 7 1988(7): 510 ~ 522.

[11] Coleman M., Hodges k., Evidence for Tibetan Plateau uplift before 14Ma age from a new minimum age for east-west

extension. Nature, 1995, 374: 49 ~52.

[12] Deng Qidong, Zhang Weiqi (editors), Haiyuan Active Fault Zone. Seismological Press. 1990, pp. 286.

[13] Dewey, J. F., M. R. Hempton, W. S. F. Kidd, F. Saroglu, A. M. C. Sengor, Shortening of Continental Lithosphere: the Neotectonics of Eastern Anatolia-a Young Collision Zone. In Collision Tectonics, edited by M. P. Coward and Alison C. Ries. Blackwell Scientific Publications. 1986, pp. 3 ~36.

[14] Dewey, J. F., Shackleton, R. M., Chang Chengfa, and Sun, Y., The Tectonic Evolution of the Tibetan Plateau. in The Geological Evolution of Tibet. London: Royal Society, Beijing: Science Press. 1990, pp. 379 ~413.

[15] Ding Guoyu, Grouping and Migration of Faulting on Quaternary Faults. Quaternary Sciences, 1989(1): 36 ~47.

[16] Ding Guoyu, Offset of Huang He, Shapotou, Zhongwei County, Ningxia. Quaternary Sciences, 1993. (4): 370 ~378.

[17] Ding Guoyu, Active Faults in China, in, a collection of paper of international symposium on continental seismicity and earthquake prediction, Beijing, Seismological Press, 1984. pp. 867, p. 225 ~242.

[18] Ding Guoyu The Research on Active Fault in China. Journal of Earthquake Prediction Research, (1996) 5 : 317 ~325.

[19] Gaudemer, Y., Tapponnier P., Turcotte, D. L., River offsets across active strike-slip faults. Annales Tectonicae, 1989. 3(2): 55 ~77.

[20] Gaudemer, Y., Tapponnier, P., Meyer, B., Peltzer, G., Guo Shunmin, Chen Zhitai, Dai Huaguang and Cifuentes, I., Partitioning of crustal slip between linked, active faults in the eastern Qilian Shan, and evidence for a major seismic gap, the Tianzhu gap, on the western Haiyuan Fault, Gansu (CHINA). Geophysical Journal, 1995. 120(3): 599 ~645.

[21] Ge, S., Bai, M., Li, Y., Liu, G., Zhen, Q., Zheng, J., and Zhu., Active Altyn Tagh fault Zone. Beijing, Seismological Press, 1992. pp. 319. (In Chinese).

[22] Ge Xiaohong, Zhang Meisheng, Scientific Problems and Thought for Research of Altyn Fault. Geoscience, 1998, 12(3): 295 ~301.

[23] Ge Xiaohong and Liu Junlai, Broken "Western China Craton". Acta Petrologica Sinica, 2000. 16(1): 59 ~66.

[24] Guo Shunmin, Chen Zhitai, Xiang Hongfa, Dai Huaguang (editors), The Qilian Mountain-Hexi Corridor Active Fault System. Seismological Press. 1993, pp. 340.

[25] Guo Shunmin, Xiang Hongfa, A Study on Spatial-Temporal Distribution of the Fault Sinistral Displacement in the Altyn Structure System Since Oligocene-Miocene, Seismology and Geology. 1998. 20(1): 9 ~18.

[26] Harrison T., Copelend P., Kidd W. S. F. et al., Raising Tibet. Science, 1992, 225: 1663 ~1670.

[27] Jolivet. M., Brunel M., Malavieille J., Seward D., Yang Jingsui, Xu Zhiqin and Tapponnier, Tectonic Evolution of Northern Tibet: Fission Travk Constraints. Abstract, International Symposium on Geoscience of the Northern Qinghai-Tibet Plateau. Beijing, CHINA. 2000, p. 47 ~48.

[28] Klootwijk C. T., Gee J. S., Peirce J. G., et al., Neogene evolution of the Himalayan – Tibetan region: constraints from ODP site 758, Northern Ninetyeast Ridge, bearing on Climatic change. Paleogeogr. Paleoclimat. Paleoecol., 1992, 95: 95 ~110.

[29] Li Xingzhen, Yin Fuguang, Comparative study of the geological structure of the eastern and western Kunlun mountains. Geological Bulletin of China, 2002. 21(7): 777 ~783.

[30] Lu Yanchou, Ding Guoyu, The relation motion among intraplate blocks, and Quaternary fault-basins around Ordos Block, North China (in Chinese). Quaternary Sinica, 1985. 6(2): 124 ~131.

[31] Mann P., Hempton M. R, Bradley D. C, Burke, Development of pull-apart basins. Journal of Geology, 1983. 91: 529 ~554.
Meyer, B., Tapponnier, P., Bourjot, L., Metivier, F., Gaudemer, Y., Peltzer, G., Guo Shunmin and Chen Zhitai, Crustal thickening in Gansu-Qinghai, lithospheric mantle subduction, and oblique, strike-slip controlled growth of the Tibet plateau. Geophys. J. Int. 1998, 135, : 1 ~47.

[32] Molnar, P., Tapponnier, P., Cenozoic tectonic of Asia: effects of continental collision, Science, 1975, 189: 419 ~426.

[33] Molnar P. and P. Tapponnier, Active tectonics of Tibet. J. Geophys. Res., 1978. 83: 5361 ~5374.

[34] Molnar, P., Burchfiel, B. C., Zhao Ziyun, Liang Kuangyi, Wang Shuji, Huang Minming, Geologic evolution of northern Tibet: results of an expedition to Ulugh Muztagh. Science, 1987. 235: 257 ~396.

[35] Molnar, P., England, P., and Martinod, J., Mantle dynamics, uplift of the Tibetan Plateau, and the Indian monsoon. Reviews of Geophysics, 1993. 31(4): 357 ~396.

[36] Meyer, B., Tapponnier, P., Bourjot, L., Metivier, F., Gaudemer, Y., Peltzer, G., Shunmin, G., and Zhitai, C., Crustal thick-

ening in Gansu-Qinghai, lithospheric mantle subduction, and oblique, strike-slip controlled growth of the Tibet plateau: Geophysical Journal International, 1998, 135: 1 ~47.

[37] Patriat P, Achache J. India-Eurasia collision chronology has implications for crustal shortening and driving mechanism of plates. Nature, 1984. 311: 615 ~21.

[38] Peltzer, G., Gaudemer, Y., Tapponnier, P., Meyer, B., Guo, S. M., and Yin, K. L., Offsets of Late Quaternary morphology, Rate of Slip and Recurrence of Large Earthquakes on the Chang Ma Fault (Gansu, China). J. G. R., 1988a. 93, 7793 ~7812.

[39] Peltzer, G., P. Tapponnier, Formation and evolution of strike slip faults, rifts and basins during India-Asia collision: an experimental approach, J. G. R., 1988b. 93: 15085 ~15172.

[40] Peltzer, G., Tapponnier, P., and Armijo, R., Magnitude of late Quaternary left-lateral displacements along the north edge of Tibet. Science, 1989. 246: 1285 ~1289.

[41] Peltzer G., Saucier F., Present-day kinematics of Asia derived from geologic fault rates, J. G. R., 101: 1996, 27943 ~27956.

[42] Bradley D. Ritts, Ulderico Biffi, Magnitude of post-Middle Jurassic (Bajocian) displacement on the central Altyn Tagh fault system, northwest China, GSA Bulletin, 2000, 112(1): 61 ~74.

[43] Searle, M. P., Geological evidence against large-scale pre-Holocene offsets along the Karakorum Fault: Implications for the limited extrusion of the Tibetan Plateau, Tectonics, 1996, 15, 171 ~186.

[44] Shen Xuhui, Tian Qinjian, Ding Guoyu, Wei Kaibo, Chen Zhengwei, Chai Chizhang, The Late Cenozoic Stratigraphic Sequence and its Implication to Tectonic Evolution, Hejiakouzi Area, Ningxia Hui Autonomous Region. Earthquake Research in China, 2001, 17(2): 156 ~166.

[45] Shi Yingjun, Zhang Zhaowen, Cai shucang, Discovery of Longshoushan nappe structure and its geological implication. Chinese Science Bulletin, 1995, 40(9): 812 ~813.

[46] Sobel E R, and Dumitru T A. Thrusting and exhumation around the margins of the western Tarim basin during the India-Asia collision, J. Geophvs. Res., 1997. 102: 5043 ~5063.

[47] Sylvester, A. G., Strike-slip faults, Bull. Geol. Soc. Am., 1988, 100: 1666 ~1703.

[48] Tapponnier, P., and Molnar, P., Active faulting and Cenozoic tectonics of China, J. G. R., 1977, 82: 2905 ~2930.

[49] Tapponnier, P., G. Peltzer and R. Armijo, On the Mechanics of the collision between Indian and Asia, In J. R. Ramsay, M. P. Coward and A. Ries (Editors), Collision Tectonics, Geol. Soc. London Spec. Publ., 1986, 19: 115 ~157.

[50] Tapponnier, P., Meyer, B., Avouac, J. P., Gaudemer, Y., Peltzer, G., Guo, S., Xiang H., Yin, K., Chen Z., Cai s., and Dai H., Active thrusting and folding in the Qilian Shan and decoupling between the upper crust and mantle in northeastern Tibet, Earth Planet. Sci. Lett., 1990, 97: 382 ~403.

[51] Tapponnier, P., Xu Zhiqin, Roger F., Meyer B., Arnaud N., Wittlinger G., Yang Jingsui, Oblique Stepwise Rise and Growth of the Tibet Plateau. Science, 2001, 294: 1671 ~1677.

[52] Thomas J. C. et al., Cenozoic Tectonics of the Tadjik Depression, Central Asia. In The Tectonic Evolution of Asia, edited by An Yin. 1996.

[53] Tian Qinjian, Shen Xuhui, Ding Guoyu, Chen Zhengwei,, Wei Kaibo, Xing Chenqi, Chai Chizhang, Discovery and preliminary study of the Laolongwan Tertiary pull-apart basin in the Haiyuan fault zone. Seismology and Geology, 2000, 22 (3): 329 ~336.

[54] Wang Erchi, Early Tertiary Strike Slip Displacement Along Qilian Mountain Range And Associated Sedimentation And Deformation in the Lanzhou Basin. Abstract Volume 1 of 3, 30th International Geological Congress. 1996, P. 268.

[55] Wang Q. M., T. Nishidai, M. P. Coward, The Tarim basin, NW China; formation and aspects of petroleum geology: Journal of Petroleum Geology 1992, 15, 5 ~34.

[56] Wang Yipeng (chief ed.), Active Fault System around Ordos Massif. Seismological Press. 1988, pp. 335.

[57] Wang Yipeng, Song Fangmin, Li Zhiyi et al., Study on Recurrence Intervals of Great Earthquakes in the Late Quaternary of Xiangshan-Tianjingshan Fault Zone in Ningxia (in Chinese), Earthquake Research in China, 1990, 6(2): 15 ~24.

[58] Woodcock, N. H., C. Schubert, Continental Strike-slip Tectonics, in: Continental Deformation, p251-263, edited by P. L. Hancock, Pergamon press. 1994.

[59] Xiang Hongfa, Guo Shunmin, Chen Zhitai et al., Rotational Movement of the Qilian Block and the Regional Time-space Distribution of Earthquakes. in Proceedings on Comparison Study of Active Faults on China-France Cooperation. Seismological

Press. 1993, (in Chinese). P. 84 ~93.

[60] Xing Chengqi, Ding Guoyu, Lu Yanchou, shen Xuhui, Tian Qinjian, Yin Gongming, Chai zhizhang, Wei Kaibo, Comparison of river terraces in the multi-gradational features of tectonics in the formation of terrace sequences, Earthquake Reasearch in China, 17(2): 187 ~201.

[61] Xu Zhiqin, Yang Jingsui, Zhang Jianxin, Jiang Mei, Li Haibing, Lion J. G., Largest Altyn Tagh Lithospheric Shear Fault in Central Asia. Earth Science Frontiers. Vol. 7., Suppl. (15th Himalaya-Karakoram-Tibet Workshop. Abstract Volume. 2000, P. 231 ~232.

[62] Yin A., P. E. Rumelhart, R. Butler, E. Cowgill, T. M. Harrison, D. A. Foster, R. V. Ingersoll, Zhang Q., Zhou X., Wang X., A. Hanson, A. Raza, Tectonic history of the Altyn Tagh fault system in northern Tibet inferred from Cenozoic sedimentation, GSA Bulletin, 2002, 114(10): 1257 ~1295.

[63] Zhang Peizhen, Burchfiel, B. C., Molnar, P., Zhang Weiqi, Jiao Dechen, Deng Qidong, Wang Yipeng, Royden L., and Song Fangmin, Amount and Style of Late Cenozoic Deformation in the Liupan Shan Region, China. Tectonics, 1991. 10 (6): 1111 ~1129.

[64] Zhang Yueqiao, Chen Zhengle, Yang Nong, New geological evidence for late Cenozoic left-lateral displacement along the Altyn Tagh Fault. Geoscience, Journal of Graduate school, China University Geosciences, 2001. 15(1): 8 ~12.

[65] Zheng Jiandong, Altyn Tagh fault and Continental Strike-slip Faults (in Chinese). Inland Earthquake, 1988. 2(2).

[66] Zhong Dalai, Ding Ling, Discussion about uplifting process and mechanism of the Tibetan plateau. Science in China, D, 1996. 26(4): 289 ~295.

新构造研究的几点回顾

——纪念黄汲清先生诞辰 100 周年*

摘　要　值此纪念黄汲清先生诞辰 100 周年之际，笔者回顾了“新构造”研究的早期历史和奥布鲁切夫（В. А. Обручев，1863～1956）对新构造研究的贡献，回顾了新构造研究历史中不同阶段的一些特点，介绍了天山内陆新造山带的新构造研究和欧美的“活动构造”研究在新构造的学科发展中的作用。展望了新构造研究当前发展的一些趋向。

关键词　新构造　活动构造　天山　黄汲清

1956 年中国科学院在李四光和竺可祯教授的倡议下召开了“中国科学院第一次新构造运动座谈会”，一大批这一领域的专家对中国新构造运动的问题从多个方面进行了广泛的讨论。黄汲清教授在会上作了题为“中国新构造运动的几个类型”的重点报告。1957 年出版了会议报告的专集，后在国外被译成了俄文版、英文版。这一事件开启了我国新构造研究的一个新阶段。至今已过去近半个世纪了，中国的新构造以其在构造、地貌上的强烈显现和在科学研究及实际应用中的重要意义日益受到人们的关注。特别是近 20 年来在环境保护、灾害防御、地震预测和大陆动力学研究等多方面的需求，对地球演化的最新阶段构造过程的深入研究已成为地学研究中备受重视的重要课题之一。

一、早期的一段历史

在近年出版的一本书《裂变径迹测年和山脉的晚新生代垂直隆升》（作者 Claudio Ochsenius）中记述有一段有关新构造研究很有意义和令人回味的历史。这本书是为介绍地质学家、博物学家 Carl Christian Ochsenius 生平和他在地学方面的贡献而编辑的 16 卷文集中的一卷（第 12 卷）。重点是为纪念其提出的“年轻隆升学说”100 周年而作的一本综述，并附有一份国际上有关裂变径迹测年的详细文献目录。

C. C. Ochsenius（1830～1906 年）生于德国黑森州的卡塞尔城，是德国殖民主义时代的一位著名地质学家，他的研究领域涉及沉积学、盐类矿床学、构造学、古生物地理学等。他曾在南美工作多年（1850～1869 年）。对盐类矿床成因他提出的“沙坝学说”得到了广泛的认可，成了海洋成因的古蒸发盐类矿床全球分布的古地理、古气候研究、钾盐矿床的开发和快速发展的基础，是对德国的经济发展和世界农业产生了巨大影响的地质理论之一。1886 年在斯图加特出版的关于沉积地质学方面的著作中，他提出了“年轻隆升学说”。这是他在安第斯山特别是在玻利维亚和秘鲁的阿塔卡马荒漠高原等地的多年调查研究所得出的一个重要结果。他根据这里存在的大量的年轻隆升现象，如褐煤已位于 4000 m 的高度，那里森林植被是无法生存的，在 2000～4000 m 的高度分布的海洋直接蒸发的盐类等残留物和回归线荒漠高原上发现的古植物群等地质学、生物地理学和古气候学等方面的证据，萌生了安第斯是新隆起的年轻山地的思想。他认为安第斯的隆起主要是在第四纪时期发生的，晚新生代以来隆升的幅度达 1500～2000 m 或更大，而且目前还在继续着，他坚持地壳垂直作用和火山岩浆上升动力

* 本文原载于《地质论评》，2004，Vol. 20，No. 3。作者：丁国瑜。

的观点——他第一个提出并解释了安第斯是非常年轻的观点，并且注意了动植物、生态演化历史和迁移与此的关系，他把安第斯山脉解释为地质、地理、生物和气候作用的统一体。在那个相当普遍的人认为第四纪是一个构造运动并不强烈的时期，他的这一有关新构造运动的思想，是很先进和具有重要意义的。C. Ochsenius的年轻隆升学说最初的孕育和提出是在安第斯，后来他把它扩展到了如何看待许多其他新造山带地区，如阿尔卑斯、贝加尔、北美太平洋沿岸、非洲坦噶尼喀等地。他提出这一观点的时刻正是著名的地质大家E. Suess提出的收缩说风行的时代。C. Ochsenius当时站到了这一学说的对立面，1886～1903年间开展了激烈的论战，他的观点遭到了许多人的反对，E. Suess也在他的《地球的面貌》一书中明确反对这一观点。收缩说否认整个地区垂直隆升，而只承认像褶皱过程所产生的那种垂直隆升。之后，这一学说没有能够得到进一步的支持和深入研究，被搁置起来，沉寂几乎达半个世纪之久。直到20世纪40年代才在前苏联地质界由B. A. Обручев提出了新构造一词，出现了称为新构造学的研究方向，对年轻隆升观点所关注的地壳垂直运动给予了极大的重视。

该书作者把这段历史与魏格纳（Wegener A. L.，1880～1930年）提出大陆漂移说，及后来所遭遇的历史作了一个对比，十分地相似：Ochsenius比Wegener大50岁，但他们都曾在德国的大学城——玛尔堡生活和从事过学术活动，他们都曾提出过与当时所流行的观点不同的学说，同样遭到了反对，他们的学说经历了长达数十年的冷遇。但后来大量的科学新进展证明了他们是正确的。古地磁学的成就证明了大陆漂移说的正确。书的作者提出在沉寂了几十年后，逐渐出版了大量的地质学、地理、生物地理学等方面的著作提出了许多有力的证据说明了Ochsenius的观点是正确的见解，近年兴起的裂变径迹测年技术已成为研究隆升过程的有力手段，将会大大促进对隆升现象的具体过程及动力学的认识。书的作者并在这本书的前言中标注了将此书献给魏格纳（Wagner G.）教授和刘东生教授，向他们分别在裂变径迹定年方面和在青藏高原研究方面作出的重大贡献致敬。

二、新构造与奥布鲁切夫

20世纪的40～50年代是新构造研究历史中的一个重要阶段，随着二次大战后经济建设的复苏，苏联地质学家B. A. Обручев提出了新构造一词并给予了它以明确的内涵。在20世纪四五十年代，在苏联这方面的研究获得了迅速的发展。在西方则是围绕着活动构造的研究为重点蓬勃地开展起来。B. A. Обручев（1863～1956）在其一生进行的大量野外地质考察中，1892～1894年的中亚、天山及中国之行是极其重要的一段。他从俄蒙交界处的恰克图出发，经蒙古、鄂尔多斯、阿拉善、贺兰山、宁夏、南山（祁连山）到兰州，又经库库诺尔、柴达木、中国境内的天山到达伊宁。用了二年零二个月的时间，较系统地研究了南山山系的构造。在他记载的13625 km长的这一旅程的日记中，可看到他在多方面的兴趣，这一带大量的新鲜的地质现象成了他后来提出的有关黄土和新构造运动等重要学术思想的重要基础。1900～1901年出版了他的“中亚、中国北部和南山”二本巨著。在他的《从恰克图到伊宁》这一本著名的科普著述中他大量描述了那时中国的自然和生活，这本书曾风行了半个世纪而仍受欢迎。之后他又曾三次进行了中国西部的考察旅行。

他在恶劣气候条件下，在沙漠、戈壁、高山地带追踪了风沙的发展过程，经历了强烈的沙尘暴，研究了植被在固定沙尘中的作用、解释了中国黄土区的形成，捍卫和发展了黄土的风成假说。

另一点特别值得提出的就是奥布鲁切夫在阿尔泰、滨贝加尔、天山等地考察之后提出的关于“新构造运动”的问题。这在他的科学生涯中占据着重要的位置。奥布鲁切夫在其“新构造的动力及造形的基本特征”一文中写道：“对发生在第三纪末和第四纪前半期的最年轻的运动所造成的地壳构造我称之为‘新构造’。近30～40年来许多国家的考察揭示了这些运动广泛分布，且在现代地貌的形成中具有实质性的意义，因之有必要将其从阿尔卑斯构造旋回中独立划分出来”。他给予“新构造”一词以新的内容，认为：“新构造被理解为新第三纪（即新近纪）以来各种类型的地壳运动所造成的在现代地形形态上有所显示的地壳构造”。自奥布鲁切夫提出这一问题至今半个多世纪已经过去了，虽然对其内涵存在着各种不同的看法，但新构造一词核心的基本概念已经在世界上被广泛接受和使用，将地球构造演化的最新一章独立出来深入研究的理论和实用意义得到广泛的理解，对新构造的内涵在不断地深化和发展。

三、天山内陆新造山带与新构造研究

造山带是地球表面最重要的地质图像之一，揭露和探究地球演化的历史过程往往是从阿尔卑斯、安第斯、科迪勒拉、喜马拉雅等山地的研究开始的。亚洲是最引人注目的一个地区。特提斯海的闭合，印度与亚洲大陆、非洲与欧洲大陆的聚合碰撞，形成了欧亚大陆最新的变形带。其中喜马拉雅的崛起、青藏高原的隆升、天山新造山带的强烈变形已成为全球新构造研究中的热点。长达2500 km，宽300～500 km的天山是世界上规模巨大的年轻新造山带之一，它崛起于晚新生代，是诞生“新构造”这一概念的所在地之一，是亚洲及世界上研究新构造问题最佳的一个天然实验场所。前苏联学者对天山新构造的大量研究可作为20世纪70年代以前新构造研究的代表。这里广布有新造山前白垩纪－古近纪时形成的夷平面，提供了讨论大范围内新构造变形状况和幅度的极好的标尺。通过夷平面变形研究得出的晚新生代以来天山地区构造起伏变形的幅度最大可达8000 m以上。最大的升降幅度出现在天山山地南、北南侧的边缘地带。在天山南缘与塔里木边缘一带垂直运动幅度可达7～8 km，在天山北缘的伊犁阿拉套与伊犁盆地交界处可达5～7km。在吉尔吉斯山地北侧与楚盆地交界处以及伊塞克湖盆地南、北边缘也较大，可达4～6 km。

对中亚天山一带新构造变形的机制和模型、对垂直运动与水平运动作用的大小、对断裂构造和褶皱构造谁占主导等问题都曾长期存在着争议。在苏联的许多学者对天山新构造的大量研究工作中，对此区水平运动和变形注意得较少，直至20世纪70年代以后才更多地注意推覆与滑脱构造的重要性。70年代以后，板块构造理论对新构造研究产生了全面而深刻的影响。深部结构的探测、层析成像、大地形变测量、GPS的观测等陆续开展起来。新构造的研究进入了一个新的阶段。对天山地区因印－亚碰撞而形成的地壳缩短量的估算，在一些地段根据平衡剖面的计算获得了一些结果，如对中国境内天山北侧吐鲁番盆地区、乌鲁木齐前陆盆地一带、横跨天山南侧的库车坳陷、喀什坳陷东段等地的地壳水平缩短量（中新世以来）分别为10～12 km、17 km、23 km和30 km，总的有由东向西逐渐增大的趋势（邓起东等，2000）。关于天山整体在这方面的情况，Avoauc利用不同模型计算求得横跨天山的新生代地壳缩短量因所用模型的不同而有很大差异，一种结果是在天山东经76°处为96 km，81°处为74 km，93°处为17 km。关于天山地区现代地壳运动的情况，据GPS观测结果表明，天山地区地壳仍处于持续缩短的状态，整个地区总体上呈现出近南－北向的变形，缩短速率约为20 mm/a（Ch. Reigber，2001）。中国境内天山西段76°E处的汇集速率为17.9±0.9mm/a，东段87°E为3.5±0.7mm/a（王琪等，2000），与Avouac用地质数据计算得出的天山水平缩短速率相近。目前这里GPS观测时间尚短，立即用于与长时间尺度获得的构造模型对比和解释还为时过早，还有待于更长时间观测和数据的积累。

四、新构造与活动构造

在欧美对新构造现象较早注意的是在北欧斯堪的纳维亚的冰后期的隆升。后来对一些地区年轻的构造变形称作活动构造。对活动构造的注意是与海岸、河道、环境的变迁、工程安全、火山、地震等自然灾害的防御等应用方面的大量需求相关的。活动构造研究强调的多数是第四纪或更短的时期，如晚更新世以来甚至更短至万年以来的时段，但并不排斥对更长一些地质时段，如数百万年到数十百万年的有关构造过程的研究。可以说活动构造与新构造基本是相同的，也可以说它是新构造研究的一部分。

20世纪50年代在德国出版了第一本“活动构造”论文集。1986年美国国家科学出版社在地球物理研究丛书中编辑了一本“活动构造学”，内容涉及了现代高度活跃的大陆活动边缘的新造山过程、板块内部的造陆运动问题、活动断层、活动褶皱、地貌构造、地表过程及其速率、海岸构造、应力场、活动构造过程的大地形变测量、近场构造测量、古地震、地震灾害及其评价、火山构造、年代测定等，较全面地反映了那一时段（20世纪七八十年代）新构造研究的主要内容和趋向。从书中可以看出，70～80年代板块构造理论与方法的发展对新构造研究的深刻影响。这本书还反映了与邻近学科的渗透与结合，多种新技术的应用，以及它们对构造过程从定性描述向定量研究转变的影响。美国国家科学院院士、曾任美国地质学会主席和美国地震学会主席的C. Allen教授在该书中称：活动构造这一研究领域有些方面近年取得的进展是惊人的。

20世纪90年代以来国际间合作的有关新构造研究的大型观测综合项目日渐增多。如在土耳其至爱琴海一带多个国家对此区新构造开展的地质、地球物理、大地测量的综合研究就是一个例子。在这里对随着阿拉伯和非洲板块的碰撞大陆岩石圈的最新变形状况开展了多年的定量监测，阐明了西安纳托里亚地块相对于欧亚板块以约1.1°±0.2°/Ma反时针旋转运动着，这与安纳托里亚的右旋走滑及在西土耳其和北爱琴海盆地的地壳引张是相一致的。在西土耳其S－N向引张的速率约为1.0±0.05 cm/a。

这一引张与此区E－W向的地垒、地堑构造和大量活动正断层上的地表机制也是相符的。爱琴海周围是一个上述新构造变形环境下向西挤出的活动块体，有大量从中新世开始的正断层，据GPS的观测结果推测这里存在有100年可达1 m的S－N向引张。有近60%的地震的位移状况有大地测量方面的材料，都是正断层性质。正断层活动造成的海湾地貌及沉陷速率表明1000 ka间已达到350 m。这些区域活动构造的研究结果大大深化了对此区地震灾害等的认识程度，对地震频发的这一地区，在地震预测实验场建设、布设减轻地震灾害工作等方面提供了可用的模型。

五、展　望

从一些零星的回顾可以看出，新构造研究的历史可以划分如下5个阶段：① 早期是对一些有关现象的调查和讨论。② 20世纪40～50年代正式提出新构造的概念。③ 50～70年代以定性描述为主的新构造研究在许多地区大量展开。④ 70～80年代板块构造理论对新构造研究产生了深刻的影响，活动构造的研究发展迅速，有关年龄、速率等基本数据在数量和质量上明显提高。⑤ 90年代以来，高新技术的运用发展得十分突出，研究内容和方式、方法出现了新的变化。

近年来，大量高新技术的发展和应用为新构造研究的快速发展提供了强有力的条件。空间技术的应用使地壳水平活动和垂直运动的高精度、大尺度空间的观测已成为现实，深地震反射剖面、地震层析成像、宽频带数字地震台网、科学钻探技术、高灵敏度高分辨率自动化的精密测定仪器和模拟分析方法以及大型计算机的应用，加以在数据、信息、交流方面的快速发展和处理能力的提高，使新构造研究的一些传统的研究内容、研究方法和形式在发生着深刻的变化。如我国数字地震台网、中国地壳运动GPS观测网络的初步建成，已在监测地震活动和现代地壳形变方面开始发挥作用。在新构造研究采用新技术方法方面有一点值得提出的是，对实时构造过程的观测与研究应当予以特别的重视。因为对这些从“秒”到“年”短时间尺度内生现的各种构造作用现象——即实时构造过程的观测和分析对解决有关的环境和灾害问题的认识和提高预测能力是非常需要的。这正如奥布鲁切夫曾说过的一段名言一样，他说：“我建议每一位地质学家应当从开始就仔细研究一下第四纪构造，包括现代的地质过程和地貌形态，以便能正确地认识和解释地球的历史。因为这一部分篇幅中的历史被描写得是最为准确的”。在大陆动力过程的研究中新构造的问题不也正是如此吗。

关于时间的观念是地质学的中心，正确地认识构造过程对有关变形体和构造事件的精确定年是最重要的基础。虽然能用来测定晚新生代的沉积物和形变年代的方法有20多种，但对满足解决新构造研究中特定需要还存在不少问题。目前大家对提高年代测定的能力都寄希望于热年代学方法和加速度质谱仪宇宙成因同位素精确年龄测定技术设备的建设，这对解决构造隆升过程、侵蚀速率和年代，增进对千年至百万年时间尺度各种地质过程的了解是很重要的。应当予以大的支持和推进。

对岩石圈、大气圈、水圈和生物圈的相互作用，对构造过程、气候过程与地表过程三者在动力学系统上呈反馈环路关系认识的不断深入，促进了对许多重大地学问题走向多学科的综合研究。新构造的研究也明显地在跨越地质学或地球物理学等单学科研究的界线，采用更多样的新技术手段迈向多学科相互渗透的综合研究的道路。这一对单个学科方法、技术和思想局限性的超越，将会大大地有利于对构造过程认识的深入和创新。

黄汲清教授对我国新构造问题十分关注，许多研究新构造有重要意义的地区都留下了他的足迹，对许多有关新构造的重要问题，他撰写了文章影响深远，他的“中国新构造运动的几个类型”一文更是我国新构造研究方面的一篇不朽的经典篇章。在纪念黄汲清教授诞辰100周年之际，以此小文表达深切的怀念和敬意。

地震、活断层与震害防御*

近些年来，有一些大地震发生在大城市的附近，造成了人员的大量伤亡，建筑物的严重破坏和财产的重大损失。例如，1995 年 1 月发生在日本神户的 7. 2 级地震、1999 年 8 月 17 日发生在土耳其伊兹米特附近的 7. 4 级地震和 1999 年 9 月 12 日发生在我国台湾的 7. 6 级集集地震等。这些事件大大增加了人们对地震问题的关注。

对上述地震的许多报道都谈及了断层活动造成的地面破裂、变形和多种严重的灾害现象。地面大幅度地隆起、陷落、山体滑坍移位，田园、道路被切错，建筑物倒塌破裂，令人触目惊心，凡断层经过的地段地震灾害明显加重。

一、地震与断层是什么关系

断层是在地球表面沿一个破裂面或破裂带两侧发生相对位错的现象。它是由于在构造应力作用下积累的大量应变能在达到一定程度时导致岩层突然破裂位移而形成的。破裂时释放出很大能量，其中一部分以地震波形式传播出去造成地震，所以说地震是断层活动诱发的，地震是断层活动的一种表现，这两者密切关联。1872 年美国的 G. K. 吉伯特已提出了这方面的看法，接着发生的一些突出的事件，如 1891 年在日本发生的浓尾 8 级大地震出现了明显的地表断层；1906 年在美国发生的旧金山 8. 3 级大地震形成了沿圣安德烈斯断层 320 km 长的破裂带，断层面两侧位错达 7 m，这些事实开始令人们肯定了地震与断层相互关系的看法。近百年来积累的大量有关事实与研究成果，使断层活动是绝大部分浅源构造地震的起因这一观点得到了普遍的认同。断层的活动诱发了地震的发生，一次次地震破裂的发生又促成了断层的生长与发展。

断层有各种不同的尺度，从较小的破裂到上千千米的板块边界的断裂带。小断层在地表的出露近似为一条线，很多大断层则常是包括多条断层集合的宽阔的地带。一般称单条的为断层，而多条断层的集合带则称作断裂带。断层存在的深度不同，较小的断层一般存在于地壳表部，巨大的断层一般可达到地壳的脆韧性转换带，在韧性区位错迹象难于长时间的保留，因此断层一般在中上地壳最为明显，大多数的地震也是发生在二三十千米以上这一深度范围内。深部的断层有的直接出露地表，有些则是隐伏的，它们在深部的位置和延伸情况要靠地球物理等方法间接测定。岩石发生相对位移的破裂面称为断层面，断层面之上的一侧称为上盘，之下的一侧称为下盘。上盘相对是下滑错动的称为正断层，多是由于受拉张造成；上盘相对是上冲错动的称为逆断层或逆冲断层，多是由于受挤压造成；两盘沿断层走向作相对水平错动的称为平移断层或走滑断层。最近的土耳其伊兹米特地震就是在走滑断层上发生的，而我国台湾的集集地震则是在一条逆冲断层上发生的。不同类型断层上发生的地震破裂具有各自的特点。

二、主要危险是活动着的断层

在漫长的地质历史过程中，地球表面曾形成过不计其数的大大小小的断层，它们形成与活动的时

* 本文原载于中国地震学会普及工作委员会编，《院士专家谈地震》，地震出版社，2000，11 ～14。作者：丁国瑜。

代新老不同，许多断层经过强烈滑动位移之后早已停止了活动，成为已愈合的死断层，这类断层一般不再具备发生地震的危险。对研究现代地震的危险性来说，更关心现代仍在活动着的断层，即活断层。

从地质学角度看，一条断层如果在现代构造应力场的背景下，或者说是在现代构造环境下曾是活动的，它就可被视为活动断层。因为许多地区的地质研究表明，断层一旦活动则在同一构造体系的环境下还会继续活动。这表明在最近地质时期内已发生多次运动的断层上还可能随时发生地表破裂。地震总在一定地带复发的现象显示了在现代构造体系下活断层就是应变能量重复释放的地带。因之要证明断层是否活动，所考虑的时间尺度应当是地壳运动最近这一构造阶段或现代构造体系下的这一时间范围。在这一阶段曾有过活动的断层都应当视为活断层。但是对“现代”或“最近”一词在时间尺度上又如何理解呢？结合我国地壳运动的实际情况看，一般是用第四纪这一地质时段即距今约 240 万年以来作为时限。第四纪以来有无活动是评价断层是否是活断层的重点。但是这一时限过长，在解决与重大工程有关的活断层问题时，则是考虑第四纪的晚期——晚更新世或大约 10 万年以来断层有无活动作为判定的时限。

最近土耳其的两次地震都是发生在阿拉伯板块、非洲板块与欧亚板块碰撞带北侧近东西方向的一条巨大的活断层上，它被称为北安纳托利亚断层。它是土耳其块体北部边界的一条活断层。在这条长达 1000 km 的活断层上有过强地震多次活动的历史。最近一次发生的强震系列开始于 1939 年埃尔津詹 8 级地震，这次地震曾使北安纳托利亚断层产生了长达 362 km 的破裂。其后，在 1942 ～1967 年间先后又有过 9 次强烈的地震，产生的地表破裂几乎贯穿了整个安纳托利亚断裂带。这些事件提供了对活断层的破裂和地震活动过程的许多新认识。安纳托利亚断层也从此成为一条备受地震学家们重视的活断层。

台湾是环太平洋地震带的一部分，由于菲律宾板块与亚洲大陆发生碰撞，这里活断层十分发育，是我国地震活动频度最高的一个地区。东侧有作为菲律宾板块与亚洲板块间碰撞边界的台东纵谷断层，是一条走滑活断层，其东边与北边的海域，地震活动十分强烈，时有 8 级的强震发生。台湾岛中、西部，中央山脉及其西麓则有一系列北北东走向，向西北推覆的活动逆冲断层。在这一带的许多断层上发生过多次破坏性地震并产生了明显的地表断层。由于这一带的地震深度较浅，往往形成强烈的地面变形，造成的灾害较重。对这些逆冲断层的潜在地震危险性，地震学家和地质学家们都有一定的认识，甚至发出过警告，认为台湾西部地震活动近 30 年来的平静意味着有更大破坏力地震能量的聚集，但未料到竟这样突然地发生了。

三、建筑要避开活断层

从这些地震的一些情况可以看出，要减轻地震灾害需要依靠对地震现象已取得的科学认识，但是目前对已有的一些可以达到减轻地震灾害目的的知识还远远没有得到充分的、切实有效的应用。对一些已认识到有潜在地震危险的地区还往往缺乏或没有执行适宜的对策。例如最近的地震灾害情况再次表明了许多沿活断层带上的建筑物遭到了十分严重的破坏，而离开活断层的建筑则相对安全得多。建筑要考虑避开可能发震的活断层，这一明显可减轻地震灾害的经验却常常被忽视，从而重演了一次次血的教训。

当人们看到震后屋倒人亡的惨景时常常发出“造成伤亡的是建筑物而不是地震”的慨叹。这种因忽视建筑物的抗震设防或设防不当而加重灾害损失的例子太多了。我国的防震减灾法中有明确的规定，要求重大建设工程和可能发生严重次生灾害的工程必须进行地震安全性评价，并据评价结果确定抗震设防要求，进行抗震设防。有的建设单位为省事省钱而不这样做，实际是留下了重大的隐患。

我国是一个地震灾害严重的国家，由于人口的增长、城市化的迅速发展和工程建筑的日益复杂化及大型化，地震灾害及其诱发的次生灾害所造成的损失和影响也会增大。为此应特别加强有关地震危险性预测、地震区划的研究并认真地应用其成果。地震、规划、设计、施工等部门应当密切协作，共同提高防震减灾的实际能力。

《鄂尔多斯周缘活动断裂系》序*

对活断层的研究一直是地学中十分引人注目的一个课题。在我国，近些年来由于地震预报、地震危险区划和地震工程、工程区域稳定性评价、防治地质灾害以及地球科学理论研究等方面的需要，对活断层的研究有了长足的进展。对许多条活断层进行了系统的观察研究，加强了对活断层现代动态的仪器观测工作，包括对断层活动的各种形变测量、沿断层的地震活动观测和分析、地球化学成分变化等多方面的观测研究，特别是对一些工程建设重点地区、地震活跃地带的主要活断层，如二台－可可托海活断层、红河活断层、鲜水河活断层、祁连活断层、阿尔金活断层、海原活断层和鄂尔多斯周缘活断层等都进行了系统地深入研究。在许多重点地段开挖了探槽，对活断层的类型、分布组合、活动方式、滑动速率、断裂带上的古地震遗迹及有关年代学、强震复发间隔和应力状况等方面开展了广泛的探讨，为深入认识我国活断层的特点及解决有关的生产实际问题提供了大量的新资料和有价值的研究结果。

为了更全面和更广泛地交流这方面丰富的实际资料和在方法理论方面的研究成果，1983 年国家地震局在武汉召开的有关中国活断层研究规划会议上决定，今后陆续将一些主要活断层研究的成果以一系列专著的方式出版。至今一些活断层的专题研究有的已经结束，有的也将陆续完成。这一系列专著的编辑出版将大大丰富活断层研究的理论，提高对活断层研究方法的认识，并将成为了解和研究中国活断层的一套重要参考文献。

《鄂尔多斯周缘活动断裂系》是这一系列专著中的一本。鄂尔多斯周缘的活断层在我国大陆内部自成一个系统，是一组十分具有活动特色的正断层系，而且这里是我国北方最明显的一个强震活动带，沿此带历史上发生过 5 次 8 级及 8 级以上强震，约占我国历史上有记载的 8 级及 8 级以上强震的四分之一。显然，深入地研究这一活动断裂系具有十分重要的理论和实际意义。本书是在以前工作的基础上，选择了有典型意义的活断层，从地质、地貌、地震、地形变、深部构造、实验模拟等多方面开展了大量实地考察与综合研究后撰写的。全书分十二章，是一本内容丰富、资料翔实、章节结构清晰、叙述流畅的著作。这是对鄂尔多斯周缘活断层研究的一个重要的阶段性总结。本书对系统研究和深入认识鄂尔多斯周缘活动断裂系以及我国板内的新构造应力场有重要的价值。

---

* 本文原载于国家地震局“鄂尔多斯周缘活动断裂系”课题组，《鄂尔多斯周缘活动断裂系》，地震出版社，1988。作者：丁国瑜。

《阿尔金活动断裂》序*

阿尔金活动断裂带是亚洲大陆内部一条令人瞩目的巨型断裂带。它自青藏高原的西北部斜切西昆仑山经苦牙克、安迪尔河、车尔臣河切入阿尔金山地，往东沿索尔库里谷地经党河、疏勒河延至甘肃玉门镇一带。主体部分长达 1600 km，呈北东方向延展，它以其巨大的规模和极其醒目的线性形象引起了国内外地学界的重视。巨大的阿尔金活动断裂带由多条断层组成，是沿许多先存断层或构造边界发展起来的。它分割了塔里木盆地和柴达木盆地，有着极为强烈的新活动，成为高耸的青藏高原西北部的自然边界。它形成与发展的过程与青藏高原的隆起有着密切的联系。对这一巨大断裂带的研究有助于了解中国大陆内部的新构造运动及变形，深入认识青藏高原的形成和发展。是研究大陆内部地球动力学的一个重要构造形体。但是由于这一断裂带位于新疆、西藏、青海和甘肃四省区交界的偏僻山区，地旷人稀，交通不便，工作和生活条件困难，故一直缺乏大规模的系统研究工作。近年虽开始围绕这一地带开展了一些专题考察和研究工作，但有关这条断裂带的新活动方面的系统调查还是一个空白。1983 年国家地震局在武汉召开的规划全国活断层研究工作的会议上我提出了组织一次较大规模的对阿尔金活断层现场调查研究的倡议，并正式列入项目计划。1985 年由新疆地震局等多个单位专家组成的研究队伍开始了这项十分艰苦但很有意义的野外考察。五年来通过大量的现场和室内研究工作，圈绕着断层的新活动这一研究主题取得了丰富的第一手资料，本书就是这次系统调查研究的总结。这本专著共分 9 章，包括阿尔金活动断裂带的区域环境、第四纪年代学、几何学、运动学的特征，沿断裂带的古地震、地震破裂带及断裂带的现代活动和构造应力场等多方面的论述。广泛应用了地质学、地震学、原地应力测量、构造物理模拟和数值模拟等国内外研究活断层的新方法获得了大批可贵的新资料。讨论的问题涉及断层活动的强度、方式、活动速率、上新世以来的水平位移量等。沿断裂带发现和揭露出了一大批古地震遗迹，地震破裂形变带总长度逾千公里，充分显示了这条断层的高度活动性，证实了在 20 世纪以来很少发生大地震的阿尔金断裂带是一条曾有过强烈地震活动的活断层带。这些结果为从更长的时间尺度认识中国大陆内部强震活动的图像增添了新的科学依据。

《阿尔金活动断裂带》这一专著是中国活断层系列研究的成果之一，内容丰富，资料翔实。编制的 1：10 万分之一的断裂带活断层图第一次以图件形式展示了阿尔金活动断裂带全面的具体的活动面目，图上大量的实际材料是研究阿尔金活动断裂带的重要基础依据。反映断裂活动特征的大量照片可给读者增添直接印象。这本专著的编辑出版仅是阿尔金活动断裂带研究的一个重要的阶段性总结。它将对进一步研究阿尔金断裂带和青藏高原北部一带的地质、环境、地震工程和危险区划等方面发挥重要的作用，而且对研究活动构造、地震和板内地球动力学等方面的问题也将是一部很有价值的参考文献。

---

* 本文原载于国家地震局"阿尔金断裂带"课题组，《阿尔金活动断裂带》，地震出版社，1992。作者：丁国瑜。

《四川活动断裂与地震》序*

活断层受区域构造及应力场的控制与支配，对它们活动状况的了解是研究岩石圈的新构造运动与变形及其动力学的一个重要问题。同时活断层的研究又是在解决大坝、核电站等重大工程的选址与安全、地质灾害、特别是地震灾害和一系列有关的环境问题中的一个引人注目的问题。因之近几十年来活断层的研究一直是地球科学领域中一个十分活跃的课题。

在我国，活断层分布广泛。对这一现象早已有所研究，特别是20世纪60年代以来，由于有一系列强烈地震发生以及近年来大规模经济建设的需要，鉴于破坏性地震与活断层之间存在的明显关系，对活断层的研究大大地加速了，并且取得了很大的进展。大陆内部的破坏性地震主要发生于活动断裂带上，对这些活动断裂带的研究与限定，可以大大缩小地震可能发生地点的预测范围，区域地震危险性的评价也主要是靠对这些活动断层与其上历史地震和古地震情况的分析来进行的。

四川位于青藏高原的东南侧，是我国多地震的地带之一，也是多种地质灾害频繁出现的地区，特别是南北地震带的中段和南段，纵贯了四川的中部和南部，强烈地震十分活跃。地震活动与断层活动的关系也表现得十分复杂而多样，有以逆冲活动为背景的龙门山地震带，有以走滑活动为背景的鲜水河地震带，又有表部与深部构造表现出复杂关系的川北地震带，类型多样，特色鲜明，是探索内陆地震成因及其活动规律的一个很有特点及具有重要科学意义的地区。

《四川活动断裂与地震》一书，是在长期大量实际工作的基础上积累并综合分析了20多年来有关的地质及地震等多方面的资料编著而成的，是对四川地区的活动断裂与地震研究的全面总结，它概括了活动断裂与地震问题有关的大量新资料与研究成果，除对活断层、地震活动性的系统讨论外，还对全新世地壳运动与应力场及有关地震危险性评价的一些问题等进行了一定的探讨，资料翔实，内容丰富。本书的出版为深入认识四川活动断裂与地震及解决生产建设中的有关实际问题的需要提供了一本具有丰富实际资料和重要参考价值的专著。预祝本书将在有关科学领域的研究以及国民经济建设中充分地发挥其积极作用，并在推进这一研究领域的发展中作出贡献。

* 本文原载于唐荣昌主编，《四川活动断裂与地震》，地震出版社，1993。作者：丁国瑜。

《福建东南沿海活动断裂与地震》序*

处于亚洲大陆东部边缘的福建省，是我国沿海地区地震活动相对较为活跃的一个地段。我国历史地震纪录中沿海地区最强烈的一次地震，就是公元1604年发生在福建泉州的近海。福建与台湾隔海相望，在大地构造上，台湾是菲律宾板块与亚洲大陆相碰撞、俯冲的一个突出接触点。这里强烈的新构造运动和地震活动对福建有明显的影响，这已为此地区一系列北北东向和北西向断裂的活动性，所表现出的一些特点和地震活动的强度，由沿海向内陆逐渐减弱等现象所证实。近些年来，随着改革开放，沿海地带经济建设事业迅速发展，许多大型工程建设、大型桥梁、高速公路以及国土规划、城市发展规划、核电厂选址、环境保护、地质灾害防治等项工作的需要，对这一地区地震问题以及与之密切相关的活动断裂问题的研究日益受到重视。

国家地震局近些年来组织了对我国一些主要活动断裂带进行详细的研究及填图工作。鉴于福建沿海的长乐－诏安断裂带，位于人烟稠密的沿海地区及其在区域中的重要性，故将其确定为全国重点研究的多条活动断层之一，由福建省地震局组织了大批在这一领域富有研究经验的专家参加。这本专著就是他们多年来对这一断裂带的最新活动深入系统的研究成果。

在东南沿海一带，由于地质构造的复杂性和强烈的风化剥蚀作用，对断层的最新活动状况的研究存在有许多实际困难，不像在干旱地区岩层露头、断层位错现象、古地震遗迹等保留比较完整清晰可辨。本书作者们通过大量的野外调查，对长乐－诏安断裂带进行了1∶10万（重点地段1∶5万）地质填图和综合研究，开展了有关地层、构造变形、地貌，特别构造微地貌的分析和年代测定等多方面的研究工作，在有关活断层的展布、分段、滑动速率及运动学特征，断层活动年代以及与地震活动的关系方面，获得了大量宝贵的实际数据和重要研究成果，综合总结这些资料与成果而写成的这本专著，对这一地区的地学研究、工程建设、国土开发、抗震减灾等方面具有重要的科学意义和实际应用价值。

* 本文原载于丁祥焕主编，《福建东南沿海活动断裂与地震》，福建科学技术出版社，1999。作者：丁国瑜。

《东昆仑活动断裂带》序*

被称为地球第三极的青藏高原以其突出的隆起地貌，独特的地质结构和强烈的新构造变形而受到全世界地学界的瞩目。它的内部拥有多期碰撞，不同构造层次的伸展、叠覆，裂谷拉张，大型走滑断层，块体旋转等丰富多彩的地质现象，从而被称之为研究和解决地球动力学一系列问题的博物馆和金钥匙。

青藏高原是全球最大的一个新隆起的高原，在对它多方面的研究中，活动构造一直是备受重视的一项内容。在对其隆升过程和变形机制的探讨中，高原边缘及其内部一系列大型走滑断层最新活动状况的深入认识，已成为一个关键问题。

昆仑山是青藏高原内部极为重要的地貌和地质构造单元，自古就被称之为瑶池所在，众山之尊。在大地构造上它处于秦祁昆构造块体南侧，是划分青藏高原为南、北两大部分的重要构造带。东昆仑山活动断裂带是沿着长期活动的东昆仑南缘断裂带发展起来的。在青藏高原内部，在作为块体边界的一些主要活动断裂带中，如班公湖－怒江断裂带、金沙江－鲜水河断裂带、昆仑活动断裂带、秦岭北缘断裂带等，东昆仑活动断裂带是具有特殊重要意义的一条。它在研究青藏高原的变形及其动力学中占有十分重要的位置。但对这样一条重要的、巨大的活动断裂带，由于其所处地域自然及交通条件的限制，过去对其最新活动性的研究较少，有些段落甚至完全是空白。六七十年代时，对它的一些地段有过一些第四纪地质、地貌以及历史大地震的地面破裂带及地震构造问题的专题性研究，但尚缺乏对整条断裂带的系统调查。1983 年国家地震局召开的中国活动断裂科研工作会议上，在全面部署我国活动断裂研究工作中，将东昆仑南缘活动断裂带列为全国重点研究的断裂之一。1986～1990 年由青海省地震局及地壳应力研究所组织力量对该断裂带库赛湖以东约 1000 km 地段进行了全面的实地调查和综合研究，获得了有关这一活动断裂带系统的大量实际资料。特别是沿断裂带许多极艰苦地段的实地考察，典型地段的地质填图，地震破裂带的详细研究，古地震遗迹的探槽开挖，以及大量年代样品的采集与测定等方面获得的资料尤为宝贵。本书就是在这些大量实际资料的基础上，通过室内的系统整理和分析研究的总结。它填补了对青藏高原内部这条巨大而重要的活动断裂带缺乏实地系统调查研究的空白，是近年出版的有关我国各主要活动断裂带研究的一系列专著中的又一本重要的力作。

在对板块陆内碰撞和会聚而造成的大陆内部强烈变形问题的热烈讨论中，巨大的走滑活动断层在这一变形中的作用之所以被视为一个关键问题和讨论的热点，这不仅是由于它具有巨大的位移，可以改造古板块间的原有状况，又与深层次物质的大尺度流动、扩展和层次间的滑脱有密切联系，而且是探讨大陆内部的表层变形、内陆造山机制、块体旋转以及相关联的拉分、伸展构造等一系列关键问题的地质构造。此外，沿着这些走滑断裂带往往是地震十分频繁而强烈的地带，这已由大量的地震观测与古地震研究所证实，因之已成为研究大地震事件活动规律的重要场所。对作为板块边界的圣安德烈斯这一大走滑断层的研究，是近一个世纪以来提供了大量有关地壳断层运动新概念的源泉。对大陆内部一系列大型走滑断层的研究，无疑将会大大拓宽对大陆变形及其动力学的视野和认识。

---

* 本文原载于青海省地震局、中国地震局地壳应力研究所，《东昆仑活动断裂带》，地震出版社，1999。作者：丁国瑜。

近年来在对青藏高原的研究中，除了对青藏高原在第四纪时期的隆升问题有很多的讨论和论著发表外，对青藏高原内部的一些大型走滑活动断裂带，特别是对高原内部几个主要的缝合带的最新变形和运动的具体状况，包括其滑动方式、速率和演化过程等也已日益引起了更多人的注意，成为讨论高原的变形和演化过程，确定水平滑动、变形的规模，建立高原的变形和演化模式的一个重要现象和依据。作为划分中国南北构造区的昆仑山带，其南侧的这条活动断裂带自然处于特殊的位置。

本书的出版，是对推进活动断裂带及有关地震问题的研究、青藏高原及中国大陆内部变形及其动力学的研究作出的积极贡献。

《发展中的地震科学研究——纪念海城地震成功预报二十周年学术讨论会论文集》序*

强烈地震给人类造成了巨大的灾难，千百年来人们热切地希望能找到预报未来破坏性地震的方法或减轻地震灾害的途径。20 世纪后半叶，地震预报问题已成为世界科学研究领域中最引人注意的重大课题之一。在每次大地震之后，人们期待早日解决地震预报问题的这种急切心情就立即更强烈地表露出来。从 1966～1976 年“文化大革命”动乱的十年，非常巧合地偏偏也正是我国地震十分活跃的十年，大地震连年不断，灾情惨重。在这期间发生的邢台、渤海、通海、炉霍、永善、海城、龙陵、唐山和松潘等一系列强烈地震中，最具有特殊意义的三次事件就是1966 年的邢台地震、1975 年的海城地震和 1976 年的唐山地震。

1966 年的邢台地震是中华人民共和国建国以来第一次造成了严重灾害损失的地震。在严重的灾情面前，周恩来总理号召科学工作者总结经验，找寻规律，发扬独创精神，积极实践，努力突破地震预报这一科学难题。从此揭开了我国大规模开展地震预报研究的序幕。从这时起，大批科技人员投入到了探索地震预报方法、减轻地震灾害的科学实践中来；开始形成了一支由多种学科领域人员组成的地震科学研究队伍；并不断孕育产生了一些探索地震预报的新思路。人们称邢台地震是我国地震预报研究的摇篮，它又是承前启后促进了我国地震科学大发展的一个里程碑。邢台地震后的科学研究充分体现了深入地震现场实践的实际精神和探索地震预报的开创精神。

另一次有特殊意义的事件就是对 1975 年 2 月 4 日发生在辽宁海城附近的 7. 3 级地震的预报。这是我国首次对 7 级以上强烈地震作出了明确预报并采取措施，达到了大大减少人员伤亡和经济损失，取得明显减灾效果的一次地震预报。正如本书前言中所说的那样：海城地震预报是人类历史上对 7 级以上强震作出的首次成功预报。对这次地震的预报，是一次探索性的实践，无论是预报的技术依据还是科学思路，都带有一定的经验性和局限性，并不意味着地震预报的突破，但它也绝非是“一次纯属偶然性的事件”。海城地震预报的成功曾引起了全世界的震惊和注意，是一次永载地震科学史册的辉煌事件。它像是在摸索地震预报的茫茫黑夜中的一颗希望之星，给人以光明，给人以希望，鼓舞了人们战胜地震灾害的信心。

我国从 1966 年开始的对地震预报的探索和对地震的大规模研究工作的开展，在 20 世纪 70 年代早期以前，除由美国的 Bolt 教授、加拿大的 Wilson 教授以及日本的浅田敏教授等向世界作过一些介绍报道外，还很少为外界所知。海城地震预报的成功受到了世界各国的瞩目。这一事件在那一阶段大大地鼓舞了研究地震预报的热情，推进了对地震减灾事业的重视和支持。在巴黎召开的有关地震预报和减轻地震灾害的国际会议上，中国在地震研究方面的成果受到了广泛的重视；许多国家著名的地震学家都先后访问了我国；中国的地震学家们也先后去许多国家进行了访问。这对促进我国的地震科学研究与外界的广泛交流与合作起了非常积极的作用。

然而开创性的道路是曲折的，困难的，地震预报这一科学难题还并未突破解决。1976 年未能预报出来的唐山大地震造成了 20 多万人的死亡，上百亿的财产损失。这一惨痛事件再次告诫了我们地震预

* 本文原载于辽宁省地震局编，《发展中的地震科学研究——纪念海城地震成功预报二十周年学术讨论会论文集》，地震出版社，1995。作者：丁国瑜。

报问题的复杂性和艰巨性。解决地震预报或减轻地震灾害问题还有很长的路要走。

在1966～1976年这一地震活动高潮期间的这三次突出的地震事件分别给予了我们在探索地震预报和防灾减灾的道路上不同的启示。但是可以看出，海城地震预报成功的事件所燃起的这颗希望之星，给予我们的是永远鼓舞人们要在这一艰难的道路上不断前进、努力攀登的信心和希望，而这一点正是我们最需要的。

今年，海城地震已整整地过去20年了，20年来，地震科学一直在不断地前进着。地震预报与防震减灾的研究与实践都取得了许多新的进展，为了纪念海城地震成功预报20周年，辽宁省地震局和辽宁省地震学会编辑出版了这本《发展中的地震科学研究》。它包括了海城地震以来围绕海城7.3级地震所进行的大量科学研究和我国地震科学技术研究方面的一些最新成果。我作为海城地震前前后后过程的一个经历者和参加者，感到这是纪念海城地震成功预报20周年最好的形式之一，它从多个方面反映了20年来取得的进展和存在的问题，衷心地祝贺这本论文集的出版。

难忘老师的启迪与教诲*

我在中学读书时本想将来学习建筑设计，但是这一志愿却未能实现。后来竟学习了地质学。觉得学地质可解决探寻矿藏等实际问题，又可与大自然为伍，在山水间作学问也很好。从进入北京大学地质系在沙滩的那幢小灰楼开始与地质学结缘以来，至今已四十多年了，回想起在当学生和刚刚踏上工作岗位的青年时代，在学习、摸索和探寻科研方向的过程中，一些老师的风范和一些经历过的事，虽然很平凡，却如昨日一般浮现于眼前，难以忘怀。

在北京大学地质系学习时，孙云铸先生是系主任。他在思考问题、讲课甚至走路时精神专注，总是吸着香烟却忘记掸掉烟灰，几乎整支长长的香烟灰挂在嘴边。学者风度十足的孙先生作为一代大师受到了全系上下的高度尊重和爱戴。那时正值有多位年轻教授刚从国外学成归来，陆续开设了多门新课程，很受同学们的欢迎。王鸿祯先生讲授地史学，马杏垣先生讲授构造地质学等都有新颖的丰富内容，引发了许多同学的兴趣，我也被这些内容所吸引而爱上了地质学科。

1952 年夏，我从北大地质系毕业后留校作助教，并参加了全国高等院系调整后北京地质学院的建院工作。由独门小院的地质馆不过百十来人的北大地质系来到了有北大、清华、北洋、唐山工学院等多所院校地质系师生组合在一起的庞大建院队伍中，处处觉得热火朝天。地质学院继承了我国地质学界前辈们重视野外现场考察，重视地质填图等基本训练，重视理论与实际相结合的优良传统和作风。建院工作开始不久就提出了筹建野外实习基地的计划。学校要我跟随马杏垣先生到西山去为实习基地选址进行野外调查。我们沿永定河进入西山，经三家店、军庄，爬了九龙山、髫髻山、大云坨，一直跑到了妙峰山。那时妙峰山顶的寺庙已在战火中毁掉，一片断瓦残垣，无人居住，那天连饭也没有吃上。在西南线是经长辛店、坨里进入山区到周口店的。针对实习基地的要求，对沿线的地质、构造进行了多方面比较。马先生对各类典型的、有意义的地质现象、构造型式都仔细观察，他身材高大，步履矫健，随走随作路线地质图，一天下来一大片地段的地质图几乎就填出来了，为实习基地的选址提供了重要的基础材料。

在参加建院工作期间，大家紧张地投入到制作教学模型和准备教材等各类工作中去。尤其是短时间内建立起这样一个上千人的学府，新课程的教材就成了一个极为突出的问题。当时一方面请前苏联专家讲课，一方面也把我们这批刚毕业的年轻助教推上了讲台。大学毕业时我刚刚 21 岁，在老师们的带动下一边学习一边工作，开始步入了钻研地质科学的路程。

那时陆续开设了一系列新的课程，第四纪地质与地貌学就是其中之一。这门课程由袁复礼教授讲授。在 1953 年至 1954 年间我担任了袁老师的助教。袁老师是一位深受大家尊重和景仰的地学前辈，是我国第四纪地质与地貌学的奠基人，德高望重。我给他当助教仅一年，时间虽然很短，但却从袁老师渊博的知识、踏实深厚的学风和高尚的道德等方面学习了许多极其宝贵的东西。袁老师还是使我确立了专业方向的引路人。

1954 年秋，学校派遣去前苏联深造的研究生，袁复礼教授和马杏垣教授推荐我去报考了著名新构造学家尼・依・尼古拉耶夫教授的研究生，引导和决定了我这一辈子的专业研究方向。我的学位论文选择了中亚地区与我国新疆接壤的西天山沿塔拉斯费尔干断裂带的勃勒泰山地区新构造方面的研究，

---

* 本文原载于《科学的道路》(下卷)，上海教育出版社，2005，953～955。作者：丁国瑜。

这也是深受袁老常给我们介绍他以前在西北调查研究工作的影响的结果。

自奥布鲁契夫提出了应在构造地质学中划分并建立新构造学的观点后，尼古拉耶夫教授进一步完善和发展了奥布鲁契夫的学说，成为新构造学的一位主要奠基者。他的有关新构造学、新构造运动及其在地貌上的显示和新构造学与岩石圈动力学三本专著至今仍是新构造学中最重要的文献。在他指导下几年的学习生涯中，我曾得到了他非常热心、细致而深刻的教导，奠定和充实了我的有关专业基础。可惜由于中苏关系恶化，毕业后 20 多年极少联系。1991 年有机会到莫斯科，我去看望尼古拉耶夫教授，他已是 80 多岁高龄，那次见面他是那样的激动和高兴。谈话中他询问了我对一系列有关新构造学问题的看法，当我讲述我的意见时，他仔细地录了音并作了长时间的讨论，又找出了大量的有关文献送给我。这之间，他的许多动作使我好像又回到了 30 多年前——每当我写完读书报告或整理出部分论文材料后他与我细致地进行交谈讨论的情景，这一切都令我对老师的尊敬之情油然而生，久久不能忘怀。

这些旧事虽然点点滴滴，但使我深感：生也有涯，知也无涯。在从事科学探索的永无止境的求知过程中，老师所给予的启迪、教诲和影响不仅是难以忘怀的，而且永远是鼓舞我不断前进的一股巨大动力。

袁老师是我国第四纪地质学地貌学新构造学研究的奠基人*

1952 年在全国进行了高等学校的教育改革与院系调整，成立了北京地质学院以后，开始开设一系列新的课程。“地貌学与第四纪地质学”就是陆续新开的课程中的一门，由袁复礼教授讲授。在 1953 ～1954年期间我担任了袁老师的助教，在这之前在一些大学曾有地文课的开设，但除了 Lebeck A. K 的一本地貌学和 Penck W，Penck A，Davis W. M 的一些参考文献外，还没有这方面的中文教科书或系统的讲义，袁复礼教授以其在这方面深邃的知识开始讲授这门课程，特别是他长期在西北考察积累的实地经验，大大丰富了这门课程的内容。

我国的西北地区处于亚洲大陆中部，这里高耸的天山、帕米尔、阿尔泰等新造山带，浩瀚的塔克拉玛干、腾格里沙漠，大戈壁、黄土高原、高高隆起的青藏高原等在 19 世纪末和 20 世纪初曾吸引了世界很多著名的地理学家、地质学家如李希霍芬、奥布鲁切夫、斯文赫定等来这里考察探险，因之这里曾是孕育和产生了许多重要的地学概念如再生造山带、新构造运动、黄土风成成因等的地方。袁复礼教授是我国最早期参加了这些活动的一位杰出代表。他在我国西北多年的考察活动中积累了丰富的经验，成为我国第四纪地质学、地貌学、新构造学研究的奠基者之一。袁老师在讲授这门课程时经常以我国西北地区大量生动的实例，甚至以轻松风趣引人入胜的故事形式作出深入浅出、引人兴趣、发人深思的讲解。随手捏来，不拘形式，给人以启迪。

同学们反映听袁老师讲课虽然笔记比较难记，但许多关键问题、重要概念却令人印象深刻，可以触类旁通，令人回味，记得袁老师给同学讲解在地质路线考察中如何进行观察和记录时谈到他们在穿越戈壁、沙漠以及黄土区时的一些情景，他说：我们骑着骆驼在穿过漫无人烟的戈壁、沙漠时，一走就是多少天，我们看着骆驼的脚掌一起一落，不时将沙粒带起。由于不同地段沙粒粗细轻重的不同，被带起的高度和数量以及沙尘扬起的形式就都不一样，逐渐我们积累了经验，根据沙、土扬起的情况以及骑马奔跑扬起的沙尘的高度和灰尘的状况，在驼背上就可记录了考察路线上不同地段不同粒度粗细颗粒的分布，1954 年秋学校派遣去苏联的研究生，袁复礼教授与马杏垣教授推荐我去报考了著名新构造学家尼古拉耶夫教授的研究生；引导和决定了我后来一生的专业研究方向，1957 年尼古拉耶夫教授访问中国回到莫斯科之后向我谈起他和袁复礼教授会面的情况，还特别讲起了他的老师奥布鲁切夫以及研究中亚的许多先行者们在创立新构造学中不可磨灭的贡献。

袁老对我国西北、西南的新构造运动和地震问题十分注意，他在 1957 年中国科学院第一次新构造运动座谈会上发表的“秦岭以北的新构造运动”一文中曾特别指出了西北地区一些黄土堆积区的坍塌作用和新石器时代的灰坑大规模坍塌现象是地震的结果，并讨论了地震与断层活动关系的问题。这是在我国运用地质学方法研究古地震现象的先声。袁复礼教授提及的这些问题，今天都已成为在新构造和地震构造研究中广泛进行的课题。

我跟随袁老师做助教的时间，仅短短的一年多，但却给我留下了深刻的影响，至今回忆起来一些情景犹如昨日。值此袁复礼教授诞辰 100 周年之际，谨表示对敬爱的袁老师深切的怀念之情。

云山苍苍，山水泱泱，先生之风，山高水长。

---

* 本文原载于杨遵仪主编，《纪念袁复礼教授百年诞辰——桃李满天下》，中国地质大学出版社，1993，111 ～112。作者：丁国瑜。

祝贺马杏垣先生八十大寿*

——忆几件往事

1951 年在北京大学地质系，马杏垣老师为我们讲授构造地质学，马先生的讲课内容丰富多彩，那时他从英国回来还不很久，洞悉国际上构造地质学的动态，教材中包括了国际上当时最新最好的一些教科书中的内容，同学们都对这门课程十分感兴趣，受到了极好的启蒙。有许多同学从此走上了喜爱构造地质学的道路。1952 年夏我大学毕业之后被分配到新建的北京地质学院，在马先生领导的普地教研室工作。开始参加建院工作，后来有一段时间做马先生讲授的构造地质学课的助教。那年夏天院领导提出筹建野外实习基地的计划，并决定要我跟随马先生到北京西山进行野外实地调查，选择适于建立地质实习基地的地点。那时的野外工作全靠徒步考察，我们沿永定河谷进入西山，经三家店、军庄、九龙山、髫髻山、大云坨、妙峰山、长沟峪以至陀里、周口店等地，跑了许多地方。一路上马先生边走边作路线地质图，对各类有意义的典型地质现象、构造形式都十分注意细致地观察，看是否适宜作地质实习基地，一天下来一大片地质图就作出来了，晚上回来进行资料整理并给我讲解。这次考察为后来西山周口店等实习基地的选定提供了重要的基础。马先生丰富的野外工作经验和对各种地质构造的深刻认识以及对一些基本概念的解释使我受益良多，一生享用。

1955 年经袁复礼教授和马杏垣教授的推荐我去前苏联作研究生，专攻新构造学。1959 年完成论文回国后被分配到中国科学院地质研究所工作，没有再回北京地质学院。直至 1978 年马先生离开了长期从事的教学岗位调到国家地震局来担任领导职务，我才又再次和马先生在一起工作了。马先生来地震局以后，除了领导工作外，主要仍是从事科学研究工作，他还在中国科技大学为研究生开设了构造解析课程。马先生以前长期从事前寒武纪构造的研究，他十上嵩山，《嵩山构造变形》一书包含了他对重力构造与构造解析方面的许多重要论点。来地震局工作以后，他在这一基础上对地震地质方面的一些问题从更深层次上提出了许多重要的看法。例如重力构造、伸展构造、第四纪裂谷构造与地震的关系等。其实从事前寒武纪构造研究的马先生，很早以前对新构造的研究就十分重视。1954～1955 年间他参加了中条山和五台山地区的地质调查工作，对五台山和中条山区的地质、地貌、新构造运动和变形以及地震活动就十分关注，他那时就已明确地描绘了山西地台的新构造块状构造运动及一系列地堑盆地的裂谷构造的明晰轮廓，并指出了其在研究亚洲大陆动力学和地震活动等方面的重要意义。

1981 年在利用卫星遥感图像和多年积累的地质、地球物理、地震资料编制《中国地震图集》的时候，马先生提出了参考当时国际重大科研项目“国际岩石圈计划”提出的研究方向和内容，扩大中国地震图集的内容，编制“中国岩石圈动力学图集”的设想。这一意见立即得到了大家的拥护。在马先生的主持下编辑这本大型图集的工作方案确定以后，紧张的编图工作很快就开始了。1982 年在北京召开了一次编图工作会议，参加编图的主要人员都出席了，局领导、安启元局长也到大会上给大家鼓劲。在会议刚刚结束时，马先生将几位副主编等叫到会议大厅出口处的一幅金碧辉煌的大壁画前面，在这幅大壁画上画有一行雪白的天鹅刚刚列队起飞，飞向碧兰的天空中去。马先生指着画向大家说：“我们大家一起在这幅画前面留个影吧，你们看和这画里的天鹅一样，我们的编图工作从今天起也开始起飞

---

* 本文原载于马宗晋、杨主恩、吴正文主编，《构造地质学——岩石圈动力学研究进展》，地震出版社，1999，13～14。作者：丁国瑜。

了，大家共同努力吧!”这本图集以其丰富的内容不仅受到了国内的重视，先后获得了国家自然科学奖，国家优秀图书大奖等多项奖励，在国际上也引起了很大的反响。还在70年代末期国际上开始论证岩石圈计划时，马杏垣教授作为IUGG和IUGS共同组成的联合指导委员会的成员就参加了该论证活动，后来他与岩石圈委员会，特别是Edward A. Flinn教授一直保持着联系。在图集草稿完成之后，马先生将图集草稿给Flinn等教授寄去听取意见并得到了他们的高度赞赏，而且获得了国际岩石圈计划出版物的统一编号。大大地扩大了这一图集在国际上的影响。马先生很注意国内外的研究动态，他对课题前沿、国际重大项目的提出和进展情况都十分注意，并且了解很深，哪些科学家提出了新的论点，哪些工作或意见是有分歧的或者并不扎实的，他都很注意并认真地分辨。马先生有一句格言：处处留心，皆是学问。我们都知道他有开会听报告记笔记和爱写小条子的习惯，随时有了什么问题和想法常常就写个小条子传与周围有关的人看、讨论或询问。常有许多精辟的看法和问题给人以启发和教益。马先生治学严谨，他常说不要把人家说的客气话恭维话当作真的，要深刻了解人家真正的看法和深刻的评价意见，才会有益处。他常常十分直爽一针见血地指出研究工作中一些重要的问题和缺点，他的这种对科学严肃认真的态度深深地得到大家的尊敬。

记忆中这些点点滴滴的事情说明了在我走过的科研工作的道路上从马杏垣老师那里得到的教益是很多的，时值马先生八十大寿之际，向马杏垣老师表示衷心的祝贺，祝愿马先生健康长寿，愉快幸福。

深切的怀念*

1959年初我在莫斯科地质勘探学院通过了研究生论文答辩，结束了三年半的研究生学习，回国后分配到坐落在沙滩地质馆和原北大红楼的中国科学院地质研究所，在刘东生先生领导下的第四纪地质研究室工作。这是我第一次见到刘先生并有幸在他的领导下开始工作。与刘先生第一次见面时的情景至今印象深刻，他和室里的同志们热烈欢迎我的到来，并介绍了第四纪地质研究室的情况，还把室里最新的一些成果，包括新出版的有关三门峡地区第四纪地质调查、黄土区的调查材料等送给我阅读，使我心中感到非常的温暖与高兴。从此与刘先生在一起工作直至混乱的“文化大革命”的来临，第四纪研究室一分为二，刘先生和大部分研究黄土的同志去了在贵阳的地球化学所，我所在的新构造组和研究室的部分同志留在北京从事了地震的研究。1970年我又被调到了筹划中的中国地震局。在我从事科研工作的过程中与刘东生先生一起在中国科学院地质所第四纪地质研究室的这段时间一直是我十分留恋和难忘的时光。

刘东生先生逝世已一周年了，在这一时刻对他的怀念不由得总在脑际深深泛起，他的音容笑貌、精神风范不断地浮现在眼前。

刘先生是位喜爱读书又重实践的人，“读万卷书，行万里路”对他来说是当之无愧的。第四纪地质学包含和涉及的学科、领域十分广泛，向刘先生请教或询问一些问题时，人们都会深深地感到他的知识渊博。他读的书多，他经常向年轻人谈起我国第四纪地质研究的先行者们，包括早期来华的一些外国学者如李希霍芬（F. Von Richthofen）、奥布鲁切夫（B. A. Обручев）、德日进（P. Teilhard de Chardin）等人的事迹、著述和学术成就，人们都会从他那里得到教益和启示，获得新知或更深的理解。在20世纪50～60年代学习苏联的高潮阶段，刘先生接触了不少来华的苏联专家，他不是一般泛泛地接触和接待，而是对他们的所长和真知灼见给予了深刻的分析和学习，特别对一些与第四纪有关的著名学者如格拉西莫夫（И. П. Герасимов）、桑来尔（ E. B. Шанцер）、格罗莫夫（B. A. Громов）、尼古拉也夫（H. И. Николаев）等著名学者有深刻的了解，不是浮光掠影、人云亦云，若刘先生没有读破万卷书的深厚功底和严谨认真的学风怎么能做到这一步呢。改革开放以后，我国与西方学界的接触及科技文献资料的交流大大增多，刘先生英文好，加上他在国际上的广泛交往，因之能够深入、广泛、及时地了解和掌握一些他关心的领域在国际上最新的前沿动态，更快地缩小我国第四纪研究与国际先进水平的差距。

刘东生先生十分重视野外工作，行万里路身体力行，继承了我国老一代地质学家在这方面的优良传统。他十分重视实验室的建设、新技术装备的改进。在20世纪60年代初第四纪地质研究室开始建立实验室时，刘先生率领大家克服困难，披荆斩棘的奋斗精神，至今仍深深地留在我的记忆之中。

刘东生先生一向重视基础，强调在继承的基础上不断创新。他的这种精神体现在他一贯尊师敬老的作风上。他一向非常尊重师长，传承发扬他们的成就和长处，每逢一些纪念他们的日子，刘先生总是要认真地撰写或组织纪念性的回顾文章，纪念缅怀他们。在《第四纪研究》等刊物上刘先生可能是撰写这类文章最多的作者之一了。对德日进、丁文江、章鸿钊、李四光、袁复礼、孙云铸、黄汲清、杨钟健、裴文中、侯德封、尹赞勋等地质前辈，他都写过或组织过纪念性的文章。他一直十分认真、

* 本文原载于中国第四纪科学研究会编，《纪念刘东生院士》，商务印书馆，2009，27～29。作者：丁国瑜。

虔诚地做着这件很有意义的事，不断地通过这些纪念性的文章分析、总结先行的大师们的成就、经验，颂扬他们高尚的精神和道德风范。他对前辈、师长充满了真挚的感情和理智的分析，这一点给我留下了很深刻的印象。

刘东生先生一生从事黄土研究中表现出的锲而不舍、执著追求的创新精神是大家熟知的了。在"文化大革命"十年浩劫期间，刘先生在极端困难的环境下不失时机地开始把黄土研究逐渐调整到与古气候、古环境结合的新方向上来，逐步将黄土研究提高到一个新的高度，并且一步步地、不断地取得了突破性的进展，得到了国际上的高度评价。刘先生当选了国际第四纪研究联合会（INQUA）第13届的主席，并先后获得了泰勒环境成就奖、国家最高科技奖等，在国际上为我国的第四纪研究争得了崇高的荣誉，这是他数十年勤奋耕耘、敢于创新的结果。

刘先生的一生是献身祖国科学事业的一生，是勤勤恳恳献身黄土研究的一生。我国著名画家李可染先生曾说过："我不倚靠什么天才，我是困而知之，我是一个苦学派"。他变革中国画的座右铭是"用最大的功力打进去，用最大的勇气打出来"。他说："可贵者胆，所要者魂"。胆者，敢于突破传统的框框，魂者，创新具有时代精神的意境。他奋力终生，继承发扬，最终获得了巨大的成功。这些话，我看在许多方面也正适合于说明刘东生先生一生治学研究黄土的经历和成就。科学与艺术的最高境界是相通的。

刘东生先生对新构造的研究是很关心的，与刘先生同在第四纪地质研究室的那些年，常常得到他在这方面的指导和启迪。后来我调到地震局以后每逢见面他还总是关切地询问新构造领域的研究情况，讨论问题，提出意见，虽是短短的交谈但往往受益匪浅。刘先生对新构造研究的内容考虑得很宽阔，还在1957年中国第四纪研究委员会刚刚成立时，他就提出了开展这方面研究的问题。那时来华的苏联专家戈尔什科夫（Г. П. Горшков）、尼古拉也夫等主要结合我国大规模经济建设的开展，需要编制地震区划图和研究大型水电工程建设安全问题，新构造研究就是在这些需求的背景下而提出的。在1957年召开的"中国第一次新构造运动座谈会"上，刘先生等（刘东生、黄万波、王挺梅）发表了"三门系地层的新构造运动"的论文，阐述了三门系地层的不整合、断层和褶皱等构造变形现象和三门系沉积后遭受的新构造变形等基础研究。刘先生一向对地震问题十分关切，记得在第四纪研究室时，他曾谈过应当派人到地球物理研究所去学习这方面的知识，这是第四纪研究的一个重要方面。他还关心古地震的问题，1981年由中国第四纪研究委员会全新世专业委员会和陕西省地震局在西安联合组织召开了"中国史前古地震学术会议"，刘先生在会上致了开幕词，鼓励大家开展这方面的研究。这是地震研究与第四纪地质研究密切结合的一个重要领域。刘先生对新构造问题的关注最重要的还是体现在对青藏高原的隆升对气候变化、黄土、地貌、环境、人类与社会发展的影响等问题上。他不顾年高，组织、领导并且参加了对青藏高原的科学考察和许多重要的学术活动，作出了重大贡献。

刘东生先生离开我们一年了，但是由于他生前的那种锲而不舍、开拓奋进、不断创新的精神给我们的印象太深了，每当想起刘先生的时候总觉得他并没有离开我们，仿佛他还在一如既往地工作着，登山涉水，著书立说，不停地战斗着。

刘先生永远活在我们心中。

附录一

丁国瑜院士论文、著作目录

1. 丁国瑜，勃勒泰山脉（西天山）在阿尔卑斯期的发展历史，副博士学位论文（俄文），莫斯科地质勘探学院，1959，1～220。

2. 丁国瑜，勃勒泰山脉（西天山）在阿尔卑斯期的继承性发展（俄文），莫斯科地质勘探学院学报，1960，38：29～40。

3. 丁国瑜，新构造波动及其强度评价问题，中国地质，1962，8～9：28～35。

4. 丁国瑜、高维明，河北平原及太行山东麓的第四纪火山活动——堆积平原区第四系岩性分层对比的一个标志，中国地质学会第32届年会论文选集，1962，170～177。

5. 丁国瑜，平原地区第四纪研究中的一些问题，地质部华北地质科学研究所，1963。

6. 丁国瑜，华北平原第四纪沉积物的颜色特征及其地质意义，地质科学，1964，No. 2：143～159。

7. 丁国瑜，华北平原第四纪沉积物颜色的测定方法及其应用，科学通报，1964，No. 3：1～4。

8. 丁国瑜，河北平原及太行山麓的第四纪火山碎屑堆积，第四纪地质问题论文集，科学出版社，1964，151～164。

9. 丁国瑜，海南岛第四纪地质的几个问题，第四纪地质问题论文集，科学出版社，1964，207～233。

10. 高维明、丁国瑜，华北平原第四纪沉积物中的埋藏土壤，中国第四纪研究，1965，Vol. 4，No. 2：146～166。

11. 丁国瑜，中国北部的第四纪盆地堆积，地球科学（日文），1966，(85～86)：25～42。

12. 丁国瑜、李永善，我国地震活动与地壳现代破裂网络，地震学报，1979，Vol. 53，No. 1：22～33。

13. 丁国瑜、梅世蓉、马宗晋，地震预报问题，地震科学研究，1979，创刊号 No. 1：1～8。

14. 丁国瑜，地震预报研究的现状与问题，宝鸡地震，1979，No. 1：23～32。

15. 汪一鹏、马宗晋、丁国瑜，我国地震地质工作三十年，地震地质，1979，No. 4：1～9。

16. 丁国瑜，发展中的我国地震地质研究，"地质科学在发展中"之六十二，1979，1～10。

17. 丁国瑜，我国大陆内部的线性断裂与地震活动的关系，第一次全国地震科学学术讨论会论文摘要汇编，中国地震学会，1979。

18. 丁国瑜，线性构造和地震活动，地质与地球化学，1980，No. 3：1～9。

19. 丁国瑜，美国地震构造研究的一些近况，地震科技动态，1980，No. 18：2～5。

20. 丁国瑜、马宗晋主编，国际地震预报讨论会论文选（1979年4月，巴黎），地震出版社，1981，242。

21. 丁国瑜，地震预报方法，国际地震预报讨论会论文选，地震出版社，1981，174～179。

22. 丁国瑜，新疆古地震，大百科年鉴，1981。

23. 丁国瑜，活动构造与地震，构造地质学进展，科学出版社，1981，145～154。

24. 丁国瑜，中国活断层研究近况（综述），国际地震动态，1982，No. 10：1～2。

25. 丁国瑜，中国活动断裂，地震出版社，1982，337。

26. 丁国瑜，中国内陆活动断裂基本特征的探讨，中国活动断裂，地震出版社，1982，1～9。

27. 丁国瑜，古地震标志问题，中国活动断裂，地震出版社，1982，276～281。

28. 丁国瑜，古地震研究近况，史前地震与第四纪地质文集，陕西省地震局编，1982，3～7。

29. 丁国瑜，古地震研究的内容及意义，世界地质科学发展动向，地质出版社，1982，94～96。

30. 丁国瑜，我国的强震系列与第四纪活动断裂带，第三届全国第四纪学术会议论文集，科学出版社，1982，184～194。

31. 丁国瑜，活动走滑断裂带的断错水系与地震，地震，1982，No. 1：3～8。

32. Ding Guoyu，Quaternary Faulting in China，Quaternary Geology and Environment of China，China Ocean Press，1982，

170～175.

33. Lu Yanchou and Ding Guoyu, The Relative Motions among Intraplate Blocks and Quaternary Fault – basins around the Ordos Block, North China, Quaternary Geology and Environment of China, China Ocean Press, 1982, 189～197.

34. 丁国瑜，中国的第四纪断层运动，中国第四纪研究委员会第四届学术讨论会论文（1982 年 2 月，北京），1982。

35. 丁国瑜，中国的活断层与地震，武汉地质学院第十届科学报告会论文集摘要汇编，1982。

36. 丁国瑜，我国内陆 8 级左右强震的重复性问题，8 级大震讨论会会议论文摘要，兰州地震研究所、宁夏地震局（银川），1982，87～89。

37. Ding Guoyu, Quaternary Faulting in China, XI INQUA Congress Abstracts, 1982, No. 2: 62 .

38. 丁国瑜、卢演俦，华北地块新构造变形基本特点的讨论，华北地震科学，1983，Vol. 1，No. 2：1～9。

39. Ding Guoyu, Recent Crustal Rupture Field in China and the Problem of Strong Earthquake Prediction, JAPAN – CHINA Symposium on Earthquake Prediction Abstracts, 44.

40. 丁国瑜，中国的活断层，大陆地震活动和地震预报国际学术讨论会论文集，地震出版社，1984，149～163。

41. 丁国瑜，我国地震地质工作的进展和展望，中国地震学会第二届代表大会暨学术年会，1984。

42. Ding Guoyu, Active Faults in China, A Collection of Papers of International Symposium on Continental Seismicity and Earthquake Prediction, Seismological Press, 1984, 225～242.

43. Ding Guoyu, Ma Zongjin, Mei Shirong, Methods of earthquake prediction, Proceedings of the International Symposium on Earthquake Prediction (UNESCO, Paris, 1979), 1984, 453～466.

44. Ding Guoyu, The Fracture Zone of the Fuyun Earthquake and the Intracontinental Recent Crustal Rupture Field in the Northeast of Mid Asia, 27th International Geological Congress Abstracts: 1984, No. 1, 355～356.

45. 丁国瑜，富蕴地震断裂带，地震出版社，1985。

46. 丁国瑜，第 27 届国际地质大会上有关新构造及现代板块运动问题讨论概况，地震地质，1985，Vol. 6，No. 4：70。

47. 卢演俦、丁国瑜，地块相对运动与鄂尔多斯地块周围第四纪断陷盆地，中国第四纪研究，1985，Vol. 6，No. 2：123～131。

48. 丁国瑜，有关地震地质研究的一些动向，中国地震，1985，Vol. 3，No. 1：1～9。

49. Ding Guoyu, A discussion on the Status of Active Faulting and Intraplate Motions in China (Abstract), EOS, Vol. 66, No. 46, P. 1067.

50. Ding Guoyu, Recent Crustal Rupture Field in China and the Problem of Strong Earthquake Prediction, Journal of Physics of the Earth, Vol. 34 suppl,, 1986, 265～278.

51. 丁国瑜、卢演俦，对我国现代板内运动状况的初步探讨［J］，科学通报，1986，No. 18：1412～1415。

52. 丁国瑜，地震地质，当代地质科学动向，地质出版社，1987，220～222。

53. R. C. Bucknam, Ding Guoyu and Zhang Yuming, IGCP, No. 206 – Comparison of major active faults. Geological Correlation, 1987, No. 15, Paris, UNESCO.

54. 丁国瑜，关于地震断层研究的几个问题，中国地震断层研究，新疆人民出版社，1988，1～9。

55. 丁国瑜，我国东北地区的新构造环境与深震火山活动［J］，东北地震研究，1988，Vol. 4，No. 3：3～9。

56. 丁国瑜，有关青藏高原活动构造的一些问题，西北地震学报，1988，Vol. 10 No. 增刊，1～11。

57. Ding Guoyu, A Brief Introduction to Recent Strong Earthquake Activity in the Continent of China, Proceedings of the Sino – American Workshop on Strong – Motion Measurement, Pasadena, California, USA, 1988, 15～19.

58. Ding Guoyu, Disintegration Faulting and Seismogenesis of North China Craton, Seismological Research Letters, 1988, Vol. 59 No. 4, 247～250.

59. 丁国瑜，活断层与工程，百科知识杂志，1989，No. 12，33～36。

60. 丁国瑜，第四纪断层上断裂活动的群集及迁移现象［J］，第四纪研究，1989，No. 1：36～47。

61. Ding Guoyu, Comparison study on characteristics of some active faults in China (Abstract), Abstracts Volume1, 28th International Geological Congress, Washington, 1989, 398～399.

62. Ding Guoyu, Grouping and Migration of Faulting on Quaternary Faults in Chian, Proceedings of Sino – Japan Conference on Seismological Research, 1989, 193.

63. 丁国瑜主编，中国活断层图集（IGCP-206 项目），地震出版社、西安地图出版社，1989。

64. 丁国瑜，有关活断层习性的几个问题，活动断裂地质填图工作研究汇编，国家地震局震害防御司编，1989，19～22。

65. 丁国瑜，新构造与全新世变形、地震及其预报，当今世界地球科学动向，中国地质学会主编，地质出版社，1989，19～22。

66. 丁国瑜，全新世断层活动的不均匀性［J］，中国地震，1990，Vol. 6，No. 1：1～9。

67. 丁国瑜，我国大陆的新构造变形与板内现代运动，国际大陆岩石圈构造演化与动力学讨论会——第三届全国构造地质会议论文集（Ⅱ），科学出版社，1990，73～85。

68. 丁国瑜，开展对我国板块现代运动与变形状态的观测与研究，中国科学院地学部《地学发展若干问题和对策研讨会》论文摘要汇编，1990，11～13。

69. 丁国瑜，马宗晋，第 28 届国际地质大会简介［J］，国际地震动态，1990，No. 4 。

70. 孔凡臣、丁国瑜，线性构造分数维值的含义［J］，地震，1991，No. 5：33～37。

71. 孔凡臣、丁国瑜，山西及邻区水系与黄土冲沟的分形几何学分析结果及其与构造活动的关系［J］，地震地质，1991，Vol. 13，No. 3：221～229。

72. 丁国瑜，中国岩石圈动力学概论，地震出版社，1991，600。

73. Ding Guoyu，The Inhomogeneity of Holocene Faulting，Earthquake Research in China，1991，Vol. 5 No. 2，95～105.

74. Lu Yanchou and Ding Guoyu，A Major Neotectonic Event for CA 1. 6～1. 2Ma. B. P. on the Qinghai-Xizang（Tibetan）Plateau and its Border（Abstract），ⅩⅢ INQUA Congress，Beijing，1991，220.

75. Ding Guoyu，Characteristics of Active Faults in China，Conference on Seismicity in Eastern Asia，Geological society of Hong Kong，1991，Vol. 7，No. 5.

76. Ding Guoyu，Neotectonics and Seismotectonics，China National Report（1987～1990）for the ⅩⅩ General Assembly of IUGG，China Meteorological Press，1991，99～110.

77. Ding Guoyu，The Recent Intracontinental Active Boundaries of China，ⅩⅢ INQUA Congress，1991，78.

78. 丁国瑜，新构造与地震构造，固体地球物理学论评，地震出版社，1991，64～70。

79. Ding Guoyu，Neotectonics and Seismotectonics，Annual Review of Geophysics，Seismological Press，1991，86～95.

80. 丁国瑜，有关活断层分段的一些问题［J］，中国地震，1992，Vol. 8，No. 2。

81. 丁国瑜，中国内陆活断层的习性特征与地震危险性评估，第一届两岸地震学术谈论会论文集，地震出版社，1992，79～93。

82. 丁国瑜，我国现代板内运动问题［A］，丁国瑜，. 中国地震学会第四次学术大会［C］，中国地震学会第四次学术大会，1992。

83. Ding Guoyu，The Characteristics of Active Fault Behaviors and Earthquakes in China Mainland，Journal of Earthquake Prediction，1992，Vol. 1，No. 1：5～19。

84. Tian Qinjian and Ding Guoyu，The Hierarchy of Fault Rupture，Proceedings of 2nd International Symposium on Continental Seismicity and Earthquake Prediction，Beijing，Seismological Press，1992.

85. Ding Guoyu，The Recent Intracontinental Active Boundaries and Active Fault System in China，Abstracts of 29th IGC，Kyoto，Japan，1992，Vol. 2，of 3：391.

86. Robert，C.，Bucknam，Ding Guoyu，Zhang Yuming，International Geological Correlation Program Project 206-A. Worldwide Comparison of the Characteristics of Major Active Faults. Abstracts of 29th IGC，Kyoto，Japan，1992，Vol. 1，of 3，40.

87. Ding Guoyu，Great Intraplate Earthquakes and Segmentation of Active Faults in China，Abstracts of 29th IGC，Kyoto，Japan，1992，Vol. 1，of 3，72.

88. 丁国瑜，地震预报与活断层分段［J］，地震学刊，1993，No. 1：8～11。

89. 丁国瑜，我国现代地壳运动研究，1992 年中国地震年鉴，地震出版社，1992，117～120。

90. 丁国瑜、田勤俭、孔凡臣、谢霄峰、张立人、王立平，活断层分段——原则、方法及应用，地震出版社，1993，143。

91. 丁国瑜，宁夏中卫沙坡头黄河位错现象［J］，第四纪研究，1993，No. 4：370～378。

92. 丁国瑜，地震地质学，地球科学新学科新概念集成，地震出版社，1994，176～178。

93. Ding Guoyu, Paleoearthquakes and Segmentation of the Active Altun Fault, Proceedings of the workshop on Paleoseismology (Marshall California). Open - file Report, 1994, 94～568, P. 53～55.

94. 卢演俦，丁国瑜，中国沿海地带新构造运动，海平面上升对中国三角州地区的影响及对策，科学出版社，1994，63～74。

95. 丁国瑜，活断层分段及其在核工程选址中的应用，国家核安全局，1994，1～28。

96. Ding Guoyu, Seismic Hazards and Mapping of China, Natural Hazards Mapping Proceedings of the International Forum Geological Suvey of Japan, 1994, No. 281, 119～124.

97. 丁国瑜，活断层分段模型［J］，地学前缘，1995，Vol. 1No. 1～2，195～202.

98. 丁国瑜，阿尔金活断层的古地震与分段［J］，第四纪研究，1995，No. 2：97～106。

99. 刘爱国、卢演俦、丁国瑜，第四纪时期地壳块体相对运动的古地磁记录的初步研究——以陇西和鄂尔多斯块体相对运动为例［J］，地震地质，1995，No. 4：397～404。

100. 丁国瑜，中国的古地震研究，中国地质学科发展的回顾——孙云铸教授百年诞辰纪念文集，中国地质大学出版社，1995，193～197。

101. Huang W., Gao W., G. Ding, Neogene volcanism and Holocene earthquakes in the Tanlu fault zone, eastern China, Tectonophysics, 1995, 260, P. 259～270.

102. Ding Guoyu, Recent Crustal Motion and Deformation in the Continental of China, Achievement of Seismic Hazard Prevention and Reduction in China, Seismological Press, 1996, 108～126.

103. Ding Guoyu, Paleoseismicity and Rupture Segments along the Altun Fault in the past 22ka, Seismology and Geology, Vol. 18, suppl. P. 38～48.

104. Ding Guoyu, The Research on Active Faults in China, Journal Earthquake Prediction Research, 1996, No. 5, 317～325.

105. Ding Guoyu, Active Tectonics and Paleoearthquakes on the Northern Margin of Pamir - Qilianshan Zone, 30th International Geological Congress, 1996, Vol. 3, No. 3, 160.

106. Ding Guoyu, Characteristic Behavior of Active Faults in China, Seismicity in Eastern Asia, (Geological Society of Hong Kong Bulletin), 1996, No. 5, 1～6.

107. 丁国瑜，活动构造，21世纪初科学发展趋势，科学出版社，1996，267～270。

108. 丁国瑜，中国大陆地震构造研究，第二届两岸地震学术讨论会论文集，国家地震研究中心（台湾），1996，48～57。

109. 卢演俦、丁国瑜，华北地区地块相对运动几何学的初步研究，地震地质论文集，天津科学技术出版社，1986，18～35。

110. 陈杰、卢演俦、丁国瑜，祁连山西段及酒西盆地区第四纪构造运动的阶段划分［J］，第四纪研究，1996，No. 3：263～271。

111. Ding Guoyu, Strong Earthquakes and active Tectonics of the Northeastern Margin of the Tibetan Plateau, The 29th General Assembly of the IASPEI, 1997, 112.

112. Ding Guoyu, Seismotectonic Research in China, Episodes. (IUGS, ISSN 0705～3797), Vol. 20, No. 2, 79～83。

113. 丁国瑜，中国大陆内部新构造块体间的位移规模，人类与环境，第七届全国第四纪研究学术讨论会论文摘要汇编，1997，85。

114. 陈杰、卢演俦、丁国瑜，新疆喀什地区的晚新生代构造变形及动力学初探，人类与环境，第七届全国第四纪研究学术讨论会论文摘要汇编，1997，100。

115. 卢演俦、丁国瑜，鄂尔多斯块体与邻近块体第四纪时期相对运动状态的研究，人类与环境，第七届全国第四纪研究学术讨论会论文摘要汇编，1997，86。

116. 申旭辉、丁国瑜、汪一鹏，川滇地区最新构造变动基本特征，人类与环境，第七届全国第四纪研究学术讨论会论文摘要汇编，1997。

117. Wang Xiaoqing, Ding Guoyu, A Field Investigation Approach and Software for Earthquake Disaster and Losses Estimates, Second meeting of Asian Seismological Commission and Symposium on Earthquake Hazard Assessment and Earth's Interior Related Topics, 1998.

118. 陈杰、丁国瑜，高加索、土耳其、希腊一带现代强震的研究，国际地震动态，1998，No. 6，12～25。

119. 陈杰、卢演俦、丁国瑜，祁连山西段酒西盆地区阶地构造变形的研究［J］，西北地震学报，1998，No. 1：28 ~36。

120. 丁国瑜，新构造学 · 中国的活断层 · 古地震学 · 地球系统科学——中国进展 · 世纪展望，中国科技出版社，1998，575，582，600。

121. 周硕愚、张跃刚、丁国瑜、吴云、秦小军、施顺英、王琪、游新兆、乔学军、帅平、邓干金，依据 GPS 数据建立中国大陆板内块体现时运动模型的初步研究［J］，地震学报，1998，Vol. 20，No. 4：347 ~355。

122. Shouyu Zhou，Yuegang Zhang，Guoyu Ding，Xiaojun Qin，Shunying Shi，Qi Wang，et. ，A Predimimary research establishing the present time intraplate blocks movement model on the Chinese mainland based on GPS data，Acta seismological Sinica，1998，Vol. 20，No. 4，P. 403 ~412.

123. 卢演俦、丁国瑜，与亚洲古季风有关的中国及邻区新生代构造演化的几个问题［J］，第四纪研究，1998，No. 3：205 ~212。

124. 丁国瑜，关于公元 649 年临汾地震的讨论［J］，中国地震，1998，Vol. 14，No. 3：38 ~42。

125. 田勤俭、丁国瑜，青藏高原东北隅似三联点构造特征［J］，中国地震，1998，Vol. 14，No. 4：27 ~35。

126. 丁国瑜，大陆动力学地学研究的新动向——在 1999 年天山地震国际学术研讨会闭幕式上的发言（节选）［J］，内陆地震，1999，No. 4：289 ~290。

127. 丁国瑜、田勤俭、申旭辉、韦开波，The Magnitude of Leftlateral Displacement along the Northeasterm Margin of the Tibetan Plateau，14th Himalaya – Karakoram – Tibet Workshop，Abstract Volume，Kloster Ettal，Germany，1999，31 ~32.

128. 田勤俭、丁国瑜、申旭辉，Pull – apart Basins along the Haiyuan Fault Zone on the Northeast Edge of the Tibetan Plateau，14th Himalaya – Karakoram – Tibet Workshop，Abstract Volume，Kloster Ettal，Germany，1999，156 ~157.

129. 田勤俭、申旭辉、丁国瑜、陈正位、韦开波、邢成起、柴炽章，海原断裂带内第三纪老龙湾拉分盆地的地质特征［J］，地震地质，2000，No. 3：329 ~336。

130. 王琪、丁国瑜、乔学军、王晓强，用 GPS 研究南天山（伽师）地区现今地壳变形［J］，地震学报，2000，Vol. 22，No. 3：263 ~271。

131. 王琪、丁国瑜、乔学军、王晓强、游新兆，天山现今地壳快速缩短与南北地块的相对运动［J］，科学通报，2000，No. 14：1543 ~1547。

132. 申旭辉、丁国瑜、田勤俭、韦开波，青藏高原东北隅晚第四纪应变分配与地震中长期预测，南京师范大学学报（自然科学版），2000，Vol. 24，No. 4：134 ~138。

133. 丁国瑜，地震断层与震害防御（院士专家谈地震），地震出版社，2000，11 ~14。

134. 申旭辉、丁国瑜、田勤俭，Style and Consequence of Strain Partition in the Qinghai – Tibet Plateau，地学前缘，2000，Vol. 7，No. 增刊。

135. 丁国瑜，伽师强震群的构造环境及破裂机制，海峡两岸城市防震减灾研讨会论文摘要集，2000，7。

136. 陈杰、卢演俦、丁国瑜，塔里木西缘晚新生代造山过程的记录——磨拉石建造及生长地层和生长不整合［J］，第四纪研究，2001，No. 6：528 ~539。

137. 李万伦、卢演俦、丁国瑜，鄂尔多斯及其邻近块体相对运动的黄土古地磁证据［J］，第四纪研究，2001，No. 6：551 ~559。

138. 马宗晋、陈鑫连、叶叔华、赖锡安、魏子卿、陈俊勇、宁津生、许厚泽、丁国瑜，中国大陆区现今地壳运动的 GPS 研究［J］，科学通报，2001，No. 13，1118 ~1120。

139. 陈杰、丁国瑜，Burbank D. W. ，Scharer K. ，Rubin C. ，Sobel E. ，曲国胜、沈军、尹金辉、赵瑞斌，中国西南天山山前的晚新生代构造与地震活动［J］，中国地震，2001，Vol. 17，No. 2：134 ~155。

140. 申旭辉、田勤俭、丁国瑜、韦开波、陈正位、柴炽章，宁夏贺家口子地区晚新生代地层序列及其构造意义［J］，中国地震，2001，Vol. 17，No. 2：156 ~166。

141. 田勤俭、丁国瑜、申旭辉，拉分盆地与海原断裂带新生代水平位移规模［J］，中国地震，2001，Vol. 17，No. 2：167 ~175。

142. 邢成起、丁国瑜、卢演俦、申旭辉、田勤俭、尹功明、柴炽章、韦开波，黄河中游河流阶地的对比及阶地系列形成中构造作用的多层次性分析［J］，中国地震，2001，Vol. 17，No. 2：187 ~201。

143. 田勤俭、丁国瑜、申旭辉，青藏高原东北隅强震构造模型［J］，地震，2002，No. 1：9 ~16。

144. 邢成起、尹功明、丁国瑜、卢演俦、申旭辉、田勤俭、柴炽章、韦开波，黄河黑山峡阶地的砾石 Ca 膜厚度与粗碎屑沉积地貌面形成年代的测定［J］，科学通报，2002，No.3：167～172。

145. 陈杰、陈宇坤、丁国瑜、田勤俭、王赞军、单新建、任金卫、赵瑞斌、王志才，2001 年昆仑山口西 8.1 级地震地表破裂带［J］，第四纪研究，2003，No.6：629～718。

146. 丁国瑜，寄语青少年朋友，青少年科技博览，2003，No.3～4。

147. 王萍、卢演俦、丁国瑜、陈杰，Karl-Heinz Wyrwoll，甘肃疏勒河冲积扇发育特征及其对构造活动的响应［J］，第四纪研究，2004，No.1：74～81。

148. 陈杰、陈宇坤、丁国瑜、王赞军、田勤俭、尹功明、单新建、王志才，2001 年昆仑山口西 M_S8.1 地震地表同震位移分布特征［J］，地震地质，2004，No.3：378～392。

149. 丁国瑜，发震构造确定的原则和方法，时振梁等著：核电厂地震安全性评价中的地震构造研究，第六章，中国电力出版社，2004，154～180。

150. 丁国瑜，中国大陆现代地壳运动的新构造背景，赖锡安等编著：中国大陆现今地壳运动，第二章，地震出版社，2004，6～22。

151. Ding Guoyu，Chen Jie，Tian Qinjian，Shen Xuhui，Xing Chengqi，Wei Kaibo，Active faults and magnitudes of left-lateral displacement along the northern margin of the Tibetan Plateau，Tectonophysics，2004，380：243～260。

152. 丁国瑜，新构造研究的几点回顾，地质论评，2004，Vol.50，No.3：252～255。

153. 田勤俭、丁国瑜，青藏高原北部第四纪早期断裂活动的新生性变化初步研究［J］，第四纪研究，2006，No.1。

154. 田勤俭、丁国瑜、郝平，南天山及塔里木北缘构造带西段地震构造研究［J］，地震地质，2006，No.2。

附录二

丁国瑜研究工作简历

丁国瑜，地质学家。1931 年 9 月 18 日生于河北高阳。1937 年抗日战争爆发后迁居北京。先后在北京附学胡同实验小学、汇文中学、北京市第四中学学习，1952 年毕业于北京大学地质学系，1952 ～ 1955 年在北京地质学院任教。1955 年被选拔赴前苏联莫斯科地质勘探学院深造，师从新构造学奠基学者尼 · 伊 · 尼古拉耶夫教授，成为新中国成立后早期派往国外系统学习第四纪地质及新构造学的研究生。1959 年初完成并通过关于中亚天山地区喀拉套山新构造的研究论文，获前苏联地质矿物学副博士学位。1959 年回国后，在中国科学院地质研究所工作。1971 年调国家地震局。1980 年当选为中国科学院学部委员（院士）。1985 年当选为第三世界科学院院士。1999 年荣获“何梁何利基金科学与技术进步奖”。丁院士主要的科研经历可概括为如下几个阶段：

1. 1959 ～1970 年，第四纪、新构造的调查研究

该时期在中国科学院地质研究所工作，曾任中国科学院地质研究所第四纪研究室副主任、副研究员。前期主要从事新构造和第四纪方面的研究，参加了长江三峡坝区的新构造调查；海南岛第四纪地质、火山、新构造及沿岸稀有元素砂矿的综合调查研究；后期开始进行活动构造和地震方面的研究。

1960 年参加了广东新丰江水库新构造调查。1963 年后参加了中国科学院重点研究项目“黄淮海平原综合研究”。项目结合华北平原地下水开发利用和土壤盐碱化防治的需求开展了黄淮海平原第四纪历史、新构造运动的研究。在研究中，采用光谱光度分析方法对不同时段第四纪沉积物颜色进行了定量鉴别；在钻孔岩芯中发现了不同时段的火山碎屑堆积和埋藏古土壤层；采用平原周缘和平原内部相关沉积层对比分析方法对华北平原第四纪地层的划分与对比、平原区新构造沉降幅度与速率开展了研究。先后发表了《第四纪沉积物颜色的测定方法及其应用》、《华北平原第四纪沉积物颜色特征及其意义》、《河北平原及太行山东麓第四纪火山碎屑堆积》和《中国北部第四纪盆地堆积》等论文。

1966 年邢台地震以后，在研究新构造运动的基础上，开始重点进行活动构造、地震构造与地震预测研究。对平原区新构造与地震活动的关系进行了探讨，撰写了《河北平原水系变迁与新构造》、《河流坡降与现代构造运动关系》等研究报告，编制了《河北平原水系与新构造图》。在此期间，首次明确指出了河北平原区水系裂点与隐伏断裂、新构造活动的内在联系，提出了根据水系形态和变迁历史研究新构造运动，为第四纪覆盖区新构造运动研究开辟了新途径。与此同时，先后参加了邢台、蒲县、海城、龙陵、乌恰等地震的现场考察研究，以及邯郸、陕西等地地裂缝与地震关系的调查研究和震情趋势判定研究。

1969 ～1970 年，赴非洲参加了中国援建的坦桑尼亚 – 赞比亚铁路沿线地震烈度的考察研究工作，任地震专家组组长。调查了铁路沿线的新构造活动和地震活动的情况，为铁路抗震设计提供了沿线所需的地震烈度资料。

2. 1970 ～1977 年，地震监测、预报的探索

1970 年从非洲回国后被调至中央地震工作办公室震情分析组从事地震预报及震情分析研究。1971

年国家地震局组建，受命担任国家地震局震情分析组组长、分析预报室主任等职，从事震情动态的分析研究和预报工作，在建立我国地震监测、分析预报系统方面作了大量开创性工作，并推动了地震研究与第四纪地质学、地貌学、新构造学、大地构造学、地球动力学等有关学科的结合。1974 年出访美国，带回了第一套有关我国全部领土的卫星影像遥感资料，率先将其引入我国地震构造研究并及时组织开始了我国分省、区的地震构造图的编制工作。在此期间发表了《我国地震活动与地壳现代破裂网络》、《我国大陆内部的线性断裂与地震活动的关系》等论著。

3. 1977～1986 年，开展和推进活断层、活动构造的研究

1977～1982 年，任国家地震局负责人。1982～1986 年任国家地震局副局长。在此期间丁国瑜除了地震构造研究工作，还承担了国家地震局的部分科学研究管理工作。

1978 年丁国瑜在我国引进了运用探槽技术及微地层定年研究古地震的方法，提出了开展古地震遗迹的地质学研究及用于判定大地震复发间隔的意见，并积极推进我国古地震遗迹的研究。

1979 年联合国教科文组织在巴黎召开了国际地震预报大会，被聘为大会组织委员会、大会主席团成员，并应邀在大会上作有关中国地震预报探索和研究方面的特约报告，介绍了我国地震预报研究的情况、成功与失败的经验和问题。

1979 年组织召开了我国第一次活断层、古地震学术讨论会。这次会议大大推动了我国这方面的研究工作。会后主编出版了《中国活动断裂》一书，对我国活动断裂的研究首次进行了系统的交流与总结。在国际第一届大陆地震讨论会上发表的《中国的活断层》一文，为国内外多处引用。在活断层方面的工作和研究获得国家地震局科技进步二等奖。

1980 年，应美国科学院及美中学者交流委员会邀请，赴美进行学术交流访问，在美国地质调查局地震研究部、加州理工学院、麻省理工学院、康奈尔大学、拉蒙特地质观测实验室等单位进行了学术访问，并较系统地考察了多地震的圣安德烈斯断层。这些活动为开辟和推动后来中国与美国在地震科学研究上的交流和合作奠定了一定的基础。

1980～1983 年，组织“富蕴地震断裂带”专题研究，通过对断错水系及断错地貌的研究，重塑了该断裂最新变形的历史，成为我国初期系统研究活断层的一个典型。主编的《富蕴地震断裂带》一书，获得国家地震局科技进步一等奖及国家科技进步三等奖。1982 年，根据全国多条活断层的位移资料，首次给出了中国各地主要活断层的滑动速率分布的总体图像。1982～1987 年担任马杏垣教授主编的《中国岩石圈动力学图集》的副主编和图集说明书《中国岩石圈动力学概论》的主编。该项科研成果获得了国家自然科学三等奖、国家地震局科技进步一等奖、中国优秀科技图书一等奖等多项奖励。

1984～1989，作为项目主席之一，组织领导了联合国教科文组织的国际地质对比计划第 206 项（IGCP No. 206），即“全球主要活断层习性对比”研究项目。以丁国瑜为主编的《中国活断层图集》于 1989 年出版，并在华盛顿召开的第 28 届国际地质大会及在美国召开的 IGCP－206 项目最终会议上展出。《中国活断层图集》于 1991 年获国家地震局科技进步一等奖，1993 年获国家科技进步二等奖。

4. 1987 年后，地震构造的综合研究

1987 年离开行政岗位后，担任国家地震局科学顾问、国家地震局科学技术委员会主任、中国地震学会理事长等职务。主要开展地震科学研究、人才培养、地震安全性评定等工作。1999 年荣获“何梁何利基金科学与技术进步奖”

1988～1996 年，担任国际岩石圈计划（ILPⅡ－2）全球活断层图专题组成员、国际岩石圈计划全新世古地震专题组（ILPⅡ－3）成员，中国地震局“八五”重点项目“中国活断层填图项目”顾问。开展了活断层地震危险性研究，发表了“第四纪断层上断裂活动的群集及迁移现象”“全新世断层活

动的不均匀性”“中国内陆活断层的习性特征与地震危险性评估”等一系列文章。

1989～1992年，对活断层分段进行了系统研究，提出了活断层地震破裂单元、分段层次结构、分段类型等概念，总结了活断层分段的原则、方法及应用。并通过活断层分段在重大工程选址等领域的应用研究，推动了活断层分段概念的普及。1993年出版了专著。

1990～1996年，作为国家“八五”攀登计划“中国现代地壳运动及地球动力学研究”项目专家组成员，推动了GPS技术在现代地壳运动研究领域的应用和中国现代地壳运动观测网络的建设。

1995～1998年，承担国家自然科学基金重点项目“青藏、华北和华南三大块体接合区第四纪构造变动的研究”和地震基金重点项目“青藏高原东北隅弧束区新构造运动的阶段划分与演化过程的精细定量研究”。针对关于青藏高原水平运动规模、构造阶段、变形模式等问题，通过拉分盆地演化、地貌面和断错地貌、地层沉积和构造变形序列、古地磁学等方法进行了研究，围绕着最新构造变形阶段、应变分配等问题，探讨了青藏高原东北隅的构造模型。

1998～2001年，承担国家“九五”重点科技攻关项目“新疆伽师强震群成因及帕米尔东北侧强震预测研究”。通过地质构造演化的年代学研究、地震台阵和人工深地震的深部结构探测研究、地表现代变形的GPS研究三方面结合，对新疆伽师强震区的地震构造进行了综合研究。探索了应用地质、深部结构、地壳形变三大手段对大震区综合研究的方法。

2001～2003年，主持昆仑山8.1级地震综合考察的科学研究。对地震地表破裂带、断裂带深部结构、震后变形、震后地震趋势等问题进行了总结，为新技术在地震考察和震例研究中的应用进行了探索。

丁国瑜一向强调和重视地震研究工作要为减轻地震灾害服务的大方向。他所进行的研究工作，许多是与地震预测、地震灾害防御、地震区划及重大工程场地地震危险性评估的需求密切联系的。他曾参加过大坝、南水北调、核电站选址等重大工程有关这方面的任务。他的有关研究成果在一些领域中得到了重视与应用。

2006年以来，他不顾已临耄耋之年，仍在关心指导青年科技工作者要勇于创新，关注科技前沿，开展地震科学研究工作。

1947 年 7 月 北京四中三年级学生

1949 年底由四中高三跳班考入北京大学地质系，1952 年 8 月提前一年在北大毕业。此为 1952 年 8 月时的照片

1952 年 8 月北大地质系同班毕业同学在地质馆门前合影（后排左起第五人丁国瑜）

1952 年 8 月同班部分同学在地质馆楼顶合影（前排左起第一人丁国瑜）

1952年地质系所属的北大理学院校园景色

1952年8月摄于北大理学院地质系所在的地质馆小楼

北京大学地质系老师及1952年毕业生合影（第三排左起第五人丁国瑜）

莫斯科地质勘探学院旧址（红场北侧）

1956年莫斯科地质勘探学院的部分中国大学生、研究生们在室内合影（前排右起：钱祥麟、邱方鹏、范德廉、高云龙，中排：郑直、丁国瑜、赵鹏大，后排：孙玉科）

1957 年冬研究生们摄于莫斯科红场（左起第三人丁国瑜）

1956 年莫斯科地质勘探学院的部分外国留学生合影（右起第三人丁国瑜）

1957 年在哈萨克斯坦野外工作时摄

1956 年冬去乌拉尔参观矿山和地质旅行

1957 年在哈萨克斯坦喀拉套山野外工作时摄（左起第一人为著名构造物理学家葛佐夫斯基教授，后排左起第三人丁国瑜）

1959 年春丁国瑜（右一）完成研究生论文答辩后由莫斯科回国，导师尼古拉耶夫（中）到车站送行时摄

1958 年摄于莫斯科大学

1957 年“五一”游行时与赵鹏大学长摄于莫斯科

1959 年摄于莫斯科全国农业展览馆

1959 年与汪乾熙同学摄于莫斯科红场

1969 年参加援建坦赞铁路沿线的地震烈度调查，此为 1969 年 7 月摄（前排左起第一人应绍奋，后排左起第一人丁国瑜）

1969 年 8 月摄（前排左起第一人应绍奋，第六人丁国瑜，后排左起第 2 人时振梁

1969 年 12 月由赞比亚返坦桑尼亚途中摄于 Mikumi 天然野生动物园入口处

1969 年 8 月摄于尼亚萨湖畔

巨大的非洲『面包树』

途中经常相遇的野象群

1971 年 10 月板块构造理论创建人之一威尔逊教授（J.Tuzo.Wilson）应顾功叙教授（前排右一）的邀请访问了中国，丁国瑜（后排右二）陪同 Wilson 教授夫妇去西安、上海、南京、杭州、广州等地参观了有关地质、地震的一些单位。郭沫若院长夫妇接见了威尔逊夫妇

威尔逊夫妇在杭州参观时摄于西湖游船上

1974年4月19日至5月20日中国地震考察组一行10人，由顾功叙教授带队去美国进行了考察访问

考察组10人包括钱浩（左一）、邓起东（左二）、陈俊良（左三）、顾功叙（左四，领队）、陈鑫连（左五）；后排崔作舟（左七）、丁国瑜（左八，副领队）、郭增建（左九）、张奕麟（左十）、何世海（左十一）

左起第二人为日本著名地震学家力武常次，当时他正在美国进行学术访问

1974年5月20日中国地震考察组在美国结束考察后，顾功叙、丁国瑜、郭增建、张奕麟、钱浩5人组成考察组继续去加拿大进行了考察

考察组在加访问了多伦多、埃德蒙顿、耶洛奈夫、维多利亚、温哥华6个城市的地震研究单位

参观拜访白求恩故居

1982 年 9 月在北京召开了"大陆地震活动和地震预报国际学术讨论会"，图为大会主席台

傅承义教授在大会上

顾功叙教授在大会上

马杏垣教授在大会上

刘恢先教授和安启元局长在会议上

美国 Wallace 教授作学术报告

丁国瑜作学术报告——中国的活断层

1980年3月20日至5月20日应美国科学院及美中学者交流委员会的邀请赴美进行了学术访问与交流。并对圣安德列斯断层重点地段进行了野外现场考察

与华莱士教授乘飞机对圣安德列斯断层的一些重点地段进行了空中考察，此为起飞前摄

与 Bucknam 教授等在丹佛一带野外考察

艾伦教授在讲解圣安德列斯断层

大型探槽开挖出的古地震遗迹

K.Sieh 教授在介绍古地震现象的探槽研究情况

1981 年 4 月 C.Allen，K.Sieh 等三位专家来我国与云南省地震局、国家地震局地质研究所开展红河断裂带与地震活动的合作研究。此照片摄于昆明（前排左起第三人韩源、第四人 C.Allen、第五人徐煜坚、第六人姜葵，第二排左起第二人丁国瑜）

1981 年 4 月在云南元江一带野外考察

1981 年 3 月摄于云南昆明翠湖宾馆（前排左起 C.Allen 教授、丁国瑜、徐煜坚、张步春，后排左一：K.Sieh）

1980 年丁国瑜（右三）当选为中国科学院地学部学部委员（后改称院士）。这是新当选的部分中青年学部委员在第四次学部大会期间合影

1982 年马杏垣教授倡议并组织带领下，开始了《中国岩石圈动力学地图集》的编制，照片是 1982 年的一次编图工作会议后，图集主编马杏垣教授与副主编，从左向右依次为张步春、张海根、马杏垣（主编）、丁国瑜、马宗晋拍摄留念（尚有副主编高文学，因当时未在，故缺）

图集编稿完成后，1985 年 10 月 22 日至 26 日和 11 月 2 日先后在武汉（上面的照片）、北京（下面的照片）召开评审会。分别有黄汲清、曾世英、顾功叙、李春昱、孙殿卿、郭令智、王乃樑、王仁、陈述彭、罗焕炎等专家组成的评审委员会，对图集进行了评审

1982 年第 11 届国际第四纪研究联合会大会在前苏联莫斯科举行。相片中第一排为参加大会的几位我国专家（左起 1 ~ 4：刘敏厚、李文漪、张涛、丁国瑜）

会场之一

著名新构造学家尼古拉耶夫及其子、媳参加了会议组织的活动

丁国瑜和导师尼古拉耶夫教授

参加了会后去贝加尔的地质旅行（左起第一人日本的贝塚爽平教授，第二人丁国瑜，第五人朱海之，第六人刘敏厚。在贝加尔湖的船上）

在贝加尔湖滨

1984 年第 27 届国际地质大会在前苏联莫斯科举行

大会会场（在克里姆林宫内）

会后参加高加索的地质旅行

报到之后合影，右起马宗晋、马杏垣、丁国瑜、刘若新

会议期间与多年未见的巴甫林诺夫教授相遇

考察中央构造线

体验日本茶道

考察中央构造线

1985 年 11 月 IGCP-206 项目第二次工作会议在北京举行，交流了研究工作情况

参加会议的人员合影

在曲阜孔庙大成殿前部分代表合影

野外考察中在听李家灵（左四）的介绍

会议的地质旅行，在山东考察了 1668 年郯城 8 级大地震的遗迹

1986年2月去印度台拉登（Dehra Dum）参加南亚新构造讨论会，图为大会会场

2月18日至20日举行交流讨论

会议的野外考察，摄于穆苏里喜马拉雅山前

遥望喜马拉雅

1987年4月在新西兰召开了IGCP-206项目第三次工作会议，交流了情况，会议考察了阿尔卑斯断层及其地震活动（右李家灵、中丁国瑜、左方仲景）

野外考察

参加会议人员合影

1987 年 12 月在福建厦门召开了华南沿海活断层研究讨论会，参加会议人员合影

野外现场考察

摄于厦门鼓浪屿

会议上的交流讨论

在海南岛北部考察 1605 年琼山大地震遗迹

1987 年 12 月在广州参加地震区划讨论会（右起第三人 C.Allen）

摄于广州

1988 年 5 月 22 ~ 31 日参加在安徽屯溪召开的安徽构造讨论会

会后摄于黄山

1989 年 6 ~ 7 月间，第 28 届国际地质大会在美国华盛顿召开

在活断层对比研究项目的总结会上展出了新出版的中国活断层图集

与此同时 IGCP-206 活断层习性对比研究项目在美国 Mammoth Lakes City 召开项目总结会，并作为地质大会的一部分内容组织活断层专题的野外考察。丁国瑜、张裕明、马宗晋、戈树谟等参加了这些活动

有关活断层的野外考察，这是断层活动引致的断塞塘现象

断面清晰、延长很远的活断层陡坎

断层陡坎的近观

暴露在地表的巨大的断层滑面

1982 年与新疆地震局的地质、地震学家们一起商议对富蕴地震断裂带调查研究结果进行总结的方案和计划（左起戈树谟、杨章、丁国瑜、冯先岳、石监邦、郑福婉、胡军）

1980 年在吐尔洪盆地一带调查

1981 年徐煜坚、李坪、马宗晋、高文学等专家亲临现场，对富蕴地震断裂带的研究工作提出指导性意见。这是专家们登临卡拉先格尔峰顶

1985年8月23日新疆乌恰地区发生7级左右地震，这是由乌鲁木齐赶赴震区途中在喀什一带时摄

这次地震造成喀什附近的一座小土石坝震垮

在疏勒一带调查时摄

1984年12月中日地震预报交流会在日本召开。我国由国家地震局副局长高文学带队前往参加

会场设在东京大学地震研究所二楼会议室
梅世蓉（右一）；郑斯华（右二）

1984年12月中日地震预报交流会

1984年12月中日地震预报交流会

1990年上海烈度复核评审会

1990年上海烈度复核评审会

1990年上海烈度复核评审会

1990 年中美合作考察了鲜水河断裂带。照片为 Molnar、Bilham、丁国瑜、罗灼礼、邓天岗等在炉霍参阅资料

1991 年 10 月在香港参加东亚地震讨论会

合影

与陈达生教授合影

部分代表合影

1991年10月在香港参加东亚地震讨论会

1991 年 10 月 30 日中国科学院地学部增选学部委员大会（后排左一为马杏垣、左二丁国瑜）

1992年11月在科威特召开了第三世界科学院院士大会，图为大会会场

参加大会的中国院士们合影

刘东生院士和吴文俊院士

战火遗迹犹存

聚餐

和卢嘉锡院士合影

1995年2月首次访台

1995年大陆地震代表团首次访问台湾，由方樟顺局长（左二）带队。参观台湾故宫时秦孝仪先生（左三）出面接待

在台北故宫博物馆的石牌坊前留影

1995 年 8 月 3 ~ 10 日 国际第四纪研究联合会（INQUA）第 14 届大会在德国柏林自由大学举行。参加会议的中国部分代表与刘东生夫妇合影

在大陆冰盖冰碛层前合影

丁国瑜与颜申教授交流

代表们去采石场考察

地质旅行途中的午餐

地震流体专业委员会首届学术交流大会，1995 年于贵阳召开

1997 年地震局科技工作会议（在科技会堂）

1997年去希腊参加 IASPEI 第29届大会

在爱琴海上

会间休息

会间休息

在雅典参观博物馆

1997 年 10 月在山西夏县参加历史地震研究会议，会后参观黄河壶口瀑布

1994 年参加国家自然科学基金第九次评审会

1997 年参加国家自然科学基金第十二次评审会（长春）

观礼的院士们

1999年国庆50周年在天安门前观礼

飞向21世纪

观礼的院士们

参加晚会

袁复礼教授一百周年纪念会

马杏垣院士八十华诞合影

祝贺马杏垣院士八十华诞

与马杏垣老师（右二）和师母（右三）、王鸿祯老师（右一）合影

1998 年在甘肃、宁夏一带工作

在甘肃、宁夏一带工作

1999 年 9 月 21 日台湾集集发生了 7.3 级大地震。2000 年 10 月地震局组织考察组前往现场实地考察

与闻学泽在倒塌的楼前合影

与江在森在集集留影

震毁的武昌宫

地震断层带上的陡坎与跌水

在台北拜访了老地质学家毕庆昌先生

小南海地震遗址保护区专家评审会

左起张裕明、丁国瑜、陈国星

去遗迹现场

参加会议的部分专家

2001 年 8 月，西藏与西部大开发战略研讨会在拉萨举行，地方领导同志和与会专家们合影

祝贺会议成功

部分专家代表：右起，卢耀如院士、翟裕生院士、肖序常院士、丁国瑜院士

野外考察

参观布达拉宫

2001年10月中国科学院学部第二届科学道德建设委员会代表团访问欧洲，全团合影。左三团长张存浩院士，右二丁国瑜

2002 年 6 月，973 项目举办的“活动地块学术研讨会”在云南举行

在大理洱海湖上

在下关形变基准站

在中甸

在丽江

1998 年北大百年校庆，1952 年毕业的同班同学相聚在北大红楼门口

1998 年校友返校，包括有 1952 年以前毕业的学长，郑直（左一）、冯钟广（左五）、白谨（左六）、李永昇（左十三）等

2002 年“五四”青年节返校

2005 年北大校友春节联谊会返校

2004 年在北京召开刘东生学术思想座谈会

2005 年 4 月参加四川峡江工程野外地质考察

2006 年 6 月 7 日，第十三届中国科学院院士大会。曾在地质学院学习工作过的院士合影（第二排左四丁国瑜）

2005年安芷生院士青海湖钻探项目开钻现场考察

2006 年 10 月参加南京召开的全国第四纪研究委员会成立 50 周年及第九届全国第四纪学术大会

2006 年 10 月，全国第四纪研究委员会成立 50 周年及第九届全国第四纪学术大会（在南京召开）苏北沿海的参观考察活动

2006 年 4 月在杭州参加浙江省“十一五”地震工作规划论证会

2006 年 8 月 28 日在长白山参加火山会议并登长白山天池，考察浮石林及凉水泉

2009年国庆60周年天安门前观礼

2010 年 5 月四中老同学聚会，参观北京航空博物馆并贺聂大江同志（右二）八十寿辰

一年一度的院士新春茶话会

家庭生活

与大姐、大哥、大嫂合影

全家合影

祝贺小孙女生日快乐

摄于北京植物园

2006 年 4 月摄于杭州

2002 年摄于云南玉龙山

摄于盘山

摄于黄崖关

野外素描

黑台子及泥河湾陡壁 1962.9.18

娘子关附近地质地形

东非裂谷素描

mfindi 断崖

mleya 市附近的 kiejo 火山口

尼亚萨湖北段及其西岸的利文斯通断崖

Ngozi 火山口湖

丁国瑜题词、格言

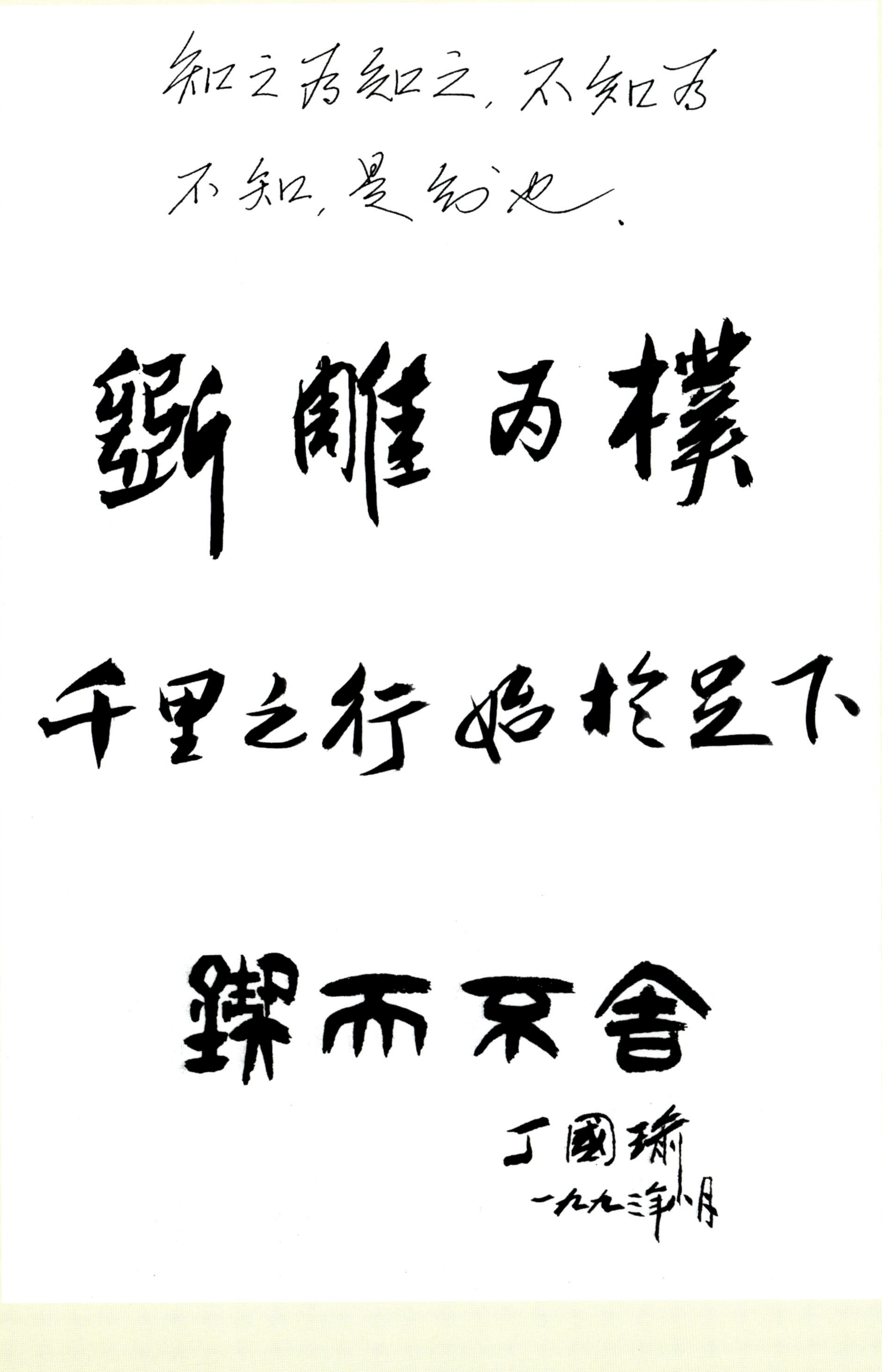

丁国瑜治印

踏遍青山

丁国瑜

家近翠微

行万里路

丁国瑜

丁山

山中客

国瑜

生于辛未